DeltaScience ContentReaders™

Ecosystems

Contents

Build Reading Skills

Preview the Book

You read nonfiction books like this one to learn new information. Be sure to look through, or *preview*, the book before you start to read.

First, look at the title, front cover, and table of contents. What do you guess you will read about? Think about what you already know about ecosystems.

Next, look through the book page by page. Read the headings and the words in bold type. Look at the pictures and captions. Notice that each new part of the book starts with a big photograph. What other special features do you find in the book?

Headings, captions, and other features of nonfiction books are like road signs. They can help you find your way through new information. Now you are ready to read!

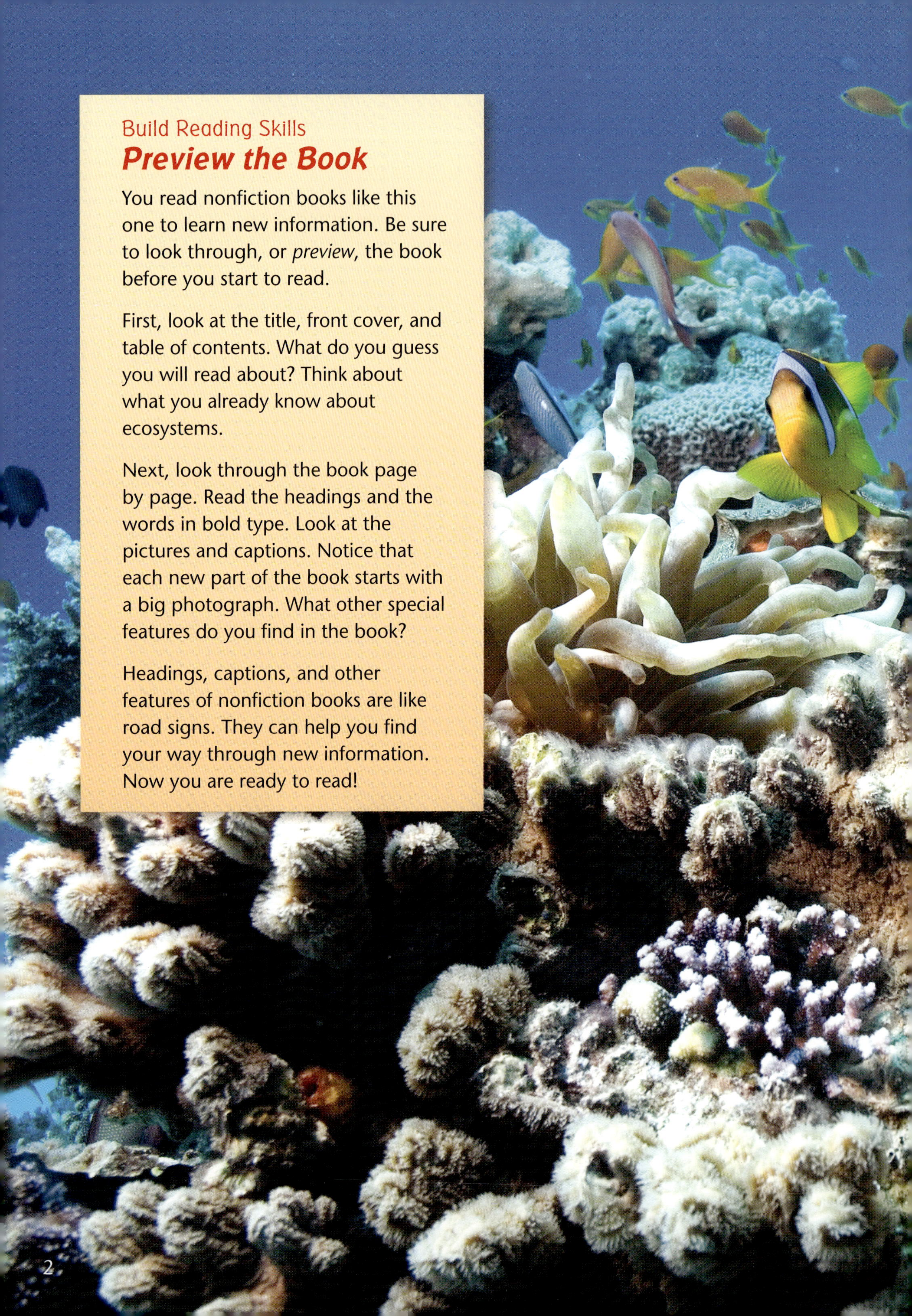

C onnecticut (cont'd)

Oversize/Overweight Permit

Dept of Transportation
OS/OW Permit Office
2800 Berlin Tpk
PO Box 317546
Newington, CT 06131-7546
860-594-2880

Hazardous Materials

DEP - Waste Management Bureau
Waste Engineering & Enforcement Div
79 Elm St
Hartford, CT 06106
860-424-3372 (Hazardous Waste only)

Delaware

CDL Information 302-744-2505

Registration/IRP

Dept of Public Safety
Motor Carrier Svc Section/IRP
PO Drawer 7065
Dover, DE 19903
302-744-2503

Fuel Tax/IFTA

Dept of Transportation
Motor Carrier Svc Section
IFTA
PO Drawer E
Dover, DE 19903
302-744-2702

Oversize/Overweight Permit

Dept of Transportation
Hauling Permit Office
PO Drawer 7065
Dover, DE 19903
302-744-2700

Hazardous Materials

Dept of Natural Resources
Air & Waste Management
89 Kings Hwy
Dover, DE 19901
302-739-3689
302-744-2727

District of Columbia

CDL Information 202-727-5383

Registration

Bureau of Motor Vehicles
301 C St NW, Rm 1063
Washington, DC 20024
202-727-6426

Oversize/Overweight Permit

Dept of Transportation
Permit Center
941 N Capitol St NE, Rm 2104
Washington, DC 20002
202-442-4670

Florida

CDL Information 850-488-9145

Registration & Fuel Tax/IFTA

Bureau of Motor Carrier Services
Neil Kirkman Bldg
2900 Apalachee Pkwy, Rm A-110
Tallahassee, FL 32399
850-488-6921

Oversize/Overweight Permit

Dept of Transportation
Permit Section
2740 Centerview Dr, Ste 1C
Tallahassee, FL 32301
850-410-5777

Hazardous Materials

Div of Motor Carrier Compliance
1815 Thomasville Rd
Tallahassee, FL 32303-5750
850-488-7920

Georgia

CDL Information 678-413-8400

Registration

Dept of Revenue
Motor Vehicle Safety Dept
IRP Section
PO Box 16909
Atlanta, GA 30321
404-675-6135

Fuel Tax Applications and Decals

Dept of Revenue
Registration Unit
IFTA Department
PO Box 49512
Atlanta, GA 30359
404-417-4350

Fuel Tax Reports

Dept of Revenue
Motor Fuel Tax Unit
1800 Century Center Blvd, Ste 9227
Atlanta, GA 30345
404-417-6712

Operating Authority

Dept of Motor Vehicle Safety
Commercial Vehicle Section
PO Box 161227
Atlanta, GA 30374
404-362-6474

Oversize/Overweight Permit

Dept of Motor Vehicle Safety
Office of Permits
Building 24, Ste 400
935 E Confederate Ave
Atlanta, GA 30316-2531
800-570-5428

Georgia (cont'd)

Hazardous Materials

Dept of Motor Vehicle Safety
Commercial Vehicle Section
PO Box 161227
Atlanta, GA 30321
404-675-6171

Idaho

CDL Information 208-334-8294

Registration

Dept of Transportation
Registration Commercial Vehicles
PO Box 34
Boise, ID 83731-0034
208-334-8611

Fuel Tax/IFTA

State Tax Commission
Dept of Revenue and Taxation
PO Box 76
Boise, ID 83707
208-334-7834

Weight-Distance Tax

Dept of Transportation
Vehicle Use Tax
PO Box 34
Boise, ID 83731-0034
208-334-8770

Operating Authority

Dept of Transportation
Regulated Carrier Division
PO Box 7129
Boise, ID 83707
208-334-8611

Oversize/Overweight Permit

Dept of Transportation
Special Permits
PO Box 7129
Boise, ID 83707
208-334-8420
800-662-7133

Hazardous Materials

Dept of Transportation
Commercial Vehicles
PO Box 34
Boise, ID 83731-0034
208-334-8630

Illinois

CDL Information 217-785-7447

Registration

Commercial and Farm Truck Div
IRP Section
Howlett Bldg, Rm 300
501 S 2nd St
Springfield, IL 62756
217-782-4815

Illinois (cont'd)

Fuel Tax/IFTA

Dept of Revenue
Motor Fuel Use Tax Unit
PO Box 19477
Springfield, IL 62794-9477
217-785-1397

Operating Authority

Commerce Commission
Transport. Svcs
527 E Capitol Ave
Springfield, IL 62701
217-782-4654

Oversize/Overweight Permit

Dept of Transportation
Permit Office
2300 S Dirksen Parkway, Rm 117
Springfield, IL 62764
217-785-1477

Hazardous Materials

Dept of Transportation-CVSS
PO Box 19212
Springfield, IL 62794-9212
217-785-3064

Indiana

CDL Information 317-615-7335

Registration

Dept of Revenue
IRP Division
Motor Carrier Tax Authority Section
5252 Decatur Blvd, Suite R
Indianapolis, IN 46241
317-615-7200 ext 3

Fuel Tax/IFTA

Dept of Revenue
Special Tax Div
Motor Carrier Tax Authority Section
5252 Decatur Blvd, Suite R
Indianapolis, IN 46241
317-615-7200 ext 4

Operating Authority

Dept of Revenue
Motor Carrier Tax Authority
5252 Decatur Blvd, Suite R
Indianapolis, IN 46241
317-615-7200 ext 2

Oversize/Overweight Permit

Dept of Revenue - Permits
5252 Decatur Blvd, Suite R
Indianapolis, IN 46241
317-615-7200 ext 1

Hazardous Materials

State Police - Motor Carrier Div
5252 Decatur Blvd, Suite J
Indianapolis, IN 46241
317-615-7373

Iowa

CDL Information 800-925-6469

All Functions:

Dept of Transportation
Motor Carrier Services
PO Box 10382
Des Moines, IA 50306-0382
515-237-3264

Registration/IRP: 515-237-3268
Fuel Tax: 515-237-3224
OW/OD Permits: 515-237-3264

Hazardous Materials

Dept of Transportation
Motor Vehicle Enforcement
PO Box 10473
Des Moines, IA 50306-0473
515-237-3278

Kansas

CDL Information 785-296-3963

Registration

Dept of Revenue
Motor Carrier Div
3718 SW Burlingame Rd
Topeka, KS 66609
785-291-3384

Fuel Tax/IFTA

Dept of Revenue
Docking State Office Bldg
Motor Fuel Tax
IFTA
915 SW Harrison
Topeka, KS 66625
785-296-4458

Operating Authority

State Corporation Commission
Motor Carrier Div
1500 SW Arrowhead Rd
Topeka, KS 66604-4027
785-271-3115 SSRS
785-271-3225 Authority

Oversize/Overweight Permit

Dept of Transportation
Special Permits
Bureau of Traffic Engineering
700 SW Harrison, 6th Fl
Topeka, KS 66603
785-296-7400

Hazardous Materials

State Highway Patrol
122 SW 7th St
Topeka, KS 66603
785-296-6898

Kentucky

CDL Information 502-564-6800 press 4

Kentucky (cont'd)

Registration

Transportation Cabinet
IRP Section
PO Box 2323
Frankfort, KY 40602
502-564-4120

Fuel Tax/IFTA, 3rd Structure
& Operating Authority

Transportation Cabinet
Div of Motor Carriers
PO Box 2007
Frankfort, KY 40622
502-564-4540

Oversize/Overweight Permit

Transportation Cabinet
Div of Motor Carriers
OW/OD Permit Section
PO Box 2007
Frankfort, KY 40622
502-564-7150

Hazardous Materials

Division of Vehicle Enforcement
State Office Bldg
Room 804
501 High St
Frankfort, KY 40622
502-564-3276

Louisiana

CDL Information 225-925-1934

Registration

IRP Unit
Office of Motor Vehicles
7979 Independence Blvd, Ste 101
Baton Rouge, LA 70806
225-925-6270

Fuel Tax/IFTA

Dept of Revenue & Tax
Excise Tax Div
PO Box 3863
Baton Rouge, LA 70821
888-421-8757 press 3

Operating Authority

Public Service Commission
PO Box 91154
Baton Rouge, LA 70821
225-342-4414

Oversize/Overweight Permit

Dept of Transportation & Development
Truck Permit Office
PO Box 94042
Baton Rouge, LA 70804-9042
225-343-2345
800-654-1433

Louisiana (cont'd)

Hazardous Materials

State Police
Transportation & Environmental Safety Section
PO Box 66555
Baton Rouge, LA 70896
225-925-6113

Maine

CDL Information 207-624-9000

Registration

Bureau of Motor Vehicles
IRP Unit
Station 29, State House
Augusta, ME 04333
207-624-9000 ext 52135

Fuel Tax/IFTA

State Rev Services
Excise Tax Section
Station 29, State House
Augusta, ME 04333
207-624-9000 ext 52136

Operating Authority

Motor Vehicle Division
Commercial Vehicles
Station 29, State House
Augusta, ME 04333
207-624-9000 ext 52127

Oversize/Overweight Permit

Bureau of Motor Vehicles
Commercial VehicleCenter
Permit Section
Station 29, State House
Augusta, ME 04333
207-624-9000 ext 52134

Hazardous Materials

Dept of Environmental Protection
Station 17, State House
Augusta, ME 04333
207-287-2651

Maryland

CDL Information 410-424-3011

Registration/IRP

Motor Vehicle Administration
Motor Carrier Service Section
6601 Ritchie Highway, Rm 120
Glen Burnie, MD 21062
410-787-2971

Fuel Tax/IFTA

Comptroller of MD
Motor Vehicle Fuel Tax Div
PO Box 1751
Annapolis, MD 21404
410-260-7215

Maryland (cont'd)

Oversize/Overweight Permit

State Hwy Administration
Hauling Permits Section
7491 Connelley Dr
Hanover, MD 21076
800-846-6435

Hazardous Materials

Dept of Environment
Waste Management Admin
1800 Washington Blvd
Baltimore, MD 21230
866-633-4686

Massachusetts

CDL Information 617-351-9350

Registration

Registry of Motor Vehicles
IRP Section
Tower 1, 3rd Floor
1 Copley Place
Boston, MA 02116
617-351-9320

Fuel Tax/IFTA

Dept of Revenue
IFTA Processing
PO Box 7027
Boston, MA 02204
617-887-5080

Operating Authority

Dept of Telecommunications & Energy
Transport Division
1 S Station
Boston, MA 02110
617-305-3559

Oversize/Overweight Permit

Commercial Motor Vehicle Services
OS/OW Permits
14 Beach St
Milford, MA 01757
508-473-4778

Hazardous Materials

Dept of Transportation
Research & Special Programs
55 Broadway-Kendall Square - DTS 940
Cambridge, MA 02142
617-494-2545

Michigan

CDL Information 517-322-5555

Registration

Dept of State
IRP Unit
Bureau of Driver & Vehicle Records
PO Box 30029
Lansing, MI 48909-7529
517-322-1097

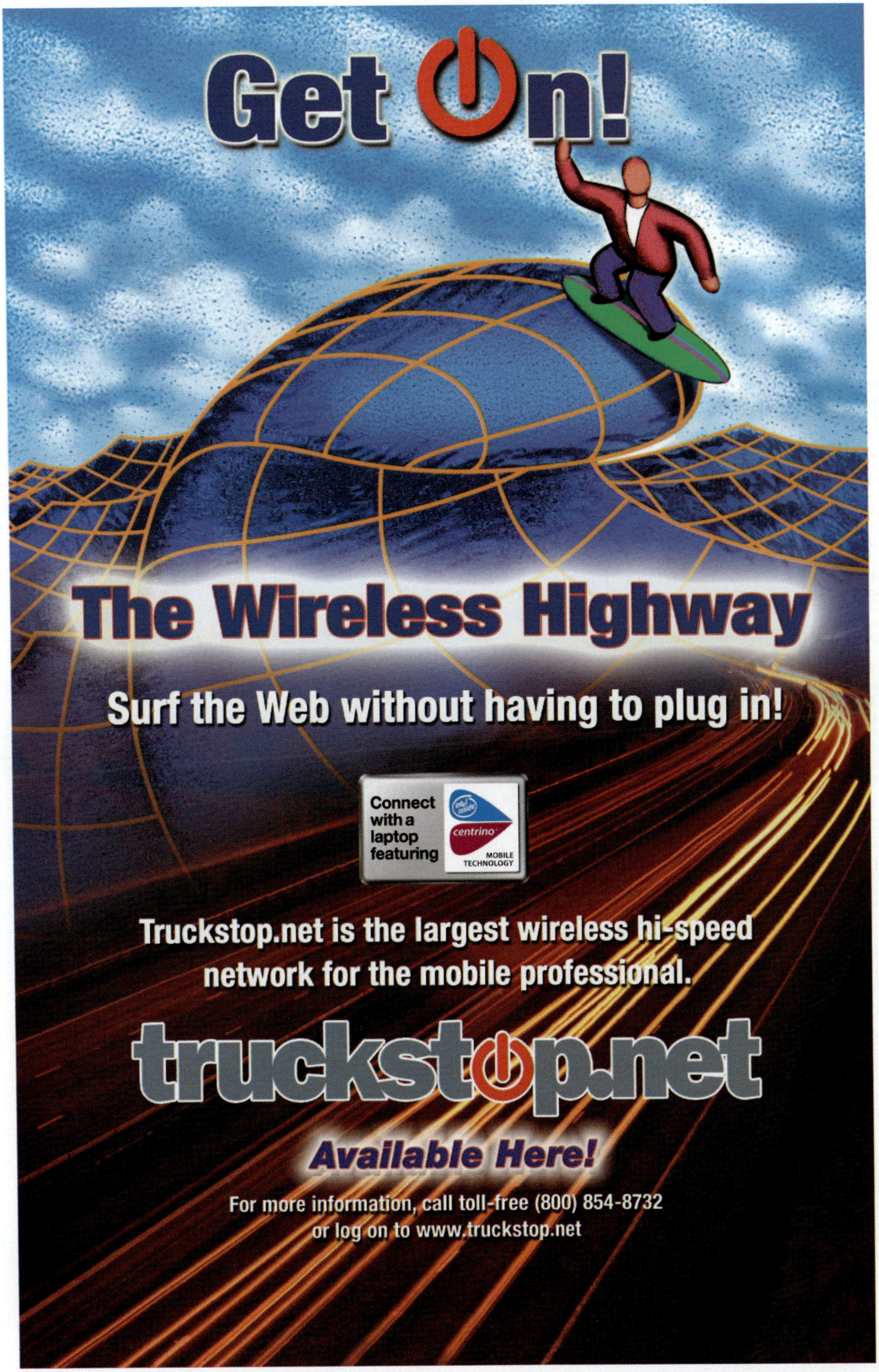
Get On!
The Wireless Highway
Surf the Web without having to plug in!
Connect with a laptop featuring
intel inside
centrino
MOBILE TECHNOLOGY
Truckstop.net is the largest wireless hi-speed network for the mobile professional.
truckstop.net
Available Here!
For more information, call toll-free (800) 854-8732
or log on to www.truckstop.net

Michigan (cont'd)

Fuel Tax/IFTA

Dept of Treasury/Motor Fuel Tax Div
7285 Parsons Dr
Dimondale, MI 48821
517-636-4580

Operating Authority

Public Svc Commission/Registration Div
PO Box 30021
Lansing, MI 48909
517-241-6030

Oversize/Overweight Permit

DOT - Transport Permit Unit
PO Box 30648
Lansing, MI 48909
517-373-2120

Hazardous Materials

State Police
Motor Carrier Div
PO Box 30632
Lansing, MI 48909
517-336-6580

Minnesota

CDL Information 651-297-5029

Registration/ IRP

Dept of Public Safety
Prorate & Reciprocity
1110 Centre Pointe Curve, Suite 425
Mendota Heights, MN 55120
651-405-6161

Fuel Tax/IFTA

Dept of Public Safety
Vehicle Services/Prorate & IFTA
1110 Centre Pointe Curve, Ste 425
Mendota Heights, MN 55120
651-405-6161 (decals)

Operating Authority

DOT/Motor Carrier Safety and Compliance
1110 Centre Pointe Curve, MS 420
Mendota Heights, MN 55120
651-405-6060

Oversize/Overweight Permit

Dept of Transportation
Minnesota Truck Center
1110 Centre Pointe Curve – MS 420
Mendota Heights, MN 55120
651-405-6000

Hazardous Materials

Dept of Transportation
Office of Motor Carrier Services
1110 Centre Pointe Curve
Mail Stop 420
Mendota Heights, MN 55120
651-405-6060

Mississippi

CDL Information 601-987-1219

Registration

State Tax Commission
Bureau of Revenue
ATTN: Apportioned Tags
PO Box 1033
Jackson, MS 39215
601-923-7000

Fuel Tax/IFTA

State Tax Commission - IFTA Section
PO Box 1140
Jackson, MS 39215
601-923-7150

Operating Authority

Dept of Transportation/SSRS
412 E Woodrow Wilson, MC 66-07
Jackson, MS 39216
601-359-9740

Oversize/Overweight Permit

Dept of Transportation
Maintenance Div & Permit Section
PO Box 1850
Jackson, MS 39215-1850
601-359-1717 / 888 737-0061

Hazardous Materials

Dept of Transportation
Commercial Vehicle Enforcement
412 E Woodrow Wilson
Jackson, MS 39216
601-359-1689

Missouri

CDL Information 573-751-2730

Registration

Dept of Revenue - Hwy Reciprocity
PO Box 893
Jefferson City, MO 65105
573-751-6433

Fuel Tax/IFTA

Dept of Revenue - Excise Fuel Tax
PO Box 893
Jefferson City, MO 65105
573-751-6433

Operating Authority

Dept of Transp/Div of Motor Carrier
PO Box 1216
Jefferson City, MO 65102
573-751-7100 or 3658

Oversize/Overweight Permit

Hwy & Transport Dept/Div of Traffic
OS/OW Permit Section
PO Box 270
Jefferson City, MO 65102
800-877-8499 - applications
573-751-2820

Missouri (cont'd)

Hazardous Materials

Dept of Natural Resources
Hazardous Waste Program
PO Box 176
Jefferson City, MO 65102
573-751-3176

Montana

CDL Information 406-444-3244

Registration & OS/OW Permits

Dept of Transportation
Motor Carrier Services Division
PO Box 4639
Helena, MT 59604-4639
406-444-6130

Fuel Tax/IFTA

Dept of Transportation
Administration
PO Box 4639
Helena, MT 59604-4639
406-444-6130

Operating Authority

Dept of Transportation
Motor Carrier Services Division
PO Box 4639
Helena, MT 59604-4639
406-444-6130

Hazardous Materials

Highway Patrol - MCSAP
2550 Prospect
PO Box 201419
Helena, MT 59620-1419
406-444-3300

Nebraska

CDL Information 402-471-3861

Registration

Dept of Motor Vehicles
Motor Carrier Services/IRP
PO Box 98935
Lincoln, NE 68509-8935
888-622-1222
402-471-4435

Fuel Tax/IFTA

Dept of Motor Vehicles
Motor Carrier Services/IFTA
PO Box 98935
Lincoln, NE 68509-8935
888-622-1222
402-471-4435

Operating Authority

Dept of Motor Vehicles
Motor Carrier Services/SSRS
PO Box 98935
Lincoln, NE 68509-8935
888-622-1222
402-471-4435

Nebraska (cont'd)

Oversize/Overweight Permit

Dept of Roads
Permit Office
PO Box 94759
Lincoln, NE 68509
402-471-0034

Hazardous Materials

State Patrol & Carrier Enforcement
3920 W Kearney St
Lincoln, NE 68524
402-471-0105

Nevada

CDL Information 775-688-2535

Registration, Fuel Tax/IFTA, & Interstate Operating Authority

Department of Motor Vehicles
Division of Motor Carriers
555 Wright Way
Carson City, NV 89711-0700
775-684-4711

Oversize/Overweight Permit

Dept of Transportation
Special Permits
1263 S Stewart St
Carson City, NV 89712
775-888-7410

Hazardous Materials

Highway Patrol
HazMat Permits
555 Wright Way
Carson City, NV 89711
775-684-4650
775-687-5300 (24 hr info)

New Hampshire

CDL Information 800-344-7309
603-271-3734

Registration

Dept of Safety
IRP Section
33 Hazen Dr
Concord, NH 03305
603-271-2251

Fuel Tax/IFTA

Dept of Safety
Bureau of Road Tolls
10 Hazen Dr
Concord, NH 03305
603-271-2311

Operating Authority

Dept of Safety
Bureau of Common Carriers
10 Hazen Dr
Concord, NH 03305
603-271-2447

A Welcome Sign on the Highway

150 LOCATIONS, COAST-TO-COAST

TA Truck Service leads the industry in truck repair and maintenance services by offering exclusive Freightliner® ServicePoint centers, a nationwide warranty program and a large selection of quality, brand name replacement parts. Contact TA to arrange all your truck service needs, including road calls, at 1-800-TA4-Shop.

TA offers hearty, home-style meals and plenty of fast food choices, too.

If you need it on the road, chances are it's here. Visit our well-stocked Travel Stores for the products and value you can count on.

TA's RoadKing Club™ rewards you for fueling at TA. Earn the equivalent of one cent per gallon as a credit to use in our travel stores, restaurants, fast food courts and shops. Call 1-866-RKC-CLUB (1-866-752-2582) to enroll today!

High-Speed Wireless Internet Access is Here!

TA SpeedZone℠ WiFi Hotspot

Access the Internet from the parking lot or inside any TA and enjoy the lowest prices of any national travel center chain. Don't forget to redeem your TA RoadMiles™ for Internet access.

TA®
TravelCenters of America

Ride the Web at tatravelcenters.com

New Hampshire (cont'd)

Oversize/Overweight Permit

Dept of Transportation
Bureau of Highway Maintenance
John O Morton Bldg
Box 483
Concord, NH 03302-0483
603-271-2691

Hazardous Materials

Dept of Environmental Services
Waste Management
Hazwaste Permits
6 Hazen Dr
Concord, NH 03301
603-271-3899
800-346-4009 (NH only)

New Jersey

CDL Information 609-292-6500
888-486-3339 (NJ only)

Registration, Fuel Tax/IFTA

Bureau of Motor Carriers
Div of Motor Carriers
225 E State St, CN 133
Trenton, NJ 08666-0133
609-633-9400

Oversize/Overweight Permit

Bureau of Motor Carriers
Special Permits
225 E State St, CN 133
Trenton, NJ 08666-0133
609-633-9408

Hazardous Materials

Enforcement/Regulations:

State Police
HazMat Unit
PO Box 7068
West Trenton, NJ 08628-0068
609-882-2000

Permits/Registration:

Dept of Environmental Protection
Transportation Unit
401 E State St, PO Box 422
Trenton, NJ 08625
609-292-7081

New Mexico

CDL Information 505-827-4636

Registration

Taxation & Revenue Dept
Commercial Vehicle Bureau
Motor Vehicle Division
PO Box 5188, Room 211
Santa Fe, NM 87501
505-827-0392

New Mexico (cont'd)

Weight Distance Tax & Fuel Tax

Taxation and Revenue Dept
Commercial Vehicle Bureau
Motor Vehicle Division
PO Box 5188
Santa Fe, NM 87504-5188
505-827-0392

Operating Authority

Public Regulation Commission
Transportation Department
PO Box 1269
Santa Fe, NM 87504-1269
505-827-4519

Oversize/Overweight Permit

Dept of Public Safety
Motor Transportation Div
PO Box 1628
Santa Fe, NM 87504-1628
505-827-0376

Hazardous Materials

Motor Vehicle Division
Commercial Vehicle Bureau
PO Box 5188
Santa Fe, NM 87504-5188
505-827-1005

Motor Transportation Div.
Information:
505-827-0644

New York

CDL Information 518-473-5595

Registration

International Registration Bureau
PO Box 2850-ESP
Albany, NY 12220-0850
518-473-5834

Fuel Tax/IFTA

Dept of Tax and Finance
Taxpayer Services Div
Bldg 8, WA Harriman Campus Rm 400
Albany, NY 12227
518-485-6800
800-225-5829

Weight-Distance Tax

Dept of Tax and Finance
Truck Mileage Tax Permit Unit
Bldg 8, WA Harriman Campus Rm 400
Albany, NY 12227
518-485-6800
800-972-1233

Operating Authority

Dept of Transportation
PFSD/SSRS
50 Wolf Rd, Pod 53
Albany, NY 12232
518-457-1017 (SSRS)
518-457-6503 (authority)

New York (cont'd)

Oversize/Overweight Permit

Dept of Transportation
1220 Washington Ave, Bldg 5, Rm 311
Albany, NY 12232-0455
518-457-1155

Hazardous Materials

Safety Program Evaluation Bureau
Passenger & Freight Safety Div
1220 Washington Ave, Bldg 7A, Rm 405
Albany, NY 12232
518-457-3406

North Carolina

CDL Information 919-715-7000

Registration

Dept of Motor Vehicles - IRP Section
1425 Rock Quarry Rd, Suite 100
Raleigh, NC 27610
919-733-7458

Fuel Tax/IFTA

Dept of Revenue
Motor Fuels Tax Div
PO Box 25000
Raleigh, NC 27640-0950
919-733-8188

Operating Authority

Dept of Motor Vehicles
SSRS
1425 Rock Quarry Rd, Suite 100
Raleigh, NC 27610
919-733-7458

Oversize/Overweight Permit

Dept of Transportation
Div of Highways
Permits Section
1425 Rock Quarry Rd, Suite 109-110
Raleigh, NC 27610
888-221-8166
919-733-7154

Hazardous Materials

State Hwy Patrol
Motor Carrier Enforcement
Operation Section
4702 Mail Service Center
Raleigh, NC 27699-4702
919-861-3186

North Dakota

CDL Information 701-328-4353

Registration &Operating Authority

Dept of Transportation
Motor Carrier Div
Prorate Section
608 E Boulevard Ave
Bismarck, ND 58505
701-328-2725

North Dakota (cont'd)

Fuel Tax/IFTA

Dept of Transportation
Motor Vehicles Section/IFTA
608 E Boulevard Ave
Bismarck, ND 58505
701-328-3500

Oversize/Overweight Permit

Highway Patrol
Motor Carrier Division
Department 504
600 E Boulevard Ave
Bismarck, ND 58505
701-328-2621

Hazardous Materials

Highway Patrol
Motor Carrier Division
HazMat
Department 504
600 E Boulevard Ave
Bismarck, ND 58505
701-328-2455

Ohio

CDL Information 614-995-5353

Registration

IRP Processing
2222 Dividend Dr
Columbus, OH 43228
614-777-8400
800-477-0007

Fuel Tax/IFTA

Dept of Taxation
Excise Motor Fuel Tax
PO Box 530
Columbus, OH 43216-0530
614-466-3921 (permits)
614-466-3410 (tax)

Operating Authority

Dept of Transportation
Public Utilities Commission
180 E Broad St
5th Floor
Columbus, OH 43215-3793
614-466-3392 (SSRS)
614-466-0365 (authority)

Oversize/Overweight Permit

Dept of Transportation
Special Hauling Permits
1610 W Broad St
Columbus, OH 43223
614-351-2300

Hazardous Materials

Public Utilities Commission
HazMat Division
180 E Broad St
5th Floor
Columbus, OH 43215
614-466-3392

You deserve a better truckstop.
600 miles logged today and now it's time to relax.
A clean shower, a hot meal and a good night's sleep to be ready for the adventure that tomorrow has to offer.
We know your day is long. Trust Petro to take care of the rest.
Petro. A better truckstop.
PETRO
Stopping Centers®
Travel Plaza
Iron Skillet
PETRO
Stopping Centers®
The Quality Difference
www.petrotruckstops.com

Oklahoma

CDL Information 405-425-2056

Registration

Tax Commission
Motor Vehicle Div
2501 N Lincoln Blvd
Oklahoma City, OK 73194
405-521-3036

Fuel Tax/IFTA

Tax Commission
IFTA Tax Div
2501 N Lincoln Blvd
Oklahoma City, OK 73194
405-521-3246

Operating Authority

State Corporations Commission
Transportation Division
PO Box 52000
Oklahoma City, OK 73152-2000
405-521-2251

Oversize/Overweight Permit

Dept of Public Safety
OS/OW Permit Division
PO Box 11415
Oklahoma City, OK 73136
877-425-2390

Hazardous Materials

Transportation Division
State Corporation Commission
PO Box 52000
Oklahoma City, OK 73152-2000
405-521-2915

Oregon

CDL Information 503-299-9999

Registration

DOT
IRP/Prorate Section
550 Capitol St NE
PO Box 5330
Salem, OR 97304
503-378-6699

Weight-Distance Tax

Dept of Transportation
Motor Carrier Transport Div.
550 Capitol St NE
Salem, OR 97301
503-378-6699

Fuel Tax/IFTA

Permits & Registration:

Dept of Transportation
Motor Carriers Division
550 Capitol St NE
Salem, OR 97301
503-378-6175

Oregon (cont'd)

Operating Authority

Dept of Transportation
Motor Carrier Transport Div
550 Capitol St NE
Salem, OR 97301
503-378-6699

Oversize/Overweight Permit

Dept of Transportation
Motor Carrier Transport Branch
OS/OD Permit Unit
550 Capitol St NE
Salem, OR 97301
503-373-0000

Hazardous Materials

Dept of Transportation
Motor Carrier Transport Branch
550 Capitol St NE
Salem, OR 97301
503-378-5916

Pennsylvania

CDL Information 717-391-6190
800-932-4600 (PA only)

Registration

Dept of Transportation
Motor Vehicles
Commercial Registration Section
IRP
PO Box 68285
Harrisburg, PA 17106
717-783-6089 (decals)
717-783-6095

Fuel Tax/IFTA

Dept of Revenue/Motor Fuel Taxes
Dept 280646
Harrisburg, PA 17128-0646
717-783-2518

Operating Authority

PUC / Bureau of Transportation
PO Box 3265
Harrisburg, PA 17105-3265
717-787-3834

Oversize/Overweight Permit

Dept of Transportation
Bureau of Maintenance & Operations
Motor Carrier Division
Central Permit Office
Commonwealth Keystone Bldg
400 N St, 6th Floor
Harrisburg, PA 17120
717-787-5367

Hazardous Materials

Dept of Transportation
Motor Carrier Division
HazMat Section
400 N St, 6th Floor
Harrisburg, PA 17120
717-787-7449

Rhode Island

CDL Information 401-588-3020

Registration

Division of Motor Vehicles/IRP Section
45 Park Place
Pawtucket, RI 02860
401-728-6692

Fuel Tax/IFTA

Division of Taxation - Excise Tax Section
One Capitol Hill
Providence, RI 02908-5800
401-222-6317

Operating Authority

Public Utilities Commission
Motor Carrier Section
89 Jefferson Blvd
Warwick, RI 02888
401-941-4500 ext 5

Oversize/Overweight Permit

Div of Motor Vehicles - OS/OW Permits
286 Main St, Rm 103
Pawtucket, RI 02860
401-588-3020

South Carolina

CDL Information 803-737-4000

Registration

Dept of Motor Vehicles
IRP Section
PO Box 1993
Blythewood, SC 29016
803-896-3870

Fuel Tax/IFTA

Dept of Public Safety
Motor Carrier Div / IFTA
PO Box 1993
Blythewood, SC 29016
803-896-3870

Operating Authority

Dept of Motor Vehicles
Motor Carrier Services / SSRS
PO Box 1993
Blythewood, SC 29016
803-896-2689

Oversize/Overweight Permit

Dept of Transportation
OS/OW Permits
PO Drawer 191
Columbia, SC 29202
803-253-6250

Hazardous Materials

Dept of Public Safety
State Transport Police
PO Box 1993
Blythewood, SC 29016
803-896-5500

South Dakota

CDL Information 605-773-6883
800-952-3696

Registration

Dept of Revenue
Division of Motor Vehicles
IRP Section
445 E Capitol Ave
Pierre, SD 57501
605-773-4111

Fuel Tax/IFTA

Dept of Revenue
Division of Motor Vehicles
IFTA Section
445 E Capitol Ave
Pierre, SD 57501
605-773-5335

Operating Authority

PUC - Transportation Division
500 E Capitol Ave
Pierre, SD 57501
605-773-5280

Oversize/Overweight Permit

Highway Patrol
Sisseton Port of Entry - Permit Center
PO Box 242
Sisseton, SD 57262
605-698-3925

Hazardous Materials

Highway Patrol/Motor Carrier Div
500 E Capitol Ave
Pierre, SD 57501
605-773-3105

Tennessee

CDL Information 615-251-5310

Registration/IRP & Operating Authority

Dept of Safety
Motor Carrier Section/IRP
Cooper Hall Bldg
1148 Foster Ave
Nashville, TN 37210
888-826-3151
615-687-2260

Fuel Tax/IFTA

Dept of Revenue/Fuel Tax / IFTA
Cooper Hall Bldg
1148 Foster Ave
Nashville, TN 37210
615-687-2274
888-468-9025

Oversize/Overweight Permit

Dept of Transportation
OS/OD Permits
James K Polk Bldg
505 Deaderick St
Nashville, TN 37243-0331
615-741-3821

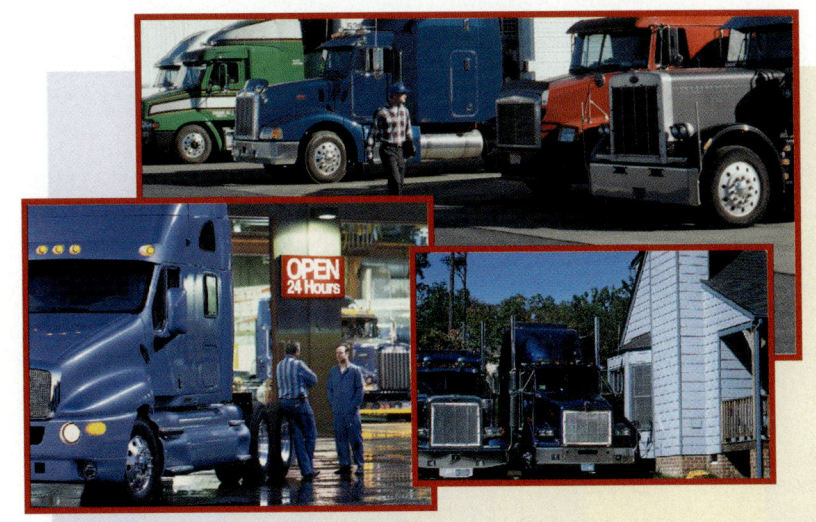

Tennessee (cont'd)

Hazardous Materials

Dept of Environment Conservation
Solid Waste Mgmt Division
L&C Tower,
5th Floor
401 Church St
Nashville, TN 37243-1535
615-532-0780

Texas

CDL Information 512-424-2010
512-424-2353

Registration

Dept of Hwy & Public Transportation
PO Box 26440
Austin, TX 78755
800-299-1700 press 2
512-374-5250

Fuel Tax/IFTA

Comptroller of Public Accounts
Capitol Station
PO Box 13528
Austin, TX 78711
800-252-1383
512-463-4600

Operating Authority

Dept of Transportation
Motor Carrier Division
PO Drawer 12984
Austin, TX 78711
800-299-1700
512-465-7361

Oversize/Overweight Permit

Dept of Transportation
125 E 11th St
Austin, TX 78701-2483
800-299-1700 press 1
512-465-3584

Hazardous Materials

Commission on Environmental Quality
HazMat/Waste
PO Box 13087 MC-129
Austin, TX 78711-3087
512-239-6413

Utah

CDL Information 801-288-5350

Registration

State Tax Commission
Division of Motor Carriers
IRP Section
210 North 1950 West
Salt Lake City, UT 84134
801-297-6800

Utah (cont'd)

Fuel Tax/IFTA

State Tax Commission/IFTA Section
Fuel Tax Division
210 North 1950 West
Salt Lake City, UT 84134
801-297-7705

Operating Authority &
Oversize/Overweight Permit

Dept of Transportation
Port of Entry Section
PO Box 141210
Salt Lake City, UT 84114-1210
801-965-4508

Hazardous Materials

Div of Emergency Services
HazMat Program
1100 State Office Bldg
Salt Lake City, UT 84114-1710
801-538-3400

Vermont

CDL Information 802-828-2085

Registration

Dept of Motor Vehicles
Commercial Vehicle Operations/IRP
120 State St
Montpelier, VT 05603-0001
802-828-2071

Fuel Tax/IFTA

Dept of Motor Vehicles
Commercial Vehicle Operations/IFTA
120 State St
Montpelier, VT 05603-0001
802-828-2073

Oversize/Overweight Permit

Dept of Motor Vehicles
Commercial Vehicle Operations/OS-OW
120 State St
Montpelier, VT 05603
802-828-2064

Hazardous Materials

Dept of Environmental Conservation
Waste Management Division
103 S Main St, West Bldg
Waterbury, VT 05671-0404
802-241-3888

Virginia

CDL Information 804-367-1772

Registration, Fuel Tax/IFTA, &
Operating Authority

Dept of Motor Vehicles
Motor Carrier Services
PO Box 27412
Richmond, VA 23269
866-878-2582

Virginia (cont'd)

Oversize/Overweight Permit

DOT
Hauling Permits
1221 E Broad St, 4th Floor
Richmond, VA 23219
804-786-2787

Hazardous Materials

DOT - Maintenance Division
1221 E Broad St, 4th Floor
Richmond, VA 23219
804-371-0890

Washington

CDL Information 360-902-3900

Registration

Dept of Licensing
IRP Section
PO Box 9048
Olympia, WA 98507-9048
360-664-1858

Fuel Tax/IFTA

Dept of Licensing
Fuel Tax Division
PO Box 9228
Olympia, WA 98507-9228
360-664-1868

Operating Authority

Utilities and Transportation Commission
Licensing Department
PO Box 47250
Olympia, WA 98504-7250
888-606-9566
360-753-3111

Oversize/Overweight Permit

Dept of Transportation
Motor Carrier Services
PO Box 47367
Olympia, WA 98504-7367
360-704-6340

Hazardous Materials

State Patrol
Commercial Vehicle Division
PO Box 42614
Olympia, WA 98504-2614
360-753-0350

West Virginia

CDL Information 304-558-2350

Registration

Dept of Motor Vehicles
IRP
1606 Washington St E
Charleston, WV 25321
304-558-3629

West Virginia (cont'd)

Fuel Tax/IFTA

State Tax Dept
IFTA Unit
PO Box 1682
Charleston, WV 25326-1682
304-558-0700
304-558-3629 (decals)

Operating Authority

Public Service Commission
Motor Carrier Section
PO Box 812
Charleston, WV 25323
304-340-0346

Oversize/Overweight Permit

Dept of Transportation
Division of Highways
Building 5
Room A337
State Capitol Complex
Charleston, WV 25305
304-558-0384

Hazardous Materials

Public Service Commission
Motor Carrier Section
PO Box 812
Charleston, WV 25323
304-340-0456

Wisconsin

CDL Information 608-266-2353

Registration

DMV
Motor Carrier Services
IRP Unit – Room 151
PO Box 7955
Madison, WI 53707-7955
608-266-9900 (Interstate)
608-266-1466 (Intrastate)

Fuel Tax/IFTA

DOT - Motor Carrier Tax Section
PO Box 7979
Madison, WI 53707-7979
608-267-4382

Operating Authority

DOT
Motor Carrier Insurance
PO Box 7967
Madison, WI 53707-7967
608-266-1356

Oversize/Overweight Permit

DOT
Motor Carrier Services
OS/OW Permit Unit
PO Box 7980
Madison, WI 53707 -7980
608-266-7320

Wisconsin (cont'd)

Hazardous Materials

Dept of Natural Resources
Bureau of Waste Management
101 S Webster St
Madison, WI 53702
608-266-2111

Wyoming

CDL Information 307-777-4800

Registration

Dept of Transportation/Prorate Section
5300 Bishop Blvd
Cheyenne, WY 82009-3340
307-777-4829

Wyoming (cont'd)

Fuel Tax/IFTA

Dept of Transportation
IFTA
5300 Bishop Blvd
Cheyenne, WY 82009-3340
307-777-4827

Operating Authority

Dept of Transportation
Regulatory Section
5300 Bishop Blvd
Cheyenne, WY 82009-3340
307-777-4850

Wyoming (cont'd)

Oversize/Overweight Permit

Dept of Transportation
Overweight Loads Office
5300 Bishop Blvd
Cheyenne, WY 82009-3340
307-777-4376

Hazardous Materials

Highway Patrol
Division of Motor Carriers
5300 Bishop Blvd
Cheyenne, WY 82009-3340
307-777-4317

****

US DEPT OF TRANSPORTATION

Hazardous Materials Registration

Research & Special Program
Administration: 800-942-6990
http://hazmat.dot.gov/register.htm

****

CANADA

Alberta

Fuel Tax

Alberta Revenue
Tax & Revenue Administration
9811 - 109th St
Edmonton, AB T5K 2L5
780-427-2200

British Columbia

Fuel Tax

Fuel Tax Section
Consumer Taxation Branch
PO Box 9442, Stn Prov Govt
Victoria, BC V8W 9V4
250-387-0635

Manitoba

Fuel Tax

Department of Finance/IFTA
Norquaw Bldg
401 York Ave, Room 101
Winnipeg, MB R3C 0P8
204-945-3194

New Brunswick

Fuel Tax

Department of Finance
IFTA Tax Unit
PO Box 3000
Fredericton, NB E3B 5G5
506-444-5758

Newfoundland

Fuel Tax

Department of Finance
Taxation Division
Confederation Building
PO Box 8720
St John's, NF A1B 4K1
709-729-1786

Northwest Territories

Fuel Tax

Dept of Finance/Tax Administration
PO Box 1320
Yellowknife, NT X1 A L9
867-920-3470

Nova Scotia

Fuel Tax

Dept of Business & Consumer Services
Provincial Tax Commission
Audit & Compliance Division
PO Box 755
Halifax, NS B3J 2V4
902-424-6300

Ontario

Fuel Tax

Ministry of Finance
Motor Fuels Tax Branch
33 King St West
PO Box 625
Oshawa, ON L1H 8H9
905-433-6393

Prince Edward Island

Fuel Tax

Department of the Treasury/Fuel Tax
PO Box 1330
Charlottetown, PE C1A 7N1
902-368-4070

Quebec

Fuel Tax

Ministry of Revenue
3800 rue de Marly
Sainte Foy, PQ G1X 4A5
418-659-4692

Saskatchewan

Fuel Tax

Saskatchewan Finance
Fuel Tax Division
2350 Albert St, 3rd Floor
Regina, SK S4P 4A6
306-787-7749

Yukon

Fuel Tax

Department of Finance/IFTA
PO Box 2703
Whitehorse, YT Y1A 2C6
867-667-5345

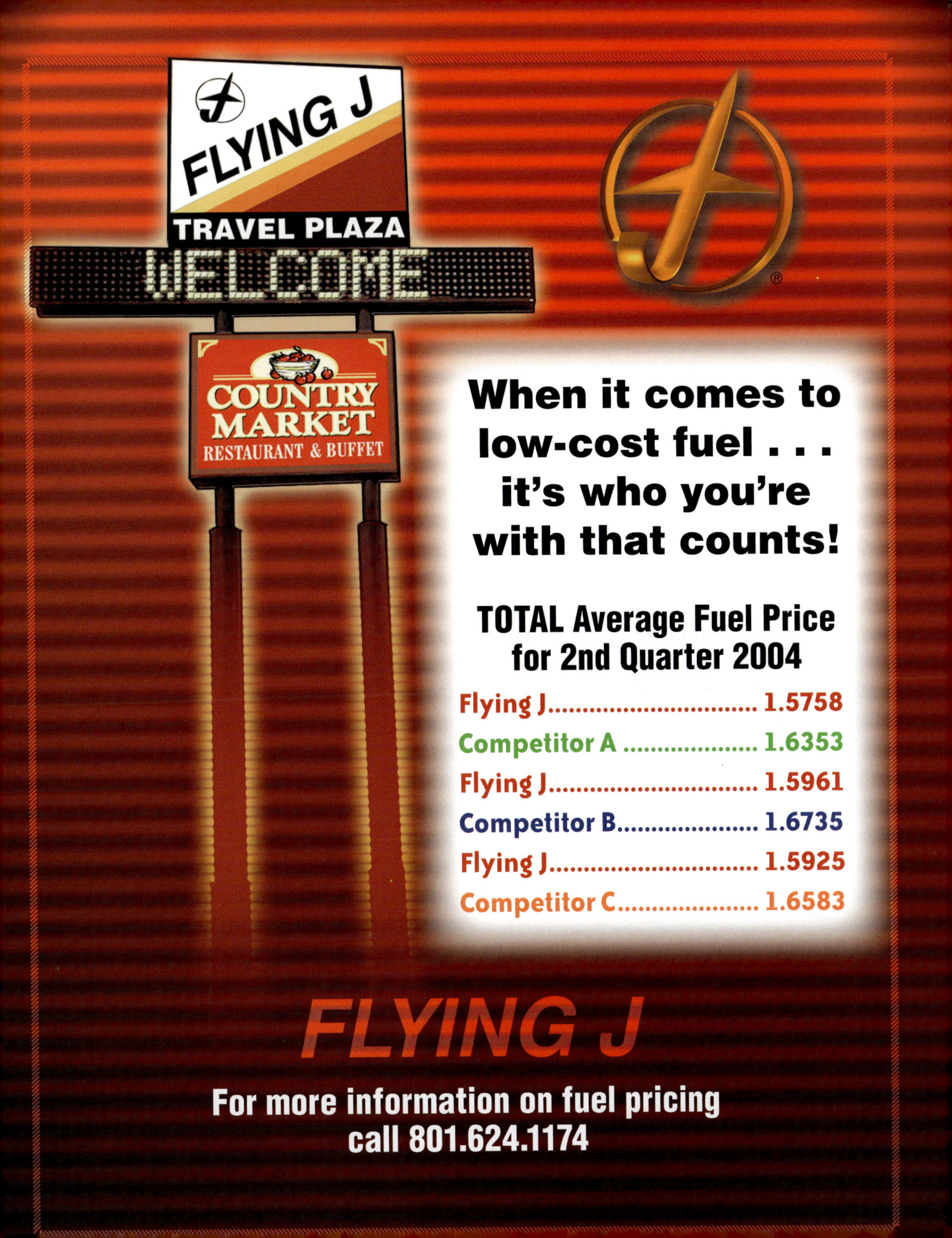
FLYING J
TRAVEL PLAZA
WELCOME
COUNTRY MARKET
RESTAURANT & BUFFET
When it comes to low-cost fuel . . . it's who you're with that counts!
TOTAL Average Fuel Price for 2nd Quarter 2004
Flying J 1.5758
Competitor A 1.6353
Flying J 1.5961
Competitor B 1.6735
Flying J 1.5925
Competitor C 1.6583
FLYING J
For more information on fuel pricing call 801.624.1174

Websites for state departments of transportation

Alabama	www.dot.state.al.us
Alaska	www.dot.state.ak.us
Arizona	www.dot.state.az.us
Arkansas	www.ahtd.state.ar.us
California	www.dot.ca.gov
Colorado	www.dot.state.co.us
Connecticut	www.ct.gov/dot
Delaware	www.deldot.net
Florida	www.dot.state.fl.us
Georgia	www.dot.state.ga.us
Idaho	www.itd.idaho.gov
Illinois	www.dot.state.il.us
Indiana	www.in.gov/dot
Iowa	www.dot.state.ia.us
Kansas	www.ksdot.org
Kentucky	www.kytc.state.ky.us
Louisiana	www.dotd.state.la.us
Maine	www.maine.gov/mdot
Maryland	www.mdot.state.md.us
Massachusetts	www.mhd.state.ma.us
Michigan	www.michigan.gov/mdot
Minnesota	www.dot.state.mn.us
Mississippi	www.gomdot.com
Missouri	www.modot.state.mo.us
Montana	www.mdt.state.mt.us
Nebraska	www.dor.state.ne.us
Nevada	www.nevadadot.com
New Hampshire	www.state.nh.us/dot
New Jersey	www.state.nj.us/transportation
New Mexico	www.nmshtd.state.nm.us
New York	www.dot.state.ny.us
North Carolina	www.ncdot.org
North Dakota	www.state.nd.us/dot
Ohio	www.dot.state.oh.us
Oklahoma	www.okladot.state.ok.us
Oregon	www.oregon.gov/odot
Pennsylvania	www.dot.state.pa.us
Rhode Island	www.dot.state.ri.us
South Carolina	www.dot.state.sc.us
South Dakota	www.sddot.com
Tennessee	www.tdot.state.tn.us
Texas	www.dot.state.tx.us
Utah	www.udot.utah.gov
Vermont	www.aot.state.vt.us
Virginia	www.virginiadot.org
Washington	www.wsdot.wa.gov
West Virginia	www.wvdot.com
Wisconsin	www.dot.state.wi.us
Wyoming	www.dot.state.wy.us

Websites for provincial departments of transportation

Alberta	www.trans.gov.ab.ca
British Columbia	www.gov.bc.ca then select Ministries & Organizations Then select Transportation
Labrador	www.gov.nf.ca/wst
Manitoba	www.gov.mb.ca/tgs
New Brunswick	www.gnb.ca/0113
Newfoundland	www.gov.nf.ca/wst
Nova Scotia	www.gov.ns.ca/tran
Ontario	www.mto.gov.on.ca
Prince Edward Island	www.gov.pe.ca/tpw
Quebec	www.mtq.gouv.qc.ca
Saskatchewan	www.highways.gov.sk.ca
Yukon	www.hpw.gov.yk.ca/trans
Transport Canada	www.tc.gc.ca

Other Links of Interest

Federal Highway Administration

www.fhwa.dot.gov

HazMat Safety

http://hazmat.dot.gov

National Traffic and Road Closure Information

www.fhwa.dot.gov/trafficinfo

National Weather Service

www.weather.gov

National Truck Stop Directory

www.truckstops.com

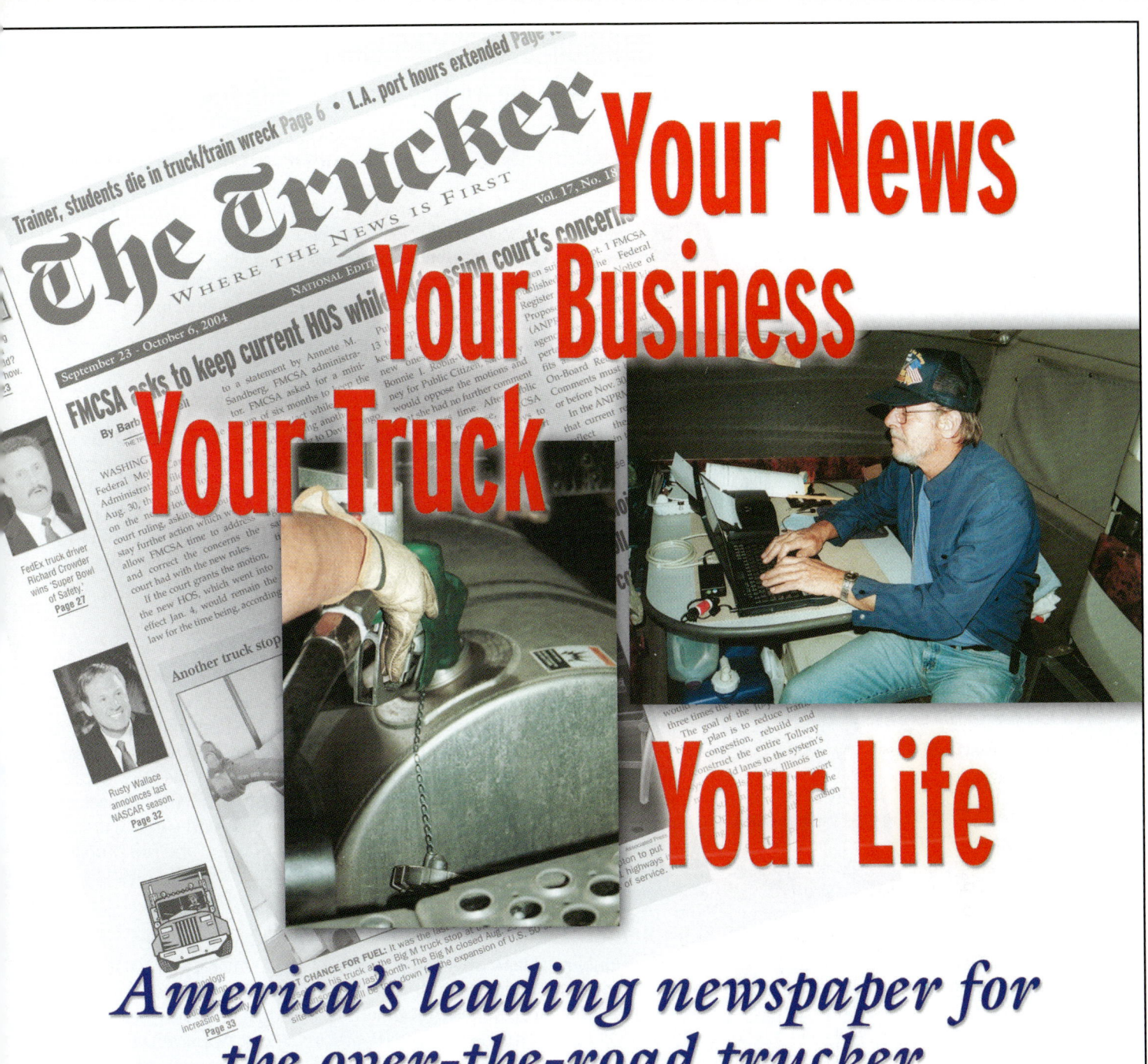

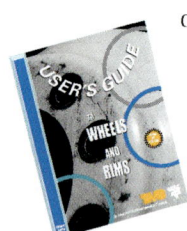

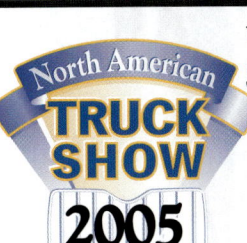

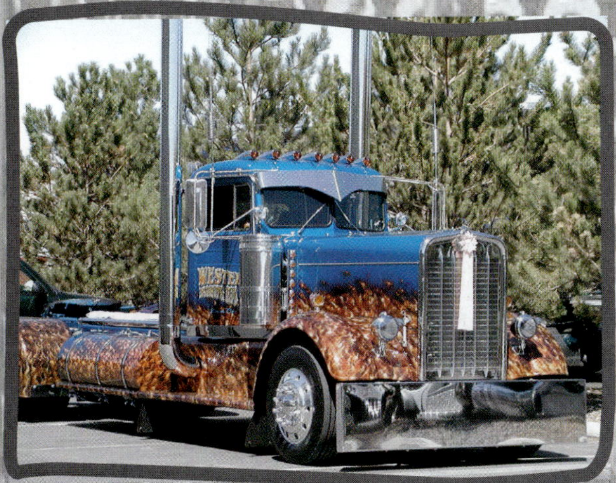

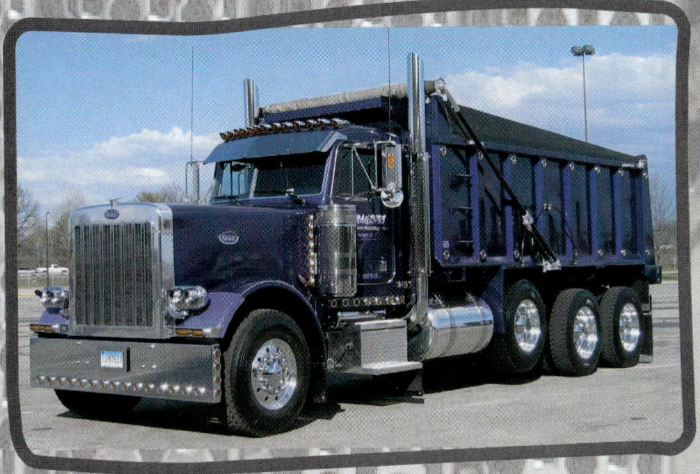

KEY TO LOGOS

AMBEST Travel Plazas

Bridgestone/Firestone National Accounts

CAT Scale

DAT Load Board

Flying J Travel Plazas

Petro Stopping Centers

TravelCenters of America

Truckstop.net WiFi

LETTER FROM THE PUBLISHER

Dear Friends,

Thank you for using the 19th annual edition of *The Trucker's Friend - The National Truck Stop Directory*. Each new edition of *The Trucker's Friend* contains hundreds of new diesel locations as well as thousands of changes in service availability. The 2005 edition is no exception. What it does NOT contain are approximately 300 locations that have closed or stopped selling diesel since last year. You can now keep your new directory current throughout the year by signing up for free email updates at **www.truckstops.com**. A brand new feature for 2005 is a column for document scanning services. The new edition also has expanded WiFi hotspots listings, and the newly renumbered Maine exits and interstates. When driving in California, please be aware that the state is still in the process of numbering its interstate exits and that many exit signs do not as yet display the exit numbers.

Each listing in *The Trucker's Friend* is completely updated annually. However, if a particular service is essential to you, we recommend you call ahead in case there has been a change since publication. This is especially true for anyone looking for HazMat parking, since local zoning regulations can change.

Over 100,000 drivers each year rely on us to provide accurate and useful information. At *The Trucker's Friend*, our goal is to list ALL diesel locations that can accommodate Class 8 vehicles. If you find a location we do not list, or inaccurate information, please let us know. You can drop us a note, call us toll-free at 1-800-338-6317, or send us an email at corrections@truckstops.com.

For drivers who prefer a different format, we publish another diesel fuel directory called *Fuel Finder*. It contains all the same diesel locations as *The Trucker's Friend*, but they are presented in interstate-encounter order as well as in alphabetical order by city. Also, *Fuel Finder* uses icons instead of a grid format to denote services available.

For our RVing friends, we identify truck stops that welcome RVs. These locations generally will permit RVs to park overnight if space is available. This does not mean, however, that you can camp. Always ask for permission first at the fuel desk - just in case management policy has changed. RVers usually request our sister publication, *The RVer's Friend*, which lists state and national parks, ACOE campgrounds, and rest areas with dump stations (in addition to all the truck stop locations found in *The Trucker's Friend*).

Visit our website at **http://www.truckstops.com**. There you can access the interactive *Trucker's Friend*. You'll be able to plan your stops by interstate, services desired, truck/travel plaza chains, and much more! Subscriptions are now available. You get 100 unrestricted searches for only $9.95. The site is continually updated. Come try a limited search for free.

Have a good year and drive safely.

Tracy A. Brice
Publisher

STATE LISTINGS

INDEX TO ADVERTISERS

CONTACTS

Any comments, suggestions, or requests should be directed to:
Tracy A. Brice, Publisher (tbrice@truckstops.com).
For database or mailing list information, please contact:
Robert de Vos (rdevos@truckstops.com).
For advertising information, please contact:
Barrie Gustard (bgustard@truckstops.com).
For free listing information, please contact:
Helen Burgess (hburgess@truckstops.com).

For quantity discounts, please call us at 800-338-6317. Single copies may be obtained from the publisher by mailing US$12.95 + $3.85 postage, or may be charged to VISA or MasterCard on the web at www.truckstops.com or by calling 800-338-6317, 9AM-5PM Eastern, M-F.

GENERAL INFORMATION

The Trucker's Friend has been published yearly since 1986 by TR Information Publishers.

PO Box 476, Clearwater, FL 33757
Telephone: 800-338-6317
Fax: 727-443-4921

NOTE: All information contained in this book has been obtained from sources believed to be reliable. But, because of the possibility of errors and because of possible changes in service availability, TR Information Publishers assumes no responsibility for its accuracy or completeness.

ALABAMA

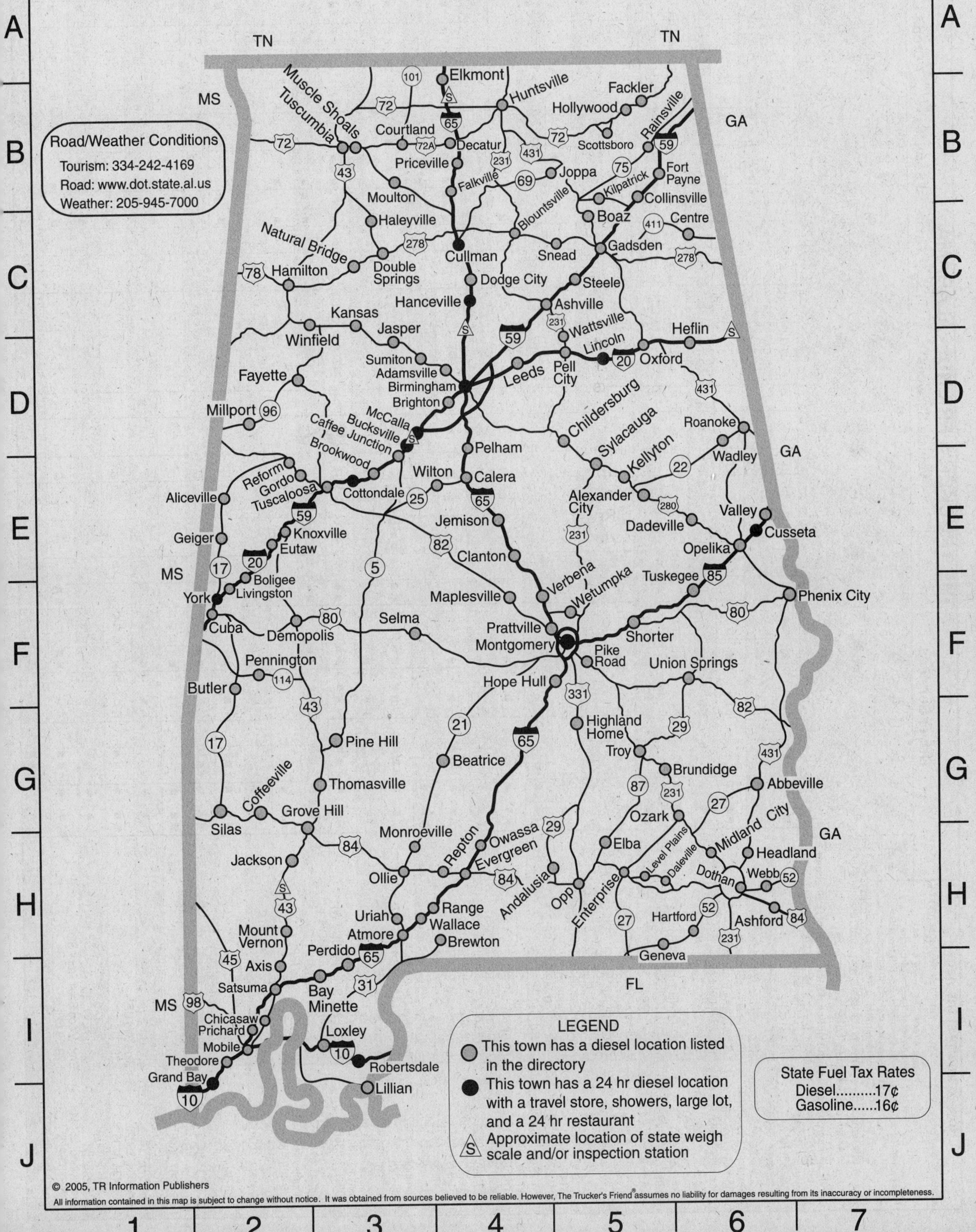

Road/Weather Conditions
Tourism: 334-242-4169
Road: www.dot.state.al.us
Weather: 205-945-7000
TN
MS
GA
FL
Elkmont
Huntsville
Fackler
Hollywood
Scottsboro
Rainsville
Muscle Shoals
Tuscumbia
Courtland
Decatur
Priceville
Falkville
Joppa
Fort Payne
Kilpatrick
Collinsville
Moulton
Haleyville
Blountsville
Boaz
Centre
Natural Bridge
Cullman
Snead
Gadsden
Hamilton
Double Springs
Dodge City
Steele
Hanceville
Ashville
Kansas
Jasper
Winfield
Wattsville
Heflin
Lincoln
Oxford
Sumiton
Adamsville
Birmingham
Brighton
Leeds
Pell City
Fayette
Millport
Childersburg
McCalla
Bucksville
Caffee Junction
Brookwood
Sylacauga
Roanoke
Pelham
Kellyton
Wadley
Reform
Gordo
Tuscaloosa
Cottondale
Wilton
Calera
Alexander City
Aliceville
Dadeville
Valley
Cusseta
Jemison
Geiger
Knoxville
Eutaw
Clanton
Opelika
Boligee
Livingston
York
Verbena
Wetumpka
Tuskegee
Maplesville
Phenix City
Cuba
Demopolis
Selma
Prattville
Montgomery
Shorter
Pike Road
Pennington
Union Springs
Butler
Hope Hull
Highland Home
Pine Hill
Beatrice
Troy
Brundidge
Thomasville
Abbeville
Coffeeville
Grove Hill
Silas
Ozark
Midland City
Monroeville
Owassa
Repton
Evergreen
Elba
Level Plains
Daleville
Headland
Jackson
Ollie
Andalusia
Opp
Enterprise
Dothan
Webb
Range
Uriah
Wallace
Atmore
Hartford
Ashford
Mount Vernon
Brewton
Perdido
Axis
Geneva
Satsuma
Bay Minette
Chicasaw
Prichard
Mobile
Loxley
Theodore
Robertsdale
Grand Bay
Lillian
101
72
72A
65
431
231
69
75
59
43
411
278
78
20
96
22
25
280
82
5
17
85
80
114
21
331
29
87
27
84
52
45
98
31
10
LEGEND
This town has a diesel location listed in the directory
This town has a 24 hr diesel location with a travel store, showers, large lot, and a 24 hr restaurant
Approximate location of state weigh scale and/or inspection station
State Fuel Tax Rates
Diesel..........17¢
Gasoline.....16¢
A
B
C
D
E
F
G
H
I
J
1
2
3
4
5
6
7

THE TRUCKER'S FRIEND® - ALABAMA

How to interpret the page

■means available at truck stop □means available nearby

in the overnight lot column:
S means room for 5 - 24 trucks
M means room for 25-74 trucks
L means room for 85-149 trucks
XL means room for 150+ trucks
$ means a parking fee may be charged

code at left-hand side of rows is the state map grid reference
a key to advertising logos is on page 25

Services may change without notice. When in doubt, call ahead.

Column headings — Motor Fuel: Truck Diesel, Self Service Diesel, Metered Propane, Gasoline. Driver Services — Parking: Overnight Lot ($), Paved Lot, Trailer Drop, Electric Plug-Ins, Safe Haven/Hazmat; Food: Restaurant, Fast Food, Table Phones; Stores: Motel, Convenience, Trucker/Travel, Shopping Center, Walmart/Kmart, Grocery; Showers: Ladies', Men's, TV/Drivers Lounge, Laundry; Communications: Load Monitor, Internet Kiosk, Wi-Fi Hotspots, Document Scanning, Public Fax/Copier, UPS/FedEx/Trippak Box, Religious Services, State Lottery. Vehicle Services — Scales: Axle, Platform, Certified; Tires: Repairs, New Tire Sales; Repairs: Shop Open 24 Hrs, DOT Inspection, Major Repairs, Minor Repairs, Oil Change/Lube, Minor Welding, AC/Reefer; Road Svcs: CB, Tire, Mechanical, Towing; Wash: Truck (Exterior), Trailer Washout. RV Info: RVs Welcome, Dumping Station, Propane (Bottle). Financial Services (C=Checks, F=Fuel Cards, B=Both): ATM, Can Wire Money Out, Money Orders, NATSO Check-Link, Western Union, Voyager/Wright Express, Comdata (Comchek), EFS, Fuel Man, Multi Service, TCH, T-Chek. Permit Svcs: Fleet One, Buy/Pay at Fuel Desk, All Prepaid Permit Svcs. Credit Cards: American Express, Visa/Mastercard, Discover.

Grid	City / Phone	Truck Stop / Location	Motor Fuel & Parking	Food, Stores, Showers	Communications	Scales & Tires	Repairs, Road Svcs, Wash	RV Info	Financial Services	Permit Svcs / Credit Cards
G 6	Abbeville, 36310 334-585-3066	BP Food Mart #109 US 431 & AL 27	■ ■ ■ S ■	□ □ □ ■ □ □	□	F C F □	□ □ □ □ □ □ □ □ □ □ □		■ V W B B B	B B ■ ■ ■ ■
D 4	Adamsville, 35005 205-674-9003	M&K One Stop 5317 Veterans Memorial Pkwy	■ ■ ■	□ □ ■ □ □		□			■ ■ W	■ ■ ■
E 5	Alexander City, 35010 256-234-7752	Shop-N-Fill #3 (Chevron) US 280 (3 mi E of town)	■ ■ ■	□ ■ □ ■ □ □	□	□			■ ■ V W B F	■ ■ ■
E 2	Aliceville, 35442 205-373-8619	McBride Tire & Service Center (BP) 508 AL 17 S	■ ■ ■ $M ■	□ □ □ ■ □	□	F C □ □ □	■ ■ ■ ■ ■	■	V W C C F	C C ■ ■ ■ ■
H 5	Andalusia, 36420 334-222-2036	McCann's US 29-84 NE & US 29 Bus	■ ■ ■	□ ■ □ ■ □ □ □	□	□	□ □ □ □ □ □ □ □ □ □ □ □			C ■ ■ ■
H 6	Ashford, 36312 334-899-6257	Twin Oaks Conoco 9416 E US 84	■ ■ ■	□ □ ■ □ □	□	□	□ □ □ □ □ □		■ W C F	■ ■ ■
C 4	Ashville, 35953 205-594-3396	Martin Food Mart (Chevron) I-59 Exit 166 (US 231)	24 HRS ■ ■ ■ S ■	□ □ ■ □ □	□	□ □	□ □ □ □ □ □ □ □ □ □	■ □ ■	■ V W B	B B B ■ ■ ■
C 4	Ashville, 35953 205-594-3453	Bama Chevron I-59 Exit 166 (US 231)	■ ■ ■	□ ■ □	□	F C □			■ ■ V W B B	B B B B ■ ■ ■ ■
H 3	Atmore, 36502 251-368-8771	Diamond Gasoline # 4 (BP/Amoco) 303 W Howard St	24 HRS ■ ■	□ □ □ ■ □ □ □	□	□	□ □ □ □ □ □ □ □ □		■ W F	■ ■ ■
H 3	Atmore, 36502 251-446-8065	Diamond Gasoline #21 (BP) I-65 Exit 54	24 HRS ■ ■ M	■ ■		□	□ □ □	■	■ ■ V W B B F	B ■ ■ ■ ■
H 3	Atmore, 36502 251-368-3913	RJ's (Exxon) I-65 Exit 57 (AL 21)	■ ■ ■ S	■ □ ■		F C □		■	V W	■ ■ ■
I 2	Axis, 36505 251-679-1923	Energize Restaurant & Grille 11775 US 43 (3.5 mi N of I-65 Exit 19)	■ ■ ■ S ■ ■	■ ■	■ ■	F C □		■ ■	W	■ ■ ■ ■
I 3	Bay Minette, 36507 251-937-5265	Minute Stop #159 (Shell) I-65 Exit 31 (AL 225 NW)	24 HRS ■ ■ S ■ ■	■ ■		F C □	□ □ □ □ □ □ □	■ □ ■	■ ■ V W B B F	B B B ■ ■ ■ ■
G 4	Beatrice, 36425 251-789-2283	Econ #16 15203 AL 21 (3 mi N of town)	■ ■ ■	■					■ W F	■ ■ ■
D 4	Birmingham, 35204 205-324-4532	Pilot Travel Center #369 I-20-59 Exit 123 (US 78 W - 3/4 mi)	24 HRS ■ ■ L ■ ■	□ ■ ■ □ ■ ■ □ □	■ ■ ■ DAT ⏻	F C U F T □ CAT	□ □ □ □ □ □ □ □ □ □ □	■	■ ■ ■ ■ V W B B F B	B B ■ ■ ■ ■
D 4	Birmingham, 35234 205-808-3879	Cowboy's Food Mart #51 I-20-59 Exit 128 (AL 79 N)	24 HRS ■ ■ M ■	□ ■ □ ■ □ ■ ■	□	F C U F □	□ □ □		■ ■ ■ V W B B F B B	B B ■ ■ ■ ■
D 4	Birmingham, 35204 205-323-8556	Food -N- Gas (Conoco) I-65 Exit 262 B (Finley Blvd W)	24 HRS ■ ■ S ■ ■	□ ■ ■ □ ■ ■ □ □ □	■ ■ ■	F C U F □ CAT	□ □ □ □ □ □ □ □ □ □ □ □ □	■	■ ■ ■ ■ V W B B F B B	B B ■ ■ ■ ■
D 4	Birmingham, 35207 205-323-2177	Flying J Travel Plaza #05091 I-65 Exit 264 (AL 94)	(logo) 24 HRS ■ ■ ■ XL ■ ■	24 HRS ■ ■ □ ■ ■ □ ■ ■ □	■ ■ ■ ■ (logos)	F C T F (logo)	□ □ □ □ □	■ ■ ■	■ V W B	B B B ■ ■ ■ ■
C 4	Blountsville, 35031 205-429-4391	Rainbow Fuel Stop (BP) US 231 & US 278	24 HRS ■ ■ S ■	□ ■				■	■ V W B	B ■ ■ ■
C 5	Boaz, 35957 256-593-1779	Cowboy's Food Mart #26 2242 US 431	24 HRS ■ ■	□ □ □ ■ □ □ □	□	□	□ □ □ □ □ □ □ □		■ ■ ■ V W B B F B B B	■ ■ ■
C 5	Boaz, 35957 256-840-5030	Boaz Fuel Stop (Pure) US 179	■ ■ ■ S ■	□ ■ □ ■ ■		F C □	□ □ □ □ □	■ ■	F	■ ■ ■
E 2	Boligee, 35443 205-336-8438	Boligee Truck Stop (BP) I-20-59 Exit 32 (CR 20)	■ ■ ■ M ■ ■	24 HRS ■ ■ ■ ■ ■ ■		F □	□ □ □ □ □ □ □ □ □ □ □ □	■ □	■ V W B F	B B B ■ ■ ■ ■
H 4	Brewton, 36426 251-867-3696	Diamond Gasoline # 5 (BP/Amoco) 1713 US 31	24 HRS ■ ■	□ □ □ ■ □ □ □	□	□			■ ■ W B B F	■ ■ ■
H 4	Brewton (East), 36426 251-867-2739	Minute Stop #154 (Shell) 400 US 29/AL 41	24 HRS ■ ■	□ ■ □ ■ □ □	□	□ □	□ □ □ □ □ □ □		■ ■ ■ V W B C F	B C C ■ ■ ■
D 4	Brighton, 35020 205-428-9105	Blue Bird BP 5201 US 11	■ ■ ■ S ■ ■	□ □ □ ■ □ □ □	□	□ □		■	V W	■ ■ ■
D 4	Brighton, 35020 205-428-8991	I-20/59 Travel Center (Chevron) I-20-59 Exit 113	24 HRS ■ ■ S ■ ■	□ ■ □ ■ □ □ □	□	F C □	□ □ □ □ □ □ □ □	■	■ ■ V W B B F B B	B B ■ ■ ■ ■
E 3	Brookwood, 35444 205-553-6228	Brookwood Shell Truck Stop I-20-59 Exit 86	24 HRS ■ ■ M ■ ■	24 HRS ■ ■ ■ ■ ■		F C □	□ □ □	■ □	■ V W B C	B B ■ ■ ■ ■
G 5	Brundidge, 36010 334-735-2999	Hobo Pantry #24 (Chevron) US 231 & AL 10 E	24 HRS ■ ■ S ■ ■	□ □ ■ □	□	F C □	□ □ □ □ □ □ □ □	■ ■ ■	■ V W B F	B B B ■ ■ ■ ■

THE TRUCKER'S FRIEND® - ALABAMA

How to interpret the page

■ means available at truck stop □ means available nearby

in the overnight lot column:
- S means room for 5 - 24 trucks
- M means room for 25-74 trucks
- L means room for 85-149 trucks
- XL means room for 150+ trucks
- $ means a parking fee may be charged

code at left-hand side of rows is the state map grid reference

a key to advertising logos is on page 25

Services may change without notice. When in doubt, call ahead.

Column headings: Driver Services — MOTOR FUEL: Truck Diesel, Self Service Diesel, Metered Propane, Gasoline; PARKING: Overnight Lot ($), Paved Lot, Trailer Drop, Electric Plug-ins; FOOD: Safe Haven/Hazmat, Restaurant, Fast Food; STORES: Table Phones, Motel, Convenience, Trucker/Travel, Shopping Center, Walmart/Kmart, Grocery; SHOWERS: Ladies', Men's; TV/Drivers Lounge, Laundry; COMMUNICATION: Load Monitor, Internet Kiosk, Wi-Fi Hotspots, Document Scanning, Public Fax/Copier, UPS/FedEx/TripPak Box, Religious Services, State Lottery. Vehicle Services — SCALES: Certified, Platform, Axle; TIRES: New Tire Sales, Repairs; REPAIRS: Shop Open 24 Hrs, DOT Inspection, Major Repairs, Minor Repairs, Oil Change/Lube, Minor Welding, AC/Reefer; ROAD SVCS: CB, Tire, Mechanical, Towing; WASH: Truck (Exterior), Trailer Washout. RV Info: RVs Welcome, Dumping Station, Propane (Bottle). Financial Services (C=Checks, F=Fuel Cards, B=Both): ATM, Money Out, Can Wire Money Out, Money Orders, NATSO Check-Link, Western Union, Wright Express, Voyager, Comdata (Comchek), EFS, Fuel Man, Multi Service, TCH, T-Chek, Fleet One, Buy/Pay at Fuel Desk. Permit Svcs: All Prepaid Permit Svcs. Credit Cards: American Express, Visa/Mastercard, Discover.

Grid	Location / Phone	Truck Stop / Address	Motor Fuel / Parking	Overnight Lot / Food	Stores	Showers / Communication	Scales	Tires / Repairs	Road Svcs	Wash / RV Info	Financial Services	Permit Svcs / Fuel Cards	Credit Cards
D 3	Bucksville, 35111 205-477-9178	PETRO Petro Stopping Center #19 I-20-59 Exit 100	24 HRS ■ ■	XL ■ ■	24 HRS ■ □ ■ ■	■ ■ ■ ■ DAT ■ ⏻ ■	F C U F T	□ CAT BF	■ □ ■ ■ □	■ ■ □	■ ■ ■ ■	V W B B B B B	■ ■ ■ ■ ■
F 2	Butler, 36904 205-459-5775	GOCO's #1 (Exxon) 800 AL 17 S (1/2 mi S of AL 10)	24 HRS ■ ■	S ■ ■	□ ■ □ ■	□ ■ ■ □		□ □ □	□ □ □ □	□ □ □	■ □ ■	W	■ ■ ■
E 3	Caffee Junction, 35111 205-477-0702	Caffee Junction BP I-20-59 Exit 97	24 HRS ■ ■	S	□ ■ ■		F C				■ ■	V W B F	■ ■ ■ ■
E 3	Caffee Junction, 35111 205-477-9131	Rajpari Texaco I-20-59 Exit 97 (US 11 & AL 5)	■ ■ ■	M ■ ■	□ □ ■			□		□ □ □	■ ■ ■	V W B F B B B	■ ■ ■
E 4	Calera, 35040 205-668-2950	Speed Track (Shell) I-65 Exit 228 (AL 25 N)	24 HRS ■ ■	M ■ ■	□ ■ ■ □ ■ ■	■ ■	F C	□ □ □	□ □	□ □ □	■ ■ ■	V W B B F B B B	■ ■ ■ ■
C 6	Centre, 35960 256-927-7700	Grub Mart #13 (Amoco/BP) 1700 US 411	24 HRS ■ ■	S ■ ■	□ ■ □ ■	□ □ □	F C □	□ □ □	□ □ □ □	□ □ □	■ ■ ■ ■	W B B B B	■ ■ ■ ■
I 2	Chicasaw, 36611 251-456-4369	Chicasaw Shell US 43	■ ■ ■		□ ■ □ ■	□ □ □ □	F C	□ ■ ■ ■ ■ □ □	□ □		□ ■ ■ ■	V W F	■ ■ ■ ■
D 5	Childersburg, 35044 256-378-3876	Cowboy's Food Mart #37 3234 US 280	24 HRS ■ ■	S ■ ■	□ □ □ ■	□ □ □	F C □	□ □ □	□ □	□ □ □ □	■ □ ■ ■ ■	V W B B F B B B B	■ ■ ■ ■
E 4	Clanton, 35046 205-755-9790	Sunny Foods # 6 (Shell) I-65 Exit 205 (US 31 S)	24 HRS ■ ■		□ □ □ ■	□ □ □		□ □ □	□ □ □	□ □ □	□ ■ ■	V W B F	■ ■ ■
E 4	Clanton, 35045 205-755-3283	The Store #1 (BP) I-65 Exit 205 (US 31 W)	24 HRS ■ ■	M ■	■ ■ □ ■	□ □ □	U F	□ □	□ □	□ □ □	■ □ ■	V W B B F B B B B	■ ■ ■
E 4	Clanton, 35045 205-755-8811	Allen's Food Mart #60 (Exxon) I-65 Exit 208	24 HRS ■ ■		□ □ ■	□ □		□ □ □		□ □ □	■ ■ ■	W B B F B	■ ■ ■
E 4	Clanton, 35045 205-755-0758	Headco Truck Stop I-65 Exit 212 (AL 145 W)	24 HRS ■ ■	M ■ ■	□ ■ ■ ■ ■	■	F C	□ □ □	□ □ □	□ □ □	■ ■	V W B B B B B	■ ■ ■ ■
G 2	Coffeeville, 36524 251-276-0185	Goco #6 (Exxon) US 84 & AL 69	24 HRS ■ ■	S ■	□ ■ ■	□		□		□ □ □	■ □ ■	V W B B B	■ ■ ■
B 5	Collinsville, 35901 256-524-4040	Conoco I-59 Exit 205 (AL 68)	■ ■ ■	S ■ ■	□ □ ■	□ □	F C	□		□ □ □	■ ■	V W B F	■ ■ ■ ■
F 6	Cottondale, 35453 205-633-2155	WilcoHess Travel Plaza #5501 I-20-59 Exit 77	24 HRS ■ ■	M ■ ■	□ ■ □ ■ ■	□ ■ ■ ■ DAT	F C T	□ CAT □ □	□ □ □ □	□ □ □ □ □	■ ■ ■ ■	V W B B F B B B B	■ ■ ■ ■
E 3	Cottondale, 35453 205-554-0215	TA TravelCenters of America/Tuscaloosa I-20-59 Exit 77 (Buttermilk Rd)	24 HRS ■ ■ ■ ■	XL ■ ■	24 HRS ■ ■ ■ ■	■ ■ ■ ■ DAT TA ■	F C U F T	■ CAT BF	■ ■ ■ □ ■ ■ ■ A R	■ ■ □ ■ ■	■ ■ ■ ■ ■ ■	V W B B F B B B	■ ■ ■ ■ ■
B 3	Courtland, 35618 256-637-2242	Sibley Food/Fuel (Chevron) AL 20 & Hwy 150	24 HRS ■ ■	M ■ ■	□ ■ ■	□ ■ ■ □	F C	□ □ □	□ □ □ □ □	□ □ □	■ □ ■	W B B F B B B B	■ ■ ■ ■
F 2	Cuba, 36907 205-392-7821	Rocking Chair 66 I-20-59 Exit 1 (US 80)	24 HRS ■ ■	M ■ ■	24 HRS ■		F C	□ □ □	□ □ □	□ □ □	■ ■	V W B B F B B B B	■ ■ ■ ■
C 4	Cullman, 35056 256-739-0220	Jack's Truck Stop (Shell) I-65 Exit 304 (AL 69 NE)	24 HRS ■ ■	XL ■ ■	24 HRS □ ■ ■ ■ ■	□ □ □ ■ ■ ■ □ DAT	F C U F T	□ ■ ■ ■ ■ ■ ■	■ ■ ■ A R □	■ ■ ■ ■ ■	■ □ ■ ■ ■ ■	V W B B F B B B B	■ ■ ■ ■ ■
C 4	Cullman, 35055 256-734-2266	Westside Shell I-65 Exit 308 (US 278E - 1.5 mi to US31)	■ ■ ■		□ ■ □ ■	□ □ □		□		□	■		■ ■ ■
E 6	Cusseta, 36852 334-756-3161	AMBEST Bridges Travel Plaza (Shell) I-85 Exit 70	24 HRS ■ ■	L ■ ■	24 HRS ■ ■ ■ ■	■ ■ ■ ■ DAT	F C U F T	■ CAT BF	□ ■ ■ ■	■ ■ □	■ ■ ■ ■	V W B B B B B	■ ■ ■ ■
E 6	Dadeville, 36853 256-825-7998	Dadeville Truck Stop (Pure) 17223 US 280 (1 mi N of town)	■ ■ ■	S ■	□ ■	□ □		□			■	B B	■ ■ ■
H 5	Daleville, 36322 334-503-9946	Big Little Store #16 (Chevron) 35 US 84 W & AL 85	24 HRS ■ ■		□ ■ □ ■	□ □	F C □	□			□ ■ ■ ■	V W B F	■ ■ ■ ■
B 4	Decatur, 35601 256-355-2556	Hill's BP Truck Stop 2508 AL 24 (5 mi W)	■ ■ ■ ■ ■	S ■	□ □ □ ■	□ □ □		□		□ □ □	■	V W B F B B	■ ■ ■
B 4	Decatur, 35601 256-340-1000	JT's Quick Stop (66) 2808 AL 24 (5 mi W)	■ ■ ■	S ■	□ ■ □ ■	□ □ □ □	□	□ □ □	□ □ □ □ □ □ □	□ □ □ □	■ ■	V W B B B B B	■ ■ ■
F 2	Demopolis, 36732 334-289-4212	Diamond Gasoline # 9 (BP/Amoco) 1316 US 43-80 E	24 HRS ■ ■		□ ■ □ ■	□ □ □	□	□	□ □ □	□	■ ■	V W B F	■ ■ ■
F 2	Demopolis, 36732 334-289-3126	Parr's Hwy 80 Chevron 510 US 43-80	24 HRS ■ ■	M ■ ■	■ □ ■ ■	□ □ □	F	□ □ □ □	□ □ □ □ □ □ □	□ □ □ □ □	■ □ ■ ■	V W B B F B B B	■ ■ ■
C 4	Dodge City, 35077 256-287-1050	69 Chevron I-65 Exit 299 (851 AL 69 S)	■ ■ ■		□ □ ■	□		□ □ □	□ □ □ □	□ □ □ □ □	■	V W	■ ■ ■

THE TRUCKER'S FRIEND® - ALABAMA

How to interpret the page

■ means available at truck stop □ means available nearby

in the overnight lot column:
- S means room for 5 - 24 trucks
- M means room for 25-74 trucks
- L means room for 85-149 trucks
- XL means room for 150+ trucks
- $ means a parking fee may be charged

code at left-hand side of rows is the state map grid reference
a key to advertising logos is on page 25

Services may change without notice. When in doubt, call ahead.

Column headings: MOTOR FUEL (Truck Diesel, Self Service Diesel, Metered Propane, Gasoline); Driver Services — PARKING (Overnight Lot ($), Paved Lot, Trailer Drop, Electric Plug-Ins, Safe Haven/Hazmat), FOOD (Restaurant, Fast Food, Table Phones), STORES (Motel, Convenience, Trucker/Travel, Shopping Center, Walmart/Kmart, Grocery), SHOWERS (Ladies, Men's, TV/Drivers Lounge, Laundry), COMMUNICATIONS (Load Monitor, Internet Kiosk, WiFi Hotspots, Document Scanning, Public Fax/Copier, UPS/FedEx/Tripak Box, Religious Services, State Lottery); Vehicle Services — SCALES (Axle, Platform, Certified), TIRES (Repairs, New Tire Sales), REPAIRS (Shop Open 24 Hrs, DOT Inspection, Major Repairs, Minor Repairs, Oil Change/Lube, Minor Welding, AC/Reefer), ROAD SVCS (CB, Tire, Mechanical, Towing), WASH (Truck (Exterior), Trailer Washout); RV Info (RVs Welcome, Dumping Station, Propane (Bottle)); Financial Services (ATM, Can Wire Money Out, Money Orders, Natso Check-Link, Western Union, Voyager/Wright Express, Comdata (Comchek) — C=Checks, F=Fuel Cards, B=Both); Permit Svcs (EFS, Fuel Man, Multi Service); Credit Cards (TCH, T-Chek, Fleet One, Buy/Pay at Fuel Desk, All Prepaid Permit Svcs, American Express, Visa/Mastercard, Discover)

Code	Location / Phone	Truck Stop / Address	Motor Fuel	Driver Services	Vehicle Services	RV Info	Financial Services	Permit Svcs / Credit Cards
H 6	Dothan, 36303 334-712-4355	Inland Sunstop #650 2357 US 431 N Bypass	■ ■	■ □ ■ □	F C □ □ □ □ □ □		■ V W	B B F B B B ■ ■ ■ ■
H 6	Dothan, 36303 334-793-9306	Hobo Pantry # 6 (Chevron) 735 Ross Clark Circle NE (N of AL 52)	24 HRS ■	■ M ■ □ □ □ ■ □ □ □	□ □	□ □ □	■ ■ ■ V W	B B F B B ■ ■ ■
H 6	Dothan, 36303 334-678-8699	Cowboy's Food Mart #11 US 431-231 Bypass	24 HRS ■	■ □ □ □ ■ □ □ □ □	F C □ □ □ □ □ □	□ □ □	■ ■ ■ V W	B B F B B B B ■ ■ ■ ■
C 3	Double Springs, 35553 205-489-5293	Taylor Tire & Service US 278 W	■ ■	■ ■ S ■ ■ □ □ □ □ □	F C □ ■ ■ □ □ ■ ■ ■ ■	■ □ □ □ □	■ ■	B ■ ■ ■ ■
H 5	Elba, 36323 334-894-6004	S&B Petro Food Mart #125 AL 87 & AL 134	■ ■	■ S ■ ■		□ □ □	■ ■ V W	B B B B ■ ■ ■
B 4	Elkmont, 35620 256-423-3687	Charlie's Truck Stop (Citgo) I-65 Exit 361	24 HRS ■	■ M ■ ■ 24 HRS ■ ■ ■ ■ ■ ■	F C □ ■ ■ ■ □ ■ ■ ■	■ ■ □	■ ■ V W	B B F B B B ■ ■ ■ ■
H 5	Enterprise, 36330 334-308-9768	Good To Go (BP) AL 27 & Boll Weevil Circle	■ ■	■ S ■ □ ■ ■ □	□	□ □ □	■ ■ W	B B B B ■ ■ ■
H 5	Enterprise, 36330 334-347-5192	Cannon Oil Station # 31 AL 27 S	24 HRS ■	■ ■				F ■ ■ ■
H 5	Enterprise, 36331 334-393-1991	Big Little # 6 (Chevron) US 84 & AL 167	24 HRS ■	■ □ ■ □ ■ □ □ □ □	F C U □ □ □ □ □	□ □	■ ■ ■ V W	B C F C ■ ■ ■ ■
E 2	Eutaw, 35462 205-372-2237	Trackside BP I-20-59 Exit 45 (Hwy 37 - Union Rd)	24 HRS ■	■ M ■ ■ □ ■ □ ■ ■ ■ ■ ■ □	□ ■ ■ ■ ■ ■ ■ ■ R ■	■ ■ ■	■ □ ■ V W	B B B B B B ■ ■ ■ ■
H 4	Evergreen, 36401 251-578-1320	Econ #12 (Shell) I-65 Exit 93 (US 84 E)	■ ■	■ □ ■ □	F □		□ ■ V W	F ■ ■ ■ ■
H 4	Evergreen, 36401 251-578-9669	Diamond Gasoline #20 (BP) I-65 Exit 93 (US 84)	24 HRS ■	■ S ■ ■ □ ■ ■	F C	□ □ □	■ □ ■ ■ V W	B B F B ■ ■ ■ ■
H 4	Evergreen, 36401 251-578-3443	McIntyre Travel Center (Citgo) I-65 Exit 96 (AL 83)	24 HRS ■	■ L ■ ■ □ ■ □ □ ■ ■ ■ □ ■	F C □	□ □ □	■ ■ V W	B B F B B B B ■ ■ ■ ■
B 5	Fackler, 35746 256-437-2663	Chevron Truck Stop US 72 MM 149 & CR 42	24 HRS ■	■ M ■ ■ ■	F C U □	□ □ □	■ ■ ■ V W	B B F B B B B ■ ■ ■ ■
B 4	Falkville, 35622 256-784-5980	J-Mart #665 (BP) I-65 Exit 322	24 HRS ■	■ M ■ ■ ■ 24 HRS □ □ ■ ■ □ ■ ■ □	F C □ □ □ □ □ □ □	□ □ □	■ □ ■ ■ V W	B B F B B B B ■ ■ ■ ■
D 2	Fayette, 35555 205-932-7676	Handy-Mart Exxon #2 1751 AL 159 & AL 171 junction	■ ■	□ ■ ■ □	□ □ □ □ □ □ □	□ □ □	■ V W	C F ■ ■ ■
D 2	Fayette, 35555 205-932-8721	Tri-Mart #201 (Citgo) US 43 N	■ ■	□ □ □ ■ □ □ □ □	F C □ □ □ □ □ □	□ □ □	W	■ ■ ■ ■
D 2	Fayette, 35555 205-932-5217	Fowler Oil (Exxon) US 43 N & Temple Ave	■ ■	□ ■ □ ■ □ □ □ □	F C □ □ □ □ □ □ □ □ □ □ □ □		■ V W	C F ■ ■ ■ ■
B 5	Fort Payne, 35968 256-997-9925	Cowboy's Food Mart #45 I-59 Exit 218 (AL 35 W)	24 HRS ■	■ S ■ ■ □ □ ■ □ □ □ ■ ■ ■ □ DAT	F C □ □ □ □ □ □ □ □ □	□ □ □	■ ■ ■ ■ V W	B B F B B F B ■ ■ ■ ■
C 5	Gadsden, 35904 256-413-7135	Supermart Travel Center (BP) I-59 Exit 181 (AL 77 S)	24 HRS ■ ■ ■	XL ■ ■ □ □ ■ ■ □ □ ■ ■ ■ DAT ■	■ F C T F CAT □ □ □ □ □	□ □ □	■ ■ ■ ■ ■ V W	B B F B B B ■ ■ ■ ■ ■
E 2	Geiger, 35459 205-455-2820	M&M Market (Citgo) AL 17 & AL 30 (1 mi S of town)	■ ■	■ S ■ ■ ■ ■	F C □ □ □ □ □ □	□ □ □	■ ■ V W	B B C C C ■ ■ ■ ■
H 5	Geneva, 36340 334-684-2611	Martin Farms Convenience (Citgo) 1640 AL 52 W	■ ■	■ S □ ■ □ ■ □ □ □ □	□		■ ■ W	C B ■ ■ ■
H 5	Geneva, 36340 334-684-6456	Hobo Pantry # 9 (Chevron) AL 52	■ ■	□ ■ □ ■ □ □ □ □	□ □ □		■ ■ V W	■ ■ ■
E 2	Gordo, 35466 205-364-7851	Branco 24517 US 82 W (top of hill)	■ ■	□ □ □ ■ □ □	□ □ □			
J 2	Grand Bay, 36541 251-865-6175	TravelCenters of America/Mobile (BP) TA I-10 Exit 4 (CR 11 NW)	24 HRS ■	■ L ■ ■ 24 HRS □ ■ ■ ■ □ □ ■ ■ ■ ■ DAT TA	F C U F T ■ CAT BF ■ ■ ■ ■ ■ A	■ ■ □	■ □ ■ ■ V W	B B F B B B ■ ■ ■ ■
G 2	Grove Hill, 36451 251-275-8865	Econ # 7 140 US 43 N (in town)	■ ■	□ □ □ ■ □ □	F C □ □ □ □ □ □ □	□ □ □	W	F ■ ■ ■ ■
G 2	Grove Hill, 36451 251-275-2828	Dunn's Exxon 430 US 43 S	24 HRS ■	■ S ■ ■ □ ■ □ ■ □ □	□ □ □	□ □ □	■ ■ V W	B B F B B ■ ■ ■ ■
C 3	Haleyville, 35565 205-486-7097	Martin Food Mart #2 (Citgo) AL 195 S	■ ■	■ S ■ □ □ □ ■ □ □ □ □	□ □ □ □ □ □	□ □ □ □	V W	■ ■ ■

THE TRUCKER'S FRIEND® - ALABAMA

How to interpret the page

■ means available at truck stop □ means available nearby

in the overnight lot column:
- S means room for 5 - 24 trucks
- M means room for 25-74 trucks
- L means room for 85-149 trucks
- XL means room for 150+ trucks
- $ means a parking fee may be charged

code at left-hand side of rows is the state map grid reference

a key to advertising logos is on page 25

Services may change without notice. When in doubt, call ahead.

Column headings — **Driver Services**: MOTOR FUEL (Truck Diesel, Self Service Diesel, Metered Propane, Gasoline); PARKING (Overnight Lot ($), Paved Lot, Trailer Drop, Electric Plug-ins, Safe Haven/Hazmat); FOOD (Restaurant, Fast Food, Table Phones); STORES (Motel, Convenience, Trucker/Travel, Shopping Center, Walmart/Kmart, Grocery); SHOWERS (Ladies', Men's); COMMUNICATION (TV/Drivers Lounge, Laundry, Load Monitor, Internet Kiosk, Wi-Fi Hotspots, Document Scanning, Public Fax/Copier, UPS/FedEx/TripPak Box, Religious Services, State Lottery). **Vehicle Services**: SCALES (Axle, Platform, Certified); TIRES (Repairs, New Tire Sales); REPAIRS (Shop Open 24 Hrs, DOT Inspection, Major Repairs, Minor Repairs, Oil Change/Lube, Minor Welding, AC/Reefer); ROAD SVCS (CB, Tire, Mechanical, Towing); WASH (Truck (Exterior), Trailer Washout). **RV Info** (RVs Welcome, Dumping Station, Propane (Bottle)). **Financial Services** (ATM, Can Wire Money Out, Money Orders, Natso Check-Link, Western Union, Comdata (Comchek), Voyager/Wright Express; C=Checks, F=Fuel Cards, B=Both: EFS, Fuel Man, Multi Service, TCH, T-Chek, Fleet One). **Permit Svcs** (Buy/Pay at Fuel Desk, All Prepaid Permit Svcs). **Credit Cards** (American Express, Visa/Mastercard, Discover).

Code	Location / Phone	Truck Stop / Address	Motor Fuel	Parking	Food	Stores	Showers	Communication	Scales	Tires	Repairs	Road Svcs	Wash	RV Info	Financial Services	C/F/B	Permit Svcs	Credit Cards
C 2	Hamilton, 35570 205-921-5234	Harper's Junction (Citgo) 26211 US 43 (5 mi N at AL 187)	■ ■ ■	S ■	■	■			F C						■ ■ ■ V W	B F B	■	■ ■ ■
C 2	Hamilton, 35570 205-921-7742	Moore's Sugar Bend (Shell) US 278 (3 mi E)	■ ■ ■			■					□	□	□ □ □		■ ■ V W	B		■ ■ ■
C 2	Hamilton, 35570 205-921-2401	Watha's (66) US 43-78 (1 blk S of US 278/AL 4)	■ ■ ■ ■		□ □ □	■ □ □ □		□	F C	□	□ □ □ ■ ■ ■ ■	■ ■ ■ A R	■ ■ ■	□ □	□ ■ ■ V W	C C C	■	■ ■ ■
C 2	Hamilton, 35570 205-921-1776	Martin Food Mart #5 (Citgo) US 78 Exit 11 (3324 AL 17)	24 HRS ■ ■		□ ■	■				□	□ □	□ □ □	□ □ □		■ V W	B B		■ ■ ■
C 2	Hamilton, 35570 205-921-4713	Moore's Shell Super Store US 78 Exit 16	24 HRS ■ ■	M ■ ■	■	■	■ ■	■	F C		■ ■ ■ □ □ □	□ □ □ □ □	□ □ □		■ □ ■ ■ V W	B B B B B B	■	■ ■ ■
C 4	Hanceville, 35077 256-287-0709	Parker's I-65 Truck Stop (Shell) I-65 Exit 291 (AL 91)	24 HRS ■ ■	XL ■	24 HRS ■	■ ■	■ ■		F C	□	■		□ □ □	■ ■	■ □ ■ V W	B B F B B B	■	■ ■ ■
H 6	Hartford, 36344 334-588-3388	Al's BP AL 52 & AL 167	■ ■ ■	S ■	□ ■ □	■ □ □		□	F C □	□	□ □	□ □ □ □ □ □			■ V W	B C B	■	■ ■ ■
H 6	Headland, 36345 334-693-5000	Hobo Pantry #18 (BP) 16566 US 431 N	24 HRS ■ ■	S ■	□ ■	■ □		□		□	□ □	□	□ □ □		■ ■ ■ V W	F B		■ ■ ■
H 6	Headland, 36345 334-693-3971	Herndon Oil #103 (BP) US 431 & Hwy 173	24 HRS ■ ■		□ □	■ □		□	F C U F	□	□ □ □ □ □	□ □	□ □ □		■ ■ V W	B B B B B B	■	■ ■ ■
D 6	Heflin, 36264 256-463-4646	Texaco Food Mart #185 I-20 Exit 199	24 HRS ■ ■	M ■ ■	□ ■ □	■ □		□	□	□			□ □ □		■ □ ■ ■ ■ V W	F		■ ■ ■
D 6	Heflin, 36264 256-463-5605	Super Mart #225 (BP) I-20 Exit 199 (AL 9)	■ ■ ■		□ ■ □	■ □		□	F C □	□		□ □ □ □			V W		■	■ ■ ■
D 6	Heflin, 36264 256-463-7341	Adams' Texaco I-20 Exit 205 (AL 46)	■ ■ ■		■	■				□					■ ■ W			■ ■ ■
D 6	Heflin, 36264 256-463-5747	State Line Fuel Center (BP/Amoco) I-20 Exit 205 (AL 46)	24 HRS ■ ■	M ■ ■	■	■	■ ■		F C		BF	□ □ □ □	■ □		■ ■ V W	B B F B B B B	■	■ ■ ■
G 5	Highland Home, 36041 334-537-9762	Highland Home Shell US 331	■ ■ ■		□	■ □		□		□					■ W			■ ■ ■
B 5	Hollywood, 35752 256-259-1280	Hwy 72 Fuel Stop (Pure) US 72 W (MM 142)	■ ■	M ■ ■	■ □ □	■ □ □ □	■ ■	□	F C □	□	□ □ □ ■ □	□ □ ■ □ ■ □ □	■ □ □	□	■ □ W	B B F B B	■	■ ■ ■
F 5	Hope Hull, 36043 334-281-9100	Saveway Travel Center I-65 Exit 164 (US 31 S)	24 HRS ■ ■	L ■ ■	□ ■ ■ □	■ ■ □	■ ■	■ DAT	F C T F	□	CAT □ □	□ □ □ □ □ □	□ □ □	□	■ □ ■ V W	B B F B B B B	■	■ ■ ■
B 4	Huntsville, 35811 256-859-2550	Fuel City (Marathon) 2134 US 72 (E of AL 53)	■ ■ ■	M ■	□ □ □	■ □ □ □		□	F C □	□	□ □	□ □ □ □ □	□ □ □		■ ■ ■ V W	B B F B B B B	■	■ ■ ■
H 2	Jackson, 36545 251-246-2852	Econ #15 (Citgo) 3603 US 43	24 HRS ■ ■	S ■ ■	□ □ □	■ □ □ □		□	□	□	□ □	□ □ □ □	□ □ □ □	□	■ ■ ■ V W	B B F B B B		■ ■ ■
H 2	Jackson, 36545 251-246-2156	Bumpers Oil 4250 AL 177	■ ■ ■		□ □										W	F F F		■ ■ ■
D 3	Jasper, 35501 205-483-6271	Sprint Mart #32 (Shell) 9520 US 78 E	24 HRS ■ ■	M ■ ■	□ ■ □	■	■		F C	□	□ □	□ □ □ □	□ □ □		■ □ ■ ■ V W	B B F B B B	■	■ ■ ■
E 4	Jemison, 35085 205-688-1022	Jemison Exxon I-65 Exit 219 (AL 42)	24 HRS ■ ■	M ■	□ ■	■ □	■ ■	■	F C □	□	□ □	□ □ □	□ □ □		■ □ ■ ■ V W	B B F B B B B	■	■ ■ ■
B 5	Joppa, 35087 256-796-6310	4 Way Quick Stop (Pure) AL 67 & AL 69	■ ■ ■		□	■				□					■	B		■ ■ ■
C 3	Kansas, 35573 205-924-9998	Bill's Deli & Mini Mart (BP) 33695 US 78 (W of Carbon Hill)	24 HRS ■ ■	S ■ ■	□ ■ □	■				□	□ □	□ □ □	□ □ □		■ □ ■ V W	B F		■ ■ ■
E 5	Kellyton, 35089 256-234-3286	All-N-1 Exxon US 280 W & Washington St	■ ■ ■	S	■	■	■		F				□ □ □		■ ■ ■ V W	B F B B B	■	■ ■ ■
B 5	Kilpatrick, 35962 256-561-2484	Kilpatrick Quick Mart 19174 AL 68 (E of AL 168)	24 HRS ■ ■		□	■		□		□					■ ■ V W	F		■ ■ ■
E 2	Knoxville, 35469 205-372-4373	Speedmart Fuel Center (Exxon) I-20-59 Exit 52 (US 11)	24 HRS ■ ■	M ■ ■	■	■					□ □	□ □	□ □ □		■ □ ■ V W	B B F		■ ■ ■
D 4	Leeds, 35094 205-699-5878	The Store #14 I-20 Exit 144 A (US 411)	24 HRS ■ ■		□ □ □	■ □ □ □		□	F C □	□	□ □	□ □ □ □	□ □ □		□ ■ ■ V W	B B F B B B	■	■ ■ ■
H 5	Level Plains, 36322 334-393-9215	Big Little #19 (Chevron) 3724 US 84	■ ■ ■	S ■	■	■ □				□					■ ■ ■ V W	B C F		■ ■ ■

How to interpret the page

■ means available at truck stop □ means available nearby

In the overnight lot column:
- S means room for 5 - 24 trucks
- M means room for 25-74 trucks
- L means room for 85-149 trucks
- XL means room for 150+ trucks
- $ means a parking fee may be charged

code at left-hand side of rows is the state map grid reference

a key to advertising logos is on page 25

Services may change without notice. When in doubt, call ahead.

THE TRUCKER'S FRIEND® - ALABAMA

Column groups: MOTOR FUEL (Truck Diesel, Self Service Diesel, Metered Propane, Gasoline); Driver Services — PARKING (Overnight Lot, Paved Lot, Trailer Drop), FOOD (Electric Plug-Ins, Safe Haven/Hazmat, Restaurant, Fast Food), STORES (Table Phones, Motel, Convenience, Trucker/Travel, Shopping Center, Walmart/Kmart, Grocery), SHOWERS (Ladies, Men's, TV/Drivers Lounge, Laundry), COMMUNICATIONS (Load Monitor, Internet Kiosk, Wi-Fi Hotspots, Document Scanning, Public Fax/Copier, UPS/FedEx/Trippak Box, Religious Services, State Lottery); Vehicle Services — SCALES (Axle, Platform, Certified), TIRES (Repairs, New Tire Sales), REPAIRS (Shop Open 24 Hrs, DOT Inspection, Major Repairs, Minor Repairs, Oil Change/Lube), ROAD SVCS (Minor Welding, AC/Reefer), WASH (CB, Tire, Mechanical, Towing, Truck (Exterior), Trailer Washout); RV Info (RVs Welcome, Dumping Station, Propane (Bottle)); Financial Services (ATM, Can Wire Money Out, Money Orders, Natso Check-Link, Western Union, Voyager/Wright Express, Comdata (Comchek), C=Checks F=Fuel Cards B=Both: EFS, Fuel Man, Multi Service, TCH, T-Chek); Permit Svcs (Fleet One, Buy/Pay at Fuel Desk, All Prepaid Permit Svcs); Credit Cards (American Express, Visa/Mastercard, Discover)

Grid	City / Phone	Truck Stop / Location	Motor Fuel & Parking	Food	Stores	Showers & Communications	Scales & Tires	Repairs, Road Svcs, Wash	RV Info & Financial	Checks / Fuel Cards / Permit	Credit Cards
J 3	Lillian, 36549 / 251-962-3600	Lillian Truck Stop (Texaco) / 33780 US 98 E	■ ■ ■ S	■	■	■	F C □		■ ■	W	■ ■ ■ ■
D 5	Lincoln, 35096 / 205-763-1010	165 Auto Truck Plaza (Chevron) / I-20 Exit 165	24 HRS ■ ■ M	■ ■	24 HRS □ □	■ ■ □ ■ ■ ■ ■	F C □ □ □ □ □	□ □ □ □ □ □ □ □ □ □	■ □ ■ ■	V W B B B B B B	■ ■ ■ ■
D 5	Lincoln, 35096 / 205-763-7626	I-20 Truck Stop (Texaco) / I-20 Exit 165 (Embry Crossroads)	24 HRS ■ ■ ■ M	■ ■	24 HRS ■ ■ □	■ ■ ■ ■ ■ ■ DAT	F C U F T	CAT BF ■ ■ ■ □ ■ ■ □ □ □	■ □ ■ ■ ■	V W B B F B B F B	■ ■ ■ ■
D 5	Lincoln, 35096 / 205-763-2200	77 Fuel Mart (Citgo) / I-20 Exit 168 (AL 77 N)	24 HRS ■ ■ ■ L	■ ■	□ □ □	■ ■ □ ■ ■ ■	F C □	■ ■ ■ ■ ■ ■ ■ ■ ■ ■ ■ ■	■ ■ □ ■ ■	V W B B B B B B	■ ■ ■ ■
D 5	Lincoln, 35096 / 205-763-2771	Race City Travel Center (Shell) / I-20 Exit 168 (AL 77 S)	24 HRS ■ ■ M	■ ■	24 HRS □ ■ □	■ ■ □ ■ ■ □ ■ DAT	F C U □	□ □ □ □ □ □ □ □ □ □	■ □ ■	V W B B F B B B B	■ ■ ■ ■
F 2	Livingston, 35470 / 205-652-6777	Interstate Shell / I-20-59 Exit 17 (AL 28)	24 HRS ■ ■ M	■ ■	■ ■ □	■ ■ □ □ □ ■ ■ □	F C □ □	□ □ □ □ □ □ □ □ □ □ □ □	■	V W B B F	■ ■ ■ ■
F 2	Livingston, 35470 / 205-652-2141	Noble Truck Stop (Citgo) / I-20-59 Exit 17 (AL 28)	24 HRS ■ ■ M	■ ■	24 HRS ■ □	■ ■ □ □ □ ■ ■ ■ ■	F C F □	■ ■ ■ ■ ■ ■ □ □ ■ ■ R ■ □ □	■ ■ ■ ■	V W B B F B B B B	■ ■ ■ ■
I 3	Loxley, 36551 / 251-964-5000	Khan Food Mart / I-10 Exit 44 (AL 59 - 1 mi S)	■ ■ ■ $ M	■ ■	□ □	■ □ □ □ ■ □	F □ □	□ □ □ □ □ □ □ □ □ □ □ □ □	■ □	V W F	■ ■ ■ ■
I 3	Loxley, 36551 / 251-964-5590	Econ Family Center (Shell) / I-10 Exit 44 (AL 59 N)	24 HRS ■ ■ M	■ ■	24 HRS □ □	□ ■ ■ □	F C F □	■ ■ ■ □ □ □ □ □ □ □ □ □ □ □	■ ■	V W B B F B B B B	■ ■ ■ ■
I 3	Loxley, 36551 / 251-964-2090	Love's Travel Stop #206 / I-10 Exit 44 (AL 59 N)	24 HRS ■ ■ M	■	□ ■ ■ □	■ ■ ■ ■ DAT ⏻	F C U □	CAT □ □ □ □ □ □ □ □ □ □ □	■ ■ ■ ■ ■	V W B B F B B B	■ ■ ■ ■
F 4	Maplesville, 36750 / 334-366-4001	Shop & Fuel #20 (Chevron) / 6470 US 82	■ ■ ■ ■ S	■ ■	□	■ □	□	□ □ □ □ □ □ □ □	■ ■	V W B B F B B	■ ■ ■
F 4	Maplesville, 36750 / 334-366-2546	Triple G Truck Stop (Pure) / US 82 (1.5 mi W of AL 22)	■ ■ ■ S	■ ■	□ □	■ □	F C □	□ □ □ □ □ □ □ □	■ □	V W	■ ■ ■ ■
D 3	McCalla, 35111 / 205-477-9181	Flying J Travel Plaza #05042 (Conoco) / I-20-59 Exit 104	24 HRS ■ ■ ■ XL	■ ■ ■	24 HRS ■ ■ □	■ ■ □ □ ■ ■ ■ ■ ■ ■ ■	U F C T □	□ □ □ □ □ □ □	■ ■ ■ ■	W B B B B	■ ■ ■ ■
H 6	Midland City, 36350 / 334-983-1329	231 Truck Stop (Citgo) / US 231 MM 27-1/2	24 HRS ■ ■ M	■ ■	■ ■ □	■ ■ □ □ ■ ■ ■	F C	□ □ □ □ □ □ □ □ □ □ □	■ ■	V W B B B B B B	■ ■ ■ ■
D 2	Millport, 35576 / 205-662-3838	South Lamar 1 Stop / 14025 AL 96	■ ■ ■ S		■	■ □ ■	F C F	□ □ □ □		W B B F B B B	■ ■ ■ ■
I 2	Mobile, 36609 / 251-344-2323	Econ #21 (Citgo) / I-65 Exit 3 B (Airport Blvd W)	■ ■ ■		□ □ □	■ □ □	F C	□	■	V W B F	■ ■ ■ ■
H 3	Monroeville, 36461 / 251-743-2167	Econ # 3 (Shell) / AL 21 Bypass	■ ■ ■		□ □ □	■ □ □ □ □	□ □	□ □ □ □ □ □ □ □	■	V W	■ ■ ■ ■
F 5	Montgomery, 36108 / 334-834-2973	Byrd's Pit Stop (66) / 3150 AL 31 (Old)	■ ■ ■		□ □ □	■ □ □	□	□ □ □ □ □		V W	■ ■ ■
F 5	Montgomery, 36105 / 334-288-3700	TravelCenters of America (Citgo) / I-65 Exit 168 (US 80-82 E) TA	24 HRS ■ ■ L	■	24 HRS ■ ■	■ ■ ■ ■ ■ ■ ■ ■ DAT	■ ■ F C U F T	CAT BF ■ ■ ■ ■ ■ A ■ ■ □ □ □ ■	■ ■ ■ ■	V W B B B B B	■ ■ ■ ■
F 5	Montgomery, 36105 / 334-281-3135	Speedy #1 / I-65 Exit 168 (US 80-82 W)	24 HRS ■ ■ S	■ ■	□ □ □	■ □	F C □	□ □ □ □ □ □ □ □ □ □ □ □ □ □	□ ■ ■	V W B B F B B B B	■ ■ ■ ■
B 3	Moulton, 35650 / 256-974-1058	157 Citgo / 11794 AL 157	24 HRS ■ ■		□ ■ □	■ □ □ □ □	F C □	□ □ □ □ □ □ □ □ □ □ □	■ ■	V W B B F B	■ ■ ■ ■
B 3	Moulton, 35650 / 256-974-8282	Terry's Jiffy Mart (66) / AL 157 & AL 33	■ ■ ■ ■ ■		■ ■ □	■ □ □ □ □	F C □ □	□ □ □ □ □ □ □ □	■ ■	W B B B B	■ ■ ■ ■
B 3	Moulton, 35650 / 256-974-0037	J-Mart #508 (BP) / AL 157 N	24 HRS ■ ■ S	■	□ □ □	■ □ □ □ □	F C U □	□ □ □ □ □ □ □ □	■ ■	V W B B B B B	■ ■ ■ ■
H 2	Mount Vernon, 36560 / 251-829-9076	OC's Quick Stop (Citgo) / 20270 US 43 N	■ ■ ■ S	■ ■	■	■ □	F C	■ ■ ■ ■ ■ ■ ■ ■	■ ■	V W B C F B B B	■ ■ ■ ■
B 3	Muscle Shoals, 35661 / 256-383-0831	Happy's Chevron #3 / 3800 AL 184 E	■ ■ ■ S	■ ■	□		□	□ □ □	■ ■	W	■ ■ ■
C 3	Natural Bridge, 35565 / 205-486-7433	Tri-Mart #210 (Shell) / 2540 US 278 & AL 5	24 HRS ■ ■ M	■ ■	24 HRS □	■ ■	F C □ □ □ □ □	□ □ □	■ ■	V W B B F B B B	■ ■ ■ ■
H 3	Ollie, 36460 / 251-743-2710	Econ # 2 (Shell) / AL 21 (1/2 mi N of US 84)	■ ■ ■		□ □ □	■ □ □ □ □	□		■	V W C C F	■ ■ ■
H 3	Ollie, 36460 / 251-743-4102	Herndon Oil #157 (Conoco) / US 84 & AL 21	24 HRS ■ ■ S	■ ■	□ ■ □	■ □ □ □ □	F C □ □	□ □ □ □ □ □ □ □ □	■ ■ ■ ■	V W B B F C B	■ ■ ■ ■

THE TRUCKER'S FRIEND® - ALABAMA

How to interpret the page

■ means available at truck stop □ means available nearby

In the overnight lot column:
S means room for 5 - 24 trucks
M means room for 25-74 trucks
L means room for 85-149 trucks
XL means room for 150+ trucks
$ means a parking fee may be charged

code at left-hand side of rows is the state map grid reference

a key to advertising logos is on page 25

Services may change without notice. When in doubt, call ahead.

Column groups: Driver Services — Motor Fuel (Truck Diesel, Self Service Diesel, Metered Propane, Gasoline); Parking (Overnight Lot ($), Paved Lot, Trailer Drop, Electric Plug-Ins, Safe Haven/Hazmat); Food (Restaurant, Fast Food, Table Phones); Stores (Motel, Convenience, Trucker/Travel, Shopping Center, Walmart/Kmart, Grocery); Showers (Ladies', Men's); Communication (TV/Drivers Lounge, Laundry, Load Monitor, Internet Kiosk, Wi-Fi Hotspots, Document Scanning, Public Fax/Copier, UPS/FedEx/Trippak Box, Religious Services, State Lottery). Vehicle Services — Scales (Axle, Platform, Certified); Tires (Repairs, New Tire Sales); Repairs (Shop Open 24 Hrs, DOT Inspection, Major Repairs, Minor Repairs, Oil Change/Lube, Minor Welding, AC/Reefer); Road Svcs (CB, Tire, Mechanical, Towing); Wash (Truck (Exterior), Trailer Washout). RV Info (RVs Welcome, Dumping Station, Propane (Bottle)). Financial Services (ATM, Can Wire Money Out, Money Orders, NATSO Check-Link, Western Union, Voyager/Wright Express, Comdata (Comchek)). Permit Svcs (EFS, Fuel Man, Multi Service, TCH, T-Chek, Fleet One, Buy/Pay at Fuel Desk, All Prepaid Permit Svcs). Credit Cards (American Express, Visa/MasterCard, Discover). C=Checks, F=Fuel Cards, B=Both.

Grid	Location	Truck Stop	Motor Fuel / Parking	Food	Stores	Showers	Communication	Scales	Tires	Repairs	Road Svcs / Wash / RV	Financial Services	Permit Svcs / Fuel Cards	Credit Cards
E 6	Opelika, 36804 334-742-9605	M&M Grocery (Chevron) 2010 AL 169	■ ■ ■ ■		□ ■ □	■	□ □	F C □	□	□ □ □ □ □ □ □	□ □ □ □ □	□ ■ ■	V W	■ ■ ■ ■
E 6	Opelika, 36801 334-749-8704	Spectrum #22 (Texaco) I-85 Exit 62 (US 280)	24 HRS ■ ■	S ■ ■	□ ■ □	■	□ □	F □			□ □ □	■ ■ ■ ■	V W B B F B B B	■ ■ ■ ■
E 6	Opelika, 36801 334-749-9179	Joe's Grocery I-85 Exit 64 (US 29 NE)	■ ■ ■	S		■						■	B	■ ■ ■
H 5	Opp, 36467 334-493-7040	Onycha Country Store (Pure) 16010 US 331 (5 mi S of town)	■ ■ ■	S ■ ■	■	■		C	□		□ □ □	□	C	■ ■ ■
H 5	Opp, 36467 334-493-2654	Hobo Pantry #23 (Chevron) 707 US 331 S (N of AL 52)	24 HRS ■ ■		□ □ □	■	□ □ □		□	□ □ □		■ ■ ■	V W F	■ ■ ■
H 4	Owassa, 36401 251-578-4080	Owassa Food Store (Exxon) I-65 Exit 101 (AL 29 NW)	■ ■ ■			■				□ □ □ □ □ □ □ □ □	□ □ □		V W	■ ■ ■
H 4	Owassa, 36401 251-578-9907	Owassa BP I-65 Exit 101 (AL 29 SE)	24 HRS ■ ■	S ■ ■	■ ■	■	□	F C	□	□ □ □ □ □ □ □	□ □ □	■ □ ■	V W B B B B B	■ ■ ■ ■
D 5	Oxford, 36203 256-831-1239	Cowboy's Food Mart #42 I-20 Exit 185 (AL 21 S)	24 HRS ■ ■	S ■	□ □ □	■ ■	□ □ □ ■ ■ ■ □ DAT ■	F C F	□	CAT □ □ □ □ □ □ □ □	□ □ □	■ ■ ■	W B B F B B B B	■ ■ ■ ■
D 5	Oxford, 36203 256-831-7619	Texaco Food Mart #155 I-20 Exit 185 (AL 21 S)	24 HRS ■ ■	S ■	□ ■ □	■	□ □ □ □	F C □	□	□ □ □ □ □ □ □ □ □ □ □	□ □ □	□ ■ ■	V W B B F B B B	■ ■ ■ ■
G 6	Ozark, 36360 334-445-3999	Inland Travel Plaza #631 2306 US 231 S	24 HRS ■ ■	M ■ ■	□ ■ □	■ ■	□ □ □ ■ ■ ■ □ DAT	F C U F	□	■ ■ ■ □ □ □ □ □ □	□ □ □	■ □ ■	V W B B F B B B B	■ ■ ■ ■
G 6	Ozark, 36360 334-299-3023	Circle G Shell 8336 US 231 S & AL 18 (7 mi S of town)	24 HRS ■ ■	S ■	□ ■ □	■	□ ■ ■ ■ □			□ □ □	□ □ □	■ ■	V W B B F B B B	■ ■ ■
G 6	Ozark, 36360 334-774-1355	Hobo Pantry #21 (Chevron) US 231 & AL 249	24 HRS ■ ■		□ □ □	■	□ □ □ □	F C □	□	□ □ □ □ □	□ □ □	□ ■ ■ ■	V W B B F B B	■ ■ ■ ■
D 4	Pelham, 35124 205-664-5604	Allen's Food Mart #74 (Exxon) I-65 Exit 242 (AL 52 E)	24 HRS ■ ■	S ■ ■	■	■	□ □ □ ■	F C	□ ■	■ ■ □ □ □ □ □ □ □	□ □ □	■ □ ■ ■ ■	V W B F B	■ ■ ■ ■
D 4	Pelham, 35124 205-987-1484	Cowboy's Food Mart #61 I-65 Exit 246 (AL 119 SW)	24 HRS ■ ■	S	□ ■ ■ □	■	□ □ ■ ■ □	F C □	□	CAT □ □ □ □	□ □ □	□ ■ ■ ■	V W B B F B B B B	■ ■ ■ ■
D 4	Pelham, 35124 205-733-1910	The Store #4 (BP) I-65 Exit 246 (AL 119 SW)	24 HRS ■ ■	S ■ ■	□ □ □	■	□ □ □	U F	□	□ □ □ □ □	□ □ □	■ ■	V W B B F B B B B	■ ■ ■
D 5	Pell City, 35125 205-338-7566	Henson's Service 3323 Comer Ave	■ ■ ■		□ □ □	■	□ □ □ □	F □	□	□ □ □ □ □ □	■	■	B B B B B B	■ ■ ■ ■
F 2	Pennington, 36916 205-654-2818	Triangle Fuel Stop 4092 AL 114	■ ■ ■	S ■ ■		■		F	□	□ □ □ □ □ □ □	□ □ □	■ □	C C	■ ■ ■ ■
I 3	Perdido, 36562 251-580-3177	Diamond Gasoline #18 (BP) I-65 Exit 45 (CR 47)	24 HRS ■ ■	S ■	■	■			□	□	□ □ □	■ ■ ■	V W B F C	■ ■ ■
F 6	Phenix City, 36867 334-291-1416	Citgo #102 410 US 431 S	24 HRS ■ ■	M ■ ■	□ □ □	■ ■	□ □ ■ ■ ■ ■ DAT	F C T	□	□ □ □ □ □ □ □	□ □ □	■ ■ ■	V W B B B B B B	■ ■ ■ ■
F 5	Pike Road, 36064 334-288-1540	Merles Truck Stop (Shell) US 231-82 (7 mi S of Montgomery)	24 HRS ■ ■	M ■ ■	24 HRS □ □	■ ■	□ □ □ ■ ■ ■ □	F C	□	□ □	□ □ □	■ □ ■ ■ ■	V W B B F F B B B	■ ■ ■ ■
G 3	Pine Hill, 36769 334-963-4517	Econ # 9 (Citgo) 4320 AL 5 (S of AL 10)	■ ■ ■		□ □	■	□	F C	□			■ ■	V W B F	■ ■ ■ ■
F 5	Prattville, 36066 334-285-7487	Petro - Kwik Sak I-65 Exit 179 (2539 Cobbs Ford Rd)	■ ■ ■	S ■	□ □	■	□ □ □	F C F	□			■ □ ■	V W B B B	■ ■ ■ ■
B 4	Priceville, 35603 256-353-5252	Pilot Travel Center #441 I-65 Exit 334 (AL 67 NW)	24 HRS ■ ■	L ■	□ ■ □	■ ■	□ ■ ■ ■ DAT ■	F C U F T	□	CAT □ □ □ □ □ □ □ □	□ □ □ □ □	■ ■ ■ ■ ■ ■ ■ ■	V W B B F B B B	■ ■ ■ ■
B 4	Priceville, 35603 256-351-8928	J-Mart #567 (BP) I-65 Exit 334 (AL 67)	24 HRS ■ ■		□ □ □	■	□ □ □ □	F C □	□	□ □ □ □		□ ■ ■	V W B B F B B B	■ ■ ■ ■
I 2	Prichard, 36612 251-456-3835	Express Truck Wash & Fuel (Pride) I-65 Exit 8 B (US 45 NW)	24 HRS ■ ■	S ■ ■	□ □ □	■ ■	□ □ □ ■ ■ ■ ■ ■	F C	□	■ ■ ■ □ □ □ □ □ □ □ □ □	□ □ □ ■ ■	■ ■	V W B B F B B B B	■ ■ ■ ■
B 5	Rainsville, 35986 256-638-9618	Rainsville Citgo 1916 AL 75 N	■ ■ ■	S	■	■	□ □	F C	□			■ ■ ■ ■ ■ ■	V W B F B B	■ ■ ■ ■
H 3	Range, 36426 251-248-2948	Range Shell # 126 I-65 Exit 77 (AL 41 NW)	24 HRS ■ ■	S ■	□ ■	■		F C	□			■ ■ ■ ■	V W B B B B	■ ■ ■ ■
H 3	Range, 36473 251-248-2373	Econ #18 (Citgo) I-65 Exit 77 (AL 41 NW)	24 HRS ■ ■	M ■	□ □	■			□	□ □ □ □ □ □ □ □ □ □	□ □ □	■ □ ■	V W B B F B B B	■ ■ ■

How to interpret the page

■ means available at truck stop □ means available nearby

in the overnight lot column:
- S means room for 5 - 24 trucks
- M means room for 25-74 trucks
- L means room for 85-149 trucks
- XL means room for 150+ trucks
- $ means a parking fee may be charged

code at left-hand side of rows is the state map grid reference
a key to advertising logos is on page 25

Services may change without notice. When in doubt, call ahead.

THE TRUCKER'S FRIEND® - ALABAMA

Financial Services / Permit Svcs: C=Checks, F=Fuel Cards, B=Both

Grid	City, ZIP / Phone	Truck Stop / Location	Motor Fuel: Truck Diesel	Self Service Diesel	Metered Propane	Gasoline	Parking: Overnight Lot ($)	Paved Lot	Trailer Drop	Electric Plug-Ins	Safe Haven/Hazmat	Food: Restaurant	Fast Food	Table Phones	Motel	Stores: Convenience	Trucker/Travel	Shopping Center	Walmart/Kmart	Grocery	Showers: Ladies'	Men's	TV/Drivers Lounge	Laundry	Communications: Load Monitor	Internet Kiosk	Wi-Fi Hotspots	Document Scanning	Public Fax/Copier	UPS/FedEx/TripPak Box	Religious Services	State Lottery	Scales: Axle	Platform	Certified	Tires: Repairs	New Tire Sales	Repairs: Shop Open 24 Hrs	DOT Inspection	Major Repairs	Minor Repairs	Oil Change/Lube	Minor Welding	AC/Reefer	CB	Road Svcs: Tire	Mechanical	Towing	Wash: Truck (Exterior)	Trailer Washout	RV Info: RVs Welcome	Dumping Station	Propane (Bottle)	Financial Services: ATM	Can Wire Money Out	Money Orders	NATSO Check-Link	Western Union	Voyager/Wright Express	Comdata (Comchek)	EFS	Fuel Man	Multi Service	TCH	T-Chek	Fleet One	Permit Svcs: Buy/Pay at Fuel Desk	All Prepaid Permit Svcs	Credit Cards: American Express	Visa/MasterCard	Discover
E 2	Reform, 35481 205-375-2723	Reform Citgo US 82 E	■	■		■	S	■	■			□	■	■	□	■				□		■		□					F C		□																			■								V W	B	B	F			B	B		■	■	■	■
H 4	Repton, 36475 251-248-2237	Econ #20 (Citgo) US 84 S	■	■		■						□				■													F C		□																											V W	B	B	F			B			■	■	■	■
D 6	Roanoke, 36274 334-863-8969	Spectrum #21 3393 US 431 Bypass	24 HRS	■		■						□	□		□	■			□	□				□							□																						■		■			V W			F				B			■	■	■
L 3	Robertsdale, 36567 251-960-1211	AMBEST Oasis Travel Center (BP) I-10 Exit 53 (AL 64 - Wilcox Rd N)	24 HRS	■	■	■	XL	■	■			24 HRS	■	■		■	■				■	■	■	■	DAT	■			F C	U F T	□		■	■	■	BF		■	■	■	■	■	■	A	■	■	■	□	■	■	■	■	■	■	■		■	■	V W	B	B	F	B	B	B	B	■	■	■	■	■
I 2	Satsuma, 36572 251-679-6070	Satsuma Chevron I-65 Exit 19 (US 43 SW)	24 HRS	■		■							□			■																				□					□					□	□	□						■					V W										■	■	■
I 2	Satsuma, 36572 251-679-6260	Pilot Travel Center #075 I-65 Exit 19 (US 43 SW)	24 HRS	■		■	L	■					■	■		■	■				■	■		■	DAT		⏻	■	F C	T F					CAT	□	□				□					□	□	□	□		■	□		■	■		■	■	V W	B	B	F	B		B	B		■	■	■	■
B 5	Scottsboro, 35769 256-574-6866	Goosepond BP Food Mart 4017 AL 279 S & AL 79	■	■		■	S						■			■				□																															■		■	■					V W	B		F			B				■	■	■
F 3	Selma, 36701 334-875-9811	Mr Roys Convenience Store (Citgo) 1505 US 80 W	■	■		■						□	□		□	■		□	□	□	■	■		□						F	□																		■	■		■	■	■					V W	B	B	F			F				■	■	■
F 3	Selma, 36701 334-874-8763	Crossroads Exxon 2530 US 80 W & AL 14	■	■		■	S	■				□	■		□	■			□	□				□					F C	□	□		□													□	□	□						■					V W	B	B	F	B	B	B	B		■	■	■	■
F 3	Selma, 36702 334-872-6424	Petro Food & Gas 4813 US 80 E	24 HRS	■		■	S	■	■			□			□	■								□																											■			■					V W										■	■	■
F 3	Selma, 36701 334-875-5733	Jones Truck Stop (Citgo) US 80 Bypass (Cecil Jackson Bypass)	24 HRS	■		■	M	■	■			■			□	■								□							□		□	□	□	□	□			□	□	□	□			□	□	□	□		■		■	■					V W	B	B	F			B				■	■	■
F 5	Shorter, 36075 334-727-1271	Spectrum #23 (BP) I-85 Exit 22	24 HRS	■		■	S	■	■			□	□		□	■														□	□		□	□	□											□	□	□			■	□	■	■		■			V W	B	B	F				B			■	■	■
F 5	Shorter, 36075 334-727-3354	PETRO Petro:2 #48 (Mobil) I-85 Exit 22 (Depot Rd)	24 HRS	■		■	M	■	■			■			□	■	■				■	■	■	■	DAT	■	⏻	■	F C	T F	□				CAT											□	□	□			■	□		■					V W	B	B		B		B	B		■	■	■	■
G 2	Silas, 36919 251-542-9646	Goco's #3 (Exxon) US 84 & AL 17 S	24 HRS	■		■						□	■			■															□																							■					V W										■	■	■
C 5	Snead, 35952 205-466-7900	Snead BP US 278 & AL 75	24 HRS	■		■	S		■			□	■			■		□		□				□					F C	□	□				CAT	□	□			□	□	□	□		□	□	□	□			■		■	■					V W	B	B		B	F	B	B		■	■	■	■
C 5	Snead, 35952 205-466-5620	Snead Exxon US 278 & AL 75 S (in town)	■	■		■						□	□			■				□											□		□	□	□						□		□																W										■	■	■
C 5	Steele, 35987 256-538-1721	Steele City Truck Stop (Jet) I-59 Exit 174	24 HRS	■		■	M	■	■			■				■	■			□	■	■	■						F C	□	□					■	■	■			■			A	■	■	■	■	■	■	■		■	■						B	B				F	F		■	■	■	■
D 3	Sumiton, 35148 205-648-2745	Sumiton Amoco (BP) 855 US 78 W & Bryan Rd	24 HRS	■		■						□	□			■		□	□	□				□							□					□	□			□	□		□	□	□	□	□	□	□					■					V W			F							■	■	■
E 5	Sylacauga, 35150 256-245-2575	Allen's Food Mart #9 (Exxon) 42020 US 280 Bypass	24 HRS	■		■	M	■	■			□	■		□	■		□	□	□		■		□			■		F C		□					□	□			□	□	□	□		□	□	□	□	□		■		■	■		■			V W	B	B	F		B	B	B		■	■	■	■
E 5	Sylacauga, 35150 256-249-4720	Shop-N-Fill #2 (Chevron) 46924 US 280 (2 mi E of town)	■	■		■										■															□																						■	■					V W	B	B	F							■	■	■
E 5	Sylacauga, 35150 256-245-4500	AOC # 2 (Texaco) US 280	■	■		■						□	■		□	■		□	□	□				□						□	□										□												■	■					V W										■	■	■
I 2	Theodore, 36582 251-653-8834	Pilot Travel Center #302 I-10 Exit 13 (Theodore-Dawes Rd N)	24 HRS	■		■	L	■	■			□	■	■	□	■	■	□	□	□	■	■		□	DAT	■	⏻	■	F C	U F T	□				CAT	□	□				□		□			□	□	□			■	□	■	■	■		■	■	V W	B	B	F	B		B	B		■	■	■	■
I 2	Theodore, 36590 251-443-7772	Stop N Shop #2 (Shell) I-10 Exit 17 A	24 HRS	■		■	S		■			□	■		□	■		□	□	□																										□	□	□	■		■	□	■	■					V W			F	B		C				■	■	■
G 3	Thomasville, 36784 334-636-4977	Circle B (Shell) 33585 US 43 N	24 HRS	■		■						□	■		□	■		□	□	□				□						□	□					□	□				□		□			□	□	□						■					V W	B	B	F			B				■	■	■
G 3	Thomasville, 36784 334-636-5620	Cuzz's (66) 34155 US 43 N	24 HRS	■		■	S	■							□	■		□	□	□				□						□	□															□	□	□			■								V W	B	B	F			B	B			■	■	■
G 3	Thomasville, 36784 334-636-1138	Super Stop #85 (Conoco) 908 US 43 S	24 HRS	■		■						□	□		□	■		□	□	□				□							□					□																		■	■	■		■	V W	B		F							■	■	■
G 5	Troy, 36081 334-566-4738	Kelly's Food Mart (Citgo) 22507 US 231 N	■	■		■						□			□	■															□																					□		■		■			V W							F			■	■	■
E 3	Tuscaloosa, 35401 205-752-6400	Food Mart #9 (Shell) 1801 US 43 S	24 HRS	■		■	S						■			■		□	□	□											□																				■			■					V W	B									■	■	■

THE TRUCKER'S FRIEND® - ALABAMA

How to interpret the page

■ means available at truck stop □ means available nearby

in the overnight lot column:
- S means room for 5 - 24 trucks
- M means room for 25-74 trucks
- L means room for 85-149 trucks
- XL means room for 150+ trucks
- $ means a parking fee may be charged

code at left-hand side of rows is the state map grid reference

a key to advertising logos is on page 25

Services may change without notice. When in doubt, call ahead.

Column headings — Driver Services: MOTOR FUEL (Truck Diesel, Self Service Diesel, Metered Propane, Gasoline); PARKING (Overnight Lot ($), Paved Lot, Trailer Drop, Electric Plug-ins, Safe Haven/Hazmat); FOOD (Restaurant, Fast Food, Table Phones, Motel); STORES (Convenience, Trucker/Travel, Shopping Center, Walmart/Kmart, Grocery); SHOWERS (Ladies', Men's, TV/Drivers Lounge, Laundry); COMMUNICATION (Load Monitor, Internet Kiosk, Wi-Fi Hotspots, Document Scanning, Public Fax/Copier, UPS/FedEx/Trippak Box, Religious Services, State Lottery). Vehicle Services: SCALES (Axle, Platform, Certified); TIRES (Repairs, New Tire Sales); REPAIRS (Shop Open 24 Hrs, DOT Inspection, Major Repairs, Minor Repairs, Oil Change/Lube, Minor Welding, AC/Reefer); ROAD SVCS (CB, Tire, Mechanical, Towing); WASH (Truck (Exterior), Trailer Washout). RV Info (RVs Welcome, Dumping Station, Propane (Bottle)). Financial Services (ATM, Can Wire Money Out, Money Orders, Natso Check-Link, Western Union, Voyager/Wright Express, Comdata (Comchek)); C=Checks, F=Fuel Cards, B=Both (EFS, Fuel Man, Multi Service, TCH, T-Chek, Fleet One, Buy/Pay at Fuel Desk). Permit Svcs (All Prepaid Permit Svcs). Credit Cards (American Express, Visa/MasterCard, Discover).

Grid	City / Phone	Truck Stop / Location	Motor Fuel	Parking	Parking	Food	Stores	Stores	Showers	Lounge/Laundry	Communication	Communication/Scales	Scales	Tires	Repairs	Repairs	Repairs	Road Svcs	Wash	RV Info	Financial	Financial	Financial	Fuel/Permit Cards	Fuel/Permit Cards	Fuel/Permit Cards	Permit Svcs	Credit Cards
E 3	Tuscaloosa, 35405 205-345-3095	Speedmart Fuel Stop #229 (Exxon) 6718 AL 69 S	24 HRS ■ ■			□ ■ □	■	□ □		□			□									■	V W	B B	F			■ ■ ■
E 3	Tuscaloosa, 35405 205-553-9710	Pilot Travel Center #076 I-20-59 Exit 76 (US 11 Bypass)	24 HRS ■ ■	L ■ ■		■ ■ ■	■ ■	□ □	■ ■	■ ■	DAT ■ ⏻	■ F C U T	□	CAT	□		□		□ □ □	□ □	■ □	■ ■	■ ■ V W	B B	F B	B B	■	■ ■ ■
B 3	Tuscumbia, 35674 256-383-7703	Quik Stop #107 (BP) 1021 US 72 E (E of US 43)	24 HRS ■ ■	S ■		□ ■ □	■	□ □ □		□		F C □	□	□ □ □	□ □	□	□ □ □	□ □	□ □ □	□ □	■ □ ■	■ ■	V W	B B		B	■	■ ■ ■
B 3	Tuscumbia, 35674 256-383-3346	Woodmont Chevron 1400 US 43 (N of US 72 E)	■ ■ ■			□ □	■	□ □					□						□ □						F			■ ■ ■
B 3	Tuscumbia, 35674 256-381-1750	Arnold's Truck Stop 1460 AL 20/US 72 Alt MM 29 (2 mi E)	24 HRS ■ ■	M ■ ■		24 HRS □ ■ □	■ ■	□ □ □	■ ■	□		F C □	□	□ □ □	■ ■	□	□ □ ■	□ □	□ □ □		■	■		B B	B B	B B	■	■ ■
B 3	Tuscumbia, 35674 256-381-0744	Quik Mart #18 (Shell) 2125 AL 20-157 & AL 133	24 HRS ■ ■	M ■ ■		□ ■ □	■	□ □ □		■ □		F C F	□	■ ■ ■	□ □	□	□ □ □		□ □ □		■ ■	■	V W	B B	F B	B B	■	■ ■ ■
B 3	Tuscumbia, 35674 256-389-8684	Sprint Mart #40 (Shell) 21731 US 72 W	24 HRS ■ ■	M ■ ■		□ ■ ■ □	■	□	■	□		F T	□	CAT					□ □ □		■ ■	■	V W	B B	F B	B B	■	■ ■ ■
F 6	Tuskegee, 36083 334-727-7993	Torch 85 Truck Stop (Amoco) I-85 Exit 42 (Wire Rd)	24 HRS ■ ■ ■	M ■ ■		24 HRS □	■	□ □ □	■ ■	□	■	F C T	□		BF		□	□	■	■ ■	■ □ ■	■	V W	B B	F B B	B B	■	■ ■ ■
F 6	Union Springs, 36089 334-738-5040	Greenway Express US 82 W & AL 223 S	24 HRS ■ ■			□ ■ □	■	□		□			□		□		□ □	□				■						■ ■
H 3	Uriah, 36480 251-862-2338	Econ #19 (Shell) 15811 AL 21 N	■ ■ ■			□	■					F C	□		□ □	□	□ □ □	□ □			□ ■	■	V W	B B	F B		■	■ ■ ■
E 6	Valley, 36854 334-756-6768	Spectrum #40 I-85 Exit 77	24 HRS ■ ■			□ □ □	■	□ □		□			□								■	■ ■	V W		F	F	■	■ ■ ■
F 4	Verbena, 36091 205-755-9776	Shop N Fill #24 (BP) I-65 Exit 200 (CR 59 E)	24 HRS ■ ■	S ■ ■		□ ■	■						□						□ □ □		■ □ ■	■	V W	B B	F	B B		■ ■ ■
D 6	Wadley, 36276 256-395-4570	Jerry's Market 49265 AL 22 E	■ ■ ■	S ■ ■		□ ■	■	□		□		F C	□		■ ■	■	■ ■ ■	■ A	□ □ □	■	■ ■	■	W	B	B	B	■	■ ■ ■
H 3	Wallace, 36426 251-867-6510	Minute Stop #153 (Conoco) I-65 Exit 69 (AL 113 NE)	24 HRS ■ ■	S ■ ■		□ ■	■		■ ■	□		F C			□ □	□	□ □ □	□ □	□ □ □		■ ■ ■	■ ■	V W	B B	F B B	B B	■	■ ■ ■
H 3	Wallace, 36426 251-296-7252	Wallace Interstate Shell I-65 Exit 69 (AL 113 SW)	24 HRS ■ ■ ■	M ■ ■		□ ■	■ ■		■ ■	■ ■	DAT	F C		CAT	BF	■ ■	■ ■ ■	■ A	■ ■ ■		■ ■	■ ■	V W	B B	F B B	B B	■	■ ■ ■
D 5	Wattsville, 35182 205-338-4712	K&N Quick Stop (Citgo) 21426 US 231 & AL 144	■ ■ ■			□ □ □	■						□								■	■	W					■ ■ ■
H 6	Webb, 36376 334-712-9963	Exprezit #927 (Citgo) 7729 AL 52 (E of US 231)	■ ■ ■				■			□			□									■ ■	V W				■	■ ■ ■
E 5	Wetumpka, 36092 334-567-5673	Holley Mart #4 (Exxon) AL 111 & AL 14	■ ■ ■	S ■		□ ■	■	□ □ □		□		□	□				□				■		V W	B B	F	B		■ ■ ■
E 4	Wilton, 35187 205-665-7406	Hwy 25 Fuel Stop (Citgo) AL 25	■ ■	S		□ □	■	□ □		□		F C □	□		■ ■		□	□	■ □ □		□		V W			B	■	■ ■ ■
C 3	Winfield, 35594 205-487-4133	B&B Quick Shoppe (Parade) US 78 E & AL 129	24 HRS ■ ■ ■			□ ■ □	■	□ □		□		F C □	□		□ □		□	□	□ □ □	□	■	■	V W	B C	C	C C	■	■ ■ ■
F 2	York, 36925 205-392-7400	York Truck Plaza (BP) I-20-59 Exit 8 (AL 17)	24 HRS ■ ■	L ■		24 HRS ■	■ ■	□ □	■ ■	□		F C F	□	■ ■ ■	■ ■	■ ■	■ ■ ■	■ A R ■	■ ■ □	■ ■	■	■	V W	B B	F B B	B B	■	■ ■ ■

Sign up at www.truckstops.com for free email updates from *The Trucker's Friend.*®

ALASKA

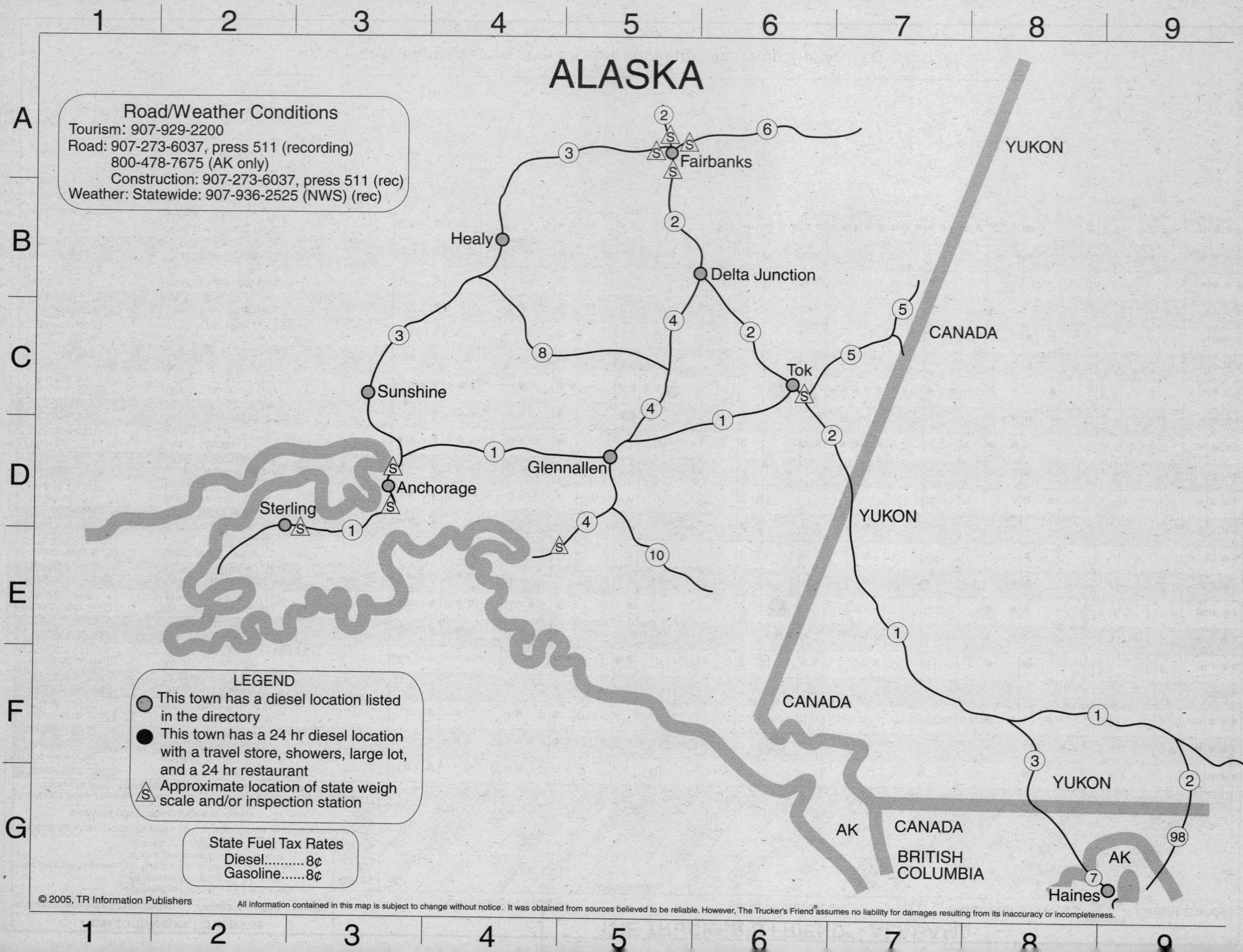

Road/Weather Conditions
Tourism: 907-929-2200
Road: 907-273-6037, press 511 (recording)
800-478-7675 (AK only)
Construction: 907-273-6037, press 511 (rec)
Weather: Statewide: 907-936-2525 (NWS) (rec)

LEGEND
- This town has a diesel location listed in the directory
- This town has a 24 hr diesel location with a travel store, showers, large lot, and a 24 hr restaurant
- S Approximate location of state weigh scale and/or inspection station

State Fuel Tax Rates
Diesel..........8¢
Gasoline......8¢

THE TRUCKER'S FRIEND® - ALASKA

How to interpret the page

■ means available at truck stop □ means available nearby

in the overnight lot column:
S means room for 5 - 24 trucks
M means room for 25-74 trucks
L means room for 85-149 trucks
XL means room for 150+ trucks
$ means a parking fee may be charged

code at left-hand side of rows is the state map grid reference
a key to advertising logos is on page 25

Services may change without notice. When in doubt, call ahead.

Driver Services: MOTOR FUEL (Truck Diesel, Self Service Diesel, Metered Propane, Gasoline); PARKING (Overnight Lot ($), Paved Lot, Trailer Drop, Electric Plug-Ins, Safe Haven/Hazmat); FOOD (Restaurant, Fast Food, Table Phones); STORES (Motel, Convenience, Trucker/Travel, Shopping Center, Walmart/Kmart, Grocery); SHOWERS (Ladies', Men's); COMMUNICATION (TV/Drivers Lounge, Laundry, Load Monitor, Internet Kiosk, Wi-Fi Hotspots, Document Scanning, Public Fax/Copier, UPS/FedEx/Trippak Box, Religious Services, State Lottery)

Vehicle Services: SCALES (Axle, Platform, Certified); TIRES (Repairs, New Tire Sales); REPAIRS (Shop Open 24 Hrs, DOT Inspection, Major Repairs, Minor Repairs, Oil Change/Lube, Minor Welding, AC/Reefer); ROAD SVCS (CB, Tire, Mechanical); WASH (Towing, Truck (Exterior), Trailer Washout)

RV Info: RVs Welcome, Dumping Station, Propane (Bottle)

Financial Services: ATM, Can Wire Money Out, Money Orders, Natso Check-Link, Western Union, Voyager/Wright Express, Comdata (Comchek)

Permit Svcs (C=Checks, F=Fuel Cards, B=Both): EFS, Fuel Man, Multi Service, TCH, T-Chek, Fleet One, Buy/Pay at Fuel Desk, All Prepaid Permit Svcs

Credit Cards: American Express, Visa/Mastercard, Discover

Map	Location / Phone	Truck Stop / Address	Motor Fuel / Parking	Food	Stores	Showers	Communication	Scales	Tires	Repairs	Road Svcs	Wash / RV Info	Financial Services	Permit Svcs	Credit Cards
D 3	Anchorage, 99504 907-333-5222	Holiday Station AK 1 (Glenn Hwy) & Muldoon Rd S	24 HRS ■ ■ ■		□ □ □	■		F				□	■ ■ ■ ■ W	B	■ ■ ■ ■
B 5	Delta Junction, 99737 907-895-4067	Delta Texaco 1600 AK 2 (Richardson Hwy)	■ ■ ■ ■	S ■	□ □	■	□ □		□	■ ■	□ □ □ □ □		■ ■ ■ V W	B	■ ■ ■
A 5	Fairbanks, 99701 907-456-1122	Tesoro Truck Stop #101 3569 S Cushman & Van Horn	24 HRS ■ ■ ■	S ■	□ □	■	■ □	□	□ ■ ■ ■	□ □	□ □ □ □ □ □ □	□ □ □	■ ■ ■ ■ ■ V W	C C C C	■ ■ ■
A 5	Fairbanks, 99701 907-452-5334	Holiday Station #622 Cushman & 23rd Ave	24 HRS ■ ■ ■	S	□ □ □	■	□	F C	□	□ □	□ □ □ □	□ □ □	■ ■ ■ ■ ■ V W	F	■ ■ ■ ■
D 5	Glennallen, 99588 907-822-3555	Hub of Alaska (Tesoro) Glenn Hwy & Richardson Hwy	24 HRS ■ ■ ■	S ■ ■	□ □	■	□ □ □		□	□ □	□	□ □ □	□ ■ ■ V W		■ ■ ■
D 5	Glennallen, 99588 907-822-3303	Glennallen Chevron Glenn Hwy MM 187	■ ■ ■ ■	S ■	□ □	■	□ □		□	■ ■	■ ■	□	■ □ ■ V W		■ ■ ■
G 9	Haines, 99827 907-766-2458	Bigfoot Auto Service Haines Hwy Exit 0 (MM 1)	■ ■ ■	S	□ □		□ □ □	F C	□ ■ ■ ■	■ ■ ■ □	■ ■ ■ ■	□ ■ ■ ■	■ □		■ ■ ■ ■
B 4	Healy, 99743 907-683-5500	Keith's Healy Service (Tesoro) AK Hwy 3 (MM 249.5 - Parks Hwy)	24 HRS ■ ■ ■	S ■	□ ■ □	■			□	□ □	□ □ □	□ □ □	□ ■ ■ V W		■ ■ ■
D 2	Sterling, 99672 907-262-3933	Big John's of Soldotna (Tesoro) Sterling Hwy (MM 91.3)	24 HRS ■ ■ ■	S	□	■		F					■ ■ V W	B	■ ■ ■ ■
C 3	Sunshine, 99676 907-733-3835	Tesoro North Store #78 AK Hwy 3 (MM 98.8 - Parks Hwy)	24 HRS ■ ■ ■	S	□	■	□ ■ ■	F C F					■ □ ■ ■ V W		■ ■ ■ ■
C 6	Tok, 99780 907-883-4660	Village Gas AK 1 (MM 1313.2)	■ ■ ■ ■		□ □	■		F C	□	□ □	□ □ □ □	□ □ □	□ ■ ■	C B	■ ■
C 6	Tok, 99780 907-883-2821	Young's Chevron Service AK Hwy & Glenn Hwy	■ ■ ■ ■	S ■	□ ■ □	■	□ □	F C	□	□ □	□ □ □ □ □	□ □ □ ■	■ ■ ■ ■ V W	C	■ ■ ■ ■
C 6	Tok, 99780 907-883-5833	Plaza Truck Stop (Texaco) AK Hwy 2 (MM 1313.5)	24 HRS ■ ■	M ■	■ ■ ■	■ ■	□ ■ ■ ■	F C	□	■ ■ ■	■ ■ ■ ■ R	■ ■ ■	■ □ ■ V	B B F B C B B	■ ■ ■
C 6	Tok, 99780 907-883-4251	Northern Energy Corp (Tesoro) AK Hwy 2 (MM 1314.8)	■ ■ ■ ■	S	□ □		□ □	F C	□	■ ■	□ □ ■ ■ ■		■ ■ ■	C	■ ■ ■ ■

Visit us on the web at WWW.TRUCKSTOPS.COM

ARIZONA

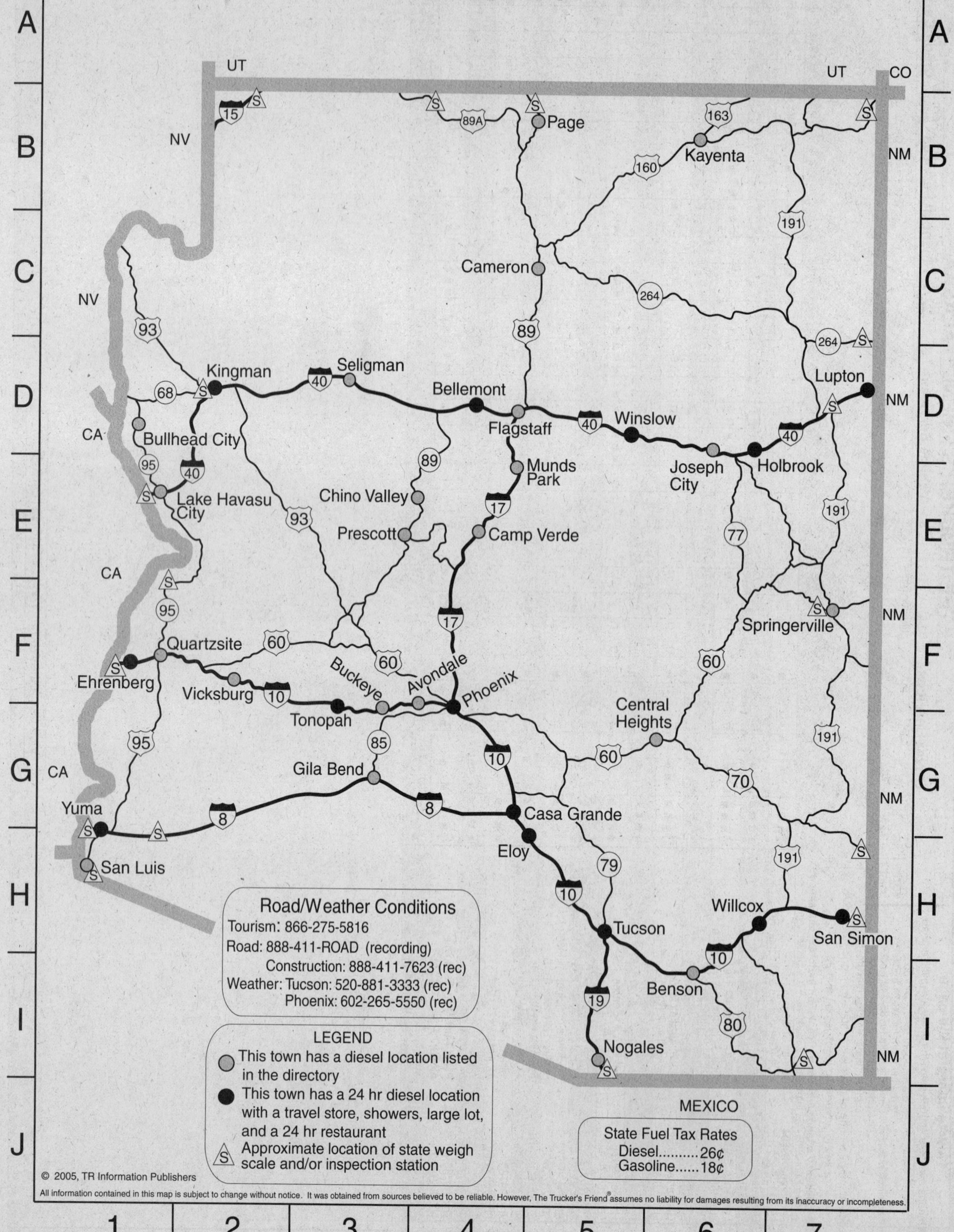

Road/Weather Conditions

Tourism: 866-275-5816
Road: 888-411-ROAD (recording)
Construction: 888-411-7623 (rec)
Weather: Tucson: 520-881-3333 (rec)
Phoenix: 602-265-5550 (rec)

LEGEND

- This town has a diesel location listed in the directory
- This town has a 24 hr diesel location with a travel store, showers, large lot, and a 24 hr restaurant
- (S) Approximate location of state weigh scale and/or inspection station

State Fuel Tax Rates
Diesel..........26¢
Gasoline......18¢

THE TRUCKER'S FRIEND® - ARIZONA

How to interpret the page

■ means available at truck stop □ means available nearby

In the overnight lot column:
- S means room for 5 - 24 trucks
- M means room for 25-74 trucks
- L means room for 85-149 trucks
- XL means room for 150+ trucks
- $ means a parking fee may be charged

code at left-hand side of rows is the state map grid reference

a key to advertising logos is on page 25

Services may change without notice. When in doubt, call ahead.

Column headings:
- Motor Fuel: Truck Diesel, Self Service Diesel, Metered Propane, Gasoline
- Driver Services: Parking (Overnight Lot (S), Paved Lot, Trailer Drop, Electric Plug-Ins, Safe Haven/Hazmat); Food (Restaurant, Fast Food, Table Phones); Stores (Motel, Convenience, Trucker/Travel, Shopping Center, Walmart/Kmart, Grocery); Showers (Ladies, Men's); Communication (TV/Drivers Lounge, Laundry, Load Monitor, Internet Kiosk, Wi-Fi Hotspots, Document Scanning, Public Fax/Copier, UPS/FedEx/Rippak Box, Religious Services, State Lottery)
- Vehicle Services: Scales (Platform, Axle, Certified); Tires (Repairs, New Tire Sales, Shop Open 24 Hrs); Repairs (DOT Inspection, Major Repairs, Minor Repairs, Oil Change/Lube, Minor Welding); Road Svcs (AC/Reefer, CB, Tire, Mechanical); Wash (Towing, Truck (Exterior), Trailer Washout)
- RV Info: RVs Welcome, Dumping Station, Propane (Bottle)
- Financial Services: ATM, Can Wire Money Out, Money Orders, Natso Check-Link, Western Union, Voyager/Wright Express, Comdata (Comchek); C=Checks, F=Fuel Cards, B=Both
- Permit Svcs: EFS, Fuel Man, Multi Service
- Credit Cards: TCH, T-Chek, Fleet One, Buy/Pay at Fuel Desk, All Prepaid Permit Svcs, American Express, Visa/Mastercard, Discover

Grid	Location / Phone	Truck Stop	Motor Fuel	Parking	Food	Stores	Showers	Communication	Scales	Tires	Repairs	Road Svcs	Wash	RV Info	Financial Services	Permit Svcs	Credit Cards
F 4	Avondale, 85323 623-936-0900	Pilot Travel Center #459 I-10 Exit 133 A		24 HRS ■ ■	XL ■	□ ■	■ ■	□ □ ■ ■ ■ DAT	⏻ ■ F C U F T	■ CAT				□ □ □	■ ■ ■ ■ V W	B B F B	B B ■ ■ ■ ■
D 4	Bellemont, 86015 928-774-2762	Bellemont Travel Center (Conoco) I-40 Exit 185		24 HRS ■ ■	L ■ ■	24 HRS ■ ■ □	■ ■	■ ■ ■ ■ DAT	F C U F	■	■ ■	■ ■	■ A	■ ■ □	■ ■ V W	B B	B B F B ■ ■ ■ ■
I 6	Benson, 85602 520-586-7151	Gas City #90 (Coastal) I-10 Exit 302 (AZ 90)		24 HRS ■ ■ ■	XL ■ ■	□ ■ ■ □	■ ■	□ ■ ■ ■ □ DAT	F C U F	□ ■				□ □ □ ■ ■	■ ■ ■ ■ ■ ■ ■ ■ V W	B B	F B B B ■ ■ ■ ■ ■ ■
I 6	Benson, 85602 520-586-2053	Shell Express I-10 Exit 302 (AZ 90)		■ ■ ■		□ ■ □ ■		□ □		□ ■	□ □	□	□	□ □ □	□ ■ ■ ■ V W		■ ■ ■
G 3	Buckeye, 85326 623-386-6926	Love's Travel Stop #280 I-10 Exit 114		24 HRS ■ ■	M ■	■ ■ □	■ ■	■ ■	⏻ ■ F C U F T	■ CAT	□	□ □ □ □	□ □	□ □ □	■ ■ ■ V W	B B F B	B B ■ ■ ■ ■
D 1	Bullhead City, 86429 928-754-4060	Woody's #139 (Chevron) 600 AZ 95		■ ■ ■ ■		□ □ □	■ ■	□ □ □ □	F C U F	□ ■	□ □	□	□	□ □ □	□ ■ ■ ■ V W		■ ■ ■
C 5	Cameron, 86020 928-679-2333	Speedy's Convenience Store US 89 & AZ 64		24 HRS ■ ■	S ■ ■	□ ■ □ ■		□ □	F C	□					■ □ ■ V	B B	B B B ■ ■ ■ ■
E 4	Camp Verde, 86322 928-567-3886	Minute Mart #48 (Shell) I-17 Exit 287 (AZ 260)		24 HRS ■ ■ ■		□ ■ □ ■	□ □ □	□		□ ■	□ □	□		□ □ □	□ ■ ■ V W	B C	B C ■ ■ ■
G 4	Casa Grande, 85222 520-423-2015	Love's Travel Stop #265 I-10 Exit 200		24 HRS ■ ■	M ■ ■	□ ■ ■ □ ■		■ ■ □	⏻ ■ F C T	□	□ □	□ □ □ □		□ □ □ □ □ ■	■ ■ V W	B B F B	B B ■ ■ ■ ■
G 4	Casa Grande, 85222 520-836-3983	Petro Stopping Center # 6 I-10 Exit 200 (Sunland Gin Rd N)	PETRO	24 HRS ■ ■	XL ■ ■ ■	24 HRS ■ ■ □ ■	■ ■	■ ■ ■ ■ DAT	⏻ ■ F C U F T	■ CAT	B/T ■	□ ■ ■ ■		■ ■ □ ■ ■	■ □ ■ W	B B	B B B ■ ■ ■ ■
G 4	Casa Grande, 85222 520-836-9681	Pride Travel Center I-10 Exit 200 (Sunland Gin Rd N)		24 HRS ■ ■	M ■ ■	□ ■ ■ □ ■	■ ■	■ ■ □	F C U F T	□ ■	□ □	□ □ □ □	□ □	□ □ □ □ □ ■	□ ■ ■ ■	B B F B B	B B ■ ■ ■
G 6	Central Heights, 85539 928-425-3297	Dave's Fast Stop #4 (Chevron) 2060 US 60-70 (MM 248)		24 HRS ■ ■ ■	S ■	□ □ □ ■	□ □ □	□	F C	□ ■	□ □		□	□	■ ■ ■ V W	B B	B B B ■ ■ ■ ■
E 3	Chino Valley, 86323 928-636-1020	Petro Products 1080 AZ 89 (15 mi N of Prescott)		■ ■ ■		□ □ ■	□			□ □ ■	□ □	□	□	□ □ □			■ ■ ■
F 1	Ehrenberg, 85334 928-923-9600	Flying J Travel Plaza #05250 I-10 Exit 1 (S Frontage Rd)	Flying J	24 HRS ■ ■ ■	XL ■ ■	24 HRS ■ ■ ■	■ ■	■ ■ ■ ■ Flying J ■ Flying J Flying J	F C U F	Flying J	B/T	□ □ ■ □	□	■ □ □ ■ ■ ■ ■	□ ■ ■ ■ V W	B	B B B ■ ■ ■ ■ ■
F 1	Ehrenberg, 85334 928-927-6568	Beacon Truck Stop I-10 Exit 5 (Tom Wells Rd)		24 HRS ■ ■	M ■	■	■ ■	■ ■	F C	■				□ □ □	■ ■ ■ □ ■ V W	B B F B B	B B ■ ■ ■ ■
G 4	Eloy, 85231 520-466-7361	Circle K Truxtop #2947 I-10 Exit 203 (Toltec Rd N)		24 HRS ■ ■	M ■ ■	□ □ □ ■		□	C U □ ■		□ □	□ □	□	□ □ □ □ ■	■ □ ■ ■ ■ ■ V W	B	■ ■ ■ ■
G 4	Eloy, 85231 520-466-7363	TravelCenters of America (Exxon) I-10 Exit 203 (Toltec Rd S)	TA	24 HRS ■ ■	XL ■	24 HRS ■ ■	■ ■	■ ■ ■ ■ DAT ■ TA	F C U F T	■ CAT	B/T ■ ■	■ □ ■ ■	■ A R □	■ ■ □ ■	■ ■ ■ V W	B B F B	B B ■ ■ ■ ■
G 4	Eloy, 85231 520-466-7550	Pilot Travel Center #458 I-10 Exit 208		24 HRS ■ ■	L ■ ■	□ ■ ■ □ ■	■ ■	□ ■ ■ ■ DAT ⏻ ■	F C T	■ CAT	□ □	□ □ □ □ □	□ □	□ □ □ □ □ □ ■	■ ■ ■ ■ ■ V W	B B F B	B B ■ ■ ■ ■
G 4	Eloy, 85231 520-466-9204	Flying J Travel Plaza #05310 (Conoco) I-10 Exit 208 A (Sunshine Blvd S)	Flying J	24 HRS ■ ■ ■	XL ■ ■ ■ ■	24 HRS ■ ■	■ ■	□ ■ ■ ■ Flying J ■ Flying J Flying J	F C U F T	□ Flying J	□ □	□ □ □ □ □		□ □ □ □ □ □ ■	■ ■ ■ V W	B	B B B ■ ■ ■ ■
D 4	Flagstaff, 86004 928-714-9115	Carter Travel Center (Conoco) 7180 US 89 N (2 mi N of I-40 Exit 201)		24 HRS ■ ■ ■	S ■ ■	■ □ ■ ■ □	□ □	□	F C	□ ■	□ □	□ □ □		□ □ □	■ □ ■ ■ ■ V W	B B	B B B ■ ■ ■ ■
D 4	Flagstaff, 86001 928-779-7942	Holdings Little America (Sinclair) I-40 Exit 198 (Butler Ave S)		24 HRS ■ ■	L ■ ■	■ ■ ■ ■ ■	■ ■	□ ■ ■ ■ DAT	F C T F	■ ■ ■	B/T	□ ■ ■ ■ □		■ ■ □	□ ■ V W	B B	B B B B ■ ■ ■ ■
G 3	Gila Bend, 85337 928-683-2058	Minute Mart #20 (Chevron) 942 E AZ 85		24 HRS ■ ■ ■	M ■	□ ■ □ ■	□ ■ ■	■	F □	■ □ □ □ □		□ □ □ □		□ □ □ ■ ■ ■ ■	■ ■ ■ V W	B C	B C ■ ■ ■ ■
G 3	Gila Bend, 85337 928-683-6324	Bill Henry's Food Mart (Shell) I-8 Exit 115 (AZ 85)		24 HRS ■ ■	S ■	□ ■ □ ■	□	□	F C	□ ■	■ ■	□ ■ □ ■		■ □ ■ □	■ □ ■ ■	B C	■ ■ ■ ■
G 3	Gila Bend, 85337 928-683-2210	Love's Travel Stop #296 I-8 Exit 115 (AZ 85)		24 HRS ■ ■	M ■	□ ■ ■ □ ■	■ ■	■ ■ □	⏻ ■ F C	□ □ ■	□ □	□		□ □ □	■ ■ ■ V W	B B F B	B B ■ ■ ■ ■
G 3	Gila Bend, 85337 928-683-2449	Holt Interstate Services (Shell) I-8 Exit 119		24 HRS ■ ■ ■	XL ■ ■	■ ■ □	■ ■	■ ■ □	F C	■ ■ ■ ■	□ □	□ □ □ □ □		□ □ □	■ ■ ■ ■ ■ ■ ■ V W	B B	B B B B ■ ■ ■ ■ ■
D 6	Holbrook, 86025 928-524-3006	Fuel Express (Shell) I-40 Exit 283 (Perkins Valley)	ARCBEST	■ ■ ■	XL ■ ■ ■	■ ■ ■ ■ ■ □ ■	■ ■ ■	■ ■ ■ ■	F C U T	■	□ □			□ □ □	■ ■ V W	B B	B B B B ■ ■ ■ ■
D 6	Holbrook, 86025 928-524-6243	Hopi Travel Plaza (Conoco) I-40 Exit 292 (AZ 77 N)		24 HRS ■ ■	XL ■ ■	24 HRS ■ ■	■ ■	■ ■ ■ ■ DAT	F C U F T	■ ■ ■ ■ ■	■ ■	■ ■	A R	■ ■ ■ ■ ■ ■	□ ■ ■ ■ V W	B B	B B B B ■ ■ ■ ■
D 6	Joseph City, 86032 928-288-3726	Love's Travel Stop #278 I-40 Exit 277		24 HRS ■ ■	S ■	■ ■	■ ■	■ ■	⏻ F C F □ ■		□	□		□ □ □	■ □ ■ ■ ■ V W	B B F B	B B ■ ■ ■ ■ ■

THE TRUCKER'S FRIEND® - ARIZONA

How to interpret the page

■ means available at truck stop □ means available nearby

In the overnight lot column:
- S means room for 5 - 24 trucks
- M means room for 25-74 trucks
- L means room for 85-149 trucks
- XL means room for 150+ trucks
- $ means a parking fee may be charged

code at left-hand side of rows is the state map grid reference

a key to advertising logos is on page 25

Services may change without notice. When in doubt, call ahead.

Column groups: **Driver Services** — MOTOR FUEL (Truck Diesel, Self Service Diesel, Metered Propane, Gasoline); PARKING (Overnight Lot ($), Paved Lot, Trailer Drop, Electric Plug-Ins, Safe Haven/Hazmat); FOOD (Restaurant, Fast Food, Table Phones); STORES (Motel, Convenience, Trucker/Travel, Shopping Center, Walmart/Kmart, Grocery); SHOWERS (Ladies', Men's); COMMUNICATIONS (TV/Drivers Lounge, Laundry, Load Monitor, Internet Kiosk, Wi-Fi Hotspots, Document Scanning, Public Fax/Copier, UPS/FedEx/TripPak Box, Religious Services, State Lottery). **Vehicle Services** — SCALES (Platform, Axle, Certified); TIRES (Repairs, New Tire Sales); REPAIRS (Shop Open 24 Hrs, DOT Inspection, Major Repairs, Minor Repairs, Oil Change/Lube, Minor Welding, AC/Reefer, CB); ROAD SVCS (Tire, Mechanical, Towing); WASH (Truck (Exterior), Trailer Washout). **RV Info** (RVs Welcome, Dumping Station, Propane (Bottle)). **Financial Services** (ATM, Can Wire Money Out, Money Orders, Natso Check-Link, Western Union, Voyager/Wright Express, Comdata (Comchek), EFS, Fuel Man; C=Checks, F=Fuel Cards, B=Both). **Permit Svcs** (Multi Service, TCH). **Credit Cards** (T-Chek, Fleet One, Buy/Pay at Fuel Desk, All Prepaid Permit Svcs, American Express, Visa/Mastercard, Discover).

Grid	Location / Phone	Truck Stop / Address	Motor Fuel / Parking / Food	Stores / Showers	Communications	Scales / Tires	Repairs / Road Svcs / Wash	RV Info / Financial Services	Permit Svcs / Fleet cards	Credit Cards
E6	Kayenta, 86033 928-697-8149	Speedy's #508 US 160 & US 163 (SE Corner)	■■ ■ S	□□ □ ■	□ □	□	■	■		■■■
D2	Kingman, 86402 928-753-3834	Crazy Fred's Truck Stop I-40 Exit 44	24 HRS ■ ■ L ■■	24 HRS ■■ ■■	■■ ■ ■ [power logo]	F C	■■ □■■■ ■ □■	■□ ■□ ■	B B F B B B	■■■■
D2	Kingman, 86401 928-753-7600	TravelCenters of America (76) I-40 Exit 48 (US 93 N) TA	24 HRS ■■■ L ■	24 HRS ■■□ ■■	■■■■ DAT TA ■	F C U F T ■ CAT	B/F ■■□■■■ A ■■□□	■□■■■ ■■	B B B B B	■■■■■
D2	Kingman, 86401 928-753-1818	USA Travel Center I-40 Exit 48 (US 93 N)	24 HRS ■ ■ M ■■	□■■□ ■■ □□□	■■ □ DAT	F C U F T □■	□□□ □□ □□□□□□□ □□□	■□ ■■ ■ V W	B B F B B B B	■■■■
D2	Kingman, 86401 928-753-6538	Hallum Stores - Fuel Mart I-40 Exit 48 (US 93)	24 HRS ■ ■	□□ □ ■		□ □■ □□□ □□	□□□□□□□□□□□ □	■ V W	B C C C	■■■
D2	Kingman, 86401 928-757-7300	Flying J Travel Plaza #05050 (Conoco) I-40 Exit 53 (Andy Devine Ave) [Flying J logo]	24 HRS ■■■ L ■■	24 HRS ■■□ ■■ □□	■■■■ [Flying J logo] ■ [Flying J logo] [Flying J logo]	F C U F T □ [Flying J logo]	□□ □□□□□□□□□	■■■■ V W	B B B B	■■■■
D2	Kingman, 86401 928-681-4405	Love's Travel Stop #272 I-40 Exit 59 (DW Ranch Rd N)	24 HRS ■ ■ M ■	■■ ■■ □	■■ ■ DAT [power logo] ■	F C U F T ■	□□□	■■ ■ ■ V W	B B F B B B	■■■■
D2	Kingman, 86401 928-757-2799	Petro Stopping Center #15 (Mobil) I-40 Exit 66 (Blake Ranch Rd N) PETRO	24 HRS ■ ■ XL ■■	24 HRS ■■ ■■	■■■■ DAT ■ [power logo] ■	F C U F T ■■ CAT	B/F ■ □■■■ A ■■■□■■■	■ ■ V W	B B B B B	■■■■■
E1	Lake Havasu City, 86404 928-764-2416	Pilot Travel Center #211 I-40 Exit 9 (AZ 95 S)	24 HRS ■ ■ L ■■	■■ ■■	■■ ■ DAT ■ [power logo] ■	F C T F ■ CAT	□ □□□□ □ □□□	■ ■■■ ■■ V W	B B F B B B	■■■■■
D7	Lupton, 86508 928-688-2775	Speedy's Landmark I-40 Exit 359 (Grant Rd - NM/AZ line)	24 HRS ■ ■ XL ■■	24 HRS ■■ ■■	■■ ■	F C □	■■ ■□□	■ ■■ V	B B B B B B	■■■■
E4	Munds Park, 86017 928-286-1310	Woody's I-17 Exit 322 (Mormon Lake Rd)	■■ ■	□ □ ■		□□■		□ ■ ■		■■■■
I5	Nogales, 85621 520-281-0865	Nogales Truck Stop I-19 Exit 4 NB/8 SB (to 2651 N Grand)	■■ XL ■	■□ ■ ■■ □□□	■■■■	F C U F □	■■■■■■■ ■■■ A R □□□ ■	■□ ■■ V	B B B B B B	■■■■
I5	Nogales (North), 85648 520-377-0001	Pilot Travel Center #279 I-19 Exit 12 (AZ 289)	24 HRS ■ ■ M ■■	■■ ■■ □	■■ ■ DAT ■ [power logo] ■	F C U F T ■ CAT	□□ □ □□□	■ ■■ ■■ V W	B B F B B B	■■■■
B4	Page, 86040 928-645-5998	Lake Powell Convenience Center (Shell) 901 US 89 S (MM 547)	■■■■ S ■	□□ □ ■ □□□	□	F C ■	□□ □□□□ □ □□□	■■■■ ■ V W	C	■■■■
F4	Phoenix, 85043 602-278-5088	Diamond Shamrock 5049 W Buckeye Rd	24 HRS ■ ■	□■ □ ■ □ □	□	□■		■■ ■ V W	C C	■■■
F4	Phoenix, 85043 623-936-1118	Flying J Travel Plaza #05006 I-10 Exit 137 (67th Ave) [Flying J logo]	24 HRS ■■■ XL ■	24 HRS ■■□ ■■ □□□	■■■■ [Flying J logo] ■ [Flying J logo] [Flying J logo]	F C U F T □ [Flying J logo]	□□ □ □□ □□□ □□□ □□	■■■■ V W	B B B B	■■■■
F4	Phoenix, 85043 602-233-1196	Liberty Fuel I-10 Exit 138 (59th Ave)	24 HRS ■ ■ XL ■	□■ □ ■■ □□□	■■ ■ DAT ■■	F C U F T □■ ■■■ B/F	□□□ □□□ □□□ ■■ ■□ ■	V W	B B F B B B B	■■■■
F4	Phoenix, 85009 602-278-6383	Circle K Truxtop #2885 (76) US 85 & 35th Ave	24 HRS ■ ■ L ■■	■■ ■ □	■□ DAT	F □■	□□ □□□□ □ □□□	■ ■■■■ ■ V W	B B B B	■■■
E3	Prescott, 86301 928-445-1181	Bennett Oil (Exxon) AZ 89 & 810 E Sheldon St (in town)	■■ ■	□■ □ ■ □□□	□	□□	□□ □□□□ □□□	V W	F	■■■
F1	Quartzsite, 85346 928-927-8570	Love's Travel Stop #286 I-10 Exit 17	24 HRS ■ ■ S ■	□■■□ ■■ □	■■ □ [power logo] ■	F C T F □■ □□□	□□ □□□□□□ □□□	□ ■ ■ V W	B B F B B B	■■■■
F1	Quartzsite, 85359 928-927-7777	Pilot Travel Center #328 I-10 Exit 17 (Business Loop)	24 HRS ■ ■ L ■■	□■■□ ■■ □ □	■■ □ DAT ■ [power logo] ■	F C U F T □■ CAT	□□ □□□□ □ □□□	□ ■■ ■■ V W	B B F B B B	■■■■■
F1	Quartzsite, 85359 928-927-5642	Quik Chek Shell I-10 Exit 17 EB/19 WB (to AZ 95)	24 HRS ■ ■ S ■■	□■ □ ■ □ □	□	□■ □□□□	□□ □□□□ □ □□□	■□ ■ V W	B	■■■
H1	San Luis, 85349 928-627-3720	Circle K Truxtop #8691 (76) 23260 Hwy 95	24 HRS ■ ■ S ■■	□ □ ■ □ □	□	□■	□ □□□	■ ■■■ ■ V W		■■■
H7	San Simon, 85632 520-845-2251	4-K Truck Stop (Chevron) I-10 Exit 378	24 HRS ■■■ XL ■■	24 HRS ■■ ■■	■■■ ■	F C	□■ ■■■ B/F ■■■■■■■ A R ■■■	■■■■ ■ ■ V W	B B F B B B B	■■■■■
D3	Seligman, 86337 928-422-3540	Johnson's Travel Center (Chevron) I-40 Exit 123 (Williamson Valley Rd S)	24 HRS ■ ■ M ■	■ □ ■		F C □■	□□	■□ ■ V W		■■■■
F7	Springerville, 85938 928-333-5063	Becker Petroleum Diesel Stop (Chevron) 706 Hwy 60 E	■■ ■ M ■	□□ □ □ □	□	□	□□ □□□□□□ □□□	■■ V W	C C B C C C	■■■
G3	Tonopah, 85354 623-386-6443	Rip Griffin Travel Center (Shell) I-10 Exit 103 (339th Ave) AMBEST	24 HRS ■■ XL ■■	24 HRS ■■ ■■	■■■■ DAT ■ [power logo] ■	F C U F T ■ CAT	B/F ■■ ■■■ A R ■■□■■	■ ■■ ■■ W	B B F B B B	■■■■■
G3	Tonopah, 85354 623-386-5386	Minute Mart #42 (Shell) I-10 Exit 94	24 HRS ■■■ XL ■■	□■ □ ■■	■■■■ DAT	F ■	□□ □□□□□ □□□	■■■■ ■ V W	B B B B	■■■■

THE TRUCKER'S FRIEND® - ARIZONA

How to interpret the page

■ means available at truck stop □ means available nearby

in the overnight lot column:
S means room for 5 - 24 trucks
M means room for 25-74 trucks
L means room for 85-149 trucks
XL means room for 150+ trucks
$ means a parking fee may be charged

code at left-hand side of rows is the state map grid reference

a key to advertising logos is on page 25

Services may change without notice. When in doubt, call ahead.

Driver Services: Motor Fuel, Parking, Food, Stores, Showers, Communication. Vehicle Services: Scales, Tires, Repairs, Road Svcs, Wash. RV Info. Financial Services (C=Checks, F=Fuel Cards, B=Both). Permit Svcs. Credit Cards.

Map	City / Phone	Truck Stop	Truck Diesel / Self Service Diesel / Metered Propane / Gasoline	Overnight Lot ($) / Paved Lot / Trailer Drop	Electric Plug-Ins / Safe Haven/Hazmat	Restaurant / Fast Food / Table Phones / Motel	Convenience / Trucker/Travel	Shopping Center / Walmart/Kmart / Grocery	Ladies' / Men's	TV/Drivers Lounge / Laundry	Load Monitor / Internet Kiosk / Wi-Fi Hotspots	Document Scanning / Public Fax/Copier / UPS/FedEx/Trippak Box	Religious Services / State Lottery	Axle / Platform / Certified	Repairs / New Tire Sales	Shop Open 24 Hrs / DOT Inspection	Major Repairs / Minor Repairs / Oil Change/Lube / Minor Welding	AC/Reefer / CB / Tire	Mechanical / Towing / Truck (Exterior)	Trailer Washout / RVs Welcome	Dumping Station / Propane (Bottle) / ATM	Can Wire Money Out / Money Orders / Natso Check-Link	Western Union / Voyager/Wright Express	Comdata (Comchek) / EFS	Fuel Man / Multi Service / TCH	T-Chek / Fleet One	Buy/Pay at Fuel Desk / All Prepaid Permit Svcs	American Express / Visa/Mastercard / Discover
H5	Tucson, 85706 520-574-1400	Mr T's Self Serve (Conoco) I-10 Exit 268 (Craycroft)	24 HRS ■ ■ ■	L ■ ■		□ ■ ■ □	■			■ □	■	F C U F	□	□ □ □	■ ■		□ □	□ ■	□ □ □	□ □	■ ■ ■	■ ■ ■	■ V W	B B	F B B	B B	■ ■	■ ■ ■
H5	Tucson, 85706 520-574-0050	Tucson Truck Terminal (Triple T) (Conoco) I-10 Exit 268 (Craycroft)	24 HRS ■ ■ ■	XL$ ■ ■		24 HRS ■ ■ ■	■ ■		■ ■	■ ■	DAT ■ ⏻	F C U F T	■ ■	CAT	BF	□	□ □ ■	□ □	□ □ □	■ ■	■ ■ ■	■ ■ ■	■ V W	B B	F B B	B B	■	■ ■ ■
F2	Vicksburg, 85348 928-859-3843	Tomahawk Auto/Truck Plaza (Shamrock) I-10 Exit 45 (Vicksburg Rd)	24 HRS ■ ■ ■	XL ■ ■		■ ■ ■	■ ■		■ ■	■ ■	DAT ■	F C	■	■ ■ ■	■ ■	□	□ □	□	■ □ □		■ ■ ■	■	V W	B B	B B	B B	■	■ ■ ■
H6	Willcox, 85644 520-384-4375	Freeway Chevron I-10 Exit 336	■ ■ ■ ■			□ □ □	■	□		□		F C	□		□ □	□	□ □ □	□ □	□ □ □		□ ■		V W				■	■ ■ ■
H6	Willcox, 85643 520-384-5311	Rip Griffin Travel Center (Shell) AMBEST I-10 Exit 340 (AZ 186 N)	24 HRS ■ ■ ■	XL ■ ■		24 HRS ■ ■ □	■ ■	□ □	■ ■	■ ■	DAT ■ ⏻ ■	F C T F	■	■ ■ ■	BF	■ ■	■ ■ ■	■ A R	■ ■ □	□ □	■ ■ ■	■ ■	■ V W	B B	B B	B	■	■ ■ ■
H6	Willcox, 85643 520-384-3561	Willcox Truck Plaza (Chevron) I-10 Exit 340 (AZ 186 S)	24 HRS ■ ■	M ■ ■		24 HRS □ ■ □	■	□ □	■ ■	■ ■		U F	■	□ □ □	□ □		□ □ □	□	□ □ □	□	■ □	■ ■ ■	■ V W	B B	B	B B		■ ■ ■
D5	Winslow, 86047 928-289-9532	Super American Truck Stop I-40 Exit 253	24 HRS ■ ■	L ■ ■		24 HRS ■ ■ □	■ ■	□ □ □	■ ■	■ □	DAT ■	F C U F T	■ ■	CAT	□ □	□	□ □ □	□ □	□ □ □	■	■ ■	■ ■	■ V W	B B	F B B	B B	■	■ ■ ■
D5	Winslow, 86047 928-289-2081	Flying J Travel Plaza #05041 FJ I-40 Exit 255	24 HRS ■ ■ ■	XL ■ ■		24 HRS ■ ■ □	■ ■	□ □ □	■ ■	■ ■	FJ ■ FJ	FJ F C U F T	□	FJ	□ □		□ □ □	□	□ □ □	□	■ ■ ■	■	V W	B	B B	B	■	■ ■ ■
H1	Yuma, 85365 928-344-0160	Barney's #30 (Shamrock) 3200 E US 80	■ ■ ■	M ■ ■		□ ■ □	■	□ □ □	■	□		F C	□	□ □ □	□ □		□ □ □	□	□ □ □		□	■	V W	B B	B	B B	■	■ ■ ■
H1	Yuma, 85365 928-342-2696	Barney's Auto/Truck Plaza (Shamrock) I-8 Exit 12 (Fortuna Rd)	24 HRS ■ ■	L ■ ■		24 HRS □ ■ □	■ ■	□ □	■ ■	■ □	DAT ■	F C U F T	□	CAT	■ ■	■	□ ■	A □	■ ■ □		■ □	■	■ W	B B	B B	B B	■ ■	■ ■ ■
H1	Yuma, 85364 928-342-1074	Shell #10 I-8 Exit 12 (Fortuna Rd)	24 HRS ■ ■			□ ■ □	■	□ □		□		□	□ ■		□ □				□ □ □			■ ■ ■	V W	B B				■ ■ ■
H1	Yuma, 85364 928-344-0960	Circle K Truxtop #1948 (Unocal) I-8 Exit 7 (Arbay)	24 HRS ■ ■	S ■ ■			■						■								■ □ ■	■ ■ ■	■ V W	B				■ ■ ■

ARKANSAS

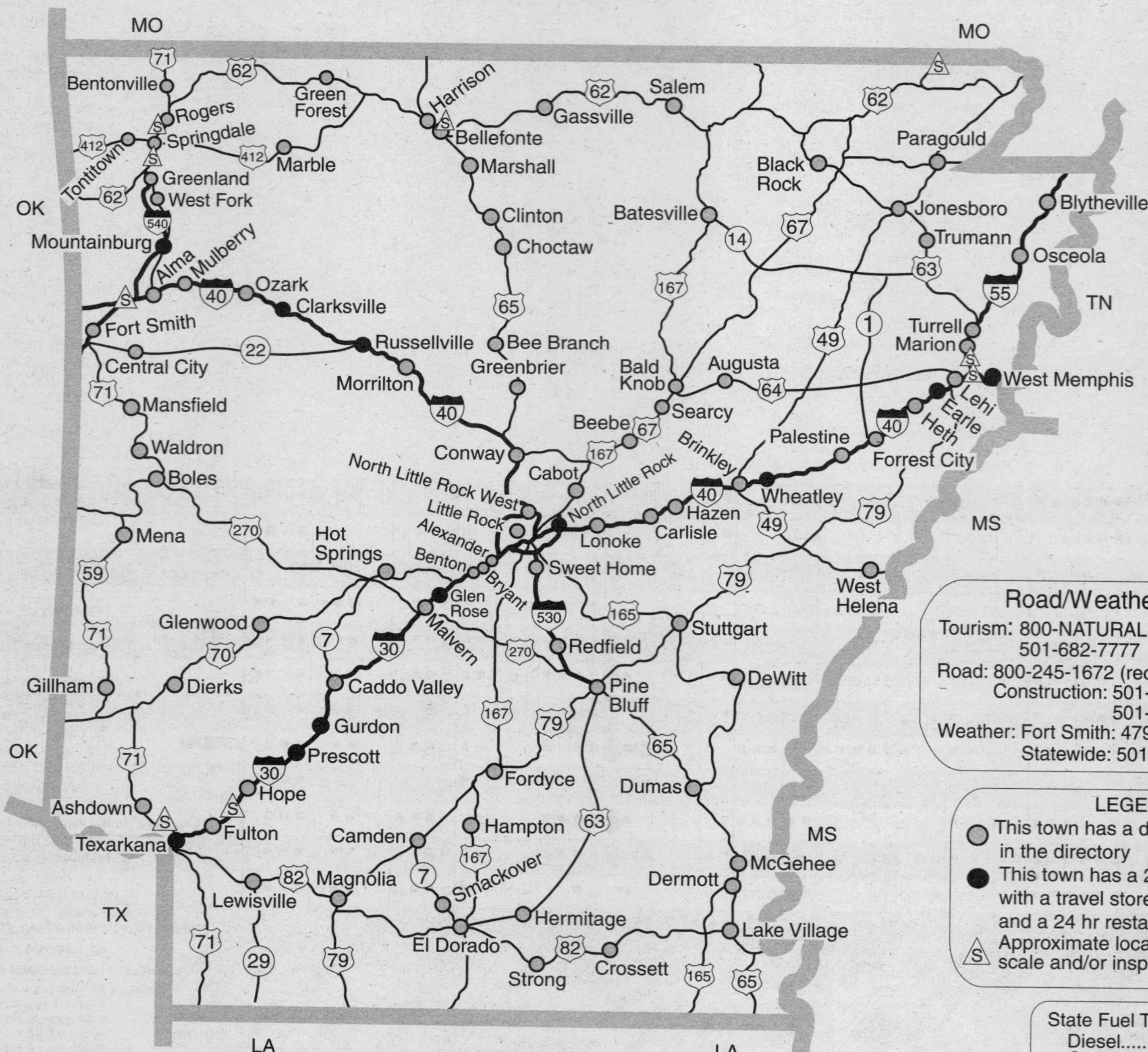

Road/Weather Conditions

Tourism: 800-NATURAL
501-682-7777
Road: 800-245-1672 (recording)
Construction: 501-569-2000 (weekdays)
501-569-2374 (24 hour rec)
Weather: Fort Smith: 479-785-9000 (recording)
Statewide: 501-376-4400 (recording)

LEGEND

- This town has a diesel location listed in the directory
- This town has a 24 hr diesel location with a travel store, showers, large lot, and a 24 hr restaurant
- S Approximate location of state weigh scale and/or inspection station

State Fuel Tax Rates

Diesel..........22.5¢
Gasoline......21.5¢

THE TRUCKER'S FRIEND® - ARKANSAS

How to interpret the page

■ means available at truck stop □ means available nearby

in the overnight lot column:
S means room for 5 - 24 trucks
M means room for 25-74 trucks
L means room for 85-149 trucks
XL means room for 150+ trucks
$ means a parking fee may be charged

code at left-hand side of rows is the state map grid reference

a key to advertising logos is on page 25

Services may change without notice. When in doubt, call ahead.

Column headings — Driver Services: MOTOR FUEL (Truck Diesel, Self Service Diesel, Metered Propane, Gasoline); PARKING (Overnight Lot ($), Paved Lot, Trailer Drop, Electric Plug-ins, Safe Haven/Hazmat); FOOD (Restaurant, Fast Food); STORES (Table Phones, Motel, Convenience, Trucker/Travel, Shopping Center, Walmart/Kmart, Grocery); SHOWERS (Ladies', Men's); COMMUNICATION (TV/Drivers Lounge, Laundry, Load Monitor, Internet Kiosk, Wi-Fi Hotspots, Document Scanning, Public Fax/Copier, UPS/FedEx/TripPak Box, Religious Services, State Lottery). Vehicle Services: SCALES (Axle, Platform, Certified); TIRES (Repairs, New Tire Sales); REPAIRS (Shop Open 24 Hrs, DOT Inspection, Major Repairs, Minor Repairs, Oil Change/Lube, Minor Welding, AC/Reefer); ROAD SVCS (CB, Tire, Mechanical); WASH (Towing, Truck (Exterior), Trailer Washout). RV Info (RVs Welcome, Dumping Station, Propane (Bottle)). Financial Services (C=Checks, F=Fuel Cards, B=Both): ATM, Can Wire Money Out, Money Orders, NATSO Check-Link, Western Union, Voyager/Wright Express, Comdata (Comchek). Permit Svcs: EFS, Fuel Man, Multi Service, TCH, T-Chek. Credit Cards: Fleet One, Buy/Pay at Fuel Desk, All Prepaid Permit Svcs, American Express, Visa/Mastercard, Discover.

Grid	City / Phone	Truck Stop / Location	Motor Fuel	Parking	Stores	Showers	Communication				Scales	Tires	Repairs			Road Svcs		Wash	RV Info	Financial Services			Permit Svcs	Credit Cards			
D 5	Alexander, 72209 501-455-4224	County Line Superstop (Shell) I-30 Exit 126 (County Line Rd)	24 HRS ■ ■	S ■ ■	■ ■	■ ■					F C			□ □		□ □ □	□	□ □ □		■	■	V W	B B	F B B	B B	■	■ ■ ■
C 3	Alma, 72921 479-632-2291	Rose's Travel Mart (Citgo) I-40 Exit 13 (US 71)	24 HRS ■ ■		□ □ □	■	□ □	■	□		F C U F	□		□ □		□ □ □	□	□ □ □		□	■	V W	B B	F B B	B		■ ■ ■
F 3	Ashdown, 71822 870-898-3324	Triple J # 4 (Shell) US 71	24 HRS ■ ■	S	□ □ □	■	□ □ □		□			□		□ □				□ □ □		■ ■	■	V W	B				■ ■ ■
F 3	Ashdown, 71822 870-898-6034	Road Mart (Exxon) US 71 S	24 HRS ■ ■	S ■ ■	□ ■ □	■	□ □		□		F C □	□		□				□ □ □		■	■	V W	F B	F	F	■	■ ■ ■
C 6	Augusta, 72006 870-347-1055	BP of Augusta 105 US 64 W	24 HRS ■ ■	S	□ □ □	■	□	■	□		F C	□						□ □ □		■	■	V W	B B	F B B	B	■	■ ■ ■
C 6	Bald Knob, 72010 501-724-6734	Snappy Mart #7 (Exxon) 119 US 67-167 N	24 HRS ■ ■	M ■ ■	□ ■ ■	■	□	■ ■	■		F C U F T		■ ■ ■	□				□ □ □		■	■ ■	V W	B B	F B B	B B	■	■ ■ ■
B 6	Batesville, 72501 870-251-3254	Tiger Mart #102 (Exxon) US 167 S & AR 14	24 HRS ■ ■	S ■ ■	□ ■ ■ □	■ ■	□ □	■ ■	□		F C U	□		□ □		□	□	□ □ □		■ ■	■	V W	B B	F C	B B	■	■ ■ ■
C 5	Bee Branch, 72013 501-745-7701	Bee Branch Mini Mart (66) 9259 US 65 N	24 HRS ■ ■	S ■	24 HRS	■		■ ■			F C	□						□ □ □		■ ■		V W	B B	F	B B	■	■ ■ ■
D 5	Beebe, 72012 501-882-5378	Exxon Auto/Truck Center US 64 & US 67	24 HRS ■ ■	M ■ ■	□ ■ ■ □	■ ■	□	■ ■	□		F C U	□		□ □	□	□ □	□	□ □ □		■ □ ■	■	V W	B B	F C	B B	■	■ ■ ■
B 4	Bellefonte, 72601 870-743-3875	White Oak Station Truck/Travel Plaza (Shell) US 65 S & US 62-412 E	24 HRS ■ ■	L ■	■ ■ ■ ■	■ ■		■ ■	■ ■		F C		□	□ □	■	■ ■ ■	■ R □	□ □ □	□	■ □	■	V W	B B	F B B	B B	■	■ ■ ■
D 5	Benton, 72015 501-794-5900	Pilot Travel Center #118 I-30 Exit 121	24 HRS ■ ■	L ■ ■	□ ■ ■ □	■ ■	□ □ □	■ ■	■ ■	DAT ■ ⏻ ■	F C U F T	□	CAT	■ ■	■	□ ■ ■	■ A	□ □ □	■ ■	■ □	■ ■	■ ■ V W	B B	F B	B B	■	■ ■ ■
A 3	Bentonville, 72712 479-273-1354	Conoco Fastrip #25 307 S US 71 Business	24 HRS ■ ■		□ □ □	■	□ □ □		□			□						□ □ □		■	■ ■	V W			F		■ ■ ■
A 3	Bentonville, 72712 479-273-1562	E-Z Mart #425 (Shell) AR 102 (1 blk W of US 62-71)	24 HRS ■ ■	S ■	□ □ □	■	□ □				F C	□				□ □ □	□ □	□ □ □	□	■ ■		V W	B C	F		■	■ ■ ■
B 6	Black Rock, 72415 870-878-6107	Junior Food Mart (Shell) US 63 West	■ ■ ■		□ ■	■	□				C	□									■ ■	V W		F			■ ■ ■
B 8	Blytheville, 72315 870-780-1357	Phoenix Truck Plaza (Citgo) I-55 Exit 63 (US 61)	24 HRS ■ ■	L ■ ■	■ ■ ■ □	■ ■	□	■ ■ ■			U F		■ ■ ■	■ □	■	■ ■	□ □	□ □ □	□ □	■ ■	■ ■	■ V W	B B	B B	B	■	■ ■ ■
B 8	Blytheville, 72315 870-838-7023	Flash Market #177 (Citgo) I-55 Exit 67 (AR 18 W)	24 HRS ■ ■		□ □ □	■	□ □ □		□			□		□ □				□ □ □			■ ■ ■	■ V W	B B	F B B	B B		■ ■ ■
B 8	Blytheville, 72315 870-838-1989	Hard Hat (Exxon) I-55 Exit 67 (AR 18)	■ ■ ■	M ■	□ ■ ■	■	□ □ □				F C U	□		□ □	□	□ □ □	□	□ □ □		■ □	■	V W	B B	F B B	B B	■	■ ■ ■
D 3	Boles, 72926 479-577-2277	Fred's Truck Stop #2 (Total) US 71 S & US 270	24 HRS ■ ■	S ■	24 HRS ■ □	■		■ ■			F C	□								■ □	■	V W	B B	F B B	B B	■	■ ■ ■
D 6	Brinkley, 72021 870-734-3120	Flash Market # 49 (Citgo) I-40 Exit 216 (US 49 N)	24 HRS ■ ■		□ ■ □	■	□ □ □		□			□		□ □		□ □ □	□	□ □ □		□ ■	■ ■ ■	■ W	B B	B B	B B		■ ■ ■
D 6	Brinkley, 72021 870-734-4106	Reddy Super Stop (Shell) I-40 Exit 216 (US 49)	■ ■ ■	S	□ ■ ■	■	□ □ □	■ ■			F C	□		□ □		□ □ □	□	□ □ □	□	■ □	■	V W	C B	F B	B B	■	■ ■ ■
D 5	Bryant, 72022 501-847-2800	Speedzone I-30 Exit 123 (AR 183)	24 HRS ■ ■	S	□ ■ ■ □	■	□ □ □		□		F C □	□						□ □ □		■ ■	■	V W	B B	B	B	■	■ ■ ■
D 5	Cabot, 72023 501-941-3020	Pony Express Travel Center (Exxon) US 67-167 Exit 16 B (AR 5)	24 HRS ■ ■	M ■ ■	24 HRS ■ □	■ ■	□ □ □	■ ■	■ ■	DAT	F C	□		□ □	□	□ □ □	□ □	□ □ □		■ □ ■	■	W	B B	B	B B	■	■ ■ ■
E 4	Caddo Valley, 71923 870-246-5835	Mid Ark Auto/Truck Plaza #2 (Fina) I-30 Exit 78 (AR 7)	24 HRS ■ ■	L ■	□ ■ ■ □	■ ■		■ ■	■		F C F	□		■ ■	■ □	■ ■ ■	■	■ ■ □		■ □	■	V W	B B	B C	B B	■ ■	■ ■ ■
E 4	Caddo Valley, 71923 870-246-4064	Diamond Shamrock #460 I-30 Exit 78 (AR 7)	24 HRS ■ ■	S ■ ■	□ ■ □	■			□		F C	□	□	□ □		□ □		□ □ □		■		V W	B B	B B	B B		■ ■ ■
E 4	Caddo Valley, 71923 870-245-2322	Superstop #81 (Shell) I-30 Exit 78 (AR 7)	24 HRS ■ ■	S ■ ■	□ ■ ■ □	■		■ ■			F C □							□ □ □		■ □ ■	■	V W	B	F	C C	■	■ ■ ■
F 4	Camden, 71701 870-574-2923	Airport Citgo 2115 US 79 N	■ ■ ■	S ■	□ □	■			□									□ □ □		■		V W	B				■ ■ ■
F 4	Camden, 71701 870-231-5811	Pit Stop (66) AR 7 & Goodgame	24 HRS ■ ■	M ■	□ ■ ■ □	■		■			F C	□		□ □				□ □ □		■	■	V W	B B	F B	B B	■	■ ■ ■
D 6	Carlisle, 72024 870-552-3094	Conoco Auto Truck Stop I-40 Exit 183 (AR 13)	24 HRS ■ ■	S ■ ■	□ ■ □	■	□	■ ■	□		F C	□		□ □		□ □	□	□ □ □		■	■	V W	B B	F B B	B B	■	■ ■ ■

THE TRUCKER'S FRIEND® - ARKANSAS

How to interpret the page

■ means available at truck stop □ means available nearby

in the overnight lot column: S means room for 5 - 24 trucks; M means room for 25-74 trucks; L means room for 85-149 trucks; XL means room for 150+ trucks; $ means a parking fee may be charged

code at left-hand side of rows is the state map grid reference

a key to advertising logos is on page 25

Services may change without notice. When in doubt, call ahead.

Driver Services: MOTOR FUEL (Truck Diesel, Self Service Diesel, Metered Propane, Gasoline); PARKING (Overnight Lot ($), Paved Lot, Trailer Drop, Electric Plug-ins, Safe Haven/Hazmat); FOOD (Restaurant, Fast Food); STORES (Table Phones, Motel, Convenience, Trucker/Travel, Shopping Center, Walmart/Kmart, Grocery); SHOWERS (Ladies', Men's); COMMUNICATIONS (TV/Drivers Lounge, Laundry, Load Monitor, Internet Kiosk, Wi-Fi Hotspots, Document Scanning, Public Fax/Copier, UPS/FedEx/TripPak Box, Religious Services, State Lottery)

Vehicle Services: SCALES (Axle, Platform, Certified); TIRES (Repairs, New Tire Sales); REPAIRS (Shop Open 24 Hrs, DOT Inspection, Major Repairs, Minor Repairs, Oil Change/Lube, Minor Welding, AC/Reefer); ROAD SVCS (CB, Tire, Mechanical, Towing); WASH (Truck (Exterior), Trailer Washout)

RV Info: RVs Welcome, Dumping Station, Propane (Bottle)

Financial Services: ATM, Can Wire Money Out, Money Orders, NATSO Check-Link, Western Union, Voyager/Wright Express, Comdata (Comchek), EFS, Fuel Man, Multi Service, TCH, T-Chek, Fleet One — C=Checks, F=Fuel Cards, B=Both

Permit Svcs: Buy/Pay at Fuel Desk, All Prepaid Permit Svcs

Credit Cards: American Express, Visa/Mastercard, Discover

Grid	Location / Phone	Truck Stop / Address	Motor Fuel	Parking	Food	Stores	Showers	Communications	Scales	Tires	Repairs	Road Svcs	Wash	RV Info	Financial Services	Permit Svcs	Credit Cards
C 3	Central City, 72941 479-452-1121	Central City Fuel Stop (Citgo) AR 22 & AR 255	■■ ■		□	■					□□	□	□□□		□	V W	F ■■■
B 5	Choctaw, 72028 501-745-5877	Conoco Fuel Stop US 65 & AR 9 (5 mi S of Clinton)	24 HRS ■ ■	S	□■ □	■	□		F C	□	□□	□□□ □	□□□		■ ■	V W	B B F B B B ■■■■
C 3	Clarksville, 72930 479-754-6222	Exxon Tigermart Auto/Truck Center I-40 Exit 55	24 HRS ■ ■	S ■■	□■ □	■	■		F C	□	□□		□□□		■ ■■	V W	B ■■■■
C 3	Clarksville, 72830 479-705-1410	Hwy 109 Truck Plaza (Conoco) I-40 Exit 55 (Hwy 109)	■■ ■	L ■■	■■ □	■■	■■ ■		F C		■■ ■	■■■	□■■■	■■	■□ ■	V W	B B C B B ■■■■
C 3	Clarksville, 72830 479-754-8465	Exit 57 Auto/Truck Express (Texaco) I-40 Exit 57	24 HRS ■ ■	S ■■	□■ □	■ □□	■■ ■			□	□□	□□ □	□□□□		■■■■	V W	B B F B B B B ■■■
C 3	Clarksville, 72830 479-754-6627	South Park Truck Stop (Texaco) I-40 Exit 58 (AR 103 S)	24 HRS ■ ■	L ■■	24 HRS □ □	■■ □□□	■■■■■		F C U	□	■■■	■■■■	■■■	■	■□ ■	V W	B B F C B B B ■■■■
B 5	Clinton, 72031 501-745-6828	Flash Market # 46 (Citgo) US 65 Bypass	24 HRS ■ ■		□□ □	■ □□□	□			□	□□	□□□□	□□□		■■■■	■ V W	B B F B B B B ■■■
D 5	Conway, 72032 501-329-3810	Mapco Express #3059 I-40 Exit 129	24 HRS ■ ■	S ■■	□■■□	■■ □□□	■□		F C U F	□	□□	□□□□□□	□□□		■ ■■ ■	W	B B F B B B ■■■■
G 5	Crossett, 71635 870-364-2400	Flash Market #152 (Conoco) 409 US 82 W	■■ ■	S ■	■	■ □□□	□			□	□□	□□□□□	□□□□		■ ■■	■ V W	B B F B B B ■■■
G 5	Crossett, 71635 870-364-2232	Road Mart (Exxon) US 82 & AR 133	■■ ■	S ■■	□■ □	■ □ □	□		F	□ □□□	□□	□□□□□□□	□□□		■ ■	W	F ■■■
G 5	Crossett, 71635 870-364-3942	C-Mart Truck Stop US 82 W	■■ ■	S ■	■□ □	■	■■■■		F C □	□ □□□	■■■■	■■■	□■■□	□□	■	V W	B B B B B ■■■■
F 6	Dermott, 71638 870-538-5951	Flash Market #104 (Citgo) 3309 US 65 & US 165	■■ ■		□■ □	■ □□			F □	□	□□				■■ ■	V W	B B ■■■■
E 6	Dewitt, 72042 870-946-2081	Conoco 1 Stop AR 1 Bypass & AR 1 Business	24 HRS ■ ■	S ■■	□■ □	■ □ □	■		□	□	□□		□□□		■ ■	V W	B B F F B F ■■■
E 3	Dierks, 71833 870-286-2911	Ward's Phillip 66 504 US 70 W	■■ ■		□■	■ □	■ □			□	■■			□		V W	B C F B F ■■■
F 6	Dumas, 71639 870-382-4353	Matthew's Little Store (66) US 65 & US 165	■■ ■	S ■	□■ □	■ □□□	□		□	□	□□	□□□□	□□□		■ ■	V W	B ■■■
F 6	Dumas, 71639 870-382-3262	Cash's Travel Plaza (Citgo) US 65 (1.5 mi N of US 165)	24 HRS ■ ■	M ■	□■ □	■■ □□□	■■■□		F C	□	□□	□ □	□□□□		■ ■	V W	B B F B B ■■■
C 7	Earle, 72331 870-657-2105	TravelCenters of America/W Memphis I-40 Exit 260 (AR 149 N) [TA logo]	24 HRS ■ ■	XL ■■	24 HRS ■■□	■■ □	■■■■	[DAT logo] ■ [TA logo] ■	F C U F T	□ [CAT logo]	[Bridgestone/Firestone logo] ■■□■■■ A R		■■□□□		■□ ■	■■ W	B B B B B ■■ ■■■
G 5	El Dorado, 71730 870-863-5891	BP Expressway US 167 Bypass & AR 15	24 HRS ■ ■		□■ □	■ □	□			□	□□	□	□□		□■	V W	B B F ■■■
G 5	El Dorado, 71730 870-863-8013	Missile Mart #1 (Conoco) US 167 N	24 HRS ■ ■	S ■■	□■ □	■ □□□	■ □		F C	□			□□□		■ ■	V W	B B B ■■■■
F 5	Fordyce, 71742 870-352-8525	Bailey's Super Store (Conoco) US 79-167 B Bypass	■■ ■		□■ □	■ □□□	□		F C	□	□□	□□□□□□	□□□□	□	■ ■■	■ V W	F ■■■■
F 5	Fordyce, 71742 870-352-3113	Circle N #47 (Citgo) US 79-167 Bypass & AR 8 S	24 HRS ■ ■	M ■	■ □	■ □□	■ □		F C □	□	□	□□□	□□□		■ ■■	V W	B C F B B ■■■■
D 7	Forrest City, 72335 870-494-3466	BP/Amoco Forest City I-40 Exit 241 B (3 blks N)	■■ ■	S ■■	□■ □	■ □□□	□			□■	□□	□□ □	□□□		■ ■	V W	B B B B B B ■■■
C 2	Fort Smith, 72908 479-646-8186	Short Stop Truck Stop (Conoco) I-540 Exit 12 (US 71 S)	24 HRS ■ ■	M ■■	□■■□	■■ □□□	■■■□	[DAT logo]	F C U F T	□ [CAT logo]	□□	□□□□□□□	□□□		■ ■	V W	B B B B B B ■■ ■■■
C 2	Fort Smith, 72904 479-783-2549	Diamond Shamrock #464 I-540 Exit 5 (Kelly Hwy)	24 HRS ■ ■		■	■	□		F	□					■■	V W	B B F B B B ■■■■
C 2	Fort Smith, 72916 479-648-3800	Northside Super Convenience (Texaco) US 71 S	■■ ■	S ■■	□□ □	■				□					■	V W	■■■
F 3	Fulton, 71838 870-896-2218	Red River Truck Stop (BP) I-30 Exit 18 (US 67)	■■ ■	M ■■	□■	■ □			F C	□	■■	■■■■■ A R	■■■	□□	■	V W	B C C C ■■■■
A 5	Gassville, 72635 870-435-2801	Mini Mart (Citgo) US 62 W	24 HRS ■ ■	S ■	□■ □	■ □	■ □		F C	□	□□	□	□□□		■ ■	V W	C C F C C F ■■■■
A 5	Gassville, 72635 870-435-2100	Snappy Mart #8 (Exxon) US 62-412 E & AR 126	24 HRS ■ ■	M ■■	■■□	■ □	■ □		C U F	□ ■■■			□□□		■□■ ■	V W	B B F B B B ■■■

THE TRUCKER'S FRIEND® - ARKANSAS

How to interpret the page

■ means available at truck stop □ means available nearby

In the overnight lot column:
- S means room for 5 - 24 trucks
- M means room for 25-74 trucks
- L means room for 85-149 trucks
- XL means room for 150+ trucks
- $ means a parking fee may be charged

The code at the left-hand side of each row is the state map grid reference.

A key to advertising logos is on page 25

Services may change without notice. When in doubt, call ahead.

Financial Services: C=Checks, F=Fuel Cards, B=Both

Grid	Town, ZIP / Phone	Truck Stop / Location	Motor Fuel: Truck Diesel	Self Service Diesel	Metered Propane	Gasoline	Parking: Overnight Lot ($)	Paved Lot	Trailer Drop	Safe Haven/Hazmat	Electric Plug-Ins	Food: Restaurant	Fast Food	Table Phones	Stores: Motel	Convenience	Trucker/Travel	Shopping Center	Walmart/Kmart	Grocery	Showers: Ladies	Men's	TV/Drivers Lounge	Laundry	Communication: Load Monitor	Internet Kiosk	Wi-Fi Hotspots	Document Scanning	Public Fax/Copier	UPS/FedEx/Trippak Box	Religious Services	State Lottery	Scales: Axle	Platform	Certified	Tires: Repairs	New Tire Sales	Repairs: Shop Open 24 Hrs	DOT Inspection	Major Repairs	Minor Repairs	Oil Change/Lube	Road Svcs: Minor Welding	AC/Reefer	CB	Tire	Mechanical	Towing	Wash: Truck (Exterior)	Trailer Washout	RV Info: RVs Welcome	Dumping Station	Propane (Bottle)	Financial Services: ATM	Can Wire Money Out	Money Orders	Natso Check-Link	Western Union	Voyager/Wright Express	Comdata (Comchek)	EFS	Fuel Man	Multi Service	TCH	T-Chek	Fleet One	Permit Svcs: Buy/Pay at Fuel Desk	All Prepaid Permit Svcs	Credit Cards: American Express	Visa/Mastercard	Discover
E2	Gillham, 71841 870-386-7146	E-Z Mart # 39 1938 US 71	24 HRS	■		■	S	■								■																																		■	□	■						V W			F							■	■	■
E4	Glen Rose, 72015 501-778-2295	JJ's Truck Stop (Fina) I-30 Exit 106 (Military Rd)	24 HRS	■	■	■	XL	■	■			24 HRS		■		■	■				■	■	■		DAT				F C	U T	□			CAT		BF		■		■	■	■	■	R	■	■	■	□	■		■	□	■	■					V W	B	B		B	B	B	B	■	■	■	■	■
E3	Glenwood, 71943 870-356-4343	Cattlemen's Trail Stop (Conoco) 64 US 70	■	■		■	M		■			□	■		□	■	■	□		□				□					F C	□	□		□	□	□	□	□		□	□	□	□	□			□	□	□	■		■		■						V W	B		F						■	■	■	■
A4	Green Forest, 72638 870-438-6898	Powell's One Stop (Citgo) 5452 US 62 E (W of town) & AR 103 S	■	■		■	S	■	■			□	■		□	■				□				□							□					□	□		□	□	□	□	□	□		□	□	□	□		■		■						V W	B	C			C	C				■	■	■
C5	Greenbrier, 72058 501-679-7070	Colt's Quick Draw (Citgo) 1075 US 65 N (1/2 mi S of AR 25 jct)	24 HRS	■	■	■	S	■	■			□	■			■	■			□		■		□							□					□	□			□	□		□			□	□	□			■		■	■					V W	B	B	F	B	B	B	B			■	■	■
B3	Greenland, 72701 479-521-2627	Tobo's 66 I-540 Exit 58 (CR 26)	24 HRS	■		■	M		■			■				■		□			■	■	■	■					F C	T	□			CAT													□	□	□					■	■					V W	B	B	F		B	B	B		■	■	■	■
E4	Gurdon, 71743 870-353-4363	Southfork Truck Stop (Citgo) I-30 Exit 63	24 HRS	■		■	XL		■			24 HRS		■	■	■	■				■	■							F C							■	■	■			■		■	R	■	■	■	□			■			■					V W	B	B			B	B	B			■	■	■
F5	Hampton, 71744 870-798-3800	Missile Mart #2 (Conoco) US 167 & AR 278	24 HRS	■		■	S					□	□		□	■				□				□							□					□	□		□	□	□	□			□	□	□	□		□	■	□				■			V W	B	B								■	■	■
A4	Harrison, 72601 870-741-5077	JW Magness Exxon US 62-65-412 & AR 7 (S jct)	24 HRS	■		■						□	□		□			□	□	□				□							□		□	□	□	□	□			□	□		□			□	□	□																					■	■	■
D6	Hazen, 72064 870-255-3519	Hazen Superstop #88 (Shell) I-40 Exit 193 (AR 11)	24 HRS	■		■	S		■			□			□	■				□																□	□		□	□	□	□	□	□		□	□	□			■	□	■	■					V W	B	B	F	B		B	B		■	■	■	■
G5	Hermitage, 71647 870-463-2827	Hermitage Shell 149 US 63 Bypass	■	■		■	M		■			□	■			■				□											□										□	□				□	□				■		■						W										■	■	■
C7	Heth, 72346 870-657-2166	Mapco Express #3155 I-40 Exit 256 (AR 275)	24 HRS	■		■	S	■	■				■			■	■				■	■							F C																	□	□	□			■			■		■			V W	B	B	F	B		B	B		■	■	■	■
F3	Hope, 71801 870-777-5881	Triple J Fuel Stop #7 (Shell) I-30 Exit 31 (AR 29)	24 HRS	■		■	S					□	□		□	■			□	□				□												□	□				□		□			□	□	□			■	□							V W	B	C				C				■	■	■
D4	Hot Springs, 71901 501-262-3341	JT's Truck Stop (66) 4945 US 70 E (9 mi E of town)	■	■		■	S		■							■																														□	□	□			■								V W			F							■	■	■
B7	Jonesboro, 72403 870-934-8462	Midway Express Exxon US 63 & AR 18	24 HRS	■		■	M	■					■	■		■	■					■							F C	T			■	■	■				□	□	□	□	□	□	□	□	□	□	□	□	■	□		■					V W	B	B	F	B	B	B	B		■	■	■	■
B7	Jonesboro, 72416 870-932-7236	Best Stop #2 (Conoco) US 63 Bypass N & AR 18 W	24 HRS	■		■	S		■				■			■					■	■							F C							□	□				□					□	□	□			■			■					V W	B	B	F		B				■	■	■	■
G6	Lake Village, 71653 870-265-2116	Bozeman Service Station 101 US 65-82 (N of scale)	■	■		■						□	□		□					□				□							□					□					□					□	□	□											V W										■	■	■
G6	Lake Village, 71653 870-265-3891	Rick's Express #7 (Citgo) US 65-82 S	■	■		■	M					□	■		□	■				□											□					□	□			□	□	□	□		□	□	□	□				□		■					W	B	B	F							■	■	■
C7	Lehi, 72364 870-735-5621	Jump Stop #1 (66) I-40 Exit 271 (AR 147 S, W on US 70-79)	24 HRS	■		■	S	■	■				■		□	■		□		□	■	■							F C		□					□	□									□	□	□			■			■					V W	B	B			B				■	■	■	■
F3	Lewisville, 71845 870-921-5646	In-N-Out (Chevron) US 82 & AR 29	■	■		■	S	■	■				■			■				□				□					F C	□	□					□	□				□	□	□			□	□	□			■			■						B								■	■	■	
D5	Little Rock, 72206 501-490-0554	Phillips 66 I-440 Exit 5 (Fourche Dam Pike S)	24 HRS	■		■	S	■	■				■	■	□	■	■	□	□	□				□					F C		□					□	□			□	□	□	□	□		□	□	□			■		■						V W	B	B	F	F	B	B	B		■	■	■	■
D5	Little Rock, 72206 501-490-2275	Double B's Truck Stop (Exxon) I-440 Exit 5 (Fourche Dam Pike N)	24 HRS	■		■	M	■	■			□	■	■	□	■				□				□					F C		□					□	□			□	□	□	□				□	□			■		■	■					V W	B	B	F		B	B	B		■	■	■	■
D5	Lonoke, 72086 501-676-2902	Crackerbox #35 (Shamrock) I-40 Exit 175 (AR 31)	24 HRS	■		■	M	■	■			□	■		□	■	■	□	□	□	■	■		□					F C	F	□					□	□				□	□	□			□	□	□			■		■	■					V W	B	B	F	B	B	B	B		■	■	■	■
G4	Magnolia, 71753 870-234-8468	Superstop Shell 102 US 79-82 N Bypass	24 HRS	■		■	S	■	■			□	■		□	■		□	□	□		■							F C	F	□					□	□				□					□	□	□			■		■	■					V W	B	B	F	B	B	B	B		■	■	■	■
G4	Magnolia, 71753 870-234-7806	Magnolia Travel Center (66) US 82 & US 371	24 HRS	■		■	M		■				■	■		■	■				■	■							F C	U																□	□	□	□		■			■					V W	B	B			B	B	B		■	■	■	■
E4	Malvern, 72104 501-337-0600	J-Mart # 1 (Fina) I-30 Exit 98 A (US 270 S)	24 HRS	■		■	S	■	■			□	■	■	□	■	■	□	□	□	■	■		□					F C	F	□					□	□		□	□	□	□	□	□		□	□	□					■	■					V W	B	B		B		B	B		■	■	■	■
E4	Malvern, 72104 501-332-2111	Superstop # 80 (Shell) I-30 Exit 98 A (US 270)	24 HRS	■		■	S	■				□	□		□	■		□	□	□	■	■									□					□	□			□	□	□	□			□	□	□			■		■	■					V W	B		F							■	■	■
C3	Mansfield, 72944 479-928-7135	71 Express (Shell) 504 US 71 E	24 HRS	■		■	M	■	■			□	■			■				□	■	■		□					F C		□					□	□									□	□	□			■		■	■					V W	B	B	F	B	B	B	B			■	■	■

THE TRUCKER'S FRIEND® - ARKANSAS

How to interpret the page

■ means available at truck stop □ means available nearby

In the overnight lot column:
- S means room for 5 - 24 trucks
- M means room for 25-74 trucks
- L means room for 85-149 trucks
- XL means room for 150+ trucks
- $ means a parking fee may be charged

code at left-hand side of rows is the state map grid reference

a key to advertising logos is on page 25

Services may change without notice. When in doubt, call ahead.

Column groups: Driver Services (Motor Fuel: Truck Diesel, Self Service Diesel, Metered Propane, Gasoline; Parking: Overnight Lot ($), Paved Lot, Trailer Drop; Food: Electric Plug-ins, Safe Haven/Hazmat, Restaurant, Fast Food, Table Phones; Stores: Motel, Convenience, Trucker/Travel, Shopping Center, Walmart/Kmart, Grocery; Showers: Ladies, Men's, TV/Drivers Lounge, Laundry; Communications: Load Monitor, Internet Kiosk, WiFi Hotspots, Document Scanning, Public Fax/Copier, UPS/FedEx/Trippak Box, Religious Services, State Lottery); Vehicle Services (Scales; Tires: Axle, Platform, Certified, New Tire Sales; Repairs: Shop Open 24 Hrs, DOT Inspection, Major Repairs, Minor Repairs, Oil Change/Lube; Road Svcs: Minor Welding, AC/Reefer, CB, Tire, Mechanical, Towing; Wash: Truck (Exterior), Trailer Washout); RV Info (RVs Welcome, Dumping Station, Propane (Bottle)); Financial Services (ATM, Can Wire Money Out, Money Orders, Natso Check-Link, Western Union, Voyager/Wright Express, Comdata (Comchek), EFS, Fuel Man, Multi Service, TCH, T-Chek; C=Checks, F=Fuel Cards, B=Both); Permit Svcs (Fleet One, Buy/Pay at Fuel Desk, All Prepaid Permit Svcs); Credit Cards (American Express, Visa/Mastercard, Discover).

Grid	Location / Phone	Truck Stop / Address	Motor Fuel	Parking	Food	Stores	Showers	Communications	Scales	Tires	Repairs	Road Svcs	Wash	RV Info	Financial Services	Permit Svcs	Credit Cards
B3	Marble, 72740 479-665-2323	Kings River Country Store (Conoco) 22784 US 412	24HRS ■ ■	S		■	■	■	F C	□				□ □ □	■ ■ V W	B B F	B B ■ ■ ■ ■
C7	Marion, 72364 870-739-3007	Mapco Express #3058 I-55 Exit 10 (US 64 E)	24HRS ■ ■			□ ■ ■ □	■ ■	□ □	F C	□	□ □	□ □ □	□ □	□ □ □	■ ■ ■ V W	B B F B	B B ■ ■ ■ ■
C7	Marion, 72364 870-739-5866	Fast Market #36 (Citgo) I-55 Exit 14 (CR 4 E)	24HRS ■ ■	M ■ ■		■ ■ □	■ ■	□ ■ ■ □	F C		■ ■ ■ □			□ □ □	□ ■ ■ ■ ■ ■ V W	B B F B B	B B ■ ■ ■ ■
B5	Marshall, 72650 870-448-2468	Marshall Travel Center (Fina) US 65 N	24HRS ■ ■	M ■ ■		■ ■	■ ■	□ ■ ■ □	F C					□ □ □	■ ■ ■ V W	B B F	B ■ ■ ■ ■
F6	McGehee, 71654 870-222-3121	HL Wells & Sons Oil & Tire 6711 US 65 N	■ ■ ■			□		□ □ □		□	■ ■			■		B F	C ■ ■ ■
D3	Mena, 71953 479-394-0363	Texaco Super Station 901 US 59-71 N & AR 8 E	24HRS ■ ■	M ■ ■		□ ■ □ ■	□ □ □	□	F C □	□				□ □ □	■ ■ ■ ■ ■ V W	B B	B B ■ ■ ■
C4	Morrilton, 72110 501-354-6701	Love's Travel Stop #267 I-40 Exit 107 (AR 95)	24HRS ■ ■	S ■		□ ■ ■ □ ■ ■	□ □ □ ■ ■	□ ⏻ ■	F C T	□	□ □	□ □ □ □		□ □ □	■ □ ■ V W	B B F B	B B ■ ■ ■ ■
B3	Mountainburg, 72946 479-369-4707	Wild Bill's Travel Center (BP) I-540 Exit 29 (AR 282 W)	24HRS ■ ■	L ■ ■		24HRS ■ ■	■ ■	□ ■ ■ ■	F C	□	■ ■ ■ ■ ■ ■ ■ ■ ■ ■	R ■	■ ■ ■		■ ■ ■ V W	B B F B B	B B ■ ■ ■ ■
C3	Mulberry, 72947 479-997-1917	Country Express (Texaco) I-40 Exit 20 (US 64)	24HRS ■ ■	S ■ ■		24HRS ■ ■ □	■ ■	□ ■ ■	F C					□ □ □	■ ■ V W	B B F B B	B B ■ ■ ■ ■
D5	North Little Rock, 72117 501-945-3022	Flash Market #123 (Citgo) I-40 Exit 157 (AR 161 S)	24HRS ■ ■			□ □ □ ■	□ □ □		F	□	□ □ □ □ □	□ □ □ □ □		□ □ □	□ ■ ■ ■ W	B B B	B B ■ ■ ■ ■
D5	North Little Rock, 72117 501-945-2899	Truckomat I-40 Exit 161 (Galloway Rd S)	24HRS ■	M ■ ■		□ □ □ ■	■ ■	■ ■	F C □	CAT	□ □	□ □ □ □ □ □ □	□ □ □	□ □ □ ■ ■	■ ■	B B B B	B B ■ ■ ■ ■
D5	North Little Rock, 72117 501-945-3206	PETRO Petro Stopping Center #26 (Mobil) I-40 Exit 161 (Galloway Rd S)	24HRS ■ ■	XL ■ ■		24HRS □ ■ □	■ ■	■ ■ ■ ■ DAT ⏻ ■	F C U F T ■	CAT	BF ■ ■ ■ ■ ■ ■	A R □	■ ■ □	□ □	■ ■ V W	B B B	B B ■ ■ ■ ■
D5	North Little Rock, 72117 501-945-5400	Love's Travel Stop #236 I-40 Exit 161 (Galloway Rd N)	24HRS ■ ■	S ■		□ ■ ■ □	■ ■	■ ■ ⏻ ■	F C T		□ □ □ □ □ □	□ □ □ □ □ □	□ □ □	□ □ □	■ ■ ■ ■ V W	B B F B	B B ■ ■ ■ ■
D5	North Little Rock, 72117 501-945-2226	Pilot Travel Center #332 I-40 Exit 161 (Galloway Rd S)	24HRS ■ ■	L ■ ■		□ ■ ■ ■ □	■ ■	□ ■ ■ □ DAT ⏻ ■	F C U F T	□	CAT □ □	□ □ □ □ □	□ □ □	□ □	■ ■ ■ ■ ■ V W	B B F B	B B ■ ■ ■ ■ ■
D5	North Little Rock W, 72117 501-851-6815	Shell Morgan Truck Stop I-40 Exit 142 (AR 365)	24HRS ■ ■	M ■ ■		□ ■ ■ □	■	□ ■ ■ □	F C U F	□	■ ■ ■ □ □			□ □ □	■ □ ■ ■ V W	B B	B B ■ ■ ■ ■
D5	North Little Rock W, 72118 501-851-7100	Diamond Shamrock I-40 Exit 142 (AR 365)	24HRS ■ ■	M ■ ■		□ ■ ■ □	■		F C	□	□ □ □ □ □ □	□ □ □ □ □ □ □	□ □ □	□ □ □	■ □ ■ ■ V W	B B F B B B	B B ■ ■ ■ ■
B8	Osceola, 72370 870-563-4928	Shell Truck Stop I-55 Exit 48 (AR 140 E)	24HRS ■ ■	M ■		□ ■ ■ □	■	■ ■ DAT	F C	□					■ V W	B B F B B	B B ■ ■ ■ ■
C3	Ozark, 72949 479-667-5891	Love's Travel Stop #271 I-40 Exit 37 (US 219)	24HRS ■ ■	M ■		□ ■ ■	■ ■ □ □ □	■ ■ □ ⏻ ■	F C F	□	□ □	□ □ □ □ □	□ □	□ □ □	■ ■ ■ ■ V W	B B F B	B B ■ ■ ■ ■
D7	Palestine, 72372 870-581-2954	I-40 Kwik Stop (BP) I-40 Exit 233 (AR 261 S)	24HRS ■ ■	M ■ ■		□ ■ □	■	■		□	□ □	□ □ □		□ □ □	■ □ ■ W	B F	■ ■ ■
D7	Palestine, 72372 870-581-5004	Love's Travel Stop #275 I-40 Exit 233 (AR 261)	24HRS ■ ■	S ■		■ ■ □ ■	■ ■	■ ■ ⏻ ■	F C		CAT □ □			□ □	■ ■ ■ ■ ■ V W	B B F B	B B ■ ■ ■ ■
B7	Paragould, 72450 870-236-3466	Lone Star #3 (Citgo) US 49 - Center 1 North	24HRS ■ ■			□ □ □ ■	□ □	□	F C	□				□ □ □	■ V W	B	■ ■ ■ ■
E5	Pine Bluff, 71603 870-534-4457	Diamond Shamrock 101 US 270 N & US 65-79	24HRS ■ ■	S ■ ■		□ □ □ ■	□ □	□ DAT	F C □	□	□ □	□ □		□ □ □	■ V W	B B F B B B	B B ■ ■ ■
E5	Pine Bluff, 71611 870-247-0749	Big Red Travel Plaza (Fina) I-530 Exit 34 (US 270 E)	24HRS ■ ■	M ■ ■		24HRS ■ ■ ■ □	■ ■ □ □ □	■ ■ ■ ■ DAT	F C T F	□	CAT □ □	□ □ □ □ □	□ □	□ □ □	■ ■ ■ ■ V W	B B F B B B	B B ■ ■ ■ ■
E5	Pine Bluff, 71602 870-247-9663	Circle N #55 (Citgo) US 65 & 800 N Bryant	24HRS ■ ■	M ■ ■		□ ■ □ ■	■ □ □ □	■ ■ ■		□	□ □ □ □ □	□ □ □ □ □	□ □	□ □ □	■ □ ■ ■ ■ V W	B C F	C B ■ ■ ■ ■
E5	Pine Bluff, 71601 870-534-6581	65-81 Quik Stop (Citgo) US 65-425 (3 mi S) & AR 81	24HRS ■ ■	L ■ ■		□ □ □ ■	□ □ □	■ □	F C	□	■ ■	■ ■ ■ ■		■ ■ □	■ ■ V W	B B F	B B ■ ■ ■ ■
F4	Prescott, 71857 870-887-5811	Exit 44 Truck Stop I-30 Exit 44 (AR 371 W)	24HRS ■ ■	L ■ ■		24HRS ■ ■ ■	■ ■	■ ■ ■ ⏻	F C		■	□ □ □ □	□	■ ■ ■ ■ ■	■	B B	B B B ■ ■ ■ ■
F4	Prescott, 71857 870-887-3414	AMBEST Rip Griffin Travel Center (66) I-30 Exit 44 (AR 371)	24HRS ■ ■ ■	XL ■ ■		24HRS ■ ■ □	■ ■	■ ■ ■ ■ DAT ■ ⏻ ■	F C U F T	□	CAT BF ■ ■ ■ ■ ■ ■	A R ■	■ ■ ■	□ □ ■	■ ■ W	B B B B B	■ ■ ■ ■
F4	Prescott, 71857 870-887-3834	J&J Fuels (Fina) I-30 Exit 46 (AR 19)	24HRS ■ ■	XL ■ ■ ■		□ ■	■ ■	■ ■ □	F C	□	□ □ □ ■ ■ ■ ■ ■ ■ ■ ■	A R ■	■ ■ ■		■ V W	B B	B B ■ ■ ■ ■

THE TRUCKER'S FRIEND® - ARKANSAS

How to interpret the page

■means available at truck stop □means available nearby

in the overnight lot column:
S means room for 5 - 24 trucks
M means room for 25-74 trucks
L means room for 85-149 trucks
XL means room for 150+ trucks
$ means a parking fee may be charged

code at left-hand side of rows is the state map grid reference

a key to advertising logos is on page 25

Services may change without notice. When in doubt, call ahead.

Column groups: Driver Services — MOTOR FUEL (Truck Diesel, Self Service Diesel, Metered Propane), PARKING (Gasoline, Overnight Lot, Paved Lot, Trailer Drop), FOOD (Electric Plug-Ins, Safe Haven/Hazmat, Restaurant, Fast Food), STORES (Table Phones, Motel, Convenience, Trucker/Travel, Shopping Center, Walmart/Kmart, Grocery), SHOWERS (Ladies, Men's), TV/Drivers Lounge, COMMUNICATION (Laundry, Load Monitor, Internet Kiosk, Wi-Fi Hotspots, Document Scanning, Public Fax/Copier, UPS/FedEx/Trippak Box, Religious Services, State Lottery); Vehicle Services — SCALES (Axle, Platform, Certified), TIRES (Repairs, New Tire Sales), REPAIRS (Shop Open 24 Hrs, DOT Inspection, Major Repairs, Minor Repairs, Oil Change/Lube, Minor Welding), ROAD SVCS (AC/Reefer, CB), WASH (Tire, Mechanical, Towing, Truck (Exterior), Trailer Washout); RV Info (RVs Welcome, Dumping Station, Propane (Bottle)); Financial Services (ATM, Can Wire Money Out, Money Orders, Natso Check-Link, Western Union, Voyager/Wright Express, Comdata (Comchek)); Permit Svcs (C=Checks, F=Fuel Cards, B=Both: EFS, Fuel Man, Multi Service, TCH, T-Chek, Fleet One, Buy/Pay at Fuel Desk); Credit Cards (All Prepaid Permit Svcs, American Express, Visa/Mastercard, Discover).

Grid	City / Phone	Truck Stop / Location	Services (marks in column order, approximate)
F 4	Prescott, 71857 / 870-887-1744	Love's Travel Stop #277 / I-30 Exit 46 (AR 19)	24 HRS ■ ■ XL ■ ■ □ ■ ■ □ ■ ■ □ ■ ■ □ ⏻ ■ F C U F □ CAT □ □ □ □ □ □ □ □ □ □ ■ ■ ■ ■ V W B B F B B B ■ ■ ■ ■
E 5	Redfield, 72132 / 501-397-6200	J-Mart #121 (Fina) / I-530 Exit 20 (US 46 E)	24 HRS ■ M ■ 24 HRS □ ■ □ ■ ■ □ □ □ □ ■ ■ ■ V W B B F B B B B ■ ■ ■
A 3	Rogers, 72756 / 479-636-7444	Fast Trax #7 (Citgo) / I-540 Exit 85 (US 71 E)	24 HRS ■ ■ S ■ □ □ □ ■ □ □ □ ■ ■ □ F C □ □ □ □ ■ ■ V W B B F B ■ ■ ■ ■
C 4	Russellville, 72801 / 479-890-5392	PDQ - South (66) / 2750 AR 7 S & AR 326	24 HRS ■ ■ ■ □ □ □ □ □ □ □ □ □ □ □ □ ■ ■ V W B F ■ ■ ■
C 4	Russellville, 72801 / 479-880-2302	PDQ #247 (66) / AR 7 & AR 247 E	■ ■ ■ □ ■ □ □ □ □ □ □ □ □ □ □ □ □ □ □ □ ■ V W B F ■ ■ ■
C 4	Russellville, 72801 / 479-968-4299	Hob Nob Shell / I-40 Exit 84 (AR 331 N)	■ ■ ■ □ ■ □ ■ □ ■ V W F ■ ■ ■
C 4	Russellville, 72811 / 479-890-6161	Flying J Travel Plaza #05038 (Conoco) / I-40 Exit 84 (N)	24 HRS ■ ■ ■ XL ■ ■ 24 HRS ■ ■ □ ■ ■ □ □ □ ■ ■ ■ ■ F C U F T □ □ □ □ □ □ □ □ □ □ □ □ □ □ □ □ □ ■ ■ ■ ■ V W B B B B ■ ■ ■ ■ ■
C 4	Russellville, 72802 / 479-967-7414	Pilot Travel Center #430 / I-40 Exit 84 (S)	24 HRS ■ L ■ ■ ■ □ ■ ■ □ □ □ ■ ■ ■ DAT ⏻ F C U F T □ CAT □ □ □ □ □ □ □ □ □ □ □ □ ■ ■ ■ ■ ■ ■ ■ V W B B F B B B ■ ■ ■ ■
A 6	Salem, 72578 / 870-895-5212	Salem Fuel Center (66) / US 62 E	■ ■ ■ □ □ □ □ □ □ □ □ □ □ □ □ □ □ W ■ ■ ■
C 6	Searcy, 72143 / 501-305-2676	Flash Market # 7 (Citgo) / US 67-167 Exit 45 (Truman Baker Dr)	24 HRS ■ ■ □ ■ ■ □ ■ □ □ □ □ □ □ □ □ □ □ ■ ■ ■ ■ ■ W B B F B B ■ ■ ■
G 4	Smackover, 71762 / 870-725-3633	Sumac Mart (66) / AR 7	24 HRS ■ ■ S ■ ■ ■ □ ■ ■ □ □ □ □ □ □ □ □ □ □ □ ■ ■ ■ V W B ■ ■ ■
B 3	Springdale, 72762 / 479-872-6100	Pilot Travel Center #145 / I-540 Exit 72 (1/4 mi W on US 412)	24 HRS ■ M ■ □ ■ ■ □ ■ ■ □ ■ ■ DAT ⏻ F C U F T CAT □ □ □ □ □ □ □ □ □ □ □ □ □ ■ ■ ■ ■ V W B B F B B B ■ ■ ■ ■
G 5	Strong, 71765 / 870-797-2578	Teddy Bears (Citgo) / US 82	24 HRS ■ ■ S ■ □ □ ■ □ ■ □ □ □ □ □ ■ V W B B C ■ ■ ■
E 6	Stuttgart, 72160 / 870-673-3681	Diamond Shamrock #475 / US 79 & AR 11	24 HRS ■ ■ □ ■ □ ■ □ □ □ F C □ □ □ □ □ □ □ □ □ ■ ■ V W B B F B B B B ■ ■ ■ ■
D 5	Sweet Home, 72206 / 501-490-2105	Dixon Rd Exxon / I-530 Exit 3 (CR 338 E)	24 HRS ■ ■ S ■ ■ ■ □ ■ ■ □ □ □ □ □ □ □ □ □ □ ■ ■ V W B B F B ■ ■ ■
F 3	Texarkana, 71854 / 870-773-0811	Phillips 66 Fuel Stop / I-30 Exit 2 (Loop 245 N)	24 HRS ■ ■ S ■ ■ □ ■ □ □ F C □ □ □ □ ■ ■ ■ V W B B F B ■ ■ ■
F 3	Texarkana, 75504 / 870-774-2251	Camp I-30 Truck Stop (BP) / I-30 Exit 2 (Loop 245 S)	24 HRS ■ ■ M ■ 24 HRS □ ■ ■ F C □ □ □ □ □ V W B B B B ■ ■ ■
F 3	Texarkana, 71854 / 870-774-3595	Flying J Travel Plaza #05021 (Conoco) / I-30 Exit 7 (AR 108 N)	24 HRS ■ ■ ■ ■ L ■ ■ 24 HRS ■ ■ ■ ■ ■ ■ ■ ■ ■ ■ F C U F T □ □ □ □ □ □ □ □ □ □ □ □ □ ■ ■ ■ ■ V W B B B B ■ ■ ■
B 3	Tontitown, 72770 / 479-361-2878	Shamrock Fuel Stop / US 412 & AR 112	■ ■ ■ S □ ■ □ ■ □ □ □ □ □ □ □ □ □ □ □ □ □ □ □ □ ■ ■ V W F ■ ■ ■
B 7	Trumann, 72472 / 870-483-0037	Flash Market # 32 (Shell) / US 63 & 1727 AR 69	■ ■ ■ M ■ □ ■ ■ □ ■ □ □ □ □ □ □ □ □ □ □ □ ■ ■ ■ ■ V W B B B B B B ■ ■ ■
B 7	Trumann, 72472 / 870-483-1918	Flash Market # 23 (Citgo) / US 63 & 1728 AR 69	24 HRS ■ ■ S ■ □ ■ ■ □ ■ □ □ □ □ □ □ ■ ■ ■ V W B B F B B B ■ ■ ■
B 7	Trumann, 72472 / 870-483-2554	Mapco Express #7334 / US 63 & 600 AR 463	■ ■ ■ □ □ □ ■ □ □ □ F □ □ □ □ □ ■ ■ ■ V W F B ■ ■ ■ ■
C 7	Turrell, 72384 / 870-343-8558	Fuel Mart #798 / I-55 Exit 21 (AR 42 W)	24 HRS ■ ■ S ■ ■ ■ ■ ■ ■ F C ■ ■ ■ ■ ■ ■ B B B B B B ■ ■ ■ ■
D 3	Waldron, 72958 / 479-637-2011	Waldron Town & Country (Texaco) / US 71 Bypass	24 HRS ■ ■ □ □ □ ■ □ □ □ □ □ W ■ ■ ■
B 3	West Fork, 72774 / 479-839-3326	E-Z Mart #432 (Shell) / 54 US 71	24 HRS ■ ■ S ■ ■ □ □ ■ □ □ □ □ □ □ ■ V W F ■ ■ ■
D 7	West Helena, 72390 / 870-572-1552	Wycamp Truck Stop (Conoco) / 3053 US 49 (4 mi W)	24 HRS ■ ■ S ■ ■ □ ■ ■ ■ ■ ■ ■ F C □ □ □ □ □ □ ■ ■ □ ■ □ ■ V W B B F ■ ■ ■
C 7	West Memphis, 72301 / 870-732-1202	Pilot Travel Center #429 / I-40 Exit 280 (MLK Dr)/I-55 Exit 4	24 HRS ■ ■ XL ■ ■ ■ □ ■ ■ □ □ □ ■ ■ ■ DAT ⏻ F C U F T □ CAT □ □ □ □ □ □ □ □ □ □ □ □ □ □ ■ ■ ■ ■ ■ ■ V W B B F B B B ■ ■ ■ ■
C 7	West Memphis, 72301 / 870-735-2095	Petro Stopping Center #11 / I-40 Exit 280 (MLK Dr)/I-55 Exit 4 (PETRO)	24 HRS ■ ■ $ XL ■ ■ 24 HRS ■ ■ ■ ■ ■ ■ □ □ □ ■ ■ ■ DAT ⏻ F C U F T ■ CAT ■ ■ ■ ■ ■ ■ ■ A R ■ ■ ■ ■ ■ □ ■ ■ V W B B B B B ■ ■ ■ ■ ■

How to interpret the page

■ means available at truck stop □ means available nearby

in the overnight lot column:
S means room for 5 - 24 trucks
M means room for 25-74 trucks
L means room for 85-149 trucks
XL means room for 150+ trucks
$ means a parking fee may be charged

code at left-hand side of rows is the state map grid reference

a key to advertising logos is on page 25

Services may change without notice. When in doubt, call ahead.

THE TRUCKER'S FRIEND® - ARKANSAS

Driver Services: Motor Fuel, Parking, Food, Stores, Showers, Communications — Vehicle Services: Scales, Tires, Repairs, Road Svcs, Wash — RV Info — Financial Services (C=Checks, F=Fuel Cards, B=Both) — Permit Svcs — Credit Cards

Grid	Location	Truck Stop	Truck Diesel / Self Service Diesel / Metered Propane / Gasoline	Overnight Lot ($) / Paved Lot / Trailer Drop	Electric Plug-Ins / Safe Haven/Hazmat	Restaurant / Fast Food / Table Phones / Motel	Convenience / Trucker/Travel	Shopping Center / Walmart/Kmart / Grocery	Ladies' / Men's	TV/Drivers Lounge / Laundry	Load Monitor / Internet Kiosk / Wi-Fi Hotspots	Document Scanning / Public Fax/Copier / UPS/FedEx/TripPak Box	Religious Services / State Lottery	Axle / Platform / Certified	Repairs / New Tire Sales	Shop Open 24 Hrs / DOT Inspection	Major Repairs / Minor Repairs / Oil Change/Lube	Minor Welding / AC/Reefer / CB	Tire / Mechanical / Towing	Truck (Exterior) / Trailer Washout	RVs Welcome / Dumping Station / Propane (Bottle)	ATM / Can Wire Money Out / Money Orders	NATSO Check-Link / Western Union / Voyager/Wright Express	Comdata (Comchek) / EFS	Fuel Man / Multi Service / TCH	T-Chek / Fleet One	Buy/Pay at Fuel Desk / All Prepaid Permit Svcs	American Express / Visa/MasterCard / Discover
C 7	West Memphis, 72301 870-735-2048	Harris Travel Center (Shamrock) I-40 Exit 280 (MLK Dr)/I-55 Exit 4	24 HRS ■ ■	S ■		□ ■ ■ □	■	□ □ □	■ ■	□			□	□	□ □ □	□ □	□	□ □ □ □	□ □ □	□ □	■	■	V W	B B	F B C	B B		■ ■ ■
C 7	West Memphis, 72301 870-732-1272	Pilot Travel Center #272 I-40 Exit 280 (MLK Dr)/I-55 Exit 4	24 HRS ■ ■	XL ■		□ ■ ■ □	■ ■	□ □ □	■ ■	■ □	[DAT logo] ■ [logo]	■ F C U F T	□	[CAT logo]	[logo]	■ ■	■ ■ ■	■ A □	■ ■ □	■ □	■ □	■ ■	■ ■ V W	B B	F B	B B	■	■ ■ ■
C 7	West Memphis, 72301 870-735-8200	Flying J Travel Plaza #05333 I-40 Exit 280 (MLK Dr)/I-55 Exit 4 [Flying J logo]	24 HRS ■ ■ ■	XL ■		24 HRS ■ ■ □	■ ■	□ □ □	■ ■	■ ■	[Flying J logo] ■ [Flying J logo]	[Flying J logo] F C U F T	■	[Flying J logo]	□ □	□	□ □ □	□ □	□ □ □	□ □	■ ■ ■	■	V W	B	B B	B	■	■ ■ ■
C 7	West Memphis, 72301 870-735-0730	Flash Market # 11 (Shell) I-40-55 Exit 278 (S Service Rd)	24 HRS ■ ■			□ □ □	■ ■	□ □ □		□		□	□	□ □ □	□ □		□ □ □	□ □ □	□ □ □	□		■ ■ ■	■ V W	B B	F	B B		■ ■ ■
D 6	Wheatley, 72392 870-457-4681	Sweet Pea's Exit 221 Truck Stop #401 (66) I-40 Exit 221 (AR 78 N)	24 HRS ■ ■	XL ■ ■		24 HRS □ ■ □	■ ■	□ □ □	■ ■	■		F C	□		■ ■	■	■ ■ ■	■ A R	■ ■ ■		■	■	V W	B B	F B B	B B	■ ■	■ ■ ■
D 6	Wheatley, 72392 870-457-3311	Delta Travel Center I-40 Exit 221 (AR 78 S)	24 HRS ■ ■	M ■ ■		□ ■ □	■ ■		■ ■			F C			□ □		□ □ □	□	□ □ □		■	■	V W	B B	B B	B B	■	■ ■ ■
D 6	Wheatley, 72392 870-457-2322	Mapco Express #3154 I-40 Exit 221 (AR 78 S)	24 HRS ■ ■	M ■ ■		□ ■ □	■ ■					F C	□		□ □	□	□ □ □	□ □	□ □ □		■	■ ■	V W	B B	F B	B B	■	■ ■ ■

CALIFORNIA

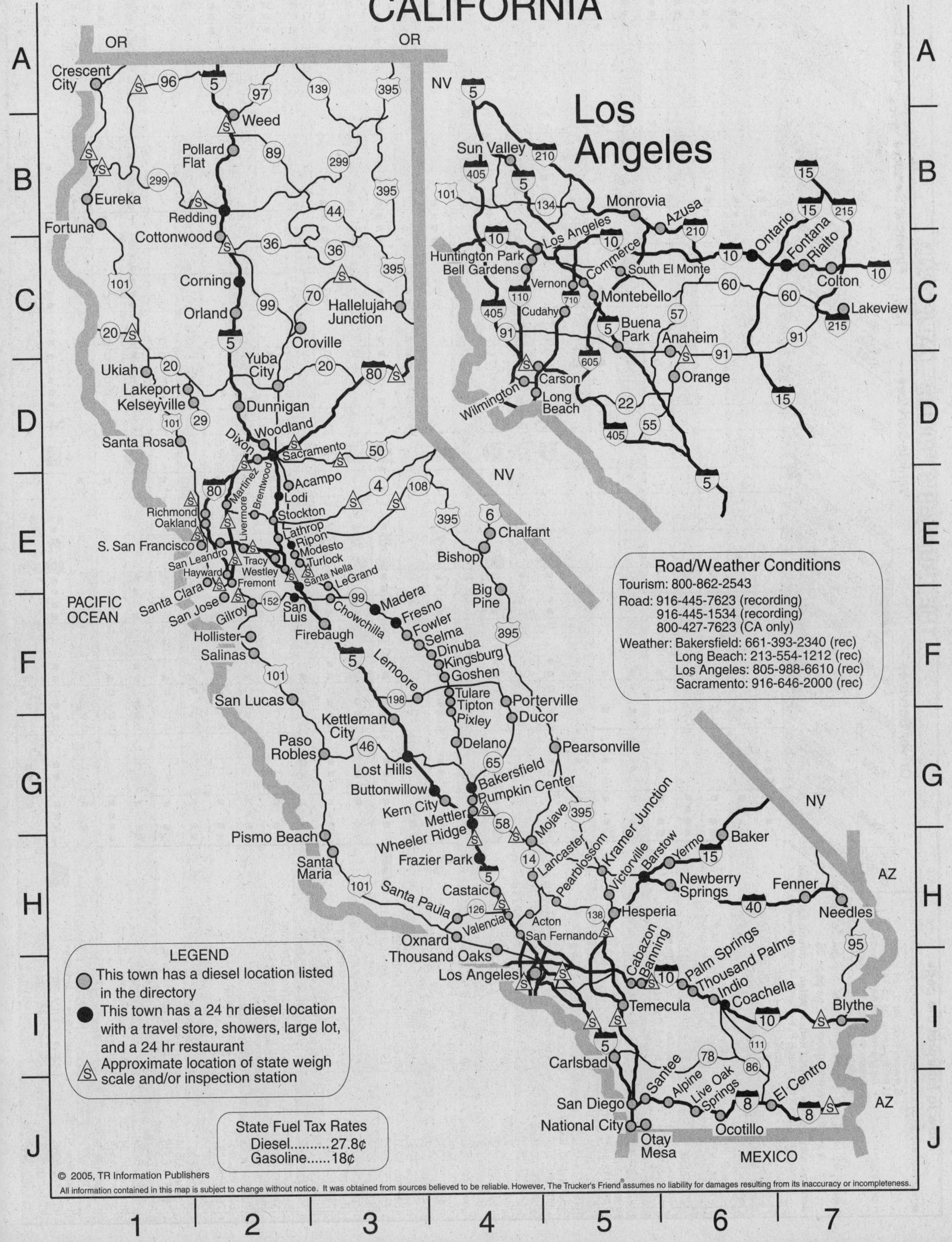
OR
OR
NV
NV
NV
AZ
AZ
MEXICO
PACIFIC OCEAN
Los Angeles
Crescent City
Weed
Pollard Flat
Eureka
Fortuna
Redding
Cottonwood
Corning
Orland
Hallelujah Junction
Oroville
Yuba City
Ukiah
Lakeport
Kelseyville
Dunnigan
Woodland
Santa Rosa
Dixon
Sacramento
Martinez
Brentwood
Acampo
Lodi
Stockton
Richmond
Oakland
Livermore
Lathrop
Ripon
Modesto
Turlock
S. San Francisco
San Leandro
Tracy
Westley
Hayward
Fremont
Santa Nella
LeGrand
Santa Clara
San Jose
Gilroy
San Luis
Chowchilla
Madera
Fresno
Fowler
Selma
Dinuba
Kingsburg
Goshen
Firebaugh
Hollister
Salinas
Lemoore
Tulare
Tipton
Pixley
San Lucas
Kettleman City
Paso Robles
Lost Hills
Delano
Porterville
Ducor
Pearsonville
Chalfant
Bishop
Big Pine
Buttonwillow
Kern City
Bakersfield
Pumpkin Center
Mettler
Wheeler Ridge
Frazier Park
Pismo Beach
Santa Maria
Mojave
Lancaster
Pearblossom
Kramer Junction
Victorville
Barstow
Yermo
Baker
Newberry Springs
Fenner
Needles
Castaic
Santa Paula
Valencia
Acton
Hesperia
San Fernando
Oxnard
Thousand Oaks
Los Angeles
Cabazon
Banning
Palm Springs
Thousand Palms
Indio
Coachella
Blythe
Temecula
Carlsbad
Santee
Alpine
Live Oak Springs
El Centro
San Diego
National City
Otay Mesa
Ocotillo
Sun Valley
Monrovia
Azusa
Ontario
Fontana
Rialto
Colton
Lakeview
Los Angeles
Huntington Park
Bell Gardens
Commerce
South El Monte
Vernon
Montebello
Cudahy
Buena Park
Anaheim
Orange
Wilmington
Carson
Long Beach
A
B
C
D
E
F
G
H
I
J
1
2
3
4
5
6
7
Road/Weather Conditions
Tourism: 800-862-2543
Road: 916-445-7623 (recording)
916-445-1534 (recording)
800-427-7623 (CA only)
Weather: Bakersfield: 661-393-2340 (rec)
Long Beach: 213-554-1212 (rec)
Los Angeles: 805-988-6610 (rec)
Sacramento: 916-646-2000 (rec)
LEGEND
This town has a diesel location listed in the directory
This town has a 24 hr diesel location with a travel store, showers, large lot, and a 24 hr restaurant
Approximate location of state weigh scale and/or inspection station
State Fuel Tax Rates
Diesel..........27.8¢
Gasoline......18¢

THE TRUCKER'S FRIEND® - CALIFORNIA

How to interpret the page

■ means available at truck stop □ means available nearby

in the overnight lot column:
S means room for 5 - 24 trucks
M means room for 25-74 trucks
L means room for 85-149 trucks
XL means room for 150+ trucks
$ means a parking fee may be charged

code at left-hand side of rows is the state map grid reference
a key to advertising logos is on page 25

Services may change without notice. When in doubt, call ahead.

Column headings:
- Driver Services — MOTOR FUEL: TRUCK DIESEL, SELF SERVICE DIESEL, METERED PROPANE, GASOLINE; PARKING: OVERNIGHT LOT (S), PAVED LOT, TRAILER DROP, ELECTRIC PLUG-INS, SAFE HAVEN/HAZMAT; FOOD: RESTAURANT, FAST FOOD, TABLE PHONES; STORES: MOTEL, CONVENIENCE, TRUCKER/TRAVEL, SHOPPING CENTER, WALMART/KMART, GROCERY; SHOWERS: LADIES, MEN'S; COMMUNICATIONS: TV/DRIVERS LOUNGE, LAUNDRY, LOAD MONITOR, INTERNET KIOSK, WI-FI HOTSPOTS, DOCUMENT SCANNING, PUBLIC FAX/COPIER, UPS/FEDEX/TRIPPAK BOX, RELIGIOUS SERVICES, STATE LOTTERY
- Vehicle Services — SCALES: AXLE, PLATFORM, CERTIFIED; TIRES: NEW TIRE SALES, REPAIRS; REPAIRS: SHOP OPEN 24 HRS, DOT INSPECTION, MAJOR REPAIRS, MINOR REPAIRS, OIL CHANGE/LUBE, MINOR WELDING, AC/REEFER; ROAD SVCS: CB, TIRE, MECHANICAL, TOWING; WASH: TRUCK (EXTERIOR), TRAILER WASHOUT
- RV Info — RVs WELCOME, DUMPING STATION, PROPANE (BOTTLE)
- Financial Services — ATM, CAN WIRE MONEY OUT, MONEY ORDERS, NATSO CHECK-LINK, WESTERN UNION, VOYAGER/WRIGHT EXPRESS, COMDATA (COMCHEK) (C=Checks, F=Fuel Cards, B=Both)
- Permit Svcs — EFS, FUEL MAN, MULTI SERVICE
- Credit Cards — TCH, T-CHEK, FLEET ONE, BUY/PAY AT FUEL DESK, ALL PREPAID PERMIT SVCS, AMERICAN EXPRESS, VISA/MASTERCARD, DISCOVER

Code	Location / Phone	Truck Stop / Address	Motor Fuel & Parking	Food	Stores	Showers	Communications	Scales	Tires	Repairs	Road Svcs	Wash	RV Info	Financial Services	Permit Svcs	Credit Cards
E 2	Acampo, 95220 209-333-6000	Jahant Food & Fuel CA 99 Exit 271 (24323 SB Svc Rd)	24 HRS ■ ■	M ■ ■	■	■		F			□	□		■ ■	B C	B B ■ ■ ■
H 4	Acton, 93510 661-269-0760	Acton 76 CA 14 & Crown Valley Rd N	24 HRS ■ ■ ■		□ ■	■ □ □			□ □				□ □ □	■ ■ V W	B B F	B B B ■ ■ ■ ■
J 6	Alpine, 91901 619-445-5260	Alpine Valero I-8 Exit 30 (Tavern Rd)	24 HRS ■ ■		□ □ □	■ □ □	□		□ ■					■ ■ ■ V W		■ ■ ■ ■
J 6	Alpine, 91901 619-445-5118	Tavern Road Alliance I-8 Exit 30 (Tavern Rd)	■ ■ ■ ■		□ □ □	■ □ □	□		□					□ ■ ■ V W		■ ■ ■
C 6	Anaheim, 92801 714-999-9175	Beacon Truck Stop (Ultramar) CA 91 & Raymond	■ ■ ■		□ □ □	■ □ □ □	□		□		□			□	B F	■ ■ ■
B 6	Azusa, 91702 626-334-2477	David Texaco I-210 Exit 38 (N, 1 blk E on Foothill)	24 HRS ■ ■		□ ■ □	■ □ □ □	□		□ ■					■ ■ V W	B B	F F B ■ ■ ■ ■
H 6	Baker, 92309 760-733-4347	Rasor Road Services I-15 Exit 233 (Rasor Rd)	24 HRS ■ ■	M ■	■	■		F C		■ ■	■	■	■ ■ □	■	C C	C C ■ ■ ■ ■
H 6	Baker, 92309 760-733-4542	Ultra Gas & Mart I-15 Exit 245 (Baker Blvd N)	24 HRS ■	M ■	□ □ □	■	□	F C	□	□	□ □ □			■ ■ ■ V W	B	B B ■ ■ ■ ■
G 4	Bakersfield, 93307 661-366-5734	Bruce's Truck Stop CA 58 & CA 184 (Weedpatch Hwy N)	24 HRS ■	XL ■ ■	24 HRS ■ □	■ ■ □	■ ■ ■ ■ DAT	F C U F T	□ CAT	BF □ □ □ □ □	□ □		□ □ □ □ □	■ □ ■ ■ ■ ■	B B	B B B B ■ ■ ■ ■
G 4	Bakersfield, 93307 661-364-0630	24 X 7 Travel Plaza CA 58 & CA 184 (Weedpatch Hwy N)	24 HRS ■ ■	L ■	■ ■ □	■ ■ □ □	■ ■ ■ ■ ■	F C U F	□ ■ CAT	■ ■ ■	■ ■ ■		■ ■ □ ■ ■ ■	■ □ ■ ■ ■ ■	B B	B B B B ■ ■ ■ ■
G 4	Bakersfield, 93307 661-366-1860	Kimber Avenue Fuel Stop (Shell) CA 58 & CA 184 (Weedpatch Hwy S)	24 HRS ■ ■ ■ ■	M ■	□ □ □	■ □	■ ■ □ DAT	F C T	□ ■ CAT	□ □	□ □ □ □ □	□	□ □ □ □	■ □ ■ ■ V W	B B	B B B B ■ ■ ■ ■
G 4	Bakersfield, 93301 661-324-9481	Beacon Truck Stop CA 99 Exit 26 B NB/26 SB (Buck Owens N)	24 HRS ■ ■		□ □ □	■ □ □	■ ■ □	F C	□ ■ ■ ■ ■	□ □	□ □ □ □ □	□	□ □ □ ■ ■	■ ■ V W	B B	B B B B ■ ■ ■ ■
G 4	Bakersfield, 93308 661-392-5300	Flying J Travel Plaza #05320 CA 99 Exit 39 (Merced Ave)	24 HRS ■ ■ ■	XL ■ ■	24 HRS ■ ■	■ ■	■ ■ ■ ■ ■	U F C T	Flying J				□ □ □	■ ■ ■ ■ W	B	B B B ■ ■ ■ ■
I 5	Banning, 92220 951-845-4391	Ernie & Sons Truck Stop I-10 Exit 96 (Highland Springs)	■ ■		□ □ □	□ □ □	■ ■ □		□	■ ■ ■	■ ■ ■		■ ■ □		C C	C C C ■ ■ ■ ■
H 5	Barstow, 92312 760-253-2922	Rip Griffin Travel Center (Shell) I-15 Exit 178 (Lenwood Rd NW)	AMBEST 24 HRS ■ ■ ■	XL ■ ■ ■	24 HRS ■ ■ □	■ ■ □ □ □	■ ■ ■ ■ DAT ■	F C U F T	■ CAT	BF ■	■ ■ ■ ■ R		■ ■ □ □ □	■ ■ ■ ■ ■ ■	B B	B B ■ ■ ■ ■
H 5	Barstow, 92311 760-253-2861	Pilot Travel Center #282 I-15 Exit 178 (Lenwood Rd NE)	24 HRS ■ ■	M ■	□ ■ ■ ■ □	■ ■ □	■ ■ □ DAT	F C U F T	□ ■ CAT	□ □	□ □		□ □ □ □ □ □	■ □ ■ ■ ■ ■ V W	B B F B	B B ■ ■ ■ ■
H 5	Barstow, 92311 760-253-7043	Flying J Travel Plaza #05090 I-15 Exit 178 (Lenwood Rd SE)	24 HRS ■ ■ ■ ■	XL ■ ■	24 HRS ■ ■ □	■ ■ □	■ ■ ■ ■ ■	U F C T	Flying J	□ □	□ □ □ □		□ □ □ □ □	■ ■ ■ ■ V W	B	B B B ■ ■ ■ ■
H 5	Barstow, 92311 760-256-5642	American Travel Center I-15 Exit 181 (L St, W Main)	24 HRS ■ ■	XL ■ ■	24 HRS □ ■ □	■	■ ■ □ DAT	F C U F T	□ □ □ □	□ □	□ □ □ □ □		□ □ □ □ □	■ ■ V	B B F	B B B B ■ ■ ■ ■
C 4	Bell Gardens, 90201 323-560-9110	Webb Truck Service (Chevron) I-710 Ex 15 (Florence to Gage Ave)	24 HRS ■ ■		□ □ □	□ □	□	F C	□ ■		■ ■		□	■ V W		■ ■ ■ ■
E 4	Big Pine, 93513 760-938-2100	Big Pine 76 109 US 395 S	■ ■ ■ ■	S	□ ■ □	■ □ ■ ■	□	F C	□ □ ■ ■ ■ ■	■	■ ■			□ ■ ■ V W	B	C B B ■ ■ ■ ■
E 4	Big Pine, 93513 760-938-2067	Hi Country Market (Mobil) US 395	■ ■ ■		□ ■ ■	■ ■	■	F C	■ □ □ □					■ V W		■ ■ ■ ■
E 4	Bishop, 93514 760-873-8283	Bishop Shell Carwash 466 US 395 S	■ ■ ■	S	□ □ □	■ □ □	□		□ □	□ □	□ □ □ □ □ □		□ □ □ ■	■ □ ■ V W		■ ■ ■
E 4	Bishop, 93514 760-873-6335	Inyo Shell Y-Mart US 6 & US 395	24 HRS ■ ■		□ □ □	■ □ □ □			□ ■	□ □	□ □ □ □ □ □		□ □ □	V	B	C ■ ■ ■
I 7	Blythe, 92225 760-922-5109	B B Travel Center (76) I-10 Exit 232 (Mesa Dr)	24 HRS ■ ■	XL ■ ■	■ ■ ■	■ ■	■ ■ ■ ■	F C	■ CAT	■ ■ □ ■	■ ■ ■ R		■ ■ ■ ■ ■	■ ■ ■ ■ ■ V W	B	B B B B ■ ■ ■ ■
E 2	Brentwood, 94513 925-634-3013	Golden Gate Petroleum (Shell) 8285 CA 4	■ ■ ■ ■		□ □ □	■ □ □			■	□ □	□ □ □ □ □		□ □ □	■ V W		B ■ ■ ■
C 5	Buena Park, 90621 714-739-4777	Buena Park Star Mart (Texaco) I-5 Exit 117 (Artesia E to Manchester)	24 HRS ■ ■		□ ■ □	■ □			□ ■					■ ■ V W		■ ■ ■
G 4	Buttonwillow, 93206 661-764-5266	TravelCenters of America (76) I-5 Exit 257 (CA 58)	TA 24 HRS ■ ■ ■ ■	XL ■ ■	24 HRS ■ ■ □	■ ■	■ ■ ■ ■ DAT TA ■	F C U F T	CAT	BF ■ ■ ■	■ ■ ■ ■ A		■ ■ □	■ ■ ■ ■ ■ V W	B B F B	B B ■ ■ ■ ■
I 5	Cabazon, 92230 951-849-7083	Cabazon Truck Stop (Shell) I-10 Exit 106 (Main St)	24 HRS ■ ■	L ■ ■	24 HRS ■	■ ■ □	DAT	F C	■	□ □	□ □ □		□ □ □	■ ■ ■ V W	B B	■ ■ ■ ■

THE TRUCKER'S FRIEND® - CALIFORNIA

How to interpret the page

■ means available at truck stop □ means available nearby

In the overnight lot column:
S means room for 5 - 24 trucks
M means room for 25-74 trucks
L means room for 85-149 trucks
XL means room for 150+ trucks
$ means a parking fee may be charged

code at left-hand side of rows is the state map grid reference

a key to advertising logos is on page 25

Services may change without notice. When in doubt, call ahead.

Column groups: Motor Fuel (Truck Diesel, Self Service Diesel, Metered Propane, Gasoline); Driver Services — Parking (Overnight Lot ($), Paved Lot, Trailer Drop, Electric Plug-ins, Safe Haven/Hazmat), Food (Restaurant, Fast Food, Table Phones), Stores (Motel, Convenience, Trucker/Travel, Shopping Center, Walmart/Kmart, Grocery), Showers (Ladies', Men's), Communication (TV/Drivers Lounge, Laundry, Load Monitor, Internet Kiosk, Wi-Fi Hotspots, Document Scanning, Public Fax/Copier, UPS/FedEx/TripPak Box); Vehicle Services — Scales (Religious Services, State Lottery), Tires (Axle, Platform, Certified), Repairs (Repairs, New Tire Sales, Shop Open 24 Hrs, DOT Inspection, Major Repairs, Minor Repairs, Oil Change/Lube, Minor Welding, AC/Reefer), Road Svcs (CB, Tire, Mechanical, Towing), Wash (Truck (Exterior), Trailer Washout); RV Info (RVs Welcome, Dumping Station, Propane (Bottle)); Financial Services (ATM, Can Wire Money Out, Money Orders, Natso Check-Link, Western Union, Voyager/Wright Express, Comdata (Comchek)) — C=Checks, F=Fuel Cards, B=Both; Permit Svcs (EFS, Fuel Man, Multi Service); Credit Cards (TCH, T-Chek, Fleet One, Buy/Pay at Fuel Desk, All Prepaid Permit Svcs, American Express, Visa/Mastercard, Discover)

Code	Location / Phone	Truck Stop	Motor Fuel	Parking / Food	Stores	Showers	Communication	Scales	Tires	Repairs	Road Svcs	Wash / RV Info	Financial Services	Permit Svcs / Credit Cards
I 5	Carlsbad, 92008 760-438-3656	Palomar Shell I-5 Exit 47 (Palomar Airport Rd W)	24 HRS ■■■		□□ □	■		U					■ ■ V W	B B F B B B ■■■
D 5	Carson, 90248 310-532-6037	Carson Mini Truck Stop CA 91 & Main (S to 101 W Victoria)	24 HRS ■ ■		□□ □	■	□□□ □	F	□	□□			■ ■ V W	B B B B B ■■■
H 4	Castaic, 91384 661-295-1374	Village Fuel Stop I-5 Exit 176A (Parker Rd)	24 HRS ■	$M ■■	□□ □	■	□ □ ■■ ■	F C □	□ ■	□□	□□□□ □□□	□□□□□ □□	■ □ ■	B B B B B B ■ ■■■
H 4	Castaic, 91384 661-257-2800	Pilot Travel Center #372 I-5 Exit 176B (Lake Hughes Rd)	24 HRS ■	$M ■■	□■■□	■■	□ ■■■□	F C U F T	□	□□	□□□□ □□□	□□□□□ □□	■ ■ W	B B B B B B ■ ■■■
E 4	Chalfant, 93514 760-873-3990	AJ's Market 4750 US 6 & Brown Subdivision Rd	■■■■■	S ■	■	■		F C					■ ■	■ ■
F 3	Chowchilla, 93610 559-665-7438	Red Top Truck Stop CA 152 & Rd 4 (E of CA 59)	■■■■■	M ■■	■	■	□		■				■ ■	B ■
F 3	Chowchilla, 93610 559-665-4146	Ahmad's Exxon CA 99 Exit 167 (Ave 24 W)	24 HRS ■■■	S ■	■ □	■		F C	■	CAT □□	□ □	□□□	□■ ■ V W	B B F B B B B ■ ■■■
I 6	Coachella, 92236 760-342-6200	TravelCenters of America (Arco) I-10 Exit 146 (Dillon Rd)	24 HRS ■■■	XL ■■	24 HRS ■■□	■■	□ ■■■■	DAT TA ■ F C U F T	■	CAT BF	■■■■■ □ A	■■□■■	■ ■ ■ W	B B F B B B ■ ■■■
I 6	Coachella, 92236 760-775-3401	Love's Travel Stop #207 I-10 Exit 146 (Dillon Rd)	24 HRS ■ ■	XL ■■	□■■□	■■	■■	DAT ■ F C T	□	CAT □□	□□□□ □	□□□	■■■ ■ ■ V W	B B F B B B ■ ■■■
I 6	Coachella, 92201 760-342-3999	Texaco Truck Stop I-10 Exit 146 (Dillon Rd, 1.5 mi S)	■■ ■	M ■ ■	□□ □	■	□ □ ■■ □	F C		■■■		□□	■ V W	■ ■■■
C 7	Colton, 92324 909-824-1296	Valley - Colton I-10 Exit 71 (NW to 791 E Valley)	24 HRS ■■■	$S ■■	■□ □	■	□□□ ■■■		□	■■■		□□□■■	■■ V W	B B B B B B ■■■
C 7	Colton, 92324 909-825-5190	Beacon Truck Stop I-10 Exit 73 A (Waterman South)	24 HRS ■ ■	$M ■■	■■	■■	□□□ ■■■■ DAT ■	F C U F	□	■■■ ■■	□□□□□ □□	■□□	■□ ■ V W	B B B B B ■ ■■■
C 5	Commerce, 90023 323-266-2606	Speedy Fuel E Washington Blvd (1 mi W of I-710)	24 HRS ■ ■		□□	■		F C	□	CAT □	□ □	□□□□ □	■ V W	B B B B ■ ■■■
C 5	Commerce, 90040 323-881-0694	Commerce Truck Stop I-5 Exit 128B (4560 E Washington)	24 HRS ■		□□	■		F C T		■■■ □□	□□□□ □ □	□□	■	B B F B B B ■ ■■■
C 5	Commerce, 90640 323-726-1474	Unified Gas I-5 Exit 128B (Washington, 5 blks E)	24 HRS ■ ■			■				CAT			■	■■■
C 2	Corning, 96021 530-824-4646	TravelCenters of America (Arco) I-5 Exit 630 (South Ave)	24 HRS ■ ■	XL ■■	24 HRS ■■□	■■	□ □ ■■■■	DAT TA ■ F C U F T	□	CAT ■■■■	■■□■■ □ A	■■■ □□	■■■ ■ ■ W	B B F B B B ■ ■■■
C 2	Corning, 96021 530-824-4685	Petro Stopping Center # 9 I-5 Exit 630 (South Ave)	24 HRS ■ ■	L ■■■	24 HRS □■□	■■	□ □ ■■■■	DAT ■ F C U F T	□	CAT BF	■□■■■ □□	■■□□	□ ■ V W	B B B B B ■ ■■■
C 2	Cottonwood, 96022 530-347-5353	Cross Country Travel Center (Shell) I-5 Exit 662 (Bowman Rd)	24 HRS ■■■	S ■	□□ □	■	□ □ □	F C	□■			□□□	■ ■ V W	B ■■■■
A 1	Crescent City, 95531 707-465-4200	C Renner (CFN) US 101 & Front (9 blks W to D)	■■ ■		□□ □		□□□ □	F C	□	□ □□	□□□	□□□	□ V W	■■■
C 5	Cudahy, 90201 323-562-1090	Cudahy Fuel Stop I-710 Ex 13 (CA 42 W to 8330 Atlantic N)	■■ ■		□□ □	■	□□ ■ □	F C □	□	□□	□□□ □□		■	B B ■ ■■■
G 4	Delano, 93215 661-725-6185	Pioneer Truck Stop CA 99 Exit 54 (Woollomes Ave)	24 HRS ■ ■	S	□■■□	■	■■	F C	■	□□	□□□ □□	□□□	□ ■ V W	B B B ■ ■■■
G 4	Delano, 93215 661-725-5525	Akal Travel Plaza (Shell) CA 99 Exit 61 NB/60 SB	24 HRS ■■■	M ■■	□■ □	■	□□ ■■■■	F C	□	■■■	□	□□□□□□	■ ■■ V W	B F B B ■ ■■■
F 4	Dinuba, 93618 559-595-8852	RJ Food & Gas (Exxon) 1150 E El Monte Way	■■ ■		□□ □	■	□□□		□■	□□	□□□□□ □□	□□□	■■ ■	■■■
D 2	Dixon, 95620 707-678-2061	Ramos Oil (Shell) I-80 Exit 66 (CA 113 S)	■■ ■		□□ □	■	□ □		□	CAT □□		□□□	■ W	■■■
G 4	Ducor, 93218 559-534-2500	Texaco A&A #2 Hwy 65 & 56th Ave (13 mi E of CA 99)	24 HRS ■■■	M ■■	■■■	■■	■■■	F C	□■	CAT		□□□	■ ■■	B B B B ■ ■■■
D 2	Dunnigan, 95937 530-724-3378	United Petroleum I-5 Exit 554 (CR 8 W)	24 HRS ■■■	M ■■	24 HRS □ □	■■	■■ ■	F C □	□■	■■■ □□	□□□ □	□□□□	■□■■ ■	B B B B B B ■ ■■■
D 2	Dunnigan, 95937 530-724-3060	Pilot Travel Center #168 I-5 Exit 554 (CR 8, SE Corner)	24 HRS ■ ■	L ■■	□■■□	■■	□ ■■ ■ DAT ■	F C U F T	□■	CAT □□	□□	□□□■	■□ ■■ ■■ V W	B B F B B B ■ ■■■
J 6	El Centro, 92243 760-352-4383	7-11 Food Store (Citgo) I-8 Exit 115 (4th Ave)	24 HRS ■ ■		□□ □	■	□		□ ■	□□□□	□□□□ □	□□□□	□ ■ ■	■■■

THE TRUCKER'S FRIEND® - CALIFORNIA

How to interpret the page

■ means available at truck stop □ means available nearby

in the overnight lot column:
- S means room for 5 - 24 trucks
- M means room for 25-74 trucks
- L means room for 85-149 trucks
- XL means room for 150+ trucks
- $ means a parking fee may be charged

code at left-hand side of rows is the state map grid reference

a key to advertising logos is on page 25

Services may change without notice. When in doubt, call ahead.

Column headings:
- Motor Fuel: Truck Diesel, Self Service Diesel, Metered Propane, Gasoline
- Driver Services — Parking: Overnight Lot (S), Paved Lot, Trailer Drop; Food: Electric Plug-ins, Safe Haven/Hazmat, Restaurant, Fast Food, Table Phones; Stores: Motel, Convenience, Trucker/Travel, Shopping Center, Walmart/Kmart, Grocery; Showers: Ladies, Men's, TV/Drivers Lounge, Laundry; Communications: Load Monitor, Internet Kiosk, Wi-Fi Hotspots, Document Scanning, Public Fax/Copier, UPS/FedEx/Trippak Box, Religious Services, State Lottery
- Vehicle Services — Scales: Axle, Platform, Certified; Tires: Repairs, New Tire Sales; Repairs: Shop Open 24 Hrs, DOT Inspection, Major Repairs, Minor Repairs, Oil Change/Lube, Minor Welding, AC/Reefer, CB; Road Svcs: Tire, Mechanical, Towing; Wash: Truck (Exterior), Trailer Washout
- RV Info: RVs Welcome, Dumping Station, Propane (Bottle)
- Financial Services: ATM, Can Wire Money Out, Money Orders, Natso Check-Link, Western Union, Voyager/Wright Express, Comdata (Comchek), EFS, Fuel Man, Multi Service, TCH, T-Chek, Fleet One
- Permit Svcs: Buy/Pay at Fuel Desk, All Prepaid Permit Svcs (C=Checks, F=Fuel Cards, B=Both)
- Credit Cards: American Express, Visa/Mastercard, Discover

Grid	City / Phone	Truck Stop / Location	Motor Fuel & Driver Services	Vehicle Services	RV Info / Financial Services / Permit Svcs	Credit Cards
J 6	El Centro, 92243 760-352-0044	Imperial 8 Travel Center (Mobil) I-8 Exit 115 (CA 86 S)	24HRS ■ ■ ■ XL ■ ■ ■ ■ ■ ■ □ ■ ■ □ □ ■ ■ ■ ■ DAT	F C U F T □ ■ CAT □ □ □ □ □ □ □ □ □ □ □	■ ■ ■ ■ V W B B B B B	■ ■ ■ ■
J 6	El Centro, 92243 760-353-3303	Truck Stop 111 (Shell) I-8 Exit 118 B (CA 111, 1/4 mi N)	24HRS ■ ■ M ■ ■ □ ■ ■ □ ■ □ ■ ■ ■ ■	F C □ ■ ■ ■ □ □ □ □ □ □ □ □ □ □ □ □ ■ ■	■ ■ ■ V W B B B B B B	■ ■ ■ ■
B 1	Eureka, 95503 707-443-1891	Flying J Travel Plaza 3505 US 101 & Highland	24HRS ■ ■ □ □ ■ □ □ □ □	F C □ ■ □ □ □ □ □ □ □ □ □ □ □ □ □ □ □	■ W B B B B B	■ ■ ■
B 1	Eureka, 95501 707-442-5507	Broadway Gas & Deli (76) 4050 US 101	24HRS ■ ■ ■ □ ■ □ ■ □ □ □ ■	■ ■ ■ ■ □ □ □ □ □ □ □ □ □ □ □	■ ■ V W C	■ ■ ■
H 7	Fenner, 92332 760-733-4032	Hi-Sierra Oasis I-40 Exit 107 (Goffs Rd)	24HRS ■ ■ M ■ ■ ■	□ □ □ □ □	■ B	■ ■
F 3	Firebaugh, 93622 209-364-6437	MBP Travel Plaza (Exxon) I-5 Exit 385 (Nees Ave)	24HRS ■ ■ M ■ ■ ■ ■	F C ■ ■ ■ □ □ □ □ □	■ □ ■ V W	■ ■ ■ ■
C 7	Fontana, 92335 909-356-5556	A-Z Fuel Stop I-10 Exit 61 (Cherry 3/4 mi N)	24HRS ■ S □ □ □ □	F C □ □ □ □ □ □ □ □ □ □	■ B B	■ ■
C 7	Fontana, 92335 909-822-2552	Fontana Chevron I-10 Exit 61 (Cherry N to 14455 Valley)	24HRS ■ ■ ■ □ ■ □ □ □	□ □ □ □ □ □ □ □ □ □ □ □ □ □ □	■ V W B B B B	■ ■ ■ ■
C 7	Fontana, 92335 909-357-1167	Fontana Truck Stop Center (Chevron) I-10 Exit 61 (Cherry N, 1 blkWon Valley)	24HRS ■ S ■ ■ □ □ □ ■ □ □ □ □	F C □ ■ ■ ■ □ □ □ □ □ □ □ □ □ □ □ □ □ □ □	■ ■ B B B B B B	■ ■ ■ ■
C 7	Fontana, 92335 909-823-0635	Truck Town Truck & Travel Plaza I-10 Exit 61 (Cherry NW corner)	24HRS ■ ■ $ XL ■ ■ 24HRS □ ■ □ ■ ■ ■ □ ■ ■ ■ ■ DAT ■	F C U F T ■ ■ ■ ■ ■ □ □ □ □ □ □ □ □ □ □ □ □ □	■ □ ■ B B F B B B B	■ ■ ■ ■
C 7	Fontana, 92337 909-350-3310	North American Truck Stop I-10 Exit 61 (Cherry S to 14320 Slover)	24HRS ■ $ L ■ ■ □ □ □ ■ ■	F C □ □ □ □ ■ ■ ■ ■ ■ ■ ■ A R □ ■ ■ □ □	B B C	■ ■ ■ ■
C 7	Fontana, 92337 909-822-4415	Three Sisters Truck Stop I-10 Exit 61 (Cherry S to 14416 Slover)	24HRS ■ ■ $ M ■ ■ ■ □ ■ □ ■ ■ □ DAT	F C T F ■ ■ ■ □ □ □ □ □ □ □ □ □ □ ■ ■	■ B B B B B	■ ■ ■
C 7	Fontana, 92335 909-822-5599	76 Truck Stop I-10 Exit 63 (Citrus N to 16111 Valley)	24HRS ■ ■ ■ □ □ □ ■ □ □ □ □	F C □ □ ■ □ □ □ □ □ □ □	□ ■ ■ V W B F B B B B	■ ■ ■ ■ ■ ■
B 1	Fortuna, 95540 707-725-1744	Hansen Truck Stop US 101 & CA 36 (Sandy Prairie Rd)	■ ■ ■ M ■ ■ □ □ ■ □ □ ■ ■ □	F C □ ■ ■ ■ □ □ □ □ □ □ □ □ □ □ □	■ □ B B B	■
F 3	Fowler, 93625 559-834-3634	Shell Mart # 5 CA 99 Exit 121 (Manning Ave)	24HRS ■ ■ XL ■ ■ □ ■ □ ■ ■ ■ ■	F C U F CAT □ □ □ □ □ □ □ □ □	■ ■ V W B B	■ ■ ■ ■
H 4	Frazier Park, 93243 661-248-6478	Frazier Park Chevron I-5 Exit 205 (Frazier Park)	24HRS ■ ■ S ■ □ ■ ■ □ ■ □ ■	F C □ □ □ □ □ □ □ □ □ □ □ □ □ □ □ □ □ □	□ ■ V W B B	■ ■ ■ ■
H 4	Frazier Park, 93243 661-248-2600	Flying J Travel Plaza #05055 I-5 Exit 205 (Frazier Park)	24HRS ■ ■ XL ■ ■ 24HRS ■ ■ ■ ■ ■ ■ ■ ■ ■ ■	F C U F □ □ □ ■ ■ ■ □ □ □	■ ■ ■ ■ W B B B B	■ ■ ■ ■
E 2	Fremont, 94538 510-498-8741	Bayside Properties (CFN) I-880 Ex 15 (Auto Mall Pkwy W to Boyce)	■ ■ □ □ □ □ □	□ □ □ □ □ □ □ □		■ ■ ■
F 3	Fresno, 93725 559-485-0701	Beacon 5th Wheel Truck Stop CA 99 Exit 127 (Chestnut NB/Central SB)	24HRS ■ ■ M ■ ■ □ ■ □ ■ ■ □ ■ ■ ■	F C T F □ ■ ■ ■ ■ ■ □ ■ ■ ■ □ □ ■ ■ ■ □ ■ ■	□ ■ V W B B F B B B B	■ ■ ■ ■ ■
F 3	Fresno, 93725 559-485-8220	RVJ's Truck Stop (Chevron) CA 99 Exit 127 (Chestnut NB/Central SB)	24HRS ■ ■ □ ■ □ ■	F C F ■ ■ ■ □ □ □ □ □ □ □ □ □ □ □ □ □ □ □	■ ■ V W	■ ■ ■ ■
F 3	Fresno, 93706 559-441-1001	Cal Fresno Twins (76) CA 99 Exit 130 (Jensen Ave E)	24HRS ■ ■ □ □ □ ■ □	□ ■ ■ ■ ■ □ □ □ □ □ □ □ □ □	■ ■ V W B B B B	■ ■ ■
F 3	Fresno, 93706 559-233-2141	M&S Texaco CA 99 Exit 130 (Jensen Ave)	24HRS ■ ■ □ □ □ ■ □	F C ■ CAT □ □ □ □ □ □ □ □ □ □ □ □ □	■ ■ ■ V W B	■ ■ ■ ■
F 3	Fresno, 93722 559-275-0670	Seibert's Fuel Center (Valero) CA 99 Exit 136 B (Princeton Ave)	■ ■ ■ ■ □ □ □ ■ □ □ □	■ ■ □ □ □ □ □ □	■ ■ V W C	■ ■ ■
F 3	Fresno, 93722 559-276-8001	E-Z Trip Golden State Plaza CA 99 Exit 143 (Herndon Ave)	24HRS ■ ■ ■ XL ■ 24HRS ■ □ ■ □ ■ ■ □ ■ ■ ■ ■ DAT ■ ■	F C U F T ■ ■ ■ ■ ■ ■ ■ ■ ■ ■ ■ A R □ ■ ■ ■ □ ■ ■ ■ ■	■ ■ V W B B F B B B B	■ ■ ■
F 3	Fresno, 93722 559-276-0909	E-Z Trip Shell CA 99 Exit 143 (Herndon Ave)	24HRS ■ ■ ■ S ■ □ □ □ ■ □ □ □ ■	□ □ ■ □ □ □ □ □ □ □ □ □ □ □ □ □ □ □ □	□ ■ ■ V W B B B B B B	■ ■ ■
F 2	Gilroy, 95020 408-847-5172	The Garlic Farm Center (Shell) CA 101 S & Monterey Rd (S of CA 152)	24HRS ■ ■ ■ XL ■ ■ □ ■ ■ ■ ■ □ □ □ ■ ■ ■ ■ DAT ■	F C U F □ ■ CAT □ □ □ □ □	■ ■ ■ ■ V W B B F B B B	■ ■ ■ ■
F 2	Gilroy, 95020 408-842-3630	Rotten Robbie #31 US 101 & CA 152 W (Leavesley Rd)	24HRS ■ ■ □ □ □ ■ □ □ □ □	F C □ □ □ □ □ □ □ □ □ □ □ □ □ □ □ □ □ □	■ V W B B B B	■ ■ ■ ■
F 4	Goshen, 93227 559-651-1006	Goshen Travel Plaza (Arco) CA 99 Exit 98 B (Betty Dr)	24HRS ■ ■ M ■ □ ■ ■ □ ■ □ ■ □	F C □ ■ CAT □ □ □ ■ ■	■ ■ ■ B B B	■ ■ ■ ■

THE TRUCKER'S FRIEND® - CALIFORNIA

How to interpret the page

■ means available at truck stop □ means available nearby

In the overnight lot column:
S means room for 5 - 24 trucks
M means room for 25-74 trucks
L means room for 85-149 trucks
XL means room for 150+ trucks
$ means a parking fee may be charged

code at left-hand side of rows is the state map grid reference

a key to advertising logos is on page 25

Services may change without notice. When in doubt, call ahead.

Column groups: Driver Services — MOTOR FUEL (Truck Diesel, Self Service Diesel, Metered Propane, Gasoline); PARKING (Overnight Lot ($), Paved Lot, Trailer Drop); FOOD (Electric Plug-ins, Safe Haven/Hazmat, Restaurant, Fast Food, Table Phones); STORES (Motel, Convenience, Trucker/Travel, Shopping Center, Walmart/Kmart); SHOWERS (Grocery, Ladies, Men's); COMMUNICATION (TV/Drivers Lounge, Laundry, Load Monitor, Internet Kiosk, Wi-Fi Hotspots, Document Scanning, Public Fax/Copier, UPS/FedEx/Tripak Box, Religious Services). Vehicle Services — SCALES (State Lottery, Platform, Certified); TIRES (Axle, Repairs, New Tire Sales); REPAIRS (Shop Open 24 Hrs, DOT Inspection, Major Repairs, Minor Repairs, Oil Change/Lube); ROAD SVCS (Minor Welding, AC/Reefer, CB); WASH (Tire, Mechanical, Towing, Truck (Exterior), Trailer Washout). RV Info (RVs Welcome, Dumping Station, Propane (Bottle)). Financial Services (ATM, Can Wire Money Out, Money Orders, Natso Check-Link, Western Union, Voyager/Wright Express, Comdata (Comchek)). Permit Svcs (C=Checks, F=Fuel Cards, B=Both; EFS, Fuel Man, Multi Service). Credit Cards (TCH, T-Chek, Fleet One, Buy/Pay at Fuel Desk, All Prepaid Permit Svcs, American Express, Visa/Mastercard, Discover).

Map / Location / Phone	Truck Stop / Address	Motor Fuel & Parking	Food	Stores	Showers	Communication	Scales	Tires	Repairs	Road Svcs / Wash	RV Info	Financial Services	Permit Svcs	Credit Cards
C3 Hallelujah Junction, 96105 530-993-0110	Hallelujah Junction Market (Shell) US 395 & CA 70	24HRS ■ ■ ■	M ■ ■		■		F C	■				■ ■ ■	V W	■ ■ ■ ■
E2 Hayward, 94544 510-783-6549	Golden Gate Petroleum (Shell) I-880 Exit 25 (Industrial Pkwy W)	■ ■ ■		□ □ □	■	□ □ □ □		□ ■	□ □ □ □	□ □	□ □ □	■	V W	B F F F ■ ■ ■
H5 Hesperia, 92345 760-956-2844	Pilot Travel Center #381 I-15 Exit 141 (US 395 N)	24HRS ■ ■	XL ■	□ ■ ■ □	■ ■	□ ■ ■ ■ DAT ⏻	F C U F T	■ ■	CAT □ □	□ □	□ □ □ □	■ ■ ■ ■ ■	V W	B B F B B B ■ ■ ■ ■
F2 Hollister, 95023 408-842-9316	Casa de Fruta (Chevron) CA 152	24HRS ■ ■ ■	S ■	24HRS ■ ■	■ ■	■ ■ □ ■	F C	■				■ ■ ■ ■		■ ■ ■ ■
C4 Huntington Park, 90255 323-589-3576	Slauson Shell 2400 E Slauson	24HRS ■		□ □ □	■	□ □		□ ■	□ □ □			■	V W	■ ■ ■
I6 Indio, 92201 760-342-4776	Clark's Truck Stop I-10 Exit 139 EB/142 WB	24HRS ■ ■	S ■ ■	24HRS □	■	□ □ □ ■	F C	□				■ ■ ■	V W	B B B B B B ■ ■ ■ ■
D2 Kelseyville, 95451 707-279-1380	Kits Corner Store 7990 Hwy 29	■ ■ ■	S ■ ■	□ ■	■	□ □ □	F C □		□ □		□ □ □	■		■ ■ ■
G4 Kern City, 93312 661-764-5217	E-Z Trip Shell I-5 Exit 253 (Stockdale Hwy E)	24HRS ■ ■		24HRS □	■	DAT		■			□ □ □	■	V W	B B B B B ■ ■ ■ ■
G3 Kettleman City, 93239 559-386-9076	Beacon Truck Stop I-5 Exit 309 (CA 41)	24HRS ■ ■	S ■ ■	□ □	■ ■	□ ■ ■	F C	□ ■	■ ■ ■ □ □	□ □	□ □ □	■ □ ■ ■	V W	B B F B B B B ■ ■ ■ ■
F4 Kingsburg, 93631 559-897-3015	Shop & Go (Exxon) CA 99 Exit 109 (Ave 384)	24HRS ■ ■		□ ■ □	■	□ □ □ □		□ ■	□ □	□ □		□ ■	V W	■ ■ ■
H5 Kramer Junction, 93516 760-762-0041	Pilot Travel Center #200 US 395 & CA 58	24HRS ■ ■	M ■ ■	□ ■ ■ □	■ ■	■ ■ DAT ⏻	F C U F T	■	CAT □		□ □ □	■ ■ ■ ■ ■ ■	V W	B B F B B B ■ ■ ■ ■
D2 Lakeport, 95453 707-263-6281	Westgate Petroleum (Alliance) 1785 S Main (1/4 mi N of CA 29 & CA 175)	■ ■ ■		□ □ □		□ □ □ □		□ □	□ □ □ □ □ □	□ □ □ □ □ □ □	□ □ □		V W	F ■ ■ ■
D2 Lakeport, 95453 707-263-5790	Golden Gate Petroleum (Shell) 2725 S Main St	■ ■ ■		□ ■ □	■	□ □		■	□ □	□ □		□ ■	V W	B B B B B ■ ■ ■
C7 Lakeview, 92567 951-928-9788	Galaxy Fuel Ramona Expwy W & Lakeview Ave	■ ■ ■ ■			■		F C	■				■ ■		■ ■ ■
H4 Lancaster, 93534 661-942-2262	Butler Scales (Alliance) 43859 N Sierra (4 mi E of CA 14 & Ave K)	■ ■ ■		□ □ □	■	□		□	■ ■ ■ □ □		□ □ □			F ■ ■ ■
E2 Lathrop, 95330 209-982-0341	Joe's Travel Plaza I-5 Exit 463 (Lathrop Rd)	24HRS ■ ■		□ ■ □	■	□ □	F C U	□ ■	■ ■ □ □	□ □ □	□ □ □	□ ■		B B F B B B ■ ■ ■ ■
E3 LeGrand, 95333 559-665-0456	Merced Truck Stop - Stop N Go CA 99 MM 174 (Harvey Pettit)	24HRS ■ ■	M ■		■	■ ■	F C				□ □ □	■ ■		B B B B B
F3 Lemoore, 93245 559-924-7110	Golden Gate Petroleum (Shell) CA 41 & Bush (1 mi N of CA 198)	24HRS ■ ■		■ □	■	□ □ □		□ ■	□ □		□ □ □ □	■	V W	B B B B B ■ ■ ■
J6 Live Oak Springs, 91906 619-938-6000	Golden Acorn Casino I-8 Exit 61 (Crestwood)	24HRS ■ ■ ■	L ■ ■	24HRS ■ □	■	□ ■ ■ ■ DAT	F C				□ □ □	■ ■ ■	V	B B F B B B ■ ■ ■ ■
E2 Livermore, 94550 925-449-3838	Geno's Country Store (Shell) I-580 Exit 55 (Vasco Rd)	24HRS ■ ■		■ □ □	■	□ □ □ □		□ ■	□ □		□ □ □	□ ■	W	B B ■ ■ ■
E2 Lodi, 95240 209-369-6391	3 B's Truck/Auto Plaza (76) I-5 Exit 485 (CA 12 W)	24HRS ■ ■	M ■	24HRS □ ■	■ ■	□ □ □ DAT	F C U F T	□	CAT ■ ■		■ ■ □	■ ■ ■	V W	B B F B B B B ■ ■ ■ ■
E2 Lodi, 95240 209-339-4066	Flying J Travel Plaza #05079 I-5 Exit 485 (CA 12 W)	24HRS ■ ■ ■	XL ■	24HRS ■ ■	■ ■	■ ■ ■ ■	F C U F T		□ □	□	□ □ □ □ □	■ ■ ■ ■	V W	B B B B ■ ■ ■ ■
D5 Long Beach, 90802 562-437-0122	Port Petroleum I-710 Ex 1 B SB (Pico Ave)	■ ■ ■		□ □ □	■	□ □	F C		■ ■ ■ □ □	□	□ □ □	■ ■		B C C B ■ ■ ■ ■
D5 Long Beach, 90810 562-436-3437	Express C&T (Chevron) I-710 Ex 2 (CA 1 3 blks E to 1603 W PCH)	24HRS ■ ■		□ □ □	■	□ □	F C		□	□ □	□ □ □ □	■		■ ■ ■ ■
D5 Long Beach, 90810 562-436-1313	Harbor Truck Stop I-710 Ex 2 (CA 1 3/4 mi W to 2130 PCH)	24HRS ■		□ □ □	■	□	F C	□	CAT □ □	□ □ □ □	□ □ □ ■ ■	■		B B B B B B ■ ■ ■ ■
D5 Long Beach, 90810 562-432-0505	Long Beach Travel Center (Shell) I-710 Ex 2 (CA 1 4 blks E to 1670 W PCH)	24HRS ■ ■		□ ■ □	■	□ ■ □ DAT	F C U	□ ■	□ □ □ □ □	□ □ □ □	□ □ □ □ □	■ ■ ■ ■	V W	B B B ■ ■ ■ ■
D5 Long Beach, 90813 562-491-1228	Speedy Fuel I-710 Exit 1 (W, N @light, E on Cowles)	24HRS ■ ■			■	□	F C	□	CAT □ □	□ □ □		■ ■		F F ■ ■ ■
C5 Los Angeles, 90013 213-626-1259	Superfine Texaco II I-10 Exit 15 B (Alameda, 1 mi N to 5th)	24HRS ■ ■ ■		□ □ □	■	□ □			CAT □ □	□ □ ■ □	□ □ □ ■ ■	■ ■	V W	■ ■ ■ ■

THE TRUCKER'S FRIEND® - CALIFORNIA

How to interpret the page

■ means available at truck stop □ means available nearby

In the overnight lot column:
S means room for 5 - 24 trucks
M means room for 25-74 trucks
L means room for 85-149 trucks
XL means room for 150+ trucks
$ means a parking fee may be charged

code at left-hand side of rows is the state map grid reference
a key to advertising logos is on page 25

Services may change without notice. When in doubt, call ahead.

Column headings: MOTOR FUEL (Truck Diesel, Self Service Diesel, Metered Propane, Gasoline); Driver Services — PARKING (Overnight Lot (S), Paved Lot, Trailer Drop, Safe Haven/Hazmat, Electric Plug-ins), FOOD (Restaurant, Fast Food, Table Phones), STORES (Motel, Convenience, Trucker/Travel, Shopping Center, Walmart/Kmart, Grocery), SHOWERS (Ladies, Men's, TV/Drivers Lounge, Laundry), COMMUNICATIONS (Load Monitor, Internet Kiosk, Wi-Fi Hotspots, Document Scanning, Public Fax/Copier, UPS/FedEx/Trippak Box, Religious Services); Vehicle Services — SCALES (State Lottery, Axle, Platform, Certified), TIRES (Repairs, New Tire Sales), REPAIRS (Shop Open 24 Hrs, DOT Inspection, Major Repairs, Minor Repairs, Oil Change/Lube, Minor Welding), ROAD SVCS (AC/Reefer, CB, Tire, Mechanical), WASH (Towing, Truck (Exterior), Trailer Washout); RV Info (RVs Welcome, Dumping Station, Propane (Bottle)); Financial Services (ATM, Can Wire Money Out, Money Orders, Natso Check-Link, Western Union, Voyager/Wright Express, Comdata (Comchek)) — C=Checks, F=Fuel Cards, B=Both; Permit Svcs (EFS, Fuel Man, Multi Service); Credit Cards (TCH, T-Chek, Fleet One, Buy/Pay at Fuel Desk, All Prepaid Permit Svcs, American Express, Visa/Mastercard, Discover)

Code	Location / Phone	Truck Stop / Address	Motor Fuel / Parking / Food	Stores / Showers	Communications	Scales / Tires	Repairs / Road Svcs	Wash / RV Info	Financial Services	Permit Svcs / Fuel Cards	Credit Cards
C 5	Los Angeles, 90023 323-260-4606	Speedy Fuel I-5 Exit 133 (Grande Vista Ave)	24 HRS ■	□□ □■	□ □		■■■ □□ □	□ □□□□	■ V W	B B	■
G 3	Lost Hills, 93249 661-797-2354	Lost Hills Travel Center (Arco) I-5 Exit 278 (CA 46)	24 HRS ■ ■ L ■■	24 HRS □■□ ■■	■■	F C	□□□ ■■ □□	■□□	■□ ■	B B F B B B B	■■■■
G 3	Lost Hills, 93249 661-797-2122	Pilot Travel Center #154 I-5 Exit 278 (CA 46)	24 HRS ■ ■ M ■■	□■■□ ■■	■■ ■ DAT ⏻ ■	F C U F T ■ CAT	□□ □ □	□□□	■□ ■■ ■■ V W	B B F B B B	■■■■
G 3	Lost Hills, 93249 661-797-1800	Love's Travel Stop #230 I-5 Exit 278 (CA 46)	24 HRS ■ ■ S ■■	□■ □■■	■■ DAT ⏻ ■	F C U F CAT	□□ □□□	□□□	■■ ■ ■ V W	B B F B B B	■■■■
F 3	Madera, 93637 559-673-3878	Pilot Travel Center #365 CA 99 Exit 159 (Ave 18-1/2)	24 HRS ■ ■ L ■■	24 HRS ■■□ ■■	■■ ■ DAT ⏻ ■	F C U F T □■ CAT	B/F □□□□□□□	□□□□□ ■	■■ ■■ V W	B B F B B B	■■■■
E 2	Martinez, 94553 925-229-5706	Golden Gate Petroleum 3520 Pacheco Blvd	24 HRS ■ ■	□■ □■ □□□	□	□■	□□		■ W	B B F B B B B	■■■
G 4	Mettler, 93381 661-858-2703	Renegade Truck Stop (Shell) CA 99 Exit 3 (CA 166)	24 HRS ■■■ S ■■	■■ ■■	■■ DAT	F C T □ CAT	□□ □ □	□□□	■ ■■ V W	B B B B B B	■■■■
E 2	Modesto, 95355 209-574-0299	Country Girl Truck Stop CA 99 Exit 223 (Hatch Rd W - S 7th)	■■ ■ M ■■	□ □■ □□	□ DAT ■	F □■	□□□□ □□ □□□□□□ □□	□□□□	■□ V W		■■■
H 4	Mojave, 93501 661-824-2800	Giant Truck Stop 16600 CA 14-58 (N end)	24 HRS ■ $M ■■ ■	□□ □■■□	□ ■■■□	F C U F T CAT	□□ □□□□□ □	□□□□	□ ■ ■ W	B B B B B B	■■■■■
B 5	Monrovia, 91016 626-303-4960	Atlas Oil I-210 Exit 34 (Myrtle, 1 blk S)	24 HRS ■ ■	□□ □■	□□ □	F C □■	□□ □□ □	□□□	■■ W	B B F C C C	
C 5	Montebello, 90640 323-887-7000	AMF Distributors (Chevron) I-5 Exit 126B (Slausen E, N on Chapin)	24 HRS ■ ■	□□ □■ □□□	□	F C □	■■■ □□ □□□□□□□	□□□□ ■■	■	B B B B B	■■■■■
J 5	National City, 91950 619-336-6103	So Cal Truck Stop I-5 Exit 10 (Bay Marina Dr, 1/2 mi W)	■■■■	□□ □■	□□ ■□	F C U F T □	■■ □□ □□□□	□□□	□■■ V	B B B B B B	■■■■■
H 7	Needles, 92363 760-326-3048	Westside Chevron I-40 Exit 141 (W Broadway)	24 HRS ■ ■	□□ □■	□ □	□□	□□ □□□□□	□□□	V W	B	
H 7	Needles, 92363 760-326-3795	East Side Chevron I-40 Exit 144 (E Broadway)	■■ ■ S ■■	□■ □■ □ □	□	F			■ ■ V W	B C C C	■■■■
H 6	Newberry Springs, 92365 760-257-1262	Calico Petroleum #2 I-40 Exit 18	24 HRS ■ ■ S ■	■		C □			■		■
H 6	Newberry Springs, 92365 760-257-3003	Wesco Fuel N Food I-40 Exit 23 (Fort Cady Rd N)	24 HRS ■ ■ M ■	■■ ■■	■■■ ■■	F C	□	□□□	■□ ■ W	B B B B B B	■■■■
E 2	Oakland, 94606 510-434-9901	Golden Gate Petroleum 421 - 23rd Ave	■■ ■	□□ □■ □□	□	□		□	W	B B B B	■■■
E 2	Oakland, 94621 510-569-1624	SF/Oakland Auto/Truck Plaza (76) I-880 Ex 37 (E to 8255 San Leandro S)	■■■■ $M ■	■□ □■■□ □	■■ DAT ■	F C U F T □	■■■■■■■■■■■	■■□■■	■ ■ V W	B B F B B B B	■■■■■
J 6	Ocotillo, 92259 760-358-7731	Desert Fuel Stop (76) I-8 Exit 89 (Imperial Hwy S)	24 HRS ■ ■ M ■	■ □	□ ■ □	F C □	■ ■		■ ■ V W		
J 6	Ocotillo, 92259 760-358-7324	OTU Fuel Mart I-8 Exit 89 (Imperial Hwy N)	■■ ■	□□ □■	□ □	F C □			□ ■ V W	B B B B	■■■■
C 6	Ontario, 91761 909-390-2525	TravelCenters of America/Ontario West (TA) I-10 Exit 57 (Milliken Ave)	24 HRS ■ ■ $XL ■ ■	24 HRS ■■□ ■■ □□	■■■■ DAT TA ■	F C U F T ■ CAT	B/F ■■□■□■■ R	■■□■■	■ ■ W	B B B B B	■■■■
C 6	Ontario, 91762 909-390-7800	TravelCenters of America/Ontario East (TA) I-10 Exit 57 (Milliken Ave)	24 HRS ■ $XL ■■ ■	24 HRS ■■■■ ■■ □□□	■■■■ DAT ■ TA	F C U F □ CAT	B/F ■■ ■■■■ A	■■□□□	■ ■■ ■■ W	B B B B B	■■■■■■
D 6	Orange, 92867 714-639-0911	Big E Truck & Auto Parts CA 55 & Katella Exit E (890 N Batavia)	■■ ■	□□ □■ □□□							
C 2	Orland, 95963 530-865-9645	USA Fuel Stop I-5 Exit 618 (South St E)	24 HRS ■ ■ S ■	□□ □■	□	□□■	□□□□ □□ □□□□□	□□□	■□ ■ ■		■■
C 3	Oroville, 95965 530-533-9093	Gold Nugget 76 Station CA 70 & Georgia Pacific Way	■■ ■ S ■	□□ □■ □□□		□□	■■■ □□ □□	□□□□□□	□ □ ■ V W	B B	■■■
J 5	Otay Mesa, 92154 619-661-1888	Truck Net Truck Stop Ave de la Fuente (E of LaMedia S of 905)	24 HRS ■ ■ $L ■■	■■■ ■■	■■ ■ ■	F C F	■■■ ■■ ■		■■■ ■■ ■	B C C B	■■ ■■
H 4	Oxnard, 93036 805-983-0470	Alliance #101 US 101 & Rice Ave	■■■■	■□ ■■ □□□	□	□□■	□□□□ □□□□□ □□	□□□	■■ V W		■■
I 6	Palm Springs (N), 92258 760-329-5562	Pilot Travel Center #307 I-10 Exit 120 (Indian Ave)	24 HRS ■ ■ M ■	□■■■□ ■■ ■■	DAT ⏻ ■	F C U T ■ CAT	□□		■■ ■■■ V W	B B F B B B	■■■■

THE TRUCKER'S FRIEND® - CALIFORNIA

How to interpret the page

■ means available at truck stop □ means available nearby

in the overnight lot column:
- S means room for 5 - 24 trucks
- M means room for 25-74 trucks
- L means room for 85-149 trucks
- XL means room for 150+ trucks
- $ means a parking fee may be charged

code at left-hand side of rows is the state map grid reference

a key to advertising logos is on page 25

Services may change without notice. When in doubt, call ahead.

Column groups: **Driver Services** — Motor Fuel (Truck Diesel, Self Service Diesel, Metered Propane, Gasoline); Parking (Overnight Lot ($), Paved Lot, Trailer Drop, Electric Plug-Ins, Safe Haven/Hazmat); Food (Restaurant, Fast Food, Table Phones); Stores (Convenience, Trucker/Travel, Motel, Shopping Center, Walmart/Kmart, Grocery); Showers (Ladies, Men's, Laundry); Communication (TV/Drivers Lounge, Load Monitor, Internet Kiosk, Wi-Fi Hotspots, Document Scanning, Public Fax/Copier, UPS/FedEx/Trippak Box, Religious Services, State Lottery). **Vehicle Services** — Scales (Axle, Platform, Certified); Tires (Repairs, New Tire Sales); Repairs (Shop Open 24 Hrs, DOT Inspection, Major Repairs, Minor Repairs, Oil Change/Lube, Minor Welding); Road Svcs (AC/Reefer, Mechanical, Tire); Wash (Towing, Truck (Exterior), Trailer Washout). **RV Info** (RVs Welcome, Dumping Station, Propane (Bottle)). **Financial Services** (ATM, Can Wire Money Out, Money Orders, NATSO Check-Link, Western Union, Voyager/Wright Express, Comdata (Comchek), EFS, Fuel Man, Multi Service, TCH, T-Chek; C=Checks, F=Fuel Cards, B=Both). **Permit Svcs**. **Credit Cards** (Fleet One, Buy/Pay at Fuel Desk, All Prepaid Permit Svcs, American Express, Visa/Mastercard, Discover).

Grid	Location / Phone	Truck Stop / Address	Fuel & Parking	Food	Stores	Showers	Communication	Scales	Tires	Repairs	Road Svcs	Wash	RV Info	Financial Services	Permit Svcs	Credit Cards
G 3	Paso Robles, 93446 805-239-2190	Golden Hill Country Store (CFN) CA 46 (1.5 mi E of US 101)	24 HRS ■■■	S ■	□□	■	□ □		□■	□□□	□□□□			■□■	V W B	B B ■■■
G 3	Paso Robles, 93446 805-238-7042	San Paso Truck & Auto US 101 (3.5 mi N of CA 46)	24 HRS ■ ■	L ■	■□	■■	■■ ■			□□□ □□	□□ □		□□□	□ ■ ■	V B B	B B B ■■ ■■■
H 5	Pearblossom, 93553 661-944-0455	Pearblossom Chevron 13030 CA 138	24 HRS ■■■	L ■	□ □■				■	□□			□□□	■□■■	V W	■■■
G 5	Pearsonville, 93527 760-377-5353	Pearsonville Truck Stop (Shell) 102 N Pearson Rd (E of US 395)	24 HRS ■ ■	M ■	■		■ ■		■					■	V W B	■■■
H 3	Pismo Beach, 93449 805-773-5727	Miller's Unocal (76) US 101 & 4th St (Pismo City E)	■■ ■		□□ □		□□□		□					□■		F ■■■
G 4	Pixley, 93256 559-757-3044	Best Truck Stop (USA) CA 99 Exit 70 B (Court St E, 415 N Park)	24 HRS ■ ■	S ■■	□■■□■		□ □	F C	□					■□ ■	W B B	B B B ■■■
G 4	Pixley, 93256 559-757-3360	Chevron Truck Stop CA 99 Exit 70 B (Court St E)	24 HRS ■■■	S ■■	□■ □■■		□ ■	F C	■	□□	□□□□	□	□□□□□	■□■■ ■ ■	V W B B	B B B B ■■■■
B 2	Pollard Flat, 96051 530-238-2534	Pollard Flat USA (Exxon) I-5 Exit 712 (Eagles Roost Rd)	24 HRS ■ ■	M ■	24 HRS	■								■■ ■	W	■■■
F 4	Porterville, 93257 559-783-8755	Truckers Mini Mart Hwy 65 W & Henderson	■■■■	$ M ■■	□■ □■		□□□ ■□ ■	F C □	□■	□□	□□□□	□□□	□□□	■ ■ ■ ■	V B B	B B B ■■■■
G 4	Pumpkin Center, 93309 661-832-5390	Mikuls Pumpkin Center Truck Terminal CA 99 Exit 18 (CA 119)	■■		□□	■■	□ ■ □		□	■■■ □□	□□□□		□□□	□	V W C C	C ■■
G 4	Pumpkin Center (S), 93313 661-834-5733	Bear Mountain Truck Stop (Shell) CA 99 Exit 13 (CA 223, Bear Mt Blvd)	24 HRS ■ ■	M ■■	□■■	■■	■■	(logo) F C		CAT			□□□	■ ■ ■	V W B B	F B B B B ■■■■
B 2	Redding, 96002 530-221-4760	TravelCenters of America (76) I-5 Exit 673 (Knighton Rd) TA	24 HRS ■ ■	XL ■■	24 HRS ■■□	■■	□■■■■ DAT	TA F C U T	□	CAT (logo) ■■■	■■■■□		□□□	■ ■ ■	W B B	B B B ■■■
C 7	Rialto, 92324 951-680-9615	Rialto Shell Travel Center 3610 S Riverside & Agua Mansa	24 HRS ■■■	S ■	□■ □■	■■	□□ ■	F C	■	CAT □□	□□ □		□□□	■■■ ■■■ ■	V W B B	B B B B ■■■
C 7	Rialto, 92376 909-877-1171	I-10 Truck Stop I-10 Exit 68 (N to 195 E Valley)	24 HRS ■ ■	$ M ■■	24 HRS □■□■	■■	□□□■■ ■ DAT	F C □	□	CAT ■■	■■■□ ■		■□□□■■	■ ■		B B F B B ■ ■■
E 2	Richmond, 94804 510-236-1300	Golden Gate Petroleum I-580 & Regatta/Erlandson	■■ ■		□□ □		□ □ □		□	□						B F F ■■■
E 2	Ripon, 95366 209-599-0740	Love's Travel Stop #223 CA 99 Exit 237 (Jack Tone Rd)	24 HRS ■ ■	L ■■	□■■□■	■■	□■■ DAT	(logo) ■ F C U T	□	CAT □□	□□□		□□□□	■■■■ ■ ■	V W B B	F B B B ■■■
E 2	Ripon, 95366 209-599-2112	Jimco Truck Plaza CA 99 Exit 237 B (Jack Tone Rd)	24 HRS ■■■	L ■■	■ ■	■■	□■■■■ DAT	F C U F	□	■■■ (logo) ■■■	■■■ ■		■■□■■■	■ ■	W B B	B B B B ■■■
E 2	Ripon, 95366 209-599-4141	Flying J Travel Plaza #05075 CA 99 Exit 237 B (Jack Tone Rd)	24 HRS ■■■	XL ■■	24 HRS ■■□■	■■	□■■■ (logo)	(logo) F C U T	□	(logo) □□	□□□□		□□□□□	■■■■	W B	B B B ■■■
D 2	Sacramento, 95823 916-689-9080	Dhami Plaza CA 99 Exit 191 (7891 Stockton Blvd)	24 HRS ■ ■	$ M ■	24 HRS □ □■	■■	□□□■■ DAT	F C U F	□■	■■■■■■	■■ ■		□□□■■	■	V W B B	B B B B ■■■
D 2	Sacramento, 95833 916-927-4774	Sacramento 49er Travel Plaza I-80 Exit 85 (W El Camino,1 mi W of I-5) AMBEST	24 HRS ■■■	$ XL ■■ ■	24 HRS □■■□■	■■	□□□■■■■ DAT (logo)	■ F C U T	□	(logo) ■■■■■	■■ A R	■■	■□■■■■	■	V W B B	B B B B ■■■
D 2	Sacramento (West), 95691 916-371-0454	West Sacramento Truck Stop I-80 Exit 81 (W Capitol)	24 HRS ■ ■	$ M ■	□ □■			F	■	□	□		□□	■ ■	V W B B	B ■■■
F 2	Salinas, 93901 831-754-1303	Valley Truck Stop US 101 & Airport Rd W (N on Terven)	■■■■	M ■	□■ □■	■■	□ □■■ DAT	F C U T	□	■■■ □□	□□□□	□□□	□□□■■■	■	V W B B	B B F B ■■■
F 2	Salinas, 93901 831-775-0380	Pilot Travel Center #237 US 101 & S Sanborn W	24 HRS ■ ■	M ■	□■■□■	■■	□ ■■ DAT	■ (logo) ■ F C U T	■	CAT □□	□□□□	□□	□□□□□	■ ■■ ■■	V W B B	F B B B ■■■
J 5	San Diego, 92121 858-450-9776	Autoport Unocal 76 I-805 Exit 25 B (Miramar, 1 mi E)	24 HRS ■ ■		□□ □■		□ □		□■					□ ■	V W B	F B ■■■
H 4	San Fernando, 91340 818-898-9225	Truman Prena 1601 Truman St (S of Hubbard St)	■■■■		■	■	□ □ □	F C	□□■	□□	□□□		□□□	□■■	V W	■■■■
F 2	San Jose, 95101 408-294-4513	Golden Gate Petroleum (CFN) 905 Stockton Ave & W Hedding	■■■■		□□		□							■	V W	F ■■■
F 2	San Jose, 95112 408-292-1041	Western States Oil (Pacific Pride) I-280 Exit 1 (10th St)	■■ ■		□										W B	F ■■
E 2	San Leandro, 94577 510-895-1037	Western States Oil (Pacific Pride) I-880 Exit 33 (Marina E)	■■ ■		□□ □■		□□		□□	□□	□□□□□		□□□		W B	F B ■■

How to interpret the page

■ means available at truck stop □ means available nearby

in the overnight lot column:
S means room for 5 - 24 trucks
M means room for 25-74 trucks
L means room for 85-149 trucks
XL means room for 150+ trucks
$ means a parking fee may be charged

code at left-hand side of rows is the state map grid reference
a key to advertising logos is on page 25

Services may change without notice. When in doubt, call ahead.

THE TRUCKER'S FRIEND® - CALIFORNIA

Driver Services — MOTOR FUEL: Truck Diesel, Self Service Diesel, Metered Propane, Gasoline; PARKING: Overnight Lot ($), Paved Lot, Trailer Drop, Electric Plug-ins, Safe Haven/Hazmat; FOOD: Restaurant, Fast Food, Table Phones; STORES: Motel, Convenience, Trucker/Travel, Shopping Center, Walmart/Kmart, Grocery; SHOWERS: Ladies, Men's; COMMUNICATIONS: TV/Drivers Lounge, Laundry, Load Monitor, Internet Kiosk, Wi-Fi Hotspots, Document Scanning, Public Fax/Copier, UPS/FedEx/Trippak Box, Religious Services, State Lottery

Vehicle Services — SCALES; TIRES: Axle, Platform, Certified, Repairs, New Tire Sales; REPAIRS: Shop Open 24 Hrs, DOT Inspection, Major Repairs, Minor Repairs, Oil Change/Lube, Minor Welding, AC/Reefer; ROAD SVCS: CB, Tire, Mechanical, Towing; WASH: Truck (Exterior), Trailer Washout

RV Info: RVs Welcome, Dumping Station, Propane (Bottle)

Financial Services: ATM, Can Wire Money Out, Money Orders, Natso Check-Link, Western Union, Wright Express, Comdata (Comchek), Voyager

Permit Svcs — C=Checks, F=Fuel Cards, B=Both

Credit Cards: EFS, Fuel Man, Multi Service, TCH, T-Chek, Fleet One, BuyPay at Fuel Desk, All Prepaid Permit Svcs, American Express, Visa/Mastercard, Discover

Grid	Location / Phone	Truck Stop / Address	Motor Fuel	Parking	Food	Stores	Showers	Communications	Scales	Tires	Repairs	Road Svcs	Wash	RV Info	Financial Services	Permit Svcs	Credit Cards
F 2	San Lucas, 93930 831-385-5993	Ultramar Beacon Truck Stop US 101 S & Wildhorse Rd	24 HRS ■ ■	M ■ ■	■ □ ■	■ ■ □ □	■ ■	□	F C U	□ ■ ■ ■ ■	□ □	□ □ □ □ □	□ □ □		■ ■ ■ ■	V W	B B F B B B B ■ ■ ■ ■
F 2	San Luis, 93635 209-827-8020	Petro Stopping Center #46 (Mobil) PETRO CA 152 & CA 33 Jct (W of I-5 Exit 403 B)	24 HRS ■ ■	XL ■ ■	24 HRS ■ □	■ ■ □	■ ■	■ ■ ■ DAT ■ (logo) ■	F C U F T	□ CAT	B/F ■	■ ■ ■ ■ ■ A	■ ■ ■		■ □ ■	V W	B B B B B ■ ■ ■ ■
E 2	Santa Clara, 95054 408-988-5407	Rotten Robbie #33 3471 Lafayette St & Aldo Ave	24 HRS ■ ■		□ □ □	■ □		□		□ ■					■	V W	B B B B ■ ■ ■
H 3	Santa Maria, 93456 805-925-3664	Valley Pacific Petroleum Service (Chevron) US 101 & Betteravia Rd	24 HRS ■ ■	M ■ ■	□ □ □	■ ■ □ □ □	■ ■	■ □	F C U F	□ ■ ■ ■	□ □	□ □ □ □	□ □		■ □ ■	V W	B B B B B ■ ■ ■ ■
E 2	Santa Nella, 95322 209-827-1399	Pilot Travel Center #139 I-5 Exit 407 (CA 33 N)	24 HRS ■ ■	M ■ ■	□ ■ ■ □	■ ■ □	■ ■	□ DAT (logo) ■	F C T F	□ ■ CAT	□ □	□ □ □ □ □	□ □ □	□ □	■ □ ■ ■ ■ ■	V W	B B F B B B ■ ■ ■ ■
E 2	Santa Nella, 95322 209-826-4418	Rotten Robbie #59 I-5 Exit 407 (CA 33 S)	24 HRS ■ ■	L ■ ■ ■	□ ■ □	■ □	■ ■	□	F C	□ ■ CAT	□ □ □	□ □ □ □	□ □ □ □	□	■ □ ■ ■	V W	B B B B B C ■ ■ ■ ■
E 2	Santa Nella, 95322 209-826-0741	TravelCenters of America (76) TA I-5 Exit 407 (CA 33)	24 HRS ■ ■	XL ■ ■	24 HRS □ ■ □	■ ■ □	■ ■	■ ■ DAT ■ TA ■	F C U F T	CAT	B/F ■	■ ■ ■ ■ A R	■ ■ □	■ ■	■ □ ■ ■ ■ ■	V W	B B F B B B ■ ■ ■ ■
H 4	Santa Paula, 93060 805-525-1115	Condor Truck Service 1395 E Harvard Blvd	■ ■ ■		□	□ □		□		□ ■ ■ ■	□ □	□	□ □ □				
D 1	Santa Rosa, 93422 805-462-0659	Valley Pacific Enterprises (Chevron) US 101 & Santa Rosa Exit	■ ■ ■ ■		□ □	■							□ □ □		■ ■ ■	V W	B B B ■ ■ ■
D 1	Santa Rosa, 95407 707-584-9610	Rotten Robbie #60 US 101 & Todd Rd	24 HRS ■ ■ ■		□ ■ □	■ □ □ □		□	F C □	■ □	□ □	□	□ □		□ ■ ■ ■ ■ ■	V W	B B B B ■ ■ ■ ■
J 5	Santee, 92071 619-448-5891	El Capitan Oil Hwy 67 & Riverford Rd	■ ■ ■ ■		□ □ □	■ □ □ □		□	F C □	□ □ □ □	□ □	□ □ □ □ □ □ □	□ □ □		■ ■		C ■ ■ ■
F 3	Selma, 93662 559-891-9191	Kailey's Break Place (Shell) CA 99 Exit 115 (Mountain View)	24 HRS ■ ■	S ■	□ ■ □	■ □ □ □		□		□ ■ □	□ □	□ □ □ □ □	□ □ □		■ □ ■	V W	B C B B B B ■ ■ ■
F 3	Selma, 93662 559-896-2744	Everest Petroleum (Arco) CA 99 Exit 118 (Floral Ave W)	24 HRS ■ ■	M$ ■	□ □	■ □ □ □	■ ■	■ ■ DAT ■	F C F	□ ■ ■ ■ ■	■ ■	■ ■ ■	■ □	■ ■	■	V W	B F B B ■ ■ ■ ■
C 5	South El Monte, 91733 626-579-6874	Santa Anita Chevron CA 60 & Santa Anita Ave N	24 HRS ■ ■		□ □	■ □ □ □				□ ■ □ □ □	□ □	□ □ □ □	□ □ □	□	□ ■	V W	B F B B B ■ ■ ■
E 2	S San Francisco, 94080 650-737-9675	Golden Gate Petroleum (Shell) US 101 & Grand (E to Harbor)	■ ■ ■		□ □ □	■ □			□	□ ■ CAT	□ □		□ □ □	□ □	■	V W	F F F ■ ■ ■
E 2	S San Francisco, 94080 650-737-9800	Gateway Mobil Flyers US 101 & Grand Ave (1/4 mi E)	24 HRS ■ ■ ■	M$ ■ ■	□ ■ ■ □	■ ■ □ □	■ ■	■ DAT ■	F C U F	□ ■ ■ ■ ■	□ □	□ □ □ □ □ □ □	□ □ □	■ ■	■ ■	W	B B B B B ■ ■ ■ ■ ■
E 2	Stockton, 95215 209-463-6393	Rapid Service Center (CFN) CA 99 Exit 252 A (3550 CA 99 SB Svc Rd)	24 HRS ■ ■		□ □ □	■ □ □		□	F C	■ ■ ■	■ ■	■ ■ ■ A		■ ■			C C C ■ ■ ■
E 2	Stockton, 95206 209-983-4781	76 Express I-5 Exit 468 (French Camp Rd SE)	24 HRS ■ ■	S ■	□ ■ □	■ □			F C F	□ ■ □ □ □	□ □	□ □ □ □ □ □ □	□ □ □	□ □	■ □ ■	V W	B ■ ■ ■
E 2	Stockton, 95205 209-466-0833	Vanco Truck & Auto Plaza (76) I-5 Exit 471(CA 4 W)	24 HRS ■ ■	M	□ □ □	■ ■ □	■ ■	■ DAT	F C U F T	□ ■ CAT	□ □	□ □ □ □ □	□ □ □	□	■ ■ ■	V W	B B B B ■ ■ ■ ■
B 4	Sun Valley, 91352 818-767-2570	Superfine Texaco Truck Stop I-5 Exit 152 (8730 Lankershim Blvd)	24 HRS ■ ■ ■		□ □ □	■ □ □ □		□	F C	□ CAT	□ □	□ □ □	□ □ □			V W	C B B B ■ ■ ■ ■
I 5	Temecula, 92590 951-676-6676	Temecula 76 I-15 Exit 59 (Rancho California Rd)	24 HRS ■ ■		□ □ □	■ □ □ □		□	□	□ ■ □	□ □	□ □	□ □ □		■	V W	F ■ ■ ■
I 5	Temecula, 92590 951-676-8006	Jefferson Ave Chevron I-15 Exit 61 (CA 79 W to Jefferson S)	■ ■ ■													V W	■ ■ ■
H 4	Thousand Oaks, 91360 805-496-8464	Oaks Shell Center US 101 (Ventura Fwy) & Moor Park Rd	24 HRS ■ ■		□ □ □	■ □ □		□		□ ■	□ □		□ □ □		■ ■	V W	B ■ ■ ■
I 6	Thousand Palms, 92276 760-343-1500	Flying J Fuel Stop #05020 (logo) I-10 Exit 130 (Ramon Rd)	24 HRS ■ ■ ■	L ■ ■	□ ■ ■ □	■ ■	■ ■	■ ■ (logo) (logo) (logo)	F C U F T	□ (logo)	□ □	□ □ □ □ □	□ □ □	□ □	■ ■ ■ ■	W	B B B B ■ ■ ■ ■
F 4	Tipton, 93272 559-752-4905	Convenience Corner (Texaco) US 99 & CA 190 W	■ ■ ■ ■	S ■ ■	□ □	■ □ □		■	F C	□			□ □		■ ■ ■ ■ ■ ■	V W	B ■ ■ ■ ■
E 2	Tracy, 95304 209-832-5006	Tracy Truck & Auto (Texaco) I-205 Exit 8 (3940 N Tracy Blvd)	24 HRS ■ ■ ■	M ■ ■	□ ■ □	■ □	■ ■	■ ■ DAT	F C U F	□ ■ ■ ■ ■	□ □	□ □ □ □ □	□ □ □		■ ■ ■	V W	B B B B ■ ■ ■ ■
E 2	Tracy, 95376 209-832-8642	Country Mart Diesel & Gas (76) I-580 Ex 76 B (132 N to 34243 S Crisman)	24 HRS ■ ■ ■	S ■		■	■		F C	■					■ ■	V W	C C B B ■ ■ ■ ■
F 4	Tulare, 93274 559-686-5837	Roche Oil (Pacific Pride) CA 99 Exit 85 (Paige Rd)	■ ■ ■	M ■	□	■ □ □ □		□	F C	□ ■ ■ ■ ■	□ □	□ □	□ □ □	□	■ ■	V W	B C C ■ ■

THE TRUCKER'S FRIEND® - CALIFORNIA

How to interpret the page

■ means available at truck stop □ means available nearby

in the overnight lot column:
- S means room for 5 - 24 trucks
- M means room for 25-74 trucks
- L means room for 85-149 trucks
- XL means room for 150+ trucks
- $ means a parking fee may be charged

code at left-hand side of rows is the state map grid reference

a key to advertising logos is on page 25

Services may change without notice. When in doubt, call ahead.

Column headings — Driver Services: MOTOR FUEL (TRUCK DIESEL, SELF SERVICE DIESEL, METERED PROPANE, GASOLINE); PARKING (OVERNIGHT LOT ($), PAVED LOT, TRAILER DROP, ELECTRIC PLUG-INS, SAFE HAVEN/HAZMAT); FOOD (RESTAURANT, FAST FOOD, TABLE PHONES); STORES (MOTEL, CONVENIENCE, TRUCKER/TRAVEL, SHOPPING CENTER, WALMART/KMART, GROCERY); SHOWERS (LADIES', MEN'S, TV/DRIVERS LOUNGE, LAUNDRY); COMMUNICATION (LOAD MONITOR, INTERNET KIOSK, WI-FI HOTSPOTS, DOCUMENT SCANNING, PUBLIC FAX/COPIER, UPS/FEDEX/TRIPPAK BOX, RELIGIOUS SERVICES, STATE LOTTERY). Vehicle Services: SCALES (AXLE, PLATFORM, CERTIFIED); TIRES (REPAIRS, NEW TIRE SALES); REPAIRS (SHOP OPEN 24 HRS, DOT INSPECTION, MAJOR REPAIRS, MINOR REPAIRS, OIL CHANGE/LUBE, MINOR WELDING, AC/REEFER); ROAD SVCS (CB, TIRE, MECHANICAL, TOWING); WASH (TRUCK (EXTERIOR), TRAILER WASHOUT). RV Info (RVs WELCOME, DUMPING STATION, PROPANE (BOTTLE)). Financial Services (C=Checks, F=Fuel Cards, B=Both): ATM, CAN WIRE MONEY OUT, MONEY ORDERS, NATSO CHECK-LINK, WESTERN UNION, VOYAGER/WRIGHT EXPRESS, COMDATA (COMCHEK), EFS, FUEL MAN, MULTI SERVICE, TCH, T-CHEK, FLEET ONE, BUY/PAY AT FUEL DESK. Permit Svcs: ALL PREPAID PERMIT SVCS. Credit Cards: AMERICAN EXPRESS, VISA/MASTERCARD, DISCOVER.

Grid	City / Phone	Truck Stop / Location	Fuel / Parking	Parking / Food	Food	Stores	Showers	Showers / Lounge	Communication	Comm. / UPS	Scales	Tires	Tires / Repairs	Repairs	Repairs	Road Svcs	Wash	RV Info	Financial	Financial	Financial	Financial / Permit	Financial	Financial	Financial	Credit Cards
E 2	Turlock, 95380 209-632-3111	Joe Gomes & Sons (CFN) CA 99 Exit 213 (Main St E)	■■■■			□□ □		□□□	□			□		□□	□	□□□	□			■						
D 1	Ukiah, 95482 707-462-7012	Jensen's Truck Stop (76) US 101 & N State St (MM 26)	24 HRS ■■■	M ■■		24 HRS □ □	■■	□ □	■■ ■		F C F	□■	■■■	■■		□□■	□	■□□	■	□■	■	V W	B B	F B	B	■	■■■
H 4	Valencia, 91355 661-294-0571	Rye Canyon Starmart (Texaco) I-5 Exit 171 SB (Rye Canyon)	24 HRS ■ ■			□□ □	■	□□□				■						□□□			■	V W					■■■
C 5	Vernon, 90023 323-266-6840	Bandini Truck Terminal (CFN) 3152 Bandini (2 mi W of I-710)	24 HRS ■ ■			□□ □			□		□		■■■	■■		□□	□	■	□								■
C 5	Vernon, 90028 323-267-0706	West Coast Petroleum 3308 Bandini (2 mi W of I-710)	24 HRS ■	$ S ■■		□■ □	■	□□□	■■ ■□		F C □	□	□□□	■	■	■■■		■■■	■■	■	■		B B	B B	B	■	■■■
H 5	Victorville, 92392 909-319-1992	High Desert Travel Plaza 15655 US 395	24 HRS ■ ■	L ■■		□■■	■■		■■ ■			■	■■■							■	■	V W	B B	F	B B		■■■
B 2	Weed, 96094 530-938-9600	Travelers Travel Plaza I-5 Exit 745 (S Weed Blvd)	24 HRS ■■■	M ■■		□■■□	■■		■■ ■		F C F		CAT	□□		□□□	□	□□□		□■	■	■ V W	B B	B B	B B	■	■■■
E 2	Westley, 95387 209-275-2708	Joe's Travel Plaza I-5 Exit 441 (Howard Rd)	24 HRS ■ ■	L ■		■■□	■■		■■■■	DAT ■■	F C □		■■■	■■	□	□■■	■	□□□	■■	■□	■		B B	F B	B B	■	■■■
E 2	Westley, 95387 209-894-3000	Westley Triangle Truck Stop I-5 Exit 441 (NE to McCracken Rd)	24 HRS	XL ■		□□ ■	■■		■■■■	DAT	F C F	□	CAT	■■	□	□■■	□	■□□	■■	■	■		B B	B B	B	■	■■■
G 4	Wheeler Ridge, 93203 661-858-2804	TravelCenters of America/Wheeler Ridge (TA) I-5 Exit 219A (Laval Rd)	24 HRS ■ ■	XL ■■	■	■ □	■■		■■■■	DAT TA	F C U F T	■	CAT	BF	■	■■	■ A	■■□	□□	■■	■■	■■	B B	B	B B	■	■■■
G 4	Wheeler Ridge, 93243 661-663-4341	Petro Stopping Center #27 (Mobil) (PETRO) I-5 Exit 219A (Wheeler Ridge Rd N)	24 HRS ■ ■	XL ■■	■	24 HRS ■■■	■■		■■■■	DAT ■ (logo) ■	F C U F T		CAT	BF		■■	■	■■□	□	■■■	■	V W	B B	B	B B	■	■■■
D 4	Wilmington, 90748 310-830-3388	Wilmington Truck Stop (Pacific Pride) Alameda & Eubanks	24 HRS ■ ■	$ M ■■		□	■	□	□		F C	□	■■■	□□	□	□□□	□	□□□	□□	■ ■	■		B	C	C	■	■■■
D 2	Woodland, 95776 530-666-3117	Valero Food Shop I-5 Exit 537 (CA 113, 1/2 mi S)	24 HRS ■ ■			□□ □	■	□□□	□		F C	□■		□□		□□		□□□			■■■	■ V W		B		■	■■■
H 6	Yermo, 92398 760-254-3348	Ghost Town Mini-Mart (Shell) I-15 Exit 191 (Ghost Town Rd)	■ ■	S			■		■■													V W	B B	B	B		■■
H 6	Yermo, 92398 760-254-2119	Mohsen Oil I-15 Exit 191 (Ghost Town Rd)	24 HRS ■ ■	M ■■		□■■□	■		■■		F C	■		□□		□□	□	□□□		■□■	■	V W	B B	B B	B B	■	■■■
D 2	Yuba City, 95991 530-790-0588	Hwy 99 Travel Center (Chevron) 4142 CA 99 (5 mi S of town)	24 HRS ■ ■	L ■■		■■□	■		■■■■	DAT	F C	■	CAT	■■	■	■■■	■	□□□	■	■	■	V W	B B	B B	B B	■	■■■
D 2	Yuba City, 95993 530-821-0830	76 Food Mart CA 99 MM 341 (1466 CA 20 W)	■■ ■			□■ □	■	□□□	□		F C	□■		□□	□	□□□	□	□□□		□	■■■	■ V W				■	■■■

COLORADO

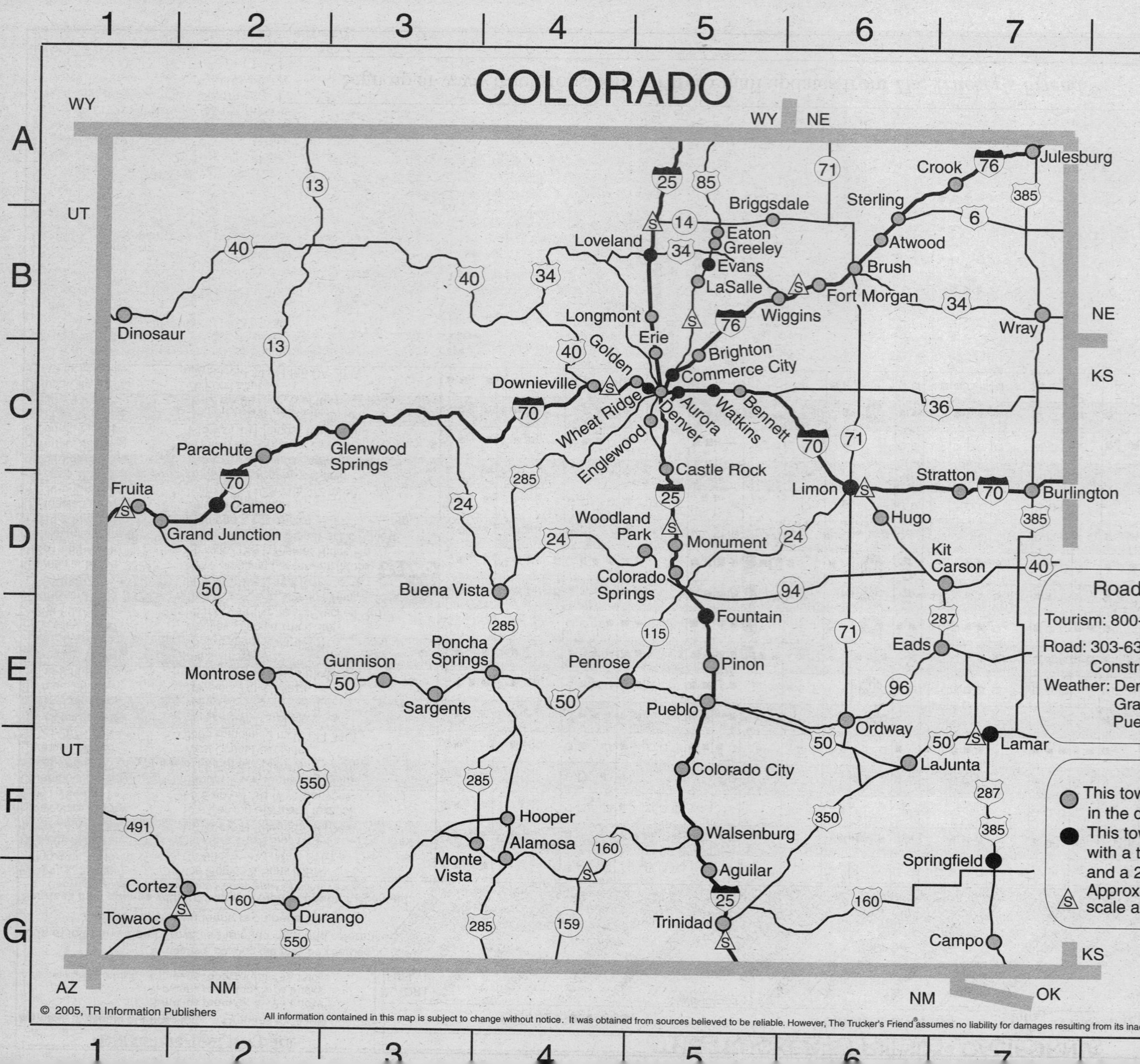

Road/Weather Conditions

Tourism: 800-265-6723

Road: 303-639-1111 (recording)
Construction: 303-573-ROAD (rec)

Weather: Denver: 303-337-2500 (recording)
Grand Junction: 970-243-0914 (rec)
Pueblo: 719-948-3371 (recording)

LEGEND

- This town has a diesel location listed in the directory
- This town has a 24 hr diesel location with a travel store, showers, large lot, and a 24 hr restaurant
- Approximate location of state weigh scale and/or inspection station

State Fuel Tax Rates
Diesel.......... 20.5¢
Gasoline...... 22¢

THE TRUCKER'S FRIEND® - COLORADO

How to interpret the page

■ means available at truck stop □ means available nearby

In the overnight lot column:
- S means room for 5 - 24 trucks
- M means room for 25-74 trucks
- L means room for 85-149 trucks
- XL means room for 150+ trucks
- $ means a parking fee may be charged

code at left-hand side of rows is the state map grid reference

a key to advertising logos is on page 25

Services may change without notice. When in doubt, call ahead.

Column groups: Driver Services — Motor Fuel (Truck Diesel, Self Service Diesel, Metered Propane, Gasoline), Parking (Overnight Lot ($), Paved Lot, Trailer Drop, Electric Plug-ins, Safe Haven/Hazmat), Food (Restaurant, Fast Food, Table Phones), Stores (Motel, Convenience, Trucker/Travel, Shopping Center, Walmart/Kmart, Grocery), Showers (Ladies, Men's, Laundry, TV/Drivers Lounge), Communication (Load Monitor, Internet Kiosk, Wi-Fi Hotspots, Document Scanning, Public Fax/Copier, UPS/FedEx/Trippak Box, Religious Services, State Lottery); Vehicle Services — Scales (Axle, Platform, Certified), Tires (Repairs, New Tire Sales), Repairs (Shop Open 24 Hrs, DOT Inspection, Major Repairs, Minor Repairs, Oil Change/Lube, Minor Welding), Road Svcs (AC/Reefer, CB, Tire, Mechanical), Wash (Towing, Truck (Exterior), Trailer Washout); RV Info (RVs Welcome, Dumping Station, Propane (Bottle)); Financial Services (ATM, Can Wire Money Out, Money Orders, Natso Check/Link, Western Union, Voyager/Wright Express, Comdata (Comchek)) — C=Checks, F=Fuel Cards, B=Both; Permit Svcs (EFS, Fuel Man, Multi Service, TCH, T-Chek, Fleet One, Buy/Pay at Fuel Desk, All Prepaid Permit Svcs); Credit Cards (American Express, Visa/Mastercard, Discover).

Grid	City / Phone	Truck Stop / Location	Fuel & Parking	Food	Stores	Showers	Communication	Scales	Tires	Repairs	Road Svcs / Wash / RV	Financial	Permit / Fleet Cards	Credit Cards
G 5	Aguilar, 81082 719-941-4303	Amato Truck Stop (BP) I-25 Exit 34	24 HRS ■ ■	M ■ ■	■ ■	■ ■ □	■ ■ □	F	□ ■	□ □ □		■ ■	V W B B B B B	■ ■ ■ ■
F 4	Alamosa, 81101 719-589-6904	Broadway Service (66) 138 US 17-160 (E of US 285)	■ ■ ■		□ □ □ ■	□ □ □	□		□ □	■ ■	□ □ □ □ □ □ □ □ □	□ ■	V C C	■ ■ ■
F 4	Alamosa, 81101 719-589-3214	Loaf & Jug #10 (Conoco) US 160 E	24 HRS ■ ■	S ■ ■	□ ■ □ ■	□ □	□	F U C F	□ ■	□ □	□ □ □ □ □ □ □	■ □ ■ ■ ■	V W B C C	■ ■ ■ ■
F 4	Alamosa, 81101 719-589-4637	Stop N Shop # 2 (Conoco) US 160 W	■ ■ ■		□ □ □ ■	□ □ □	□		□ □ ■	□ □	□ □ □ □ □ □	■ ■ ■ ■	V W	■ ■ ■
B 6	Atwood, 80751 970-522-8208	Atwood Sinclair I-76 Exit 115	24 HRS ■ ■	M ■ ■	■	■ ■		F C			□ □ □	■ ■	V W B B B B B B	■ ■ ■ ■
C 5	Aurora, 80011 303-366-7600	Flying J Travel Plaza #05061 I-70 Exit 285 (Airport Blvd)	24 HRS ■ ■ ■	XL ■ ■	24 HRS ■ ■ □	■ ■ □ □ □	■ ■ ■ ■ ■ ■ ■	U F F C T	□		□ □ □	■ ■ ■ ■	V W B B B B	■ ■ ■ ■
C 5	Bennett, 80102 303-644-3488	Diamond Shamrock #4054 I-70 Exit 299 (Manilla Rd)	24 HRS ■ ■	M ■	■	■ ■		F C	■			■ ■ ■ ■	V W B B B B B B	■ ■ ■ ■
B 5	Briggsdale, 80611 970-656-3412	Agland - Briggsdale Station (Cenex) 38657 CO 14	■ ■ ■			■						□ ■ ■	V W	■ ■ ■
C 5	Brighton, 80601 303-659-0810	Tomahawk Auto/Truck Plaza (Shell) I-76 Exit 16 (Sable Blvd)	24 HRS ■ ■	L ■ ■	■ ■ ■	■ ■	■ ■ ■ ■ ■	U F F C T	■ ■	■ ■ ■ ■ ■ ■	■ ■ ■ ■ ■ □ ■ ■ ■	■ ■	V W B B F B B B B	■ ■ ■ ■
B 6	Brush, 80723 970-842-3122	Acorn Food Store #2380 (Conoco) I-76 Exit 90 (CO 71)	24 HRS ■ ■		□ □ ■	□ □	□		□ □ ■	□* ■ ■	□ □ □	□ ■	V W B B B B	■ ■ ■
B 6	Brush, 80723 970-842-5124	Tomahawk Auto/Truck Plaza (Shell) I-76 Exit 90 B (CO 71)	24 HRS ■ ■	M ■	■ □ ■ ■	□ ■ ■	□ ■	F U C F	□ ■ ■	■ ■ ■	■ ■ ■ ■ ■ ■ □ ■	■ □ ■	V W B B F B B B B	■ ■ ■ ■
D 4	Buena Vista, 81211 719-395-2833	Gunsmoke Truck Stop US 285 & US 24	24 HRS ■ ■	M ■ ■	■ □ ■	□	□		□	□ □	□ □ □ □ □	□ ■	V W B C C C	■ ■ ■
D 7	Burlington, 80807 719-346-8515	Travel Shoppe #4 (Conoco) I-70 Exit 437 (US 385)	24 HRS ■ ■	M ■ ■	■ □ □ ■	□ ■ ■	□	F C	□ ■	□ □	□ □ □ □	■ □ ■	V W B B B	■ ■ ■ ■
D 7	Burlington, 80807 719-346-8548	Amacks BP/Amoco I-70 Exit 438	24 HRS ■ ■	M ■	□ □ ■ ■	■ □ □	□	F C	□	□ □	□ □ □ □ □ □ □	■ □ ■	V W C B C	■ ■ ■ ■
D 2	Cameo, 81526 970-464-7275	Gay Johnson's Auto/Truck Stop (Shamrock) I-70 Exit 47	24 HRS ■ ■	L ■ ■	24 HRS ■	■ ■	■ ■ ■	F F C	■		□ □ □	■ □ ■ ■ ■ ■ ■	V W B B F B B B B	■ ■ ■ ■ ■
G 7	Campo, 81029 719-787-9957	Clarence's Truck Stop US 287-385 MM 8 (1 mi S of town)	■ ■ ■ ■ ■	M ■ ■	□ ■ □ ■	■		F C	□	□ □	□ □ □ □ □ □ □	■ ■	C C C C C	■ ■ ■
C 5	Castle Rock, 80104 303-688-5224	Shell Fuel Stop #1416 I-25 Exit 182 W	24 HRS ■ ■	S ■	□ □ □ ■	□ □ □	□		□ ■			■ ■ ■	V W F	■ ■ ■
F 5	Colorado City, 81019 719-676-3367	Diamond Shamrock #4062 I-25 Exit 74	24 HRS ■ ■	M ■	□ ■ ■ □ ■	□	□	F C	□ ■			■ □ ■ ■ ■	V W B B B B B B	■ ■ ■ ■
D 5	Colorado Springs, 80907 719-594-0090	K&G #63 (Shell) I-25 Exit 146 (Garden of the Gods Rd)	24 HRS ■ ■		□ □ □ ■				■			■	W F	■ ■ ■
C 5	Commerce City, 80022 303-288-6613	Key Truck & Diesel 5350 Dahlia St	■ ■ ■		□	□ □				□ □	■ ■ ■ ■ ■ A R ■ ■ □		C C F C C C C	■ ■
C 5	Commerce City, 80022 303-288-2060	Diamond Shamrock I-70 Exit 270 (Quebec N to 56th)	24 HRS ■ ■		□ ■ □ ■	□ □ □	□	F □	□ ■	□ □	□ □ □ □ □ □ □	■ ■	V W B B B B B B	■ ■ ■ ■
C 5	Commerce City, 80022 303-289-3900	Sapp Bros. - Denver (Sinclair) I-70 Exit 278 (E 49th)	24 HRS ■ ■	XL ■ ■	24 HRS ■ ■ □	■ ■	■ ■ ■ ■	U F F C T	■ ■ ■ ■ ■	■ ■ ■ ■ ■	■ ■ □ ■ □ □ ■ ■ ■ ■	■ ■ ■ ■ ■	V W B B F B B B B	■ ■ ■ ■
C 5	Commerce City, 80022 303-286-0123	TravelCenters of America/Denver East I-70 Exit 278/I-270 Exit 4 EB(Quebec St)	24 HRS ■ ■	XL ■	24 HRS ■ ■ □	■ ■ □ □ □	■ ■ ■ ■	U F F C T	■	■	■ ■ ■ ■ ■ A R ■ ■ □ □ □	■ ■ ■ ■ ■ ■	W B B B B B	■ ■ ■ ■
C 5	Commerce City, 80022 303-289-1677	Shoco Oil I-76 Exit 8 (74th E to US 85)	■ ■ ■		□ □ □	□ □ □	□		□ □	□ □ □ □ □	□ □ □ □ □ □ □ □ ■ ■			■ ■ ■
C 5	Commerce City, 80022 303-288-5739	Riggi Oil Company (Amstar) US 85 & 69th (6795 Brighton Blvd)	■ ■ ■		□ □ □	□ □	□		□	□ □ □ □ □	□ □ □ □ □ □ □ □ □ □ □		V W	■ ■ ■
G 2	Cortez, 81321 970-565-9916	Sinclair Truck Stop 110 US 160-491	■ ■ ■		□ □ □ ■	□	□	F	□	□ □	□ □ □ □ □ □ □ □	□	V W B F B B	■ ■ ■ ■
A 7	Crook, 80726 970-886-2900	Kuskie Interstate Svc & Cafe (Sinclair) I-76 Exit 149 (Hwy 55)	24 HRS ■ ■	L ■	■	■	■ ■ ■ □	F	□ ■		□ □ □ □ □ □	■ ■	V W B B B B B B	■ ■ ■ ■
C 5	Denver, 80216 303-298-7352	Diamond Shamrock #4095 I-25 Exit 215 (58th Ave W)	24 HRS ■ ■		□ ■ ■ □ ■	□ □	□	F C U □ ■		□ □	□ □ □ □ □ □	■ ■	V W B B F B B B B	■ ■ ■ ■ ■

THE TRUCKER'S FRIEND® - COLORADO

How to interpret the page

■ means available at truck stop □ means available nearby

In the overnight lot column:
- S means room for 5 - 24 trucks
- M means room for 25-74 trucks
- L means room for 85-149 trucks
- XL means room for 150+ trucks
- $ means a parking fee may be charged

code at left-hand side of rows is the state map grid reference

a key to advertising logos is on page 25

Services may change without notice. When in doubt, call ahead.

Column groups: **Driver Services** — Motor Fuel (Truck Diesel, Self Service Diesel, Metered Propane, Gasoline); Parking (Overnight Lot ($), Paved Lot, Trailer Drop, Electric Plug-ins, Safe Haven/Hazmat); Food (Restaurant, Fast Food, Table Phones); Stores (Motel, Convenience, Trucker/Travel, Shopping Center, Walmart/Kmart, Grocery); Showers (Ladies', Men's, TV/Drivers Lounge, Laundry); Communications (Load Monitor, Internet Kiosk, Wi-Fi Hotspots, Document Scanning, Public Fax/Copier, UPS/FedEx/Trippak Box, Religious Services, State Lottery). **Vehicle Services** — Scales (Axle, Platform, Certified); Tires (Repairs, New Tire Sales); Repairs (Shop Open 24 Hrs, DOT Inspection, Major Repairs, Minor Repairs, Oil Change/Lube, Minor Welding, AC/Reefer, CB); Road Svcs (Tire, Mechanical, Towing); Wash (Truck (Exterior), Trailer Washout). **RV Info** — RVs Welcome, Dumping Station, Propane (Bottle). **Financial Services** — ATM, Can Wire Money Out, Money Orders, Natso Check-Link, Western Union, Comdata (Comchek), Voyager/Wright Express, EFS, Fuel Man, Multi Service, TCH, T-Chek, Fleet One (C=Checks, F=Fuel Cards, B=Both). **Permit Svcs** — Buy/Pay at Fuel Desk, All Prepaid Permit Svcs. **Credit Cards** — American Express, Visa/Mastercard, Discover.

Map	City / Phone	Truck Stop / Location	Motor Fuel / Parking	Food / Stores / Showers / Communications	Scales	Tires / Repairs / Road Svcs / Wash / RV Info / Financial	Voyager / Wright Express	Fuel Card Acceptance	Permit Svcs / Credit Cards
C 5	Denver, 80216 303-308-9006	Conoco at Brighton I-70 Exit 275A (31st & Brighton)	■ ■ ■ M ■	□ ■ □ ■ □ □ □ □		□ ■ □ □ □ □ □ □ □ □ □ □ □ □ ■ ■	V W		■ ■ ■ ■
C 5	Denver, 80216 303-292-6303	Pilot Travel Center #316 I-70 Exit 276 A (US 6-85 - Steele St)	24 HRS ■ ■ L ■ ■	□ ■ ■ □ ■ ■ □ □ □ ■ ■ ■ DAT ■ (logo) ■	F C U F T	□ ■ CAT □ □ □ □ □ □ □ □ □ □ □ ■ ■ ■ ■ ■ ■ ■	V W	B B F B B B	■ ■ ■ ■
C 5	Denver, 80216 303-295-7669	Green Brother's Oil Co Vasquez N & 52 W	■ ■ ■	□ □ □ ■ □ □ □		□ □ □ □ □ □ □ □ □ □ □ □ □ □ □ □	V W	B F	■ ■ ■
B 1	Dinosaur, 81610 970-374-2366	Gateway Service (Conoco) US 40 & CO 64	■ ■ ■ S	□ □ ■ □		□ ■ ■ □ ■ ■	V W	F B F	■ ■ ■
C 4	Downieville, 80436 303-567-4730	Downieville Fuel Stop (Conoco) I-70 Exit 234	24 HRS ■ ■ S	■ ■ ■ ■ ■ ■ DAT	F C	□ ■ □ □ □ □ □ □ □ □ □ ■ ■ ■ ■	V W	B B B B B B	■ ■ ■ ■
G 2	Durango, 81301 970-259-6431	Basin Co-Op Ampride (Cenex) 26223 US 160	■ ■ ■ ■	□ □ □ ■ □ □ □		■ ■ ■ ■ ■ ■ □ □ ■ □ □ ■ ■	V W	B	■ ■ ■ ■
E 7	Eads, 81036 719-438-5639	Michael's Service Center (Sinclair) US 287	■ ■ ■ S ■ ■	■ □ ■ □ ■ ■ □	F C	□ ■ ■ ■ □ ■ ■ □ ■	V W	C C	■ ■ ■ ■
B 5	Eaton, 80615 970-454-2865	Agland - Oak Street (Cenex) US 85 & CO 74	■ ■ ■ ■	□ ■ □ ■ □ □	□	□ ■ ■ ■ ■ ■ ■ □ □ □ ■ ■	V W	B	■ ■ ■
C 5	Englewood, 80110 303-781-0546	Duggan's Self Serve (Sinclair/CFN) 4435 US 85 S	■ ■ ■				V W		■ ■ ■
C 5	Erie, 80516 303-833-4758	25/52 Auto Truck Plaza (Conoco) I-25 Exit 235 (CO 52)	24 HRS ■ ■ ■ M ■ ■	■ □ ■ ■	F C F	■ ■ ■ ■	V W	B B F B B B B	■ ■ ■ ■
B 5	Evans, 80620 970-330-5028	Sunmart #507 665 US 85 (S of US 34)	24 HRS ■ ■ ■ L ■ ■	24 HRS ■ □ ■ ■ □ □ □ ■ ■ ■ ■	F C U F	□ ■ ■ ■ ■ □ □ □ □ □ □ □ □ □ ■ ■ ■ ■		B B F B B B B	■ ■ ■ ■
B 6	Fort Morgan, 80701 970-867-3929	Conoco Outpost I-76 Exit 82	■ ■ ■ S	□ □ □ ■ □ □ □ □	F C U	□ ■ □ □ □ □ □ □ □ □ □ □ □ □ ■ □ ■	V W	B C B B	■ ■ ■ ■
E 5	Fountain, 80817 719-382-5473	Tomahawk Auto/Truck Plaza (Shell) I-25 Exit 128	24 HRS ■ ■ M ■ ■	24 HRS ■ ■ ■ ■ ■ ■ ■ ■ DAT ■	F C U F T	□ ■ ■ ■ ■ ■ ■ ■ ■ ■ ■ ■ ■ A ■ ■ ■ ■ ■ ■ □ ■	V W	B B F B B B B	■ ■ ■ ■
D 1	Fruita, 81521 970-858-8006	Loco Travel Stop #17 (Conoco) I-70 Exit 19	24 HRS ■ ■ ■ M ■ ■	■ ■ □ ■ ■ □ ■ ■ ■ ■ DAT	F C	□ ■ □ □ □ □ □ □ □ □ ■ □ ■ ■ ■	V W	B B B B B B	■ ■ ■ ■
C 3	Glenwood Springs, 81602 970-945-8189	Tomahawk Auto/Truck Plaza (Amoco) I-70 Exit 114 (US 6-24)	24 HRS ■ ■ ■ S ■ ■	□ □ □ ■ ■ □ □ ■	F C □	□ ■ □ □ □ □ □ □ □ □ □ □ ■ ■	V W	B B F B B B B	■ ■ ■ ■
C 5	Golden, 80401 303-279-6404	Sunmart #502 (Conoco) 18561 Hwy 40	24 HRS ■ ■ S	■		■ ■ ■	V W	B B B B B B	■ ■ ■
D 1	Grand Junction, 81501 970-243-2421	Gay Johnson's # 2 (Conoco) 1st & Grand (in town)	24 HRS ■ ■ ■ S ■	□ □ □ ■ □ □ ■ □	F C □	□ ■ □ □ □ □ □ □ □ □ □ □ □ □ □ □ □ □ □ ■ ■ ■ ■ ■ ■	V W	B F B B B	■ ■ ■ ■ ■
D 1	Grand Junction, 81505 970-245-3459	Acorn Travel Plaza #2330 (Conoco) I-70 Exit 26 (US 6-50)	24 HRS ■ ■ L ■ ■	□ ■ □ ■ ■ ■ ■ ■ DAT ■	F C U F T	■ □ □ □ □ □ □ □ □ □ □ □ □ □ □ □ ■ □ ■	V W	B B B B B B	■ ■ ■ ■
B 5	Greeley, 80631 970-454-3391	Agland - 16th St Plaza (Cenex) US 85 & 16th	■ ■ ■	□ ■ □ ■ □		□ ■ ■ ■ □ ■ □ □ ■ □ □ □ ■ ■	V W		■ ■ ■ ■
E 3	Gunnison, 81230 970-641-4045	Love's Country Store #7 US 50 & 108 S 12th St	24 HRS ■ ■	□ □ □ ■ □ □ □ □	F □	□ ■ □ □ □ □ ■	V W	B F	■ ■ ■ ■
F 4	Hooper, 81136 719-378-2098	My Sister's Place (BP) 11704 CO 17	■ ■ ■ M ■	■ ■ □ ■ ■ ■	F C	□ ■ ■ ■ ■ ■ ■ ■	V W	C C C C C C	■ ■ ■
D 6	Hugo, 80821 719-743-2868	Loaf & Jug #68 (Conoco) CO 287 & CO 40	■ ■ ■	□ ■ □ ■ □ □		□ ■ □ □ □ □ □ □ □ □ □ ■ ■	V W	B	■ ■ ■
A 7	Julesburg, 80737 970-474-3366	Flying J Fuel Stop #05014 (Conoco) I-76 Exit 180 (US 385)	(Flying J logo) 24 HRS ■ ■ ■ M ■	24 HRS ■ ■ □ ■ ■ ■ ■ □ (Flying J logos)	F C U	□ ■ □ ■ ■	V W	B B B B	■ ■ ■ ■
D 7	Kit Carson, 80825 719-962-3410	Hill Top Texaco US 40-287 (W side of town)	■ ■ ■ S ■	□ ■ □ ■ □	F C	□ □ □ □ ■ □ ■	V W	C C C C	■ ■ ■ ■
F 6	LaJunta, 81050 719-384-5497	La Junta Valley Tire (Sinclair) US 50 & 1000 W 3rd St	■ ■ ■			■ ■	V W		■ ■ ■
F 6	LaJunta, 81050 719-384-5424	Phillips 66 Station US 50 E & Lewis Ave	■ ■ ■ ■	□ ■ □ ■ □ □ □ □		□ ■ ■ □ ■ ■ ■ □ □ ■ ■ □ □ □ ■	V W	B B	■ ■ ■ ■
E 7	Lamar, 81052 719-336-4000	JR Country Store #407 (Conoco) US 50 & US 287	24 HRS ■ ■ M ■	□ ■ □ ■ □ □	F C	■ □ □ □ □ □ □ □ □ □ □ ■ ■ ■ ■	V W	B	■ ■ ■ ■
E 7	Lamar, 81052 719-336-3445	Lamar Truck Plaza (Sinclair) US 50 & US 287	24 HRS ■ ■ XL ■ ■	24 HRS □ ■ □ ■ ■ □ □ □ ■ ■ ■ ■	F C U F	□ ■ ■ ■ ■ (B/F logo) ■ □ □ ■ ■ □ □ □ □ □ □ □ ■ ■ ■ ■ ■ ■ ■	V W	B B F B B B B	■ ■ ■ ■

THE TRUCKER'S FRIEND® - COLORADO

How to interpret the page

■ means available at truck stop □ means available nearby

in the overnight lot column:
- S means room for 5 - 24 trucks
- M means room for 25-74 trucks
- L means room for 85-149 trucks
- XL means room for 150+ trucks
- $ means a parking fee may be charged

code at left-hand side of rows is the state map grid reference

a key to advertising logos is on page 25

Services may change without notice. When in doubt, call ahead.

Column groups: Driver Services (Motor Fuel: Truck Diesel, Self Service Diesel, Metered Propane, Gasoline; Parking: Overnight Lot, Paved Lot, Trailer Drop, Electric Plug-Ins, Safe Haven/Hazmat; Food: Restaurant, Fast Food, Table Phones; Stores: Motel, Convenience, Trucker/Travel, Shopping Center, Walmart/Kmart, Grocery; Showers: Ladies, Men's, TV/Drivers Lounge, Laundry; Communication: Load Monitor, Internet Kiosk, Wi-Fi Hotspots, Document Scanning, Public Fax/Copier, UPS/FedEx/TripPak Box, Religious Services, State Lottery); Vehicle Services (Scales; Tires: Axle, Platform, Certified; Repairs: New Tire Sales, Repairs, Shop Open 24 Hrs, DOT Inspection, Major Repairs, Minor Repairs, Oil Change/Lube, Minor Welding, AC/Reefer; Road Svcs: CB, Tire, Mechanical, Towing; Wash: Truck (Exterior), Trailer Washout); RV Info (RVs Welcome, Dumping Station, Propane (Bottle)); Financial Services (ATM, Can Wire Money Out, Money Orders, Western Union, NATSO Check-Link, Wright Express, Voyager, Comdata/Comchek; C=Checks, F=Fuel Cards, B=Both: EFS, Fuel Man, Multi Service, TCH, T-Chek, Fleet One); Permit Svcs (Buy/Pay at Fuel Desk, All Prepaid Permit Svcs); Credit Cards (American Express, Visa/MasterCard, Discover)

Code	Location / Phone	Truck Stop	Motor Fuel / Parking	Food	Stores / Showers	Communication	Scales / Tires	Repairs / Road Svcs / Wash	RV Info	Financial Services	Permit Svcs	Credit Cards
E7	Lamar, 81052 / 719-336-5202	Love's Country Store #023 / US 50 & US 287	24 HRS ■ ■		■ ■ ■		⏻ ■ F C □ ■			■		B B F B B B ■ ■ ■ ■
B5	LaSalle, 80645 / 970-284-5255	La Salle Oil Co / 320 N 1st St (E of US 85)	■ ■ ■		□		□ ■		□ □ □		V W	F ■ ■ ■
D6	Limon, 80828 / 719-775-9317	Rip Griffin Truck/Travel Center (Shell) / I-70 Exit 359 (US 24) AMBEST	24 HRS ■ ■	L ■ ■	24 HRS ■ ■ □ ■ ■ □ □	■ ■ ■ ■ DAT ⏻	F C U T □ CAT	■ ■ ■ ■ ■ ■ A	■ ■ □	□ ■ □ ■	V W	B B F B B B ■ ■ ■ ■
D6	Limon, 80828 / 719-775-2760	Gottschalk Oil (Shamrock) / I-70 Exit 359 (US 24)	24 HRS ■ ■		□ □ □ ■ □ □	□	□	□ □ □ □ □ □ □ □ □ □ □ □	□ □ □	□ ■	V W	■ ■ ■
D6	Limon, 80828 / 719-775-2814	Flying J Fuel Stop #05011 (Conoco) / I-70 Exit 361 (2 blks W)	24 HRS ■ ■ ■	M ■ ■	24 HRS ■ ■ □ ■ ■ □ ■ ■		U F C F □	□ □ □ □ □ □ □	□ □ □	■ □ ■ ■	V W	B B B B ■ ■ ■ ■
B5	Longmont, 80501 / 303-776-9396	Alpine Station #1 (Conoco) / I-25 Exit 240 (CO 119)	24 HRS ■ ■	S ■ ■	□ ■ □ ■		F C U ■ CAT	□ □ □ □ □ □	□ □ □ □ □	■ □ ■ ■ ■ ■ ■ ■	V W	B B F B B B B B ■ ■ ■ ■
B5	Longmont, 80504 / 303-485-2939	Get On The Go (66) / I-25 Exit 240 (CO 119)	24 HRS ■ ■		□ ■ □ ■		F C ■	□ □ □	□ □ □ □ □	■ ■	V W	B B F B B B B B ■ ■ ■ ■
B5	Longmont, 80501 / 303-678-0204	Shell Fuel Stop / I-25 Exit 240 (CO 119)	24 HRS ■ ■	M ■ ■	□ □ □ ■	■ ■ DAT	F C F	■ ■ ■ ■ □ □ □ □ □	□ □ □ □ □	■ □ ■ ■	V	B B F B B F B ■ ■ ■ ■
B5	Longmont, 80501 / 970-535-4606	M&G #9 (Shell) / I-25 Exit 243 (CO 66 E)	24 HRS ■ ■		□ ■ ■		□ ■			■ ■		F ■ ■ ■
B5	Loveland, 80537 / 970-667-2069	Johnson's Corner Truck Stop / I-25 Exit 254 AMBEST	24 HRS ■ ■ ■	$ XL ■ ■	24 HRS ■ □ ■ □ ■ ■ ■ □ □	■ ■ ■ ■ DAT	F C U F T □	■ ■ ■ ■ □ □ □ □ □ □ □	□ □ □ □	□ ■ □ ■ ■ ■ ■	V W	B B B B B B ■ ■ ■ ■ ■ ■
F4	Monte Vista, 81144 / 719-852-5181	Monte Vista Co-op (Cenex) / 1901 US 160 (2 mi E of town)	■ ■ ■	S	□ ■ □ ■	□	F C □	■ ■ ■ ■ ■ ■ □ □ □ □ □	■ □ □	■ ■		B ■ ■ ■ ■
E2	Montrose, 81401 / 970-249-9430	Blair's Truck Stop (Conoco) / 2127 US 50 E	■ ■ ■	S ■ ■	■ □ □ ■ □ □ □	■ ■ ■ ■	□ ■	■ ■ ■ ■ ■ ■ ■ A		■ ■ ■	V W	B B C C ■ ■ ■
E2	Montrose, 81401 / 970-249-3422	Ray Moore Tire & Petroleum Svc / 216 US 550 (N of US 50)	■ ■ ■ ■		□ □ □ ■ □ □ □	□	F C □ ■	□ □ □ ■ ■ □ □ □	■ □ □ □	□ ■	V W	■ ■ ■ ■
E2	Montrose, 81401 / 970-249-7343	Sun Valley Truck Stop (Shell) / US 50 N	24 HRS ■ ■	M ■ ■	■ □ ■ □ ■ ■ □ □	■ ■ ■ ■ ■	F C U □ ■	■ ■ ■ □ □ □ □ □ □ □	□ □ □ □	■ □ ■	V W	B B B B B B ■ ■ ■ ■
D5	Monument, 80132 / 719-481-3628	Diamond Shamrock #4136 / I-25 Exit 158 (1310 W Baptist Rd)	24 HRS ■ ■	M ■ ■	□ ■ ■ □ ■ ■ □	■ ■ ■ ■	F C U F	■ ■ ■ ■		■ ■ ■	V W	B B B B B B ■ ■ ■ ■
D5	Monument, 80132 / 719-488-2700	Conoco Truck Stop # 06507 / I-25 Exit 161 (CO 105)	24 HRS ■ ■	S ■ ■	□ □ □ ■ ■ ■ □	■ ■ ■	F C U F □ ■	□ □ □ □	□ □ □	■ □ ■ ■ ■	V W	B B F B B B ■ ■ ■ ■
E6	Ordway, 81063 / 719-267-3262	JR's Country Store (Sinclair) / CO 71 & CO 96	■ ■ ■	S ■	□ ■ □ ■ □	■ ■ ■	F □ ■	□ □		■ ■ ■ ■ ■	V W	B F ■ ■ ■ ■
C2	Parachute, 81635 / 970-285-7656	Shell Food Mart / I-70 Exit 75	24 HRS ■ ■	S	□ ■ □ ■	■	□ □ ■			■ ■ ■ ■	V W	B ■ ■ ■
E4	Penrose, 81240 / 719-372-9383	Bradford's Handi-Mart (Sinclair) / 1400 US 50 E	■ ■ ■		■		■			■	V W	■ ■ ■
E5	Pinon, 81008 / 719-545-6569	Rocky Mountain Travel Center (Sinclair) / I-25 Exit 110 (10 mi N of Pueblo) AMBEST	24 HRS ■ ■	M ■ ■	24 HRS ■ ■ ■ ■ ■	■ ■ ■ ■ DAT ⏻	F C T F	■ ■ ■ ■ ■ ■ ■ ■	■ ■ □	■ □ ■	V W	B B B B B ■ ■ ■ ■
E4	Poncha Springs, 81242 / 719-539-3911	Poncha Swift Stop (Shell) / 10035 US 50 E	■ ■ ■	S ■ ■	■ □ ■	■ ■	□ □		□ □ □	■ □	V W	B ■ ■ ■ ■
E4	Poncha Springs, 81242 / 719-539-2811	Shavano Snack Mart Truck Stop (BP/Amoco) / US 50 & US 285 (1/4 mi W)	■ ■ ■	S ■ ■	□ ■ □ ■		□			■		F ■ ■ ■
E5	Pueblo, 81003 / 719-544-7767	1st Stop (66) / I-25 Exit 100 A (623 Grand Ave)	■ ■ ■		■		■				V W	■ ■ ■
E5	Pueblo, 81002 / 719-544-9749	Diamond Shamrock #4138 / I-25 Exit 101 (US 50)	24 HRS ■ ■		□ □ □ ■ □ □ □	□	F C □ ■ ■	□ □ □ □ □ □ □ □	□ □ □ □	■ ■ ■	V W	B B B B B B ■ ■ ■ ■
E5	Pueblo, 81008 / 719-543-5722	Hwy 50 West BP / I-25 Exit 101 (US 50)	■ ■ ■ ■		□ □ □ ■ □ □	□	■			■ ■ ■	V W	■ ■ ■
E5	Pueblo, 81008 / 719-542-5479	Acorn Petroleum (66) / I-25 Exit 98 A	■ ■ ■		□ □ □ ■	□	□ ■	□ □	□ □ □			F B ■ ■ ■
E5	Pueblo, 81003 / 719-543-3934	Cliff Brice Station (Sinclair) / I-25 Exit 98 A	■ ■ ■	S ■	□ □ □ □ □	□					V W	F ■ ■ ■
E3	Sargents, 81248 / 970-641-0674	Tomichi Creek Trading Post / 71420 US 50 (MM 190)	■ ■ ■		■ ■ ■	■ ■		□ □ □	□ □ □	■		■ ■ ■

THE TRUCKER'S FRIEND® - COLORADO

How to interpret the page

■ means available at truck stop □ means available nearby

in the overnight lot column:
- S means room for 5 - 24 trucks
- M means room for 25-74 trucks
- L means room for 85-149 trucks
- XL means room for 150+ trucks
- $ means a parking fee may be charged

code at left-hand side of rows is the state map grid reference

a key to advertising logos is on page 25

Services may change without notice. When in doubt, call ahead.

Driver Services: MOTOR FUEL (Truck Diesel, Self Service Diesel, Metered Propane, Gasoline); PARKING (Overnight Lot ($), Paved Lot, Trailer Drop, Electric Plug-ins, Safe Haven/Hazmat); FOOD (Restaurant, Fast Food, Table Phones); STORES (Motel, Convenience, Trucker/Travel, Shopping Center, Walmart/Kmart, Grocery); SHOWERS (Ladies', Men's); COMMUNICATIONS (TV/Drivers Lounge, Laundry, Load Monitor, Internet Kiosk, Wi-Fi Hotspots, Document Scanning, Public Fax/Copier, UPS/FedEx/Trippak Box, Religious Services, State Lottery)

Vehicle Services: SCALES (Platform, Certified); TIRES (Axle, Repairs, New Tire Sales); REPAIRS (Shop Open 24 Hrs, DOT Inspection, Major Repairs, Minor Repairs, Oil Change/Lube); ROAD SVCS (Minor Welding, AC/Reefer, CB, Tire, Mechanical, Towing); WASH (Truck (Exterior), Trailer Washout)

RV Info: RVs Welcome, Dumping Station, Propane (Bottle)

Financial Services: ATM, Can Wire Money Out, Money Orders, Natso Check-Link, Western Union, Voyager/Wright Express, Comdata (Comchek), EFS, Fuel Man, Multi Service, TCH, T-Chek, Fleet One (C=Checks, F=Fuel Cards, B=Both)

Permit Svcs: Buy/Pay at Fuel Desk, All Prepaid Permit Svcs

Credit Cards: American Express, Visa/Mastercard, Discover

Grid	Location / Phone	Truck Stop / Address	Fuel & Parking	Food	Stores	Showers	Communications	Scales	Tires	Repairs	Road Svcs	Wash	RV Info	Financial Services	Permit Svcs / Credit Cards
F 7	Springfield, 81073 719-523-6553	Northside Fuel Stop (Texaco) 125 US 287 N	■ ■ ■	M ■	□ □ □	■	□ □	F C	□ □	□ □	□		□ □ □ □	■ □ ■ V W	B B B ■ ■ ■ ■
F 7	Springfield, 81073 719-523-6977	Crossroads Travel Plaza (Texaco) US 287 & US 160	24 HRS ■ ■	L ■	24 HRS □ □	■ ■	□ ■ ■ ■ □	F C	□ □ ■ □	□ □	□	□	□ □ □	■ □ ■ V W	B B B B B B ■ ■ ■ ■
B 6	Sterling, 80751 970-522-0307	Reata Petroleum (66) I-76 Exit 125 (US 6 E)	24 HRS ■ ■	S	□ ■ ■ □	■	□	U	■	□ □			□ □ □	□ ■ V W	B B F B B B B ■ ■ ■
B 6	Sterling, 80751 970-522-2858	Ampride #2 (Cenex) I-76 Exit 125 (US 6 W)	24 HRS ■ ■	S ■	□ ■ ■ □	■ ■	□ ■ ■	F C U F	□ ■	□ □	□ □ □	□ □	□ □ □	■ □ ■ ■ V W	B B B B B ■ ■ ■ ■
D 7	Stratton, 80836 719-348-5818	Ampride (Cenex) I-70 Exit 419	■ ■ ■	M	□ ■ ■ □	■	□ □		□ ■ □ □ □	□ □			□ □ □	■ □ ■ V W	B B B ■ ■ ■
G 2	Towaoc, 81334 970-565-5364	Ute Mountain Travel Center (Mobil) US 160-491 MM 27	24 HRS ■ ■	M ■	□ ■ □	■	■ ■ ■ ■ DAT	F C □	□	□ □	□ □	□	□ □ □	□ ■ ■ ■ V W	B B B B ■ ■ ■ ■
G 5	Trinidad, 81082 719-846-7076	Trinidad Fuel Stop (Shell) I-25 Exit 11	24 HRS ■ ■	M ■ ■	□ ■ □	■ ■ □ □ □	■ ■ □	F C	□ ■	□ □	□ □ □ □ □	□ □	□ □ □	■ □ ■ ■ V W	B B F B B B ■ ■ ■ ■
F 5	Walsenburg, 81089 719-738-5733	Acorn Travel Plaza (66) I-25 Exit 52 (455 US 85-87)	24 HRS ■ ■	S ■ ■	□ ■ □	■ ■	■ ■ ■ DAT	F C	■	□ □	□ □	□	□ □ □	■ □ ■ ■ V W	B B B B B B ■ ■ ■ ■
C 5	Watkins, 80137 303-261-9677	Tomahawk Auto/Truck Plaza (Shell) I-70 Exit 295	24 HRS ■ ■ ■	XL ■ ■	24 HRS ■ ■ □	■ ■	■ ■ ■ DAT ■	F C T F	■ ■ ■ ■ ■	■ ■ ■	■ ■ ■ ■	A R	■ ■ □ ■ ■	■ ■ ■ V W	B B F B B B B ■ ■ ■ ■
C 5	Wheat Ridge, 80033 303-423-8250	TravelCenters of America/Denver West (TA) I-70 Exit 266 (Ward Rd S)	24 HRS ■ ■	XL ■	24 HRS □ ■ □	■ ■ □ □ □	■ ■ ■ DAT ■ TA	F C U F T	■ CAT	(logo) ■ ■	■ ■ ■ ■	A	■ ■ □ ■	■ □ ■ ■ V W	B B F B B B ■ ■ ■ ■
B 5	Wiggins, 80654 970-483-7777	Wiggins Junction I-76 Exit 66 A (CO 39)	■ ■ ■	S ■	■	■		F C	■	■ ■			■ □ □	■ ■ V W	B B B ■ ■ ■ ■
B 5	Wiggins, 80654 970-483-7867	Stub's Gas & Oil (Sinclair) I-76 Exit 66 A (CO 39)	■ ■ ■ ■	M ■	□ ■	■	□	F C	□ ■ □ □ □	□ □	□ □ □	□ □	□ □ □ □	■ ■ ■ ■ ■ V W	B B F B B B ■ ■ ■ ■
D 5	Woodland Park, 80866 719-687-1491	Diamond Shamrock 520 US 24 W	■ ■ ■			■			■					■ V W	■ ■ ■
B 7	Wray, 80758 970-332-5860	M&M Co-Op (Ampride) 233 US 385 N & US 34	24 HRS ■ ■ ■	S ■ ■	□ ■ ■ □	■ □ □	□	F C	□ ■ □ □ □	■ ■ ■	□ ■ ■		■ ■	□ ■ ■ V W	B B F B B B ■ ■ ■ ■

CONNECTICUT-RHODE ISLAND

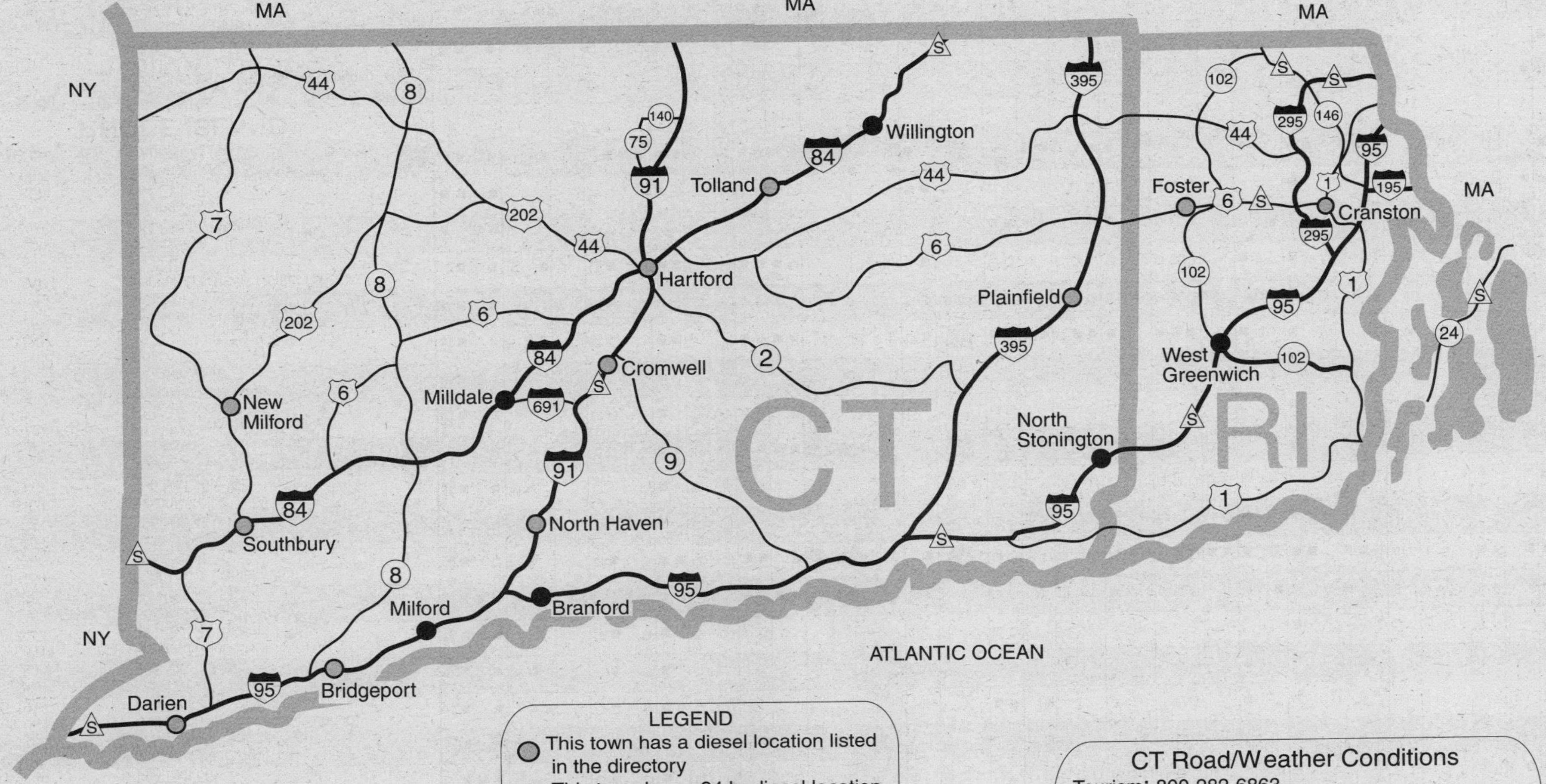

LEGEND
- This town has a diesel location listed in the directory
- This town has a 24 hr diesel location with a travel store, showers, large lot, and a 24 hr restaurant
- S Approximate location of state weigh scale and/or inspection station

CT - Fuel Tax Rates
Diesel..........26¢
Gasoline......25¢

RI - Fuel Tax Rates
Diesel..........30¢
Gasoline......30¢

CT Road/Weather Conditions

Tourism: 800-282-6863
Road: 800-443-6817 (CT only)
860-594-2000 (DOT)
Weather: Hartford: 508-822-0634, press 3 (rec)

RI Road/Weather Conditions

Tourism: 800-556-2484
Road: 800-354-9595 (recording)
Construction: 401-222-2468 (recording)
Weather: Providence: 508-822-0634, press 1 (rec)

How to interpret the page

■ means available at truck stop □ means available nearby

in the overnight lot column:
S means room for 5 - 24 trucks
M means room for 25-74 trucks
L means room for 85-149 trucks
XL means room for 150+ trucks
$ means a parking fee may be charged

code at left-hand side of rows is the state map grid reference

a key to advertising logos is on page 25

Services may change without notice. When in doubt, call ahead.

THE TRUCKER'S FRIEND® - CONNECTICUT - RHODE ISLAND

Driver Services: Motor Fuel, Parking, Food, Stores, Showers, Communications. Vehicle Services: Scales, Tires, Repairs, Road Svcs, Wash. RV Info. Financial Services (C=Checks, F=Fuel Cards, B=Both). Permit Svcs. Credit Cards.

Grid	Location	Truck Stop	Motor Fuel: Truck Diesel / Self Service Diesel / Metered Propane / Gasoline	Parking: Overnight Lot ($) / Paved Lot / Trailer Drop	Electric Plug-ins / Safe Haven/Hazmat	Food: Restaurant / Fast Food / Table Phones / Motel	Stores: Convenience / Trucker/Travel	Shopping Center / Walmart/Kmart / Grocery	Showers: Ladies' / Men's	TV/Drivers Lounge / Laundry	Communications: Load Monitor / Internet Kiosk / Wi-Fi Hotspots	Document Scanning / Public Fax/Copier / UPS/FedEx/Trippak Box	Religious Services / State Lottery	Scales: Axle / Platform / Certified	Tires: Repairs / New Tire Sales	Repairs: Shop Open 24 Hrs / DOT Inspection	Major Repairs / Minor Repairs / Oil Change/Lube	Minor Welding / AC/Reefer / CB	Road Svcs: Tire / Mechanical / Towing	Wash: Truck (Exterior) / Trailer Washout	RV Info: RVs Welcome / Dumping Station / Propane (Bottle)	Financial: ATM / Can Wire Money Out / Money Orders	Natso Check-Link / Western Union / Voyager/Wright Express	Comdata (Comchek) / EFS	Fuel Man / Multi Service / TCH	T-Chek / Fleet One	Buy/Pay at Fuel Desk / All Prepaid Permit Svcs	Credit Cards: American Express / Visa/MasterCard / Discover
	CONNECTICUT																											
E 4	Branford, 06405 203-481-0301	TravelCenters of America/New Haven E (TA) I-95 Exit 56	24 HRS ■ ■	L ■ ■		24 HRS □ ■ □	■ ■	□	■ ■	■ ■	DAT ■ TA	■ F C U F T	□	CAT	BF	■ ■	□ ■ ■	■ □	■ ■ ■		■ ■	■	■ W	B B	B	B B	■	■ ■ ■
E 4	Branford, 06405 203-481-9430	Berkshire Petroleum I-95 Exit 56	24 HRS ■ ■ ■			□ □ □	■	□ □ □		□		F C □	□	□ □ □		□	□ □ □	□ □ □	□ □ □	□ □	□ ■	■	V W	B B	B	B B	■	■ ■ ■
E 3	Bridgeport, 06607 203-335-1763	Massey Fuel (Citgo) I-95 Exit 30 (Hollister Ave)	24 HRS ■ ■			□ □	■					□	□	□	□ □	□	□ □ □	□ □ □	□ □ □			■	W					■ ■ ■
C 4	Cromwell, 06416 860-635-1916	Cromwell Auto Services (Sunoco) I-91 Exit 21	24 HRS ■ ■	S ■ ■		□ □ ■	■	□ □ □		□					■ ■	■					■	■	V W	B				■ ■ ■
F 2	Darien, 06820 203-656-2939	Mobil Oil I-95 WB (MM 9.5)	24 HRS ■ ■	S ■		□ ■ □	■	□ □ □		□			□		□ □		□		□ □ □		■	■	V W					■ ■ ■
C 4	Hartford, 06114 860-278-7044	Brainard Road Shell I-91 Exit 27 (Brainard Rd)	24 HRS ■ ■			□ ■ □	■	□ □							□ □							■	V W	B	F B B	B		■ ■ ■
E 3	Milford, 06460 203-878-4687	Secondi Truck Stop (Citgo) I-95 Exit 40	24 HRS ■ ■ ■	L ■		24 HRS □ ■ □	■ ■	□ □	■ ■	■ ■	DAT ⏻	F C U F T	□ ■		□ □		□ □ □	□	□ □ □		■ ■	■ ■	■ V W	B B	F B	B B	■	■ ■ ■
E 3	Milford, 06460 203-876-1266	Pilot Travel Center #255 I-95 Exit 40	24 HRS ■ ■	XL ■		□ ■ □	■ ■	□ □	■ ■	■	DAT ⏻	■ F C U F T	■	CAT	□ □	□	□ □ □		□ □ □	■ ■	■	■ ■	■ ■ V W	B B	F B	B B	■	■ ■ ■
E 3	Milford, 06460 203-878-8524	Exxon/Mobil #13987 I-95 MM 40.5 EB	24 HRS ■ ■	S ■		□ □ □	■	□ □ □		□				□ □ □	□ □		□ □ □	□	□ □ □	□ □	■	■	V W	B				■ ■ ■
E 3	Milford, 06460 203-878-3119	Exxon/Mobil #13986 I-95 MM 40.5 WB	24 HRS ■ ■	M ■		□ □	■	□ □						□ □ □	□ □	□	□ □ □	□	□ □ □	□ □	■		V W	B				■ ■ ■
D 4	Milldale, 06467 860-621-0106	TravelCenters of America/Southington (TA) I-84 Exit 28 (CT 322)/I-691 Exit 3	24 HRS ■ ■	$ XL ■ ■		24 HRS □ ■ □	■ ■		■ ■	■ ■	DAT ■ TA	■ F C U F T		CAT	BF	■ ■	■ ■ ■	■ A R	■ ■ □		■	■	W	B B	B	B B	■	■ ■ ■
D 2	New Milford, 06776 860-354-9209	Friendly Service # 30 (Citgo) 61 US 7 S	24 HRS ■ ■			□ □ □	■	□ □ □		□			□		□ □		□ □	□				■	W	F				■ ■ ■
D 4	North Haven, 06473 203-497-9017	Berkshire Petroleum I-91 Exit 9	24 HRS ■ ■			□ □ □	■	□ □ □				F C □	□	□ □ □		□	□ □ □	□ □	□ □ □		■	■	W	B B	B	B B	■	■ ■ ■
D 7	North Stonington, 06359 860-599-2020	Tinaco Plaza (Citgo) I-95 Exit 93 (CT 184-216)	24 HRS ■ ■	L ■ ■		24 HRS □ □	■ ■		■ ■	■ ■		F C U F	□ ■	CAT	■ ■	■ ■	□ ■ ■	■ □	■ ■ ■		■ □	■	V W	B B	B B	B B	■	■ ■ ■
D 7	North Stonington, 06359 860-599-3894	Spicer Plus Food & Fuel (Mobil) I-95 Exit 93 (next to McDonalds)	24 HRS ■ ■			□ ■ □	■						□ ■	□ □ □	□ □		□ □ □	□	□ □ □		□	■	V W	B B		B		■ ■ ■
C 7	Plainfield, 06374 860-564-0569	Hannah B's Travel Center (Shell) I-395 Exit 87	24 HRS ■ ■	M ■		□ ■ □	■ ■	□ □	■ ■	■ □		F C U	□ ■		□ □		□ □ □	□	□ □ □		■	■	V W	B B	F B B	B B	■	■ ■ ■
D 2	Southbury, 06488 203-264-8251	Hine Brothers (Mobil) I-84 Exit 15 (Main St S)	■ ■ ■			□ □		□ □ □				F C			■ ■	■ ■	■ ■ ■	■ □	□ ■ ■		■			C	C	B C	■	■ ■ ■
B 5	Tolland, 06084 860-872-6735	Tolland Getty I-84 Exit 68	■ ■ ■			□ □	■	□		□			□ ■		□ □		□ □ □	□	□ □ □			■	V W				■	■ ■ ■
B 6	Willington, 06279 860-684-0499	TravelCenters of America (Shell) (TA) I-84 Exit 71 (CT 320)	24 HRS ■ ■	$ XL ■ ■		24 HRS ■ ■ ■	■ ■		■ ■	■ ■	DAT ■ TA	■ F C U F T	■	CAT	BF	■ ■	■ ■	■ A R	■ ■ □		■ ■	■ ■	■ ■ V W	B B	B	B B	■	■ ■ ■
	RHODE ISLAND																											
C 8	Cranston, 02920 401-942-5470	Drew Oil 31 Calder (2.5 mi E of I-295 Exit 3B)	■ ■			□ □ □		□ □		□		F C □	□				□ □ □	□	□ □ □					C		C	■	■ ■ ■
C 7	Foster, 02825 401-647-3824	DB Mart #8 (Valero) US 6	■ ■ ■			□ □	■						□ ■								□	■ ■	V W	B	F			■ ■ ■
C 8	West Greenwich, 02817 401-397-4580	RI's Only 24 Hr A/T Plaza I-95 Exit 5 B (RI 102)	24 HRS ■ ■	$ XL ■ ■		24 HRS ■ ■ □	■ ■		■ ■	■ ■	DAT ■	F C U F T	□	■ ■ ■					□ □ □		■ □	■		B B	B B	B B	■	■ ■ ■

Sign up at www.truckstops.com for free email updates from *The Trucker's Friend.®*

DELAWARE - MARYLAND

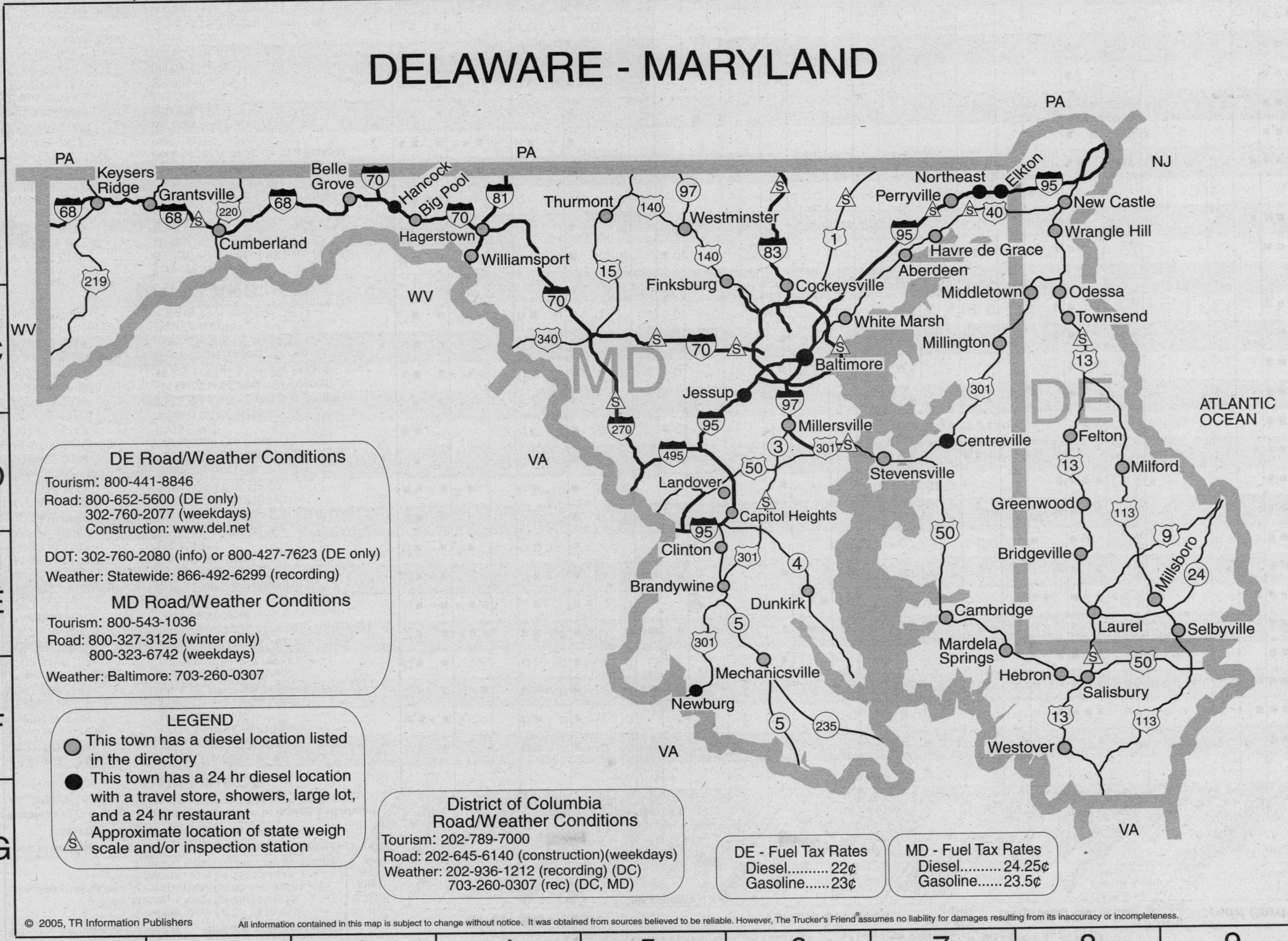

DE Road/Weather Conditions

Tourism: 800-441-8846
Road: 800-652-5600 (DE only)
302-760-2077 (weekdays)
Construction: www.del.net

DOT: 302-760-2080 (info) or 800-427-7623 (DE only)
Weather: Statewide: 866-492-6299 (recording)

MD Road/Weather Conditions

Tourism: 800-543-1036
Road: 800-327-3125 (winter only)
800-323-6742 (weekdays)
Weather: Baltimore: 703-260-0307

LEGEND

- This town has a diesel location listed in the directory
- This town has a 24 hr diesel location with a travel store, showers, large lot, and a 24 hr restaurant
- S Approximate location of state weigh scale and/or inspection station

District of Columbia Road/Weather Conditions

Tourism: 202-789-7000
Road: 202-645-6140 (construction)(weekdays)
Weather: 202-936-1212 (recording) (DC)
703-260-0307 (rec) (DC, MD)

DE - Fuel Tax Rates
Diesel.......... 22¢
Gasoline...... 23¢

MD - Fuel Tax Rates
Diesel.......... 24.25¢
Gasoline...... 23.5¢

THE TRUCKER'S FRIEND® - DELAWARE - MARYLAND

How to interpret the page

■ means available at truck stop □ means available nearby

In the overnight lot column:
- S means room for 5 - 24 trucks
- M means room for 25-74 trucks
- L means room for 85-149 trucks
- XL means room for 150+ trucks
- $ means a parking fee may be charged

code at left-hand side of rows is the state map grid reference

a key to advertising logos is on page 25

Services may change without notice. When in doubt, call ahead.

Column groups: Driver Services — MOTOR FUEL (Truck Diesel, Self Service Diesel, Metered Propane, Gasoline); PARKING (Overnight Lot ($), Paved Lot, Trailer Drop, Electric Plug-Ins, Safe Haven/Hazmat); FOOD (Restaurant, Fast Food, Table Phones); STORES (Motel, Convenience, Trucker/Travel, Shopping Center, Walmart/Kmart, Grocery); SHOWERS (Ladies, Men's, TV/Drivers Lounge, Laundry); COMMUNICATIONS (Load Monitor, Internet Kiosk, WiFi Hotspots, Document Scanning, Public Fax/Copier, UPS/FedEx/Trippak Box, Religious Services, State Lottery). Vehicle Services — SCALES (Platform, Certified); TIRES (Axle, New Tire Sales, Repairs); REPAIRS (Shop Open 24 Hrs, DOT Inspection, Major Repairs, Minor Repairs, Oil Change/Lube, Minor Welding, AC/Reefer); ROAD SVCS (CB, Tire, Mechanical, Towing); WASH (Truck (Exterior), Trailer Washout). RV Info (RVs Welcome, Dumping Station, Propane (Bottle)). Financial Services (ATM, Can Wire Money Out, Money Orders, Natso Check-Link, Western Union, Voyager/Wright Express, Comdata/Comchek; C=Checks, F=Fuel Cards, B=Both). Permit Svcs (EFS, Fuel Man, Multi Service, TCH, T-Chek, Fleet One, Buy/Pay at Fuel Desk, All Prepaid Permit Svcs). Credit Cards (American Express, Visa/MasterCard, Discover).

DELAWARE

Grid / Location / Phone	Truck Stop / Address	Fuel / Parking	Food	Stores	Showers / Communications	Scales	Tires	Repairs	Road Svcs	Wash	RV Info	Financial Services	Permit Svcs	Credit Cards
E8 Bridgeville, 19933 302-337-3460	Shore Stop #281 (Mobil) 18654 US 13 S & DE 404	24HRS ■ ■		□ □ □	■ □ □ □		□ ■		□ □		□	■ ■	W B B F	B ■ ■ ■
E8 Bridgeville, 19933 302-337-7526	Uncle Willie's Deli #10 (BP) US 13 & DE 404	■ ■ ■	S	□ ■ □	■ □ □	F C	□ ■	□ □	□ □ □			■ ■ ■ ■ ■	V W B B F	B ■ ■ ■ ■
D8 Felton, 19943 302-284-8843	Uncle Willie's (BP/Amoco) US 13 S & DE 286 (1.5 mi S of DE 12)	24HRS ■ ■	M ■ ■	□ ■ □	■ □ ■ ■ ■ □	F C F	□ ■	□ □	□ □ □	□	□ □ □	■ □ ■ ■ ■ ■ ■	V W B B F	B B B B ■ ■ ■ ■
D8 Greenwood, 19950 302-349-5187	Shore Stop #279 (Mobil) US 13 (1/4 mi S of DE 16)	24HRS ■ ■		□ □	■ □		□ ■				□ □ □	■ ■ ■	V W B B F	B B ■ ■ ■
E8 Laurel, 19956 302-875-7107	Oasis Travel Plaza (Texaco) 30759 US 13 SB (betw US 9 & DE 24)	24HRS ■ ■	M ■ ■	■ ■ □	■ ■ □ ■ ■ ■	F C F	■ ■ ■ ■	□ □	□	□	□ □ □	■ ■	V W B B	B B B B ■ ■ ■ ■
C8 Middletown, 19709 302-376-4301	301 Plaza (Citgo) 921 US 301 S	24HRS ■ ■	M ■ ■	24HRS ■	■ ■ □ DAT ■	F C U F T	■ ■ ■ ■	□ □ □	□	□	□	■ ■ ■ ■ ■ ■ ■	V W B B F	B B B B ■ ■ ■ ■
C8 Middletown, 19709 302-378-8018	Shore Stop # 235 (Mobil) US 301 & 400 DE 299	24HRS ■ ■		□ ■	■ □ □		■	□ □			□ □	■ ■ ■	V W F	■ ■ ■
C8 Middletown, 19709 302-378-7302	Coastal Gas Station US 301 N	24HRS ■ ■	S ■	□ □	■ □		□		□	□	□ □ □	■ ■	V W B C	C ■ ■ ■
D8 Milford, 19963 302-422-9776	Shore Stop #280 (Mobil) US 113 & N Walnut (1/2 mi S of US 1)	■ ■ ■		□ □ □	■ □ □ □		□ ■	□				■ ■ ■	V W B B F	B ■ ■ ■
E8 Millsboro, 19966 302-934-7501	Uncle Willie's #12 (BP) 28194 US 113 & DE 20	■ ■ ■	S ■	■	■ □ □ □		□ ■		□ □	□		■ ■ ■ ■ ■	V W B F F	C C ■ ■ ■
B8 New Castle, 19720 302-322-0978	Delaware Truck Plaza 194 US 13-40 NB (at split)	24HRS ■	M	□ □ □	■ □ □ □ ■ ■	F C	□	□ □	□ □ □	□	□ □ □		W B B F	B B B B ■ ■ ■ ■
B8 New Castle, 19720 302-652-6112	Christiana Truck Stop I-495 Exit 2	■ ■	S	□ □ □	■ □ □ ■ □		□	□ □ □ □ □ □	□ □ □ □	□ □	□ □ □ □ □		W B	B B C ■ ■ ■
C8 Odessa, 19730 302-378-4006	Sunoco Fuel Center 412 US 13 NB/SB (N edge of town)	24HRS ■ ■		□ □ □	■		□	□ □	□ □ □ □		□ □ □	■	W B C	B ■ ■ ■
E9 Selbyville, 19975 302-436-2877	Uncle Willie's Deli #6 (BP/Amoco) 18 US 113 NB & Hoosier St (at MD line)	■ ■ ■		□ ■	■ □ □ □		□ ■		□			□ ■ ■ ■ ■	V W B C F	B C ■ ■ ■
C8 Townsend, 19734 302-378-9348	Shore Stop (Texaco) 4296 US 13 & DE 896	■ ■ ■		□ □	■ □		□ ■					□ ■ ■ ■	V W F	■ ■ ■
B8 Wrangle Hill, 19720 302-838-2806	Bear Creek BP 906 US 13 (1 mi NE of DE 1)	24HRS ■ ■		□ ■ □	■ □ □		□ ■	□ □			□ □ □	■ ■ ■	V W B B F	B B B B ■ ■ ■

MARYLAND

Grid / Location / Phone	Truck Stop / Address	Fuel / Parking	Food	Stores	Showers / Communications	Scales	Tires	Repairs	Road Svcs	Wash	RV Info	Financial Services	Permit Svcs	Credit Cards
B7 Aberdeen, 21001 410-272-0299	Aberdeen Mobil Mart 607 US 40 S (betw I-95 Exits 80 & 85)	24HRS ■ ■	S$ ■	□ □ □	■ □ □ □ ■ □	F C F	□ ■	□ □ □	□ □ □	□	□ □ □	■ ■ ■	V W B C F	B C C ■ ■ ■
C6 Baltimore, 21224 410-633-2674	Midway Truck Stop 6210 Holabird Ave (E of I-95 Exit 57)	■ ■		□ □ □	■ □ □	F C	□ □	□ □	□ □	□		□	B	■ ■ ■ ■
C6 Baltimore, 21222 410-477-4020	North Point Fuel Stop I-695 Exit 41 (S to 4240 MD 151)	■ ■ ■ ■ ■		□	□ □		□	□ □ □ □ □ □	□ □	□	□ □ □	■	B C	C
C6 Baltimore, 21224 410-633-4611	TravelCenters of America I-95 Exit 57 (O'Donnell St)/I-895 Exit 2 TA	24HRS ■	XL$ ■ ■	24HRS ■ ■ ■ ■	■ ■ □ □ □ ■ ■ ■ ■ DAT	TA ■ F C T F	CAT	BF ■ ■	■ ■ ■	A R	■ ■ ■ □	■ ■ ■ ■ ■	W B B F B	B B ■ ■ ■ ■
B3 Belle Grove, 21766 301-478-2828	Belle Grove Auto Truck Stop (Exxon) I-68 Exit 68	■ ■ ■	S ■ ■	■ ■	■							■ □ ■	V W B	■ ■ ■
B3 Big Pool, 21711 301-842-3289	Big Pool AC&T (Exxon) I-70 Exit 12	24HRS ■ ■	S ■		■		■				□ □ □	■ ■ ■ ■	V W B B	B B B B ■ ■ ■ ■
E5 Brandywine, 20613 301-372-6545	301 Citgo US 301 & MD 5	■ ■ ■		□ ■ □	■		■					■	V W B F B	■ ■ ■
E7 Cambridge, 21613 410-228-5825	Sunburst Mobil US 50 & Bucktown Rd	24HRS ■ ■		□ □ □	■ □ □ □ □		□ ■				□ □ □	■	V W B C	C C ■ ■ ■
D6 Capitol Heights, 20743 301-350-7111	Fred's Crown I-95 Exit 15 B (8801 Central - MD 215)	24HRS ■ ■		□ □ □	□		□						W	■ ■ ■
D6 Capitol Heights, 20743 301-336-3773	Hampton Mall Exxon I-95 Exit 15 B (8901 Central - MD 215)	24HRS ■ ■		□ □ □	■ □ □ □	□	□ ■	□ □			□ □ □	■ ■	V W B	■ ■ ■

How to interpret the page

■means available at truck stop □means available nearby

in the overnight lot column:
- S means room for 5 - 24 trucks
- M means room for 25-74 trucks
- L means room for 85-149 trucks
- XL means room for 150+ trucks
- $ means a parking fee may be charged

code at left-hand side of rows is the state map grid reference

a key to advertising logos is on page 25

Services may change without notice. When in doubt, call ahead.

THE TRUCKER'S FRIEND® - DELAWARE - MARYLAND

Driver Services — MOTOR FUEL: TRUCK DIESEL, SELF SERVICE DIESEL, METERED PROPANE, GASOLINE; PARKING: OVERNIGHT LOT ($), PAVED LOT, TRAILER DROP, ELECTRIC PLUG-INS, SAFE HAVEN/HAZMAT; FOOD: RESTAURANT, FAST FOOD, TABLE PHONES, MOTEL; STORES: CONVENIENCE, TRUCKER/TRAVEL, SHOPPING CENTER, WALMART/KMART, GROCERY; SHOWERS: LADIES', MEN'S, TV/DRIVERS LOUNGE, LAUNDRY; COMMUNICATION: LOAD MONITOR, INTERNET KIOSK, WI-FI HOTSPOTS, DOCUMENT SCANNING, PUBLIC FAX/COPIER, UPS/FEDEX/TRIPPAK BOX, RELIGIOUS SERVICES, STATE LOTTERY

Vehicle Services — SCALES: AXLE, PLATFORM, CERTIFIED; TIRES: REPAIRS, NEW TIRE SALES; REPAIRS: SHOP OPEN 24 HRS, DOT INSPECTION, MAJOR REPAIRS, MINOR REPAIRS, OIL CHANGE/LUBE, MINOR WELDING; ROAD SVCS: AC/REEFER, CB, TIRE, MECHANICAL, TOWING; WASH: TRUCK (EXTERIOR), TRAILER WASHOUT

RV Info — RVs WELCOME, DUMPING STATION, PROPANE (BOTTLE)

Financial Services (C=Checks, F=Fuel Cards, B=Both) — ATM, CAN WIRE MONEY OUT, MONEY ORDERS, NATSO CHECK-LINK, WESTERN UNION, COMDATA (COMCHEK), VOYAGER/WRIGHT EXPRESS, EFS, FUEL MAN, MULTI SERVICE, TCH, T-CHEK, FLEET ONE

Permit Svcs — BUY/PAY AT FUEL DESK, ALL PREPAID PERMIT SVCS

Credit Cards — AMERICAN EXPRESS, VISA/MASTERCARD, DISCOVER

MARYLAND

Grid	City / Phone	Truck Stop / Location	Driver Services	Vehicle Services	RV Info / Financial Services	Permit Svcs	Credit Cards
D 7	Centreville, 21617 410-758-2444	Trailway Truck Stop US 301 & MD 304	24HRS ■ ■ XL ■ ■ ■ 24HRS ■ ■ ■ ■ ■ ■	F C F ■ ■ ■ ■ ■ ■ ■ ■ ■ ■	■ ■ □ ■ ■ ■	W	B B B B B B ■ ■ ■ ■
E 5	Clinton, 20735 301-868-9836	Clinton Citgo MD 5 & MD 223 S (Piscataway Rd)	■ ■ ■ □ □ □ ■ □ □ □ □	□ ■ □ □ □	■ ■	V W	B ■ ■ ■
E 5	Clinton, 20735 301-868-9543	Malcolm Road Citgo MD 5 (3/4 mi N of MD 223)	■ ■ ■ □ □ □ □ □	□		V W	■ ■ ■
C 6	Cockeysville, 21030 410-785-2270	Southern States Coop I-83 Exit 18 (E to Beaver Dam Rd)	■ ■ ■ □ □ □ ■ □ □ □ □	□ □ ■ □ □ □ □ □		V	F ■ ■
B 2	Cumberland, 21502 301-724-4726	Fuel City #2 (BP) I-68 Exit 45	■ ■ ■ □ ■ ■ □ ■ □ ■ ■ □	F C □ □ □ □ □ □ □ □ □	□ □ □ ■	V W	B B B B B B ■ ■ ■ ■
E 6	Dunkirk, 20754 301-812-1640	Town Center Amoco 10855 MD 4 N	■ ■ ■ ■ ■ ■ □ □	C □ ■	□ ■ ■	V W	F ■ ■ ■
B 7	Elkton, 21921 410-392-3050	PETRO Petro Stopping Center #51 I-95 Exit 109 A (MD 279)	24HRS ■ ■ XL ■ ■ 24HRS ■ □ ■ ■ □ □ □ ■ ■ ■ ■ DAT ■ ⏻ ■	F C U F T ■ CAT BF ■ ■ ■ ■ ■ □ A	■ □ □ □ □ ■ ■ ■	V W	B B B B B ■ ■ ■ ■
B 7	Elkton, 21921 410-398-7000	TA TravelCenters of America #19 (Mobil) I-95 Exit 109 B (MD 279)	24HRS ■ ■ XL ■ ■ 24HRS ■ ■ □ ■ ■ ■ ■ ■ ■ DAT TA ■	F C U F T CAT BF ■ ■ ■ ■ ■ A R ■	■ ■ ■ □ □ ■ ■ ■ ■ ■ ■	W	B B F B B B ■ ■ ■ ■
C 6	Finksburg, 21048 410-833-1875	Tevco Jiffy Mart 3137 MD 140	24HRS ■ ■ □ □ □ ■	C □	■ ■ ■		B ■ ■ ■
B 2	Grantsville, 21536 301-895-3233	Fuel City (BP) I-68 Exit 22 (US 219 N)	24HRS ■ ■ L ■ ■ ■ ■ □ ■ ■ □ □ ■ ■ ■ ■	F C F □ CAT □ □ □ □ □ □ □ □ □	□ □ □ ■ □ ■	V W	B B B B B B ■ ■ ■ ■
B 4	Hagerstown, 21740 301-582-9004	Pilot Travel Center #150 I-70 Exit 24 (MD 63)	24HRS ■ ■ L ■ ■ ■ ■ ■ ■ ■ DAT ■ ⏻ ■	F C U F T □ ■ CAT □ □ □ □ □ □	□ □ □ ■ ■ ■ ■ ■	V W	B B F B B B ■ ■ ■ ■
B 4	Hagerstown, 21740 301-797-0302	Sharpsburg Pike AC&T (Exxon) I-70 Exit 29	24HRS ■ ■ □ ■ ■ □ ■ □ □ □	F C □ ■		V W	B B F B ■ ■ ■
B 4	Hagerstown, 21740 301-582-2702	AC&T Fuel Center (Exxon) I-81 Exit 5 B (Halfway Blvd W)	24HRS ■ ■ ■ ■ XL ■ ■ □ ■ ■ ■ ■ ■ □ □ □ ■ ■ ■ ■ DAT	F C U F T □ ■ CAT ■ ■ ■ □ □ ■ ■ ■ □ ■	■ ■ □ ■ ■ ■ ■ ■ ■ ■	V W	B B F B B B B ■ ■ ■ ■
B 3	Hancock, 21750 301-678-7111	Little Sandy's Hancock Truck Stop (Amoco) I-70 Exit 3 (MD 144 E)	24HRS ■ ■ M ■ ■ ■ 24HRS □ ■ □ ■ ■ □ ■ ■ ■	F C T F □ ■ ■ □ □	□ □ □ ■ ■	V W	B B B B B B ■ ■ ■ ■
B 7	Havre de Grace, 21078 410-939-1010	Bay Oil Co 2110 US 40	■ ■ ■ ■ □ □ □ □ □ □	□ □ □ □ □ □ □ □	□ □ □ ■		■ ■ ■
F 8	Hebron, 21830 410-860-6950	Shore Stop # 225 (Mobil) US 50 W	24HRS ■ ■ ■	□	■ ■ ■	V W	B F ■ ■ ■
C 6	Jessup, 20794 410-799-3835	TA TravelCenters of America/Baltimore S I-95 Exit 41 A (MD 175 E)	24HRS ■ XL ■ ■ 24HRS ■ ■ ■ ■ ■ ■ ■ ■ ■ DAT TA ■	F C U F T ■ CAT BF ■ ■ ■ ■ ■ ■ A R ■	■ ■ □ □ □ ■ □ ■ ■ ■ ■	W	B B F B B B ■ ■ ■ ■ ■
C 6	Jessup, 20794 410-799-2500	Columbia Fleet Services Montevideo Rd (US 1 - .5 mi N of MD 175)	■ □ □ □	F C □ □ □ ■ ■ ■ ■ ■ ■ A R □	■ □ □ □		C C C C ■ ■ ■ ■
B 1	Keysers Ridge, 21520 301-746-8710	Keysers Ridge Truck Stop (BP) I-68 Exit 14 EB/14 B WB (US 40-219)	24HRS ■ ■ M ■ ■ 24HRS □ ■ ■ ■	F C	□ □ □ ■	V W	B B F B B B B ■ ■ ■ ■
D 6	Landover, 20785 301-773-6493	Landover Crown Gas Station MD 704 (1 mi S of US 50 Exit 8)	24HRS ■ ■ S ■ □ □ □ ■ □ □ □ □	□ □ □ □ □ □ □	□ □ □ ■	V W	B ■ ■ ■
F 7	Mardela Springs, 21837 410-546-2078	Mardela Goose Creek Food Store (Exxon) 24948 US 50	■ ■ ■ ■ ■	□ ■	□ □ □ □ ■ ■ ■	V W	B C B B ■ ■ ■
F 6	Mechanicsville, 20659 301-884-5001	DJ's One Stop Shop (Sunoco) 28035 MD 5 S (1/4 mi N of Jct MD 235)	■ ■ ■ ■ □ □ ■ □	C □ ■ □ □ □ □	□ □ □ ■ ■	W	B B ■ ■ ■
D 6	Millersville, 21108 410-987-1444	New Transit Truck Stop I-97 Exit 10 NB/10 A SB (S on Veterans)	24HRS ■ ■ M ■ ■ 24HRS □ ■ □ ■ ■ □ □ □ ■ ■ ■ ■ DAT ■	F C U F T □ CAT	□ □ □ □ ■	V W	B B F B B B ■ ■ ■ ■ ■
C 7	Millington, 21651 410-778-0507	Dutch Family Restaurant US 301 & MD 291	24HRS ■ ■ S ■ ■ ■ ■ □ □	F C □ □ □ □ □	□ □ □ ■ ■ ■		B B B B ■ ■ ■ ■
F 5	Newburg, 20664 301-259-2693	One Stop Travel Plaza (Citgo) US 301 S (MM 3 - 1/4 mi N of bridge)	24HRS ■ ■ XL ■ ■ 24HRS ■ □ ■ ■ ■ ■ ■ ■	F C ■ BF ■ ■ ■ ■ ■ A R ■	■ ■ □ ■ □ ■	V W	B B B B B B ■ ■ ■ ■
B 7	Northeast, 21901 410-287-7110	Flying J Travel Plaza #15078 I-95 Exit 100	24HRS ■ ■ ■ ■ XL ■ ■ 24HRS ■ ■ ■ ■ □ □ ■ ■ ■ ■ (Flying J) ■ (Flying J) (Flying J)	F C U F T □ (Flying J)	□ □ □ ■ ■ ■ ■ ■	V W	B B B B B ■ ■ ■ ■
B 7	Perryville, 21903 410-642-2883	Pilot Travel Center #290 I-95 Exit 93 (US 222)	24HRS ■ ■ M ■ ■ □ ■ ■ ■ ■ ■ ■ □ ■ ■ □ DAT ⏻ ■	F C U F T □ ■ CAT □ □ □ □ □ □ □ □ □	□ □ □ ■ ■ ■ ■ ■	V W	B B F B B B ■ ■ ■ ■

How to interpret the page

■ means available at truck stop □ means available nearby

in the overnight lot column:
S means room for 5 - 24 trucks
M means room for 25-74 trucks
L means room for 85-149 trucks
XL means room for 150+ trucks
$ means a parking fee may be charged

code at left-hand side of rows is the state map grid reference

a key to advertising logos is on page 25

Services may change without notice. When in doubt, call ahead.

THE TRUCKER'S FRIEND® - DELAWARE - MARYLAND

MARYLAND

Driver Services (Motor Fuel, Parking, Food, Stores, Showers, Communications)

Grid	City / Phone	Truck Stop / Address	TRUCK DIESEL	SELF SERVICE DIESEL	METERED PROPANE	GASOLINE	OVERNIGHT LOT ($)	PAVED LOT	TRAILER DROP	ELECTRIC PLUG-INS	SAFE HAVEN/HAZMAT	RESTAURANT	FAST FOOD	TABLE PHONES	MOTEL	CONVENIENCE	TRUCKER/TRAVEL	SHOPPING CENTER	WALMART/KMART	GROCERY	LADIES'	MEN'S	TV/DRIVERS LOUNGE	LAUNDRY	LOAD MONITOR	INTERNET KIOSK	WI-FI HOTSPOTS	DOCUMENT SCANNING	PUBLIC FAX/COPIER	UPS/FEDEX/TRIPPAK BOX	RELIGIOUS SERVICES	STATE LOTTERY
F 8	Salisbury, 21801 410-749-2151	Taylor Oil Co (Chevron) US 50 & W Isabella St	■	■		■						□	□		□			□		□				□					F		□	
D 7	Stevensville, 21666 410-643-3075	Kent Island Crown US 50 EB (2nd stop across Bay Bridge)	24 HRS	■		■						□	□			■		□	□	□				□						U F	□	■
B 5	Thurmont, 21788 301-271-3333	Mountain Gate Plaza (Exxon) US 15 N & MD 806	24 HRS		■	■						24 HRS	■		□	■	■			□		■		□					F C		□	
B 5	Westminster, 21157 410-848-4081	SL Bare (Citgo) MD 140 & Sullivan Ave	■	■		■						□	□		□			□	□	□				□							□	
F 8	Westover, 21871 410-651-1911	Westover Goose Creek (Texaco) 9010 US 13	■	■		■	S		■			□			□	■													F C			■
C 6	White Marsh, 21162 410-335-7239	Jahanvi Truck Stop 11424 US 40 WB (I-95 betw Exits 67 & 74)	■	■	■	■	M$	■				□	□		□	■				□									F C		□	
B 4	Williamsport, 21795 301-223-7813	Williamsport Sunoco I-81 Exit 2 (US 11 S)	■	■		■						□	□		□	■		□		□				□							□	■

Vehicle Services (Scales, Tires, Repairs, Road Svcs, Wash)

Truck Stop	AXLE	PLATFORM	CERTIFIED	TIRE REPAIRS	NEW TIRE SALES	SHOP OPEN 24 HRS	DOT INSPECTION	MAJOR REPAIRS	MINOR REPAIRS	OIL CHANGE/LUBE	MINOR WELDING	AC/REEFER	CB	TIRE	MECHANICAL	TOWING	TRUCK (EXTERIOR)	TRAILER WASHOUT
Taylor Oil Co (Chevron), Salisbury									□		□							
Kent Island Crown, Stevensville														□	□	□		
Mountain Gate Plaza (Exxon), Thurmont																	□	
SL Bare (Citgo), Westminster				□	□				□	□			□	□	□	□		
Westover Goose Creek (Texaco), Westover																		
Jahanvi Truck Stop, White Marsh																		
Williamsport Sunoco, Williamsport				□	□												□	

RV Info, Financial Services (C=Checks, F=Fuel Cards, B=Both), Permit Svcs, Credit Cards

Truck Stop	RVs WELCOME	DUMPING STATION	PROPANE (BOTTLE)	ATM	CAN WIRE MONEY OUT	MONEY ORDERS	NATSO CHECK-LINK	WESTERN UNION	VOYAGER/WRIGHT EXPRESS	COMDATA (COMCHEK)	EFS	FUEL MAN	MULTI SERVICE	TCH	T-CHEK	FLEET ONE	BUY/PAY AT FUEL DESK	ALL PREPAID PERMIT SVCS	AMERICAN EXPRESS	VISA/MASTERCARD	DISCOVER
Taylor Oil Co (Chevron), Salisbury									W						B				■	■	■
Kent Island Crown, Stevensville			■	■					V W	B	B				B	B			■	■	■
Mountain Gate Plaza (Exxon), Thurmont		□	■	■					V W	B	B							■	■	■	■
SL Bare (Citgo), Westminster			■						V W	F									■	■	■
Westover Goose Creek (Texaco), Westover	■	□	■	■		■			V W	B	B		B	B	B	B		■	■	■	■
Jahanvi Truck Stop, White Marsh	■		■							B								■		■	
Williamsport Sunoco, Williamsport		□	■	■					V W										■	■	■

Is your favorite truck stop missing? Ask the manager to give us a call at 800-338-6317 - the listing is free!

FLORIDA

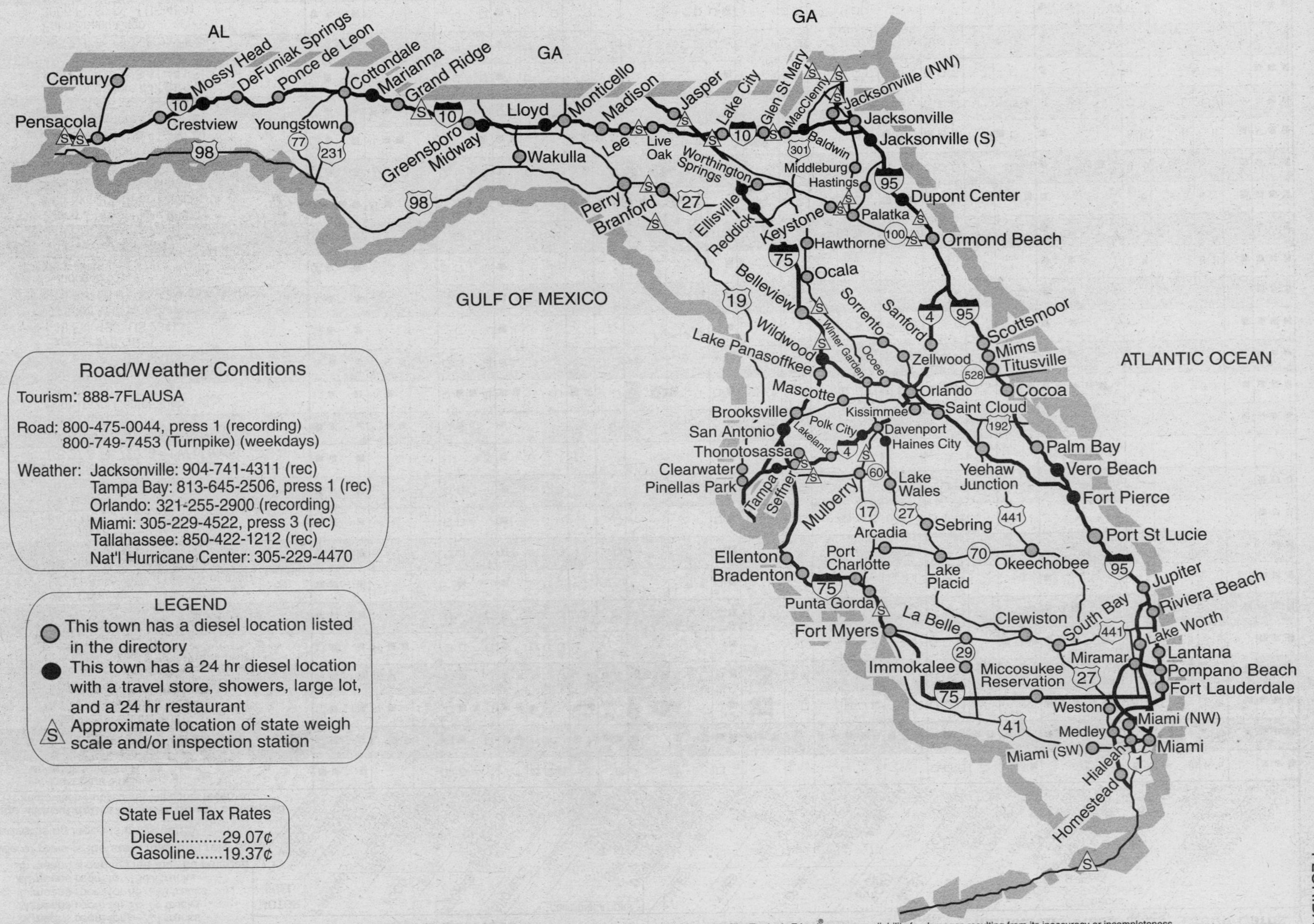

Road/Weather Conditions

Tourism: 888-7FLAUSA

Road: 800-475-0044, press 1 (recording)
800-749-7453 (Turnpike) (weekdays)

Weather: Jacksonville: 904-741-4311 (rec)
Tampa Bay: 813-645-2506, press 1 (rec)
Orlando: 321-255-2900 (recording)
Miami: 305-229-4522, press 3 (rec)
Tallahassee: 850-422-1212 (rec)
Nat'l Hurricane Center: 305-229-4470

LEGEND

- (grey dot) This town has a diesel location listed in the directory
- (black dot) This town has a 24 hr diesel location with a travel store, showers, large lot, and a 24 hr restaurant
- (S) Approximate location of state weigh scale and/or inspection station

State Fuel Tax Rates

Diesel..........29.07¢
Gasoline......19.37¢

THE TRUCKER'S FRIEND® - FLORIDA

How to interpret the page

■ means available at truck stop □ means available nearby

In the overnight lot column:
S means room for 5 - 24 trucks
M means room for 25-74 trucks
L means room for 85-149 trucks
XL means room for 150+ trucks
$ means a parking fee may be charged

code at left-hand side of rows is the state map grid reference

a key to advertising logos is on page 25

Services may change without notice. When in doubt, call ahead.

Column headings — Motor Fuel: Truck Diesel, Self Service Diesel, Metered Propane, Gasoline. Parking: Overnight Lot ($), Paved Lot, Trailer Drop, Electric Plug-Ins, Safe Haven/Hazmat. Food: Restaurant, Fast Food, Table Phones. Stores: Motel, Convenience, Trucker/Travel, Shopping Center, Walmart/Kmart, Grocery. Showers: Ladies', Men's. TV/Drivers Lounge, Laundry. Communications: Load Monitor, Internet Kiosk, Wi-Fi Hotspots, Document Scanning, Public Fax/Copier, UPS/FedEx/TripPak Box, Religious Services, State Lottery. Scales. Tires: Axle, Platform, Certified, Repairs, New Tire Sales. Repairs: Shop Open 24 Hrs, DOT Inspection, Major Repairs, Minor Repairs, Oil Change/Lube, Minor Welding, AC/Reefer. Road Svcs: CB, Tire, Mechanical, Towing. Wash: Truck (Exterior), Trailer Washout. RV Info: RVs Welcome, Dumping Station, Propane (Bottle). Financial Services: ATM, Can Wire Money Out, Money Orders, NATSO Check-Link, Western Union, Wright Express, Comdata (Comchek), Voyager (C=Checks, F=Fuel Cards, B=Both), EFS, Fuel Man, Multi Service, TCH, T-Chek, Fleet One. Permit Svcs: Buy/Pay at Fuel Desk, All Prepaid Permit Svcs. Credit Cards: American Express, Visa/Mastercard, Discover.

Location / Phone	Truck Stop / Address	Motor Fuel / Parking	Food	Stores / Showers	Communications	Scales	Tires	Repairs	Road Svcs / Wash	RV Info	Financial Services	Permit Svcs / Credit Cards
E7 Arcadia, 34266 863-494-2125	East Side Shell 10001 US 70 E	■■ ■		□□ □□□ □			□			□□□	■ V B	B B F ■■■
B6 Baldwin, 32234 904-266-4281	TravelCenters of America/Jax I-10 (BP) I-10 Exit 343 (US 301 S) [TA]	24 HRS ■ ■	L ■■	24 HRS ■ □ ■■ ■■■■	[DAT] ■	F C U F T	■■■■■	[BF] ■■ ■■■ ■	A R □ ■■□	■■	■ ■ ■ V W B B B	B B ■ ■■■
B6 Baldwin, 32234 904-266-4238	Pilot Travel Center #087 I-10 Exit 343 (US 301 S)	24 HRS ■ ■	M ■	□■■□ ■■ ■■	[DAT] ⏻ ■	F C T	□■ [CAT]	□□ □□□	□ □□□		■■■ ■■ V W B B F B	B B ■ ■■■
C6 Belleview, 34473 352-347-8555	Pilot Travel Center #293 (Marathon) I-75 Exit 341 (FL 484 W)	24 HRS ■ ■	M ■	□■ ■■ □ ■■■	[DAT] ■ ⏻ ■	F C U F T	□■ [CAT]	□□ □ □	□□□		□■ ■■ ■■ V W B B F B	B B ■■ ■■■
E6 Bradenton, 34208 941-747-3554	Circle K Truxtop #1686 (76) I-75 Exit 220 (FL 64)	24 HRS ■ ■	M ■■	□□ □ ■ □□□			■			□□□	■□■ ■■■ ■ V W B B F B	B B ■■■
B5 Branford, 32008 386-935-2354	C Square US 27	■■ ■		□ □ ■ □ □		F C	□■ □□□	□□		□□□	■ ■■■ V W B	■ ■■■
D6 Brooksville, 34604 352-799-6280	V&V Chevron US 41 & Powell Rd (4 mi S of town)	■■ ■		■ ■ □		C	□■			□□□	■ V W F	■■■
A2 Century, 32535 850-256-5473	Diamond Gasoline # 2 8360 US 29 N & FL 4	■■ ■		□□ ■ □ □			□■				■ F	■■
A2 Century, 32535 850-256-5859	Panhandle 66 8400 US 29 N & FL 4	■■ ■		□□ ■ □ □			□■	□□	□□□□ □	□□□	W	■■■
D6 Clearwater, 33762 727-572-0079	Keystone Citgo 10761 49th St N	■■ ■		□□ □ ■ □□ □			□■	□□	□	□□□	■ V W	■■■
F8 Clewiston, 33440 863-983-4202	3 Brothers Truck Stop US 27 & FL 720 (3 mi W of town)	■■ ■		□ □ ■ □			□					
F8 Clewiston, 33440 863-983-7752	Git-N-Go Food Stores (Chevron) US 27 (2 mi N)	■■ ■	M ■■	■ ■		F C U	■				■□ V W B B B	■■■■
D8 Cocoa, 32922 321-639-0346	Pilot Travel Center #088 I-95 Exit 201 (FL 520)	24 HRS ■ ■	S ■	□■■□ ■■ □ ■■ □	[DAT] ⏻ ■	F C T	□■	□□	□□□ □□□	□□□	■□■ ■■■ ■■ V W B B F B	B B ■ ■■■
D8 Cocoa, 32926 321-639-6184	Sunshine Food Store #16 (BP) I-95 Exit 201 (FL 520)	■■ ■	S ■■	□□ □ ■ □			□■			□□□	■ ■ ■ V W B B	■■■
B3 Cottondale, 32431 850-352-4419	Exprezit #702 (BP) I-10 Exit 130 (US 231)	24 HRS ■ ■		□ ■		F	■				■■ ■ V W F	■ ■■■
B2 Crestview, 32536 850-682-1333	CJ Food Mart #2 (Chevron) I-10 Exit 56 (FL 85 - 3/4 mi N)	■■ ■		□□ □ ■ □□□		□	□■				□ ■ ■ V W F	■■■
D7 Davenport, 33897 863-424-2222	Sunoco #2517 I-4 Exit 55 (US 27)	24 HRS ■ ■		□□ □ ■		F	■	□			■ ■ V W B B	B B ■ ■■■
B3 DeFuniak Springs, 32433 850-892-6020	Emerald Express #515 I-10 Exit 85 (US 331 S)	24 HRS ■ ■		□ □ ■ □□□			□■	□□	□□ □	□□□	■ V W B F	■■■
B7 Dupont Center, 32086 904-794-0426	Flying J Travel Plaza #05117 I-95 Exit 305 (E on FL 206) [FJ]	24 HRS ■■■ ■	XL ■	24 HRS ■■ ■■ ■■■■	[FJ] ■ [FJ] [FJ]	F C U F T	[FJ]	□□	□□ □ □□	□□□	■■■ ■ V W B B B B	■ ■■■
E6 Ellenton, 34222 941-729-6288	Pilot Travel Center #089 I-75 Exit 224 (US 301 W)	24 HRS ■ ■		□■■□ ■ □□□ ■■ □	[DAT] ⏻ ■	F C T	□■	□□	□	□□□	□■ ■■ ■■ V W B B F B	B B ■ ■■■
B6 Ellisville, 32055 386-755-4960	Country Station I-75 Exit 414 (US 41-441 S)	24 HRS ■ ■	XL ■■	24 HRS ■ ■■ ■■■■		F C U F T	□ [CAT]	[BF] ■	□■■ ■R	■■■	■□ ■ B B B	B B ■ ■■■
B6 Ellisville, 32055 386-755-7692	S&S Food Store # 38 (Shell) I-75 Exit 414 (US 41-441 S)	24 HRS ■ ■	M ■■	□□ □ ■ □		F C	■□	□□	□ □	□□□	■□■ ■ ■ V W B B F B B	B B ■ ■■■
B6 Ellisville, 32056 386-752-7070	B&B Food Store #32 (BP) I-75 Exit 414 (US 41-441 S)	24 HRS ■ ■		□□ □ ■ □ □			■ □	□□	□□□ □□	□□□	□ ■ V W B	■■■
F9 Fort Lauderdale, 33315 954-527-0676	ABC Auto Service (Shell) I-95 Exit 25 (1 mi E on FL 84)	24 HRS ■ ■		□□ □ ■ □ □ □		F C □	□■	□□	□	□□□	□ ■ V W	■■■
F7 Fort Myers, 33916 239-337-3566	Palm Beach Citgo 3006 FL 80 (N of US 45A)	■■ ■		□ ■ □		□	□■	□□	□		■ ■ W F	F ■■■
F7 Fort Myers, 33916 239-479-5206	Edison Express (Citgo) 3915 MLK (2 mi W of I-75 Exit 137)	■■ ■		■ □□ □			□■			□□□	V W F	F ■■■
F7 Fort Myers, 33905 239-693-6868	Pilot Travel Center #352 I-75 Exit 139 (Luckett Rd)	24 HRS ■ ■	M ■	□■ □ ■■ □ □ ■■■■	[DAT] ⏻ ■	F C U F T	□■ [CAT]	[BF] ■■ ■■■ ■ A	■■□		□ ■■ ■■ V W B B F B	B B ■ ■■■
E8 Fort Pierce, 34954 772-460-0611	Pilot Travel Center #090 FLTP Exit 152 (FL 70 W), I-95 Exit 129	24 HRS ■ ■	L ■■	□■ □ ■■ □□□ ■■■■	[DAT] ⏻ ■	F C U F	□■ [CAT]	□□	□ □		■ ■ ■■■ ■■ V W B B F B	B B ■ ■■■

THE TRUCKER'S FRIEND® - FLORIDA

How to interpret the page

■ means available at truck stop □ means available nearby

In the overnight lot column:
- S means room for 5 - 24 trucks
- M means room for 25-74 trucks
- L means room for 85-149 trucks
- XL means room for 150+ trucks
- $ means a parking fee may be charged

code at left-hand side of rows is the state map grid reference
a key to advertising logos is on page 25

Services may change without notice. When in doubt, call ahead.

Column headings — **Driver Services**: MOTOR FUEL (Truck Diesel, Self Service Diesel, Metered Propane, Gasoline); PARKING (Overnight Lot ($), Paved Lot, Trailer Drop, Electric Plug-ins, Safe Haven/Hazmat); FOOD (Restaurant, Fast Food, Table Phones); STORES (Convenience, Motel, Trucker/Travel, Shopping Center, Walmart/Kmart, Grocery); SHOWERS (Ladies, Men's); TV/Drivers Lounge, Laundry; COMMUNICATION (Load Monitor, Internet Kiosk, Wi-Fi Hotspots, Document Scanning, Public Fax/Copier, UPS/FedEx/Trippak Box, Religious Services, State Lottery). **Vehicle Services**: SCALES; TIRES (Axle, Platform, Certified, Repairs, New Tire Sales); REPAIRS (Shop Open 24 Hrs, DOT Inspection, Major Repairs, Minor Repairs, Oil Change/Lube, Minor Welding, AC/Reefer, CB); ROAD SVCS (Tire, Mechanical, Towing); WASH (Truck (Exterior), Trailer Washout). **RV Info** (RVs Welcome, Dumping Station, Propane (Bottle)). **Financial Services** (ATM, Can Wire Money Out, Money Orders, Natso Check-Link, Western Union, Wright Express, Comdata (Comchek), Voyager) — C=Checks, F=Fuel Cards, B=Both. **Permit Svcs** (EFS, Fuel Man, Multi Service). **Credit Cards** (TCH, T-Chek, Fleet One, Buy/Pay at Fuel Desk, All Prepaid Permit Svcs, American Express, Visa/Mastercard, Discover).

Grid	Location / Phone	Truck Stop	Fuel / Parking / Food	Stores / Showers / Lounge	Communication	Scales / Tires	Repairs / Road Svcs / Wash	RV Info / Financial	Permit	Credit Cards
E 8	Fort Pierce, 34945 772-466-7160	Falcon Truck Stop (Citgo) FLTP Exit 152 (FL 70), I-95 Exit 129	24 HRS ■ ■ XL$ ■ ■	□ □ □ ■ ■ □ □ ■ ■	□ ■	F C F □ ■ CAT	■ ■ □ ■ ■	■ ■ ■ □ ■ ■ ■	V W	B B B B B B ■ ■ ■ ■
E 8	Fort Pierce, 34945 772-460-5777	Pilot Travel Center #327 I-95 Exit 129 (Okeechobee Rd)	24 HRS ■ ■ L ■ ■	□ ■ ■ ■ □ ■ ■ □ □ □ ■ ■	□ DAT ■	F C U F T □ ■ CAT	□ □ □ □ □ □ ■	□ □ □ □ □ □ ■ ■ ■ ■ ■	V W	B B F B B B ■ ■ ■ ■
E 8	Fort Pierce, 34945 772-461-0091	Flying J Travel Plaza #05063 I-95 Exit 131 B (FL 68 W)	24 HRS ■ ■ ■ XL ■	24 HRS ■ ■ □ ■ ■ □ □ □ ■ ■ ■ ■	Flying J ■ Flying J Flying J	F C U F T □ Flying J	□ □ □ □ □ □ □ □	□ □ □ □ □ ■ ■ ■ ■	W	B B B B ■ ■ ■ ■
B 6	Glen Saint Mary, 32040 904-259-5354	Glen Citgo I-10 Exit 333 (FL 125 N)	24 HRS ■ ■ S ■	□ □ □ ■ □ □ □	□	□ ■		■ ■	V W	B F ■ ■ ■
B 4	Grand Ridge, 32442 850-592-6488	Golden Lariat I-10 Exit 152 (FL 69 N)	24 HRS ■ ■ M ■	■ □ ■		F C □	□ □ □ □ □ □ □	□ □ □ ■ ■	V W	B B ■ ■ ■ ■
B 4	Grand Ridge, 32442 850-592-9982	Blondies Food & Fuel US 90 & FL 69 (5 mi N of I-10)	■ ■ ■	□ ■ ■		□ ■		■ ■ ■	V W	■ ■ ■
B 4	Greensboro, 32351 850-856-5950	Johnson & Johnson #18 (Shell) I-10 Exit 174 (FL 12 NE)	■ ■ ■	■ ■		□ ■	□ □	□ □ □ ■	V W	■ ■ ■
D 7	Haines City, 33844 863-422-1148	Commercial Truck Terminal (Citgo) 35647 US 27 N (8 mi S of I-4 Exit 55)	24 HRS ■ ■ ■ L ■	24 HRS □ ■ □ ■ ■ □ □ □ ■ ■ ■ ■		F C U F T	■ ■ ■ ■ ■ ■ ■ ■ □ □	□ □ □ ■ ■ ■ ■ ■ ■ ■ ■ ■ ■ ■	V W	B B B B B ■ ■ ■ ■
B 7	Hastings, 32145 904-692-2863	Kangaroo #6278 FL 207 & FL 204	24 HRS ■ ■	□ ■ ■ □	□	□ ■ □ □ □		□ □ □ □ ■ ■ ■	V W	F B ■ ■ ■
C 6	Hawthorne, 32640 352-481-2253	Shell #1079 7015 US 301 SE	24 HRS ■ ■	□ □ ■ □	□	□ ■		□ ■ ■	V W	F ■ ■ ■
F 8	Hialeah Gardens, 33018 305-822-8851	Gold Truck Service Plaza FL 826 & US 27 (W Okeechobee Rd)	24 HRS ■ ■ M$ ■ ■	■ ■ ■ □ ■ ■ □ □ ■ ■	■ DAT	F C U F T □ ■ CAT	■ ■ ■ ■ ■ ■ ■ ■ R ■ ■ ■ ■	■ ■	V W	B B F B B B B ■ ■ ■ ■
F 8	Hialeah/Medley, 33166 305-887-6970	Palmetto Auto/Truck Stop (Exxon) FL 826 & US 27 (9010 NW S River Dr)	■ ■ ■	□ ■ □ ■ □ □ □	□	F C □ ■ □ □ □ □	□ □ □ □ □ □ □	□ □ □ □ □ □ ■		■ ■ ■
G 8	Homestead, 33187 305-233-3016	Krome Exxon 19900 FL 997 (SW 177th Ave)	24 HRS ■ ■ ■	□ ■ □ ■ □		□ ■		□ □ ■ ■	V W	B C F B B B ■ ■ ■
F 7	Immokalee, 34142 239-657-3722	Circle K #7424 1117 FL 29 E & FL 846 S Jct	24 HRS ■ ■	□ □ □ ■ □	□	□ □ ■		□ □ ■ ■	V W	C F C C ■ ■
B 7	Jacksonville, 32220 904-783-1225	Kangaroo #6032 11325 W Beaver St	24 HRS ■ ■ S ■	■ ■ ■ □ ■	DAT	F C □ ■		■ ■ ■ ■ ■	V W	B B F B B B B ■ ■ ■ ■
B 7	Jacksonville, 32209 904-765-4288	Lil' Champ #6207 5946 US 1 N	■ ■ ■	■		■		■	V W	F ■ ■ ■
B 7	Jacksonville, 32209 904-783-1400	First Coast Energy (Shell) I-10 Exit 358 (Cassat Ave)	24 HRS ■ ■	□ ■ ■ □	□	□ ■	□ □	□ □ □ ■ ■ ■	V W	B F ■ ■ ■
B 7	Jacksonville, 32218 904-757-3601	Gate #1143 I-95 Exit 360 (FL 104 E)	24 HRS ■ ■ S ■	□ □ □ ■ □ □ □	□	F C T □ ■	□ □ □	□ □ □ ■ ■ ■ ■ ■ ■	V W	B B B B B B ■ ■ ■ ■
B 7	Jacksonville, 32218 904-751-0679	Citgo Truck Stop I-95 Exit 366 (Pecan Park Rd)	■ ■ ■ S ■	■		■			V W	B ■ ■ ■
B 7	Jacksonville (NE), 32226 904-757-3075	Lil' Champ #1270 (Chevron) FL 9A & Heckscher Dr	24 HRS ■ ■ S ■ ■	□ ■		■ □ □ □ □	□	□ □ □ ■ ■ ■ ■	V W	B B F B ■ ■ ■ ■
B 7	Jacksonville (NE), 32226 904-757-0891	Gate #1193 FL 9A & Heckscher Dr	24 HRS ■ ■ S ■	□ ■ □ ■ □ □ □	□ DAT	F C U T □ ■ ■ ■ ■	□ □	□ □ □ □ ■ ■ ■ ■ ■	V W	B B B B B B ■ ■ ■ ■
B 7	Jacksonville (NW), 32254 904-783-1469	Sprint #6163 I-295 Exit 22	24 HRS ■ ■ M ■	□ ■ □ ■ □ □ □ ■	□	F C U F T □ ■	□ □ □ □ □ □ □	□ □ □ □ ■ ■ ■ ■	V W	B B F B B B B ■ ■ ■ ■
B 7	Jacksonville (NW), 32219 904-783-1866	Kangeroo Express #6293 (Chevron) I-295 Exit 25	24 HRS ■ ■ M ■	■ ■ ■ ■		F C ■	□ □	□ □ □ ■ ■ ■ ■	V W	B B F B B B B ■ ■ ■ ■
B 7	Jacksonville (S), 32259 904-826-3618	Pilot Travel Center #091 I-95 Exit 329	24 HRS ■ ■ M ■	□ ■ ■ ■ □ ■ ■	■ DAT ■	F C T ■ CAT	□ □ □	□ □ □ □ ■ ■ ■ ■ ■ ■	V W	B B F B B B ■ ■ ■ ■
B 7	Jacksonville (S), 32259 904-829-3946	TravelCenters of America/Jacksonville S (TA) I-95 Exit 329 (FL 210)	24 HRS ■ ■ XL ■ ■	24 HRS ■ ■ ■ □ ■ ■ ■ ■	DAT ■	F C U F T □ ■ ■ ■	(logo) ■ ■ ■ ■ ■ ■ A R	■ ■ ■ □ ■ □ ■	V W	B B F B B B ■ ■ ■ ■
B 6	Jasper, 32052 386-792-1497	Johnson & Johnson #14 (Exxon) I-75 Exit 460 (FL 6 E)	24 HRS ■ ■ M ■ ■	24 HRS □ ■ □ ■ ■ ■ ■	■	F C	□ □ □ □ □ □	□ □ □ ■ ■	V W	B B B B ■ ■ ■ ■
E 8	Jupiter, 33458 561-747-3381	Circle K Truxtop #5338 (76) I-95 Exit 87 A	24 HRS ■ ■	□ □ ■ □ □	□	□ □		■	V W	F ■ ■ ■
B 7	Keystone, 32656 352-473-4498	Lil' Champ #211 (Chevron) FL 100 & FL 214	24 HRS ■ ■	□ □ ■ □	□	□ □ ■		□ □ ■ ■ ■	V W	F B ■ ■ ■

THE TRUCKER'S FRIEND® - FLORIDA

How to interpret the page

■ means available at truck stop □ means available nearby

in the overnight lot column:
- S means room for 5 - 24 trucks
- M means room for 25-74 trucks
- L means room for 85-149 trucks
- XL means room for 150+ trucks
- $ means a parking fee may be charged

code at left-hand side of rows is the state map grid reference
a key to advertising logos is on page 25

Services may change without notice. When in doubt, call ahead.

Column headings: Driver Services — MOTOR FUEL (Truck Diesel, Self Service Diesel, Metered Propane, Gasoline); PARKING (Overnight Lot ($), Paved Lot, Trailer Drop, Electric Plug-ins); FOOD (Safe Haven/Hazmat, Restaurant, Fast Food); STORES (Table Phones, Motel, Convenience, Trucker/Travel, Shopping Center); SHOWERS (Walmart/Kmart, Grocery); Ladies, Men's, TV/Drivers Lounge, Laundry; COMMUNICATIONS (Load Monitor, Internet Kiosk, WiFi Hotspots, Document Scanning, Public Fax/Copier, UPS/FedEx/Trippak Box, Religious Services, State Lottery). Vehicle Services — SCALES (Axle, Platform, Certified); TIRES (Repairs, New Tire Sales); REPAIRS (Shop Open 24 Hrs, DOT Inspection, Major Repairs, Minor Repairs, Oil Change/Lube, Minor Welding, A/C Reefer); ROAD SVCS (CB, Tire, Mechanical); WASH (Towing, Truck (Exterior), Trailer Washout). RV Info (RVs Welcome, Dumping Station, Propane (Bottle)). Financial Services (ATM, Can Wire Money Out, Money Orders, Western Union, Natso Check Link, Wright Express, Voyager, Comdata (Comchek)) — C=Checks, F=Fuel Cards, B=Both (EFS, Fuel Man, Multi Service, TCH, T-Chek, Fleet One). Permit Svcs (Buy/Pay at Fuel Desk, All Prepaid Permit Svcs). Credit Cards (American Express, Visa/Mastercard, Discover).

Grid	Location / Phone	Truck stop / Address	Motor Fuel / Parking	Food	Stores	Showers	Communications etc.	Scales	Tires	Repairs	Road Svcs	Wash	RV Info	Financial Services	Fuel Cards / Permit Svcs / Credit Cards
D 7	Kissimmee, 34769 407-933-5183	Shell Food Mart #455 5055 US 17 S & Poinciana	24HRS ■ ■			■		F	■					□■ ■ ■	V W ■ ■■■
D 7	Kissimmee, 34744 407-933-4547	Hess Express #09235 FLTP Exit 244 (S to 2294 US 192)	24HRS ■ ■		□■ □■		□□□		□■				□□□	■ ■	V W B B B B ■■■
D 7	Kissimmee, 34747 407-396-7076	ARC Towing (Chevron) US 192 (7421 W Irlo Bronson Hwy)	■■■■■		□■ □■		□		■					□■	V W B B ■■■
F 7	LaBelle, 33935 863-675-3374	Circle K Truxtop #7374 3109 FL 29 S & Case Rd	■■ ■		□□ □■		□ □		□■	□□	□		□	■ ■	V W F ■■■
B 6	Lake City, 32055 386-755-5842	S&S Food Store # 33 (BP) 1101 US 441 N & FL 100 A	■■ ■		□□	■	■		□■	□□	□□□□□		□□□	■ ■	W B B B ■■■
B 6	Lake City, 32055 386-755-1064	S&S Food Store # 37 (Shell) I-10 Exit 303 (US 441)	24HRS ■ ■	M ■	□■		□	F C	■	□□	□□ □		□□□	■□■ ■ ■	V W B B F F F F B ■■■■
D 6	Lake Panasoffkee, 33538 352-793-1233	Spirit Travel Center I-75 Exit 321 (CR 470 E)	24HRS ■ ■	M ■■	24HRS	■■	■■	F C F	□■■■■		□□□□		□□□	■□ ■	V W B B B B B ■■■■
D 6	Lake Panasoffkee, 33594 352-793-1111	Lake Panasoffkee BP I-75 Exit 321 (CR 470 W)	■■ ■		■	■		F C	■	■■	■■■		□□□	■	V W B B B B B B ■■■■
E 7	Lake Placid, 33852 863-465-6455	AJ Petroleum #1131 (Shell) 2758 US 27 S & FL 70 (7 mi S of town)	24HRS ■ ■		■ □■				■					□ ■	V W B C C ■■■
E 7	Lake Placid, 33852 863-465-6570	Circle K Truxtop #7451 (76) US 27 S & FL 70 (7 mi S of town)	24HRS ■ ■	S ■		■		F C	■				□□□	■□■ ■■■ ■	V W B B F B B B B ■■■■
D 7	Lake Wales, 33853 863-676-7431	Citgo Food Mart US 27 (1/2 mi N of FL 60)	■■ ■		□■ □■		□□ □		□■				□□	□	V W B F ■■■
F 8	Lake Worth, 33467 561-968-8558	West Palm Citgo FLTP MM 94	24HRS ■ ■	M ■■	□■			F C	■					■ ■	V W B ■■■■
D 6	Lakeland, 33801 863-667-0446	Sunoco #2542 2225 S Combee Rd & AZ Park Rd	24HRS ■ ■		□□	■	□ □		□□■				□□□	■■ ■	V W B F F ■■■
D 6	Lakeland, 33801 863-665-2573	Sunoco Station #2539 2707 US 92 E	24HRS ■ ■		□□ □■		□ □		□□■	□□	□□□□		□□□	□■ ■ ■	V W B B B ■■■
D 6	Lakeland, 33802 863-665-7557	Fleetwing Food Mart #1 I-4 Exit 38 (FL 33 W to FL 33A, 1 mi S)	24HRS ■ ■		□□ □■		□ □		□□■				□□□	■ ■	W C ■■■
D 6	Lakeland, 33801 863-667-1111	Petrol Mart #609 US 98 S & AZ Park Rd	■■ ■		□■ □■		□ □	F C F	■					■■■ ■	V W ■■■
F 9	Lantana, 33462 561-588-4220	High Ridge Marathon I-95 Exit 60 (Hypoluxo Rd W)	24HRS ■ ■		□□ □■		□ □		■				□□□	□	W B C F B B ■■■
B 5	Lee, 32059 850-971-4200	Jimmie's Auto/Truck Plaza (Citgo) I-10 Exit 262 (FL 255 S)	24HRS ■ ■	M ■■	24HRS □■	■	■■■■ (logo)	F C T		(logo) ■	■■■ A		■■□	■ ■	V W B B F B B B B ■■■■
B 5	Live Oak, 32060 386-362-2948	Penn Oil Co #25 I-10 Exit 283 (US 129 N)	24HRS ■ ■	M ■	□□ □■		□□□ □	F C F	□■	□□	□□□□□ □		□□□	■□ ■	V W B B B B B B ■■■■
B 5	Lloyd, 32337 850-997-3538	Capital City Travel Center (BP) I-10 Exit 217 (FL 59 S)	24HRS ■ ■	L ■■	24HRS □■■■	■■	■■■■		□■■■■■	(logo)	□■■■□		■■□	■ ■■ ■	V W B B F B B B B ■■■■
B 6	MacClenny, 32063 904-259-8292	Exxon #454 I-10 Exit 335 (FL 121 S)	24HRS ■ ■	S ■	□□ □■		□□□ □		□□■	□□		□		■	V W B F F ■■■
B 6	MacClenny, 32063 904-259-7919	S&S Food Store # 34 (BP) I-10 Exit 335 (FL 121)	24HRS ■ ■		□□ □■		□□□ □		□■				□□□	■■ ■	V W B B F B B B ■■■
B 5	Madison, 32340 850-973-2973	Jimmie's Truck Stop (Citgo) I-10 Exit 258 (FL 53 NE)	24HRS ■ ■	M ■■	24HRS ■■□■	■■	■■ ■ (logo)	F C T □		(logo)	□□□□□		□□□	■■ ■	V W B B F B B B B ■■■■
B 5	Madison, 32340 850-973-4735	Johnson & Johnson # 5 (Shell) I-10 Exit 258 (FL 53)	24HRS ■ ■	M ■■	□■ □■	■	■■■■	F C	□■	■■■	■□		■□□	■□ ■	V W B B B B ■■■■
B 4	Marianna, 32448 850-482-2148	Pilot Travel Center #374 I-10 Exit 142 (FL 71 N)	24HRS ■ ■	L ■	□■■□■	■■	□□□ ■■ □ (DAT) (logo)	F C U F T	□■ (CAT)	□□	□□□□□		□□□	■■ ■■ ■	V W B B F B B B ■■■■
B 4	Marianna, 32448 850-526-3303	TravelCenters of America (BP) I-10 Exit 142 (FL 71 S) TA	24HRS ■ ■	L ■■	24HRS □■□■	■■	□□ ■■■■ (DAT) TA	F C U F T	■ (CAT)	(logo) ■■	■■■ A R		■■□	■□ ■	V W B B B B B B ■■■■
B 4	Marianna, 32446 850-482-5676	Sunoco #2554 I-10 Exit 142 (FL 71 S)	24HRS ■ ■		□■ □■		□□□ □	F C	□□■ □□□□	□□	□		□□	□■■ ■	V W B B B B B ■■■■
B 4	Marianna, 32446 850-482-6105	Exprezit #601 I-10 Exit 142 (FL 71 S)	24HRS ■ ■	S	□■ □■		□□	F	■□□□□	□	□□□□		□□□□□□	■ ■	W F ■■■■

THE TRUCKER'S FRIEND® - FLORIDA

How to interpret the page

■ means available at truck stop □ means available nearby

in the overnight lot column:
S means room for 5 - 24 trucks
M means room for 25-74 trucks
L means room for 85-149 trucks
XL means room for 150+ trucks
$ means a parking fee may be charged

code at left-hand side of rows is the state map grid reference

a key to advertising logos is on page 25

Services may change without notice. When in doubt, call ahead.

Driver Services: Motor Fuel (Truck Diesel, Self Service Diesel, Metered Propane, Gasoline); Parking (Overnight Lot, Paved Lot, Trailer Drop, Electric Plug-Ins, Safe Haven/Hazmat); Food (Restaurant, Fast Food, Table Phones); Stores (Motel, Convenience, Trucker/Travel, Shopping Center, Walmart/Kmart, Grocery); Showers (Ladies, Men's); Communication (TV/Drivers Lounge, Laundry, Load Monitor, Internet Kiosk, Wi-Fi Hotspots, Document Scanning, Public Fax/Copier, UPS/FedEx/Trippak Box, Religious Services, State Lottery)

Vehicle Services: Scales; Tires (Axle, Platform, Certified); Repairs (Repairs, New Tire Sales, Shop Open 24 Hrs, DOT Inspection, Major Repairs, Minor Repairs, Oil Change/Lube); Road Svcs (Minor Welding, AC/Reefer, CB); Wash (Tire, Mechanical, Towing, Truck (Exterior), Trailer Washout)

RV Info: RVs Welcome, Dumping Station, Propane (Bottle)

Financial Services: ATM, Can Wire Money Out, Money Orders, Natso Check-Link, Western Union, Wright Express, Voyager, Comdata (Comchek) — C=Checks, F=Fuel Cards, B=Both

Permit Svcs: EFS, Fuel Man, Multi Service

Credit Cards: TCH, T-Chek, Fleet One, Buy/Pay at Fuel Desk, All Prepaid Permit Svcs, American Express, Visa/Mastercard, Discover

Grid	Location / Phone	Truck Stop / Address	Fuel / Parking / Food	Stores / Showers / Communication	Vehicle Services	RV Info / Financial	Permit / Credit Cards
D 7	Mascotte, 34753 352-429-3922	Kangeroo Express #6298 (Chevron) FL 50	24 HRS ■ ■ S ■	□ ■ □ ■ ■ □ □	□ ■ □ □	■ ■ ■ ■ W	F F B ■ ■ ■
F 8	Medley, 33178 305-883-1004	Sunshine Plaza of South Florida (Citgo) US 27 & 121st Way	24 HRS ■ ■ $ M ■ ■ ■	■ ■ ■ □ ■ ■ ■	F C	□ □ □ ■ ■ V W	B B F B B ■ ■ ■ ■
F 8	Miami, 33142 305-638-3144	Fifty Four Truck Stop (Sunoco) 3196 FL 944 (NW 54th St) (W of FL 9)	■ ■ ■	□ ■	□ ■ ■ ■ ■ ■ ■ A	□ □ □ ■	B C C C ■ ■ ■
F 8	Miami, 33186 305-253-3755	Snapper Creek Exxon FLTP Extension MM 19	24 HRS ■ ■ S ■	□ ■ □ ■ □ □	F C □ ■	■ ■ V W	B ■ ■ ■ ■
F 8	Miami (NW), 33054 305-625-2776	Dade Corners Plaza FL 826 & NW 27th Ave	24 HRS ■ ■ M ■	□ ■ ■ □ ■ ■ □ □ □ □	F C □ □ □ □ □ □	□ □ □ ■ ■ ■ ■ V W	B B F B B B B ■ ■
F 8	Miami (NW), 33055 305-430-8737	Petro City Truck Stop FL 826 Exit 37	24 HRS ■ ■ ■	□ □ ■ □ □ □	F C □ ■ □ □ ■ ■ ■ ■ A	□ □ □ ■ ■ V W	B B F B B B B ■ ■ ■ ■
F 8	Miami (SW), 33194 305-553-6203	Dade Corners Travel Center US 41 & FL 997	24 HRS ■ ■ ■ $ L ■ ■	□ ■ ■ □ ■ ■ □ □ □ ■ ■ ■ □	F C U F □ CAT ■ ■	■ □ □ ■ □ ■ ■ V W	B B F B B B B ■ ■
F 8	Miccosukee Rsrv, 33309 954-217-9942	Miccosukee Service Plaza (Mobil) I-75 Exit 49 (FL 833 N)	24 HRS ■ ■ M ■	■ ■ ■ ■	F C	□ □ □ ■ ■ V W	B B B B ■ ■ ■ ■
B 7	Middleburg, 32068 904-282-7420	Kangaroo #6290 3128 FL 21	24 HRS ■ ■	■	■	■ ■ ■ V W	F B ■ ■ ■
B 7	Middleburg, 32068 904-291-2290	Kangaroo #1297 5105 CR 218 (5 mi W of town)	24 HRS ■ ■ S ■	■ ■	C □ ■	■ ■ ■ ■ V W	B B F B B B B ■ ■ ■
B 4	Midway, 32343 850-574-1299	Flying J Travel Plaza #05054 (Conoco) I-10 Exit 192 (US 90 NW)	24 HRS ■ ■ ■ XL ■	24 HRS ■ ■ □ ■ ■ ■ ■ ■ ■	Flying J Flying J Flying J F C U F T □ Flying J □ □ □ □ □	□ □ □ ■ ■ ■ ■ V W	B B B B ■ ■ ■ ■
B 4	Midway, 32343 850-576-3200	Pilot Travel Center #425 I-10 Exit 192 (US 90 SE)	24 HRS ■ ■ L ■ ■	■ ■ □ ■ ■ ■ ■ ■ ■	DAT Pilot F C T F □ ■ CAT	■ □ ■ ■ ■ ■ ■ ■ ■ ■ V W	B B F B B B ■ ■ ■ ■
C 8	Mims, 32754 321-267-7700	Sugar Creek Amoco/BP I-95 Exit 223 (FL 46)	24 HRS ■ ■	■ ■ □ □	F ■	□ □ □ □ ■ V W	B B B ■ ■ ■ ■
F 8	Miramar, 33025 954-430-4183	Commercial Petroleum (Hess) 1701 FL 847 & FL 824	24 HRS ■ ■ ■	□ □ ■ □ □ □	□ ■	■ ■ V W	■ ■ ■
B 5	Monticello, 32344 850-997-8068	Fast Track #427 (Texaco) I-10 Exit 225 (US 19 S)	24 HRS ■ ■ M ■ ■	□ ■ ■ □ ■ ■ ■ ■	F C □ ■ □ □	□ □ □ ■ □ ■ ■ V W	B B B B B B ■ ■ ■ ■
B 3	Mossy Head, 32434 850-892-7713	Lucky 13 Truck & Auto Plaza (Citgo) I-10 Exit 70 (FL 285 S)	24 HRS ■ ■ ■ L ■ ■	24 HRS ■ ■ ■ ■ ■ ■ ■ ■ ■	DAT F C T F □ ■ CAT Blue Beacon ■ ■ ■ ■ ■ A	■ ■ □ ■ ■ ■ ■ V W	B B F B B B B ■ ■ ■ ■
D 7	Mulberry, 33860 863-425-5168	Reshma Mini Mart (BP) 905 FL 60 (W of FL 37)	■ ■ ■	□ □ ■ □ □ □ □	□ ■ □ □ □ □	□ □ □ ■ ■ V W	■ ■ ■
C 6	Ocala, 34482 352-402-9081	Pilot Travel Center #092 I-75 Exit 358 (FL 326 E)	24 HRS ■ ■ XL ■	□ ■ ■ □ ■ ■ □ ■ ■	DAT Pilot F C U F T □ ■ CAT □ □ □ □ □ □ □ □ □ □	□ □ □ ■ ■ ■ ■ ■ V W	B B F B B B ■ ■ ■ ■
C 6	Ocala, 34482 352-867-8300	Pilot Travel Center #424 I-75 Exit 358 (FL 326 E)	24 HRS ■ ■ L ■ ■	■ ■ ■ ■ □ □ ■ ■	DAT Pilot F C U F T □ ■ CAT □ □ □ □ □ □ □ □ □	□ □ □ □ ■ ■ ■ ■ ■ ■ V W	B B F B B B ■ ■ ■ ■
C 6	Ocala, 34478 352-629-5596	Baxley Travel Plaza (Citgo) US 301-441 & FL 200 A (1 blk E)	24 HRS ■ ■ S ■	■ □ ■ □ □ ■ ■ ■	■ F C U F □ ■ CAT □ □ □ □ □ □ □	□ □ □ ■ W	B B F B B B ■ ■ ■ ■
C 6	Ocala, 34480 352-629-8606	Mobil Truck Stop US 441-301-27 S	24 HRS ■ ■	□ □ □ ■	F C □ ■ □ □ □ □ □	□ □ □ ■ ■ ■ V W	B C C C ■ ■ ■ ■
D 7	Ocoee, 34761 407-291-6329	Turkey Lake Citgo FLTP MM 263	24 HRS ■ ■ M ■	■	F C ■ □ □	□ □ □ ■ ■ ■ V W	B ■ ■ ■ ■
E 8	Okeechobee, 34972 863-763-9383	Fort Drum Citgo FLTP MM 184	24 HRS ■ ■ M ■	□	F C	■ V W	B ■ ■ ■ ■
D 7	Orlando, 32809 407-240-4669	Truckers Paradise (Chevron) FLTP Exit 254 (1 mi S on US 441)	24 HRS ■ ■ $ L ■ ■	■ □ ■ ■ ■ ■ ■ ■	DAT F C U F T □ CAT ■ ■ ■ ■ ■ ■	■ ■ □ ■ ■ ■ ■ V W	B B F B B B B ■ ■ ■ ■
D 7	Orlando/Taft, 32824 407-855-2924	Acme Fuel Stop 304 E 4th St	■ ■ ■	□ ■ □ ■ □ □ □ □	F C □ ■ □ □ □ ■ ■ □ □ □ □ □	□ □ ■ □ ■ ■ W	B F C ■ ■ ■ ■
D 7	Orlando/Taft, 32824 407-857-5720	Sprint #6532 (Chevron) 9988 FL 527 S	24 HRS ■ ■	□ ■ ■ □ □	□ ■ □ □	□ □ ■ ■ ■ W	B ■ ■ ■
C 7	Ormond Beach, 32174 386-672-6666	Valero Truck Stop I-95 Exit 273 (US 1)	24 HRS ■ ■ $ M ■ ■	□ ■ ■ □ ■ ■ □ ■ ■	F C U F □ CAT ■ ■ □ ■ ■ ■ □ □	■ ■ □ ■ ■ ■ ■ V W	B B F B B ■ ■ ■ ■
C 7	Ormond Beach, 32174 386-677-1352	Mobil # 8 I-95 Exit 273 (US 1)	■ ■ ■ S ■ ■	□ ■ □ ■ ■ ■	F ■ □ □ □ □ □ □ □ □ □	■ □ ■ V W	B B C C ■ ■ ■ ■

THE TRUCKER'S FRIEND® - FLORIDA

How to interpret the page

■means available at truck stop □means available nearby

in the overnight lot column: S means room for 5 - 24 trucks; M means room for 25-74 trucks; L means room for 85-149 trucks; XL means room for 150+ trucks; $ means a parking fee may be charged

code at left-hand side of rows is the state map grid reference

a key to advertising logos is on page 25

Services may change without notice. When in doubt, call ahead.

Column headings:
- **Driver Services** — MOTOR FUEL: Truck Diesel, Self Service Diesel, Metered Propane, Gasoline; PARKING: Overnight Lot, Paved Lot, Overnight Lot ($); FOOD: Trailer Drop, Electric Plug-ins, Safe Haven/Hazmat, Restaurant, Fast Food, Table Phones; STORES: Motel, Convenience, Trucker/Travel, Shopping Center; SHOWERS: Walmart/Kmart, Grocery, Ladies, Men's; COMMUNICATIONS: TV/Drivers Lounge, Laundry, Load Monitor, Internet Kiosk, Wi-Fi Hotspots, Document Scanning, Public Fax/Copier, UPS/FedEx/Trippak Box
- **Vehicle Services** — SCALES: Religious Services, State Lottery; TIRES: Platform, Axle, Certified; REPAIRS: Repairs, New Tire Sales, Shop Open 24 Hrs, DOT Inspection, Major Repairs, Minor Repairs; ROAD SVCS: Oil Change/Lube, Minor Welding, AC/Reefer; WASH: CB, Tire, Mechanical, Towing
- **RV Info** — Truck (Exterior), Trailer Washout, RVs Welcome, Dumping Station
- **Financial Services** (C=Checks, F=Fuel Cards, B=Both) — Propane (Bottle), ATM, Can Wire Money Out, Money Orders, NATSO Check-Link, Western Union, Voyager/Wright Express, Comdata (Comchek)
- **Permit Svcs** — EFS, Fuel Man, Multi Service, TCH
- **Credit Cards** — T-Chek, Fleet One, Buy/Pay at Fuel Desk, All Prepaid Permit Svcs, American Express, Visa/Mastercard, Discover

Grid	City / Phone	Truck Stop / Location	Fuel & Parking	Food	Stores / Showers / Communications	Scales / Tires	Repairs / Road Svcs / Wash	RV Info	Financial	Permit / Credit Cards
B 7	Palatka, 32177 386-328-0043	Sunoco Fuel Stop #2572 2600 US 17/FL100	24HRS ■ ■		□□ □■ □□ □	F □■	□□□□ □	□□□	■■ ■	V W B B F B B B ■■■■
D 8	Palm Bay, 32907 321-951-3333	Sunoco #2573 I-95 Exit 173	24HRS ■ ■		□■ □■ □□□ □	F C □■	□□	□□□	■■ ■	V W B B F B B B ■■■■
B 2	Pensacola, 32504 850-474-0329	Fleet Travel Center #319 I-10 Exit 10 B (US 29 N)	24HRS ■ ■	S ■	□□ □■■ □□□ ■■	F C □■ CAT	□□ □□□□□□	□□□	■■ ■	V W B B F B B B B ■■■■
B 2	Pensacola, 32506 850-477-0039	Fleet Travel Center #320 I-10 Exit 5 (US 90 A)	24HRS ■ ■	S ■	■ □■■ □ ■■	F C U F T □■ CAT		□□□	■ ■■ ■	W B B F B B C B ■■■■
B 5	Perry, 32348 850-838-1852	Waco Fuel Plaza (Citgo) 2717 US 19 (3 mi S of town)	24HRS ■ ■	M ■■	□■■□■ □□□ ■ □	F C □■	□□ □□ □	□□□	■□ ■■■ ■	V W B B F B B B ■■■■
B 5	Perry, 32347 850-584-4900	Gas & Grill South (Chevron) 3936 US 19-98 S & FL 30	24HRS ■ ■		□■ □■	□	□□	□□□	□■■	V W ■■■■
D 6	Pinellas Park, 33760 727-573-2755	Petrol Mart #106 (Marathon) 49th St & 110th Ave N	■■ ■		□■ □■ □□□ □	C □□■		□□	■■ ■	V W F ■■■■
D 7	Polk City, 33868 863-984-1918	Petrol Mart #636 (Texaco) I-4 Exit 44 (FL 559 S)	24HRS ■ ■	L ■■	24HRS ■■ □■■■■ DAT	F C U F T □ ■■■		□□□	■□ ■	V W B B F B B B B ■■■■
D 7	Polk City, 33868 863-984-7030	Love's Travel Stop #228 I-4 Exit 44 (FL 559 S)	24HRS ■ ■	L ■	□■■ ■■ ■■ ■ DAT ⏻■	F C U T ■ CAT	□ □	□□□	■■■ ■ ■	V W B B F B B B ■■■■
F 9	Pompano Beach, 33069 954-917-5051	Pompano Truck Stop (Citgo) FLTP Exit 67 (1/4 mi S to 1101 NW 31 Av)	24HRS ■	$ M ■■	□■■■ ■■ □□□ ■■■■ DAT	F C T □	□□□□ □□ □□□ □	□□□□□□	■ ■	V W B B C B B B ■■■■
F 9	Pompano Beach, 33069 954-978-8714	Pompano Citgo FLTP MM 65	24HRS ■ ■		■ ■ DAT	F C ■		□□□	□ ■	V W B ■■■■
F 9	Pompano Beach, 33069 954-782-6278	Hardy Brothers (Marathon) I-95 Exit 36 (Hammondville)	■■		□ □■ □ □ ■ □	F C □□	□□□□ □□ □□□□ □□	□□□	■	V W B B B B B B ■■■■
B 3	Ponce de Leon, 32455 850-836-4729	Exprezit #604 (Citgo) I-10 Exit 96 (FL 81 S)	24HRS ■ ■		□■ □■ □ □	□■	□□ □□	□□□	□■■ ■ ■	W F ■■■
E 7	Port Charlotte, 33980 941-743-4827	King's Chevron I-75 Exit 170	24HRS ■ ■		□■ □■ □ □ □	F C	□	□□□	■	V W B B F ■■■■
E 8	Port Saint Lucie, 34984 772-879-3870	Fort Pierce Citgo FLTP MM 145	24HRS ■ ■	M ■	■ ■	■			■ ■	V W F ■■■
E 8	Port Saint Lucie, 34953 772-336-8000	SM Amoco I-95 Exit 118	24HRS ■■■		□ ■ □ □	C □■		□□□	■■	V W F ■■■■
E 7	Punta Gorda, 33950 941-637-3974	Pilot Travel Center #094 I-75 Exit 161 (Jones Loop)	24HRS ■ ■	M ■■	□■■□ ■■ □□□ ■■■ DAT ⏻■	F C U F □■ CAT	□□ □	□□□	■ ■■■ ■■	V W B B F B B B ■■■■
E 7	Punta Gorda, 33982 941-637-9499	Duncan Road Shell I-75 Exit 164 (6117 Duncan Rd E)	24HRS ■ ■		□■ ■ □	□■	□□	□□□	□ ■	V W ■■■
B 6	Reddick, 32686 352-591-1881	PETRO Petro Stopping Center #23 (Mobil) I-75 Exit 368 (FL 318 E)	24HRS ■■■	XL ■■	24HRS ■■ ■■ ■■■■ DAT ■ ⏻■	F C U F T ■ CAT	■ □■■■	■□□	■■■■ ■	V W B B B B B ■■■■
E 8	Riviera Beach, 33266 561-848-6689	MRK Petroleum (BP/Amoco) I-95 Exit 76 (FL 708 E)	24HRS ■ ■		□□ □■ □	□		□□□	■	V W B F B F ■■■
D 7	Saint Cloud, 34769 407-892-8081	Canoe Creek Citgo FLTP MM 229	24HRS ■ ■	M ■	□	F C ■			■ ■	V W B ■■■■
D 6	San Antonio, 33576 352-588-5444	Flying J Travel Plaza #05037 I-75 Exit 285 (FL 52 E)	24HRS ■■■	XL ■■	24HRS ■■ ■■■■ FJ■FJFJ	F C U F T □ FJ		□□□	■■■■ ■	W B B B B ■■■■
D 6	San Antonio, 33576 352-588-2006	Petrol Mart #116 (Texaco) I-75 Exit 285 (FL 52 W)	24HRS ■ ■	L ■■	■□■ ■■ ■■■■ DAT	F C T □	■■■■ ■■ □□□□□	■□□	■ ■■ ■	V W B B F B B B B ■■■■
C 7	Sanford, 32771 407-323-4227	BP #5089 I-4 Exit 101 (FL 46)	24HRS ■ ■	S	□□ □■ □ □	F C □■	□□ □□□	□□□	■	V W B B B ■■■■
C 7	Scottsmoor, 32775 321-267-1878	Stuckey's BP I-95 Exit 231 (FL 5A)	■■ ■	S ■	■ □■ □	F	□ □□ □	□□□	□ ■	V W B B B B ■■■■
E 7	Sebring, 33876 863-655-0666	AJ Petroleum #1130 (Shell) 8000 US 27 S & US 98	24HRS ■ ■		□■ □■ □□□	F C	□	□□□	□ ■	V W B B B B B B ■■■■
E 7	Sebring, 33870 863-655-2087	Circle K Truxtop #7515 US 27 & US 98	24HRS ■ ■		□ ■	□■		□□□	□■■■■ ■	V W B B F B B B B ■■■
D 6	Seffner, 33584 813-612-9348	Flying J Travel Plaza #05081 I-4 Exit 10 (FL 579 W)	24HRS ■■■		24HRS ■■□ ■■ □ ■■■■ FJ■FJFJ	F C U F T □	□□□□□□ □□ □□	□□□	□■ ■	V W B B B B ■■■■

THE TRUCKER'S FRIEND® - FLORIDA

How to interpret the page

■ means available at truck stop □ means available nearby

In the overnight lot column:
- S means room for 5 - 24 trucks
- M means room for 25-74 trucks
- L means room for 85-149 trucks
- XL means room for 150+ trucks
- $ means a parking fee may be charged

code at left-hand side of rows is the state map grid reference

a key to advertising logos is on page 25

Services may change without notice. When in doubt, call ahead.

Column headings: MOTOR FUEL (Truck Diesel, Self Service Diesel, Metered Propane, Gasoline); Driver Services — PARKING (Overnight Lot ($), Paved Lot, Trailer Drop, Electric Plug-ins, Safe Haven/Hazmat), FOOD (Restaurant, Fast Food, Table Phones), STORES (Motel, Convenience, Trucker/Travel, Shopping Center, Walmart/Kmart, Grocery), SHOWERS (Ladies', Men's, TV/Drivers Lounge), COMMUNICATION (Laundry, Load Monitor, Internet Kiosk, Wi-Fi Hotspots, Document Scanning, Public Fax/Copier, UPS/FedEx/TripPak Box, Religious Services); Vehicle Services — SCALES (State Lottery, Axle, Platform, Certified), TIRES (Repairs, New Tire Sales), REPAIRS (Shop Open 24 Hrs, DOT Inspection, Major Repairs, Minor Repairs, Oil Change/Lube, Minor Welding, AC/Reefer, CB, Tire, Mechanical), ROAD SVCS (Towing), WASH (Truck (Exterior), Trailer Washout); RV Info (RVs Welcome, Dumping Station, Propane (Bottle)); Financial Services (ATM, Can Wire Money Out, Money Orders, Natso Check-Link, Western Union, Voyager, Wright Express, Comdata (Comchek); C=Checks, F=Fuel Cards, B=Both); Permit Svcs (EFS, Fuel Man, Multi Service); Credit Cards (TCH, T-Chek, Fleet One, Buy/Pay at Fuel Desk, All Prepaid Permit Svcs, American Express, Visa/Mastercard, Discover)

Grid	Location / Phone	Truck Stop / Address	Motor Fuel	Parking	Parking	Food	Stores	Stores	Showers	Communication	Communication	Scales	Tires	Tires	Repairs	Repairs	Road Svcs	Wash	RV Info	RV Info	Financial Services	Financial Services	Financial Services	Permit Svcs	Credit Cards	Credit Cards
D 6	Seffner, 33584 813-262-1560	TravelCenters of America/Tampa (BP) I-4 Exit 10 (FL 579 W) [TA]	24 HRS ■ ■	$XL ■		□ ■ ■ □	■ ■	□ □ □	■ ■	■ ■	[DAT] ■ [TA] ■	F C U F T	□	[CAT]	[BF]	■ ■	■ ■	■ A	■ ■ □		■ ■ ■	■	■ V W	B B	B	B B	■ ■ ■ ■
C 7	Sorrento, 32776 352-357-1988	Circle K Truxtop #7275 FL 44 & FL 437	24 HRS ■ ■			□	■						■								■	■ ■ ■	■		F		■ ■ ■
F 8	South Bay, 33459 561-996-6599	South Bay Jiffy Mart (Marathon) 890 US 27 N (1/2 mi N of FL 80)	24 HRS ■ ■	S ■ ■		□ □	■			□		F C	□ ■		□ □	□	□ □ □	□ □	□ □ □		■ □		V W	B B	F B B	B B	■ ■ ■ ■
D 6	Tampa, 33619 813-248-1060	Radiant Food Store #245 2801 S 50th & Causeway Blvd	24 HRS ■ ■			■	■						■						□ □ □			■ ■	V W	B B		B B	■ ■ ■
D 6	Tampa, 33604 813-238-1597	Sligh Food Mart (Marathon) 403 E Sligh Ave	■ ■ ■			□ □ □	■	□ □		□		F C □	□ ■		□ □			□	□ □ □			■ ■ ■	V W		F	F	■ ■ ■ ■
D 6	Tampa, 33601 813-248-2725	Adamo Drive Citgo FL 60 & 19th St	■ ■ ■			□ □	■	□ □ □		□			□ ■		□ □		□ □	□	□ □ □			■	V W				■ ■ ■
D 6	Tampa, 33607 813-254-4011	Alpine Truck Stop (Texaco) I-275 Exit 42 (2135 W Green)	24 HRS ■ ■			□ □ □	■	□ □		□			□ ■								■	■	V W				■ ■ ■
D 6	Tampa, 33613 813-631-0760	Food Bag #532 (Citgo) I-275 Exit 53 (Bearss)	24 HRS ■ ■			□ □ □	■	□ □ □		□		F C □	□ ■									■	V W	B C		C	■ ■ ■ ■
D 6	Tampa, 33605 813-623-3446	Stop & Shop #2 (Texaco) I-4 Exit 2 (40th St)	24 HRS ■ ■			□ □	■	□		□		F	□ ■						□ □ □			■ ■	V W		F		■ ■ ■ ■
D 6	Tampa, 33619 813-248-1261	Sunoco #2595 I-4 Exit 3 (US 41 - 50th St)	24 HRS ■ ■			□ □ □	■	□ □		□		□	□ ■								■	■ ■	V W	B B	B	B B	■ ■ ■
D 6	Tampa, 33619 813-623-1966	Petrol Mart #627 (Marathon) I-4 Exit 7 (3002 US 301 S)	■ ■ ■			□ ■ □	■						□ ■		□ □		□ □ □	□	□ □ □			■	V W	F			■ ■ ■
D 6	Tampa, 33610 813-623-1548	Singh 301 (Citgo) I-4 Exit 7 (US 301 N)	24 HRS ■ ■	$XL ■ ■		■ □ ■ □	■ ■	□ □ □	■ ■	■ ■	[DAT] ■	F C U F T	■ ■	[CAT]	■ ■	■ ■	■ ■ ■	■ A	□ □ □	■ ■	□	■ ■	V W	B B	F B B	B B	■ ■ ■ ■
D 6	Thonotosassa, 33592 813-986-1250	Petrol Mart #101 11511 US 301 N & Fowler Rd	■ ■ ■			■	■						■									■	V W		F		■ ■ ■
D 8	Titusville, 32780 321-269-1581	Space Shuttle Fuel (Sunoco) I-95 Exit 215 (FL 50)	24 HRS ■ ■	$XL ■		□ □ □	■	□ □	■			F C	■								□	■	V W	B		B	■ ■ ■ ■
D 8	Vero Beach, 32966 772-778-3822	Gator's Truck Stop (Texaco) I-95 Exit 147 (FL 60 E to 82nd)	■ ■ ■ ■ ■	M ■ ■		□ □ □	■	□ □ □	■ ■	□		F U	□ ■	□ □ □	□ □	□	□ □ □	□	□ □ □		■ ■	■ ■	V W	B	B	B	■ ■ ■ ■
D 8	Vero Beach, 32960 772-562-1791	TravelCenters of America (BP/Amoco) I-95 Exit 147 (FL 60 E) [TA]	24 HRS ■ ■	L ■ ■	■	24 HRS ■ ■ □	■ ■	□	■ ■	■ ■	[DAT]	■ F C U F T	□	[CAT]	[BF]	■ ■	■ ■ ■	■ A R	■ ■ □		■	■	V W	B B	F B	B B	■ ■ ■ ■
D 8	Vero Beach, 32966 772-569-7869	Hill Mart (Citgo) I-95 Exit 147 (FL 60 E)	24 HRS ■ ■			□ □ □	■	□				C	■		□ □		□ □ □		□ □ □		■	■	V W	B			■ ■ ■
B 5	Wakulla, 32327 850-421-1406	Inland Sunstop #725 FL 363 & FL 267	■ ■ ■			□ ■	■						□ ■									■	V W		F		■ ■ ■
F 8	Weston, 33332 954-434-0660	Seminole Truck Stop (Citgo) 4690 US 27 (5 mi S of FL 84)	24 HRS ■ ■ ■	$L ■ ■		■ ■ ■	■	□ □	■ ■	■ □	[DAT]	F C U F T	□ ■		■ ■		■	■	■ ■ □		■ □ ■	■	V W	B B	B B	B B	■ ■ ■ ■
C 6	Wildwood, 34785 352-748-6129	Okahumpka Citgo FLTP MM 300	24 HRS ■ ■	M ■		□ □						F C	■										V W	B			■ ■ ■ ■
C 6	Wildwood, 34785 352-748-4354	Gate #1142 I-75 Exit 329 (FL 44 E)	24 HRS ■ ■	M ■ ■		24 HRS □ ■ □	■ ■		■ ■	■ ■	[DAT]	F C U F	■	■ ■ ■	□ □		□ □ □	□	□ □ □	□	■ □	■ ■ ■	■ V W	B B	B B	F B	■ ■ ■ ■
C 6	Wildwood, 34785 352-748-2501	TravelCenters of America #053 (BP) I-75 Exit 329 (FL 44 W) [TA]	24 HRS ■ ■	XL ■ ■		24 HRS ■ ■ □	■ ■		■ ■	■ ■	[DAT] ■ [TA] ■	F C U F T	■	[CAT]	[BF]	■ ■	■ ■	■ R □	■ ■ □	■ ■	■ □	■ ■	■ ■ W	B B	B	B B	■ ■ ■ ■
C 6	Wildwood, 34785 352-748-4486	Pilot Travel Center #095 I-75 Exit 329 (FL 44 W)	24 HRS ■ ■	S ■		□ □ □	■ ■		■ ■	□	[Pilot] ■	F C T F	■	[CAT]	□ □	□	□ □ □	□ □	□ □ □	□ □		■ ■	■ ■ V W	B B	F B	B B	■ ■ ■ ■
D 7	Winter Garden, 34787 407-656-2567	Winter Garden Auto & Truck Stop (Sunoco) FLTP Exit 272 (FL 50 W)	■ ■ ■			□ ■ □	■	□ □ □		□			□		■ ■	■	■ ■ ■	■ A □	□ □ □	□	□		W	B	F	B	■ ■ ■
B 6	Worthington Sprgs, 32697 386-496-1308	S&S Food Store # 36 (BP) FL 121 & FL 18	■ ■ ■				■					C	■		□ □						□ ■	■ ■	W			B	■ ■ ■
D 7	Yeehaw Junction, 34972 407-436-1224	Pilot Travel Center #096 FLTP Exit 193 (FL 60 & US 441)	24 HRS ■ ■			□	■ ■				[DAT] [Pilot] ■	F C T	□ ■		□		□	□	□ □		■	■ ■ ■	■ ■ V W	B B	F B	B B	■ ■ ■ ■
B 3	Youngstown, 32466 850-722-4251	231 Plaza & Truck Stop (BP) US 231 & FL 20	24 HRS ■ ■	M ■		■	■	□	■ ■			F C	□ ■									■ ■ ■	■ V W	B B	F	B	■ ■ ■ ■
C 7	Zellwood, 32798 407-814-7004	Zellwood Truck Stop (Citgo) 2607 US 441 N	■ ■ ■	$M ■ ■		■ □ □	■ ■	□ □ □	■ ■	□		F C U F	□ ■		□						■ □	■ ■ ■	■ V W	B B	F B B	B B	■ ■ ■ ■

GEORGIA

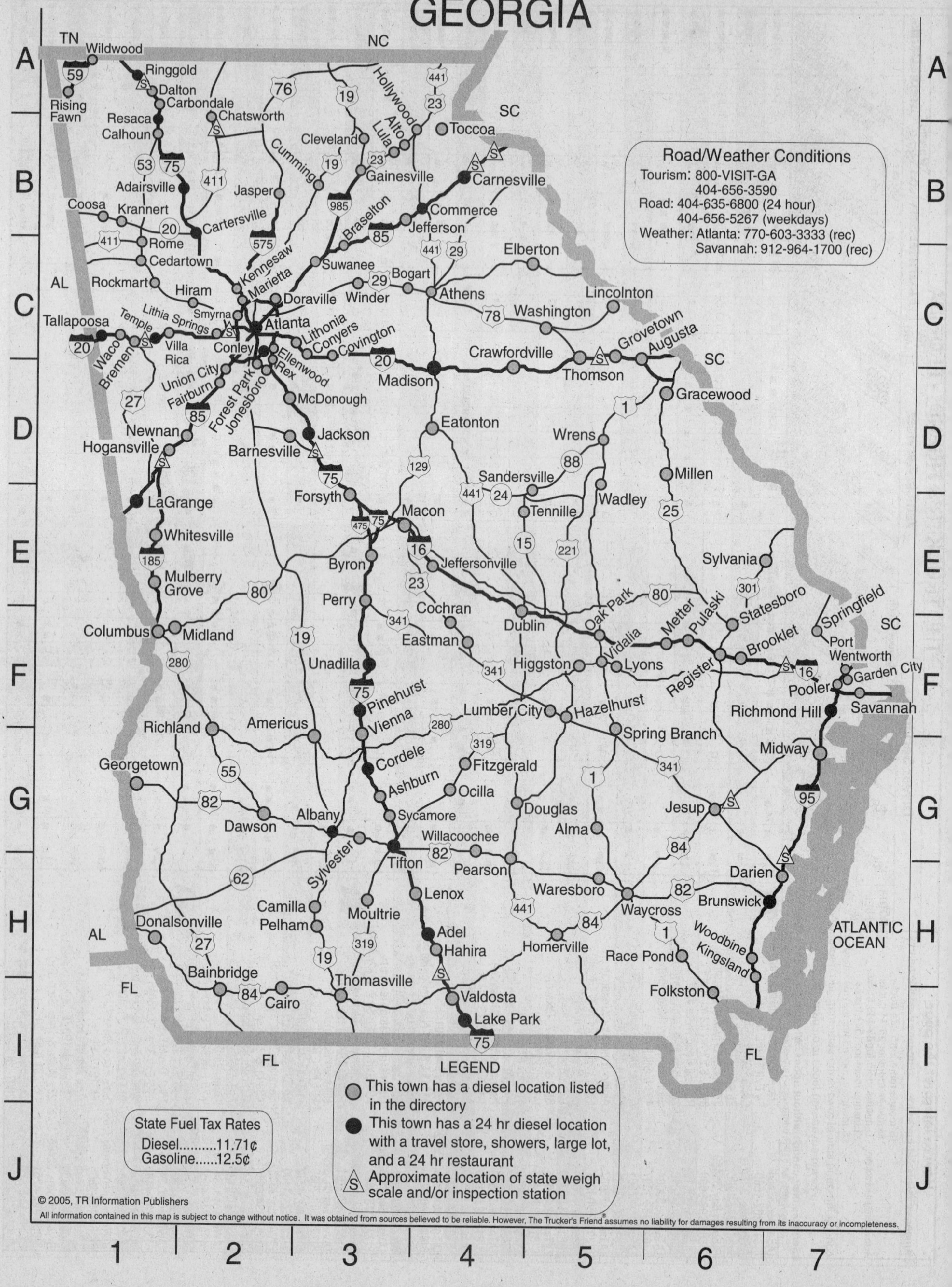

Road/Weather Conditions
Tourism: 800-VISIT-GA
404-656-3590
Road: 404-635-6800 (24 hour)
404-656-5267 (weekdays)
Weather: Atlanta: 770-603-3333 (rec)
Savannah: 912-964-1700 (rec)

LEGEND
- This town has a diesel location listed in the directory
- This town has a 24 hr diesel location with a travel store, showers, large lot, and a 24 hr restaurant
- Approximate location of state weigh scale and/or inspection station

State Fuel Tax Rates
Diesel..........11.71¢
Gasoline......12.5¢

THE TRUCKER'S FRIEND® - GEORGIA

How to interpret the page

■ means available at truck stop □ means available nearby

in the overnight lot column:
S means room for 5 - 24 trucks
M means room for 25-74 trucks
L means room for 85-149 trucks
XL means room for 150+ trucks
$ means a parking fee may be charged

code at left-hand side of rows is the state map grid reference
a key to advertising logos is on page 25

Services may change without notice. When in doubt, call ahead.

Column groups: MOTOR FUEL (Truck Diesel, Self Service Diesel, Metered Propane, Gasoline); Driver Services — PARKING (Overnight Lot ($), Paved Lot, Trailer Drop, Electric Plug-Ins, Safe Haven/Hazmat), FOOD (Restaurant, Fast Food, Table Phones), STORES (Motel, Convenience, Trucker/Travel, Shopping Center, Walmart/Kmart, Grocery), SHOWERS (Ladies, Men's, TV/Drivers Lounge, Laundry), COMMUNICATION (Load Monitor, Internet Kiosk, Wi-Fi Hotspots, Document Scanning, Public Fax/Copier, UPS/FedEx/Tripak Box, Religious Services, State Lottery); Vehicle Services — SCALES, TIRES (Axle, Platform, Certified, Repairs, New Tire Sales), REPAIRS (Shop Open 24 Hrs, DOT Inspection, Major Repairs, Minor Repairs, Oil Change/Lube, Minor Welding, AC/Reefer), ROAD SVCS (CB, Tire, Mechanical, Towing), WASH (Truck (Exterior), Trailer Washout); RV Info (RVs Welcome, Dumping Station, Propane (Bottle)); Financial Services (ATM, Can Wire Money Out, Money Orders, Natso Check/Link, Western Union, Voyager/Wright Express, Comdata (Comchek), EFS) C=Checks F=Fuel Cards B=Both; Permit Svcs; Credit Cards (Fuel Man, Multi Service, TCH, T-Chek, Fleet One, Buy/Pay at Fuel Desk, All Prepaid Permit Svcs, American Express, Visa/Mastercard, Discover)

Grid	Location / Phone	Truck Stop / Address	Motor Fuel / Parking	Food	Stores	Showers / Lounge	Communication	Scales	Tires / Repairs	Road Svcs / Wash / RV	Financial Services	Permit Svcs	Credit Cards
B 1	Adairsville, 30103 770-769-9559	Patty's Truck Stop (Citgo) I-75 Exit 306 (GA 140 E)	24HRS ■ ■	M ■ ■	24HRS □	■	□ ■ ■ ■ ■	F C	□ ■ ■ ■ ■ 24/7	□ □ □ □ □ □ □ ■ ■	■ □ ■	V W	B B B B B B ■ ■ ■ ■
B 1	Adairsville, 30103 770-877-5678	QuikTrip #757 (QT) I-75 Exit 306 (GA 140 E)	24HRS ■ ■	M ■ ■	□ ■ ■ □	■ ■	□ ■ ■ ■ □ DAT	F C F	□ ■ CAT □ □	□ □ □ □ □ □ □ □ □ □	■ □ ■ ■	W	B B B B B B ■ ■ ■ ■
B 1	Adairsville, 30103 770-773-7786	All American Truck Stop I-75 Exit 306 (GA 140 W)	24HRS ■ ■	L ■ ■	24HRS □ ■ □	■ ■	□ ■ ■ ■ ■	F C	□ CAT □ □	□ □ □ □ □ □ □ □ □ ■ ■	■ □ ■ ■	V W	B B F B B B B ■ ■ ■ ■
H 4	Adel, 31620 229-896-7453	Adel Truck Plaza (Citgo) I-75 Exit 39 (GA 37)	24HRS ■ ■	XL ■ ■	24HRS □ ■ □	■ ■ □	□ ■ ■ ■	F C U F	□ CAT ■ ■ ■	■ ■ ■ ■ A ■ ■ ■	■ ■	V W	B B B B B B ■ ■ ■ ■
G 3	Albany, 31705 229-436-7806	Mock Road Inland #409 (Shell) 1541 Mock Road	■ ■ ■			■			□ ■		■	V W	F F F ■ ■ ■
G 3	Albany, 31705 229-878-1355	Jack Rabbit Travel Center #6 (BP) 310 GA 300 (N of US 82)	24HRS ■ ■	M ■ ■	24HRS □	■ ■ □ □ □	□ ■ ■ ■ □ DAT	F C U F T	□ ■ CAT □ □	□ □ □ □ □ □ □ □ □ □	■ ■	V W	B B F B B B B ■ ■ ■ ■
G 3	Albany, 31707 229-888-0398	Conley's Country Corner (Citgo) 3100 GA 62 (2 mi W of GA 91)	■ ■ ■	M ■ ■	□ ■	■	□ ■	F C U			■ ■ ■ ■	V W	B F ■ ■ ■ ■
G 3	Albany, 31705 229-903-9536	Road Runner 3333 US 82	24HRS ■ ■	M ■	■ □	■ □	□ ■ □ ■	F C □	□ ■ □ □ □ □ □	□ □ □ □ □ □ □ □	■ □ ■ ■	W	B B B ■ ■ ■ ■
G 3	Albany, 31702 229-888-6718	Oak Ridge Drive Self Serve GA 234 & GA 91 (1002 W Oak Ridge Dr)	24HRS ■ ■	M ■	□	■	□ □		□ ■	□ □ □ □ □ □ □	■ □ ■	V W	B B F C ■ ■ ■
G 3	Albany, 31703 229-431-0242	BP Truck Stop GA 62-91 & GA 133-234	■ ■ ■	M ■ ■	□ ■	■	□ ■ ■ □	F	□ ■ □ □	□ □ □ □ □ □ □	■ ■	V W	B B ■ ■ ■ ■
G 3	Albany, 31701 229-888-1200	Oasis #367 (66) US 19	24HRS ■ ■	S ■ ■	□ □ □	■ □ □ □	■ □	F C □	□ ■ □ □	□ □ □ □ □ □ □	■ ■	V W	B B F B B B B ■ ■ ■ ■
G 5	Alma, 31510 912-632-7504	Parker Food Mart (Shell) GA 32	24HRS ■ ■	M ■ ■	□ ■ □	■	□	F C	□ ■ □	□ □ □ □ □ □ □	■ ■	V W	B ■ ■ ■ ■
B 3	Alto, 30510 706-778-5844	Kangaroo #3313 (Citgo) 3951 GA 365 & Charlie Davis Rd	24HRS ■ ■		□ □ □	■			□ ■		■ ■ ■	V W	B B F B B B ■ ■ ■
B 3	Alto, 30510 770-869-0996	Pantry #3342 (Citgo) 5804 Cornelia Hwy (4 mi S of town)	24HRS ■ ■			■			□ ■		■ ■ ■ ■ ■	V W	B B F B B B B ■ ■ ■ ■
G 3	Americus, 31709 229-924-0411	Express Lane #18 (Citgo) 110 US 280 W & US 19	■ ■ ■		□ □ □	■	□		■ □ □	□ □ □ □	■ ■ ■	V W	■ ■ ■
G 3	Americus, 31709 229-931-0015	Americus Inland #819 (Shell) 1204 US 19-280 S	24HRS ■ ■	S ■	□ □ □	■ □ □	□		□ □ ■		■	V W	B B F B B ■ ■ ■
G 3	Americus, 31709 229-928-3236	Chevron Food Mart US 19 & GA 30	■ ■ ■		□ □ □	■ □ □ □	□		□ ■ □ □	□ □ □ □ □ □ □ □ □ □ □		V W	B B B B B ■ ■ ■
G 3	Ashburn, 31714 229-567-3000	A-1 Truck Stop (BP) I-75 Exit 84	24HRS ■ ■	L ■ ■	24HRS □ ■ □	■ □ □	■ ■ ■	F C	□ ■ □ □ □ □ □ □	□ □ □ □ □ □	■ □ ■	V W	B B B F ■ ■ ■ ■
C 4	Athens, 30601 706-353-6624	Kangaroo #3346 290 US 29 N	24HRS ■ ■	S ■ ■	■	■			□ ■ □	□ □ □ □	■ ■ ■ ■ ■ ■	V W	B B F B B B B ■ ■ ■
C 2	Atlanta, 30336 404-696-3213	Happy Store #1 (Citgo) 4060 Martin Luther King Blvd	24HRS ■ ■		□ □ □	■ □ □	□	F C □	■	□ □ □	■	V W	B B ■ ■ ■ ■
C 2	Atlanta, 30354 404-767-0080	Empire Plaza (Coastal) Brownsmill N off US 19	■ ■ ■		□ ■ □	■ □ □ □	□		□ ■ □ □		■ ■	W	F B ■ ■ ■
C 2	Atlanta, 30336 404-696-8050	Citgo Truck Stop I-20 Exit 49 (Fulton Indust Blvd)	24HRS ■ ■	$ S ■	□ ■ □	■		U F	□ □		■ ■ ■	V W	B B F B B B B ■ ■ ■ ■
C 2	Atlanta, 30331 404-344-3440	QuikTrip #777 (QT) I-20 Exit 49 (Fulton Indust Blvd)	24HRS ■ ■	M ■	■	■ □	■ ■ ■ DAT	F C T F	■ CAT	□ □ □ □ □	■ ■	W	B B B B B B ■ ■ ■ ■
C 2	Atlanta, 30318 404-794-7772	PETRO Petro Stopping Center #22 I-285 Exit 12 (US 78-278 E)	24HRS ■ ■	$ XL ■ ■ ■	24HRS ■ ■ □	■ ■ □	□ ■ ■ ■ ■ DAT ⏻	F C U F T	■ CAT 24/7	□ □ ■ ■ □ □ ■ ■ ■ □ ■ ■	■	V W	B B B B B ■ ■ ■ ■
C 5	Augusta, 30901 706-722-3086	SK Food Depot (BP) 1342 US 1-78	■ ■ ■		□ □ □	■ □ □ □			□ ■	□ □	■ ■	V W	F ■ ■ ■
C 5	Augusta, 30904 706-793-2585	Circle K Truxtop #5349 (76) 1500 US 1-78	24HRS ■ ■	S ■	□ □ □	■ □ □ □	□	F C	□ ■ □ □ □ □ □	□ □ □ □ □ □ □ □	■ ■	V W	B B F B B B B ■ ■ ■ ■
C 5	Augusta, 30907 706-650-9070	Circle K Truxtop #5382 (76) I-20 Exit 194 (GA 383 N)	24HRS ■ ■		□ ■ □	■ □ □	□	F C	□ ■ □ □ □ □ □	□ □ □ □ □ □ □ □ □	■ ■ ■ ■ ■	V W	F ■ ■ ■ ■
C 5	Augusta, 30909 706-860-6677	Pilot Travel Center #065 I-20 Exit 194 (GA 383 S)	24HRS ■ ■	M ■	□ ■ ■ □	■ ■ ■ □	□ ■ ■ □ ⏻	F C U F T	□ ■ CAT □ □	□ □ □ □ □	■ ■ ■ ■ ■	V W	B B F B B B ■ ■ ■ ■

How to interpret the page

■ means available at truck stop □ means available nearby

in the overnight lot column:
- S means room for 5 - 24 trucks
- M means room for 25-74 trucks
- L means room for 85-149 trucks
- XL means room for 150+ trucks
- $ means a parking fee may be charged

code at left-hand side of rows is the state map grid reference

a key to advertising logos is on page 25

Services may change without notice. When in doubt, call ahead.

THE TRUCKER'S FRIEND® - GEORGIA

Driver Services: Motor Fuel (Truck Diesel, Self Service Diesel, Metered Propane, Gasoline); Parking (Overnight Lot ($), Paved Lot, Trailer Drop, Electric Plug-Ins, Safe Haven/Hazmat); Food (Restaurant, Fast Food, Table Phones); Stores (Motel, Convenience, Trucker/Travel, Shopping Center, Walmart/Kmart, Grocery); Showers (Ladies, Men's); Communications (TV/Drivers Lounge, Laundry, Load Monitor, Internet Kiosk, WiFi Hotspots, Document Scanning, Public Fax/Copier, UPS/FedEx/TripPak Box, Religious Services, State Lottery)
Vehicle Services: Scales; Tires (Axle, Platform, Certified); Repairs (New Tire Sales, Repairs, Shop Open 24 Hrs, DOT Inspection, Major Repairs, Minor Repairs, Oil Change/Lube, Minor Welding, AC/Reefer); Road Svcs (CB, Tire, Mechanical, Towing); Wash (Truck (Exterior), Trailer Washout)
RV Info (RVs Welcome, Dumping Station, Propane (Bottle))
Financial Services (ATM, Can Wire Money Out, Money Orders, Natso Check-Link, Western Union, Voyager/Wright Express, Comdata (Comchek)); C=Checks, F=Fuel Cards, B=Both
Permit Svcs (EFS, Fuel Man, Multi Service, TCH, T-Chek, Fleet One, Buy/Pay at Fuel Desk, All Prepaid Permit Svcs)
Credit Cards (American Express, Visa/Mastercard, Discover)

Grid	City, Zip / Phone	Truck Stop / Location	Motor Fuel / Parking	Food	Stores / Showers	Communications	Scales / Tires	Repairs / Road Svcs / Wash	RV Info	Financial Services	Permit Svcs	Credit Cards
C 5	Augusta, 30909 706-736-2147	Circle K #05582 (76) I-20 Exit 199 (Washington Rd)	24 HRS ■ ■		□□ □■ □□	□	□□■	□□		■ ■ V W	F F F	■■■
C 5	Augusta, 30907 706-667-6557	Pilot Travel Center #144 I-20 Exit 200	24 HRS ■ ■	L ■■	□■ □■■ □	■■ ■ DAT ■ ⏻	F C T F □■ CAT	□ □	□□□	■■ ■■ V W	B B F B B B	■■■■
C 5	Augusta, 30906 706-793-1652	Delta Travel Center I-520 Exit 9 (GA 56)	24 HRS ■ ■	M ■	□■■■□■■ □□	■■ □ DAT	F C U F T □■ CAT	□□ □□□□□	□□□	■■■■ ■ V W	B B B B B	■■■■
C 5	Augusta, 30906 706-790-6200	Pump 'N Shop # 11 (Shell) I-520 Exit 9 (GA 56)	24 HRS ■		□■ □■ □□	□	□■ □□□			■■ ■ V W	B F	■■■
C 5	Augusta, 30906 706-793-9839	Best Gas #25 US 25 (1/2 mi S of Tobacco Rd)	24 HRS ■ ■	M ■■	■ ■ □ □	■■	F C □■		□□□	■□ ■	B B F C	■■■
I 2	Bainbridge, 39819 229-243-0555	Inland Sunstop #427 (Shell) 1405 US 27 S	24 HRS ■		□□ □■ □□□	□	□□■	□□ □□□	□□□	□ ■ V W	B B F B B B	■■■
I 2	Bainbridge, 39817 229-243-0300	Inland Travel Center #840 (Shell) 1800 US 84 W & US 27 N	24 HRS ■ ■	XL ■■	□■ □■■ □	■■■ ■ DAT	F C U F □■ ■■■	□□ □□□□	□□□□□	■ ■ V W	B B F B B B B	■■■
I 2	Bainbridge, 39817 229-246-2117	Bainbridge Truck Stop (Solo) 2331 US 84 (1-1/2 mi W of US 27)	24 HRS ■ ■	M ■■	24 HRS ■□ ■	■■■■	F C U F □■ □□□□	□□ □□□□□	□□□□□	■□■■ ■ W	B B B B B B	■■■■■
I 2	Bainbridge, 39819 229-246-0729	Mr Pip's US 27 (1/2 mi N of US 84)	24 HRS ■ ■	M ■	□■■■□■■ □	■ □	F C □□■ □□□□	□□ □□□□□□	□□□	■ ■ ■ W	B B B B B B	■■■■■
I 2	Bainbridge, 39819 229-243-7726	Inland Sunstop #425 US 84 Bypass & Shotwell (E of US 27)	■■ ■	S ■	24 HRS □■ □□□	□	□□■			■□ ■ V W	B B F B	■■■
D 2	Barnesville, 30204 770-358-9196	Hot Spot #1402 202 US 341 N Bypass	24 HRS ■ ■		□■ □■ □	□	□■		□□□	■ ■ ■	B	■■■■
C 4	Bogart, 30622 706-546-8191	Lay's Food Mart #2 (Shell) 4360 GA 316/US 78 Business	■■ ■		□■ □■ □□	□	□□■			■ ■ V W	B F	■■■
C 3	Braselton, 30517 706-654-2820	Pilot Travel Center #066 I-85 Exit 129 (GA 53)	24 HRS ■ ■	M ■	□■■■□■■	■■ ■ DAT ■ ⏻	F C U T □■ CAT	□ □□□□	□□□□	■■ ■■ V W	B B F B B B	■■■■
C 1	Bremen, 30110 770-537-3397	Swifti Food Store # 7 (Texaco) I-20 Exit 11 (US 27 N)	24 HRS ■		□□ □■ □□□	□	F C □■	□□ □□□□ □	□□□□	■■ ■ V W	B B F B B B B	■■■■
C 1	Bremen, 30110 770-537-6340	Cowboy's I-20 Exit 11 (US 27 S)	■■ ■	S ■■	□□ □■ □□□	□	F C F □■	B/F ■ ■■ ■	■■■	■■■ ■ V W	B B B B B B	■■■■
F 6	Brooklet, 30415 912-839-3169	Time-Saver #112 (Chevron) I-16 Exit 127 (GA 67)	24 HRS ■		24 HRS □■		□■		□	■ ■ V W		■■■
H 7	Brunswick, 31525 912-265-5699	Parker's Sterling (Amoco/BP) 7301 US 25-341 & Hwy 99	24 HRS ■ ■	S ■■	□■ ■ □		□	□□ □□	□□□	■■ ■ V W	B B F C C B	■■■
H 7	Brunswick, 31523 912-264-5530	TravelCenters of America (BP) I-95 Exit 29 (US 17)	24 HRS ■ ■	XL ■■	24 HRS ■■■ ■■	■■■■ DAT TA ■	F C U F T ■■ CAT	B/F ■■□■■■ A	■■□□□	■□ ■ ■ V W	B B B B B	■■■■■
H 7	Brunswick, 31520 912-265-4476	El Cheapo #53 (Shell) I-95 Exit 29 (US 17)	24 HRS ■ ■	M ■■	□■■■□■■ □	■■ □	F □□■ ■■■	□□ □□□□ □	□□□□□□	■□ ■ ■ V W	B B F B B B B	■■■■
H 7	Brunswick, 31520 912-264-2777	Pilot Travel Center #379 I-95 Exit 29 (US 17)	24 HRS ■ ■	M ■■	24 HRS ■■□■■	■■ □ DAT ■ ⏻	F C U F T ■ CAT	B/F □□□□	□□□ ■■■	■■ ■■ V W	B B F B B B	■■■■
H 7	Brunswick, 31525 912-280-0006	Flying J Travel Plaza #05057 (Conoco) I-95 Exit 29 (US 17)	24 HRS ■■■ ■	XL ■■	24 HRS ■■□ ■■	■■■■ ■ □	U F T C □	□□ □□□ □□□□		■■■■ ■ V W	B B B B	■■■■
E 3	Byron, 31008 478-956-5316	Pilot Travel Center #267 I-75 Exit 146 (GA 247C)	24 HRS ■ ■	XL ■■	□■■■□■■■ □□□ ■■	DAT ■ ⏻	F C U F T ■ CAT	□□ □□□□	□□□	■ ■■ ■■ V W	B B F B B B	■■■■
E 3	Byron, 31008 478-956-1708	Raceway Food Mart #2502 I-75 Exit 146 (GA 247C, 1 mi W)	■■ ■		□ □■		■□□□	□□ □	□□	□ ■ ■ V W		■■■
E 3	Byron, 31008 478-956-3640	Byron Citgo I-75 Exit 149 (GA 49 SW)	24 HRS ■ ■	M ■■	■ □■ □ □	□	F C □■	□□ □□□□□	□□□	■□ ■■■ ■ V W	B B B B B	■■■■
E 3	Byron, 31008 478-956-2666	Flash Foods #264 I-75 Exit 149 (GA 49 W)	24 HRS ■ ■		□□ □■ □ □		F C □■	□□ □□□□	□□□	□■ ■ ■ W	B B F B F B	■■■■
E 3	Byron, 31008 478-956-4466	Marathon Fuel Stop #2 I-75 Exit 149 (GA 49 W)	■■ ■	S ■	□□ □■ □□□		F C □■	□□ □□□	□□□□	□■ ■ W	F	■■■
I 2	Cairo, 39828 229-377-1099	Jack Rabbit # 3 (BP) 45 US 84 E & Market St	24 HRS ■ ■		□□ □■ □□□	□	F □■	□□ □□□□	□□□	■ ■ V W	B F B B B	■■■
I 2	Cairo, 39828 229-377-6605	Hud's Mini Mart # 2 (Shell) 995 US 84 E	■■ ■		□□ □■ □□□		□□■ □	□□ □□□□	□□□	■ ■ V W	B B F C B	■■■

THE TRUCKER'S FRIEND® - GEORGIA

How to interpret the page

■ means available at truck stop   □ means available nearby

In the overnight lot column:
- S means room for 5 - 24 trucks
- M means room for 25-74 trucks
- L means room for 85-149 trucks
- XL means room for 150+ trucks
- $ means a parking fee may be charged

code at left-hand side of rows is the state map grid reference

a key to advertising logos is on page 25

Services may change without notice. When in doubt, call ahead.

Column groups: MOTOR FUEL (Truck Diesel, Self Service Diesel, Metered Propane, Gasoline); Driver Services — PARKING (Overnight Lot, Paved Lot, Trailer Drop, Electric Plug-ins, Safe Haven/Hazmat), FOOD (Restaurant, Fast Food, Table Phones), STORES (Convenience, Motel, Trucker/Travel, Shopping Center, Walmart/Kmart, Grocery), SHOWERS (Ladies, Men's, TV/Drivers Lounge, Laundry), COMMUNICATION (Load Monitor, Internet Kiosk, Wi-Fi Hotspots, Document Scanning, Public Fax/Copier, UPS/FedEx/Trippak Box, Religious Services, State Lottery); Vehicle Services — SCALES, TIRES (Axle, Platform, Certified, New Tire Sales, Repairs), REPAIRS (Shop Open 24 Hrs, DOT Inspection, Major Repairs, Minor Repairs, Oil Change/Lube, Minor Welding, AC/Reefer), ROAD SVCS (CB, Tire, Mechanical, Towing), WASH (Truck (Exterior), Trailer Washout); RV Info (RVs Welcome, Dumping Station, Propane (Bottle)); Financial Services (ATM, Can Wire Money Out, Money Orders, Natso Check-Link, Western Union, Voyager/Wright Express, Comdata (Comchek)); Permit Svcs (EFS, Fuel Man, Multi Service); Credit Cards (TCH, T-Chek, Fleet One, Buypay at Fuel Desk, All Prepaid Permit Svcs, American Express, Visa/Mastercard, Discover). C=Checks, F=Fuel Cards, B=Both

Grid	City, Zip / Phone	Truck Stop / Location	Motor Fuel	Driver Services	Vehicle Services / RV Info	Financial Services	Permit Svcs	Credit Cards
B 1	Calhoun, 30701 / 706-625-5580	WilcoHess Travel Plaza #3005 / I-75 Exit 318 (US 41 N)		24HRS ■ ■ L ■ ■ □ ■ □ ■ ■ ■ ■ ■	DAT F C T ■ CAT □ □ □ □ □ □ □ □ □ □ □ □ □	■ □ ■ ■	V W B B	B B B B ■ ■ ■ ■
H 3	Camilla, 31730 / 229-336-9984	Inland Sunstop #419 / 301 US 19 S		24HRS ■ ■ □ □ □ ■ □ □ □ □	□ ■ □ □ □ □ □ □ □ □ □ □ □ □ □ □ □	■	V W B B F	B B B ■ ■ ■
A 1	Carbondale, 30720 / 706-277-9854	Fast Food & Fuel #175 (66) / I-75 Exit 326		24HRS ■ ■ □ □ ■ □	□ ■ □ □ □ □ □	■ ■ ■	V W B B F	B B B B ■ ■ ■
B 4	Carnesville, 30521 / 706-335-2093	Petro Stopping Center #60 / I-85 Exit 160	PETRO	24HRS ■ ■ XL ■ ■ 24HRS ■ ■ ■ ■ ■ ■ ■ ■	DAT ■ F C U F T ■ CAT ■ ■ ■ ■ ■ ■ ■ ■ □ ■ ■	■ ■ ■ ■ ■	V W B B	B B B ■ ■ ■ ■
B 4	Carnesville, 30521 / 706-335-6656	Flying J Travel Plaza #05096 / I-85 Exit 160	Flying J	24HRS ■ ■ ■ XL ■ ■ 24HRS ■ ■ ■ ■ ■ ■ ■ ■	■ F C T F □ □ □ □ □ □ □ □ □ □ □	■ ■ ■ ■	V W B	B B B ■ ■ ■ ■
B 4	Carnesville, 30521 / 706-384-7331	Echo Auto Truck Plaza / I-85 Exit 166 (GA 106)		24HRS ■ ■ L ■ ■ 24HRS □ ■ ■ ■ □ ■ ■ ■ □	F C □ ■ ■ ■ ■ ■ ■ □ ■ ■ ■ ■ □ □ □	■ ■ ■	B B	B B B B ■ ■ ■ ■
B 4	Carnesville, 30521 / 706-384-3084	WilcoHess Travel Plaza #3001 / I-85 Exit 166 (GA 106)		24HRS ■ ■ M ■ ■ ■ ■ ■ ■ ■ ■	DAT F C U T □ ■ CAT □ □ □ □	■ ■ ■ ■	V W B B	B B B B ■ ■ ■ ■
B 2	Cartersville, 30120 / 770-387-0141	Cowboy's Food Mart #24 (BP) / I-75 Exit 288 (GA 113 W)		24HRS ■ ■ □ ■ □ ■ □ □ □	□ ■	■ ■ ■	V W B B F	B B B B ■ ■ ■
B 2	Cartersville, 30120 / 770-382-4155	Cowboy's Food Mart #54 / I-75 Exit 290 (GA 20 E)		24HRS ■ ■ □ □ □ ■ □ □ □ □	□ ■ □ □ □	■ ■ ■	V W B B F	B B B B ■ ■ ■
B 2	Cartersville, 30120 / 770-607-7835	Pilot Travel Center #067 / I-75 Exit 296 (E)		24HRS ■ ■ M ■ ■ □ ■ ■ □ ■ ■ ■ ■ ■ ■ ■	DAT F C U F T □ ■ CAT □ □ □ □ □ □ □ □ □	■ □ ■ ■ ■ ■ ■ ■	V W B B F B	B B ■ ■ ■ ■
B 2	Cartersville, 30120 / 770-607-8885	TravelCenters of America (Exxon) / I-75 Exit 296 (E)	TA	24HRS ■ ■ XL ■ ■ 24HRS ■ ■ □ ■ ■ ■ ■ ■ ■	DAT ■ TA F C U F T ■ CAT ■ ■ ■ ■ ■ A ■ ■ □ □	■ ■ ■ ■ ■ ■	W B B	B B B ■ ■ ■ ■
C 1	Cedartown, 30125 / 770-749-9166	Fast Food & Fuel #192 (Amoco) / 1452 US 278 E		■ ■ ■ ■ S □ ■ □ □	F □ □ ■ □ □ □ □	■ ■ ■	V W B B F	B B B B ■ ■ ■ ■
B 2	Chatsworth, 30705 / 706-695-9893	Fast Food & Fuel #178 (66) / 1217 US 411 N		■ ■ ■ □ □ ■ □ □	□ ■	■ ■	V W	■ ■ ■
B 2	Chatsworth, 30705 / 706-695-2474	Circle M Food #23 (BP) / GA 76 & GA 225		24HRS ■ ■ S ■ □ □ ■ □ □	U □ ■ □ □ □ □ □	■ ■ ■ ■	V W B B F B	B B ■ ■ ■
B 2	Chatsworth, 30705 / 706-695-5800	Malone's Grocery (Citgo) / US 411 & GA 282		■ ■ ■ ■ S ■ ■ ■ □	F C □ ■	■	V W C	C ■ ■ ■ ■
B 3	Cleveland, 30528 / 706-865-3983	Pantry #3319 (Marathon) / 301 US 129 N		24HRS ■ ■ S ■ ■ □ □ ■ □ □	□ ■ □ □	□ ■ ■	V W B B F	B ■ ■ ■
F 4	Cochran, 31014 / 478-934-2762	Shorty's Quik Stop # 9 (Chevron) / US 23 Bypass & GA 26		24HRS ■ ■ S ■ ■ □ □ □ ■ □ □	F C □ ■	■ ■ ■ ■ ■ ■	V W C	F ■ ■ ■ ■
F 1	Columbus, 31903 / 706-689-2967	Spectrum #17 / 3274 US 280		24HRS ■ ■ □ □ □ ■ □ □ □ □	□ □ □ □ □ □ □	■ ■	V W	F B ■ ■ ■
F 1	Columbus, 31906 / 706-687-6866	Spectrum #45 (BP/Amoco) / I-185 Exit 1B		24HRS ■ ■ □ □ □ ■ □ □ □ □	F C □ ■ □ □ □ □ □ □ □	■ ■ ■	V W B C	F C B ■ ■ ■ ■
F 1	Columbus, 31904 / 706-576-5146	Spectrum #16 / I-185 Exit 7 B (1645 US 27 Alt)		24HRS ■ ■ □ □ □ ■ □ □ □ □	□ ■ □ □ □ □ □	■ ■	V W	F B ■ ■ ■
F 1	Columbus, 31902 / 706-323-6252	Spectrum # 7 / US 80 & US 280 (4th Street)		24HRS ■ ■ □ ■ □ ■ □ □ □ □	□ ■ □ □ □ □ □ □ □ □ □ □ □ □ □ □ □	■ ■	V W B C	F C C B ■ ■ ■
B 4	Commerce, 30529 / 706-335-3727	Travel Plaza of Georgia (Citgo) / I-85 Exit 147		24HRS ■ ■ L ■ ■ ■ □ ■ ■ □ □ ■ ■ ■	DAT F C U T □ CAT □ □ □ □ □ □ □ □	■ ■ ■ ■	V W B B	F B B B B ■ ■ ■ ■
B 4	Commerce, 30529 / 706-335-4904	Fuel Mart #636 / I-85 Exit 147 (GA 98)		24HRS ■ ■ S ■ ■ □ □ □ ■ □ □ □ □	F C □ ■ □ □ □ □ □ □ □ □ □	■ □	B B	B B B B ■ ■ ■ ■
B 4	Commerce, 30529 / 706-335-5198	TravelCenters of America (76) / I-85 Exit 149 (US 441)	TA	24HRS ■ ■ XL ■ ■ 24HRS □ ■ □ ■ ■ ■ □ □ □ ■ ■ ■ ■	DAT ■ TA F C U F T □ ■ CAT ■ ■ ■ ■ ■ ■ A ■ □ ■	■ □ ■ ■ ■	W B B F B	B B ■ ■ ■ ■
C 2	Conley/Atlanta, 30316 / 404-212-8733	Pilot Travel Center #331 / I-285 Exit 51 (Bouldercrest Rd)		24HRS ■ ■ L ■ ■ ■ ■ □ ■ ■ □ ■ ■ ■ ■	DAT F C U F T □ ■ CAT □ □ □ □ □	■ □ ■ ■	V W B B F B	B B ■ ■ ■ ■
C 2	Conley/Atlanta, 30288 / 404-363-0067	Amoco Food Shop / I-285 Exit 53		24HRS ■ ■ □ □ ■ □ □	■ □ □ □ □ □ □ □ □ □ □ □ □	■	W B B	C B B ■ ■ ■
C 2	Conley/Atlanta, 30288 / 404-361-2541	Citgo Food Mart / I-285 Exit 53 (Moreland Ave)		24HRS ■ ■ S ■ □ □ □ ■	□ ■ □ □ □ □ □ □ □ □ □ □	■ ■ ■	V W B B	B B B ■ ■ ■ ■
C 2	Conley/Atlanta, 30288 / 404-366-3556	Conoco Fuel Stop #10059 / I-285 Exit 53 (Moreland Ave)		24HRS ■ ■ □ ■ ■ □ ■ ■ ■ ■	DAT F C U F ■ □ □ □ □ □ □ □ □ □ □ □ □ □ □	■ ■	V W B B F	B B B B ■ ■ ■ ■

THE TRUCKER'S FRIEND® - GEORGIA

How to interpret the page

■ means available at truck stop □ means available nearby

in the overnight lot column:
- S means room for 5 - 24 trucks
- M means room for 25-74 trucks
- L means room for 85-149 trucks
- XL means room for 150+ trucks
- $ means a parking fee may be charged

code at left-hand side of rows is the state map grid reference
a key to advertising logos is on page 25

Services may change without notice. When in doubt, call ahead.

Driver Services — MOTOR FUEL: TRUCK DIESEL, SELF SERVICE DIESEL, METERED PROPANE, GASOLINE; PARKING: OVERNIGHT LOT ($), PAVED LOT, TRAILER DROP, ELECTRIC PLUG-INS, SAFE HAVEN/HAZMAT; FOOD: RESTAURANT, FAST FOOD, TABLE PHONES; STORES: MOTEL, CONVENIENCE, TRUCKER/TRAVEL, SHOPPING CENTER, WALMART/KMART, GROCERY; SHOWERS: LADIES', MEN'S; COMMUNICATIONS: TV/DRIVERS LOUNGE, LAUNDRY, LOAD MONITOR, INTERNET KIOSK, WI-FI HOTSPOTS, DOCUMENT SCANNING, PUBLIC FAX/COPIER, UPS/FEDEX/TRIPPAK BOX, RELIGIOUS SERVICES, STATE LOTTERY

Vehicle Services — SCALES: AXLE, PLATFORM, CERTIFIED; TIRES: REPAIRS, NEW TIRE SALES; REPAIRS: SHOP OPEN 24 HRS, DOT INSPECTION, MAJOR REPAIRS, MINOR REPAIRS, OIL CHANGE/LUBE, MINOR WELDING, AC/REEFER; ROAD SVCS: CB, TIRE, MECHANICAL, TOWING; WASH: TRUCK (EXTERIOR), TRAILER WASHOUT

RV Info — RVs WELCOME, DUMPING STATION, PROPANE (BOTTLE)

Financial Services — ATM, CAN WIRE MONEY OUT, MONEY ORDERS, NATSO CHECK-LINK, WESTERN UNION, VOYAGER/WRIGHT EXPRESS, COMDATA (COMCHEK), EFS, FUEL MAN, MULTI SERVICE, TCH, T-CHEK, FLEET ONE (C=Checks, F=Fuel Cards, B=Both)

Permit Svcs — BUY/PAY AT FUEL DESK, ALL PREPAID PERMIT SVCS

Credit Cards — AMERICAN EXPRESS, VISA/MASTERCARD, DISCOVER

Grid	Location / Phone	Truck Stop / Address	Motor Fuel	Parking	Parking	Food	Stores	Stores	Showers	Communications	Communications	Scales	Tires	Tires	Repairs	Repairs	Repairs	Road Svcs	Wash	RV Info	Financial Services	Financial Services	Financial Services	Permit Svcs	Permit Svcs	Credit Cards	Credit Cards	Credit Cards
C 2	Conley/Atlanta, 30288 404-361-0700	TravelCenters of America/Atlanta I-285 Exit 53 (S on GA 160) (TA)	24 HRS ■	XL ■		24 HRS ■ ■ ■	■ ■		■ ■	■ ■	DAT TA ■	F C U F T	■	CAT	BF	■ ■	■ ■	■ A ■	■ ■ □	□ □	■	■ ■	■ ■ W	B B	B	B B	■	■ ■ ■
C 3	Conyers, 30013 770-922-5522	Joy Mart #192 (Citgo) I-20 Exit 82 (GA 138)	■ ■ ■			■ ■ □	■	□ □		□		F C	□ ■		□		□		□		■	■ ■	V W	B B		B	■	■ ■ ■
B 1	Coosa, 30129 706-235-1092	Evans Store & Parts GA 20	■ ■ ■	M ■ ■		■	■					F C	□ ■	□ □ □	□ □		□ □	□	□ □ □	□	■ ■	■	W	B	F	B F	■	■ ■ ■
G 3	Cordele, 31015 229-271-5775	Pilot Travel Center #416 I-75 Exit 101 (US 280 E)	24 HRS ■ ■	M ■ ■		■ □	■ ■	□ □ □	■ ■	■ ■	DAT ■	F C T F	□ ■	CAT	□		□		□ □ □		■ □ ■	■ ■ ■	■ ■ V W	B B	F B	B B	■	■ ■ ■
G 3	Cordele, 31015 229-273-5710	TravelCenters of America (BP) I-75 Exit 97 (Wenona - GA 33 W) (TA)	24 HRS ■ ■	XL ■ ■		24 HRS ■ ■	■ ■		■ ■	■ ■	DAT ■ TA ■	F C U T	■	CAT	BF	■ ■	□ ■ ■	□ A	■ ■ □		■ □	■ ■	■ ■ V W	B B	F B	B B	■	■ ■ ■
C 3	Covington, 30014 770-787-9289	Circle K Truxtop #2284 I-20 Exit 92 (Alcovy Rd)	24 HRS ■ ■			□ □ □	■	□ □		□		□	□ ■		□ □		□ □	□	□ □ □	□	■	■ ■ ■	■ W	B B	F			■ ■ ■
C 3	Covington, 30209 770-784-0147	Flash Foods #250 (Exxon) I-20 Exit 93 (GA 142)	24 HRS ■ ■			□ □ □	■	□ □ □		□		□	□ ■						□ □ □		■	■ ■	V W	B	F	B		■ ■ ■
C 3	Covington, 30014 770-385-0769	Bubba's (66) I-20 Exit 93 (GA 142)	■ ■ ■	S ■		□ ■ ■ □	■	□ □ □		□		F C □	□ ■		□		□		□ □ □		■ ■	■	■ V W	B B		B	■	■ ■ ■
D 4	Crawfordville, 30631 706-456-2444	Midway Truck Stop (Chevron) I-20 Exit 148 (GA 22 S)	24 HRS ■ ■	M ■		■ ■ ■	■		■			F C	□		■ ■					□	■ ■	■	V W	B B	B B	B B	■	■ ■ ■
B 3	Cumming, 30041 770-887-9834	Hubbard's Cupboard (Chevron) Hwy 369 & Hwy 400	■ ■ ■			□	■	□ □		□		U	□						□ □ □		□	■	V W					■ ■ ■
A 1	Dalton, 30721 706-259-6237	Fast Food & Fuel (Conoco) GA 71 N & US 76 (N Bypass)	24 HRS ■ ■			□ □ □	■	□ □		□			□ ■								■	■ ■	V W		F	F		■ ■ ■
A 1	Dalton, 30721 706-370-4060	Pilot Travel Center #421 I-75 Exit 326 (E)	24 HRS ■ ■	XL ■ ■		□ ■ ■	■ ■		■ ■	■	DAT ■	F C T F	□ ■	CAT	BF	■ ■	■ ■	■ A R	■ ■ □		■ ■	■ ■ ■	■ ■ V W	B B	F B	B B	■	■ ■ ■
A 1	Dalton, 30720 706-277-7934	Pilot Travel Center #319 I-75 Exit 328 (Connector 3 E)	24 HRS ■ ■	L ■ ■		□ ■ ■ □	■ ■		■ ■		DAT ■ ■	F C U F T	■	CAT	□ □		□ □	□	□ □ □		■	■ ■	■ ■ V W	B B	F B	B B	■	■ ■ ■
H 7	Darien, 31305 912-437-4440	El Cheapo #54 (Shell) I-95 Exit 49	24 HRS ■ ■	M ■ ■		□ ■ □	■ ■	□ □	■ ■	■ □		F C	□ ■		□ □		□ □ □	□ □	□ □ □		■ □	■	V W	B B	F B B	B B	■	■ ■ ■
G 2	Dawson, 39842 229-995-6706	Boomerang Food & Fuel 1920 US 82	■ ■ ■	M ■ ■		□ □	■ ■	□	■ ■	■ □		F C	□		□ □	□	□ □ □ □	□	□ □ □		■ ■	■	V W	B B	B B	B B	■	■ ■ ■
G 2	Dawson, 39842 229-995-3325	Inland Sunstop #597 742 GA 520 N	24 HRS ■ ■	S ■		□ ■ □	■	□ □		□			□ ■		□		□ □	□ □	□ □ □		■	■	V W	B B	F B B	B B		■ ■ ■
H 1	Donalsonville, 39845 229-524-2841	Mr Pip's AutoTruck Plaza US 84 E	24 HRS ■ ■	S ■ ■		■ ■ □	■	□ □	■ ■	□			□ ■		□		□		□ □ □			■	V W	B B	B B	B B		■ ■ ■
C 2	Doraville, 30340 770-729-1519	QuikTrip #707 (QT) I-85 Exit 96 (Pleasantdale Rd)	24 HRS ■ ■	S ■		□	■ ■				DAT	F C T	■								■	■ ■	W	B B	B B	B B	■	■ ■ ■
G 4	Douglas, 31535 912-383-4628	Inland Sunstop #825 1628 US 441 S	24 HRS ■ ■	S ■		□ □ □	■	□ □		□		□	□ ■		□ □	□	□ □ □ □	□	□ □ □		■	■	V W	B B	F B B	B B		■ ■ ■
G 4	Douglas, 31535 912-384-3326	Aden's Minit Market #40 (Shell) 2630 US 441 S	24 HRS ■ ■			□	■						■		□ □				□ □ □		■	■ ■	V W	F	F			■ ■ ■
G 4	Douglas, 31533 912-384-8989	Ken's Minit Mart #2 (Chevron) 29 GA 135	■ ■ ■	M ■		□ □ □	■	□ □ □		□		U F	□ ■		□ □	□	□ □ □ □	□	□ □ □		■	■	V W	B				■ ■ ■
G 4	Douglas, 31533 912-384-6325	Quick Change #56 (BP) US 441 S	24 HRS ■ ■	M ■	■	□ ■ □	■ ■	□ □ □	■ ■	■ ■			□ ■		□ □		□ □ □	□ □ □	□ □ □		■ ■	■ ■	W	B B	B	B B		■ ■ ■
F 4	Dublin, 31021 478-272-3611	Hop-In #2 601 GA 31 (E of US 441)	24 HRS ■ ■	S ■ ■		□ □ □	■	□ □ □		□			□ ■		□ □		□ □	□	□ □ □		■ □ ■	■	V W	B	B	B		■ ■ ■
F 4	Dublin, 31021 478-275-7119	257 Truck Plaza I-16 Exit 49 (GA 257)	■ ■ ■	S ■			■	□	■	■		F C	□ ■		□ □		□ □ □	□			□	■ ■ ■	■	B	B	B	■	■ ■ ■
F 4	Dublin, 31021 478-274-0444	I-16 Jet Food Store #73 (Shell) I-16 Exit 51 (1277 US 441)	24 HRS ■ ■	S ■		□ ■ □	■ ■	□ □	■ ■			F C	□ ■	□ □ □	□ □		□ □ □		□ □ □		■ □	■ ■	V W	B B	B	B B	■	■ ■ ■
F 4	Dublin, 31021 478-272-8316	Neighbors Self Serve I-16 Exit 51 (US 441 S)	24 HRS ■ ■	S ■		□ □ □	■		■ ■			F C □	■								■	■	W	B B	F B B	B B	■	■ ■ ■
F 4	Dublin, 31021 478-275-2143	Pilot Travel Center #068 I-16 Exit 51 (US 441)	24 HRS ■ ■	S ■ ■		□ □	■		■ ■		DAT ■	F C T	■	CAT	□		□		□ □ □		■	■ ■ ■	■ ■ V W	B B	F B	B B	■	■ ■ ■
F 4	Dublin, 31021 478-272-2256	Friendly Gus #23 (Chevron) I-16 Exit 54	24 HRS ■ ■	S ■		■	■		■ ■	■ ■	■	F C	□ ■	■ ■ ■					□ □ □		□ ■	■ ■	W	B B	F B B	B B	■	■ ■ ■

THE TRUCKER'S FRIEND® - GEORGIA

How to interpret the page

■ means available at truck stop   □ means available nearby

in the overnight lot column:
- S means room for 5 - 24 trucks
- M means room for 25-74 trucks
- L means room for 85-149 trucks
- XL means room for 150+ trucks
- $ means a parking fee may be charged

code at left-hand side of rows is the state map grid reference
a key to advertising logos is on page 25

Services may change without notice. When in doubt, call ahead.

Column headings: **Driver Services** — MOTOR FUEL: Truck Diesel, Self Service Diesel, Metered Propane, Gasoline; PARKING: Overnight Lot ($), Paved Lot, Trailer Drop, Electric Plug-ins, Safe Haven/Hazmat; FOOD: Restaurant, Fast Food, Table Phones; STORES: Motel, Convenience, Trucker/Travel, Shopping Center, Walmart/Kmart, Grocery; SHOWERS: Ladies', Men's, TV/Drivers Lounge, Laundry; COMMUNICATION: Load Monitor, Internet Kiosk, Wi-Fi Hotspots, Document Scanning, Public Fax/Copier, UPS/FedEx/Trippak Box, Religious Services, State Lottery. **Vehicle Services** — SCALES: Platform, Axle, Certified; TIRES: Repairs, New Tire Sales; REPAIRS: Shop Open 24 Hrs, DOT Inspection, Major Repairs, Minor Repairs, Oil Change/Lube, Minor Welding, AC/Reefer; ROAD SVCS: CB, Tire, Mechanical; WASH: Towing, Truck (Exterior), Trailer Washout. **RV Info**: RVs Welcome, Dumping Station, Propane (Bottle). **Financial Services** (C=Checks, F=Fuel Cards, B=Both): ATM, Can Wire Money Out, Money Orders, Natso Check-Link, Western Union, Voyager/Wright Express, Comdata (Comchek). **Permit Svcs**: EFS, Fuel Man, Multi Service. **Credit Cards**: TCH, T-Chek, Fleet One, Buy/Pay at Fuel Desk, All Prepaid Permit Svcs, American Express, Visa/Mastercard, Discover.

Grid	City, Zip / Phone	Truck Stop / Location	Motor Fuel / Parking	Food	Stores	Showers	Communication	Scales	Tires	Repairs	Road Svcs	Wash	RV Info	Financial Services	Permit Svcs	Credit Cards
F 4	Eastman, 31023 478-374-4112	Hop-In #1 (Citgo) 6314 US 23 SW	24 HRS ■ ■		□□ □	■ □□□		□	□■	□□	□□	□□□		□■■	V W	F F ■■■
D 4	Eatonton, 31024 706-484-1700	Jet Food Store #44 (BP) 121 US 129 S & US 441	24 HRS ■ ■	M ■■	□■■□	■■ □ □	□	F C	□■	□□	□□□□ □	□□□		■ ■■ ■	V W	B B F B B B B ■■■■
C 5	Elberton, 30635 706-283-3202	Pyramid Petro (BP) GA 72	■■ ■	S ■		■			■			□□□		■ ■■ ■	W	■■■
C 5	Elberton, 30635 706-283-7436	Circle K Truxtop #2071 GA 77 (1/4 mi N of GA 72)	24 HRS ■ ■		□ □	■ □□□	□	□	□■	□	□ □	□□□		■■■■ ■	V W	B B F B B ■■■
C 2	Ellenwood, 30294 404-363-6012	Quik Trip #787 I-675 Exit 5	24 HRS ■ ■	M ■	□■ □	■ □□□	■ DAT	F C	□■	■■■ □	□	□□□		■	W	B B B B B B ■■■■
D 2	Fairburn, 30213 770-306-8319	Fairburn Family Travel Center (BP) I-85 Exit 61 (GA 74)	24 HRS ■ ■	M ■	24 HRS □	■■	■■■■ DAT	F C U F T	□■	CAT				■ ■■	V W	B B B B B B ■■■■
G 4	Fitzgerald, 31750 229-424-9539	Peaches Express US 319 N & Industrial Bypass	■■ ■		□■ □	■ □□□	□	F □	□■	□□	□ □		□	■	V W	B ■■■
I 6	Folkston, 31537 912-496-3946	Friendly Express #31 (Shell) US 1-301	24 HRS ■ ■	M ■■	□■ □	■ □	□	F C □	□■	□□	□□□□ □	□□□		■□ ■ ■		B B F B B B B ■■■■
D 2	Forest Park, 30297 404-762-1166	BP Fuel Center 5198 GA 85 & Lees Mill Rd	24 HRS ■ ■		□	■			■	□□				■	V W	B B B ■■■■
D 2	Forest Park, 30297 404-366-4562	Ten-4 Truck Stop I-75 Exit 237 (1/2 mi E on GA 331)	24 HRS ■■■	M ■■	□■■□	■■	■■ ■ DAT	F C U F T	□■	CAT ■■ ■	■■■ ■ R ■	■■□	■■	■ ■■ ■	V W	B B F B B B ■■■■
E 3	Forsyth, 31029 478-994-3721	Rumble Road BP I-75 Exit 181 (Rumble Rd E)	24 HRS ■ ■	M ■■	□■ □	■ □		F C	□	■■		■□□		■□■■	V W	B B F B B B B ■■■■
B 3	Gainesville, 30504 770-718-3025	Kangaroo #3322 1260 GA 60 N	24 HRS ■ ■	S ■	□■■□	■ □□□	□		□■	□□		□□□		■ ■■ ■	V W	B B F B B B B ■■■
B 3	Gainesville, 30501 770-718-3005	Kangaroo #3306 (Citgo) 1724 GA 13 S	24 HRS ■ ■		□ □	■ □□	□		□■			□□□		■ ■	W	B F ■■■
B 3	Gainesville, 30501 770-536-3123	BP/Amoco 2300 Browns Ridge Rd	■■ ■			■ □□	□	F C	□■					■■■■ ■	V W	F ■■■■
B 3	Gainesville, 30506 770-718-3003	Kangaroo #3305 (Citgo) I-985 Exit 20	24 HRS ■ ■		□□ □	■ □□□	□	F	□■	□□	□ □	□□□		■■■■ ■	V W	B B F B B B ■■■
F 7	Garden City, 31408 912-966-5484	Circle K Truxtop #5346 (76) 2404 GA 307 (2 mi SW of GA 21)	24 HRS ■ ■		□■ □	■ □	□	F C U	□■			□□□		■■ ■	V W	B B F B B B ■■■■
F 7	Garden City, 31408 912-965-0097	Parker's BP 5316 GA 21 (Augusta Ave)	■■ ■	S ■	□□ □	■ □	□		□■	□□	□□□	□□□		■■ ■	V W	B F ■■■
F 7	Garden City, 31408 912-964-4520	Amit Food Mart #4 (Shell) I-95 Exit 102 (US 80)	■■ ■	$M ■■	□■ □	■ □ □	■■□		■	□□	□□ □	□□□		■ ■■	V W	B B B B ■■■
G 1	Georgetown, 39854 229-334-0001	R-Bee's (Petro) US 82	■■ ■		□■ □	■ □□□	□	F C	□■	□□		□□□		■■	W	B B B B B ■■■■
D 6	Gracewood, 30906 706-793-9839	Best Gas Auto Truck Plaza 3671 US 25 (S of GA 56)	24 HRS ■ ■	S ■	□■	■■ □	■■	F	□■					□ ■		B C F C ■■■■
C 5	Grovetown, 30813 706-650-1046	BP Pumping Station # 8 I-20 Exit 190	24 HRS ■ ■	S ■■	□■ □	■ □□	■■ □	F C □	□■	□□□	□	□□□		■ ■	V W	B B F B B ■■■■
H 4	Hahira, 31632 229-794-1190	Big Foot Travel Center I-75 Exit 29 (GA 122)	24 HRS ■ ■	S ■	24 HRS ■□	■	■■	F C	■	□	□□	□□□		■ ■	V W	B B B B B B ■■■■
F 5	Hazlehurst, 31539 912-375-5753	221 Quik Stop US 221 (1 mi N)	■■ ■	S ■	□ □	■ □□□	□	□	□■	□□	□□□□□	□□□		■ ■■	V W	F ■■■
F 5	Hazlehurst, 31539 912-375-5285	Flash Foods #194 US 341 (S of US 221)	24 HRS ■ ■		□□ □	■ □□□	□	□	□■	□□	□□□□□	□□□		■■ ■	W	B B F C F B ■■■
F 5	Higgston, 30410 912-537-4609	McCord's (Pure) 3180 US 280 W	■■ ■	M ■	■	■			■	□□	□□□□	□□□		■ ■	W	■■■
C 2	Hiram, 30141 770-439-1222	Southern Shell - Hiram 532 US 278 (3/4 mi E of GA 92)	■■ ■	S ■■	■□ □	■ □□□	□	□	□■	□□	□□□□	□□□		■ ■■	V W	B B F B ■■■
D 1	Hogansville, 30230 706-637-4304	Money Back #14 (Amoco/BP) I-85 Exit 28	24 HRS ■ ■		□□ □	■ □ □	□		□■	□□□ □□	□□□□	□□□		□■■ ■	V W	■■■
D 1	Hogansville, 30230 706-637-8800	66 Truck Plaza I-85 Exit 28 (Hwy 54)	24 HRS ■ ■	M ■	24 HRS □■□	■■ □	■■■□ ■	F C □	□■	■■■ ■■	□ □	■□□	■■	□ ■	V W	B B F B B B B ■■■■

THE TRUCKER'S FRIEND® - GEORGIA

How to interpret the page

■ means available at truck stop □ means available nearby

In the overnight lot column:
S means room for 5 - 24 trucks
M means room for 25-74 trucks
L means room for 85-149 trucks
XL means room for 150+ trucks
$ means a parking fee may be charged

code at left-hand side of rows is the state map grid reference
a key to advertising logos is on page 25

Services may change without notice. When in doubt, call ahead.

Column groups: Driver Services — Motor Fuel (Truck Diesel, Self Service Diesel, Metered Propane, Gasoline); Parking (Overnight Lot ($), Paved Lot, Trailer Drop, Electric Plug-Ins, Safe Haven/Hazmat); Food (Restaurant, Fast Food, Table Phones); Stores (Motel, Convenience, Trucker/Travel, Shopping Center, Walmart/Kmart, Grocery); Showers (Ladies, Men's, TV/Drivers Lounge, Laundry); Communications (Load Monitor, Internet Kiosk, Wi-Fi Hotspots, Document Scanning, Public Fax/Copier, UPS/FedEx/Trippak Box, Religious Services, State Lottery). Vehicle Services — Scales; Tires (Axle, Platform, Certified, Repairs, New Tire Sales); Repairs (Shop Open 24 Hrs, DOT Inspection, Major Repairs, Minor Repairs, Oil Change/Lube, Minor Welding, AC/Reefer); Road Svcs (CB, Tire, Mechanical, Towing); Wash (Truck (Exterior), Trailer Washout). RV Info (RVs Welcome, Dumping Station, Propane (Bottle)). Financial Services (ATM, Can Wire Money Out, Money Orders, Natso Check-Link, Western Union, Voyager/Wright Express, Comdata (Comchek), EFS, Fuel Man, Multi Service, TCH, T-Chek, Fleet One) — C=Checks, F=Fuel Cards, B=Both. Permit Svcs (Buypay at Fuel Desk, All Prepaid Permit Svcs). Credit Cards (American Express, Visa/Mastercard, Discover).

Grid	Location / Phone	Truck Stop / Address	Motor Fuel	Parking	Food	Stores	Showers	Communications	Scales	Tires	Repairs / Road Svcs / Wash	RV Info	Financial Services	Permit Svcs	Credit Cards
B 3	Hollywood, 30523 706-754-5569	Kangaroo #3324 (Citgo) US 23-441 S & GA 17 Alt	24 HRS ■ ■	S ■	□ ■	■			C	□ ■		□ □ □	■ ■ ■ V W B B F B	B B	■ ■ ■
H 5	Homerville, 31634 912-487-3873	Commissary Express (Citgo) 803 US 84 W	24 HRS ■ ■	M ■ ■	24 HRS □ ■	■ □ □	■ ■ □		F C U F	□	□ □ □ □ □ □	□ □ □	■ ■ V W B B B B	B B	■ ■ ■ ■
D 3	Jackson, 30233 770-775-2076	TravelCenters of America/Atlanta S I-75 Exit 201 (GA 36 E) [TA]	24 HRS ■ ■	XL ■ ■	24 HRS ■ ■	■ ■	■ ■ ■ ■	DAT, TA ■	F C U F T	■	CAT, B/F, ■ ■ ■ ■ ■ ■ A/R □	■ ■ ■	□ □ ■ □ ■ ■ V W B B F B	B B	■ ■ ■ ■
D 3	Jackson, 30233 678-752-0041	Love's Travel Stop #307 I-75 Exit 201 (GA 36 E)	24 HRS ■ ■	L ■	■ ■	■ ■	■ ■	DAT, ⏻ ■	F C T F	□ ■	CAT, □ □ □ □ □ □ □ □	□ □ □	□ □ ■ ■ ■ ■ V W B B F B	B B	■ ■ ■ ■
D 3	Jackson, 30233 770-504-9206	WilcoHess Travel Plaza #3030 I-75 Exit 201 (GA 36 E)	24 HRS ■ ■	L ■ ■	□ ■ ■	■ ■	■ ■ ■	DAT	F C T	□ ■	CAT, □ □ □ □ □ □	□ □ □	□ □ □ ■ V W B B B B	B B	■ ■ ■ ■
D 3	Jackson, 30233 770-775-0138	Flying J Travel Plaza #05280 (Conoco) I-75 Exit 201 (GA 36 W) [Flying J]	24 HRS ■ ■ ■	XL ■ ■	24 HRS ■ ■	■ ■ □ □	■ ■ ■ ■	Flying J ■ Flying J Flying J	C U F T	□	Flying J, □ □ □ □ □ □	□ □ □ □	□ □ ■ ■ ■ ■ ■ V W B B B	B	■ ■ ■ ■
D 3	Jackson, 30233 770-775-1194	Interstate BP I-75 Exit 201 (US 36 W)	24 HRS ■ ■		□ □	■			F C □	□ ■	□ □ □ □ □ □ □ □	□ □ □ □	■ ■ ■ ■ ■ ■ V W		■ ■ ■ ■
D 3	Jackson, 30233 770-227-6265	Jackson Super Mart (BP) I-75 Exit 205 (GA 16 E)	■ ■ ■		■	■				■		□ □ □	■ V W		■ ■ ■
B 2	Jasper, 30143 706-253-3866	Dunn's Food Store (Citgo) GA 515 & GA 53	■ ■ ■	S	■ □	■ □	□			□			■ ■ ■ W B	B	■ ■ ■
B 3	Jefferson, 30549 706-693-4381	QuikTrip #737 (QT) I-85 Exit 137 (US 129)	24 HRS ■ ■	L ■	□ ■ □	■ □	■ ■ ■ □	DAT	F C U F T	□ ■	CAT, □ □ □	□ □ □	■ ■ ■ W B B B B	B B	■ ■ ■ ■
E 4	Jeffersonville, 31044 478-945-2000	96 Truck Plaza (BP) I-16 Exit 24 (GA 96)	24 HRS ■ ■	M ■ ■	24 HRS □	■ ■ □	■ ■ ■ ■		F C	□ ■	□ □ □ □ □ □	■ ■ □	■ ■ ■ ■ V W B B B	B B	■ ■ ■ ■
E 4	Jeffersonville, 31044 478-945-6539	Citgo Food Mart #16 I-16 Exit 24 (GA 96)	■ ■ ■	S	□ □	■				■	□ □		■ ■ ■ V W B F		■ ■ ■
G 6	Jesup, 31545 912-530-9588	Paiges' Minit Mart #4 (Shell) 3499 US 25-84-301 (5 mi N)	24 HRS ■ ■	S ■ ■	□ ■ □	■ □ □ □	□		F	□ ■	□ □ □	□ □ □	■ □ ■ ■ V W B B F B B	B B	■ ■ ■ ■
G 6	Jesup, 31545 912-427-9905	Friendly Express # 1 (Shell) US 84	24 HRS ■ ■	S ■ ■	□ □ □	■ □ □ □	□		F C	□ ■	□ □ □ □ □ □ □	□ □ □	■ □ ■ ■ ■ V W B B F B B	B B	■ ■ ■ ■
D 2	Jonesboro, 30236 770-996-2590	Fuel Mart #638 I-75 Exit 235 (US 19-41)	24 HRS ■ ■		□ □ □	■ □ □ □	□			□ ■	□ □ □ □ □ □ □	□ □ □ □ □	□ ■ ■ B B B	B B	■ ■ ■
C 2	Kennesaw, 30144 770-422-7503	Shell Food Mart I-75 Exit 269 (465 Barrett E)	24 HRS ■ ■		□ □ □	■ □ □ □	□			□ ■			■ ■ ■ V W F		■ ■ ■
H 6	Kingsland, 31548 912-576-7858	WilcoHess Travel Plaza #3060 I-95 Exit 1 (Scrubby Bluff Rd)	24 HRS ■ ■	XL ■ ■ ■	■ ■ □	■ ■	■ ■ ■ □	DAT	F C T	□ ■	CAT, □ □	□ □ □	■ □ ■ ■ V W B B F B B	B B	■ ■ ■ ■
H 6	Kingsland, 31548 912-729-1100	Cisco Travel Plaza #2 I-95 Exit 1 (St Mary's Rd) [AmBest]	24 HRS ■ ■	XL ■ ■	■ ■ □	■ ■ □ □ □	■ ■ ■ ■	DAT	F C U F T		■ ■ ■ ■ ■ ■ ■ ■ ■ ■ ■	■ ■ □	■ ■ ■ ■ ■ ■ ■ V W B B F B B	B B	■ ■ ■ ■
H 6	Kingsland, 31548 912-729-6550	Cisco Travel Plaza #1 (BP) I-95 Exit 6 (Laurel Island Pkwy) [AmBest]	24 HRS ■ ■ ■	L ■ ■	□ ■ ■ □	■ ■ □ □ □	■ ■ ■ □	DAT	F C U F T	□ ■	■ ■ ■ ■ ■ □ □ □ □ □ □ ■	□ □ □	■ ■ ■ ■ ■ ■ V W B B F B B	B B	■ ■ ■ ■
H 6	Kingsland, 31548 912-576-9060	Cone Auto/Truck Plaza #201 I-95 Exit 6 (Laurel Island Pkwy)	24 HRS ■ ■	M ■ ■	■ ■	■ ■	■ ■ ■		F C	■	□ □ □ □ □ □ □ □ □ □ □ □	□ □ □	■ □ ■ B B F B B	B B	■ ■ ■ ■
H 6	Kingsland, 31548 912-729-2770	Flash Foods #195 (Exxon) I-95 Exit 7 (Harriett's Bluff Rd)	24 HRS ■ ■	XL ■	□ ■	■ ■	■ ■ ■		F C	□ ■	□ ■ ■ ■ ■ ■	■ ■ □	■ □ ■ ■ ■ ■ V W B B F B	B B	■ ■ ■ ■ ■
B 1	Krannert, 30165 706-291-7480	Conoco Fuel Center 5646 GA 20 & Huffaker Rd	24 HRS ■ ■	S ■ ■	□ □	■ □	■ ■ □		F C	□ ■	□ □ □ □ □ □ □ □	□ □ □ □ □	■ ■ ■ V W B B F	B	■ ■ ■ ■
E 1	La Grange, 30240 706-882-3976	Quik Change (BP) I-85 Exit 13	■ ■ ■		□ ■ □	■ □ □			□	□ ■	□ □ □ □ □ □	□ □ □ □ □ □	■ ■ ■ V W F		■ ■ ■
E 1	La Grange, 30240 706-884-6318	Pilot Travel Center #069 I-85 Exit 13 (GA 219)	24 HRS ■ ■	M ■ ■	■ ■ □	■ ■	■ ■	⏻ ■	F C T F	□ ■	CAT, □ □ □ □ □ □	□ □ □	■ ■ ■ ■ ■ ■ ■ V W B B F B	B B	■ ■ ■ ■
E 1	La Grange, 30240 706-882-0176	La Grange Travel Center (Shell) I-85 Exit 13 (GA 219)	24 HRS ■ ■	L ■ ■	24 HRS □ ■ □	■ ■	■ ■ ■ ■	DAT	F C U T	■ ■	■ ■ ■ □ □ □ □ □ □ □ □	□ □ □ □ □ □	■ ■ V W B B F B B	B B	■ ■ ■ ■
E 1	La Grange, 30240 706-883-6981	Money Back # 5 (BP/Amoco) I-85 Exit 13 (GA 219)	24 HRS ■ ■		□ □	□ ■				□ ■	□ □ □ □ □ □ □	□ □ □ □ □	■ ■ ■ W B F		■ ■ ■
I 4	Lake Park, 31636 229-559-5113	Lake Park Travel Center (BP) I-75 Exit 2 (Bellville Rd E) [TA]	24 HRS ■ ■	L ■ ■	24 HRS ■ ■ □	■ ■	■ ■ ■ ■	DAT ■	F C T	■ ■ ■ ■	B/F, ■ ■ ■ ■ ■ ■ ■ A	■ ■ □ □ □	■ ■ ■ V W B B B	B B	■ ■ ■ ■
I 4	Lake Park, 31636 229-559-6500	Flying J Travel Plaza #05044 (Conoco) I-75 Exit 2 (Bellville Rd W) [Flying J]	24 HRS ■ ■	XL ■ ■	24 HRS ■ ■ □	■ ■	■ ■ ■ ■	Flying J ■ Flying J Flying J	F C U F T		Flying J, □ □ □ □ □ □ □ □ □ □	□ □ □ □ □	■ ■ ■ ■ V W B B B	B	■ ■ ■ ■

THE TRUCKER'S FRIEND® - GEORGIA

How to interpret the page

■ means available at truck stop □ means available nearby

In the overnight lot column:
- S means room for 5 - 24 trucks
- M means room for 25-74 trucks
- L means room for 85-149 trucks
- XL means room for 150+ trucks
- $ means a parking fee may be charged

code at left-hand side of rows is the state map grid reference

a key to advertising logos is on page 25

Services may change without notice. When in doubt, call ahead.

Column groups: Driver Services — Motor Fuel (Truck Diesel, Self Service Diesel, Metered Propane, Gasoline); Parking (Overnight Lot ($), Paved Lot, Trailer Drop, Electric Plug-ins, Safe Haven/Hazmat); Food (Restaurant, Fast Food, Table Phones); Stores (Motel, Convenience, Trucker/Travel, Shopping Center, Walmart/Kmart, Grocery); Showers (Ladies, Men's); Communication (TV/Drivers Lounge, Laundry, Load Monitor, Internet Kiosk, Wi-Fi Hotspots, Document Scanning, Public Fax/Copier, UPS/FedEx/Trippak Box, Religious Services). Vehicle Services — Scales (State Lottery, Axle, Platform, Certified); Tires (Repairs, New Tire Sales); Repairs (Shop Open 24 Hrs, DOT Inspection, Major Repairs, Minor Repairs, Oil Change/Lube, Minor Welding); Road Svcs (AC/Reefer, CB, Tire, Mechanical, Towing); Wash (Truck (Exterior), Trailer Washout). RV Info (RVs Welcome, Dumping Station, Propane (Bottle)). Financial Services (ATM, Can Wire Money Out, Money Orders, NATSO Check-Link, Western Union, Voyager/Wright Express, Comdata (Comchek), EFS, Fuel Man, Multi Service, TCH, T-Chek, Fleet One, Buy/Pay at Fuel Desk, All Prepaid Permit Svcs) — C=Checks, F=Fuel Cards, B=Both. Permit Svcs. Credit Cards (American Express, Visa/Mastercard, Discover).

Grid / Location / Phone	Truck Stop / Address	Fuel & Parking	Food	Stores	Showers	Communication	Scales	Tires	Repairs	Road Svcs	Wash	RV Info	Financial Services	Permit Svcs	Credit Cards
I4 Lake Park, 31636 229-559-5168	Georgia-Florida Fuel Center (Shell) I-75 Exit 5 (GA 376 W)	24HRS ■ ■	S ■ ■	□ □ □	■ ■	□ □ ■ ■ □	F C	□ ■	□ □	□ □ □ □ □	□	□ □ □	■ □ ■	V W	B B B B ■ ■ ■ ■
I4 Lake Park, 31636 229-559-7000	Citgo Travel Plaza I-75 Exit 5 (GA 376 W)	24HRS ■ ■	S ■ ■	□ ■ □	■ ■	□ □ ■ ■ □	F C □	□ ■	□ □	□ □ □ □	□	□ □ □	■ □ ■ ■ ■ ■ ■	V W	B B F B B B B ■ ■ ■ ■
H4 Lenox, 31637 229-546-4838	Lenox BP I-75 Exit 49 (Kinard Bridge Rd W)	■ ■ ■	S ■	■ □	■	□ ■		□ □ ■				□ □	■ ■ ■	V W	■ ■ ■
C5 Lincolnton, 30817 706-359-1149	Fast Time C-Store (BP) US 378 & GA 47	■ ■ ■	S	□ □ □	■	□ □	F C	□ ■	□ □	□ □ □ □ □	□	□ □ □	■ ■		■ ■ ■ ■
C2 Lithia Springs, 30122 770-941-3460	Econo Flash #5 (Citgo) I-20 Exit 41	24HRS ■ ■			■ ■			■	□ □ □ □ □	□ □ □		□ □ □	■ ■ ■	V W	B B F B B B B ■ ■ ■
C2 Lithia Springs, 30122 770-739-2098	Chevron Station I-20 Exit 41 (Lee Rd)	24HRS ■ ■		□ □ □	■	□ □	F C	□ ■	□ □ □ □ □			□ □ □	□ ■ ■ ■	W	B B F B B B ■ ■ ■ ■
C2 Lithonia, 30058 770-482-4730	Citgo Truck Stop I-20 Exit 74 (Evans Mill Rd)	■ ■ ■		□ □ □	■ □	□ □	F C U	□ ■	□ □			□ □ □	■ ■ ■ ■	V W	B B F B B B ■ ■ ■ ■
C2 Lithonia, 30058 770-482-9107	Buddy's Fuel Stop #5 (Citgo) I-20 Exit 75 (Turner Hill Rd)	24HRS ■ ■		□ □ □	■ □	□ □		□ ■	□ □			□ □ □	■ ■	V W	B B F B B ■ ■ ■
B4 Lula, 30554 770-869-1944	Circle M Food #12 (BP) GA 52 & GA 365	24HRS ■ ■	S	□ ■	■			□ ■					■ ■ ■ ■	V W	B B F B B ■ ■ ■
F5 Lumber City, 31549 912-363-4350	Flash Foods #154 (Exxon) US 341	24HRS ■ ■	S ■ ■	□ ■ ■	■	□		□ ■	□ □	□		□ □	■ ■ ■	V W	B B F B B B ■ ■ ■
F5 Lyons, 30436 912-526-4964	Jumping Jack's (Exxon) 410 US 280 (W of US 1)	24HRS ■ ■		□ ■ □	■	□ □ □		□	□ □	□ □ □ □			■	V W	C ■ ■ ■ ■
E3 Macon, 31206 478-784-9480	Marathon #10 4505 Broadway	■ ■ ■		□	■ □			□ □ ■	□ □	□ □ □	□	□ □ □		V W	B F ■ ■ ■
E3 Macon, 31211 478-741-1502	Walthall Oil (Chevron) 717 GA 49 NE	■ ■ ■		■	■	□		■					■ ■ ■	V W	C ■ ■ ■
E3 Macon, 31210 478-750-0602	Quick Way Foods (Marathon) I-16 Exit 12 (CR 193)	■ ■ ■	S ■	□ ■	■			□ ■				□ □ □	■ ■ ■ ■	V W	F ■ ■ ■
E3 Macon, 31201 478-750-4331	Ocmulgee Chevron #419 I-16 Exit 6 (E Ocmulgee Blvd)	24HRS ■ ■	M ■ ■	24HRS □ □	■	□ □ □ ■ □	F C	□ ■	■ ■ ■ ■	■ ■ ■ ■	A R	■ ■	■ □ ■ ■ ■	V W	B B B B B ■ ■ ■
E3 Macon, 31206 478-757-1953	Marathon Food Center #9 I-475 Exit 3 (US 22 E)	24HRS ■ ■		□ □ □	■	□ □ □ □		□ ■					■ ■ ■	W	B F ■ ■ ■
D4 Madison, 30650 706-343-1455	Pilot Travel Center #420 I-20 Exit 114	24HRS ■ ■	L ■ ■	■ □	■ ■	□ □ □ ■ ■ ■	F C U F T	□ ■	□ □	□ □ □		□ □ □	■ ■ ■ ■ ■ ■ ■ ■ ■	V W	B B F B B B ■ ■ ■ ■
D4 Madison, 30650 706-342-4176	TravelCenters of America (BP) I-20 Exit 114 (US 441)	24HRS ■ ■	L ■ ■	24HRS ■ ■ □	■ ■	□ □ □ ■ ■ ■ ■	F C U F T	□	■ ■ ■ ■ ■ ■		A R	■ ■ ■	■ □ ■ ■ ■ ■	W	B B F B B B ■ ■ ■ ■
D4 Madison, 30650 706-342-1042	Fuel Mart #786 I-20 Exit 114 (US 441)	24HRS ■ ■	M ■ ■	□ □ □	■ ■	□ □ □ ■ ■ □		□ ■	□ □ □ □ □	□ □ □ □ □ □		□ □ □	■ □		B B F B B B B ■ ■ ■
C2 Marietta, 30060 770-432-7755	Shell Food Mart #316 2928 GA 5 (6 mi W of GA 280)	■ ■ ■		□ □ □	■	□ □ □ □		□ □ ■	□ □			□ □ □	■ ■	W	■ ■ ■
C2 Marietta, 30062 770-424-9400	Mark's Coastal 684 US 41 (N of GA 120)	■ ■ ■		□ □ □	■	□ □ □		□	□ □	□ □	□	□ □ □	□	V W	■ ■ ■
D2 McDonough, 30253 770-957-9421	Kangaroo #3333 (Citgo) I-75 Exit 216 (GA 155 S)	24HRS ■ ■	S ■ ■	□ □ □	■	□ □ □ □	F C	■	□ □	□ □		□ □ □	■ ■ ■ ■	V W	B B F B B B B ■ ■ ■ ■
D2 McDonough, 30253 770-954-1486	Liberty Center Texaco I-75 Exit 216 (GA 155)	24HRS ■ ■		□ □ □	■	□ □ □ □	F C F	□ ■	□ □ □ □ □	□ □ □ □ □		□ □ □	■ ■ ■	V W	B B F B B B B ■ ■ ■
D2 McDonough, 30253 770-957-8317	Citgo #359 I-75 Exit 218 (GA 81)	24HRS ■ ■	S ■	□ □ □	■	□ □ □ □	F C	□ ■				□ □ □ □	■ ■ ■ ■	V W	B B F B B B ■ ■ ■ ■
D2 McDonough, 30253 770-957-5154	Citgo Travel Center I-75 Exit 221 (Jonesboro Rd)	24HRS ■ ■	M ■	■ □ □	■ ■	□ □ □ ■ ■	F C U F T	□ ■	□	□ □ □		□ □ □	■ □ ■ ■ ■ ■ ■	V W	B B F B B B ■ ■ ■ ■
F6 Metter, 30439 912-685-2187	Jay's Fuel Stop (BP) I-16 Exit 104 (GA 121 S)	24HRS ■ ■	M ■ ■	□ □ □	■	□ ■ ■	F C	□ □ ■	□ □			□ □ □	■ ■ ■	V W	B B F B B F B ■ ■ ■ ■
F1 Midland, 31820 706-569-5566	Beaver Run Truck & Travel Plaza (Chevron) 8050 US 80 (1.5 mi E of US 27)	24HRS ■ ■	S$ ■	■	■		F	■				□ □ □	■ ■ ■	V W	B B F B B B ■ ■ ■ ■
G7 Midway, 31320 912-884-9453	El Cheapo #50 I-95 Exit 76 (US 84)	24HRS ■ ■	S ■ ■	■ ■	■ ■	■ ■ ■ □	F C F	□ ■ ■ ■ ■	□ □	□		□ □	■ □ ■ ■	V W	B B F B B B B ■ ■ ■ ■

THE TRUCKER'S FRIEND® - GEORGIA

How to interpret the page

■ means available at truck stop □ means available nearby

In the overnight lot column:
- S means room for 5 - 24 trucks
- M means room for 25-74 trucks
- L means room for 85-149 trucks
- XL means room for 150+ trucks
- $ means a parking fee may be charged

code at left-hand side of rows is the state map grid reference

a key to advertising logos is on page 25

Services may change without notice. When in doubt, call ahead.

Column headings: Driver Services — MOTOR FUEL (Truck Diesel, Self Service Diesel, Metered Propane, Gasoline); PARKING (Overnight Lot ($), Paved Lot, Trailer Drop); FOOD (Electric Plug-ins, Safe Haven/Hazmat, Restaurant, Fast Food, Table Phones); STORES (Convenience, Motel, Trucker/Travel, Shopping Center, Walmart/Kmart, Grocery); SHOWERS (Ladies, Men's); COMMUNICATIONS (TV/Drivers Lounge, Laundry, Load Monitor, Internet Kiosk, Wi-Fi Hotspots, Document Scanning, Public Fax/Copier, UPS/FedEx/TripPak Box, Religious Services, State Lottery). Vehicle Services — SCALES; TIRES (Axle, Platform, Certified, Repairs, New Tire Sales); REPAIRS (Shop Open 24 Hrs, DOT Inspection, Major Repairs, Minor Repairs, Oil Change/Lube, Minor Welding); ROAD SVCS (AC/Reefer, Tire, Mechanical); WASH (Towing, Truck (Exterior), Trailer Washout). RV Info (RVs Welcome, Dumping Station, Propane (Bottle)). Financial Services (Can Wire Money Out, ATM, Money Orders, Natso Check-Link, Western Union, Voyager/Wright Express, Comdata (Comchek)). Permit Svcs (C=Checks, F=Fuel Cards, B=Both: EFS, Fuel Man, Multi Service, TCH, T-Chek, Fleet One, Buy/Pay at Fuel Desk, All Prepaid Permit Svcs). Credit Cards (American Express, Visa/Mastercard, Discover).

Grid	Location / Phone	Truck Stop	Fuel / Parking	Overnight Lot / Food	Stores	Showers	Communications	Scales	Tires	Repairs	Road Svcs / Wash	RV Info	Financial Services	Permit Svcs	Credit Cards
D 6	Millen, 30442 478-982-1575	MacTeer BP US 25 S	24 HRS ■ ■	S ■	□□ □	■	□ □		□ ■	□□	□□□□ □	□□□	■ ■ ■ ■ V W	B B F B B B B	■ ■■■
H 3	Moultrie, 31768 229-985-0084	Moultrie Inland #596 1000 1st Avenue	■■ ■		□□ □	■	□□□ □		□□ ■	□□	□□□ □ □	□□□	■ V W	C C F B B B B	■■■
H 3	Moultrie, 31788 229-985-6126	Chevron Food Store #6 1350 US 319 Bypass NE	■■ ■	S ■	□□ □	■	□□	F C	□ ■	□□	□	□□□	■ V W	B B C B	■ ■■■
H 3	Moultrie, 31788 229-985-5938	Jack Rabbit Foods #9 (BP) US 319	24 HRS ■ ■	S	■	■			■			□□□	■■ V W	B B F B B B	■■■
E 1	Mulberry Grove, 31808 706-653-9320	Mulberry Grove Chevron I-185 Exit 19 (GA 315 W)	24 HRS ■ ■	M ■■	■	■	■■	F C	■			□□□	■ ■■ V W	B B F B B B B	■■■
D 2	Newnan, 30263 770-252-3551	Pilot Travel Center #422 I-85 Exit 41 (US 29 N)	24 HRS ■ ■	L ■■	■■■□	■■	□□ ■■■■ DAT ⏻	F T C F	CAT	□	□	□□□	■■ ■■■ ■■ V W	B B F B B B	■■■
D 2	Newnan, 30263 770-251-1082	Greenway Stores # 612 (BP) I-85 Exit 41 (US 29)	24 HRS ■ ■	M ■■	□■■□	■■	■■ DAT	F T C F	□■■■■	□□	□□□□ □	□□□	■ ■■ V W	B B B B B B	■ ■■■
D 2	Newnan, 30265 770-304-1400	Lakeside Shell I-85 Exit 47 (GA 34)	24 HRS ■ ■		□□ □	■	□□□ □	F C	□□■		□	□□□	■■ ■ V W	B	■■■■
F 5	Oak Park, 30471 912-562-3753	Ed's Truck Stop (Pure) I-16 Exit 90 (US 1 N)	■■ ■	$S ■	■	■	■■	F C	□■	□□	□	□□□	■■ V W	B B B	■ ■■■
F 5	Oak Park, 30471 912-562-4230	Red Roof Express (Citgo) I-16 Exit 90 (US 1 N)	■■ ■	S ■	■	■		F C		□□	□□□ □	□□□	■ ■ ■ V W	B	■■■■
G 4	Ocilla, 31774 229-468-7692	Flash Foods #169 802 US 129 N	24 HRS ■ ■	S ■	□■	■	□ □		□■	□□		□□□	■ ■ ■ W	B C F C F	■■■
H 4	Pearson, 31642 912-422-3747	Aden's Minit Market #68 (Shell) US 221-441 (1.5 mi N of US 82)	■■ ■	S ■	□■ □	■	□ □		□■	□		□	■ ■ ■ V W	F F	■■■
H 4	Pearson, 31642 912-422-6600	Four C's Fuel & Lube US 82 (1/3 mi W of US 221-441)	■■ ■	M ■■	24 HRS □	■■	□ ■■■	F C	□□■			□□□	■ ■ ■ V W	B B B B B B	■ ■■■
H 3	Pelham, 31779 229-294-6146	Flash Foods #4281 (BP) 2369 US 19 NE	24 HRS ■ ■		□ □	■	□ □		□■	□□	□ □	□□□	■ ■ ■ V W		■■■
E 3	Perry, 31069 478-987-9741	Flash Foods #267 I-75 Exit 136 (US 341 E)	24 HRS ■ ■		□□ □	■	□□ □	F C	□■	□□	□	□□□	□■ ■ ■ W	B B F B B B	■ ■■■
E 3	Perry, 31069 478-987-9933	Mini Foods #65 (Conoco) I-75 Exit 136 (US 341 W)	24 HRS ■ ■		□■ □	■	□□□ □		□■	□□	□□□□□ □	□□□	□■ ■ V W	B B B B B	■■■
E 3	Perry, 31069 478-987-7367	Happy Store #433 (66) I-75 Exit 138 (Thompson Rd)	24 HRS ■ ■	S ■■	□■■□	■■	□□	F C	□■	□□	□□□□	□□□	■■■ ■ ■ V W	B B B B B	■■■
F 3	Pinehurst, 31070 229-645-3772	Pinehurst Travel Center (BP) I-75 Exit 117	24 HRS ■ ■	XL ■■	24 HRS □	■■	■■■■ □	F C	□■ CAT	□	□ □	□□	■ ■ V W	B B F B B B B	■ ■■■
F 7	Pooler, 31322 912-748-4688	Gate # 209 I-95 Exit 102 (US 80)	24 HRS ■ ■		□□ □	■	□□□ □		□■				■ ■ ■ V W		■■■
F 7	Port Wentworth, 31407 912-966-2723	Pilot Travel Center #071 I-95 Exit 109 (GA 21)	24 HRS ■ ■	XL ■	□■■□	■■	■■ ■ DAT ⏻	U F C T	CAT	□□	□□■□□	□□□□□	■ ■■ ■■ V W	B B F B B B	■■■
F 7	Port Wentworth, 31407 912-964-7500	Circle K Truxtop #5352 (76) I-95 Exit 109 (GA 21)	24 HRS ■ ■	S ■■	□■■□	■■	■	F	□■□□□□	□□	□□□□ □	□□ □	■ ■■■■ ■ V W	B B F B B B	■ ■■■
F 6	Pulaski, 30451 912-685-6020	Grady's Truck Stop (Citgo) I-16 Exit 111 (CR 49)	24 HRS ■ ■	M ■	24 HRS ■■	■■	■■■■	F U C	□	BF	□	■□□	□■ ■ V W	B B B B B B	■ ■■■
H 6	Race Pond, 31537 912-496-7020	Friendly Express # 7 (Chevron) US 1 & GA 121	24 HRS ■ ■	S ■■		■		F C	□■				■ ■ ■ ■ V W	B B B B B B	■ ■■■
F 6	Register, 30452 912-852-9283	El Cheapo #89 (Shell) I-16 Exit 116 (US 301 S)	24 HRS ■ ■	L ■■	■	■■	■■■	F C	□ ■□□□	□□	□□□□ □	□□□	■□■ ■ V W	B B B B	■ ■■■
F 6	Register, 30452 912-852-5441	Po Jo's Gas 'N Go (Chevron) I-16 Exit 116 (US 301)	24 HRS ■ ■	M ■	24 HRS ■□	■■	■■ ■	F F C	□■■■■	□	□□ □	□□□	■ ■ ■ V W	B B F B B B B	■ ■■■
B 1	Resaca, 30735 706-629-1541	Flying J Travel Plaza #05470 (Conoco) I-75 Exit 320 (GA 136 E)	24 HRS ■■■	XL ■■	24 HRS ■■	■■	■■■■ ■■■	U F C T		□□	□□ □ □□□□	□□	■■■■ ■ V W	B B B B	■■ ■■■
C 2	Rex, 30273 770-474-1084	Chevron Station I-675 Exit 2 (US 23-GA 42)	24 HRS ■ ■		□□ □	■	□□ □	F C	□■				■ ■ ■ V W	B B F B B B	■ ■■■
F 2	Richland, 31825 229-887-2211	Shopper Stop #253 (BP) US 280/GA 520 & GA 27	■■ ■	M ■■	□■ □	■	□ ■ □ DAT	F C	□■	□□	□ □	□□□	■ ■■■■ ■ W	B B F B B B B	■ ■■■

THE TRUCKER'S FRIEND® - GEORGIA

How to interpret the page

■ means available at truck stop □ means available nearby

In the overnight lot column:
- S means room for 5 - 24 trucks
- M means room for 25-74 trucks
- L means room for 85-149 trucks
- XL means room for 150+ trucks
- $ means a parking fee may be charged

Code at left-hand side of rows is the state map grid reference; a key to advertising logos is on page 25

Services may change without notice. When in doubt, call ahead.

Column groups: Motor Fuel (Truck Diesel, Self Service Diesel, Metered Propane); Driver Services – Parking (Gasoline, Overnight Lot ($), Paved Lot, Trailer Drop, Electric Plug-Ins, Safe Haven/Hazmat), Food (Restaurant, Fast Food, Table Phones), Stores (Motel, Convenience, Trucker/Travel, Shopping Center, Walmart/Kmart, Grocery), Showers (Ladies', Men's), Communication (TV/Drivers Lounge, Laundry, Load Monitor, Internet Kiosk, Wi-Fi Hotspots, Document Scanning, Public Fax/Copier, UPS/FedEx/TripPak Box); Vehicle Services – Scales (Religious Services, State Lottery, Axle), Tires (Platform, Certified, Repairs, New Tire Sales), Repairs (Shop Open 24 Hrs, DOT Inspection, Major Repairs, Minor Repairs, Oil Change/Lube, Minor Welding, AC/Reefer, CB), Road Svcs (Tire, Mechanical, Towing), Wash (Truck (Exterior), Trailer Washout); RV Info (RVs Welcome, Dumping Station, Propane (Bottle)); Financial Services (ATM, Can Wire Money Out, Money Orders, Natso Check-Link, Western Union, Wright Express, Voyager, Comdata (Comchek)); C=Checks, F=Fuel Cards, B=Both (EFS, Fuel Man, Multi Service, TCH, T-Chek, Fleet One); Permit Svcs (Buy/Pay at Fuel Desk, All Prepaid Permit Svcs); Credit Cards (American Express, Visa/Mastercard, Discover)

Grid	City / Phone	Truck Stop / Location	Motor Fuel & Parking	Food	Stores & Showers	Communication	Scales	Vehicle, RV & Financial Services	Permit	Fuel Cards	Credit Cards
F 7	Richmond Hill, 31324 912-756-3381	TravelCenters of America/Savannah I-95 Exit 87 (US 17 S) (TA)	24 HRS ■ ■	L ■ ■	24 HRS ■ ■ □ ■ ■ □ □	■ ■ ■ ■ DAT TA ■	F C U F T	■ CAT BF ■ ■ ■ ■ ■ ■ ■ ■ □ □ □ ■ □ ■ ■	V W	B B B B B	■ ■ ■ ■
F 7	Richmond Hill, 31324 912-756-3305	El Cheapo #04 (Shell) I-95 Exit 87 (US 17)	24 HRS ■ ■	S ■	□ □ □ ■ □	■ ■ □	F □	□ ■ □ □ □ □ □ □ □ □ □ □ □ ■ ■	V W	B B F B B B B	■ ■ ■ ■
F 7	Richmond Hill, 31324 912-756-3527	Friendly Express #25 (Chevron) I-95 Exit 87 (US 17)	■ ■ ■		□ □ □ ■ □	■ □	F C □	□ ■ □ □ □ □ □ □ □ □ □ □ □ □ □ □ □ □ □ ■ ■ ■	V W	B B F B	■ ■ ■ ■
A 1	Ringgold, 30736 706-935-2351	Cochran's Travel Center (Exxon) I-75 Exit 345 (US 41 S)	24 HRS ■ ■	L ■ ■	24 HRS ■ ■ ■ ■ □	■ ■ ■ ■ DAT ■	F C U F T	■ ■ CAT BF ■ ■ ■ ■ ■ ■ ■ ■ □ □ □ ■ ■	V W	B B F B B B B	■ ■ ■ ■
A 1	Ringgold, 30736 706-935-5107	Choo Choo Truck Wash Plaza I-75 Exit 345 (US 41 S) (AmBest)	24 HRS ■	S ■ ■	□ ■ □ ■ ■ □ □ □	■ ■ □	F C	□ ■ ■ ■ □ □ □ □ □ □ □ □ ■ ■ ■ □ ■		B B B B B	■ ■ ■ ■
A 1	Ringgold, 30736 706-935-2446	Shell Fuel Center #1027 I-75 Exit 348 (GA 151 E)	24 HRS ■ ■		□ □ □ ■ □ □	□	F C	□ ■ □ □ □ □ □ □ ■ ■ ■	V W	B F B B	■ ■ ■ ■
A 1	Rising Fawn, 30738 706-462-2455	Pilot Travel Center #415 I-59 Exit 4	24 HRS ■ ■	XL ■ ■	■ ■ ■	■ ■ ■ ■ DAT (power logo) ■	F C T F	□ ■ CAT BF □ □ □ □ ■ ■ ■ ■ ■ ■ ■	V W	B B F B B B	■ ■ ■ ■
C 1	Rockmart, 30153 770-684-2929	Fast Food & Fuel #194 (Shell) 104 US 101	24 HRS ■ ■		□ □ □ ■ □	□	F	□ ■ ■ ■ ■	V W	B B F C B B B	■ ■ ■ ■
C 1	Rome, 30165 706-234-1838	Highway 411 Truck Stop (BP) 145 US 411 E	24 HRS ■ ■	S ■	□ □ □ ■ □ □			□ ■ ■ ■ ■ ■	V W	B B B B B B	■ ■ ■
C 1	Rome, 30611 706-295-2285	Cowboy's Food Mart #57 Rome Bypass & Old Calhoun Hwy	24 HRS ■ ■	S	■ ■ □ ■ □ □ □	□	F C □	■ □ □ □ □ □ □ ■ ■ ■ ■	W	B B F B B B B	■ ■ ■ ■
E 5	Sandersville, 31082 478-552-0106	JP's #2 (Citgo) 635 GA 88 (E of GA 15)	■ ■ ■		□ □ □ ■	□		□ □ ■	V W		■ ■ ■
F 7	Savannah, 31405 912-964-5280	Pilot Travel Center #072 I-16 Exit 160 (GA 307)	24 HRS ■ ■		■ ■ ■	■ (power logo) ■	F C F	■ CAT □ □ □ □ ■ ■ ■ ■ ■	V W	B B F B B B	■ ■ ■ ■
F 7	Savannah, 31419 912-925-3526	El Cheapo #41 (Shell) I-95 Exit 94 (GA 204)	24 HRS ■ ■		□ ■ □ ■ □ □ □		F C □	□ ■ ■	V W	B B F B B B B	■ ■ ■ ■
C 2	Smyrna, 30080 770-434-9949	Pilot Travel Center #344 I-285 Exit 16	24 HRS ■ ■	M ■	□ ■ ■ □ ■ ■	□ ■ ■ ■ □ DAT ■ (power logo) ■	F C U F T	□ ■ CAT □ □ □ □ □ □ □ ■ ■ ■ ■ ■	V W	B B F B B B	■ ■ ■ ■
F 5	Spring Branch, 31513 912-367-1462	Todd's US #1 (BP) 6914 US 1 N & Alomaha School Rd	■ ■ ■	S	■		F C	□ □ □ □ □ ■ ■	V W	B B B F	■ ■ ■ ■
F 7	Springfield, 31329 912-754-7006	Southside BP 1283 GA 21 S	■ ■ ■	S	□ ■ ■			□ ■ ■ ■ ■	V W	B F	■ ■ ■
F 6	Statesboro, 30458 912-871-3742	Flash Foods #251 12440 US 301 S Bypass	24 HRS ■ ■		□ □ ■ □	□		□ ■ □ □ □ □ □ □ □ □ □ □ □ ■ ■ ■	W	B B F F B	■ ■ ■
C 3	Suwanee, 30024 770-932-1136	FA Sims Oil Co #104 (66) I-85 Exit 111	24 HRS ■ ■		□ □ □ ■ □ □ □		□	□ ■ □ □ □ □ □ □ □ □ □ ■ ■ ■	V W	B	■ ■ ■
G 3	Sycamore, 31790 229-567-4328	Nick's Chevron I-75 Exit 80 (Bussey Rd E)	■ ■ ■	S ■	□ □ ■		F C	□ ■ □ □ □ □ □ □ □ □ □ □ □ □ □	W	B F	■ ■ ■ ■
G 3	Sycamore, 31790 229-567-4961	Exxon Truck Stop I-75 Exit 80 (Bussey Rd E)	24 HRS ■ ■	M ■ ■	□ ■ □ ■	■ ■	F C	□ ■ □ □ □ □ □ □ □ □ □ □ □ □ ■ □ ■	V W	B B B B	■ ■ ■ ■
E 6	Sylvania, 30467 912-829-3387	Jaimatadee Trading (BP) US 301 N (7 mi N of town)	■ ■ ■	S ■	□ ■ □ ■		F C	■ □ □ □ □ □ ■ ■ ■	V W	B B F B B	■ ■ ■ ■
G 3	Sylvester, 31791 229-776-3948	Webb's Truck Stop (Spur) 2520 US 82 W	■ ■ ■	S ■	■ □ □ ■ □ □ □			□ □ □ □ □ ■	V W	B B	■ ■ ■
C 1	Tallapoosa, 30176 770-574-9922	Pilot Travel Center #312 I-20 Exit 5 (GA 100 S)	24 HRS ■ ■	L ■	□ ■ ■ □ ■ ■	■ ■ ■ DAT ■ (power logo) ■	F C U F T	■ CAT □ □ □ □ □ □ □ □ □ □ □ □ □ □ ■ ■ ■ ■	V W	B B F B B B	■ ■ ■ ■
C 1	Tallapoosa, 30176 770-574-5082	Noble Auto/Truck Plaza (Citgo) I-20 Exit 5 (GA 100)	24 HRS ■ ■ ■	XL ■ ■	24 HRS ■ ■ □ ■ ■	□ ■ ■ ■ ■	F C U F T	□ ■ ■ ■ ■ ■ ■ ■ ■ ■ ■ ■ ■ ■ ■ ■ A R ■ ■ ■ ■ ■ ■ ■ □ ■ ■ ■ ■ ■	V W	B B F B B B B	■ ■ ■ ■ ■
C 1	Tallapoosa, 30176 770-574-2881	Owens Big O Truck Stop I-20 Exit 5 (GA 100)	■ ■ ■	M ■	■ ■ □	■ ■ □	F C □	□ □ □ □ □ □ □ □ □ □ □ □ □ □ □ □ □ □ ■	V W	B B B B	■ ■ ■
C 1	Tallapoosa, 30176 770-574-8763	Shell Food Mart I-20 Exit 5 (GA 100)	24 HRS ■ ■	S ■ ■	□ □ □ ■	■	F C	□ ■ ■ ■ □ ■	V W	B F B	■ ■ ■ ■
C 1	Temple, 30179 770-562-9773	Pilot Travel Center #417 I-20 Exit 19 (GA 113)	24 HRS ■ ■	L ■ ■	■ □ ■ ■	■ ■ ■ ■ DAT (power logo) ■	F C U F T	□ ■ CAT □ □ □ □ □ ■ ■ ■ ■ ■ ■ ■	V W	B B F B B B	■ ■ ■ ■
C 1	Temple, 30179 770-562-4009	Flying J Travel Plaza #05045 (Conoco) I-20 Exit 19 (GA 113) (Flying J)	24 HRS ■ ■ ■	XL ■ ■	24 HRS ■ ■ ■ ■	□ ■ ■ ■ ■ (FJ) ■ (FJ) (FJ)	F C U F T	(FJ) □ □ □ □ □ □ □ ■ ■ ■	W	B B B B	■ ■ ■ ■

THE TRUCKER'S FRIEND® - GEORGIA

How to interpret the page

■ means available at truck stop □ means available nearby

In the overnight lot column:
- S means room for 5 - 24 trucks
- M means room for 25-74 trucks
- L means room for 85-149 trucks
- XL means room for 150+ trucks
- $ means a parking fee may be charged

code at left-hand side of rows is the state map grid reference

a key to advertising logos is on page 25

Services may change without notice. When in doubt, call ahead.

Column groups: Motor Fuel (Truck Diesel, Self Service Diesel, Metered Propane, Gasoline); Driver Services — Parking (Overnight Lot, Paved Lot, Trailer Drop, Electric Plug-ins, Safe Haven/Hazmat), Food (Restaurant, Fast Food, Table Phones), Stores (Motel, Convenience, Trucker/Travel, Shopping Center, Walmart/Kmart, Grocery), Showers (Ladies, Men's, TV/Drivers Lounge, Laundry), Communications (Load Monitor, Internet Kiosk, Wi-Fi Hotspots, Document Scanning, Public Fax/Copier, UPS/FedEx/TripPak Box, Religious Services, State Lottery); Vehicle Services — Scales (Axle, Platform, Certified), Tires (Repairs, New Tire Sales, Shop Open 24 Hrs), Repairs (DOT Inspection, Major Repairs, Minor Repairs, Oil Change/Lube, Minor Welding, AC/Reefer), Road Svcs (CB, Tire, Mechanical, Towing), Wash (Truck (Exterior), Trailer Washout); RV Info (RVs Welcome, Dumping Station, Propane (Bottle)); Financial Services (ATM, Can Wire Money Out, Money Orders, NATSO Check Link, Western Union, Voyager/Wright Express, Comdata/Comchek, EFS, Fuel Man, Multi Service; C=Checks, F=Fuel Cards, B=Both); Permit Svcs (T-Chek, TCH, Fleet One, Buy/Pay at Fuel Desk, All Prepaid Permit Svcs); Credit Cards (American Express, Visa/Mastercard, Discover)

Grid	City / Phone	Truck Stop / Location	Fuel	Overnight Lot	Scales codes	Financial / Permit codes
E 4	Tennille, 31089 / 478-552-5080	Quick Mart (Citgo) / 405 GA 15-68 S		M		V W B
I 3	Thomasville, 31792 / 229-226-4473	Jack Rabbit # 2 (BP) / 1334 US 319 W	24 HRS	S		V W B B F B B B B
I 3	Thomasville, 31792 / 229-377-3902	Parkway Junction (Shell) / 1494 US 319 S		S		W F
I 3	Thomasville, 31792 / 229-377-9717	Hud's #3 (Texaco) / 2499 US 319 S		S	F C	V W B C F B B
I 3	Thomasville, 31792 / 229-551-0220	Thomasville Travel Center (Citgo) / 2685 US 84 Bypass	24 HRS	L	F C (CAT)	V W B B B B B B
I 3	Thomasville, 31792 / 229-226-9690	Jack Rabbit #202 (BP) / US 19 N & GA 202				V W B B
I 3	Thomasville, 31792 / 229-226-8991	Jack Rabbit # 1 (BP/Amoco) / US 84 & Pine Tree Blvd	24 HRS			V W C F
C 5	Thomson, 30824 / 706-595-0516	Circle K Truxtop #5367 (76) / I-20 Exit 172	24 HRS	M	F C U	V W B B F B B
C 5	Thomson, 30824 / 706-595-3302	USA Truck Stop (BP) / I-20 Exit 175 (GA 150)	24 HRS	L	F C U	V W B B F B B B B
G 3	Tifton, 31794 / 229-382-7295	Pilot Travel Center #192 / I-75 Exit 60 (Union Rd W)	24 HRS	XL	(DAT) F C U F T (CAT) A R	V W B B F B B B
G 3	Tifton, 31794 / 229-388-0543	Citgo Travel Plaza / I-75 Exit 61	24 HRS	M		V W B B B B B
G 3	Tifton, 31794 / 229-387-7975	Peaches #2 (Citgo) / US 82 E & US 41	24 HRS	M	F C	V W B B B B
B 4	Toccoa, 30577 / 706-886-5248	Circle M (BP) / 604 GA 17 Alt S			F C F	V W
F 3	Unadilla, 31091 / 478-627-3218	All State Truck Stop (Citgo) / I-75 Exit 121 (US 41 SW)	24 HRS	L	(DAT) F C U	V W B B F B B B B
D 2	Union City, 30291 / 770-969-8036	Chevron Food Mart #122 / I-85 Exit 66 (Flat Shoals Rd)	24 HRS			V W B B F B B B
I 4	Valdosta, 31601 / 229-244-8034	Pilot Travel Center #073 / I-75 Exit 11 (GA 31 E)	24 HRS	M	(DAT) F C T (CAT) (Boss) A	V W B B F B B B
I 4	Valdosta, 31603 / 229-293-0388	WilcoHess Travel Plaza #3050 / I-75 Exit 11 (GA 31)	24 HRS	M	(DAT) F C T F (CAT)	V W B B F B B B B
I 4	Valdosta, 31603 / 229-242-3133	APC Food Mart / I-75 Exit 16 (US 84 E)	24 HRS			V W B B
I 4	Valdosta, 31601 / 229-241-7118	Jack Rabbit # 4 (BP) / I-75 Exit 16 (US 84 E)				V W F
I 4	Valdosta, 31601 / 229-241-7795	Buzz's Auto/Truck Plaza (Shell) / I-75 Exit 16 (US 84 W)	24 HRS	M	F C U T (Boss) A	V W B B F B B B B
F 5	Vidalia, 30474 / 912-538-9599	Patel's Pic-Quik (Shell) / US 280 W			F	V W
G 3	Vienna, 31092 / 229-268-1414	Davis Brothers - Vienna Travel Center / I-75 Exit 109	24 HRS	M	F C	W B B F B B B B
G 3	Vienna, 31092 / 229-268-2884	Rachel's BP / I-75 Exit 112 (GA 27)	24 HRS	S	F C	V W B B F C B B B
C 1	Villa Rica, 30180 / 770-459-1149	RMI Shell Food Mart / I-20 Exit 24 (GA 61)	24 HRS		F C	V W B B F B B
C 1	Villa Rica, 30180 / 770-456-9941	WilcoHess Travel Plaza #3010 / I-20 Exit 26 (Liberty Rd)	24 HRS	XL	(DAT) F C T (CAT) (Boss) R	V W B B F B B B B
C 1	Waco, 30182 / 770-824-5040	Love's Travel Stop #311 / I-20 Exit 9 (Atlantic Ave)	24 HRS	M	(DAT) F C F (CAT)	V W B B F B B B
E 5	Wadley, 30477 / 478-252-7428	Shake Rag Express (Citgo) / 10525 US 1 S & GA 78	24 HRS	S	F C	V W B B F B B B B
E 5	Wadley, 30477 / 478-252-5951	Jet Food Store # 4 / 10550 US 1 Bypass	24 HRS	S		W B B F B B

THE TRUCKER'S FRIEND® - GEORGIA

How to interpret the page

■ means available at truck stop □ means available nearby

in the overnight lot column: S means room for 5 - 24 trucks; M means room for 25-74 trucks; L means room for 85-149 trucks; XL means room for 150+ trucks; $ means a parking fee may be charged

code at left-hand side of rows is the state map grid reference

a key to advertising logos is on page 25

Services may change without notice. When in doubt, call ahead.

Driver Services: MOTOR FUEL (TRUCK DIESEL, SELF SERVICE DIESEL, METERED PROPANE, GASOLINE); PARKING (OVERNIGHT LOT ($), PAVED LOT, TRAILER DROP, ELECTRIC PLUG-INS, SAFE HAVEN/HAZMAT); FOOD (RESTAURANT, FAST FOOD, TABLE PHONES); STORES (MOTEL, CONVENIENCE, TRUCKER/TRAVEL, SHOPPING CENTER, WALMART/KMART, GROCERY); SHOWERS (LADIES', MEN'S, TV/DRIVERS LOUNGE, LAUNDRY); COMMUNICATION (LOAD MONITOR, INTERNET KIOSK, WI-FI HOTSPOTS, DOCUMENT SCANNING, PUBLIC FAX/COPIER, UPS/FEDEX/TRIPPAK BOX, RELIGIOUS SERVICES, STATE LOTTERY)

Vehicle Services: SCALES (AXLE, PLATFORM, CERTIFIED); TIRES (REPAIRS, NEW TIRE SALES); REPAIRS (SHOP OPEN 24 HRS, DOT INSPECTION, MAJOR REPAIRS, MINOR REPAIRS, OIL CHANGE/LUBE, MINOR WELDING, AC/REEFER); ROAD SVCS (CB, TIRE, MECHANICAL, TOWING); WASH (TRUCK (EXTERIOR), TRAILER WASHOUT)

RV Info: RVs WELCOME, DUMPING STATION, PROPANE (BOTTLE)

Financial Services: CAN WIRE MONEY OUT, ATM, MONEY ORDERS, NATSO CHECK-LINK, WESTERN UNION, VOYAGER/WRIGHT EXPRESS, COMDATA (COMCHEK), EFS, FUEL MAN, MULTI SERVICE, TCH, T-CHEK, FLEET ONE (C=Checks, F=Fuel Cards, B=Both)

Permit Svcs: BUY/PAY AT FUEL DESK, ALL PREPAID PERMIT SVCS

Credit Cards: AMERICAN EXPRESS, VISA/MASTERCARD, DISCOVER

Location	Truck Stop																										
H 5 Waresboro, 31503 912-283-6607	Z Way Truck Stop US 82 & Lovett Rd	24 HRS ■ ■	L ■ ■		■	■ ■		■ ■	■ ■		F C	□ ■		□				□ □ □		■	■ ■ ■	■ W	B B	F B B	B B	■	■ ■ ■
C 5 Washington, 30673 706-678-2936	Shell Pumping Station #11 805 US 78/GA 17 Bypass NE	24 HRS ■ ■	M ■		□ ■ □	■	□ □		□		F C	□ ■		□ □		□ □ □	□	□ □ □		■	■	V W	B B	F B	B B	■	■ ■ ■
C 5 Washington, 30673 706-678-1416	Golden Pantry Food Store #81 (Texaco) US 78 & US 378	24 HRS ■ ■			□ □ □	■	□		□			□ ■		□ □		□ □ □	□ □	□ □ □			■ ■	V W					■ ■ ■
H 5 Waycross, 31501 912-283-0998	Pa-Pa's Deli US 82-84 (Corridor Z & 38 Connector)	24 HRS ■ ■	S ■		□ ■ □	■	□					□		□ □		□ □ □		□ □ □		■	■	V W	B B		C B		■ ■ ■
E 1 Whitesville, 31822 706-663-8857	Money Back #28 (BP) I-185 Exit 30	24 HRS ■ ■			■	■						■								■	■ ■	V W	B				■ ■ ■
A 1 Wildwood, 30757 706-820-0896	Fast Food & Fuel #166 I-24 Exit 169 (GA 299 N)	24 HRS ■ ■			□	■		■			F C	□ ■									■ ■		B B	F B B	C C	■	■ ■ ■
A 1 Wildwood, 30757 706-820-2005	Fast Travel #190 (Amoco) I-24 Exit 169 (GA 299 S)	24 HRS ■ ■	S ■ ■		■ □	■	□	■			F C T	□ ■	■ ■ ■	□ □		□ □ □		□ □ □		■ ■	■ ■	V W	B B	F B B	B B	■	■ ■ ■
A 1 Wildwood, 30757 706-820-7353	Pilot Travel Center #254 I-24 Exit 169 (GA 299)	24 HRS ■ ■	S ■		■ ■	■		■ ■		DAT ■	■ F C F	■	CAT	□ □		□ □	□	□ □ □		■	■ ■	■ V W	B B	F B	B B	■	■ ■ ■
G 4 Willacoochee, 31650 912-534-5210	Aden's Mini Mart (Shell) US 82 E	■ ■ ■	S		■	■	□		□		F C □	□ ■		□ □				□ □ □		■ ■	■ ■	W	B		B	■	■ ■ ■
C 3 Winder, 30680 770-867-2584	BP Station 186 GA 8 W (in town)	■ ■ ■			□ □ □	■	□ □ □		□		F C	■								■	■ ■	V W					■ ■ ■
C 3 Winder, 30680 770-307-4190	Kangaroo Pantry #3345 (Citgo) 93 GA 8 E	24 HRS ■ ■			□ □ □	■	□ □		□		C □	□ ■								■	■ ■	V W	B B	F B B	B B		■ ■ ■
C 3 Winder, 30680 770-867-5668	Shell Food Mart US 29 & GA 8	24 HRS ■ ■			□ ■ □	■	□ □		□		F C □	□ ■		□ □	□	□ □	□	□ □ □		□ ■	■ ■ ■	■ V W	B B	F B B	B B	■	■ ■ ■
H 6 Woodbine, 31569 912-882-8440	Sunshine Travel Plaza (Citgo) I-95 Exit 14 (GA 25)	24 HRS ■ ■ ■	M ■		24 HRS □	■	□	■	■		F C □	□ ■	■	□		□		□ □ □		■ ■	■	V W	B B	B	B B	■	■ ■ ■
D 5 Wrens, 30833 706-547-2214	Jet Food Store #17 (BP) 704 US 1 N	24 HRS ■ ■	S		□ ■ □	■	□		□		F C U	□ ■		□ □		□ □		□ □ □		□ ■	■ ■	V W	B B	F B B	C C	■	■ ■ ■

IDAHO

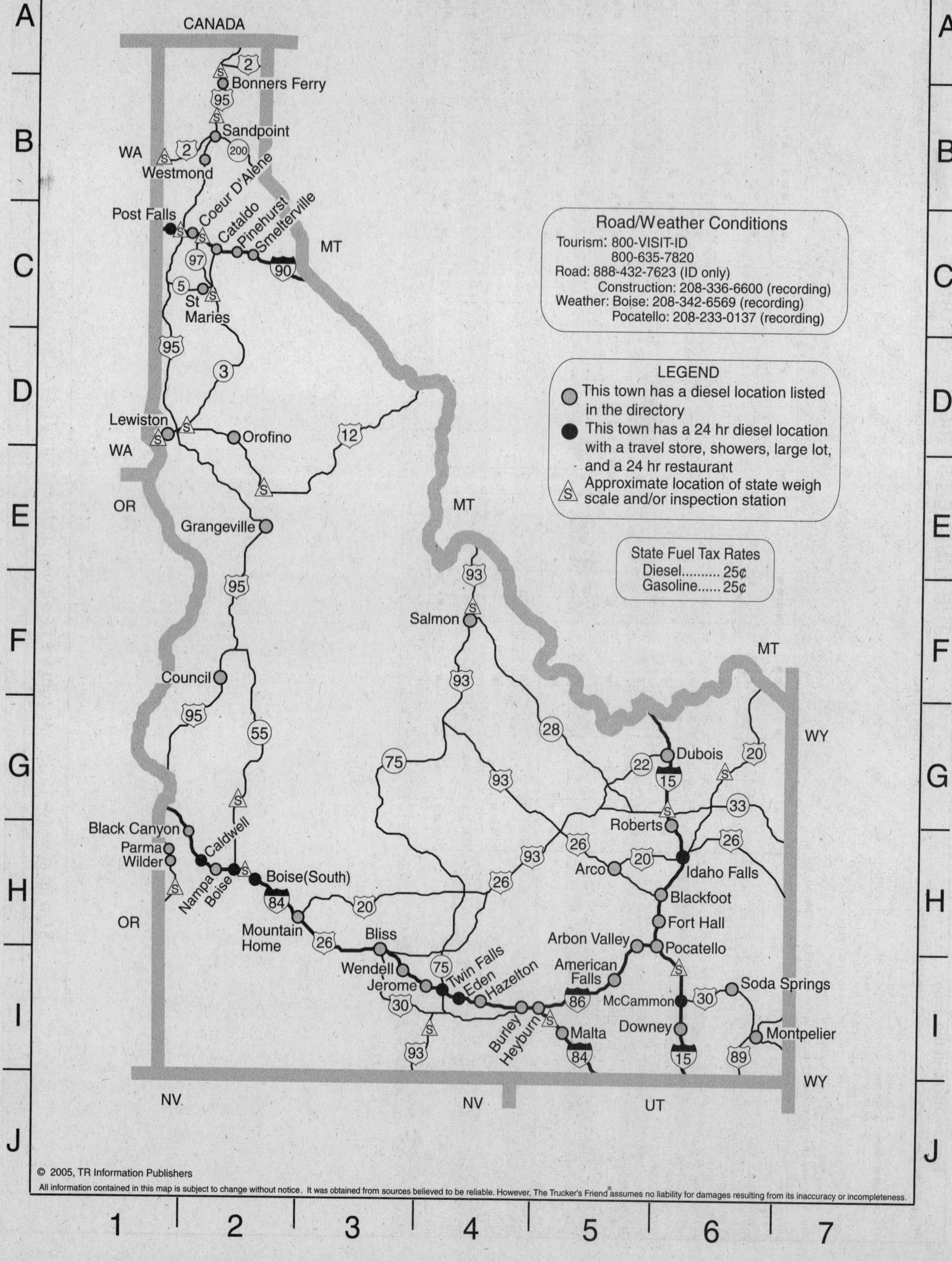
CANADA
WA
MT
OR
WY
NV
UT
Bonners Ferry
Sandpoint
Westmond
Post Falls
Coeur D'Alene
Cataldo
Pinehurst
Smelterville
St Maries
Lewiston
Orofino
Grangeville
Salmon
Council
Dubois
Roberts
Idaho Falls
Arco
Blackfoot
Fort Hall
Arbon Valley
Pocatello
American Falls
McCammon
Soda Springs
Downey
Montpelier
Malta
Burley
Heyburn
Hazelton
Eden
Twin Falls
Jerome
Wendell
Bliss
Mountain Home
Boise(South)
Boise
Nampa
Caldwell
Black Canyon
Parma
Wilder
Road/Weather Conditions
Tourism: 800-VISIT-ID
800-635-7820
Road: 888-432-7623 (ID only)
Construction: 208-336-6600 (recording)
Weather: Boise: 208-342-6569 (recording)
Pocatello: 208-233-0137 (recording)
LEGEND
This town has a diesel location listed in the directory
This town has a 24 hr diesel location with a travel store, showers, large lot, and a 24 hr restaurant
Approximate location of state weigh scale and/or inspection station
State Fuel Tax Rates
Diesel.......... 25¢
Gasoline...... 25¢
A
B
C
D
E
F
G
H
I
J
1
2
3
4
5
6
7

THE TRUCKER'S FRIEND® - IDAHO

How to interpret the page

■ means available at truck stop □ means available nearby

In the overnight lot column:
- S means room for 5 - 24 trucks
- M means room for 25-74 trucks
- L means room for 85-149 trucks
- XL means room for 150+ trucks
- $ means a parking fee may be charged

code at left-hand side of rows is the state map grid reference

a key to advertising logos is on page 25

Services may change without notice. When in doubt, call ahead.

Column groups: Motor Fuel (Truck Diesel, Self Service Diesel, Metered Propane, Gasoline) / Parking (Overnight Lot, Paved Lot, Trailer Drop, Electric Plug-Ins, Safe Haven/Hazmat) / Food (Restaurant, Fast Food, Table Phones) / Stores (Motel, Convenience, Trucker/Travel, Shopping Center, Walmart/Kmart, Grocery) / Showers (Ladies, Men's, TV/Drivers Lounge, Laundry) / Communication (Load Monitor, Internet Kiosk, Wi-Fi Hotspots, Document Scanning, Public Fax/Copier, UPS/FedEx/Drop Box, Religious Services, State Lottery) / Scales / Tires (Axle, Platform, Certified) / Repairs (Repairs, New Tire Sales, Shop Open 24 Hrs, DOT Inspection, Major Repairs, Minor Repairs, Oil Change/Lube, Minor Welding, AC/Reefer) / Road Svcs (CB, Tire, Mechanical, Towing) / Wash (Truck (Exterior), Trailer Washout) / RV Info (RVs Welcome, Dumping Station, Propane (Bottle)) / Financial Services (ATM, Can Wire Money Out, Money Orders, Natso Check-Link, Western Union, Wright Express, Comdata (Comchek), Voyager) / Permit Svcs (EFS, Fuel Man, Multi Service) — C=Checks, F=Fuel Cards, B=Both / Credit Cards (TCH, T-Chek, Fleet One, Buy/Pay at Fuel Desk, All Prepaid Permit Svcs, American Express, Visa/Mastercard, Discover)

Grid	Location	Truck Stop	Parking	Food	Stores / Showers / Communication	Scales	Tires / Repairs	Road Svcs / Wash	RV Info	Financial	Permit Svcs	Credit Cards
I 5	American Falls, 83211 208-226-2697	Hill Top Truck Stop I-86 Exit 40	24HRS ■■■	S ■	24HRS ■□■□■ □■■■■	F C	□ ■■■ □□	□□□ □	□□□	□■■	V W B B	B B B B ■■■■
H 5	Arbon Valley, 83203 208-232-9413	Bannock Peak Truck Stop (Sinclair) I-86 Exit 52	■■ ■	S ■■	■ ■	F C				■ ■	V W B C	B B B ■■■■
H 5	Arco, 83213 208-527-3504	Carroll's Travel Plaza (Tesoro) US 20-26	■■ ■	M ■■	□■ □■ ■ □■■ ■	F C	□ □□□□ □		□□□	■ ■		B B ■■■■■
H 2	Black Canyon, 83607 208-454-9179	Stinker Station #45 (Sinclair) I-84 Exit 13	24HRS ■ ■	M ■■	■■■■■ ■■ ■■■■	F C	■■■■		□□□	■□ ■ ■	V W B B	B B B B ■■■■■
H 6	Blackfoot, 83221 208-785-1170	Gas & Scrub (66) 410 W US 26	■■ ■		□■ □■ ■ □□□ □		□■□□□□ □□	□□□□ □□	□□		V W C	F ■■■
H 6	Blackfoot, 83221 208-785-6607	Flying J Fuel Stop #11182 I-15 Exit 93 (Flying J)	24HRS ■■■		□■■□■■ □□□ ■■ □ (Flying J)	U F C T (Flying J)	□■ □□	□□□□□ □	□□□	■■■	W B	B B B ■■■■
I 3	Bliss, 83314 208-352-4627	Stinker Station #74 (Sinclair) I-84 Exit 137/141 (401 E US 30)	24HRS ■ ■	M ■■	□ □■ ■ □■■ ■	F C	□■			■□■■ ■ ■■	V W B B	B B B B ■■■■
H 2	Boise, 83705 208-344-1091	TravelCenters of America (Tesoro) I-84 Exit 54 (Broadway Ave) (TA)	24HRS ■ ■	L ■■	24HRS ■■□■■ □■■■■ (DAT) (TA)	U F C T	■■ (CAT) (logo)	■■■■■■ ■ A R	■■□□□	■□ ■■■■■	V W B B F	B B B ■■■■
H 2	Boise, 83705 208-385-9745	Flying J Fuel Stop #10380 I-84 Exit 54 (US 20-26) (Flying J)	24HRS ■■■	M ■	□■■□■■ □■■ ■ (Flying J)	F C T (Flying J)	□■□□□□□□	□□□□□ □□	□□□□□	■■■■	V W B	B B B ■■■■
H 2	Boise (South), 83716 208-343-1367	Boise Stage Stop (Sinclair) I-84 Exit 71	24HRS ■■■	XL ■■ ■	24HRS ■ ■■ ■■■■ (DAT) (logo)	U F C T	■■■■■ (logo)	■■■■■■ ■	■■□■■	■■■■	V W B B	B B B ■■■■
B 2	Bonners Ferry, 83805 208-267-3612	Dyck's Oil & Auto (Exxon) US 2-95 (1 mi S of town)	■■ ■		□■ □■ □ □	F C	□□ □□	□□□□□	□□ □	□ ■	V W C	■■■■
B 2	Bonners Ferry, 83805 208-267-2541	3 Mile Corner Truck Stop (Exxon) US 2-95 MM 510	■■■■	S ■■	■ □■ ■■	F C	■□□□	□□□		■ ■■	V W B C	B F F ■■■■■
I 4	Burley, 83336 208-679-2122	Hub Plaza (66) I-84 Exit 208 (ID 27)	24HRS ■ ■	L ■■	□■■■■■□□□■■		□ ■■■□□	□□ □	□□□	■ ■	V W B B	B B B ■■■
H 2	Caldwell, 83605 208-453-9225	Flying J Travel Plaza #05002 (Conoco) I-84 Exit 29 (US 20) (Flying J)	24HRS ■■■	L ■■	24HRS ■■□■■■□□□■■■■■■ (Flying J)	U F C T	□ (Flying J) □□	□□□□□□□	□□□□	■■■	V W B	B B B F ■■■■
H 2	Caldwell, 83605 208-454-2084	Sage Travel Plaza (Sinclair) I-84 Exit 29 (US 20-26)	24HRS ■■■	L ■	■■■■□■■ □□■■■■ (DAT)	F C T F	■ □ □□		□□□	■■■ ■	V W B	B B ■■■■
C 2	Cataldo, 83810 208-682-2405	Junction Quick Stop (Conoco) I-90 Exit 34 (Rose Lake - Hwy 3)	■■■■		□■ ■	F C	■			■	V W F	■■■■
C 2	Coeur D'Alene, 83814 208-667-0538	Tesoro To Go I-90 Exit 15	24HRS ■■■	S ■	□■ □■ □■■ ■	F	□■			■■■ ■	V W B	■■■■
F 2	Council, 83612 208-253-0093	Shell Fuel & Food US 95 S	■■■■	S ■■	□■ □■ ■ □	F C	□ ■■■□□	□□□□	□□□	■□■■	V W B B F	B B C ■■■■■
I 6	Downey, 83234 208-897-5238	Flags West Truck Stop (Shell) I-15 Exit 31	24HRS ■■■	M ■■■	24HRS ■■■ ■■ ■	F C	□■			■■■■	V W B B	B B B B ■■■■■
G 6	Dubois, 83423 208-374-5453	Scoggins' Exxon I-15 Exit 167 (Hwy 22)	■■■■	S ■■	□■■□■ ■ □	F C	□■□□□■■	■■■		■□■■	V W B C	B B ■■■■■
G 6	Dubois, 83423 208-374-5381	Clark County True Value (66) I-15 Exit 167 (Main St)	■■■■	M ■■	□■ □■ □ □	F C U	□■ □□	□□□	□□□	■□■■	V W B C	F B B B ■■■■
I 4	Eden, 83325 208-825-4147	Travelers Oasis Truck Plaza (Shell) I-84 Exit 182 (AMBEST)	24HRS ■ ■	XL ■■	24HRS ■■■□■ ■■■■ (DAT)	F C U T	■■■■	■■ ■■■ A R	□□□	■□ ■■■■	V W B B F	B B B C ■■■■■
H 6	Fort Hall, 83203 208-237-9064	TP Truck Stop (Sinclair) I-15 Exit 80	24HRS ■ ■	M ■■	□■ □■ □■■■	F C	□			■ ■■	V W B B	B B B B ■■■■
E 2	Grangeville, 83530 208-983-0721	Primeland Co-operative (Cenex) US 95 N (MM 240)	■■ ■		□■ □■ □ ■□		□■ □□	□□□□ □□	□□□□	□■ ■ ■	V W F	■■■
I 4	Hazelton, 83335 208-829-5735	R&E Greenwood Store (Sinclair) I-84 Exit 194	■■ ■	S ■	■ ■ ■ ■					■■	W C	■■■
I 5	Heyburn, 83336 208-436-9027	Stinker Station #66 (Sinclair) I-84 Exit 211 (ID 24 N)	24HRS ■ ■	S ■■	□□ □■ ■ □	F C U	■ □□	□□ □□	□□□	■□■■	V W B B	B B B B ■■■■■
H 6	Idaho Falls, 83402 208-529-8000	Yellowstone Truck Stop (Exxon) I-15 Exit 113	24HRS ■■■	L ■■■	24HRS ■■■■ ■■■■	F C	■■■■ (logo)	□□□□□	□□□□□	■■■■	V W B B	B B B B ■■■■■
H 6	Idaho Falls, 83402 208-552-0113	Dad's Travel Center #113 (Sinclair) I-15 Exit 113	24HRS ■■■	XL ■■	■■■■■ □□■■■■ (DAT)	U F C T	■■■■■□□	□□	□□□■■	■■■■	V W B B F	B B B B ■■■■

How to interpret the page

■ means available at truck stop □ means available nearby

in the overnight lot column:
- S means room for 5 - 24 trucks
- M means room for 25-74 trucks
- L means room for 85-149 trucks
- XL means room for 150+ trucks
- $ means a parking fee may be charged

code at left-hand side of rows is the state map grid reference

a key to advertising logos is on page 25

Services may change without notice. When in doubt, call ahead.

THE TRUCKER'S FRIEND® - IDAHO

Column groups (left to right): Driver Services — MOTOR FUEL (Truck Diesel, Self Service Diesel, Metered Propane, Gasoline); PARKING (Overnight Lot ($), Paved Lot, Trailer Drop, Electric Plug-Ins, Safe Haven/Hazmat); FOOD (Restaurant, Fast Food, Table Phones); STORES (Motel, Convenience, Trucker/Travel, Shopping Center, Walmart/Kmart, Grocery); SHOWERS (Ladies, Men's, TV/Drivers Lounge); COMMUNICATIONS (Laundry, Load Monitor, Internet Kiosk, WiFi Hotspots, Document Scanning, Public Fax/Copier, UPS/FedEx/Trippak Box, Religious Services, State Lottery). Vehicle Services — SCALES (Axle, Platform, Certified); TIRES (Repairs, New Tire Sales); REPAIRS (Shop Open 24 Hrs, DOT Inspection, Major Repairs, Minor Repairs, Oil Change/Lube, Minor Welding, AC/Reefer); ROAD SVCS (CB, Tire, Mechanical, Towing); WASH (Truck (Exterior), Trailer Washout). RV Info (RVs Welcome, Dumping Station, Propane (Bottle)). Financial Services (ATM, Can Wire Money Out, Money Orders, Natso Check-Link, Western Union, Voyager/Wright Express, Comdata (Comchek), EFS, Fuel Man, Multi Service, TCH, T-Chek, Fleet One; C=Checks, F=Fuel Cards, B=Both). Permit Svcs (Buy/Pay at Fuel Desk, All Prepaid Permit Svcs). Credit Cards (American Express, Visa/Mastercard, Discover).

Code	Location / Phone	Truck Stop	Services (symbols as printed, left to right)
H 6	Idaho Falls, 83402 / 208-523-1092	KJ's (66) / I-15 Exit 118 (Broadway)	24HRS ■ ■ M ■ ■ □ ■ □ ■ □ □ ■ □ □ ■ □ □ □ □ □ □ □ □ □ □ ■ □ ■ ■ V W B F B B B ■ ■ ■
H 6	Idaho Falls, 83402 / 208-529-3686	Gas 'N Grub (Sinclair) / I-15 Exit 119	■ ■ ■ ■ S ■ □ □ □ ■ □ □ □ ■ ■ ■ □ □ □ □ □ ■ ■ V W B B B ■ ■ ■
H 6	Idaho Falls, 83401 / 208-524-3012	Wright Bros. Travel Center (Exxon) / US 20 Exit 310 (US 20 Bus S)	24HRS ■ ■ L ■ ■ ■ 24HRS ■ ■ □ ■ ■ □ □ ■ ■ ■ ■ [DAT] F C T F □ ■ ■ ■ ■ □ □ □ □ □ □ □ □ □ □ □ ■ □ ■ ■ V W B B B B B B ■ ■ ■ ■ ■ ■
I 4	Jerome, 83338 / 208-324-5877	Honker's Mini Mart (Sinclair) / I-84 Exit 168 (Hwy 79)	■ ■ ■ ■ M ■ ■ ■ ■ ■ ■ ■ □ □ ■ ■ ■ ■ F C □ ■ ■ ■ □ □ □ □ □ □ □ □ □ ■ ■ ■ ■ V W B B B B B B ■ ■ ■ ■ ■
D 1	Lewiston, 83501 / 208-746-3234	Flying J Fuel Stop #10385 / US 12 & US 95	[Flying J] 24HRS ■ ■ ■ M ■ □ ■ ■ □ ■ ■ ■ ■ ■ [Flying J] [Flying J] F C U T ■ [Flying J] □ □ □ □ □ □ □ □ □ □ ■ ■ ■ ■ W B B B B ■ ■ ■ ■
D 1	Lewiston (North), 83501 / 208-743-5931	North Lewiston Dynamart (Shell) / US 12-95 & Hwy 128 (2 blks W to 6th N)	24HRS ■ ■ M ■ ■ □ ■ □ ■ ■ □ □ □ ■ ■ ■ ■ [DAT] F C U F □ ■ [CAT] □ □ □ □ □ □ □ □ □ □ □ □ □ □ □ ■ ■ ■ V W B B B B B B ■ ■ ■ ■ ■
I 5	Malta, 83342 / 208-645-2549	Fridall's Mountain View (Sinclair) / I-84 Exit 245	■ ■ ■ M ■ ■ ■ ■ ■ ■ ■ F C ■ ■ V W B F F F ■ ■ ■ ■
I 6	McCammon, 83250 / 208-254-3741	Flying J Travel Plaza #05023 / I-15 Exit 47 (US 30)	[Flying J] 24HRS ■ ■ ■ L ■ ■ 24HRS ■ ■ ■ ■ □ ■ ■ ■ ■ [Flying J] ■ [Flying J] [Flying J] F C U □ ■ [Flying J] □ □ □ □ □ □ □ □ ■ □ ■ ■ V W B B B B ■ ■ ■ ■ ■ ■
I 6	McCammon, 83250 / 208-254-3630	McCammon Chevron / I-15 Exit 47 (US 30)	■ ■ ■ S □ ■ ■ □ ■ F C F □ ■ □ □ □ □ □ □ □ □ □ □ □ ■ ■ V W B ■ ■ ■ ■
I 6	Montpelier, 83254 / 208-847-2221	Ranch Hand Truck Stop (Sinclair) / US 30 (2 mi N of town)	24HRS ■ ■ M ■ ■ 24HRS ■ □ ■ ■ □ □ ■ ■ ■ ■ F C F □ ■ ■ ■ ■ □ □ □ □ □ □ □ □ ■ □ ■ ■ V W B B B B B ■ ■ ■ ■ ■ ■
H 3	Mountain Home, 83647 / 208-587-7661	Sunset C Store (Sinclair) / I-84 Business & 10th (betw Exit 90 & 95)	24HRS ■ ■ ■ ■ □ ■ W ■ ■ ■
H 3	Mountain Home, 83647 / 208-587-4465	Pilot Travel Center #350 / I-84 Exit 95 (US 20)	24HRS ■ ■ L ■ ■ □ ■ ■ ■ ■ ■ □ □ ■ ■ ■ [DAT] [logo] F C U F T □ ■ [CAT] □ □ □ ■ □ ■ ■ ■ ■ V W B B F B B B ■ ■ ■ ■ ■
H 2	Nampa, 83651 / 208-466-0802	Jackson's Food Store #85 (Shell) / I-84 Exit 35	24HRS ■ ■ ■ XL ■ ■ □ ■ ■ ■ ■ ■ □ □ ■ ■ ■ ■ [DAT] ■ F C □ ■ □ □ □ □ □ □ □ □ ■ ■ ■ □ ■ ■ ■ V W B B B B B B ■ ■ ■ ■ ■
H 2	Nampa, 83651 / 208-467-1440	Jackson's Food Store # 5 (Shell) / I-84 Exit 36 (Franklin Blvd)	24HRS ■ ■ S ■ ■ □ ■ □ ■ □ □ □ ■ ■ ■ ■ F C F □ ■ ■ ■ ■ □ □ □ □ □ □ ■ ■ ■ ■ ■ V W B B F B B B B ■ ■ ■ ■ ■
D 2	Orofino, 83544 / 208-476-3880	Sunset # 11 (Exxon) / US 12 (3 mi W of bridge, South side)	■ ■ ■ □ ■ □ ■ □ ■ □ □ □ ■ V W ■ ■ ■
H 1	Parma, 83660 / 208-722-5508	Producers Supply Co-Op (Chevron) / 28028 US 20-26	■ ■ ■ ■ S ■ □ F C □ ■ □ □ □ □ □ □ □ ■ □ ■ ■ B C C ■ ■ ■
C 2	Pinehurst, 83850 / 208-682-2376	Carousel Gas & Tire / I-90 Exit 45	■ ■ □ □ □ □ □ ■ ■ □ □ □ □ V W ■ ■ ■
H 6	Pocatello, 83201 / 208-232-5141	Smoking Hot Deals (Sinclair) / 14367 US 30 W (1.5 mi E of I-86 Exit 58)	■ ■ □ □ □ ■ □ □ □ □ □ ■ □ □ □ □ □ □ □ □ ■ V W ■ ■ ■
H 6	Pocatello, 83201 / 208-233-2322	Forde Johnson Truck Service (66) / I-15 Exit 67 (1/2 mi N on US 30)	24HRS ■ ■ 24HRS □ □ ■ □ ■ ■ ■ ■ F C □ ■ ■ ■ ■ □ □ □ □ □ □ □ □ □ □ □ ■ V W B B ■ ■ ■ ■
H 6	Pocatello, 83201 / 208-234-1641	Jet Stop (Exxon) / I-86 Exit 56	■ ■ ■ ■ S ■ ■ ■ ■ ■ ■ ■ F C ■ ■ ■ ■ □ □ □ V W B B B B B ■ ■ ■ ■
H 6	Pocatello, 83201 / 208-234-0229	Cowboy West Truck Stop / I-86 Exit 58 (2 mi E on US 30)	24HRS ■ ■ ■ S ■ ■ 24HRS □ □ ■ □ □ □ □ □ ■ □ □ □ □ □ □ □ □ □ □ ■ W B B C ■
H 6	Pocatello, 83202 / 208-637-0881	Jackson's Food Store #30 (Shell) / I-86 Exit 61	24HRS ■ ■ S ■ □ ■ ■ □ ■ □ □ □ □ F C □ ■ □ □ □ □ □ □ □ □ ■ ■ ■ ■ V W B B B B B ■ ■ ■ ■
C 1	Post Falls, 83854 / 208-773-0593	Flying J Travel Plaza #05005 (Conoco) / I-90 Exit 2 (Pleasant View Rd N)	[Flying J] 24HRS ■ ■ ■ L ■ 24HRS ■ ■ □ ■ ■ □ ■ ■ ■ ■ [Flying J] ■ [Flying J] [Flying J] F C U F T [Flying J] □ □ □ □ □ □ □ ■ ■ ■ ■ V W B B B B ■ ■ ■ ■
G 6	Roberts, 83444 / 208-228-6011	Teton Truck Stop (Tesoro) / I-15 Exit 135	■ ■ ■ S ■ ■ ■ ■ ■ □ ■ ■ ■ □ F C □ □ ■ □ □ ■ □ ■ V W B C B B B ■ ■ ■ ■
C 2	Saint Maries, 83861 / 208-245-2561	Saint Maries Oil Company (Conoco) / ID 5 (1.25 mi W of ID 3)	■ ■ ■ ■ □ ■ □ ■ □ □ □ □ □ □ □ □ □ □ □ □ □ ■ V W ■ ■ ■
F 4	Salmon, 83467 / 208-756-2818	Salmon Oil - Semi Stop (Sinclair) / US 93 (S of ID 28 Jct)	■ ■ ■ S ■ ■ □ ■ □ ■ ■ □ F C U □ ■ □ □ □ ■ ■ ■ ■ ■ □ □ □ ■ ■ ■ ■ V W B B B B ■ ■ ■
B 2	Sandpoint, 83864 / 208-265-8522	Sand Creek Conoco / 477000 US 2-95 N	24HRS ■ ■ ■ □ □ □ ■ □ □ □ F C □ ■ □ □ □ □ □ □ □ □ □ □ □ □ ■ ■ V W B B B B B B ■ ■ ■ ■ ■
C 2	Smelterville, 83868 / 208-783-1134	Silver Valley Car & Truck Stop / I-90 Exit 48	24HRS ■ ■ ■ $ XL ■ ■ ■ ■ ■ ■ ■ □ ■ □ ■ ■ □ F C □ □ □ □ □ □ □ ■ □ ■ B B B B B ■ ■ ■

THE TRUCKER'S FRIEND® - IDAHO

How to interpret the page

■ means available at truck stop □ means available nearby

in the overnight lot column:
S means room for 5 - 24 trucks
M means room for 25-74 trucks
L means room for 85-149 trucks
XL means room for 150+ trucks
$ means a parking fee may be charged

code at left-hand side of rows is the state map grid reference

a key to advertising logos is on page 25

Services may change without notice. When in doubt, call ahead.

Driver Services (Motor Fuel, Parking, Food, Stores, Showers)

Grid	Location	Truck Stop	MOTOR FUEL: TRUCK DIESEL	SELF SERVICE DIESEL	METERED PROPANE	GASOLINE	PARKING: OVERNIGHT LOT ($)	PAVED LOT	TRAILER DROP	ELECTRIC PLUG-INS	SAFE HAVEN/HAZMAT	FOOD: RESTAURANT	FAST FOOD	TABLE PHONES	MOTEL	STORES: CONVENIENCE	TRUCKER/TRAVEL	SHOPPING CENTER	WALMART/KMART	GROCERY	SHOWERS: LADIES'	MEN'S
I6	Soda Springs, 83276 208-547-0763	Jim Fowler Sinclair Truck Stop US 30 (E of town)	■	■		■	M					□	□		□	■		□		□		
I4	Twin Falls, 83301 208-734-8089	United Oil (Sinclair) 1992 US 30	■	■		■						□	□		□	■						
I4	Twin Falls, 83338 208-324-3442	Flying J Travel Plaza #05116 I-84 Exit 173 (US 93)	24 HRS	■	■	■	XL	■	■			24 HRS	■	■	□	■	■				■	■
I3	Wendell, 83355 208-536-2452	Wendell Gas & Oil (Sinclair) I-84 Exit 157	■	■		■	M	■	■			□	□		□	■				□		
B2	Westmond, 83860 208-263-3694	Westmond Store & Deli (Chevron) US 95 & Westmond Rd	■	■		■	S	■	■				■			■						■
H1	Wilder, 83676 208-482-6299	Jackson's Food Store #3 (Shell) US 95 & ID 19	24 HRS	■		■	S	■	■			□	■	■		■				□		■

Driver Services (Communication) / **Vehicle Services** / **RV Info**

Grid	Location	TV/DRIVERS LOUNGE	LAUNDRY	LOAD MONITOR	INTERNET KIOSK	WI-FI HOTSPOTS	DOCUMENT SCANNING	PUBLIC FAX/COPIER	UPS/FEDX/TRIPPAK BOX	RELIGIOUS SERVICES	STATE LOTTERY	SCALES: AXLE	PLATFORM	CERTIFIED	TIRES: REPAIRS	NEW TIRE SALES	REPAIRS: SHOP OPEN 24 HRS	DOT INSPECTION	MAJOR REPAIRS	MINOR REPAIRS	OIL CHANGE/LUBE	MINOR WELDING	AC/REEFER	ROAD SVCS: CB	TIRE	MECHANICAL	TOWING	WASH: TRUCK (EXTERIOR)	TRAILER WASHOUT	RV INFO: RVs WELCOME	DUMPING STATION	PROPANE (BOTTLE)
I6	Soda Springs, 83276		□							□					□	□									□		□				□	
I4	Twin Falls, 83301										■																					
I4	Twin Falls, 83338	■	■	(logo)		(logo)	(logo)	F C	U F T				(logo)		(logo)		■	■	■	■	■	■		□	□	□	□	■	■	■	□	■
I3	Wendell, 83355		□							□					□	□			□	□	□	□	□		□	□	□			■	■	
B2	Westmond, 83860		■					F C		□	■														□	□	□				□	
H1	Wilder, 83676		□					F C		□	■	■	■	■																■	■	■

Financial Services (C=Checks, F=Fuel Cards, B=Both) / **Permit Svcs** / **Credit Cards**

Grid	Location	ATM	CAN WIRE MONEY OUT	MONEY ORDERS	NATSO CHECK-LINK	WESTERN UNION	VOYAGER/WRIGHT EXPRESS	COMDATA (COMCHEK)	EFS	FUEL MAN	MULTI SERVICE	TCH	T-CHEK	FLEET ONE	BUY/PAY AT FUEL DESK	ALL PREPAID PERMIT SVCS	AMERICAN EXPRESS	VISA/MASTERCARD	DISCOVER
I6	Soda Springs, 83276						V W	B				B	B		■	■	■	■	■
I4	Twin Falls, 83301						V W										■	■	■
I4	Twin Falls, 83338	■					V W		B		B	B	B			■	■	■	■
I3	Wendell, 83355						V W	B				B					■	■	■
B2	Westmond, 83860						V W									■	■	■	■
H1	Wilder, 83676	■		■			V W	B	B		B	B	B			■	■	■	■

Sign up at www.truckstops.com for free email updates from *The Trucker's Friend.®*

ILLINOIS

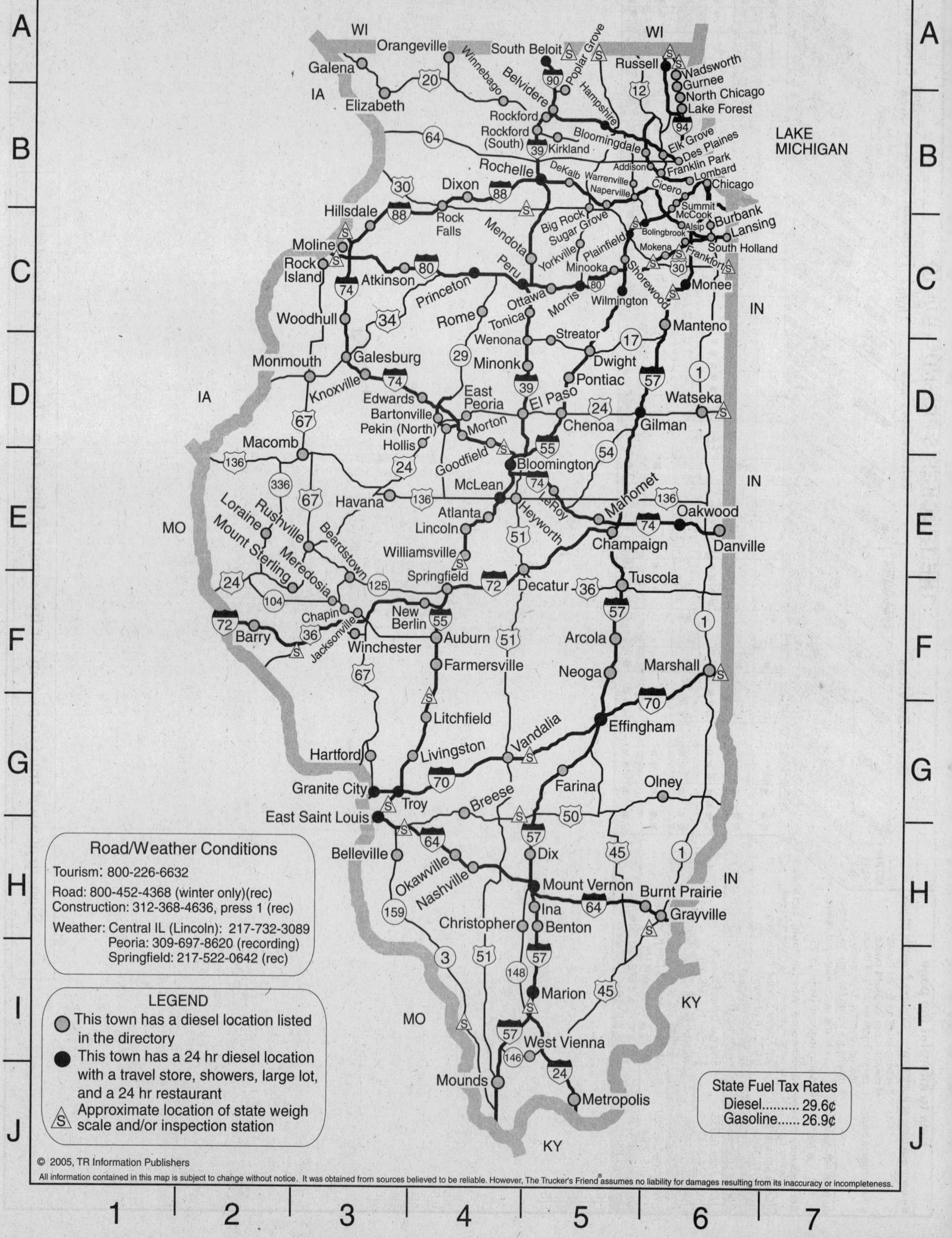

WI
IA
MO
KY
IN
LAKE MICHIGAN
Galena
Orangeville
Elizabeth
South Beloit
Poplar Grove
Winnebago
Belvidere
Hampshire
Rockford
Rockford (South)
Kirkland
Bloomingdale
Russell
Wadsworth
Gurnee
North Chicago
Lake Forest
Elk Grove
Des Plaines
Franklin Park
Addison
Lombard
Chicago
Cicero
Warrenville
Naperville
DeKalb
Rochelle
Dixon
Hillsdale
Rock Falls
Moline
Rock Island
Atkinson
Princeton
Mendota
Big Rock
Sugar Grove
Yorkville
Plainfield
Bolingbrook
Summit
McCook
Alsip
Burbank
Lansing
South Holland
Mokena
Frankfort
Minooka
Shorewood
Wilmington
Monee
Peru
Ottawa
Morris
Tonica
Rome
Woodhull
Manteno
Wenona
Streator
Dwight
Minonk
Pontiac
Galesburg
Monmouth
Knoxville
Edwards
Bartonville
Pekin (North)
Hollis
East Peoria
Morton
El Paso
Chenoa
Gilman
Watseka
Macomb
Goodfield
Bloomington
McLean
Havana
Atlanta
Lincoln
Heyworth
LeRoy
Mahomet
Oakwood
Champaign
Danville
Loraine
Rushville
Mount Sterling
Meredosia
Beardstown
Williamsville
Springfield
Decatur
Tuscola
Chapin
Jacksonville
New Berlin
Barry
Winchester
Auburn
Farmersville
Arcola
Neoga
Marshall
Litchfield
Effingham
Vandalia
Livingston
Hartford
Granite City
Troy
Farina
Olney
Breese
East Saint Louis
Belleville
Okawville
Nashville
Dix
Mount Vernon
Burnt Prairie
Ina
Grayville
Christopher
Benton
Marion
West Vienna
Mounds
Metropolis

Road/Weather Conditions
Tourism: 800-226-6632
Road: 800-452-4368 (winter only)(rec)
Construction: 312-368-4636, press 1 (rec)
Weather: Central IL (Lincoln): 217-732-3089
Peoria: 309-697-8620 (recording)
Springfield: 217-522-0642 (rec)

LEGEND
This town has a diesel location listed in the directory
This town has a 24 hr diesel location with a travel store, showers, large lot, and a 24 hr restaurant
Approximate location of state weigh scale and/or inspection station

State Fuel Tax Rates
Diesel.......... 29.6¢
Gasoline...... 26.9¢

A
B
C
D
E
F
G
H
I
J
1
2
3
4
5
6
7

THE TRUCKER'S FRIEND® - ILLINOIS

How to interpret the page

■ means available at truck stop □ means available nearby

in the overnight lot column:
- S means room for 5 - 24 trucks
- M means room for 25-74 trucks
- L means room for 85-149 trucks
- XL means room for 150+ trucks
- $ means a parking fee may be charged

code at left-hand side of rows is the state map grid reference

a key to advertising logos is on page 25

Services may change without notice. When in doubt, call ahead.

Column key — Motor Fuel: Truck Diesel, Self Service Diesel, Metered Propane, Gasoline; Parking: Overnight Lot ($), Paved Lot, Trailer Drop; Food: Electric Plug-ins, Safe Haven/Hazmat, Restaurant, Fast Food, Table Phones; Stores: Motel, Convenience, Trucker/Travel, Shopping Center, Walmart/Kmart, Grocery; Showers: Ladies', Men's; Communication: TV/Drivers Lounge, Laundry, Load Monitor, Internet Kiosk, Wi-Fi Hotspots, Document Scanning, Public Fax/Copier, UPS/FedEx/TripPak Box, Religious Services, State Lottery; Scales: Axle, Platform, Certified; Tires: Repairs, New Tire Sales; Repairs: Shop Open 24 Hrs, DOT Inspection, Major Repairs, Minor Repairs, Oil Change/Lube, Minor Welding, AC/Reefer; Road Svcs: CB, Tire, Mechanical, Towing; Wash: Truck (Exterior), Trailer Washout; RV Info: RVs Welcome, Dumping Station, Propane (Bottle); Financial Services: ATM, Can Wire Money Out, Money Orders, Natso Check-Link, Western Union, Voyager/Wright Express, Comdata (Comchek), EFS, Fuel Man, Multi Service, TCH, T-Chek, Fleet One (C=Checks, F=Fuel Cards, B=Both); Permit Svcs: Buy/Pay at Fuel Desk, All Prepaid Permit Svcs; Credit Cards: American Express, Visa/Mastercard, Discover.

Grid	Town / Phone	Truck Stop / Location	Motor Fuel	Parking	Food	Stores	Showers	Communication	Scales	Tires	Repairs	Road Svcs	Wash	RV Info	Financial Services	Permit Svcs / Credit Cards
B 6	Addison, 60101 630-279-5626	Krage's Mobil 191 US 20 (1 mi W of IL 83)	■■ ■		□□ □	■ □		□		□■		□	□□□		■ W	■■■
C 6	Alsip, 60803 708-597-8575	Alsip Family Pantry (Mobil) I-294 & IL 50 (S to 129th St)	24 HRS ■ ■		□■■□	■ □□□		□	F C	□■	□□				■■■■ ■ V W	B F B ■■■■
F 5	Arcola, 61910 217-268-3313	Gasland Food Mart (Citgo) I-57 Exit 203 (IL 133)	■■ ■	S ■	□□ □	■ □		□		□					□ ■ V W	B ■■■
C 3	Atkinson, 61235 309-936-7557	Atkinson Plaza #93 (Mobil) I-80 Exit 27	24 HRS ■ ■	M ■		■	■■		F C	□■			□□□		■ ■ V W	B B B B B B ■■■■
E 4	Atlanta, 61723 217-648-2131	Ray's Fast Stop I-55 Exit 140	■■ ■	S	□ □	■ □				□■			□□		□■■ V W	■■■
F 4	Auburn, 62615 217-628-3321	Auburn Travel Center (Mobil) I-55 Exit 82 (IL 104)	24 HRS ■ ■	L ■■	□■	■■	■■	■ DAT ■	F C T F	■ CAT	□□		□□□		■■■■ ■■ V W	B B B B B B ■■■■
F 2	Barry, 62312 217-335-2594	Barry Travel Plaza (66) I-72 Exit 20	24 HRS ■ ■	M ■■	□■ □	■ □	■■	■■	F C	□■	□□	□□□□	□□□		■■■■ V W	B B F B B B B ■■■■
D 4	Bartonville, 61607 309-697-1824	Clark #1 I-474 Exit 6 (US 24)	24 HRS ■ ■		□□	■			F C	□■					■■ V W	B B B B B ■■■■
F 3	Beardstown, 62618 217-323-5157	Fanco #2108 (Clark) 9379 IL 125 (1.25 mi E of US 67)	■■ ■		□□ □	■ □□□		□		□■	□□	□□□□ □ □	□□□□	□□	■ ■ V W	B C C ■■■
H 3	Belleville, 62220 618-235-4676	Gas Mart # 21 (66) 1001 E Main (3/4 mi E of IL 159)	24 HRS ■ ■		□□ □	■ □□		□		□■	□□	□	□□□		■■ V W	■■■
H 3	Belleville, 62223 618-277-2497	Gas Mart # 01 (66) IL 13 (4 blks E of IL 159)	24 HRS ■ ■		□□ □	■ □□		□		□■	□□	□□	□		□■■ V W	■■■
B 5	Belvidere, 61008 815-544-2125	Belvidere Oasis (Mobil) I-90 MM 54.5 EB/WB	24 HRS ■ ■	S ■■	□	■ □		□		□	□□	□□	□□□		■ ■ ■ V W	B ■■■
H 5	Benton, 62812 618-439-3432	West City Shell I-57 Exit 71	24 HRS ■ ■		□■ □	■ □□		□		□■					□ ■ W	B F ■■■
B 5	Big Rock, 60511 630-556-3841	Rockway Mini Mart (Citgo) US 30 & Davis Rd	■■ ■	S ■	□■ □	■ □			F C	□■			□□□		□■■ V W	B B B ■■■■
B 5	Bloomingdale, 60108 630-894-3530	Speedway #5400 436 W Army Trail Rd	24 HRS ■ ■		□□ □	■ □□□		□		□■					■ ■ V W	B B F B ■■■
E 4	Bloomington, 61701 309-827-4676	TravelCenters of America (TA) I-55-74 Exit 160 A (IL 9 E)	24 HRS ■	L ■■	24 HRS □■□	■■ □□□	■■	■■ DAT	TA ■ F C U F T	■■ CAT	(Bridgestone) ■	□■■□	■■□	□□ ■	■■ ■■ W	B B B B B ■■■■
E 4	Bloomington, 61701 309-827-8312	Speedway #8326 I-55-74 Exit 160 A (IL 9)	24 HRS ■ ■		□□ □	■ □□□		□	F C	■	□□□□ □	□□	□□□	□□	■■ ■■ V W	B B B B B ■■■■
E 4	Bloomington, 61701 309-827-7867	Pilot Travel Center #299 I-55-74 Exit 160 A (IL 9)	24 HRS ■ ■	XL ■■	□■■□	■■ □□□	■■	■■ DAT ■ (power logo)	■ F C U F T	□■ CAT	□□	□□□□ □□□	□□□	□□	■ ■■ ■■ V W	B B F B B B ■■■■
E 4	Bloomington, 61701 309-828-4223	Freedom Oil #39 I-55-74 Exit 160 A (IL 9)	■■ ■		□□ □	■ □□		□		□■□				□	■■ W	F ■■■
E 4	Bloomington, 61704 309-827-6755	Road Ranger #127 (Citgo) I-55-74 Exit 160 B (US 150 E)	24 HRS ■ ■		□□ □	■ □□□		□ (power logo)	C	□■ □□□□□		□□□	□□□□		■■ ■ V W	B B B B ■■■■
C 5	Bolingbrook, 60440 630-739-7006	Greater Chicago I-55 A/T Plaza (66) I-55 Exit 267 (IL 53)	24 HRS ■ ■	XL$ ■■	24 HRS □■□	■■ □□□	■■	■■ DAT	F C U F T	□■ CAT	(Bridgestone) ■■	■■■■ R	■■■	□■ ■	■ ■ V W	B B B B B B ■■ ■■■■
C 5	Bolingbrook, 60446 815-886-3844	Phillips 66 IL 53	24 HRS ■ ■	S$ ■■■	□	■ □□		□	F C □	■			□□□	■	■ V W	B B F B B B ■■■■
G 4	Breese, 62230 618-526-4241	Revermann Shell Service Old US 50 W & IL 7	24 HRS ■ ■		□□ □	■ □		□		□■	□□		□□□	■■	■ V W	■■■
C 6	Burbank, 60459 708-430-2227	Speedway #7422 7859 IL 43 S & W 79th St	24 HRS ■ ■		□□ □	■ □□□		□	F C	□■					■■ ■ V W	B B F B B ■■■■
H 6	Burnt Prairie, 62820 618-896-2242	Chuckwagon Charlie's (Marathon) I-64 Exit 117	■■ ■	S ■■	■	■				□■			□□□	■	V W	B B B ■■■
E 5	Champaign, 61820 217-351-1953	Speedway #5365 I-57 Exit 229 (Monticello Rd)	24 HRS ■ ■	M ■■	□	■ □□			F	■			□□□	■	■■ V W	B B F B B ■■■■
E 5	Champaign, 61821 217-643-7774	Road Ranger (Citgo) I-57 Exit 240 (4910 N Market)	24 HRS ■ ■	S ■■	□□ □	■	■	(power logo)	F C □	□■	■■	■■■■	■■■		■■ ■ V W	B B F B B B B ■■■■
F 3	Chapin, 62628 217-472-3004	The Rock Stop (BP) 1715 US 67 & IL 104	■■ ■		□■	■		■		□■		□			■■ V W	■■■

THE TRUCKER'S FRIEND® - ILLINOIS

How to interpret the page

■ means available at truck stop □ means available nearby

In the overnight lot column:
- S means room for 5 - 24 trucks
- M means room for 25-74 trucks
- L means room for 85-149 trucks
- XL means room for 150+ trucks
- $ means a parking fee may be charged

Code at left-hand side of rows is the state map grid reference. A key to advertising logos is on page 25.

Services may change without notice. When in doubt, call ahead.

Column groups: Motor Fuel (Truck Diesel, Self Service Diesel, Metered Propane, Gasoline); Driver Services: Parking (Overnight Lot ($), Paved Lot, Trailer Drop), Food (Safe Haven/Hazmat, Electric Plug-ins, Restaurant, Fast Food), Stores (Table Phones, Motel, Convenience, Trucker/Travel, Shopping Center, Walmart/Kmart, Grocery), Showers (Ladies, Men's, TV/Drivers Lounge, Laundry), Communications (Load Monitor, Internet Kiosk, Wi-Fi Hotspots, Document Scanning, Public Fax/Copier, UPS/FedEx/Trippak Box, Religious Services, State Lottery); Vehicle Services: Scales, Tires (Axle, Platform, Certified), Repairs (Repairs, New Tire Sales, Shop Open 24 Hrs, DOT Inspection, Major Repairs, Minor Repairs, Oil Change/Lube, Minor Welding), Road Svcs (AC/Reefer, CB, Tire, Mechanical), Wash (Towing, Truck (Exterior), Trailer Washout); RV Info (RVs Welcome, Dumping Station, Propane (Bottle)); Financial Services (ATM, Can Wire Money Out, Money Orders, Natso Check-Link, Western Union, Voyager/Wright Express, Comdata (Comchek), EFS, Fuel Man, Multi Service, TCH, T-Chek; C=Checks, F=Fuel Cards, B=Both); Permit Svcs (Fleet One, Buy/Pay at Fuel Desk, All Prepaid Permit Svcs); Credit Cards (American Express, Visa/Mastercard, Discover).

Grid / City / Phone	Truck Stop / Location	Motor Fuel	Parking	Food / Stores	Showers / Communications	Scales	Tires	Repairs	Road Svcs / Wash	RV Info	Financial Services	Permit Svcs / Credit Cards
D5 Chenoa, 61726 815-945-4591	Chenoa Shell I-55 Exit 187 (US 24)	24 HRS ■ ■	M ■	□ ■ □ ■	■ □ ■ ■ □	F C	□ ■			□ □	■ ■ V W	B B F B B B B ■ ■ ■ ■
B6 Chicago, 60608 773-650-1990	Speedway #8309 2303 S Western Ave	24 HRS ■		□ □	■ □ □		□ ■			□	■ ■ ■ V W	F ■ ■ ■
B6 Chicago, 60609 773-254-6236	Tulsa Power Service 3968 S Ashland Ave (S of Pershing)	24 HRS ■ ■	S ■	□ □	□		□	□ □		■	■	B C B ■ ■
B6 Chicago, 60609 773-523-1362	Southside Fuel Center (Citgo) 970 W Pershing Rd (1 mi W of I-90-94)	24 HRS ■ ■		□ □	■ □ □ □	F C F	□ ■ ■ ■	□ □	□ □	□ □ □ ■ ■	■ V W	B B B C ■ ■ ■ ■
B6 Chicago, 60632 773-735-8191	Mansoor Citgo I-55 Exit 286 (4759 IL 50 - 3/4 mi S)	24 HRS ■ ■		□ □ □ ■	□ □ □ □	F C	□ □ ■ □ □			□ □ □	■ V W	B B B ■ ■ ■ ■
B6 Chicago, 60608 773-523-9026	Speedway #8315 I-55 Exit 289 (3401 S California)	24 HRS ■ ■	S ■	□ ■ □ ■	□ □ □ □	F C	□ □ ■	□ □	□ □ □ □	□ □ □	■ ■ ■ V W	B B F B B B ■ ■ ■ ■
H4 Christopher, 62822 618-724-2701	Gas Mart # 29 (66) 500 IL 148 N	24 HRS ■ ■		□ ■	■ □ □		□ ■				■ ■ V W	■ ■ ■
B6 Cicero, 60638 708-924-1553	BP Connect #2705 I-55 Exit 285 (Central Ave)	24 HRS ■ ■		□ ■ □ ■	□ □ □ □		□ ■	□ □	□ □ □		■ ■ V W	B B B B B ■ ■ ■
B6 Cicero, 60804 708-863-2933	Tuxedo Junction (Citgo) I-55 Exit 286 (2 blks N on Cicero)	■ ■ ■		□ □ □ ■	□ □ □ □		□ ■ □ □ □ □	□	□ □ □ □		■ V W	B B B B ■ ■ ■
E6 Danville, 61832 217-477-0171	Lynch Creek Plaza (Marathon) I-74 Exit 220 (1 mi N @ US 136)	24 HRS ■ ■	L ■ ■	□ ■ □ ■ ■	■ ■ ■ ■ DAT	F C U	□ ■ ■ ■	□ □	□ □	□ □ □	■ ■ ■ V W	B B F B B B B ■ ■ ■ ■ ■
E4 Decatur, 62526 217-877-8646	Thornton Oil Co 1707 IL 121 E	24 HRS ■ ■	S ■	□ □ □ ■	□ □ □ □	□	□ ■	□ □	□ □ □ □ □	□ □ □	■ ■ V W	B B B B ■ ■ ■
E4 Decatur, 62526 217-877-4120	Dougherty Oil Company 3429 IL 48-121 N	■ ■		□ □ □	□ □ □ □	□	□	□ □	□ □ □ □	□ □ □	W	■ ■ ■
E4 Decatur, 62526 217-875-5200	Oasis Truck Stop I-72 Exit 144 (IL 48)	24 HRS ■ ■	M ■ ■	24 HRS □ □ ■	■ □ □ □ ■ ■ ■	F C F	□	□ □	□ □ □ □ □ □ □	□ □ □	■ □ ■ V W	B B B B B B ■ ■ ■ ■
E4 Decatur, 62524 217-233-0629	Road Ranger #134 (Citgo) I-72 Exit 144 (IL 48)	24 HRS ■ ■		□ □ □ ■	□ □ (logo)	F C	□ ■	□ □			□ ■ ■ ■ V W	B B F B B B ■ ■ ■ ■
B5 DeKalb, 60115 815-756-6245	DeKalb Oasis Mobil I-88 MM 120	24 HRS ■ ■	S ■	□	■ □	F C				□ □ □	■ ■ V W	B B ■ ■ ■
B6 Des Plaines, 60018 847-390-9464	Des Plaines Oasis (Mobil) I-90 MM 5 EB	24 HRS ■	M ■	□	■						■ ■ V W	B C B B ■ ■ ■
H5 Dix, 62830 618-266-7710	Illini Mart (66) I-57 Exit 103	■ ■ ■		□ ■ ■ □ ■	□ □		□	□	□ □ □ □	□ □ □	■ ■ V W	■ ■ ■
B4 Dixon, 61021 815-284-0530	DND Travel Plaza (BP) I-88 Exit 54	24 HRS ■ ■	S ■	■ ■ □ ■	□ □ □ ■ ■ ■ ■	F C	□ □ ■		□ □	□ □ □	■ ■ V W	B B B B B ■ ■ ■ ■
D5 Dwight, 60420 815-584-1078	Circle K #187 (Shell) I-55 Exit 217 (IL 17 NE)	24 HRS ■ ■	M ■ ■	24 HRS □ ■ □ ■ ■ ■	□ ■ ■ ■ ■ DAT	F C F	□ ■	□ □	□	□ □ □	■ ■ ■ ■ V W	B B B B B B ■ ■ ■ ■
D5 Dwight, 60420 815-584-9318	Mac's #1207 I-55 Exit 220 (IL 47)	24 HRS ■ ■	S ■	□ □ □ ■		F C	□ ■	□	□	□ □ □	■ ■ ■ ■ W	B B F B B B B ■ ■ ■ ■
D4 East Peoria, 61611 309-694-1777	Thornton Oil IL 116 & IL 26	24 HRS ■ ■		□	■		□ ■			□ □ □	□ ■ ■ ■ V W	■ ■ ■
H3 East Saint Louis, 62201 618-875-5800	Gateway Truck Plaza (Texaco) I-55-70 Exit 4 NB/4 B SB (IL 203 N) AMBEST	24 HRS ■ ■	XL ■ ■	24 HRS ■ ■ □ ■ ■ □ □	■ ■ ■ ■ DAT ■	F C U F T	■ ■ ■ ■ ■	BF ■ ■	□ ■ ■ ■ A □	■ ■ □ ■ □	■ □ ■ ■ ■ ■ ■ V W	B B F B B B B B ■ ■ ■ ■
D4 Edwards, 61528 309-691-0337	Freedom Oil (Shell) I-74 Exit 82	24 HRS ■ ■	S ■ ■	□ ■	□	F C	□ ■			□ □	■ ■ ■ V W	F F F F ■ ■ ■ ■
G5 Effingham, 62401 217-342-3914	Dixie Travel Plaza I-57-70 Exit 159 (E on Fayette)	24 HRS ■ ■	XL ■ ■	24 HRS □ ■ □ ■ ■	□ □ □ ■ ■ ■ ■ DAT	F C T F	□ ■ ■ ■	BF ■	■ ■ ■ ■	■ ■ □ ■ ■	■ □ ■ W	B B B B B B ■ ■ ■ ■
G5 Effingham, 62401 217-347-6655	Econo Fuel Express (Citgo) I-57-70 Exit 159 (E on Fayette)	24 HRS ■ ■	M ■	□ ■ □ ■ ■ ■	□ □ □ □	F C	□ ■	□	□ □ □	□ □ □ □	■ ■ ■ W	B B F B B B ■ ■ ■ ■
G5 Effingham, 62401 217-347-0151	Truckomat I-57-70 Exit 159 (W on Fayette)	24 HRS ■	S ■	□ □ □ ■	□ □ □ ■ ■ □	F C U	CAT	□ □	□ □ □ □ □ □ □	□ □ □ ■ ■	■	B B B B B ■ ■ ■ ■
G5 Effingham, 62401 217-347-0480	Petro Stopping Center #21 (Mobil) I-57-70 Exit 159 (W on Fayette) PETRO	24 HRS ■ ■	XL ■ ■	24 HRS ■ ■ □ ■	□ ■ ■ ■ DAT (logo)	F C U F T	■ CAT	BF ■ ■	□ ■ ■ ■ A ■	■ □ ■ ■ ■	■ ■ V W	B B B B B ■ ■ ■
G5 Effingham, 62401 217-347-7161	Flying J Travel Plaza #05107 I-57-70 Exit 160 (IL 32-33) (logo)	24 HRS ■ ■	XL ■ ■	24 HRS ■ ■ □ ■ ■	□ □ □ ■ ■ ■ ■ (logos)	F C U F T	□ (logo)	□ □	□ □ □ □ □ □	□ □ □ □ □ ■ ■	■ W	B B B B ■ ■ ■ ■

THE TRUCKER'S FRIEND® - ILLINOIS

How to interpret the page

■ means available at truck stop □ means available nearby

In the overnight lot column:
- S means room for 5 - 24 trucks
- M means room for 25-74 trucks
- L means room for 85-149 trucks
- XL means room for 150+ trucks
- $ means a parking fee may be charged

Code at left-hand side of rows is the state map grid reference; a key to advertising logos is on page 25

Services may change without notice. When in doubt, call ahead.

Column groups: Driver Services — Motor Fuel (Truck Diesel, Self Service Diesel, Metered Propane, Gasoline); Parking (Overnight Lot ($), Paved Lot, Trailer Drop); Food (Electric Plug-ins, Safe Haven/Hazmat, Restaurant, Fast Food); Stores (Table Phones, Motel, Convenience, Trucker/Travel, Shopping Center); Showers (Walmart/Kmart, Grocery, Ladies, Men's); TV/Drivers Lounge, Laundry; Communication (Load Monitor, Internet Kiosk, Wi-Fi Hotspots, Document Scanning, Public Fax/Copier, UPS/FedEx/Trippak Box, Religious Services, State Lottery). Vehicle Services — Scales; Tires (Axle, Platform, Certified, Repairs, New Tire Sales); Repairs (Shop Open 24 Hrs, DOT Inspection, Major Repairs, Minor Repairs, Oil Change/Lube, Minor Welding, AC/Reefer); Road Svcs (CB, Tire, Mechanical, Towing); Wash (Truck (Exterior), Trailer Washout). RV Info (RVs Welcome, Dumping Station, Propane (Bottle)). Financial Services (ATM, Can Wire Money Out, Money Orders, Natso Check-Link, Western Union, Wright Express, Comdata (Comchek), Voyager) — C=Checks, F=Fuel Cards, B=Both. Permit Svcs (Multi Service, Fuel Man, EFS, TCH, T-Chek, Fleet One). Credit Cards (Buy/Pay at Fuel Desk, All Prepaid Permit Svcs, American Express, Visa/Mastercard, Discover).

Grid	Location / Phone	Truck Stop	Fuel & Parking	Food	Stores / Showers / Lounge	Communication	Scales	Tires / Repairs / Road Svcs / Wash	RV / Financial	Permit Svcs / Credit Cards
G 5	Effingham, 62401 217-347-7183	TravelCenters of America (BP) I-57-70 Exit 160 (IL 32-33)	24 HRS ■ ■	XL ■ ■	24 HRS ■ ■ □ ■ ■ □ □ □	■ ■ ■	F C U F T	□ ■ ■ ■ ■ ■ ■ ■ ■ A □ ■ □ □ □	■ □ ■ ■ ■ ■ V W	B B B B B ■ ■ ■ ■ ■
G 5	Effingham, 62401 217-342-3787	Pilot Travel Center #165 I-57-70 Exit 162 (US 45)	24 HRS ■ ■	L ■	□ ■ ■ □ ■ ■	■ ■ ■	F C U F T	□ ■ □ □ □ □ □ □ □ □ □ □ ■	■ ■ ■ ■ ■ V W	B B F B B B ■ ■ ■ ■
D 4	El Paso, 61738 309-527-6210	Freedom Oil #47 I-39 Exit 14 (1 mi E to US 251)	■ ■ ■		□ □ □ ■ □	□		□ ■	■ ■ W	B F ■ ■ ■
D 4	El Paso, 61738 309-527-5560	Fast Break (Shell) I-39 Exit 14 (US 24)	24 HRS ■ ■		□ ■ □ ■ □	□		□ ■ □ □ □ □ □	■ V W	B B B B ■ ■ ■
B 3	Elizabeth, 61028 815-858-3444	Eagles Roost (Amoco/BP) 2501 US 20 W & IL 84 S	■ ■ ■	S ■ ■	□ ■ □ ■		F C	■ □ □ □	■ ■ V W	B ■ ■ ■ ■
B 6	Elk Grove, 60007 847-437-2440	Bill's Village Marathon IL 83 & Greenleaf	■ ■ ■		□ □ □ ■ □	□		□ ■ □ □ □ □ □ □ □ □ □ □	V W	■ ■ ■
G 5	Farina, 62838 618-245-3322	Farina Super K #131 (Shell) I-57 Exit 135 (IL 185)	24 HRS ■ ■	S ■ ■	□ ■ ■ □			□ ■ □ □ □	■ ■ V W	B B B ■ ■ ■
F 4	Farmersville, 62533 217-227-3634	Jumpin Jimmy's (Citgo) I-55 Exit 72	24 HRS ■ ■	M ■ ■	□ ■ □ ■	□	F	□ ■ □ □ □	■ ■ ■ V W	B B F B B B B ■ ■ ■ ■
C 6	Frankfort, 60423 815-464-0190	Gas City 19730 IL 43 (2 lights N of US 30)	24 HRS ■ ■		□ ■ ■ □ ■		F C	□ ■	□ ■ ■ ■ V W	F ■ ■ ■ ■
B 6	Franklin Park, 60131 847-455-8275	Mannheim Gas & Mini Mart (Marathon) 2441 US 45 (2.5 mi S of airport)	24 HRS ■ ■		□ □ ■ □			□ ■ □ □ □ □ □ □ □ □ □	■ ■ W	B B B B B ■ ■ ■
A 3	Galena, 61036 815-777-3872	IOCO Speede Shoppe #78 (66) US 20 W & 951 Gear St	■ ■ ■		□ □ □ ■ □ □ □	□		□ ■ □ □ □ □ □	□ ■ V W	■ ■ ■
D 3	Galesburg, 61401 309-342-4391	Mobil Academy 341 W Main (1.75 mi E of US 34)	■ ■ ■		□ □ □ ■ □ □ □	□		□ ■ □ □ □ □ □ □ □ □ □ □	■ V W	■ ■ ■
D 5	Gilman, 60938 815-265-7625	K&H Truck Plaza (Amoco/BP) I-57 Exit 283 (US 24 E)	24 HRS ■ ■	M ■ ■	■ □ ■ □ ■ ■ □	■ ■ ■ ■	F C U	□ ■ ■ ■ ■ ■ ■ ■ ■ ■ R ■ ■ ■ □ □	■ ■ ■ V W	B B B B B B ■ ■ ■ ■
D 5	Gilman, 60938 815-265-7286	Apollomart Truck Plaza (Citgo) I-57 Exit 283 (US 24)	24 HRS ■ ■	L ■ ■	24 HRS ■ ■ □ ■ ■ □	■ ■ ■ ■	F C F	□ ■ □ □ □ □ □ □ □ □ □ □ □ □	□ ■ V W	B B F B B B B ■ ■ ■ ■
D 5	Gilman, 60938 815-265-4702	Gilman 66 Truck Stop I-57 Exit 283 (US 24)	24 HRS ■ ■	M ■ ■	□ ■ ■ □ ■ ■ □	■	F C	□ ■ ■ □ □ □ □ □ □ □ □ □ □ □ □	■ □ ■ V W	B B B B B ■ ■ ■ ■
D 4	Goodfield, 61742 309-965-2291	Freedom #77 (Shell) I-74 Exit 112 (IL 117 N to US 150 W)	24 HRS ■ ■	S ■	□ ■ ■		F C	■ □ □ □	■ ■ ■ V W	B B F B ■ ■ ■ ■
G 3	Granite City, 62040 618-931-1580	Flying J Travel Plaza #05070 I-270 Exit 6 B (IL 111 N)	24 HRS ■ ■ ■ ■	XL ■	24 HRS ■ ■ □ ■ ■	■ ■ ■ ■ ■ ■ ■	F C U F T	□ □ □ □ □ □ □ □	■ ■ ■ ■ V W	B B B B ■ ■ ■ ■
H 6	Grayville, 62844 618-375-7755	Grayville Shell Plaza I-64 Exit 130 (IL 1)	24 HRS ■ ■	M ■ ■	□ ■ □ ■ □	□	F C	□ ■ □ □ □ □ □	■ ■ V W	B C B C C ■ ■ ■ ■
A 6	Gurnee, 60031 847-244-1655	Gurnee Truck Stop (Marathon) 36725 US 41 (N of IL 21)	24 HRS ■ ■	L ■ ■	□ □ ■ □ □ □		F C	■ □ □ □	■ ■ ■ ■ ■ V W	B B F B B B B ■ ■ ■ ■
B 5	Hampshire, 60140 847-683-4550	TravelCenters of America/Elgin West I-90 Exit 36-1/2 (US 20 W)	24 HRS ■ ■	L ■ ■	24 HRS ■ ■ □ ■ ■	■ ■ ■ ■	F C U F T	■ ■ ■ ■ ■ R □ ■ ■ ■ ■	■ ■ ■ ■ ■ V W	B B B B B ■ ■ ■ ■
B 5	Hampshire, 60140 847-683-2060	Arrowhead Shell Oasis I-90 Exit 36-1/2 (US 20)	24 HRS ■ ■	M ■ ■	24 HRS □ ■ □ ■ ■	■ ■ ■ ■	F C T	□ ■ ■ ■ ■ ■ ■ ■ □ ■ ■ ■ A R ■ ■ □ ■ ■ ■	■ □ ■ ■ V W	B B F B B B B ■ ■ ■ ■ ■
B 5	Hampshire, 60140 847-683-2765	Road Ranger #235 (Citgo) I-90 Exit 36-1/2 (US 20)	24 HRS ■ ■	M ■	□ ■ □ ■ ■	■ ■ ■	F C	□ ■ ■ ■ ■ □ □ □ □ □ □ □	■ □ ■ ■ ■ V W	B B F B B B B ■ ■ ■ ■
G 3	Hartford, 62048 618-254-6810	Piasa Pantry (Conoco) IL 3 & Piasa Lane	24 HRS ■ ■	S ■	■ ■			□ ■ □ □ □ □ □ □ □	■ ■ ■ V W	B ■ ■ ■
E 3	Havana, 62644 309-543-4482	Thornton Oil 420 US 136 W (in town)	■ ■ ■		□ □ □ ■ □			□ ■ □ □	■ ■ V W	B ■ ■ ■
E 4	Heyworth, 61745 309-473-2023	Huck's Food/Fuel #186 (Sure) US 51 & US 136	24 HRS ■ ■		□ ■ ■ □	□	C	□ ■	■ ■ ■ V W	B B B B ■ ■ ■ ■
C 3	Hillsdale, 61257 309-658-2345	Hillsdale Fast Break (Shell) I-88 Exit 10	24 HRS ■ ■ ■	M ■ ■	□ ■ ■ ■ ■	■ ■ ■	F C T	□ ■ □ □ □	■ ■ ■ V W	B B F B B B B ■ ■ ■ ■
D 4	Hollis, 61607 309-697-0440	Freedom Oil #55 US 24 & IL 9	■ ■ ■	S ■	□ ■			□ □ ■	■ ■ ■ W	B F ■ ■ ■
H 5	Ina, 62846 618-437-5337	Lakeview BP I-57 Exit 83 (CR 42)	24 HRS ■ ■	M	■ ■		F C	■ □ □ □	■ ■ V W	B B F B B B ■ ■ ■ ■

THE TRUCKER'S FRIEND® - ILLINOIS

How to interpret the page

■ means available at truck stop □ means available nearby

In the overnight lot column:
- S means room for 5 - 24 trucks
- M means room for 25-74 trucks
- L means room for 85-149 trucks
- XL means room for 150+ trucks
- $ means a parking fee may be charged

Code at left-hand side of rows is the state map grid reference; a key to advertising logos is on page 25

Services may change without notice. When in doubt, call ahead.

Column headings: Motor Fuel (Truck Diesel, Self Service Diesel, Metered Propane, Gasoline); Parking (Overnight Lot (S), Paved Lot, Trailer Drop, Electric Plug-ins, Safe Haven/Hazmat); Food (Restaurant, Fast Food, Table Phones); Stores (Motel, Convenience, Trucker/Travel, Shopping Center, Walmart/Kmart, Grocery); Showers (Ladies', Men's, TV/Drivers Lounge, Laundry); Communications (Load Monitor, Internet Kiosk, Wi-Fi Hotspots, Document Scanning, Public Fax/Copier, UPS/FedEx/Trippak Box, Religious Services, State Lottery); Scales (Axle, Platform, Certified); Tires (Repairs, New Tire Sales); Repairs (Shop Open 24 Hrs, DOT Inspection, Major Repairs, Minor Repairs, Oil Change/Lube, Minor Welding); Road Svcs (AC/Reefer, CB, Tire, Mechanical, Towing); Wash (Truck (Exterior), Trailer Washout); RV Info (RVs Welcome, Dumping Station, Propane (Bottle)); Financial Services (ATM, Can Wire Money Out, Money Orders, Natso Check-Link, Western Union, Voyager/Wright Express, Comdata (Comchek), EFS, Fuel Man, Multi Service) — C=Checks, F=Fuel Cards, B=Both; Permit Svcs (TCH, T-Chek, Fleet One, Buypay at Fuel Desk, All Prepaid Permit Svcs); Credit Cards (American Express, Visa/Mastercard, Discover)

Grid / City / Phone	Truck Stop / Location	Motor Fuel / Parking	Food	Stores / Showers	Communications	Scales	Tires	Repairs / Road Svcs / Wash / RV Info	Financial Services	Permit Svcs	Credit Cards
H Ina, 62846 5 618-437-5275	Love's Travel Stop #318 I-57 Exit 83 (CR 42)	24 HRS ■ ■	M ■	■ ■ ■ ■	■ ■	F C T	CAT		■ ■ ■ ■ V W	B B F B B B	■ ■ ■ ■
F Jacksonville, 62651 3 217-243-3541	Hannel's Truck Stop (BP) 2003 US 67/IL 104 W	24 HRS ■ ■ ■ ■	M ■	■ □ □ ■ □ □ □	■ □	F C □	□ ■	□ □ □ □ □ □ □ □ □ □	■ ■ ■ V W	B B F B B B B	■ ■ ■ ■
B Kirkland, 60146 5 815-522-3510	Kirkland Quickstop (Marathon) 411 IL 72 W	■ ■ ■		□ □ ■ □	□	F C	□ ■	□	■ ■ V W		■ ■ ■ ■
D Knoxville, 61448 3 309-289-6842	Knoxville Travel Mart (BP) I-74 Exit 51 (CR 10 S)	■ ■ ■	S ■	□ □ □ ■ □		F C □	□ ■	□ □ □	■ □ ■ V W	B B B B B	■ ■ ■ ■
D Knoxville, 61401 3 309-289-4925	The Junction (66) I-74 Exit 51 (US 150)	24 HRS ■ ■	S ■	■ ■ □ ■ □	■ ■ ■	F C	□ ■	□ □ □ □ □	■ ■ ■ V W	B B B B B	■ ■ ■ ■
B Lake Forest, 60045 6 847-234-9066	Lake Forest Oasis (Mobil) I-94 MM 60.5 NB/SB	24 HRS ■ ■	M ■	■					■ ■ V W	B C B B	■ ■ ■
C Lansing, 60438 6 708-474-7272	Park Service (Mobil) I-80-94 Exit 161 (1 mi S, 18025 IL 83)	■ ■ ■		□ □ □ ■ □ □ □	□		□	□ □ □ □ □ □	V W		■ ■ ■
E LeRoy, 61752 5 309-962-8466	LeRoy Truck Plaza (Shell) I-74 Exit 149	24 HRS ■ ■	L ■ ■	■ □ ■ □ ■ □	■	F C	□ ■ ■ ■ ■	□ □ □ □ □	■ ■ V W	B B B B B B	■ ■ ■ ■
E Lincoln, 62656 4 217-732-3915	Thornton's Travel Plaza (66) I-55 Exit 126 (IL 10-121 W)	24 HRS ■ ■	M ■ ■	24 HRS ■ □ ■ ■ □ □ □	■ ■ ■ ■ DAT	F C U F T	□ ■ ■ ■ ■	□ □ □ □ □ □ □ □ □ □	■ ■ ■ V W	B B B B B B	■ ■ ■ ■
G Litchfield, 62056 4 217-324-7114	Fast Stop Travel Center (66) I-55 Exit 52 (IL 16 SE)	24 HRS ■ ■	M ■ ■	□ ■ ■ □ ■ ■ □ □ □	■ ■ ■	F C F	■ ■ CAT	□ □ □ □ □ □ □ ■ □ □ □ □ □	■ □ ■ V W	B B F B B B B	■ ■ ■ ■
G Livingston, 62058 4 618-637-2430	Meyer's BP I-55 Exit 37	24 HRS ■ ■	S ■	□ □ ■ □ □ □			□ ■	□ □ □ □ □ □ □ □ □	■ □ ■ W	B	■ ■ ■
B Lombard, 60148 6 630-916-1944	Speedway #7382 400 IL 64 (1.5 mi E of I-355)	24 HRS ■ ■		□ □ □ ■ □ □ □	□		□ ■	□ □ □ □ □ □ □	■ ■ ■ V W	B	■ ■ ■
E Loraine, 62349 2 217-938-4277	Quickmart (BP/Amoco) IL 336 & Main St	■ ■ ■	S	■			■		■	C	■ ■
E Macomb, 61455 3 309-837-3384	Ayerco East US 67 S & US 136	24 HRS ■ ■		□ □ □ ■ □ □ □	□		□ ■	□ □ □ □ □ □ □ □	■ ■ V W	C F	■ ■ ■
E Mahomet, 61853 5 217-586-3616	Super Pantry Fuel Center #42 (Mobil) I-74 Exit 174 (Prairie View Rd)	24 HRS ■ ■	S ■	□ ■ □		F C	□ ■		■ □ ■ ■ ■ V W	B B B B B B	■ ■ ■ ■
C Manteno, 60950 6 815-468-8547	Gas City # 9 I-57 Exit 322 (IL 9 - 1 mi W to US 45)	24 HRS ■ ■ ■ ■	S ■ ■	■ ■ □ ■ □	□	F C □	□ ■		■ □ ■ ■ ■ V W	B B F B B	■ ■ ■ ■
I Marion, 62959 5 618-993-2697	Marion Truck Plaza (BP) I-57 Exit 54 B (IL 13)	24 HRS ■ ■	L ■ ■	24 HRS □ ■ □ ■ ■ □ □ □	■ ■ ■ □	F C T F	□ ■ CAT	□ □ □ □ □ □ □ □ □	■ □ ■ V W	B B F B B B B	■ ■ ■ ■ ■
F Marshall, 62441 6 217-826-5930	Marshall Junction (66) I-70 Exit 147 (IL 1)	24 HRS ■ ■		□ □ □ ■ □ □ □	□	F C	□	■ ■ □ □ □ □	■ ■ V W	B B B B B	■ ■ ■ ■
B McCook, 60525 6 708-447-2200	McCook Marathon 8222 US 66 (1/2 mi S of IL 171)	■ ■ ■		□ □ □ ■ □ □ □	□	F C	□ ■	□ □ □ □ □ □ □ □ □ □	V W	B	■ ■ ■ ■
E McLean, 61754 4 309-874-2323	Dixie Truckers Plaza (Citgo) I-55 Exit 145 (US 136)	24 HRS ■ ■	XL ■ ■ ■	24 HRS □ □ ■ ■	■ ■ ■ ■ DAT	F C T F	□ ■ CAT	[logo] ■ ■ ■ ■ ■ ■ ■ A □ ■ ■	■ ■ V W	B B B B B B	■ ■ ■ ■ ■
C Mendota, 61342 4 815-539-3300	Gromann I-39 Auto/Truck Plaza (BP/Amoco) I-39 Exit 72 (US 34 W)	24 HRS ■ ■	M ■ ■	■ □ ■ □ ■ ■	■ ■ ■ ■ DAT ■ [power logo]	F C U T	■ CAT	□ □ □	■ ■ ■ ■ ■ V W	B B F B B B B	■ ■ ■ ■ ■
C Mendota, 61342 4 815-539-9681	Road Ranger #140 (Citgo) I-39 Exit 72 (US 34)	24 HRS ■ ■		□ □ □ ■ □	□ [power logo]	F C	□ ■		■ ■ V W	B B F B B B B	■ ■ ■ ■
F Meredosia, 62665 3 217-584-1811	D-Osia Mini Mart (FS) US 104	■ ■ ■		□ ■ □ ■ □	□		□ ■	□ □ □ □	□ ■ W	B	■ ■
J Metropolis, 62960 5 618-524-4831	Metropolis Truck/Travel Plaza (BP) I-24 Exit 37 (US 45)	24 HRS ■ ■	M ■ ■	24 HRS □ ■ ■ ■ ■ □	■ ■ ■ ■	F C T	□ ■	■ ■ ■ ■ ■ ■ A ■ ■ ■	■ ■ V W	B B F B B B B	■ ■ ■ ■
J Metropolis, 62960 5 618-524-8774	Veach Short Stop (Citgo) I-24 Exit 37 (US 45)	■ ■ ■	S ■	□ □ □ ■			□ ■	■ ■ ■ ■ ■ ■ ■ A R ■ ■	■ □ ■ ■ V W	F	■ ■ ■
D Minonk, 61760 4 309-432-3990	Fast Break Travel Center (Shell) I-39 Exit 27	24 HRS ■ ■	M ■	■ ■ ■ □ ■ □	■ ■ ■	F C	□ ■ ■ ■ ■	□ □ □	■ ■ W	B B B B B B	■ ■ ■ ■
C Minooka, 60447 5 815-467-4416	Pilot Travel Center #236 I-80 Exit 122	24 HRS ■ ■	L ■	□ ■ ■ ■ ■ □	■ ■ ■ DAT ■ [power logo] ■	F C T F	□ ■ CAT	□ □ □	■ ■ ■ ■ ■ V W	B B F B B B	■ ■ ■ ■
C Minooka, 60447 5 815-467-2229	McCoy's Citgo I-80 Exit 122 N	■ ■ ■	S ■	□ □ ■		F C	□ ■		■ □ ■ ■ V W	F	■ ■ ■ ■

THE TRUCKER'S FRIEND® - ILLINOIS

How to interpret the page

■ means available at truck stop □ means available nearby

In the overnight lot column:
- S means room for 5 - 24 trucks
- M means room for 25-74 trucks
- L means room for 85-149 trucks
- XL means room for 150+ trucks
- $ means a parking fee may be charged

Code at left-hand side of rows is the state map grid reference.

A key to advertising logos is on page 25.

Services may change without notice. When in doubt, call ahead.

Permit Svcs / Credit Cards: C=Checks, F=Fuel Cards, B=Both

Column headings:
- Motor Fuel / Parking: Truck Diesel, Self Service Diesel, Metered Propane, Gasoline, Overnight Lot ($), Paved Lot, Trailer Drop, Electric Plug-ins, Safe Haven/Hazmat
- Food: Restaurant, Fast Food
- Stores: Table Phones, Motel, Convenience, Trucker/Travel, Shopping Center, Walmart/Kmart
- Showers: Grocery, Ladies, Men's
- Communication: TV/Drivers Lounge, Laundry, Load Monitor, Internet Kiosk, Wi-Fi Hotspots, Document Scanning, Public Fax/Copier, UPS/FedEx/TripPak Box
- Scales: Religious Services, State Lottery
- Tires: Axle, Platform, Certified, Repairs, New Tire Sales
- Repairs: Shop Open 24 Hrs, DOT Inspection, Major Repairs, Minor Repairs, Oil Change/Lube, Minor Welding, AC/Reefer
- Road Svcs: CB, Tire, Mechanical, Towing
- Wash: Truck (Exterior), Trailer Washout
- RV Info: RVs Welcome, Dumping Station, Propane (Bottle)
- Financial Services: ATM, Can Wire Money Out, Money Orders, NATSO Check-Link, Western Union, Voyager/Wright Express, Comdata (Comchek)
- Permit Svcs: EFS, Fuel Man, Multi Service
- Credit Cards: TCH, T-Chek, Fleet One, Buy/Pay at Fuel Desk, All Prepaid Permit Svcs, American Express, Visa/Mastercard, Discover

Grid	Location / Phone	Truck Stop / Address	Logo	Motor Fuel / Parking	Food	Stores	Showers	Communication	Scales	Tires	Repairs	Road Svcs	Wash	RV Info	Financial Services	Permit Svcs / Credit Cards
C 6	Mokena, 60448 708-479-4066	Shell Food Mart I-80 Exit 145 A (US 45 S)		24HRS ■ ■	M ■	□ ■ ■ □	■	□ □	F	□ ■ □ □ □	□		□ □ □		■ □ ■ ■ V W	B B B ■ ■ ■
C 3	Moline, 61265 309-797-5220	Citgo 4th Ave & 34th St		■ ■ ■		□ □ □	■	□ □ □ □		□ ■	□ □ □	□			■ ■ V W	■ ■ ■
C 6	Monee, 60449 708-534-2484	Pilot Travel Center #039 I-57 Exit 335		24HRS ■ ■	L ■	□ ■ ■ □	■ ■	□ □ ■ ■ ■ [DAT] ■ [logo] ■	F C T F	□ ■ [CAT]	□ □ □ □ □ □	□	□ □ □	□ □	■ ■ ■ ■ ■ V W	B B F B B B ■ ■ ■ ■
C 6	Monee, 60449 708-534-0400	Petro Stopping Center #65 (Mobil) I-57 Exit 335 (US 57 E)	PETRO	24HRS ■ ■	XL ■ ■	24HRS ■ ■ □	■ ■	■ ■ ■ ■ [DAT]	■ F C U F T	■ ■ [CAT]	[BF] ■ ■ ■ ■ ■ ■ ■	■	■ ■ □	■	■ ■ ■ V W	B B F B B B ■ ■ ■ ■ ■
D 3	Monmouth, 61462 309-734-3172	Riverland Fuel Stop (Fuel 24) US 34 (S to 1010 US 67 Bus N)		■ ■ ■ ■		□ ■ ■ □	■	□ □ □	F C	□ ■ □ □ □	□ □ □ □	□ □	□ □ □	□ □	□ ■ V W	B C C ■ ■ ■ ■
D 3	Monmouth, 61462 309-734-0505	VSM Fuel Stop US 34 N & 6th St		■ ■	S ■ ■	□ □ □		□ □ ■	F C □	■	■ ■ ■ ■ ■ ■ ■ ■	■ A R	■ ■ □	■ ■	■ □	B B F B B B ■ ■
C 5	Morris, 60450 815-942-5690	Romines Travel Center (BP) I-80 Exit 112 (IL 47)	AMBEST	24HRS ■ ■	XL ■ ■	24HRS □ ■ □	■ ■	□ □ □ ■ ■ ■ ■ ■ ■	F C U F T	□ ■ ■ ■ ■	■ ■ ■ ■ ■	■ R	■ ■ □		■ □ ■ ■ V W	B B B B B B ■ ■ ■ ■ ■
C 5	Morris, 60450 815-941-1088	Northside Citgo I-80 Exit 112 (IL 47)		■ ■ ■	S	■ □	■	□ □	F C				□ □ □		■ V W	B B F B ■ ■ ■ ■
D 4	Morton, 61550 309-266-5450	Morton Travel Center (Mobil) I-74 Exit 102 (IL 121)		24HRS ■ ■	L ■ ■	□ ■ □	■ ■	□ □ ■ ■ ■ [DAT]	F C T	□ ■ [CAT]	□ □ □ □ □ □	□ □ □	□ □ □	□	■ □ ■ ■ ■ V W	B B B B B B ■ ■ ■ ■
J 4	Mounds, 62964 618-342-6690	K&K Auto/Truck Stop & Garage I-57 Exit 8		■ ■ ■	S ■	■	■		F C	□	■ ■ ■ ■ ■	■ R	■ ■ □	□	■ ■ ■ V W	B B B B B ■ ■ ■ ■
F 2	Mount Sterling, 62353 217-773-2146	Fanco (Clark) IL 99 & US 24		■ ■ ■		□ □ □	■	□ □		□ ■ □	□ □	□	□ □ □ □	□	■ ■ W	■ ■ ■
F 2	Mount Sterling, 62353 217-773-3946	Fast Stop Fuel 24 (FS) US 24 East		■ ■ ■		□ ■ □	■	□ □	F C	□ ■					■ V W	C C ■ ■ ■ ■
H 5	Mount Vernon, 62864 618-244-4242	TravelCenters of America (Citgo) I-57-64 Exit 95 (IL 15 W)	TA	24HRS ■ ■	L ■ ■	24HRS ■ ■ □	■ ■	□ □ □ ■ ■ ■ ■ [DAT] ■ [TA] ■	F C U F T	■ ■ [CAT]	[BF] ■ ■ ■ ■	■	■ ■ □	□ □	■ □ ■ ■ ■ ■ V W	B B B B B ■ ■ ■ ■
H 5	Mount Vernon, 62864 618-244-2616	Huck's Travel Center I-57-64 Exit 95 (IL 15 W)		24HRS ■ ■	XL ■ ■	24HRS ■ ■ □	■ ■	□ □ □ ■ ■ ■ ■ ■	F C U F T	■ ■ ■ ■ ■	□ □ □ □ □ □	□ □ □	□ □ □ □	□	■ □ ■ ■ ■ ■ ■ V W	B B B B B B ■ ■ ■ ■ ■
B 5	Naperville, 60540 630-904-0745	Speedway #7448 IL 59 & 111th St		24HRS ■ ■		□ □	■	□ □ □		□ ■					■ ■ ■ ■ V W	B B F B B B ■ ■ ■
H 4	Nashville, 62263 618-478-5777	Little Nashville Truck Stop (Conoco) I-64 Exit 50 (IL 127)		24HRS ■ ■	M ■ ■	24HRS □ ■ □	■	□ ■	F C T F	■ ■ ■ ■	■ ■ ■ ■ ■ ■ ■	■ A R	■ ■ ■		■ ■ V W	B B F B B B B ■ ■ ■ ■
H 4	Nashville, 62263 618-478-2200	Nashville Citgo I-64 Exit 50 (IL 127)		24HRS ■ ■		□ ■ □	■	□ □ □		□ ■	□ □ □ □ □ □	□	□ □ □		■ V W	B F ■ ■ ■
F 5	Neoga, 62447 217-895-3666	Neoga Truck Stop (Shell) I-57 Exit 177 (US 45 E)		24HRS ■ ■	M ■	24HRS ■	■	□ ■ ■ □ ■	F C □	□					■ ■	C C ■ ■ ■ ■
F 5	Neoga, 62447 217-895-3888	ASW Phillips 66 Truck Plaza I-57 Exit 177 (US 45 W)		24HRS ■ ■	M ■ ■	24HRS □	■ ■	■ ■ ■ □	F C	□ ■	□				■ □ ■ ■ ■ ■ V W	B B F B B B B ■ ■ ■ ■
F 4	New Berlin, 62670 217-488-7819	New Berlin Travel Plaza (66) I-72 Exit 82 (IL 10 S)		■ ■ ■	M ■ ■	■	■	□ ■ ■ ■ □ [logo]	F C	□ ■			□ □ □		■ □ ■ V W	B B F B B B B ■ ■ ■ ■
B 6	North Chicago, 60064 847-473-4411	Speedway #7459 US 41 & IL 137		24HRS ■ ■		□ □ □	■		F	■					■ ■ ■ ■ V W	B B F B B ■ ■ ■ ■
E 6	Oakwood, 61858 217-354-2105	I-74 Auto Truck Plaza (Marathon) I-74 Exit 206 (Oakwood Rd N)		24HRS ■ ■	XL ■ ■	24HRS □ ■ □	■ ■	□ ■ ■ ■ □	F C U T	□ ■ [CAT]	■ ■ ■ ■ ■ ■ ■		■ ■ □	□	■ ■ V W	B B B B B B ■ ■ ■ ■
E 6	Oakwood, 61858 217-354-2181	Oakwood Truck Plaza (Marathon) I-74 Exit 206 (Oakwood Rd S)		24HRS ■ ■	M ■ ■	24HRS □ ■	■ ■	□ ■ ■ ■ □	F C □	□ ■ ■ ■ ■	□ □ □ □ □ □		□ □ □		■ ■ V W	B B B B B B ■ ■ ■ ■
E 6	Oakwood, 61858 217-354-4614	Colonial Pantry Travel Plaza #10 (66) I-74 Exit 206 (Oakwood Rd N)		24HRS ■ ■	L ■ ■	□ ■	■ ■	□ ■ ■ ■ [DAT]	F C T	□ ■ [CAT]	□ □ □ □ □		□ □ □	□ □	■ ■ ■ ■ V W	B B B B B B ■ ■ ■ ■
H 4	Okawville, 62271 618-243-6569	Ron's One Stop #5 (66) I-64 Exit 41 (IL 177)		24HRS ■ ■	M ■ ■	□ ■ □	■	□ □	F C	□ ■	□ □ □ □ □ □ □		□ □ □		■ ■ ■ ■ V W	B B F B B B ■ ■ ■ ■
G 6	Olney, 62450 618-392-3988	Red Rooster Truck Stop IL 130 & US 50		■ ■ ■	S ■	■ ■ □	■	□ □ □	□	□ □ □ □ □	□ □ □ □ □ □ □	□	□ □ □ □		■ V W	B B F B B B ■ ■ ■
A 4	Orangeville, 61060 815-789-4524	Boco Orangeville (BP) 456 IL 26 W		■ ■ ■	S ■	□ ■	■	□ □		□ ■					■ ■ ■ V W	B B B ■ ■ ■
C 5	Ottawa, 61350 815-434-1252	J&L Oil # 76 (Mobil) I-80 Exit 93 (IL 71 N)		24HRS ■ ■	S ■	□	■		F C	■					■ V W	B B B B B ■ ■ ■ ■

THE TRUCKER'S FRIEND® - ILLINOIS

How to interpret the page

■ means available at truck stop □ means available nearby

in the overnight lot column:
- S means room for 5 - 24 trucks
- M means room for 25-74 trucks
- L means room for 85-149 trucks
- XL means room for 150+ trucks
- $ means a parking fee may be charged

code at left-hand side of rows is the state map grid reference

a key to advertising logos is on page 25

Services may change without notice. When in doubt, call ahead.

Column groups: Driver Services (Motor Fuel: Truck Diesel, Self Service Diesel, Metered Propane, Gasoline; Parking: Overnight Lot ($), Paved Lot, Trailer Drop, Electric Plug-Ins, Safe Haven/Hazmat; Food: Restaurant, Fast Food, Table Phones, Motel; Stores: Convenience, Trucker/Travel, Shopping Center, Walmart/Kmart, Grocery; Showers: Ladies', Men's; TV/Drivers Lounge, Laundry; Communications: Load Monitor, Internet Kiosk, Wi-Fi Hotspots, Document Scanning, Public Fax/Copier, UPS/FedEx/TripPak Box, Religious Services, State Lottery) · Vehicle Services (Scales; Tires: Axle, Platform, Certified, Repairs, New Tire Sales; Repairs: Shop Open 24 Hrs, DOT Inspection, Major Repairs, Minor Repairs, Oil Change/Lube, Minor Welding, AC/Reefer; Road Svcs: CB, Tire, Mechanical, Towing; Wash: Truck (Exterior), Trailer Washout) · RV Info (RVs Welcome, Dumping Station, Propane (Bottle)) · Financial Services (ATM, Can Wire Money Out, Money Orders, NATSO Check-Link, Western Union, Voyager/Wright Express, Comdata (Comchek); C=Checks, F=Fuel Cards, B=Both: EFS, Fuel Man, Multi Service) · Permit Svcs (TCH, T-Chek) · Credit Cards (Fleet One, BuyPay at Fuel Desk, All Prepaid Permit Svcs, American Express, Visa/MasterCard, Discover)

Grid	Location / Phone	Truck Stop	Motor Fuel	Parking	Food	Stores	Showers	Lounge / Communications	Scales	Tires	Repairs	Road Svcs	Wash	RV Info	Financial Services	Permit Svcs	Credit Cards
C 5	Ottawa, 61350 815-434-7581	Oasis Clocktower Shell I-80 Exit 93 (IL 71)	24 HRS ■ ■	XL	24 HRS	■	■ ■		F C	■	□ □			□ □ □	■ ■ V W	B B	B B B ■ ■ ■ ■
D 4	Pekin (North), 61554 309-382-1600	Fast Break Food Mart (Citgo) I-474 Exit 9 (IL 29)	24 HRS ■ ■		□ □ □	■ □				□ ■					■ ■ V W		■ ■ ■
C 4	Peru, 61354 815-224-1065	Sapp Bros. - Illinois I-80 Exit 73 (Plank Rd)	24 HRS ■ ■ ■	XL ■ ■	24 HRS ■ ■ □	■ ■ □ □ □	■ ■	■ ■ DAT ■ ■	F C U F T	■ ■ ■ ■ ■	■ ■ ■ ■ ■ ■ ■ ■	■ ■ ■ ■	■	■ ■ □ □	■ □ ■ ■ ■ ■ ■ ■ V W	B B	F B B B B ■ ■ ■ ■
C 4	Peru, 61354 815-223-6568	Clocktower Shell I-80 Exit 75 (IL 251 N)	24 HRS ■ ■		□ ■ □	■ □ □ □				■					□ ■ W	B	■ ■ ■
C 4	Peru, 61354 815-220-1393	Crazy D's I-80 Exit 75 (IL 251)	24 HRS ■ ■	L ■ ■	24 HRS □ ■ □	■ ■ □ □ □	■ ■	■ ■ ■	F C	□ ■ CAT	□ □	□ □	□	□ □ □	■ □ ■	B B	B B B B ■ ■ ■ ■
C 4	Peru, 61354 815-220-0611	Flying J Travel Plaza #05076 (Shell) I-80 Exit 77 (IL 351)	24 HRS ■ ■ ■	XL ■	24 HRS ■ ■ □	■ ■ □ □ □	■ ■	■ ■ ■	F C U F T	□	□ □ □	□ □ □	□	□ □ □	■ ■ ■ ■ V W	B	B B B ■ ■ ■ ■
C 5	Plainfield, 60544 815-436-3210	Joliet I-55 Truck Plaza I-55 Exit 257 (US 30)	24 HRS ■ ■	XL ■ ■	24 HRS ■ ■ □	■ ■ □ □ □	■ ■	■ ■ DAT ■ ■	F C U F T	□ ■ CAT	■ ■ ■	■ □	■ A R ■	■ ■ □ ■ ■	■ ■ W	B B	F B B B B ■ ■ ■ ■
D 5	Pontiac, 61764 815-844-3243	Pontiac BP I-55 Exit 197 (IL 116)	24 HRS ■ ■	S ■	□ □	■ □ □ □	■	□	C	□ ■	□ □ □	□ □ □	□	□ □ □	■ ■ V W	B B	F B B B ■ ■ ■
B 5	Poplar Grove, 61065 815-765-3729	J&D Countryside (Marathon) 13615 IL 76 (1.5 mi S of IL173)	24 HRS ■ ■	S ■	□ ■	■				■				□ □ □	■ ■ ■ ■ W	B B	B B B B ■ ■ ■
C 4	Princeton, 61356 815-875-2837	Road Ranger #225 (Citgo) I-80 Exit 56 (IL 26 NE)	24 HRS ■ ■	XL ■ ■	24 HRS ■ ■ □	■ ■ □ □ □	■ ■	■ ■ ■	F C U T	□ ■ CAT	□ □	□	□	□ □ □	■ □ ■ ■ ■ V W	B B	B B B B ■ ■ ■ ■
B 5	Rochelle, 61068 815-562-3716	Petro Stopping Center #59 I-39 Exit 99 (IL 38 W)	24 HRS ■ ■ ■	XL ■ ■	24 HRS ■ ■ □	■ ■ □ □ □	■ ■	■ ■ DAT ■ ■	F C U F T	■ ■ ■ ■	■ □	□ ■ ■	■ A	■ ■ □ ■ ■	■ ■ ■ ■ V W	B B	B B B B ■ ■ ■ ■
B 5	Rochelle, 61068 815-562-2811	Road Ranger Travel Center #210 (Citgo) I-39 Exit 99 (IL 38 W)	24 HRS ■ ■	S ■ ■ ■	□ ■ □	■ ■ □ □ □	■ ■	□	F C F	□ ■ CAT	□ □	□ □	□	□ □ □ □	■ ■ ■ ■ V W	B B	F B B B B ■ ■ ■ ■
B 5	Rochelle, 61068 815-562-6698	Super Pantry #14 (BP) I-39 Exit 99 (IL 38 W)	24 HRS ■ ■	S ■	□ ■ □	■ □		□	□	□ ■ □ □ □	□ □ □ □ □ □ □	□ □	□	□ □ □ □	■ ■ ■ ■ W	B B	B B B ■ ■ ■
B 5	Rochelle, 61068 815-562-0071	Stop-N-Go #527 (Amoco/BP) I-88 Exit 92 (IL 251)	24 HRS ■ ■		□ ■ ■ □	■ □ □ □		□	F C	□ ■ □ □ □	□ □ □ □ □ □	□ □ □	□	□ □	■ ■ ■ ■ ■ V W	B	F B B B ■ ■ ■ ■
B 4	Rock Falls, 61071 815-626-5205	J&L Oil # 90 (Marathon) 505 W US 30 (5 blks W of IL 40)	■ ■ ■	S ■	□ □ □	■ □ □		□		□	□ □	□		□ □ □	■ V W	C	■ ■ ■
B 4	Rock Falls, 61071 815-625-6380	Johnson Oil Co (Shell) US 30 & 12th Ave	■ ■ ■		□ □ □	■ □ □		□	F C	□ ■	□ □				■ V W		F B ■ ■ ■ ■
B 4	Rock Falls, 61071 815-625-3554	Phillips 66 US 30 (1.5 mi W of IL 88)	■ ■ ■		□ □ □	■ □ □ □		□	F C	■					■ ■ W		F ■ ■ ■ ■
C 3	Rock Island, 61201 309-787-1559	Mother Hubbards Cupboard #1 (BP) 1000 78th Ave W	24 HRS ■ ■		□ □ □	■ □		■	F C □	□ ■					□ ■ ■ ■ V W	C C	F C ■ ■ ■ ■
B 5	Rockford, 61112 815-332-5330	Oakview Diesel (Marathon) I-90 Exit 61/I-39 Ex 122 (Harrison Ave)	24 HRS ■ ■		24 HRS □ □	■ □ □ □			F C	□ ■	□	□		□ □ □	■ ■ ■ ■ ■ V W	B B	B B B B ■ ■ ■ ■
B 5	Rockford, 61102 815-966-1351	South Main Mobil #45 IL 2 & US 20 Bypass	24 HRS ■ ■		□ □ □	■ □ □				■					■ V W	B	■ ■ ■
B 5	Rockford, 61102 815-969-8943	Road Ranger Truck Stop #203 (Citgo) US 20 Bypass & IL 2 S	24 HRS ■ ■		□ ■	■			F	□ ■		□ □ □	□	□ □ □	■ ■ ■ V W	B B	F B B B B ■ ■ ■ ■
B 5	Rockford (S), 61109 815-874-4398	I-39 Express Lane (Shell) I-39 Exit 115	24 HRS ■ ■	XL ■ ■	■ ■	■ ■	■ ■	■ ■ DAT	F C T F	■ ■ CAT	■ ■ ■ ■ ■ ■ ■ ■	■ ■ ■	■ A R ■	■ ■ ■ ■ ■	■ ■ V W	B B	F B B B ■ ■ ■ ■
C 4	Rome, 61562 309-274-6660	Freedom Oil (Shell) IL 29 (5 mi N of IL 6)	■ ■ ■		□ ■ □	■ □		□		□ ■	□ □				■ ■ V W		F ■ ■ ■
E 3	Rushville, 62681 217-322-4531	Wendy's Country Junction (Shell) US 67 & US 24	■ ■ ■	S ■ ■	■ □	■ □		□		□	□ □	□ □ □	□	□ □ □	■ □ ■ ■ V W		F ■ ■ ■
A 6	Russell, 60075 847-395-5000	Toor's Car & Truck Plaza (Citgo) I-94 Exit 1 (US 41/Russell Rd)	24 HRS ■ ■	M ■	■ □ ■	■ □ □	■ ■	■ □	F C □	□ ■ ■ ■ ■	□ □	□ □ □	□	□ □ □ □	■ □ ■ V W	B B	B B B B ■ ■ ■ ■
A 6	Russell, 60075 847-395-5580	TravelCenters of America/Chicago N I-94 Exit 1 (US 41/Russell Rd)	24 HRS ■ ■	XL ■ ■	24 HRS ■ ■ □	■ ■ □	■ ■	■ ■ DAT ■ TA ■	F C U F T	■ CAT	■ ■ ■ ■	□ ■ ■	■ A R	■ ■ □ ■	■ ■ ■ ■ ■ ■ V W	B B	B B B ■ ■ ■ ■
C 5	Shorewood, 60431 815-725-2498	BP/Amoco Fuel Stop I-55 Exit 253 B (IL 52)	24 HRS ■ ■		□ □ □	■ □ □ □		□		□ ■					□ ■ ■ V W		■ ■ ■
A 4	South Beloit, 61080 815-389-2190	Road Ranger Travel Center #205 (Citgo) I-39-90 Exit 1	24 HRS ■ ■	M ■	24 HRS ■ □	■ ■ □	■ ■	■	F C □	□ ■ CAT		□		□ □ □	□ ■ ■ V W	B B	F B B B B ■ ■ ■ ■

THE TRUCKER'S FRIEND® - ILLINOIS

How to interpret the page

■ means available at truck stop □ means available nearby

in the overnight lot column:
S means room for 5 - 24 trucks
M means room for 25-74 trucks
L means room for 85-149 trucks
XL means room for 150+ trucks
$ means a parking fee may be charged

code at left-hand side of rows is the state map grid reference

a key to advertising logos is on page 25

Services may change without notice. When in doubt, call ahead.

Column headings:
- Driver Services — MOTOR FUEL: Truck Diesel, Self Service Diesel, Metered Propane, Gasoline; PARKING: Overnight Lot ($), Paved Lot, Trailer Drop, Electric Plug-ins; FOOD: Safe Haven/Hazmat, Restaurant, Fast Food, Table Phones; STORES: Motel, Convenience, Trucker/Travel, Shopping Center, Walmart/Kmart, Grocery; SHOWERS: Ladies, Men's; COMMUNICATION: TV/Drivers Lounge, Laundry, Load Monitor, Internet Kiosk, Wi-Fi Hotspots, Document Scanning, Public Fax/Copier, UPS/FedEx/Pak Box, Religious Services, State Lottery
- Vehicle Services — SCALES: Certified, Platform, Axle; TIRES: Repairs, New Tire Sales; REPAIRS: Shop Open 24 Hrs, DOT Inspection, Major Repairs, Minor Repairs, Oil Change/Lube, Minor Welding; ROAD SVCS: AC/Reefer, Tire, Mechanical; WASH: Truck (Exterior), Trailer Washout
- RV Info: Towing, RVs Welcome, Dumping Station, Propane (Bottle)
- Financial Services: ATM, Can Wire Money Out, Money Orders, Natso Check-Link, Western Union, Voyager/Wright Express, Comdata (Comchek), C=Checks, F=Fuel Cards, B=Both
- Permit Svcs: Multi Service, Fuel Man
- Credit Cards: EFS, TCH, T-Chek, Fleet One, Buy/Pay at Fuel Desk, All Prepaid Permit Svcs, American Express, Visa/Mastercard, Discover

Map ref	Location / Phone	Truck Stop / Address	Motor Fuel	Parking	Food	Stores	Showers	Communication	Scales	Tires	Repairs	Road Svcs	Wash / RV Info	Financial Services	Permit Svcs	Credit Cards
A 4	South Beloit, 61080 815-389-4760	Flying J Travel Plaza #05097 (Shell) I-39-90 Exit 1 (IL 75)	Flying J	24 HRS ■■■	XL ■■	24 HRS ■■□	■■	□□ ■■■■ Flying J ■ Flying J Flying J	F U C T		Flying J □□	□□□□□	□□□	■■■■	V W	B B B B ■■■■
C 6	South Holland, 60473 708-339-6333	Truckomat I-94 Exit 73 B (159th St)		24 HRS ■	S ■	□■■□	■■	□□□ ■■	F U C T	□	CAT □□	□□□□	□□□ ■■	■		B B F B B B B ■■■■
F 4	Springfield, 62707 217-525-1155	Dirkson Parkway Citgo 817 IL 29 S & Old Bypass US 66		24 HRS ■ ■		□□ □		□□			□	□□ □	□□□		V W	■■■
F 4	Springfield, 62707 217-789-9637	Road Ranger Travel Center #118 (Citgo) I-55 Exit 100 A (IL 54 - Clinton)		24 HRS ■ ■	S ■	24 HRS □■□	■■	□□ ■■■ ⏻	F T C F	■	CAT	□□ □	□□□ □□	■ ■■ ■	V W	B B F B B B B ■■■■
D 5	Streator, 61364 815-673-5516	Pit Stop Fuel (Citgo) 1004 W IL 18		■■ ■		□	■	□ □		□■				■	V W	■■■
B 5	Sugar Grove, 60554 630-466-4699	Country Stop (Citgo) 9S595 IL 47 & Jericho (N of Baseline)		■■ ■	S ■	■	■	□	F C	■			□□□	■■■■ ■	V W	B C F C C C C ■■■■
B 5	Sugar Grove, 60554 630-466-4697	Sugar Grove 66 IL 47 & Galena (1/2 mi N of US 30)		24 HRS ■ ■		□□	■			■				□■■	V W	F ■■■
B 6	Summit, 60501 708-594-7696	JJ Peppers (Marathon) I-55 Exit 282 (Hwy 171)		24 HRS ■ ■		□□ □	■	□ □ □	F C	□□■	□□	□□□		■■	V W	B B ■■■■
C 4	Tonica, 61370 815-442-3385	Tonica Truck Stop (Amoco) I-39 Exit 48 (IL 54 E)		■■ ■	L ■■	■	■	■	F C	■	□□	□ □	□□□	■ ■		B B ■■■■
G 3	Troy, 62294 618-667-0946	Pilot Travel Center #249 I-55-70 Exit 18 (IL 162 SE)		24 HRS ■	XL ■	□■■□	■■	□ ■■ DAT ■ ⏻	F T C F	□■	CAT □□	□□□□□ □	□□□□□□	■■ ■■	V W	B B F B B B ■■■■
G 3	Troy, 62294 618-667-9931	St Louis East Truck Plaza (BP) I-55-70 Exit 18 (IL 162)		24 HRS ■■■	L ■■	24 HRS □■■	■■	□ □ ■■■■ DAT ⏻	F U C F T	■■■■	Blue Beacon ■■■■■	■□□	■■□□□□	■ ■■■ ■■	V W	B B F B B B B ■■■■■■
F 5	Tuscola, 61953 217-253-3811	Fuel Mart #787 I-57 Exit 212 (US 36)		24 HRS ■■■	S ■	□	□ ■	□ ■■ □	F C		□□	□□	□□□	■ ■ ■ ■		B B F B B B B ■■■■
F 5	Tuscola, 61953 217-253-5474	Road Ranger Truck Stop #139 (Citgo) I-57 Exit 212 A (US 36)		24 HRS ■ ■	S ■	□■■□	■■	□ □ ■■ □ ⏻	F U C T	□■	CAT □□	□□□ □□	□□□	■ ■ ■ ■	V W	B B B B B B ■■■■
G 4	Vandalia, 62471 618-283-1368	South Central Fast Stop US 40 & IL 185 N		■■ ■		□□ □	■	□□□ □		□■□	■■	□	□□□	□	W	B F B C ■■■
A 6	Wadsworth, 60083 847-336-5016	Tristar Citgo 39090 US 41		24 HRS ■ ■	S	□■■□	■	□□□	F C	□□■	□	□		■ ■ ■	V W	B B B ■■■■
A 6	Wadsworth, 60083 847-395-4141	Wadsworth Marathon 41490 US 41 N & IL 173		24 HRS ■		□ □	■	□		□■	□□□		□□□□□	□■■	V W	F ■■■
B 5	Warrenville, 60555 630-393-0841	Gas City #104 IL 59 & IL 56		24 HRS ■ ■		□■■□	■	□ □	F C	□■				■■■■ ■	V W	B C F C B B ■■■■
D 6	Watseka, 60970 815-432-3282	Pence Oil Company (BP) 313 East Walnut		■ ■		□■ □	■	□□ □	F C	□■	□□	□□		■	V W	B B B ■■■■
D 4	Wenona, 61377 815-853-4313	Wenona Travel Mart (BP) I-39 Exit 35 (IL 17)		24 HRS ■ ■	M ■■	□■ □	■	□ □	F C	□■	□□	□□□	□□□	■ ■ ■	V W	B B B B B ■■■■
I 5	West Vienna, 62995 618-658-2340	Veach Truck Stop IL 146 & IL 37		■■ ■	S ■■	■	■			■	□	□□□	□□□	■□■		F ■■
E 4	Williamsville, 62693 217-566-3448	Love's Travel Stop #249 I-55 Exit 109		24 HRS ■ ■	M ■	■■	■■	■■ DAT ⏻ ■	F U C T	■	CAT		□□□	■■ ■ ■	V W	B B F B B B ■■■■
C 5	Wilmington, 60481 815-476-5583	Lorenzo Road Fuel Stop (66) I-55 Exit 240 (Lorenzo Rd)		24 HRS ■ ■		□	■			■				■	V W	B ■■■
C 5	Wilmington, 60481 815-476-6177	River Truck Plaza (Citgo) I-55 Exit 240 (Lorenzo Rd)		24 HRS ■ ■	L ■■	24 HRS ■■	■	■■■■	F C	■	□□	□□	□□□	■ ■	V W	B B F B B B ■■■■
F 3	Winchester, 62694 217-742-5651	Fanco Hwy 106		■■ ■		□□	■	□ □		□■	□□	□□ □		■ ■		■■■
B 4	Winnebago, 61088 815-335-2377	Mobil Mart #41 US 20 Bypass & Winnebago Rd		24 HRS ■ ■		■	■	□		□■		□□□		■	W	■■■
B 4	Winnebago, 61088 815-335-2747	Road Ranger Truck Stop #206 (Citgo) US 20 Bypass & Winnebago Rd		24 HRS ■		□□ □	■	□		□■	□□	□□□ □		□ ■ ■	V W	B B F B B B B ■■■■
C 3	Woodhull, 61490 309-334-2191	Woodhull Truck Plaza (Mobil) I-74 Exit 32 (IL 17 W)		24 HRS ■ ■	L ■■	■ ■■■	■	□ ■■■■ DAT	F T C	□■	CAT □□	□□□□□□■	□□□	■ ■	V W	B B B B B B ■■■■■
C 5	Yorkville, 60560 630-553-1500	Shell Oil Station IL 47 & IL 71		24 HRS ■ ■	S ■	□■ □	■	□	C	□■	□□	□□□□□□□	□□□	■ ■ ■	V W	B B B B ■■■

INDIANA

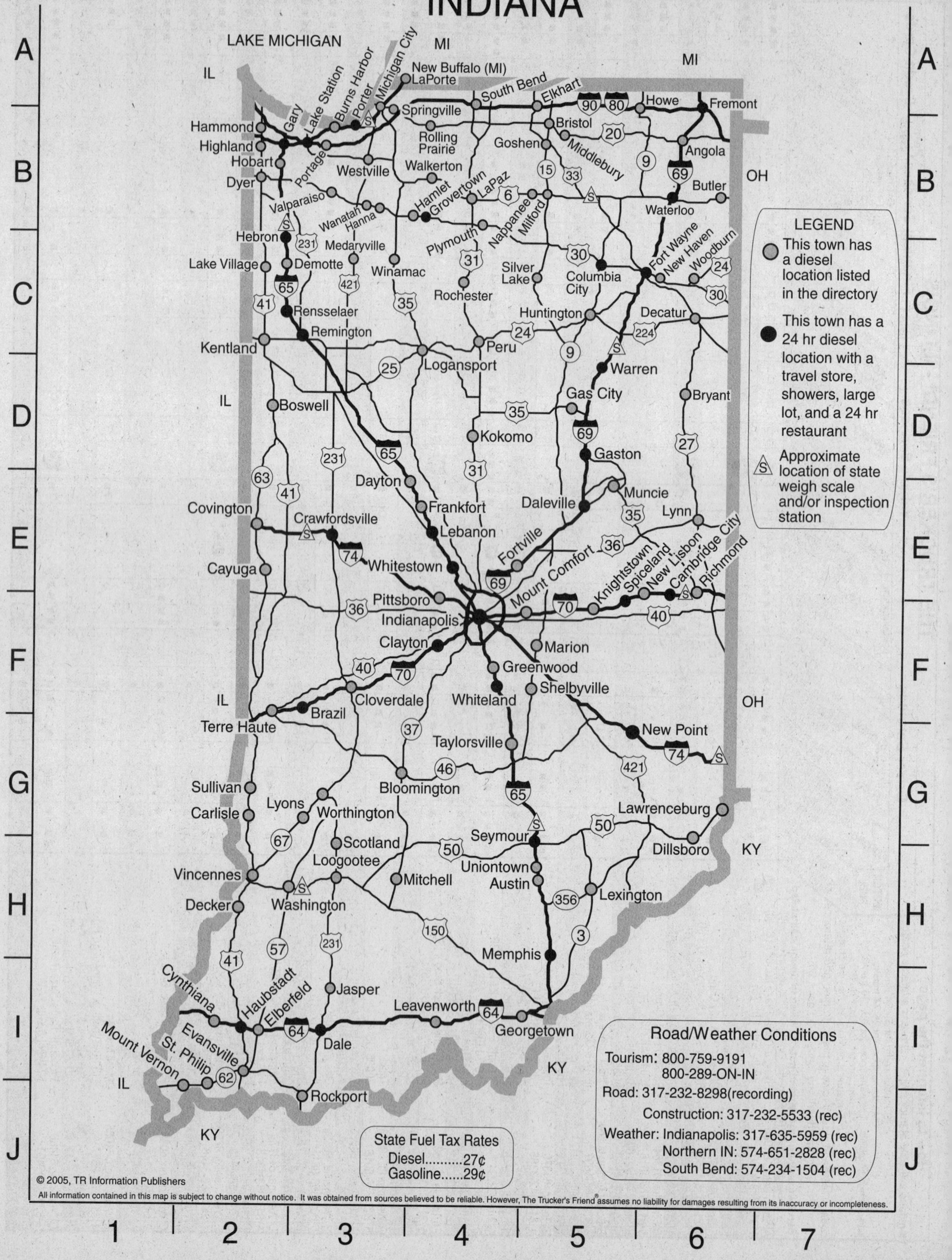
A
B
C
D
E
F
G
H
I
J
1
2
3
4
5
6
7
LAKE MICHIGAN
MI
IL
OH
KY
New Buffalo (MI)
LaPorte
Michigan City
Burns Harbor
Lake Station
Porter
Gary
Hammond
Highland
Hobart
Dyer
Portage
Springville
Rolling Prairie
South Bend
Elkhart
Bristol
Goshen
Middlebury
Howe
Fremont
Angola
Butler
Waterloo
Westville
Walkerton
Valparaiso
Wanatah
Hanna
Hamlet
Grovertown
LaPaz
Nappanee
Milford
Plymouth
Hebron
Medaryville
Lake Village
Demotte
Winamac
Rochester
Silver Lake
Columbia City
Fort Wayne
New Haven
Woodburn
Rensselaer
Remington
Kentland
Huntington
Decatur
Peru
Logansport
Warren
Gas City
Bryant
Boswell
Kokomo
Gaston
Dayton
Muncie
Frankfort
Daleville
Covington
Crawfordsville
Lebanon
Lynn
Fortville
Whitestown
Cayuga
Mount Comfort
Knightstown
Spiceland
New Lisbon
Cambridge City
Richmond
Pittsboro
Indianapolis
Clayton
Marion
Greenwood
Whiteland
Shelbyville
Cloverdale
Brazil
Terre Haute
New Point
Taylorsville
Bloomington
Sullivan
Lyons
Worthington
Carlisle
Lawrenceburg
Scotland
Seymour
Dillsboro
Loogootee
Uniontown
Austin
Vincennes
Mitchell
Lexington
Decker
Washington
Memphis
Jasper
Cynthiana
Haubstadt
Elberfeld
Leavenworth
Georgetown
Evansville
Mount Vernon
St. Philip
Dale
Rockport
90
80
20
9
69
15
33
6
31
231
30
24
421
65
41
35
224
25
27
63
36
74
70
40
37
46
50
67
356
150
57
3
64
62
LEGEND
This town has a diesel location listed in the directory
This town has a 24 hr diesel location with a travel store, showers, large lot, and a 24 hr restaurant
Approximate location of state weigh scale and/or inspection station
S
State Fuel Tax Rates
Diesel..........27¢
Gasoline......29¢
Road/Weather Conditions
Tourism: 800-759-9191
800-289-ON-IN
Road: 317-232-8298(recording)
Construction: 317-232-5533 (rec)
Weather: Indianapolis: 317-635-5959 (rec)
Northern IN: 574-651-2828 (rec)
South Bend: 574-234-1504 (rec)

THE TRUCKER'S FRIEND® - INDIANA

How to interpret the page

■means available at truck stop □means available nearby

in the overnight lot column:
S means room for 5 - 24 trucks
M means room for 25-74 trucks
L means room for 85-149 trucks
XL means room for 150+ trucks
$ means a parking fee may be charged

code at left-hand side of rows is the state map grid reference

a key to advertising logos is on page 25

Services may change without notice. When in doubt, call ahead.

Column groups: Driver Services (MOTOR FUEL: Truck Diesel, Self Service Diesel, Metered Propane, Gasoline; PARKING: Overnight Lot ($), Paved Lot, Trailer Drop, Electric Plug-Ins, Safe Haven/HazMat; FOOD: Restaurant, Fast Food, Table Phones; STORES: Motel, Convenience, Trucker/Travel, Shopping Center, Walmart/Kmart, Grocery; SHOWERS: Ladies', Men's, TV/Drivers Lounge, Laundry; COMMUNICATION: Load Monitor, Internet Kiosk, Wi-Fi Hotspots, Document Scanning, Public Fax/Copier, UPS/FedEx/Drop Box, Religious Services, State Lottery) – Vehicle Services (SCALES: Platform, Axle, Certified; TIRES: Repairs, New Tire Sales; REPAIRS: Shop Open 24 Hrs, DOT Inspection, Major Repairs, Minor Repairs, Oil Change/Lube; ROAD SVCS: Minor Welding, AC/Reefer, Tire, Mechanical, Towing; WASH: Truck (Exterior), Trailer Washout) – RV Info (RVs Welcome, Dumping Station, Propane (Bottle)) – Financial Services (ATM, Can Wire Money Out, Money Orders, NATSO Check-Link, Western Union, Voyager/Wright Express, Comdata (Comchek)) C=Checks F=Fuel Cards B=Both – Permit Svcs (Multi Service, Fuel Man, EFS) – Credit Cards (TCH, T-Chek, Fleet One, Buy/Pay at Fuel Desk, All Prepaid Permit Svcs, American Express, Visa/Mastercard, Discover)

Grid	Location / Phone	Truck Stop	Motor Fuel / Parking	Food	Stores / Showers	Communication	Scales / Tires	Repairs / Road Svcs / Wash	RV Info	Financial Services	Permit Svcs	Credit Cards
B 6	Angola, 46703 260-665-5014	Speedway #8336 I-69 Exit 148 (US 20)	24HRS ■ ■		■ ■ □ ■ ■ □ □ □	□	F C □ ■	□ □ □ □ □	□ □ □	□ ■ ■ ■ ■	V W B B	B B ■ ■ ■ ■
H 5	Austin, 47102 812-794-2615	Fuel Mart #783 I-65 Exit 34 (IN 256)	24HRS ■ ■	M ■	□ ■ ■	□ ■ ■	□ ■				B B	B B B B ■ ■ ■
G 3	Bloomington, 47403 812-824-8363	Sunmart Food Store #3 (Sunoco) 5100 IN 37 S	24HRS ■ ■	M ■ ■	□ ■ □ ■ □ □	□	F C □ ■	□ □ □ □ □ □ □ □ □ □ □	□ □ □	■ □ ■ ■	V W B C	C F ■ ■ ■ ■
D 2	Boswell, 47921 765-869-4837	Hub Plaza (66) US 41	■ ■ ■	S	□ ■		F C □		□ □ □	■ ■	V W B B	B B B ■ ■ ■ ■
F 3	Brazil, 47834 812-448-3767	Road Ranger #141 (Citgo) I-70 Exit 23 (IN 59 & IN 42)	24HRS ■ ■	M ■	□ ■ □ ■ ■	■ ■	F C T □ ■ CAT	□ □ □ □ □ □	□ □ □	■ ■ ■ ■	V W B B F B B	B B ■ ■ ■ ■
F 3	Brazil, 47834 812-446-2296	AMBEST Brazil 70 Truck Stop (Shell) I-70 Exit 23 (IN 59)	24HRS ■ ■	XL ■ ■	24HRS ■ □ ■ ■	■ ■ ■ ■	F C T F □ ■ CAT	■ ■ ■ ■ ■ □ ■	■ ■ □	■ □ ■ ■ ■	V W B B B B	B B ■ ■ ■ ■ ■ ■
F 3	Brazil, 47834 812-446-9400	Pilot Travel Center #444 I-70 Exit 23 (IN 59)	24HRS ■ ■	L ■ ■	□ ■ ■ □ ■ ■	■ ■ ■ DAT	■ F C U F T ■ CAT	□ □ □ □ □ □	□ □ □ □	■ ■ ■ ■ ■ ■ ■	V W B B F B	B B ■ ■ ■ ■
B 5	Bristol, 46507 574-848-7074	Speedway #6664 410 IN 120 (E of IN 15)	24HRS ■ ■	S ■	□ ■	□ □	F C □ ■	□ □		■ ■	V W B B	B B ■ ■ ■ ■
B 5	Bristol, 46507 574-522-8074	Speedway #6662 US 20 & IN 15	24HRS ■ ■	M ■	■ □ ■ ■		F C ■ ■ ■			■ ■ ■ ■	V W B B	B ■ ■ ■ ■
D 6	Bryant, 47326 260-997-6100	Bearcreek Crossing (Shell) US 27 N & IN 18 W	24HRS ■ ■	M ■	□ ■		F C			■ ■	V W B B	B B B B ■ ■ ■ ■
B 3	Burns Harbor, 46304 219-787-5705	Pilot Travel Center #445 I-94 Exit 22 A (US 20 SW)	24HRS ■ ■	M ■	□ ■ ■ □ ■ ■ ■ □	□ ■ ■ ■ DAT	■ F C U T □ ■ CAT	□ □ □ □ □ □ □	□ □ □ □ □	■ ■ ■ ■ ■ ■ ■ ■	V W B B F B	B B ■ ■ ■ ■
B 6	Butler, 46721 260-868-0036	Butler Quick Stop (Clark) 537 US 6 (W of IN 1)	■ ■ ■	S ■	□ ■ ■	□ □	F C □ ■	□ □ □ □ □ □	□ □ □ □	■ ■ ■	V W B B	B B ■ ■ ■ ■
E 6	Cambridge City, 47327 765-478-5555	Crazy D's I-70 Exit 137 (IN 1 S)	24HRS ■ ■	L ■ ■	24HRS ■ ■ ■ □	■ ■ ■ ■	F C □ □ ■	■ ■ ■ ■ ■ ■ ■ ■ ■ ■	■ ■ ■	■ □ ■	B B F B B B	■ ■ ■ ■
G 2	Carlisle, 47838 812-398-2526	Carlisle Plaza (Marathon) US 41 S	24HRS ■ ■	L ■ ■	24HRS ■ ■ ■	□ ■ ■ ■	F C □ ■	■ ■ ■ □ □ □ □ □ □ □ □	□ □ □ ■	■ ■ ■	V W B B	B B B B ■ ■ ■ ■
E 2	Cayuga, 47928 765-492-4142	Stan's Highway Shell IN 234 & IN 63	24HRS ■ ■	M ■ ■	□ ■ ■ ■	□ ■ ■ ■	F C □ ■		□ □ □	■ ■ ■ ■ ■	V W B B	B B B B ■ ■ ■ ■
F 4	Clayton, 46118 317-539-6515	TravelCenters of America/Indianapolis W (TA) I-70 Exit 59 (IN 39)	24HRS ■ ■ ■	L ■ ■ ■	24HRS ■ ■ ■ ■	■ ■ ■ ■ DAT	TA ■ F C U F T □ CAT	BT ■ ■ ■ ■ ■ ■ A R	■ ■ □ □ □	■ ■ ■	B B	B B B ■ ■ ■ ■
F 3	Cloverdale, 46120 765-795-3223	Cloverdale Travel Plaza (Citgo) I-70 Exit 41 (US 231)	24HRS ■ ■	M ■ ■	24HRS ■ ■ □ ■ ■	□ ■ ■ ■ DAT	F C U F T □ ■	■ ■ ■ ■ ■ ■ ■ ■ ■	■ ■ □	■ □ ■	V W B B	F B B ■ ■ ■ ■ ■
C 5	Columbia City, 46725 260-244-7858	Top Shelf Travel Center (Sunoco) US 30 & IN 9-109	24HRS ■ ■	L ■ ■	24HRS □ ■ ■ □ □ □ ■	■ ■ ■ □	F C U T □ ■	□ □ □ □ □ □ □ □ □	□ □ □	■ □ ■ ■	V W B B	B B B B ■ ■ ■ ■
E 2	Covington, 47932 765-793-7307	Pilot Travel Center #339 I-74 Exit 4 (IN 63)	24HRS ■ ■	M ■	□ ■ ■ ■	■ ■ DAT	■ F C U F T ■ CAT	□ □ □ □ □ □	□ □ □	■ ■ ■ ■ ■ ■	V W B B F B	B B ■ ■ ■ ■
E 3	Crawfordsville, 47933 765-361-9603	Crazy D's I-74 Exit 39 (IN 32 W)	24HRS ■ ■	L ■	24HRS ■ ■	■ ■ ■ ■	F C U ■ CAT	□ □	□ □ □	■ ■ ■	V W B B	B B B B ■ ■ ■ ■
I 2	Cynthiana, 47612 812-963-6631	I-64 Moto Mart I-64 Exit 18 (US 65 S)	24HRS ■ ■		■		F C □ ■			■ ■	V W B B	B ■ ■ ■ ■
I 3	Dale, 47523 812-937-4408	AMBEST 231 Plaza I-64 Exit 57 (US 231)	24HRS ■ ■	XL ■ ■	24HRS ■ ■ ■ ■	■ ■ ■ ■ DAT	F C U F T ■	■ ■ ■ ■ ■ ■ ■ ■ ■ ■ ■ ■ ■	■ ■ ■	■ □ ■ ■	V W B B	B B B ■ ■ ■ ■
E 5	Daleville, 47334 765-378-3599	Pilot Travel Center #028 I-69 Exit 34	24HRS ■ ■	M ■	□ ■ ■ □ ■	■ ■ ■ □ DAT	■ F C T □ ■ CAT		□ □ □	■ ■ ■	V W B B F B	B B ■ ■ ■ ■
E 5	Daleville, 47334 765-378-0231	GasAmerica #041 I-69 Exit 34 (IN 67 W)	24HRS ■ ■		□ □ □ ■ □	□	C □ ■ □ □ □ □	□ □ □	□ □ □	□ ■ ■ ■ ■ ■	V W B B	B B B B ■ ■ ■
E 5	Daleville, 47334 765-378-0246	Pilot Travel Center #446 I-69 Exit 34 (IN 67 W)	24HRS ■ ■	L ■ ■	24HRS □ ■ □ ■ ■ □	■ ■ ■ ■ DAT	■ ■ F C U F T □ ■ CAT	□ □ □ □ □ □	□ □ □ □ □ □	■ □ ■ ■ ■ ■ ■	V W B B F B	B B ■ ■ ■ ■
E 3	Dayton, 47905 765-448-9017	Super Pantry Fuel Center #18 (Mobil) I-65 Exit 168 (IN 38)	24HRS ■ ■	M ■	■ ■ ■	DAT	F C □ ■	□ □ □ □ □ □ □ □	□ □ □	■ ■ ■ ■	W B B	B B B B ■ ■ ■ ■
C 6	Decatur, 46733 260-724-4658	Decatur Travel Plaza 1348 US 27-33 S	24HRS ■ ■	S ■	24HRS □ ■ □ □ □	■ ■ □	F C			■ ■ ■	V W B B	B B B ■ ■ ■ ■
C 6	Decatur, 46733 260-728-2441	Fairway Deli (Marathon) 348 N 13th Street	■ ■ ■		□ ■ ■ □ □ □	□	F □ ■	□ □ □ □ □ □ □ □	□ □ □	■ ■	V W B	■ ■ ■ ■

THE TRUCKER'S FRIEND® - INDIANA

How to interpret the page

■ means available at truck stop □ means available nearby

In the overnight lot column:
- S means room for 5 - 24 trucks
- M means room for 25-74 trucks
- L means room for 85-149 trucks
- XL means room for 150+ trucks
- $ means a parking fee may be charged

The code at the left-hand side of the rows is the state map grid reference.
A key to advertising logos is on page 25.

Services may change without notice. When in doubt, call ahead.

Column groups: Motor Fuel (Truck Diesel, Self Service Diesel, Metered Propane, Gasoline); Driver Services – Parking (Overnight Lot, Paved Lot, Trailer Drop, Electric Plug-ins, Safe Haven/Hazmat), Food (Restaurant, Fast Food, Table Phones), Stores (Motel, Convenience, Trucker/Travel, Shopping Center, Walmart/Kmart, Grocery), Showers (Ladies, Men's), Communications (TV/Drivers Lounge, Laundry, Load Monitor, Internet Kiosk, Wi-Fi/Hotspots, Document Scanning, Public Fax/Copier, UPS/FedEx/Tripak Box, Religious Services, State Lottery); Vehicle Services – Scales (Platform, Axle, Certified), Tires (Repairs, New Tire Sales), Repairs (Shop Open 24 Hrs, DOT Inspection, Major Repairs, Minor Repairs, Oil Change/Lube, Minor Welding), Road Svcs (AC/Reefer, CB, Tire, Mechanical, Towing), Wash (Truck (Exterior), Trailer Washout); RV Info (RVs Welcome, Dumping Station, Propane (Bottle)); Financial Services (ATM, Can Wire Money Out, Money Orders, Natso Check-Link, Western Union, Voyager/Wright Express, Comdata/Comchek; C=Checks, F=Fuel Cards, B=Both); Permit Svcs (EFS, Fuel Man, Multi Service, TCH, T-Chek, Fleet One, Buypay at Fuel Desk, All Prepaid Permit Svcs); Credit Cards (American Express, Visa/Mastercard, Discover).

Grid	Location / Phone	Truck Stop / Address	Services
H 2	Decker, 47524 812-769-2200	Kiel Bros. 41 Quik Mart (Marathon) 10870 US 41 S	24HRS ■ ■ M ■ ■ ■ F C □ ■ ■ ■ ■ V W B B B B B ■ ■ ■ ■
C 2	Demotte, 46310 219-987-7520	Steel City Plaza 65 I-65 Exit 230	24HRS ■ ■ ■ M 24HRS □ ■ ■ ■ □ ■ ■ ■ [DAT] F C F ■ ■ □ ■ ■ ■ V W B B F B B B B ■ ■ ■ ■
G 6	Dillsboro, 47018 812-432-3743	Dillsboro BP 15323 US 50	■ ■ ■ S ■ ■ □ ■ □ F C □ ■ □ □ □ □ □ ■ ■ ■ V W B B F B B ■ ■ ■ ■
B 2	Dyer, 46311 219-865-3602	Speedway #8316 US 30 & US 41	24HRS ■ ■ □ □ □ ■ □ F □ ■ ■ ■ ■ ■ V W B B F B B ■ ■ ■ ■
I 2	Elberfeld, 47613 812-983-3800	Circle A Foodmart #109 (Sunoco) I-64 Exit 29 B (IN 57 N)	24HRS ■ ■ S ■ ■ ■ □ ■ F C □ ■ □ □ □ □ □ □ □ ■ V W B B B B B B ■ ■ ■ ■
A 5	Elkhart, 46514 574-264-7867	The 3 Gs Truck Stop (Citgo) 1125 Kent (1 blk W of IN 19)	24HRS ■ ■ M ■ ■ ■ □ ■ □ □ ■ ■ ■ ■ [DAT] F C U F □ □ □ □ □ □ □ □ □ □ □ □ □ □ □ □ ■ ■ V W B B B B B B ■ ■ ■ ■
A 5	Elkhart, 46514 574-206-8824	Toll Road BP #70508 I-80-90 MM 90 EB (George N Craig)	24HRS ■ ■ L ■ □ ■ □ ■ □ F C □ □ □ □ ■ ■ W B B B B B B ■ ■ ■ ■
A 5	Elkhart, 46514 574-206-9770	Toll Road BP #70507 I-80-90 MM 90 WB (Henry F Schricker)	24HRS ■ ■ M ■ ■ □ □ □ ■ □ □ □ □ F C □ ■ □ □ □ □ □ □ □ □ □ □ □ ■ ■ ■ V W B B ■ ■ ■ ■
I 2	Evansville, 47710 812-867-3071	Busler #102 US 41 N & Old State Rd	■ ■ ■ ■ □ □ □ ■ V W
C 5	Fort Wayne, 46809 260-747-3387	Lassus Handy-Dandy 6111 Bluffton Rd	■ ■ □ □ □ ■ □ □ □ □ ■ □ □ □ ■ ■ ■ V W ■ ■ ■
C 5	Fort Wayne, 46808 260-484-4295	Ray's Truck Wash (Sunoco) I-69 Exit 109 A (IN 930 E) NB/109 B SB	24HRS ■ □ □ □ ■ □ □ □ ■ □ F C □ □ [CAT] □ □ □ □ □ □ □ □ □ □ □ ■ ■ ■ V W B B B B B B ■ ■ ■ ■
C 5	Fort Wayne, 46808 260-482-7814	Fort Wayne Truck Plaza I-69 Exit 109 A (US 30-33 E)	24HRS ■ ■ XL ■ ■ 24HRS ■ ■ □ ■ ■ □ □ □ ■ ■ ■ ■ [DAT] ■ ■ ■ U F T ■ ■ ■ ■ ■ □ □ □ □ □ □ □ ■ □ □ □ □ ■ ■ ■ V W B B B B B B ■ ■ ■ ■ ■
C 5	Fort Wayne, 46818 260-490-8015	Old Fort Travel Plaza (Marathon) I-69 Exit 109 B (1 mi N on US 33)	24HRS ■ ■ S ■ ■ □ ■ ■ □ ■ ■ □ □ □ ■ □ F C □ ■ □ □ □ □ □ □ □ □ □ □ □ □ □ ■ ■ ■ ■ ■ ■ ■ V W B B B B B B ■ ■ ■ ■
C 5	Fort Wayne, 46807 260-429-2059	Speed-Ease (at North American Van Lines) I-69 Exit 109 B (US 30 - 1/2 mi W)	■ ■ L ■ ■ ■ □ □ ■ ■ □ □ □ ■ ■ ■ F C □ ■ ■ ■ ■ ■ ■ ■ ■ ■ ■ A R ■ ■ ■ ■ □ ■ B B B ■ ■
E 4	Fortville, 46040 317-485-6211	Pilot Travel Center #362 I-69 Exit 14 (IN 13)	24HRS ■ ■ M ■ ■ ■ ■ ■ ■ ■ ■ [DAT] [power] F C T □ ■ [CAT] □ □ □ □ □ □ □ □ □ □ □ □ ■ □ ■ ■ ■ ■ V W B B F B B B ■ ■ ■ ■
E 4	Frankfort, 46041 765-659-3279	Good Oil (BP/Amoco) I-65 Exit 158	24HRS ■ ■ M ■ ■ ■ F C ■ ■ ■ V W B B F B B B B ■ ■ ■ ■
A 6	Fremont, 46737 260-833-2959	Pioneer Auto Truck Stop (Shell) I-69 Exit 157 (I-80-90 Exit 144 N)	24HRS ■ ■ M ■ ■ □ ■ ■ □ ■ ■ ■ □ ■ ■ □ F C □ □ □ □ □ □ □ □ □ □ □ □ □ □ □ ■ □ ■ ■ V W B B B B B B ■ ■ ■ ■
A 6	Fremont, 46737 260-495-2523	Petro:2 #45 (Mobil) I-69 Exit 157 (I-80-90 Exit 144 N) PETRO	24HRS ■ ■ XL ■ ■ 24HRS ■ ■ ■ ■ ■ ■ □ ■ ■ ■ ■ [DAT] [power] F C U F T □ ■ [CAT] □ □ ■ □ ■ ■ V W B B B B B ■ ■ ■ ■
A 6	Fremont, 46737 260-833-1987	Pilot Travel Center #029 I-69 Exit 157 (I-80-90 Exit 144 N)	24HRS ■ ■ XL ■ ■ □ ■ ■ □ ■ □ ■ ■ ■ [DAT] [power] F C U T □ ■ [CAT] □ □ □ □ □ □ □ □ □ □ □ □ □ ■ ■ □ ■ ■ ■ ■ ■ V W B B F B B B ■ ■ ■ ■
A 6	Fremont, 46737 260-495-4632	Toll Road Mobil I-80-90 MM 146 EB (JR Riley)	24HRS ■ ■ M ■ □ □ ■ F C □ □ □ □ □ ■ V W B B B B B ■ ■ ■ ■
A 6	Fremont, 46737 260-495-4342	Toll Road Mobil #70580 I-80-90 MM 146 WB (Booth Tarkington)	24HRS ■ ■ XL ■ ■ □ ■ □ ■ □ F C ■ □ □ □ □ □ □ □ □ ■ □ ■ V W B B B B B B ■ ■ ■ ■
B 2	Gary, 46406 219-845-3721	TravelCenters of America (BP) I-80-94 Exit 6 (Burr St) TA	24HRS ■ ■ XL ■ ■ 24HRS ■ ■ □ ■ ■ □ ■ ■ ■ ■ [DAT] [TA] F C U F T ■ [CAT] [2F] ■ ■ □ ■ ■ ■ A ■ ■ □ ■ ■ ■ ■ ■ W B B B B B ■ ■ ■ ■
B 2	Gary, 46406 219-844-2661	Pilot Travel Center #271 I-80-94 Exit 6 (Burr St)	24HRS ■ ■ XL ■ ■ □ ■ ■ □ ■ ■ □ ■ ■ ■ □ [DAT] [power] F C U F T □ [CAT] □ □ □ □ □ □ □ □ ■ ■ ■ ■ ■ V W B B F B B B ■ ■ ■ ■
B 2	Gary, 46408 219-985-2965	Steel City Truck Plaza I-80-94 Exit 9 A (Grant St S) AMBEST	24HRS ■ ■ XL ■ ■ 24HRS ■ ■ ■ ■ □ □ ■ ■ □ [DAT] F C T □ ■ [CAT] □ □ □ □ □ □ □ □ □ □ □ ■ ■ ■ ■ ■ V W B B F B B B ■ ■ ■ ■ ■
B 2	Gary, 46408 219-981-4646	Flying J Travel Plaza #05024 I-80-94 Exit 9 A (Grant St S)	24HRS ■ ■ ■ XL ■ 24HRS ■ ■ ■ ■ ■ ■ ■ ■ [Flying J] ■ [Flying J] [Flying J] F C U F T ■ [Flying J] [2F] □ ■ ■ □ ■ □ □ ■ ■ ■ ■ ■ V W B B B B ■ ■ ■ ■
D 5	Gas City, 46933 765-674-6870	McClure Oil # 7 229 US 22 W	■ ■ □ □ □ ■ □ □ □ □ □ ■ □ □ □ □ □ V W ■ ■ ■
D 5	Gas City, 46953 765-677-6061	McClure Oil #59 I-69 Exit 59	24HRS ■ ■ S ■ ■ □ ■ ■ ■ F C ■ ■ □ ■ ■ V W B B B B B ■ ■ ■ ■
D 5	Gaston, 47342 765-358-3326	Petro Stopping Center #74 (Shell) I-69 Exit 45 (IN 28) PETRO	24HRS ■ ■ XL ■ ■ 24HRS ■ ■ ■ ■ ■ ■ ■ ■ ■ F C U T ■ ■ [CAT] [2F] ■ ■ ■ ■ ■ ■ ■ ■ □ ■ ■ V W B B B B B ■ ■ ■ ■

THE TRUCKER'S FRIEND® - INDIANA

How to interpret the page

■ means available at truck stop □ means available nearby

In the overnight lot column:
- S means room for 5 - 24 trucks
- M means room for 25-74 trucks
- L means room for 85-149 trucks
- XL means room for 150+ trucks
- $ means a parking fee may be charged

code at left-hand side of rows is the state map grid reference

a key to advertising logos is on page 25

Services may change without notice. When in doubt, call ahead.

Column headings:
- Driver Services: MOTOR FUEL (TRUCK DIESEL, SELF SERVICE DIESEL, METERED PROPANE, GASOLINE); PARKING (OVERNIGHT LOT ($), PAVED LOT, TRAILER DROP, ELECTRIC PLUG-INS, SAFE HAVEN/HAZMAT); FOOD (RESTAURANT, FAST FOOD, TABLE PHONES); STORES (MOTEL, CONVENIENCE, TRUCKER/TRAVEL, SHOPPING CENTER, WALMART/KMART, GROCERY); SHOWERS (LADIES, MEN'S); COMMUNICATION (TV/DRIVERS LOUNGE, LAUNDRY, LOAD MONITOR, INTERNET KIOSK, WI-FI HOTSPOTS, DOCUMENT SCANNING, PUBLIC FAX/COPIER, UPS/FEDEX/TRIPPAK BOX, RELIGIOUS SERVICES, STATE LOTTERY)
- Vehicle Services: SCALES (PLATFORM, AXLE); TIRES (CERTIFIED, REPAIRS, NEW TIRE SALES); REPAIRS (SHOP OPEN 24 HRS, DOT INSPECTION, MAJOR REPAIRS, MINOR REPAIRS, OIL CHANGE/LUBE, MINOR WELDING); ROAD SVCS (AC/REEFER, CB, TIRE, MECHANICAL, TOWING); WASH (TRUCK (EXTERIOR), TRAILER WASHOUT)
- RV Info: RVs WELCOME, DUMPING STATION, PROPANE (BOTTLE)
- Financial Services: ATM, CAN WIRE MONEY OUT, MONEY ORDERS, NATSO CHECK-LINK, WESTERN UNION, VOYAGER/WRIGHT EXPRESS, COMDATA (COMCHEK); C=Checks, F=Fuel Cards, B=Both
- Permit Svcs: EFS, FUEL MAN, MULTI SERVICE, TCH, T-CHEK, FLEET ONE, BUY/PAY AT FUEL DESK, ALL PREPAID PERMIT SVCS
- Credit Cards: AMERICAN EXPRESS, VISA/MASTERCARD, DISCOVER

Grid	Location / Phone	Truck Stop / Address	Logo	Motor Fuel	Parking	Food	Stores	Showers	Communication	Scales	Tires	Repairs	Road Svcs	Wash	RV Info	Financial Services	Permit Svcs	Credit Cards
I 5	Georgetown, 47122 812-923-5613	Gas & Stuff (Marathon) I-64 Exit 118		24 HRS ■■■	M ■		□ ■ □ ■		□	F C	□ ■		□□□ □	□□□		■ ■ V W	B B B B B	■ ■■■
B 5	Goshen, 46526 574-534-2931	Speedway #6666 1906 US 33		24 HRS ■ ■	M ■■		□□ □ ■		□□□ ■	F C	□ ■					■ ■■ ■ W	B B B B	■ ■■■
F 4	Greenwood, 46143 317-865-4865	Road Ranger #226 (Citgo) I-65 Exit 99		24 HRS ■ ■	L ■■		□ ■ □ ■■		□ ■■■■	F C U F T	■ CAT					■■■■ ■ ■ V W	B B B B B B	■ ■■■
B 4	Grovertown, 46531 574-867-2810	Grovertown Truck Plaza (Citgo) US 30 MM 56 (1/2 mi E of IN 23)		24 HRS ■ ■	L ■■		24 HRS ■■ ■■		■■■■ DAT ■	F C T	□ ■ CAT	■■ ■	□ ■■ ■	■■ □		■ □ ■■ ■ V W	B B F B B B B	■ ■■■
B 3	Hamlet, 46532 574-867-8211	Knoll Brothers Retail #3 340 US 30 (2 mi W)		24 HRS ■ ■	M ■■		□ ■ □ ■■		■	F C □	■	□				■ ■ V W	B B F B B B B	■ ■■■
B 2	Hammond, 46320 219-937-0697	IMK Truck Stop Gas-A-Roo I-90 Exit 5 (W - 3/4 mi N to 3350 US 41)		24 HRS ■ ■	M ■		□ □ ■		□ □ □		□ □ ■				■■■	■	B B C	■■■
B 2	Hammond, 46327 219-931-4631	Speedway #8305 I-90 Exit 5 (W - 3/4 mi S to 4705 US 41)		24 HRS ■ ■			□□ □ ■		□ □		□ ■	□	□			■ ■ ■ ■ V W	B B B B	■■■
B 3	Hanna, 46340 219-797-2113	Melco Truck Plaza (Marathon) US 30 & IN 39		24 HRS ■ ■	L ■■		■ □ ■		□□□ ■■ □	F C U F	□ ■	□		□□□		■ ■ ■ V W	B B B B B B	■ ■■■
I 2	Haubstadt, 47639 812-867-6669	Busler Truck Stop I-64 I-64 Exit 25 A (US 41)		24 HRS ■ ■	L ■■		■□■□ ■■		■■■ DAT	F C F	□ ■■■■	■■■ ■		□□□	■■	■ ■■ ■ V W	B B B B B B	■ ■■■
I 2	Haubstadt, 47639 812-768-5838	Pilot Travel Center #395 I-64 Exit 25 B (US 41 N)		24 HRS ■ ■	L ■		□■■□ ■■		□ ■■ DAT ⏻ ■	F C U T	□ ■ CAT	B F	□ □□□	□□□	□□	■□ ■■ ■■ V W	B B F B B B	■ ■■■
I 2	Haubstadt, 47639 812-868-1048	Pilot Travel Center #447 I-64 Exit 25 B (US 41 N)		24 HRS ■ ■	L ■■		□■■□ ■■		□ ■■■ DAT ⏻ ■	F C T F	□ ■ CAT	□□	□□□ □□	□□□	□□	■□■■■■ ■■■ V W	B B F B B B	■ ■■■
I 2	Haubstadt, 47639 812-768-5304	Flying J Travel Plaza #05098 I-64 Exit 25 B (US 41 N)	Flying J	24 HRS ■■■	XL ■■		24 HRS ■■□ ■■		□ ■■■ ■■■	F C U F T	□ ■ Flying J	□□	□□□□ □	□□□	□□	■■■ ■ V W	B B B B	■ ■■■
C 2	Hebron, 46341 219-696-6446	Flying J Travel Plaza #05119 I-65 Exit 240 (IN 2 E)	Flying J	24 HRS ■■■	XL ■■		24 HRS ■■□ ■■		■■■ ■■■	F C U F T	■ CAT	B F ■	■■	■ ■■□		■ V W	B B B B	■ ■■■
C 2	Hebron, 46341 219-696-8265	Pilot Travel Center #448 I-65 Exit 240 (IN 2 E)		24 HRS ■ ■	XL ■■		□■■□ ■■		■■ DAT ⏻ ■	F C U F T	■ CAT	□□	□□□□ □□□	□□□		■■■ ■■■ ■ V W	B B F B B B	■ ■■■
B 2	Highland, 46322 219-923-6405	Pilot Travel Center #031 I-80-94 Exit 2 (2 blks S)		24 HRS ■ ■	S ■		□■■□ ■		□□□ ■■ □ DAT ⏻ ■	F C T	□ ■ CAT	□□	□□□□ □	□□□		■■■■ ■■■ V W	B B F B B B	■ ■■■
B 2	Hobart, 46342 219-942-5798	Speedway #7575 I-65 Exit 255 (61st Av)		24 HRS ■ ■	S ■		□ ■ □ ■		□□□ ■■ □	F C	■			□□□		■ ■ ■■ ■ V W	B B F B B	■ ■■■
B 2	Hobart, 46410 219-945-1660	Gas City #51 US 30 & IN 51		24 HRS ■■■	S ■		□■■□ ■		□□□	F C	□ ■	□□	□	□□□		■ ■ ■ V W	B B F B B B B	■ ■■■
A 5	Howe, 46746 260-562-9175	Toll Road Mobil I-80-90 MM 126 EB (Gene Porter)		24 HRS ■ ■	XL ■		■ ■			F C U	■					■■ ■ V W	B B B B B B	■ ■■■
A 5	Howe, 46746 260-562-9163	Toll Road Mobil I-80-90 MM 126 WB (Ernie Pyle Plaza)		24 HRS ■ ■	L ■■		□ ■■			F C	■	□□	□□	□□□		■ ■ V W	B B B B B B	■ ■■■
A 5	Howe, 46746 260-562-3929	Steel City Express #409 IN 9 & Hwy 120		24 HRS ■■■			□ □ ■			F C □ □	■		□	□□□		■■ ■ W	B B B B B	■ ■■■
C 5	Huntington, 46750 260-356-7622	Johnson Junction (Citgo) IN 9 & Old Business US 24 E		24 HRS ■ ■			□□ □ ■				□ ■					■ ■ V W		■■■
F 4	Indianapolis, 46221 317-481-2244	Joe's Junction Truck Stop (66) 2210 IN 67		24 HRS ■ ■	M ■		□ ■ □ ■		□ □ □	F C	■	□□	□□□□ □	□□□		■ ■ V W	B C F B B	■ ■■■
F 4	Indianapolis, 46217 317-783-1033	Pilot Travel Center #318 I-465 Exit 4 (IN 37 N)		24 HRS ■ ■	L ■■		□■■□ ■■		□ ■■ DAT ⏻ ■	F C U F T	■ CAT	□□	□□□□ □□□□	□□□	□□	■□ ■■■■ ■■ V W	B B F B B B	■ ■■■
F 4	Indianapolis, 46217 317-780-6631	Mr Fuel #6 I-465 Exit 4 (IN 37 N)		24 HRS ■ ■	M ■■		■■■□ ■■		□□□ ■■■ DAT ■■	F C U F	□ ■ ■■■	□□	□□□□ □□□□	□□□	□□	□■ ■ ■ V W	B B F B B B B	■ ■■■
F 4	Indianapolis, 46217 317-783-5543	Flying J Travel Plaza #05440 I-465 Exit 4 (IN 37 S)	Flying J	24 HRS ■■■	XL ■		■ 24 HRS ■■■□ ■■		□□□ ■■■■ ■■■	F C U F T	■ Flying J	B F ■	■■	□ ■■□	■■	■■■■ ■ W	B B B B	■ ■■■
I 3	Jasper, 47547 812-634-7827	Circle A Food Mart #111 (Sunoco) US 231 & IN 162		24 HRS ■ ■	S$ ■		□■■□ ■		□ ■■■	F C	□ ■■■■	□□	□	□ □□□□		■ ■ ■ V W	B B B B B B	■ ■■■
I 3	Jasper, 47546 812-481-1036	Sternberg's 24 N More (Citgo) US 231 S (12 mi N of I-64)		24 HRS ■ ■	S ■■		□ ■ □ ■		□□□ ■ □	F C F	□ ■	■■■	■■■ ■	A R □ □□□	■■	■ ■ V W	B B B B	■ ■■■
C 2	Kentland, 47951 219-474-6473	Kentland Truck Stop #64 (Shell) US 41 S		24 HRS ■ ■	M ■■		□ ■ □ ■■		■■ □ □	F C	■	□□	□□□□ □	□□□		■ ■ ■ V W	B B B B B	■ ■■■

How to interpret the page

■ means available at truck stop □ means available nearby

in the overnight lot column:
S means room for 5 - 24 trucks
M means room for 25-74 trucks
L means room for 85-149 trucks
XL means room for 150+ trucks
$ means a parking fee may be charged

code at left-hand side of rows is the state map grid reference

a key to advertising logos is on page 25

Services may change without notice. When in doubt, call ahead.

THE TRUCKER'S FRIEND® - INDIANA

Driver Services: MOTOR FUEL (Truck Diesel, Self Service Diesel, Metered Propane, Gasoline); PARKING (Overnight Lot, Paved Lot, Trailer Drop, Electric Plug-ins, Safe Haven/Hazmat); FOOD (Restaurant, Fast Food, Table Phones); STORES (Motel, Convenience, Trucker/Travel, Shopping Center, Walmart/Kmart, Grocery); SHOWERS (Ladies, Men's, TV/Drivers Lounge, Laundry); COMMUNICATIONS (Load Monitor, Internet Kiosk, WiFi Hotspots, Document Scanning, Public Fax/Copier, UPS/FedEx/Trippak Box, Religious Services, State Lottery)

Vehicle Services: SCALES (Axle, Platform, Certified); TIRES (Repairs, New Tire Sales); REPAIRS (Shop Open 24 Hrs, DOT Inspection, Major Repairs, Minor Repairs, Oil Change/Lube, Minor Welding); ROAD SVCS (AC/Reefer, CB, Tire, Mechanical, Towing); WASH (Truck (Exterior), Trailer Washout)

RV Info (RVs Welcome, Dumping Station, Propane (Bottle))

Financial Services (ATM, Can Wire Money Out, Money Orders, Natso Check-Link, Western Union, Comdata (Comchek), Voyager/Wright Express); C=Checks, F=Fuel Cards, B=Both

Permit Svcs (EFS, Fuel Man, Multi Service, TCH, TCheck, Fleet One, Buy/Pay at Fuel Desk, All Prepaid Permit Svcs)

Credit Cards (American Express, Visa/Mastercard, Discover)

Location / Phone	Truck Stop / Address	Fuel & Parking	Food	Stores	Showers	Lounge & Communications	Scales	Tires	Repairs	Road Svcs	Wash	RV Info	Financial Services	Permit Svcs	Credit Cards
F Knightstown, 46148 5 765-785-6820	GasAmerica #043 I-70 Exit 115 (IN 109)	24 HRS ■ ■	M ■ ■	□ □	■	■ ■ ■	F C	■ ■ ■ ■	□ □			□ □ □	■ ■ ■ ■ ■ ■ ■ V W	B B	B B B B	■ ■ ■ ■
D Kokomo, 46901 4 765-459-3057	Speedway #6230 101 W Morgan (1.5 mi W of US 31 N)	24 HRS ■ ■		□ □	■	□ □		□ ■	□ □	□ □ □ □	□	□ □ □ □	■ ■ V W	B		■ ■ ■
D Kokomo, 46901 4 765-452-2709	McClure Oil #9 US 31 & IN 18	24 HRS ■ ■			■		F C	□ ■	□ □	□ □ □		□ □ □	■ ■ V W	B B	B B	■ ■ ■ ■
D Kokomo, 46901 4 765-453-5568	GasAmerica #040 US 31 & IN 26	24 HRS ■ ■		□ □ □	■	□ □		□ □ ■	□ □	□ □ □		□ □ □	■ ■ ■ ■ ■ V W	B B	B B B B	■ ■ ■
B Lake Station, 46405 3 219-962-9285	Road Ranger Travel Center #240 (Citgo) I-80-94 Exit 15 A (IN 51 - Ripley St S)	24 HRS ■ ■	S ■ ■	□ ■ □	■	□ □ □ ■ ■ □	F C T	□ ■ CAT	□ □	□ □ □	□	□ □ □ □ □ □	■ ■ ■ V W	B B F B B	B B	■ ■ ■ ■
B Lake Station, 46405 3 219-962-8502	Flying J Travel Plaza #05085 I-80-94 Exit 15 B (IN 51 - Ripley St N)	24 HRS ■ ■	XL ■ ■	24 HRS ■ ■ ■ □	■ ■	□ ■ ■ ■ ■ ■	F U C T	■ CAT	■ ■ ■ ■	■ ■ ■	■ A ■	■ ■ ■ ■	■ V W	B	B B B	■ ■ ■ ■
B Lake Station, 46405 3 219-962-8621	Road Ranger Travel Center #239 (Citgo) I-80-94 Exit 15 B (IN 51 - Ripley St N)	24 HRS ■ ■	M ■ ■	□ ■ ■ □	■ ■ □	■ □ ■ ■ □	F C U	□ ■ CAT	□ □	□ □ □ □		□ □ □ ■ ■	■ ■ ■ V W	B B F B B	B B	■ ■ ■ ■
B Lake Station, 46405 3 219-962-6552	TravelCenters of America (BP) I-80-94 Exit 15 B (IN 51 - Ripley St N)	24 HRS ■ ■	XL ■ ■	24 HRS ■ ■ ■ □	■ ■	□ ■ ■ ■ ■ DAT TA	F T C F	■ CAT	■ ■ ■ ■ ■ ■	■ A	■ ■ ■ ■ ■	■ ■ ■ ■ W	B B	B B B	■ ■ ■ ■ ■
B Lake Station, 46403 3 219-938-0849	Crazy D's Truck Stop US 20 & IN 51	24 HRS ■ ■	L ■ ■	24 HRS ■ ■ □	■	□ ■ ■ ■ □	F C	□ □ ■ ■ ■ ■	■ ■	■ □ ■ □	□ □ □	■ ■ □ □	■ □ ■ V W	B B	B B B B	■ ■ ■ ■
C Lake Village, 46349 2 219-992-9386	Phil's Truck Stop (Mobil) US 41 & IN 10	■ ■ ■	M ■ ■	□ ■	■	■	F C F	□ ■	□ □	□ □	□	□ □ □	■ ■ V W	B B	B	■ ■ ■ ■
C Lake Village, 46349 2 219-992-2522	Lake Village Citgo US 41 Bypass S	■ ■ ■			■	□	F C	□ ■					■ V W	B C	B B	■ ■ ■
B LaPaz, 46537 4 574-784-3594	Speedway #8310 US 6 & US 31	24 HRS ■ ■	S ■ ■	□ ■ ■	■	□	F	□ ■	□ □	□ □ □ □	□ □	□ □ □	■ ■ ■ ■ ■ V W	B B	B	■ ■ ■ ■
G Lawrenceburg, 47025 6 812-537-2050	Kennett Truck Stop (Marathon) I-275 Exit 16 (US 50 W)	24 HRS ■ ■	S ■	24 HRS □ □	■	□ □ □	F C	□ ■	□ □				■ □ ■ V W	B B	B B B	■ ■ ■ ■
I Leavenworth, 47137 4 812-739-4512	Country Style Plaza (Shell) I-64 Exit 92 (IN 66)	24 HRS ■ ■	M ■ ■	■ □ ■ □	■ ■	■ ■ ■	F C U F	□ ■ CAT	□ □	□ □ □ □	□ □	□ □ □	■ ■ V W	B B F B B	B B	■ ■ ■ ■
I Leavenworth, 47137 4 812-739-4744	Care Free Citgo I-64 Exit 92 (IN 66)	24 HRS ■ ■	S		■	■	F C	■	□ □	□ □ □ □	□ □	□ □ □	■ V W	B B	B B	■ ■ ■ ■
E Lebanon, 46052 4 765-483-9755	Flying J Travel Plaza #05069 I-65 Exit 139 (IN 39 S)	24 HRS ■ ■ ■ ■	XL ■ ■	24 HRS ■ ■ ■ □	■ ■	□ □ □ ■ ■ ■ ■ ■	F U C T	□	□ □	□ □ □ □ □	□	□ □ □ □ □	■ ■ ■ ■ V W	B	B B B	■ ■ ■ ■
E Lebanon, 46052 4 765-482-0005	McClure Oil #52 I-65 Exit 140 (IN 32 W)	24 HRS ■ ■	M ■ ■	□ ■ □ ■	■	□ ■ ■	F C F	□ ■	□ □	□ □ □ □		□ □ □ □ □	■ ■ ■ V W	B B	B B B	■ ■ ■ ■
H Lexington, 47138 5 812-889-2451	Lexington Oil 8034 IN 356 (3 mi E of IN 3)	■ ■				□	F C	□	□ □	□ □		□ □ □	V W			■ ■ ■
C Logansport, 46947 4 574-753-0108	Michigan Ave Sunoco 436 IN 25 N	24 HRS ■ ■		□ □	■	□ □		□ ■					■ ■ V W	B	F	■ ■ ■
H Loogootee, 47553 3 812-295-4466	Jones & Son Fuel Center (66) US 50 & US 231 S	24 HRS ■ ■	S ■	□ □ □	■ ■ □	□		□ ■	□ □	□ □		□ □ □	■ V W	F		■ ■ ■
E Lynn, 47355 6 765-874-1080	B&B Fuel Stop 424 US 27 N (S of US 36)	■ ■ ■	M ■	■		□	F C	□				□ □ □	■	B		■ ■ ■
G Lyons, 47443 3 812-659-2506	Lyons Petro Plus IN 67 & Wine St (in town)	■ ■ ■		□		□		□ □ ■					■			■ ■ ■
F Marion, 46953 5 765-662-1119	McClure Oil # 2 1509 IN 9-37 S	24 HRS ■ ■		□ □	■	□ □ □		□ ■	□ □	□ □ □ □		□ □ □	■ ■ V W	B B	B	■ ■ ■
C Medaryville, 47957 3 219-843-7111	Westside Amoco 403 US 421 N	24 HRS ■ ■	S ■ ■	□ ■	■			□ ■					■ ■ ■ V W	B C	B	■ ■ ■
H Memphis, 47143 5 812-294-4554	Country Style Plaza (Citgo) I-65 Exit 16	24 HRS ■ ■	XL ■ ■	24 HRS ■	■ ■	■ ■ ■ ■ DAT	F U C T	□ ■ CAT	□ □	□ □ □ □ □	□	□ □ □ □ □	■ ■ ■ V W	B B F B B	B B	■ ■ ■ ■ ■
H Memphis, 47143 5 812-294-4233	Pilot Travel Center #152 I-65 Exit 16	24 HRS ■ ■	L ■ ■	□ ■ ■	■ ■	■ DAT ■	F U C F	□ ■ CAT		□ □ □ □		□ □ □ □ ■	■ ■ ■ ■ ■ V W	B B F B		■ ■ ■ ■
A Michigan City, 46360 3 219-879-1385	Steel City #421 I-94 Exit 34 A (US 421 S)	24 HRS ■ ■	XL ■	□ ■ □	■	■ ■ DAT	F C	□ ■ ■ ■ ■				□ □ □	■ □ ■ ■ ■ ■ ■ V W	B B F B B	B B	■ ■ ■ ■
A Michigan City, 46350 3 219-879-0909	Speedway #6661 I-94 Exit 40 (US 20 & US 35)	24 HRS ■ ■		□	■	□		□ ■					■ ■ ■ V W	B		■ ■ ■

THE TRUCKER'S FRIEND® - INDIANA

How to interpret the page

■ means available at truck stop □ means available nearby

In the overnight lot column:
- S means room for 5 - 24 trucks
- M means room for 25-74 trucks
- L means room for 85-149 trucks
- XL means room for 150+ trucks
- $ means a parking fee may be charged

code at left-hand side of rows is the state map grid reference
a key to advertising logos is on page 25

Services may change without notice. When in doubt, call ahead.

Column groups: Driver Services (Motor Fuel: Truck Diesel, Self Service Diesel, Metered Propane, Gasoline; Parking: Overnight Lot, Paved Lot, Trailer Drop, Electric Plug-Ins, Safe Haven/Hazmat; Food: Restaurant, Fast Food, Table Phones; Stores: Motel, Convenience, Trucker/Travel, Shopping Center, Walmart/Kmart, Grocery; Showers: Ladies, Men's; Communication: TV/Drivers Lounge, Laundry, Load Monitor, Internet Kiosk, Wi-Fi Hotspots, Document Scanning, Public Fax/Copier, UPS/FedEx/Tripak Box, Religious Services, State Lottery), Vehicle Services (Scales; Tires: Platform, Axle, Certified, Repairs, New Tire Sales; Repairs: Shop Open 24 Hrs, DOT Inspection, Major Repairs, Minor Repairs, Oil Change/Lube; Road Svcs: Minor Welding, AC/Reefer, CB, Tire, Mechanical, Towing; Wash: Truck (Exterior), Trailer Washout), RV Info (RVs Welcome, Dumping Station, Propane (Bottle)), Financial Services (ATM, Can Wire Money Out, Money Orders, Natso Check-Link, Western Union, Voyager/Wright Express, Comdata (Comchek); C=Checks, F=Fuel Cards, B=Both), Permit Svcs, Credit Cards (EFS, Fuel Man, Multi Service, TCH, T-Chek, Fleet One, Buy/Pay at Fuel Desk, All Prepaid Permit Svcs, American Express, Visa/Mastercard, Discover).

Grid	City / Phone	Truck Stop / Location	Fuel & Parking	Food	Stores	Showers	Communication	Scales	Tires	Repairs	Road Svcs	Wash	RV	Financial	Permit	Fuel Cards	Credit Cards
B 5	Middlebury, 46540 574-825-7472	American Petroleum (Marathon) 50980 IN 13	24 HRS ■ ■	S$ ■ ■	□ □ ■			F C	□ ■					■ □ ■	V W	B B B	■ ■ ■ ■
B 5	Middlebury, 46540 574-825-7627	Snappy Food Mart III (BP) IN 120 & IN 13	■ ■ ■	S ■	■	■		C	□ ■					■ □ ■ ■	V W	B	■ ■ ■
B 5	Milford, 46542 574-658-4854	20th Century Truck Stop (BP) US 6 & IN 15	■ ■ ■	S ■	□ □ ■		■	F C F	□			□		■ ■	V W	B B B C	■ ■ ■ ■
H 3	Mitchell, 47446 812-849-6683	Thirty 7's C-Store 4880 IN 37	■ ■ ■	S	□	■			■					■ ■ ■ ■ ■	V W	B B B B B	■ ■ ■
F 5	Mount Comfort, 46140 317-894-1910	Pilot Travel Center #030 I-70 Exit 96	24 HRS ■ ■	L ■ ■	□ ■ ■ □ ■ ■		■ ■ DAT	U F C T	□ ■ CAT	□ □	□ □ □	□ □ □ □	□	■ ■ ■ ■ ■ ■ ■	V W	B B F B B B	■ ■ ■ ■
J 2	Mount Vernon, 47620 812-838-5226	500 Express #16 602 W IN 62	■ ■ ■		□ ■ □ ■		□ □	F C □	□ ■ □	□ □	□	□ □ □	□ □	■ ■	W	B C C	■ ■ ■ ■
J 2	Mount Vernon, 47620 812-838-4468	Posey County Co-op 817 W IN 62	■ ■		□ □ □		□ □	F C	□	□ □	□ □	□ □	□ □ □			B B	■ ■ ■
E 5	Muncie, 47303 765-289-5727	McClure Oil #44 3700 old IN 67 N	24 HRS ■ ■		□ □ □ ■		□ □ □ □		□ □ ■	□ □	□ □ □	□ □ □ □	□ □ □	■	V W	F	■ ■ ■
E 5	Muncie, 47303 765-284-1460	Speedway #5013 IN 3 & IN 28	■ ■			■			□ ■					■ ■ ■	V W	B B F	■ ■ ■
E 5	Muncie, 47302 765-282-1556	Southside Hoosier Pete (Shell) Old US 35 S (E 29th St)	24 HRS ■ ■	M ■	□ ■ □ ■			F C □	□ ■	□ □	□ □ □ □		□ □ □	■ ■ ■	W	C C C C C C	■ ■ ■ ■
B 5	Nappanee, 46550 574-773-7652	Speedway #6682 1159 US 6 E	■ ■ ■		□ □ □ ■		□ □		□ ■			□		■ ■ ■	V W		■ ■ ■
A 3	New Buffalo (MI)/LaPorte, 46350 219-324-4111	Speedway #8324 I-94 MI Exit 1 (MI 239, 1 mi S to IN 39)	24 HRS ■ ■		□ □ ■			F C	■ □ □ □	□ □	□ □		□ □ □ □	■ ■ ■ ■	V W	B B B B B	■ ■ ■ ■
C 6	New Haven, 46774 260-748-4215	Rice's Sun Mart (Sunoco) I-469 Exit 19 A (US 30 - 1/2 mi E)	24 HRS ■ ■	M ■	□ ■ ■ □ ■		□ ■	F C □	□	□ □	□ □	□ □	□ □ □	■ ■	V W	B B B B	■ ■ ■
E 6	New Lisbon, 47366 765-332-2172	Hoosier Heartland Travel Center (Marathon) I-70 Exit 131 (Wilbur Wright Rd) AMBEST	24 HRS ■ ■	L ■ ■	■ ■	■ ■	■ ■ ■	F C T	□ ■ CAT	■ ■	■ ■	□ □ □	■ ■ □	■ □ ■	V W	B B B B B	■ ■ ■ ■
G 5	New Point, 47240 812-663-2333	Petro Stopping Center #73 (Marathon) I-74 Exit 143 (CR 850) PETRO	24 HRS ■	L ■	24 HRS ■ ■	■ ■	■ ■ ■ ■ ■ ■	F C T F T	□ ■ CAT	■ ■ ■ ■ ■	■		■ ■ □	■ ■	V W	B B B B B	■ ■ ■ ■
C 4	Peru, 46970 765-472-1963	Gallahan Travel Plaza (Citgo) US 31 & US 24	24 HRS ■ ■ ■	L ■ ■	■ ■ ■	■ ■	■ ■ ■ ■ DAT	U F C T	■ CAT	■ □ □ ■ ■ ■			■ ■ □	■ ■ ■ ■	V W	B B B B B	■ ■ ■ ■
F 4	Pittsboro, 46167 317-892-4155	Crystal Flash #68 301 N Meridian St	■ ■ ■			■			■					■ ■ ■	W		■ ■ ■
B 4	Plymouth, 46563 574-936-6887	Crazy D's US 30 (500 yds E of US 31)	24 HRS ■ ■	M ■ ■	24 HRS □ ■ ■	■ ■	■ ■ ■ ■	F C	□ ■ CAT	■ ■ ■ ■ ■ ■ ■		R	■ ■ ■ □	■ ■	V W	B B B B B B	■ ■ ■ ■
B 3	Portage, 46368 219-762-8380	Toll Road BP #70512 I-80-90 MM 22 EB (George Ade)	24 HRS ■ ■	XL ■ ■	□ ■ □ ■		□ □ □ ■ □	F C	□ CAT				□ □ □	■ □ ■	V W	B B B B B	■ ■ ■
B 3	Portage, 46368 219-762-8688	Toll Road BP #70511 I-80-90 MM 22 WB (John T McCutcheon)	24 HRS ■ ■	M ■ ■	□ ■			F C	□ CAT	□ □	□ □ □	□	□ □ □ □	■	V W	B B B B B	■ ■ ■ ■
B 3	Porter, 46304 219-926-8566	TravelCenters of America (Mobil) I-94 Exit 22 B (US 20 NE) TA	24 HRS ■ ■	XL ■ ■	24 HRS ■ ■	■ ■	■ ■ ■ ■ DAT TA	U F C T	□ CAT	■ ■ ■ ■ ■ ■		A	■ ■ ■ ■ ■	■ ■ ■ ■	V W	B B B B B	■ ■ ■ ■
B 3	Porter, 46304 219-926-4871	Steel City Express #414 I-94 Exit 22 B (US 20 NE) AMBEST	24 HRS ■ ■	M ■ ■	□ ■ ■	■	DAT	F C	■ CAT	□ □	□ □		□ □ □ □ □	■ ■ ■ ■ ■	V W	B B F B B B B	■ ■ ■ ■
C 3	Remington, 47977 219-261-3786	Pilot Travel Center #034 I-65 Exit 201 (US 24 W)	24 HRS ■ ■	M ■ ■	□ ■ ■ □ ■	■ ■	□ ■ ■ □ DAT	F C T	■ CAT	□ □	□ □ □		□ □ □	■ □ ■ ■ ■ ■ ■	V W	B B F B B B	■ ■ ■ ■
C 3	Remington, 47977 219-261-2788	Mobil Remington I-65 Exit 201 (US 24 W)	24 HRS ■ ■	S ■ ■	□ ■ ■ □ ■		□ ■ □		□	□ □	□ □	□	□ □ □ □	■ □ ■	V W	B B B	■ ■ ■
C 3	Remington, 47977 219-261-2172	Hoosier Heartland Travel Center (Marathon) I-65 Exit 201 (US 24) AMBEST	24 HRS ■ ■	L ■ ■	24 HRS ■ ■	■ ■	□ ■ ■ ■ ■	U F C T	■ ■ ■ ■	■ ■ □ ■ ■ ■		A	■ ■ □	■ □ ■	V W	B B B F B B	■ ■ ■ ■
C 3	Remington, 47977 219-261-3600	Crazy D's I-65 Exit 205 (US 231)	24 HRS ■ ■	M ■ ■	24 HRS □ ■ □	■ ■	□ ■ ■ ■ ■	F C	■ CAT	□ □	□ □	■	□ □ □	■ □ ■	V W	B B F B B B B	■ ■ ■ ■
C 2	Rensselaer, 47978 219-866-8444	Family Express #35 I-65 Exit 215 (IN 114 E)	24 HRS ■ ■	M ■	□ ■ ■ □ ■				■	□ □	□ □ □		□ □ □	■ ■ ■	V W	B B B B	■ ■ ■
C 2	Rensselaer, 47978 219-866-5657	Trail Tree Truck Stop (Shell) I-65 Exit 215 (IN 114 W)	24 HRS ■ ■	M ■ ■	24 HRS ■ ■ ■	■ ■	■ ■ ■ ■	F C		□ □	□ □ □ □	□	□ □ □	■	V W	B B B B B B	■ ■ ■ ■

THE TRUCKER'S FRIEND® - INDIANA

How to interpret the page

■ means available at truck stop □ means available nearby

In the overnight lot column:
- S means room for 5 - 24 trucks
- M means room for 25-74 trucks
- L means room for 85-149 trucks
- XL means room for 150+ trucks
- $ means a parking fee may be charged

code at left-hand side of rows is the state map grid reference

a key to advertising logos is on page 25

Services may change without notice. When in doubt, call ahead.

Column headings:
- Driver Services: MOTOR FUEL (Truck Diesel, Self Service Diesel, Metered Propane, Gasoline); PARKING (Overnight Lot ($), Paved Lot, Trailer Drop); FOOD (Electric Plug-ins, Safe Haven/Hazmat, Restaurant, Fast Food); STORES (Table Phones, Motel, Convenience, Trucker/Travel, Shopping Center, Walmart/Kmart, Grocery); SHOWERS (Ladies, Men's, TV/Drivers Lounge); COMMUNICATIONS (Laundry, Load Monitor, Internet Kiosk, Wi-Fi Hotspots, Document Scanning, Public Fax/Copier, UPS/FedEx/Trip Pak Box, Religious Services, State Lottery)
- Vehicle Services: SCALES; TIRES (Axle, Platform, Certified); REPAIRS (Repairs, New Tire Sales, Shop Open 24 Hrs, DOT Inspection, Major Repairs, Minor Repairs, Oil Change/Lube); ROAD SVCS (Minor Welding, AC/Reefer, CB, Tire, Mechanical, Towing); WASH (Truck (Exterior), Trailer Washout)
- RV Info: RVs Welcome, Dumping Station, Propane (Bottle)
- Financial Services: ATM, Can Wire Money Out, Money Orders, NATSO Check-Link, Voyager, Western Union, Wright Express, Comdata (Comchek); C=Checks, F=Fuel Cards, B=Both
- Permit Svcs: EFS, Fuel Man, Multi Service
- Credit Cards: TCH, T-Chek, Fleet One, Buy/Pay at Fuel Desk, All Prepaid Permit Svcs, American Express, Visa/Mastercard, Discover

Grid	Location / Phone	Truck Stop / Address	Motor Fuel / Parking	Food	Stores / Showers / Communications	Scales	Tires	Repairs / Road Svcs / Wash	RV Info	Financial Services	Permit Svcs / Fuel Cards	Credit Cards
C 2	Rensselaer, 47978 219-866-4554	Grandma's Travel Center I-65 Exit 215 (IN 114 W)	24HRS ■ ■	L ■ ■	24HRS ■ ■ □ ■ ■ ■ ■ ■ ■	F C	□ ■ ■ ■ ■	□ □ □ □ □ □	□ □ □	■ ■	B B F B B B B	■ ■ ■ ■ ■
E 6	Richmond, 47374 765-939-8136	Love's Travel Stop #222 I-70 Exit 149 B (US 35)	24HRS ■ ■	M ■ ■	■ ■ ■ ■ ■ □ □ ■ ■ DAT ⏻	F C T F	□ ■ CAT	□ □ □ □ □ □	□ □ □	■ ■ ■ ■ V W	B B F B B B	■ ■ ■ ■
C 4	Rochester, 46975 574-223-5005	Paradise Auto/Truck Plaza (BP) US 31 Bypass	24HRS ■ ■	M ■ ■	24HRS □ □ ■ ■ □ □ □ ■ □	F C	□ ■	■ □ ■ ■ ■	■ ■ ■	■ ■ V W	B B B B B	■ ■ ■ ■
J 3	Rockport, 47635 812-649-5142	Tyler Truck Stop US 231 S & W CR 100 S	■ ■ ■	M ■ ■	■ ■	F C	□ ■			■		■ ■ ■ ■
B 4	Rolling Prairie, 46371 219-778-8442	Toll Road BP #70510 I-80-90 MM 56 EB (Knute Rockne Plaza)	24HRS ■ ■	M ■	■ ■	F C	□	□ □ □	□ □ □	■ ■ V W	B B B B B B	■ ■ ■ ■
B 4	Rolling Prairie, 46371 219-778-1002	Toll Road BP #70509 I-80-90 MM 56 WB (Wilbur Shaw Plaza)	24HRS ■ ■	L ■	■ ■	F C	■		□ □ □	■ ■ ■	B B B B B	■ ■ ■ ■
J 2	Saint Philip, 47712 812-985-5402	Busler #112 IN 62 & St Philip Rd	■ ■ ■	S ■	■ ■ ■	F C	■			■ □ ■ ■ ■ V W	B B B	■ ■ ■
H 3	Scotland, 47424 812-863-7232	JB Junction (Citgo) US 231 & IN 45-58	■ ■ ■	S	■ ■		■			■ ■ ■ V W	B B	■ ■ ■
H 5	Seymour, 47274 812-522-6622	TravelCenters of America (BP) I-65 Exit 50 A (US 50) TA	24HRS ■ ■	XL ■ ■	24HRS □ ■ □ ■ ■ □ □ □ ■ ■ ■ ■ DAT TA	F C U F T	□ CAT	BF ■ ■ ■ ■ ■ ■ A	■ ■ □ ■ ■	■ □ ■ ■ ■ ■ V W	B B B B B	■ ■ ■
F 5	Shelbyville, 46176 317-392-4688	Crystal Flash #10 I-74 Exit 113 (IN 9 - 1.5 mi S)	24HRS ■ ■	S ■ ■ ■	□ ■ ■ □ ■ □ □ □	F C	□ ■	□ □ □ □	□ □ □ □ □	■ ■ ■ ■ V W	B B C C	■ ■ ■ ■
F 5	Shelbyville, 46176 317-398-0146	Big Foot # 28 (Shell) I-74 Exit 116 (IN 44)	24HRS ■ ■	M ■	□ □ □ ■ □ □ □ □	F C F	□ ■	□ □	□ □ □	■ ■ ■ ■ V W	B B B B B	■ ■ ■ ■
C 5	Silver Lake, 46982 260-352-2774	McClure Oil 9311 IN 15 (1 mi N of town)	24HRS ■ ■		□ ■		□ ■			□ ■ V W	B B B	■ ■ ■
A 4	South Bend, 46619 574-287-1579	Nelson Fuel 1511 S Olive St (S off IN 2/N off IN 23)	■ ■ ■ ■					□ □	□ □ □	■		■ ■
A 4	South Bend, 46628 574-272-8212	Pilot Travel Center #035 I-80-90 Exit 72 (US 31 Bypass)	24HRS ■ ■	M ■	□ ■ ■ □ ■ ■ □ □ □ ■ ■ ■ □ DAT ⏻	F C U T	□ ■ CAT	□ □ □ □ □ □	□ □ □	■ ■ ■ ■ ■ V W	B B F B B B	■ ■ ■ ■
A 4	South Bend, 46628 574-277-4206	Speedway #6674 I-80-90 Exit 72 (US 31 N to Brick W)	24HRS ■ ■	M ■ ■	■ ■ □ □ □	F C	■ □ □ □	□ □ □ □	□ □ □	■ ■ ■ ■ ■ ■ V W	B B F B B	■ ■ ■ ■
F 5	Spiceland, 47385 765-987-1833	Flying J Travel Plaza #05111 I-70 Exit 123 (IN 3) Flying J	24HRS ■ ■ ■	XL ■	24HRS ■ ■ □ ■ ■ □ □ ■ ■ ■ ■ Flying J Flying J Flying J	F U F T	□ ■ ■ ■	□ □ □	□ □ □	■ ■ ■ ■ W	B B B B	■ ■ ■ ■
A 3	Springville, 46462 219-362-8505	Family Express #19 1874 US 20 & IN 39	24HRS ■ ■	S ■	□ ■	C	■	□ □ □ □ □ □	□ □ □	■ ■ ■ ■ V W	B C B B B	■ ■ ■
A 3	Springville, 46350 219-325-0034	Singh Petroleum (Marathon) 1877 US 20 & IN 39	24HRS ■ ■ ■	S ■	□ □ □ ■ □ □		□ □	□ □	□ □ □	□ ■ ■ W	B B F B B B B	■ ■ ■ ■
G 2	Sullivan, 47882 812-268-4740	Fast Max (Sunoco) US 41 & IN 154 W	24HRS ■ ■	S ■	■ □ ■ □ □ □		□ □ ■	□ □ □ □ □ □ □	□ □ □	■ ■ ■ V W	B B B B B B	■ ■ ■
G 4	Taylorsville, 47280 812-526-9119	Big Foot # 65 (Shell) I-65 Exit 76 (US 31)	24HRS ■		□ □ □ ■ □	F C	□ □ ■	□ □ □ □	□ □ □ □ □	□ ■ ■ ■ V W	B B B B B B	■ ■ ■ ■
F 2	Terre Haute, 47802 812-877-9977	Pilot Travel Center #297 I-70 Exit 11 (IN 46)	24HRS ■ ■	M ■ ■	■ ■ ■ ■ ■ ■ DAT ⏻	F C U F T	■ CAT	□ □ □	□ □ □	□ ■ ■ ■ ■ ■ V W	B B F B B B	■ ■ ■ ■
H 5	Uniontown, 47229 812-523-8030	Uniontown Fuel Stop I-65 Exit 41 (IN 250)	24HRS ■ ■	M ■ ■	□		■	■ ■ □ □ □ □		■ ■ ■	B C	■ ■ ■
B 3	Valparaiso, 46383 219-464-1644	Pilot Travel Center #036 US 30 & IN 49	24HRS ■ ■	M ■	□ ■ ■ □ ■ □ □ □ ■ ■ □ ⏻	F C U T	□ ■ CAT		□ □ □	■ ■ ■ ■ ■ V W	B B F B B B	■ ■ ■ ■
H 2	Vincennes, 47591 812-882-3147	TLT Fuels Old US 41 S & Willow St W (1st Left)	■ ■ ■	S ■	□ □ □ □ □ □		□ ■	□ □ □ □ □ □ □	□ □ □ ■	■ V W	B	■ ■ ■ ■
B 4	Walkerton, 46574 574-586-2972	Welco Truck Stop (66) US 6 E	■ ■ ■	M ■	24HRS □ ■ □ ■ □ □	C	□ □ ■	□ □ □ □ □	□ □ □	V W	C	■ ■ ■ ■
B 3	Wanatah, 46390 219-733-2066	Plaza 30 Truck Stop (Citgo) 6352 US 30 (betw US 421 & IN 39)	24HRS ■		24HRS ■ ■ ■ ■ ■ □	F C	□ ■		□ □ □	■ ■ V W	B B F B B B B	■ ■ ■ ■
D 5	Warren, 46792 260-375-2888	Crazy D's I-69 Exit 78 (IN 5)	24HRS ■ ■	XL ■ ■	24HRS □ ■ ■ ■ ■ ■ ■ ⏻	F C	■ CAT	■ ■ ■ ■ ■ ■	■ ■ □	■ ■ ■ V W	B B B B B B	■ ■ ■ ■
H 2	Washington, 47501 812-254-4004	BP/Amoco Fuel Plaza US 50 Bypass & IN 57	24HRS ■ ■	M ■ ■	□ ■ ■ ■ □ ■ ■ □ □ □ □		□ ■ ■ ■ ■	□ □ □ □ □ □ □	□ □ □	■ ■ ■ ■ V W	B B F B B B	■ ■ ■

THE TRUCKER'S FRIEND® - INDIANA

How to interpret the page

■ means available at truck stop □ means available nearby

In the overnight lot column:
- S means room for 5 - 24 trucks
- M means room for 25-74 trucks
- L means room for 85-149 trucks
- XL means room for 150+ trucks
- $ means a parking fee may be charged

Code at left-hand side of rows is the state map grid reference.

A key to advertising logos is on page 25.

Services may change without notice. When in doubt, call ahead.

Financial Services: C=Checks, F=Fuel Cards, B=Both

Grid / City / Phone	Truck Stop / Location	Motor Fuel (Truck Diesel, Self Service Diesel, Metered Propane, Gasoline)	Parking (Overnight Lot ($), Paved Lot, Trailer Drop)	Electric Plug-Ins, Safe Haven/Hazmat	Food (Restaurant, Fast Food, Table Phones, Motel)	Stores (Convenience, Trucker/Travel)	Shopping Center, Walmart/Kmart, Grocery	Showers (Ladies', Men's)	TV/Drivers Lounge, Laundry	Communication (Load Monitor, Internet Kiosk, Wi-Fi Hotspots)	Document Scanning, Public Fax/Copier, UPS/FedEx/Trippak Box	Religious Services, State Lottery	Scales (Certified, Platform, Axle)	Tires (Repairs, New Tire Sales)	Shop Open 24 Hrs, DOT Inspection	Major Repairs, Minor Repairs, Oil Change/Lube	Minor Welding, AC/Reefer, CB	Road Svcs (Tire, Mechanical, Towing)	Wash (Truck (Exterior), Trailer Washout)	RV Info (RVs Welcome, Dumping Station, Propane (Bottle), ATM)	Can Wire Money Out, Money Orders, Natso Check-Link	Western Union, Wright Express, Comdata (Comchek), Voyager	EFS, Fuel Man	Multi Service, TCH, T-Chek	Fleet One, Buy/Pay at Fuel Desk	All Prepaid Permit Svcs	American Express, Visa/Mastercard, Discover
B Waterloo, 46793 6 260-837-7188	Kaghann's Korner (Marathon) I-69 Exit 134 (US 6 W)	24 HRS ■ ■	L ■ ■		24 HRS ■ □	■ ■	□	■ ■	■ □	[DAT logo]	F C T	□ ■								■	■ ■	V W	B B	B B	B B	■	■ ■ ■
B Waterloo, 46793 6 260-837-8229	Morning Star Truck & Auto Plaza (Citgo) I-69 Exit 134 (US 6 W)	24 HRS ■ ■	S		24 HRS □	■		■			F C	□ ■						□ □ □		■	■	V W	B	F B	B B	■	■ ■ ■
B Westville, 46391 3 219-785-7096	Westville Truck Stop (66) 9954 US 6-421	■ ■ ■	S ■ ■		■ □ ■	■ ■	□	■ ■	■ ■		F C F	□		□ □		□	□	□		■	■	V W	B B	B	B	■	■ ■ ■
F Whiteland, 46184 4 317-535-7656	Pilot Travel Center #037 I-65 Exit 95 (CR 500 N)	24 HRS ■ ■	L ■		□ ■ ■	■ ■		■ ■	■	[DAT logo] [logo]	■ F C T	□ ■	[CAT logo]	[BF logo]		■ ■		■ ■ □		■ ■	■ ■ ■	■ ■ V W	B B	F B	B B	■	■ ■ ■
F Whiteland, 46184 4 317-535-8686	Pilot Travel Center #397 I-65 Exit 95 (CR 500)	24 HRS ■ ■	L ■ ■		□ ■ ■	■ ■		■ ■	■	[DAT logo] [logo]	■ F C U F T	■	[CAT logo]	□ □		□ □	□	□ □ □		■	■ ■ ■	■ ■ V W	B B	F B	B B	■	■ ■ ■
F Whiteland, 46184 4 317-535-7171	Kiel Bros. Stop 95 (Marathon) I-65 Exit 95 (Whiteland Rd)	24 HRS ■ ■	M ■		24 HRS ■ □	■ ■	□	■ ■	■ ■		F C	□ ■	■ ■ ■	□ □		□ □ □	□	□ □ □		■ ■	■ ■	V W	B B	F B B	B B	■	■ ■ ■
F Whiteland, 46184 4 317-535-1124	Flying J Travel Plaza #05087 (Shell) I-65 Exit 95 (Whiteland Rd)	24 HRS ■ ■ ■	XL ■		24 HRS ■ ■	■ ■		■ ■	■	[Flying J logo] ■ [Flying J logo]	[Flying J logo] F C U F T	□	[Flying J logo]	□ □		□ □	□	□ □ □		■ ■ ■	■	V W	B	B B	B	■	■ ■ ■
E Whitestown, 46075 4 317-769-6167	Crystal Flash #34 I-65 Exit 130 (IN 334 - Zionsville)	24 HRS ■ ■	M ■ ■	■	■	■	□ □	■			F C	□ ■	□ □ □	□ □	□	□ □ □	□ □ □	□ □ □		■ ■	■ ■	V W	B B		B	■	■ ■ ■
E Whitestown, 46075 4 317-769-3291	TravelCenters of America (BP) I-65 Exit 130 (IN 334)	24 HRS ■ ■	XL ■ ■		24 HRS ■ ■	■ ■		■ ■	■ ■	[DAT logo] ■ [TA logo]	■ F C U F T	■	[CAT logo]	[BF logo]	■ ■	■ ■ ■	■ A R	■ ■ □		■	■ ■	■ ■ V W	B B	B	B B	■	■ ■ ■
C Winamac, 46996 3 574-946-4863	Good Oil Company (BP) 1201 US 35 N	24 HRS ■ ■	S ■		□ ■ □	■	□ □		□		F C F	□ ■		□ □		□ □ □	□	□ □		■ □ ■	■	W	B			■	■ ■ ■
C Woodburn, 46797 6 260-493-4943	The Country Oasis (Marathon) 16817 US 24 & Webster Rd	24 HRS ■ ■	S ■		■	■					F C	□ ■						□ □		■	■	V W	B C		B	■	■ ■ ■
G Worthington, 47471 3 812-875-2112	Hoco Station (Citgo) 203 US 231 S (in town)	■ ■ ■			□ □ □		□		□			□				□	□			■		V W					■ ■ ■
G Worthington, 47471 3 812-875-2497	Vest Quik Mart (Marathon) US 231 & IN 67	24 HRS ■ ■	S		□ ■ □	■	□		□		□	□ ■			□	□ □ □				■	■	V W	B		B		■ ■ ■

Sign up at www.truckstops.com for free email updates from *The Trucker's Friend.®*

IOWA

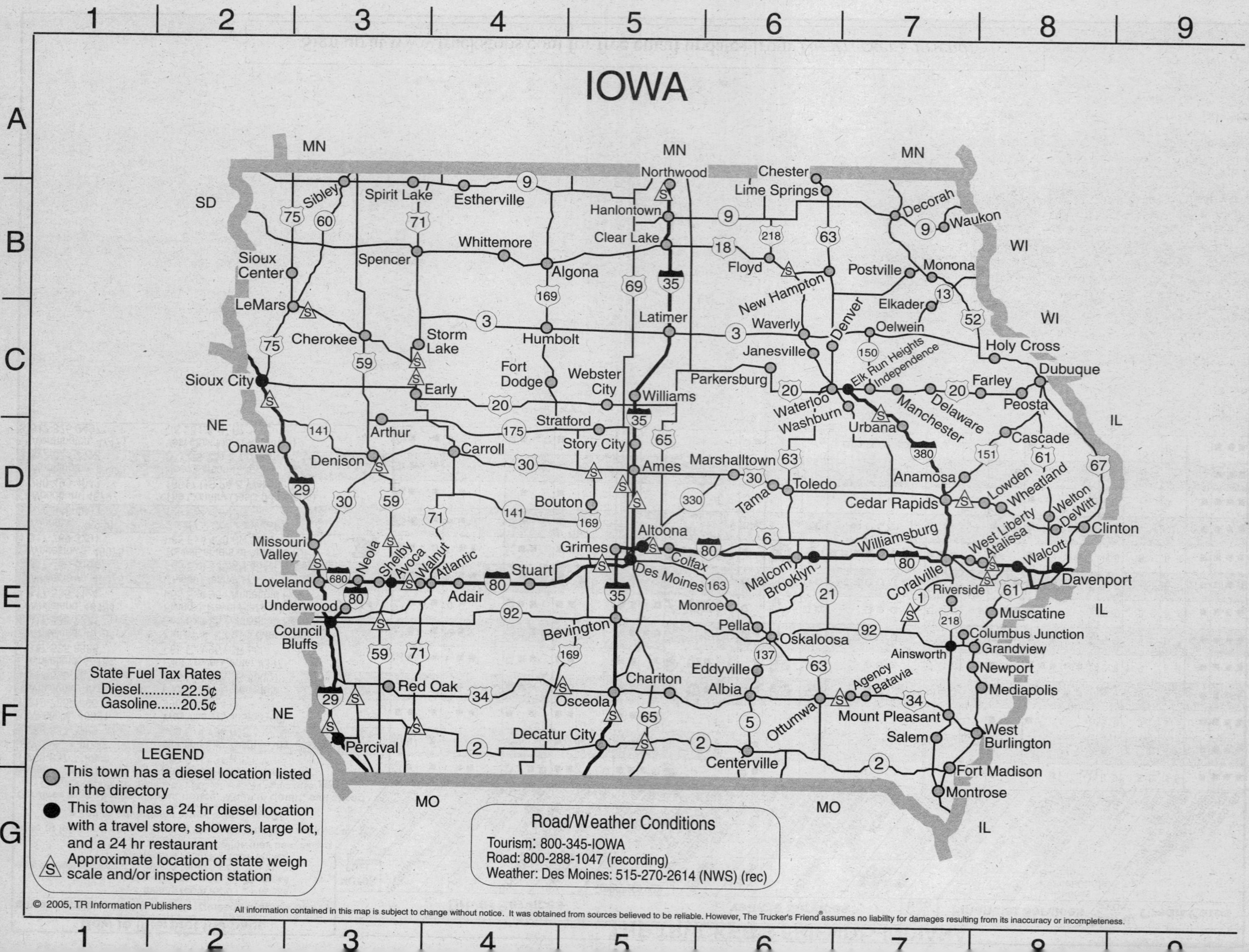
1
2
3
4
5
6
7
8
9
A
B
C
D
E
F
G
MN
SD
NE
MO
WI
IL
Northwood
Chester
Lime Springs
Sibley
Spirit Lake
Estherville
Hanlontown
Clear Lake
Decorah
Waukon
Sioux Center
Spencer
Whittemore
Algona
Floyd
Postville
Monona
LeMars
Cherokee
Storm Lake
Humbolt
Latimer
New Hampton
Waverly
Denver
Elkader
Oelwein
Holy Cross
Dubuque
Sioux City
Fort Dodge
Webster City
Williams
Parkersburg
Janesville
Elk Run Heights
Independence
Farley
Peosta
Early
Stratford
Story City
Ames
Waterloo
Washburn
Urbana
Manchester
Delaware
Cascade
Onawa
Arthur
Carroll
Denison
Marshalltown
Tama
Toledo
Anamosa
Cedar Rapids
Lowden
Wheatland
Welton
DeWitt
Clinton
Bouton
Altoona
Grimes
Missouri Valley
Neola
Shelby
Avoca
Walnut
Atlantic
Stuart
Adair
Des Moines
Colfax
Malcom
Brooklyn
Williamsburg
West Liberty
Atalissa
Walcott
Davenport
Loveland
Underwood
Council Bluffs
Coralville
Riverside
Muscatine
Monroe
Pella
Oskaloosa
Bevington
Columbus Junction
Grandview
Ainsworth
Newport
Mediapolis
Eddyville
Albia
Chariton
Red Oak
Osceola
Ottumwa
Agency
Batavia
Mount Pleasant
West Burlington
Salem
Decatur City
Percival
Centerville
Fort Madison
Montrose

State Fuel Tax Rates
Diesel..........22.5¢
Gasoline......20.5¢

LEGEND

- This town has a diesel location listed in the directory
- This town has a 24 hr diesel location with a travel store, showers, large lot, and a 24 hr restaurant
- Approximate location of state weigh scale and/or inspection station

Road/Weather Conditions

Tourism: 800-345-IOWA
Road: 800-288-1047 (recording)
Weather: Des Moines: 515-270-2614 (NWS) (rec)

© 2005, TR Information Publishers

All information contained in this map is subject to change without notice. It was obtained from sources believed to be reliable. However, The Trucker's Friend® assumes no liability for damages resulting from its inaccuracy or incompleteness.

THE TRUCKER'S FRIEND® - IOWA

How to interpret the page

■ means available at truck stop □ means available nearby

In the overnight lot column:
- S means room for 5 - 24 trucks
- M means room for 25-74 trucks
- L means room for 85-149 trucks
- XL means room for 150+ trucks
- $ means a parking fee may be charged

The code at the left-hand side of rows is the state map grid reference. A key to advertising logos is on page 25.

Services may change without notice. When in doubt, call ahead.

Column groups:
- Motor Fuel: Truck Diesel, Self Service Diesel, Metered Propane, Gasoline
- Driver Services, Parking: Overnight Lot (S), Paved Lot, Trailer Drop, Electric Plug-ins, Safe Haven/Hazmat
- Driver Services, Food: Restaurant, Fast Food, Table Phones
- Driver Services, Stores: Motel, Convenience, Trucker/Travel, Shopping Center, Walmart/Kmart, Grocery
- Driver Services, Showers: Ladies, Men's, TV/Drivers Lounge, Laundry
- Driver Services, Communication: Load Monitor, Internet Kiosk, Wi-Fi Hotspots, Document Scanning, Public Fax/Copier, UPS/FedEx/TripPak Box, Religious Services, State Lottery
- Vehicle Services, Scales: Axle, Platform, Certified
- Vehicle Services, Tires: Repairs, New Tire Sales, Shop Open 24 Hrs
- Vehicle Services, Repairs: DOT Inspection, Major Repairs, Minor Repairs, Oil Change/Lube, Minor Welding
- Vehicle Services, Road Svcs: AC/Reefer, CB, Tire, Mechanical
- Vehicle Services, Wash: Towing, Truck (Exterior), Trailer Washout
- RV Info: RVs Welcome, Dumping Station, Propane (Bottle)
- Financial Services: ATM, Can Wire Money Out, Money Orders, Natso Check-Link, Western Union, Voyager/Wright Express, Comdata (Comchek), EFS
- Financial Services codes: C=Checks, F=Fuel Cards, B=Both
- Permit Svcs: Fuel Man, Multi Service, T-Chek, TCH, Fleet One
- Credit Cards: Buy/Pay at Fuel Desk, All Prepaid Permit Svcs, American Express, Visa/Mastercard, Discover

Grid	Location / Phone	Truck Stop / Address	Fuel & Parking	Food	Stores	Showers	Communication	Scales	Tires	Repairs	Road Svcs / Wash	RV Info	Financial Services	Permit Svcs	Credit Cards
E4	Adair, 50002 641-742-3857	Kum & Go #76 I-80 Exit 76	24 HRS ■ ■		□ □ □	■	□ □		□ ■		□ □ □ □ □ □	□ □ □	□ □ ■ ■	V W	■ ■ ■
F7	Agency, 52530 641-937-5523	D's Oil Station (66) US 34 & IA 16 (3.5 mi E of town)	■ ■ ■		■	■			■					V W C C C C	■ ■ ■
E7	Ainsworth, 52201 319-657-3200	Four Corners Restaurant & Fuel Stop (BP) US 218 & IA 92	24 HRS ■ ■	L ■ ■	24 HRS ■	■ ■	■ ■ ■	F C	□ ■ CAT	□ □		□ □ □	■ □ ■	V W B B B B B B	■ ■ ■ ■ ■
F6	Albia, 52531 641-932-2000	Albia Stop & Shop 300 US 34 W	■ ■ ■	S ■	■ □ □	■ □ □	□	F C F	□ ■	□ □		□ □ □	■	V W B B B B B B	■ ■ ■
B4	Algona, 50511 515-295-9191	Chrome Truck Stop (Sinclair) US 18 & US 169	■ ■ ■	XL ■ ■	■ □ □	■ □ □ □	■ ■ □	F C F	□ ■ □ □ □	□ □	□ □ □ □ □	□	■ ■	V W B C B	■ ■ ■
E5	Altoona, 50009 515-967-7878	AMBEST Bosselman Travel Center (Sinclair) I-80 Exit 142 A (US 65-69)	24 HRS ■ ■	XL ■ ■ ■	24 HRS ■ ■ □	■ ■ □ □ □	■ ■ ■ □ DAT ■	■ F C U F T	■ ■ ■ ■	■ ■ ■	□ ■ ■ ■ A ■ ■	■ □ ■ ■	■ ■ □ ■ ■ ■	V W B B F B B B B	■ ■ ■ ■ ■
D5	Ames, 50010 515-232-6841	Cyclone Truck Stop (Shell) I-35 Exit 111 B (US 30, 1/2 mi W)	24 HRS ■ ■	M ■ ■	24 HRS ■ ■ □	■ ■ □ □ □	■ ■ ■	F C	□ ■ □ □ □	■ ■ ■	■ ■ ■	■ ■ □	■ ■ ■ ■	V W B B B B B B	■ ■ ■
D5	Ames, 50010 515-233-2200	Fuel Right I-35 Exit 111 B (US 30, 1/2 mi W)	24 HRS ■ ■	S ■ ■	□ □ □	■ □ □ □	□		□ ■	□	□	□ □ □	■ ■ ■ ■ ■ ■	V W B B B B B B	■ ■ ■
D7	Anamosa, 52205 319-462-2245	Anamosa Mega Mart (BP) 1752 IA 64 E	■ ■ ■		□ ■ □	■ □			■				■	V W B B	■ ■ ■
D7	Anamosa, 52205 319-462-6776	Anamosa Travel Mart (Conoco) US 151 SW & IA 1	■ ■ ■	M ■ ■	■ ■	■	■	F C	□ ■			□ □ □	■ □ ■	V W B B B B	■ ■ ■
D3	Arthur, 51431 712-367-2300	Arthur Cargo Express (Sinclair) IA 175 & Quail Ave	■ ■ ■		■ ■	■			■					V W	■ ■ ■
E8	Atalissa, 52720 563-946-3761	AMBEST Home Oil Station (66) I-80 Exit 265	24 HRS ■	M ■ ■	■ ■ ■	■ ■	■ ■ DAT	F C T	□ ■ ■ ■ ■			□ □ □	■ □ ■	V W B B B B B B	■ ■ ■ ■
E4	Atlantic, 50022 712-243-5032	Valley Oil Co (66) I-80 Exit 60 (US 71)	24 HRS ■ ■	S ■ ■	■ ■ □	■	■	F C		■ ■ ■ ■	□ ■ ■ ■ A R	■ ■ □ ■ ■	■ ■	V W B B B B	■ ■ ■ ■
E3	Avoca, 51521 712-343-4007	Wings America Travel Center (Conoco) I-80 Exit 40 (US 59)	24 HRS ■ ■ ■	XL ■ ■	24 HRS ■ ■ □	■ ■ □	■ ■ ■ ■	F C U F T	■ ■ ■ ■	□ □	□ □ □ □ □ □ □	□ □ □	■ ■ ■ ■ ■ ■	V W B B B B B B	■ ■ ■ ■
F7	Batavia, 52533 641-662-2700	Batavia BP US 34 & 100 - 1st Street	24 HRS ■ ■	S ■	□ ■	■	■	F C	□ ■	□	□ □		■ ■ ■	W B B B B B	■ ■ ■
E5	Bevington, 50033 515-462-4558	Bussanmas Service (Shamrock) I-35 Exit 56 (IA 92)	■ ■ ■		□ ■	■		F C	■	■ ■	■	■ ■ ■	■	V W C C C	■ ■ ■
E5	Bevington, 50033 515-462-1734	Kum & Go # 56 I-35 Exit 56 (IA 92)	24 HRS ■ ■	S ■ ■	□	■			■			□ □ □	■ ■ ■	V W B B B B B	■ ■ ■
D5	Bouton, 50039 515-676-2594	Fuel Mart #789 US 169 & IA 141	24 HRS ■ ■		□ ■				■				■	B B B B B B	■ ■ ■
E6	Brooklyn, 52211 641-522-7011	Randhawa's Travel Center (BP/Amoco) I-80 Exit 197 (V 18)	24 HRS ■ ■	M ■	■	■ ■ □		F C	□ ■				■ ■ ■	V W C C	■ ■ ■ ■
E6	Brooklyn, 52211 319-685-4221	ShortStop Travel Plaza (66) I-80 Exit 201 (1/3 mi N on IA 21)	24 HRS ■ ■	M ■ ■	■ ■ ■	■ ■	■ ■ DAT ■	F C T	□ ■ □ □ □ □	□ □	□ □ □ □	□ □ □	■ ■	V W B B B B B B	■ ■ ■ ■
E6	Brooklyn, 52211 319-685-4411	Kwik Star #303 I-80 Exit 201 (IA 21 S)	24 HRS ■ ■	XL ■ ■	24 HRS ■ ■ □	■ ■	■ ■ ■ ■ DAT ■	■ F C U F T	■ ■ ■ ■ ■ ■ ■		□ ■ ■ ■	■ ■ ■	■ ■ ■	V W B B F B B B B	■ ■ ■ ■
D4	Carroll, 51401 712-792-7030	East Side Shell US 30 & Plaza Dr	24 HRS ■ ■	S	□ ■ □	■ □ □ □	■ □	F C	□ ■				■ □ ■	V W B B	■ ■ ■ ■
D8	Cascade, 52033 563-852-3510	McDermott Oil (BP) US 151 E	■ ■ ■	M ■	□ ■	■	□	F C	□ ■ □ □ □ □ □ □			□ □ □	■ ■	V W B B B	■ ■ ■ ■
D7	Cedar Rapids, 52401 319-841-9244	Just Diesel (Conoco) I-380 Exit 13 (6th St SW)	24 HRS ■		□ □	■ ■	DAT	F C T	■ CAT	□ □	□ □		■ ■	V W B B B B B	■ ■ ■ ■
D7	Cedar Rapids, 52404 319-364-9270	Hawkeye Downs Sinclair US 30-151 & 6th St SW (1/2 mi N)	■ ■ ■		□ □ □	■ □ □ □	□		□ ■ □ □ □ □	□ □	□ □ □ □	□ □ □	□ ■ ■	W B F B	■ ■ ■ ■
F6	Centerville, 52544 641-437-1100	Bratz Oil (Shell) IA 2 (Drake & Maple)	■ ■ ■ ■		□ ■ □	■ □ □ □	□	F C	□ ■ □ □ □ □		□ □		□ ■	V W	■ ■ ■ ■
F5	Chariton, 50049 641-774-5100	Chariton BP US 34 & 1st St	24 HRS ■ ■	S	□ ■ □	■	□	F C	□ ■	□ □	□ □ □ □ □ □ □	□ □ □ □	□ ■ ■	V W B B B B F	■ ■ ■ ■
C3	Cherokee, 51012 712-225-9962	Bedwal Food Mart (Shell) 820 US 59 S	■ ■ ■ ■	S	□ ■ □	■	□ □	F C	□	□ □	□ □ □ □ □ □ □	□ □ □	■ ■	W	■ ■ ■ ■

THE TRUCKER'S FRIEND® - IOWA

How to interpret the page

■ means available at truck stop □ means available nearby

in the overnight lot column:
- S means room for 5 - 24 trucks
- M means room for 25-74 trucks
- L means room for 85-149 trucks
- XL means room for 150+ trucks
- $ means a parking fee may be charged

code at left-hand side of rows is the state map grid reference

a key to advertising logos is on page 25

Services may change without notice. When in doubt, call ahead.

Column groups: Motor Fuel (Truck Diesel, Self Service Diesel, Metered Propane, Gasoline); Parking (Overnight Lot ($), Paved Lot, Trailer Drop, Electric Plug-ins, Safe Haven/Hazmat); Driver Services – Food (Restaurant, Fast Food, Table Phones), Stores (Motel, Convenience, Trucker/Travel, Shopping Center, Walmart/Kmart, Grocery), Showers (Ladies, Men's), TV/Drivers Lounge, Laundry; Communications (Load Monitor, Internet Kiosk, Wi-Fi Hotspots, Document Scanning, Public Fax/Copier, UPS/FedEx/TripPak Box, Religious Services, State Lottery); Vehicle Services – Scales, Tires (Axle, Platform, Certified, Repairs, New Tire Sales), Repairs (Shop Open 24 Hrs, DOT Inspection, Major Repairs, Minor Repairs, Oil Change/Lube, Minor Welding), Road Svcs (AC/Reefer, CB, Tire, Mechanical, Towing), Wash (Truck (Exterior), Trailer Washout); RV Info (RVs Welcome, Dumping Station, Propane (Bottle)); Financial Services (ATM, Can Wire Money Out, Money Orders, Natso Check-Link, Western Union, Voyager, Wright Express, Comdata (Comchek), EFS, Fuel Man, Multi Service, TCH, T-Chek, Fleet One) – C=Checks, F=Fuel Cards, B=Both; Permit Svcs (Buy/Pay at Fuel Desk, All Prepaid Permit Svcs); Credit Cards (American Express, Visa/Mastercard, Discover)

Grid	City / Phone	Truck Stop / Location	Fuel & Parking	Food	Stores	Showers / Lounge / Laundry	Communications	Scales	Tires	Repairs	Road Svcs	Wash	RV Info	Financial Services	Fuel Cards / Permit Svcs	Credit Cards
A 6	Chester, 52134 563-565-2631	R&S Fuel US 63	■ ■ ■	M ■ ■	■ ■ ■	■ ■ ■		F C	□		□ □ □		□ □ □	■ ■ ■	V W B B -B B B	■ ■ ■ ■
B 5	Clear Lake, 50428 641-357-9076	I-35 BP/Amoco I-35 Exit 193 (IA 106)	24HRS ■ ■	S ■ ■	□ □ □	■			■ □ □ □				□ □ □ □	■ ■ ■	V W	■ ■ ■
B 5	Clear Lake, 50428 641-357-3124	Horizon Truck & Travel Plaza (Conoco) I-35 Exit 194 (US 18 W)	24HRS ■ ■	M ■ ■	24HRS ■ ■ □	■ ■ ■ ■ ■ ■		F C U F	CAT	□ □	□ □	□ □	□ □ □	■ ■	V W B B B B	■ ■ ■ ■
D 8	Clinton, 52732 563-242-9385	Kwik Star #348 2321 US 30-67	24HRS ■ ■	M ■ ■	■ ■ □	■ ■ □ □ □ ■ ■ ■		F C T	□ ■ ■ ■ ■	□ □	□ □ □	□	□ □ □ □ □ □	■ ■ ■	V W B B F B B B B	■ ■ ■ ■
E 5	Colfax, 50054 515-674-0705	Colfax Valley Travel Center (BP/Amoco) I-80 Exit 155	24HRS ■ ■	M ■ ■	□ ■ ■ □	■ ■ ■ ■ ■ ■		F C	□ ■ ■ ■ ■	■ ■ ■ ■	■ ■ ■		■ ■ □	■ ■	V W B B B B B B	■ ■ ■ ■
E 5	Colfax, 50054 515-674-4323	Kum & Go # 32 I-80 Exit 155 (IA 117)	24HRS ■ ■		□ □ □	■ □ □			□ ■ □					■ ■ ■	V W B B B B	■ ■ ■
E 8	Columbus Junction, 52738 319-728-2206	J&J Pit Stop IA 70 (3/4 mi N of IA 92)	■ ■ ■		□ ■ □	■ □ □		F C	□ ■ □ □ □						V W	■ ■ ■ ■
E 7	Coralville, 52241 319-351-7851	Kum & Go #201 I-80 Exit 242 (1st Ave S)	24HRS ■ ■		□ □ □	■ □ □ □ □		F C □	□ ■	□ □	□ □ □ □		□ □ □	■ ■	V W B B B B B	■ ■ ■ ■
E 3	Council Bluffs, 51501 712-322-0088	Pilot Travel Center #329 I-29-80 Exit 1 B (24th St)	24HRS ■ ■	L ■ ■	□ ■ ■ □	■ ■ □ □ ■ ■ ■ ■	DAT ⏻	F C U F T	□ ■ CAT	□ □	□ □ □ □ □ □ □		□ □ □ □ □	■ ■ ■ ■	V W B B F B B B	■ ■ ■ ■
E 3	Council Bluffs, 51501 712-322-3000	Sapp Bros. Oasis (Shell) I-29-80 Exit 1 B (S 24th St)	24HRS ■ ■ ■	L ■ ■	24HRS ■ ■ □	■ ■ □ □ □ □ ■ ■ ■ ■	DAT ⏻	F C U F T	■ ■ ■ ■ ■	■ ■ ■ ■	□ ■ ■ A		■ ■ ■ ■ ■	□ ■ ■ ■ ■ ■ ■ ■	V W B B F B B B B	■ ■ ■ ■
E 3	Council Bluffs, 51502 712-366-2217	TravelCenters of America (TA) I-29-80 Exit 3 (IA 192 S, Lake Manawa)	24HRS ■ ■	M ■ ■	24HRS ■ ■ □	■ ■ □ □ □ ■ ■ ■ ■	DAT TA	F C U F T	■ CAT	BF ■ ■	□ ■ ■ A R	□	■ ■ ■	■ □ ■ ■	W B B B B B	■ ■ ■ ■
E 8	Davenport, 52809 563-386-7710	Flying J Travel Plaza #05071 (Conoco) (Flying J) I-80 Exit 292	24HRS ■ ■ ■	L ■ ■	24HRS ■ ■ □	■ ■ □ □ ■ ■ ■ ■	Flying J Flying J Flying J	U F F T	■ Flying J	□ □	□ □ □ □ □ □		□ □ □ □ □ □	■ ■ ■	V W B B B B	■ ■ ■ ■
E 8	Davenport, 52802 563-328-2912	Credit Island Citgo US 61 S	■ ■ ■		□ □ □	■ □ □			□ ■ □	□ □	□			□ ■	V W C B	■ ■ ■
F 5	Decatur City, 50067 641-446-4654	Country Corners Shell I-35 Exit 12 (IA 2)	■ ■ ■ ■	M ■ ■	□ □	■ □ ■ □		F C	□		□ □ □ □		□ □ □	■ ■ ■ ■ ■	V W B B B	■ ■ ■ ■
B 7	Decorah, 52101 563-735-5499	Country Express (Cenex) 3480 US 52	■ ■ ■	S ■	□ ■	■		F C	□ ■ ■ ■ ■					■ ■	V W	■ ■ ■
C 7	Delaware, 52036 563-922-2728	Kwik Stop (66) US 20 W & IA 38	■ ■ ■	S ■	■ ■	■ ■ ■		F C	□ ■		□ □ □		□ □ □	■ ■ ■ ■ ■	W B B B	■ ■ ■
D 3	Denison, 51442 712-263-9371	Ampride Truck Plaza (Cenex) 506 US 59 N & IA 141	24HRS ■ ■	M ■ ■	24HRS □ ■ □	■ ■ □ □ □ ■ ■ ■ ■		F C T	□ ■ □ □ □	■ ■ ■	■ ■ ■ A R		■ ■ □ □ □	■ ■ ■	V W B B F B B B B	■ ■ ■ ■
C 6	Denver, 50622 319-984-5242	Kwik Star #701 341 US 63 S	24HRS ■ ■		□	■ □ □		C	□ ■	□	□ □ □		□ □	□ ■ ■ ■	V W	■ ■
E 5	Des Moines, 50317 515-265-8014	Apex Oil 1200 SE 30th St	■ ■ ■	S	□ □	■ □			□ ■ □ □ □ □	□ □	□ □		□ □ □ □			■ ■
E 5	Des Moines, 50322 515-276-1509	Pilot Travel Center #373 I-35-80 Exit 126 (Douglas Ave)	24HRS ■ ■	XL ■ ■	24HRS □ ■ □	■ ■ □ ■ ■ ■ ■	DAT ⏻ ■	F C U F T	■ CAT	BF ■ □	■ ■ ■ ■		■ ■ □ ■ ■	■ ■ ■ ■ ■ ■	V W B B F B - B B	■ ■ ■ ■
E 5	Des Moines, 50313 515-266-1822	QuikTrip #562 (QT) I-35-80 Exit 136 (US 69 S)	24HRS ■ ■	M ■	□ ■ □	■ ■ □ □ ■ ■ ■	DAT	F C U F T	□ ■ CAT				□ □ □	■ ■	W B B B B B B	■ ■ ■ ■
E 5	Des Moines-W/Clive, 50325 515-276-5200	Flying J Travel Plaza #05314 (Conoco) (Flying J) I-35-80 Exit 125 (US 6)	24HRS ■ ■ ■	XL ■ ■	24HRS ■ ■ □	■ ■ □ □ □ ■ ■ ■ ■	Flying J ■ Flying J Flying J	F C U F T	□ Flying J				□ □ □	■ □ ■ ■	V W B B B B	■ ■ ■ ■
D 8	DeWitt, 52742 563-659-3221	DeWitt Travel Mart (BP) US 30 MM 313 (6th Ave N)	24HRS ■ ■	S ■ ■	□ ■ □	■ ■ □ ■ ■ ■ ■		F C T	□ ■				□ □ □	■ ■ ■	V W B B B B B	■ ■ ■ ■
C 8	Dubuque, 52001 563-588-4331	Family Mart (Sinclair) US 52 & 32nd St N	24HRS ■ ■		□	■ □				□ □	□ □ □ □		□ □ □ □	■ ■	V W	■ ■ ■ ■
C 8	Dubuque, 52003 563-583-8011	Key West Conoco US 52-61-151	24HRS ■ ■		□ ■ □	■ □			□ ■	□ □	□ □ □ □ □		□ □ □	■ ■	V W B C F B B	■ ■ ■
C 8	Dubuque, 52001 563-557-5180	BP Auto/Truck Plaza US 61-151 & E 16th	24HRS ■ ■	S ■ ■	■	■ □ ■ ■ □		F	□ ■ CAT	□ □	□ □ □ □ □		□ □ □	□ ■ ■ ■	V W B B B B B B	■ ■ ■
C 8	Dubuque, 52001 563-582-8803	Kwik Stop Truck Stop (66) US 61-151 N & Kerper Blvd (3 blks N)	24HRS ■ ■	M ■ ■	□ ■	■ ■ ■		F T	□ ■ □ □ □ □	□ □			□ □ □	■ ■ ■ ■	V W B B B B B	■ ■ ■ ■
C 3	Early, 50535 712-273-5126	Fuel Mart #790 US 71 & US 20	24HRS ■ ■	S ■	□ ■ □	■ ■ ■		F C	□ ■				□ □	■ □ ■ ■	B B B B B B	■ ■ ■ ■

THE TRUCKER'S FRIEND® - IOWA

How to interpret the page

■ means available at truck stop □ means available nearby

In the overnight lot column:
- S means room for 5 - 24 trucks
- M means room for 25-74 trucks
- L means room for 85-149 trucks
- XL means room for 150+ trucks
- $ means a parking fee may be charged

code at left-hand side of rows is the state map grid reference

a key to advertising logos is on page 25

Services may change without notice. When in doubt, call ahead.

Column groups: MOTOR FUEL (Truck Diesel, Self Service Diesel, Metered Propane, Gasoline); Driver Services: PARKING (Overnight Lot ($), Paved Lot, Trailer Drop, Electric Plug-ins, Safe Haven/Hazmat); FOOD (Restaurant, Fast Food, Table Phones, Motel); STORES (Convenience, Trucker/Travel, Shopping Center, Walmart/Kmart, Grocery); SHOWERS (Ladies', Men's, TV/Drivers Lounge, Laundry); COMMUNICATION (Load Monitor, Internet Kiosk, Wi-Fi Hotspots, Document Scanning, Public Fax/Copier, UPS/FedEx/Ripak Box, Religious Services, State Lottery); Vehicle Services: SCALES (Axle, Platform, Certified); TIRES (Repairs, New Tire Sales); REPAIRS (Shop Open 24 Hrs, DOT Inspection, Major Repairs, Minor Repairs, Oil Change/Lube, Minor Welding, AC/Reefer); ROAD SVCS (CB, Tire, Mechanical, Towing); WASH (Truck (Exterior), Trailer Washout); RV Info (RVs Welcome, Dumping Station, Propane (Bottle)); Financial Services (ATM, Can Wire Money Out, Money Orders, Natso Check-Link, Western Union, Wright Express, Comdata (Comchek), Voyager); Permit Svcs (EFS, Fuel Man, Multi Service); Credit Cards (TCH, T-Chek, Fleet One, Buy/Pay at Fuel Desk, All Prepaid Permit Svcs, American Express, Visa/Mastercard, Discover). C=Checks F=Fuel Cards B=Both

Map	Location / Phone	Truck Stop / Address	Motor Fuel	Parking	Food	Stores	Showers	Communication	Scales	Tires	Repairs	Road Svcs	Wash	RV Info	Financial Services	Permit Svcs	Credit Cards
F 6	Eddyville, 52553 641-969-4765	Eddyville BP #6 IA 63 & IA 137 (Southside of town)	24 HRS ■ ■	S	■ □	■ □			F C	□ ■	□ □		□ □ □		■ ■ V W	B	B B B ■ ■ ■ ■
C 7	Elk Run Heights, 50707 319-291-7714	Flying J Travel Plaza #05088 (Conoco) I-380 Exit 68 (Evansdale Dr)	24 HRS ■ ■ ■	M ■ ■	24 HRS ■ ■ □	■ ■ □ □ □	■ ■ ■ ■	■	F C U F T	□	□ □ □ □ □	□ □	□ □ □		■ ■ ■ ■ V W	B	B B B ■ ■ ■ ■
C 7	Elk Run Heights, 50707 319-232-0249	Road Ranger #144 (Citgo) I-380 Exit 68 (US 20)	24 HRS ■ ■	L ■ ■	24 HRS ■ ■ ■	■ ■ □ □	■ ■ ■ ■	DAT	F C U F T	□ ■ ■ ■ ■	■ ■ ■ ■ □ ■ ■	■	■ ■ □	□ ■	■ □ ■ V W	B B	B B B B ■ ■ ■ ■ ■ ■
C 7	Elkader, 52043 563-245-2852	Fast Trak (Conoco) 24687 IA 13	■ ■ ■	S ■	□ ■ ■ □	■ □	□			□ ■ □ □ □	□ □ □		□ □ □		□ ■ V W	C C	C ■ ■ ■
B 4	Estherville, 51334 712-362-7429	Riverside Sinclair IA 9 & Hwy 4 Bypass	■ ■ ■ ■		□ □ □	□ □	□		□	□	□ □ □ □ □ □ □	□ □	□ □ □		■ V W		■ ■ ■
C 8	Farley, 52046 563-744-3525	Zip Trip (66) 306 US 20 (1st Ave SW)	■ ■ ■	S ■	□	■				□ ■				□	■ ■ V W		■ ■ ■
C 8	Farley, 52046 563-744-3867	Troy's Truck Stop (Sinclair) US 20 & IA 418	■ ■	M ■	■	□				□	■				■ W	B F	■ ■ ■
B 6	Floyd, 50435 641-398-2390	218 Fuel Express (BP) US 218 & US 18 (junction)	24 HRS ■ ■	M ■	■	■ ■	■		F C	□ ■	□ □		□ □ □		■ ■ ■ V W	B B	F B B B B ■ ■ ■ ■
C 4	Fort Dodge, 50501 515-573-7512	Ampride All-Round Truck Stop US 20 Bus (1/2 mi E of town)	■ ■ ■	L ■	□ ■ □	■ ■ □ □ □	■ ■ ■ ■		F C F	□ ■ ■ ■ ■	□ □ □ □ □ □	□ □ □	□ □ □	□ □	■ ■ ■ V W	B B	B ■ ■ ■ ■
F 7	Fort Madison, 52627 319-372-9839	Garner Oil (66) US 61	■ ■ ■		□ □ □	■ □ □	□		C	□ ■	□ □ □ □ □ □	□ □ □	□ □ □		□ ■ ■ ■ V W		■ ■ ■
F 7	Fort Madison, 52627 319-372-2440	Fast Break (Shell) US 61 & IA 2	■ ■ ■		□ □ □	■ □			F C	□ ■	□ □ □ □ □ □	□	□ □ □		■ ■ V W	B B	B B B B ■ ■ ■ ■
E 8	Grandview, 52752 319-729-9900	Petro & More (Shell) US 61 & IA 92	■ ■ ■	S	□ ■	■			F C	□ ■	□ □		□ □		□ ■ V W	B	■ ■ ■ ■
E 5	Grimes, 50111 515-986-4157	Swift Stop (66) I-35-80 Exit 127 (IA 141)	24 HRS ■ ■	S ■ ■	■ □	■ □ □	□		U	□ ■					■ □ ■ ■ V W		■ ■ ■
B 5	Hanlontown, 50444 641-896-3960	Food-N-Fuel (BP/Amoco) I-35 Exit 203 (IA 9)	■ ■ ■	S ■ ■	□	■			F C	□ ■ □ □ □	□		□		■ ■ V W	B	B B ■ ■ ■ ■
C 8	Holy Cross, 52053 563-552-2551	Mid-Mart US 52	■ ■ ■	S ■	□ ■	■				□			□ □ □		■ □		■ ■
C 4	Humboldt, 50548 515-332-9984	Sparky's 1 Stop #5 (Sinclair) IA 3 & US 169	24 HRS ■ ■		□ □ □	■ □ □	□		F	□	□ □ □ □ □		□ □ □	□	□ ■ V W	B	B ■ ■ ■ ■
C 7	Independence, 50644 319-334-3226	Go America (66) US 20 & IA 150	24 HRS ■ ■	S	■ ■	■ □	□		F C	□ ■					■ □ ■ V W	B	B ■ ■ ■ ■
C 6	Janesville, 50647 319-987-2421	Kwik Star #712 US 218 & 811 Barrick Rd	24 HRS ■ ■	S ■ ■		■			C	□ ■			□ □ □	□	■ ■ ■ ■ V W	B	B B B ■ ■ ■
C 5	Latimer, 50452 641-866-6999	Dudley's Corner (Shell) I-35 Exit 165 (IA 3 NE)	■ ■ ■	M ■	■ ■	■ ■	■ ■	DAT	F C	□ ■	□ □ □ □	□	□ □ ■	□	■ ■ V W	B B	B B B B ■ ■ ■ ■
C 3	LeMars, 51031 712-546-4324	The LeMars Truck Stop (Citgo) US 75 S	24 HRS ■ ■	S ■ ■	■ □ □	■ □ □ □	■ ■ □		F C □	□ ■ ■	□ □ □ □ □ □	□	□ □ □		■ □ ■ V W	B B	B B B ■ ■ ■ ■
B 6	Lime Springs, 52155 563-566-2612	Lime Springs Travel Plaza (BP) US 63 & IA 157	■ ■ ■	M ■ ■	□ ■ ■	■	□		F C	□ ■ □			□ □		■ ■ ■ V W	C	C ■ ■ ■ ■
E 3	Loveland, 51555 712-642-3310	DeSoto Bend Mini Mart (Conoco) I-29 Exit 72 (IA 362)	■ ■ ■			■			F C	■ □ □ □					■ W	B B	B ■ ■ ■ ■
D 8	Lowden, 52255 563-941-7659	FS Stop 2250 US 30	■ ■ ■	M ■ ■	■ ■	■ □	□		F C	□ ■			□ □ □		■ ■ V W	B	■ ■ ■ ■
E 6	Malcom, 50157 641-528-3835	Fuel Mart #794 I-80 Exit 191 (US 63 S)	24 HRS ■ ■	M ■ ■	□	■	■ ■		F C	■ ■ ■ ■			□ □ □		■ ■	B B	B B B B ■ ■ ■ ■
C 7	Manchester, 52057 563-927-2607	E-Z Pickin's (BP) IA 13 S & US 20 W	■ ■ ■	S ■ ■	□ ■ ■ □	■ □ □			F C	■ □ □ □	□ □ □ □ □ □	□	□ □ □		■ ■ V W	B	B B ■ ■ ■ ■
D 6	Marshalltown, 50158 641-752-2537	Kum & Go #770 1116 E Nevada & 12th Ave S	24 HRS ■ ■		□ □	■ □ □ □	□		□	□ ■					■ ■ W		■ ■ ■
D 6	Marshalltown, 50158 641-752-1106	Git-N-Go #34 US 30 Exit 185 (IA 14)	24 HRS ■ ■ ■	S ■ ■	■ ■ ■ □	■ ■ □ □ □	■ ■ □		F C U F	□ ■ □	□ □ □ □ □ □	□ □	□ □ □	□	■ □ ■ ■ ■ ■ V W	B B	B B B B ■ ■ ■ ■
D 6	Marshalltown, 50158 641-752-3500	Ampride Travel Plaza (Cenex) US 30 Exit 186 (2 blks N on 18th)	24 HRS ■ ■	M ■ ■	□ ■ ■ □	■ □ □ □	■ □		F C	□ ■ ■ ■ ■	□ □ □ □ □	□ □	□ □ □		■ ■ V W	B B	B B B B ■ ■ ■ ■

How to interpret the page

■ means available at truck stop □ means available nearby

In the overnight lot column:
- S means room for 5 - 24 trucks
- M means room for 25-74 trucks
- L means room for 85-149 trucks
- XL means room for 150+ trucks
- $ means a parking fee may be charged

code at left-hand side of rows is the state map grid reference

a key to advertising logos is on page 25

Services may change without notice. When in doubt, call ahead.

THE TRUCKER'S FRIEND® - IOWA

Column groups: Driver Services (Motor Fuel: Truck Diesel, Self Service Diesel, Metered Propane, Gasoline; Parking: Overnight Lot ($), Paved Lot, Trailer Drop; Food: Electric Plug-Ins, Safe Haven/Hazmat, Restaurant, Fast Food; Stores: Table Phones, Motel, Convenience, Trucker/Travel, Shopping Center; Showers: Walmart/Kmart, Grocery; Ladies, Men's; Communications: TV/Drivers Lounge, Laundry, Load Monitor, Internet Kiosk, Wi-Fi Hotspots, Document Scanning, Public Fax/Copier, UPS/FedEx/Trippak Box, Religious Services, State Lottery) — Vehicle Services (Scales; Tires: Axle, Platform, Certified, Repairs, New Tire Sales; Repairs: Shop Open 24 Hrs, DOT Inspection, Major Repairs, Minor Repairs, Oil Change/Lube; Road Svcs: Minor Welding, AC/Reefer; Wash: CB, Tire, Mechanical, Towing, Truck (Exterior), Trailer Washout) — RV Info (RVs Welcome, Dumping Station, Propane (Bottle)) — Financial Services (ATM, Can Wire Money Out, Money Orders, Natso Check-Link, Western Union, Voyager/Wright Express, Comdata/Comchek, EFS, Fuelman, Multi Service; C=Checks, F=Fuel Cards, B=Both) — Permit Svcs (TCH, T-Chek, Fleet One, Buy/Pay at Fuel Desk, All Prepaid Permit Svcs) — Credit Cards (American Express, Visa/Mastercard, Discover)

Grid	Location / Phone	Truck Stop / Address	Motor Fuel & Parking	Food	Stores	Showers	Communications	Scales	Tires	Repairs	Road Svcs	Wash	RV Info	Financial Services	Permit Svcs	Credit Cards
F 8	Mediapolis, 52637 / 319-394-3011	Mediapolis Fast Break (Conoco) / US 61 S	■■ ■ S	■	□	■	□ □	F C	□■				□□	■	V W B C C	■■■
E 3	Missouri Valley, 51555 / 712-642-4305	Taylor Quick-Pik (Shell) / I-29 Exit 75 (US 30)	24 HRS ■ ■ M	■■	■■ □	■■	□□ □	F C U	□■	□□	□□□	□	□□□	■ ■ ■	V W B B B B	■■■■■
B 7	Monona, 52159 / 563-539-4218	Kwik Star #711 / US 18-52	■■ ■ S	■	□□ □	■	□	C	□■					■□■ ■ ■	V W B B F B B	■■■
E 6	Monroe, 50170 / 641-259-2410	Casey's / IA 163 & IA 14	■■ ■ S		■	■		F C	■					■ ■	V W B B	■■■■
G 7	Montrose, 52639 / 319-463-5726	J&P Convenience Store (Sinclair) / US 61 & 280th	■■ ■ S		■	■		F C	■				□□□	■■	V W B B B	■■■■
F 7	Mount Pleasant, 52641 / 319-385-2833	Buff's Travel Plaza (66) / US 218 (1 mi N of US 34)	■■ ■ L	■	□□ □	■	□□□ ■■ ■■	F C T F	□■	□□□ ■■	□■■ ■□		■■□	■□ ■	V W B B F B B B B	■■■■■■
E 8	Muscatine, 52761 / 563-288-0333	Fast Break (Conoco) / 2418 US 61 X (end of US 61 S Bypass)	■■ ■ M	■	□■ □	■	□■■ □	F C U F	□■	□□	□□□□		□□□	■ ■	V W B B B B B B	■■■
E 8	Muscatine, 52761 / 563-264-2580	Express Mart (Shell) / 4804 US 61-92	■■ ■		□■	■		F C	□■	■□□□ □□	□□ □		□□□	■	V W B F B B B B	■■■■
E 3	Neola, 51559 / 712-485-2153	Kum & Go # 23 / I-80 Exit 23	24 HRS ■ ■			■	□		□■	□□	□□			□■ ■ ■	V W B F B B	■■■
B 6	New Hampton, 50659 / 641-394-6269	Fueltime / 825 US 18 W	■■ ■ M	■■	□■	■	□ □ □ ■	F C	□■	□ □□			□□□	■■□■ ■	V W B B	■■■■
B 6	New Hampton, 50659 / 641-394-3052	5 Star Cooperative (Fuel Time) / US 63 N Exit 205 (SE on Linn Ave)	■■■■		□□ □	■	□ □	F C	□	■■■ □□	□□		□□□□	■	V W	■■■
F 7	Newport, 52653 / 319-868-3101	Kum & Go (Cenex) / US 61 & IA 78	24 HRS ■ ■ M	■■	■	■	■■■ (DAT logo) ■	F C U F	■■■■					■ ■■ ■	V W B B F B B F	■■■■
B 5	Northwood, 50459 / 641-324-1750	Cenex Ampride Convenience Store / I-35 Exit 214	24 HRS ■ ■ S		■	■		F C	■					■ ■	V W B B B B	■■■■
C 7	Oelwein, 50662 / 319-283-2113	Kwik Star #665 / IA 3 & IA 150	24 HRS ■ ■		■ □	■	□ □		□■					■■ ■	V W B B F	■■
D 2	Onawa, 51040 / 712-423-3239	Onawa 66 / I-29 Exit 112	■■ ■		□■ □	■								■	V W B B F B B	■■■
D 2	Onawa, 51040 / 712-433-3283	Dave's World (Conoco) / I-29 Exit 112 (Hwy 175)	24 HRS ■■■ M	■■	□■■□	■■	□□ ■■■ □	F C U F	□■	■■■ □□	□□□□		□□□□	■□■□ ■	V W B B B B B B	■■■■■■
F 5	Osceola, 50213 / 641-342-8505	Osceola Travel Plaza (BP) / I-35 Exit 33	24 HRS ■ ■		□■ □	■	□ □ □		□□■	□			□□□□□	□ ■	V W B B B B B B	■■■
E 6	Oskaloosa, 52577 / 641-673-3829	Kum & Go #176 (66) / 1911 IA 23 S	■■ ■		□ □	■			■					■ ■	W B B	■■■
F 6	Ottumwa, 52501 / 641-682-8264	Elliott Oil BP / 4108 US 63	24 HRS ■ ■ S	■	■	■		F C	□■	□			□□□	■ ■■	V W B C F B B B B	■■■■
F 6	Ottumwa, 52501 / 641-682-9995	Eastgate BP / US 34 E (MM 192)	24 HRS ■ ■ S	■	□□ □	■	□□□ □		□■□	□□	□□□		□□□□	■ ■■	V W B B B B B	■■■
F 6	Ottumwa, 52501 / 641-682-7318	Kum & Go #612 / US 63 (1/4 mi S of US 34)	24 HRS ■ ■ M		□□ □	■	□□□ □	F	□■	□□□ □□	□□□□ □□		□□□□□	■□■ ■ ■	V W B B F B B	■■■
C 6	Parkersburg, 50665 / 319-346-2468	Kwik Star #704 / IA 20 & IA 14	24 HRS ■ ■ S	■	□	■	□	C	□■				□□□	■ ■■ ■	V W B B F B B	■■■■
C 6	Parkersburg, 50665 / 319-346-2241	Kum & Go #504 / IA 20 & IA 14	■■ ■		□	■	□ □		□■					□ ■ ■	V W C C C	■■■
E 6	Pella, 50219 / 641-628-1208	Stop & Go Quik Shoppe #2 (66) / IA 163 Exit 42	24 HRS ■ ■ S	■	□■■□	■	□□□ □	F C	□	□□			□□□	■ ■	V W B B B	■■■■
C 8	Peosta, 52068 / 563-583-5406	IOCO Auto/Truck Plaza (66) / US 20 (5 mi W of Dubuque)	24 HRS ■ ■ M	■■	■ □	■■■	□□□ ■■ □	F C	□■				□□□	■ ■	V W B B B B B	■■■■
F 3	Percival, 51648 / 712-382-2789	The Junction (Conoco) / I-29 Exit 10 (1/4 mi W)	24 HRS ■ ■ M	■ ■	□■■□	■	□		■	□□□ □□	□ □		□□□	■ ■	V W B B B B B	■■■
F 3	Percival, 51648 / 712-382-2224	Crossroads Travel Center (Shell) / I-29 Exit 10 (IA 2)	24 HRS ■ ■ M	■■	□■■□	■	■■	F C U	■ (CAT logo)					■ ■	V W B B B B B B	■■■■
F 3	Percival, 51648 / 712-382-2323	Sapp Bros-Nebraska City/Percival (BP) / I-29 Exit 10 (IA 2)	24 HRS ■ ■ L	■■	24 HRS ■■□	■■	■■■■■ (DAT logo) (logo)	F C T F	■■■	□□	□□		□□□	■■ ■■■ ■	V W B B F B B B B	■■■■■

THE TRUCKER'S FRIEND® - IOWA

How to interpret the page

■ means available at truck stop □ means available nearby

in the overnight lot column:
S means room for 5 - 24 trucks
M means room for 25-74 trucks
L means room for 85-149 trucks
XL means room for 150+ trucks
$ means a parking fee may be charged

code at left-hand side of rows is the state map grid reference
a key to advertising logos is on page 25

Services may change without notice. When in doubt, call ahead.

Driver Services: MOTOR FUEL (TRUCK DIESEL, SELF SERVICE DIESEL, METERED PROPANE, GASOLINE); PARKING (OVERNIGHT LOT ($), PAVED LOT, TRAILER DROP, ELECTRIC PLUG-INS, SAFE HAVEN/HAZMAT); FOOD (RESTAURANT, FAST FOOD, TABLE PHONES, MOTEL); STORES (CONVENIENCE, TRUCKER/TRAVEL, SHOPPING CENTER, WALMART/KMART, GROCERY); SHOWERS (LADIES', MEN'S); COMMUNICATION (TV/DRIVERS LOUNGE, LAUNDRY, LOAD MONITOR, INTERNET KIOSK, WI-FI HOTSPOTS, DOCUMENT SCANNING, PUBLIC FAX/COPIER, UPS/FEDEX/TRIPPAK BOX, RELIGIOUS SERVICES, STATE LOTTERY)

Vehicle Services: SCALES (PLATFORM, CERTIFIED, AXLE); TIRES (REPAIRS, NEW TIRE SALES); REPAIRS (SHOP OPEN 24 HRS, DOT INSPECTION, MAJOR REPAIRS, MINOR REPAIRS, OIL CHANGE/LUBE); ROAD SVCS (MINOR WELDING, AC/REEFER, CB, TIRE, MECHANICAL, TOWING); WASH (TRUCK (EXTERIOR), TRAILER WASHOUT)

RV Info: RVs WELCOME, DUMPING STATION, PROPANE (BOTTLE)

Financial Services: ATM, CAN WIRE MONEY OUT, MONEY ORDERS, NATSO CHECK-LINK, WESTERN UNION, VOYAGER/WRIGHT EXPRESS, COMDATA (COMCHEK), EFS, FUEL MAN, MULTI SERVICE, TCH, T-CHEK, FLEET ONE

C=Checks
F=Fuel Cards
B=Both

Permit Svcs: BUY/PAY AT FUEL DESK, ALL PREPAID PERMIT SVCS

Credit Cards: AMERICAN EXPRESS, VISA/MASTERCARD, DISCOVER

Grid	City / Phone	Truck Stop / Location	Motor Fuel	Parking	Parking	Food	Stores	Stores	Showers	Communication	Communication	Communication	Scales	Scales/Tires	Tires	Repairs	Repairs	Road Svcs	Wash	RV Info	Financial	Financial	Financial	Fuel Cards	Fuel Cards	Fuel Cards	Permit	Credit Cards
B 7	Postville, 52162 563-864-7151	Pit Stop (Cenex) 620 US 18 W	■ ■ ■	S ■ ■		□ ■ □	■	□ □		□		F	□ ■	□					□ □ □		■ ■		V W	B		C		■ ■ ■
F 3	Red Oak, 51566 712-623-2575	United Farmers Mercantile (Farmland) IA 48 & Oak St W	■ ■ ■			□ ■ □	■						■	■ ■ ■	□		□		□ □				W	B				■ ■ ■
F 3	Red Oak, 51566 712-623-4444	Cubby's (66) US 34 & IA 48	24 HRS ■ ■	S		□ ■ □	■	□ □ □		□		F C F	□ ■		□ □		□	□	□ □ □		■	■	V W	B B	B	B	■	■ ■ ■
E 7	Riverside, 52327 319-648-3079	Riverside Travel Mart (BP/Amoco) US 218 Exit 80 (IA 22)	■ ■ ■	S ■		■	■						■						□ □ □		■	■	V W	B C		B		■ ■ ■
F 7	Salem, 52649 319-258-2111	The Salem Stub (66) US 218 & CR J-20	■ ■ ■	S ■		■	■						■								■	■	V W	B C	C B	B B		■ ■ ■
E 3	Shelby, 51570 712-544-2083	Taylor Quick-Pik (Shell) I-80 Exit 34 (M 16 & IA 168 N)	■ ■ ■	S ■ ■		■ □ ■ □	■			□			□ ■		□ □		□ □ □	□ □	□ □ □		■ □ ■	■	V W	B B	B	B		■ ■ ■
A 3	Sibley, 51249 512-754-2727	Sibley Pronto (Shell) 1026 IA 60	■ ■ ■			■ □	■	□		□		F C	□								■	■	V W	B		B B	■	■ ■ ■
B 2	Sioux Center, 51250 712-722-2501	Co-op Gas & Oil (Ampride) 153 US 75 N	■ ■ ■			□ □ □	■	□ □ □		□		F C	□	□ □ □	■ ■		■ ■		■	□ □	■ ■		V W	C			■	■ ■ ■
C 2	Sioux City, 51111 712-252-4638	Truck Haven (Shell) I-29 Exit 143 (US 75)	24 HRS ■ ■ ■	XL ■ ■		24 HRS □ ■ ■	■ ■	□ □ □	■ ■	■ ■	DAT ⏻	F C U F T	□ ■	■ ■ ■	■ ■	□	□ ■ ■	■ □ ■	□ □ □	■ ■	■ ■	■ ■	V W	B B	B B	B B	■ ■	■ ■ ■
C 2	Sioux City, 51111 712-255-0791	Sioux Harbor Travel Plaza (BP) I-29 Exit 143 (W to Harbor Dr)	24 HRS ■ ■	M ■ ■		24 HRS ■ ■ □	■ ■	□ □ □	■ ■	■ ■	DAT ■	F C U F T	□ ■	■ ■ ■	□ □	□	□ □ □	□ □	□ □ □	□	■	■	V W	B B	B B	B B	■	■ ■ ■
B 3	Spencer, 51301 712-262-7006	Dyno #31 (BP) 4318 US 18-71 N Junction	24 HRS ■ ■	M ■ ■		□ □	■ ■		■			□	■			□	□ □ □	□	□ □ □		■ ■	■	W	B C	B B	B B		■ ■ ■
A 3	Spirit Lake, 51360 712-336-5602	Vick's Corner IA 9 & IA 86	■ ■ ■	S$ ■	■	□	■					F C			□ □		□ □ □	□	□ □ □		■ ■ ■		W				■	■ ■ ■
C 3	Storm Lake, 50588 712-732-9611	Sparky's 1 Stop #16 (Sinclair) 5292 US 71 N & IA 3	24 HRS ■ ■	M ■		■ □	■ ■		■ ■	■ ■		F C							□ □ □		■ ■	■	V W	B B	B	B B	■	■ ■ ■
D 5	Story City, 50248 515-733-2391	Kum & Go #124 I-35 Exit 124 (CR E-15)	24 HRS ■ ■	S ■		□ □ □	■	□ □		□		□	□ ■						□ □ □		■ □	■ ■	V W	B		C		■ ■ ■
D 5	Stratford, 50249 515-838-2800	Ampride Hwy 175	■ ■ ■			□ ■	■	□					□ ■															■ ■
E 4	Stuart, 50250 515-523-2813	Prairie Dog Truck/Travel Center (Conoco) I-80 Exit 93	24 HRS ■ ■	M ■ ■		□ ■ ■ □	■	□	■ ■	□		F C	□	CAT	□ □		□	□	□ □ □		■	■	V W	B B	B	B B	■	■ ■ ■
E 4	Stuart, 50250 515-523-1284	Stuart 66 Truck Stop I-80 Exit 93	■ ■ ■	M ■ ■		■ □ □	■	□	■ ■	□		F C	□	□ □ □	□ □		□ □ □	□ □	□ □ □		■	■ ■	V W	B B	F B B	B B	■	■ ■ ■
D 6	Tama, 52339 641-484-3303	Meskwaki Trading Post (Citgo) 1496 US 30 (5 mi W of US 63)	■ ■ ■			□ □	■					F C									□	■	V W				■	■ ■ ■
D 6	Toledo, 52342 641-484-2530	Horizons Truck/Travel Center US 30 & US 63	24 HRS ■ ■	S ■		□ □ □	■	□ □	■	■			□		□ □		□ □ □		□ □ □		■		V W	B C	C B	B C		■ ■
E 3	Underwood, 51576 712-566-2921	Underwood Truck Stop (66) I-80 Exit 17	■ ■ ■	S ■ ■	■	■ ■	■			□		F C	□		■ ■	■	■ ■ ■	■ A	■ ■ ■		■	■ ■	V W	B	F B	B B	■ ■	■ ■ ■
C 7	Urbana, 52345 319-443-2555	John's Quik Stop (Amoco/BP) I-380 Exit 41	24 HRS ■ ■	M ■ ■	■	■ □	■ ■		■	■		F C	□ ■		□ □		□ □ □	□	□ □ □	□ □	■ ■	■	V W	B B	B B	B B	■	■ ■ ■
C 7	Urbana, 52345 319-443-2860	Go America (66) I-380 Exit 43 (IA 150 N)	24 HRS ■ ■	S ■ ■		□ ■ □	■					F C	□ ■		□ □				□ □ □	□ □	■	■	V W	B B		F	■	■ ■ ■
E 8	Walcott, 52773 563-284-6961	Iowa 80 TravelCenters of America (BP) I-80 Exit 284	24 HRS ■ ■	XL ■ ■		24 HRS ■ ■ ■	■ ■		■ ■	■ ■	DAT ■ ⏻	■ F C U F T	■	CAT	BF	■ ■	□ ■ ■	■ A R □	■ ■ ■	■ ■	■	■ ■ ■	■ ■ V W	B B	B	B B	■	■ ■ ■
E 8	Walcott, 52773 563-284-4101	Pilot Travel Center #043 I-80 Exit 284 (N)	24 HRS ■ ■	XL ■ ■		□ ■ ■ □	■ ■	□	■ ■	■	DAT ⏻	■ F C T	■	■ ■ ■	□ □	□	□ □ □	□ □	□ □ □	□ □	■ ■	■ ■ ■	■ ■ V W	B B	F B	B B	■	■ ■ ■
E 8	Walcott, 52773 563-284-5074	Pilot Travel Center #268 I-80 Exit 284 (S)	24 HRS ■ ■	M ■ ■		□ ■ □	■ ■		■ ■	□	DAT ⏻	■ F C U T	□ ■	□ □ □	□ □		□ □ □	□ □ □	□ □ □	□	■	■ ■	■ ■ V W	B B	F B	B B	■	■ ■ ■
E 3	Walnut, 51577 712-784-3881	Kum & Go # 46 I-80 Exit 46 (CR M47 S)	24 HRS ■ ■	S ■ ■		□ ■ □	■						□ ■						□ □ □		■ □ ■	■ ■	V W	B B	F B B	B B		■ ■ ■
C 7	Washburn, 50706 319-296-3688	Washburn Truck Stop (BP/Amoco) 7305 US 218 S	24 HRS ■ ■	S ■			■			□		F C	□ ■								■ ■	■	V W	C		C	■	■ ■ ■
C 6	Waterloo, 50701 319-234-2424	All Stop Convenience Center (Texaco) US 20 & US 63 S	24 HRS ■ ■	M ■ ■	■	■ ■ □	■	□ □ □	■ ■	■ ■	DAT	F C	□ ■		□		□		□ □ □		■ ■	■	V W	B B	B B	B B	■	■ ■ ■

How to interpret the page

■ means available at truck stop □ means available nearby

in the overnight lot column:
S means room for 5 - 24 trucks
M means room for 25-74 trucks
L means room for 85-149 trucks
XL means room for 150+ trucks
$ means a parking fee may be charged

code at left-hand side of rows is the state map grid reference
a key to advertising logos is on page 25

Services may change without notice. When in doubt, call ahead.

THE TRUCKER'S FRIEND® - IOWA

Driver Services: MOTOR FUEL, PARKING, FOOD, STORES, SHOWERS, COMMUNICATIONS — Vehicle Services: SCALES, TIRES, REPAIRS, ROAD SVCS, WASH — RV Info — Financial Services (C=Checks, F=Fuel Cards, B=Both) — Permit Svcs — Credit Cards

Grid	Location	Truck Stop	Truck Diesel	Self Service Diesel	Metered Propane	Gasoline	Overnight Lot ($)	Paved Lot	Trailer Drop	Electric Plug-Ins	Safe Haven/Hazmat	Restaurant	Fast Food	Table Phones	Motel	Convenience	Trucker/Travel	Shopping Center	Walmart/Kmart	Grocery	Ladies'	Men's	TV/Drivers Lounge	Laundry	Load Monitor	Internet Kiosk	Wi-Fi Hotspots	Document Scanning	Public Fax/Copier	UPS/FedEx/TripPak Box	Religious Services	State Lottery	Axle	Platform	Certified	Repairs	New Tire Sales	Shop Open 24 Hrs	DOT Inspection	Major Repairs	Minor Repairs	Oil Change/Lube	Minor Welding	AC/Reefer	CB	Tire	Mechanical	Towing	Truck (Exterior)	Trailer Washout	RVs Welcome	Dumping Station	Propane (Bottle)	ATM	Can Wire Money Out	Money Orders	NATSO Check-Link	Western Union	Voyager/Wright Express	Comdata (Comchek)	EFS	Fuel Man	Multi Service	TCH	T-Chek	Fleet One	Buy/Pay at Fuel Desk	All Prepaid Permit Svcs	American Express	Visa/MasterCard	Discover
C 7	Waterloo, 50703 319-232-8954	I B Pony Truck Stop (Conoco) US 281 & N Elk Run Rd	24 HRS	■		■	S	■	■				□		□	■					■	■							F C			■														□	□	□			■	□	■	■	■	■		■	V W					B	B			■	■	■	■
B 7	Waukon, 52172 563-568-3327	Kwik Star #823 101 IA 9 S & IA 76	24 HRS	■		■						□	□		□	■		□		□				□						□	□	■									□											□	■	■		■			V W	B									■	■	■
C 6	Waverly, 50677 319-352-9484	Stagecoach Junction (BP) US 218 & IA 3	■	■		■	M		■				■	■	□	■			□	□				□					F C	□	□	■				□	□				□		□			□	□	□	□		■	□		■					V W	B				B	B	B		■	■	■	■
C 5	Webster City, 50595 515-832-6840	Doc's Stop (BP/Amoco) US 20 & IA 17	■	■		■	M	■	■			■	□		□	■			□	□	■	■	■	■						F	□	■	■	■	■	□	□		□	□	□	□	□			□	□	□			■			■					V W	B	B		B	B	B	B			■	■	■
D 8	Welton, 52774 563-659-8884	Midway Travel Plaza (66) US 61 MM 145 & E 63 W	24 HRS	■		■	M		■			■	■	■		■					■	■			DAT				F C		□	■		CAT												□	□	□			■			■					V W	B	B	F	B	B	B	B		■	■	■	■
F 8	West Burlington, 52655 319-752-6955	34 Fast Break (Shell) 4305 US 34 & IA 406	24 HRS	■		■	M		■			■	■		□	■	■	□	□		■	■	■						F C	T F	□	■				□	□			□	□	□	□	□		□	□	□			■			■					V W	B	B	F	B		B	B		■	■	■	■
E 7	West Liberty, 52776 319-627-2972	Express Oil (BP/Amoco) I-80 Exit 259	■	■		■	M	■	■				■		■	■							■						F C		□	■				□	□									□	□	□			■	■		■					V W	B	B		B		B	B		■	■	■	■
D 8	Wheatland, 52777 563-374-1204	One Stop Mart (66) 102 US 30 W & Toronto Rd	■	■		■						□	■			■													F		□	■																						■					W									■	■	■	■
B 4	Whittemore, 50598 515-884-2768	Ampride (Cenex) 215 - 4th St (in town)	■	■		■	S					□	■			■															□	■	□																		■		■	■					V W										■	■	■
C 5	Williams, 50271 515-854-2411	Boondock's USA Truck Stop (66) I-35 Exit 144	24 HRS	■		■	M		■	■		24 HRS		■	■	■	■				■	■	■	■					F C		□	■	□	□	□	■	■	■	■	■	■	■	■	□		■	■				■	□		■	■				V W	B	B		B		B			■	■	■	■
C 5	Williams, 50271 515-854-2238	Broadway/Flying J Travel Plaza I-35 Exit 144	24 HRS	■	■	■	M	■	■			24 HRS		■	□	■	■				■	■	■			■			F C	U F T		■		CAT		□	□				□	□	□	□		□	□	□			■	□	■	■					V W	B	B		B	B	B	B		■	■	■	■
E 7	Williamsburg, 52361 319-668-2879	Kum & Go #443 I-80 Exit 216 N	24 HRS	■		■	S		■							■																■														□	□	□			■			■		■			V W	B	B		B			B			■	■	■
E 7	Williamsburg, 52361 319-668-1415	Landmark - Handymart (66) I-80 Exit 220 (1/2 mi N)	24 HRS	■		■	S	■	■			■	□		□	■		□		□		■		□					F C	□	□	■				□	□				□	□	□			□	□	□			■			■		■			V W	B	B		B		B	B		■	■	■	■

Sign up at www.truckstops.com for free email updates from *The Trucker's Friend.®*

KANSAS

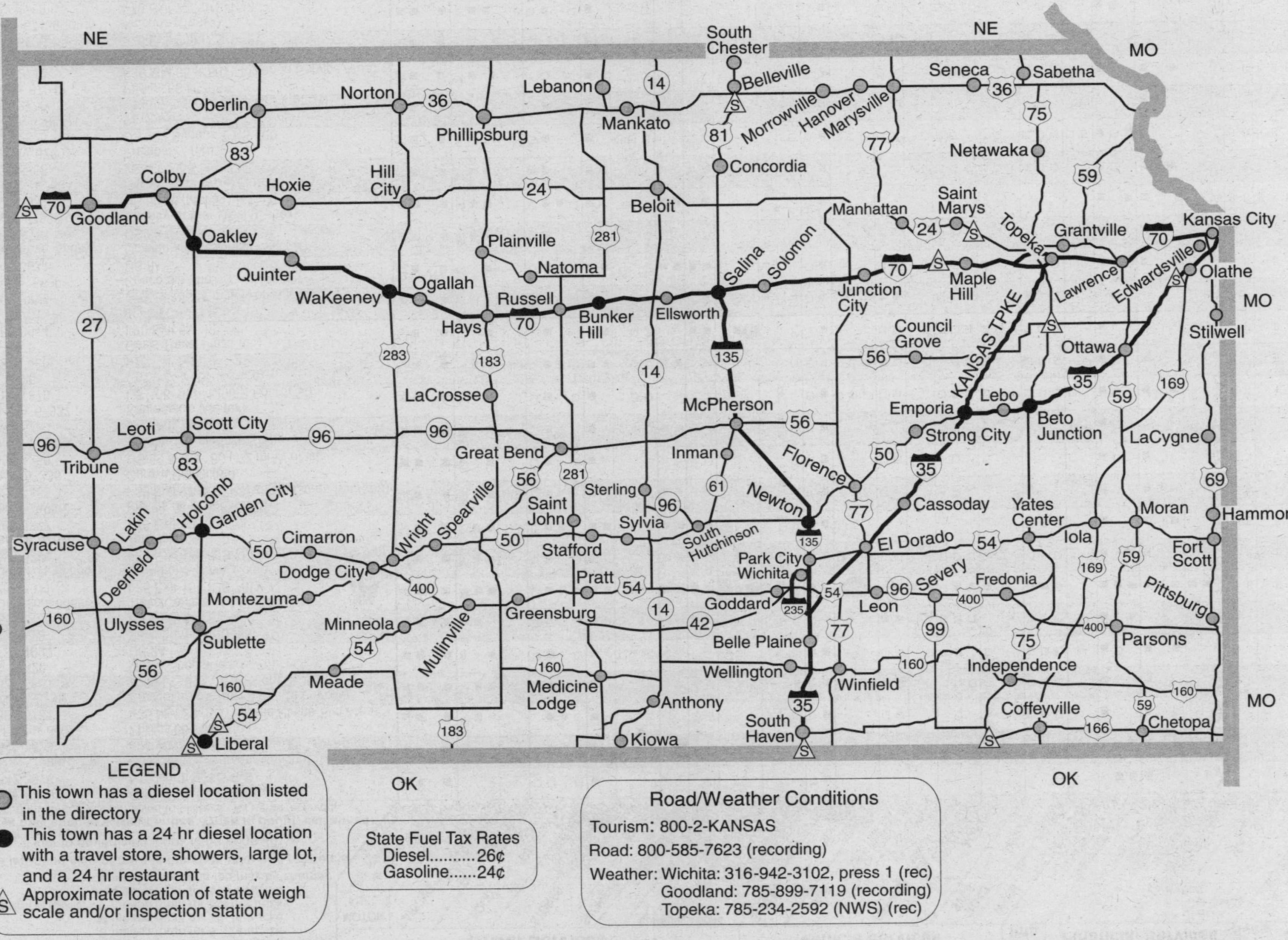

LEGEND

- This town has a diesel location listed in the directory
- This town has a 24 hr diesel location with a travel store, showers, large lot, and a 24 hr restaurant
- Approximate location of state weigh scale and/or inspection station

State Fuel Tax Rates
Diesel..........26¢
Gasoline......24¢

Road/Weather Conditions

Tourism: 800-2-KANSAS

Road: 800-585-7623 (recording)

Weather: Wichita: 316-942-3102, press 1 (rec)
Goodland: 785-899-7119 (recording)
Topeka: 785-234-2592 (NWS) (rec)

THE TRUCKER'S FRIEND® - KANSAS

How to interpret the page

■ means available at truck stop □ means available nearby

in the overnight lot column:
- S means room for 5 - 24 trucks
- M means room for 25-74 trucks
- L means room for 85-149 trucks
- XL means room for 150+ trucks
- $ means a parking fee may be charged

code at left-hand side of rows is the state map grid reference

a key to advertising logos is on page 25

Services may change without notice. When in doubt, call ahead.

Column headings:
- Driver Services — MOTOR FUEL: Truck Diesel, Self Service Diesel, Metered Propane, Gasoline; PARKING: Overnight Lot, Paved Lot ($), Trailer Drop, Electric Plug-ins, Safe Haven/Hazmat; FOOD: Restaurant, Fast Food, Table Phones; STORES: Motel, Convenience, Trucker/Travel, Shopping Center, Walmart/Kmart, Grocery; SHOWERS: Ladies, Men's; COMMUNICATIONS: TV/Drivers Lounge, Laundry, Load Monitor, Internet Kiosk, WiFi Hotspots, Document Scanning, Public Fax/Copier, UPS/FedEx/Trippak Box, Religious Services, State Lottery
- Vehicle Services — SCALES: Platform, Axle, Certified; TIRES: New Tire Sales, Repairs; REPAIRS: Shop Open 24 Hrs, DOT Inspection, Major Repairs, Minor Repairs, Oil Change/Lube, Minor Welding, AC/Reefer; ROAD SVCS: CB, Tire, Mechanical; WASH: Towing, Truck (Exterior), Trailer Washout
- RV Info: RVs Welcome, Dumping Station, Propane (Bottle)
- Financial Services (C=Checks, F=Fuel Cards, B=Both): ATM, Can Wire Money Out, Money Orders, Natso Check-Link, Western Union, Voyager/Wright Express, Comdata (Comchek)
- Permit Svcs: EFS, Fuel Man, Multi Service, TCH, T-Chek
- Credit Cards: Fleet One, Buy/Pay at Fuel Desk, All Prepaid Permit Svcs, American Express, Visa/Mastercard, Discover

Map	Town / Phone	Truck Stop / Location	Motor Fuel, Parking, Food	Stores	Showers	Communications	Scales	Tires	Repairs / Road Svcs	Wash / RV Info	Financial Services	Permit Svcs	Credit Cards
F 5	Anthony, 67003 620-842-3676	Q-Mart #2 (Coastal) 519 North LL&G Ave	■ ■ ■	□ □ □	■	□ □		□ ■			■ ■ ■	V W	■ ■ ■
F 5	Anthony, 67003 620-842-5625	Shepherds Foodmart (Conoco) 824 West Main	■ ■ ■	□ □ □	■	□ □		□ ■ □ □ □	□ □		□ □ ■	V W	■ ■ ■
E 6	Belle Plaine, 67013 620-326-5781	Phillips 66 #6370 I-35 MM 26 (KSTP/Belle Plaine Svc Area)	24 HRS ■ ■ M ■	■	■		F C	■	□ □ □	□ □ □	■ ■ ■	V W B B F B F	■ ■ ■ ■
A 5	Belleville, 66935 785-527-5881	Kravemore 81 Truck Stop (Shamrock) 2006 US 81 (1/2 mi N of US 36)	■ ■ ■ M ■ ■	□ ■ □	■	□ □ □	U F	□	□ □ □ □ □	□ □ □	■ □	V W B B B	■ ■ ■
B 5	Beloit, 67420 785-738-4000	Gas & Shop #66 US 24	■ ■ ■ S ■	□ ■ □	■	□ □ □		□ □ ■	□ □ □ □ □ □	□ □ □	■ □ ■ ■	V W B B B	■ ■ ■
B 5	Beloit, 67420 785-738-5181	Shamburg Oil Co (66) US 24 W & KS 14	■ ■ ■ ■ ■ S ■	□ □ □	■	□	C	□ □	■ ■ □ □ □	■ □ □	■ ■	W	■ ■ ■
D 7	Beto Junction, 66856 620-256-6311	TravelCenters of America (Shell) I-35 Exit 155 (US 75) (TA)	24 HRS ■ ■ XL ■ ■	24 HRS ■ ■ □	■ ■	■ ■ ■ ■ (DAT) (TA)	F C U F T	■ (CAT)	■ ■ □ ■ ■ ■	■ ■ □	■ ■ ■ ■ ■ ■ ■ ■	V W B B F B B B	■ ■ ■ ■
D 7	Beto Junction, 66856 620-256-6280	BP/Amoco Travel Center I-35 Exit 155 (US 75)	24 HRS ■ ■ M ■ ■	□ ■ □	■	■ ■ □ ■	F C	□ ■ □ □ □	□ □ □ □ □ □ □	□ □ □	■ ■ ■	V W B B F B B B B	■ ■ ■ ■
C 5	Bunker Hill, 67626 785-483-6877	Total #4152 I-70 Exit 193	24 HRS ■ ■ L ■ ■	24 HRS ■ ■	■ ■	■ ■ ■ ■ (DAT)	F C U	□ ■		□ □ □	■ ■ ■	V W B B B B B B	■ ■ ■ ■
D 6	Cassoday, 66842 620-735-4485	Phillips 66 #6368 I-35 MM 97 (KSTP/Matfield Green SvcArea)	24 HRS ■ ■ M ■ ■	■	■		F C	■	□ □	□ □ □	■ ■ ■	V W B B F B B B B	■ ■ ■ ■
F 8	Chetopa, 67336 620-236-4260	Carm'n'Dale's (66) US 59 & US 166 (1/2 mi W of jct)	■ ■ ■ S ■	□ ■ □	■	□ □		□ □ ■	□ □ □ □		□ ■ □ ■	V W	■ ■ ■
E 3	Cimarron, 67835 620-855-3728	T-Bone Travel Plaza (Cenex) US 50 E	■ ■ ■ M ■	□ ■	■	□ ■ ■ ■ □	F C	□ □ ■	□ □ □		■ □	W B F	■ ■ ■ ■
F 7	Coffeyville, 67337 620-251-7870	Kabredelo's (Cenex) US 166-169 (1206 E Fourth St)	■ ■ ■ S ■	□ ■ □	■	□ □ □	F C	□ ■ □ □ □	□ □ □ □ □ □	□ □ □ □	■ □ ■ ■	V W B C B B	■ ■ ■ ■
B 2	Colby, 67701 785-462-7460	Colby 24-7 (BP/Amoco) I-70 Exit 53	24 HRS ■ ■ M ■ ■	□ ■ ■ □	■ ■	□ □ ■ ■	F C	□ □ □ □ □	□ □ □ □ □ □ □ □	□ □ □	■ □	V W B B F B B B	■ ■ ■ ■
B 2	Colby, 67701 785-460-0044	Oasis Travel Plaza (66) I-70 Exit 53	24 HRS ■ ■ XL ■	■	■ ■	□ □ ■ ■ (logo)	F C F	■	□ □ □ □ □ □ □ □	□ □ □	■ ■ ■	V W B B B B B B	■ ■ ■ ■
B 2	Colby, 67701 785-462-8857	J-J Oil Co # 8 (Conoco) I-70 Exit 53 (1 mile N on KS 25)	■ ■ ■	■ □ □	■	□ □ □ □	F	□ □ ■	■ ■ □ □ □	■ □ □	□	V W B B F	■ ■ ■
B 5	Concordia, 66901 785-243-3831	Concordia Shell Travel Plaza US 81	24 HRS ■ ■ M ■	□ ■ ■ □	■ ■	□ ■ ■ ■ □	F C	□ ■	□ □ □ □	□ □ □	■ ■	V W B B B B B B	■ ■ ■ ■
C 7	Council Grove, 66846 620-767-6316	Convenience Express (Sinclair) US 56 (E of KS 177)	■ ■ ■ M ■ ■	□ ■ □	■	□		□ □ ■ □ □ □	■ ■		■ ■ ■		■ ■ ■
E 2	Deerfield, 67838 620-426-8331	Country Corner West (Cenex) US 50 W (MM 51) & Main	■ ■ ■ M ■ ■	□ ■ ■ □	■	■ ■ ■	F C	□ ■			■ ■ ■	W B B F B B B B	■ ■ ■ ■
E 3	Dodge City, 67801 620-338-8888	Hitch'n Post Travel Plaza 2524 US 50-56-283 E & KS 154	24 HRS ■ ■ L ■ ■	■	■ ■ □ □ □	■ ■ ■ ■ ■	F C U F T	□ ■ □ □ □	□ □ □ □ □	□ □	■ □ ■ ■ ■ ■	W B B F B B B B	■ ■ ■ ■
E 3	Dodge City, 67801 620-227-2625	Presto #27 (66) US 283 Bypass & KS 400	24 HRS ■ ■ S	□ ■ □	■	□ □ □ □	F C	□ □ ■ □ □ □	□ □ □ □ □ □ □	□ □ □ □ □	■ □ ■ ■	V W B B B B B	■ ■ ■ ■
C 8	Edwardsville, 66111 913-441-3719	Phillips 66 I-435 Exit 9 (9715 KS 32 - 1 mi W)	■ ■ ■	□ ■		□ □ □	F	□ ■			□ ■	V W F	■ ■ ■ ■
E 6	El Dorado, 67042 316-536-2742	Phillips 66 #6369 I-35 MM 65 (KSTP/Towanda Service Area)	24 HRS ■ ■ M ■	□	■		F C	■	□ □	□ □ □	■ ■ ■	V W B B F B B B B	■ ■ ■ ■
C 5	Ellsworth, 67439 785-472-5106	Cliff's Service (Conoco) I-70 Exit 219 (KS 14 S)	24 HRS ■ ■		■		F C		■ ■	■ □		V W B C B B	■ ■ ■ ■
C 5	Ellsworth, 67439 785-472-4782	Ampride (Cenex) I-70 Exit 225 (KS 156)	■ ■ ■ S ■ ■	□ ■ □	■	□ □		□ ■	□ □ □ □ □ □	□ □ □	■ □	V W	■ ■ ■
D 7	Emporia, 66801 620-343-8211	Phillips 66 #06372 I-335 MM 132 (KSTP/Emporia Svc Area)	24 HRS ■ ■ M ■ ■	□	■		F C	■			■ ■ ■	V W B B F B B B B	■ ■ ■ ■
D 7	Emporia, 66801 620-343-2717	Flying J Travel Plaza #05083 (Conoco) I-35 Exit 127 (US 50) (logo)	24 HRS ■ ■ ■ ■ M ■ ■	24 HRS ■ ■ □	■ ■ □ □ □	■ ■ ■ ■ (logo) ■ (logo) (logo)	F C U F T	□ (logo)	□ □ □ □ □ □	□ □ □ □	■ ■ ■ ■	V W B B B B	■ ■ ■ ■
D 7	Emporia, 66801 620-340-0484	Prairie Port Plaza (66) I-35 Exit 128 (2000 Industrial Rd)	24 HRS ■ ■ S ■ ■	□ ■ □	■ ■ ■ □ □ □	■ ■ □	F C	□ ■ ■ ■ ■ ■	□ ■ □ □ □ □	□ □ □ □	■ □ ■	V W B B F B B B B	■ ■ ■ ■

THE TRUCKER'S FRIEND® - KANSAS

How to interpret the page

■ means available at truck stop □ means available nearby

In the overnight lot column:
- S means room for 5 - 24 trucks
- M means room for 25-74 trucks
- L means room for 85-149 trucks
- XL means room for 150+ trucks
- $ means a parking fee may be charged

code at left-hand side of rows is the state map grid reference

a key to advertising logos is on page 25

Services may change without notice. When in doubt, call ahead.

Financial Services / Permit Svcs: C=Checks F=Fuel Cards B=Both

Grid	Location / Phone	Truck Stop / Address	Motor Fuel: Truck Diesel	Motor Fuel: Self Service Diesel	Motor Fuel: Metered Propane	Motor Fuel: Gasoline	Parking: Overnight Lot ($)	Parking: Paved Lot	Parking: Trailer Drop	Electric Plug-ins	Safe Haven/Hazmat	Food: Restaurant	Food: Fast Food	Food: Table Phones	Motel	Stores: Convenience	Stores: Trucker/Travel	Shopping Center	Walmart/Kmart	Grocery	Showers: Ladies'	Showers: Men's	TV/Drivers Lounge	Laundry	Communication: Load Monitor	Internet Kiosk	Wi-Fi Hotspots	Document Scanning	Public Fax/Copier	UPS/FedX/TripPak Box	Religious Services	State Lottery	Scales: Axle	Scales: Platform	Scales: Certified	Tires: Repairs	Tires: New Tire Sales	Repairs: Shop Open 24 Hrs	DOT Inspection	Major Repairs	Minor Repairs	Oil Change/Lube	Minor Welding	AC/Reefer	CB	Road Svcs: Tire	Road Svcs: Mechanical	Road Svcs: Towing	Wash: Truck (Exterior)	Wash: Trailer Washout	RV Info: RVs Welcome	Dumping Station	Propane (Bottle)	Financial: ATM	Can Wire Money Out	Money Orders	NATSO Check-Link	Western Union	Voyager/Wright Express	Comdata (Comchek)	EFS	Fuel Man	Multi Service	TCH	T-Chek	Fleet One	Buy/Pay at Fuel Desk	All Prepaid Permit Svcs	American Express	Visa/MasterCard	Discover
D7	Emporia, 66801 620-342-4224	S&S Service Center (66) I-35 Exit 128 SB/127 NB (S to US 50 W)	24 HRS	■	■	■	M	■	■			24 HRS	□	■	□	■	■	□	□	□	■	■	■	■					F C	U F T	□	■	■	■	■	■	■		□	□	□	□	□	□		□	□	□	□	□	■	□	■	■	■			■	V W	B		F		B	F			■	■	■	■
D6	Florence, 66851 620-878-4611	Johnson's General Store (66) US 50 (1/4 mi W of US 77)	24 HRS	■		■	S	■	■			□	■		□	■				□									F C		□	■				□	□			□	□	□	□			□	□	□			■		■	■					V W	B					B			■	■	■	■
E8	Fort Scott, 66701 620-223-4080	Cowen's Phillips 66 US 54 & US 69	■	■		■	S	■	■			□			□	■		□	□	□									F C																	□	□	□			■	□	■						V W	B					C			■	■	■	■
E8	Fort Scott, 66701 620-223-3926	5 Corners Mini Mart (Shell) US 69 & 12th St Exit	■	■		■						□	■		□	■		□	□	□				□						□	□	■				■	■																	■																	■	■
E7	Fredonia, 66736 620-378-4352	Johnson's General Store #31 US 400 & Harrison Rd E	24 HRS	■		■	S	■	■			□	■		□	■				□				□					F C	□	□	■				□	□			□	□	□	□			□		□			■	□	■	■					W	B								■	■	■	■
E7	Fredonia, 66736 620-378-4473	Bacani Plaza (Conoco) US 400 & KS 47	24 HRS	■		■	S		■			■	■		■	■	■			□				□					F C	U F	□	■				□	□			□	□	□	□			□	□				■	□	■	■					V W	B	B	F	B	B	B	B		■	■	■	■
E2	Garden City, 67846 620-275-4404	Garden City Travel Plaza (Shell) US 50 & US 83	24 HRS	■		■	XL	■	■			24 HRS	□	■	□	■	■	□	□	□	■	■	■	■	DAT			■	F C	U F T	□	■		CAT		B F		■		■	■	■	■	A		■	■	■	□		■	□		■					V W	B	B	F	B	B	B	B		■	■	■	■
E2	Garden City, 67846 620-275-0258	J-Mart # 03 (Total) US 50 (2 mi W of US 83)	■	■		■	M		■	■		□	■		□	■				□				□							□					□			□	□	□	□	□	□		□	□	□			■	□		■					W			F		F		F			■	■	■
E2	Garden City, 67846 620-276-3923	Country Corner East (Cenex) US 50 Business (1 blk W of US 83)	■	■		■	L	■	■	■		□	■	■	□	■		□		□	■	■		■					F C		□	■				□	□									□	□	□			■	□	■	■					W	B	B	F	B	B	B	B		■	■	■	■
E6	Goddard, 67052 316-794-8372	Food Mart #108 (66) US 54 (9 mi W of Wichita)	24 HRS	■		■	S		■			□	■			■				□									F C	F	□	■				□	□				□					□	□	□			■		■	■					V W	B	B	F		B	B			■	■	■	■
B1	Goodland, 67735 785-899-3681	Frontier Equity Exchange (Cenex) I-70 Exit 17 (KS 27 N to 1202 US 24 W)	■	■	■	■						□	■		□	■			□	□				□					F C	U	□			□	□	■	■			□	□	■	□		□	■	■	□				□	■	■		■			V W									■	■	■	■
B1	Goodland, 67735 785-899-7179	Total #4154 I-70 Exit 17 (KS 27)	24 HRS	■		■	L	■	■			□	■		□	■	■	□	□	□	■	■	■	■					F C	U F	□	■	■	■	■	□	□			□	□	□				□	□	□			■	□		■		■			V W	B	B		B	B	B	B		■	■	■	■
B1	Goodland, 67735 785-899-7527	Presto #14 (66) I-70 Exit 17 (KS 27)	24 HRS	■		■	S		■			□	■	■	□	■		□	□	□	■	■	■	□					F C	□	□	■				□	□			□	□	□	□	□		□	□	□	□	□	■	□	■	■					V W	B	B		B	B	B			■	■	■	■
C7	Grantville, 66429 785-246-3264	Petro & Pantry #2 (66) 3522 US 24	■	■		■						■				■															□	■																						■					V W			F				F			■	■	■
D4	Great Bend, 67530 620-792-5037	Ampride (Cenex) 2302 US 56/KS 96 W	■	■		■						□	■		□	■		□	□	□				□					F		□	■	□	□	□	■	■			□	■	■	■	□		□	□	□	□	□		□		■					V W	C	C		C	C	C	C		■	■	■	■
E4	Greensburg, 67054 620-723-3291	Coastal #102 (66) 419 US 54 (in town)	24 HRS	■		■	S		■			□	■		□	■				□				□					F C		□	■				□	□				□	□	□			□	□	□			■	□		■					V W	B	B			B	B			■		■	■
E4	Greensburg, 67054 620-723-2648	Taylor Petroleum # 621 (Conoco) US 54	■	■		■						□	□		□	■				□				□							□	■				□	□								□	□	□		□			□		■		■			V W										■	■	■
E8	Hammond, 66701 620-857-4200	Hills Service (Conoco) US 69 & Hammond Rd	■	■		■	S	■					■			■						■							F C		□	■				□	□				□		□			□	□	□			■			■					V W	B	B				B			■	■	■	■
A6	Hanover, 66945 785-337-2900	Pony Express Service Center US 36 & KS 148	■	■		■	S		■			■				■						■							F C							■	■									□	□	□			■								W	B	B	F	B	B	B	B		■	■	■	■
C4	Hays, 67601 785-628-3711	Leroy's Diamond Shamrock 1509 US 183	■	■		■						□	□		□	■		□	□	□				□							□					□	□		□	□	□					□	□	□				□							V W			F							■	■	■
C4	Hays, 67601 785-625-8921	Golden Ox Truck Stop (Conoco) I-70 Exit 159 (US 183)	24 HRS	■		■	M	■	■	■		■	□		■	■		□	□	□		■							F C	□	□	■				□	□			□	□	□	□			□	□	□			■	□		■					V W	B	B	F		B	B	B		■	■	■	■
C4	Hays, 67601 785-628-3103	Gottshalk Oil (Shamrock) I-70 Exit 159 (US 183)	24 HRS	■		■						□	□		□	■		□	□	□				□							□					□	□		□	□	□	□	□		□	□	□	□						■					V W										■	■	■
B3	Hill City, 67642 785-421-2612	Cameron Corner Store (66) US 283 & US 24	■	■		■						□	■		□	■				□				□							□	■				□	□																	■						C	C								■	■	■
E2	Holcomb, 67851 620-277-2321	Presto Travel Center #15 (Conoco) 7935 W US 50 (1 mi E of town)	■	■		■	M	■	■			□	■	■		■				□	■	■	■	■					F C		□	■				□	□			□	□	□	□	□		□	□	□	□		■		■	■					V W	B	B			B	B			■	■	■	■
B3	Hoxie, 67740 785-675-3909	Stop-2-Shop (66) US 24 & KS 23	■	■		■						□	■		□	■				□				□					C		□	■	□			□	□			□	□	□	□		□	□	□	□				□		■					W										■	■	■
F7	Independence, 67301 620-331-3370	Bailey's Corner #5 (Shamrock) US 75-160 S (in town)	24 HRS	■		■	S					□	■		□	■		□	□	□				□					F C		□	■				□	□				□					□	□	□			■								V W	B	B	F		B	B	B		■	■	■	■
D5	Inman, 67546 620-585-6450	Prime Time #121 (Conoco) KS 61 (in town)	24 HRS	■		■	S					□	■			■				□											□	■				□	□			□	□	□	□			□	□	□				□	■						V W	B		F							■	■	■
E8	Iola, 66749 620-365-8280	Jump Start Travel Center (Conoco) 1700 US 54 (E of US 169)	24 HRS	■		■	M	■	■			□	■		□	■		□	□	□	■	■		□					F C	U F	□	■				□	□			□	□	□	□		□	□	□	□			■			■					V W	B	B	F	B	B	B	B		■	■	■	■

THE TRUCKER'S FRIEND® - KANSAS

How to interpret the page

■ means available at truck stop □ means available nearby

in the overnight lot column:
- S means room for 5 - 24 trucks
- M means room for 25-74 trucks
- L means room for 85-149 trucks
- XL means room for 150+ trucks
- $ means a parking fee may be charged

code at left-hand side of rows is the state map grid reference
a key to advertising logos is on page 25

Services may change without notice. When in doubt, call ahead.

Driver Services: MOTOR FUEL (Truck Diesel, Self Service Diesel, Metered Propane, Gasoline); PARKING (Overnight Lot ($), Paved Lot, Trailer Drop, Electric Plug-Ins, Safe Haven/Hazmat); FOOD (Restaurant, Fast Food, Table Phones); STORES (Motel, Convenience, Trucker/Travel, Shopping Center, Walmart/Kmart, Grocery); SHOWERS (Ladies, Men's); COMMUNICATIONS (TV/Drivers Lounge, Laundry, Load Monitor, Internet Kiosk, Wi-Fi Hotspots, Document Scanning, Public Fax/Copier, UPS/FedEx/TripPak Box, Religious Services, State Lottery)
Vehicle Services: SCALES (Axle, Platform, Certified); TIRES (Repairs, New Tire Sales); REPAIRS (Shop Open 24 Hrs, DOT Inspection, Major Repairs, Minor Repairs, Oil Change/Lube, Minor Welding, AC/Reefer, CB); ROAD SVCS (Tire, Mechanical, Towing); WASH (Truck (Exterior), Trailer Washout)
RV Info (RVs Welcome, Dumping Station, Propane (Bottle))
Financial Services (ATM, Can Wire Money Out, Money Orders, NATSO Check-Link, Western Union, Voyager/Wright Express, Comdata (Comchek), EFS, Fuel Man, Multi Service, TCH, T-Chek, Fleet One) — C=Checks, F=Fuel Cards, B=Both
Permit Svcs (Buy/Pay at Fuel Desk, All Prepaid Permit Svcs)
Credit Cards (American Express, Visa/Mastercard, Discover)

Location	Truck Stop	Motor Fuel	Parking	Food	Stores	Showers	Communications	Scales	Tires	Repairs	Road Svcs	Wash	RV Info	Financial Services	Permit Svcs / Fuel Cards	Credit Cards
C Junction City, 66441 6 785-238-1600	Sapp Bros. - Junction City (66) I-70 Exit 295 (US 77)	24HRS ■ ■	M ■ ■	□ ■ □	■ ■ □ □ □	■ ■	■ ■ DAT ■ ⏻ F C T	□ ■ ■ ■ ■	■ ■	■		■ ■ □	■ ■	■ ■ ■ ■ ■ V W	B B F B B B B	■ ■ ■ ■
C Junction City, 66441 6 785-238-1077	G&T Convenience Store (Cenex) I-70 Exit 296 (Washington St)	■ ■ ■		□ □ □	■ □			□ ■						□ ■ V W	F	■ ■ ■
C Junction City, 66441 6 785-762-7772	Shell Travel Center I-70 Exit 298	24HRS ■ ■	M ■ ■	□ ■ ■ □	■ ■ □ □ □	■ ■	■ ■ DAT F C U F T	□ ■ ■ ■ ■		□ □		□ □ □		■ ■ V W	B B B B B	■ ■ ■ ■
C Kansas City, 66103 8 913-722-4556	Site Store #111 1233 Merriam Lane	■ ■ ■		□ □ □	■ □		□	□ ■						■	F	■ ■
C Kansas City, 66106 8 913-371-6509	Diamond Shamrock #4159 I-635 Exit 3	24HRS ■ ■	M ■	□ ■ □	■ ■ □ □ □	■ ■	■ ■ DAT F C	□ ■ ■ ■ ■	□ □	□ □ □ □	□ □	□ □ □		■ ■ ■ V W	B B B B B B	■ ■ ■ ■
C Kansas City, 66106 8 913-281-4179	QuikTrip #231 (QT) I-635 Exit 3 (Kansas Ave)	24HRS ■ ■	S ■	□ □	■ ■ □ □		DAT F C U F T	□ ■ CAT	□ □	□ □ □		□ □ □	□ □	■ ■ ■ W	B B B B B B	■ ■ ■ ■
C Kansas City, 66115 8 913-342-3473	Fairfax 66 I-70 Exit 423 C (2701 FairfaxTrafficWay)	■ ■ ■	S ■	■	■				□ □			□		■ V W	B	■ ■ ■
F Kiowa, 67070 5 620-825-4958	The Little Store 301 KS 2	■ ■ ■	S	□ ■ □	■ □		□	□ ■	□ □	□ □	□ □	□		□ ■ ■ V W		■ ■ ■
D LaCrosse, 67548 4 785-222-3612	E-Z Mart (Conoco) 1409 US 183	■ ■ ■		□ □	■ □		□ C	□ ■						□ ■ V W	C	■ ■ ■
D LaCygne, 66040 8 913-757-2100	Power Stop (Shell) US 69 (MM 102) & KS 152 E	■ ■ ■ ■	M ■	□ ■	■		F C	□ ■	□ □	□ □ □	□	□ □		■ □ ■ ■ W	C C C	■ ■ ■ ■
E Lakin, 67860 2 620-355-7152	U Pump It Corner Store (Shamrock) 220 US 50 E	■ ■ ■	S ■	□ ■ □	■ □		□ □	□ ■	□ □			□	□	■ ■ V W	B B B	■ ■ ■
C Lawrence, 66044 8 785-843-2547	EZ Go #70 (Conoco) I-70 (KSTPK) MM 209	24HRS ■ ■	M ■	□	■		F C		□	□		□ □ □		■ ■ V W	B B F B B	■ ■ ■ ■
A Lebanon, 66952 5 785-389-8561	Midway Co-op (Cenex) US 281 N	■ ■ ■ ■ ■	S ■	□	□			□	■ ■			■		■ □ ■	F F	■ ■ ■
D Lebo, 66856 7 620-256-6302	S&S Lebo Plaza (66) I-35 Exit 148 (KS 131)	■ ■ ■	S ■	□ ■ □	■			□ ■	□ □	□ □ □	□	□ □ □		■ ■ ■ V W	B F B B	■ ■ ■
E Leon, 67074 6 316-745-3575	Kistler Service (Cenex) 1530 US 400 SE	■ ■ ■	M ■ ■	□ ■	■ □		F C	■ □ □ □	□ □	□	□	□ □ □		■ ■ ■ V W	B F B B B	■ ■ ■ ■
D Leoti, 67861 2 620-375-2290	Kugler Sinclair Mart 101 KS 25 S & KS 96	■ ■ ■	S	□ ■ □	■ □		□ F C □	□ ■	□ □	□ □	□	□ □ □	□ □	■ ■ ■ V W		■ ■ ■ ■
F Liberal, 67901 2 620-624-2214	Pancake 66 US 54 & Pancake Blvd	■ ■ ■	S ■ ■	□ ■ □	■				□ □			□ □ □		■ V W	F	■ ■ ■
F Liberal, 67901 2 620-624-7471	Express Lane #20 (Shell) US 54 & Western Ave	24HRS ■ ■	S ■ ■	■ ■ □	■ ■	■ ■	■ ■ F C F	□ ■	□ □	□ □ □		□ □ □		■ □ ■ V W	B B B B B B	■ ■ ■ ■
F Liberal, 67901 2 620-624-1963	Midway USA Truck Stop (Shamrock) US 54 (3 mi W of town)	24HRS ■ ■	L ■ ■	24HRS ■ □	■ ■	■ ■	■ ■ F C	□ ■ ■ ■ ■	□ □	□ □ □	□	□ □ □		■ □ ■ V W	B B F B B B B	■ ■ ■ ■ ■
B Manhattan, 66502 6 785-537-2150	Dara's Fast Lane #7 (66) 1709 Fort Riley	■ ■ ■		□ ■ □	■ □ □ □			□ ■						■ ■ ■ V W	F	■ ■ ■
B Manhattan, 66502 6 785-776-7512	Power Cat Corner (BP) 206 Leavenworth	■ ■ ■		□ □ □	■ □ □ □		□ □	□ ■	□ □					■ ■ ■ ■ V W	F	■ ■ ■
B Manhattan, 66502 6 785-537-3635	Ampride 215 E Poyntz	■ ■ ■ ■		□ □ □	■ □ □ □		□	□	■ ■					■ V W		■ ■ ■
B Manhattan, 66502 6 785-776-0819	Shop Quik #12 (Shell) 430 KS 18	24HRS ■ ■		□ ■ □	■ □ □ □		□	□ ■	□ □	□	□		□	■ ■ W	C	■ ■ ■
B Mankato, 66956 5 785-378-3111	Jensen Oil & Gas (Sinclair) US 36 W	■ ■ ■ ■	S	□			F C		■ ■			■ □		■ □ ■ V W	C C C	■ ■ ■ ■
C Maple Hill, 66507 7 785-256-4211	Maple Hill Truck Stop (BP) I-70 Exit 341	24HRS ■ ■	M ■ ■	□ ■	■ □	■	F C	□ ■	□ □	□ □		□ □ □		■ ■ ■ V W	B B F B B B B	■ ■ ■ ■
A Marysville, 66508 6 785-562-5480	Short Stop #11 (66) 1810 US 36 (E of US 77)	■ ■ ■		□ ■ □	■ □ □		□	□ ■						□ ■ V W	F	■ ■ ■
A Marysville, 66508 6 785-562-3685	Skyline Truck Stop (Shell) US 36 (1/2 mi E)	■ ■ ■	S ■	■ □ □	■ □ □ □	■ □	F C □	□ ■	□ □	□		□ □ □	□	■ □ V W	B C B C C	■ ■ ■ ■
D McPherson, 67460 5 620-241-5137	Midway Oil #9 (Conoco) I-135 Exit 60 (US 56 W)	24HRS ■ ■	S ■ ■	■ □ □	■ □ □ □		□ U	□ ■ □ □ □	□ □	□ □ □	□	□ □ □		■ □ ■ V W	B F B B	■ ■ ■

THE TRUCKER'S FRIEND® - KANSAS

How to interpret the page

■ means available at truck stop □ means available nearby

in the overnight lot column:
S means room for 5 - 24 trucks
M means room for 25-74 trucks
L means room for 85-149 trucks
XL means room for 150+ trucks
$ means a parking fee may be charged

code at left-hand side of rows is the state map grid reference

a key to advertising logos is on page 25

Services may change without notice. When in doubt, call ahead.

Column headings:

- Driver Services: MOTOR FUEL (TRUCK DIESEL, SELF SERVICE DIESEL, METERED PROPANE, GASOLINE); PARKING (OVERNIGHT LOT ($), PAVED LOT, TRAILER DROP); FOOD (ELECTRIC PLUG-INS, SAFE HAVEN/HAZMAT, RESTAURANT, FAST FOOD, TABLE PHONES); STORES (MOTEL, CONVENIENCE, TRUCKER/TRAVEL, SHOPPING CENTER, WALMART/KMART, GROCERY); SHOWERS (LADIES, MEN'S); COMMUNICATION (TV/DRIVERS LOUNGE, LAUNDRY, LOAD MONITOR, INTERNET KIOSK, WI-FI HOTSPOTS, DOCUMENT SCANNING, PUBLIC FAX/COPIER, UPS/FEDEX/TRIPPAK BOX, RELIGIOUS SERVICES)
- Vehicle Services: SCALES (STATE LOTTERY, PLATFORM, AXLE, CERTIFIED); TIRES (REPAIRS, NEW TIRE SALES); REPAIRS (SHOP OPEN 24 HRS, DOT INSPECTION, MAJOR REPAIRS, MINOR REPAIRS, OIL CHANGE/LUBE, MINOR WELDING, AC/REEFER); ROAD SVCS (CB, TIRE, MECHANICAL, TOWING); WASH (TRUCK (EXTERIOR), TRAILER WASHOUT)
- RV Info: RVs WELCOME, DUMPING STATION, PROPANE (BOTTLE)
- Financial Services: ATM, CAN WIRE MONEY OUT, MONEY ORDERS, NATSO CHECK-LINK, WESTERN UNION, WRIGHT EXPRESS, COMDATA (COMCHEK), VOYAGER
- Permit Svcs: EFS, FUEL MAN, MULTI SERVICE (C=Checks, F=Fuel Cards, B=Both)
- Credit Cards: TCH, T-CHEK, FLEET ONE, BUY/PAY AT FUEL DESK, ALL PREPAID PERMIT SVCS, AMERICAN EXPRESS, VISA/MASTERCARD, DISCOVER

Grid	Location / Phone	Truck Stop / Address	Logo	Fuel & Parking	Food	Stores & Showers	Communication	Scales & Tires	Repairs	Road Svcs & Wash	RV Info	Financial Services	Permit Svcs / Fuel Cards	Credit Cards
D 5	McPherson, 67460 620-241-5521	Cap's 66 US 81 & US 56		24 HRS ■ ■	S ■	□ ■ ■ □ ■ ■	□ □ □	F C □ ■	□ □	□ □	□ □ □ □	■ ■	W B B	B B ■ ■ ■ ■
F 3	Meade, 67864 620-873-2370	Jiffy Stop 640 US 54-160 E		■ ■ ■		□ ■ □ ■	□	□ ■	□ □	□ □ □ □	□ □ □ □ □	□ ■	W	■ ■ ■
F 3	Meade, 67864 620-873-2316	Meade Auto Truck Plaza (66) US 54 W		24 HRS ■ ■	M ■ ■	■ ■ ■ □ ■ ■	□ ■ ■ ■ ■	F C ■	□ □ □ □ □	□	□ □ □	■ □ ■ ■ ■ ■ ■	V W B B F B B	B B ■ ■ ■ ■ ■ ■
F 5	Medicine Lodge, 67104 620-886-3791	Wright Truck Stop US 160 & US 281		■ ■ ■	S ■ ■	■ □ □ ■	□ ■ □	F C □ ■	□ □	□ □ □ □	□ □ □ ■ ■	■ □ ■ ■	V W B B F	B B B ■ ■ ■ ■
F 5	Medicine Lodge, 67104 620-886-3527	Domino Food & Fuel #3 (66) US 160 & US 281		24 HRS ■ ■	S ■ ■	□ ■ □ ■	□	□ ■	□ □	□ □ □	□ □ □ □ □	■ □ ■ ■	V W F	■ ■ ■
E 3	Minneola, 67865 620-885-4395	TJ's Convenience Plus (66) US 54 & US 283		■ ■ ■	S ■ ■	□ □ □ ■	■ ■	F C □ ■		□ □ □ □	□ □	■ ■	V W B B F B B	B B ■ ■ ■ ■
E 3	Montezuma, 67867 620-846-2833	Presto Travel Center (Conoco) US 56 W		■ ■ ■	S ■ ■	□ ■ ■	□	F C U □ ■ □ □	□ □	□ □	□ □	■ □ ■ ■	W B	■ ■ ■ ■
E 8	Moran, 66755 620-237-4551	Pump'n Pete's (Conoco) US 54 & US 59		■ ■ ■		□ ■ ■	□	□ ■	□ □			■ ■ ■	W C	■ ■ ■
E 8	Moran, 66755 620-237-4245	Lucky Stop #2 (66) US 54 & US 59		■ ■ ■ ■ ■		□ ■ ■	□	F C □ ■				■ ■	V W	B ■ ■ ■ ■
A 6	Morrowville, 66958 785-265-3437	15 X 36 Truck Stop (66) US 36 & KS 15		■ ■ ■	S ■	■ ■ ■		F C ■				■	V W B	B B ■ ■ ■ ■
E 4	Mullinville, 67109 620-548-2202	Sunflower Plaza (Amoco) US 54 & Main St		■ ■ ■	M ■	■ ■	■ ■	F C □	□ □ □		□ □ □	■ ■ ■	V W B B	B B ■ ■ ■ ■
C 4	Natoma, 67651 785-885-4804	Masters Oil Company (Conoco) 718 N 2nd St		■ ■ ■	S ■	□ ■ ■	□	F C □ ■	□ □ □ ■ ■	■ ■ ■	■ □ □	■ ■	V W	■ ■ ■ ■
B 7	Netawaka, 66516 785-933-2254	Kickapoo Truck Plaza 1050 US 75		24 HRS ■ ■	S ■ ■	□ ■ ■	■ ■ ■	F C				■ □ ■	V B C	C B ■ ■ ■ ■
E 6	Newton, 67114 316-283-2229	Prime Time #127 (Conoco) I-135 Exit 31		24 HRS ■ ■		□ ■ □ ■	□ □ □	□ ■	□ □ □ □ □	□ □ □ □ □ □ □	□ □ □ □ □	■ ■	V W B B F	B ■ ■ ■
E 6	Newton, 67114 316-283-4000	Newell Truck Plaza (Shamrock) I-135 Exit 31 (US 50 & KS 15)	AMBEST	24 HRS ■ ■	XL ■ ■	24 HRS □ ■ ■ □ ■ ■	□ □ □ ■ ■ ■ ■ DAT (logo)	F C U F T ■	■ ■ ■ (logo)	□ □ □ □ □	□ □ □ ■ ■ ■	■ ■ ■ ■ ■ ■	V W B B F B B	B B ■ ■ ■ ■
B 3	Norton, 67654 785-877-2356	Diamond Shamrock US 36 & US 283		24 HRS ■ ■	S ■ ■	□ ■ □ ■	□ □	F C □ □ ■	□ □	□ □ □ □ □ □	□ □ □	■ ■	B	B B B ■ ■ ■ ■
C 2	Oakley, 67748 785-672-3900	J-J Oil Co # 6 (66) I-70 Exit 70 (US 83)		24 HRS ■ ■	M ■ ■	□ ■ ■ ■	■ ■ □ ■	F C	□ □ ■ ■ ■ ■ ■	■ R	□ □ □	■ □ ■	V W B B F	B B B ■ ■ ■ ■
C 2	Oakley, 67748 785-672-4111	Mitten Truck Stop (Shell) I-70 Exit 76 (US 40)	AMBEST	24 HRS ■ ■	XL ■ ■	24 HRS □ ■ □ ■ ■	□ ■ ■ ■ ■ DAT	F C U F □ ■	■ ■ ■ (logo) ■ ■ ■ ■ ■	■ R	■ ■ □ ■ ■	■ ■ ■	V W B B	B B B B ■ ■ ■ ■ ■
B 2	Oberlin, 67749 785-475-1075	Cross Roads Express (66) 602 US 36 (W of US 83)		■ ■ ■	S ■ ■	□ ■ □ ■	□ ■ □	F C F □ ■	□ □	□ □	□ □	■ □ ■	V W B B	B B B B ■ ■ ■ ■
B 2	Oberlin, 67749 785-475-2609	Ampride (Cenex) US 36 & US 83		■ ■ ■	S ■ ■	■ □ □ ■	□ ■ □	F C □ ■	□ □ □	□ □ □ □	□ □ □ □ □	■ □ ■ ■	V W B	B ■ ■ ■ ■
C 3	Ogallah, 67656 785-743-6498	Schreiner's Fuel I-70 Exit 135 (KS 147)		■ ■ ■ ■ ■	S ■	■		F C □			□ □ □	■ ■ ■	V W C	■ ■ ■ ■
C 8	Olathe, 66062 913-780-2009	Star Fuel Center #101 (Shell) I-35 Exit 215 (Hwy 169)		24 HRS ■ ■	M ■ ■	□ ■ ■ □ ■ □	■ ■ ■ □ DAT	F C U F T □	(logo) □ □	□ □ □ □ □	□ □ □	■ ■ ■	V W B B	B B B B ■ ■ ■ ■
C 8	Ottawa, 66067 785-242-0775	Jump Start #12 (66) I-35 Exit 183 B (US 59)		■ ■ ■		□ □ □ ■	□ □ □	F □ ■			□ □ □		W B B	B B ■ ■ ■
E 6	Park City, 67219 316-744-2045	Presto Travel Center #49 I-135 Exit 14 (61 St N)		24 HRS ■ ■	L ■	□ ■ □ ■	□ ■ ■ ■ ■ DAT	F C U F T □ ■	■ ■ ■ □ □	□ □ □ □ □	□ □ □	■ ■	V W B B	B B B B ■ ■ ■ ■
E 8	Parsons, 67357 620-421-8900	Stockyards Travel Plaza (Shell) 2431 US 59 N & US 400		24 HRS ■ ■	M ■ ■	■ ■ ■ ■	□ □ ■ ■ ■	F C □ ■		□	□	■ ■ ■	V W B B F B B	B B ■ ■ ■ ■
B 4	Phillipsburg, 67661 785-543-6414	Quality Corner (66) US 183 & US 36		■ ■ ■	S ■ ■	□ ■ □ ■	□ ■ □	□	□ □ □	□ □ □ □	□ □ □	■ □ ■ ■	V W B B	B B B B ■ ■ ■
E 8	Pittsburg, 66762 620-231-0343	Pittsburg Travel Plaza (Conoco) US 69 & US 160		■ ■	M ■ ■	■ ■ ■ ■	■ ■ □	F C □ ■				■ □ ■ ■	V B B F	B B B ■ ■ ■ ■
C 4	Plainville, 67663 785-434-2996	Convenience Express 709 S US 183		■ ■ ■	S	□ □	□ □	□	□ □	□ □ □ □	□ □ □	■	V W	■ ■ ■

THE TRUCKER'S FRIEND® - KANSAS

How to interpret the page

■ means available at truck stop □ means available nearby

In the overnight lot column: S means room for 5 - 24 trucks; M means room for 25-74 trucks; L means room for 85-149 trucks; XL means room for 150+ trucks; $ means a parking fee may be charged

code at left-hand side of rows is the state map grid reference

a key to advertising logos is on page 25

Services may change without notice. When in doubt, call ahead.

Driver Services: MOTOR FUEL (Truck Diesel, Self Service Diesel, Metered Propane, Gasoline); PARKING (Overnight Lot ($), Paved Lot, Trailer Drop, Electric Plug-Ins, Safe Haven/Hazmat); FOOD (Restaurant, Fast Food, Table Phones); STORES (Motel, Convenience, Trucker/Travel, Shopping Center, Walmart/Kmart, Grocery); SHOWERS (Ladies', Men's, TV/Drivers Lounge, Laundry); COMMUNICATIONS (Load Monitor, Internet Kiosk, WiFi Hotspots, Document Scanning, Public Fax/Copier, UPS/FedEx/TripPak Box, Religious Services, State Lottery). Vehicle Services: SCALES (Platform, Axle, Certified); TIRES (Repairs, New Tire Sales); REPAIRS (Shop Open 24 Hrs, DOT Inspection, Major Repairs, Minor Repairs, Oil Change/Lube); ROAD SVCS (Minor Welding, AC/Reefer, CB, Tire, Mechanical, Towing); WASH (Truck (Exterior), Trailer Washout). RV Info (RVs Welcome, Dumping Station, Propane (Bottle)). Financial Services (ATM, Can Wire Money Out, Money Orders, NATSO Check-Link, Western Union, Voyager/Wright Express, Comdata (Comchek)). Permit Svcs. Credit Cards (EFS, Fuel Man, Multi Service, TCH, T-Chek, Fleet One, Buy/Pay at Fuel Desk, All Prepaid Permit Svcs, American Express, Visa/MasterCard, Discover). C=Checks, F=Fuel Cards, B=Both.

Grid	City / Phone	Truck Stop / Location	Motor Fuel	Parking	Food	Stores	Showers	Communications	Scales	Tires	Repairs	Road Svcs	Wash	RV Info	Financial Services	Permit Svcs	Credit Cards
E 4	Pratt, 67124 620-672-2501	Paso Junction (Sinclair) US 54 & KS 61	24HRS ■ ■	S ■	□ ■ □	■ □□□			F	□	□□	□□□□	□□□□		■□ ■	V W	B B B B B B ■ ■■■
C 3	Quinter, 67752 785-754-3330	Conoco Fuel Stop I-70 Exit 107 (Castle Rock)	■■ ■	S ■	□□ □	■ □	□			□■	□□				■□ ■	V W	■■■
C 4	Russell, 67665 785-483-4480	24-7 Store (BP/Amoco) I-70 Exit 184 (US 281 S)	24HRS ■ ■	M ■	□■■■□	■ □ □	■ □		F C □	□ □	□□	□□□□□	□□□		□ ■	V W	B B F B B B B ■ ■■■
A 7	Sabetha, 66534 785-284-3451	Ampride (Cenex) 1111 US 75 S	■■ ■	S	□■ □	■ □ □	□		F C	□■	□	□□	□□□□	□□	■ ■	V W	B B F B ■ ■■■
E 4	Saint John, 67576 620-549-3425	Saint John Short Stop (66) US 281 (3 mi N of US 50)	■■ ■	S ■	□■ □	■ □	□			□■	□□	□□□□	□□		■	V W	■■■
B 7	Saint Marys, 66536 785-437-6030	Town Mart East (Ampride) 603 US 24 E	■■ ■	S ■	□■	■ □	□			□■	□		□□		■ ■ ■	V W	■■■
C 5	Salina, 67401 785-823-5092	Salina Gas & Food (Citgo) I-135 Exit 92 (1501 W Crawford)	■■ ■		□□ □	■ □	□			□■					□ ■	W	F ■■■
C 5	Salina, 67401 785-827-8271	West Crawford 24/7 (BP) I-135 Exit 92 (Crawford E)	24HRS ■ ■	M ■■	□■ □	■■ □□□	■■■■	■■	F C F	□ ■■■	□□	□ □	□□□		■□ ■	V W	B B F B B B B ■ ■■■
C 5	Salina, 67401 785-825-8257	Salina West Travel Center (66) I-135 Exit 92 (Crawford St)	■■ ■	M ■■	□■■□	■■ □□	■■■■		F C T	□■ ■■■					■□ ■	V W	B B F B B B B ■ ■■■
C 5	Salina, 67401 785-825-6787	Bosselman Travel Center (Sinclair) I-70 Exit 252 (9th St)	24HRS ■ ■	XL ■■	24HRS ■■□	■■	■■■■	[DAT logo] ■ ■	F C U F T	■■ ■■■	[logo]	■■□■■ ■ A	■■□□		■□ ■ ■ ■	V W	B B B B B B ■ ■■■
C 5	Salina, 67401 785-827-9275	PETRO Petro:2 #81 (Shell) I-70 Exit 252 (9th St)	24HRS ■ ■	M ■	□■■□	■■	■■■■	[DAT logo] [logo]	F C U F T	□ ■■■	□□	□□□□□□□	□□□ ■□	□	■■ ■	V W	B B B B B ■ ■■■
C 5	Salina, 67401 785-823-6697	BP 24-7 I-70 Exit 252 (9th St)	24HRS ■ ■	M ■■	□■■□	■■	■■		F C □	□□□	■■	□□□□□□□	■□□□		■□ ■	V W	B B F B B F B ■ ■■■
C 5	Salina, 67401 785-825-5300	[logo] Flying J Travel Plaza #05043 (Conoco) I-70 Exit 253	24HRS ■■■	XL ■■	24HRS ■■□	■■	■■■■	[logo] ■ [logo] [logo]	F C U F T	[logo]	□□	□□□□□ □□□□□			■■■■	V W	B B B B ■ ■■■
D 2	Scott City, 67871 620-872-7049	One Stop (Shell) US 83	■■ ■	S ■■	□■ □	■ □ □	□		□	□■	□□	□□□□□□□□□			■□ ■	W	■■■
D 2	Scott City, 67871 620-872-3393	L&M Western Tire & Oil (BP) US 83 S (1503 S Main)	■■ ■	S	□□ □	□			F C □	□	■■		■■		■□	V W	C C C C ■ ■■■
A 7	Seneca, 66538 785-336-2300	Conoco Travel Shop US 36	■■ ■	S ■■	□■ □	■ □ □	■□		F C □	□■	□□	□□□	□□□□□		■ ■	V W	F B ■ ■■■
E 7	Severy, 67137 620-736-2308	Tripco Conoco US 400 & Hwy 99 S	■■ ■	M ■	□■	■			F C	□■	□□	□ □	□□		■ ■■	V W	B B F B B B B ■ ■■■
C 6	Solomon, 67480 785-655-9430	Solomon Travel Center (Total) I-70 Exit 266 (KS 221)	■■ ■	S ■	□	■ □	■ ■			□■ ■■■					■ ■	W	B ■■■
A 5	South Chester, 68327 785-326-8254	Foote's Self Service (Coastal) US 81 (NE state line)	■■ ■	S ■■	□	■ □				□ □□□					■	V W	B F B B ■■■
F 6	South Haven, 67140 620-892-5225	South Haven Travel Plaza (66) I-35 Exit 4 (US 166)	24HRS ■ ■	M ■	□■ □	■	■		F C	□■	□□	□□□□	□□□		■□ ■	V W	B B F B B B B ■ ■■■
E 5	South Hutchinson, 67505 620-669-9900	Plaza Go (Conoco) US 50 & KS 96	24HRS ■ ■	M ■■	24HRS □ □	■■ □□□	■■■■		F C T F	■■ ■■■	□	□□ □	□□		■■■■	V W	B B F B B B B ■ ■■■
E 4	Spearville, 67876 620-385-2900	Brothers Truck Stop US 50-56 E	■■ ■	M ■	□■	■ □	■■■■		□	□■		□□			■ ■	V W	B B B ■■■
E 5	Stafford, 67578 620-234-5641	Roush Oil Co US 50	■■ ■		□■ □	■ □			F C □	□■□			□		□	V W	■ ■■■
E 5	Stafford, 67578 620-234-6119	Stafford Ampride US 50 MM 202	■■ ■	M ■	□■ □	■ □	□		F C	□■	□□	□□□			■ ■■	V W	B ■ ■■■
D 5	Sterling, 67579 620-278-9951	Haldon's (66) KS 14 & KS 96	■■ ■		□■ □	■ □	□			□■ □□□	□□	□		□	□	V W	F ■■■
C 8	Stilwell, 66085 913-897-7027	Shell #28 US 69 & 199th St	24HRS ■ ■	S ■	□■	■			F C □	□■	□□	□	□□□		■ ■■	V W	B F ■ ■■■
D 7	Strong City, 66869 620-273-8343	Flint Hills One Stop (BP) US 50 (1 mi E of KS 177)	24HRS ■ ■	M ■■	■ □	■ □	□		F C	□■	□□				■ ■■	V W	B B F B B B B ■ ■■■
E 2	Sublette, 67877 620-675-8602	Stockade Travel Plaza (Shamrock) US 83 N	24HRS ■ ■	M ■	□■■□	■■ □	■■ ■		F C U F	□■		□	□□□		■■ ■	V W	B B F B B B B ■ ■■

THE TRUCKER'S FRIEND® - KANSAS

How to interpret the page

■means available at truck stop □means available nearby

in the overnight lot column:
S means room for 5 - 24 trucks
M means room for 25-74 trucks
L means room for 85-149 trucks
XL means room for 150+ trucks
$ means a parking fee may be charged

code at left-hand side of rows is the state map grid reference
a key to advertising logos is on page 25

Services may change without notice. When in doubt, call ahead.

Driver Services — MOTOR FUEL: TRUCK DIESEL, SELF SERVICE DIESEL, METERED PROPANE, GASOLINE; PARKING: OVERNIGHT LOT ($), PAVED LOT, TRAILER DROP, ELECTRIC PLUG-INS, SAFE HAVEN/HAZMAT; FOOD: RESTAURANT, FAST FOOD, TABLE PHONES; STORES: MOTEL, CONVENIENCE, TRUCKER/TRAVEL, SHOPPING CENTER, WALMART/KMART, GROCERY; SHOWERS: LADIES', MEN'S; TV/DRIVERS LOUNGE, LAUNDRY; COMMUNICATION: LOAD MONITOR, INTERNET KIOSK, WI-FI HOTSPOTS, DOCUMENT SCANNING, PUBLIC FAX/COPIER, UPS/FEDEX/TRIPPAK BOX, RELIGIOUS SERVICES, STATE LOTTERY

Vehicle Services — SCALES: AXLE, PLATFORM, CERTIFIED; TIRES: REPAIRS, NEW TIRE SALES; REPAIRS: SHOP OPEN 24 HRS, DOT INSPECTION, MAJOR REPAIRS, MINOR REPAIRS, OIL CHANGE/LUBE, MINOR WELDING, AC/REEFER; ROAD SVCS: CB, TIRE, MECHANICAL, TOWING; WASH: TRUCK (EXTERIOR), TRAILER WASHOUT

RV Info — RVs WELCOME, DUMPING STATION, PROPANE (BOTTLE)

Financial Services — ATM, CAN WIRE MONEY OUT, MONEY ORDERS, NATSO CHECK-LINK, WESTERN UNION, VOYAGER/WRIGHT EXPRESS, COMDATA (COMCHEK), EFS, FUEL MAN, MULTI SERVICE, TCH, T-CHEK, FLEET ONE (C=Checks, F=Fuel Cards, B=Both)

Permit Svcs — BUY/PAY AT FUEL DESK, ALL PREPAID PERMIT SVCS

Credit Cards — AMERICAN EXPRESS, VISA/MASTERCARD, DISCOVER

Grid	Location	Truck Stop	Motor Fuel	Parking	Parking/Food	Food/Stores	Showers	Driver Svcs	Communication	Communication	Communication	Scales	Tires	Tires	Repairs	Repairs	Road Svcs	Road Svcs	Wash	RV Info	Financial	Financial	Voyager/Wright	Fuel Cards	Fuel Cards	Fuel Cards	Permit Svcs	Credit Cards
E 5	Sylvia, 67581 620-486-2688	Ampride 33904 US 50 W	■■ ■	M ■		■	■						□■	□□□							■	■	V W					■■■
E 1	Syracuse, 67878 620-384-5313	D&H Oil Company (BP/Amoco) 204 US 50-400 W	■■ ■			□■ □	■	□		□		F C F	□■		■■								W	B C			■	■■■
E 1	Syracuse, 67878 620-384-5753	U Pump It Corner Store (Shamrock) US 50 W	■■ ■	S		□■ □	■	□		□			□		□□		□□				■		V W	B C	C	C C		■■■
C 7	Topeka, 66607 785-379-0417	Topeka Service Area (Conoco) I-70 (KSTPK) MM 187	24 HRS ■ ■	M ■		■	■					F C	■		□□		□	□	□□□		■	■ ■	V W	B B	F B B	B B	■	■■■
D 1	Tribune, 67879 620-376-2311	Ampride (Cenex) KS 96 & KS 27	■■ ■	M ■		□■ □	■	□	■■	■■		F C	□	□	□□		□□	□	□□□		■■	■	V W	B C	C B	B B	■	■■■
E 2	Ulysses, 67880 620-353-1751	Ampride 1845 W Oklahoma	■■ ■	M■■	■	□■ □	■	□ □		□			□■		□□		□□□	□ □	□□□	□	■□	■	V W					■■■
E 2	Ulysses, 67880 620-356-4144	J-J Oil Co # 7 (Total) 820 US 160 E	■■ ■			□□ □	■	□		□			□	□	□□		□□□	□	□□□		□		V W	B	F			■■■
E 2	Ulysses, 67880 620-356-1383	Merritt Oil Company (66) US 160 & Main	■ ■			□□ □	■	□		□		F	□		□□		□			□	□■		V W				■	■■■
C 3	WaKeeney, 67672 785-743-2212	Town Pump (66) I-70 Exit 127	■■ ■	S■■		□■■□	■	□		□		□	□■	□□□	□□		□□□	□□	□□□	□	■□	■	V W	B	F	B		■■■
C 3	WaKeeney, 67672 785-743-2157	Wa Keeney 24/7 Travel Plaza (BP) I-70 Exit 127 (US 283)	24 HRS ■ ■	L■■	■	24 HRS ■■□	■■	□	■■	■■		F C U	□■		■■	■■	■■	■	■■□		■□	■	V W	B B	F B B	B B	■	■■■
F 6	Wellington, 67152 620-326-3121	Speedy Food & Fuel 1400 US 160 E (2 mi W of I-35 Exit 19)	■■ ■	M ■		□□ □	■	□□□	■	■		F C □	□■		■■		■		□□□		■□	■	W	B C	F B B	B	■	■■■
E 6	Wichita, 67209 316-722-3435	Phillips 66 # 210 10723 US 54 W	24 HRS ■ ■			□□ □	■			□			□■								□	■	V W	B	B	B		■■■
E 6	Wichita, 67219 316-832-0143	T&E Oil Co (Cenex) I-235 Exit 15 (Old US 81)	■■ ■	S ■		□□ □	■	□ □		□		F C T	□■		□□		□□□	□□	□□□		■□■	■	V W	B B	F B B	B	■	■■■
E 6	Wichita, 67217 316-945-9038	Kum & Go #323 I-235 Exit 4 (West St)	24 HRS ■ ■	M■■		□■ □	■	□		■□		F C U F	□■		□□	□	□□□	□□	□□□		■ ■	■ ■	W	B B	F B B	B B	■	■■■
F 6	Winfield, 67156 620-221-0882	Petro Stop 2124 US 160 E	■■ ■			□■ □	■	□□□		■□		F C	□■		□□		□□	□	□□□	□	□■	■	V W	C C	F	C	■	■■■
E 3	Wright, 67882 620-225-2260	Buehne Oil Company 11705 US 50-56 & US 283	■■ ■	S ■			■						□		□□		□□	□	□□		■							■■
E 7	Yates Center, 66783 620-625-2531	Gaulding Oil Co (Conoco) US 54 & US 75 (1 Block N)	■■ ■	M■■		□□ □	■	□		□		F C	□	□	■■		■		□□□	□	■		V W	C C		C	■	■■■

Sign up at www.truckstops.com for free email updates from *The Trucker's Friend.®*

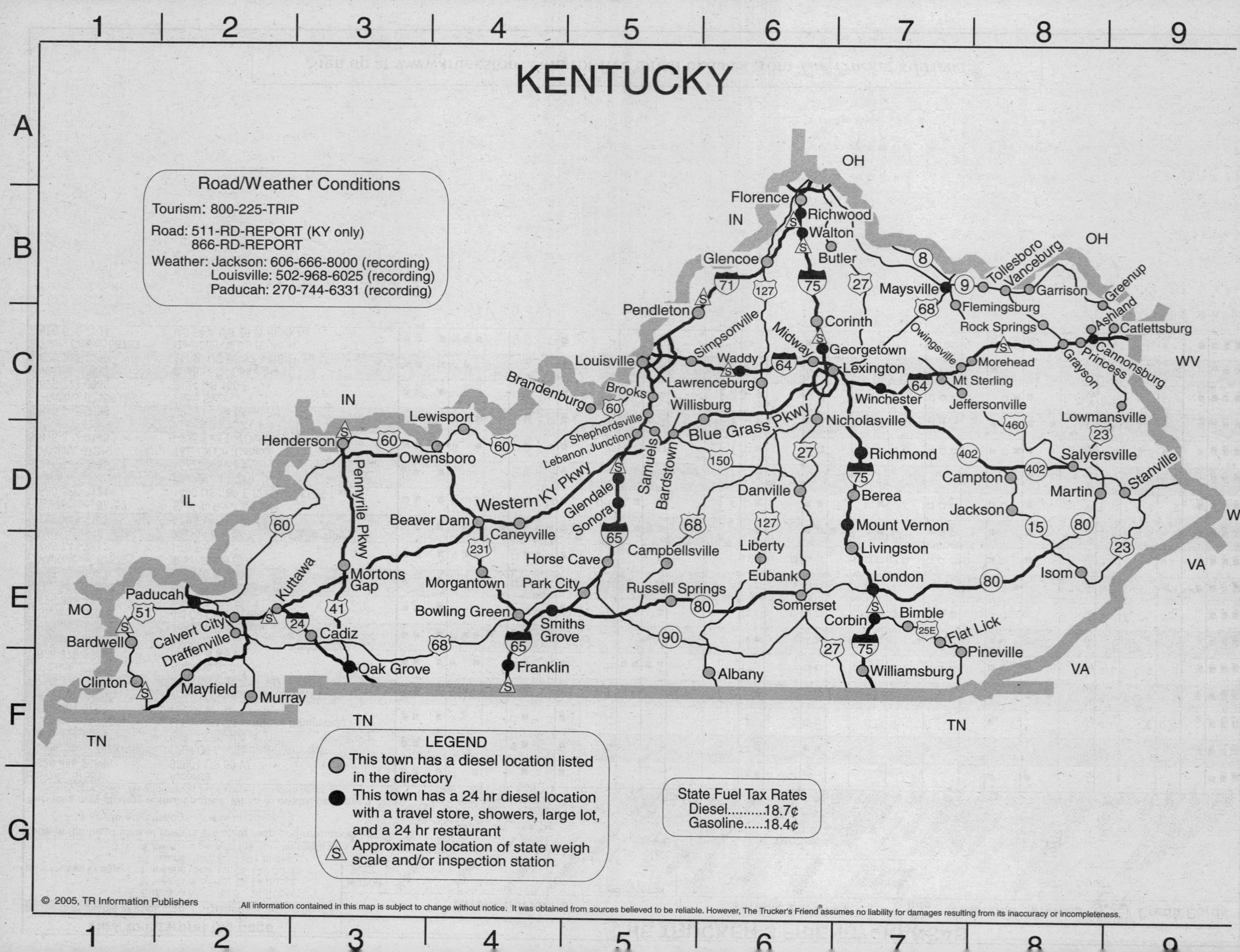
KENTUCKY
Road/Weather Conditions
Tourism: 800-225-TRIP
Road: 511-RD-REPORT (KY only)
866-RD-REPORT
Weather: Jackson: 606-666-8000 (recording)
Louisville: 502-968-6025 (recording)
Paducah: 270-744-6331 (recording)
LEGEND
This town has a diesel location listed in the directory
This town has a 24 hr diesel location with a travel store, showers, large lot, and a 24 hr restaurant
Approximate location of state weigh scale and/or inspection station
State Fuel Tax Rates
Diesel..........18.7¢
Gasoline.....18.4¢
OH
IN
IL
MO
TN
WV
VA
Florence
Richwood
Walton
Butler
Glencoe
Pendleton
Maysville
Tollesboro
Vanceburg
Garrison
Greenup
Ashland
Catlettsburg
Flemingsburg
Rock Springs
Corinth
Georgetown
Midway
Simpsonville
Waddy
Louisville
Lexington
Owingsville
Morehead
Mt Sterling
Grayson
Princess
Cannonsburg
Lawrenceburg
Brooks
Brandenburg
Willisburg
Winchester
Jeffersonville
Lowmansville
Nicholasville
Blue Grass Pkwy
Shepherdsville
Lebanon Junction
Samuels
Bardstown
Henderson
Lewisport
Owensboro
Pennyrile Pkwy
Western KY Pkwy
Glendale
Sonora
Richmond
Campton
Salyersville
Stanville
Danville
Berea
Martin
Beaver Dam
Caneyville
Jackson
Mount Vernon
Horse Cave
Campbellsville
Liberty
Livingston
Paducah
Kuttawa
Mortons Gap
Morgantown
Park City
Russell Springs
Eubank
London
Isom
Bardwell
Calvert City
Draffenville
Cadiz
Bowling Green
Smiths Grove
Somerset
Corbin
Bimble
Flat Lick
Pineville
Clinton
Mayfield
Murray
Oak Grove
Franklin
Albany
Williamsburg

THE TRUCKER'S FRIEND® - KENTUCKY

How to interpret the page

■ means available at truck stop □ means available nearby

in the overnight lot column:
S means room for 5 - 24 trucks
M means room for 25-74 trucks
L means room for 85-149 trucks
XL means room for 150+ trucks
$ means a parking fee may be charged

code at left-hand side of rows is the state map grid reference

a key to advertising logos is on page 25

Services may change without notice. When in doubt, call ahead.

Financial Services codes: C=Checks, F=Fuel Cards, B=Both

Column headers — Driver Services: MOTOR FUEL (TRUCK DIESEL, SELF SERVICE DIESEL, METERED PROPANE, GASOLINE); PARKING (OVERNIGHT LOT ($), PAVED LOT, TRAILER DROP, ELECTRIC PLUG-INS, SAFE HAVEN/HAZMAT); FOOD (RESTAURANT, FAST FOOD, TABLE PHONES); STORES (CONVENIENCE, MOTEL, TRUCKER/TRAVEL, SHOPPING CENTER, WALMART/KMART, GROCERY); SHOWERS (LADIES', MEN'S, TV/DRIVERS LOUNGE, LAUNDRY); COMMUNICATION (LOAD MONITOR, "INTERNET KIOSK", WI-FI HOTSPOTS, DOCUMENT SCANNING, PUBLIC FAX/COPIER, UPS/FEDEX/TRIPPAK BOX, RELIGIOUS SERVICES, STATE LOTTERY). Vehicle Services: SCALES (AXLE, PLATFORM, CERTIFIED); TIRES (REPAIRS, NEW TIRE SALES); REPAIRS (SHOP OPEN 24 HRS, DOT INSPECTION, MAJOR REPAIRS, MINOR REPAIRS, OIL CHANGE/LUBE, MINOR WELDING, AC/REEFER, CB); ROAD SVCS (TIRE, MECHANICAL, TOWING); WASH (TRUCK (EXTERIOR), TRAILER WASHOUT). RV Info (RVs WELCOME, DUMPING STATION, PROPANE (BOTTLE)). Financial Services (ATM, CAN WIRE MONEY OUT, MONEY ORDERS, NATSO CHECK-LINK, WESTERN UNION, VOYAGER/WRIGHT EXPRESS, COMDATA (COMCHEK), EFS, FUEL MAN, MULTI SERVICE, TCH, T-CHEK, FLEET ONE, BUY/PAY AT FUEL DESK). Permit Svcs (ALL PREPAID PERMIT SVCS). Credit Cards (AMERICAN EXPRESS, VISA/MASTERCARD, DISCOVER).

Map	City / Phone	Truck Stop / Location	Motor Fuel	Parking		Food	Stores	Showers			Communication	Scales	Tires		Repairs		Road Svcs	Wash	RV Info		Financial Services							Credit Cards
F 6	Albany, 42602 606-387-7434	Southend Fuel Stop 1105 US 127	■■ ■			□■ □	■	□		□		□	□		□□		□□□□	□						C				■■
C 8	Ashland, 41102 606-928-5637	Clark's Pump & Shop (BP) 12541 US 60	■■ ■			□□ □	■	□□□					□■					□	□		■	■	V W		F			■■■
D 5	Bardstown, 40004 502-348-4930	150 Quik Stop (Marathon) Bluegrass Pkwy Exit 25 (US 150 N)	■■ ■	S$ ■		■	■					F C	■						□□□		■	■	V W	B B	B B	B B	■	■■■
E 1	Bardwell, 42023 270-628-3605	Mott's BP US 51 & US 62	■■ ■			□□		□		□		F C □	□		■■						□■		V W				■	■■■
D 4	Beaver Dam, 42320 270-274-7991	WK Truck Stop (BP) Western KY Pkwy Exit 75 (US 231)	24 HRS ■ ■	M ■■		□■■□	■■	□	■■	□		F C	■		[logo]	□	□□□□	□□	□□□		■ ■	■	V W	B B	F B B	B B	■	■■■
D 4	Beaver Dam, 42320 270-274-4501	Western KY Pkwy Travel Center (Marathon) Western KY Pkwy MM 76	24 HRS ■ ■			□■■□	■					F C			□□		□□□		□□□			■	V W	B C		C F	■	■■■
D 7	Berea, 40403 859-985-1834	76 Truck Center I-75 Exit 76 (KY 21 W)	24 HRS ■ ■	M ■		24 HRS □ □	■■	□□□	■■	■□		F C □	□		■■	■	■■	■ A R	■■□		■□	■	V	B B	B B	B B	■	■■■
E 7	Bimble, 40915 606-546-8283	C&C Auto Center US 25 E & CR 1304	■■ ■			□□ □	■	□□□		□		□	□	■■■			□□		□			■	V W			F		■■■
E 4	Bowling Green, 42101 270-842-4979	Parkway Shell William H Natcher Pkwy Exit 5 (US 68)	■■ ■	S ■■		□■ □	■	□		□		F	□■		□□		□□□□	□	□□□		■ ■	■	V W	B B	B	B B	■	■■■
C 5	Brandenburg, 40108 270-422-2055	Brandenburg BP - Bypass 1200 CR 1051 & CR 710 (Old State Rd)	24 HRS ■ ■			□□ □	■	□ □		□		C □	□■		□□				□		□	■	W	B B		B		■■■
C 5	Brooks, 40109 502-955-5049	Pilot Travel Center #356 I-65 Exit 121 (Brooks Rd)	24 HRS ■ ■	L ■		□■■□	■■		■■		[DAT logo] ■ [logo] ■	F C U F T	■■	[CAT logo]	□□		□□□□	□□	□□□		■	■■	■■ V W	B B	F B	B B	■	■■■
B 6	Butler, 41006 859-472-6361	BB's Food Mart (Shell) 10216 US 27 & KY 177	24 HRS ■ ■			□■	■			□			□■									■	V W			F		■■■
E 3	Cadiz, 42211 270-365-3405	Blue Spring Chevron I-24 Exit 56 (KY 139)	24 HRS ■ ■			■	■						□		□□		□□		□□□				V W					■■■
E 2	Calvert City, 42029 270-395-7255	Calvert City Travel Plaza (Coastal) I-24 Exit 27 (US 62 SE)	24 HRS ■ ■	XL ■■		■■■□	■■	□	■■	■■		F C F	□■	■■■	■■	■	■	■	■■□		■□	■■	■ W	B B	B B	B B	■	■■■
E 5	Campbellsville, 42718 270-469-4422	Corner Stone Travel Plaza (Citgo) 1200 KY 55 (2 mi S of US 68)	■■ ■	M$ ■■		□■■□	■	□□□	■■	□		F C □	□■		□□		□□□	□□□	□□□ □		■□	■	W	B B	B B	B B	■	■■■
D 8	Campton, 41301 606-668-7424	Double Kwik (BP) KY 15	24 HRS ■ ■			■ □	■	□		□		□	□■		□□	□	□□□	□□□	□□□			■	V W	B		B		■■■
D 4	Caneyville, 42721 270-879-8517	Parkway Chevron Western KY Pkwy Exit 94 (KY 79)	24 HRS ■ ■	M ■■		□■	■	□		□			□■		□□		□□□	□	□□□		■ ■	■	V W	B B	B	B B		■■■
C 8	Cannonsburg, 41129 606-928-8383	Flying J Travel Plaza #05118 I-64 Exit 185 (KY 180) [logo]	24 HRS ■■■	XL ■■		24 HRS ■■□	■■	□□	■■	■■	[logo] ■ [logo] [logo]	C U F T		[logo]					□□□		■■■	■	V W	B	B B	B	■	■■■
C 8	Cannonsburg, 41102 606-928-8199	Super Quick #9 (Marathon) KY 180 & US 60 (2 mi N of I-64 Exit 185)	24 HRS ■■■	M ■■		□■■□	■	□□□				F C U F	□■		□□				□□□		■ ■	■ ■	V W	B B	B	B B	■	■■■
C 9	Catlettsburg, 41129 606-739-6180	Clark's Auto/Truck Plaza (Marathon) 900 US 23-60	24 HRS ■ ■	M ■		□■ □	■	□	■■	■□		F C	□■		□□		□□□	□	□□□		■	■ ■	W	B B F	B	B F	■	■■■
C 9	Catlettsburg, 41129 606-739-6055	Kirk Brothers Truck Plaza (BP) US 23 (29501 Mayo Trail)	24 HRS ■ ■	S ■■		■ □	■	□				F C	□■		□		□□		□□□		■	■	V W			B		■■■
F 1	Clinton, 42031 270-653-3311	Walker's Service Center 28 US 51 S	■■ ■	S ■		□□		□		□		F C	□		■■		□□	□	■□□		■ ■			C		B	■	■■■
E 7	Corbin, 40701 606-528-7676	Corbin Travel Plaza (Citgo) I-75 Exit 29 (S on US 25 E)	24 HRS ■	XL ■■	■	24 HRS □■■	■■	□□□	■■	■■	[DAT logo] ■	F C U T	■■	■■■	■■	■	■■■	■ A R	■■	■■	■□	■■■	■■ V W	B B	F B B	B B	■■	■■■
E 7	Corbin, 40701 606-528-0631	Pilot Travel Center #231 I-75 Exit 29 (S on US 25 E)	24 HRS ■ ■	L ■■		□■■□	■■	□□□	■■	■■	[DAT logo] [logo] ■	F C T F	□■	[CAT logo]	■■		■■■	■ A R □	■■□	□	■	■■	■■ V W	B B	F B	B B	■■	■■■
C 6	Corinth, 41010 859-824-0900	Noble's Fuel (Marathon) I-75 Exit 144	24 HRS ■ ■	M ■■		24 HRS □ □	■■		■■			F C F	□■		■■	■■	■	■ ■	■■■		■□	■■	■ V W	B B	B	B B	■	■■■
D 6	Danville, 40422 859-236-3793	Bluegrass Truck Stop (Marathon) US 127 Bypass S & N Stewarts Lane	24 HRS ■ ■	M ■■	■	□■ □	■	□□□		□			□		□□		□□□	□ □	□□□		■□	■	V W	B B	B B	B B		■■■
E 2	Draffenville, 42025 270-527-5290	Fuel Mart #630 Purchase Pkwy Exit 47 (US 68)	■■ ■			□■ □	■	□□□		□			□■								□	■						■■■
E 6	Eubank, 42567 606-379-2312	Orans Truck Stop (BP) 10745 US 27 N (MM 27)	24 HRS ■ ■	M ■■	■	24 HRS □	■■	□	■■	□	■	F C	□■	■■■	■■	■■	■■■	■ A R ■	□□□		■ ■	■■	■ V W	B B	B B	B B	■■	■■■

THE TRUCKER'S FRIEND® - KENTUCKY

How to interpret the page

■ means available at truck stop □ means available nearby

in the overnight lot column:
S means room for 5 - 24 trucks
M means room for 25-74 trucks
L means room for 85-149 trucks
XL means room for 150+ trucks
$ means a parking fee may be charged

code at left-hand side of rows is the state map grid reference
a key to advertising logos is on page 25

Services may change without notice. When in doubt, call ahead.

Column groups: Driver Services (Motor Fuel: Truck Diesel, Self Service Diesel, Metered Propane, Gasoline; Parking: Overnight Lot ($), Paved Lot, Trailer Drop, Electric Plug-Ins, Safe Haven/Hazmat; Food: Restaurant, Fast Food, Table Phones; Stores: Motel, Convenience, Trucker/Travel, Shopping Center; Showers: Walmart/Kmart, Grocery, Ladies, Men's; Communications: TV/Drivers Lounge, Laundry, Load Monitor, Internet Kiosk, Wi-Fi Hotspots, Document Scanning, Public Fax/Copier, UPS/FedEx/Trippak Box, Religious Services, State Lottery); Vehicle Services (Scales: Axle, Platform, Certified; Tires: Repairs, New Tire Sales; Repairs: Shop Open 24 Hrs, DOT Inspection, Major Repairs, Minor Repairs, Oil Change/Lube, Minor Welding; Road Svcs: AC/Reefer, Tire, Mechanical, CB; Wash: Towing, Truck (Exterior), Trailer Washout); RV Info (RVs Welcome, Dumping Station, Propane (Bottle)); Financial Services (ATM, Can Wire Money Out, Money Orders, NATSO Check-Link, Western Union, Voyager/Wright Express, Comdata (Comchek); C=Checks, F=Fuel Cards, B=Both); Permit Svcs (EFS, Fuel Man, Multi Service, TCH, T-Chek, Fleet One, Buy/Pay at Fuel Desk, All Prepaid Permit Svcs); Credit Cards (American Express, Visa/Mastercard, Discover)

Grid	City, ZIP / Phone	Truck Stop / Location	Logo	Fuel & Parking	Food	Stores	Showers	Communications	Scales	Tires	Repairs	Road Svcs / Wash	RV Info	Financial Services	Permit Svcs	Credit Cards
E 7	Flat Lick, 40935 / 606-542-5555	Parkway Fuel Plaza (BP) / US 25E & KY 3085		■ ■ ■	M ■ ■	■ ■ ■	■	■ ■ ■	F C	□ ■	□ □	□ □ □ □	□ □ □	■ ■ ■ V W	B B F B B B B	■ ■ ■ ■
B 7	Flemingsburg, 41041 / 606-845-0068	Redi Mart #41 (Citgo) / KY 11 Bypass		■ ■ ■	S ■	□ ■	■ □	□	F C	□ ■	□ □	□ □		■ ■ ■ V W	B	■ ■ ■ ■
B 6	Florence, 41042 / 859-371-7166	TravelCenters of America (Sunoco) / I-71-75 Exit 181 (KY 18)	TA	24 HRS ■ ■	L ■ ■	□ ■ ■ □	■ ■ □ □ □	■ ■ ■ DAT TA ■	F T C F	□ CAT	■ ■ ■ ■ ■ ■	A	■ ■ □	■ □ ■ ■ ■ ■ W	B B F B B B	■ ■ ■ ■ ■ ■
F 4	Franklin, 42134 / 270-586-5922	Keystop Truck Stop (Marathon) / I-65 Exit 2 (S on US 31 W)		24 HRS ■ ■	M ■ ■ ■	□ ■ ■ □	■ ■	□ □ ■ ■	F C	■ □ □ □		□ □	□ □ □ □	■ ■ ■ V W	B B B B B	■ ■ ■ ■
F 4	Franklin, 42134 / 270-586-3343	Flying J Travel Plaza #05053 (Conoco) / I-65 Exit 2 (S on US 31 W)	Flying J	24 HRS ■ ■ ■	XL ■	24 HRS ■ ■ □	■ ■ □ □ □	■ ■ ■ Flying J ■	U F C T	□ Flying J	□ □	□ □ □ □ □ □ □	□ □ □	■ ■ ■ ■ V W	B B B B	■ ■ ■ ■
F 4	Franklin, 42134 / 270-586-3248	Bluegrass Travel Plaza (Citgo) / I-65 Exit 6 (KY 100 E)		24 HRS ■ ■	XL ■ ■	□ ■ ■ □	■ ■	□ □ ■ ■ □ DAT	F U C T	□ ■ ■ ■ ■	BF	□ □ □ □ □ □	□ □ □ □ ■ ■	■ ■ V W	B B B B B B	■ ■ ■ ■
F 4	Franklin, 42134 / 270-586-4149	Pilot Travel Center #046 / I-65 Exit 6 (KY 100 W)		24 HRS ■ ■	M ■ ■	□ ■ ■ □	■ ■	□ □ ■ ■ □	Pilot ■ F U C T	□ ■ CAT	□ □	□ □ □ □	□ □ □	■ □ ■ ■ ■ ■ ■ ■ V W	B B F B B B	■ ■ ■ ■
F 4	Franklin, 42134 / 270-586-9544	Pilot Travel Center #438 / I-65 Exit 6 (KY 100 W)		24 HRS ■ ■	L ■ ■	■ ■ □	■ ■	■ ■ ■ DAT	Pilot ■ F U C F	□ ■ CAT	□ □	□ □ □ □ □	□ □ □	■ ■ ■ ■ ■ ■ ■ ■ W	B B F B B B	■ ■ ■ ■
B 8	Garrison, 41141 / 606-757-2216	Double A Truck Stop (Marathon) / KY 9 - AA Hwy		■ ■ ■	S ■ ■	□	■	□		□ ■				■ ■ V W	B	■ ■ ■
C 6	Georgetown, 40324 / 502-868-7427	Pilot Travel Center #047 / I-75 Exit 129		24 HRS ■ ■	M ■	■ □	■ ■	■ ■ ■ DAT	Pilot ■ F T C	■ CAT	□ □		□ □ □ □	■ ■ ■ ■ ■ ■ ■ V W	B B F B B B	■ ■ ■ ■
C 6	Georgetown, 40324 / 502-863-2708	Pilot Travel Center #353 / I-75 Exit 129 (KY 620 E)		24 HRS ■ ■	XL ■	24 HRS ■ ■ □	■ ■	■ ■ ■ ■ DAT	Pilot ■ F U C F T	■ ■ CAT	BF ■ □ ■ ■ ■ ■	A R	■ ■ □ □ □	■ ■ ■ ■ V W	B B F B B B	■ ■ ■ ■
B 6	Glencoe, 41046 / 859-643-4811	Exit 62 Fuel Stop & Restaurant / I-71 Exit 62 (US 127)		■ ■ ■	M ■ ■	■ ■ ■ □ ■	■	■ ■	F C	□ ■	□ □	□ □ □ □	□ □ □	■ ■ ■	B B B B B B	■ ■ ■ ■
D 5	Glendale, 42740 / 270-369-7360	Pilot Travel Center #048 / I-65 Exit 86 (KY 222 E)		24 HRS ■ ■	L ■	□ ■ ■ □	■ ■	■ ■ ■ DAT	Pilot ■ F T C	□ ■ CAT	□ □	□ □ □ □ □ □ □	□ □ □ □	■ ■ ■ ■ ■ ■ ■ V W	B B F B B B	■ ■ ■ ■
D 5	Glendale, 42740 / 270-369-8202	Country Style Plaza (Citgo) / I-65 Exit 86 (KY 222 W)		24 HRS ■ ■	M ■ ■	24 HRS ■ ■ ■	■ ■	□ ■ □	F C □	□ ■ ■ ■ ■	■ ■	□ ■ ■ ■ ■ ■	■ ■ ■ □ □	■ □ ■ V W	B B F B B B B	■ ■ ■ ■ ■
D 5	Glendale, 42740 / 270-369-6579	Petro Stopping Center #30 (Mobil) / I-65 Exit 86 (KY 222)	PETRO	24 HRS ■ ■	XL ■ ■	24 HRS ■ ■ □	■ ■	■ ■ ■ ■ DAT	Pilot F U C F T	□ CAT	BF ■ ■	■ ■ ■ A	■ ■ □ ■	■ ■ V W	B B B B B	■ ■ ■ ■
C 8	Grayson, 41143 / 606-474-5142	Super Quik # 8 / I-64 Exit 172 (KY 1-7 N)		24 HRS ■ ■ ■	XL ■	□ ■ ■ □	■ ■ □ □ □	■ ■ ■ □	U F C T	□ ■ □ □ □		□ □ □ □ □ □	□ □ □	■ □ ■ ■ ■ ■ V W	B B B B B	■ ■ ■ ■
C 8	Grayson, 41143 / 606-475-3742	First Class Travel Center (Citgo) / I-64 Exit 172 (KY 1-7 N)		24 HRS ■ ■	S ■ ■ ■	□ ■ ■ □	■ ■ □ □ □	■ ■ □	F C □	□ ■	□ □	□ □ □ □ □	□ □ □ □ □	■ □ ■ V W	B B F B B B B	■ ■ ■ ■
C 8	Grayson, 41143 / 606-474-6009	Pilot Travel Center #364 / I-64 Exit 172 (KY 1-7)		24 HRS ■ ■	M ■ ■	□ ■ ■ □	■ ■ □ □ □	■ ■ □ DAT	Pilot ■ F U C F T	□ ■ CAT	□ □	□ □ □ □	□ □ □	■ ■ ■ ■ ■ ■ V W	B B F B B B	■ ■ ■ ■
B 8	Greenup, 41144 / 606-473-6189	Hwy 23 Marathon / US 23 (betw KY 1 & KY 2)		24 HRS ■ ■	$ M ■ ■	□ ■ □	■ □	□	F F	□ ■	□ □	□ □ □ □ □	□ □ □	■ ■ ■ V W	B B F B B B	■ ■ ■ ■
D 3	Henderson, 42420 / 270-826-5144	Big Foot # 95 (Marathon) / 3113 US 41 N & Racetrack Rd		24 HRS ■ ■	M ■ ■	□ ■ □	■ □ □ □	■ ■ ■ □	F	□ ■	□ □	□ □ □ □ □ □ □	□ □ □	■ □ ■ ■ ■ V W	B B B B B C	■ ■ ■ ■
E 5	Horse Cave, 42749 / 270-786-1626	Drivers Travelmart #400 (Chevron) / I-65 Exit 58 (KY 218 W)		24 HRS ■ ■	M ■ ■	□ ■ □	■ ■ ■ □ □	■ ■ □	F C	□ ■	□ □	□ □	□ □ □	■ □ V W	B B F B B B B	■ ■ ■ ■
E 8	Isom, 41824 / 606-633-2040	Double Kwik (Exxon) / KY 15 N & KY 7		24 HRS ■ ■		24 HRS □ □ ■	■ □		□	□ ■	□ □	- □ □ □	□ □ □	■ ■ W	B B	■ ■ ■
D 8	Jackson, 41339 / 606-666-5050	Double Kwik #1 (BP) / 343 KY 15 S		24 HRS ■ ■		□ ■ □	■ □ □ □	□	□	□ ■	□ □	□	□ □ □	■ ■ V W	B F	■ ■ ■
C 7	Jeffersonville, 40337 / 859-498-8090	R&D Food & Fuel Center (Citgo) / US 460		■ ■ ■		■ ■	■ □			□ ■				■	C	■ ■ ■
E 2	Kuttawa, 42055 / 270-388-8111	Huck's Travel Center / I-24 Exit 40 (US 62-641)		24 HRS ■ ■	XL ■ ■	□ ■ ■ □	■ ■ □ □	■ ■ ■ ■	F U C F	□ ■ ■ ■ ■	□ □	□ □	□ □ □	■ □ ■ ■ ■ W	B B B B B B	■ ■ ■ ■
C 6	Lawrenceburg, 40342 / 502-839-6852	Lawrenceburg Citgo / US 127 N & Hwy 151		■ ■ ■					F C							■ ■ ■
D 5	Lebanon Junction, 40150 / 502-833-4678	Davis Brothers Travel Plaza / I-65 Exit 105 (KY 61 W)	AMBEST	24 HRS ■ ■	XL ■ ■	■	■ ■ □	■ ■ ■ ■	F C T	□ CAT	BF	□ □ □ □	□ □ □	■ ■ ■ ■ V W	B B B B B	■ ■ ■ ■
D 5	Lebanon Junction, 40150 / 502-833-3700	105 Quik Stop / I-65 Exit 105 (KY 61 W)		24 HRS ■ ■			■			■	□			■	B B B B B	■ ■ ■

THE TRUCKER'S FRIEND® - KENTUCKY

How to interpret the page

■ means available at truck stop □ means available nearby

In the overnight lot column:
- S means room for 5 - 24 trucks
- M means room for 25-74 trucks
- L means room for 85-149 trucks
- XL means room for 150+ trucks
- $ means a parking fee may be charged

code at left-hand side of rows is the state map grid reference

a key to advertising logos is on page 25

Services may change without notice. When in doubt, call ahead.

Driver Services: MOTOR FUEL (Truck Diesel, Self Service Diesel, Metered Propane, Gasoline); PARKING (Overnight Lot ($), Paved Lot, Trailer Drop, Electric Plug-ins, Safe Haven/Hazmat); FOOD (Restaurant, Fast Food); STORES (Table Phones, Motel, Convenience, Trucker/Travel, Shopping Center, Walmart/Kmart, Grocery); SHOWERS (Ladies', Men's); COMMUNICATION (TV/Drivers Lounge, Laundry, Load Monitor, Internet Kiosk, Wi-Fi Hotspots, Document Scanning, Public Fax/Copier, UPS/FedX/Trippak Box, Religious Services, State Lottery)

Vehicle Services: SCALES (Platform, Axle, Certified); TIRES (Repairs, New Tire Sales); REPAIRS (Shop Open 24 Hrs, DOT Inspection, Major Repairs, Minor Repairs, Oil Change/Lube, Minor Welding, AC/Reefer); ROAD SVCS (CB, Tire, Mechanical); WASH (Towing, Truck (Exterior), Trailer Washout)

RV Info: RVs Welcome, Dumping Station, Propane (Bottle)

Financial Services (C=Checks, F=Fuel Cards, B=Both): ATM, Can Wire Money Out, Money Orders, NATSO Check-Link, Western Union, Voyager/Wright Express, Comdata (Comchek), EFS, Fuel Man, Multi Service, TCH, T-Chek, Fleet One

Permit Svcs: Buy/Pay at Fuel Desk, All Prepaid Permit Svcs

Credit Cards: Visa/Mastercard, American Express, Discover

Code	Location	Truck Stop	Motor Fuel	Parking	Parking/Food	Food/Stores	Stores	Stores	Showers	Communication	Communication	Communication	Communication	Scales	Tires	Repairs	Repairs	Road Svcs	Wash	RV Info	Financial Services	Financial Services	Financial Services	Financial Services	Financial Services	Financial Services	Permit Svcs	Credit Cards
D4	Lewisport, 42351 270-295-3490	Jumpin' Jack's Travel Plaza (Chevron) 8525 US 60 & KY 657	24HRS ■■■	M ■■		■■□	■	□	■■			F C	□■		□□				□□□		■ ■	■ ■	V W	B B	B B	B B	■	■■■
C6	Lexington, 40505 859-293-5842	Speedway #9393 I-75 Exit 110 (US 60 W)	24HRS ■ ■			□□ □	■	□ □		□			■								■	■ ■	V W	F F		F F		■■■
C6	Lexington, 40511 859-255-7277	AMBEST Donerail Travel Plaza (Citgo) I-75 Exit 120 (Iron Works Rd E)	24HRS ■ ■	M ■■		■■	■■		■■			F C							□□□		■□	■	V W	B B	F B B	B B	■	■■■
C6	Lexington, 40505 859-252-1951	H&R Oil Co KY 4 & US 25 (1144 Finney Dr)	■■ ■			□□ □		□□□				□	□															■■■
E6	Liberty, 42539 606-787-2078	Allen's Shell Mart 130 US 127 N	24HRS ■ ■			□■ □	■	□ □		□			□■								■	■ ■	V W	B		B		■■■
E7	Livingston, 40729 606-843-9042	49er Fuel Center I-75 Exit 49 (KY 909 W)	24HRS ■	M ■■		24HRS ■	■		■■	■		F C							□□□		■	■	V W	B B	B B	B B	■	■■■
E7	London, 40741 606-864-2163	Expressway Shell Auto/Truck Stop I-75 Exit 38 (KY 192 E)	24HRS ■ ■	M ■■		□■ □	■■	□□□	■■	□		F C	□		□□		□□□	□□□	□□□			■ ■	V W	B B	F B B	B B	■	■■■
E7	London, 40741 606-864-2174	Petrol Auto Truck Center (Citgo) I-75 Exit 41 (KY 80 W)	24HRS ■ ■	S ■■		□■ □	■	□ □	■■	■		F C	□	□□□	□□		□□	□	□□□		■□	■ ■	V W	B B	F B B	B B	■	■■■
E7	London, 40741 606-864-6426	London Auto/Truck Center (BP) I-75 Exit 41 (KY 80 W)	24HRS ■ ■	XL$ ■■		24HRS ■□	■■	□□	■■	■■	DAT	F C U F T	□■	■■■	□□		□□□	□□□	□□□	■■	■□	■■■	■ V W	B B	B B	B B	■■	■■■
C5	Louisville, 40216 502-447-8693	Betterway Food Mart #4 (Marathon) I-264 Exit 5 (4001 Cane Run Rd)	■■ ■			□■ □	■	□					■									■ ■	V W	B C	F	B B		■■■
C5	Louisville, 40217 502-635-6850	Crittendon Drive BP I-65 Exit 132 (Crittendon Dr S)	24HRS ■ ■	S ■■		■ □	■	□		□		□	□■								■ ■	■ ■	V W	B C	F			■■■
C9	Lowmansville, 41232 606-297-2202	Danco Fuel US 23	■ ■			■	■						□■									■	W	C				■■■
D8	Martin, 41649 606-285-3027	Double Kwik #76 (BP) KY 80 & Hwy 122	24HRS ■ ■			□■	■	□ □		□		□	□■									■ ■	V W	B		F		■■■
F2	Mayfield, 42066 270-247-8001	Langston Citgo 3599 US 45 S	■■ ■	M ■		□									■■		□■■	□	□□□		■		V W	B B	B B	B		■■■
F2	Mayfield, 42066 270-251-9447	Eagle Express #111 (Citgo) Purchase Pkwy Exit 24 (KY 121)	■■ ■	S ■■		□■ □	■						□■								■	■ ■	V W	B B				■■■
B7	Maysville, 41056 606-759-5078	Ryan Farm Supply (Marathon) 8463 AA Highway	■■ ■	S$ ■■	■	■	■	□					□■								■ ■	■ ■	V W	F		B		■■■
B7	Maysville, 41056 606-759-9301	Maysville Citgo KY 9 (1/2 mi SE of US 68)	24HRS ■ ■	L ■		24HRS □■□	■■	□□□	■■	■□		F C □	□■	CAT	□□		□□□	□	□□□			■	V W	B B	B B	B B	■	■■■
B7	Maysville, 41056 606-883-3265	Town -N- Country BP KY 9 (4 mi W of US 68)	24HRS ■ ■	XL ■■		■■	■■		■■	■■	DAT	F C U T	□■		□□	□	□□□	□□□	□□□		■ ■	■	V W	B B	F B B	B B	■	■■■
C6	Midway, 40347 859-846-4801	Midway Travel Center (Citgo) I-64 Exit 65 (US 421-62)	■■ ■			□	■																V W	F		F		■■■
C7	Morehead, 40351 606-780-9070	Morehead Citgo US 60 & KY 519	■■ ■	S ■■		□□ □	■	□□□		□		F C □	□■		□□		□		□□□		■□■	■	V W		F		■	■■■
E4	Morgantown, 42261 270-526-6227	Jumpin' Jack's #425 (Chevron) US 231	24HRS ■ ■	S ■■		□■ □	■	□ □		□		F U F	□■		□□		□□		□□□	□	■ ■	■ ■	V W	B C		C B	■	■■■
E3	Mortons Gap, 42440 270-258-5213	PETRO Petro:2 #85 US 41 (Pennyrile Pkwy) Exit 37 (KY 813)	24HRS ■■■	M ■■	■	24HRS ■■□	■■		■■	■■	DAT ■	■ F C T F	■■	■■■	Bridgestone/Firestone	■■	■■■	■ R	■■□	■■	■□■	■	■■ V W	B B	F B	B B	■■	■■
C7	Mount Sterling, 40353 859-498-5161	Super Express Stop #5 (Chevron) I-64 Exit 113 (US 60)	24HRS ■ ■	M ■		■■	■	□□□		■□	DAT	F C	□		□□		□□	□	□□□		■ ■	■	V W	B B	B B	B B	■	■■■
D7	Mount Vernon, 40456 606-256-0907	Mount Vernon Fuel Center I-75 Exit 59 (US 25)	24HRS ■ ■	M ■■		24HRS □■□	■		■■	■		F C	□		□□				□□□		■□	■	V W	B B	B B	B B	■	■■■
D7	Mount Vernon, 40456 606-256-3374	Derby City South Truck Plaza I-75 Exit 62 (US 25 N)	24HRS ■	L ■■		24HRS □■□	■■	□	■■		■	F C	□		■■	■	■■■	■ A	□□□		■□	■	V W	B B	F B B	B B	■	■■■
F2	Murray, 42071 270-753-3195	Max Fuel #32 (BP) 2185 US 641 (1 mi N of town)	24HRS ■ ■	M ■■		□■■□	■	□□□		□		F C F	□■		□□		□		□□□		■□■	■	V W	B B	B B	B B	■	■■■
F2	Murray, 42071 270-753-0858	Coastal Store Chestnut & 10th St (E of US 641)	■■ ■	S		□□ □	■	□□		□			□■							□	■□		W					■■■
C6	Nicholasville, 40356 859-887-5556	Double Kwik (BP) US 27 N & Catnip Hill Pike	24HRS ■ ■	S$ ■■		□■ □	■	□□				F C □	□■									■ ■	V W	B B	B	B B	■	■■■

How to interpret the page

■ means available at truck stop □ means available nearby

in the overnight lot column:
S means room for 5 - 24 trucks
M means room for 25-74 trucks
L means room for 85-149 trucks
XL means room for 150+ trucks
$ means a parking fee may be charged

code at left-hand side of rows is the state map grid reference

a key to advertising logos is on page 25

Services may change without notice. When in doubt, call ahead.

THE TRUCKER'S FRIEND® - KENTUCKY

Driver Services (Motor Fuel, Parking, Food, Stores, Showers, Communications)

Grid	Location	Truck Stop	Truck Diesel	Self Service Diesel	Metered Propane	Gasoline	Overnight Lot ($)	Paved Lot	Trailer Drop	Electric Plug-ins	Safe Haven/Hazmat	Restaurant	Fast Food	Table Phones	Motel	Convenience	Trucker/Travel	Shopping Center	Walmart/Kmart	Grocery	Ladies'	Men's	TV/Drivers Lounge	Laundry	Load Monitor	Internet Kiosk	Wi-Fi Hotspots	Document Scanning	Public Fax/Copier	UPS/FedEx/TripPak Box	Religious Services	State Lottery
F 3	Oak Grove, 42262 270-439-3041	I-24 Chevron Fuel Express I-24 Exit 86 (US 41 Alt N)	24 HRS	■		■	S	■	■			□	■	■	□	■	■				■	■		□					F C		□	■
F 3	Oak Grove, 42262 270-640-7000	Flying J Travel Plaza #05058 (Conoco) I-24 Exit 86 (US 41 Alt SW)	24 HRS	■	■	■	XL	■	■			24 HRS	■	■	□	■	■				■	■	■	■	FJ	■	FJ	FJ	F C	U F T	■	
F 3	Oak Grove, 42262 270-439-0153	Pilot Travel Center #439 I-24 Exit 86 (US 41 Alt SW)	24 HRS	■		■	L	■	■				■		□	■	■				■	■		■	DAT	■	⏻	■	F C	U T		■
F 3	Oak Grove, 42262 270-439-1776	Pilot Travel Center #049 I-24 Exit 89	24 HRS	■		■	XL	■	■			□	■	■	□	■	■			□	■	■	■	■	DAT		⏻	■	F C	U F T	□	■
D 4	Owensboro, 42302 270-684-0380	Get-Go Express (Citgo) 2nd St & Castlen	■	■		■							■			■				□				□							□	■
D 4	Owensboro, 42303 270-688-8534	Country Cupboard II (Fast Fuel) Hwy 54 & Wing Ave	24 HRS	■		■						□	■		□	■				□				■							□	■
D 4	Owensboro, 42303 270-685-6001	Jumpin' Jack's Food Mart (Citgo) US 60 (2 mi E of town)	24 HRS	■		■	XL	■	■			■				■	■				■	■	■	■					F C	U F T	□	■
C 7	Owingsville, 40360 606-674-3002	Appco 77 (Marathon) I-64 Exit 121	24 HRS	■		■						□	■		□	■				□	■	■		□					F C	□	□	■
E 2	Paducah, 42003 270-575-9200	Exit 11 Exxon I-24 Exit 11	24 HRS	■		■	S		■				■		□	■	■				■	■		■	DAT				F C	T	□	
E 2	Paducah, 42003 270-898-6753	Southern Pride Auto/Truck Plaza (BP) I-24 Exit 16 (Hwy 68 SE)	24 HRS	■		■	L	■	■			24 HRS	■	■		■	■			□	■	■	■	■	DAT	■			F C	U F T	□	■
E 2	Paducah, 42001 270-443-2044	Pilot Travel Center #358 I-24 Exit 3 (KY 305 - Cairo Rd)	24 HRS	■		■	L	■				□	■	■	□	■	■	□	□	□	■	■			DAT	■	⏻	■	F C	T F		■
E 2	Paducah, 42001 270-443-5204	Exit 3 Travel Plaza (BP) I-24 Exit 3 (KY 305)	24 HRS	■			XL	■	■			24 HRS	■	■	□	■	■	□	□	□	■	■	■	■	DAT				F C	U	■	■
E 5	Park City, 42160 270-749-3310	Park City Shell I-65 Exit 48 (KY 255 E)	24 HRS	■		■	M	■	■				■		□	■													F C			■
C 5	Pendleton, 40055 502-743-5222	Pilot Travel Center #440 I-71 Exit 28 (KY 153)	24 HRS	■		■	L	■					■			■	■				■	■	■	■	DAT		⏻	■	F C	T F		■
C 5	Pendleton, 40055 502-743-5496	Pilot Travel Center #050 I-71 Exit 28 (KY 153)	24 HRS	■		■	XL	■					■	■		■	■				■	■		■	DAT		⏻	■	F C	T		■
E 7	Pineville, 40977 606-337-7788	Mapco Express #1060 US 25 (1 mi W of US 119)	24 HRS	■		■							□		□	■				□				□						□	□	■
C 8	Princess, 41168 606-928-8175	Exit 181 Citgo I-64 Exit 181 (US 60 SW)	24 HRS	■		■	S	■	■			□	■		□	■		□	□	□	■	■		□					F C		□	■
D 7	Richmond, 40475 859-624-0882	Love's Travel Stop #291 I-75 Exit 95 (KY 627 E)	24 HRS	■		■	M	■					■	■		■	■				■	■				■	⏻	■	F C	T		■
D 7	Richmond, 40475 859-624-5484	Dishman's Shell Food Mart I-75 Exit 95 (W to US 25)	24 HRS	■	■	■							■			■														U	□	
D 7	Richmond, 40475 859-623-7676	Clays Ferry Travel Center (Exxon) I-75 Exit 97 (E to Service Rd)	24 HRS			■	L	■	■		■	24 HRS	□	■	□	■	■		□	□	■	■	■	■	DAT				F C	U T	■	■
B 6	Richwood, 41094 859-485-6100	Pilot Travel Center #278 I-71-75 Exit 175 (KY 338 E)	24 HRS	■		■	S	■				□	■	■	□	■	■			□	■	■			DAT		⏻	■	F C	U F T	□	■
B 6	Richwood, 41094 859-485-1327	Pilot Travel Center #321 I-71-75 Exit 175 (KY 338 W)	24 HRS	■		■	S	■					■	■	□	■	■				■	■			DAT		⏻	■	F C	U T	□	■
B 6	Richwood, 41094 859-485-4111	TravelCenters of America (BP) I-71-75 Exit 175 (KY 338)	24 HRS	■		■	L	■	■			24 HRS	■	■	□	■	■				■	■	■	■	DAT		TA	■	F C	U F T	■	
C 8	Rock Springs, 41143 606-475-3930	Rock Springs Truck Plaza (Chevron) KY AA MM 9	■	■		■	S					■	■			■					■	■							F C			
E 5	Russell Springs, 42642 270-866-8449	127 One Stop 4288 US 127 N	■	■		■	S	■				□	■		□	■			□	□				□							□	■
D 8	Salyersville, 41465 606-349-2508	Puckett's Truck Stop KY 114 (end of Mountain Pkwy)	■			■						□	□		□			□		□				□					F C	□	□	
D 8	Salyersville, 41465 606-349-3335	Rice's Truck Stop KY 114 E	24 HRS			■						□	□		□					□				□					F C		□	
D 5	Samuels, 40013 502-348-8753	Rooster Run (Citgo) KY 245 (8 mi SE of I-65 Exit 112)	■	■	■	■	S	■				□	■		□	■			□	□				□					F C	U	□	■

Vehicle Services (Scales, Tires, Repairs, Road Svcs, Wash) and RV Info

Truck Stop	Axle	Platform	Certified	Repairs	New Tire Sales	Shop Open 24 Hrs	DOT Inspection	Major Repairs	Minor Repairs	Oil Change/Lube	Minor Welding	AC/Reefer	CB	Tire	Mechanical	Towing	Truck (Exterior)	Trailer Washout	RVs Welcome	Dumping Station	Propane (Bottle)
I-24 Chevron Fuel Express	■	■	■	□	□			□	□	□	□	□		□	□	□			■		
Flying J Travel Plaza #05058 (Conoco)		FJ		□	□			□	□	□	□			□	□	□			■	■	■
Pilot Travel Center #439		CAT		□	□				□	□	□			□	□	□			■		■
Pilot Travel Center #049		CAT												□	□	□	■		■	□	■
Get-Go Express (Citgo)				□	□				□	□	□			□	□	□					
Country Cupboard II (Fast Fuel)				□	□				□	□	□			□	□	□	□	□			■
Jumpin' Jack's Food Mart (Citgo)	□	□	□	■		■	■	■	■	■	■			■	■		□		■		
Appco 77 (Marathon)														□	□	□					■
Exit 11 Exxon				□				□	□	□	□	□		□	□	□				□	■
Southern Pride Auto/Truck Plaza (BP)	■	■	■	■	■		□	□	□	□	□		■	■	□	□	■	■	■		■
Pilot Travel Center #358		CAT												□	□	□	□		■	□	■
Exit 3 Travel Plaza (BP)	■	■	■	■	■	■		■	■	■	■	R	■	■	■	■	■	■	■		
Park City Shell				□	□			□	□	□	□			□	□	□			■	□	■
Pilot Travel Center #440		CAT		BF		■			■	■	■			■	■	■			■		■
Pilot Travel Center #050		CAT		□	□			□	□	□		□		□	□	□					■
Mapco Express #1060				□	□																■
Exit 181 Citgo				□	□			□	□	□	□			□	□	□	□	□	■		■
Love's Travel Stop #291		CAT												□	□	□			■		
Dishman's Shell Food Mart																					■
Clays Ferry Travel Center (Exxon)	■	■	■	■	■	■			■	■			■	■	■	□					
Pilot Travel Center #278		CAT		□	□				□	□	□			□	□	□			■		
Pilot Travel Center #321		CAT		□			□	□	□	□	□	□	□	□	□	□			■		
TravelCenters of America (BP)		CAT		BF		■	■	■	■	■	■	A		■	■	□			■		
Rock Springs Truck Plaza (Chevron)																					
127 One Stop																			■		■
Puckett's Truck Stop				■	■			□	■	■	■	A	□	■	■	■	■	■			
Rice's Truck Stop				■	■				□	□	□										
Rooster Run (Citgo)				□	□			□	□	□	□	□		□	□	□	□	□			■

Financial Services, Permit Svcs and Credit Cards

C=Checks F=Fuel Cards B=Both

Truck Stop	ATM	Can Wire Money Out	Money Orders	NATSO Check-Link	Western Union	Voyager/Wright Express	Comdata (Comchek)	EFS	Fuel Man	Multi Service	TCH	T-Chek	Fleet One	Buy/Pay at Fuel Desk	All Prepaid Permit Svcs	American Express	Visa/MasterCard	Discover
I-24 Chevron Fuel Express	■					V W	B	B		B	B	B	B		■	■	■	■
Flying J Travel Plaza #05058 (Conoco)	■					V W		B		B	B	B			■	■	■	■
Pilot Travel Center #439	■	■	■	■	■	V W	B	B	F	B		B	B		■	■	■	■
Pilot Travel Center #049	■	■	■	■	■	V W	B	B	F	B		B	B		■	■	■	■
Get-Go Express (Citgo)	■		■			V W			F				B			■	■	■
Country Cupboard II (Fast Fuel)	■					V W	B		F			C				■	■	■
Jumpin' Jack's Food Mart (Citgo)	■					V W	B	B			B	B	B		■	■	■	■
Appco 77 (Marathon)	■					V W	B	B		B	B	B	B		■	■	■	■
Exit 11 Exxon	■					V W	B	B		B	B	B	B		■	■	■	■
Southern Pride Auto/Truck Plaza (BP)	■					V W	B	B		B	B	B	B	■	■	■	■	■
Pilot Travel Center #358	■	■		■	■	V W	B	B	F	B		B	B		■	■	■	■
Exit 3 Travel Plaza (BP)	■					V W	B	B		B	B	B	B		■	■	■	■
Park City Shell	■					V W	B	B							■	■	■	■
Pilot Travel Center #440	■	■	■	■	■	V W	B	B	F	B		B	B		■	■	■	■
Pilot Travel Center #050	■	■	■	■	■	V W	B	B	F	B		B	B		■	■	■	■
Mapco Express #1060			■			V W	B	B	F				B			■	■	■
Exit 181 Citgo	■		■			V W	B	B		B	B	B	B		■	■	■	■
Love's Travel Stop #291	■			■		V W	B	B	F	B		B	B		■	■	■	■
Dishman's Shell Food Mart	■					V W						B	B			■	■	■
Clays Ferry Travel Center (Exxon)	■	■			■	V W	B	B	F	B	B	B	B		■	■	■	■
Pilot Travel Center #278	■	■		■	■	V W	B	B	F	B		B	B		■	■	■	■
Pilot Travel Center #321	■	■		■	■	V W	B	B	F	B		B	B		■	■	■	■
TravelCenters of America (BP)	■	■		■	■	V W	B	B		B		B	B		■	■	■	■
Rock Springs Truck Plaza (Chevron)	■					W	B	B			B	B	B		■	■	■	■
127 One Stop							F									■	■	■
Puckett's Truck Stop						V W	B	B							■	■	■	■
Rice's Truck Stop							C	C				C	C		■		■	
Rooster Run (Citgo)	■		■			W	B	B			B	B	B		■	■	■	■

THE TRUCKER'S FRIEND® - KENTUCKY

How to interpret the page

■ means available at truck stop □ means available nearby

in the overnight lot column:
S means room for 5 - 24 trucks
M means room for 25-74 trucks
L means room for 85-149 trucks
XL means room for 150+ trucks
$ means a parking fee may be charged

code at left-hand side of rows is the state map grid reference

a key to advertising logos is on page 25

Services may change without notice. When in doubt, call ahead.

Driver Services | Vehicle Services | RV Info | Financial Services | Permit Svcs | Credit Cards

C=Checks F=Fuel Cards B=Both

MOTOR FUEL: Truck Diesel, Self Service Diesel, Metered Propane, Gasoline; PARKING: Overnight Lot ($), Paved Lot, Trailer Drop, Electric Plug-Ins, Safe Haven/Hazmat; FOOD: Restaurant, Fast Food, Table Phones, Motel; STORES: Convenience, Trucker/Travel, Shopping Center, Walmart/Kmart, Grocery; SHOWERS: Ladies', Men's; COMMUNICATION: TV/Drivers Lounge, Laundry, Load Monitor, Internet Kiosk, Wi-Fi Hotspots, Document Scanning, Public Fax/Copier, UPS/FedEx/Trippak Box, Religious Services, State Lottery; SCALES: Axle, Platform, Certified; TIRES: Repairs, New Tire Sales; REPAIRS: Shop Open 24 Hrs, DOT Inspection, Major Repairs, Minor Repairs, Oil Change/Lube, Minor Welding, AC/Reefer; ROAD SVCS: CB, Tire, Mechanical, Towing; WASH: Truck (Exterior), Trailer Washout; RV Info: RVs Welcome, Dumping Station, Propane (Bottle); Financial Services: ATM, Can Wire Money Out, Money Orders, Natso Check-Link, Western Union, Voyager/Wright Express, Comdata (Comchek), EFS, Fuel Man, Multi Service, TCH, T-Chek, Fleet One; Permit Svcs: Buy/Pay at Fuel Desk, All Prepaid Permit Svcs; Credit Cards: American Express, Visa/Mastercard, Discover

Location	Truck Stop	Motor Fuel	Parking	Food	Stores	Showers	Communication				Scales	Tires	Repairs			Road Svcs	Wash		RV Info	Financial Services						Permit Svcs	Credit Cards
C5 Shepherdsville, 40165 502-543-7000	Love's Travel Stop #238 I-65 Exit 116 (KY 480)	24 HRS ■ ■	L ■		□ ■ ■ □	■ ■		■ ■	■	DAT ■	F C T F	□ ■	CAT	□ □		□ □ □	□	□ □ □		■ ■	■	■ V W	B B	F B	B B	■	■ ■ ■
C5 Simpsonville, 40067 502-722-5636	Pilot Travel Center #354 I-64 Exit 28 (Buck Creek Rd)	24 HRS ■ ■	S ■		■ ■	■ ■		■ ■		DAT ■	F C U F T	□ ■	CAT					□ □ □		■	■ ■	■ ■ V W	B B	F B	B B	■	■ ■ ■
E4 Smiths Grove, 42171 270-563-4713	Smith Grove BP Travel Center I-65 Exit 38 (KY 101 W)	24 HRS ■ ■	XL ■ ■		24 HRS □ ■ □	■ ■	□	■ ■		DAT	F C T	□ ■	■ ■ ■	□ □	□	□ □	□	□ □ □	■	■	■	V W	B B	B B	B B	■	■ ■ ■
E6 Somerset, 42501 606-274-0099	East Way Market (BP) 5800 KY 80 E	■ ■ ■	M$ ■		■	■	□					□ ■								■		W			F		■ ■ ■
E6 Somerset, 42501 606-679-5451	4 Lane Somerset Oil US 27 S	■ ■			□ □ □		□ □ □		□		□	□		□ □		□ □ □	□ □ □	□ □ □							F		■ ■
D5 Sonora, 42776 270-369-7300	AMBEST Davis Brothers Travel Plaza I-65 Exit 81 (KY 84 E)	24 HRS ■ ■	XL ■ ■		24 HRS ■ ■	■ ■	□	■ ■	■ ■		F C T	■	CAT	□ □	□	□ □	□	□ □ □	■ ■	■ ■	■		B B	B B	B	■	■ ■ ■
D5 Sonora, 42776 270-369-7780	Sammy's Market (Citgo) I-65 Exit 81 (KY 84 E)	■ ■ ■	M ■ ■		■ ■	■	□					□ ■		□ □		□ □ □	□ □	□ □ □	□	■	■	V W	B		C		■ ■ ■
D9 Stanville, 41659 606-478-9581	Cardinal Country Store #1 (Citgo) 9469 US 23/KY 80 S	24 HRS ■ ■	S ■ ■		24 HRS □ □	■ ■	□ □	■ ■	□	DAT	□	□		□	□	□ □ □				■ ■	■	V W	B B	F B	B B		■ ■ ■
B8 Tollesboro, 41189 606-798-3000	Tollesboro Citgo KY 9 - AA Hwy & KY 57	■ ■ ■			□ ■	■	□				F C	□ ■								■	■	V W	B B	B B	B F	■	■ ■ ■
B8 Vanceburg, 41179 606-796-3374	Fuel Stop (Citgo) KY 9 & KY 10-3037	■ ■ ■			□ □	■	□ □		□			□ ■		□ □						■		V W			F	■	■ ■ ■
C6 Waddy, 40076 502-829-9100	Flying J Travel Plaza #05036 (Conoco) I-64 Exit 43 (KY 395 N)	24 HRS ■ ■ ■	L ■ ■		24 HRS ■ ■	■ ■		■ ■	■ ■	■	F C U F	□		□ □		□ □ □	□ □	□ □ □		■ ■ ■	■	V W	B	B B	B	■	■ ■ ■
C6 Waddy, 40076 502-829-5223	Waddy Travel Center (Citgo) I-64 Exit 43 (KY 395 S)	24 HRS ■ ■	XL ■ ■		24 HRS ■ ■ □	■ ■		■ ■	■ ■	DAT	F C U F	□	CAT		■ ■	■ ■ ■	■ A ■	■ ■ □	■ ■	■ □	■	V W	B B	B B	B B	■ ■	■ ■ ■
B6 Walton, 41094 859-485-4400	Flying J Travel Plaza #05400 (Conoco) I-75 Exit 171	24 HRS ■ ■ ■	XL ■ ■		24 HRS ■ ■	■ ■		■ ■	■ ■	■	F C U F T	■		□ □		□ □ □	□ □	□ □ □	□ □	■ ■ ■	■	W	B	B B	B	■	■ ■ ■
F7 Williamsburg, 40769 606-549-0162	Pilot Travel Center #437 I-75 Exit 11 (Hwy 92)	24 HRS ■ ■	M ■ ■		□ ■ ■ □	■ ■	□ □ □	■ ■	■	DAT ■	F C U F T	□ ■	CAT	□ □	□	□ □	□ □	□ □ □		■ ■ ■	■ ■ ■	■ ■ V W	B B	F B	B B	■	■ ■ ■
C6 Willisburg, 40078 859-375-2553	E-Z Stop (Marathon) Bluegrass Pkwy Exit 42	■ ■ ■	S ■		■	■						■		□ □						■	■	V W	B B	F F B	B B		■ ■ ■
C7 Winchester, 40391 859-744-9790	Speedway #8256 I-64 Exit 94 (KY 1958)	24 HRS ■ ■	S ■		□ ■ □	■	□ □ □	■ ■	□		F C	□ ■		□ □				□ □ □		■ ■	■ ■	■ V W	B B	F	B B	■	■ ■ ■
C7 Winchester, 40391 859-744-8252	Shell Food Mart # 4 I-64 Exit 94 (Van Meter Rd)	24 HRS ■ ■	M ■ ■		□ ■ □	■	□ □ □	■ ■	□	DAT	F C U F T	□ ■	CAT	□ □	□	□ □ □	□	□ □ □		■	■	V W	B B	B B	B B	■	■ ■ ■
C7 Winchester, 40391 859-744-9611	96 Truck Stop (Citgo) I-64 Exit 96 (KY 627 - L to Ind. Park)	24 HRS ■ ■	L ■ ■		24 HRS □ □	■ ■	□	■ ■	■ □		F C U T	□ ■	■ ■ ■	■ ■	■	■ ■ ■	■ □	■ ■ □	■	■	■	V W	B B	B B	B B	■	■ ■ ■

LOUISIANA

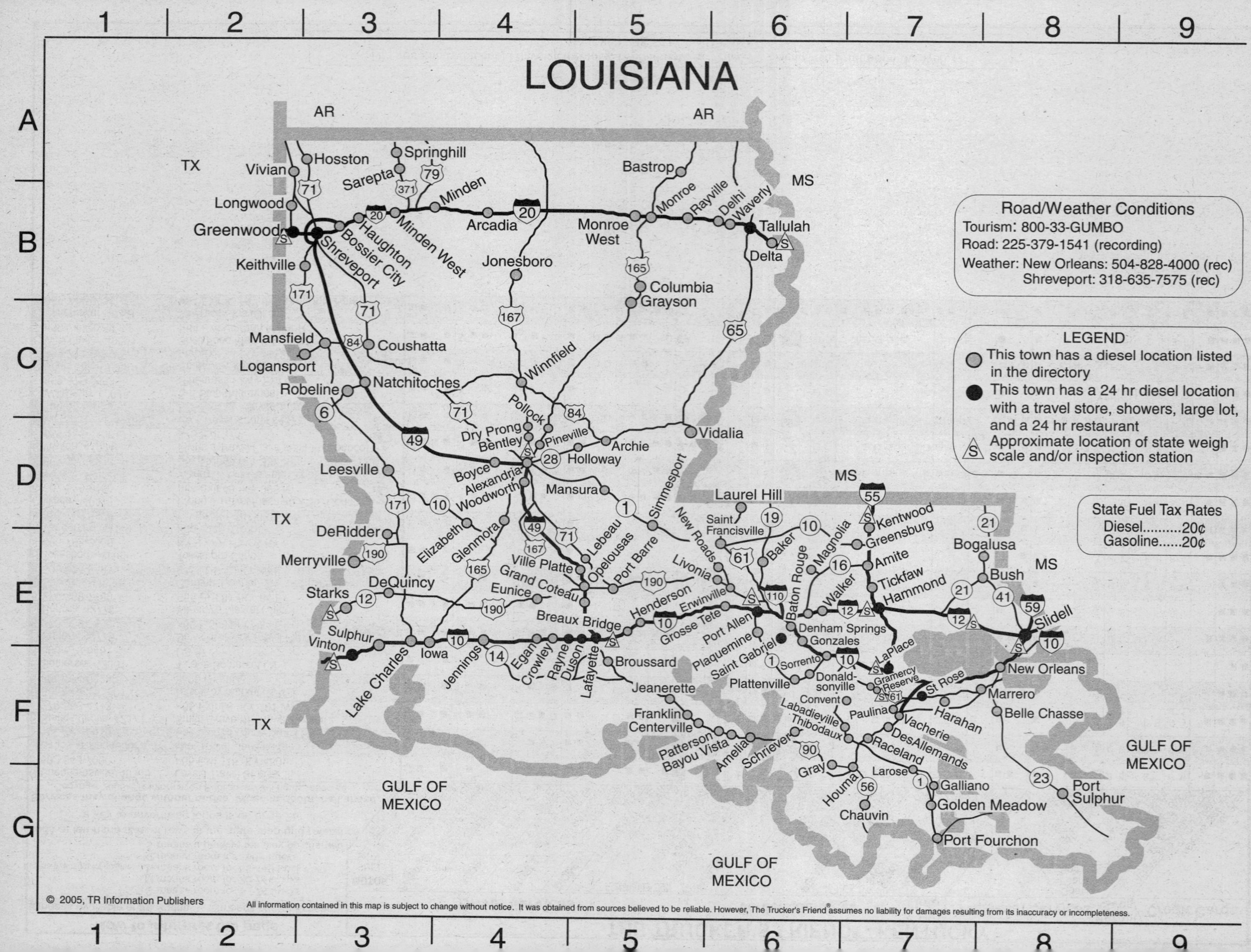

Road/Weather Conditions
Tourism: 800-33-GUMBO
Road: 225-379-1541 (recording)
Weather: New Orleans: 504-828-4000 (rec)
Shreveport: 318-635-7575 (rec)

LEGEND
- This town has a diesel location listed in the directory
- This town has a 24 hr diesel location with a travel store, showers, large lot, and a 24 hr restaurant
- Approximate location of state weigh scale and/or inspection station

State Fuel Tax Rates
Diesel..........20¢
Gasoline......20¢

THE TRUCKER'S FRIEND® - LOUISIANA

How to interpret the page

■ means available at truck stop □ means available nearby

In the overnight lot column:
- S means room for 5 - 24 trucks
- M means room for 25-74 trucks
- L means room for 85-149 trucks
- XL means room for 150+ trucks
- $ means a parking fee may be charged

code at left-hand side of rows is the state map grid reference
a key to advertising logos is on page 25

Financial Services: C=Checks, F=Fuel Cards, B=Both

Services may change without notice. When in doubt, call ahead.

Grid	City / Phone	Truck Stop / Address	Motor Fuel	Parking	Parking (cont.)	Food / Stores	Stores	Stores (cont.)	Showers	Communication	Communication (cont.)	Scales	Tires	Repairs	Repairs (cont.)	Road Svcs	Road Svcs (cont.)	Wash	Wash (cont.)	RV Info	Financial Services	Financial Services (cont.)	Permit Svcs (Comchek etc.)	Fuel Cards (EFS/Fuel Man)	Fuel Cards (Multi Service/TCH/T-Chek)	Fuel Cards (Fleet One etc.)	Credit Cards	Credit Cards (cont.)
D 4	Alexandria, 71301 318-445-0658	A&M #5 (Conoco) 2161 LA 1 (N of US 165)	■■ ■			□■ □	■						□■						□□□						F			■■■
D 4	Alexandria, 71302 318-442-9538	I-49 Truck Plaza (66) I-49 Exit 80 NB/81 SB (US 71 N)	■■ ■	M■■		■□ □	■■	□□□	■■	■■		F C	□	[CAT logo]	□□		□□□	□□	□□□		■	■	V W	B B	F B	B	■	■■■
D 4	Alexandria, 71303 318-449-1578	Leebo's #9 (Chevron) I-49 Exit 90 (E to 6016 Old Boyce Rd)	24 HRS ■ ■	M■■		□■■□	■		■■	■■		F	□■		□□		□□	□	□□□		■□	■	V W	B B	F	B	■	■■■
F 6	Amelia, 70340 985-631-5091	LA Vegas Fuel Stop (Exxon) 9731 LA 182 E	■■ ■	S■■		□■■□	■	□	■■	■■		F C	□		□□		□□□	□ □	□□□		■	■		B	F		■	■■■
E 7	Amite, 70422 985-748-7870	Amite Plaza Truck Stop 30004 LA 16 (3 mi W of I-55 Exit 47)	24 HRS ■ ■	M■■		■ ■	■■		■■	■■	[DAT logo]	F C F	□■		□□		□□□	□	□□□		■■	■	V W	B B	F B B	B B	■	■■■
E 7	Amite, 70442 985-748-5167	Forest Gold Truck Plaza & Casino 30036 LA 16 (3 mi W of I-55 Exit 47)	24 HRS ■■■	L■■		■ □	■		■■	■		F C F	□■						□□□		■■■	■	V W	B B	F B B	B B	■	■■■
B 4	Arcadia, 71001 318-263-8855	Rogers Texaco I-20 Exit 67 (Hwy 9)	■■■■	S ■		□□ □	■	□ □		□			□		■■		□	□	■□□		■		V W	C C	C C	C C		■■■
B 4	Arcadia, 71001 318-263-8419	Fillmore Express #83 (BP) I-20 Exit 69 (Hwy 151)	24 HRS ■ ■	S■■		□□ □	■	□ □		□		F C	□■		□		□	□	□□□		■	■	V W	B B	F B B	B B	■	■■■
D 5	Archie, 71343 318-339-6118	T Towne Truck Stop (BP) 5925 US 84 & LA 28	■■ ■	M■■		■■■	■					F C	■								■		V W	B B	F B	B B	■	■■■
E 6	Baker, 70714 225-774-5200	Mobil Mart #2 3100 LA 19 N	■■ ■	M■		■	■		■■	■		F C	■		□□		□	□	□□□		■	■	V W	B B	F B	B B	■	■■■
A 5	Bastrop, 71220 318-283-1129	Norsworthy's Truck Stop 17749 LA 142	■■ ■	M ■		■	■	□	■■	■		F C	■										W	C	F	B	■	■■
E 6	Baton Rouge, 70816 225-756-8833	Express 1 Stop (Shell) 12541 US 61 (3.5 mi S of I-12)	■■ ■			■ □	■	□				□	□■								■	■■■	■ W		F			■■■
E 6	Baton Rouge, 70805 225-356-2866	Mobil Truck Stop 6305 US 190	24 HRS ■ ■	M■■		□■ □	■	□□□		□			■	□□□	□□		□□□	□	□□□		■	■ ■	V W	B B	F			■■■
F 6	Bayou Vista, 70380 985-399-7002	Bayou Vista Truck Plaza & Casino 1829 US 90	24 HRS ■ ■	M■■		24 HRS □■□	■■	□□□	■■	■■	[DAT logo]	F C □	□■		□□				□□□		■□	■	V W	B B	F B B	B B	■	■■■
F 8	Belle Chasse, 70037 504-398-1375	State Oil Fuel Center 7124 Hwy 23	24 HRS ■ ■	$M■■		□■ □	■■	□□□	■	■■	[DAT logo]	F C □	□■		□□				□□□		■■■	■■■	■ V W	B B	F B	B B	■	■■■
D 4	Bentley, 71423 318-899-3855	Ethel's Grocery (Texaco) US 167 (1 mi S of LA 8)	■■ ■			■	■	□				F	□■								■		V W		F		■	■■■
E 8	Bogalusa, 70427 985-730-9904	K&T Spur 63298 LA 10	■■ ■	S■		■□ □	■	□□				F C	■						□□□		■	■	W	B B	F	B B	■	■■■
B 3	Bossier City, 71111 318-747-3535	I-220 Travel Plaza (Chevron) I-20 Exit 26/I-220 Exit 17 A	24 HRS ■ ■	M■■		24 HRS □■□	■■	□□□	■■	■■	[DAT logo]	F C F	■■						□□□		■	■	V W	B B	F	B B	■	■■■
D 4	Boyce, 71409 318-487-0447	Rapides Truck Stop I-49 Exit 94	■■ ■	S		■	■					F C	□■							■■	■	■		B	F B	B	■	■
E 5	Breaux Bridge, 70517 337-507-3440	Silver's Travel Center (Texaco) I-10 Exit 109 (LA 328 N)	24 HRS ■ ■	M■■		□■■□	■■	□□□	■■	■■	[DAT logo] ■	F C T	□■	□□□	□□		□	□	□□□	□□	■	■	V W	B B	F B B	B B	■	■■■
E 5	Breaux Bridge, 70517 337-332-1253	Pilot Travel Center #274 I-10 Exit 109 (LA 328 S)	24 HRS ■ ■	L■■		□■■□	■■	□□□	■■	■	[DAT logo] ■ [logo] ■	F C T F	□■	[CAT logo]	□□		□□□	□	□□□		■□	■■	■■ V W	B B	F B	B B	■	■■■
F 5	Broussard, 70518 337-857-0078	Vegas Style Truck Plaza (Texaco) 1144 US 90	24 HRS ■ ■	M■■		□■■□	■■	□□	■■	■■		F C □	□	□□□	□□		□□□□	□□	□□□	□	□■	■	V W	B B	F B B	B B	■	■■■
F 5	Broussard, 70518 337-364-6970	Food N Fun #11 (Chevron) 1189 US 90 & LA 92	24 HRS ■ ■	M■		□■	■	□	■■	■■		F C	■		□□		□		□□□		■□	■ ■	V W	B B	F B	B	■	■■■
F 5	Broussard, 70518 337-364-4438	Saint Martins Truck Stop (Shell) 1339 US 90	24 HRS ■ ■	M■■		□■	■■	□ □	■■	■■		F C □	■		□□		□	□	□□□		■□	■	V W	B B	F B B	B B	■	■■■
F 5	Broussard, 70518 337-837-3978	Jubilee Texaco #4615 (Shell) 2903 US 90	24 HRS ■ ■			□□ □	■	□□				F	□■						□□□	□□	■	■	V W	B B	F B B	B B	■	■■■
F 5	Broussard, 70518 337-364-9929	Jalou of Saint Martin (Amoco) US 90	24 HRS ■ ■	M■■		24 HRS □	■■	□□□	■■	■■	[DAT logo]	F C □					□	□	□□□	□	■□	■	V W	B B	B B	B B	■	■■■
F 5	Broussard, 70518 337-365-6150	Minnows (Shell) US 90 (S of LA 92)	24 HRS ■ ■	S■■		□■	■	□ □	■■	■■	[DAT logo]	F C F	□■		□□		□□	□	□□□		■	■ ■	V W	B B	F B B	B	■	■■■
E 8	Bush, 70431 985-886-3425	Bush Shell & Diner 81730 LA 21	■■ ■			■	■						■									■ ■	V W					■■■

How to interpret the page

■ means available at truck stop □ means available nearby

in the overnight lot column:
S means room for 5 - 24 trucks
M means room for 25-74 trucks
L means room for 85-149 trucks
XL means room for 150+ trucks
$ means a parking fee may be charged

code at left-hand side of rows is the state map grid reference

a key to advertising logos is on page 25

Services may change without notice. When in doubt, call ahead.

THE TRUCKER'S FRIEND® - LOUISIANA

Driver Services: MOTOR FUEL (TRUCK DIESEL, SELF SERVICE DIESEL, METERED PROPANE, GASOLINE); PARKING (OVERNIGHT LOT ($), PAVED LOT, TRAILER DROP, ELECTRIC PLUG-INS, SAFE HAVEN/HAZMAT); FOOD (RESTAURANT, FAST FOOD, TABLE PHONES); STORES (MOTEL, CONVENIENCE, TRUCKER/TRAVEL, SHOPPING CENTER, WALMART/KMART, GROCERY); SHOWERS (LADIES, MEN'S, TV/DRIVERS LOUNGE, LAUNDRY); COMMUNICATIONS (LOAD MONITOR, INTERNET KIOSK, WI-FI HOTSPOTS, DOCUMENT SCANNING, PUBLIC FAX/COPIER, UPS/FEDX/TRIPPAK BOX, RELIGIOUS SERVICES, STATE LOTTERY)

Vehicle Services: SCALES (PLATFORM, AXLE, CERTIFIED); TIRES (REPAIRS, NEW TIRE SALES); REPAIRS (SHOP OPEN 24 HRS, DOT INSPECTION, MAJOR REPAIRS, MINOR REPAIRS, OIL CHANGE/LUBE, MINOR WELDING, AC/REEFER, CB); ROAD SVCS (TIRE, MECHANICAL, TOWING); WASH (TRUCK (EXTERIOR), TRAILER WASHOUT)

RV Info: RVs WELCOME, DUMPING STATION, PROPANE (BOTTLE)

Financial Services: ATM, CAN WIRE MONEY OUT, MONEY ORDERS, NATSO CHECK-LINK, WESTERN UNION, VOYAGER/WRIGHT EXPRESS, COMDATA (COMCHEK); C=Checks, F=Fuel Cards, B=Both: EFS, FUEL MAN, MULTI SERVICE, TCH, T-CHEK, FLEET ONE

Permit Svcs: BUY/PAY AT FUEL DESK, ALL PREPAID PERMIT SVCS

Credit Cards: AMERICAN EXPRESS, VISA/MASTERCARD, DISCOVER

Grid	Location	Truck Stop	Motor Fuel	Parking	Food	Stores	Showers	Communications	Scales	Tires	Repairs	Road Svcs	Wash	RV Info	Financial Services	Permit Svcs	Fuel Cards	Credit Cards
F5	Centerville, 70538 337-836-5580	Boone's Chevron US 90 & LA 317	24HRS ■ ■	M ■ ■	■	■ □	■ ■ ■ □		F C	□ ■	□ □				■ □ ■ ■ V W	B B	B	■ ■ ■ ■
G7	Chauvin, 70344 985-594-8335	Jubilee #609 (Chevron) 4994 Hwy 56	24HRS ■ ■	M ■ ■	■	■	■ ■ ■ □			□ ■	□ □	□ □ □ □	□	□	■ ■ ■ V W		F	■ ■ ■ ■
B5	Columbia, 71418 318-649-2296	TA Roberts Oil 6296 US 165	■ ■ ■		□ □ □	□	□		□	□	□ □	□ □	□ □ □		V W			■ ■ ■
F6	Convent, 70723 225-562-3444	Sunshine Super Stop (Shell) 12091 LA 70 E	24HRS ■ ■	M ■ ■	24HRS ■ ■	■	■ ■ ■ ■		F C	■					■ ■ V W	B B	F B B	■ ■ ■ ■
C3	Coushatta, 71019 318-932-3224	All-In-One Food Store #2 (Conoco) 1216 US 71 & US 84	■ ■ ■		□ □ □	■ □ □	□		F C	□ ■	□ □				■ V W		F	■ ■ ■ ■
C3	Coushatta, 71019 318-932-9708	Shop-A-Lott #17 (Chevron) 838 US 71 (N of US 84)	24HRS ■ ■	S ■ ■	□ ■ □	■ □ □	■ ■ ■ □		F C □	□ ■			□ □ □		■ ■ ■ V W	B B	F B	■ ■ ■ ■
C3	Coushatta, 71019 318-932-9950	Coushatta Truck Stop 945 US 71 (N of US 84)	24HRS ■ ■	S ■ ■	□ ■ □	■ □ □	■ ■ ■ ■		F C	□ ■	□ □				■ ■	B B	F B	■ ■ ■ ■
E4	Crowley, 70527 337-783-9792	Exit 80 Travel Plaza (Conoco) I-10 Exit 80 (Hwy 13)	24HRS ■ ■	M ■	24HRS □ ■ □	■ ■ □ □ □	■ ■ ■ ■	DAT	F C U	□ ■ ■ ■ ■	□ □	□ □ □ □ □	□ □ □		■ ■ ■ ■ ■ V W	B B	F B B B B	■ ■ ■ ■
B6	Delhi, 71232 318-878-8855	Jubilee Truck Stop #1201 (Chevron) I-20 Exit 153 (LA 17)	24HRS ■ ■	M ■ ■	□ ■ □	■ □ □	■ ■ □	DAT		□ ■	□ □	□ □ □	□ □ □		■ ■ V W	B B	F B B B B	■ ■ ■
B6	Delta, 71233 318-633-9620	Interstate Station # 7 (Chevron) I-20 Exit 186 (US 80 S)	24HRS ■ ■	M ■ ■	■ □	■ □	■ ■ ■ ■		F C	□ ■ □ □ □	□ □	□ □ □	□ □ □		■ ■ V W	B B	F B B	■ ■ ■ ■
E6	Denham Springs, 70726 225-665-4151	Pilot Travel Center #079 I-12 Exit 10 (Range Ave S)	24HRS ■ ■	M ■ ■	□ ■ ■ □	■ ■ □ □	■ ■	DAT ⏻	■ F C U F T	□ ■ CAT	□	□ □	□ □ □		■ ■ ■ ■ ■ ■ V W	B B	F B B B	■ ■ ■ ■
E3	DeQuincy, 70633 337-786-3065	Tigerland Grocery & Truck Stop (Citgo) 1108 LA 12 E	24HRS ■ ■	M ■ ■	□ □ □	■ □	■ ■ ■ □		F C	□ ■	□ □	□ □ □	□ □ □		■ ■ V W	B	F B	■ ■ ■ ■
E3	DeQuincy, 70633 337-786-3835	DPS Coastal 1193 LA 12 E	■ ■ ■	S ■ ■	□ ■ □	■	■ □		F C	□	□ □	□			■ ■ W	B C	B C	■ ■ ■ ■
E3	DeRidder, 70659 337-463-7646	Woodlands Plaza (Shell) 3425 LA 3226 (N of US 190 W)	■ ■ ■	M ■	■ □	■ □ □ □	□		F C	□ □ □ □	□ □	□ □	□ □ □		■ □	C	C	■ ■ ■ ■
F7	DesAllemands, 70030 985-758-2522	Jubilee #607 (Chevron) 17178 US 90 E	24HRS ■ ■		□ ■ □	■ □	□			□ ■					■ ■ V W	B B	F B B	■ ■ ■
F7	DesAllemands, 70030 985-758-1400	Somme's Lucky 7 Truck Stop (BP) 4322 US 90 (W of bridge)	24HRS ■ ■	M ■ ■	■	■ ■ □	■ ■ ■ ■		F C	□			□ □ □		■ □ ■ ■ V W	B B	F B B B B	■ ■ ■ ■
F6	Donaldsonville, 70346 225-473-8422	Popingo's # 201 (Mobil) 2330 Hwy 70 (@ Sunshine Bridge)	■ ■ ■		□ □	■				■					■ ■ W		F F	■ ■ ■
F6	Donaldsonville, 70346 225-473-0903	Lucky Star Auto Truck Stop (Texaco) 2369 Hwy 70	24HRS ■ ■	M ■ ■	■ □	■	■ ■ ■		F C				□ □ □		■ ■ V W	B	F	■ ■ ■
D4	Dry Prong, 71423 318-640-1142	Cougar Stop (Conoco) 21449 US 167 (1 mi N of LA 3225)	■ ■ ■	M ■ ■	□ ■	■				□ ■					■ V W			■ ■ ■
E5	Duson, 70529 337-873-0451	Big D Truck/Travel Plaza I-10 Exit 92	24HRS ■ ■	M ■ ■	□ ■ □	■ ■	■ ■ ■ ■	DAT ■	F C T	□ ■ □ □ □		□	□ □ □		■ ■ V W	B B	F B B B B	■ ■ ■ ■
E5	Duson, 70529 337-873-9277	I-10 Duson Travel Center (Chevron) I-10 Exit 92 (LA 95 S)	24HRS ■ ■	M ■ ■	□ ■ ■ □	■ ■ □	■ ■ ■ ■		F C	□ ■		□	□ □ □	□	■ □ ■ V W	B B	F B B B B	■ ■ ■
E5	Duson, 70529 337-873-8100	Studebaker Texaco Travel Plaza I-10 Exit 92 (LA 95)	24HRS ■ ■	XL ■ ■	24HRS ■ □	■ ■ □	■ ■ ■ ■	■ ⏻	F C U F T	□ ■ CAT	□ □ □	□ □ □	□ □ □		■ ■ ■ ■ ■ ■ V W	B B	F B B B B	■ ■ ■ ■
E5	Duson, 70529 337-873-8497	Four Deuces Truck Stop (Exxon) I-10 Exit 92 (LA 95)	24HRS ■ ■	M ■ ■	■ □ ■ □	■ □	■ ■ ■ ■	DAT	F C F	□	□ □	□ □ □ □	□ □ □		■ ■ V W	B B	F B B B B	■ ■ ■ ■
E4	Egan, 70531 337-783-1562	Manuel's I-10 Auto & Truck Stop (Conoco) I-10 Exit 76 (LA 91 S)	24HRS ■ ■	M ■ ■	24HRS ■ ■ □	■ ■ □ □	■ ■ ■ ■		F C	□ ■	■ ■ ■	■ ■ ■ ■	■ ■ □		■ ■ V W	B B	F B B B B	■ ■ ■ ■
D4	Elizabeth, 70638 318-634-5401	Willis Kountree Pride (Exxon) 4899 LA 10-112 W	■ ■ ■	S ■	■	■	□		F C		■ ■		□ □ □		■ □ V W	B	B	■ ■ ■ ■
E6	Erwinville, 70729 225-627-9200	LA Express US 190 & LA 413	24HRS ■ ■	M ■ ■	□ ■	■	■ ■ ■		F C	■					■ ■	B	F	■ ■ ■ ■
E4	Eunice, 70535 337-546-6882	Gold Mine Truck Stop & Casino (Conoco) 1671 US 190 W	24HRS ■ ■	S ■	■ □	■ □ □ □	■ ■ ■		F C □	■			□ □ □		■ W	B B	F B	■ ■ ■ ■
F5	Franklin, 70538 337-828-3338	Northwest Truck Stop (Mobil) US 90 & 1401 LA 3211	24HRS ■ ■	M ■ ■	■ ■ □	■ □ □ □	■ ■ ■ ■		F C □	□ ■			□ □ □		■ □ ■ V W	B C	F C C	■ ■ ■ ■

THE TRUCKER'S FRIEND® - LOUISIANA

How to interpret the page

■ means available at truck stop □ means available nearby

in the overnight lot column:
S means room for 5 - 24 trucks
M means room for 25-74 trucks
L means room for 85-149 trucks
XL means room for 150+ trucks
$ means a parking fee may be charged

code at left-hand side of rows is the state map grid reference

a key to advertising logos is on page 25

Services may change without notice. When in doubt, call ahead.

Columns — Motor Fuel: Truck Diesel, Self Service Diesel, Metered Propane, Gasoline. Driver Services — Parking: Overnight Lot ($), Paved Lot, Trailer Drop, Electric Plug-ins, Safe Haven/Hazmat; Food: Restaurant, Fast Food, Table Phones; Stores: Motel, Convenience, Trucker/Travel, Shopping Center, Walmart/Kmart, Grocery; Showers: Ladies, Men's; Communication: TV/Drivers Lounge, Laundry, Load Monitor, Internet Kiosk, Wi-Fi Hotspots, Document Scanning, Public Fax/Copier, UPS/FedEx/Tripak Box, Religious Services, State Lottery. Vehicle Services — Scales: Axle, Platform, Certified; Tires: Repairs, New Tire Sales; Repairs: Shop Open 24 Hrs, DOT Inspection, Major Repairs, Minor Repairs, Oil Change/Lube, Minor Welding, AC/Reefer, CB; Road Svcs: Tire, Mechanical, Towing; Wash: Truck (Exterior), Trailer Washout. RV Info: RVs Welcome, Dumping Station, Propane (Bottle). Financial Services (C=Checks, F=Fuel Cards, B=Both): ATM, Can Wire Money Out, Money Orders, NATSO Check-Link, Western Union, Voyager/Wright Express, Comdata (Comchek), EFS, Fuel Man, Multi Service, TCH, T-Chek, Fleet One, Buy/Pay at Fuel Desk. Permit Svcs: All Prepaid Permit Svcs. Credit Cards: American Express, Visa/Mastercard, Discover.

Grid	City, Phone	Truck Stop, Location	Motor Fuel / Parking	Food	Stores / Showers	Communication	Scales	Tires	Repairs / Road Svcs	Wash / RV Info	Financial Services	Voyager/Wright Express	Fuel Cards / Permit Svcs	Credit Cards
G 7	Galliano, 70354 985-325-5509	Jubilee #4631 (Chevron) 16860 LA 3235	24 HRS ■ ■	S ■	■ □ ■ □ □ □	■ ■ ■ □ DAT		□ ■		□ □ □	■ □ ■ ■	V W	B F	■ ■ ■
D 4	Glenmora, 71433 318-748-8223	G&G Superette 13342 US 165	■ ■ ■		□ ■ □	□		□ ■				W	F B	■ ■ ■
G 7	Golden Meadow, 70357 985-475-5169	Casino Motel 20804 LA 1 S	24 HRS ■ ■	M ■ ■	□ □ ■ ■ □	■ ■ ■ □	C				■		F F	■ ■ ■
E 6	Gonzales, 70737 225-647-5445	USA Auto/Truck Plaza (Citgo) I-10 Exit 177 (LA 30 N)	■ ■ ■	XL ■ ■	■ □ ■ ■ ■ ■ □	■ ■ ■	F C U F T	□	■ ■ ■ ■ ■ ■ ■ ■ ■ ■ ■ □ ■ ■ ■ ■	■ ■ □ ■	■	V W	B B B B B B	■ ■ ■ ■
E 6	Gonzales, 70737 225-647-8390	Popingo's # 202 (Mobil) I-10 Exit 179 (LA 44 N)	24 HRS ■ ■		□ □ □ ■ □ □ □	□		□ ■	□ □ □ □ □ □	□ □ □	■	V W	F	■ ■ ■
F 7	Gramercy, 70052 225-869-1212	Golden Grove Super Stop (Chevron) LA 3125 & LA 641 S	24 HRS ■ ■	M ■ ■	24 HRS ■ ■ ■ □ □	■ ■ ■ ■ DAT	F C F	□ ■ □ □	□	□ □ □	■ ■	V W	B B F B B B	■ ■ ■ ■
E 5	Grand Coteau, 70541 337-662-7006	USA Speedmax Casino I-49 Exit 11	24 HRS ■ ■	M ■ ■	■ ■	■ ■ ■ ■				□ □ □	■ ■	V W	B B F B B B B	■ ■ ■
E 5	Grand Coteau, 70541 337-662-5696	Beau Chene Truck Stop (Citgo) I-49 Exit 11 (LA 93)	24 HRS ■ ■	M ■ ■	24 HRS ■ ■ □ ■ □ □	■ ■ ■ ■	F C	□	□ □ □ □ □ □ □ □ □	□ □ □	■ □ ■	V W	B B F B B B	■ ■ ■ ■
F 6	Gray, 70359 985-879-4365	Big Wheels Travel Center (Exxon) 3092 US 90 & LA 316	24 HRS ■ ■	M ■ ■	□ ■ □ ■ ■ □	■ ■ ■ ■ DAT ■	F C	□ ■	□ □ □ □	□ □ □	■ □ ■ ■	V W	B B F B B B B	■ ■ ■ ■
C 5	Grayson, 71435 318-649-2298	TA Roberts Oil US 165 S & LA 850	■ ■ ■		□ □ □ □	□		□ □	□ □ □	□ □ □		V W	B	■ ■ ■ ■
E 7	Greensburg, 70441 225-222-4518	Bridges Oil Conoco Station 5831 LA 10 E	24 HRS ■ ■	M ■ ■	■ ■ □	■ □		□ □ ■	□ □	□ □ □	■ ■ ■	V W	B F F	■ ■ ■
B 2	Greenwood, 71033 318-938-7744	Flying J Travel Plaza #05048 (Conoco) I-20 Exit 3	24 HRS ■ ■ ■	XL ■ ■	24 HRS ■ ■ ■ ■	■ ■ ■ ■ ■	F C U F T			□ □ □	■ ■ ■ ■	V W	B B B B	■ ■ ■ ■
B 2	Greenwood, 71033 318-938-8312	Love's Travel Stop #209 I-20 Exit 3 (US 80)	24 HRS ■ ■	L ■ ■	■ ■ ■	■ ■ ■ DAT ■	F C T	■ CAT		□ □ □	■ ■ ■ ■	V W	B B F B B B	■ ■ ■ ■
B 2	Greenwood, 71033 318-938-5411	Kelly's Tavel Plaza (Texaco) I-20 Exit 5 (US 79-80)	24 HRS ■ ■	XL ■ ■	24 HRS ■ ■ ■ ■	■ ■ ■ ■ DAT ■	F C U F T	■ CAT	■ ■ ■ ■ ■ ■ ■ ■ ■ ■	R ■ ■ ■ □ ■	■ ■ ■ ■ ■	V W	B B F B B B B	■ ■ ■ ■
B 2	Greenwood, 71033 318-938-7947	Day & Night #86 (Chevron) I-20 Exit 5 (US 80)	24 HRS ■ ■	M ■ ■	□ ■ ■ □ ■ □ □	□		□ □ ■ □ □ □	□ □ □ □ □ □ □	□ □ □ □ □	□ ■ ■	V W	B B F B B B	■ ■ ■
E 6	Grosse Tete, 70740 225-648-2614	Bayou Shell Truck Stop I-10 Exit 139 (LA 77 N)	24 HRS ■ ■	M ■ ■	□ ■ ■ ■	■ ■ ■	F C		■ ■ ■ ■ ■ ■ ■	■ ■ ■	■ ■	V W	B B F B B B B	■ ■ ■ ■
E 6	Grosse Tete, 70740 225-648-2312	Tiger Truck Stop I-10 Exit 139 (LA 77 S)	24 HRS ■ ■	M ■ ■	24 HRS ■ ■ ■ ■ □	■ ■ ■ ■ DAT	F C T F	□ ■	■ ■ ■ ■ ■	■ □ □	■ ■ ■ ■ ■	V W	B B F B B B B	■ ■ ■ ■
E 7	Hammond, 70404 985-542-4981	Petro Stopping Center #10 (Mobil) I-12 Exit 40 (US 51 S)	24 HRS ■ ■	XL ■ ■	24 HRS □ ■ □ ■ ■ □	■ ■ ■ ■ DAT ■ ■	F C U F T	■ CAT	■ ■ ■ ■ ■ ■ ■	A R □ ■ ■ □ ■ ■	■ ■	W	B B B B B	■ ■ ■ ■
E 7	Hammond, 70403 985-345-5476	Pilot Travel Center #300 I-12 Exit 40 (US 51 S)	24 HRS ■ ■	M ■ ■	□ ■ ■ □ ■ ■ □	■ ■ ■ DAT ■ ■	F C U T	□ ■ CAT	□ □	□ □ □ □ □	■ ■ ■ ■ ■	V W	B B F B B B	■ ■ ■ ■
E 7	Hammond, 70403 985-542-1333	PT Self Service A/T Stop # 2 (Chevron) I-12 Exit 42 (Airport Rd)	24 HRS ■ ■	S	□ ■ □ □	□	F C	□ ■		□ □	■ ■ ■	V W	B B F B B B B	■ ■ ■ ■
E 7	Hammond, 70401 985-542-7624	Refuel Travel Center I-55 Exit 31 (US 190)	24 HRS ■ ■	S ■	□ ■ ■ □ ■ □ □	■ ■ ■ □ DAT	F C	□ ■ ■ ■ ■	□ □ □ □ □ □	□ □ □	■ ■	V W	B B F B B	■ ■ ■ ■
F 7	Harahan, 70123 504-818-0608	Jefferson Truck Stop (Spur) 5350 LA 48 (W of US 90)	24 HRS ■ ■	S ■	□ □ ■ □ □ □	□	F C	□			■ ■ ■	V	B B F B B B	■ ■ ■ ■
B 3	Haughton, 71037 318-390-9709	Pilot Travel Center #199 I-20 Exit 33	24 HRS ■ ■	L ■ ■	□ ■ ■ ■ ■ □ □	■ ■ ■ ■ DAT ■ ■	F C U F T	□ ■ CAT		□ □ □	■ □ ■ ■ ■ ■ ■	V W	B B F B B B	■ ■ ■ ■
E 5	Henderson, 70517 337-667-7150	Little Capitol Exxon I-10 Exit 115 (LA 347 N)	24 HRS ■ ■	S ■ ■	□ ■ □ ■ □	■ ■	F C	■ □ □ □	□ □ □ □ □ □ □ □	□ □ □ □ □	■ ■ ■	V W	B B F B B	■ ■ ■ ■
E 5	Henderson, 70517 337-667-8840	Bayou Belle Truck Stop & Casino (BP) I-10 Exit 115 (LA 347 N)	24 HRS ■ ■	S ■	□ ■ □ ■ □	■ ■ ■ ■ DAT	F C	□ ■	□ □ □ □ □ □	□ □ □	■ ■	V W	C B F B B	■ ■ ■ ■
E 5	Henderson, 70517 337-332-6608	Pilot Travel Center #427 I-10 Exit 115 (LA 347 S)	24 HRS ■ ■	S ■ ■	□ ■ ■ □ ■ □		F C	□ ■ □ □ □	□ □ □ □	□ □	■ ■ ■ ■	V W	B B F B B B	■ ■ ■ ■
E 5	Henderson, 70517 337-332-2090	Henderson Travel Plaza (Citgo) I-10 Exit 115 (LA 347 S)	24 HRS ■ ■	M ■ ■	□ ■ ■ □ ■ □ □ □	■ ■ ■ ■ DAT	F C	□ ■ ■ ■ ■	□ □ □	□ □ □	■ ■	V W	B B B B B B	■ ■ ■ ■ ■ ■
D 5	Holloway, 71360 318-466-9756	Outpost (Exxon) 12800 LA 28 (2 mi W)	■ ■ ■	$M ■ ■	■ ■		F	□	□ □ □	□ □ □	■	V W	F	■ ■ ■ ■

THE TRUCKER'S FRIEND® - LOUISIANA

How to interpret the page

■ means available at truck stop □ means available nearby

In the overnight lot column:
S means room for 5 - 24 trucks
M means room for 25-74 trucks
L means room for 85-149 trucks
XL means room for 150+ trucks
$ means a parking fee may be charged

code at left-hand side of rows is the state map grid reference

a key to advertising logos is on page 25

Services may change without notice. When in doubt, call ahead.

Column headings: **Driver Services** — MOTOR FUEL: Truck Diesel, Self Service Diesel, Metered Propane, Gasoline; PARKING: Overnight Lot ($), Paved Lot, Trailer Drop, Electric Plug-ins, Safe Haven/Hazmat; FOOD: Restaurant, Fast Food, Table Phones; STORES: Motel, Convenience, Trucker/Travel, Shopping Center, Walmart/Kmart, Grocery; SHOWERS: Ladies', Men's; TV/Drivers Lounge, Laundry; COMMUNICATIONS: Load Monitor, Internet Kiosk, WiFi Hotspots, Document Scanning, Public Fax/Copier, UPS/FedEx/Trippak Box, Religious Services, State Lottery. **Vehicle Services** — SCALES: Axle, Platform, Certified; TIRES: Repairs, New Tire Sales; REPAIRS: Shop Open 24 Hrs, DOT Inspection, Major Repairs, Minor Repairs, Oil Change/Lube; ROAD SVCS: Minor Welding, AC/Reefer, Tire, CB, Mechanical, Towing; WASH: Truck (Exterior), Trailer Washout. **RV Info** — RVs Welcome, Dumping Station, Propane (Bottle). **Financial Services** — ATM, Can Wire Money Out, Money Orders, Natso Check-Link, Western Union, Voyager/Wright Express, Comdata (Comchek), EFS, Fuel Man, Multi Service, TCH, T-Chek, Fleet One (C=Checks, F=Fuel Cards, B=Both), Buy/Pay at Fuel Desk. **Permit Svcs** — All Prepaid Permit Svcs. **Credit Cards** — Visa/MasterCard, American Express, Discover.

Grid	Location / Phone	Truck Stop / Address	Motor Fuel	Parking	Parking	Food	Stores	Stores	Showers	Lounge/Laundry	Communications	Communications	Communications	Scales	Tires	Repairs	Repairs	Road Svcs	Road Svcs	Wash	RV Info	Financial Services	Financial Services	Fuel Cards	Fuel Cards	Fuel Cards	Permit Svcs	Credit Cards
A 3	Hosston, 71043 318-287-3509	CJ Truck Stop (Mobil) 15660 Hwy 71 N	■ ■ ■			□ ■	■					F C	□	□ □ □										C C			■	■ ■ ■
F 7	Houma, 70363 985-857-8070	Houma Truck Plaza 1541 LA 57 S	24 HRS ■ ■	M ■ ■		24 HRS □ ■ □	■ ■	□	■ ■	■ ■	DAT ■	F C	□ ■	■ ■ ■	□ □	□	□ □ □	□ □	□ □ □	□ □	■ □	■	V W	B B	F B B	B B	■	■ ■ ■
F 7	Houma, 70364 985-876-2374	Jubilee Food & Deli (Chevron) 2018 US 182	24 HRS ■ ■	S ■		□ ■ □	■	□ □ □		□			□ ■		□ □				□ □ □		□ ■	■	V W	B	F			■ ■ ■
F 7	Houma, 70363 985-857-8751	Jubilee #624 (Exxon) LA 182 (Old US 90) & LA 3087	24 HRS ■ ■	M ■ ■		□ ■ □	■ ■	□ □ □	■ ■	■ ■		F C	□ ■		□		□		□ □ □		■ □ ■	■	V W	B B	F B	B		■ ■ ■
F 7	Houma, 70363 985-872-2201	J&N Truck Stop (Conoco) LA 24 S (3 mi S of US 182)	24 HRS ■ ■	M ■ ■		■ □	■	□ □	■ ■	■ ■		F C □	□ ■	□ □ □	□ □		□ □ □	□	□ □ □		■ ■	■	V W	B B	F B	B	■	■ ■ ■
F 7	Houma, 70361 985-580-4142	Plantation Truck Plaza & Casino LA 311 (8 mi S of US 90)	24 HRS ■ ■	M ■ ■		■	■	□ □	■ ■	■		F C	□ ■		□ □				□ □ □		■ ■	■	W	B B	F B	B B	■	■ ■ ■
E 3	Iowa, 70647 337-582-4528	Love's Travel Stop #243 I-10 Exit 43 (LA 383)	24 HRS ■ ■	M ■ ■		□ ■ ■ □	■ ■	□	■ ■	■	DAT ■ ⏻	■ F C T F	□ ■	CAT	□ □		□	□	□ □ □		■ ■	■	■ V W	B B	F B	B B	■	■ ■ ■
E 3	Iowa, 70647 337-582-5464	King's Travel Plaza (Exxon) I-10 Exit 43 (LA 383)	24 HRS ■ ■	M ■ ■		24 HRS ■ ■ □	■ ■	□ □	■ ■	■ ■	DAT	■ F C U T	□ ■	■ ■ ■	■ ■	■	■	■ A	■ ■ □		■ ■	■	V W	B B	F B B	B B	■	■ ■ ■
F 5	Jeanerette, 70544 337-276-3592	Landry's Auto/Truck Stop (Conoco) US 90 MM 143.5	24 HRS ■ ■	M ■ ■		■ □	■	□	■ ■	■ ■		F C	□ ■		□ □		□ □ □	□	□ □ □		■	■	V W	B B	F B	B B	■	■ ■ ■
E 4	Jennings, 70546 337-616-9989	Jennings Travel Center I-10 Exit 64 (LA 26)	24 HRS ■ ■	M ■ ■		24 HRS □ ■ □	■ ■	□ □	■ ■	■ ■	DAT	F C □	□ ■	■ ■ ■	□ □		□ □	□	□ □ □		■ ■	■ ■	V W	B B	F B B	B B	■	■ ■ ■
E 4	Jennings, 70546 337-616-8881	Roadmaster Travel Plaza (66) I-10 Exit 65 (LA 97)	24 HRS ■ ■	M ■ ■		■ ■ □	■ ■	□ □	■ ■	■ ■		F C	□ ■		□ □		□ □ □	□	□ □ □		■	■	V W	B B	F B B	B	■	■ ■ ■
E 4	Jennings, 70546 337-824-1892	Gottson Oil (Spur) I-10 Exit 65 (LA 97)	■ ■ ■			□ □ □	■	□					□		□ □		□ □	□	□ □ □					B	F			■ ■ ■
B 4	Jonesboro, 71251 318-395-0111	Wooly's One Stop (Conoco) 1799 US 167 S	■ ■ ■	S ■ ■		■ ■ □	■	□ □ □		□			□		□				□		■ ■		V W	B B	F B	B		■ ■ ■
B 4	Jonesboro, 71251 318-259-8153	A-Max Citgo 825 US 167	■ ■ ■	M ■ ■		□ ■ □	■	□ □ □					□ ■		□ □		□	□	□ □ □		■ □		W					■ ■ ■
B 3	Keithville, 71047 318-925-4770	S&A Truck Stop (Chevron) 12300 US 171 S	24 HRS ■ ■	$ M ■ ■		■	■	□ □	■ ■	■		F C	□ ■		□ □				□ □ □		■ □	■ ■	V W	B B	F B C	B C	■	■ ■ ■
D 7	Kentwood, 70444 985-229-2721	Kangaroo #3467 I-55 Exit 61 (LA 38)	24 HRS ■ ■	S ■		□	■	□		□			□ ■		□ □		□ □	□ □	□ □ □		■ □ ■	■ ■ ■	■ V W	B B	F	B B		■ ■ ■
D 7	Kentwood, 70444 985-229-7878	Super Station (Exxon) I-55 Exit 61 (LA 38)	■ ■ ■	S		□ ■	■	□		□		□	□ ■		□ □		□	□	□ □ □		□	■	W	B B	F	B		■ ■ ■
F 7	Labadieville, 70372 985-526-9922	Wag-A-Pak Truck Stop (Conoco) 2569 LA 1	24 HRS ■ ■	M ■ ■		□ ■	■		■ ■	■ ■		F C	□ ■		□ □		□ □		□ □ □		■	■ ■	V W	B	F		■	■ ■ ■
E 5	Lafayette, 70507 337-237-0176	TravelCenters of America I-10 Exit 101 (LA 182 N)	24 HRS ■ ■	L ■ ■		24 HRS ■ ■ □	■ ■	□ □ □	■ ■	■ ■	DAT	TA ■ F C U F T	□	CAT	BF	■ ■	■ ■	A □	■ ■ □		■ □	■ ■	■ ■ W	B B	B	B B	■	■ ■ ■
E 5	Lafayette, 70507 337-235-3249	Jubilee Express #4627 I-10 Exit 101 (LA 182 N)	24 HRS ■ ■	S ■		□ ■ □	■ ■	□ □		□	DAT	F	□ ■		□ □		□ □ □	□	□ □		■	■	V W	B B	F B B	B B	■	■ ■ ■
E 3	Lake Charles, 70615 337-433-1366	Chardele's Auto/Truck Plaza (Chevron) I-10 Exit 36 (1/2 mi S on Hwy 397)	24 HRS ■ ■	M ■ ■		□ ■ □	■		■ ■	■ ■			□ ■		□ □		□ □	□	□ □ □		■ □	■ ■	V W	B B	F	B		■ ■ ■
E 3	Lake Charles, 70616 337-491-9293	Fuel Stop 36 (Conoco) I-10 Exit 36 (Hwy 397 N)	24 HRS ■ ■	M ■ ■		□ □	■		■ ■			F C F	■	■ ■ ■	■ ■	■	■ ■ ■	■	■ ■ □	■ ■	■ □	■	V W	B B	B B	B B	■	■ ■ ■
F 7	LaPlace, 70069 985-651-1800	LaPlace Travel Center (Texaco) I-10 Exit 209 (US 51 S)	24 HRS ■ ■	XL ■ ■		24 HRS ■ □	■ ■	□	■ ■	■ ■	DAT	F C T F	□ ■	■ ■ ■	□ □	□	□ □ □	□ □	□ □ □		■	■	■ V W	B B	F C	B B	■	■ ■ ■
F 7	LaPlace, 70069 985-652-0531	Pilot Travel Center #082 I-10 Exit 209 (US 51)	24 HRS ■ ■	L ■ ■		□ ■ □	■ ■	□ □	■ ■	■ ■	DAT	⏻ ■ F C U	■	CAT	□ □	□	□ □ □	□ □	□ □		■ □ ■	■ ■ ■	■ V W	B B	F B	B B	■	■ ■ ■
F 7	Larose, 70373 985-693-6077	Larose Truck Plaza & Casino 11825 LA 308	24 HRS ■ ■	M ■ ■		■	■		■ ■			F C	■		□ □		□	□	□ □ □		■ ■	■	V W	B B	F B B	B B	■	■ ■ ■
D 6	Laurel Hill, 70775 225-635-1853	State Line Truck Stop (Exxon) 15169 US 61 N (at MS state line)	24 HRS ■ ■	S ■ ■		24 HRS ■	■		■ ■	■ ■		F C	■	□ □ □							■	■		B	F		■	■ ■ ■
E 5	Lebeau, 71345 337-623-4458	Stelly's Shell US 71 & LA 10	■ ■ ■	M ■ ■		■	■	□				C	□		□ □		□	□	□ □ □		■ ■	■	W	C C	F			■ ■ ■
D 3	Leesville, 71446 337-239-6104	Paul's Truck Stop (Exxon) US 171 S (6 mi N of Ft Polk)	■ ■ ■	M ■ ■		■ □ □	■	□ □ □	■ ■	■ ■		F C F	□ ■	□ □ □	□ □		□ □	□ □	□ □ □		■	■ ■	V W	B B	B	B B	■	■ ■ ■

THE TRUCKER'S FRIEND® - LOUISIANA

How to interpret the page

■ means available at truck stop □ means available nearby

in the overnight lot column:
- S means room for 5 - 24 trucks
- M means room for 25-74 trucks
- L means room for 85-149 trucks
- XL means room for 150+ trucks
- $ means a parking fee may be charged

code at left-hand side of rows is the state map grid reference
a key to advertising logos is on page 25

Services may change without notice. When in doubt, call ahead.

Column headings: Driver Services — MOTOR FUEL (Truck Diesel, Self Service Diesel, Metered Propane, Gasoline); PARKING (Overnight Lot ($), Paved Lot, Trailer Drop, Electric Plug-ins, Safe Haven/Hazmat); FOOD (Restaurant, Fast Food, Table Phones); STORES (Motel, Convenience, Trucker/Travel, Shopping Center, Walmart/Kmart, Grocery); SHOWERS (Ladies, Men's); COMMUNICATION (TV/Drivers Lounge, Laundry, Load Monitor, Internet Kiosk, Wi-Fi Hotspots, Document Scanning, Public Fax/Copier, UPS/FedEx/Trippak Box, Religious Services, State Lottery). Vehicle Services — SCALES (Certified, Platform, Axle); TIRES (New Tire Sales, Repairs); REPAIRS (Shop Open 24 Hrs, DOT Inspection, Major Repairs, Minor Repairs, Oil Change/Lube, Minor Welding); ROAD SVCS (AC/Reefer, CB, Tire, Mechanical, Towing); WASH (Truck (Exterior), Trailer Washout). RV Info (RVs Welcome, Dumping Station, Propane (Bottle)). Financial Services (ATM, Can Wire Money Out, Money Orders, Natso Check-Link, Western Union, Voyager/Wright Express, Comdata (Comchek), EFS, Fuel Man, Multi Service, TCH; C=Checks, F=Fuel Cards, B=Both). Permit Svcs (T-Chek, Fleet One, Buy/Pay at Fuel Desk, All Prepaid Permit Svcs). Credit Cards (American Express, Visa/Mastercard, Discover).

Grid	Location / Phone	Truck Stop / Address	Motor Fuel	Parking	Food	Stores	Showers	Communication	Scales	Tires	Repairs	Road Svcs	Wash	RV Info	Financial Services	Permit Svcs	Credit Cards
E 6	Livonia, 70760 225-637-2281	LA Express US 190 & LA 78	24HRS ■	■	S ■ ■	24HRS □ ■	□	■ ■ □	F	□	□	□		□ □ □	■ ■ W	B B F.	■ ■ ■ ■
C 2	Logansport, 71049 318-697-5918	Logansport Truck Stop (BP) US 84 (1 mi E)	24HRS ■	■	M ■ ■	■ □ ■	□	■ ■ ■ □	F C	□ ■	□ □			□ □ □	■ □ ■ W	F	■ ■ ■ ■
B 2	Longwood, 71060 318-929-2231	Longwood Truck Stop (Mobil) LA 169 & Blanchard-Furrh Rd	24HRS ■	■	L ■ ■	24HRS ■ ■		■ ■ ■ ■	F C	□ ■					■ ■ ■ V W	B C F B B B B	■ ■ ■ ■
E 6	Magnolia, 70706 225-664-2522	Magnolia Beach Truck Stop 6865 LA 64 (W of LA 16)	24HRS ■	■	L ■ ■	□ ■ □ ■	□	□		□ ■	□	□ □ □ □ □		□ □ □	■ ■ ■ ■ V W	B B F B C B	■ ■ ■
C 3	Mansfield, 71052 318-872-6418	Eagles Truck Stop (BP) I-49 Exit 177 (LA 509)	24HRS ■	■	M ■ ■	■ ■ ■		■ ■ ■ ■	F C						■ ■ V W	B B F B B B	■ ■ ■ ■
C 3	Mansfield, 71052 318-872-1818	Mansfield Travel Plaza LA 509 (2 blks N of US 84)	24HRS ■	■	S	■ ■	□ □ □	■ ■ □		■					■ ■	F B	■ ■ ■
C 3	Mansfield, 71052 318-872-0325	Shop-A-Lott # 3 (Citgo) US 171 & US 84 W	24HRS ■	■	M ■ ■	□ □ □ ■	□ □ □	■ ■ ■ □	C	□ ■	□ □	□ □ □		□ □ □	■ ■ ■ V W	B C F C	■ ■ ■
D 5	Mansura, 71350 318-253-7675	Wash & Go Shell 7944 LA 1	24HRS ■	■	M ■ ■	□ □ ■	□			□	□ □			□ □ □	■ □ ■ V W	B F	■ ■ ■
F 8	Marrero, 70072 504-328-1444	Westwood Spur 7340 US 90 Business	24HRS ■	■	$ S ■ ■	□ □ □ ■	□ □	□	F C	□ ■	□ □	□ □ □		□ □ □	■ □ ■ ■	B B F B B	■ ■ ■ ■
E 3	Merryville, 70653 337-825-6230	Merryville Truck Stop (Shell) 11459 US 190 W	24HRS ■	■	M ■ ■	■ ■	□	■ ■ ■ □	F C	□ ■	□ □	□ □ □		□ □ □	■ ■ V W	B B B	■ ■ ■ ■
E 3	Merryville, 70653 337-825-8068	Sunshine Smoke Shop 11511 US 190 W	■ ■	■	S ■	□ □ ■				□ ■					■		■ ■ ■
B 3	Minden, 71055 318-371-1310	Trucker's Paradise I-20 Exit 49	24HRS ■	■	L ■ ■	24HRS ■		■ ■ ■ DAT	F C	■	□ □	□ □		□ □ □	■ ■	B B F B B B B	■ ■ ■ ■
B 3	Minden (East), 71055 318-371-0189	Triple C Truck-Travel Plaza & Casino (Exxon) I-20 Exit 52 (LA 532)	24HRS ■	■	M ■ ■	24HRS ■ ■ ■ ■	□ □	■ ■ ■ ■	F C □	□ CAT	■ ■	□ □		□ □ □	■ ■ V W	B B F B B B B	■ ■ ■ ■
B 3	Minden (West), 71055 318-371-1717	Fillmore Express #88 (BP) I-20 Exit 38 (Goodwill Rd S)	24HRS ■	■	M ■ ■	■ ■ ■		■ ■ ■ DAT	F	□ ■	□ □	□ □ □		□ □ □	■ □ ■ V W	B B F B B B	■ ■ ■ ■ ■
B 5	Monroe, 71201 318-388-0112	Harde Mart #320 (Shell) 3201 US 80 (W of US 165)	■ ■	■	S	□ □ □ ■	□	□	F C □	□ ■				□ □	■ ■ ■ V W	B F B	■ ■ ■ ■
B 5	Monroe, 71203 318-343-1661	E-Z Mart #114 I-20 Exit 124	24HRS ■	■	M ■ ■	□ ■	□			□ ■	□ □			□ □ □	■ V W	B B F B B B B	■ ■ ■
B 5	Monroe (West), 71292 318-329-3590	Pilot Travel Center #428 I-20 Exit 112	24HRS ■	■	M ■ ■	■ ■ □ ■ ■	□	■ ■ ■ DAT ⏻ ■	F C U F	□ ■ CAT				□ □ □	■ ■ ■ ■ ■ ■ ■ V W	B B F B B B	■ ■ ■
B 5	Monroe (West), 71292 318-387-3943	Harde Mart #130 (Texaco) I-20 Exit 114 (Thomas Rd S)	■ ■	■	S ■ ■	□ □ □ ■	□ □ □	□		□ ■	□ □	□ □ □ □ □ □	□	□ □ □	■ W		■ ■ ■
C 3	Natchitoches, 71457 318-357-1436	Shop-A-Lott #20 (Texaco) 201 Hwy 3175	■ ■	■	M	■ □ ■		□		□ ■	□ □	□ □ □			■ ■ ■ V W	B F	■ ■ ■
C 3	Natchitoches, 71457 318-357-0365	Shop-A-Lott #10 (Chevron) I-49 Exit 138 (LA 6)	24HRS ■	■	M ■ ■	□ ■ ■ □ ■		■ ■ ■	F C U F		□ □	□ □ □		□ □ □	■ ■ ■ V W	B B F B C	■ ■ ■
C 3	Natchitoches, 71457 318-352-7443	Shop-A-Lott # 5 (Chevron) LA 1 & Hwy 3175 N	■ ■	■	S ■ ■	□ □ □ ■	□ □	□		□ ■	□ □			□ □ □	■ □ ■ V W	B F	■ ■ ■
F 8	New Orleans, 70129 504-254-3313	Stan's Truck Stop 15200 US 90	24HRS ■	■	M ■ ■	24HRS □ ■	□ □	■ ■ ■ ■	F C	■	□ □	□ □ □		□ □ □	■ □ ■ V W	B B F B B B	■ ■ ■ ■
F 8	New Orleans, 70129 504-277-9805	Paradise Truck Stop (Citgo) 2101 LA 47 (5 mi S of I-10 Exit 246 A)	24HRS ■	■	M ■ ■	■ ■ □ ■ ■	□ □ □ □	■ ■ ■ DAT	F C □	□	□ □ □ □ □	□ □ □		□ □ □	■ ■ V W	B B F B B B B	■ ■ ■ ■
F 8	New Orleans, 70043 504-271-7262	Quality Inn Truck Stop 5353 LA 47 (6 mi S of I-10 Exit 246 A)	24HRS	■	S ■ ■	□ □ □ ■	□ □ □	■ □		□	□ □ □ □ □	□ □	□	□ □ □ □	■ W	B F B	■ ■ ■
F 8	New Orleans, 70117 504-945-1000	Mardi Gras Truck Stop (Amoco) I-10 Exit 236 B (EB)/237 (WB)	24HRS ■	■	$ L ■ ■	■ ■ □ ■	□	■ ■ ■ DAT	F C U F T	□ ■ ■ ■ ■	□ □	□ □ □ □	□	□ □ □ ■ ■	■ ■ ■ ■ V W	B B F B B B B	■ ■ ■ ■ ■
F 8	New Orleans, 70126 504-943-5000	Big Easy Travel Plaza I-10 Exit 239	24HRS ■	■	$ L ■ ■	■ ■ ■ ■ □	■	■ ■ ■ DAT ■	F C U T	□ ■ ■ ■ ■ ■	■ ■ ■ ■ ■ ■	■	A R	■ ■ □	■ ■ ■ V W	B B F B B B B	■ ■ ■ ■
F 8	New Orleans, 70129 504-254-1869	Irish Bayou Travel Center (BP) I-10 Exit 254 (US 11)	24HRS ■	■	M ■	■ ■		■ ■ ■ DAT	F C	■				□ □ □	■ ■ V W	B B F B B	■ ■ ■ ■
F 8	New Orleans, 70129 504-254-2100	Discount Zone (Spur) I-510 Exit 2 A (12930 US 90 E)	24HRS ■	■	M ■ ■ ■	□ □ □ ■	□ □ □	□	F C	□	□ □ □ □	□ □		□ □ □	■ ■ ■ V W	B F B	■ ■ ■ ■

THE TRUCKER'S FRIEND® - LOUISIANA

How to interpret the page

■ means available at truck stop □ means available nearby

In the overnight lot column:
S means room for 5 - 24 trucks
M means room for 25-74 trucks
L means room for 85-149 trucks
XL means room for 150+ trucks
$ means a parking fee may be charged

code at left-hand side of rows is the state map grid reference
a key to advertising logos is on page 25

Services may change without notice. When in doubt, call ahead.

Column headings:
- **Driver Services** — MOTOR FUEL: Truck Diesel, Self Service Diesel, Metered Propane, Gasoline; PARKING: Overnight Lot ($), Paved Lot, Trailer Drop, Electric Plug-Ins, Safe Haven/Hazmat; FOOD: Restaurant, Fast Food, Table Phones, Motel; STORES: Convenience, Trucker/Travel, Shopping Center, Walmart/Kmart, Grocery; SHOWERS: Ladies', Men's, TV/Drivers Lounge, Laundry; COMMUNICATIONS: Load Monitor, Internet Kiosk, Wi-Fi Hotspots, Document Scanning, Public Fax/Copier, UPS/FedEx/TripPak Box, Religious Services, State Lottery
- **Vehicle Services** — SCALES: Axle, Platform, Certified; TIRES: Repairs, New Tire Sales; REPAIRS: Shop Open 24 Hrs, DOT Inspection, Major Repairs, Minor Repairs, Oil Change/Lube, Minor Welding, AC/Reefer; ROAD SVCS: CB, Tire, Mechanical, Towing; WASH: Truck (Exterior), Trailer Washout
- **RV Info** — RVs Welcome, Dumping Station, Propane (Bottle)
- **Financial Services** — ATM, Can Wire Money Out, Money Orders, Natso Check-Link, Western Union, Voyager/Wright Express, Comdata (Comchek), EFS, Fuel Man, Multi Service, TCH, T-Chek; C=Checks, F=Fuel Cards, B=Both
- **Permit Svcs**
- **Credit Cards** — Fleet One, Buy/Pay at Fuel Desk, All Prepaid Permit Svcs, American Express, Visa/Mastercard, Discover

Grid	Location / Phone	Truck Stop / Address	Motor Fuel	Parking	Food	Stores	Showers	Communications	Scales	Tires	Repairs	Road Svcs	Wash	RV Info	Financial Services	Permit Svcs	Credit Cards
F 8	New Orleans, 70128 504-241-0409	Palace Truck Stop (Mobil) I-510 Exit 2 C	24 HRS ■ ■	XL$ ■ ■	■ ■ ■ ■ □	■ ■ □ □	■ ■ ■ ■	DAT ■	F C U F T	□ ■	■ ■ ■ ■ ■ ■ ■	■ ■ ■ ■ A R	■ ■ ■		■ ■ ■ ■ W	B B	F B B B B ■ ■ ■ ■
E 6	New Roads, 70760 225-638-4562	Mid River Truck Stop (Exxon) LA 1 & Hospital Rd (1/2 mi S)	24 HRS ■ ■	S ■ ■	24 HRS □ □	■ □ □ □	■ ■ ■ ■		F C	□ ■	□ □	□ □	□ □		■	C	F ■ ■ ■ ■
E 5	Opelousas, 70570 337-942-2787	Opelousas 190 Truck Stop (Conoco) 12120 US 190 W	24 HRS ■ ■	M ■ ■	■ □	■ ■ □	■ ■ ■ ■	DAT	F C F	□ ■			□ □ □		■ ■ W	B B	F B B B ■ ■ ■ ■
E 5	Opelousas, 70571 337-948-1946	The Quarters (Chevron) I-49 Exit 23 (LA 744)	24 HRS ■ ■	M ■ ■	■ □	■ ■ □ □ □	■ ■ ■ ■	■	F C T	□ ■	□ □ □	□ □ □ □	□ □ □		■ □ ■ V W	B B	F B B B B ■ ■ ■ ■
E 5	Opelousas, 70570 337-948-3212	I-49 Truck Stop (Texaco) I-49 Exit 23 (US 167)	24 HRS ■ ■	M ■ ■	■ □ ■	■ ■ □ □	■ ■ ■ ■	DAT	F C	■	□ □	□ □ □ □	□ □ □		■ □ ■ V W	B B	F B B B B ■ ■ ■ ■
E 5	Opelousas, 70570 337-407-9825	167 Truck Stop (Exxon) I-49 Exit 23 (US 167)	24 HRS ■ ■	M ■ ■	■ ■ ■ □	■ ■	■ ■ ■ ■	DAT	F C				□ □ □		■ ■ V W	B B	F B B B ■ ■ ■ ■
F 6	Patterson, 70392 985-395-6611	Wag-A-Pak #9 (Conoco) 518 US 90	■ ■ ■		□ □ □	■ □ □ □	□		F	□ ■	□ □	□ □	□ □ □	□	□ ■ ■ V W		F ■ ■ ■
F 7	Paulina, 70763 225-869-6960	Grand Point Truck Stop (Texaco) 3415 LA 3125	24 HRS ■ ■	S	24 HRS	■ □	■ ■		F C F	□ ■	□ □		□ □ □		■ ■ ■ ■ V W	B B	F B B B B ■ ■ ■ ■
D 4	Pineville, 71360 318-640-1492	Paradise Grocery US 165 N	■ ■ ■	S$	□ □ □	■ □ □	□		F C	□ ■	□ □	□ □	□ □ □		■ ■ ■		■ ■ ■ ■
E 6	Plaquemine, 70764 225-685-1050	Plaquemine Truck Stop & Travel Plaza 25394 LA 1	24 HRS ■ ■ ■	M	■ □	■ ■ □ □	■ ■ ■ ■		F C	□ ■	□ □		□ □ □		■ ■ W	B B	F B ■ ■ ■
F 6	Plattenville, 70393 985-369-6037	Diamond Magic 6712 Hwy 70 N	24 HRS ■ ■	M ■ ■	24 HRS ■	■ □ □	■ ■ ■ ■		F C	□			□ □ □		■ ■ V W	C	■ ■ ■ ■
D 4	Pollock, 71467 318-765-9890	Grant One Stop (Chevron) US 165 N & LA 8	24 HRS ■ ■			■									■ V W		F ■ ■ ■ ■
E 6	Port Allen, 70767 225-387-9010	Lucky Louie's Truck Stop 4169 US 190 W	24 HRS ■ ■	S ■	□ ■ □	■ □ □ □	■ ■ ■ □		F C □	□	□ □ □ □ □	□ □ □ □	□ □ □		■ □ ■	B B	F B ■ ■ ■ ■
E 6	Port Allen, 70767 225-383-6500	TMI Fuel Stop 524 US 190 W & LA 1	24 HRS ■ ■	M ■ ■	■ □	■ □	■ ■ ■ ■		F C F	□ ■	CAT ■	□ □ □ □	□ □	□ □ □	■ ■	B B	F B ■ ■ ■
E 6	Port Allen, 70767 225-383-0695	Cajun Circus (Citgo) 6742 US 190 W (6 mi W of LA 415)	24 HRS ■ ■	M ■ ■	■ ■	■	■ ■ ■ ■		F C	■	□	□ □ ■	□		■ ■ V W	B B	F C ■ ■ ■ ■
E 6	Port Allen, 70767 225-388-9913	Pilot Travel Center #426 I-10 Exit 151 (LA 415 N)	24 HRS ■ ■	M ■ ■	□ ■ □	■ □ □ □	■ ■ □	DAT ■	F C T	□ ■	CAT □ □	□ □ □ □ □ □ □	□ □ □		□ ■ ■ ■ V W	B B	F B B B ■ ■ ■ ■
E 6	Port Allen, 70767 225-338-1590	H&R Truck Stop (BP/Amoco) I-10 Exit 151 (LA 415 N)	24 HRS ■ ■	M ■ ■	24 HRS ■ □	■ ■ □ □	■ ■ ■ □	DAT	F C □	□ ■	□ □ □ □ □	□	□ □ □	□	■ □ ■ V W	B B	F B B B B ■ ■ ■ ■
E 6	Port Allen, 70767 225-387-3100	Cash's Truck Plaza I-10 Exit 151 (LA 415 N)	24 HRS ■ ■	L ■ ■	24 HRS ■ ■ □	■ ■ □ □	■ ■ ■ ■	DAT	F C T	□ ■	■ ■ ■ □ □	□ □ □ □ □ □	□ □ □		■ □ ■ V W	B B	F B B B B ■ ■ ■ ■
E 6	Port Allen, 70767 225-346-8000	River Port Truck Stop (Shell) I-10 Exit 151 (LA 415 S)	24 HRS ■ ■	M ■ ■	24 HRS ■ ■ □	■ ■ □ □ □	■ ■ ■ ■	DAT	F C	□	□ □ □ □ □	□ □ □ □ □	■ ■ ■		■ ■ V W	B B	F B B B ■ ■ ■ ■
E 6	Port Allen, 70767 225-389-9111	Love's Travel Stop #240 I-10 Exit 151 (LA 415 S)	24 HRS ■ ■	M ■ ■	□ ■ ■ □	■ □ □	■ ■ ■	DAT ■	F C U F T	□ ■	CAT □ □	□ □ □	□ □ □		■ ■ ■ ■ V W	B B	F B B B ■ ■ ■ ■
E 6	Port Allen, 70767 225-749-0500	LA 1 South Truck Stop (Amoco) I-10 Exit 153 (LA 1 S)	24 HRS ■ ■	M ■ ■	□ ■ □	■ □ □ □	■ ■ ■ ■		F C	□ ■			□ □ □		■ ■ V W	B	F B ■ ■ ■ ■
E 6	Port Allen, 70767 225-377-2012	Minnows #2 US 190 & LA 415	24 HRS ■ ■	L ■ ■	□ ■ □	■ □ □	■ ■ ■ ■			■			□ □ □	□	■ □ ■ ■ V W	B B	F B B ■ ■ ■
E 5	Port Barre, 70577 337-585-7697	King's Truck Stop (Texaco) 16470 US 190 E (3 mi E of I-49)	24 HRS ■ ■	M ■ ■	24 HRS ■ □	■	■ ■ ■		F C	■	□ □	□ □ □ □	□ □ □		■ ■ V W	B B	F B B B B ■ ■ ■ ■
G 7	Port Fourchon, 70357 985-396-2727	Kajun Sportsman (Conoco) 27900 LA 1	24 HRS ■ ■	S	■ ■ □	■ □	□								■ □ ■ ■ W		■ ■ ■ ■
G 8	Port Sulphur, 70083 985-564-2751	La Caffe Casa (Chevron) 26145 LA 23	24 HRS ■ ■	S ■	24 HRS	■ □				□			□ □ □		■ ■ V W	B	C ■ ■ ■ ■
F 7	Raceland, 70394 985-537-0118	Presto Fuel Center (Shell) 1556 US 90 E	24 HRS ■ ■	M ■ ■	■	■	■ ■ ■ ■	DAT	F C	■		■	□ □ □		■ ■ V W	B B	F B B ■ ■ ■
E 4	Rayne, 70578 337-334-5335	Econo-Mart (Mobil) I-10 Exit 87 (LA 35 S)	■ ■ ■		□ ■ □	■ □	□			□ ■	□ □		□ □ □		□ ■ ■ W		F F ■ ■ ■
E 4	Rayne, 70578 337-334-3764	Frog City Travel Plaza (Citgo) I-10 Exit 87 (LA 35 S) AMBEST	24 HRS ■ ■ ■	L ■ ■	24 HRS ■ ■ ■	■ ■ □ □	■ ■ ■ ■	DAT ■	F C U F T	□ ■	■ ■ ■ (BF) ■ ■	□ ■ ■ ■ □ ■	■ ■ ■	■ ■	■ ■ ■ ■ ■ ■ V W	B B	F B B B B ■ ■ ■ ■

THE TRUCKER'S FRIEND® - LOUISIANA

How to interpret the page

■ means available at truck stop □ means available nearby

In the overnight lot column:
- S means room for 5 - 24 trucks
- M means room for 25-74 trucks
- L means room for 85-149 trucks
- XL means room for 150+ trucks
- $ means a parking fee may be charged

code at left-hand side of rows is the state map grid reference

a key to advertising logos is on page 25

Services may change without notice. When in doubt, call ahead.

Column groups: Driver Services — Motor Fuel (Truck Diesel, Self Service Diesel, Metered Propane, Gasoline); Parking (Overnight Lot (S), Paved Lot, Trailer Drop, Electric Plug-Ins, Safe Haven/Hazmat); Food (Restaurant, Fast Food, Table Phones); Stores (Motel, Convenience, Trucker/Travel, Shopping Center, Walmart/Kmart, Grocery); Showers (Ladies, Men's); TV/Drivers Lounge, Laundry; Communication (Load Monitor, Internet Kiosk, Wi-Fi Hotspots, Document Scanning, Public Fax/Copier, UPS/FedEx/Trippak Box, Religious Services, State Lottery). Vehicle Services — Scales (Axle, Platform, Certified); Tires (Repairs, New Tire Sales); Repairs (Shop Open 24 Hrs, DOT Inspection, Major Repairs, Minor Repairs, Oil Change/Lube, Minor Welding, AC/Reefer); Road Svcs (CB, Tire, Mechanical); Wash (Towing, Truck (Exterior), Trailer Washout). RV Info (RVs Welcome, Dumping Station, Propane (Bottle)). Financial Services (ATM, Can Wire Money Out, Money Orders, Natso Check-Link, Western Union, Voyager/Wright Express, Comdata (Comchek)) — C=Checks, F=Fuel Cards, B=Both. Permit Svcs (EFS, Fuel Man, Multi Service, TCH, T-Chek, Fleet One, Buypay at Fuel Desk, All Prepaid Permit Svcs). Credit Cards (American Express, Visa/Mastercard, Discover).

Grid	Location / Phone	Truck Stop / Address	Fuel & Parking	Food	Stores & Showers	Lounge & Communication	Scales & Tires	Repairs	Road Svcs & Wash	RV Info & Financial	Permit Svcs	Credit Cards
B5	Rayville, 71269 318-728-6639	Rayville U-Pack It (Citgo) I-20 Exit 138 (LA 137)	24HRS ■ ■	M ■ ■	□ ■ □ ■	□ □ □	F C □ ■	□ □ □ □ □	□ □ □ □ □	□ □ □ □ ■ □ ■ ■ ■ ■ ■	V W B B	B C ■ ■ ■ ■
B5	Rayville, 71269 318-728-4100	Pilot Travel Center #335 I-20 Exit 138 (LA 137)	24HRS ■ ■	M ■ ■	□ ■ ■ □ ■ ■	□ □ □ ■ ■ □ DAT ⏻	U F T C □ ■	CAT □ □	□ □ □ □ □	□ □ □ □ □ ■ ■ ■ ■ ■	V W B B F B	B B ■ ■ ■ ■
B5	Rayville, 71269 318-728-0488	Bee Bayou Truck Stop (BP) I-20 Exit 141 (LA 583)	■ ■ ■	M ■ ■	■ ■	□ ■ ■ ■	F C □	■ ■ ■	■ ■ ■ ■ □	■ ■ ■ ■	B F B	B B ■ ■ ■ ■
F7	Reserve, 70804 985-479-3768	Home #17 (Shell) 3901 US 61	24HRS ■ ■	S ■	□ ■ ■	□ ■	F C □ □ ■			□ □ □ ■ ■	V W B B F B B	B B ■ ■ ■ ■
C3	Robeline, 71469 318-472-9410	Shop-A-Lott # 2 (Chevron) 9103 LA 6 & LA 120	■ ■ ■		□ ■		□ ■			□ ■	V W F	■ ■ ■
E6	Saint Francisville, 70748 225-635-2272	Southern Belle Truck Stop/Casino (Chevron) US 61 & LA 964	24HRS ■ ■	M ■ ■	□ ■ □ ■	□ ■ ■ ■	F C □ ■			■ ■	V W B B F B B	B B ■ ■ ■ ■
E6	Saint Gabriel, 70776 225-642-9999	Highway 30 Truck Plaza 4001 LA 30	24HRS ■ ■	L ■ ■	24HRS □ ■ ■ ■	■ ■ ■ ■	F C ■	■ ■ ■ BF ■ ■	■ ■ ■ A	■ ■ □ ■ ■	V W B B F B B	B B ■ ■ ■ ■
F7	Saint Rose, 70068 504-464-9033	Holmes Food Mart (Shell) 10326 US 61 (1.5 mi S of I-310 Exit 2)	24HRS ■ ■	M ■ ■	□ ■ □ ■ ■	■ ■ ■ ■ ■	F C □ ■			□ □ □ ■ ■	V W B B F B B	B B ■ ■ ■ ■
F7	Saint Rose, 70087 504-472-0772	Saint Rose Travel Center 10405 US 61 (1.5 mi S of I-310 Exit 2)	24HRS ■ ■	L ■ ■	24HRS ■ ■ □ ■ ■	□ □ □ ■ ■ ■ ■ DAT	F C F □ ■	■ ■ ■ □ □ ■ ■	■ ■ ■ A	■ ■ □ ■ ■ ■ ■ ■ ■	V W B B F B B	B B ■ ■ ■ ■
A3	Sarepta, 71071 318-994-3701	Timberland Truck Stop 26026 LA 371 N	24HRS ■ ■	M ■ ■	■ ■	□ □ □ ■ ■ ■	F C □ ■	■ ■	■ ■ ■ ■ A	□ □ □ ■ ■	B B F	B ■ ■ ■ ■
F6	Schriever, 70395 985-447-5840	Jubilee #601 (Exxon) 301 LA 20 & Main Project Rd	24HRS ■ ■	M ■ ■	□ ■ □ ■	□ □ □ ■ ■ ■ ■	F □ ■	□ □	□ □ □ □ □	□ □ □ ■ ■	W B F	B B ■ ■ ■ ■
B3	Shreveport, 71149 318-686-6111	PETRO Petro Stopping Center # 8 (Mobil) I-20 Exit 8 (Industrial Loop)	24HRS ■ ■	XL ■ ■	24HRS ■ ■ □ ■ ■	□ □ □ ■ ■ ■ ■ DAT ⏻	U F T C □ ■	CAT BF ■ ■	■ ■ ■ A	■ ■ □ ■ ■ ■ □ ■	V W B B B	B B ■ ■ ■ ■
B3	Shreveport, 71129 318-688-0654	Pilot Travel Center #083 I-20 Exit 8 (LA 526 S)	24HRS ■ ■	S ■	□ ■ □ ■ ■	□ □ □ ■ ■ □ DAT	■ F T C F □ ■	□ □ □ □ □ □	□ □ □ □	□ □ □ □ □ ■ □ ■ ■ ■ ■ ■ ■	V W B B F B	B B ■ ■ ■ ■
D5	Simmesport, 71369 318-941-2487	Maddie's One Stop (Texaco) 15972 LA 1	■ ■ ■	M ■	■ □ ■	□ □	□ □	□ □	□ □	□ □ □ ■ ■	V W B F	B ■ ■ ■
E8	Slidell, 70461 985-641-7767	Fleet Travel Center #601 I-10 Exit 263 (LA 433)	24HRS ■ ■	S ■	□ ■ ■ □ ■ ■	□ □ □ ■ ■ □ DAT	F C □ ■	CAT □ □	□ □ □ □	□ □ □ ■ □ ■	V W B B F B B	B B ■ ■ ■ ■
E8	Slidell, 70458 985-643-6089	Interstate Station #17 (Texaco) I-10 Exit 263 (LA 433)	24HRS ■		□ □ □ ■	□ □ □	F □ ■	□ □ □ □ □	□ □ □ □	□ □ □ □ □ ■	V W B B F B	B B ■ ■ ■ ■
E8	Slidell, 70458 985-643-9974	TravelCenters of America (TA) I-10 Exit 266 (US 190 - Gause Blvd)	24HRS ■ ■	XL ■ ■	24HRS □ ■ □ ■ ■	□ □ □ ■ ■ ■ ■ DAT TA	U F T C □ ■	■ ■ ■ BF ■ ■	■ ■ ■ A	■ ■ □ ■ ■ ■ ■	W B B B	B B ■ ■ ■ ■
E8	Slidell, 70458 985-641-1957	Jubilee Express #4815 I-12 Exit 83 (US 11)	24HRS ■ ■	S ■	□ ■ ■	□ □ □ DAT	F C □ ■	□		■ ■ ■	V W B B F B B	B B ■ ■ ■ ■
E8	Slidell, 70458 985-641-1958	Interstate Station #23 (Chevron) I-12 Exit 83 (US 11)	24HRS ■ ■		□ □	□ □	■			□ ■	V W B F	■ ■ ■
F6	Sorrento, 70778 225-675-5393	Sorrento Super Stop (Chevron) I-10 Exit 182 (LA 22 S)	24HRS ■ ■	M ■ ■	□ ■ ■ ■	□ ■ ■ ■ ■ DAT	F C □ ■	CAT □ □	□ □ □ □	□ □ □ ■ ■	V W B B F	B B ■ ■ ■ ■
F6	Sorrento, 70778 225-675-5213	Speedy Junction I-10 Exit 182 (LA 22)	24HRS ■ ■ ■		■	□ □ □	■ □ □ □			□ ■ ■	F F	■ ■ ■
A3	Springhill, 71075 318-539-4200	Relay Station #1 (Exxon) 1011 US 371/LA 7 N	24HRS ■ ■	S ■ ■	■ □ ■ ■	□ □ □ □ ■ ■ ■	F C □ □ ■	□	□	□ □ □ ■ □ ■	W B B F B B	B B ■ ■ ■ ■
E3	Starks, 70661 337-743-5471	Starks Truck Stop (Texaco) 4344 LA 12	24HRS ■ ■	M ■ ■	24HRS ■ ■	■ ■ ■ ■	F C □ ■	□ □ □		□ □ □ ■ ■ ■ ■ ■	V W B B F B B	B B ■ ■ ■ ■
E3	Sulphur, 70663 337-528-3156	Fifth Wheel Conoco 500 LA 27 (N of US 90)	24HRS ■ ■	S ■ ■	24HRS □ ■	□ ■ ■ □	F C ■	□ □	□ □ □	□ □ □ ■ ■	V W F	■ ■ ■ ■
E3	Sulphur, 70665 337-527-0144	Pilot Travel Center #085 I-10 Exit 20 (LA 27)	24HRS ■ ■	M ■ ■	□ ■ □ ■	□ □ □ ■ ■ □	■ ■ F C ■	□ □	□ □ □ □ □	□ □ □ ■ □ ■ ■ ■ ■	V W B B F B	B B ■ ■ ■ ■
E3	Sulphur, 70663 837-527-5432	Super Saver Express (Chevron) I-10 Exit 21	24HRS ■ ■	M ■ ■	■ □ ■	□ ■ ■ ■	F C ■			□ □ □ ■ □ ■ ■ ■	V W B B F	B ■ ■ ■ ■
E3	Sulphur, 70665 337-882-1405	Winner's Choice Truck Stop (Citgo) I-10 Exit 23 (Hwy 108)	24HRS ■ ■	M ■ ■	24HRS □ □ ■ ■	□ □ □ ■ ■ ■ □	F C F □ ■	□ □ □	□ □ □	□ □ □ □ □ □ ■ □ ■	V W B B F B B	B B ■ ■ ■ ■
B6	Tallulah, 71282 318-574-5760	Kangaroo #3450 I-20 Exit 171 (US 65 N)	24HRS ■ ■	S ■	□ □ □ ■	□ □	□ ■	□ □ □ □ □	□ □ □	■ ■ ■	W B B F B B	B B ■ ■ ■ ■

THE TRUCKER'S FRIEND® - LOUISIANA

How to interpret the page

■ means available at truck stop □ means available nearby

in the overnight lot column:
S means room for 5 - 24 trucks
M means room for 25-74 trucks
L means room for 85-149 trucks
XL means room for 150+ trucks
$ means a parking fee may be charged

code at left-hand side of rows is the state map grid reference
a key to advertising logos is on page 25

Services may change without notice. When in doubt, call ahead.

Column groups: Driver Services (Motor Fuel: Truck Diesel, Self Service Diesel, Metered Propane, Gasoline; Parking: Overnight Lot ($), Paved Lot, Trailer Drop, Electric Plug-Ins, Safe Haven/Hazmat; Food: Restaurant, Fast Food, Table Phones; Stores: Motel, Convenience, Trucker/Travel, Shopping Center, Walmart/Kmart, Grocery; Showers: Ladies, Men's, TV/Drivers Lounge, Laundry; Communications: Load Monitor, Internet Kiosk, Wi-Fi Hotspots, Document Scanning, Public Fax/Copier, UPS/FedEx/Tripak Box, Religious Services, State Lottery); Vehicle Services (Scales; Tires: Axle, Platform, Certified, Repairs, New Tire Sales; Repairs: Shop Open 24 Hrs, DOT Inspection, Major Repairs, Minor Repairs, Oil Change/Lube, Minor Welding; Road Svcs: AC/Reefer, CB, Tire, Mechanical, Towing; Wash: Truck (Exterior), Trailer Washout); RV Info (RVs Welcome, Dumping Station, Propane (Bottle)); Financial Services (ATM, Can Wire Money Out, Money Orders, Natso Check-Link, Western Union, Comdata (Comchek), Voyager/Wright Express, EFS, Fuel Man, Multi Service, TCH, T-Chek, Fleet One); Permit Svcs (Buy/Pay at Fuel Desk, All Prepaid Permit Svcs; C=Checks, F=Fuel Cards, B=Both); Credit Cards (American Express, Visa/Mastercard, Discover)

Grid / City / Phone	Truck Stop / Location	Fuel & Parking	Food	Stores & Showers	Communications	Scales & Tires	Repairs / Road Svcs / Wash	RV Info	Financial Services	Permit Svcs	Credit Cards
B6 Tallulah, 71282 318-574-3835	U-Pak-It (Chevron) I-20 Exit 171 (US 65 N)	24HRS ■ ■	S ■ ■	□ ■ ■ □ ■ □	□	F C □ ■	□ □ □ □ □ □	□ □ □ □	■ ■ ■	V W B B	B ■ ■ ■ ■
B6 Tallulah, 71282 318-574-1325	Tallulah Truck Stop (Conoco) I-20 Exit 171 (US 65 S)	24HRS ■ ■	M ■ ■	24HRS ■ ■ □ ■ ■ □	■ ■ ■ ■	F C □ ■ CAT	□ □ □ □	□ □ □	■ □ ■ ■	V W B B F B B B B	■ ■ ■ ■
B6 Tallulah, 71282 318-574-5900	TravelCenters of America #46 I-20 Exit 171 (US 65 S) (TA)	24HRS ■ ■	L ■ ■	24HRS □ ■ □ ■ ■ □	■ ■ ■ ■ DAT TA	F U C F T □ ■ CAT	BF ■ ■ ■ ■ ■ ■ A	■ ■ □	■ ■ ■ ■ ■	W B B B B B	■ ■ ■ ■
B6 Tallulah, 71282 318-574-6413	Love's Travel Stop #237 I-20 Exit 171 (US 65)	24HRS ■ ■	M ■ ■	□ ■ ■ ■ □ ■ ■ ■ □	□ ■ ■ ■ DAT ⏻	F C □ □ ■ CAT	□ □ □ □ □	□ □ □	■ ■ ■ ■	V W B B F B B B	■ ■ ■ ■
F7 Thibodaux, 70301 985-447-7800	Colonel's Truck Plaza & Casino (Exxon) LA 20 & LA 648	24HRS ■ ■	M ■ ■	□ ■ ■ ■ □ ■ □ □	■ ■ ■ ■	F C □ □ ■		□ □ □	■ ■	V W B B F B B B B B	■ ■ ■ ■
F7 Thibodaux, 70302 985-447-5552	Acadia Truck Plaza LA 308 & LA 20	24HRS ■ ■	M ■ ■	24HRS □ □ ■ □ □	■ ■ ■ ■ DAT	F C □ ■	□ □ □ □	□ □ □	■ ■ ■	V W B F	■ ■ ■ ■
E7 Tickfaw, 70466 985-542-6511	Tickfaw Pit Stop (Chevron) I-55 Exit 36 (LA 442 E)	24HRS ■ ■	M ■	■ ■ □	□	□ ■	□ □ □		■ ■ ■	V W B B F B	■ ■ ■
F7 Vacherie, 70090 225-265-8401	Jubilee # 612 (Chevron) 22020 LA 20 W	24HRS ■ ■	L ■ ■	■ ■ ■ ■ ■ □	■ ■ ■ ■	F C □ ■	□ □ □ □ □	□ □ □	■ ■ ■	V W B B F B	■ ■ ■ ■
D5 Vidalia, 71373 318-336-2005	Kaiser Mobil 4291 US 84 W	24HRS ■ ■	S ■	□ ■ □ ■ □	■ ■ □	□ ■	□ □ □ □ □	□ □ □	■ ■ ■ ■	V W B B F B B B B	■ ■ ■
D5 Vidalia, 71373 318-336-5047	B-Kwik #7 (Shell) 800 US 84 W	■ ■ ■		□ □ □ ■ □ □ □	□	C □ ■	□ □	□ □ □	□ ■ ■	V W B B B B	■ ■ ■
E5 Ville Platte, 71322 318-838-7788	Tiger Trax #7 (Exxon) I-49 Exit 40 (Hwy 29)	24HRS ■ ■	M ■ ■	24HRS ■ ■ ■	■ ■ ■ ■ DAT	F C ■		□ □ □	■ ■	V W B B F B B B F	■ ■ ■ ■
F3 Vinton, 70668 337-589-5841	Bayou Gold Truck Stop #3120 (Exxon) I-10 Exit 4 (N on LA 109)	24HRS ■ ■	M ■ ■	24HRS ■ □ ■	■ ■ ■ ■	F C □ ■	□ □ □ □ □ □ □	□ □ □	■ □ ■	V W B B F B B B B	■ ■ ■ ■
F3 Vinton, 70668 337-589-5647	Longhorn Truck & Car Plaza (Chevron) I-10 Exit 4 (N on LA 109)	24HRS ■ ■	L ■ ■	24HRS ■ ■ ■ ■ ■ ■ □	■ ■ ■ ■	F C F ■	■ ■ ■ ■ ■ ■ A R	■ ■ ■	■ □ ■	V W B B F B B B B	■ ■ ■ ■
F3 Vinton, 70668 337-589-3989	Cash Magic Truck Stop I-10 Exit 4 (N on LA 109)	24HRS ■ ■	M ■ ■	24HRS ■ □ ■	■ ■ ■ ■	F C □ ■	□ □ □ □ □ □	□ □ □	■ □ ■	V W B B F B B B B	■ ■ ■ ■
F3 Vinton, 70668 337-589-7000	Delta Town Truck Stop (Shell) I-10 Exit 4 (S on Toomey)	24HRS ■ ■	M ■	24HRS ■	■ ■ ■	F C □ ■	□ □ □ □	□ □ □	■	V W B B F B B B B	■ ■ ■ ■
F3 Vinton, 70668 337-589-3795	Delta Truck Plaza I-10 Exit 4 (SW on old US 90)	24HRS ■ ■	M ■ ■	■ □ □ ■ □	■ ■ ■ ■	F C	□ □ □ □ □ □	□ □ □	■ □ ■ ■ ■ ■	W B B F B B B B	■ ■ ■ ■
F3 Vinton, 70668 337-589-6396	Tobacco Plus #5 (Exxon) I-10 Exit 4 (SW on old US 90)	24HRS ■ ■	M ■ ■	□ □ □ ■	■ ■ ■ ■	F C ■	□ □ □ □ □ □	□ □ □	■ □ ■ ■ ■ ■	V W B B B B B B	■ ■ ■ ■
F3 Vinton, 70668 337-589-3535	Delta Fuel Stop (Exxon) I-10 Exit 7 (LA 3063)	24HRS ■ ■	M ■ ■	□ □ □ ■	■ ■ ■ □	F C □ ■	□ □ □ □ □ □ □	□ □ □	■ □ ■ ■ ■	V W B B F B	■ ■ ■ ■
A2 Vivian, 71082 318-375-5144	Relay Station #2 (Exxon/Mobil) 14347 LA 1 S & LA 2	24HRS ■ ■	M ■ ■	24HRS □ ■ ■ □ □	■ ■ □	F C □ ■	□ □ □ □	□ □	■ □ ■	B B F B B B B	■ ■ ■ ■
E6 Walker, 70821 225-664-5281	Pel State Oil I-12 Exit 15 (LA 447)	24HRS ■ ■	S ■ ■	□ □ ■ □ □ □	□	F C □ ■		□ □ □		W B F	■ ■
E6 Walker, 70785 225-667-0025	Swifty's #16 (Chevron) I-12 Exit 15 (LA 447)	24HRS ■ ■	S	□ ■ □ ■ □ □ □	□	□ □ ■		□ □ □	■ ■ ■ ■	V W B. F	■ ■ ■
B6 Waverly, 71232 318-878-8114	Waverly Truck Stop I-20 Exit 157 (LA 577 N)	24HRS ■ ■	M ■ ■ ■ ■	24HRS ■	■ ■ ■ DAT	F C □ ■		□ □ □	■ ■	B B F B B B	■ ■ ■ ■
E6 Waverly, 71232 318-878-7500	Big Top Travel Center & Casino (Chevron) I-20 Exit 157 (LA 577 S)	24HRS ■ ■	M ■ ■	■ ■	■ ■ ■	F C ■		□ □ □	■	V W B B F B B B B	■ ■ ■ ■
C4 Winnfield, 71483 318-648-6635	The Trading Post (Conoco) 5714 US 167 N & LA 156	■ ■ ■	S ■	□ ■ □ ■ □ □ □	■ □	□	□ □ □ □ □ □ □ □ □	□ □ □	■ ■	V W B C F B	■ ■ ■ ■
C4 Winnfield, 71483 318-628-3100	Country Boy Truck Stop US 167 N (MM 164) & LA 156	■ ■ ■	S ■	□ ■ □ ■ □ □ □	□	□ □	□ □ □ □ □ □	□ □ □	■	B F B B	■ ■ ■
C4 Winnfield, 71483 318-628-1451	Win Fuel Service (Conoco) US 84 & US 167	■ ■		□ □ □ ■ □ □ □	□	□ □	□ □ □ □ □ □ □ □	□ □ □		V W F	■ ■ ■
C4 Winnfield, 71483 318-628-3666	Jubilee Truck Stop #401 (Exxon) US 84 W & US 167 N	24HRS ■ ■	M ■ ■	□ □ □ ■ □ □	□	F C □ ■	□ □ □ □ □	□ □ □	■ ■ ■	V W B B F B B B	■ ■ ■ ■
D4 Woodworth, 71485 318-443-1188	Tiger Fuel Stop (Exxon) I-49 Exit 73 (LA 3265 W)	■ ■ ■	M ■ ■	■ ■		F C □ □		□ □ □	■ □	V W B B F B B B	■ ■ ■ ■

MAINE-NEW HAMPSHIRE-VERMONT

LEGEND

- This town has a diesel location listed in the directory
- This town has a 24 hr diesel location with a travel store, showers, large lot, and a 24 hr restaurant
- (S) Approximate location of state weigh scale and/or inspection station

ME - Fuel Tax Rates
Diesel..........26.3¢
Gasoline......24.6¢

NH - Fuel Tax Rates
Diesel..........18¢
Gasoline......18¢

VT - Fuel Tax Rates
Diesel..........26¢
Gasoline......20¢

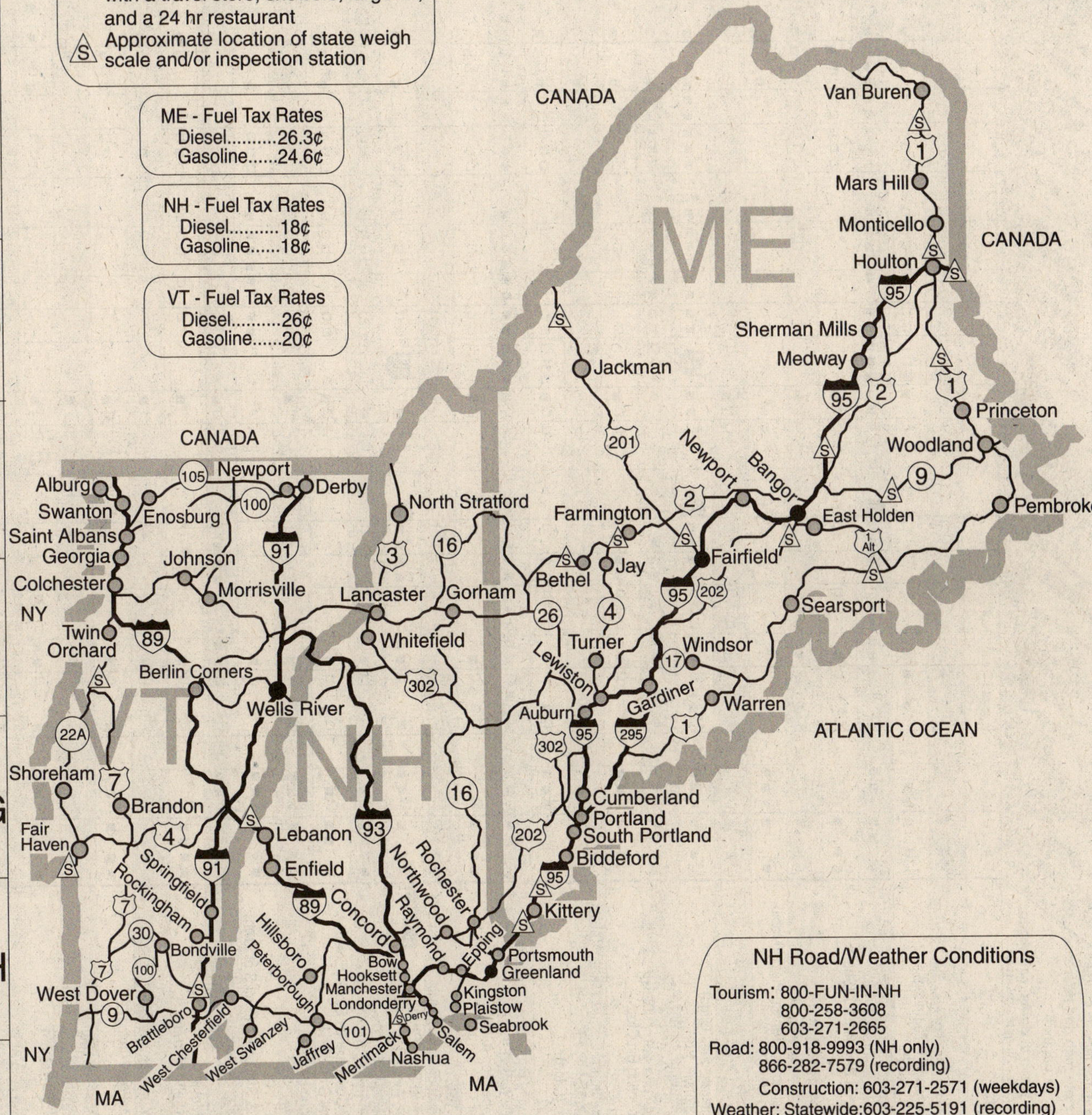

ME Road/Weather Conditions

Tourism: 800-533-9595
207-623-0363
Road: www.511me.com
Construction: 800-698-7747 (METP) (rec)
Weather: Portland: 207-688-3210 (recording)
Bangor: 207-942-9480 (recording)

NH Road/Weather Conditions

Tourism: 800-FUN-IN-NH
800-258-3608
603-271-2665
Road: 800-918-9993 (NH only)
866-282-7579 (recording)
Construction: 603-271-2571 (weekdays)
Weather: Statewide:603-225-5191 (recording)

VT Road/Weather Conditions

Tourism: 800-VERMONT
Road: 800-ICY-ROAD (rec)
802-828-2648 (7:00a-3:30p weekdays)
Weather: Burlington: 802-862-2475 (recording)

How to interpret the page

■ means available at truck stop □ means available nearby

In the overnight lot column:
- S means room for 5 - 24 trucks
- M means room for 25-74 trucks
- L means room for 85-149 trucks
- XL means room for 150+ trucks
- $ means a parking fee may be charged

code at left-hand side of rows is the state map grid reference
a key to advertising logos is on page 25

Services may change without notice. When in doubt, call ahead.

THE TRUCKER'S FRIEND® - MAINE - NEW HAMPSHIRE - VERMONT

Column headings:
- **Driver Services**:
  - MOTOR FUEL: Truck Diesel, Self Service Diesel, Metered Propane, Gasoline
  - PARKING: Overnight Lot ($), Paved Lot, Trailer Drop, Electric Plug-Ins, Safe Haven/Hazmat
  - FOOD: Restaurant, Fast Food, Table Phones
  - STORES: Motel, Convenience, Trucker/Travel, Shopping Center, Walmart/Kmart, Grocery
  - SHOWERS: Ladies, Men's
  - COMMUNICATIONS: TV/Drivers Lounge, Laundry, Load Monitor, Internet Kiosk, WiFi Hotspots, Document Scanning, Public Fax/Copier, UPS/FedEx/TripPak Box, Religious Services, State Lottery
- **Vehicle Services**:
  - SCALES
  - TIRES: Axle, Platform, Certified, Repairs, New Tire Sales
  - REPAIRS: Shop Open 24 Hrs, DOT Inspection, Major Repairs, Minor Repairs, Oil Change/Lube, Minor Welding
  - ROAD SVCS: AC/Reefer, CB, Tire, Mechanical
  - WASH: Towing, Truck (Exterior), Trailer Washout
- **RV Info**: RVs Welcome, Dumping Station, Propane (Bottle)
- **Financial Services**: ATM, Can Wire Money Out, Money Orders, Natso Check-Link, Western Union, Voyager/Wright Express, Comdata (Comchek)
  - Key: C=Checks, F=Fuel Cards, B=Both
- **Permit Svcs**: EFS, Fuel Man, Multi Service, TCH, T-Chek, Fleet One, BuyPay at Fuel Desk, All Prepaid Permit Svcs
- **Credit Cards**: American Express, Visa/MasterCard, Discover

MAINE

Grid	Location / Phone	Truck Stop / Address	Driver Services	Vehicle Services	RV Info	Financial Services	Permit Svcs	Credit Cards
G 4	Auburn, 04210 207-784-4358	Ness Oil 249 US 202 (3.5 mi N of I-95 Exit 75)	■■ ■ □□ □ □ □	F C □ □□□ □□ □□□□ □	□□□		B	■ ■■
G 4	Auburn, 04210 207-795-5052	Auburn Mainway #1475 (Irving) I-95 (METP) Exit 75	24 HRS ■ ■ M ■ ■ ■■	F C F ■ □□□□ □□ □□□□□	□□□	□ ■ ■ V W	B B B B B B	■■■■
E 5	Bangor/Hermon, 04401 207-942-4878	Dysart's Service (Citgo) I-95 Exit 180 (Coldbrook Rd)	24 HRS ■■ XL ■■ 24 HRS ■ ■■ ■■■■ DAT	F C U F T ■■■■■■■ ■ ■■■ ■	■■□	■■■■■ ■ V W	B B B B B B	■■■■
F 4	Bethel, 04217 207-824-2000	Big Apple Food Store #1072 (Shell) US 2	■■ ■ □ □■ □ , □	F C □□■	□□□□ □	□■ V W		■■■■
G 4	Biddeford, 04005 207-284-6942	Biddeford Irving Mainway I-95 (METP) Exit 32 (ME 111)	24 HRS ■ ■ □■ □■ □□□ □	F C □□■ □ □□□□ □ □	□□□	□■■ V W	B B B	■■■
G 4	Cumberland, 04039 207-829-3306	Mile 58 Southbound Service Plaza (Mobil) I-95 (METP) MM 58 SB	■ ■ S ■■ ■			■ W		■■■
E 5	East Holden, 04429 207-989-4065	Irving Mainway I-395 Exit 6	24 HRS ■ ■ □ □■ □□□ □	□□■		□■■ V W	B B B B	■■■
F 5	Fairfield, 04937 207-453-7984	Truckers International (Citgo) I-95 Exit 132 (ME 139)	24 HRS ■ ■ L ■■ 24 HRS ■■□ ■■ □□□ ■■■■ DAT ■	F C U F T ■■ CAT ■■ ■■■■■■ A R	■■■■■ ■■	■ V W	B B B B B B	■■■■
F 5	Fairfield, 04937 207-453-9677	Irving 201 Big Stop I-95 Exit 133 (US 201 - 1 mi N)	24 HRS ■ ■ S ■ ■ ■■ ■■■	F C ■□□□ ■■■■■■■■ A R	■■■□□	■ ■ ■ V W	B B B B B B	■■■■
E 4	Farmington, 04938 207-778-3701	Farmington Irving Big Stop US 2 & ME 4	24 HRS ■ ■ M ■ ■□ □■■ □□□ ■■■	F C F □■ □ □	□□□	■ ■ ■ V W	B B B B B B	■■■■
F 4	Gardiner, 04345 207-582-6430	Mile 98 Northbound Service Plaza (Mobil) I-95 (METP) MM 98 NB	24 HRS ■ S ■ ■			■ V W		■■■
D 6	Houlton, 04730 207-532-4059	Doc's Place (Citgo) I-95 Exit 302	■ ■ M ■■ □■ □■ □□□ ■ □	F C □□■ □□□ □□ □□□ □	□□□□ □□	■□ ■ V W	B	■■■■
D 6	Houlton, 04730 207-532-2948	Travelers Irving Big Stop I-95 Exit 302 (US 1)	24 HRS ■■ M ■■ 24 HRS □■□ ■■ □□□ ■■■□ DAT	F C U F □■ ■■■■■■■■■ ■	■■□	■■■□■■■ ■ V W	B B F B B B B	■■■■
D 4	Jackman, 04945 207-668-7864	Trail Side One Stop (Gulf) 407 US 201	■■ ■ S □□ □■ □ □	□■ □□ □□	□□	□■ V W		■■■
F 4	Jay, 04239 207-897-3111	Fabian Oil (Valero) 238 ME 4 & Androscoggin Mill Rd	■■ □□ □ □	F C □ □□□□□		V W		■■■■
H 4	Kittery, 03904 207-439-2466	AMBEST Howell's Travel Stop (Citgo) I-95 (METP) Exit 2 (US 1 Bypass S)	24 HRS ■ ■ M ■■ ■□ □■■ □ □ ■■■■ DAT	F C U F T ■ CAT □□ □ □□	□□□	■ ■ W	B B B B	■■ ■■■
F 4	Lewiston, 04240 207-783-0581	Gendron's Mobil Service I-95 (METP) Exit 80 (Lisbon St)	■■ ■ □□ □■ □	C □ □□□□ □□□□□ □	□□□	V W		■■■
C 6	Mars Hill, 04758 207-429-8209	Dead River Convenience Store (Exxon) US 1 (1/4 mi S of US 1A)	■ ■■ S ■ □□ □■ □	□■□□ □□ □□□	□□□	■ ■■ W	C C	■■■
D 6	Medway, 04460 207-746-3411	Medway Irving Big Stop I-95 Exit 244	24 HRS ■ ■ S ■■ 24 HRS □■	F C □■ □ □□□		■ V W	B B	■■■■
C 6	Monticello, 04760 207-538-0900	C&W Citgo 1678 US 1 & Station Rd (3 mi S of town)	■ ■ S ■■ ■	F C □ ■■ ■■■■■	□□□	■ V W		■■■
E 5	Newport, 04953 207-368-5775	Newport Irving Big Stop I-95 Exit 157 (US 2 & ME 100)	24 HRS ■ M ■■ 24 HRS □ □■■ □□□ ■■■□	F C T F □■ □□ □	□□□	■ V W	B B B B B B	■■■■
E 7	Pembroke, 04666 207-726-5566	Johnson's Mobil 529 US 1 (N end of town)	■■■■ □ □■ □	■ □□ □ □□□	□□□	■■ W		■■■■
G 4	Portland, 04103 207-773-2628	Exit 48 Mobil I-95 (METP) Exit 48 (90 Riverside St)	24 HRS ■ ■ □ □■ □ □	F C □■ □□□□□□□	□□□	■ V W	B	■■■■
E 7	Princeton, 04668 207-796-5056	Princeton Mainway (Irving) US 1	■■ ■ S ■ ■ □■ □	F C □■	□□□	■□■ W		■■■■
E 7	Princeton, 04668 207-796-2673	Princeton One Stop (Mobil) US 1	■■ □□ □■ □	C □■		■ W		■■■
F 5	Searsport, 04974 207-548-6649	Searsport Irving Big Stop US 1	■ ■ M ■■ ■ □■■ □ □	F □□■	□□□	■□ ■ ■ W	B B B B B	■■■■
D 6	Sherman Mills, 04776 207-365-4485	Sherman Irving Big Stop I-95 Exit 264 (ME 158)	24 HRS ■ ■ S ■■ ■ □■ □ □	F C □□■	□□□	■ ■ W	B B B	■■■■

THE TRUCKER'S FRIEND® - MAINE - NEW HAMPSHIRE - VERMONT

How to interpret the page

■ means available at truck stop □ means available nearby

In the overnight lot column:
- S means room for 5 - 24 trucks
- M means room for 25-74 trucks
- L means room for 85-149 trucks
- XL means room for 150+ trucks
- $ means a parking fee may be charged

code at left-hand side of rows is the state map grid reference

a key to advertising logos is on page 25

Services may change without notice. When in doubt, call ahead.

Column groups: Driver Services — MOTOR FUEL (Truck Diesel, Self Service Diesel, Metered Propane, Gasoline), PARKING (Overnight Lot ($), Paved Lot, Trailer Drop), FOOD (Electric Plug-ins, Safe Haven/Hazmat, Restaurant, Fast Food), STORES (Table Phones, Convenience, Motel, Trucker/Travel, Shopping Center, Walmart/Kmart, Grocery), SHOWERS (Ladies', Men's), TV/Drivers Lounge, Laundry, COMMUNICATION (Load Monitor, Internet Kiosk, Wi-Fi Hotspots, Document Scanning, Public Fax/Copier, UPS/FedEx/Dropbox, Religious Services, State Lottery). Vehicle Services — SCALES (Axle, Platform, Certified), TIRES (Repairs, New Tire Sales), REPAIRS (Shop Open 24 Hrs, DOT Inspection, Major Repairs, Minor Repairs, Oil Change/Lube, Minor Welding, AC/Reefer, CB), ROAD SVCS (Tire, Mechanical, Towing), WASH (Truck (Exterior), Trailer Washout). RV Info (RVs Welcome, Dumping Station, Propane (Bottle)). Financial Services (ATM, Can Wire Money Out, Money Orders, NATSO Check-Link, Western Union, Voyager/Wright Express, Comdata (Comchek)). Permit Svcs (EFS, Fuel Man, Multi Service). Credit Cards (TCH, T-Chek, Fleet One, Buy/Pay at Fuel Desk, All Prepaid Permit Svcs, American Express, Visa/MasterCard, Discover). C=Checks, F=Fuel Cards, B=Both.

MAINE

Grid	Location	Truck Stop	Fuel / Parking	Food	Stores	Showers / Lounge	Communication	Scales	Tires	Repairs	Road Svcs	Wash	RV Info	Financial Services	Permit Svcs	Fuel Cards	Credit Cards
G 4	South Portland, 04106 207-761-0501	Exit 7 Irving I-95 (METP) Exit 43 (2 mi E to 690 US 1)	■■ ■		□□ □	■ □□□	□		□■				□	■	V W	B	■■■
F 4	Turner, 04282 207-225-6444	Murray's Truck Stop ME 4 (12 mi N of Auburn)	■ ■	S ■■	■■ □	■ □	■■■■	F C	□ ■■■	□□	□□	□	□□□	■ ■	V W	B B B	■■■■
C 6	Van Buren, 04785 207-868-5702	Tulsa Inc. 26 US 1	■ ■		□ □	■ □			□■		□□□	□	□□□			C	■■■■
F 5	Warren, 04864 207-273-2633	Andy's Variety 1625 US 1	■■■■ ■	S ■	■	■ □	□	F C	□■	□ □	□□		□□□	■ ■■	W	C	■■■■
F 5	Windsor, 04363 207-549-7563	Moody's Electric ME 17	■ ■		□						□	□					
E 7	Woodland, 04694 207-454-8129	Woodland Irving Big Stop US 1 & ME 9	24 HRS ■ ■	M ■■	■ □	■■ □	■■■	F C	■ □□□				□□□	■	V W	B B B B B	■■■■

NEW HAMPSHIRE

Grid	Location	Truck Stop	Fuel / Parking	Food	Stores	Showers / Lounge	Communication	Scales	Tires	Repairs	Road Svcs	Wash	RV Info	Financial Services	Permit Svcs	Fuel Cards	Credit Cards
H 3	Bow, 03304 603-223-6885	Mr Mike's Travel Plaza (Citgo) I-93 Exit 11 (1.5 mi N on NH 3A)	24 HRS ■ ■	M ■■	■ ■	■■ □□□	■■■■ DAT	F C T F	□■ □□	□□ □	□□□	□	□□□	■ ■■■■	V W	B B B B B B	■■■■
H 3	Bow, 03304 603-228-6175	Bow Junction Irving Mainway I-93 Exit 12 (NH 3A S)	24 HRS ■ ■	M ■ ■	■ □	■■	■■ ■	F C T	■	□□	□□□	□	□□□	■■	V W	B B B B B B	■■■■
H 3	Concord, 03301 603-224-0141	Fred's Kwik Stop & Deli (Sunoco) I-93 Exit 13 (US 3)	■■ ■		□■ □	■ □□□	□		□■	□ □	□□	□	□□□	■		B B	■■■
H 3	Concord, 03301 603-224-9261	Loudon Road Shell I-93 Exit 14 (NH 9 E)	24 HRS ■ ■		□□ □	■ □□□	□		□■	□□			□□□	■■ ■	W	B	■■■
H 3	Derry, 03038 603-434-3838	Freedom Fuel & Food (Citgo) I-93 Exit 4 (NH 102 E)	■■ ■		□□	■ □□□	□		□■	□□ □	□□□	□	□□□	■	V W	B B B B B	■■■
G 2	Enfield, 03748 603-448-2675	Evan's Exit 16 Truck Stop (Exxon) I-89 Exit 16	24 HRS ■ ■	S	■■	■■	■■	F C	■					■■	V W	B B B B	■■■■
G 2	Enfield, 03748 603-448-4700	Exit 16 Mobil I-89 Exit 16	■■ ■		□ □	■ □	□	F C	■	□□			□□□	■	V W	B B	■■■
H 3	Epping, 03042 603-679-9814	Epping Shell NH 125 & NH 27	■■■■		□■ □	■ □□	□		□■	□□ □	□	□	□□□	□■■	V W	B	■■■
H 3	Epping, 03042 603-679-1734	Irving Mainway NH 125 (1 mi N of NH 101)	24 HRS ■ ■		□■ □	■ □□□	□		■					■■	V W	B B B	■■■
F 3	Gorham, 03581 603-466-5306	Gorham Mainway (Irving) 350 US 2 W	24 HRS ■ ■	S ■■	□□ □	■ □□□	□		□■	□□ □	□□□	□	□□□ □	□■■	V W	B B B B	■■■
F 3	Gorham, 03581 603-466-2341	Gorham Kwik Stop (Shell) US 2 (off at NH 16)	■■■■	S ■	■■ □	■ □□□	■■ □	F C F	□■ □□□	□□ □	□□□	□ □	□□□ □	■■	W	B B B B B	■■■■
H 3	Greenland, 03840 603-436-3636	TravelCenters of America I-95 Exit 3 NB/3 B SB (NH 33)	24 HRS ■ ■	XL ■■	24 HRS ■■ □	■■ □□	■■■■ DAT TA ■	F C U F T	■■ CAT	□□	□□□	□	□□□	■ ■ ■	W	B B F B B B	■■■■
H 3	Greenland, 03801 603-427-0302	B&M Sunoco I-95 Exit 3 NB/3 B SB (NH 33)	24 HRS ■ ■		□■ □	■ □		F C □	□■ □□□				□□□	□ ■	V W	B B B B B B	■■■■
H 2	Hillsboro, 03244 603-478-3121	Diamond Acres (Global) 737 NH 9 W	■■■■	S ■■	□■ □	■ □	□		□					■■	V W	C	■■■
H 3	Hooksett, 03106 603-627-3270	Mainway #1511 (Irving) I-93 Exit 10 (NH 3A)	24 HRS ■ ■	S ■	□□ □	■		F C	■					■■	V W	B C B	■■■
I 2	Jaffrey, 03452 603-532-4573	Mr Mike's #18 (Sunoco) US 202	24 HRS ■ ■		□□	■ □ □	□	F C □	□■	□□ □	□□□		□□□	■■	V W		■■■■
H 3	Kingston, 03848 603-642-4850	Kingston Shell Mart NH 125	■■ ■	S ■	□□	■ □			■		□□	□		■□■■	W		■■■■
F 3	Lancaster, 03584 603-788-3815	Munce's Konvenience (Coastal) US 2 & bridge (1 mi W of US 3)	■■■■	S ■■	■■ □	■ □ □	■■■■	F C □	□■	□□ □	□□□	□	□□□	■■■■	W	B B B B B	■■■■
G 2	Lebanon, 03766 603-448-5510	Exit 18 Truck Stop (Getty) I-89 Exit 18 (NH 120 N)	24 HRS ■■■	M ■■	24 HRS □ □	■■ □□□	■■■■ DAT	F C U T	□■ CAT	■□ □	■■■		■■□ ■	■ ■■	V W	B B F B B B B	■■■■
H 3	Londonderry, 03053 603-437-9929	RMZ Truckstop (Sunoco) I-93 Exit 5 (NH 28)	24 HRS ■ ■	$ M ■■	□·□ □	■ □ □	□ ■	F C U F	□■ □□□	□□	□□□	□ □	□□□	■ ■■	V W	B B B B B	■■■■

THE TRUCKER'S FRIEND® - MAINE - NEW HAMPSHIRE - VERMONT

How to interpret the page

■ means available at truck stop □ means available nearby

in the overnight lot column:
- S means room for 5 - 24 trucks
- M means room for 25-74 trucks
- L means room for 85-149 trucks
- XL means room for 150+ trucks
- $ means a parking fee may be charged

code at left-hand side of rows is the state map grid reference

a key to advertising logos is on page 25

Services may change without notice. When in doubt, call ahead.

Driver Services: MOTOR FUEL (TRUCK DIESEL, SELF SERVICE DIESEL, METERED PROPANE, GASOLINE); PARKING (OVERNIGHT LOT ($), PAVED LOT, TRAILER DROP); FOOD (ELECTRIC PLUG-INS, SAFE HAVEN/HAZMAT, RESTAURANT); STORES (FAST FOOD, TABLE PHONES, MOTEL, CONVENIENCE, TRUCKER/TRAVEL); SHOWERS (SHOPPING CENTER, WALMART/KMART, GROCERY, LADIES, MEN'S); COMMUNICATIONS (TV/DRIVERS LOUNGE, LAUNDRY, LOAD MONITOR, INTERNET KIOSK, WI-FI HOTSPOTS, DOCUMENT SCANNING, PUBLIC FAX/COPIER, UPS/FEDX/TRIPPAK BOX, RELIGIOUS SERVICES, STATE LOTTERY)

Vehicle Services: SCALES (AXLE, PLATFORM, CERTIFIED); TIRES (REPAIRS, NEW TIRE SALES); REPAIRS (SHOP OPEN 24 HRS, DOT INSPECTION, MAJOR REPAIRS, MINOR REPAIRS, OIL CHANGE/LUBE, MINOR WELDING, AC/REEFER); ROAD SVCS (CB, TIRE, MECHANICAL); WASH (TOWING, TRUCK (EXTERIOR), TRAILER WASHOUT)

RV Info: RVS WELCOME, DUMPING STATION, PROPANE (BOTTLE)

Financial Services (C=Checks, F=Fuel Cards, B=Both): ATM, CAN WIRE MONEY OUT, MONEY ORDERS, NATSO CHECK-LINK, WESTERN UNION, VOYAGER/WRIGHT EXPRESS, COMDATA (COMCHEK), EFS, FUEL MAN, MULTI SERVICE, TCH, T-CHEK

Permit Svcs: FLEET ONE, BUY/PAY AT FUEL DESK, ALL PREPAID PERMIT SVCS

Credit Cards: AMERICAN EXPRESS, VISA/MASTERCARD, DISCOVER

NEW HAMPSHIRE

Grid	Location	Truck Stop	Driver Services	Vehicle Services	RV Info	Financial Services	Permit Svcs	Credit Cards
H 3	Manchester, 03103 603-626-4688	Evans Expressmart (Citgo) 2445 NH 3A	24HRS ■ ■ □□ □ ■ □□□ □	F C □ ■ □□ □ □	□□□	■ ■ V W	C F	■ ■■■
H 3	Manchester, 03103 603-625-6214	Kwik Stop Sunoco I-293 Exit 1 (1/8 mi N on NH 28 on L)	■■ ■ □□ □ ■ □□□	□ ■ □□ □□□□□ □□	□□□ □	■ ■		■■■
H 3	Manchester, 03103 603-623-9350	Kwik Stop Mobil I-93 Exit 6 (1095 Hanover St)	■■ ■ □□ □ ■ □ □ □	□ □ ■ □□	□□□	□ ■ ■ V W		■■■
H 3	Merrimack, 03054 603-882-4555	Bom Bom's Mobil NH 3 Exit 10 (1/4 mi S)	■■ ■ S ■■ □ ■ □ ■ ■■ ■■	F T C F ■		□□ ■ □ ■ W	B B	B B ■ ■■■
I 3	Nashua, 03060 603-889-9539	Turnpike Sunoco US 3 Exit 5 (E to 270 W Hollis)	■■ ■ □□ □ ■ □ □ □	□ □ □□□□ □□	□□□	W	C	C ■■■
I 3	Nashua, 03063 603-598-8045	Nashua Getty Mart US 3 Exit 8 (485 NH 101A W)	■■ ■ □ □ ■ □□□ □	□ □ ■ □□ □□□□ □	□□ □	■ W	C	■■■
E 3	North Stratford, 03590 603-922-3350	Burns Truck Stop & Mini Mart (Gulf) US 3	■ ■■ S ■ □ □ ■ □	□ ■ ■ ■		■ □ ■		■■■
H 3	Northwood, 03261 603-942-8898	No Limits Mobil 546 US 4-202 & Ridge Rd	■■ ■ □ ■ □ □	F C □ ■ □□	□□□	□ ■ ■ W	B B	B B ■ ■■■
H 2	Peterborough, 03458 603-924-6722	Mr Mike's (Mobil) US 202 & NH 101	24HRS ■ ■ □□ □ ■ □ □ □	F C □ ■		■ ■ W	C	■ ■■■
H 3	Plaistow, 03865 603-382-1770	Leo's Fuel NH 125 & Roadstone Dr	■■ □□ □□□ □	□ □□□ □□ □□□	□□,□	W	B	■ ■■■
H 3	Portsmouth, 03801 603-436-8501	Hanscom's Truck Stop (South Bound) I-95 Exit 5 NB (US 1 Bypass)/2 SB in ME	24HRS ■ S ■■ □ ■ □ ■ ■■ □□□ ■■ □ DAT	F C □ □□□ □ □□ □	■□□	■ ■ W	B B	B B ■■ ■■■■
H 3	Portsmouth, 03801 603-431-8280	O'Brien's #2 (Citgo) I-95 Exit 5 NB (US 1 Bypass)/2 SB in ME	■■ ■ □□ □ ■ □□□ □	□ □ ■ ■□□□ □□ □□□□□ □	□□□□□ □	■ V W	B	B ■■■
H 3	Portsmouth, 03801 603-436-0141	Hanscom's Truck Stop (North Bound) I-95 Exit 5 NB (US 1 Bypass)	24HRS ■ ■ ■■□ ■ □□□ ■■	F C □ □ □ □□ □□□□□	□□□	■ W	B B	B B ■ ■■■■
H 3	Raymond, 03077 603-895-0001	Irving Mainway NH 101 Exit 5 (1/2 mi E on NH 107 to 27)	24HRS ■ ■ □□ ■ □ □	□ ■		□ ■ ■ W		■■■
H 3	Rochester, 03825 603-335-3114	George's Diesel Travel Stop (Gulf) 90 NH 125 (2-1/2 mi S of NH 16)	■ ■ □ ■ □ ■ □ □	F C □ ■ □□ □□□□□ □	□□□□	W	B C	C B F ■ ■■■
H 3	Rochester, 03867 603-332-4101	Rochester Shell NH 16 Exit 15 (NH 11)	24HRS ■ ■ □□ □ ■ □□□ □	□ ■ □□ □□□□ □□□	□□□	□ ■ ■ W		■■■
H 3	Salem, 03079 603-893-4850	Rockingham Citgo I-93 Exit 1 (NH 28 S to lights)	■■ ■ □□ □ ■ □□□ □	□		V W	B C	C B B B ■■■
H 3	Seabrook, 03874 603-474-8598	Seabrook One-Stop (Sunoco) I-95 Exit 1 (NH 107 E to US 1 N)	24HRS ■■■ □ ■ □ ■ □□□ □ ■	□ ■ □□□□ □□ □□□□□	□□□	□ ■ ■ ■ V W	F	■■■
H 2	West Chesterfield, 03466 603-256-8157	Fleming Oil Food Mart (Shell) NH 9	■■ ■ □□ □ ■ □ □	F C □ ■ □□ □□□	□□□	■ ■ V W	B F	C C ■ ■■■
H 2	West Swanzey, 03469 603-352-7247	Effendi's Mini Mart (Citgo) 968 NH 10	■■ ■ □ □ ■ □ □ □ □	F C □ ■		■ V W		■■■
F 3	Whitefield, 03598 603-837-3830	3 North Mini Mart US 3 N	■■■■ □ ■ □ ■ □ □	□ □ ■ □□ □□□□□	□□□	□ ■ ■ V W	B F	■■■

VERMONT

Grid	Location	Truck Stop	Driver Services	Vehicle Services	RV Info	Financial Services	Permit Svcs	Credit Cards
E 1	Alburg, 05440 802-796-3360	Mobil Short Stop US 2	24HRS ■ ■ □□ □ ■ □	□ ■	□□□	■ W	B F	■■■
E 1	Alburg, 05440 802-796-3044	Crossroads Travel Center (Mobil) US 2 & US 78	■■ ■ □ ■	□ □ ■		■ V W	B	C ■■■
F 1	Berlin Corners, 05602 802-229-5291	Maplewood Limited (Mobil) I-89 Exit 7 (VT 62 E)	24HRS ■ ■ ■ □ □ ■ □□□	F C □ ■ □□ □□□□□	□□□	■ V W	B C	B F B ■ ■■■
H 1	Bondville, 05340 802-297-9420	7-11 (Citgo) VT 30 (Main St)	24HRS ■ ■ □ □ ■	□ ■ □□ □□□	□□□	□ ■ ■ ■ W		■■■
G 1	Brandon, 05733 802-247-3440	Mac's Brandon (Citgo) VT 7 & McConnell Rd	■■ ■ ■ □ ■	■		■ ■ W	F	B ■■■

THE TRUCKER'S FRIEND® - MAINE - NEW HAMPSHIRE - VERMONT

How to interpret the page

■ means available at truck stop □ means available nearby

in the overnight lot column:
S means room for 5 - 24 trucks
M means room for 25-74 trucks
L means room for 85-149 trucks
XL means room for 150+ trucks
$ means a parking fee may be charged

code at left-hand side of rows is the state map grid reference

a key to advertising logos is on page 25

Services may change without notice. When in doubt, call ahead.

Column headings: Driver Services — MOTOR FUEL (Truck Diesel, Self Service Diesel, Metered Propane, Gasoline); PARKING (Overnight Lot ($), Paved Lot, Trailer Drop, Electric Plug-Ins, Safe Haven/Hazmat); FOOD (Restaurant, Fast Food, Table Phones); STORES (Convenience, Motel, Trucker/Travel, Shopping Center, Walmart/Kmart, Grocery); SHOWERS (Ladies, Men's, Laundry, TV/Drivers Lounge); COMMUNICATION (Load Monitor, Internet Kiosk, Wi-Fi Hotspots, Document Scanning, Public Fax/Copier, UPS/FedEx/Trippak Box). Vehicle Services — SCALES (Religious Services, State Lottery); TIRES (Axle, Platform, Certified); REPAIRS (Repairs, New Tire Sales, Shop Open 24 Hrs, DOT Inspection, Major Repairs, Minor Repairs, Oil Change/Lube, Minor Welding, AC/Reefer); ROAD SVCS (CB, Tire, Mechanical); WASH (Towing, Truck (Exterior), Trailer Washout). RV Info (RVs Welcome, Dumping Station, Propane (Bottle)). Financial Services (ATM, Can Wire Money Out, Money Orders, NATSO Check/Link, Western Union, Voyager/Wright Express, Comdata (Comchek)). Permit Svcs. Credit Cards — C=Checks, F=Fuel Cards, B=Both (Multi Service, Fuel Man, EFS, TCH, T-Chek, Fleet One, Buy/Pay at Fuel Desk, All Prepaid Permit Svcs, American Express, Visa/Mastercard, Discover).

VERMONT

Grid	Location	Truck Stop	Motor Fuel / Parking	Overnight Lot / Food	Stores	Showers	Communication	Scales	Tires	Repairs	Road Svcs / Wash	RV Info	Financial Services	Permit Svcs	Fuel Cards	Credit Cards
H 1	Brattleboro, 05301 802-257-5404	Citgo Station I-91 Exit 3	24HRS ■ ■		□ □ □	□	□	F C						V W	B C C C	■ ■ ■ ■
F 1	Colchester, 05446 802-655-9822	Champlain Farms (Shell) I-89 Exit 16 (Roosevelt Hwy)	24HRS ■ ■	S ■	□ ■ □	■ □ □	□		□ ■	□ □ □ □ □	□ □ □ □	□ □ □	□ ■ ■	V W	B B B	■ ■ ■
E 2	Derby, 05855 802-766-2182	Champlain Farms (Exxon) I-91 Exit 28 (US 5)	24HRS ■ ■	S ■ ■	□ ■ ■ ■ □	■ □			□ ■	□ □	□ □ □ □ □ □ □	□ □ □	■ □ ■ ■	V W	B B B	■ ■ ■
E 2	Derby, 05829 802-334-6835	Short Stop #113 (Mobil) I-91 Exit 28 (US 5)	24HRS ■ ■		□ ■ ■ □	■ □ □	□		□ □ ■	□ □	□ □ □ □	□ □ □	■	V W	B B F B	■ ■ ■ ■
E 1	Enosburg, 05450 802-933-2003	Enosburg Mobil VT 105 (1 mi W of VT 108)	■ ■ ■		□ □	■ □	□		□ ■			□ □		W		■ ■ ■
G 1	Fair Haven, 05743 802-265-3500	Mac's Truck Stop (Citgo) US 4 Exit 2 (VT 22 A)	24HRS ■ ■	S ■ ■	■ □	■ ■ □	□ ■ ■ □	F C □	□ ■	□ □ □	□ □ □ □ □	□ □ □	■ □ ■	V W	B B F B B B B	■ ■ ■ ■ ■
G 1	Fair Haven, 05743 802-265-3009	Fair Haven Travel Center (Mobil) US 4 Exit 2 (VT 22 A)	24HRS ■ ■	M ■ ■	□ ■ ■ □	■ □	□ ■ ■	F C F	□ ■		□ □ □ □	□ □ □	■ □ ■	V W	B B B B B B	■ ■ ■ ■
E 1	Georgia, 05454 802-527-0601	Maplefields (Mobil) I-89 Exit 18 (US 7)	24HRS ■ ■		□ □	■			□ ■	□ □	□ □ □	□ □ □	□ ■	W		■ ■ ■
F 1	Johnson, 05656 802-635-7200	CH Stearns (Mobil) VT 15 & VT 100 C	■ ■ ■	S ■ ■	□ □	■ □	□	F C	□ ■		□ □	□	■ ■	W		■ ■ ■ ■
F 2	Morrisville, 05661 802-888-7618	Mac's Convenience Store (Citgo) VT 15 & VT 100	■ ■ ■		□ □ □	■ □ □	□		□ □ ■	□ □	□ □ □ □ □ □	□ □ □	■	V W	F	■ ■ ■ ■
E 2	Newport, 05855 802-334-2738	Newport Carwash & Mini (Mobil) I-91 Exit 27 (VT 191 - 1.5 mi W)	■ ■ ■		□ □ □	■ □	□		□ ■			□ □ □		V W		■ ■ ■
H 1	Rockingham, 05101 802-463-9944	BART Energy (Sprague) VT 103 W (3 mi W of I-91)	■ ■	S ■ ■	■		■ ■	F C		■ ■	■	□	■		B B B	■ ■
E 1	Saint Albans, 05478 802-527-0104	Wagon Wheel Truck & Auto Plaza (Gulf) I-89 Exit 19 (VT 104)	24HRS ■ ■	L ■	■ □ ■		■ ■	F C U F	□ ■ ■ ■	■ ■ ■ ■ ■	■ ■ ■ ■ A R ■	□ □ □	■ ■ ■ ■	V W	B B B B B	■ ■ ■ ■
G 1	Shoreham, 05770 802-897-8585	Shoreham Service Center (Mobil) VT 22 A & VT 74	■ ■ ■	M ■ ■		■		F C	□ ■	□ □	□ □ □	□ □ □	■ □ ■ ■	V W		■ ■ ■ ■
H 2	Springfield, 05156 802-885-2266	On The Run (Mobil) I-91 Exit 7	24HRS ■ ■	M ■	□ ■ ■ □	■ ■	■ ■ ■ DAT	F C	■			□ □ □	■	W	B B F B B B	■ ■ ■ ■
E 1	Swanton, 05488 802-868-3909	Hometown Sunoco I-89 Exit 21 (VT 78 W)	■ ■ ■		□ □ □	■ □ □	□	F C	□	□ □	□ □ □			V W		■ ■ ■ ■
E 1	Swanton, 05488 802-868-7873	Swanton Mobil Mart I-89 Exit 21 (VT 78)	24HRS ■ ■		□ □ □	■ □	□	F C	□ ■			□ □ □	■ ■ ■ ■		B B B	■ ■ ■ ■
E 1	Swanton, 05488 802-868-7790	Champlain Farms (Exxon) I-89 Exit 21 (VT 78)	24HRS ■ ■	M ■ ■	24HRS ■ ■ □	■ ■	□ ■ ■ ■ □		□ ■	□ □	□ □ □	□ □ □	■ ■ ■	V W	B B B B	■ ■ ■ ■
F 1	Twin Orchard, 05403 802-658-2965	Mobil Short Stop 1830 US 2-7 S	24HRS ■		□ □ □	■ □ □ □			□ ■	□ □	□ □ □ □	□ □ □ □	□ ■	W	B F	■ ■ ■
F 2	Wells River, 05081 802-429-2141	P&H Truck Stop I-91 Exit 17 (VT 302)	24HRS ■ ■ ■	L ■ ■ ■	24HRS □	■	□ ■ ■ ■ ■ DAT	F C F	□ ■ ■ ■ ■			□ □ □	■ □ ■ ■ ■ ■ ■		B B B B B B	■ ■ ■ ■
H 1	West Dover, 05356 802-464-3882	7-11 (Citgo) VT 100	24HRS ■ ■		□ □	■	□	F C	□ ■	□	□ □ □	□ □ □	■ ■ ■			■ ■ ■ ■

Sign up at www.truckstops.com for free email updates from *The Trucker's Friend.*®

MASSACHUSETTS

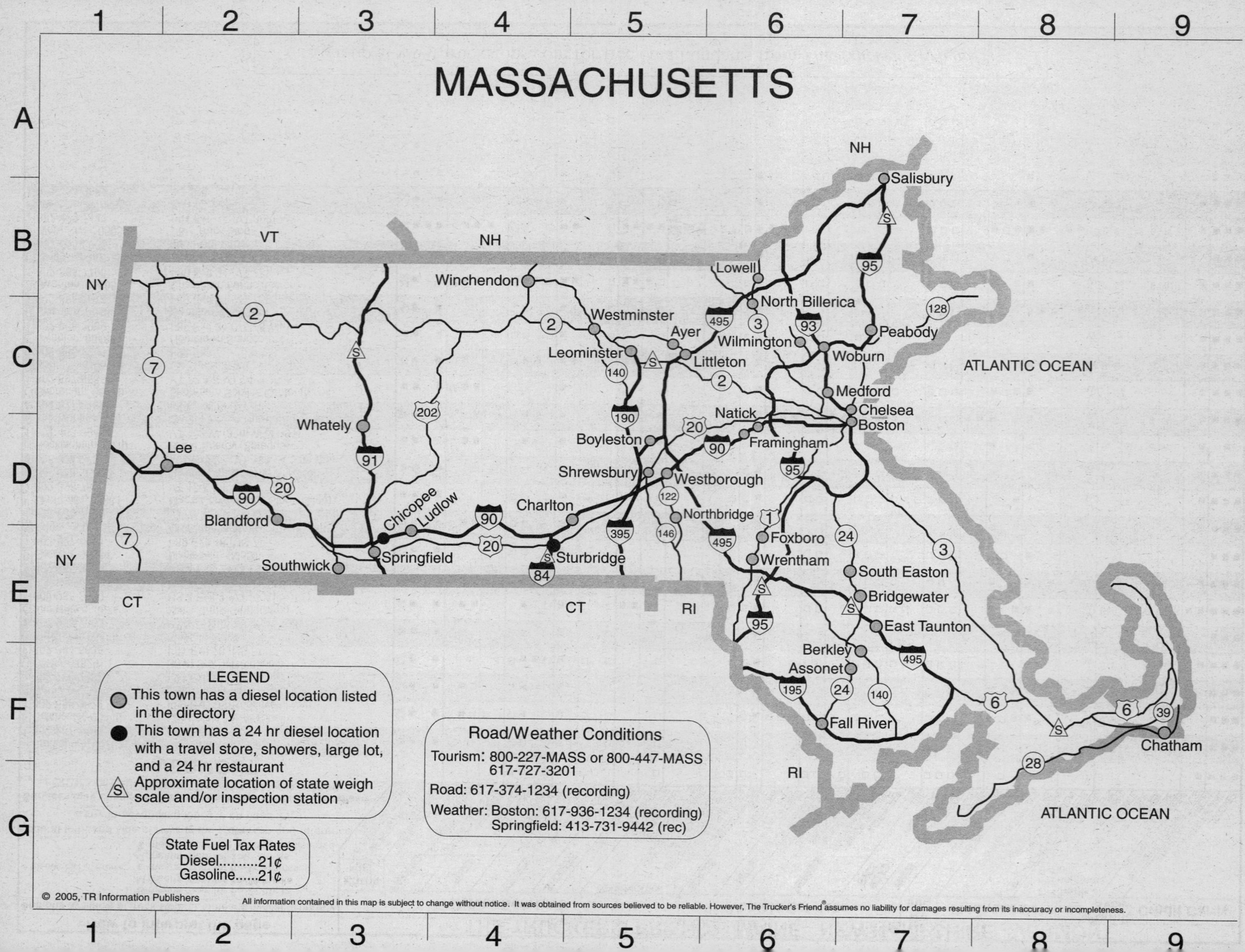

LEGEND

- This town has a diesel location listed in the directory
- This town has a 24 hr diesel location with a travel store, showers, large lot, and a 24 hr restaurant
- Approximate location of state weigh scale and/or inspection station

Road/Weather Conditions

Tourism: 800-227-MASS or 800-447-MASS
617-727-3201

Road: 617-374-1234 (recording)

Weather: Boston: 617-936-1234 (recording)
Springfield: 413-731-9442 (rec)

State Fuel Tax Rates

Diesel..........21¢
Gasoline......21¢

THE TRUCKER'S FRIEND® - MASSACHUSETTS

How to interpret the page

■ means available at truck stop □ means available nearby

In the overnight lot column:
- S means room for 5 - 24 trucks
- M means room for 25-74 trucks
- L means room for 85-149 trucks
- XL means room for 150+ trucks
- $ means a parking fee may be charged

Code at left-hand side of rows is the state map grid reference. A key to advertising logos is on page 25.

Services may change without notice. When in doubt, call ahead.

Permit Svcs / Credit Cards: C=Checks, F=Fuel Cards, B=Both

Column headings. Driver Services: Motor Fuel (Truck Diesel, Self Service Diesel, Metered Propane, Gasoline); Parking (Overnight Lot ($), Paved Lot, Trailer Drop, Electric Plug-Ins, Safe Haven/Hazmat); Food (Restaurant, Fast Food); Table Phones; Motel; Stores (Convenience, Trucker/Travel, Shopping Center, Walmart/Kmart, Grocery); Showers (Ladies', Men's); TV/Drivers Lounge; Laundry; Communication (Load Monitor, Internet Kiosk, Wi-Fi Hotspots, Document Scanning, Public Fax/Copier, UPS/FedEx/Trippak Box); Religious Services; State Lottery.
Vehicle Services: Scales (Platform, Axle, Certified); Tires (Repairs, New Tire Sales, Shop Open 24 Hrs); Repairs (DOT Inspection, Major Repairs, Minor Repairs, Oil Change/Lube, Minor Welding, AC/Reefer); Road Svcs (CB, Tire, Mechanical, Towing); Wash (Truck (Exterior), Trailer Washout).
RV Info: RVs Welcome, Dumping Station, Propane (Bottle).
Financial Services: ATM, Can Wire Money Out, Money Orders, NATSO Check-Link, Western Union, Voyager/Wright Express, Comdata (Comchek).
Permit Svcs: EFS, Fuel Man, Multi Service.
Credit Cards: TCH, T-Chek, Fleet One, Buy/Pay at Fuel Desk, All Prepaid Permit Svcs, American Express, Visa/Mastercard, Discover.

Grid	Town / Phone	Truck Stop / Location	Motor Fuel	Parking	Parking (cont.)	Food / Phones / Motel	Stores	Stores (cont.)	Showers	Communication	Communication (cont.)	Scales	Tires	Tires (cont.)	Repairs	Repairs (cont.)	Road Svcs	Road Svcs (cont.)	Wash	RV Info	Financial Services	Financial Services (cont.)	Financial Services (cont.)	Permit Svcs	Permit Svcs (cont.)	Credit Cards	Credit Cards (cont.)	Credit Cards (cont.)
F 7	Assonet, 02702 508-644-3111	Borges Bros. (Shell) MA 24 Exit 9 (W to 71 MA 79)	■ ■			□ □ □		□ □ □		□		F C □	□		□ □	□	□ □	□	□ □ □		□		V W	B			■	■ ■ ■
C 5	Ayer, 01432 978-772-2923	Mr Mike's #9 (Citgo) MA 110-111 W (off MA 2)	■ ■	S		□ □ □	■	□		□		□	□			□	□ □ □	□			□	■	V W	B				■ ■ ■
F 7	Berkley, 02779 508-823-6547	The E&R Company MA 140 Exit 10 (MA 79)	24 HRS ■ ■	S ■ ■	■	□ □															■ □							■ ■
D 2	Blandford, 01008 413-848-2056	Blandford Plaza EB Exxon #5020 I-90 (MATP) MM 29 EB	24 HRS ■ ■	S ■		■	■						■								■	■	V W	B				■ ■ ■
C 7	Boston, 02118 617-445-3456	Mass Ave Sunoco Station I-93 Exit 18 (895 Mass Ave)	24 HRS ■ ■			□ □ □	■	□ □ □		□			□ ■	□ □ □	□ □		□ □		□ □ □			■	V W	B C	C C	C C		■ ■ ■
D 5	Boylston, 01505 508-869-6800	Diplatos Service Station (Citgo) I-290 Exit 23 B (MA 140 N)	■ ■ ■ ■			□ ■	■					C □			□ □		□ □	□			□ ■		V W					■ ■ ■
E 7	Bridgewater, 02324 508-697-7100	Mobil Mart North Bound MA 24 NB (N of I-495 Exit 7)	24 HRS ■ ■	S ■		■	■						■									■ ■		B				■ ■ ■
E 7	Bridgewater, 02324 508-697-4646	Mobil Mart South Bound MA 24 SB (N of I-495 Exit 7)	24 HRS ■ ■			■	■						■									■ ■	W	B				■ ■ ■
D 5	Charlton, 01507 508-248-4735	Charlton Plaza EB Exxon I-90 (MATP) MM 80 EB	24 HRS ■ ■			□ □ □	■	□ □ □				□		□ □ □			□ □					■	V W	B				■ ■ ■
D 5	Charlton, 01507 508-248-3308	Charlton Plaza WB Exxon #5045 I-90 (MATP) MM 83 WB	24 HRS ■ ■	S ■		■ □	■			□			■						□ □ □			■	V W	B			■	■ ■ ■
F 9	Chatham, 02633 508-945-0004	Chatham Mobil 678 MA 28 (Main St)	■ ■ ■			□ □ □				□		□	□										V W					■ ■ ■
C 7	Chelsea, 02150 617-889-6711	Dennis K Burke Truck Stop (Irving) 410 Beecham St	■ ■			□ □ □		□ □		□		C □	□			□	□ □ □	□ □ □	□ □ □	□ □			V W	B				■ ■ ■
E 3	Chicopee, 01022 413-592-6190	AMBEST Pride Travel Center I-90 Exit 6 (at end of I-291)	24 HRS ■ ■	L ■ ■		24 HRS ■ ■ □	■ ■	□	■ ■	■ ■	DAT ■	F C U F T	□ ■	CAT	□ □	□	□ □ □	□ □	□ □ □	□	■	■	V W	B B	F B B	B	■	■ ■ ■
E 7	East Taunton, 02718 508-823-2500	Pop's Shell I-495 Exit 6 (245 US 44 - 1 mi W)	■ ■ ■	S ■		□ □ □	■	□ □		□			□ ■		□ □						■ ■	■	V W	B	B			■ ■ ■
F 6	Fall River, 02723 508-672-6001	Stafford Fuel Company I-195 Exit 6 (Plymouth N to Pleasant E)	■ ■			□ □ □		□ □					□		□ □		□ □ □	□ □ □	□ □ □					B				
E 6	Foxboro, 02035 508-698-5263	Stadium Citgo US 1 N & North St	■ ■ ■			□ □	■	□					■		□		□		□ □ □		□	■	V W	B		B		■ ■ ■
D 6	Framingham, 01701 508-877-8807	Framingham Plaza WB Exxon #5165 I-90 (MATP) MM 116 WB	24 HRS ■ ■	S ■		□	■	□ □					■									■	V W	B				■ ■ ■
D 2	Lee, 01238 413-243-2942	Lee Texaco I-90 (MATP) Exit 2 (Housatonic St)	■ ■ ■			□ □ □	■	□ □		□		□	□		□ □		□		□ □ □				W	C				■ ■ ■
D 2	Lee, 01238 413-243-3366	Lee Travel Plaza #431 I-90 (MATP) Exit 2 (MA 102)	24 HRS ■	M ■ ■		□ □ □	■ ■	□ □	■ ■	■ □		F C F	□ ■		□ □		□ □ □		□ □ □		■	■		B B	B B	B B	■	■ ■ ■
D 2	Lee, 01238 413-243-3288	Lee Plaza EB Exxon #5010 I-90 (MATP) MM 8.5 EB	24 HRS ■ ■	S ■		□ ■ □	■	□ □					■		□				□ □ □		■	■	V W	B				■ ■ ■
D 2	Lee, 01238 413-243-3344	Lee Plaza WB Exxon #5015 I-90 (MATP) MM 8.5 WB	24 HRS ■ ■			■	■						■						□ □ □			■	V W	B				■ ■ ■
C 5	Leominster, 01453 978-537-9531	Mr Mike's Mini Mart #6 (Mobil) I-190 Exit 7 (MA 117 W)	24 HRS ■ ■	M ■ ■		□ ■ ■ □	■	□ □		□	DAT	F C U F	□ ■	□ □ □	□ □	□	□ □ □	□ □ □	□ □ □		■	■	V W	B B	B B	B B	■	■ ■ ■
C 5	Littleton, 01460 978-486-4900	McGloughlin's Sunoco I-495 Exit 30	■ ■ ■			□	■	□ □				□	□ ■	□ □ □	□ □	□	□ □		□ □ □		□	■	V W					■ ■ ■
B 6	Lowell, 01852 978-452-8482	USA Petroleum I-495 Exit 38 (Rogers St)	■ ■ ■			□ □ □		□ □																C				■ ■
B 6	Lowell, 01851 978-453-1581	Mahoney Oil Lowell Connector Exit 4 (Plain St NW)	24 HRS ■ ■			□ □ □		□ □ □		□		C □	□		□ □		□ □ □		□ □ □				V W	B B		F		■ ■ ■
E 3	Ludlow, 01056 413-583-3779	Ludlow Plaza EB Exxon #5030 I-90 (MATP) MM 56 EB	24 HRS ■ ■	S ■		■	■						■								■	■	V W	B				■ ■ ■
E 3	Ludlow, 01056 413-589-7333	Ludlow Plaza WB Exxon #5035 I-90 (MATP) MM 67 WB	24 HRS ■ ■	S ■		□ ■ □	■	□ □					□ ■		□ □		□ □ □	□	□ □ □		■	■	V W	B				■ ■ ■
C 6	Medford, 02155 781-391-4715	Mr C's Truck Stop (Exxon/Mobil) I-93 Exit 29 NB/30 SB (403 Mystic Ave)	■ ■			□ □ □	■	□ □ □		□		F C	□ ■		□ □	□	□ □ □	□	□ □ □			■	V W	B C		C	■	■ ■ ■

THE TRUCKER'S FRIEND® - MASSACHUSETTS

How to interpret the page

■ means available at truck stop □ means available nearby

in the overnight lot column:
S means room for 5 - 24 trucks
M means room for 25-74 trucks
L means room for 85-149 trucks
XL means room for 150+ trucks
$ means a parking fee may be charged

code at left-hand side of rows is the state map grid reference
a key to advertising logos is on page 25

Services may change without notice. When in doubt, call ahead.

Column headings: Driver Services — MOTOR FUEL: TRUCK DIESEL, SELF SERVICE DIESEL, METERED PROPANE, GASOLINE; PARKING: OVERNIGHT LOT ($), PAVED LOT, TRAILER DROP, ELECTRIC PLUG-INS, SAFE HAVEN/HAZMAT; FOOD: RESTAURANT, FAST FOOD, TABLE PHONES; STORES: MOTEL, CONVENIENCE, TRUCKER/TRAVEL, SHOPPING CENTER, WALMART/KMART, GROCERY; SHOWERS: LADIES', MEN'S, TV/DRIVERS LOUNGE, LAUNDRY; COMMUNICATIONS: LOAD MONITOR, INTERNET KIOSK, WI-FI HOTSPOTS, DOCUMENT SCANNING, PUBLIC FAX/COPIER, UPS/FEDEX/TRIPPAK BOX, RELIGIOUS SERVICES, STATE LOTTERY. Vehicle Services — SCALES; TIRES: AXLE, PLATFORM, CERTIFIED, REPAIRS, NEW TIRE SALES; REPAIRS: SHOP OPEN 24 HRS, DOT INSPECTION, MAJOR REPAIRS, MINOR REPAIRS, OIL CHANGE/LUBE, MINOR WELDING, AC/REEFER; ROAD SVCS: CB, TIRE, MECHANICAL, TOWING; WASH: TRUCK (EXTERIOR), TRAILER WASHOUT. RV Info — RVs WELCOME, DUMPING STATION, PROPANE (BOTTLE). Financial Services — ATM, CAN WIRE MONEY OUT, MONEY ORDERS, NATSO CHECK-LINK, WESTERN UNION, VOYAGER/WRIGHT EXPRESS, COMDATA (COMCHEK), EFS, FUEL MAN, MULTI SERVICE, TCH, T-CHEK, FLEET ONE (C=Checks, F=Fuel Cards, B=Both). Permit Svcs — BUY/PAY AT FUEL DESK, ALL PREPAID PERMIT SVCS. Credit Cards — AMERICAN EXPRESS, VISA/MASTERCARD, DISCOVER.

Code	Location / Phone	Truck Stop	Motor Fuel	Parking	Food	Stores	Stores	Stores/Showers	Showers	Showers/Comm.	Communications	Scales	Tires	Tires	Repairs	Repairs	Repairs	Repairs	Road Svcs	Wash	RV Info	Financial	Financial	Financial	Financial	Permit Svcs	Permit Svcs	Credit Cards
D 6	Natick, 01760 508-653-9457	Natick Plaza EB Exxon I-90 (MATP) MM 117.6 EB	24 HRS ■ ■	S ■		□ □	■	□ □					□ ■									■	■	V W	B			■ ■ ■
C 6	North Billerica, 01862 978-667-6000	Sal's Automotive 299 MA 3 A (2 mi E of US 3 Exit 28)	■ ■			□ □		□ □ □		□			□							□			■	V W	C			■ ■ ■
D 5	Northbridge, 01534 508-234-7511	Peterson Oil Service 191 MA 122	■ ■																						B		C	■ ■
C 7	Peabody, 01960 978-535-9870	Best Auto/Truck Stop I-95 Exit 44 B (1/8 mi N on US 1 N)	■ ■	M$ ■ ■		■ □ ■ □		□ □	■	□		F C F	□	□ □ □	□ □			□	□ □ □	■ ■	■	■	V W	B B	B	B B	■	■ ■ ■
A 7	Salisbury, 01952 978-462-0655	Pump N Pantry (Mobil) I-95 Exit 60	24 HRS ■			□ □ □	■	□ □ □		□		□	□ ■		□ □	□	□ □ □	□ □	□ □ □			■	W	F				■ ■ ■
D 5	Shrewsbury, 01545 508-753-9698	Flynn's Truck Stop US 20 & MA 140	24 HRS ■ ■	XL ■ ■		□ ■ □	■ ■	□ □ □	■ ■	■ ■	DAT	F C U F T	■ ■	■ ■ ■	■ ■	■ ■	■ ■ ■	■ □ ■	■ ■ □	■	■	■ ■	■ ■ W	B B	B B	B B	■ ■	■ ■ ■
E 7	South Easton, 02375 508-238-0884	Dean Fuel Center (Citgo) MA 24 Exit 17 B (1 mi W to 666 MA 138 S)	■ ■ ■			□ □		□ □				□	□	□ □ □	□ □		□ □ □		□ □ □		■		V W	B C	C	C		■ ■ ■
E 3	Southwick, 01077 413-569-1200	The Notch Travel Center (Shell) 326 MA 10/US 202 (S of MA 57 W junction)	24 HRS ■ ■			□ ■	■	□ □		□		□	□ ■				□ □ □		□ □ □		□	■	W					■ ■ ■
E 3	Springfield, 01101 413-785-1456	Stan & Fran's Service Station (Texaco) I-291 Exit 5A (US 20 E)	24 HRS ■ ■ ■			□ □ □		□ □ □		□			□	□ □ □	□ □	□	□ □ □	□ □ □	□ □ □	□ □	■		V W	B B		B B		■ ■ ■
E 3	Springfield, 01105 413-739-8678	Broad Street Truck Stop (Sunoco) I-91 Exit 4 NB/5 SB (W Columbus)	24 HRS ■	S ■		□ □ □	■ ■	□	■ ■			F C F	□ ■		□		□		□ □ □		■	■	V W	B B	B B	B	■	■ ■ ■
E 4	Sturbridge, 01566 508-347-5792	Mobil Mart I-84 Exit 1 (236 MA 15)	24 HRS ■ ■			□ □ □	■	□ □ □					□ ■		□		□		□ □ □		□ ■	■ ■	W	B				■ ■ ■
E 4	Sturbridge, 01566 508-347-9104	Sturbridge Isle Truck Stop I-84 Exit 1 (MA 15)	24 HRS ■	XL$ ■ ■		24 HRS ■ □	■ ■		■ ■	■ ■	DAT	F C U F T	□ ■	CAT	□ □	□	□ □ □	□	□ □ □		■ □	■	V W	B B	F B B	B B	■	■ ■ ■
E 4	Sturbridge, 01566 508-347-7363	New England Truck Stop I-90 Exit 9/I-84 Exit 3A (1 mi E US 20)	24 HRS ■	L ■ ■		■ □ ■	■ ■	□ □ □	■ ■	■ ■	DAT	F C U F T	□	■ ■ ■	Bridgestone/Firestone	■ ■	■ ■ ■	■ A R	■ ■ ■		□	■	■ V W	B B	B B	B B	■	■ ■ ■
D 5	Westborough, 01581 508-366-4941	Westborough Plaza WB Exxon #5155 I-90 (MATP) MM 105 WB	24 HRS ■ ■	L ■		■	■						■								■	■	V W	B				■ ■ ■
C 5	Westminster, 01473 978-874-1341	Mr Mike's #4 (Mobil) MA 2 Exit 27 (Village Inn Rd)	■ ■ ■	S ■		□ ■ □	■	□				F C U	□ ■									■	V W	B B	B B	B	■	■ ■ ■
D 3	Whately, 01093 413-665-4102	Whately Truck Stop (Exxon) I-91 Exit 24 (US 5 & MA 10)	24 HRS ■ ■	M ■ ■		24 HRS □ □	■ ■	□ □ □	■ ■	□		F C U F	□ ■	□ □ □	□ □		□ □ □	□	□ □ □		■	■	V W	B B	B B	B B	■	■ ■ ■
C 6	Wilmington, 01887 978-657-8092	Jimmy's Garage I-95 Exit 35 (1.5 mi N on MA 38)	■ ■			□ □	■	□ □		□			□										W	B C		C		■ ■ ■
B 4	Winchendon, 01475 978-297-1094	Mr Mike's #24 (Mobil) MA 12/US 202	24 HRS ■ ■			□ □ □	■	□ □		□		F C	□ ■				□				■	■	V	B	B	B	■	■ ■ ■
C 6	Woburn, 01801 781-933-3526	Bob's Citgo I-93 Exit 36	■ ■ ■			□ □ □	■	□ □		□			□ ■											C	B	C		■ ■ ■
E 6	Wrentham, 02093 508-384-9501	Interstate Travel Plaza (Mobil) I-495 Exit 14 A (1/2 mi N on US 1)	24 HRS ■ ■	XL$ ■		□ ■ □	■ ■	□ □	■ ■	■ □	DAT	F C U F T	□ ■	□ □ □	□ □	□	□ □ □	□ □ □	□ □ □	□ □	□	■	V W	B B	B B	B B	■	■ ■ ■

Sign up at www.truckstops.com for free email updates from *The Trucker's Friend.*®

MICHIGAN

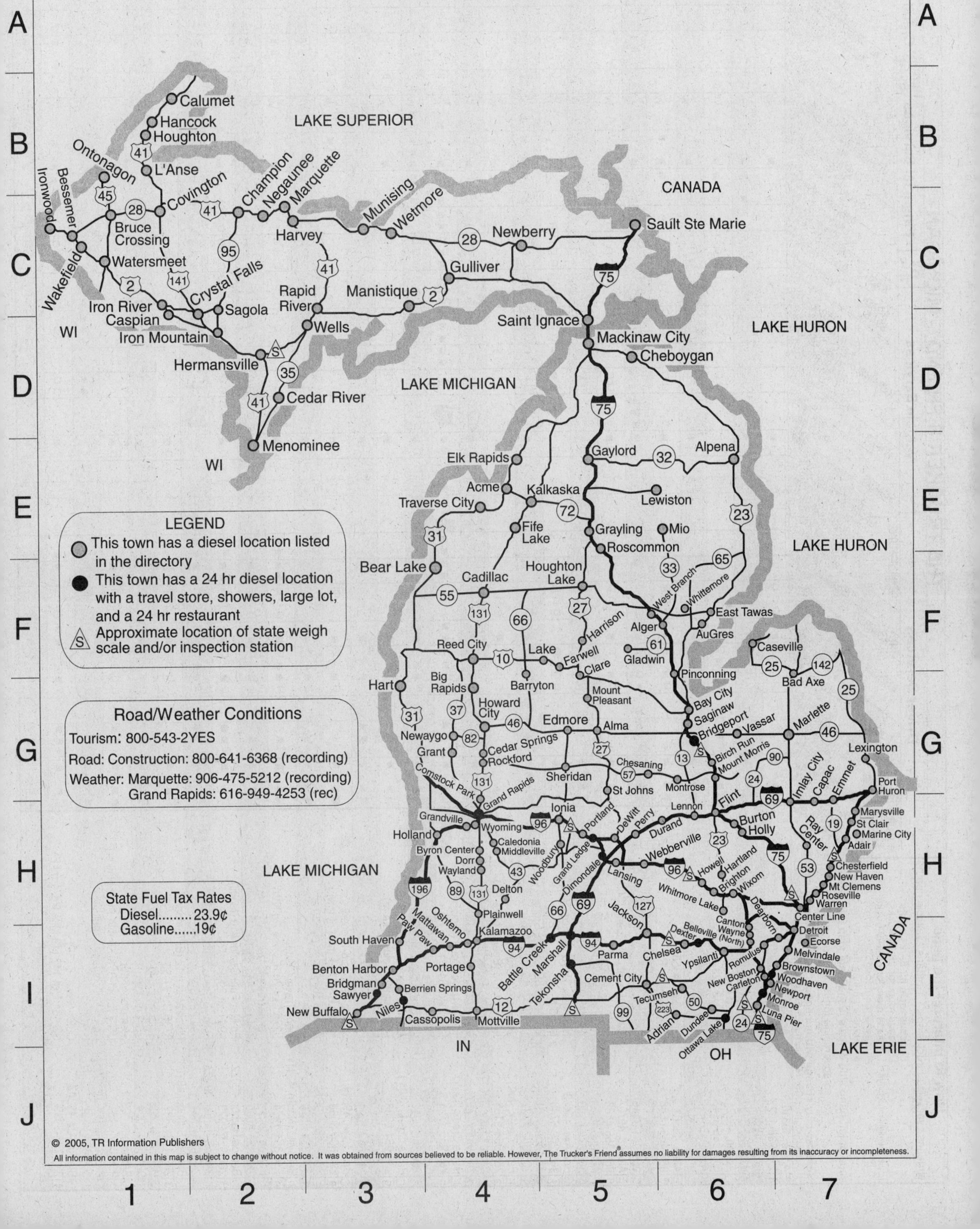
A
B
C
D
E
F
G
H
I
J
1
2
3
4
5
6
7
LAKE SUPERIOR
CANADA
LAKE HURON
LAKE MICHIGAN
WI
IN
OH
LAKE ERIE
Calumet
Hancock
Houghton
L'Anse
Ontonagon
Ironwood
Bessemer
Wakefield
Bruce Crossing
Watersmeet
Covington
Champion
Negaunee
Marquette
Harvey
Munising
Wetmore
Newberry
Sault Ste Marie
Gulliver
Manistique
Crystal Falls
Iron River
Caspian
Iron Mountain
Sagola
Rapid River
Wells
Hermansville
Cedar River
Menominee
Saint Ignace
Mackinaw City
Cheboygan
Gaylord
Alpena
Elk Rapids
Acme
Kalkaska
Traverse City
Lewiston
Grayling
Mio
Roscommon
Fife Lake
Bear Lake
Cadillac
Houghton Lake
West Branch
Whittemore
East Tawas
AuGres
Alger
Harrison
Farwell
Clare
Lake
Gladwin
Reed City
Big Rapids
Barryton
Hart
Caseville
Bad Axe
Pinconning
Mount Pleasant
Howard City
Edmore
Alma
Bay City
Saginaw
Bridgeport
Vassar
Marlette
Newaygo
Grant
Cedar Springs
Rockford
Comstock Park
Grand Rapids
Sheridan
Chesaning
St Johns
Birch Run
Mount Morris
Montrose
Lexington
Imlay City
Capac
Emmett
Port Huron
Marysville
St Clair
Marine City
Adair
Grandville
Wyoming
Holland
Byron Center
Dorr
Wayland
Caledonia
Middleville
Ionia
Portland
DeWitt
Perry
Durand
Lennon
Flint
Burton
Holly
Ray Center
Webberville
Woodbury
Grand Ledge
Dimondale
Lansing
Howell
Hartland
Brighton
Wixom
Whitmore Lake
Chesterfield
New Haven
Mt Clemens
Roseville
Warren
Center Line
Delton
Plainwell
Oshtemo
Mattawan
Paw Paw
South Haven
Kalamazoo
Battle Creek
Marshall
Jackson
Parma
Chelsea
Dexter
Belleville
Canton
Wayne (North)
Dearborn
Detroit
Ecorse
Melvindale
Brownstown
Woodhaven
Newport
Monroe
Luna Pier
Carleton
New Boston
Romulus
Ypsilanti
Benton Harbor
Portage
Bridgman
Sawyer
Berrien Springs
New Buffalo
Niles
Cassopolis
Mottville
Tekonsha
Cement City
Tecumseh
Adrian
Dundee
Ottawa Lake
LEGEND
This town has a diesel location listed in the directory
This town has a 24 hr diesel location with a travel store, showers, large lot, and a 24 hr restaurant
Approximate location of state weigh scale and/or inspection station
Road/Weather Conditions
Tourism: 800-543-2YES
Road: Construction: 800-641-6368 (recording)
Weather: Marquette: 906-475-5212 (recording)
Grand Rapids: 616-949-4253 (rec)
State Fuel Tax Rates
Diesel......... 23.9¢
Gasoline......19¢

How to interpret the page

■ means available at truck stop □ means available nearby

In the overnight lot column: S means room for 5 - 24 trucks; M means room for 25-74 trucks; L means room for 85-149 trucks; XL means room for 150+ trucks; $ means a parking fee may be charged

code at left-hand side of rows is the state map grid reference

a key to advertising logos is on page 25

Services may change without notice. When in doubt, call ahead.

THE TRUCKER'S FRIEND® - MICHIGAN

Driver Services — MOTOR FUEL: TRUCK DIESEL, SELF SERVICE DIESEL, METERED PROPANE, GASOLINE; PARKING: OVERNIGHT LOT ($), PAVED LOT, TRAILER DROP, ELECTRIC PLUG-INS, SAFE HAVEN/HAZMAT; FOOD: RESTAURANT, FAST FOOD; STORES: TABLE PHONES, MOTEL, CONVENIENCE, TRUCKER/TRAVEL, SHOPPING CENTER, WALMART/KMART, GROCERY; SHOWERS: LADIES', MEN'S; COMMUNICATIONS: TV/DRIVERS LOUNGE, LAUNDRY, LOAD MONITOR, INTERNET KIOSK, WI-FI HOTSPOTS, DOCUMENT SCANNING, PUBLIC FAX/COPIER, UPS/FEDEX/TRIPPAK BOX, RELIGIOUS SERVICES, STATE LOTTERY

Vehicle Services — SCALES: PLATFORM, AXLE, CERTIFIED; TIRES: REPAIRS, NEW TIRE SALES; REPAIRS: SHOP OPEN 24 HRS, DOT INSPECTION, MAJOR REPAIRS, MINOR REPAIRS, OIL CHANGE/LUBE, MINOR WELDING, AC/REEFER; ROAD SVCS: CB, TIRE, MECHANICAL, TOWING; WASH: TRUCK (EXTERIOR), TRAILER WASHOUT

RV Info — RVs WELCOME, DUMPING STATION, PROPANE (BOTTLE)

Financial Services — ATM, CAN WIRE MONEY OUT, MONEY ORDERS, NATSO CHECK-LINK, WESTERN UNION, WRIGHT EXPRESS, VOYAGER, COMDATA (COMCHEK), EFS, FUEL MAN, MULTI SERVICE, TCH, T-CHEK, FLEET ONE (C=Checks, F=Fuel Cards, B=Both)

Permit Svcs — BUY/PAY AT FUEL DESK, ALL PREPAID PERMIT SVCS

Credit Cards — AMERICAN EXPRESS, VISA/MASTERCARD, DISCOVER

Grid / Location / Phone	Truck Stop / Address	Motor Fuel	Parking	Parking	Food / Stores	Stores	Showers	Communications	Communications	Communications	Scales	Tires	Tires	Repairs	Repairs	Repairs	Road Svcs	Wash	RV Info	Financial	Financial	Financial	Financial	Financial	Permit Svcs	Credit Cards
E4 Acme, 49610 231-938-1922	Acme Shell Mini-Mart US 31 N & MI 72	24 HRS ■ ■			□ □ □	■	□ □ □		□		F □	□ ■								□	■	V W				■ ■ ■ ■
H7 Adair, 48064 810-329-3190	257 BP I-94 Exit 257 (Fred Moore Hwy W)	■ ■ ■	S ■			■					F C	■								■ ■	■	V W	B B		B B	■ ■ ■ ■
I6 Adrian, 49221 517-266-8748	Sunoco Fuel Stop 2275 US 223	24 HRS ■ ■	M ■		□ ■ ■ □	■	□ □ □	■	□		F C □	□		□ □		□	□	□ □ □		■ ■	■	W	B B	F B B	B B	■ ■ ■ ■
F6 Alger, 48610 989-836-2477	Dore's #6 (Mobil) 2003 MI 33	■ ■ ■	S ■		□	■						■						□ □ □		■	■	V W		F		■ ■ ■
G5 Alma, 48801 989-463-6688	Speedway #3585 7321 N Alger Rd	■ ■ ■			□ □ □	■	□ □ □		□			□ ■		□ □		□ □	□	□ □		□ ■	■ ■	V W				■ ■ ■
G5 Alma, 48801 989-681-3446	M-46 Travel Center #110 (Shell) US 27 & MI 46 (Monroe Rd)	24 HRS ■ ■	M ■	■	■ □ □	■	□ □ □	■	□		F C F	□ ■	■ ■ ■					□		■ □	■	V W	B B	F B B	B B	■ ■ ■ ■
E6 Alpena, 49707 989-356-4466	Dunkin Donuts Of Alpena (Sunoco) 2591 US 23 S	24 HRS ■ ■	S		□ ■ □	■	□ □ □		□		F C	□ ■		□ □		□ □ □ □	□	□ □ □ □	□	■ □	■	W		F		■ ■ ■
F6 AuGres, 48703 989-876-6488	River's Edge (BP) 415 US 23 E	■ ■ ■ ■			□ □ □	■	□		□		□	□ ■		□		□ □				□ ■		V W				■ ■ ■
G7 Bad Axe, 48413 989-269-6740	Northgate Tire & Service (Mobil) MI 53 N	■ ■			□ □ □		□ □ □		□			□		■ ■	□	□ □ □ □	□ □	□ □ □ □	□			V W				■ ■ ■
G4 Barryton, 49305 989-382-7722	Hanson's BP & Party Store 19585 MI 66 (30th Ave)	■ ■ ■ ■	S ■		□ ■ □	■	□ □		□			□ ■	□	□ □	□	□ □ □		□ □ □		■ ■	■ ■	V W				■ ■ ■
I5 Battle Creek, 49017 269-966-9153	Jim Hazel's Citgo I-94 Exit 100 (Beadle Lake Rd)	■ ■				■					C							□				V W				■ ■ ■
I5 Battle Creek, 49017 269-968-7179	Interstate Truck Stop (Citgo) I-94 Exit 104 (11 Mile Rd)	24 HRS ■ ■			□ ■ □	■	□				F C	□ ■	□ □ □	□ □		□ □ □	□	□ □ □	□		■	V W	B B	F B	B B	■ ■ ■ ■
I5 Battle Creek, 49017 269-965-7721	AMBEST Te-Khi Travel Court (Sunoco) I-94 Exit 104 (11 Mile Rd)	24 HRS ■ ■	XL ■ ■		24 HRS □ ■ □	■ ■		■ ■	■ ■	DAT ■	■ F C U F T	□ ■	CAT	BF	■ ■	■ ■ ■	■ A R □	■ ■ □	■ ■	■	■	■ V W	B B	B B	B B	■ ■ ■ ■
I5 Battle Creek, 49017 269-968-9949	Pilot Travel Center #017 I-94 Exit 104 (11 Mile Rd)	24 HRS ■ ■	M ■		□ ■ ■ □	■ ■			□	Pilot ■	F C T	□ ■	□ □ □	□ □	□	□ □ □	□	□ □ □		■ ■	■ ■ ■	■ ■ V W	B B	F B	B B	■ ■ ■ ■
I5 Battle Creek, 49015 269-964-8908	Arlene's Truck Stop (Citgo) I-94 Exit 92 (Columbia Ave)	24 HRS ■ ■	M ■		24 HRS ■	■		■			F C □	■		□ □		□ □	□	□ □ □		■	■	V W	B B	B B	B B	■ ■ ■ ■
G6 Bay City, 48706 989-667-1691	Fast Pax (Marathon) US 10	■ ■ ■	S ■ ■		■	■					F C	■								■	■	V W	B B		B	■ ■ ■ ■
F4 Bear Lake, 49614 231-864-3060	Saddle Up Gas & Grocery 12991 US 31 (1 mi N of town)	■ ■ ■			□ ■ □	■	□				F C □	□ ■									■ ■	V W	B		B	■ ■ ■ ■
F4 Bear Lake, 49614 231-864-3570	Ziehn's Truck Stop (Citgo) US 31	■ ■ ■ ■	S ■		□ ■ □	■ ■	□	■			F C □	□ ■		□		□ □	□	□ □ □		■ □ ■	■	W	B B	F B B	B B	■ ■ ■ ■
I6 Belleville (North), 48111 734-394-1974	Mobil Travel Center I-275 Exit 20 (Ecorse Rd NW)	24 HRS ■ ■	M ■		□ ■ ■ □	■	□ □ □	■ ■	■ ■		F C U F T	□ ■	CAT	□ □		□		□ □ □		■	■	V W	B B	F B B	B B	■ ■ ■ ■
I3 Benton Harbor, 49022 269-925-8080	Speedway #8718 I-94 Exit 28 (1 blk N)	24 HRS ■ ■	S ■		□ ■ □	■	□ □ □	■ ■	□		F C □	□ ■	□ □ □	□ □		□ □ □	□ □	□ □ □	□ □	■	■ ■	V W	B B	F	B B	■ ■ ■ ■
I3 Benton Harbor, 49022 269-925-2929	Pri Mar Fuel Center #10 (Mobil) I-94 Exit 29	24 HRS ■ ■	M ■ ■		□ ■ □	■	□ □ □	■ ■	□		F C □	□ ■	□ □ □	□ □		□ □	□	□ □ □	□	■	■	V W	B B	B	B B	■ ■ ■ ■
I3 Benton Harbor, 49022 269-925-7547	Flying J Travel Plaza #05121 I-94 Exit 30 (Flying J logo)	24 HRS ■ ■ ■	L ■ ■		□ ■ ■ □	■ ■	□ □ □	■ ■	■ ■	Flying J ■ Flying J	Flying J F C U F T	□	CAT	BF	■	■ ■ ■	■	■ ■ ■	■ ■	■ ■	■	V W	B	B B	B	■ ■ ■ ■
I3 Berrien Springs, 49103 269-473-6637	Prime Mart # 12 (BP/Amoco) 8736 US 31-33	24 HRS ■ ■			□ □	■	□		□			□ ■						□ □ □			■	W				■ ■ ■
C1 Bessemer, 49911 906-663-6044	Bessemer Citgo US 2 (in town)	■ ■ ■	S ■ ■		□ □	■	□		□		F C □	□ ■	□ □ □	□ □		□ □ □	□ □	□ □ □		■		V W	B		B	■ ■ ■ ■
C1 Bessemer, 49911 906-667-0481	Stempihar Spur US 2 (Lead St & Sophie St @ blinker)	■ ■ ■	S ■ ■		□ □ □	■	□	■ ■	□		F C	□ ■								■	■					■ ■ ■
C1 Bessemer (East), 49911 906-667-0222	C&M Oil Company (Mobil) US 2	■ ■ ■			□ □ □	■	□		□		F C □	□		■ ■		■ ■	■ □	□ □ □				V W	B		B	■ ■ ■ ■
G4 Big Rapids, 49307 231-796-3939	Quick-Sav #18 (BP) US 131 Exit 142 (19 Mile Rd, 1 mi E)	24 HRS ■ ■	M ■ ■		■	■ ■		■	■		F C	■		□ □		□		□ □ □		■ □ ■	■ ■	V W	B	F B	B	■ ■ ■ ■
G6 Birch Run, 48415 989-624-4111	Fast Pax (Marathon) I-75 Exit 136	■ ■ ■	S ■ ■		□ ■ □	■	□ □				F C U	□ ■		□ □		□ □ □	□	□ □ □		■	■	V W	B B		B	■ ■ ■ ■

THE TRUCKER'S FRIEND® - MICHIGAN

How to interpret the page

■ means available at truck stop □ means available nearby

in the overnight lot column: S means room for 5 - 24 trucks; M means room for 25-74 trucks; L means room for 85-149 trucks; XL means room for 150+ trucks; $ means a parking fee may be charged

code at left-hand side of rows is the state map grid reference

a key to advertising logos is on page 25

Services may change without notice. When in doubt, call ahead.

Driver Services: MOTOR FUEL (Self Service Diesel, Truck Diesel, Metered Propane, Gasoline); PARKING (Overnight Lot ($), Paved Lot, Trailer Drop); FOOD (Electric Plug-Ins, Safe Haven/Hazmat, Restaurant, Fast Food); STORES (Table Phones, Motel, Convenience, Trucker/Travel, Shopping Center, Walmart/Kmart, Grocery); SHOWERS (Ladies, Men's); COMMUNICATION (TV/Drivers Lounge, Laundry, Load Monitor, Internet Kiosk, Wi-Fi Hotspots, Document Scanning, Public Fax/Copier, UPS/FedEx/Trippak Box, Religious Services, State Lottery)

Vehicle Services: SCALES (Axle, Platform, Certified); TIRES (Repairs, New Tire Sales); REPAIRS (Shop Open 24 Hrs, DOT Inspection, Major Repairs, Minor Repairs, Oil Change/Lube); ROAD SVCS (Minor Welding, AC/Reefer, CB, Tire, Mechanical); WASH (Towing, Truck (Exterior), Trailer Washout)

RV Info (RVs Welcome, Dumping Station, Propane (Bottle))

Financial Services (ATM, Can Wire Money Out, Money Orders, Natso Check-Link, Western Union, Voyager/Wright Express, Comdata (Comchek)) — C=Checks, F=Fuel Cards, B=Both

Permit Svcs (EFS, Fuel Man, Multi Service, TCH, T-Chek, Fleet One, Buy/Pay at Fuel Desk, All Prepaid Permit Svcs)

Credit Cards (American Express, Visa/Mastercard, Discover)

Grid	City / Phone	Truck Stop	Fuel / Parking	Food	Stores / Showers / Communication	Scales / Tires	Repairs / Road Svcs	Wash / RV	Financial	Fuel cards / Permit Svcs	Credit Cards
G 6	Birch Run, 48415 989-624-5671	Birch Run Express Stop (Sunoco) I-75 Exit 136	24 HRS ■ ■	S ■ ■	□ □ ■ □ □ ■ □	□ ■			■ ■	W B B F B B	■ ■ ■
G 6	Birch Run, 48415 989-624-5941	Conlee Travel Center #2 (Mobil) I-75 Exit 136	24 HRS ■ ■		□ □ □ ■ □ □ □	F □ □ ■	□ □ □ □ □	□ □ □	□ ■	W B F	■ ■ ■ ■
G 6	Bridgeport, 48722 989-777-7330	North Star Travel Plaza (Marathon) I-75 Exit 144 A (Dixie Hwy)	24 HRS ■ ■	M ■ ■	□ ■ ■ □ ■ ■ □ □ ■ ■ □ ■	F C T ■	CAT □ □ □ □ □ □ □	□ □ □	■ ■ ■	V W B B F B B B B	■ ■ ■ ■
G 6	Bridgeport, 48722 989-777-7650	TravelCenters of America/Saginaw I-75 Exit 144 B	24 HRS ■ ■	L ■ ■	24 HRS □ ■ □ ■ ■ □ ■ ■ ■ ■ DAT TA ■	F C U F T □	CAT BF ■ □ ■ ■ ■	■ ■ □	■ ■ ■ ■	V W B B B B B	■ ■ ■ ■
I 3	Bridgman, 49106 269-465-5542	JRD's Marathon I-94 Exit 16 (MI 12 N)	24 HRS ■ ■	S	□ ■ ■ □ ■ □ ■ ■	F C ■	CAT □ □ □ □	□ □ □	■ □ ■ ■ ■ ■ ■	V W B B F B B B B	■ ■ ■ ■
H 6	Brighton, 48116 810-227-2772	Clark Oil #2138 I-96 Exit 145 (Grand River)	24 HRS ■ ■		□ ■ ■ □ ■ □ □ □ □	F C □ ■			■ ■ ■	V W B B F B B B B	■ ■ ■ ■
H 6	Brighton, 48116 810-227-2772	Grand River & 96 Clark I-96 Exit 147	24 HRS ■ ■		■ □ ■ □ □ □	□ ■		□ □ □	■ ■	V W B B F B B B B	■ ■ ■
I 7	Brownstown, 48192 734-281-8952	Shell Plaza I-75 Exit 34 NB/34 B SB (Sibley Rd W)	24 HRS ■ ■		□ ■ ■ □ □	■		□ □	■ ■	V W B B B B B	■ ■ ■
C 1	Bruce Crossing, 49912 906-827-3430	Settler's Co-op (BP) US 45 & MI 28	24 HRS ■ ■	S ■ ■	□ □ ■ □ □	F C □ □ ■	□ □ □	□ □ □	■ ■	W B B B B B	■ ■ ■ ■
H 6	Burton, 48529 810-743-5700	Bristol & Dort BP 3509 MI 54 & MI 121 (1.5 mi E of I-475)	■ ■ ■		□ □ □ ■ □ □ □ □	□ ■	□ □ □ □ □	□ □ □	■ ■	W B F	■ ■ ■
H 4	Byron Center, 49315 616-877-0055	Byron Petroleum (Marathon) US 131 Exit 72 (100th St SW)	24 HRS ■ ■	M ■ ■	□ ■ ■ ■ □ □ ■ ■ ■ □	F C U □ ■	□ □ □ □ □ □ □ □ □ □ □	□ □ □	■ ■ ■	V W B B F B B B B	■ ■ ■ ■
F 4	Cadillac, 49601 231-775-8872	Admiral North 1377 US 131 (N end of town)	24 HRS ■ ■	S ■	□ □ ■ □ □ □	□ ■	□ □ □ □ □ □ □	□ □ □	■	V W B	■ ■
F 4	Cadillac, 49601 231-775-8101	Speedway #3570 2010 N US 131	■ ■ ■		□ □ ■ □ □ □	F C ■	□ □ □ □		■ ■	V W	■ ■ ■
F 4	Cadillac, 49601 231-775-9303	Speedway #3567 702 US 131 N	■ ■ ■		□ □ ■ □ □ □ □	□ ■	□ □	□ □ □	■ ■ ■	V W	■ ■ ■
F 4	Cadillac, 49601 231-775-4891	Quick-Sav #19 (BP) 8485 E MI 115	24 HRS ■ ■	S ■ ■	■ ■	F C ■	□ □ □	□ □ □	■ ■ ■ ■	V W B F B B B	■ ■ ■ ■
F 4	Cadillac, 49601 231-779-3166	Cadillac North Shell Mini-Mart US 131 (N end of town)	■ ■ ■	M ■ ■	□ ■ ■ □ ■ □ □ □ ■ □	F C U □ ■	□ □ □ □ □ □	□ □ □	■ □ ■	V W B B F B B B B	■ ■ ■ ■
H 4	Caledonia, 49316 616-891-9880	Speedway #3591 9266 MI 37	■ ■ ■		□ □ ■ □ □ □	□ ■	□ □ □ □		■ ■ ■	W	■ ■ ■
B 1	Calumet, 49913 906-337-0012	Kauppi Mobil US 41	■ ■		□ ■ □ ■ □ □ □	F C □	■ ■ ■ ■	A □ □ □	■	V W	■ ■ ■ ■
I 6	Canton, 48118 734-398-9911	Canton Marathon I-275 Exit 22	24 HRS ■ ■		■ □ ■ □ □	F C F □ ■			■ ■	V W B B B	■ ■ ■ ■
I 6	Canton, 48187 734-453-8780	Haggerty Joy Mobil I-275 Exit 28 (W)	24 HRS ■ ■		□ □ □ ■ □ □ □ □	□ □ ■		□ □ □	■ ■	V W B C C C	■ ■ ■
H 7	Capac, 48014 810-395-8787	Express Food Depot (BP) I-69 Exit 176	24 HRS ■ ■	S ■ ■	□ ■ □ ■ □ □ □	F C □ ■	CAT □ □ □ □ □	□ □ □	■ □ ■	V W B B B B B	■ ■ ■ ■
I 6	Carleton, 48117 734-639-1014	Red Barron Express (BP/Amoco) I-275 Exit 8 (1/4 mi E)	24 HRS ■ ■	S ■	■ ■ ■ ■ ■ ■ ■	F C ■		□ □ □	■ ■	W B B B B B B	■ ■ ■ ■
F 6	Caseville, 48725 989-856-3526	Caseville Marathon 7095 MI 25 & Caseville Rd	■ ■ ■		□ □ □ ■ □ □	□ ■		□ □	□ ■ ■	V W F	■ ■ ■
D 1	Caspian, 49915 906-265-4490	Citgo Quik Food Mart CR 424 & 108 Caspian Ave	■ ■ ■		□ ■ □ ■ □ □ □	□ ■	□ □ □ □	□ □ □	□ ■	V W	■ ■ ■
I 4	Cassopolis, 49031 269-445-2754	KB Village Express (66) 1101 MI 60 E	24 HRS ■ ■		□ ■ ■ □ □	□ □ ■		□	□ ■	V W C F	■ ■ ■
D 2	Cedar River, 49813 906-864-1716	Cedar River Plaza (BP) 8151 MI 35 N	■ ■ ■	S ■	■ □ ■	F C □ ■			■ □ ■	V W B B B B B	■ ■ ■
G 4	Cedar Springs, 49319 616-863-0354	Northern Springs Mobil US 131 Exit 101 (14 Mile Rd W)	■ ■ ■		■ ■ □	■			■	W B F B B	■ ■ ■
G 4	Cedar Springs, 49319 616-696-2666	Speedway #2376 US 131 Exit 104	24 HRS ■ ■		□ □ □ ■ □	□ ■			■ ■ ■ ■	W B B B B	■ ■ ■

THE TRUCKER'S FRIEND® - MICHIGAN

How to interpret the page

■ means available at truck stop □ means available nearby

in the overnight lot column:
S means room for 5 - 24 trucks
M means room for 25-74 trucks
L means room for 85-149 trucks
XL means room for 150+ trucks
$ means a parking fee may be charged

code at left-hand side of rows is the state map grid reference
a key to advertising logos is on page 25

Services may change without notice. When in doubt, call ahead.

Column groups (as printed): Driver Services — Motor Fuel (Truck Diesel, Self Service Diesel, Metered Propane, Gasoline); Parking (Overnight Lot ($), Paved Lot, Trailer Drop, Electric Plug-Ins, Safe Haven/Hazmat); Food (Restaurant, Fast Food, Table Phones); Stores (Motel, Convenience, Trucker/Travel, Shopping Center, Walmart/Kmart, Grocery); Showers (Ladies', Men's, TV/Drivers Lounge, Laundry); Communications (Load Monitor, Internet Kiosk, Wi-Fi Hotspots, Document Scanning, Public Fax/Copier, UPS/FedEx/TripPak Box). Vehicle Services — Scales (Religious Services, State Lottery, Platform, Axle); Tires (Certified, Repairs, New Tire Sales); Repairs (Shop Open 24 Hrs, DOT Inspection, Major Repairs, Minor Repairs, Oil Change/Lube); Road Svcs (Minor Welding, AC/Reefer, CB); Wash (Tire, Mechanical, Towing, Truck (Exterior), Trailer Washout). RV Info (RVs Welcome, Dumping Station, Propane (Bottle)). Financial Services (ATM, Can Wire Money Out, Money Orders, NATSO Check-Link, Western Union, Voyager/Wright Express, Comdata (Comchek)) — C=Checks, F=Fuel Cards, B=Both. Permit Svcs (EFS, Fuel Man, Multi Service, TCH, T-Chek, Fleet One, Buy/Pay at Fuel Desk, All Prepaid Permit Svcs). Credit Cards (American Express, Visa/Mastercard, Discover).

Grid	City / Phone	Truck Stop / Location	Motor Fuel	Parking	Parking	Food	Stores	Stores	Showers	Communications	Communications	Scales	Tires	Tires	Repairs	Repairs	Road Svcs	Road Svcs / Wash	Wash	RV Info	Financial Services	Financial Services	Financial Services	Permit Svcs	Permit Svcs	Permit Svcs	Credit Cards	Credit Cards
I 5	Cement City, 49233 517-547-3276	12 & 127 Fuel Stop (Citgo) US 127 & US 12	■■ ■			□	■						■		□□		□□		□□□		□■	■	W		F			■■■
H 7	Center Line, 48015 586-757-2708	Scharf's Diesel Stop (BP) 6650 10 Mile (betw I-696 Exit 22 & 23)	■■■■			□□ □	■	□□□		□		F C	□	□□□	□□		□□	□□	□□□□	□	■		V W	B			■	■■■
C 2	Champion, 49814 906-339-4475	Koski Korners (Mobil) US 41 & MI 95	24 HRS ■ ■	S ■		□ □	■		■■			F C	■									■	V W	B B		B B	■	■■■
D 5	Cheboygan, 49721 231-627-7941	Next Door Store # 18 (Imperial) 309 US 23 (E of MI 27)	24 HRS ■ ■			□□ □	■	□□□		□		□	□■		□□		□□	□	□□□		□	■	W		F			■■■
I 6	Chelsea, 48118 734-475-7484	Chelsea Plaza (Marathon) I-94 Exit 162 (Fletcher Rd)	24 HRS ■ ■	S ■		□■■□	■	□		□		F C	□■								■	■	V W	B B	F B	B B	■	■■■
G 5	Chesaning, 48616 989-845-7705	M-52 Express Stop (Sunoco) MI 52 & MI 57	24 HRS ■ ■	S ■■		□ □	■	□	■	□		F C U	■		□□		□		□□□		■ ■	■	W	B B	F B	B B	■	■■■
H 7	Chesterfield, 48051 586-949-3130	M&M Gas & Grocery (Citgo) 49031 Gratiot (1 mi W of I-94 Exit 241)	24 HRS ■ ■			□□ □	■	□□□				F C	□■										V W				■	■■■
H 7	Chesterfield, 48047 586-949-4620	Speedway #2314 I-94 Exit 243 (23 Mile Rd)	24 HRS ■ ■	S ■		□□ □	■	□□				F C □	□■		□□		□□	□	□□□			■ ■	V W	B B	B	B B	■	■■■
G 5	Clare, 48617 989-386-3681	Next Door Store # 11 (Imperial) 428 US 27 Business (N of US 10)	24 HRS ■ ■			□□ □	■			□		□	□■		□□		□□□		□□□		□■	■	V W	F	F			■■■
G 5	Clare, 48617 989-386-2276	Cid's Marathon US 10-27 & Old US 27 N	24 HRS ■ ■			□■ □	■	□ □		□		F C □	□■		□□		□	□	□□□		□■	■	V W	B B	B	B B	■	■■■
H 4	Comstock Park, 49321 616-784-9544	Speedway #3583 US 131 Exit 91 (W to 4121 W River Dr)	24 HRS ■ ■			□■	■						■		□□				□		■	■ ■	V W					■■■
C 1	Covington, 49919 906-355-2424	North 141 Travel Plaza (Marathon) US 141 & MI 28	■■ ■	S ■	■	□■	■	□	■■			F C	□								■		V W	B C		B F	■	■■■
C 2	Crystal Falls, 49920 906-875-6854	Citgo Quik Food Mart US 2	24 HRS ■ ■	S ■■		□■ □	■	□		□			□■						□		■	■	V W	B				■■■
I 7	Dearborn, 48126 313-584-4200	Motown Truck Plaza (Citgo) I-94 Exit 210A (EB) (4220 Wyoming)	■■ ■	M$ ■■		□■ □	■■	□ □		□		F C F	□		■■	■■	■■■	■ A R	■■■	■■	■	■■	■ V W	B B	B B	B B	■	■■
I 7	Dearborn, 48126 313-846-5262	Truck City Truck Stop I-94 Exit 210A (EB) (5000 Wyoming)	■■	S		■	■		■■			T			□□		□	□				■		B B	B	B B	■	■■■
I 7	Dearborn, 48126 313-945-9200	BP/Amoco I-94 Exit 210A (EB) (US 12 & Wyoming)	24 HRS ■ ■			□□ □	■	□		□			□■		□□		□□	□□□	□□□	□□	□	■ ■	V W	B				■■■
I 7	Dearborn Heights, 48125 313-295-1133	Metro Truck Plaza (BP) I-94 Ex 202A (N then W to 26300 VanBorn)	24 HRS ■ ■	XL$ ■	■	■□■□	■■	□□□	■■	■■	DAT	F C U F	□■		■■	■■	■■■	■ A ■	■■□	■■	■	■	W	B B	F B B	B B	■	■■■
H 4	Delton, 49046 269-623-6577	Prairieville 66 10477 Norris Rd (1 mi W of M-43)	■■ ■			□ □	■	□					□■		□□		□		□□		□		W		F			■■■
I 7	Detroit, 48209 313-843-1355	Dearborn Food Mart (Citgo) I-75 Exit 44	24 HRS ■ ■			□■ □	■						□■									■■	■					■■■
I 7	Detroit, 48209 313-843-4650	Detroit Truck Stop (Marathon) I-75 Exit 46 (SE to Fort St)	24 HRS ■ ■			24 HRS ■ □	■■	□		□		F □	□■		□□		□□□	□□	□□□			■	V W	B B	F B B	B B	■	■■■
I 7	Detroit, 48209 313-843-6550	US Fuel Mart (BP) I-75 Exit 47 A (E on Clark, S on Fort)	24 HRS ■ ■	S ■		□□ □	■	□□□		■□		F C	□■	□□□	□□		□□□	□	□□□	□□	■□	■		B B	B B	B B	■	■■■
I 7	Detroit, 48216 313-963-0022	Ammex I-75 Exit 47 B (Ambassador Bridge)	24 HRS ■ ■										□				□□		□□			■		B B	B	B		■■■
I 7	Detroit, 48210 313-894-8411	I-94 & Livernois Marathon I-94 Exit 212A (Livernois)	24 HRS ■ ■			□■■	■	□		□		F C	□■		□							■■■	V W	B B	F B B	B B	■	■■■
I 7	Detroit, 48216 313-894-0057	Three Star Service (Marathon) I-96 Exit 191 (3255 US 12)	24 HRS ■ ■			□■ □	■	□		□		□	□■		□□				□□□			■■■	V W				■	■■■
H 5	DeWitt, 48820 517-669-1153	Speedway #8740 I-69 Exit 87 (US 27)	24 HRS ■ ■			□■■□	■	□ □		□		U F	□■				□□□	□	□□		■	■ ■	■ V W	B B	F	B B		■■■
I 6	Dexter, 48130 734-426-3951	TravelCenters of America/Ann Arbor (TA) I-94 Exit 167 (Baker Rd)	24 HRS ■ ■	XL ■■		24 HRS □■	■■		■■	■■	DAT TA ■	F C U F T		CAT	B/F	■■	■■■	■ A	■■□	□□	■	■■	■■ V W	B B	B	B B	■	■■■
I 6	Dexter, 48130 734-426-4618	Pilot Travel Center #021 I-94 Exit 167 (Baker Rd)	24 HRS ■ ■	L ■■		■■	■■	□	■■		DAT Pilot ■	F C T F	■	CAT	□		□□□		□□□	□□	■ ■	■■■	■■ V W	B B	F B	B B	■	■■■
I 6	Dexter, 48130 734-426-0065	Pilot Travel Center #296 I-94 Exit 167 (Baker Rd)	24 HRS ■ ■	M ■■		□■■□	■■	□	■■	□	DAT ■ Pilot ■	F C U F T	■	CAT	□□		□□□	□□	□□□	□□	■	■■	■■ V W	B B	F B	B B	■	■■■

THE TRUCKER'S FRIEND® - MICHIGAN

How to interpret the page

■ means available at truck stop □ means available nearby

In the overnight lot column:
- S means room for 5 - 24 trucks
- M means room for 25-74 trucks
- L means room for 85-149 trucks
- XL means room for 150+ trucks
- $ means a parking fee may be charged

code at left-hand side of rows is the state map grid reference

a key to advertising logos is on page 25

Services may change without notice. When in doubt, call ahead.

Column groups: Motor Fuel (Truck Diesel, Self Service Diesel, Metered Propane, Gasoline); Driver Services — Parking (Overnight Lot ($), Paved Lot, Trailer Drop, Electric Plug-ins, Safe Haven/Hazmat), Food (Restaurant, Fast Food), Stores (Table Phones, Motel, Convenience, Trucker/Travel, Shopping Center, Walmart/Kmart, Grocery), Showers (Ladies, Men's), Communication (TV/Drivers Lounge, Laundry, Load Monitor, Internet Kiosk, Wi-Fi Hotspots, Document Scanning, Public Fax/Copier, UPS/FedEx/Trippak Box); Vehicle Services — Scales (Religious Services, State Lottery), Tires (Axle, Platform, Certified), Repairs (Repairs, New Tire Sales, Shop Open 24 Hrs, DOT Inspection, Major Repairs, Minor Repairs, Oil Change/Lube), Road Svcs (Minor Welding, AC/Reefer), Wash (CB, Tire, Mechanical, Towing, Truck (Exterior), Trailer Washout); RV Info (RVs Welcome, Dumping Station, Propane (Bottle)); Financial Services (ATM, Can Wire Money Out, Money Orders, Natso Check-Link, Western Union, Voyager/Wright Express, Comdata (Comchek)); Permit Svcs (EFS, Fuel Man, Multi Service); Credit Cards (TCH, T-Chek, Fleet One, Buy/Pay at Fuel Desk, All Prepaid Permit Svcs, American Express, Visa/Mastercard, Discover). C=Checks, F=Fuel Cards, B=Both

Code	Location / Phone	Truck Stop / Address	Motor Fuel	Driver Services	Vehicle Services	RV Info / Financial Services	Permit Svcs / Credit Cards
H 5	Dimondale, 48821 517-646-0717	Windmill Truck Stop (Citgo) I-96 Exit 98A/I-69 Exit 70 (AMBEST)	■ ■ ■ ■	XL ■ 24HRS ■ ■ ■ ■ ■ ■ ■ ■ ■ ■	(DAT) F C U F T □ ■ (CAT) ■ ■ ■ ■ ■ A R ■	■ ■ □ ■ ■ ■ ■ ■	V W B B F B B B B ■ ■ ■ ■
H 4	Dorr, 49348 616-877-4500	Dorr Truck Stop (Exxon/Mobil) US 131 Exit 68 (142nd Ave)	24HRS ■ ■	M ■ ■ □ ■ ■ ■ ■ □ □ ■ ■ ■	F C □ ■ ■ ■ ■ □ □ □	□ □ □ ■ ■ ■	V W B B F B B B B ■ ■ ■ ■
I 6	Dundee, 48131 734-529-5300	Dundee Perkey Pantry (Mobil) MI 50	■ ■ ■	□ □ □ □ □	□ ■ □ □	□ □	V W ■ ■ ■
I 6	Dundee, 48131 734-529-8522	Dundee Travel Center (Shell) US 23 Exit 17 (MI 50 E)	24HRS ■ ■	S ■ □ ■ ■ □ ■ □ ■ ■ □	F C □ ■ □ □ □ □ □	□ □ □ ■ ■ ■	V W B B B B B ■ ■ ■ ■
H 6	Durand, 48429 989-288-2121	Monroe Point Shell I-69 Exit 118 (MI 71)	24HRS ■ ■	□ □ □ ■ □ □ □	□ ■ □ □ □ □ □ □ □	□ □ □ □ ■	W B F B B ■ ■ ■
F 6	East Tawas, 48730 989-362-7551	East Tawas Shop-N-Go (Citgo) Hwy 23 & Aulrich Rd	■ ■ ■	S ■ ■ □ □ □ ■ □ □	F C □ ■ □ □ □	□ □ □ ■ ■ ■	V W B F ■ ■ ■ ■
I 7	Ecorse, 48229 313-386-4225	Marina Mini Mart (Citgo) 151 Southfield Rd	24HRS ■ ■	S □ ■ □ ■ □ □ □	F C □ ■ □ □ □	□ □ ■ □ ■ ■	W ■ ■ ■ ■
G 5	Edmore, 48829 989-427-5040	Speedway #3565 218 MI 46	■ ■ ■	□ ■ □ ■ □	F C □ ■ □ □ □	□ ■ ■	V W ■ ■ ■ ■
E 4	Elk Rapids, 49629 231-264-5990	Shell Mini Mart #109 US 31	24HRS ■ ■	□ ■ □ □ □	F C U F □ ■	■	W F ■ ■ ■ ■
H 7	Emmett, 48022 810-384-1344	Bisco's Truck Stop (Citgo) I-69 Exit 184	24HRS ■ ■ ■ ■	M ■ ■ ■ ■ ■ ■ □ ■ ■ ■ ■ ■ ■	F C T □ ■ ■ ■ ■ ■ ■ ■ ■ ■ ■	■ ■ □ ■ ■ ■ ■ ■	V W B B B B B B ■ ■ ■ ■ ■
H 7	Emmett, 48022 810-384-6919	Sunrise C-Store #29 (Marathon) I-69 Exit 184 (MI 19)	24HRS ■ ■	M ■ ■ ■ ■ ■ ■	F C □ ■ □ □ □ □ □ □ □	□ □ □ ■ ■	W B B F B B ■ ■ ■ ■
F 5	Farwell, 48622 989-588-6189	Jared's Express Mart (Sunoco) US 10 & MI 115	24HRS ■ ■	M ■ □ ■ □ ■ □ ■ ■	□	■ ■	V W B ■ ■ ■
E 4	Fife Lake, 49633 231-879-4521	Quick-Sav #21 (BP) 7501 US 131	24HRS ■ ■	□ □ □ ■ □	□ ■	■ ■ ■	V W F ■ ■ ■ ■
H 6	Flint, 48529 810-742-6031	Speedway #8753 I-475 Exit 4 (MI 121 E)	24HRS ■ ■	□ □ ■ □ □ □	■ □ □ □ □	□ □ □ ■ ■ ■	V W B B B B ■ ■ ■ ■
H 6	Flint, 48503 810-239-0883	Speedway #8748 I-69 Exit 138 (N to 509 MI 54)	24HRS ■ ■	S ■ ■ □ □ □ ■ □ □ □ □	□ ■	■ ■ ■ ■	V W B F B ■ ■ ■
H 6	Flint, 48507 810-238-1280	Bristol Mobil I-75 Exit 116 NB/116 B SB (Bristol Rd W)	24HRS ■ ■	□ □ ■ □	□ ■	■ ■	V W B B F B B B B ■ ■ ■ ■
E 5	Gaylord, 49735 989-732-5009	Citgo Quik Mart 1482 MI 32 W	24HRS ■ ■	S ■ ■ □ □ □ ■ □ □ □ □	F □ ■ □ □ □ □ □ □ □	□ □ □ □ □ □ □ □ □ ■ ■	W B B F B B B ■ ■ ■ ■
E 5	Gaylord, 49735 989-732-3847	Southend Marathon I-75 Exit 279 (Old US 27)	24HRS ■ ■	S ■ ■ ■ □ ■ □ ■ □	F C U □	□ □ □ ■ □ ■	V W B B B ■ ■ ■ ■
E 5	Gaylord, 49735 989-732-9063	Chalet Marathon I-75 Exit 282 (1041 MI 32 W)	24HRS ■ ■	□ □ □ ■ □ □ □ □	F C □ □ □ □ □ □	□ □ □ □ □ □ □ ■	V W C C C ■ ■ ■
E 5	Gaylord, 49735 989-732-3317	Forward's Gaylord North (Shell) I-75 Exit 282 (MI 32 W & Dickerson Rd)	24HRS ■ ■	□ □ □ ■ □ □ □ □	□ □ ■ □ □	□ □ □ □ □ □ □ □ □	W F ■ ■ ■
F 5	Gladwin, 48624 989-426-6625	Gladwin Citgo MI 61 & James Robinson Rd	24HRS ■ ■	S ■ ■ □ ■ □ ■ □ □ □	□ □ ■ □ □ □	■ □ ■	V W C C F C ■ ■ ■
H 5	Grand Ledge, 48837 517-622-0770	Pohl Oil #2 (Mobil) I-96 Exit 86 (MI 100 S)	24HRS ■ ■	M ■ ■ ■ ■ ■ ■ ■ ■ ■	F C □ □	□ □ □ ■ ■	V W B B F B B B B ■ ■ ■ ■
H 5	Grand Ledge, 48837 517-627-7504	Flying J Travel Plaza #05126 I-96 Exit 90/I-69 Exit 81 (SB) (Flying J)	24HRS ■ ■ ■ ■	XL ■ 24HRS ■ ■ · ■ ■ □ ■ ■ ■ ■	(Flying J) (Flying J) (Flying J) F C U F T ■ ■ ■	■ ■ ■ ■	V W B B B C ■ ■ ■ ■
H 4	Grand Rapids, 49504 616-361-0999	Crystal Flash #07 1760 Alpine (1.3 mi S of I-96 Exit 30)	■ ■ ■	□ ■ □ ■ □ □ □ □	□ ■	□ □ □ ■ ■ ■	W F ■ ■ ■
H 4	Grand Rapids, 49504 616-784-9171	Speedway #8766 I-96 Exit 30 (MI 37 - Alpine)	24HRS ■ ■	□ □ □ ■ □ □	□ □ ■ □ □ □ □ □ □	□ □ □ ■ ■	V F ■ ■ ■
H 4	Grand Rapids, 49315 616-455-3600	Exit 76 Auto/Truck Plaza (Mobil) US 131 Exit 76 (76th St SW)	24HRS ■ ■	XL ■ ■ 24HRS ■ □ ■ ■ □ □ □ ■ ■ ■ ■	(DAT) F C U F T ■ ■ (CAT) □ □ □ □ □ □ □ □	□ □ □ □ □ □ ■ ■	V W B B F B B B B B ■ ■ ■ ■
H 4	Grand Rapids, 49503 616-456-7444	Eli's Downtown Mobil Mart US 131 Exit 85 A (Market S to Cherry SW)	■ ■ ■	□ □ □ ■	□ □ □ □ □ □ □	□ □ □	V W F ■ ■ ■
H 4	Grand Rapids/Walker, 49544 616-791-2262	Next Door Store # 51 (Marathon) 4415 MI 45 & MI 11	24HRS ■ ■	□ □ ■ □	□ □ ■	□ □ ■	V W F ■ ■ ■

THE TRUCKER'S FRIEND® - MICHIGAN

How to interpret the page

■ means available at truck stop □ means available nearby

in the overnight lot column:
S means room for 5 - 24 trucks
M means room for 25-74 trucks
L means room for 85-149 trucks
XL means room for 150+ trucks
$ means a parking fee may be charged

code at left-hand side of rows is the state map grid reference

a key to advertising logos is on page 25

Services may change without notice. When in doubt, call ahead.

Driver Services: MOTOR FUEL (Truck Diesel, Self Service Diesel, Metered Propane, Gasoline); PARKING (Overnight Lot ($), Paved Lot, Trailer Drop, Electric Plug-Ins, Safe Haven/Hazmat); FOOD (Restaurant, Fast Food); STORES (Table Phones, Motel, Convenience, Trucker/Travel, Shopping Center, Walmart/Kmart, Grocery); SHOWERS (Ladies, Men's); TV/Drivers Lounge, Laundry; COMMUNICATIONS (Load Monitor, Internet Kiosk, Wi-Fi Hotspots, Document Scanning, Public Fax/Copier, UPS/FedEx/Trippak Box, Religious Services, State Lottery)

Vehicle Services: SCALES; TIRES (Axle, Platform, Certified); REPAIRS (Repairs, New Tire Sales, Shop Open 24 Hrs, DOT Inspection, Major Repairs, Minor Repairs, Oil Change/Lube, Minor Welding, AC/Reefer); ROAD SVCS (CB, Tire, Mechanical, Towing); WASH (Truck (Exterior), Trailer Washout)

RV Info: RVs Welcome, Dumping Station, Propane (Bottle)

Financial Services: ATM, Can Wire Money Out, Money Orders, NATSO Check-Link, Western Union, Voyager/Wright Express, Comdata (Comchek), EFS, Fuel Man, Multi Service — C=Checks, F=Fuel Cards, B=Both

Permit Svcs: TCH, T-Chek, Fleet One, Buy/Pay at Fuel Desk, All Prepaid Permit Svcs

Credit Cards: American Express, Visa/Mastercard, Discover

Location / Phone	Truck Stop / Address	Motor Fuel / Parking / Food	Stores	Showers / Lounge / Laundry	Communications	Scales	Tires	Repairs	Road Svcs / Wash	RV Info	Financial Services	Permit Svcs / Fuel Cards	Credit Cards
H 4 Grandville, 49418 616-530-9017	Rivertown Car Wash # 40 (Citgo) 2925 - 44th St SW (2 mi E of I-196 X 67)	■■ ■	□□ □	■ □ □	□	F C □	□■	□□ □□	□□□ □□□		■ W		■ ■■■
G 4 Grant, 49327 231-834-8210	BP/Amoco Food Shop 12432 Mason Dr	■■■■	□■ □	■ □	□		□■	□□ □	□		■■ V W	F	■■■
E 5 Grayling, 49738 989-348-2700	Charlie's Country Corner (Marathon) I-75 Exit 251	24 HRS ■■■ XL ■■■	■ □	■■ ■■	■■ DAT ■	F C U F T	■	□□ □	□ □□□		■■■■ V W	B B F B B B B	■ ■■■
C 4 Gulliver, 49840 906-283-4010	Blaney Park Quik Stop (BP) 1223 US 2 W	24 HRS ■■■	□	■			■				■ V W		■■■
B 1 Hancock, 49930 906-482-9240	Citgo Quik Food Mart US 41 (706 Quincy)	24 HRS ■ ■	□■■□	■ □	□	C	□■	□□ □□	□□□		□ ■ V W	B F	■■■
F 5 Harrison, 48625 989-539-9033	EZ Mart (BP) US 27 Exit 193	■■ ■ M ■■	□	■		F C	■		□□□		■ ■ V W	F	■ ■■■
F 5 Harrison, 48625 989-539-1269	K-D Quik Stop (Citgo) US 27 N & US 27 Business	■■ ■ S ■	□■ □	■ □	□	F C	□■	□	□ □□□		■□■■ V W	B B F B B	■ ■■■
G 3 Hart, 49420 231-873-4678	Hart Express Mobil US 31 MM 149	24 HRS ■ ■ S ■	□□ □	■ □ □	□		□■	□□ □□□□	□ □□□		■□■■ V W	B F	■■■
H 6 Hartland, 48430 810-632-5800	Hartland Mobil US 23 Exit 70 (Clyde Rd E)	24 HRS ■■■ S		■		F C T	■	□□ □	□□□		□■■ V W	B B F B B B B	■ ■■■
C 2 Harvey, 49855 906-249-9390	Citgo Quik Food Mart 3035 US 41 & MI 28	24 HRS ■ ■ S ■	□ □	■ □	□		□■	□ □	□□□		■ V W		■■■
D 2 Hermansville, 49847 906-498-7745	Wildwood Truck Stop (Mobil) US 2	■■ ■ M ■■	■	■ ■	□	C	□		□□□		■ V W	B B B	■■■
H 4 Holland, 49423 616-396-2538	Tulip City Truck Stop (Marathon) I-196 Exit 49 (1/2 mi S on MI 40)	24 HRS ■ ■ L ■■	■□■□	■■ ■■	■■ DAT	F C U F T	CAT	■■ □□□	■ ■□□	■■	■ ■ W	B B F B B B B	■ ■■■
H 6 Holly, 48422 248-634-0837	East Holly Truck Stop (Sunoco) I-75 Exit 98	24 HRS ■ ■	■	■			■				■ V W	B B F B B B	■ ■■■
B 1 Houghton, 49931 906-482-1686	Citgo Quik Food Mart #015 47775 US 41 N	■■ ■ S ■	□□ □	■ □□	□		□■	□□ □	□□□		V W	C	■■■
F 5 Houghton Lake, 48629 989-422-6112	Sunrise C-Store #27 (Marathon) US 27 & MI 55	24 HRS ■ ■		■							V W	B F	■■■
G 4 Howard City, 49329 231-937-5383	M-46 Amoco Truck Plaza US 131 Exit 120 (MI 46 E)	24 HRS ■ ■ S ■■	□ □	■ □		F C U	■ □□				■ ■■ V W	F	■ ■■■
G 4 Howard City, 49329 231-937-4090	M-46 Mobil Truck Stop US 131 Exit 120 (MI 46)	24 HRS ■ ■ M ■■	□■	■■ ■■	■■ DAT	F C □	□■ CAT	□□			■ ■■ V W	B B F B B B B	■ ■■■
H 6 Howell, 48843 517-548-3350	Howell's Sunoco I-96 Exit 141 (Grand River)	24 HRS ■■■	□□ □	■ □□□	□		□■	□□	□ □		■■ V W	F	■■■
H 7 Imlay City, 48444 810-724-1897	Speedway #8772 I-69 Exit 168	24 HRS ■ ■	□□ □	■ □ □	□	F C	□■	□□			■■ ■ V W	B B B B B	■ ■■■
H 7 Imlay City, 48444 810-724-2449	Spencer Oil (Amoco) I-69 Exit 168 (MI 53)	24 HRS ■ ■ S ■	□□ □	■■ □□□	□	F C F	□	□□ □□	□□□		■ ■ V W	B B F B B B	■ ■■■
H 5 Ionia, 48846 616-527-6640	DBC Food & Fuel (Amoco) 2525 MI 66	■■ ■	□■ □	■ □□	□	F □	□■ □□	□□ □□	□□ □□□		■■ V W	F	■■■
H 5 Ionia, 48846 616-527-6520	Pilot Travel Center #023 I-96 Exit 67 (MI 66)	24 HRS ■ ■ S ■	□■■□	■■ ■■	■ ■	F C U F T	■ CAT	□□	□□□		■ ■ ■■■ ■■ V W	B B F B B B	■ ■■■
D 2 Iron Mountain, 49801 906-779-9854	Citgo Quik Food Mart 1017 US 2-141 S	■■ ■	□■ □	■ □□	□	□	□■	□□ □□□	□□□		V W	C	■■■
D 2 Iron Mountain, 49801 906-774-2022	Citgo Quik Food Mart 205 US 2-141 N	■■ ■	□□ □	■ □□□	□		□■	□□ □ □□□	□ □□□	□□	□ V W		■■■
D 2 Iron Mountain, 49801 906-774-9506	Citgo Quik Food Mart 616 US 2 N	24 HRS ■ ■	■ □	■ □□□	□		■		□□□		■ V W	B C C C	■■■
C 1 Iron River, 49935 906-265-3213	Citgo Quik Food Mart US 2	24 HRS ■ ■	□■ □	■ □ □	□	□	□■	□□ □	□ □□□		□ ■ V W		■■■
C 1 Ironwood, 49938 906-932-0700	US 2 Service Center (Mobil) 1301 US 2 E	■■ ■	□□ □	■ □□□	□	□	□■	■	□		□ ■ V W		■■■
I 5 Jackson, 49201 517-764-6556	145 Auto/Truck Plaza (Mobil) I-94 Exit 145	24 HRS ■ ■ M ■■	24 HRS □ □	■■ □	□	F C	□ ■■■	■■ ■ ■■	□ ■■□		■ ■ V W	B B B B	■ ■■■

THE TRUCKER'S FRIEND® - MICHIGAN

How to interpret the page

■ means available at truck stop □ means available nearby

in the overnight lot column:
- S means room for 5 - 24 trucks
- M means room for 25-74 trucks
- L means room for 85-149 trucks
- XL means room for 150+ trucks
- $ means a parking fee may be charged

code at left-hand side of rows is the state map grid reference

a key to advertising logos is on page 25

Services may change without notice. When in doubt, call ahead.

Column groups and columns (left to right): Driver Services — MOTOR FUEL (Truck Diesel, Self Service Diesel, Metered Propane, Gasoline); PARKING (Overnight Lot ($), Paved Lot, Trailer Drop, Electric Plug-ins, Safe Haven/Hazmat); FOOD (Restaurant, Fast Food, Table Phones); STORES (Convenience, Motel, Trucker/Travel, Shopping Center, Walmart/Kmart, Grocery); SHOWERS (Ladies, Men's); COMMUNICATION (TV/Drivers Lounge, Laundry, Load Monitor, Internet Kiosk, Wi-Fi Hotspots, Document Scanning, Public Fax/Copier, UPS/FedEx/Trippak Box, Religious Services, State Lottery). Vehicle Services — SCALES (Platform, Axle, Certified); TIRES (Repairs, New Tire Sales); REPAIRS (Shop Open 24 Hrs, DOT Inspection, Major Repairs, Minor Repairs, Oil Change/Lube, Minor Welding); ROAD SVCS (AC/Reefer, CB, Tire, Mechanical, Towing); WASH (Truck (Exterior), Trailer Washout). RV Info (RVs Welcome, Dumping Station, Propane (Bottle)). Financial Services (ATM, Can Wire Money Out, Money Orders, Natso Check Link, Western Union, Voyager/Wright Express, Comdata (Comchek), EFS, Fuel Man, Multi Service, TCH, T-Chek, Fleet One, Buy/Pay at Fuel Desk) — C=Checks, F=Fuel Cards, B=Both. Permit Svcs (All Prepaid Permit Svcs). Credit Cards (American Express, Visa/Mastercard, Discover).

Grid	Location / Phone	Truck Stop / Address	Motor Fuel & Parking	Food	Stores	Showers	Communication	Scales	Tires	Repairs / Road Svcs	Wash / RV Info	Financial Services	Permit Svcs	Credit Cards
I 4	Kalamazoo, 49001 269-344-1205	Double O 2091 Sprinkle Rd (S of I-94 Business)	24 HRS ■ ■		□□ □	■	□ □ □		□■	□□ □□	□□□□	■ ■ V W B C F C		■■■
I 4	Kalamazoo, 49001 269-344-7313	Speedway #3561 I-94 Exit 76 (N to 3908 S Westnedge)	■■ ■		□□ □	■	□ □	□	□■			■■ ■ V W		■■■
I 4	Kalamazoo, 49003 269-344-1205	Double O Inn I-94 Exit 80 (2 blks N)	24 HRS ■ ■		□□ □	■			■			■ ■ V W B B F B		■■■
I 4	Kalamazoo, 49009 269-383-4424	D Avenue Fuel Plaza (BP/Amoco) US 131 Exit 44 (5118 D Ave W)	24 HRS ■ ■	M ■	■	■					□□□	■ ■ W B B F B B B B		■■■
I 4	Kalamazoo, 49009 269-345-2017	Raceway Citgo US 131 Exit 44 (5500 D Ave W)	■■ ■	S ■	□■	■			□■		□□□	■□■■ W B B B B B B		■■■
E 4	Kalkaska, 49646 231-258-8928	Next Door Store # 19 111 US 131	24 HRS ■ ■		□□ □	■	□ □ □	□	□■	□□ □□□□□□□	□□□□□	□■■ W B F		■■■
E 4	Kalkaska, 49646 231-258-2330	Shopper Save (Citgo) US 131	■■■■	S	□□ □	■	□ □ □	F C □	□■	□□ □□□ □ □	□□□□	■ ■■ ■ V W B B F B	■	■■■
B 1	L'Anse, 49946 906-524-5325	Citgo Quik Food Mart 150 US 41	24 HRS ■ ■	S	□ □	■	□		□■	□□ □□	□□	□ ■ V W		■■■
F 5	Lake, 48632 989-544-2729	Scotts Party Store (Marathon) 7800 US 10 W	■■■■		□	■		□	□■			■■ V W F F		■■■
H 5	Lansing, 48911 517-272-0041	Super Stop Express (Sunoco) I-96 Exit 101 (MI 99)	24 HRS ■ ■	S ■	□■ □	■	□	F C □	□	□□ □	□□□□□	■ ■ V W B B F B B B B	■	■■■
H 6	Lennon, 48449 810-621-3580	Speedway #8797 I-69 Exit 123 (MI 13)	24 HRS ■ ■		□	■			□■			■■ ■ W B B		■■■
E 5	Lewiston, 49756 989-786-3397	Johnson Oil Marathon CR 612	■■ ■		□ □	■	□ □		□	□□ □□□□□	□□□	V W F		■■■
G 7	Lexington, 48450 810-359-5970	Sunrise C-Store #22 (Marathon) 7434 MI 25	24 HRS ■ ■		□	■			■			■■ V W C C F C C		■■■
I 6	Luna Pier, 48150 734-848-9018	Luna Pier Fuel Center (Sunoco) I-75 Exit 6	24 HRS ■ ■	M ■	□ □	■	□ □ ■■	F C	■		□□□	■ V W B B F B B B B	■	■■■
D 5	Mackinaw City, 49701 231-436-8911	Next Door Store # 17 (Marathon) 308 MI 108 S (E of I-75 Exit 338)	■■ ■		□□ □	■	□ □		□■			□ ■ V W F		■■■
C 3	Manistique, 49854 906-341-6594	Lake Shore Shell 1038 US 2 W	24 HRS ■ ■	M ■■	□□ □	■	□ □ □		□■	□□ □ □□□□	□□□	■ ■ V W B C F B B B		■■■
C 3	Manistique, 49854 906-341-5323	Citgo Quik Food Mart 425 US 2 E (near MI 94)	24 HRS ■ ■		□□ □	■	□ □	F C	□■	□□ □□□ □	□□□□	V W C C C	■	■■■
C 3	Manistique, 49854 906-341-6464	BP Pit Stop 6130 US 2 W	■■ ■	S ■	□■ □	■			■	□□	□□□	■□■■ V W F		■■■
C 3	Manistique, 49854 906-341-2796	Pathway Shell 813 US 2	24 HRS ■ ■	M ■■	□□ □	■	□ □ □	F C	□■□	□ □	□ □□	■□ ■ V W B C B B B		■■■
H 7	Marine City, 48039 810-765-2920	Express Food Depot #54 (BP/Amoco) 6040 King Rd & 26 Mile Rd	24 HRS ■ ■	S ■■	□■ □	■	□□□ □	F C	■	□□	□□□	■ ■ V W	■	■■■
G 7	Marlette, 48453 989-635-7660	Ricky D's Truck Stop (Mobil) 3783 MI 53	24 HRS ■ ■	M ■■	■	■■	□■■ □	F C U	□■	□□ □□□□	□□	■ ■ V W B B B B B	■	■■■
G 7	Marlette, 48453 989-635-2066	Scott's Quik Stop MI 53 & Hwy 46	■■ ■	S ■		■	■■	F C	■			■ ■ B B B	■	■■■
C 2	Marquette, 49855 906-226-8013	Citgo Quik Food Mart 338 US 41 Bus W	24 HRS ■ ■		□□ □	■	□□□ □		□□■	□□ □□□□ □	□□□□□□	■ V W		■■■
C 2	Marquette, 49855 906-226-6640	Cenex Fuel Stop US 41 W & Wright St	24 HRS ■■■	M ■■	□■■□	■	□□□ ■ □	F C F	□■	□□□□		■□■■ W B B B B B	■	■■■
I 5	Marshall, 49068 269-789-1982	Brewer Park PS Food Mart (Citgo) I-94 Exit 110 (US 27 S)	24 HRS ■		□■ □■			F C	■			□ ■ V W B B F B B B B	■	■■■
I 5	Marshall, 49068 269-781-6900	Pioneer Auto Truck Plaza (Shell) I-94 Exit 110 (US 27)	24 HRS ■ ■	XL ■■	24 HRS ■□	■■	□■■ □ ■	F C U	□■	□□ □□□	□□□	■ ■ ■ V W B B F B B B B	■	■■■
I 5	Marshall, 49068 269-781-9616	The 115 Truck Stop (Citgo) I-94 Exit 115 (N on 22 1/2 Mile Rd)	24 HRS ■ ■	L ■■	24 HRS ■	■■	■■	F C	■		□□	■ ■ V W B B F B B B B	■	■■■
H 7	Marysville, 48074 810-364-5115	Sunrise (Marathon) I-94 Exit 266 (Gratiot & Range)	24 HRS ■ ■	M ■■	□■■□	■	□ □ ■□	F C U	□■ (CAT)	□□ □□□	□□□	■ ■ V W B B B B B	■	■■■

THE TRUCKER'S FRIEND® - MICHIGAN

How to interpret the page

■ means available at truck stop □ means available nearby

In the overnight lot column:
- S means room for 5 - 24 trucks
- M means room for 25-74 trucks
- L means room for 85-149 trucks
- XL means room for 150+ trucks
- $ means a parking fee may be charged

code at left-hand side of rows is the state map grid reference

a key to advertising logos is on page 25

Services may change without notice. When in doubt, call ahead.

Column headings:
- **Driver Services:** Motor Fuel (Truck Diesel, Self Service Diesel, Metered Propane, Gasoline); Parking (Overnight Lot ($), Paved Lot, Trailer Drop, Electric Plug-Ins, Safe Haven/Hazmat); Food (Restaurant, Fast Food, Table Phones); Stores (Motel, Convenience, Trucker/Travel, Shopping Center, Walmart/Kmart, Grocery); Showers (Ladies', Men's); TV/Drivers Lounge, Laundry; Communications (Load Monitor, Internet Kiosk, Wi-Fi Hotspots, Document Scanning, Public Fax/Copier, UPS/FedEx/TripPak Box, Religious Services, State Lottery)
- **Vehicle Services:** Scales (Axle, Platform, Certified); Tires (Repairs, New Tire Sales, Shop Open 24 Hrs); Repairs (DOT Inspection, Major Repairs, Minor Repairs, Oil Change/Lube, Minor Welding, AC/Reefer); Road Svcs (CB, Tire, Mechanical, Towing); Wash (Truck (Exterior), Trailer Washout)
- **RV Info:** RVs Welcome, Dumping Station, Propane (Bottle)
- **Financial Services:** ATM, Can Wire Money Out, Money Orders, NATSO Check-Link, Western Union, Voyager/Wright Express, Comdata (Comchek), EFS, Fuel Man, Multi Service, TCH, T-Chek, Fleet One (C=Checks, F=Fuel Cards, B=Both)
- **Permit Svcs:** Buy/Pay at Fuel Desk, All Prepaid Permit Svcs
- **Credit Cards:** American Express, Visa/Mastercard, Discover

Location	Truck Stop	Driver Services	Vehicle Services / RV Info	Financial Services / Permit Svcs	Credit Cards
I 4 Mattawan, 49071 269-668-3341	Speedway #6604 I-94 Exit 66	24 HRS ■ ■ M ■ ■ □ ■ ■ □	F C F □ ■ CAT □ □ □ □ □ □ □ □	■ ■ ■ ■ V W B B F B B	■ ■ ■ ■
I 7 Melvindale, 48122 313-386-2100	Oakwood Mini Mart (Citgo) 2661 Oakwood Street	24 HRS ■ ■ □ □ □ ■ □ □ □	□ ■	□ ■ V W B	■ ■ ■
I 7 Melvindale, 48122 313-842-8500	Fuel Mart of America (BP) I-75 Ex 43 NB/B SB (N to 335 S Schaefer)	24 HRS ■ ■ S ■ ■ □ □ ■ □ □ □ ■ ■ □	F C □ ■ □ □ □ □ □ □ □ □ □ □ □ □ □ □ □ □	□ ■ ■ ■ ■ ■ V W B B F B B B B	■ ■ ■ ■
I 7 Melvindale, 48217 313-554-1899	Motor City Truck Plaza (Marathon) I-75 Exit 43 NB/B SB (377 S Schaefer N)	24 HRS ■ ■ M$ ■ ■ □ □ □ ■ □ □ ■ ■ ■ □	F C □ □ ■ ■ ■ ■ ■ ■ ■ ■ ■ ■ ■ A R □ ■ ■ □	□ ■ ■ ■ ■ ■ ■ V W B B B B B B	■ ■ ■ ■
E 2 Menominee, 49858 906-863-3488	Citgo Quik Food Mart 1915 US 41	■ ■ ■ □ □ □ ■ □ □ □ □	□ □ ■ □ □ □ □ □ □ □ □	□ W	■ ■ ■
H 4 Middleville, 49333 269-795-9063	Speedway #3568 615 MI 37	24 HRS ■ ■ □ □ ■ □ □ □	F C □ □ ■ □ □ □ □ □	■ ■ ■ V W B B	■ ■ ■ ■
E 6 Mio, 48647 989-826-5993	Sunrise C-Store #10 (Marathon) 308 MI 33 (S of Jct MI 72)	24 HRS ■ ■ □ □ □ ■ □ □	□ ■ □ □ □ □ □ □ □ □ □ □	□ V W F	■ ■ ■
I 6 Monroe, 48161 734-242-9650	Pilot Travel Center #024 I-75 Exit 15 (MI 50 SE)	24 HRS ■ ■ S ■ ■ □ ■ ■ □ ■ ■ □ □ ■ ■ DAT ⏻ ■	F C U T □ ■ CAT □ □ □ □ □ □ □ □ □	□ ■ ■ ■ ■ ■ ■ V W B B F B B B	■ ■ ■ ■
I 6 Monroe, 48161 734-384-7952	TravelCenters of America (BP) I-75 Exit 15 (MI 50) TA	24 HRS ■ ■ XL ■ 24 HRS ■ ■ □ ■ ■ ■ ■ ■ ■ DAT ■ TA ■	F C U F T CAT BF ■ ■ □ ■ ■ ■ A ■ ■ □ □	■ ■ ■ V W B B B B B	■ ■ ■ ■
I 6 Monroe, 48161 734-457-3500	Pilot Travel Center #284 I-75 Exit 18 (Nadeau Rd)	24 HRS ■ ■ M ■ ■ □ ■ ■ □ ■ ■ □ □ □ ■ ■ □ DAT ■ ■ ■	F C U F T □ ■ CAT □ □ □	■ □ ■ ■ ■ ■ V W B B F B B B	■ ■ ■ ■
G 6 Montrose, 48457 810-639-2028	Mr G's Food Mart (Shell) 256 MI 57 W	■ ■ ■ □ ■ ■ □ □	□ □ ■ □ □ □ □ □ □ □ □ □ □	□ ■ ■ V W	■ ■ ■
I 4 Mottville, 49099 269-483-2135	North Fork Truck Stop (Marathon) 11028 W US 12	24 HRS ■ ■ M ■ ■ ■ ■ ■	F C □ □ □	■ ■ ■ V W B C B B B B	■ ■ ■ ■
H 7 Mount Clemens, 48043 586-468-2712	North River Amoco I-94 Exit 237 (N River Rd W)	24 HRS ■ ■ □ □ □ ■		■ V W F	■ ■ ■
G 6 Mount Morris, 48458 810-687-4810	Quick-Sav #7 (BP) I-75 Exit 126	24 HRS ■ ■ L ■ ■ ■ ■ ■ ■ ■ ■	F C □ ■ CAT □ □ □ □ □ □ □ □ □ □ □	□ ■ □ ■ ■ ■ V W B B F B B B B	■ ■ ■ ■
G 6 Mount Morris, 48458 810-686-8510	I-75 BP #8 I-75 Exit 126 (Mt Morris Rd W)	24 HRS ■ ■ S ■ ■ □ ■ ■	F C □ ■ □ □ □ □ □ □ □ □	■ ■ ■ V W B B F B B	■ ■ ■ ■
G 5 Mount Pleasant, 48858 989-773-1122	Next Door Food Store # 39 (Marathon) 5025 MI 20 (W of US 27)	24 HRS ■ ■ □ □ □ ■ □ □	■ □ □ □ □ □ □ □	□ ■ V W F	■ ■ ■
G 5 Mount Pleasant, 48858 989-773-2990	Pickard Shell US 27 & MI 20	24 HRS ■ ■ □ □ □ ■ □ □ □	□ □ ■ □ □ □ □ □ □ □ □ □ □	■ V W B B F B B B	■ ■ ■
C 3 Munising, 49862 906-387-4817	Superior Shell MI 28 E	24 HRS ■ ■ □ □ □ ■ □ □ □ □	□ ■ □ □ □ □ □ □	□ ■ V W B C F B B B	■ ■ ■
C 3 Munising, 49862 906-387-5160	Citgo Quik Food Mart MI 28 S & Brooke St	■ ■ ■ □ □ □ ■ □ □	□ □ ■	□ V W B B B	■ ■ ■
C 2 Negaunee, 49866 906-475-6711	Citgo Quik Food Mart US 41 E & MI 28	24 HRS ■ ■ S ■ □ □ ■ □ □	□ ■ □ □ □ □ □ □ □	■	■ ■ ■
I 6 New Boston, 48164 734-941-1610	Chapp's Landing (Sunoco) I-275 Exit 11	24 HRS ■ ■ ■ ■	F C T F □ ■ CAT	■ ■ W B B B B B	■ ■ ■ ■
I 3 New Buffalo, 49117 269-469-0032	Plaza 1 Truck Stop I-94 Exit 1 (MI 239)	24 HRS ■ ■ L$ ■ ■ □ ■ ■ ■ □ ■ ■ □	F C □ ■ □ □ □ □ □ □ □ □ □	■ ■ B B B	■ ■ ■ ■
H 7 New Haven, 48048 586-749-8790	New Haven Mini Mart (Citgo) I-94 Exit 247 (1/2 mi W)	24 HRS ■ ■ □ ■ ■ □	□ ■ □ □ □	■ ■ W F F	■ ■ ■
G 4 Newaygo, 49337 231-652-6412	Speedway #3569 8500 MI 37	■ ■ ■ □ □ □ ■ □ □ □	□ ■ □ □ □	■ ■ V W	■ ■ ■
C 4 Newberry, 49868 906-293-8614	Hilltop Shell MI 123 (2 mi N of MI 28)	24 HRS ■ ■ □ □ ■ □ □	■ □ □ □ □ □ □ □ □ □	■ V W C F F	■ ■ ■
C 4 Newberry, 49868 906-293-5831	Pickelman's Total 1 Stop (Zephyr) MI 28 & MI 123	■ ■ ■ ■ S ■ ■ ■ □ ■ ■ ■ ■	F C U F ■ □ □ □ □ □ □ □ □ □ □ □ □	■ □ ■ ■ ■ ■ V W B C C	■ ■ ■ ■
C 4 Newberry, 49868 906-293-3564	Express Mart (BP) MI 28 & MI 123	24 HRS ■ ■ S ■ □ □ □ ■ □	F C □ ■ □ □ □ □ □	□ ■ V W B B F C C	■ ■ ■ ■
I 6 Newport, 48166 734-586-3394	Newport Travel Center (Marathon) I-75 Exit 21 (Newport Rd W)	24 HRS ■ ■ ■ ■ M ■ ■ □ ■ □ ■ ■ ■ ■ ■ ■ DAT ■	F C □ □ □ □ □ □	■ □ ■ ■ ■ ■ ■ V W B B B C B B	■ ■ ■ ■

THE TRUCKER'S FRIEND® - MICHIGAN

How to interpret the page

■ means available at truck stop □ means available nearby

In the overnight lot column:
- S means room for 5 - 24 trucks
- M means room for 25-74 trucks
- L means room for 85-149 trucks
- XL means room for 150+ trucks
- $ means a parking fee may be charged

code at left-hand side of rows is the state map grid reference

a key to advertising logos is on page 25

Services may change without notice. When in doubt, call ahead.

Column groups: Driver Services (MOTOR FUEL: Truck Diesel, Self Service Diesel, Metered Propane, Gasoline; PARKING: Overnight Lot ($), Paved Lot, Trailer Drop, Electric Plug-ins, Safe Haven/Hazmat; FOOD: Restaurant, Fast Food, Table Phones; STORES: Motel, Convenience, Trucker/Travel, Shopping Center, Walmart/Kmart, Grocery; SHOWERS: Ladies', Men's; TV/Drivers Lounge, Laundry; COMMUNICATION: Load Monitor, Internet Kiosk, Wi-Fi Hotspots, Document Scanning, Public FAX/Copier, UPS/FedEx/TripPak Box, Religious Services, State Lottery) · Vehicle Services (SCALES: Axle, Platform, Certified; TIRES: New Tire Sales, Repairs; REPAIRS: Shop Open 24 Hrs, DOT Inspection, Major Repairs, Minor Repairs, Oil Change/Lube, Minor Welding, AC/Reefer; ROAD SVCS: CB, Tire, Mechanical, Towing; WASH: Truck (Exterior), Trailer Washout) · RV Info (RVs Welcome, Dumping Station, Propane (Bottle)) · Financial Services (ATM, Can Wire Money Out, Money Orders, NATSO Check-Link, Western Union, Voyager, Wright Express, Comdata (Comchek); C=Checks, F=Fuel Cards, B=Both) · Permit Svcs (EFS, Fuel Man, Multi Service) · Credit Cards (TCH, T-Chek, Fleet One, Buy/Pay at Fuel Desk, All Prepaid Permit Svcs, American Express, Visa/Mastercard, Discover)

Grid	Location / Phone	Truck Stop / Address	Motor Fuel / Parking	Lot / Food	Stores / Showers	Communication	Scales / Tires	Repairs / Road Svcs / Wash	RV Info / Financial Services	Permit Svcs	Credit Cards
I 3	Niles, 49120 269-683-9558	J&D's Travel Center (Citgo) US 31 Exit 3 (US 12)	24 HRS ■ ■	L ■ ■ ■ ■	24 HRS ■ ■ □ ■ ■ □ □ □	■ ■ ■ ■ ■	F C U □	■ ■ ■ ■ ■ ■ ■ ■	□ □ □ ■ ■ ■ □ ■ V W	B B	B B B B ■ ■ ■ ■
B 1	Ontonagon, 49953 906-884-2896	M 64 Truck Stop (Marathon) 1003 MI 64	■ ■ ■	M ■ ■ ■ ■	□ ■ □ ■ □	■ □	F C U □ ■	□ □ □ □ □ □	□ □ □ ■ □ V W	C B	■ ■ ■ ■
B 1	Ontonagon, 49953 906-884-2040	Citgo Quik Food Mart US 45	■ ■ ■		□ □ □ ■ □	□	□ ■	□ □ □ □ □ □ □ □	□ □ □ □ □ □ V W		■ ■ ■
I 4	Oshtemo, 49009 269-353-7545	Short Stop Citgo I-94 Exit 72	■ ■ ■		□ □ □ ■ □ □ □		□ ■		■ ■ V W	B B	B ■ ■ ■
I 6	Ottawa Lake, 49267 734-856-4674	23 Fuel Stop #1 (Marathon) US 23 Exit 1 (Sterns Rd)	24 HRS ■ ■	L ■ ■	24 HRS ■ ■ □ ■ ■ □	■ ■ ■ ■ DAT ■	F C U T □ ■ CAT	□ □ □ □ □ □ □	□ □ □ ■ □ ■ ■ ■ ■ ■ V W	B B	F B B B B ■ ■ ■ ■
I 6	Ottawa Lake, 49267 734-854-6611	Big Daddy's Truck Stop (Sunoco) US 23 Exit 5 (US 223)	24 HRS ■ ■	M ■ ■	□ ■ ■ ■ ■	■ ■ ■ ■	F C U □ ■	■ ■ ■ ■ ■ ■ ■ ■ ■ ■ A R	■ ■ ■ ■ □ ■ ■ V W	B B	F B B B B ■ ■ ■ ■
I 6	Ottawa Lake, 49267 734-854-1772	Pilot Travel Center #026 US 23 Exit 5 (US 223)	24 HRS ■ ■	XL ■ ■	□ ■ ■ ■ ■	■ ■ ■ DAT ■	F C T □ ■ CAT	□ □ □ □	□ □ □ ■ □ ■ ■ ■ ■ ■ ■ V W	B B	F B B B ■ ■ ■ ■
I 5	Parma, 49269 517-531-8800	Parma Travel Center (BP) I-94 Exit 128 (12301 W Michigan)	24 HRS ■ ■	M ■ ■	□ ■ ■ ■ ■ □	■ ■ ■ ■ DAT	F C U F T □ ■ CAT	□ □ □ □ □ □	□ □ □ □ ■ ■ V W	B B	B B B B ■ ■ ■ ■
I 5	Parma, 49269 517-531-3787	Parma Citgo I-94 Exit 130 (Parma Rd)	■ ■ ■	M	■ □ ■	■ ■ □	F C □ □ □ □ □	□ □ □ □ □	□ □ ■ ■ V W	B B	F B B B B ■ ■ ■ ■
I 4	Paw Paw, 49079 269-657-7357	Road Hawk Travel Center I-94 Exit 56 (MI 51)	24 HRS ■ ■	M ■	■ ■ ■ ■	■ ■ ■ ■ DAT	F C U ■ ■ ■ ■	□ □ □	□ □ □ ■ ■ V W	B B	B B B B ■ ■ ■ ■
H 5	Perry, 48872 517-625-1112	Glitzy Ritz Auto-Truck Plaza (Sunoco) I-69 Exit 105 (MI 52)	24 HRS ■ ■	M ■ ■	■ ■ □ ■ ■ □	■ ■ □	F C F □ ■	□ □ □	□ □ □ ■ □ ■ ■ V W	B B	B B B B ■ ■ ■ ■
G 6	Pinconning, 48650 989-879-5590	Pinconning Express Stop (Sunoco) I-75 Exit 181 (Pinconning Rd)	24 HRS ■ ■	M ■ ■	□ ■ ■ ■ ■	■ ■	F C □ ■	□ □	□ □ □ ■ ■ ■ V W	B B	F B B ■ ■ ■ ■
H 4	Plainwell, 49080 269-685-9260	Twin Cities Phillips 66 Service US 131 Exit 49 (MI 89)	■ ■ ■		□ □ □ ■ □ □	□	□ □ ■		V W	C	■ ■ ■
H 4	Plainwell, 49080 269-685-8782	Admiral US 131 Exit 49 B (MI 89)	24 HRS ■ ■		□ □ □ ■ □ □	□	□ □ ■		■ V W	B C	B ■ ■
G 7	Port Huron, 48060 810-984-5350	Express Food Depot (Amoco) 24th St & Beard St	24 HRS ■ ■		□ □ □ ■ □ □ □	□	■	□ □ □ □	□ □ □ ■ V W	B B	F F ■ ■ ■
G 7	Port Huron, 48060 810-982-8630	By-Lo/Speedy Q # 6 I-94 Exit 274 (Water St)	24 HRS ■ ■		□ □ □ ■		F C □	□ □ □ □ □	□ ■	B B	B ■ ■ ■
I 4	Portage, 49002 269-329-1837	Speedway #3582 8379 Portage Rd (3 mi S of I-94 Exit 78)	24 HRS ■ ■		□ ■ □ ■ □		□ □ ■	□	■ ■ ■ V W		■ ■ ■
I 4	Portage, 49002 269-329-1270	Knapp Oil (Citgo) Sprinkle & Bishop (SE corner of airport)	■ ■ ■		□ □ □ ■	□	□ □ ■	□ □ □ □	□ ■ ■ V W		■ ■ ■
H 5	Portland, 48875 517-647-4700	Speedway #2319 I-96 Exit 77 (Grand River)	24 HRS ■ ■	M ■ ■	□ ■ □ ■ □ ■ ■	□	F C □ ■	□ □	□ □ □ ■ ■ ■ ■ ■ V W	B B	F B B ■ ■ ■ ■
C 3	Rapid River, 49878 906-474-6816	Pantry Restaurant & Truck Stop (Mobil) US 2 & US 41 W	24 HRS ■ ■	M ■ ■	■ ■ □ ■ ■ □ ■ ■	■ ■	F C □ ■	□ □ □ □ □	□ □ □ □ ■ V W	B B	B B B B ■ ■ ■ ■
C 3	Rapid River, 49878 906-474-6990	Rapid River Mini Mart (Marathon) US 2-41	■ ■ ■	S ■	□ ■ □ ■		F C □ □ ■	□ □ □	□ □ □ ■ □ ■ V W	B B	F B B B ■ ■ ■ ■
H 7	Ray Center, 48096 586-336-0519	Mobil Express MI 53 & 32 Mile Rd (E to Romeo Plank Rd)	24 HRS ■ ■ ■		□ ■		F C □ □ ■		■ ■ V W	B	■ ■ ■ ■
F 4	Reed City, 49677 231-832-4611	Wesco US 131 Exit 153 (US 10 E)	24 HRS ■ ■ ■	S ■	□ ■ □ ■ □	□	□ ■	□ □ □ □ □	■ ■ ■ W		F F ■ ■ ■
F 4	Reed City, 49677 231-832-1850	Northwind Travel Center (Marathon) US 131 Exit 155 (US 10 E)	24 HRS ■ ■	M ■ ■	□ ■ ■ □ ■ □	■ ■ □	F C □ ■	□ □ □ □ □ □ □	□ □ □ ■ □ ■ V W	B B	F B B B B ■ ■ ■ ■
G 4	Rockford, 49341 616-863-0999	Rockford Mobil US 131 Exit 97 (10 Mile Rd W)	■ ■ ■		■ ■ □		■		■ ■ V W	B	F B ■ ■ ■
I 6	Romulus, 48174 734-721-3232	Extreme Gas & Food 5820 Middlebelt (2 mi N of I-94 Ex 199)	24 HRS ■ ■		□ □ □ ■ □ □	□	F C □ □ ■	□ □ □ □ □ □ □	□ □ □ □ □ □ ■ ■ ■ ■ V W	B B	F B B B B ■ ■ ■
I 6	Romulus, 48174 734-641-7275	M&J Sunoco/Dunkin Donuts I-94 Exit 198 (1/2 mi N - Merriman Rd)	24 HRS ■ ■		□ □ □ ■ □ □ □	□	F C □ ■	□ □ □ □ □ □ □ □	□ □ □ ■ ■ ■ ■ ■ V W	B B	B B B B ■ ■ ■ ■
I 6	Romulus, 48174 313-292-2500	Madco Truck Plaza (Marathon) I-94 Exit 198 EB/200 WB	24 HRS ■ ■	$ XL ■ ■ ■	■ □ ■ □ ■ ■ □ □	■ ■ ■ ■ ■	F C U F T □ ■	■ ■ ■ ■ ■ ■ ■ ■ ■ ■ ■ A R □	■ ■ □ ■ ■ ■ □ ■ ■ V W	B B	B B B B ■ ■ ■ ■

THE TRUCKER'S FRIEND® - MICHIGAN

How to interpret the page

■ means available at truck stop □ means available nearby

in the overnight lot column:
- S means room for 5 - 24 trucks
- M means room for 25-74 trucks
- L means room for 85-149 trucks
- XL means room for 150+ trucks
- $ means a parking fee may be charged

code at left-hand side of rows is the state map grid reference

a key to advertising logos is on page 25

Services may change without notice. When in doubt, call ahead.

Column groups: Driver Services (Motor Fuel: Truck Diesel, Self Service Diesel, Metered Propane, Gasoline; Parking: Overnight Lot ($), Paved Lot, Trailer Drop, Electric Plug-ins, Safe Haven/Hazmat; Food: Restaurant, Fast Food, Table Phones; Stores: Motel, Convenience, Trucker/Travel, Shopping Center, Walmart/Kmart, Grocery; Showers: Ladies, Men's; TV/Drivers Lounge, Laundry; Communications: Load Monitor, Internet Kiosk, Wi-Fi/Hotspots, Document Scanning, Public Fax/Copier, UPS/FedEx/Trippak Box, Religious Services) · Vehicle Services (Scales: State Lottery; Tires: Axle, Platform, Certified, Repairs, New Tire Sales; Repairs: Shop Open 24 Hrs, DOT Inspection, Major Repairs, Minor Repairs, Oil Change/Lube, Minor Welding, AC/Reefer; Road Svcs: CB, Tire, Mechanical; Wash: Towing, Truck (Exterior), Trailer Washout) · RV Info (RVs Welcome, Dumping Station, Propane (Bottle)) · Financial Services (ATM, Can Wire Money Out, Money Orders, Natso Check-Link, Western Union, Voyager/Wright Express, Comdata (Comchek); C=Checks, F=Fuel Cards, B=Both) · Permit Svcs (EFS, Fuel Man, Multi Service, TCH, T-Chek, Fleet One) · Credit Cards (Buy/Pay at Fuel Desk, All Prepaid Permit Svcs, American Express, Visa/Mastercard, Discover)

Code	City / Phone	Truck Stop / Location	Motor Fuel	Parking	Food	Stores	Showers / Lounge	Communications	Scales	Tires	Repairs	Road Svcs	Wash	RV Info	Financial Services	Permit Svcs	Credit Cards
E 5	Roscommon, 48653 989-275-8808	Knight Enterprises (Sunoco) I-75 Exit 244 (Old MI 76)	■ ■	■	S ■ ■		■		F C	■					■ □ ■	V W	■ ■ ■ ■
H 7	Roseville, 48066 586-778-5490	Marathon Gas & Fuel I-696 Exit 26 (3/4 mi N to 28505 MI 97)	■ ■ ■ ■			□ □ □	■ □ □ □	□	□ □	■	□ □	□ □ □ □ □ □	□ □ □		□ ■ ■	V W B	■ ■ ■
G 6	Saginaw, 48601 989-755-6081	M-81 Express (Sunoco) I-75 Exit 151 (MI 81)	24 HRS ■	■	L ■ ■	□ ■ □	■ ■ □ □	■ ■ ■ ■ (DAT)	F C U F	□ ■ □ □ □	□ □	□ □ □ □	□ □ □ □ □		■ ■	V W B B F B B B B	■ ■ ■ ■
C 2	Sagola, 49881 906-542-7272	Sagola Mini Mart (BP) N10096 MI 95	■ ■	■		■ □	■			□ ■					■	V W B B	■ ■ ■
H 7	Saint Clair, 48079 810-329-6120	Road Hawk Travel Center #6 (Marathon) I-94 Exit 262 (1480 Wadhams Rd)	24 HRS ■	■	S ■	■ ■	■	■ ■ ■ ■ (DAT)	F C	■ ■ ■ ■	□ □	□	□ □ □		■	V W B B F B B B B	■ ■ ■ ■
D 5	Saint Ignace, 49781 906-643-8333	St Ignace Truck Stop (BP) I-75 Exit 344 B (1/4 mi W on US 2)	24 HRS ■ ■ ■	■	S ■ ■	□ □ □	■ □ ■ ■	□	F C	□ ■	□ □	□ □ □ □ □ □ □	□ □ □		■ □ ■ ■	■ W B B F B	■ ■ ■ ■
G 5	Saint Johns, 48879 989-224-8765	St Johns Shell 1801 US 27 Business S	24 HRS ■	■		□ □ □	■ □ □	□		□ ■	□ □	□ □	□ □ □ □		■	V W F B	■ ■ ■
C 5	Sault Sainte Marie, 49783 906-632-8992	I-75 BP 4007 I-75 Business	■ ■	■		□ □ □	■ □ □ □	□	C	□ ■ □	□ □	□ □ □ □	□ □ □		□ ■	V W C F C	■ ■ ■
C 5	Sault Sainte Marie, 49783 906-253-9139	Admiral Ship Store (Marathon) 4135 I-75 Business	24 HRS ■ ■ ■		S ■	□ ■ □	■ □ □ □	■ □	F C □	■	□ □		□ □ □		■ □ ■ ■	V W B C B	■ ■ ■
C 5	Sault Sainte Marie, 49783 906-635-0415	Holiday Station Store #262 (Marathon) I-75 Exit 394	24 HRS ■	■	S ■	□ □	■ □	□	F C	□ ■			□ □ □		□ ■	V W B B F B B	■ ■ ■
I 3	Sawyer, 49125 269-426-3246	Dunes Auto/Truck Plaza (Citgo) I-94 Exit 12 (Sawyer Rd W)	24 HRS ■	■	M ■ ■	□ ■ ■ □	■ □ ■ ■	■ □	F C □	□ ■ ■ ■ ■	■ ■	■ ■ ■ ■ ■	A ■ ■ ■ ■		□ ■ ■	V W B B B B B	■ ■ ■ ■
I 3	Sawyer, 49125 269-426-4884	TA TravelCenters of America (BP) I-94 Exit 12 (Sawyer Rd)	24 HRS ■	■	XL ■	24 HRS ■ ■	■ ■ □	■ ■ ■ ■ (DAT) (TA)	F C U T F	□ (CAT)	(BF) ■ ■ ■ ■ ■ ■	■ A R	■ ■ □ □ □		■ □ ■ ■ ■ ■	V W B B F B B B	■ ■ ■ ■
G 5	Sheridan, 48884 989-291-3926	Sheridan Amoco MI 66 & MI 57	24 HRS ■ ■ ■			□ □	■ □	□		□ ■	□		□ □		■ ■	V W F	■ ■ ■
I 3	South Haven, 49090 269-637-1440	M-140 Truck Stop (Shell) I-196 Exit 18 (MI 140)	24 HRS ■	■	M ■	□ □ □	■ □ □			□ ■					■	V W B F	■ ■ ■
I 6	Tecumseh, 49286 517-423-7847	Eastside Perky Pantry (Mobil) MI 50	■ ■	■		□ □	■ □	□	□ □	■ □		□ □ □	□ □ □ □ □		■ ■		■ ■ ■
I 5	Tekonsha, 49092 517-767-4135	AMBEST Te-Kon Travel Plaza (Citgo) I-69 Exit 25 (MI 60)	24 HRS ■	■	XL ■ ■	24 HRS ■ ■	■ ■	■ ■ ■ ■ ■	■ F C U T	□ ■ (CAT)	(BF) ■ ■ ■ ■ ■	■	■ ■ □ ■		■ □ ■ ■	V W B B B B B B	■ ■ ■ ■
I 5	Tekonsha, 49092 517-767-4722	Tekonsha Sunoco I-69 Exit 25 (MI 60)	■ ■	■		□ □	■	□	F C	□ ■ □ □ □ □	□	□ □ □ □	□ □ □ □ □		■ ■	W B B F	■ ■ ■ ■
I 5	Tekonsha, 49092 517-767-4740	Snappy Food Mart (BP) I-69 Exit 25 (MI 60)	24 HRS ■	■		□ ■	■ □		F C	□ ■	□ □	□ □ □ □	□ □ □ □		■	V W B B B	■ ■ ■ ■
E 4	Traverse City, 49684 231-947-2456	Townhall Shell Mini-Mart 2408 US 31 S & S Airport Rd	24 HRS ■	■		□ □ □	■ □ □		C □	■		□			■	V W B B F B B B	■ ■ ■
E 4	Traverse City, 49684 231-946-6535	Gilbert's Service 2545 US 31 S	■ ■	■		□ □ □	□ □ □			□	□ □	□ □ □ □	□ □				■ ■
E 4	Traverse City, 49684 231-943-3666	Chum's Corner Shell Mini-Mart 948 US 31 S & MI 37 (Chum's Corner)	24 HRS ■	■	S ■ ■	□ ■ ■ □	■ □ ■ ■		F C	□ ■	□	□ □	□ □		■ □ ■	V W B B B B B	■ ■ ■ ■
G 6	Vassar, 48768 989-823-7641	Half Way Truck Stop & Diner (Marathon) 1223 MI 15	■ ■	■	$ S ■	■ □ □	□		□ □		■ ■	■ ■			■	V W	■ ■ ■ ■
C 1	Wakefield, 49968 906-224-1228	Citgo Quik Food Mart 411 US 2 W	24 HRS ■	■		■ □	□	□		□ ■					□	V W B B B B	■ ■ ■
H 7	Warren, 48089 586-777-4409	Millenium Petroleum (Citgo) 22932 MI 97 & E 9 Mile	■ ■	■		□ □	■ □	□		■					■		■ ■ ■
H 7	Warren, 48091 586-758-6410	Best Mini Mart (Mistic) 25010 Mound Rd	24 HRS ■	■		□ □	■ □	□		□	□ □	□ □ □ □ □ □ □	□ □ □		■	V W B B B	■ ■ ■
H 7	Warren, 48092 586-558-7739	H&A Truck Stop (BP) I-696 Exit 22 (Mound Rd N)	24 HRS ■	■	S ■	□ ■ □	■ □ □	□	F C	□ ■	□ □	□ □ □ □ □	□ □ □ □ □		■ ■ ■	V W B B F B B B B	■ ■ ■ ■
C 1	Watersmeet, 49969 906-358-4252	Citgo Quik Food Mart 4573 US 45 N & US 2	■ ■	■		□ ■ □	■ □	□	C	□ ■					□	W C C	■ ■ ■
C 1	Watersmeet, 49969 906-358-4717	Nordine's BP US 2 & US 45	■ ■	■	M ■ ■	□ ■ □	■ □ ■ ■	■	F	□ ■		□	□ □ □ ■		■ ■	V W	■ ■ ■ ■ ■

THE TRUCKER'S FRIEND® - MICHIGAN

How to interpret the page

■ means available at truck stop □ means available nearby

In the overnight lot column:
S means room for 5 - 24 trucks
M means room for 25-74 trucks
L means room for 85-149 trucks
XL means room for 150+ trucks
$ means a parking fee may be charged

code at left-hand side of rows is the state map grid reference

a key to advertising logos is on page 25

Services may change without notice. When in doubt, call ahead.

Financial Services: C=Checks, F=Fuel Cards, B=Both

Grid	Location	Truck Stop	Motor Fuel / Parking	Food	Stores	Showers	Communication	Scales	Tires	Repairs	Road Svcs / Wash	RV Info	Financial Services	Permit Svcs	Fuel Cards	Credit Cards
H 4	Wayland, 49348 269-792-4189	Speedway #3578 US 131 Exit 64 (135th Ave)	24 HRS ■ ■		□ ■	■	□		□ ■				□ ■ ■ ■	V W	F	■ ■ ■ ■
I 6	Wayne, 48184 734-326-9190	Michigan Oil BP Mart I-275 Exit 22 (1 mi E, 38800 US 12)	24 HRS ■ ■		□ □ □	■	□		□ ■				■ ■	W	B C C	■ ■ ■
H 5	Webberville, 48892 517-521-3010	Nada's Mobil I-96 Exit 122 (MI 52)	24 HRS ■ ■	M ■ ■	□ ■ ■	■ ■	□ ■ □	F C T	□ ■	□ □ □		□ □ □	■ ■ ■	V W	B B F B B B B	■ ■ ■ ■
D 3	Wells, 49894 906-786-8377	Citgo Quik Food Mart 6344 US 2-41	24 HRS ■ ■		□ □ □	■	□ □ □ □		□ ■	□ □	□ □ □ □	□ □ □	□	V W	F	■ ■ ■
F 5	West Branch, 48661 989-345-4177	Jaxx Snaxx West Branch I-75 Exit 212	24 HRS ■ ■	S ■	□ ■ □	■	□ □ ■ □	F C	□ ■	□ □	□ □	□ □ □	■ ■	V W	B B B B	■ ■ ■ ■
F 5	West Branch, 48661 989-345-4665	7-11 (Marathon) I-75 Exit 212 (Cook Rd)	24 HRS ■ ■	S	□ □ □	■	□ □ □ □	□	□ ■	□ □	□ □ □ □		■ ■	W	F	■ ■ ■
C 3	Wetmore, 49895 906-387-3800	Munising Travel Center (Amoco) 9721 MI 28 E & FR 13	■ ■ ■	S ■	■	■	■ ■		■				■ ■ ■	W	B B B	■ ■ ■
H 6	Whitmore Lake, 48189 734-662-7470	Southeast Sunoco Sunmart US 23 Exit 49 E (N Territorial Rd)	24 HRS ■ ■			■			■			□	■ ■	V W	B B B B B B	■
H 6	Whitmore Lake, 48189 734-449-8990	Speedway #8876 US 23 Exit 50 (6 Mile Rd)	24 HRS ■ ■		■ ■	■		F C F	■		□ □ □	□ □ □	■ ■ ■	V W	B B F B B	■ ■ ■ ■
F 6	Whittemore, 48770 989-756-4252	Dore's Store #10 (Mobil) 3013 MI 65	■ ■ ■	S ■ ■	□		□	F C	□ ■				■ ■ ■	V W	F	■ ■ ■ ■
H 6	Wixom, 48096 248-349-1164	Wixom Fuel Stop (Marathon) I-96 Exit 159 (Wixom Rd)	24 HRS ■ ■		□ □ □	■	□ □		■	□ □		□ □	■ ■	W	B F	■ ■ ■
H 5	Woodbury, 48849 269-367-4720	Speedway #3589 MI 43-50 & MI 66	24 HRS ■ ■		□	■		F	□ ■	□ □	□ □	□ □ □	■ ■ ■	V W	B	■ ■ ■ ■
I 6	Woodhaven, 48183 734-675-0222	Detroiter Travel Center (Citgo) I-75 Exit 32 (West Rd)	AMBEST 24 HRS ■ ■	$ XL ■ ■	24 HRS □ ■ ■	■ ■	□ □ □ ■ ■ ■ ■	F C U F T	□ ■	■ ■ ■	■ ■ ■ ■ ■ R ■	■ ■ ■ ■ ■	□ ■ ■	V W	B B B B B	■ ■ ■ ■
H 4	Wyoming, 49519 616-532-6010	The Pit Stop (Mobil) I-196 Exit 72 (2257 I-196 Bus)	■ ■ ■		□ □ □	■	□ □ □		□ ■	□ □	□ □ □	□ □ □	■	V W	B F B	■ ■ ■
I 6	Ypsilanti, 48197 734-434-1580	Doaba Truck Stop (Sunoco) US 23 Exit 34 (US 12)	24 HRS ■ ■	S ■	■	■ ■		F C □		□	□	□ □ □	■	V W	B B F B B B B	■ ■ ■ ■

Sign up at www.truckstops.com for free email updates from *The Trucker's Friend.®*

MINNESOTA

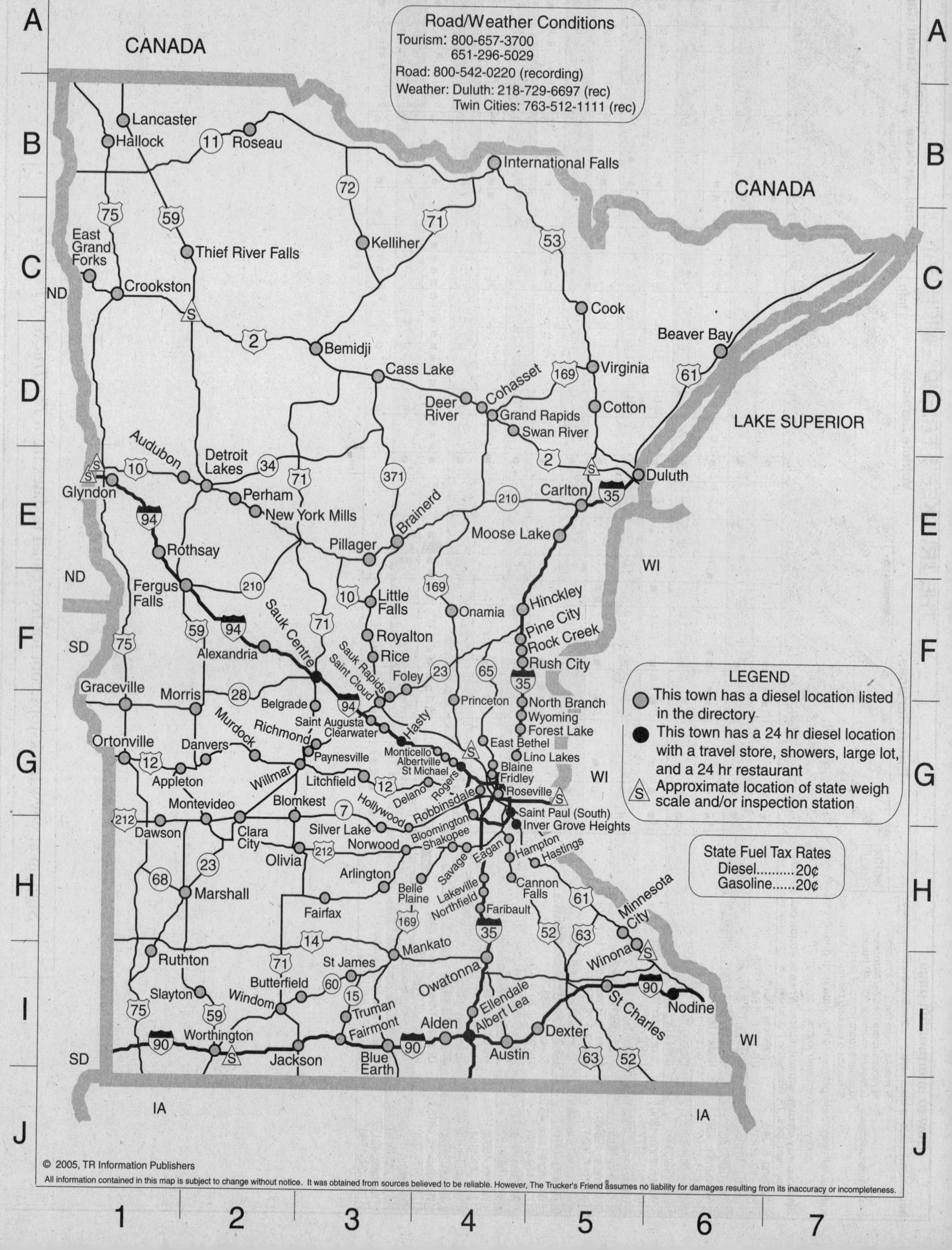
Road/Weather Conditions
Tourism: 800-657-3700
651-296-5029
Road: 800-542-0220 (recording)
Weather: Duluth: 218-729-6697 (rec)
Twin Cities: 763-512-1111 (rec)
LEGEND
This town has a diesel location listed in the directory
This town has a 24 hr diesel location with a travel store, showers, large lot, and a 24 hr restaurant
Approximate location of state weigh scale and/or inspection station
State Fuel Tax Rates
Diesel..........20¢
Gasoline......20¢
CANADA
ND
SD
IA
WI
LAKE SUPERIOR
Lancaster
Hallock
Roseau
International Falls
East Grand Forks
Thief River Falls
Kelliher
Crookston
Cook
Beaver Bay
Bemidji
Cass Lake
Virginia
Deer River
Cohasset
Grand Rapids
Swan River
Cotton
Audubon
Detroit Lakes
Glyndon
Perham
New York Mills
Duluth
Carlton
Brainerd
Pillager
Moose Lake
Rothsay
Fergus Falls
Little Falls
Onamia
Hinckley
Pine City
Rock Creek
Rush City
Sauk Centre
Royalton
Rice
Alexandria
Sauk Rapids
Saint Cloud
Foley
Graceville
Morris
Belgrade
Princeton
North Branch
Wyoming
Forest Lake
Murdock
Richmond
Saint Augusta
Clearwater
Hasty
East Bethel
Ortonville
Danvers
Paynesville
Monticello
Albertville
St Michael
Lino Lakes
Blaine
Fridley
Appleton
Willmar
Litchfield
Rogers
Delano
Roseville
Montevideo
Blomkest
Hollywood
Robbinsdale
Saint Paul (South)
Inver Grove Heights
Dawson
Clara City
Silver Lake
Bloomington
Shakopee
Norwood
Olivia
Eagan
Savage
Hampton
Hastings
Arlington
Belle Plaine
Lakeville
Northfield
Cannon Falls
Marshall
Fairfax
Faribault
Minnesota City
Ruthton
Mankato
Winona
St James
Butterfield
Owatonna
Slayton
Windom
Truman
Ellendale
Albert Lea
St Charles
Nodine
Worthington
Fairmont
Alden
Dexter
Jackson
Blue Earth
Austin
A
B
C
D
E
F
G
H
I
J
1
2
3
4
5
6
7

THE TRUCKER'S FRIEND® - MINNESOTA

How to interpret the page

■ means available at truck stop □ means available nearby

in the overnight lot column:
- S means room for 5 - 24 trucks
- M means room for 25-74 trucks
- L means room for 85-149 trucks
- XL means room for 150+ trucks
- $ means a parking fee may be charged

code at left-hand side of rows is the state map grid reference

a key to advertising logos is on page 25

Services may change without notice. When in doubt, call ahead.

Column groups: Driver Services (Motor Fuel: Truck Diesel, Self Service Diesel, Metered Propane, Gasoline; Parking: Overnight Lot ($), Paved Lot, Trailer Drop, Electric Plug-Ins, Safe Haven/Hazmat; Food: Restaurant, Fast Food, Table Phones; Stores: Motel, Convenience, Trucker/Travel, Shopping Center, Walmart/Kmart, Grocery; Showers: Ladies, Men's, TV/Drivers Lounge, Laundry; Communication: Load Monitor, Internet Kiosk, Wi-Fi Hotspots, Document Scanning, Public Fax/Copier, UPS/FedEx/Trippak Box, Religious Services, State Lottery), Vehicle Services (Scales: Axle, Platform, Certified; Tires: Repairs, New Tire Sales; Repairs: Shop Open 24 Hrs, DOT Inspection, Major Repairs, Minor Repairs, Oil Change/Lube, Minor Welding; Road Svcs: AC/Reefer, CB, Tire, Mechanical, Towing; Wash: Truck (Exterior), Trailer Washout), RV Info (RVs Welcome, Dumping Station, Propane (Bottle)), Financial Services (ATM, Can Wire Money Out, Money Orders, NATSO Check-Link, Western Union, Voyager/Wright Express, Comdata (Comchek), EFS, Fuel Man, Multi Service), Permit Svcs (C=Checks, F=Fuel Cards, B=Both: TCH, T-Chek, Fleet One, Buy/Pay at Fuel Desk, All Prepaid Permit Svcs), Credit Cards (American Express, Visa/MasterCard, Discover).

Grid	City / Phone	Truck Stop / Location	Motor Fuel & Parking	Food	Stores	Showers	Communication	Scales	Tires	Repairs	Road Svcs	Wash / RV	Financial Services	Permit Svcs	Credit Cards
I 4	Albert Lea, 56007 507-373-4200	Trails TravelCenters of America (Shell) I-35 Exit 11 (MN 46 W)	24 HRS ■ ■ ■	XL ■ ■ ■	24 HRS ■ ■ □	■ ■	□ □ ■ ■ ■ ■ (DAT) (TA)	F C U F T	■	(CAT) ■ ■ □ ■ ■	■ □ A	■ ■ □	■ ■ ■ ■ ■	V W B B	B B B ■ ■ ■ ■ ■
I 4	Albert Lea, 56007 507-377-2230	Vet's Whoa & Go (SuperAmerica) I-90 Exit 154 (MN 13)	24 HRS ■ ■	M ■ ■	□ □ ■	■ □	□	F C	□ ■ □	□ □ □ □ □	□ □ □	□ □ □	■ ■	V W B B	B B B B ■ ■ ■ ■
I 4	Albert Lea, 56007 507-377-2911	Budget Mart #5119 (Mobil) I-90 Exit 157	■ ■ ■	S ■	□ ■ □	■ □ □	□		□ □ ■				■ ■ ■	W B	C B B ■ ■ ■
G 4	Albertville, 55301 763-497-4401	Pat's Shell I-94 Exit 201/202 (37th & Large Ave)	■ ■ ■	S ■ ■	■	■ □	□	F C	□ ■			□ □	■ ■	V W B	B B ■ ■ ■ ■
I 4	Alden, 56009 507-874-3767	Petrol Pumper #73 (BP) I-90 Exit 146 (Hwy 109) (AmBest)	24 HRS ■ ■	M ■ ■	□ □	■ ■	■ ■ ■ (DAT)	F C	■		□ □ □	□ □	■ ■	V W B B	B B B B ■ ■ ■ ■
F 2	Alexandria, 56308 320-763-5153	B&H Self Serve I-94 Exit 103 (MN 29)	■ ■ ■		□ □ ■	■ □ □ □		F C	□ ■ □	□ □	□ □ □ □ □ □	□ □ □ □	■	W B B	B ■ ■ ■
G 1	Appleton, 56208 320-289-1460	J&J BP MN 7 & US 59	■ ■ ■		□ ■ □	■ □	□	F C	□ □ ■	□ □	□ □ □ □ □ □ □	□ □ □ □	□ ■ ■	C	B B C ■ ■ ■
H 3	Arlington, 55307 507-964-2920	Cenex Convenience Store MN 5 & NW 2nd Ave S (downtown)	■ ■ ■		□ □	■ □	□		□ ■	□		□ □ □	■ ■	V W	■ ■ ■ ■
E 1	Audubon, 56511 218-439-6670	Orton's (BP) US 10	24 HRS ■ ■		□	■		F C	□ □ ■		□ □ □	□ □ □	■ ■	V W	B ■ ■ ■ ■
I 4	Austin, 55912 507-437-4211	Apollo # 3 (Conoco) I-90 Exit 175	■ ■ ■		□ □ □	■ □ □ □	□		□ ■	□ □	□ □ □	□ □ □ □ □ □	□ ■ ■	V W B	■ ■ ■
I 4	Austin, 55912 507-437-6702	Austin Auto Truck Plaza (Citgo) I-90 Exit 179 (1509 - 10th Place NE)	24 HRS ■ ■	M ■ ■	24 HRS ■ □	■ ■ □ □ □	■ ■ ■ ■	F C U F T	□ ■ ■		□ □ □ □ □ □	□ □ □ ■ ■	■ ■	V W B B F B B	B B ■ ■ ■ ■ ■
D 6	Beaver Bay, 55601 218-226-3550	Beaver Bay Mobil Mart 1022 US 61	■ ■ ■		□ □	■	□	F C	□ ■	□ □	□	□ □ □	■	V W	■ ■ ■ ■
G 3	Belgrade, 56312 320-254-8840	Rooney's Oil US 71 & MN 55	■ ■ ■	S	■	■	□	F C	□ ■ □ □ □ □	□ □	□ □ □	□ □ □ □	■	B B	B B B ■ ■ ■ ■
G 3	Belgrade, 56312 320-254-8330	Micki's Sinclair US 71 & MN 55	■ ■ ■		□ ■	■ □	□		□ ■				■ ■ ■	V W	■ ■ ■
H 4	Belle Plaine, 56011 952-873-6936	Skluzacek Petroleum (BP/Amoco) US 169 & CR 7	24 HRS ■ ■	M ■ ■	□ □ □	■ ■ □	□	F C	□ □ ■	□ □	□ □ □	□ □ □	■ ■ ■	V W B C	B B B ■ ■ ■ ■
H 4	Belle Plaine, 56011 952-873-6762	Oasis Market (Amoco) US 169 & Main St	24 HRS ■ ■	S ■ ■	□ ■ ■ □	■ □	■ □	F C	□ ■	□	□	□ □ □	■ ■ ■ ■	W B B	B B B ■ ■ ■ ■
D 3	Bemidji, 56601 218-751-9255	Pete's Place South (66) 3415 US 71 S & US 2 (2 mi S of town)	24 HRS ■ ■ ■ ■	S ■ ■	■ ■	■ □	■ ■ □	F C	□ □ ■	□ □	□ □ □ □ □ □	□ □ □ □ □ □	■ □ ■ ■	V W B B	B B B B ■ ■ ■ ■
D 3	Bemidji, 56601 218-751-1218	Pete's Place West (66) 7040 US 2 W & MN 89 (3 mi W of town)	■ ■ ■ ■	S ■ ■	■ ■	■ □		F C	□ ■	□ □	□ □ □ □ □	□ □ □	■ □ ■ ■	V W B C	B B ■ ■ ■
D 3	Bemidji, 56601 218-751-1830	Cenex C-Store US 2 & US 71 S	24 HRS ■ ■ ■	M ■ ■ ■	■ □ □	■ □	■ □	F C	□ ■				■ □ ■ ■ ■ ■	B	B B B B ■ ■ ■ ■
D 3	Bemidji, 56601 218-751-7504	StaMart Truck Plaza #11 (Tesoro) US 2 W & MN 71	24 HRS ■ ■	S ■ ■	□ ■ ■ □	■ □ □ □	■ ■ ■ ■ (DAT)	F C	□ ■ □ □ □ □	□ □	□ □ □ □ □ □	□ □ □	■ ■ ■ ■ ■ ■	V W B B	B B B B ■ ■ ■ ■
G 4	Blaine, 55434 763-785-9727	Gas Plus #10 (Conoco) 9305 MN 65 & 93rd Lane	24 HRS ■ ■		□ □ □	■ □ □ □	□	C	□ ■	□ □	□ □ □ □	□ □ □	■ ■	V W	■ ■ ■
G 2	Blomkest, 56216 320-995-6166	Mel's 7-71 Truck Stop (Spur) US 71 & MN 7	■ ■ ■	M ■ ■	□ ■	■ □	□	F C	□ ■ □ □ □	□	□	□ □ □	■ ■ ■	V W B	B ■ ■ ■ ■
G 4	Bloomington, 55431 952-881-1911	Super America #4180 (Marathon) I-35 W Exit 4 (98th St Exit)	24 HRS ■ ■		□ □ □	■ □ □	□		□ ■			□	□ ■ ■	V	■ ■ ■
I 3	Blue Earth, 56013 752-526-5666	Kwik Trip #646 209 US 169 S & MN 16	24 HRS ■ ■		□ □	■ □ □ □	□		□ □ ■	□			□ ■ ■ ■	W C	B ■ ■ ■
I 3	Blue Earth, 56013 507-526-3996	Blue Earth Auto & Truck Stop (Sinclair) I-90 Exit 119 (US 169)	■ ■ ■	S ■ ■	□ □ □	■ □ □ □	□	F C	U □	■ ■	□ ■ ■ □	■ ■ ■	■ □ ■ □ ■	V W B	B B B ■ ■ ■ ■
E 3	Brainerd, 56401 218-825-0715	Pine Square (Conoco) MN 18 & MN 25	■ ■ ■ ■		■	■	□ □		□ ■				□ ■ ■	V W	B ■ ■ ■
E 3	Brainerd, 56401 218-829-0568	Super America #4076 MN 371	24 HRS ■ ■		□ ■ □	■ □			□ □ ■	□ □	□ □ □ □	□ □ □	■ ■ ■	V W	■ ■ ■
I 3	Butterfield, 56120 507-956-5510	Cenex MN 60 & CR 5	■ ■ ■			■	□		□ ■				□ ■	V W C	C ■ ■ ■

THE TRUCKER'S FRIEND® - MINNESOTA

How to interpret the page

■ means available at truck stop □ means available nearby

in the overnight lot column:
- S means room for 5 - 24 trucks
- M means room for 25-74 trucks
- L means room for 85-149 trucks
- XL means room for 150+ trucks
- $ means a parking fee may be charged

code at left-hand side of rows is the state map grid reference

a key to advertising logos is on page 25

Services may change without notice. When in doubt, call ahead.

Financial Services: C=Checks, F=Fuel Cards, B=Both

Driver Services (Motor Fuel, Parking, Food, Stores, Showers, Communications) and Vehicle Services (Scales, Tires):

Grid	City / Phone	Truck Stop / Location	Truck Diesel	Self Service Diesel	Metered Propane	Gasoline	Overnight Lot ($)	Paved Lot	Trailer Drop	Electric Plug-Ins	Safe Haven/Hazmat	Restaurant	Fast Food	Table Phones	Motel	Convenience	Trucker/Travel	Shopping Center	Walmart/Kmart	Grocery	Ladies'	Men's	TV/Drivers Lounge	Laundry	Load Monitor	Internet Kiosk	Wi-Fi Hotspots	Document Scanning	Public Fax/Copier	UPS/FedEx/Trippak Box	Religious Services	State Lottery	Axle	Platform	Certified	Repairs	New Tire Sales
H 4	Cannon Falls, 55009 507-263-4496	Super America #4771 US 52 S	24 HRS	■		■	S	■	■			□	□		□	■		□		□				□					C		□	■				□	□
H 4	Cannon Falls, 55009 507-263-3396	Cannonball Auto/Truck Plaza (Marathon) US 52 S & CR 24 E	24 HRS	■		■	M	■	■			24 HRS	□		□	■	■	□		□	■	■	■	□	DAT				F	□	□	■					
E 5	Carlton, 55718 218-384-3531	Junction Oasis - ICO #34 (Spur) I-35 Exit 235 (MN 210)	24 HRS	■	■	■	M		■			24 HRS			□	■	■			□	■	■	■	□	DAT				F C	□	□	■	■	■	■	■	■
E 5	Carlton, 55718 218-384-4589	Carlton Travel Center (Amoco) I-35 Exit 235 (MN 210)	24 HRS	■		■	M		■			■	□		□	■		□	□	□	■	■		■					F C	F	□	■	□	□	□	□	□
D 3	Cass Lake, 56633 218-335-2655	Palace Junction C-Store (Conoco) US 2 W (MM 128) & CR 75	■	■	■	■	S	■				□	■	■	□	■				□				□						□	□	■	□	□	□		
H 2	Clara City, 56222 320-847-3200	Donner's Crossroads (BP/Amoco) 450 MN 7 & MN 23	■	■		■	M	■	■			■	■	■	□	■	■			□	■	■	■	■	DAT				F C		□	■				■	■
G 3	Clearwater, 55320 320-558-2261	Clearwater Travel Plaza (Citgo) I-94 Exit 178 (MN 24)	24 HRS	■	■	■	M	■	■			■	■	■	□	■	■	□		□	■	■	■	■	DAT				F C	U F T	□	■	■	■		□	□
D 4	Cohasset, 55721 218-328-5189	Super America #4855 15 US 2 W	24 HRS			■							■		□	■					■	■		□								■					
C 5	Cook, 55723 218-666-2272	Country Store (66) 320 US 53 S	■	■		■	S	■		■		□	■		■	■				□	■	■		□					F C	□	□	■				□	□
C 5	Cook, 55723 218-666-9984	Lucky 7 General Store (Spur) US 53 N	24 HRS			■						□	□		□	■				□				□							□	■					
D 5	Cotton, 55724 218-482-3255	Inter City Oil (Spur) 9115 US 53 N	■	■		■	S					□			□	■															□	■					
D 5	Cotton, 55724 218-482-5599	Cotton Food N Fuel (Mobil) US 53 N & MN 52	■	■	■	■						□			□	■															□	■					
C 1	Crookston, 56716 218-281-2157	Ampride Convenience Mart (Cenex) 1020 Old Hwy 75	24 HRS	■		■	S					□	■	■		■													F C	□	□	■	□			□	□
G 2	Danvers, 56231 320-567-2338	Ascheman Oil & Tire (Sinclair) US 12	■	■	■	■	S		■							■											■		F C		□					■	■
H 1	Dawson, 56232 320-769-4408	Dawson Oil (Sinclair) 143 US 212 E	■	■		■	S		■	■		□	□		□	■				□				□					F C	□	□		□	□	□	■	■
D 4	Deer River, 56636 218-246-2110	Deer River Cenex Convenience US 2 W & MN 6 N	■	■	■	■	S	■	■			□	■		□	■				□				□					F	□	□	■				□	□
G 4	Delano, 55328 763-972-2868	Flippin Bill's (BP) US 12 & County Line Rd	■	■	■	■	S	■	■	■		□	■			■		□		□									F C	F	□	■				□	□
E 2	Detroit Lakes, 56501 218-847-1622	Grover-Lindberg Truck Stop (66) 1255 US 10 W (MM 44)	24 HRS	■	■	■	M	■	■	■		24 HRS	□		□	■	■	□	□	□	■	■	■	□					F C	□	□	■				■	■
E 2	Detroit Lakes, 56501 218-847-3635	Pump N Pantry (Sinclair) US 10 E	■	■		■	S		■			□	□		□	■				□				□						□	□	■				□	□
I 5	Dexter, 55926 507-584-6491	Windmill Travel Center (66) I-90 Exit 193 (MN 16)	24 HRS	■		■	L		■	■		■		■	□	■	■				■	■				■				U	□	■				□	□
E 5	Duluth, 55807 218-624-2680	Lakehead Travel Plaza (BP) I-35 & 40th Ave W (to W 1st St)	24 HRS	■		■	S	■				□	■	■	□	■		□	□	□	■	■		□					F C		□	■	□	□	□	□	□
E 5	Duluth, 55806 218-624-6499	Lincoln Park Travel Plaza I-35 Exit 254 (Truck Center Drive)	■	■		■	M	■	■				■		□	■			□	□	■	■	■	■					F C		□		■	■		■	■
E 5	Duluth, 55811 218-729-7993	Miller Trunk Food-N-Fuel (Mobil) US 53 (7 mi N of I-35)	■	■		■	S	■	■			□	□		□	■		□	□	□				□					F C	□	□	■	□	□	□	□	□
H 4	Eagan, 55121 651-405-8543	Kwik Trip #662 MN 149 & MN 55 (S Junction)	24 HRS	■		■						□	■		□	■													F C	□		■				□	□
H 4	Eagan, 55121 651-365-0275	Holiday Station #318 MN 55-149 & Lone Oak	24 HRS	■		■							■		□	■		□	□	□				□						□	□	■					
G 4	East Bethel, 55011 763-434-1673	Ampride MN 65	24 HRS	■	■	■						□	□			■				□				□					C		□	■				□	
C 1	East Grand Forks, 56721 218-773-4345	Eastside Travel Plaza (Tesoro) US 2 E	■	■	■	■	S	■	■	■		□	■		□	■		□		□				□					F C		□	■					
I 4	Ellendale, 56026 507-688-9433	Trucker's Inn (BP) I-35 Exit 26 (MN 30)	24 HRS	■		■	M	■	■			■	■			■	■			□	■	■		□					F C		□	■	■			□	□

Vehicle Services (Repairs, Road Svcs, Wash), RV Info, Financial Services, Permit Svcs and Credit Cards:

Grid	City / Phone	Truck Stop / Location	Shop Open 24 Hrs	DOT Inspection	Major Repairs	Minor Repairs	Oil Change/Lube	Minor Welding	AC/Reefer	CB	Tire	Mechanical	Towing	Truck (Exterior)	Trailer Washout	RVs Welcome	Dumping Station	Propane (Bottle)	ATM	Can Wire Money Out	Money Orders	Natso Check-Link	Western Union	Voyager/Wright Express	Comdata (Comchek)	EFS	Fuel Man	Multi Service	TCH	T-Chek	Fleet One	Buy/Pay at Fuel Desk	All Prepaid Permit Svcs	American Express	Visa/Mastercard	Discover
H 4	Cannon Falls, 55009 507-263-4496	Super America #4771 US 52 S									□	□	□			■		■	■					V W	B					B	B			■	■	■
H 4	Cannon Falls, 55009 507-263-3396	Cannonball Auto/Truck Plaza (Marathon) US 52 S & CR 24 E									□	□	□			■		■	■	■			■	V W	B	B		B	B	B	B		■	■	■	■
E 5	Carlton, 55718 218-384-3531	Junction Oasis - ICO #34 (Spur) I-35 Exit 235 (MN 210)	■	■		■	■	■		■	■	■	□	□	□	■		■	■					W	B	B		B	B	B	B		■	■	■	■
E 5	Carlton, 55718 218-384-4589	Carlton Travel Center (Amoco) I-35 Exit 235 (MN 210)				□	□				□	□	□	■	■	■	□		■					V W	B	B		B	B	B	B		■	■	■	■
D 3	Cass Lake, 56633 218-335-2655	Palace Junction C-Store (Conoco) US 2 W (MM 128) & CR 75														■	□	■	■					V W										■	■	■
H 2	Clara City, 56222 320-847-3200	Donner's Crossroads (BP/Amoco) 450 MN 7 & MN 23	■	■	■	■	■	■	A		■	■	■	■	■	■	□		■					V W	B	B		B	B	B	B		■	■	■	■
G 3	Clearwater, 55320 320-558-2261	Clearwater Travel Plaza (Citgo) I-94 Exit 178 (MN 24)		□	□	□	□	□			□	□	□	□	□	■	■	■	■					V W	B	B		B	B	B	B		■	■	■	■
D 4	Cohasset, 55721 218-328-5189	Super America #4855 15 US 2 W				□		□											■					V W	B	B				B	B		■	■	■	■
C 5	Cook, 55723 218-666-2272	Country Store (66) 320 US 53 S				□					□	□				■	■				■			V W						B	B		■	■	■	■
C 5	Cook, 55723 218-666-9984	Lucky 7 General Store (Spur) US 53 N															□		■					V W											■	■
D 5	Cotton, 55724 218-482-3255	Inter City Oil (Spur) 9115 US 53 N																	■					W	B					B					■	■
D 5	Cotton, 55724 218-482-5599	Cotton Food N Fuel (Mobil) US 53 N & MN 52																■	■					V W					B	B				■	■	■
C 1	Crookston, 56716 218-281-2157	Ampride Convenience Mart (Cenex) 1020 Old Hwy 75		□	□	□	□	□			□	□		□			■		■					V W	B				B	B			■	■	■	■
G 2	Danvers, 56231 320-567-2338	Ascheman Oil & Tire (Sinclair) US 12	■			■					■	■	□	■		■		■						W									■	■	■	■
H 1	Dawson, 56232 320-769-4408	Dawson Oil (Sinclair) 143 US 212 E		□	□	□	■	□	A		■	■	■	■	■	■	□							V W	B	C			C	C	F			■	■	■
D 4	Deer River, 56636 218-246-2110	Deer River Cenex Convenience US 2 W & MN 6 N			□	□	□	□			□	□				■	■	■	■					V W										■	■	■
G 4	Delano, 55328 763-972-2868	Flippin Bill's (BP) US 12 & County Line Rd				□	□	□			□	□	□			■		■	■					V W					B	B	F		■	■	■	■
E 2	Detroit Lakes, 56501 218-847-1622	Grover-Lindberg Truck Stop (66) 1255 US 10 W (MM 44)			□	■	■	■	□	□	□	□	□			■	□	■	■					V W	B	C			B	B			■	■	■	■
E 2	Detroit Lakes, 56501 218-847-3635	Pump N Pantry (Sinclair) US 10 E		□	□	□	□	□	□	□	□	□	□			■			■					V W						B				■	■	■
I 5	Dexter, 55926 507-584-6491	Windmill Travel Center (66) I-90 Exit 193 (MN 16)														■			■					V W	B	B		B	B	B	B			■	■	■
E 5	Duluth, 55807 218-624-2680	Lakehead Travel Plaza (BP) I-35 & 40th Ave W (to W 1st St)			□	□	□	□											■					V W	B	B			B	B	B			■	■	■
E 5	Duluth, 55806 218-624-6499	Lincoln Park Travel Plaza I-35 Exit 254 (Truck Center Drive)	■	■	□	■	■	■	□	□	■	■	□			■	□	■							B	B			B	B		■	■	■	■	■
E 5	Duluth, 55811 218-729-7993	Miller Trunk Food-N-Fuel (Mobil) US 53 (7 mi N of I-35)			□	□	□	□		□	□	□	□			■	□	■	■					V W					C	C			■	■	■	■
H 4	Eagan, 55121 651-405-8543	Kwik Trip #662 MN 149 & MN 55 (S Junction)			□	□	□	□			□	□	□					■	■		■			V W	B	B		B	B	B	B		■	■	■	■
H 4	Eagan, 55121 651-365-0275	Holiday Station #318 MN 55-149 & Lone Oak																	■					V W	B	B		B		B				■	■	■
G 4	East Bethel, 55011 763-434-1673	Ampride MN 65		□	□	□	□	□			□	□	□					■	■					W	F	F								■	■	■
C 1	East Grand Forks, 56721 218-773-4345	Eastside Travel Plaza (Tesoro) US 2 E									□	□	□			■		■	■					V W	B					B				■	■	■
I 4	Ellendale, 56026 507-688-9433	Trucker's Inn (BP) I-35 Exit 26 (MN 30)									□	□	□			■			■					V W	B	B		B	B	B	B		■	■	■	■

THE TRUCKER'S FRIEND® - MINNESOTA

How to interpret the page

■ means available at truck stop □ means available nearby

in the overnight lot column:
S means room for 5 - 24 trucks
M means room for 25-74 trucks
L means room for 85-149 trucks
XL means room for 150+ trucks
$ means a parking fee may be charged

code at left-hand side of rows is the state map grid reference
a key to advertising logos is on page 25

Services may change without notice. When in doubt, call ahead.

Column headings: **Driver Services** — MOTOR FUEL (Truck Diesel, Self Service Diesel, Metered Propane, Gasoline); PARKING (Overnight Lot ($), Paved Lot, Trailer Drop, Electric Plug-Ins, Safe Haven/Hazmat); FOOD (Restaurant, Fast Food, Table Phones); STORES (Motel, Convenience, Trucker/Travel, Shopping Center, Walmart/Kmart, Grocery); SHOWERS (Ladies', Men's, TV/Drivers Lounge, Laundry); COMMUNICATION (Load Monitor, Internet Kiosk, Wi-Fi Hotspots, Document Scanning, Public Fax/Copier, UPS/FedEx/TripPak Box, Religious Services, State Lottery). **Vehicle Services** — SCALES (Axle, Platform, Certified); TIRES (Repairs, New Tire Sales); REPAIRS (Shop Open 24 Hrs, DOT Inspection, Major Repairs, Minor Repairs, Oil Change/Lube, Minor Welding, AC/Reefer); ROAD SVCS (CB, Tire, Mechanical, Towing); WASH (Truck (Exterior), Trailer Washout). **RV Info** (RVs Welcome, Dumping Station, Propane (Bottle)). **Financial Services** (ATM, Can Wire Money Out, Money Orders, NATSO Check-Link, Western Union, Voyager/Wright Express, Comdata (Comchek), EFS, Fuel Man, Multi Service, TCH, T-Chek, Fleet One; C=Checks, F=Fuel Cards, B=Both). **Permit Svcs** (Buy/Pay at Fuel Desk, All Prepaid Permit Svcs). **Credit Cards** (American Express, Visa/Mastercard, Discover).

Code	Location / Phone	Truck Stop / Address	Motor Fuel	Parking & Food	Stores & Showers	Communication	Scales & Tires	Repairs, Road Svcs & Wash	RV Info & Financial	Fuel Cards / Permit Svcs	Credit Cards
H 3	Fairfax, 55332 507-426-8396	Fairfax Mobil Mart MN 4 & MN 19	■ ■ ■ ■	S ■	□ ■ □ ■	□	F C □ □ ■	□ □ □ ■ ■ ■ □ □ ■ ■ ■ A	■ ■ □ ■ ■	V W B B B B	■ ■ ■ ■
I 3	Fairmont, 56031 507-238-2788	NU Mart (Cenex) I-90 Exit 102 (MN 15)	■ ■ ■	S ■ ■	□ □ □ ■	□ □ □ ■ □	F C □ ■	□ □ □ □ □ □ □ □ □ □ □ □	□ □ □ □ □ ■ □ ■	V W B B	■ ■ ■
I 3	Fairmont, 56031 507-235-8424	Super America - Whoa & Go I-90 Exit 102 (MN 15)	24 HRS ■ ■	M ■ ■	□ ■ □ ■ ■	□ □ □ ■ ■ □	F C U F □ ■	□ □ □ □ □ □ □	□ □ □ □ □ ■ ■	V W B B B B B B	■ ■ ■ ■
H 4	Faribault, 55021 507-334-0433	Petro Wash I-35 Exit 56 (MN 60 W)	■ ■ ■	S ■ ■	□ □ ■	□ □ □	□ □	□ □ □ □ □ □ □	□ □ □ ■ □ ■	W B B B	■ ■ ■
H 4	Faribault, 55021 507-334-3333	Trucker's Inn #4 (BP) I-35 Exit 59 (MN 21)	24 HRS ■ ■	L ■ ■	■ ■ ■ ■ ■ ■	□ □ □ ■ ■ ■ ■ DAT ■	F C U F T □ ■	■ ■ ■ □ □ □ □ □ □ □ □ □	□ □ □ ■ ■	V W B B B B B B	■ ■ ■ ■
F 2	Fergus Falls, 56537 218-736-7438	Interstate Fuel & Food (Amstar) I-94 Exit 50 (US 59)	■ ■ ■	M ■ ■ ■	■ ■		F C	□ □	□ □ □ ■ ■	V W B B B B	■ ■ ■ ■
F 2	Fergus Falls, 56537 218-736-7102	Kum & Go #107 (Cenex) I-94 Exit 54 (MN 210)	24 HRS ■ ■	M$ ■ ■	□ ■ □ ■	□ □ □ □ ■	□ □ ■	□ □ □	□ □ □ □ ■ □ ■ ■ ■	V W B B B B B B	■ ■ ■
F 2	Fergus Falls, 56537 218-739-9648	Big Chief Truck Stop (Citgo) I-94 Exit 61 (US 59 S)	24 HRS ■ ■	M ■	24 HRS ■ ■ ■ ■	■	F C ■	□	□ □ □ ■ ■	V W B B B B B B	■ ■ ■ ■
F 3	Foley, 56329 320-968-6221	JM's Speed Stop (Amoco) 181 MN 23 W & MN 25	■ ■ ■	S ■	□ ■ ■	□ □	F C □ □ ■		■ ■ ■	V W B B B	■ ■ ■ ■
G 4	Forest Lake, 55025 651-464-1904	Forest Lake Conoco I-35 Exit 129 (MN 23 W)	24 HRS ■ ■	S ■ ■	□ ■ □ ■	□	F ■		□ □ □ ■ ■	V W B B B B	■ ■ ■
G 4	Fridley, 55432 763-571-0295	Super America #4199 7299 MN 65 & 17th	24 HRS ■ ■ ■		□ □ □ ■	□ □ □ □	□ □ ■		■ ■ ■	V W B	■ ■ ■
G 4	Fridley, 55432 763-574-1109	Stop & Save MN 65 & 73rd Ave	■ ■ ■		□ □ □ ■	□	□ ■		□ ■ ■ ■	W B F B	■ ■ ■
E 1	Glyndon, 56547 218-498-0224	StaMart Convenience Ctr # 3 (Tesoro) US 10	24 HRS ■ ■		■ ■	■ ■	F C □ ■	□ □	□ □ □ ■ ■	V W B B B B B B	■ ■ ■ ■
G 1	Graceville, 56240 320-748-7187	Country Corner (Cenex) US 75 & MN 28	■ ■ ■	S ■ ■	■ ■ ■	□ □	F C □ □ ■	□ □ □ □ □ □ □	□ □ □ ■ □ ■ ■	V W B	■ ■ ■ ■
D 4	Grand Rapids, 55744 218-326-9230	Sixty-Three BP/Amoco US 2 & Hwy 63	■ ■ ■	S ■	□ □ ■		C ■	□ □ □ □ □ □	□ □ □	V W	■ ■ ■
D 4	Grand Rapids, 55744 218-326-6666	Davis Petroleum (66) US 2 (W end of town)	■ ■ ■		□ □ □ ■	□ □ □ □	□ ■	□ □ □ □ □ □ □	□ □ □ □	W B	■ ■ ■
B 1	Hallock, 56728 218-843-2681	Johnson Standard (BP) 502 US 75 (I-29 Exit 203 - 12 mi E)	■ ■ ■		■ □ ■	□ □	□ ■	■ ■ ■ ■ ■ ■ ■ □ □	■ ■ ■ □ ■	W	■ ■ ■ ■
H 4	Hampton, 55031 651-437-7107	Hampton Pump & Grocery (66) US 52 & MN 52	■ ■ ■		□ □ ■		□ ■		■	V W	■ ■ ■
H 5	Hastings, 55033 651-437-3411	SSG Holiday 12370 US 10 (E of US 61 Jct)	■ ■ ■ ■		■ ■	□ □	□ □ ■		■ ■	V W B B	■ ■ ■
G 3	Hasty, 55320 763-878-1655	Petrol Pumper #66 (Marathon) I-94 Exit 183 (CR 8) AMBEST	24 HRS ■ ■	L ■ ■	24 HRS ■ ■ ■ ■	■ ■ ■ ■ DAT ■	F C ■	CAT ■ ■ ■ □ □ ■ ■ ■ □	□ ■ ■ ■ □ ■	V W B B B B B B	■ ■ ■ ■
F 4	Hinckley, 55037 320-384-6193	Slim's Service (BP) I-35 Exit 183 (MN 23 W 4 blks to MN 61)	■ ■ ■ ■		□ □ □	□ □	F C □	□	□ □ □ □ ■ ■	W	■ ■ ■
H 3	Hollywood, 55367 952-353-2201	Kenzoil Station (BP) MN 7 & MN 33	■ ■ ■	S	□ ■ ■	□ □	□ ■	□ □ □	□ □ □ ■ ■	V W B B B	■ ■ ■
B 4	International Falls, 56649 218-283-9891	Nagurski's Corner (BP) 3120 Hwy 332 (2 mi N US 53)	■ ■ ■	S ■ ■	■ ■	■	F C □	■ ■ ■ ■ ■	■ ■ ■ ■ □ ■	V W B B	■ ■ ■ ■
B 4	International Falls, 56649 218-283-9324	Holiday Stationstore US 53 & 11th St	24 HRS ■ ■ ■		□ ■ □ ■	□ □ □ □	□ □ ■	□ □ □ □ □ □ □ □ □ □ □ □ □ □	□ □ □ □ □ □ ■ ■	W B B C	■ ■ ■
B 4	International Falls, 56649 218-283-9440	The Fisherman (Mobil) US 53 S & CR 7 E	■ ■ ■		□ □ □ ■	□ □	F C □ □		□ □ □ □	V W B C B B	■ ■ ■
H 4	Inver Grove Heights, 55077 651-438-3397	Petrol Pumper #79 (Conoco) US 52/MN 55 & Courthouse Blvd AMBEST	24 HRS ■ ■ ■	L ■ ■	24 HRS ■ ■ ■ ■	□ □ ■ ■ ■ ■ DAT ■	F C T F ■	CAT □ □ □ □ □ □ □	□ □ □ ■ ■ ■	V W B B B B B B	■ ■ ■ ■
I 3	Jackson, 56143 507-847-3621	Vet's Whoa & Go #2 (Conoco) I-90 Exit 73 (US 71)	24 HRS ■ ■	M ■ ■ ■	□ ■ □ ■ ■	□ ■ □	F C F □ ■	□ □ □ □	□ □ □ ■ □ ■	V W B B F B B B B	■ ■ ■ ■
C 3	Kelliher, 56650 218-647-8266	Village One Stop Hwy 72 (MM 20)	■ ■ ■	S	□ ■ ■	□ ■ □	□ ■		■ □ ■ ■	B	■ ■

THE TRUCKER'S FRIEND® - MINNESOTA

How to interpret the page

■ means available at truck stop □ means available nearby

In the overnight lot column:
- S means room for 5 - 24 trucks
- M means room for 25-74 trucks
- L means room for 85-149 trucks
- XL means room for 150+ trucks
- $ means a parking fee may be charged

code at left-hand side of rows is the state map grid reference

a key to advertising logos is on page 25

Services may change without notice. When in doubt, call ahead.

Driver Services — MOTOR FUEL: TRUCK DIESEL, SELF SERVICE DIESEL, METERED PROPANE, GASOLINE; PARKING: OVERNIGHT LOT ($), PAVED LOT, TRAILER DROP, ELECTRIC PLUG-INS, SAFE HAVEN/HAZMAT; FOOD: RESTAURANT, FAST FOOD, TABLE PHONES; STORES: MOTEL, CONVENIENCE, TRUCKER/TRAVEL, SHOPPING CENTER; SHOWERS: WALMART/KMART, GROCERY, TV/DRIVERS LOUNGE, LADIES', MEN'S, LAUNDRY; COMMUNICATIONS: LOAD MONITOR, INTERNET KIOSK, WI-FI HOTSPOTS, DOCUMENT SCANNING, PUBLIC FAX/COPIER, UPS/FEDEX/TRIPPAK BOX, RELIGIOUS SERVICES, STATE LOTTERY

Vehicle Services — SCALES: AXLE, PLATFORM, CERTIFIED; TIRES: REPAIRS, NEW TIRE SALES; REPAIRS: SHOP OPEN 24 HRS, DOT INSPECTION, MAJOR REPAIRS, MINOR REPAIRS, OIL CHANGE/LUBE, MINOR WELDING, AC/REEFER, CB; ROAD SVCS: TIRE, MECHANICAL, TOWING; WASH: TRUCK (EXTERIOR), TRAILER WASHOUT

RV Info: RVs WELCOME, DUMPING STATION, PROPANE (BOTTLE)

Financial Services (C=Checks, F=Fuel Cards, B=Both): ATM, CAN WIRE MONEY OUT, MONEY ORDERS, NATSO CHECK-LINK, WESTERN UNION, VOYAGER/WRIGHT EXPRESS, COMDATA (COMCHEK), EFS, FUEL MAN, MULTI SERVICE, TCH, T-CHEK, FLEET ONE, BUY/PAY AT FUEL DESK

Permit Svcs: ALL PREPAID PERMIT SVCS

Credit Cards: AMERICAN EXPRESS, VISA/MASTERCARD, DISCOVER

Grid	Location / Phone	Truck Stop / Address	Motor Fuel	Parking	Parking	Food	Stores	Stores	Showers	Showers	Communications	Scales	Tires	Tires	Repairs	Repairs	Repairs	Road Svcs	Wash	RV Info	Financial Services	Financial Services	Financial Services	Financial Services	Financial Services / Permit Svcs	Credit Cards	Credit Cards
H 4	Lakeville, 55044 952-469-1998	Mega Stop Holiday I-35 Exit 81 (CR 70)	24 HRS ■ ■	M ■ ■		■ ■ □	■ ■		■ ■		DAT	F C U F T	■							□ □ □	□	■	■	V W	B B	B B	B B	■	■ ■ ■
B 1	Lancaster, 56735 218-762-5255	Bernstrom Oil 218 US 59 N (in town)	■ ■ ■	S ■ ■		□ □	■	□	■	□		F C	□		■ ■				■		■ □	■	V W			C	■	■ ■ ■
G 4	Lino Lakes, 55014 651-784-5578	Oasis Market #557 (Amoco) I-35 W Exit 36 (MN 23)	24 HRS ■ ■	S ■ ■		□	■	□ □ □	■			C	□ ■								■ ■	■ ■	V W	B B	B	B		■ ■ ■
G 3	Litchfield, 55355 320-693-7498	Handy Stop East (66) US 12 E	■ ■ ■			□ □ □	■	□ □		□		C □	□ ■	□ □ □			□	□	□ □ □		□	■	V W					■ ■ ■
F 3	Little Falls, 56345 320-632-4631	Champs Convenience Center (Conoco) MN 27 (1/4 mi E of US 10)	24 HRS ■ ■	M ■ ■		□ ■ □	■ ■	□ □	■ ■	■ ■		F C	■		□		□ □	□	□ □ □		■ ■	■	V W	B C		B	■	■ ■ ■
F 3	Little Falls, 56345 320-632-9666	Zarns Oil (Sinclair) US 10 & CR 76	■ ■ ■ ■			□ □ □	■	□ □		□		F C	□		□ □		□ □ □	□	□ □ □		■ ■		V W				■	■ ■ ■
I 3	Mankato, 56001 507-387-5093	Crystal Valley Cenex US 14 Bypass & MN 5 N	■ ■ ■	M ■ ■		■ ■	■ ■		■			F C F	■	□ □	□ □	□	□ □ □		□ □ □		■ ■	■	V W	B C	B B	B B	■	■ ■ ■
I 3	Mankato, 56001 507-625-6080	Oasis Travel Stop (Shell) US 169 N & US 14 W	24 HRS ■ ■ ■	S ■		□ ■ □	■ ■	□ □ □	■ ■	■ □		F C □	□ ■		□ □	□	□ □ □	□ □ □	□ □ □	□ □	■ □ ■	■	V W	B B	B B	B B	■	■ ■ ■
I 3	Mankato (North), 56001 507-625-4190	Kwik Trip #334 US 169 & US 14	24 HRS ■ ■	S ■ ■		□ ■ ■ □	■			□		F C U	□ ■							□ □	■ ■	■ ■	V W	B B	B B	B B	■	■ ■ ■
H 2	Marshall, 56258 507-532-4343	Ultimate Express (BP) 1310 MN 68	■ ■ ■ ■			■ □	■	□ □ □		□		□	□ ■		□	□	□ □ □	□ □			■	■	V W					■ ■ ■
H 2	Marshall, 56258 507-532-5444	Cattoors 66 814 US 59 & MN 68	■ ■ ■	S		□ ■ □	■	□ □ □	■	□		□	□ ■		□ □		□		□ □ □		■	■ ■	W	B B	B	B B		■ ■
H 2	Marshall, 56258 507-532-9686	Ampride (Cenex) US 59 & MN 23 Bypass	24 HRS ■ ■ ■	M ■ ■	■	■ □ ■	■	□ □ □	■	□		F C F	□ ■	□ □ □	■ ■		□ ■ ■	■ □ □	■ □ □		■ ■ ■	■	V W	B B	B B	B B	■	■ ■ ■
H 5	Minnesota City, 55959 507-452-6230	Kwik Trip #623 7720 MN 61 N	24 HRS ■ ■			□ □ □	■	□		□		□	■		□		□			□	□ ■	■ ■	V W	B	B	B		■ ■ ■
H 2	Montevideo, 56265 320-269-5570	Cenex C-Store 2402 MN 7 E & CR 15	■ ■ ■			■ □	■	□ □					□ ■								□	■	V W	B	B	B		■ ■ ■
H 2	Montevideo, 56265 320-269-6014	Jim's Phillips 66 US 59-212 & MN 7	■ ■ ■	M ■ ■		■ □ □	■	□ □	■	□		F C □	□	□ □ □	□ □	□	□ □ □	□	□ □ □		■ □		V W	C		C	■	■ ■ ■
G 4	Monticello, 55362 763-295-5022	Tom Thumb (BP) I-94 Exit 193 (MN 25)	■ ■ ■ ■			□ ■ □	■	□ □ □	■	■ □		F C □	□ ■		□ □		□ □ □		□ □ □		■	■ ■	V W				■	■ ■ ■
E 5	Moose Lake, 55767 218-485-0200	Little Store (Conoco) I-35 Exit 214 (Hwy 73)	■ ■ ■	S ■		□ ■ □	■	□		□		F C □	□ ■						□ □ □		□	■	V W	B		C C	■	■ ■ ■
G 2	Morris, 56267 320-589-4744	Morris Co-op (Cenex) US 59 (Atlantic Ave)	■ ■ ■ ■			□ □ □	■	□		□		□	□ ■	□	■ ■	□	□ □ □	□ □	■ ■ □	□	□ ■	■	W					■ ■ ■
G 2	Murdock, 56271 320-875-2641	Dooley's Petroleum (66) 304 US 12 W	■ ■ ■ ■			□	■	□				F C	□ ■	□ □ □	□ □		□ □		□		■	■	W				■	■ ■ ■
E 2	New York Mills, 56567 218-385-4620	Cenex Convenience Store 141 Broadway Ave N	■ ■ ■			□ ■ □	■	□		□		F C	□ ■		□ □				□ □		□ ■	■	V W	B		B	■	■ ■ ■
I 6	Nodine, 55925 507-643-6991	Trucker's Inn (BP) I-90 Exit 266 (CR 12)	24 HRS ■ ■	L ■ ■		24 HRS ■ ■ ■	■ ■		■ ■	■ ■	DAT	F C		■ ■ ■	■ ■		□ ■ ■	■	■ ■ □	■ ■	■ □	■ ■	■ V W	B B	B B	B B	■	■ ■ ■
G 6	North Branch, 48421 810-793-8801	M&N Market (BP) 5947 MN 24 & MN 90	24 HRS ■ ■			■	■	□					□ ■		□						□ ■	■ ■	W	B	F	B		■ ■ ■
G 4	North Branch, 55056 651-674-7102	Gas Plus #8 (Conoco) I-35 Exit 147 (MN 95)	■ ■ ■			□ □ □	■	□ □		□			□ ■	□							■	■	V W					■ ■ ■
H 4	Northfield, 55057 507-645-5131	Big Steer Travel Center (Conoco) I-35 Exit 69 (MN 19)	24 HRS ■ ■	XL ■ ■		■ ■ ■	■ ■		■ ■	■ ■		F C U F	■						□ □ □		■ ■ ■	■	V W	B B	B B	B B	■	■ ■ ■
H 3	Norwood, 55368 952-467-3540	Short Stop 17550 US 212 (betw MN 5 N & MN 5 S)	24 HRS ■ ■	M ■ ■		■ □ ■ □	■ ■	□	■ ■	■ □		F C	□		□ □		□ □ □	□	□ □ □		■	■	V W	B C	B B	B B	■	■ ■ ■
H 3	Norwood, 55368 952-467-2640	Smith Oil (Sinclair) US 212 & Faxon Rd	■ ■ ■			□ □ □	■	□					□								■	■	V W					■ ■ ■
H 2	Olivia, 56277 320-523-5384	Chatterbox (Sinclair) 2628 US 71-212 W	■ ■ ■	S	■	■ □	■	□ □	■	□		F C □	□	□ □ □	□ □		□	□	□ □ □	□	■ □		V W	B		B	■	■ ■ ■
F 4	Onamia, 56359 320-532-3787	Gateway Cafe & Station (Conoco) US 169 NB (1 mi S of town)	■ ■ ■	S ■		■ □ □	■	□		□		□	□ ■		□ □		□ □ □	□	□ □ □		■	■	W	B		C		■ ■ ■

How to interpret the page

■ means available at truck stop □ means available nearby

in the overnight lot column:
- S means room for 5 - 24 trucks
- M means room for 25-74 trucks
- L means room for 85-149 trucks
- XL means room for 150+ trucks
- $ means a parking fee may be charged

code at left-hand side of rows is the state map grid reference

a key to advertising logos is on page 25

Services may change without notice. When in doubt, call ahead.

THE TRUCKER'S FRIEND® - MINNESOTA

Driver Services: Motor Fuel (c1), Parking (c2–c3), Food (c4), Stores (c5–c6), Showers (c7–c8), Communication (c9–c10). Vehicle Services: Scales (c11–c12), Tires (c13), Repairs (c14–c16), Road Svcs (c17), Wash (c18). RV Info (c19). Financial Services (c20–c24; C=Checks, F=Fuel Cards, B=Both). Permit Svcs (c25). Credit Cards (c26).

Columns: c1 = Truck Diesel / Self Service Diesel / Metered Propane / Gasoline; c2 = Overnight Lot ($) / Paved Lot / Trailer Drop; c3 = Electric Plug-Ins / Safe Haven/Hazmat; c4 = Restaurant / Fast Food / Table Phones / Motel; c5 = Convenience / Trucker/Travel; c6 = Shopping Center / Walmart/Kmart / Grocery; c7 = Ladies' / Men's; c8 = TV/Drivers Lounge / Laundry; c9 = Load Monitor / Internet Kiosk / Wi-Fi Hotspots; c10 = Document Scanning / Public Fax/Copier / UPS/FedEx/Trippak Box; c11 = Religious Services / State Lottery; c12 = Axle / Platform / Certified; c13 = Repairs / New Tire Sales; c14 = Shop Open 24 Hrs / DOT Inspection; c15 = Major Repairs / Minor Repairs / Oil Change/Lube / Minor Welding; c16 = AC/Reefer / CB; c17 = Tire / Mechanical / Towing; c18 = Truck (Exterior) / Trailer Washout; c19 = RVs Welcome / Dumping Station / Propane (Bottle); c20 = ATM / Can Wire Money Out / Money Orders; c21 = NATSO Check-Link / Western Union / Voyager/Wright Express; c22 = Comdata (Comchek) / EFS; c23 = Fuel Man / Multi Service / TCH; c24 = T-Chek / Fleet One; c25 = Buy/Pay at Fuel Desk / All Prepaid Permit Svcs; c26 = American Express / Visa/MasterCard / Discover

Grid	City / Phone	Truck Stop / Location	c1	c2	c3	c4	c5	c6	c7	c8	c9	c10	c11	c12	c13	c14	c15	c16	c17	c18	c19	c20	c21	c22	c23	c24	c25	c26
G 1	Ortonville, 56278 320-839-3883	Cenex Convenience Store 849 US 75 & US 12	■ ■ ■	S ■ ■		□ ■ □	■	□		□		F C	□ ■		□ □		□ □ □ □	□	□ □ □	■	□ ■	■	V W	B		B	■	■ ■ ■
I 4	Owatonna, 55060 507-455-0050	Petrol Pumper #65 (Amoco) I-35 Exit 42 (US 14 W) AMBEST	24 HRS ■ ■ ■	M ■ ■	■	□ ■ ■ □	■ ■	□ □ □	■ ■	■ ■	DAT	F C T	□ ■	CAT	□ □	□	□ □ □ □	□ □	□ □ □	□	■ □ ■	■	V W	B B	B B	B B	■	■ ■ ■
I 4	Owatonna, 55060 507-446-8176	Kwik Trip #403 I-35 Exit 45	24 HRS ■ ■	M ■ ■		■ ■ □	■	□ □		□		F T	■	□ □ □	□ □		□ □ □ □	□	□ □ □		■ ■	■ ■	V W	B B	B B	B B	■	■ ■ ■
G 3	Paynesville, 56362 320-243-3133	Hilltop Stop (66) 28518 MN 55	24 HRS ■ ■	S ■		24 HRS □	■	□		□		□	□ ■		□ □		□	□	□ □ □	□	■	■	V W	B		B	■	■ ■ ■
E 2	Perham, 56573 218-346-7810	Perham Oasis (Cenex) US 10 S & MN 78 S	24 HRS ■ ■	M ■ ■		□ ■ ■	■	□		□		□	□ ■	□ □ □	□ □		□ □ □ □	□	□ □		■ ■	■	W	B C		B C		■ ■ ■
E 3	Pillager, 56473 218-746-3306	Pillsbury Plaza 729 MN 210 & CR 1	■ ■ ■	S ■			■						□ ■								□	■	W					■ ■ ■
F 4	Pine City, 55063 320-629-6750	Speedway #4500 I-35 Exit 171 (CR 11)	24 HRS ■ ■	S ■		□ □ □	■	□ □ □		□		F C □	□ ■				□ □ □ □	□	□ □ □		■ □ ■	■ ■	V W	B		B	■	■ ■ ■
G 4	Princeton, 55371 763-389-1992	Circle 9 Conoco US 169 & Rum River Dr	■ ■ ■ ■			□ ■ □	■	□ □		□		□	□ ■		□ □		□ □ □ □	□	□ □ □		■ ■	■	W		B			■ ■ ■
F 3	Rice, 56367 320-393-2124	Pine's Edge Grocery (Conoco) US 10 & 1490 110th St NW	■ ■ ■ ■			□	■	□		□		F C □	□ ■								■	■	V W	B		B B	■	■ ■ ■
D 2	Richmond, 64085 816-776-5008	BP/Amoco of Richmond 101 MN 13 & MN 10	■ ■ ■			□ ■ □	■	□ □ □		□		□	□ ■								■	■	V W			B B		■ ■ ■
G 3	Richmond, 56368 320-597-2173	Southside Gas & Bait (BP) MN 23	■ ■ ■ ■			■	■	□				F C	□ ■						□ □ □		□ ■	■	V W					■ ■ ■
G 4	Robbinsdale, 55422 763-533-9506	Sipes Car Care (Shell) 4200 MN 100 W	■ ■ ■ ■			□ □ □		□ □					□						□ □ □		■		V W			F	■	■ ■ ■
F 4	Rock Creek, 55063 320-629-2645	Rock Creek Motor Stop (BP/Amoco) I-35 Exit 165 (MN 70)	24 HRS ■ ■	S ■		■ □	■					F C	■		□		□		□ □ □			■	W	B	F	F	■	■ ■ ■
G 4	Rogers, 55374 763-428-2277	TravelCenters of America I-94 Exit 207 (MN 101) TA	24 HRS ■ ■	XL ■ ■		24 HRS □ ■ □	■ ■	□ □ □	■ ■	■ ■	DAT TA	■ F C U F T	□	CAT	B/F	■ ■	■ ■ ■	■ A R	■ ■ □		■ ■	■ ■	■ V W	B B	B	B B	■	■ ■ ■
B 2	Roseau, 56751 218-463-3722	Cenex Convenience Store MN 11 & MN 89	24 HRS ■ ■ ■	S		■ ■ □	■	□		□		□	□ ■		□ □	□	□ □ □ □	□	□ □ □		□ ■	■	W	B		B		■ ■ ■
G 4	Roseville, 55113 651-633-0161	Cleanco Truck Wash & Fuel Stop I-35 W Exit 24 (2211 W CR C-2)	■ ■ ■			□ □ □			■	■		F C		□ □		□	□ □ □ □	□		■ ■			W	B B	B C	B B	■	■ ■ ■
E 1	Rothsay, 56579 218-867-2233	Rothsay Truck Stop (Tesoro) I-94 Exit 38 (US 52)	24 HRS ■ ■ ■	M ■ ■		24 HRS □	■		■ ■			F C	□ ■		□ □				□		■ ■	■	W	B B	B B	B B	■	■ ■ ■
F 3	Royalton, 56373 320-584-5944	Royalton E-Z Stop US 10 N	24 HRS ■ ■ ■			□ ■	■	□		□			□ ■		□		□		□ □ □	□ □	□ ■	■	V W	B		B		■ ■
F 4	Rush City, 55069 320-358-4997	Holiday Travel Plaza I-35 Exit 159	24 HRS ■ ■	M		□ ■	■	□	■ ■	■ ■		F C	□ ■		□ □		□	□	□ □ □		□ ■	■	V W	B B	B B	B B	■	■ ■ ■
I 1	Ruthton, 56170 507-658-3501	Buffalo Ridge Express (Shell) MN 23 (5 mi S of US 14)	■ ■ ■	S ■			■					F C	■	□ □ □							■ □	■	V W				■	■ ■ ■
G 3	Saint Augusta, 56301 320-251-8455	Pilot Travel Center #134 I-94 Exit 171 (CR 75)	24 HRS ■ ■ ■	M ■ ■		□ ■ ■ □	■ ■		■ ■	■ ■	DAT	F C U F	□ ■	■ ■ ■	□ □		□ □	□	□ □ □		■ ■ ■	■ ■ ■	■ ■ V W	B B	F B	B B	■	■ ■ ■
I 5	Saint Charles, 55972 507-932-5907	Amish Market Square A/T Plaza (BP) I-90 Exit 233 (MN 74)	24 HRS ■ ■ ■	M ■ ■	■	■ □	■ ■	□		□		F C	□		■ ■	■	■ ■ ■	■ A R	■ ■ □		■ ■ ■	■	V W	B B	B	B B	■	■ ■ ■
G 3	Saint Cloud, 56304 320-259-6493	SuperAmerica #4256 600 US 10 S	24 HRS ■ ■ ■	S ■ ■		□ ■ □	■	□	■	□		F C F	□ ■				□ □	□			■	■ ■	V W	B B		B B		■ ■ ■
G 3	Saint Cloud, 56301 320-253-9828	Schmidty's Lux Shell MN 15 & CR 136 (2 mi S of I-94 Exit 167)	■ ■ ■				■						■								■	■	W	B		B		■ ■ ■
I 3	Saint James, 56081 507-375-5909	Ampride (Cenex) MN 60 & MN 14-27 N	24 HRS ■ ■	M ■	■	□ ■ □	■ ■	□	■	□		F C □	□ ■		□ □		□ □ □	□ □	□ □ □	□ □	■ □ ■	■	V W	B		B	■	■ ■ ■
G 4	Saint Michael, 55376 763-497-0999	Super America #4554 I-94 Exit 205	24 HRS ■ ■	S ■		□ □	■		■	□			■								■ ■	■ ■	V W	B B		B B		■ ■ ■
G 4	Saint Paul, 55114 651-645-1152	Pro Stop I-94 Exit 237 (543 N Cleveland)	■ ■ ■ ■			□ □ □	■	□ □ □		□			□ ■		□ □	□	□ □ □	□	□ □ □		■	■	W			C		■ ■ ■
G 4	Saint Paul (South), 55075 651-455-3044	Stockmen's Truck Stop I-494 Exit 64 A (Farwell Ave)	24 HRS ■ ■	L ■ ■		24 HRS □ ■ □	■ ■	□ □ □	■ ■	■ ■	DAT ■	F C U F T	□	CAT	□ □	□	□ □ □	□ □	□ □ □	□ □	■	■	V W	B B	B B	B B	■	■ ■ ■

THE TRUCKER'S FRIEND® - MINNESOTA

How to interpret the page

■ means available at truck stop □ means available nearby

In the overnight lot column:
- S means room for 5 - 24 trucks
- M means room for 25-74 trucks
- L means room for 85-149 trucks
- XL means room for 150+ trucks
- $ means a parking fee may be charged

code at left-hand side of rows is the state map grid reference

a key to advertising logos is on page 25

Services may change without notice. When in doubt, call ahead.

Financial Services: C=Checks, F=Fuel Cards, B=Both

Column headings: **Driver Services** — MOTOR FUEL (Truck Diesel, Self Service Diesel, Metered Propane, Gasoline); PARKING (Overnight Lot ($), Paved Lot, Trailer Drop, Electric Plug-Ins, Safe Haven/Hazmat); FOOD (Restaurant, Fast Food, Table Phones); STORES (Motel, Convenience, Trucker/Travel, Shopping Center, Walmart/Kmart, Grocery); SHOWERS (Ladies', Men's); COMMUNICATIONS (TV/Drivers Lounge, Laundry, Load Monitor, Internet Kiosk, Wi-Fi Hotspots, Document Scanning, Public Fax/Copier, UPS/FedEx/TripPak Box, Religious Services, State Lottery). **Vehicle Services** — SCALES (Axle, Platform, Certified); TIRES (Repairs, New Tire Sales); REPAIRS (Shop Open 24 Hrs, DOT Inspection, Major Repairs, Minor Repairs, Oil Change/Lube, Minor Welding, AC/Reefer, CB); ROAD SVCS (Tire, Mechanical, Towing); WASH (Truck (Exterior), Trailer Washout). **RV Info** (RVs Welcome, Dumping Station, Propane (Bottle)). **Financial Services** (ATM, Can Wire Money Out, Money Orders, NATSO Check-Link, Western Union, Voyager/Wright Express, Comdata (Comchek), EFS, Fuel Man, Multi Service, TCH, T-Chek). **Permit Svcs** (Fleet One, Buy/Pay at Fuel Desk, All Prepaid Permit Svcs). **Credit Cards** (American Express, Visa/MasterCard, Discover).

Grid	Location / Phone	Truck Stop / Address	Motor Fuel	Parking	Food	Stores	Showers	Communications	Scales	Tires	Repairs	Road Svcs	Wash	RV Info	Financial Services	Permit Svcs	Credit Cards
F 3	Sauk Centre, 56378 320-352-3692	Trucker's Inn #6 (BP) I-94 Exit 127 (US 71)	24HRS ■■■	XL ■■ ■	24HRS ■■□	■■ □ □	■■	■■ DAT ■	F C U F T	□■	■■■ ■■ ■■ ■■	■■ ■■■ ■ A R	■■■ ■■	■□■	■■■ ■ V W	B B	B B B B ■■ ■■■
F 3	Sauk Centre, 56378 320-352-3566	Holiday Super Stop I-94 Exit 127 (US 71)	24HRS ■ ■		□■ □	■■ □	■■	□	F C □	□■	□□□ □□ □	□ □□□ □□	□□□ □□	□	■ V W	B B	B B ■■■
G 3	Sauk Rapids, 56379 320-251-4144	Short Stop Quick Mart (Citgo) MN 23 E (W of MN 95)	■■ ■	M ■■	□■ □	■ □□□	■		F C U	□■	□□ □	□ □□ □	□□□	■□■	■ W	B	B ■ ■■■
H 4	Savage, 55378 952-890-1990	Valley Oil 7369 Hwy 13 W	■■■■		□□ □	■ □ □					□□ □		□ □	□■			■■■
H 4	Shakopee, 55379 952-445-1144	Speedway #4035 (Marathon) 1155 MN 101 E	24HRS ■■■	S ■■	□ □	■ □□□	■	□		□■				■□■	■ ■ V W	B B	B B ■■■
H 4	Shakopee, 55379 952-445-2926	Pilot Travel Center #135 US 169 & CR 41 (1/2 mi S of town)	24HRS ■ ■	M ■	□■■□	■■	■■	■	F C T	□■	■■■ □□ □□	□□□ □		■ ■	■■■ ■■ V W	B B	B B B ■ ■■■
H 4	Shakopee, 55379 952-445-4303	Super America #4439 US 169 & CR 78	24HRS ■ ■	L ■■	□■ □	■■ □	■	□	F C □	□■	□□ □	□ □	□□□	■□■	■■■ V W	B B	B B ■ ■■■
H 3	Silver Lake, 55381 320-327-2415	Marathon Station MN 7 W (MM 151)	■■■■	S ■	□ □	■		□		□■	□ □	□	□□□	■ ■	■ V W	C	C ■■■
I 2	Slayton, 56172 507-836-8585	Ampride (Cenex) US 59 & MN 30	■■ ■	M ■	■□ □	■■ □		□	F C □	□■	□ ■■ ■■	■ ■■■ □ A ■	■□□ □□	■ ■	■ W	B B	C ■ ■■■
D 4	Swan River, 55784 218-492-4451	1 Stop Travel Plaza (Conoco) 16282 US 2 & MN 65 (MM 203)	24HRS ■■■	M ■■ ■	■■■	■	■■	■	F C	■	■■ ■		□□□	■■■	■ ■ V W	B B	B B B B ■ ■■■
C 1	Thief River Falls, 56701 218-681-3546	Petrol Pumper 605 US 59 N & MN 1	24HRS ■■■	S ■ ■	□■■□	■■ □□	■■	■■	F C □	□■		□	□□□ ■■	■□■	■ W	B C	B B B ■ ■■
I 3	Truman, 56088 507-776-3300	Cenex C Store 302 MN 15 N	24HRS ■ ■	S ■	■	■	■			■□	□□ □		□□	■ ■	V W		B ■■■
D 5	Virginia, 55792 218-741-3617	Lucky Seven General Store (Spur) US 53 & MN 169	24HRS ■■■		□□ □	■ □□□		□	F C	□■	□□□ □□ □ □	□ □□ □	□□□	■	■ V W		■ ■■
G 3	Willmar, 56201 320-235-5223	Willmar Auto Plaza (Amoco) 1400 US 12 E	■■■■	S ■	□□ □	■ □		□	□	□	□□ □□ □	□□□□ □	□□□	■ ■	W		B ■■■
G 3	Willmar, 56201 320-214-7813	Cenex Travel Plaza 2550 US 12 E & US 71/MN 23 Bypass	■■ ■	S ■ ■	■ □	■	■	■	F C	■	□□ □□ □	□□□□ □		■	■ V W	B B	B B B ■ ■■■
I 2	Windom, 56101 507-831-4151	Dino's Diner & Truck Stop (Sinclair) 2270 MN 60 E	■■ ■	M ■■	■■ □	■ □ □	■■	■■	□	□■	□□ □□ □	□□□□ □ □	□□□	■□	V W	B B	B B ■■■
I 2	Windom, 56101 507-831-1576	Vet's Whoa & Go (Conoco) MN 60 & US 71	24HRS ■ ■	S ■	□■ □	■■ □		□	F C F	□■	□□ □□ □	□□□□ □ □	□□□ □	□	■ V W	B B	F B B B ■ ■■■
H 5	Winona, 55987 507-454-7490	Severson Food Plus (Conoco) 952 Mankato Ave	24HRS ■■■		□■ □	■ □ □		□	F C	□■			□□□	■	■ ■ V W		■ ■■■
H 5	Winona, 55987 507-452-6943	Kwik Trip #746 US 14-61 & Homer Rd S	24HRS ■ ■		□□ □	■ □□□		□		□■				■	■ ■ V W		■■■
H 5	Winona, 55987 507-452-3214	Sevenson Food Plus (Conoco) US 61 & US 14	■■ ■		□□ □	■ □□□		□	F C F	□■	□□ □□ □	□□□	□□□	■	■ ■ W		■ ■■■
I 2	Worthington, 56187 507-376-4480	Cenex Fuel Stop I-90 Exit 43 (US 59 S)	■■ ■		□□ □	■ □□□		□	C	□■	□ □	□□ □ □	□□ □□	□	■ V W	B	B B ■■■
I 2	Worthington, 56187 507-376-6266	Plaza 66 I-90 Exit 43 (US 59 S)	■■ ■		□□ □	■ □□□		□	F	□■	□ □□ □	□□□□ □	□□□ □	□	■ V W	B	C ■ ■■■
I 2	Worthington, 56187 507-376-4848	Worthington Travel Plaza (Shell) I-90 Exit 45 (MN 60 S)	24HRS ■ ■	M ■■	□■■□	■■ □□□	■■	□ DAT	F C T	■	CAT □□ □□	□□□	□□ □□	■□	■ V W	B B	B B B B ■ ■■■
I 2	Worthington, 56187 507-372-4038	Blue Line Travel Center (BP) I-90 Exit 45 (MN 60)	24HRS ■ ■	M ■	24HRS ■□	■■ □	■■	■■	F C F	□	■■■ □□ □□	□□□□ □	□□□ □□	■■	■ V W	B B	B B B B ■ ■■■
G 4	Wyoming, 55092 651-462-4414	Wyoming BP Food Shop I-35 Exit 135 (CR 22)	■■ ■		□■ □	■ □				□■			□□□	■	■ V W		■■■
G 4	Wyoming, 55092 651-462-5058	Wyoming Citgo I-35 Exit 135 (CR 22)	■■■■		□■ □	■ □			F C	□■				■■	■ V W	B B	■■■

MISSISSIPPI

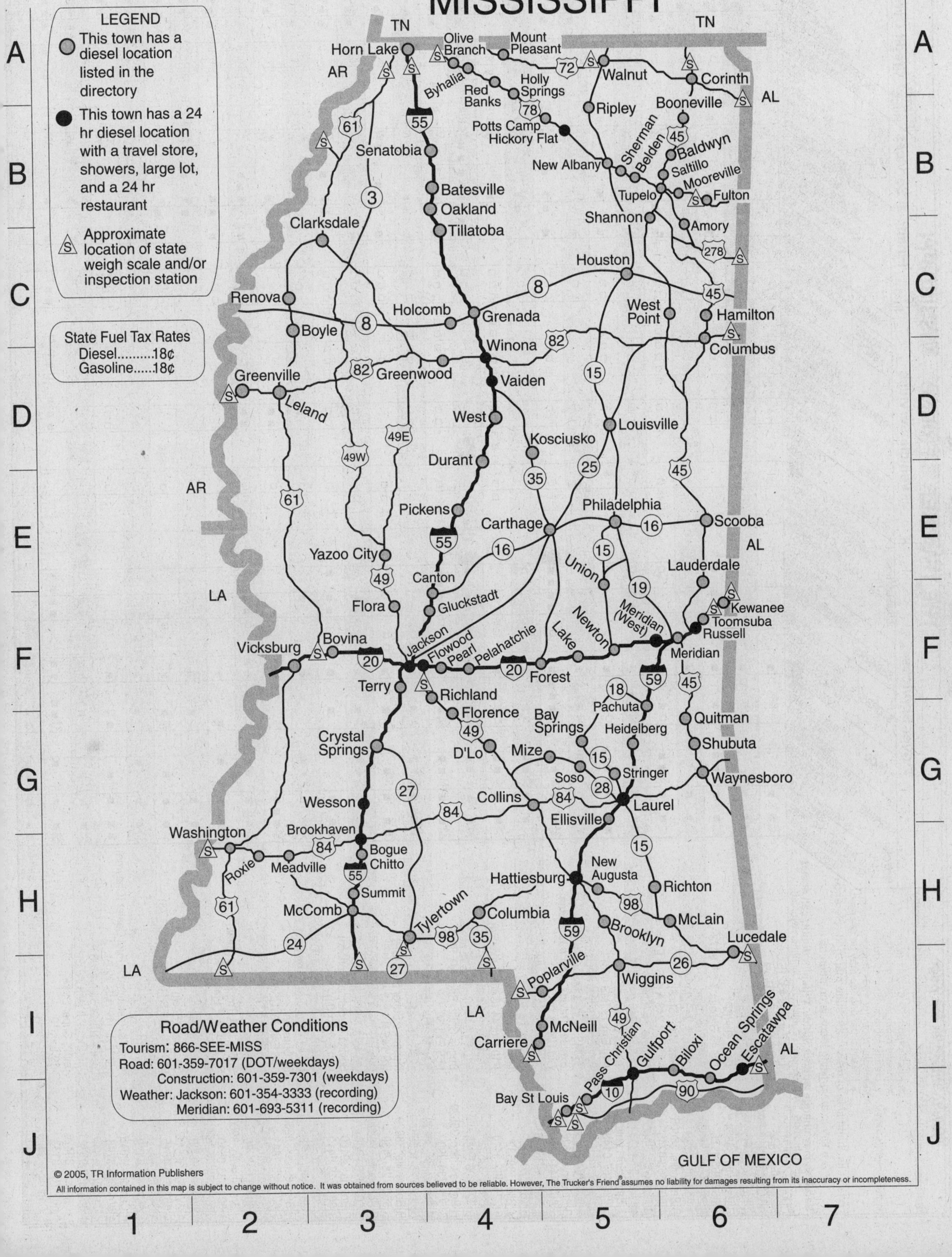

THE TRUCKER'S FRIEND® - MISSISSIPPI

How to interpret the page

■ means available at truck stop □ means available nearby

In the overnight lot column:
- S means room for 5 - 24 trucks
- M means room for 25-74 trucks
- L means room for 85-149 trucks
- XL means room for 150+ trucks
- $ means a parking fee may be charged

code at left-hand side of rows is the state map grid reference

a key to advertising logos is on page 25

Services may change without notice. When in doubt, call ahead.

Driver Services: Motor Fuel (Truck Diesel, Self Service Diesel, Metered Propane, Gasoline); Parking (Overnight Lot ($), Paved Lot, Trailer Drop, Electric Plug-Ins, Safe Haven/Hazmat); Food (Restaurant, Fast Food, Table Phones); Stores (Motel, Convenience, Trucker/Travel, Shopping Center, Walmart/Kmart, Grocery); Showers (Ladies, Men's); TV/Drivers Lounge, Laundry; Communications (Load Monitor, Internet Kiosk, Wi-Fi Hotspots, Document Scanning, Public Fax/Copier, UPS/FedEx/Tripak Box, Religious Services, State Lottery)

Vehicle Services: Scales (Axle, Platform, Certified); Tires (Repairs, New Tire Sales); Repairs (Shop Open 24 Hrs, DOT Inspection, Major Repairs, Minor Repairs, Oil Change/Lube); Road Svcs (Minor Welding, AC/Reefer, CB, Tire, Mechanical, Towing); Wash (Truck (Exterior), Trailer Washout)

RV Info: RVs Welcome, Dumping Station, Propane (Bottle)

Financial Services: ATM, Can Wire Money Out, Money Orders, NATSO Check-Link, Western Union, Voyager/Wright Express, Comdata (Comchek) (C=Checks, F=Fuel Cards, B=Both)

Permit Svcs: EFS, Fuel Man, Multi Service

Credit Cards: TCH, T-Chek, Fleet One, Buy/Pay at Fuel Desk, All Prepaid Permit Svcs, American Express, Visa/Mastercard, Discover

Grid	City, ZIP / Phone	Truck Stop / Location	Driver Services	Vehicle Services	RV Info	Financial Services	Permit Svcs / Credit Cards
C 6	Amory, 38821 / 662-256-7905	Litco Express #32 (Exxon) / 1002 Highland Drive	24 HRS ■ ■ □□ □■ □□ □	□		■ W	F ■■■
C 6	Amory, 38821 / 662-256-4022	Sprint Mart (Shell) / Hwy 278 East	■■ ■ □ □■ □□□ □	F □	□□□	■ V W	B ■■■
B 6	Baldwyn, 38824 / 662-365-1175	Git N Go (BP) / US 45 Bypass & CR 2878	24 HRS ■ ■ S ■■ ■ ■ ■ ■	□□ □ □	□□□	■ ■ V W	B F F ■■■
B 4	Batesville, 38606 / 662-563-4629	Shell Food Mart / I-55 Exit 243 (MS 6)	24 HRS ■ ■ □ □■ □□□ □	□ □□ □□□□□ □	□□□	■ V W	B B F B ■■■
B 4	Batesville, 38606 / 662-563-0245	Gas Mart (Shell) / I-55 Exit 243 A (MS 6 E)	24 HRS ■ ■ S ■■ □■ □■ □□□ □	F C □ □ □□ □□□□□□□□	□□□□□	■ ■■ V W	B B F B B B ■■■■
B 4	Batesville, 38606 / 662-561-1333	Maggie T's (Shell) / I-55 Exit 246 (MS 35)	24 HRS ■ ■ S ■ 24 HRS □■□■ □□□ ■■ □	□□ □□ □□□ □	□□□	■ ■ V W	B B B B ■■■
J 5	Bay Saint Louis, 39520 / 228-467-0148	Todd's Chevron / I-10 Exit 13 (MS 603)	■■ ■ S ■ □■ □■	□□ □□□	□□□	■□ ■ V W	B ■■■
G 5	Bay Springs, 39422 / 601-764-2843	Bay Springs Red Apple / 93 MS 18 W & MS 531	■■ ■ M ■■ □■ □■ □ □ □	F C □ □ □□	□□□	■	B F ■■■■
B 5	Belden, 38826 / 662-844-3210	Express Travel Center #33 (Exxon) / Old US 78 W	24 HRS ■ ■ M ■■ 24 HRS ■■■■ □ ■■■■ DAT	F C U F T □ □□ □□□	□□□	■ ■■ ■ V W	B B B B B B ■■■■
B 5	Belden, 38826 / 662-680-9132	Sprint Mart #37 (Shell) / US 78-178 S	24 HRS ■ ■ S ■■ □■ □■ □□□ □	□	□□□	■■ V W	B B F B B B ■■■
J 6	Biloxi, 39532 / 228-392-3110	Interstate Shell / I-10 Exit 44 (Cedar Lake Rd)	24 HRS ■ ■ S ■■ □□ ■ □	□□ □□□ □□ □□□□□□□□	□□□	■ V W	B B F B B B B ■■■
J 6	Biloxi, 39532 / 228-396-5646	Pilot Travel Center #451 / I-10 Exit 44 (Cedar Lake Rd)	24 HRS ■ ■ L ■■ □■■□ ■■□□□ ■■ ■ DAT ⏻ ■	F C T F □ CAT □□ □	□□□	■■ ■■■ ■■ V W	B B F B B B ■■■
H 3	Bogue Chitto, 39629 / 601-734-2900	Bogue Chitto Shell A/T Stop / I-55 Exit 30	24 HRS ■ ■ M ■■ 24 HRS ■ ■ □ ■■■■	F C □ □□ □□□□□□□	□□□	■ ■ V W	B B F B B B ■■■
B 6	Booneville, 38829 / 662-728-1056	New Mart #1 (BP) / 1200 US 145	■■ ■ S ■■ □■ □■ □□□	F C □ □□ □□□□□□□□	□□□	■ ■■ W	B B F B B ■■■
B 6	Booneville, 38829 / 662-728-2430	Massey's Super Stop (BP) / US 145 N	■■ ■ S ■ ■ □■ □□	F C □ □ □□	□□□	■ ■ ■ W	■■■■
B 6	Booneville, 38829 / 662-720-9900	Dynasty Deli Quick Stop / US 45 & MS 4-30	■■ ■ S ■■ □■ □■ □□□ ■■ □	F C □ □ □□ □□□ □	□□□	■	■■■■
F 3	Bovina, 39180 / 601-636-6410	Bovina Truckstop (Conoco) / I-20 Exit 11 (N)	24 HRS ■ ■ ■ ■ ■■ ■	F C □ □□ □□□□□□□	□□□	■■■ ■ V W	B B C B ■■■■
C 2	Boyle, 38730 / 662-846-1368	On The Go Truck Stop (Citgo) / US 61 (3 mi S of Cleveland)	24 HRS ■ ■ S ■■ □■ ■	F C □ □□	□□	■ V W	B B F B ■■■
H 3	Brookhaven, 39601 / 601-835-1841	84 Chevron / I-55 Exit 38 (US 84)	24 HRS ■■■ ■	□ ■■		■■ V W	C C C ■■■
H 3	Brookhaven, 39601 / 601-833-8080	Brookhaven Truckstop (66) / I-55 Exit 42	24 HRS ■ ■ L ■■ 24 HRS □ □■■ □■■	F C T □ ■■ □□□□□	□□□	■ ■■□ ■■■ ■ V W	B B F B B B B ■■■
H 3	Brookhaven, 39601 / 601-833-0510	Super Jack Truck Stop (Shell) / US 84 E & E Lincoln Rd	■■ ■ S ■ ■ ■	F C	□□□	■ ■■	C C C ■■■■
H 5	Brooklyn, 39425 / 601-544-0903	Kangaroo Express #3386 / 2273 US 49	24 HRS ■ ■ ■ ■			■■ ■ V W	B B F B B B B ■■■
A 4	Byhalia, 38611 / 662-838-4515	Gas Mart (Shell) / 500 MS 309 S (1/2 mi N of US 78)	24 HRS ■ ■ S ■ □■ ■ □	□	□	■ W	F F F ■■■
A 4	Byhalia, 38611 / 662-851-4179	Stateline Citgo / 8271 US 72	24 HRS ■ ■ S ■■ □■ □■ □□□ □	□□ □□ □ □	□□□	■ ■ V W	F ■■■
F 4	Canton, 39046 / 601-859-3723	Nancy's Restaurant & Fuel Center (Chevron) / I-55 Exit 119 (MS 22 E)	■■ ■ M ■ ■□ □■ □ □	□ □□	□□□	■ V W	B B ■■■
F 4	Canton, 39046 / 601-859-9370	Love's Travel Stop #208 / I-55 Exit 119 (MS 22 E)	24 HRS ■ ■ M ■ □■■□ ■■ □ ■ □ DAT ⏻ ■	F C T □ CAT □□ □□□□	□□□	■■ ■ ■ V W	B B F B B B ■■■■
I 4	Carriere, 39426 / 601-798-8133	Keith's Super Store / I-59 Exit 10	24 HRS ■ ■ M ■ 24 HRS ■■ ■■ ■■■■	F C ■■■ □■□■□□	■■□	■□ ■ W	B B F B B F B ■■■■
E 5	Carthage, 39051 / 601-267-4510	Bud's Place / MS 25 & Hwy 35	■■ ■ S ■■ □■ ■■	□		■ ■	■■■

THE TRUCKER'S FRIEND® - MISSISSIPPI

How to interpret the page

■ means available at truck stop □ means available nearby

In the overnight lot column:
S means room for 5 - 24 trucks
M means room for 25-74 trucks
L means room for 85-149 trucks
XL means room for 150+ trucks
$ means a parking fee may be charged

code at left-hand side of rows is the state map grid reference
a key to advertising logos is on page 25

Services may change without notice. When in doubt, call ahead.

Column groups: MOTOR FUEL (Truck Diesel, Self Service Diesel, Metered Propane, Gasoline); PARKING (Overnight Lot ($), Paved Lot, Trailer Drop, Electric Plug-ins, Safe Haven/Hazmat); FOOD (Restaurant, Fast Food, Table Phones); STORES (Motel, Convenience, Trucker/Travel, Shopping Center, Walmart/Kmart, Grocery); SHOWERS (Ladies, Men's); TV/Drivers Lounge, Laundry; COMMUNICATION (Load Monitor, Internet Kiosk, Wi-Fi Hotspots, Document Scanning, Public Fax/Copier, UPS/FedEx/TripPak Box, Religious Services, State Lottery); SCALES (Axle, Platform, Certified); TIRES (Repairs, New Tire Sales); REPAIRS (Shop Open 24 Hrs, DOT Inspection, Major Repairs, Minor Repairs, Oil Change/Lube, Minor Welding, AC/Reefer); ROAD SVCS (CB, Tire, Mechanical); WASH (Towing, Truck (Exterior), Trailer Washout); RV Info (RVs Welcome, Dumping Station, Propane (Bottle)); Financial Services (ATM, Can Wire Money Out, Money Orders, Natso Check-Link, Western Union, Voyager/Wright Express, Comdata (Comchek)); Permit Svcs (Multi Service, Fuel Man, EFS); Credit Cards (TCH, T-Chek, Fleet One, Buy/Pay at Fuel Desk, All Prepaid Permit Svcs, American Express, Visa/Mastercard, Discover). C=Checks, F=Fuel Cards, B=Both.

Grid	Location / Phone	Truck Stop / Address	Motor Fuel & Parking	Food	Stores	Showers	Lounge / Communication	Scales	Tires	Repairs	Road Svcs / Wash	RV Info	Financial Services	Permit Svcs	Fuel & Credit Cards
C 3	Clarksdale, 38645 662-621-1525	Shady Nook (Shell) 16774 US 61 N & US 278/MS 6	■ ■ ■	M ■	□ ■ □	■	□ □ □ □		□			□ □ □			B B F B B B ■ ■ ■
C 3	Clarksdale, 38614 662-624-2850	Shell Food Mart 435 US 61 S	■ ■ ■		□ □ □	■	□ □ □ □		□	□ □ □ □ □ □			□	V W	B B F B B ■ ■ ■
C 3	Clarksdale, 38614 662-624-2117	Gas Mart (Shell) 610 US 61 S	24 HRS ■ ■		□ ■ □	■	□ □ □ □		□				■	V W	F ■ ■ ■
G 4	Collins, 39428 601-765-1390	Kangaroo #3396 (Chevron) 2985 US 49	24 HRS ■ ■	M ■ ■	□ ■ □	■	□ □		□	□ □ □ □		□ □ □	■ ■ ■ ■	V W	B B F B B ■ ■ ■
H 4	Columbia, 39429 601-736-8420	Columbia Shell 626 US 98 Bypass & MS 13 S	24 HRS ■ ■	S ■ ■	□ □	■	□ □ □		□				■ ■ ■		B F ■ ■ ■
H 4	Columbia, 39429 601-736-5155	Kangaroo #3401 MS 13 & US 98	24 HRS ■ ■	S ■ ■	□ ■ □	■ ■	□ □ □ □		□			□ □ □	■ ■ ■ ■	V W	B B F B B B B ■ ■ ■
C 6	Columbus, 39701 662-327-8610	East Side Chevron 106 MS 69 & MS 182	■ ■ ■		□ ■ □	■	□ □ □	U F	□ ■	□ □			■ ■ ■ ■ ■	V W	F ■ ■ ■
C 6	Columbus, 39701 662-434-0333	Cal-Kola Express (BP) 10840 US 45 N	■ ■ ■	S ■	■	■		F C					■ □ ■	V W	C C F ■ ■ ■ ■
C 6	Columbus, 39429 662-327-0926	Depot #12 (Citgo) 1402 MS 182 E	■ ■ ■		□ □ □	■			□	□ □	□ □	□ □ □	■	W	F ■ ■ ■
C 6	Columbus, 39701 662-329-9157	Spint Mart #4138 (Shell) 2021 US 82 Bypass E & Hwy 12	24 HRS ■ ■		□ □ □	■	□ □ □ □		□ □	□ □	□ □ □	□ □ □	□ ■ ■	V W	F F ■ ■ ■
C 6	Columbus, 39702 662-329-6605	Stateline Fuel Center (Shell) 7803 US 182 Bypass E & Lee Stokes	24 HRS ■ ■	M ■ ■	■ ■ □	■ ■	■ ■ ■	F C	□	□ □	□ □ □ □ □	□ □ □	■ □ ■ ■	V W	B B C ■ ■ ■ ■ ■
A 6	Corinth, 38834 662-287-8613	Mapco Express #3009 2218 US 72 E	24 HRS ■ ■		□ □ □	■	□ □ □ □	F C	□ □	□ □	□ □	□ □ □	■	V W	B B F B ■ ■ ■ ■
A 6	Corinth, 38834 662-286-7184	Bull Market #28 (Citgo) 3107 US 72 W	24 HRS ■ ■	S ■ ■	□ ■ ■ □	■	■ □	F C	□	□ □	□	□ □ □	■ ■ ■ ■	V W	B B B F ■ ■ ■ ■
A 6	Corinth, 38834 662-287-5814	45 South Truck Stop US 45 S	24 HRS ■ ■	M ■ ■	24 HRS	■ ■	■ ■ ■ ■	F C	CAT	■ ■ ■ ■ ■ ■ ■	A R	■ ■	■ ■	V	B B B B B B ■ ■ ■ ■
A 6	Corinth, 38834 662-287-0124	Sprint Mart (Shell) US 72 W	24 HRS ■ ■	S ■ ■	□ □ □	■	□ □ □ □	F C	□ □	□ □ □ □ □	□ □ □ □ □ □ □	□ □ □	■ ■ ■	V W	B B F B B B ■ ■ ■ ■
G 3	Crystal Springs, 39059 601-892-1643	27-55 Gas Plaza (66) I-55 Exit 72 (MS 27)	■ ■ ■		□ □	■	□	F	□			□ □ □	■ ■	V W	F ■ ■ ■
G 4	D'Lo, 39062 601-847-1443	D'Lo Truck Stop (Exxon) 4275 US 49 S	24 HRS ■ ■	M ■ ■	■	■ ■		F C	□	■ ■	□	■ □ □	■ □ ■	W	B B F B B B ■ ■ ■ ■
D 4	Durant, 39063 662-653-6894	I-55-12 Gas Mart (Shell) I-55 Exit 156 (Hwy 12)	24 HRS ■ ■	S ■	□ ■ □	■		F C				□ □ □	■	V W	B B F B ■ ■ ■
G 5	Ellisville, 39437 601-422-0905	Dixie Oil #93 I-59 Exit 90 (US 11)	24 HRS ■ ■		□ □ □	■		F C	□ □	□ □ □ □ □	□ □ □ □ □	□ □ □			B B B B B ■ ■ ■ ■
J 6	Escatawpa, 39563 228-474-9492	Cone Auto/Truck Plaza #230 I-10 Exit 69 (MS 63)	24 HRS ■ ■	XL ■ ■	24 HRS □ ■ □	■ ■	■ ■ ■	F C	U F T	CAT □ □	□ □	□ □ □ □	■	V W	B B F B B B B B ■ ■ ■ ■
J 6	Escatawpa, 39552 228-474-0004	Moss Point Chevron #2 I-10 Exit 69 (MS 63)	24 HRS ■ ■		□ □ □	■			□	□ □ □		□	■	V W	B F ■ ■ ■
F 3	Flora, 39071 601-879-3784	Van's Chevron 582 US 49	■ ■ ■		□	■	□ □	F C						V W	F ■ ■ ■ ■
F 4	Florence, 39073 601-845-0833	Pantry #3437 (Amoco) 3100 US 49 (5 mi S of town)	24 HRS ■ ■ ■ ■	S ■	□ ■		□ □	F	□			□ □ □	■ ■ ■	V W	B B F B B ■ ■ ■
G 4	Florence, 39073 601-845-0833	Pantry #3437 (BP/Amoco) US 49 S	24 HRS ■ ■		□ ■ □	■	□ □ □ □		□				■ ■ ■	W	B B F B B ■ ■ ■
F 4	Flowood, 39218 601-939-7673	Delta Travel Center I-20 Exit 47A EB/47 WB (1 mi S on US 49)	24 HRS ■ ■	L ■ ■	□ ■ ■ □	■ ■	□ □ □ ■ ■ ■ ■ DAT	F C	U T □	CAT □ □	□ □ □ □ □ □ □ □	□ □ □ □ □	■ ■ ■ ■ ■ ■	V W	B B F B B B B B ■ ■ ■ ■ ■
F 4	Flowood, 39218 601-932-1261	Capital Fuel Center #22 (BP/Amoco) I-20 Exit 47A EB/47 WB (1 mi S on US 49)	24 HRS ■ ■	$ M ■ ■	□ □ □	■	□ □ □	F C	□ □	□ □ □ □ □	□ □ □ □ □ □	□ □ □ □ □ □	■ □ ■ ■ ■ ■	V W	B B F B B B ■ ■ ■
F 4	Flowood, 39208 601-420-8324	Pilot Travel Center #450 I-20 Exit 47B EB/47 WB (N to US 80 E)	24 HRS ■ ■	M ■ ■	■ ■ □	■ ■	□ □ □ ■ ■ DAT	F C	T F □	CAT □ □	□ □ □ □ □ □ □ □	□ □ □ □ □	■ ■ ■ ■ ■ ■ ■	V W	B B F B B B ■ ■ ■ ■
F 4	Flowood, 39208 601-936-0190	Flying J Travel Plaza #05072 I-20 Exit 47B EB/47 WB (N to US 80 W)	24 HRS ■ ■ ■ ■	XL ■ ■	24 HRS ■ ■ □	■ ■	□ □ □ ■ ■ ■ ■ ■	F C	U F T □	□ □	□ □ □ □ □ □ □ □	□ □ □ □ □	■ ■ ■ ■	V W	B B B B ■ ■ ■ ■

THE TRUCKER'S FRIEND® - MISSISSIPPI

How to interpret the page

■ means available at truck stop □ means available nearby

in the overnight lot column:
- S means room for 5 - 24 trucks
- M means room for 25-74 trucks
- L means room for 85-149 trucks
- XL means room for 150+ trucks
- $ means a parking fee may be charged

code at left-hand side of rows is the state map grid reference

a key to advertising logos is on page 25

Services may change without notice. When in doubt, call ahead.

Column groups: Driver Services (Motor Fuel: Truck Diesel, Self Service Diesel, Metered Propane, Gasoline; Parking: Overnight Lot ($), Paved Lot, Trailer Drop, Electric Plug-Ins, Safe Haven/Hazmat; Food: Restaurant, Fast Food, Table Phones; Stores: Motel, Convenience, Trucker/Travel, Shopping Center, Walmart/Kmart, Grocery; Showers: Ladies', Men's; Communications: TV/Drivers Lounge, Laundry, Load Monitor, Internet Kiosk, Wi-Fi Hotspots, Document Scanning, Public Fax/Copier, UPS/FedEx/TripPak Box, Religious Services, State Lottery) — Vehicle Services (Scales: Axle, Platform, Certified; Tires: Repairs, New Tire Sales; Repairs: Shop Open 24 Hrs, DOT Inspection, Major Repairs, Minor Repairs, Oil Change/Lube, Minor Welding, AC/Reefer; Road Svcs: CB, Tire, Mechanical; Wash: Towing, Truck (Exterior), Trailer Washout) — RV Info (RVs Welcome, Dumping Station, Propane (Bottle)) — Financial Services (ATM, Can Wire Money Out, Money Orders, Natso Check-Link, Western Union, Voyager/Wright Express, Comdata (Comchek); C=Checks, F=Fuel Cards, B=Both) — Permit Svcs (Multi Service, Fuel Man, EFS, TCH, T-Chek, Fleet One, Buy/Pay at Fuel Desk, All Prepaid Permit Svcs) — Credit Cards (American Express, Visa/Mastercard, Discover)

Grid	City / Phone	Truck Stop / Location	Motor Fuel	Parking	Food	Stores	Showers	Communications	Scales	Tires	Repairs	Road Svcs	Wash	RV Info	Financial Services	Permit Svcs / Credit Cards
F 5	Forest, 39704 601-469-5420	Forest Red Apple Texaco I-20 Exit 88 (1 mi N to 702 US 35 S)	24 HRS ■ ■		■	■									■ V W	B B F – B B B ■ ■ ■
F 5	Forest, 39074 601-469-3366	Chevron Express Line I-20 Exit 88 (MS 35)	24 HRS ■ ■	L ■ ■	□ ■ ■ □	■ □ □		□	F C □ □		□ □ □ □ □ □	□	□ □ □		■ ■ V W	B B B B ■ ■ ■ ■
B 6	Fulton, 38843 662-862-7447	Sprint Mart #9 (Shell) 1605 MS 25 S & US 78	24 HRS ■ ■	S ■ ■	■ □ □	■ □ □ □	■ ■	□	F C T F □		□ □		□ □ □		□ ■ ■ V W	B B F B B B ■ ■ ■ ■
B 6	Fulton, 38843 662-862-9242	Pit Stop (Citgo) US 78 & MS 25 N	■ ■ ■		□ □ □	■ □ □ □		□	□ □	□ □ □			□ □ □		□ V W	B B ■ ■ ■
F 4	Gluckstadt, 39110 601-856-0755	Gluckstadt Amoco # 3424 I-55 Exit 112	24 HRS ■ ■	S ■ ■	□ ■ □	■ □ □ □		□	□ □		□ □ □ □		□ □ □		■ ■ ■ ■ V W	B B F B B B ■ ■ ■
F 4	Gluckstadt, 39110 601-898-0930	The Filling Station #35 (Exxon) I-55 Exit 112 (Gluckstadt Rd W)	24 HRS ■ ■		□ ■ □	■		□	F C □		□ □ □	□			□ ■ V W	B B F B B ■ ■ ■ ■
D 2	Greenville, 38704 662-334-1760	Super Stop #63 (Conoco) 2069 US 82 W	24 HRS ■ ■	S ■	□	■ □ □			□ □				□ □ □		■ ■ ■ W	B B F ■ ■ ■
D 2	Greenville, 38701 662-335-9921	Midway Truck Stop 3313 US 82 E	24 HRS ■ ■	M ■ ■	24 HRS ■ ■ □	■ □ □ □	■ ■	■ □	F C T □		□ □ □ □ □ □	□	□ □ □		■ □ ■	B B B B ■ ■ ■ ■
D 2	Greenville, 38701 662-378-8989	Rick's Express #10 (Citgo) Hwy 1 N & Airport Rd	■ ■ ■		■	■		■	□ □		□ □		□ □ □		□ ■ V W	B F ■ ■ ■
D 4	Greenwood, 38930 662-455-5525	Gas Mart (Shell) 929 US 49W-82 Bypass	24 HRS ■ ■	S ■ ■	□ □ □	■ ■ □ □ □	■	■ □	F □	□ □ □	□ □ □ □ □ □		□ □ □		■ V W	B B F C F ■ ■ ■
D 4	Greenwood, 38930 662-453-0144	Mims Truck Village US 82 (E of MS 7 N)	■ ■ ■	S ■	■	■ □									■	■ ■ ■
D 4	Greenwood, 38930 662-453-1326	Mims One Stop (BP) US 82 E (8 mi E of town)	■ ■ ■	S ■ ■	□ ■	■			□		□ □ □ □	□	□ □ □		■ ■ ■ V W	C C F C C B C ■ ■ ■
C 4	Grenada, 38901 662-226-7244	Pacesetters Conoco 2067 US 51 S	■ ■ ■		□ □	■ □ □ □		□	□ □		□ □				V W	F ■ ■ ■
C 4	Grenada, 38901 662-226-5355	Sprint Mart (Shell) I-55 Exit 206 (MS 8)	24 HRS ■ ■		□ ■ □	■ □ □ □			□ □		□ □ □ □ □ □	□	□ □ □		■ ■ V W	B B ■ ■ ■
C 4	Grenada, 38901 662-226-0242	55-7 Gas Mart (Shell) I-55 Exit 211 (Hwy 7)	24 HRS ■ ■	M ■ ■	■ ■	■ ■	■		F C						■ □ ■ V W	B B F B B ■ ■ ■ ■
J 5	Gulfport, 39503 228-831-3432	Kangaroo #2289 13490 US 49	24 HRS ■ ■	S	□ ■ □	■ □ □		□	□						■ ■ ■ V W	B B F B ■ ■ ■
J 5	Gulfport, 39503 228-832-2327	Love's Travel Stop #212 I-10 Exit 31	24 HRS ■ ■	M ■	■ ■ □	■ ■	■ ■	[logo] ■	F C U F T	[logo]	□ □ □ □ □ □	□	□ □ □ □		■ □ ■ ■ ■ V W	B B F B B B ■ ■ ■ ■
J 5	Gulfport, 39501 228-868-2711	Flying J Travel Plaza #05065 (Conoco) [logo] I-10 Exit 31 (Canal Rd)	24 HRS ■ ■ ■ ■	XL ■ ■	24 HRS ■ ■ □	■ ■ □ □ □	■ ■	■ ■ [logo] ■ [logo] [logo]	F C U F T □	[logo]	□ □ □ □ □ □	□ □	□ □ □ □ □	□	■ ■ ■ ■ V W	B B B B ■ ■ ■ ■
J 5	Gulfport, 39501 228-865-0055	Kangaroo # 3457 I-10 Exit 34 A (US 49 & Cresote Rd)	24 HRS ■ ■		□ □ □	■ □ □ □		□	□		□ □		□ □ □ □		□ ■ ■ ■ V W	B B F C B ■ ■ ■
J 5	Gulfport, 39501 228-863-0274	Hwy 49 Shell I-10 Exit 34 A (US 49 & Cresote Rd)	24 HRS ■ ■		□ □ □	■ □ □ □		□	□		□ □ □ □ □	□	□ □ □ □ □		■ ■ V W	B B F ■ ■ ■
J 5	Gulfport, 39503 228-832-6449	Interstate 49 (Chevron/Texaco) I-10 Exit 34 B (US 49 N)	24 HRS ■ ■		□ □ □	■ □ □ □		□	□						■ ■ V W	■ ■ ■
C 6	Hamilton, 39746 662-343-5888	45 Truck Stop 40080 US 45 S	■ ■ ■	S ■ ■	□ ■	■	■ ■	■	F C				□ □ □		■ ■	C ■ ■
H 5	Hattiesburg, 39401 601-544-7527	Corner Fuel Center (Citgo) 3984 US 49 (3 mi S of US 98)	24 HRS ■ ■	M ■ ■	□ ■ ■ □	■ ■	■ ■	■ □ [logo]	F C T □	[logo]	□ □ □ □ □ □ □ □		□ □ □	■ ■	□ ■ ■ V W	B B B B B B ■ ■ ■ ■ ■
H 5	Hattiesburg, 39401 601-545-2435	Dan's Truck Stop (BP) 4878 US 49 S (N of US 98)	24 HRS ■ ■	L ■ ■	24 HRS ■ □	■ ■ □ □ □	■ ■	■ ■ [logo]	F C F □		□ □ □ □ □	□	□ □ □		■ □ ■ ■ V W	B B F B B B B ■ ■ ■ ■
H 5	Hattiesburg, 39402 601-264-4423	Smith's Petroleum #512 (Pure) 6780 US 49 N	■ ■ ■		□ □ □	■									W	B B F ■ ■ ■
H 5	Hattiesburg, 39402 601-268-2099	Kangaroo #3385 7060 US 49 (2 mi N of I-59 Exit 67 B)	24 HRS ■ ■	M ■ ■	□ ■ □	■ ■			F				□ □ □		■ ■ ■ ■ V W	B B F B B B B ■ ■ ■
H 5	Hattiesburg, 39401 601-544-3344	The Pantry #3395 I-59 Exit 60 (US 11 S)	24 HRS ■ ■	M ■ ■	■ ■	■ ■	■ ■	□	F C □		□ □ □ □ □ □		□ □ □		■ □ ■ ■ ■ V W	B B F F B B B ■ ■ ■ ■
H 5	Hattiesburg, 39402 601-268-1073	Pantry #3399 (BP) I-59 Exit 65 (4904 US 98 W)	24 HRS ■ ■		□ ■ □	■ □ □ □		□	□						■ ■ ■ V W	F ■ ■ ■

THE TRUCKER'S FRIEND® - MISSISSIPPI

How to interpret the page

■ means available at truck stop □ means available nearby

In the overnight lot column:
S means room for 5 - 24 trucks
M means room for 25-74 trucks
L means room for 85-149 trucks
XL means room for 150+ trucks
$ means a parking fee may be charged

code at left-hand side of rows is the state map grid reference
a key to advertising logos is on page 25

Services may change without notice. When in doubt, call ahead.

Financial Services: C=Checks, F=Fuel Cards, B=Both

Column headings — Driver Services: MOTOR FUEL (Truck Diesel, Self Service Diesel, Metered Propane, Gasoline); PARKING (Overnight Lot ($), Paved Lot, Trailer Drop, Electric Plug-Ins); FOOD (Safe Haven/Hazmat, Restaurant, Fast Food, Table Phones); STORES (Motel, Convenience, Trucker/Travel, Shopping Center, Walmart/Kmart); SHOWERS (Grocery, Ladies, Men's, TV/Drivers Lounge, Laundry); COMMUNICATION (Load Monitor, Internet Kiosk, Wi-Fi Hotspots, Document Scanning, Public Fax/Copier, UPS/FedEx/Tripak Box, Religious Services, State Lottery). Vehicle Services: SCALES (Axle, Platform, Certified); TIRES (Repairs, New Tire Sales); REPAIRS (Shop Open 24 Hrs, DOT Inspection, Major Repairs, Minor Repairs, Oil Change/Lube, Minor Welding, AC/Reefer); ROAD SVCS (CB, Tire, Mechanical); WASH (Towing, Truck (Exterior), Trailer Washout). RV Info (RVs Welcome, Dumping Station, Propane (Bottle)). Financial Services (ATM, Can Wire Money Out, Money Orders, NATSO Check Link, Western Union, Voyager/Wright Express, Comdata (Comchek)). Permit Svcs (EFS, Fuel Man, Multi Service). Credit Cards (T-Chek, TCH, Fleet One, Buy/Pay at Fuel Desk, All Prepaid Permit Svcs, American Express, Visa/Mastercard, Discover).

Grid	Location / Phone	Truck Stop / Address	Motor Fuel & Parking	Food	Stores	Showers	Driver misc.	Communication	Scales	Tires	Repairs	Road Svcs	Wash	RV Info	Financial Services	Permit Svcs	Credit Cards
H 5	Hattiesburg, 39401 601-264-5621	Broad Acres Travel Center (Texaco) I-59 Exit 67 (US 49)	24 HRS ■ ■	L ■ ■	■ ■ ■ □	■ ■	■ ■ ■ ■		F C T	□	□ □ □ □ □			□ □ □	□ ■ ■	V W	B B F B B B B ■ ■ ■ ■
H 5	Hattiesburg, 39402 601-268-1711	R&D Truck Stop #5 I-59 Exit 67 B (US 49 N)	24 HRS ■ ■		□ □ □	■	□ □ □ □		F C	□	□ □ □ □ □	□ □ □ □		□ □ □	■	W	B B B B B B ■ ■ ■ ■
H 5	Hattiesburg, 39401 601-264-1240	Dandy Dan #523 I-59 Exit 67 B (US 49 N)	24 HRS ■ ■			■					□	□		□ □ □	■ ■	V W	B B F B B B B ■ ■ ■ ■
H 5	Hattiesburg, 39401 601-582-8394	Minit Mart # 5 (Citgo) US 49 S	24 HRS ■ ■	S ■ ■	□ ■ □	■	□			□	□ □	□ □ □		□ □ □	■ □	V W	B B ■ ■ ■
G 5	Heidelberg, 39439 601-787-4272	Stuckey's Express #619 (Chevron) I-59 Exit 113 (2904 Hwy 528)	24 HRS ■ ■	S ■ ■	□ ■	■	□ □		F C	□	□ □	□	□	□ □ □	■ ■	V W	B B B ■ ■ ■ ■
G 5	Heidelberg, 39439 601-787-3286	JR's I-59 Truck Stop (BP) I-59 Exit 113 (MS 528)	24 HRS ■ ■	S ■ ■ ■	24 HRS □	■	□ ■ ■ ■ ■		F C	□	□ □	□ □		□ □ □	■ ■ ■	V W	B B F B B B B ■ ■ ■ ■
B 5	Hickory Flat, 38633 662-333-4366	New Mart #7 (Mapco) US 78 & Hwy 178	24 HRS ■ ■	L ■ ■ ■	24 HRS ■ ■ □	■ ■	■ ■ ■ ■		F C U	□	CAT □ □	□ □		□ □ □ □ □	■ ■ ■	W	B B F B B ■ ■ ■ ■
C 4	Holcomb, 38940 662-226-4039	Gas Mart (Citgo) MS 8	■ ■ ■		□	■	□			□					■	W	F ■ ■ ■
A 4	Holly Springs, 38634 662-252-1685	Fitch Amoco MS 7 S	■ ■ ■		□ □ □	■	□ □			□	□			□ □ □		V W	■ ■ ■
A 3	Horn Lake, 38637 662-349-2400	Goodman Rd Food Plaza (66) I-55 Exit 289 (Hwy 302)	24 HRS ■ ■	S ■	□ ■ □	■	□ □ □ □		F C □	□	□ □	□ □ □ □	□ □	□ □ □	■ ■ ■ ■ ■ ■	V W	B B F B B ■ ■ ■ ■
C 5	Houston, 38851 662-456-2042	West Pak-A-Pok (Shell) MS 8 W	■ ■ ■	S ■ ■	□ ■ □	■	□ □ □			□ □	□ □	□ □		□ □ □	■	V W	B C F C ■ ■ ■
F 3	Jackson, 39209 601-352-0141	Super Stop #42 (Conoco) 4564 Bullard Street	24 HRS ■ ■		□ □ □	■	□ □			□					■ ■ ■ ■ ■	V W	F ■ ■ ■
F 3	Jackson, 39204 601-968-9491	Pilot Travel Center #077 I-20-55 Exit 45 EB/45A WB (Gallatin S)	24 HRS ■ ■	M ■ ■	□ ■ □	■ ■	□ □ ■ ■	DAT ⏻ ■	F C T F	□	CAT □ □	□ □ □ □	□ □	□ □ □ □ □	■ ■ ■ ■ ■ ■	V W	B B F B B B ■ ■ ■ ■
F 3	Jackson, 39218 601-292-0940	Petro Stopping Center #28 (Mobil) PETRO I-20-55 Exit 45 EB/45A WB (Gallatin N)	24 HRS ■ ■	XL ■ ■	24 HRS ■ ■ □	■	□ ■ ■ ■ ■	DAT ⏻ ■	F C U F T	■	CAT 24/7	■ ■ ■ ■ ■	■	■ ■ ■ □ ■ ■ ■	■ ■	V W	B B B B B ■ ■ ■ ■
F 3	Jackson, 39213 601-362-4738	49 Shell Truck Stop I-220 Exit 5 (US 49 N)	24 HRS ■ ■	S ■	□ ■ □	■	□ □ □			□					■ ■	V W	F F ■ ■ ■
F 6	Kewanee, 39364 601-632-4524	Kewanee 1 Stop I-20-59 Exit 169 (US11- 80 SE)	24 HRS ■ ■	M	24 HRS	■			F C		□ □ □			□ □ □	■ ■		B B B B B ■ ■ ■
D 4	Kosciusko, 39090 662-289-4103	Kangaroo Crossing #103 (BP) MS 35 S	24 HRS ■ ■	S ■	□ ■ □	■	□ □ □ □			□	□ □	□ □ □		□ □ □	■ ■ ■	V W	B B F B B B ■ ■ ■
F 5	Lake, 39336 601-775-8196	100 Travel Center (BP) I-20 Exit 100 (US 80)	24 HRS ■ ■	M ■	■ ■	■	■ ■ ■		F C		24/7			■	■ ■	V W	B B F B B ■ ■ ■ ■
E 6	Lauderdale, 39335 601-679-7783	Super Stop # 1 (Conoco) 9733 Old Hwy 45 N	24 HRS ■ ■	S ■ ■	■	■								□ □ □	■ ■ ■ ■ ■ ■	V W	B B F B B F ■ ■ ■
G 5	Laurel, 39440 601-428-8360	Texaco Food Mart # 6 2831 US 84 W	24 HRS ■ ■	M ■ ■ ■	□ ■ □	■	□ □ □ ■ ■ □			□ □	□ □	□ □ □ □	□ □ □	□ □ □	■ ■ ■	V W	B B B B C ■ ■ ■
G 5	Laurel, 39440 601-428-5875	Airport Shell I-59 Exit 93 (2515 US 11)	24 HRS ■		□ ■ □	■				□	□ □	□ □		□ □	■ ■	V W	■ ■ ■
G 5	Laurel, 39440 601-428-4419	American Foods Truckstop (Citgo) I-59 Exit 93 (2622 US 11)	24 HRS ■ ■	M ■ ■ ■	24 HRS ■ ■ □	■ ■	□ □ □ ■ ■ ■ □	■	F C F	□	□ □ □ □ □	□ □	□	□ □ □ □	■ ■ ■ ■ ■ ■	V W	B B F B B B B ■ ■ ■ ■ ■ ■
G 5	Laurel, 39440 601-649-9398	84 E Truck Stop (Exxon) I-59 Exit 97 (US 84 E)	24 HRS ■ ■	L ■ ■	24 HRS	■ ■	■ ■		F C U F	□		□ □ □ □ □	■	□ □ □	■ ■	V W	B B B B B B ■ ■ ■ ■
G 5	Laurel, 39440 601-649-5854	Kangaroo #3392 I-59 Exit 97 (US 84 E)	24 HRS ■ ■	S ■ ■	□ □ □	■	□			□				□ □ □	■ ■	V W	B B F B B B B ■ ■ ■
D 2	Leland, 38756 662-686-2030	Zip Trip 410 US 82 E	■ ■ ■		□ ■ □	■	□ □			□ □	□ □				■	V W	B B F B ■ ■ ■
D 5	Louisville, 39339 662-779-1004	Spanky's Food Mart #5 (Texaco) 963 MS 14-25 W	■ ■ ■	S ■	□ ■ □	■	□ □			□		□		□ □	■ ■	V W	B B F B B ■ ■ ■
I 6	Lucedale, 39452 601-947-3085	Four Mile Truckstop (Chevron) 12250 US 98 Bypass (4 mi E of town)	24 HRS ■ ■ ■	M ■ ■	24 HRS □ □	■			F C		□ □ □ □ □	□ □ □ □		□ □ □	■ ■ ■ ■	V W	B B F B B B ■ ■ ■ ■
H 3	McComb, 39648 601-684-3771	Fernwood Truck Stop (Conoco) I-55 Exit 13 (Fernwood Rd)	24 HRS ■ ■ ■	M ■ ■	24 HRS □ ■ ■	■ ■	■ ■ ■ ■		F C U T		■ ■ ■ 24/7	■ ■ ■ ■ ■ ■	■ A	■ ■ □ ■ ■	■ □ ■ ■		B B B B B B ■ ■ ■ ■ ■ ■

How to interpret the page

■ means available at truck stop □ means available nearby

In the overnight lot column:
S means room for 5 - 24 trucks
M means room for 25-74 trucks
L means room for 85-149 trucks
XL means room for 150+ trucks
$ means a parking fee may be charged

code at left-hand side of rows is the state map grid reference

a key to advertising logos is on page 25

Services may change without notice. When in doubt, call ahead.

THE TRUCKER'S FRIEND® - MISSISSIPPI

Column groups — Driver Services: Motor Fuel, Parking, Food, Stores, Showers, Communications; Vehicle Services: Scales, Tires, Repairs, Road Svcs, Wash; RV Info; Financial Services (C=Checks, F=Fuel Cards, B=Both); Permit Svcs; Credit Cards.

Grid	Town / Phone	Truck Stop / Location	Motor Fuel: Truck Diesel, Self Service Diesel, Metered Propane, Gasoline	Parking: Overnight Lot ($), Paved Lot, Trailer Drop	Electric Plug-ins, Safe Haven/Hazmat	Food: Restaurant, Fast Food, Table Phones, Motel	Stores: Convenience, Trucker/Travel	Shopping Center, Walmart/Kmart, Grocery	Showers: Men's, Ladies'; TV/Drivers Lounge, Laundry	Communications: Load Monitor, Internet Kiosk, Wi-Fi Hotspots, Document Scanning	Public Fax/Copier, UPS/FedEx/TripPak Box	Religious Services, State Lottery	Scales: Platform, Axle, Certified	Tires: Repairs, New Tire Sales	Repairs: Shop Open 24 Hrs, DOT Inspection	Major Repairs, Minor Repairs, Oil Change/Lube	Minor Welding, AC/Reefer, CB	Road Svcs: Tire, Mechanical, Towing	Wash: Truck (Exterior), Trailer Washout	RV Info: RVs Welcome, Dumping Station, Propane (Bottle)	ATM, Can Wire Money Out, Money Orders	Natso Check-Link, Western Union, Voyager/Wright Express	Comdata (Comchek), EFS	Fuel Man, Multi Service, TCH	T-Chek, Fleet One	Buy/Pay at Fuel Desk, All Prepaid Permit Svcs	American Express, Visa/Mastercard, Discover
H 3	McComb, 39648 601-250-0759	Highway 24 BP I-55 Exit 15 B (US 24)	■■ ■	S$ ■■		□■ □	■	□ □	□		F C	□		□□		□□	□	□□		□	■	V W	B B	B B	B B	■	■■■
H 6	McLain, 39456 601-753-2995	Big K Fuel Stop # 3387 (BP) US 98 E	24 HRS ■ ■	S ■■		■	■		□			□		□	□	□□	□□			■□■	■ ■	V W	B B	F	C B		■■■
I 5	McNeill, 39457 601-798-3234	McNeill Travel Center I-59 Exit 15	■■ ■	M ■■		■ ■	■		■		F C	□		■■	■■	■■■	■ A R	■■■		■	■		B B	F B B	B B	■	■■■
H 2	Meadville, 39653 601-384-5222	Jubilee Short Stop # 124 (Chevron) US 84 Bypass	24 HRS ■ ■	S ■■		■	■					□		□□		□□		□□□		■		W		F		■	■■■
F 6	Meridian, 39305 601-482-0233	Queen City Truck Stop (Maple) I-20-59 Exit 150	24 HRS ■■■	M ■■		24 HRS □■□	■■	□□□	■■■□		F C U F	□	■■■	■■	□	□	□ □	■□□		■ ■	■	V W	B B	B B	B	■■	■■■
F 6	Meridian, 39305 601-485-7974	Stuckey's Express (Chevron) I-20-59 Exit 150 (US 11)	24 HRS ■ ■			□■	■	□ □			F C □	□		□□	□	□□□	□	□□□			■	V W	B B		B	■	■■■
F 6	Meridian, 39307 601-693-7305	Super Stop #10 (Shell) I-20-59 Exit 150 (US 11)	24 HRS ■ ■			□ □	■	□□□	□			□	□□□	□□	□	□□□	□□□	□□□		■	■ ■	V W	B B	F	B		■■■
F 6	Meridian (West), 39307 601-693-5104	Spaceway Truck Stop (Conoco) I-20 Exit 129 (US 80)	24 HRS ■ ■	XL ■■		24 HRS ■	■■		■■■■	DAT ■	F C U F T	■	■■■	□□	□	□	□ □	□□□		■■	■	V W	B B	B B	B B	■	■■■
G 5	Mize, 39116 601-733-2775	J&M Truck Stop (BP) MS 28 & MS 35 N	■■ ■			□■	■							■	■	■■	■ A □			■		V W	F				■■■
B 6	Mooreville, 38857 662-841-1373	Woco (Citgo) US 78 & Hwy 371	■■ ■	XL ■		■	■		■■		F C □	□		□□		□□□	□	□□□		■		W	B B	B B	B B	■	■■■
A 4	Mount Pleasant, 38649 662-851-7700	Mount Pleasant Shell US 72 W & Taska Rd	24 HRS ■ ■	S ■■		■■	■				F C							□□□		■ ■	■	V W	B B	B	B B	■	■■■
B 5	New Albany, 38652 662-534-8883	Gene's Truck Center US 78 & Hwy 30 W	24 HRS ■ ■	M ■■		24 HRS ■■□	■■	□□	■■■■		F C F	□	□□□	□□	□	□□	□	□□□	■■	■□■	■	W	C C	B	C C	■	■■■
B 5	New Albany, 38652 662-539-0222	Pilot Travel Center #174 US 78 & MS 15	24 HRS ■ ■	L ■■		□■■□	■■	□□□	■■ ■	DAT ■ (logo) ■	F C U F T	□	CAT	□□	□	□□□	□□	□□□		■ ■	■■	■■ V W	B B	F B	B B	■	■■■
B 5	New Albany, 38652 662-534-9010	Gas Mart #136 (Shell) US 78 & MS 15 S	24 HRS ■ ■	S ■■		□■■□	■	□□□	□		F C □	□		□□	□	□□	□□	□□□		■	■	V W	B C	F	C	■	■■■
H 5	New Augusta, 39462 601-964-8634	Tater's Texaco Food & Fuel 111 US 98 W & MS 29	24 HRS ■ ■	S ■		■	■	□	■		F C	□								■	■	V W	B B	F B	B	■	■■■
H 5	New Augusta, 39462 601-964-8477	Big K Fuel Stop #3390 (Chevron) 403 US 98 (W of MS 29)	24 HRS ■ ■	S ■■			■					□		□□	□	□□□	□	□□□		■	■ ■	V W	B C	F	B B		■■■
F 5	Newton, 39345 601-683-6902	Super Stop # 6 (Conoco) I-20 Exit 109 (MS 15)	24 HRS ■ ■			□□ □	■	□□□	□			□								■	■■■	■ V W		F			■■■
F 5	Newton, 39345 601-683-2551	Spanky's Food Mart #2 (Texaco) I-20 Exit 109 (MS 15)	24 HRS ■ ■	M ■		□■ □	■	□□□	□		F C F	□		□□	□	□□□		□□□		■	■	V W	B B	F B	F B	■	■■■
B 4	Oakland, 38948 662-623-5133	I-55-32 Gas Mart (Exxon) I-55 Exit 227 (Hwy 32)	24 HRS ■ ■	S ■■		■	■				□	□									■	V W	B	F	B		■■■
J 6	Ocean Springs, 39564 228-875-1735	Fleet Travel Center #504 I-10 Exit 50 (Tucker Rd)	24 HRS ■ ■	S ■		□■■□	■■	□□	■■		F C U		CAT					□□		■□■	■ ■	V W	B B	F B B	B B	■	■■■
A 4	Olive Branch, 38654 662-895-3773	Olive Branch One Stop (BP) 7590 Hack's Cross Rd (N of Goodman)	■■ ■	S ■		□■ □	■	□□			F C	□						□□□			■■	■ V W			F	■	■■■
A 4	Olive Branch, 38654 662-895-1001	Flying J Travel Plaza #05095 (Conoco) US 78 & Bethel Rd (2.5 mi S of MS 305)	(logo) 24 HRS ■■■	M ■■		24 HRS ■■□	■■	□□□	■■■■	(logo) ■ (logo)(logo)	F C U F T	□	■■■	□□		□□□	□	□□□	□	■■■	■	V W	B	B B	B	■	■■■
G 5	Pachuta, 39347 601-776-6863	BP Truck Plaza I-59 Exit 126 (MS 18)	■■ ■	S ■		■	■	□	□			□						□□□		■	■	V W	B B	F	B		■■■
G 5	Pachuta, 39347 601-776-5806	Pachuta Amoco #6 I-59 Exit 126 (MS 18)	■■ ■	M ■■		■	■	□	□			□						□□□		■		V W	B B	F			■■■
J 5	Pass Christian, 39571 228-255-4318	MS Fuel Center #17 (Chevron) I-10 Exit 24 (Menge Ave)	24 HRS ■ ■	M ■■		□■	■■	□□□	■■ ■		F C □	□	■■■	(logo)	■■	■■	■ A	■■□	■■	■□	■	V W	B B	F B	B	■	■■■
F 4	Pearl, 39208 601-939-0052	Interstate Station #31 (Chevron) I-20 Exit 48 (Pearson Rd S)	24 HRS ■ ■			□□ □	■	□	□			□	□□□								■ ■	V W	B B				■■■
F 4	Pelahatchie, 39145 601-854-6008	Super Stop #21 (Conoco) I-20 Exit 68 (US 43 S)	24 HRS ■ ■	M ■		□■	■	□			C	□		□□				□□□	□	■■■	■■■	■ V W	B B	F	F B	■	■■■
F 4	Pelahatchie, 39145 601-854-5200	BP Fuel Center I-20 Exit 68 (US 43 S)	■■ ■				■	□	□			□								■		V W	B B	F	B B		■■■

THE TRUCKER'S FRIEND® - MISSISSIPPI

How to interpret the page

■ means available at truck stop □ means available nearby

In the overnight lot column:
- S means room for 5 - 24 trucks
- M means room for 25-74 trucks
- L means room for 85-149 trucks
- XL means room for 150+ trucks
- $ means a parking fee may be charged

code at left-hand side of rows is the state map grid reference

a key to advertising logos is on page 25

Services may change without notice. When in doubt, call ahead.

Column groups: Driver Services (Motor Fuel: Truck Diesel, Self Service Diesel, Metered Propane, Gasoline; Parking: Overnight Lot ($), Paved Lot, Trailer Drop, Electric Plug-Ins, Safe Haven/Hazmat; Food: Restaurant, Fast Food, Table Phones; Stores: Motel, Convenience, Trucker/Travel, Shopping Center, Walmart/Kmart, Grocery; Showers: Ladies', Men's; Communication: TV/Drivers Lounge, Laundry, Load Monitor, Internet Kiosk, Wi-Fi Hotspots, Document Scanning, Public Fax/Copier, UPS/FedEx/TripPak Box, Religious Services, State Lottery); Vehicle Services (Scales: Axle, Platform, Certified; Tires: Repairs, New Tire Sales; Repairs: Shop Open 24 Hrs, DOT Inspection, Major Repairs, Minor Repairs, Oil Change/Lube, Minor Welding, AC/Reefer, CB; Road Svcs: Tire, Mechanical, Towing; Wash: Truck (Exterior), Trailer Washout); RV Info (RVs Welcome, Dumping Station, Propane (Bottle)); Financial Services (ATM, Can Wire Money Out, Money Orders, NATSO Check-Link, Western Union, Wright Express, Comdata (Comchek), Voyager; C=Checks, F=Fuel Cards, B=Both: Multi Service, Fuel Man, EFS, TCH, T-Chek, Fleet One); Permit Svcs (Buy/Pay at Fuel Desk, All Prepaid Permit Svcs); Credit Cards (American Express, Visa/Mastercard, Discover).

Grid / Phone	Truck Stop / Location	Motor Fuel / Parking	Parking	Food	Food / Stores	Stores	Showers	Communication	Communication	Communication	Scales	Tires	Tires / Repairs	Repairs	Repairs	Road Svcs	Wash	RV Info	Financial	Financial	Financial	Financial (C/F/B)	Fuel Cards	Fuel Cards	Permit Svcs	Credit Cards
E5 Philadelphia, 39350 601-656-1671	Spaceway # 521, 1251 MS 19 N	24HRS ■ ■	S ■ ■		□ ■ □	■	□ □ □		□			□		□ □		□ □ □	□	□ □ □		■			B C			■ ■ ■
E4 Pickens, 39146 662-468-2946	J's Truck Stop (Texaco), I-55 Exit 144 (MS 17)	24HRS ■ ■	L ■		■ ■ ■	■ ■		■ ■	■ ■		F C			■ ■				□		■	■	V W	B B	F B B	B B	■ ■ ■ ■
E4 Pickens, 39146 662-472-2674	Dickerson Petroleum BP #101, I-55 Exit 144 (MS 17)	24HRS ■ ■	M ■ ■		24HRS □	■	□	■ ■	□		F C □	□	□ □ □	□ □		□ □ □	□	□ □ □		■ ■	■	V W	B B	F B B	B B	■ ■ ■ ■
I5 Poplarville, 39470 601-795-0780	Kangaroo Express #3393, 1102 MS 26-53 (1 mi E of US 11)	24HRS ■ ■	S ■		□ □	■	□		□			□		□ □		□	□	□ □ □		■ ■	■ ■	V W	B C	F	B B	■ ■ ■
I5 Poplarville, 37470 601-795-6611	D&R Conoco, 799 US 11 N	■ ■ ■			□	■	□ □		□			□								■	■	V W	B B	F		■ ■ ■
B5 Potts Camp, 38659 662-333-6345	Flick's Amoco Station, US 78 E	■ ■ ■	M ■ ■ ■	■	■ □	■	□		□		F C	□	□ □ □	■ ■		□ □	□ □	■ □ □		■	■	V W	B B		B B	■ ■ ■ ■
G6 Quitman, 39355 601-776-5034	18 & 45 Truck Stop, MS 18 & US 45	■ ■ ■	S ■ ■		□ □	■	□ □		□			□		□ □						■				F		■
A4 Red Banks, 38661 662-252-4700	Red Banks BP, US 78 & Red Banks Exit	24HRS ■ ■	M ■ ■		24HRS □	■ ■		■ ■			F C	□		□ □	□	□ □		□ □ □		■ ■	■	V W	B B	F B	B B	■ ■ ■ ■ ■
C2 Renova, 38732 662-748-2008	Mom's Truck Stop, 4072 US 61-278 (3 mi N of MS 8)	■ ■ ■	S		■	■														■		W	B	F	B	■ ■ ■
F4 Richland, 39218 601-939-6616	BP Fuel Stop, US 49 S (4 mi S of I-20 Exit 47)	24HRS ■ ■	S ■		■ □	■	□ □		□			□		□ □		□ □	□	□ □ □		■	■ ■	V W		F		■ ■ ■
H5 Richton, 39476 601-788-2376	Tater's Food & Fuel (Pure), 600 MS 15-42	■ ■ ■			□ ■	■	□		□			□				□ □	□				■			F		■ ■ ■
B5 Ripley, 38663 662-837-8138	New Mart #2, 2001 MS 15 N	■ ■ ■	S ■ ■		□ ■ □	■	□ □ □		□			□		□ □		□	□	□ □ □		■ □			B B	F	B B	■ ■ ■
B5 Ripley, 38663 662-837-4337	New Mart #5 (BP), 815 MS 15 S	■ ■ ■	S ■		□ ■ □	■	□ □		□		□	□	□ □ □						□	■		V W		F		■ ■ ■
H2 Roxie, 39661 601-322-9291	Crossroads Truck Stop (BP), US 84 & MS 33	■ ■ ■ ■	M ■ ■		■ ■	■		■ ■				□						□ □ □		■ ■		V W	C B	F C	C C	■ ■ ■
F6 Russell, 39301 601-483-7611	TravelCenters of America (BP), I-20-59 Exit 160 (Mt Gilead Rd) [TA logo]	24HRS ■ ■	L ■		24HRS ■	■ ■		■ ■	■ ■	[DAT logo] ■ [TA logo] ■	F C U F T	■	[CAT logo]	[BF logo]	■ ■	■ ■ ■	■ A R	■ ■ ■		■ □	■ ■	■ ■ V W	B B	F B	B B	■ ■ ■ ■
B6 Saltillo, 38866 662-869-0610	Dixon's Travel Center (Exxon), US 45 & MS 145 S	24HRS ■ ■	M ■ ■		□ ■ ■	■	□	■			F C	□				□		□ □ □		■ □ ■	■	W	B B	F B B	B B	■ ■ ■ ■
E6 Scooba, 39358 662-476-8445	Hill's Truck Plaza (BP), US 45 & MS 16 E	■ ■ ■	S ■ ■		■ □	■	□	■	□		F C							□ □ □		■ ■	■	V W	B B		B B	■ ■ ■ ■
B4 Senatobia, 38668 662-562-0500	Fuel Mart #622, I-55 Exit 265 (MS 4)	24HRS ■ ■	M ■		□ □ ■	■	□ □ □	■ ■	□		F C	□	□ □ □	□ □		□ □ □		□ □			■		B B	F B B	B B	■ ■ ■ ■
B4 Senatobia, 38668 662-560-1973	Rascal's Travel Plaza (BP), I-55 Exit 265 (MS 4)	24HRS ■ ■	M ■ ■		24HRS □ □	■ ■	□ □ □	■ ■	■ ■	■	F C U T	□	[CAT logo]	■ ■	■ ■	■ ■ ■	■ A R ■	■ ■ □		■	■ ■ ■	■ V W	B B	F B B	B B	■ ■ ■ ■
B6 Shannon, 38868 662-767-9255	Nonie's Truck Stop (Amoco), US 145 & US 245 (9 mi S of Tupelo)	■ ■ ■	S ■		24HRS □	■	□ □	■	□		□	□		□ □				□ □ □		■			B B		B B	■ ■
B5 Sherman, 38869 662-842-2478	Wild Bill's, US 78 Exit 76 (MS 9 N)	24HRS ■ ■	S		■ ■	■	□					□						□ □ □			■ ■	V W	B B		B B	■ ■
G6 Shubuta, 39360 601-687-1140	McCoy Service Center (Amoco), 27070 US 45 S	■ ■ ■ ■	S		■	■								■ ■				■		■ ■		V W				■ ■ ■
G5 Soso, 39480 601-729-8100	Stenson #5 (BP), 1027 MS 28	■ ■ ■	S ■ ■		□ ■ □	■	□		□			□		□ □				□ □ □		■ □		V W		F		■ ■ ■
G5 Stringer, 39481 601-649-2190	JD's Truck Stop (BP), MS 15 N	■ ■ ■	S ■ ■		■	■						□								■		V W				■ ■ ■
H3 Summit, 39666 601-276-7288	Shawn Mart (66), I-55 Exit 20 B (US 98 W)	■ ■ ■	S ■		□	■						□								■		V W	B			■ ■ ■
F3 Terry, 39170 601-878-5436	Interstate Station # 8 (Texaco), I-55 Exit 78 (US 51 S)	24HRS ■ ■	S ■			■	□		□			□								■	■ ■	V W	B			■ ■ ■
F3 Terry, 39170 601-878-6650	Super Stop #44 (Conoco), I-55 Exit 81	24HRS ■ ■			■	■					F C			□		□	□			■	■ ■ ■	■ V W	B B	F	B	■ ■ ■ ■
C4 Tillatoba, 38961 662-623-7217	Griffis All American Truck Stop (Conoco), I-55 Exit 220 (MS 330 E)	24HRS ■ ■ ■	M ■ ■	■	24HRS ■ ■	■ ■		■ ■	■ ■		F C	□		[BF logo]	■	■ ■ ■	■ □	■ ■		■ ■	■	V W	B B	B B	B B	■ ■ ■ ■

THE TRUCKER'S FRIEND® - MISSISSIPPI

How to interpret the page

■ means available at truck stop □ means available nearby

in the overnight lot column: S means room for 5 - 24 trucks; M means room for 25-74 trucks; L means room for 85-149 trucks; XL means room for 150+ trucks; $ means a parking fee may be charged

code at left-hand side of rows is the state map grid reference

a key to advertising logos is on page 25

Services may change without notice. When in doubt, call ahead.

Column headings: Driver Services — MOTOR FUEL (Truck Diesel, Self Service Diesel, Metered Propane, Gasoline); PARKING (Overnight Lot ($), Paved Lot, Trailer Drop, Electric Plug-ins, Safe Haven/Hazmat); FOOD (Restaurant, Fast Food, Table Phones); STORES (Motel, Convenience, Trucker/Travel, Shopping Center, Walmart/Kmart, Grocery); SHOWERS (Ladies, Men's); COMMUNICATIONS (TV/Drivers Lounge, Laundry, Load Monitor, Internet Kiosk, Wi-Fi Hotspots, Document Scanning, Public Fax/Copier, UPS/FedEx/Trippak Box, Religious Services, State Lottery). Vehicle Services — SCALES (Axle, Platform, Certified); TIRES (Repairs, New Tire Sales); REPAIRS (Shop Open 24 Hrs, DOT Inspection, Major Repairs, Minor Repairs, Oil Change/Lube, Minor Welding, AC/Reefer); ROAD SVCS (Mechanical, Tire); WASH (CB, Towing, Truck (Exterior), Trailer Washout). RV Info (RVs Welcome, Dumping Station, Propane (Bottle)). Financial Services (Can Wire Money Out, ATM, Money Orders, Natso Check-Link, Western Union, Voyager/Wright Express, Comdata (Comchek), EFS). C=Checks, F=Fuel Cards, B=Both. Permit Svcs (Fuel Man, Multi Service). Credit Cards (TCH, T-Chek, Fleet One, Buy/Pay at Fuel Desk, All Prepaid Permit Svcs, American Express, Visa/Mastercard, Discover).

Grid	Town / Phone	Truck Stop / Location	Fuel & Parking	Food / Stores / Showers	Communications	Scales	Tires / Repairs	Road Svcs / Wash	RV Info	Financial Services	Permit Svcs	Fuel card programs	Credit Cards
F 6	Toomsuba, 39364 601-632-5600	Fuel Mart #631 I-20-59 Exit 165	24HRS ■ ■ M ■	■■ ■	■■ □	F C □	■■■ □□		□	■□ ■		B B B B B B	■ ■■■
B 6	Tupelo, 38802 662-840-7535	T-Mart #3 (Chevron) US 45 & Barnes Crossing Rd	24HRS ■ ■ S ■■	24HRS ■ □ ■■ □□□	■■	F C □□	■■■ □□		□□□	□■■	V W	B B F B F B	■ ■■■
B 6	Tupelo, 38801 662-840-7730	Fast Lane # 8366 US 45 & Eason Blvd	24HRS ■ ■	□□ □■ □ □			□			■■		F B	■■■
B 6	Tupelo, 38801 662-844-1161	Tupelo Truck Rental US 45 & Eason Blvd E	■■ ■	□ □ □□□			□ □□	■■■■■ A	□□□ ■■			C	■■
B 6	Tupelo, 38801 662-841-0538	Chevron One Stop # 2 US 78 & Veterans Blvd	■■ ■ S ■■	□■ □■ □	□	F C □□	□□	□□□□□□□	□□□	■□ ■	V W	B B F B B B	■■■■
B 6	Tupelo, 38804 662-842-7391	Chevron One Stop US 78 E & Veterans Blvd	■■ ■ S ■	□■ □■ □□□		F C □	□□	□ □	□□□	■□ ■		B B F B B B	■■■■
H 3	Tylertown, 39667 601-876-4007	Super 98 Car & Truck Stop (Chevron) US 98 Bypass & MS 583	24HRS ■ ■ M ■	□■ □■ □		F C F □	■■■	■■ ■ □	■■■	■	V W	B F	■■■■
E 5	Union, 39365 601-774-8310	Spankey's Food Mart #4 (Texaco) 1101 MS 492 E & MS 15	■■	■ □■ □	□	F C F □				□ ■		B B F B	■■■■
D 4	Vaiden, 39176 662-464-5357	35-55 Truck Plaza I-55 Exit 174 (MS 35)	24HRS ■ ■ XL ■■	24HRS ■■■ ■■ □	■■■	F C □	■■■ ■■	□□□□□□■	■	■□■■	V W	B B F B B B B	■■■■
D 4	Vaiden, 39176 662-464-5501	Vaiden Shell I-55 Exit 174 (MS 35)	24HRS ■ ■ S ■	□ □■ □	□	□□	□□□ □□		□□□□	■■■■	V W	F	■■■■
F 2	Vicksburg, 39180 601-638-8380	Interstate Station #18 (Texaco) 1775 Old US 61 N	24HRS ■	■ ■						■ ■	V W		■■■
F 2	Vicksburg, 39180 601-638-9354	Kangaroo #3445 (Chevron) 574 US 61 N Bypass	24HRS ■ ■	□ □■ □ □	□	□	□□	□□□□□□□	□□□	□ ■ ■	V W	B B F B B	■■■
A 5	Walnut, 38683 662-223-6399	Express Shop #17 (66) MS 15 & US 72	24HRS ■ ■ S ■■	□■ □■ □	■■ □	F C □	□□	□	□□□	■ ■■	V W	B B F B B	■ ■■■
A 5	Walnut, 38683 662-223-6721	Walnut Exxon US 72 E	■■ ■	□□ □■ □	□	□				■	W		■■■
H 2	Washington, 39120 601-446-7361	Kaiser's Mobil Mart 710 US 61 N & US 84-98 (E jct)	24HRS ■ ■ M ■	□■ □■ □□□	□	F C □	□□	□□□□ □	□□□□	■□ ■	V W	B F B B B	■■■■
H 2	Washington, 39120 601-446-7919	B-Kwik #3 (Chevron) 751 US 61 N & US 84-98 (E jct)	24HRS ■ ■ S ■■■	□■ □■ □□□	■■■■	F C □□				■ ■	V W	B B F B	■■■
H 2	Washington, 39120 601-446-9522	Gas Lane #5 (Shell) 787 US 61 N & US 84-98 (E jct)	24HRS ■ ■	□ ■ □ □	□	□				□ ■		F	■■■
G 6	Waynesboro, 39367 601-735-9633	Britton's Mystic 224 US 45 S	■■ ■ S ■	□■ □■ □□□	■□	F C □	■■	□□□	■■□	■ ■	W	B C	■■■■
G 3	Wesson, 39191 601-643-5705	Country Junction Truck Stop (Chevron) I-55 Exit 51 (Wesson Rd SW)	24HRS ■ ■ XL ■■	24HRS ■□ ■■	■■■■	F ■	■■	■■■	■■ ■	■■■ ■	V W	B B B B B	■■■■
D 4	West, 39192 662-967-2448	West Pit Stop (Pure) I-55 Exit 164 (MS 19)	■■ ■ S ■	■		F C	■■	■ ■	■	■ ■	V W	B B B B B	■■■■
C 6	West Point, 39773 662-494-8183	Fast Break 1144 US 45 S	24HRS ■ ■	□■ □■ □□		F C □	□	□		■	W	B B F B	■■■■
C 6	West Point, 39773 662-494-7085	Handy Mart (Parade) 1404 US 45 Alt N	24HRS ■ ■ S ■	□■ □■ □□□	■■□	F C □□	□□	□□□	□□□□	■□	V W	B B F B B B	■■■■
C 6	West Point, 39773 662-494-8204	Holcombe's Self Serve 223 US 45 S	■■ ■	□□ □■ □□□	□	□	□ □□	□□□□	□□□□		W		■■■
C 6	West Point, 39773 662-494-7581	Soco Truck Stop (Chevron) US 45 Alt (1 mi N of town)	24HRS ■ ■ M ■	□■ □■■ □□ ■■	□	F C T □	□□	□□□□□□	□□□□	■ ■■■■	■ V W	B B F B B B B	■■■■
I 5	Wiggins, 39577 601-928-6090	Chevron Curb Store 1515 W Central Avenue	24HRS ■ ■	□■ □■ □□		□	□□	□□□□ □	□□□□□□	□ ■	V W	B B B C	■■■
I 5	Wiggins, 39577 601-528-9835	Kangaroo #3402 1911 US 49 (1 mi S of MS 26)	24HRS ■ ■ S	□■ □■ □□		□			□□□	■□■ ■	V W	B B F B B B B	■■■■
D 4	Winona, 38967 662-283-5985	High Point Truck & Travel Center (BP) I-55 Exit 185 (US 82 W)	24HRS ■ ■ L ■■	24HRS ■□■ □■ ■■	□■■■■ DAT	F C U F T □	CAT ■■■	■■■■ A	■■□	■■ ■	V W	B B F B B B B	■ ■■■
E 3	Yazoo City, 39194 662-746-8581	Kangaroo #3448 US 49 E	24HRS ■ ■	□□ □■ □ □	□	F □■	□□	□ □	□□	□■■ ■	V W	B F	■■■

MISSOURI

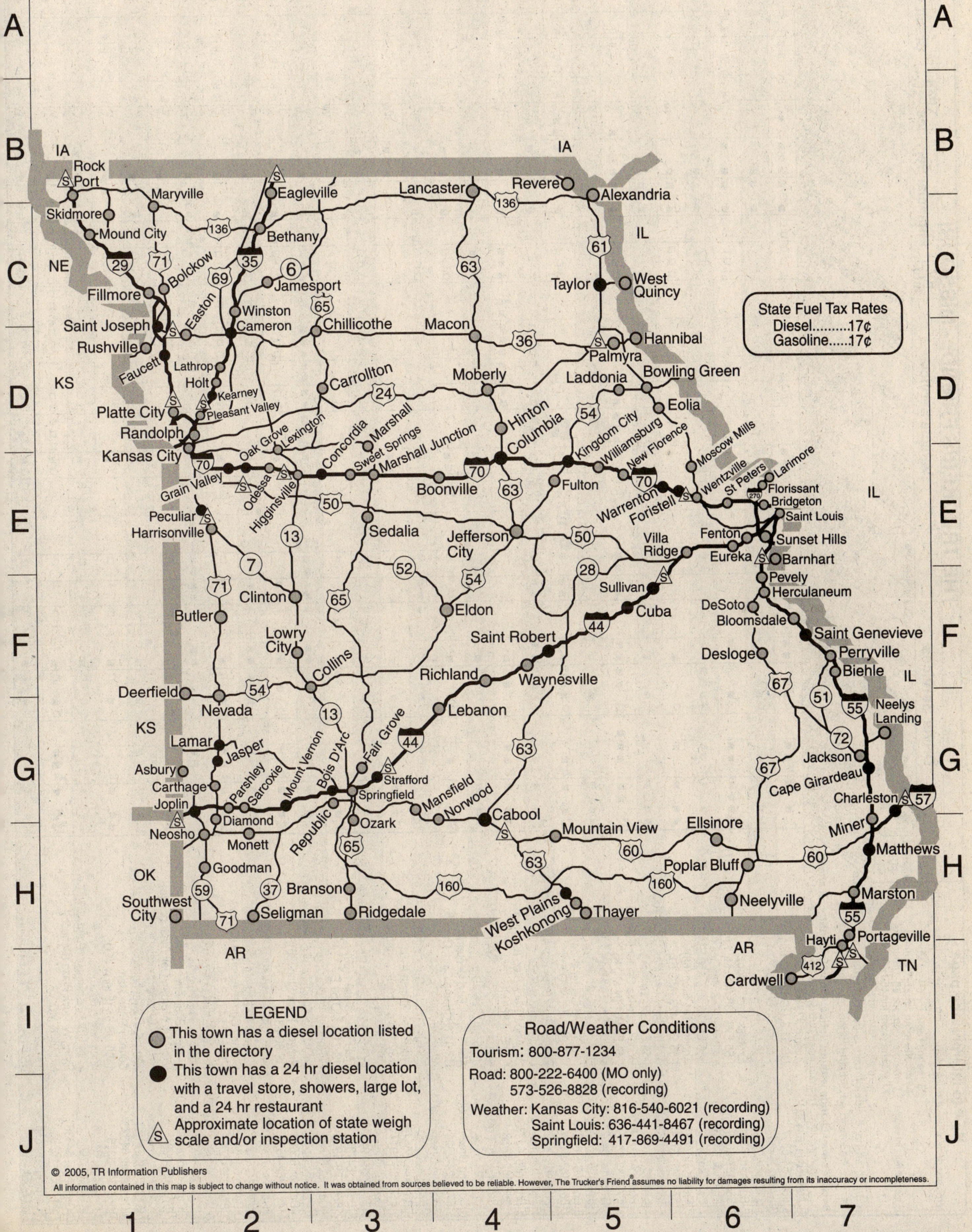

State Fuel Tax Rates
Diesel..........17¢
Gasoline.....17¢

LEGEND
- This town has a diesel location listed in the directory
- This town has a 24 hr diesel location with a travel store, showers, large lot, and a 24 hr restaurant
- Approximate location of state weigh scale and/or inspection station

Road/Weather Conditions

Tourism: 800-877-1234
Road: 800-222-6400 (MO only)
573-526-8828 (recording)
Weather: Kansas City: 816-540-6021 (recording)
Saint Louis: 636-441-8467 (recording)
Springfield: 417-869-4491 (recording)

How to interpret the page

■ means available at truck stop □ means available nearby

in the overnight lot column:
- S means room for 5 - 24 trucks
- M means room for 25-74 trucks
- L means room for 85-149 trucks
- XL means room for 150+ trucks
- $ means a parking fee may be charged

code at left-hand side of rows is the state map grid reference

a key to advertising logos is on page 25

Services may change without notice. When in doubt, call ahead.

THE TRUCKER'S FRIEND® - MISSOURI

Driver Services: Motor Fuel, Parking, Food, Stores, Showers, Communications — Vehicle Services: Scales, Tires, Repairs, Road Svcs, Wash — RV Info — Financial Services — Permit Svcs — Credit Cards

C=Checks F=Fuel Cards B=Both

Grid	City / Phone	Truck Stop	Truck Diesel	Self Service Diesel	Metered Propane	Gasoline	Overnight Lot ($)	Paved Lot	Trailer Drop	Electric Plug-Ins	Safe Haven/Hazmat	Restaurant	Fast Food	Table Phones	Motel	Convenience	Trucker/Travel	Shopping Center	Walmart/Kmart	Grocery	Ladies'	Men's	TV/Drivers Lounge	Laundry	Load Monitor	Internet Kiosk	Wi-Fi Hotspots	Document Scanning	Public Fax/Copier	UPS/FedEx/Trippak Box	Religious Services	State Lottery	Axle	Platform	Certified	Repairs	New Tire Sales
B 5	Alexandria, 63430 660-754-6332	Ayerco #26 (66) US 61 & US 136 (at bridge)	24 HRS	■		■	M	■	■			□	■	■	□	■	■	□	□	□		■		□					F C		□	■				□	□
G 1	Asbury, 64832 417-642-5659	Asbury Quick Stop (Shell) 540 MO 171	■	■		■	S	■				□	■			■															□	■					
E 6	Barnhart, 63012 636-467-6666	Express Mart (Citgo) I-55 Exit 185 (MO M, 1 mi E to US 61-67)	24 HRS	■	■	■	S	■	■				■			■	■			□									F C		□	■					
C 2	Bethany, 64424 660-425-3510	Unlimited Convenience (Conoco) I-35 Exit 92 (US 136 E)	24 HRS	■		■	M		■			□	■		□	■		□	□	□				□					F C	□	□						
F 7	Biehle, 63775 573-547-2314	Rhodes 101 Stop (66) I-55 Exit 123 (MO B)	■	■		■	S		■			□				■																					
F 7	Bloomsdale, 63627 573-483-9790	Bloomsdale Food Mart (Shamrock) I-55 Exit 157 (Hwy Y)	■	■		■	S						■			■				□									F C		□	■					
G 3	Bois d'Arc, 65612 417-732-6818	Hood's Service Center (Cenex) I-44 Exit 61 (N MO K)	24 HRS		■	■	L	■	■	■		24 HRS		■	■	■	■				■	■	■	■					F C	□	□	■	■	■	■	■	■
C 1	Bolckow, 64427 816-428-2060	Midway Shop & Hop # 2 (Sinclair) US 71 & Hwy B	■	■		■							■			■																■					
E 4	Boonville, 65233 660-882-9120	Pilot Travel Center #044 I-70 Exit 101 (MO 5)	24 HRS	■		■	XL	■				□	■	■	□	■	■		□	□	■	■		■	DAT		⏻	■	F C	T F	□	■		CAT			
E 4	Boonville, 65233 660-882-7135	Bobber Auto/Truck Plaza (Conoco) I-70 Exit 103 (CR B)	24 HRS	■		■	M	■	■			24 HRS	■	■	□	■	■	□	□	□	■	■	■	■					F C	U T	□	■	■	■	■	□	□
E 4	Boonville, 65233 660-882-7988	Dogwood Truck Stop (Conoco) I-70 Exit 98 (MO 135)	■	■		■	M	■	■			■		■		■																■				■	■
D 5	Bowling Green, 63334 573-324-9994	Koester's Service & Towing (Shamrock) US 54 & US 61 Bus (1 mi S from N Exit)	■	■		■						□	□		□	■				□				□							□	■				□	□
D 5	Bowling Green, 63334 573-324-2924	Abel's Shell Fuel Center #15 US 61 & Champ Clark Dr	24 HRS	■		■	S	■				□	■		□	■				□				□					F C		□	■					
D 5	Bowling Green, 63334 573-324-3006	Ayerco Fuel (66) US 61 & US 61 Bus (S Jct)	24 HRS	■		■	M	■	■				■	■	□	■				□	■	■		□					F C		□	■					
H 3	Branson, 65616 417-335-3914	White Oak Station #10 (Shell) Hwy 165 & Green Mountain Dr	24 HRS	■		■						□	■		□	■															□	■					
E 6	Bridgeton/St Louis, 63044 314-739-2925	MPC #62 (66) I-70 Exit 231 (Earth City Xpwy & MO 180)	■	■		■						□	□		□	■		□		□				□						□	□	■				□	□
F 2	Butler, 64730 660-679-5500	The Filling Station (66) US 71 & MO 52 E	24 HRS	■		■						□			□	■			□	□												■				□	
H 4	Cabool, 65689 417-962-3817	El Rancho Truck Plaza (Conoco) 14081 US 60-63 (2 mi S of town)	24 HRS	■		■	L	■	■			24 HRS	□	■	□	■	■			□	■	■	■	■	DAT				F C	U T	□	■	■	■	■	■	■
H 4	Cabool, 65689 417-962-4528	Midwest Truck Stop (66) US 60-63 S	24 HRS	■		■	M		■			24 HRS		■		■					■	■							F C			■				□	□
D 2	Cameron, 64429 816-632-7561	Jones Travel Mart (BP) I-35 Exit 54 (US 36)	24 HRS	■		■	L	■	■			24 HRS	■		■	■	■	□	□	□	■	■	■	■	DAT				F C	U F T	□	■				□	□
D 2	Cameron, 64429 816-632-2243	Country Corner Ampride (Cenex) I-35 Exit 54 (US 36)	24 HRS	■		■	S	■	■			□	■		□	■		□	□	□				□					F C	□	□	■				□	□
G 7	Cape Girardeau, 63701 573-335-8200	Rhodes Travel Center (66) I-55 Exit 91 (Airport)	24 HRS	■		■	XL	■	■			24 HRS	■	■		■	■				■	■	■	■	DAT	■	■		F C	U F T		■	■	■	■	□	□
G 7	Cape Girardeau, 63701 573-335-0981	Bi-State Southern MO 74 & Morgan Oak (near bridge)	■	■		■						□	□		□	■			□	□				□							□						
I 7	Cardwell, 63829 573-654-2071	Mr T's Riverside (Amoco) 496 US 412 (at bridge)	24 HRS	■		■	M		■				■			■													F C			■					
D 3	Carrollton, 64633 660-542-3316	Conoco Smart Mart 1400 US 65 (5 mi N of US 24)	■	■		■	S						■		□	■				□				□								■					
G 2	Carthage, 64836 417-358-2963	Snak Atak # 8 (66) 1224 US 71 Business (E of US 71 Bypass)	24 HRS	■		■						□	□		□	■			□	□				□						F	□	■				□	□
G 2	Carthage, 64836 417-358-1039	Flying W Truck Plaza (Conoco) MO 96 & MO V	24 HRS	■		■	S	■	■			□	■		□	■				□				□					F C		□	■	□	□	□	□	□
G 2	Carthage, 64836 417-358-3951	T's Corner US 71 A/MO 571 & CR HH (Fir Rd)	24 HRS	■		■	S$	■				□	■		□	■		□	□	□				■					F C	□	□	■				□	□

Grid	City	Truck Stop	Shop Open 24 Hrs	DOT Inspection	Major Repairs	Minor Repairs	Oil Change/Lube	Minor Welding	AC/Reefer	CB	Tire	Mechanical	Towing	Truck (Exterior)	Trailer Washout	RVs Welcome	Dumping Station	Propane (Bottle)	ATM	Can Wire Money Out	Money Orders	Natso Check-Link	Western Union	Voyager/Wright Express	Comdata (Comchek)	EFS	Fuel Man	Multi Service	TCH	T-Chek	Fleet One	Buy/Pay at Fuel Desk	All Prepaid Permit Svcs	American Express	Visa/MasterCard	Discover
B 5	Alexandria	Ayerco #26 (66)									□	□	□	□	□	■	□	■	■	■	■		■	V W	B	B		B	B	B	B		■	■	■	■
G 1	Asbury	Asbury Quick Stop (Shell)														■		■	■					V W										■	■	■
E 6	Barnhart	Express Mart (Citgo)									□	□	□			■		■	■		■			V W	B	B		B	B	B	B		■	■	■	■
C 2	Bethany	Unlimited Convenience (Conoco)									□	□	□			■	□		■					V W	B	B			B	B	B		■	■	■	■
F 7	Biehle	Rhodes 101 Stop (66)									□	□	□			■		■	■					V W										■	■	■
F 7	Bloomsdale	Bloomsdale Food Mart (Shamrock)														■		■	■					V W	B								■	■	■	■
G 3	Bois d'Arc	Hood's Service Center (Cenex)				□		□		□	□	□	□			■		■	■			■		V W	B	B	F	B	B	B	B		■	■	■	■
C 1	Bolckow	Midway Shop & Hop # 2 (Sinclair)															□		■					V W	B	B			B	B				■	■	■
E 4	Boonville	Pilot Travel Center #044									□	□	□			■		■	■	■	■	■	■	V W	B	B	F	B		B	B		■	■	■	■
E 4	Boonville	Bobber Auto/Truck Plaza (Conoco)		□	□	□	□	□	□		□	□	□			■	■		■	■	■		■	V W	B	B	F	B	B	B	B		■	■	■	■
E 4	Boonville	Dogwood Truck Stop (Conoco)	■	■	■	■	■	■	A R		■	■	■			■			■					V W					B	B	B			■	■	■
D 5	Bowling Green	Koester's Service & Towing (Shamrock)		□	□	□	□	□			□	□	■											V W	C	C								■	■	■
D 5	Bowling Green	Abel's Shell Fuel Center #15									□	□	□			■			■		■			V W	B								■	■	■	■
D 5	Bowling Green	Ayerco Fuel (66)				□					□	□	□	■		■	■	■	■					V W	B	B		B	B	B	B		■	■	■	■
H 3	Branson	White Oak Station #10 (Shell)															□		■		■			W			F							■	■	■
E 6	Bridgeton/St Louis	MPC #62 (66)				□	□	□			□	□	□								■			V W	B		F							■	■	■
F 2	Butler	The Filling Station (66)										□						■						V W										■	■	■
H 4	Cabool	El Rancho Truck Plaza (Conoco)	■	■	■	■	■	■	A R		■	■	□			■			■					V W	B	B		B	B	B	B		■	■	■	■
H 4	Cabool	Midwest Truck Stop (66)		□	□	□	□	□			□	□	□	■		■	□	■	■					V W	B	B		B	B	B	B		■	■	■	■
D 2	Cameron	Jones Travel Mart (BP)		□	□	□	□	□	□		□	□	□	■	■	■	■		■					V W	B	B	F	B	B	B	B		■	■	■	■
D 2	Cameron	Country Corner Ampride (Cenex)		□	□	□	□	□	□		□	□	□	□		■	□		■					V W	B	B		B	B	B	B		■	■	■	■
G 7	Cape Girardeau	Rhodes Travel Center (66)		□	□	□	□	□	□		□	□		■	■	■	■		■			■		V W	B	B	F	B	B	B	B	■	■	■	■	■
G 7	Cape Girardeau	Bi-State Southern			□	□	□	□			□	□	□					■	■					V W	F		F							■	■	■
I 7	Cardwell	Mr T's Riverside (Amoco)									□	□	□			■		■	■					V W	B	B			B	B			■	■	■	■
D 3	Carrollton	Conoco Smart Mart									□	□	□					■	■					V W	B				B	B	B			■	■	■
G 2	Carthage	Snak Atak # 8 (66)									□	□	□				□	■	■		■			V W	B									■	■	■
G 2	Carthage	Flying W Truck Plaza (Conoco)			□	□	□	□	□	□	□	□	□	□	□	■	□		■					V W	B	B		B	B	B	B		■	■	■	■
G 2	Carthage	T's Corner				□	□				□	□	□			■	■		■					V W									■	■	■	■

THE TRUCKER'S FRIEND® - MISSOURI

How to interpret the page

■ means available at truck stop □ means available nearby

in the overnight lot column:
S means room for 5 - 24 trucks
M means room for 25-74 trucks
L means room for 85-149 trucks
XL means room for 150+ trucks
$ means a parking fee may be charged

code at left-hand side of rows is the state map grid reference

a key to advertising logos is on page 25

Services may change without notice. When in doubt, call ahead.

Column groups: Motor Fuel (Truck Diesel, Self Service Diesel, Metered Propane, Gasoline); Driver Services — Parking (Overnight Lot ($), Paved Lot, Trailer Drop, Electric Plug-ins, Safe Haven/Hazmat), Food (Restaurant, Fast Food, Table Phones), Stores (Motel, Convenience, Trucker/Travel, Shopping Center, Walmart/Kmart, Grocery), Showers (Ladies, Men's, TV/Drivers Lounge, Laundry), Communication (Load Monitor, Internet Kiosk, Wi-Fi Hotspots, Document Scanning, Public Fax/Copier, UPS/FedEx/Tripak Box, Religious Services, State Lottery); Vehicle Services — Scales, Tires (Axle, Platform, Certified, Repairs, New Tire Sales), Repairs (Shop Open 24 Hrs, DOT Inspection, Major Repairs, Minor Repairs, Oil Change/Lube, Minor Welding, AC/Reefer), Road Svcs (CB, Tire, Mechanical, Towing), Wash (Truck (Exterior), Trailer Washout); RV Info (RVs Welcome, Dumping Station, Propane (Bottle)); Financial Services (ATM, Can Wire Money Out, Money Orders, Natso Check-Link, Western Union, Voyager/Wright Express, Comdata (Comchek)) C=Checks F=Fuel Cards B=Both; Permit Svcs (EFS, Fuel Man, Multi Service, TCH, T-Chek, Fleet One, Buy/Pay at Fuel Desk, All Prepaid Permit Svcs); Credit Cards (American Express, Visa/Mastercard, Discover)

Code	Location / Phone	Truck Stop / Address	Motor Fuel / Parking	Food	Stores / Showers / Lounge	Communication	Scales	Tires / Repairs	Road Svcs / Wash	RV Info	Financial Services	Permit Svcs	Credit Cards
G 7	Charleston, 63834 573-683-6056	Pilot Travel Center #359 I-57 Exit 10 (MO 105)	24 HRS ■ ■	M ■ ■	■ ■ □ ■ ■ □ ■ ■ ■	DAT ⏻ ■	F C T F	□ ■ CAT □ □	□ □ □ □ □ □ □		■ □ ■ ■ ■ ■	V W B B F B B B	■ ■ ■ ■
G 7	Charleston, 63834 573-683-4812	Flag Stop (Sinclair) I-57 Exit 12 (US 60-62 E)	24 HRS ■ ■	M ■ ■	□ ■ ■ □ □ ■ ■ □		F C	□ □ □ □ □ □	□ □ □ □ □ □ □	□ □	■ □	V W B B B B B B	■ ■ ■ ■ ■
G 7	Charleston, 63834 573-683-3233	Sunshine Travel Center I-57 Exit 12 (US 60-62 E)	24 HRS ■ ■	L ■ ■	24 HRS ■ ■ □ ■ ■ □ ■ ■ ■ □		F C U T	□ ■ ■ ■ ■ □ □	□ □ □ □ □ □ □		■ □ ■	V W B B F B B B B	■ ■ ■ ■
D 3	Chillicothe, 64601 660-646-3040	Horizons (Conoco) US 36 & US 65	24 HRS ■ ■	M ■ ■	□ ■ ■ ■ □ ■ □ □ ■ ■ ■ ■		F C	□ □ □ □ □	□ □ □ □ □ □ □ □ □ □	□ □	■ ■	V W B B B B	■ ■ ■ ■
F 2	Clinton, 64735 660-885-5831	Break Time #3014 (MFA) 215 MO 7 NW	■ ■ ■		□ □ □ ■ □			□ ■ □ □	□ □ □			V W F F	■ ■ ■
F 2	Clinton, 64735 660-885-5641	Les's Auto Center (66) 217 MO 7 NW (1 mi W of town)	■ ■ ■		□ ■ □ ■ □ □ □ □			□ ■	□ □ □		■ ■	V W	■ ■ ■
F 3	Collins, 64738 417-275-4796	Jump Stop # 8 (Conoco) MO 13 S & US 54	24 HRS ■ ■	L ■ ■	■ ■ ■ ■ □ ■ ■ ■ ■		F C U T	□ ■ CAT ■ ■ ■ ■ ■ ■ ■ A	■ ■ ■		■ ■ ■	V W B B F B B B B	■ ■ ■ ■
E 4	Columbia, 65201 573-445-9466	Midway Auto/Truck Plaza (Conoco) I-70 Exit 121 (US 40)	24 HRS ■ ■	L ■ ■	24 HRS □ ■ ■ ■ ■ ■ ■ ■ ■	DAT	F C U T	■ ■ ■ ■ ■ ■ ■ ■ ■ ■ ■ ■ A	■ ■		■ ■ ■	V W B B B B B B	■ ■ ■ ■ ■
E 3	Concordia, 64020 660-463-1500	Fat Boyz (Conoco) I-70 Exit 58 (MO 23 S)	24 HRS ■ ■	S	□ ■ □ ■ □ □ □			□ □ ■ □ □ □ □ □ □ □ □	□ □ □ □	□	■ ■ ■	V W B B B	■ ■ ■
E 3	Concordia, 64020 660-463-2001	TravelCenters of America (TA) I-70 Exit 58 (MO 23)	24 HRS ■ ■	XL ■	24 HRS ■ ■ □ ■ ■ □ ■ ■ ■ ■	DAT TA ■	F C U F T	■ ■ CAT BF ■ ■ ■ ■ ■ A	■ ■ □	□ □	■ ■ ■ ■ ■	V W B B B B B	■ ■ ■ ■ ■
F 5	Cuba, 65453 573-885-3992	Voss Truck Port I-44 Exit 208 (MO 19)	24 HRS ■ ■	XL ■ ■	24 HRS ■ ■ □ ■ ■ □ □ □ ■ ■ ■ ■	DAT ■	F C U F T	■ ■ ■ ■ ■ ■ ■ ■ ■ ■ ■ ■ ■ ■	■ ■ ■	□	■ ■ ■ ■ ■ ■ ■	V W B B F B B	■ ■ ■ ■
F 2	Deerfield, 64741 417-966-7332	Emery's Truck Stop (Conoco) US 54	■ ■ ■	S ■ ■	■ ■ ■ ■		F C	□ ■ □ □ □	□ □ □		■ ■	V W B B F B B B B	■ ■ ■ ■
F 6	Desloge, 63601 573-431-5844	C Mart US 67 & MO 8	24 HRS ■ ■		□ □ □ ■ □ □ □ □		F C	□ □ ■	□		■	V C	■ ■ ■ ■
F 6	DeSoto, 63028 636-931-4483	MPC #37 (66) 2854 US 67 S	24 HRS ■ ■	S ■	■			■ □ □			■ ■ ■	V W B F	■ ■ ■
H 2	Diamond, 64840 417-358-1955	Pump N Pantry (66) MO 59 & CR FF (2 mi S of I-44 Exit 18)	■ ■ ■		■ ■			□ ■			□ ■	V W	■ ■ ■
B 2	Eagleville, 64442 660-867-5224	Eagleville Travel Express (66) I-35 Exit 106 (CR N)	24 HRS ■ ■	M ■ ■	24 HRS ■ ■ ■ ■ ■ ■ ■ ■ ■	■	F C	■ ■ ■ ■ ■ ■ ■ ■ ■ ■ ■ ■ ■	■ ■ □		■ □ ■	V W B B B B B B	■ ■ ■ ■ ■
B 2	Eagleville, 64442 660-867-5254	Eagleville Petroleum (Texaco) I-35 Exit 106 (CR N)	24 HRS ■ ■	M ■ ■	□ ■ □ ■ ■ ■		F C	□ □ ■ □ □ □ □ □ □ □ □ □ □ □ □	□ □ □		□ ■	V W B B F B B B B	■ ■ ■ ■
B 2	Eagleville, 64442 660-878-3969	Conoco State Line I-35 Exit 114 (US 69)	24 HRS ■ ■	S ■ ■	■ ■		F C	■	□ □ □		■ ■ ■	V W B B B B B	■ ■ ■ ■
D 1	Easton, 64443 816-667-5474	Fast Gas (Conoco) US 36 (4 mi E of I-29 Exit 46)	■ ■ ■	S ■	■			■			■ ■ ■	V W C C	■ ■ ■
F 4	Eldon, 65026 573-392-5510	Temp Stop #102 - El Rancho (66) US 54 & MO 52	24 HRS ■ ■	M ■ ■	□ ■ ■ □ ■ □ □ □ ■ ■ □		F C F	□ ■ ■ ■ ■ □ □	□ □ □ □		■ ■	V W B B B B B	■ ■ ■ ■
H 6	Ellsinore, 63937 573-322-8290	Piney Wood Truck Stop (66) US 60 W	24 HRS ■ ■	M ■ ■	□ ■ ■ ■ ■ ■ □ □ ■ ■		F C	□ ■ □ □ □ □ □ □ □ □	□ □ □		■ ■	V W B B B B	■ ■ ■ ■
D 5	Eolia, 63344 573-485-7500	Fast Lane #26 (66) US 61 & MO FF	24 HRS ■ ■	M ■ ■	■ ■ ■ ■ ■	⏻	F C	■ □ □	□ □ □		■ ■ ■ ■	V W B B F B B B B	■ ■ ■ ■
E 6	Eureka, 63025 636-938-5358	Shell #28 I-44 Exit 261 (Old Hwy 66)	24 HRS ■ ■		□ □ ■ □ □ □ □			□ ■ □ □ □ □	□ □ □ □ □	□ □	□ ■ ■ ■	V W F	■ ■ ■
G 3	Fair Grove, 65648 417-759-7321	Diamond K Travel Plaza (Conoco) US 65 & MO 215	24 HRS ■ ■	S	■ ■ □ □ ■			□ ■	□ □ □		■ ■	W B B B B B	■ ■ ■
D 1	Faucett, 64448 816-238-5666	Farris Truck Stop (66) I-29 Exit 35 (CR DD)	24 HRS ■ ■	L ■ ■ ■	24 HRS ■ ■ ■ ■ ■ ■ ■ ■	DAT	F C U F T	□ ■ ■ ■ ■ ■ ■ ■ ■ ■ ■ ■	■ ■ □	■ ■ ■	■ ■ ■ ■	V W B B B B B B	■ ■ ■ ■ ■
E 6	Fenton, 63088 636-225-8273	MPC #23 (66) I-44 Exit 272 (MO 141)	24 HRS ■ ■		□ □ □ ■ □ □ □ □			□ ■ □ □ □ □ □ □	□ □ □		□ ■ ■ ■	V W F	■ ■ ■
E 6	Fenton, 63026 636-343-1140	St Louis Truck Port (Texaco) I-44 Exit 275 (1/2 mi W of I-270)	24 HRS ■ ■ ■	L$ ■ ■	■ □ ■ □ ■ ■ □ □ □ ■ ■ ■ ■	DAT	F C T	□ ■ ■ ■ ■ ■ ■ ■ □ □ ■ □ □ □	■ ■ □		■ ■ ■	V W B B F B B B B	■ ■ ■ ■
C 1	Fillmore, 64449 816-487-2222	Trip Stop (Conoco) I-29 Exit 65 (US 59)	■ ■ ■	S ■	■ ■		F C	□ ■			□ ■ ■	V W B B	■ ■ ■ ■

How to interpret the page

■ means available at truck stop □ means available nearby

in the overnight lot column:
S means room for 5 - 24 trucks
M means room for 25-74 trucks
L means room for 85-149 trucks
XL means room for 150+ trucks
$ means a parking fee may be charged

code at left-hand side of rows is the state map grid reference

a key to advertising logos is on page 25

Services may change without notice. When in doubt, call ahead.

THE TRUCKER'S FRIEND® - MISSOURI

Driver Services: MOTOR FUEL (Truck Diesel, Self Service Diesel, Metered Propane, Gasoline); PARKING (Overnight Lot ($), Paved Lot, Trailer Drop, Electric Plug-Ins, Safe Haven/Hazmat); FOOD (Restaurant, Fast Food, Table Phones, Motel); STORES (Convenience, Trucker/Travel, Shopping Center, Walmart/Kmart, Grocery); SHOWERS (Ladies', Men's); COMMUNICATIONS (TV/Drivers Lounge, Laundry, Load Monitor, Internet Kiosk, Wi-Fi Hotspots, Document Scanning, Public Fax/Copier, UPS/FedEx/TripPak Box, Religious Services, State Lottery)

Vehicle Services: SCALES (Axle, Platform, Certified); TIRES (Repairs, New Tire Sales); REPAIRS (Shop Open 24 Hrs, DOT Inspection, Major Repairs, Minor Repairs, Oil Change/Lube, Minor Welding, AC/Reefer); ROAD SVCS (CB, Tire, Mechanical, Towing); WASH (Truck (Exterior), Trailer Washout)

RV Info: RVs Welcome, Dumping Station, Propane (Bottle)

Financial Services: ATM, Can Wire Money Out, Money Orders, NATSO Check-Link, Western Union, Wright Express, Voyager, Comdata (Comchek)

Permit Svcs: EFS, Fuel Man, Multi Service (C=Checks, F=Fuel Cards, B=Both)

Credit Cards: TCH, T-Chek, Fleet One, Buy/Pay at Fuel Desk, All Prepaid Permit Svcs, American Express, Visa/Mastercard, Discover

Grid	City / Phone	Truck Stop / Location	Motor Fuel	Parking	Food	Stores	Showers	Communications	Scales	Tires	Repairs	Road Svcs	Wash	RV Info	Financial Services	Permit Svcs	Credit Cards
E 6	Florissant, 63033 314-291-5424	Rose Mart (Citgo) 12755 St Charles Rock Rd	■ ■ ■		□ □ □	■ □				■	□ □				■ ■ V W		■ ■ ■
E 6	Foristell, 63348 636-673-1011	Mr Fuel #4 I-70 Exit 203	24HRS ■ ■	S ■ ■	□ ■ ■ □	■ ■	■ ■	□ DAT	F C □	□ ■ ■ ■ ■	□ □ □ □ □ □		□ □ □		■ ■ ■	B B	F B B B B ■ ■ ■
E 6	Foristell, 63348 636-673-2288	Foristell Truck Stop (66) I-70 Exit 203 (CR T)	24HRS ■ ■	M ■ ■	■ □	■	■ ■	⏻	F C	□ ■ □ □ □	□ □ □ □ □ □	□	□ □ □	□	■ ■ ■ ■ V W	B B	B B B B ■ ■ ■ ■
E 6	Foristell, 63348 636-673-2295	TravelCenters of America (BP) I-70 Exit 203 (CR W) TA	24HRS ■ ■	L ■ ■	24HRS ■ ■	■ ■	■ ■	■ ■ DAT TA ■	F C U F T	■ CAT	BF ■ ■ ■ ■ ■	■	■ ■ □		■ ■ ■ ■ ■ V W	B B	B B B ■ ■ ■ ■ ■
E 5	Fulton, 65262 573-642-3518	Fast Lane #48 US 54 N & Cardinal Dr	24HRS ■ ■		□ ■ □	■ □ □ □	■	□ ⏻		□ ■					■ ■ ■ V W	B B	F B B B B ■ ■ ■ ■
H 2	Goodman, 64843 417-364-7339	C-Mart (Conoco) 21552 US 59 N	24HRS ■ ■	S ■ ■	□ ■	■			F C	□ ■ □	□ □ □ □		□ □ □		□ V W	B	B B ■ ■ ■ ■
E 2	Grain Valley, 64029 816-847-0599	Apple Trail Travel Center (66) I-70 Exit 24	24HRS ■ ■	XL ■ ■	24HRS ■ ■ □	■ ■	■ ■	■ ■ DAT ■ ⏻	F C U F T	□ ■ ■ ■ ■			□ □ □		■ ■ ■ V W	B B	F B B B ■ ■ ■ ■
E 2	Grain Valley, 64029 816-229-5511	McLeroy Oil Company I-70 Exit 24 (Hwy BB)	24HRS ■ ■	S ■ ■	□ □	■		□	F C □	□ ■	□ □ □ □	□	□ □ □		■ □ V W	B B	B ■ ■ ■
E 2	Grain Valley, 64029 816-443-2027	Conoco Truck Plaza I-70 Exit 24 (Main St S)	24HRS ■ ■	M ■	□ ■ ■ □	■ ■	■ ■	□ ■	F C U F T	□ ■ CAT			□ □ □		■ □ ■ ■ ■ ■ ■ V W	B B	F B B B B ■ ■ ■ ■
D 5	Hannibal, 63401 573-221-4210	Ayerco #24 (66) 304 US 61 S & CR MM	24HRS ■ ■	M ■ ■	24HRS □ □	■ □ □		□	F C	□ ■	□ □ □ □ □	□ □ □	□ □ □		■ □ ■ ■ ■ ■ ■ V W	B B	F B B B B ■ ■ ■ ■
E 2	Harrisonville, 64701 816-884-2944	Jassi Super Mart (Shell) US 71 & MO 7	24HRS ■ ■		□ □ □	■ □ □		□		□ ■ □ □ □	□ □ □ □ □	□	□ □ □		□ ■ V W	B	C ■ ■ ■
I 7	Hayti, 63851 573-359-2822	Break Time #3153 (MFA) I-55 Exit 19 (MO 84 E)	24HRS ■ ■	S ■	□ □	■ □		□	F C	□ ■	□ □ □ □ □ □	□ □	□ □ □		■ □ ■ V W	B B	F B B B B ■ ■ ■ ■
I 7	Hayti, 63851 573-359-2007	Pilot Travel Center #442 I-55 Exit 19 (MO 84 E)	24HRS ■ ■	L ■	■ ■ □	■ ■ □ □	■ ■	■ DAT ⏻ ■	F C T F	□ ■ CAT	□	□	□ □ □		■ ■ ■ ■ ■ ■ ■ V W	B B	F B B B ■ ■ ■ ■
F 6	Herculaneum, 63048 636-937-3813	QuikTrip #611 (QT) I-55 Exit 178 (McNutt Rd)	24HRS ■ ■	M ■ ■	■ ■ □	■ ■ □ □ □		□ DAT	F C U F T	□ ■ CAT	□ □ □ □ □ □	□	□ □ □		■ ■ ■ W	B B	B B B B ■ ■ ■ ■
E 2	Higginsville, 64037 660-584-8484	Pilot Travel Center #443 I-70 Exit 49	24HRS ■ ■	L ■ ■	□ ■ □	■ ■	■ ■	■ DAT ⏻ ■	F C U T	■ CAT	□ □ □		□ □ □		■ ■ ■ ■ ■ ■ ■ V W	B B	F B B B ■ ■ ■ ■
D 4	Hinton, 65202 573-449-7048	Fast Lane #54 (66) US 63 & Hinton Rd	24HRS ■ ■	S ■		■		⏻		■					□ ■ ■ ■ V W	B C	F B C B ■ ■ ■
D 2	Holt, 64048 816-320-3268	D&S Petroleum (Conoco) I-35 Exit 33 (MO PP)	24HRS ■ ■	M ■ ■	■ □	■	■ ■	□	F C	□ ■			□ □ □		■ □ ■ ■ V W	B B	B B B B ■ ■ ■
G 7	Jackson, 63755 573-243-1125	Ameri Mart (BP) 5410 US 61 (1.5 mi SW of I-55 Exit 105)	■ ■ ■		■ □	■ □				□ ■	□ □ □ □ □	□	□ □		■ ■ V W	B	■ ■ ■
C 2	Jamesport, 64648 660-684-6611	Hwy 6 Amoco MO 6 & MO 190	■ ■ ■ ■		□ ■ □	■ □				□ ■	■ ■ □ ■ ■		■ ■		□ ■ ■ W	B	B ■ ■ ■
G 2	Jasper, 64755 417-394-2368	Fast Trip (Conoco) US 71	24HRS ■ ■	S	□	■ □		□	□	□ ■	□ □				■ ■ ■ ■ V W		■ ■ ■
G 2	Jasper, 64755 417-394-2961	Judy's Truck Stop US 71 Jasper Exit (1/4 mi W)	24HRS ■ ■	L ■ ■	24HRS	■ ■ □	■ ■	■	F	□ ■	■ ■			■	■ ■ ■	B C	C ■ ■ ■ ■
E 4	Jefferson City, 65101 573-893-2450	Zip Stop (66) 5515 Business US 50 W	■ ■ ■	S ■	□ □ □	■ □ □ □		□		□ ■	■ ■		□ □ □		■ ■ ■	C	■ ■ ■
G 2	Joplin, 64801 417-206-9416	Rapid Robert's #122 (Conoco) 4549 MO 43	■ ■ ■	M ■ ■	□ ■ ■ □	■			F C □	□ ■ □ □	□ □ □ □	□	□ □ □	□	■ □ ■ V W	B B	B ■ ■ ■ ■
G 2	Joplin, 64804 417-626-7600	Flying J Travel Plaza #05080 (Conoco) I-44 Exit 11 A (US 71 S & CR FF)	24HRS ■ ■	XL ■ ■ ■ ■	24HRS ■ ■ □	■ ■ □ □ □	■ ■	■ ■ FJ ■ FJ FJ	F C U F T	□ ■ FJ	□ □ □ □ □	□ □	□ □ □	□ □	■ ■ ■ ■ V W	B	B B B ■ ■ ■ ■
G 2	Joplin, 64804 417-206-0684	Love's Travel Stop #282 I-44 Exit 4 (MO 43 N)	24HRS ■ ■	M ■	□ ■ ■ □	■ ■	■ ■	□ DAT ⏻ ■	F C T	□ ■ □ □ □	□ □ □ □ □	□	□ □ □	□	■ ■ ■ ■ ■ V W	B B	F B B B ■ ■ ■ ■
G 2	Joplin, 64804 417-781-0255	Pilot Travel Center #317 I-44 Exit 4 (MO 43 S)	24HRS ■ ■	L ■ ■	□ ■ ■ □	■ ■	■ ■	■ □ DAT ■ ⏻ ■	F C U F T	□ ■ CAT	□ □ □ □ □	□ □ □	□ □	□ □	■ □ ■ ■ ■ ■ V W	B B	F B B B ■ ■ ■ ■ ■
G 2	Joplin, 64803 417-624-3400	Petro Stopping Center #54 (BP) I-44 Exit 4 (MO 43 S) PETRO	24HRS ■ ■ ■	XL ■ ■	24HRS ■ ■ ■	■ ■	■ ■	■ ■ DAT ■ ⏻ ■	F C U F T	■ ■ CAT	BF ■ ■ ■ ■	■ A R ■	■ ■ □	■ ■	■ □ ■ ■ ■ ■ ■ V W	B B	B B B B ■ ■ ■ ■
D 2	Kansas City, 64161 816-452-6100	210 Texaco Travel Plaza I-435 Exit 55 (1.5 mi E on MO 210)	24HRS ■ ■	L ■ ■	■ ■ ■ □	■ ■ □ □	■ ■	■ ■ DAT	F C U T	□ ■ CAT	□ □ □ □ □ □	□ □	□ □	□	■ ■ W	B B	B B B B ■ ■ ■ ■

THE TRUCKER'S FRIEND® - MISSOURI

How to interpret the page

■ means available at truck stop □ means available nearby

In the overnight lot column:
- S means room for 5 - 24 trucks
- M means room for 25-74 trucks
- L means room for 85-149 trucks
- XL means room for 150+ trucks
- $ means a parking fee may be charged

Code at left-hand side of rows is the state map grid reference; a key to advertising logos is on page 25

Services may change without notice. When in doubt, call ahead.

Column groups: Motor Fuel (Truck Diesel, Self Service Diesel, Metered Propane, Gasoline); Driver Services — Parking (Overnight Lot ($), Paved Lot, Trailer Drop), Food (Electric Plug-ins, Safe Haven/Hazmat, Restaurant, Fast Food, Table Phones), Stores (Motel, Convenience, Trucker/Travel, Shopping Center), Showers (Walmart/Kmart, Grocery, Men's, Ladies), Communication (TV/Drivers Lounge, Laundry, Load Monitor, Internet Kiosk, Wi-Fi Hotspots, Document Scanning, Public Fax/Copier, UPS/FedEx/Drop Box); Vehicle Services — Scales (Religious Services, State Lottery), Tires (Axle, Platform, Certified), Repairs (New Tire Sales, Shop Open 24 Hrs, DOT Inspection, Major Repairs, Minor Repairs, Oil Change/Lube), Road Svcs (Minor Welding, AC/Reefer), Wash (CB, Tire, Mechanical, Towing, Truck (Exterior), Trailer Washout); RV Info (RVs Welcome, Dumping Station, Propane (Bottle)); Financial Services (ATM, Can Wire Money Out, Money Orders, Natso Check-Link, Western Union, Voyager/Wright Express, Comdata (Comchek), EFS); Permit Svcs (Multi Service, Fuel Man); Credit Cards (TCH, T-Chek, Fleet One, Buy/Pay at Fuel Desk, All Prepaid Permit Svcs, American Express, Visa/Mastercard, Discover). C=Checks, F=Fuel Cards, B=Both.

Grid	City / Phone	Truck Stop / Location	Fuel & Parking & Food	Stores & Showers	Communication	Scales & Tires	Repairs / Road Svcs / Wash	RV Info & Financial	Permit Svcs	Credit Cards
D 2	Kansas City, 64120 / 816-483-7600	Flying J Fuel Stop #05086 (Conoco) / I-435 Exit 57 (Front St)	24HRS ■ ■ ■ L ■ ■	□ ■ ■ □ ■ ■	■ ■ ■ ■ ■	F C U F T ■ ■	□ □ □ □ □ □ □ □ □ □	□ □ □ □ □ ■ ■	V W	B B B B ■ ■ ■ ■
D 2	Kansas City, 64120 / 816-241-1497	Diamond Shamrock #4401 / I-435 Exit 57 (Front St)	24HRS ■ ■ M ■ ■	□ ■ □ ■ ■	□ ■ □	F C □ ■ ■ ■ ■	□ □ □ □ □ □ □ □ □ □ □ □	□ □ □ □ ■ ■ ■	V W	B B B B B B ■ ■ ■ ■
D 2	Kansas City, 64101 / 816-474-8844	Power 66 / I-670 Exit 1 (12th & Wyoming)	24HRS ■ ■ L ■ ■	■ ■		F C ■		■ ■	V W	B B F B B B ■ ■ ■ ■
D 2	Kansas City (North), 64116 / 816-842-7670	Nine Pumps (Shamrock) / MO 9 & 10th St	24HRS ■ ■ S ■	□ □ □ ■	□ □	□ □ ■	□ □ □ □ □ □	□ □ □ ■ ■	W	B B B B B B ■ ■ ■
D 2	Kearney, 64060 / 816-628-6102	Kearney Truck Plaza (Conoco) / I-35 Exit 26 (MO 92)	24HRS ■ ■ XL ■ ■	24HRS □ ■ □ ■ ■	□ ■ ■ ■ ■	F C U F T □	■ ■ ■ ■ ■ ■ A R □ ■ ■ □	■ ■ ■ ■	V W	B B B B ■ ■ ■ ■
E 5	Kingdom City, 65262 / 573-592-9000	Westland Travel Center (Conoco) / I-70 Exit 148 (US 54)	24HRS ■ ■ M ■	■ □ ■ ■	■ ■ □	F C □ ■ □ ■ ■ ■ ■	□ □ □ □ □ □ □ □ □ □	□ □ □ ■	V W	B B B B B B ■ ■ ■ ■
E 5	Kingdom City, 65262 / 573-642-6641	Gasper-Atkinson Truck Plaza (Shell) / I-70 Exit 148 (US 54)	24HRS ■ ■ XL ■ ■	24HRS □ ■ ■ □ ■ ■	■ ■ ■	F C □ ■ ■ ■ ■	■ ■ ■ ■ ■ ■ ■ ■ □ □ □	■	V W	B B B B B B ■ ■ ■ ■
E 5	Kingdom City, 65262 / 573-642-7646	Fast Lane/McStop (66) / I-70 Exit 148 (US 54)	24HRS ■ ■ M ■ ■	□ □ □ ■ ■	■ ■	F C □ ■ □ □ □ □	□ □ □ □ □ □ □ □ □ □ □ □ □	□ □ □ ■ □ ■ ■ ■ ■ ■	V W	B B F B B B ■ ■ ■ ■
E 5	Kingdom City, 65262 / 573-642-0676	Petro Stopping Center #18 (Mobil) / I-70 Exit 148 (US 54)	24HRS ■ ■ XL ■ ■	24HRS ■ ■ ■ □ ■ ■	■ ■ ■ ■	F C U F T ■	■ ■ ■ ■ ■ ■ A ■ □ □ □	□ □ ■ ■ ■	V W	B B F B B B ■ ■ ■ ■
H 5	Koshkonong, 65692 / 417-867-3202	Mini Mart #7 (Conoco) / US 63 S	24HRS ■ ■ M ■ ■	■ ■	■	F C ■		□ □ □ ■ ■ ■	V W	B B B B B B ■ ■ ■ ■
D 5	Laddonia, 63352 / 573-373-5520	Fast Lane #50 (66) / 7569 US 54/MO 19 S	■ ■ ■ S	□ ■	□	F C □ ■		■ ■ ■	V W	B B B B B ■ ■ ■ ■
G 2	Lamar, 64759 / 417-682-6034	Lamarti's (Citgo) / US 71 & US 160	24HRS ■ ■ L ■ ■	24HRS ■ ■ □ ■ ■	□ □ □ ■ ■ ■ ■	F C U F	■ ■ ■ ■ ■ ■ ■ ■ ■ □ A	■ ■ □ ■ ■ ■ ■	V W	B B F B B B B B ■ ■ ■ ■
G 2	Lamar, 64759 / 417-682-5576	Lamar Travel Plaza (Conoco) / US 71 & US 160	24HRS ■ ■ M ■ ■	□ ■ ■ ■ □ ■ ■	□ □ ■ ■ ■	F C T □ ■ □ □ □	■ ■ ■ ■ ■	■ ■ □ □ □ ■ □ ■ □ ■	V W	B B B B B B ■ ■ ■ ■
B 4	Lancaster, 63548 / 660-457-3293	Lancaster BP/Amoco / US 63 S & US 136	24HRS ■ ■ S ■	□ ■ ■ ■ □ ■ ■	□ ■ ■	F C	□	□ □ □ ■ □ ■	V W	B B B B B B ■ ■ ■ ■
E 6	Larimore, 63137 / 314-867-6678	QuikTrip #605 (QT) / I-270 Exit 33 (Lilac Ave S)	24HRS ■ ■	□ □ □ ■	□ □	F C U F T □ ■	□ □ □ □ □ □	□ □ □ ■ ■	W	B B B B B B ■ ■ ■ ■
E 6	Larimore, 63137 / 314-869-3957	Westland Travel Center (66) / I-270 Exit 33 (Lilac)	24HRS ■ ■	□ ■ □ ■	□ □ □	F C □ ■ □ □ □ □	□ □ □ □ □		V W	B B F B B B B B ■ ■ ■ ■
D 2	Lathrop, 64465 / 816-740-6605	Trex Mart (66) / I-35 Exit 40 (MO 116)	■ ■ ■	■ ■		■		■	V W	B C ■ ■ ■
G 4	Lebanon, 65536 / 417-588-2281	Clayton's Conoco / I-44 Exit 127 (US 66 W)	24HRS ■ ■ ■ XL ■ ■	■ □ ■ ■	□ □ □ ■ ■ ■	F C U F □ ■ ■ ■ ■ ■	■ ■ ■ ■ ■ ■ ■	■ ■ □ ■ ■ ■ ■ ■ ■ ■	V W	B B B C B ■ ■ ■ ■
E 2	Lexington, 64067 / 660-259-2721	Ampride (Cenex) / 1550 MO 13 S & MO O (S of US 24)	■ ■ ■	□ ■ □	□ □	□ ■	□ □	□ □ □ ■	V W	■ ■ ■
F 2	Lowry City, 64763 / 417-644-7850	Shelby's #101 (Conoco) / 303 MO 13 (1 mi S of MO A & MO C)	24HRS ■ ■ S ■	■ ■	□ □	F □ ■	□ □ □ □ □	□ □ □ ■ ■	V W	B B B ■ ■ ■ ■
D 4	Macon, 63552 / 660-385-5811	Macon BP/Amoco / 1707 US 63 & US 36	24HRS ■ ■	□ □ □ ■	□ □ □ □	□ ■		■	V W	■ ■ ■
D 4	Macon, 63552 / 660-385-5444	Canam Quick Stop (66) / US 36 & US 63 S	24HRS ■ ■	□ ■ □ ■	□ □ □ □	F C □ ■	□ □	□ □ □ □ ■	V W	B F F B B ■ ■ ■ ■
G 3	Mansfield, 65704 / 417-924-8065	Lazy Lee's One Stop (Conoco) / MO 5 & US 60	■ ■ ■	□ ■ □ ■	□ □	□ ■	□ □	□ ■ ■	V W	B ■ ■ ■
E 3	Marshall, 65340 / 660-886-9480	4T Truck Stop / 3700 MO 20 W (2 mi W of US 65)	24HRS ■ M ■ ■	■ ■ □ ■	□ □ ■ ■ ■	F C □	■ ■ ■ ■ ■ ■ R	□ □ □ ■ ■ ■		C C C C C ■
E 3	Marshall Junction, 65340 / 660-879-4355	Break Time #3068 (MFA) / I-70 Exit 78 (US 65)	■ ■ ■ S ■ ■	■		□ ■		□ □ □ ■ □	V W	B F B F ■ ■ ■
H 7	Marston, 63866 / 573-643-2320	Pilot Travel Center #301 / I-55 Exit 40 (CR EE - St Jude Rd)	24HRS ■ ■ M ■ ■	□ ■ ■ ■ □ ■ ■	■ ■ ■ ■	F C U F T □ ■	□ □ □ □ □	□ □ □ ■ □ ■ ■ ■ ■ ■ ■	V W	B B F B B B ■ ■ ■ ■
H 7	Marston, 63866 / 573-643-2517	Break Time #3149 (MFA) / I-55 Exit 40 (CR EE - St Jude Rd)	24HRS ■ ■ M ■ ■	□ ■ □ ■	■	F C □ ■ □ □ □ □	□ □ □ □	□ □ □ □ ■ ■	V W	B B F B B B B B ■ ■ ■ ■
C 1	Maryville, 64468 / 660-582-2412	Gray Oil & Gas (Sinclair) / US 71 (3 mi N of town)	■ ■ ■ M ■ ■ ■	■	□ □ ■ □	F C □ ■ □	■ ■	■	V W	B B B ■ ■ ■ ■ ■ ■

How to interpret the page

■ means available at truck stop □ means available nearby

in the overnight lot column:
- S means room for 5 - 24 trucks
- M means room for 25-74 trucks
- L means room for 85-149 trucks
- XL means room for 150+ trucks
- $ means a parking fee may be charged

code at left-hand side of rows is the state map grid reference

a key to advertising logos is on page 25

Services may change without notice. When in doubt, call ahead.

THE TRUCKER'S FRIEND® - MISSOURI

Column groups: Motor Fuel (Truck Diesel, Self Service Diesel, Metered Propane, Gasoline); Driver Services — Parking (Overnight Lot ($), Paved Lot, Trailer Drop, Electric Plug-Ins, Safe Haven/Hazmat), Food (Restaurant, Fast Food, Table Phones), Stores (Motel, Convenience, Trucker/Travel, Shopping Center, Walmart/Kmart, Grocery), Showers (Ladies, Men's, TV/Drivers Lounge, Laundry), Communications (Load Monitor, Internet Kiosk, Wi-Fi Hotspots, Document Scanning, Public Fax/Copier, UPS/FedEx/Trippak Box, Religious Services, State Lottery); Vehicle Services — Scales (Axle, Platform, Certified), Tires (Repairs, New Tire Sales), Repairs (Shop Open 24 Hrs, DOT Inspection, Major Repairs, Minor Repairs, Oil Change/Lube, Minor Welding, AC/Reefer), Road Svcs (CB, Tire, Mechanical), Wash (Towing, Truck (Exterior), Trailer Washout); RV Info (RVs Welcome, Dumping Station, Propane (Bottle)); Financial Services (ATM, Can Wire Money Out, Money Orders, Natso Check-Link, Western Union, Wright Express, Voyager, Comdata (Comchek)) — C=Checks, F=Fuel Cards, B=Both; Permit Svcs (EFS, Fuel Man, Multi Service); Credit Cards (TCH, T-Chek, Fleet One, Buy/Pay at Fuel Desk, All Prepaid Permit Svcs, American Express, Visa/Mastercard, Discover).

Grid	Location / Phone	Truck Stop / Address	Services (as marked, left to right)
H 7	Matthews, 63867 573-471-4944	Love's Travel Stop #313 I-55 Exit 58 (MO 80	24HRS ■ ■ L ■ ■ □ ■ ■ ■ ■ ■ ■ F C U T □ ■ CAT □ □ □ □ □ □ □ □ □ □ □ ■ ■ ■ ■ ■ ■ V W B B F B B B ■ ■ ■ ■
H 7	Matthews, 63867 573-471-8644	TravelCenters of America (Citgo) I-55 Exit 58 (MO 80 E)	24HRS ■ ■ L ■ 24HRS ■ ■ ■ ■ ■ ■ ■ ■ DAT TA ■ F C U T □ CAT ■ ■ ■ ■ ■ ■ A ■ ■ □ ■ ■ ■ ■ ■ W B B B B B ■ ■ ■ ■
H 7	Matthews, 63867 573-472-3336	Flying J Travel Plaza #05074 (Conoco) I-55 Exit 58 (MO 80 E)	24HRS ■ ■ ■ XL ■ 24HRS ■ ■ ■ ■ □ ■ ■ ■ ■ ■ F C U T ■ □ □ □ □ □ □ □ □ ■ ■ ■ ■ V W B B B B ■ ■ ■ ■
H 7	Miner, 63801 573-471-6598	Break Time #3147 (MFA) I-55 Exit 67 (US 62 E)	24HRS ■ ■ M ■ ■ □ ■ ■ □ ■ □ ■ ■ ■ □ F C □ ■ □ □ □ □ □ □ □ □ □ □ □ ■ □ ■ ■ ■ V W B B F B B B B ■ ■ ■ ■
H 7	Miner, 63801 573-471-3311	Keller Truck Service I-55 Exit 67 NB/69 SB (MO AA - W side)	24HRS ■ ■ M ■ ■ ■ □ ■ ■ □ □ F C □ ■ ■ ■ ■ ■ ■ □ ■ ■ ■ A ■ ■ □ ■ ■ □ ■ B B B B ■ ■ ■ ■
D 4	Moberly, 65270 660-263-5510	Moberly Travel Center (Shell) US 24 & US 63	24HRS ■ ■ M ■ ■ □ ■ □ ■ □ □ □ ■ ■ □ F C U F □ ■ □ □ □ □ □ □ □ □ □ □ □ □ ■ V W B B F B ■ ■ ■ ■
H 2	Monett, 65708 417-235-3451	Herd's General Store (Sinclair) MO 37 S	■ ■ M ■ ■ □ ■ □ ■ □ □ □ ■ ■ □ □ □ □ □ □ □ □ □ □ ■ ■ ■ V W B B B B ■ ■ ■
E 6	Moscow Mills, 63362 636-356-9201	Fast Lane (66) US 61 & Elm Tree Rd	24HRS ■ ■ S ■ □ □ □ ■ □ □ □ □ □ ■ □ ■ ■ ■ V W F F ■ ■ ■
C 1	Mound City, 64470 660-442-3200	Stop N Go (Shell) I-29 Exit 84 (MO 118)	24HRS ■ ■ □ ■ □ ■ □ □ □ ■ ■ ■ V W B B B ■ ■ ■
G 2	Mount Vernon, 65712 417-466-9230	TravelCenters of America (Conoco) I-44 Exit 46 (MO 39)	24HRS ■ ■ XL ■ ■ ■ 24HRS □ ■ □ ■ ■ □ ■ ■ ■ ■ DAT TA ■ F C U T □ ■ ■ ■ ■ ■ ■ ■ ■ ■ ■ □ ■ □ ■ V W B B F B B B ■ ■ ■ ■ ■
H 5	Mountain View, 65548 417-934-5941	Signal Food Store US 60 & Pine St	24HRS ■ ■ □ □ □ □ □ □ □ □ ■ □ □ □ □ ■ B B ■ ■ ■
G 7	Neelys Landing, 63701 573-332-7900	Midway Truck Stop 14840 MO 177	24HRS ■ ■ M ■ ■ ■ ■ ■ ■ ■ ■ F C □ ■ □ □ □ □ □ □ □ □ ■ □ ■ V W B B ■ ■ ■ ■
H 6	Neelyville, 63954 573-989-6494	Taylor's State Line Truck Stop US 67 S (MO/AR State Line)	24HRS ■ ■ XL ■ 24HRS ■ ■ ■ ■ ■ ■ ■ ■ ■ F C ■ □ □ □ □ □ □ □ □ □ □ ■ □ ■ V W B B F B B B B ■ ■ ■ ■
H 2	Neosho, 64850 417-451-1071	Gas & Groceries (Citgo) MO 59 & Crowder (1 mi S of US 60-71 Alt)	■ ■ ■ S ■ □ ■ ■ □ ■ □ □ □ □ □ □ □ □ □ □ □ □ □ □ ■ ■ V W B ■ ■ ■
H 2	Neosho, 64850 417-451-1400	Oak Tree Mart (Shell) MO 59/US 60 & Oak Ridge Extension	24HRS ■ ■ M ■ □ ■ ■ □ ■ □ □ □ □ F C □ □ ■ □ □ □ □ □ ■ ■ V W B F B B ■ ■ ■ ■
H 2	Neosho, 64850 417-451-2880	Dave's Super Stop (66/Conoco) US 59-60 & MO 86 E	■ ■ ■ S ■ ■ ■ ■ □ □ □ □ □ ■ ■ V W C B B ■ ■ ■
H 2	Neosho, 64850 417-451-7262	Snack Attack Truck Stop #21 (66) US 60 & US 59 (1/2 mi S)	24HRS ■ ■ S ■ □ □ ■ □ □ □ □ F C □ ■ □ □ □ □ □ ■ ■ V W B B F B B ■ ■ ■ ■
G 2	Nevada, 64772 417-667-3271	Jump Stop #14 (66) US 71 Exit 54 (Camp Clark)	24HRS ■ ■ M ■ ■ ■ □ ■ ■ □ ■ □ □ □ ■ ■ ■ ■ □ F C U F T □ ■ CAT ■ ■ ■ □ □ □ ■ ■ ■ ■ ■ ■ ■ V W B B F B B B B ■ ■ ■ ■
E 5	New Florence, 63363 573-835-2744	Junction Fuel & Grocery (BP) I-70 Exit 175 (MO 19)	■ ■ ■ M ■ □ ■ □ ■ □ F C □ ■ □ □ □ ■ □ ■ ■ V W B B B B ■ ■ ■ ■
E 5	New Florence, 63363 573-835-2235	Abel's Shell Fuel Center #17 I-70 Exit 175 (MO 19)	24HRS ■ ■ □ □ □ F C ■ ■ ■ ■ V W B C C ■ ■ ■ ■
G 4	Norwood, 65717 417-746-4777	Country Express #6 (Cenex) US 60 & MO E	24HRS ■ ■ M ■ 24HRS ■ ■ □ ■ ■ □ F C □ ■ ■ ■ ■ ■ ■ ■ ■ ■ ■ ■ ■ ■ ■ □ ■ ■ ■ V W B B F B B B B ■ ■ ■ ■
E 2	Oak Grove, 64075 816-690-4455	Petro Stopping Center #70 (Oak Grove 70) I-70 Exit 28	24HRS ■ ■ ■ XL ■ ■ 24HRS ■ ■ □ ■ ■ □ □ ■ ■ ■ ■ DAT ■ F C U F T ■ CAT ■ ■ ■ ■ ■ ■ A R ■ ■ ■ □ ■ ■ ■ ■ ■ ■ V W B B B B B B ■ ■ ■ ■
E 2	Oak Grove, 64075 816-690-4115	TravelCenters of America/Kansas City E I-70 Exit 28 (CR H)	24HRS ■ ■ XL ■ ■ ■ 24HRS ■ ■ ■ □ ■ □ □ □ ■ ■ ■ ■ DAT TA ■ F C U F T □ CAT ■ ■ ■ ■ ■ A □ ■ ■ ■ □ □ ■ ■ ■ ■ V W B B B B B ■ ■ ■ ■
E 2	Oak Grove, 64075 816-690-8569	QuikTrip #150 (QT) I-70 Exit 28 (Hwy F)	24HRS ■ ■ M ■ ■ ■ □ ■ ■ □ ■ □ □ ■ ■ ■ DAT F C □ ■ □ ■ ■ ■ ■ □ □ □ □ □ □ □ □ □ □ □ ■ □ ■ ■ W B B B B B ■ ■ ■ ■
E 2	Odessa, 64076 816-633-7100	Odessa BP I-70 Exit 37	24HRS ■ ■ □ ■ V W B ■ ■ ■
H 3	Ozark, 65721 417-581-4141	Tony's Convenience Center (Shell) US 65 & Hwy CC-J	24HRS ■ ■ S ■ ■ ■ ■ ■ □ □ ■ □ U F □ ■ □ □ □ ■ ■ ■ ■ V W B B F B B B ■ ■ ■
D 5	Palmyra, 63461 573-248-0006	Rocket Plaza Ayerco #44 (66) I-72 (US 36) & US 24	24HRS ■ ■ M ■ ■ ■ 24HRS ■ ■ ■ ■ F C ■ □ □ □ ■ ■ ■ ■ ■ V W B B B B B B ■ ■ ■ ■
D 5	Palmyra, 63461 573-769-3638	Wilco Fast Break (Conoco) US 24-61 S (S of US 61 Business)	24HRS ■ ■ L ■ □ ■ ■ □ ■ ■ ■ ■ ■ ■ ■ F C □ ■ CAT □ □ □ □ □ □ □ ■ ■ ■ ■ ■ ■ V W B B F B B B B ■ ■ ■ ■

THE TRUCKER'S FRIEND® - MISSOURI

How to interpret the page

■ means available at truck stop □ means available nearby

in the overnight lot column: S means room for 5 - 24 trucks; M means room for 25-74 trucks; L means room for 85-149 trucks; XL means room for 150+ trucks; $ means a parking fee may be charged

code at left-hand side of rows is the state map grid reference

a key to advertising logos is on page 25

Services may change without notice. When in doubt, call ahead.

Column groups: Driver Services (Motor Fuel: Truck Diesel, Self Service Diesel, Metered Propane, Gasoline; Parking: Overnight Lot, Paved Lot, Trailer Drop, Electric Plug-ins, Safe Haven/Hazmat; Food: Restaurant, Fast Food, Table Phones; Stores: Motel, Convenience, Trucker/Travel, Shopping Center, Walmart/Kmart, Grocery; Showers: Ladies, Mens; TV/Drivers Lounge, Laundry; Communication: Load Monitor, Internet Kiosk, Wi-Fi Hotspots, Document Scanning, Public Fax/Copier, UPS/FedEx/Trippak Box, Religious Services, State Lottery) — Vehicle Services (Scales; Tires: Axle, Platform, Certified; Repairs, New Tire Sales, Shop Open 24 Hrs, DOT Inspection, Major Repairs, Minor Repairs, Oil Change/Lube, Minor Welding; Road Svcs: AC/Reefer, CB, Tire, Mechanical; Wash: Towing, Truck (Exterior), Trailer Washout) — RV Info (RVs Welcome, Dumping Station, Propane (Bottle)) — Financial Services (ATM, Can Wire Money Out, Money Orders, Natso Check-Link, Western Union, Voyager/Wright Express, Comdata (Comchek), EFS, Fuel Man, Multi Service, TCH, T-Chek, Fleet One; C=Checks, F=Fuel Cards, B=Both) — Permit Svcs (Buy/Pay at Fuel Desk, All Prepaid Permit Svcs) — Credit Cards (American Express, Visa/Mastercard, Discover)

Grid	Location	Truck Stop	Driver Services	Vehicle Services	RV Info / Financial Services	Permit Svcs / Credit Cards
G 2	Parshley, 64836 417-548-2626	Express Texaco I-44 Exit 22 (CR 100 S)	24HRS ■ ■ M ■ □ ■ □ ■ ■ □	F C □ □ □ □ □ □	□ □ □ ■ ■	V W B B B B B B ■ ■ ■ ■
E 2	Peculiar, 64078 816-779-4206	O'Brien's Conoco US 71 & Hwy J	■ ■ ■ S ■ ■ □ ■ ■ □ ■ ■ □ □ □	□ ■ □ □ □ □ □ □ □	□ □ □ ■ □ ■ ■	V W B F B ■ ■ ■
E 2	Peculiar, 64078 816-779-8000	Flying J Travel Plaza #05082 US 71 & Hwy J (Flying J)	24HRS ■ ■ ■ L ■ ■ ■ 24HRS □ ■ □ ■ ■ □ ■ ■ ■ ■ (Flying J) (Flying J) (Flying J)	F C U F T ■ (Flying J) □ □ □	□ □ □ ■ ■ ■ ■	V W B B B B ■ ■ ■ ■
F 7	Perryville, 63775 573-543-5055	MPC #21 (Citgo) 12451 MO 51 (MO-IL border, at bridge)	24HRS ■ ■ S ■ □ □ □ □ □	□ ■	■ ■ ■	W B B F B ■ ■ ■
F 7	Perryville, 63775 573-547-2000	Rhodes 101 Stop (66) I-55 Exit 129 (MO 51 N)	24HRS ■ ■ □ □ □ ■ □ □ □	□	□ □ □ ■	V W ■ ■ ■
F 6	Pevely, 63070 636-475-7403	Mr Fuel #3 I-55 Exit 180 (CR Z & Weier Rd)	24HRS ■ ■ M ■ ■ ■ □ ■ □ ■ □ ■ ■ □ (DAT)	F C □ ■ □ □ □ □ □ □ □ □ □ □ □ □ □	□ □ □ ■ □ ■	B B F B B B B ■ ■ ■
F 6	Pevely, 63070 636-479-4436	I-55 Motor Plaza (66) I-55 Exit 180 (CR Z)	24HRS ■ ■ ■ M ■ ■ □ ■ ■ □ ■ ■ □ ■ ■ ■ ■ (DAT)	F C U F T □ ■ ■ ■ ■ □ □ □ □ □	□ □ □ ■ □ ■ ■	V W B B B B B B ■ ■ ■ ■
D 1	Platte City, 64079 816-431-2617	QuikTrip #236 (QT) I-29 Exit 18 (MO 92)	24HRS ■ ■ S ■ □ □ □ ■ ■ ■ □ (DAT)	F C F □ ■ (CAT) □ □	□ □ □ ■ □ ■ ■	W B B B B B B ■ ■ ■ ■
D 2	Pleasant Valley, 64029 816-415-2291	QuikTrip #179 (QT) I-35 Exit 13 NB/14 SB	24HRS ■ ■ S ■ ■ □ ■ ■ □ ■ ■ □ □ ■ ■ ■ □ (DAT)	F C U F T □ ■ (CAT) □ □ □ □ □ □ □ □	□ □ □ □ □ □ ■ ■ ■	W B B B B B B ■ ■ ■ ■
H 6	Poplar Bluff, 63901 573-778-0772	Heartland Express (Amoco) US 67 & MO M	24HRS ■ ■ S ■ ■ □ ■ □ ■ □ □ □ □	F C T F □ ■ □ □ □ □ □	□ □ □ ■ ■ □ ■ ■	V W B B F B B B B ■ ■ ■ ■
H 7	Portageville, 63873 573-379-5633	Martin & Ivie Gas & Go (BP) I-55 Exit 32 (MO 162)	■ ■ ■ □ ■ □ ■ □ □	□ ■ □ □ □ □ □	□ □ □	V W ■ ■ ■
D 2	Randolph, 64161 816-455-4777	Crown Super Store (66) I-435 Exit 55 (MO 210 E)	24HRS ■ ■ □ ■ □ ■ □ □ □ ■	F C □ ■ □ □ □ □ □	□ □ ■ ■	V W F ■ ■ ■ ■
G 3	Republic, 65738 417-732-9226	Rapid Robert's #102 (Conoco) 1278 US 60 E	■ ■ ■ □ □ ■ □ □ □	F C □	■ ■	V W ■ ■ ■ ■
G 3	Republic, 65738 417-831-3011	Express Lane #7 (66) US 60 E & CR MM	24HRS ■ ■ S ■ ■ ■ □ ■ □ □ □ □	□ ■ □ □	□ □ □ ■ □ ■ ■ ■	V W B ■ ■ ■
B 5	Revere, 63465 660-754-6278	Riverside One Stop (66) Hwy 27	■ ■ ■ S ■ ■ ■ ■	F C □ ■	□ □ □ ■ ■	V W B B B ■ ■ ■ ■
F 4	Richland, 65556 573-765-5124	Oasis Truck Plaza (Conoco) I-44 Exit 145 (MO 133)	24HRS ■ ■ M ■ ■ 24HRS ■ ■ ■ ■	F C □ ■ ■ ■ □ □ □ □ □	□ □ □ ■ ■ ■	V W B B B B B B ■ ■ ■ ■
H 3	Ridgedale, 65739 417-337-9565	Wild Bill's Travel Center (BP) US 65-14	24HRS ■ ■ M ■ ■ ■ ■ ■ ■ ■	F C □ ■	□ □ □ ■ □ ■ ■ ■	V W B B F B B B B ■ ■ ■ ■
B 1	Rock Port, 64482 660-744-5341	Rock Port Truck Plaza (BP) I-29 Exit 110 (US 136 W)	24HRS ■ ■ L ■ ■ □ ■ ■ □ ■ ■ ■ ■ ■ (DAT)	F C □ ■ ■ ■ ■ □ □ □ □ □ □ □	□ □ □ ■ □ ■ ■ ■	V W B B F B B B B ■ ■ ■ ■
B 1	Rock Port, 64482 660-744-6166	Trail's End Truck Stop (66) I-29 Exit 110 (US 136)	24HRS ■ ■ M ■ ■ ■ ■ □ ■ ■ □ ■ □ ■ ■ (DAT) ■ (logo)	F C F □ ■ □ □ □ □ □ □ □ □ □ □ □ □ □-□	□ □ ■ □ ■ ■ ■ ■ ■	V W B B B B B ■ ■ ■ ■ ■
B 1	Rock Port, 64482 660-744-6393	Rockport Shell I-29 Exit 110 (US 136)	■ ■ ■ □ □ ■ □ □	□ ■ □ □ □ □ □ □ □ □ □ □ □	□ □ □ □ □ ■ □ ■	V W B C ■ ■ ■
D 1	Rushville, 64484 816-579-9663	Wood Oil Mini Mart #3 (Citgo) 13480 US 59 SW	■ ■ ■ □ □ ■ □ □ □ □	F □ □ ■ □ □	□ □ □ □ ■ □ ■ ■	B ■ ■ ■ ■
F 7	Saint Genevieve, 63670 573-543-2287	Ozora Truck & Travel Plaza (Shamrock) I-55 Exit 143 (Ozora) (AMBEST)	24HRS ■ ■ XL ■ ■ 24HRS ■ ■ □ ■ ■ □ ■ ■ ■ ■ (DAT) (logo)	F C T □ ■ ■ ■ ■ (BF) ■ ■ ■ ■ ■ ■	■ ■ □ ■ ■ ■ ■ ■ ■ ■ ■	V W B B B B B B ■ ■ ■ ■
D 1	Saint Joseph, 64503 816-387-4494	Nick & Katie's (Conoco) 3508 Pear St (W of US 169)	24HRS ■ ■ □ ■ □ □ □ □ □	□ ■ □ □ □ □ □ □ □ □ □	□ □ □ □ □ □	V W ■ ■ ■ ■
D 1	Saint Joseph, 64503 816-232-6701	Wiedmaier Truck Stop (Shell) I-29 Exit 44 (US 169) (AMBEST)	24HRS ■ ■ M ■ ■ 24HRS ■ ■ □ ■ ■ □ □ □ ■ ■ ■ ■	F C U F T □ ■ ■ ■ ■ (BF) ■ □ □ ■ □ ■ A □	■ ■ □ ■	V W B B F B B B B ■ ■ ■ ■ ■
D 1	Saint Joseph, 64507 816-279-8870	Love's Travel Stop #235 I-29 Exit 44 (US 169)	24HRS ■ ■ L ■ ■ □ ■ ■ □ ■ ■ □ □ □ ■ □ ■ (DAT) (logo)	F C T □ ■ (CAT) ■ ■ □ ■ □	■ ■ ■ ■ ■ ■ ■	V W B B F B B B ■ ■ ■ ■
D 1	Saint Joseph, 64504 816-232-0000	Deluxe Truck Stop (66) MO 759 & Lower Lake (2.5 mi S of US 36)	■ ■ ■ S ■ ■ □ □ ■ □ □	F C U F □ ■ ■ □ □ □ □	■ ■ ■	W B B B B B B ■ ■ ■ ■
D 1	Saint Joseph, 64507 816-232-7111	Speedy's Convenience #6 (Sinclair) US 36 & Riverside Rd	24HRS ■ ■ □ ■ □ ■ □ □ □ □ (DAT)	F C	■ ■ ■	V W B B B B ■ ■ ■ ■
D 1	Saint Joseph, 64504 816-238-6740	Hawkins 66 US 59 & Valley St	24HRS ■ ■ S ■ ■ □ □ ■ □ □	□ ■ □ □ □ □ □ □ □ □ □	□ □ □ □ □ ■ ■ ■	W B B B B ■ ■ ■ ■

How to interpret the page

■ means available at truck stop □ means available nearby

in the overnight lot column:
- S means room for 5 - 24 trucks
- M means room for 25-74 trucks
- L means room for 85-149 trucks
- XL means room for 150+ trucks
- $ means a parking fee may be charged

code at left-hand side of rows is the state map grid reference

a key to advertising logos is on page 25

Services may change without notice. When in doubt, call ahead.

THE TRUCKER'S FRIEND® - MISSOURI

Driver Services: MOTOR FUEL (Truck Diesel, Self Service Diesel, Metered Propane, Gasoline); PARKING (Overnight Lot ($), Paved Lot, Trailer Drop, Electric Plug-Ins, Safe Haven/Hazmat); FOOD (Restaurant, Fast Food, Table Phones); STORES (Motel, Convenience, Trucker/Travel, Shopping Center, Walmart/Kmart, Grocery); SHOWERS (Ladies', Men's, TV/Drivers Lounge, Laundry); COMMUNICATIONS (Load Monitor, Internet Kiosk, Wi-Fi Hotspots, Document Scanning, Public Fax/Copier, UPS/FedEx/TripPak Box, Religious Services, State Lottery)

Vehicle Services: SCALES (Axle, Platform, Certified); TIRES (Repairs, New Tire Sales); REPAIRS (Shop Open 24 Hrs, DOT Inspection, Major Repairs, Minor Repairs, Oil Change/Lube, Minor Welding, AC/Reefer); ROAD SVCS (CB, Tire, Mechanical, Towing); WASH (Truck (Exterior), Trailer Washout)

RV Info (RVs Welcome, Dumping Station, Propane (Bottle))

Financial Services (ATM, Can Wire Money Out, Money Orders, Natso Check-Link, Western Union, Voyager/Wright Express, Comdata (Comchek)) — C=Checks, F=Fuel Cards, B=Both

Permit Svcs (EFS, Fuel Man, Multi Service, TCH, T-Chek, Fleet One, Buy/Pay at Fuel Desk, All Prepaid Permit Svcs)

Credit Cards (American Express, Visa/Mastercard, Discover)

Grid	Location / Phone	Truck Stop / Address	Motor Fuel	Parking	Parking	Food	Stores	Stores	Showers	Comm.	Comm.	Scales	Tires	Tires	Repairs	Repairs	Road Svcs	Road Svcs	Wash	RV Info	Financial	Financial	Financial	Permit	Credit	Credit	Credit	Credit
E 6	Saint Louis, 63103 314-421-1100	MPC #07 (66) 2110 Chouteau Ave	■■ ■			□□ □	■	□		□			□■		□□		□□□	□	□□□			■ ■	V W		F			■■■
E 6	Saint Louis, 63147 314-869-5169	Hall Street Fuel Center 8430 Hall St (I-270 Exit 33 S to Hall)	24 HRS ■ ■	S$		□■ □	■	□		□		□	□■	CAT	■■	■■	□■■	■ A	■■□			■	V W	B B	F B	B B		■■■
E 6	Saint Louis, 63147 314-385-8646	Go West Mart (Mobil) I-70 Exit 246 A (6020 N Broadway)	24 HRS ■ ■				■						■									■ ■	V W	B		B		■■■
E 6	Saint Louis, 63107 314-421-0062	MPC #42 (66) I-70 Exit 247 (E Grand)	24 HRS ■ ■			□□ □	■	□					■	□	□□		□□□	□	□□□	□		■ ■	V W	B B	F B	B		■■■
E 6	Saint Louis, 63147 314-241-8047	North Broadway Truck Stop I-70 Exit 248 B (Branch St)	■■ ■	S ■■		□□ □	■		■■				□	□□□	□□	□	□□□	□□	□□□		□			B B	B B	B B		
E 6	Saint Louis, 63102 314-241-1455	Naes Fuel & Wash (66) I-70 Exit 249 A (Madison W/10th St E)	24 HRS ■ ■			□□ □	■	□					□■		□□		□□□	□	□□□	■■			V W	C				■■■
E 6	Saint Peters, 63376 636-970-3029	QuikTrip #608 (QT) I-70 Exit 222 (Mid Rivers)	24 HRS ■ ■	M ■■		□□ □	■■	□ □		□		F C U F	□■	CAT	□□		□□□	□□□	□□□		■□	■ ■	W	B B	B B	B B	■	■■■
F 5	Saint Robert, 65584 573-336-5220	Saint Robert Cenex I-44 Exit 161 (Ft Leonardwood)	24 HRS ■ ■			□□ □	■	□□□		□		F C	□■				□□□	□□□	□□□		■	■	V W		F		■	■■■
F 5	Saint Robert, 65584 573-336-8703	Road Ranger (Citgo) I-44 Exit 163 (MO 28)	24 HRS ■ ■	XL ■■		24 HRS □ □	■■	□□	■■	■	■	F C U F	□■	■■■	□□	□	□□	□ □	□□□		■■■	■ ■	V W	B B	B	B B	■	■■■
G 2	Sarcoxie, 64862 417-548-2538	Zip Stop (Sinclair) I-44 Exit 33	■■ ■			□	■			□		F	□■						□□□		■	■	V W	B C	F B B	C B	■	■■■
E 3	Sedalia, 65301 660-826-6666	Temp Stop #103 (66) 4575 US 65 (2.4 mi S of US 50)	24 HRS ■ ■	M ■■		□ □	■■	□□□	■■	□		F U	□■	■■■	□□		□□□	□	□□□	□□	■□	■	V W	B B	B	F B	■	■■■
H 2	Seligman, 65745 417-662-3295	Seligman's Super Stop (66) MO 37 & Hwy 112	24 HRS ■ ■	S ■■		24 HRS ■■	■	□		□		F C □	□	□□□	□□		□□	□	□□□		■ ■	■	V W	B C	B B	B B	■	■■■
C 1	Skidmore, 64487 660-928-3241	Sumy Oil (Conoco) MO 113 & MO DD	■ ■			□	■					F C	□■		■■								V W	F			■	■■■
H 1	Southwest City, 64863 417-762-3670	The Filling Station (Ampride) MO 43 & CR O (4.5 mi N of MO 90)	24 HRS ■ ■	S ■		■■	■					F C	□■		□		□□	□	□□□		■□						■	■
G 3	Springfield, 65802 417-831-5228	Johnson One Stop (Conoco) 1450 N Glenstone (2 mi S of I-44 Ex 80A)	24 HRS ■■■			□□ □	■	□□□		□			■		□□	□	□□□	□□□		□	■	■■■	■ V W	B B	F B B	B		■■■
G 3	Springfield, 65803 417-862-9241	Village Mart (Conoco) 2720 W Kearney St	■■ ■			■□ □	■	□□□					□■		□□		□□	□ □	□□□			■	V W		F			■■■
G 3	Springfield, 65803 417-866-1197	Coastal Super Stop 3899 MO 266 (1.5 mi E of I-44 Exit 72)	24 HRS ■ ■			□□ □	■	□□□		□		□	□■						□□□		□		V W	B				■■■
G 3	Springfield, 65803 417-833-3391	Crossroads Convenience Store (Conoco) Hwy 13 N & Hwy O (4 mi N of I-44 Ex 77)	24 HRS ■ ■			■	■						■									■	V W					■■■
G 3	Springfield, 65803 417-833-8595	Rapid Robert's #123 (Conoco) I-44 Exit 80 B	■■ ■	M ■■		□■ □	■	□□□		□		F C □	□■	CAT					□□□	□	■	■	V W	B B	B		■	■■■
G 3	Strafford, 65757 417-736-2161	TravelCenters of America/Springfield E I-44 Exit 88 (MO 125 N)	24 HRS ■ ■	XL ■■		24 HRS ■■□	■■	□	■■	■■	DAT TA ■	F C U F T	■■	■■■		■■	■■■	■ A	■■□	□□	■□	■	V W	B B	F B	B B	■■	■■■
G 3	Strafford, 65757 417-736-2157	Speedy's #5 (66) I-44 Exit 88 (MO 125 N)	24 HRS ■ ■	L ■■		□□ □	■	□	■■	■■		F C T F	□■	CAT	□□		□□	□	□□□	□	■■■	■ ■	V W	B B	F B	B B	■	■■■
F 5	Sullivan, 63080 573-860-8880	Flying J Travel Plaza #05047 (Conoco) I-44 Exit 226 (MO 185 S)	24 HRS ■ ■	XL ■■		24 HRS ■■□	■■	□□	■■	■■	■	F C U F T	■■		□□		□□□	□ □	□□□	□	■■■	■	V W	B	B B	B	■	■■■
E 6	Sunset Hills, 63127 314-843-4356	Alcorn Food Mart (Texaco) I-270 Exit 3 (US 30 - 3/4 mi W)	■■ ■			□	■	□□□		□		□	□■				□□	□			■		V W		F			■■■
E 3	Sweet Springs, 65351 660-335-4687	Betty's Truck Stop (Texaco) I-70 Exit 74 (MO YY N)	24 HRS ■ ■	M ■	■	■ ■	■		■				■		■■	■	■	■ A	■■■		■	■						■■■
E 3	Sweet Springs, 65351 660-335-6700	Sweet Springs Truck Plaza (Amoco) I-70 Exit 74 (MO YY)	24 HRS ■ ■	M ■■		24 HRS □■□	■■		■■	■	DAT	F C	■		■■		■■	■	■■■		■□■	■	V W	B B	B B	B B	■	■■■
C 5	Taylor, 63471 573-393-2181	Country Market Express (Citgo) 8455 US 24	■■ ■	S		■	■		■			F C	■								■	■	V W	B	B	B	■	■■■
C 5	Taylor, 63471 573-769-2861	Tippett Truck Stop (BP) US 61-24 & MO 6	24 HRS ■ ■	XL ■		24 HRS ■□	■■		■■			F C U F T	□	■■■	■■				■□□	□□	■□■	■	■ V W	B B	B B	B B	■■	■■■
H 5	Thayer, 65791 417-264-3874	Thayer Fuel Center US 63 S & Hwy 19	■■ ■			□■ □	■	□□□		□		□	□	□□□	□□		□	□		■■	□					F		■■■

THE TRUCKER'S FRIEND® - MISSOURI

How to interpret the page

■ means available at truck stop □ means available nearby

In the overnight lot column:
- S means room for 5 - 24 trucks
- M means room for 25-74 trucks
- L means room for 85-149 trucks
- XL means room for 150+ trucks
- $ means a parking fee may be charged

code at left-hand side of rows is the state map grid reference

a key to advertising logos is on page 25

Services may change without notice. When in doubt, call ahead.

Column groups: Driver Services (Motor Fuel: Truck Diesel, Self Service Diesel, Metered Propane, Gasoline; Parking: Overnight Lot ($), Paved Lot, Trailer Drop, Electric Plug-ins, Safe Haven/Hazmat; Food: Restaurant, Fast Food, Table Phones; Stores: Motel, Convenience, Trucker/Travel, Shopping Center, Walmart/Kmart, Grocery; Showers: Ladies', Men's; Communication: TV/Drivers Lounge, Laundry, Load Monitor, Internet Kiosk, Wi-Fi Hotspots, Document Scanning, Public Fax/Copier, UPS/FedEx/Trippak Box), Vehicle Services (Religious Services, State Lottery; Scales: Axle, Platform, Certified; Tires: Repairs, New Tire Sales; Repairs: Shop Open 24 Hrs, DOT Inspection, Major Repairs, Minor Repairs, Oil Change/Lube, Minor Welding, AC/Reefer, CB; Road Svcs: Tire, Mechanical, Towing; Wash: Truck (Exterior), Trailer Washout), RV Info (RVs Welcome, Dumping Station, Propane (Bottle)), Financial Services (ATM, Can Wire Money Out, Money Orders, NATSO Check-Link, Western Union, Wright Express, Comdata (Comchek), Voyager; C=Checks, F=Fuel Cards, B=Both: EFS, Fuel Man, Multi Service, TCH, T-Chek, Fleet One, Buy/Pay at Fuel Desk), Permit Svcs (All Prepaid Permit Svcs), Credit Cards (American Express, Visa/Mastercard, Discover).

Grid	Location	Truck stop	Motor Fuel	Parking		Food / Stores	Showers		Communication		Comm.	Scales	Tires	Repairs			Road Svcs		Wash		Financial			EFS / Fuel Man	Multi Service / TCH / T-Chek	Fleet One / Buy/Pay	Permit	Credit Cards
E6	Villa Ridge, 63089 636-742-4772	Fuel Mart #634 I-44 Exit 251 (MO 100)	24 HRS ■ ■	M ■ ■		□ ■ □	■ ■	□ □	■ ■		■	F C U F	□ ■	CAT	□ □		□	□	□ □ □		■ □	■ ■	■	B B	F B B	B B	■	■ ■ ■
E6	Villa Ridge, 63089 636-742-5887	Mr Fuel #1 (Conoco) I-44 Exit 251 (MO 100)	24 HRS ■ ■	S ■ ■			■ ■		■ ■		DAT ■	F C F	■	■ ■ ■	□ □		□	□	□ □ □		■	■		B B	F B B	B B	■	■ ■
E6	Warrenton, 63383 636-456-2001	Flying J Travel Plaza #05016 I-70 Exit 188 (MO B) (Flying J logo)	24 HRS ■ ■ ■	XL ■ ■		24 HRS ■ ■ □	■ ■		■ ■	■ ■	(Flying J logo) ■ (Flying J logo)	(Flying J logo) F C U F T		(Flying J logo)					□ □ □		■ ■ ■	■	V W	B	B B	B	■	■ ■ ■
F4	Waynesville, 65583 573-774-6138	Witmore Farms Restaurant (Cenex) I-44 Exit 153	24 HRS ■ ■	M ■ ■	■	□ □	■	□ □					□		□ □		□ □	□	□ □ □		■ □			C				■ ■ ■
E6	Wentzville, 63385 636-327-5583	Wentzville Phillips 66 I-70 Exit 210 (US 40-61 E)	24 HRS ■ ■	S ■ ■		■ □ □	■	□ □ □	■ ■	■ □		F C □	□ ■				□ □	□	□ □ □		■	■	V W	B B	F B B	F B	■	■ ■ ■
H5	West Plains, 65775 417-257-1421	Snappy Mart #11 (Texaco) 3675 US 63 N & MO 14	24 HRS ■ ■	L ■		24 HRS ■ ■ □	■ ■		■ ■			F C U F T	□ ■	■ ■ ■	□ □		□ □ □	□ □	□ □ □		■ ■	■ ■	V W	B B	F B B	B B	■	■ ■ ■
C5	West Quincy, 63471 573-393-2330	Ayerco #25 (66) US 24 (W end of Quincy Bridge)	24 HRS ■ ■	M ■		□ ■ ■ □	■	□ □		□		F C	□ ■		□ □		□ □ □	□ □	□ □ □		■ ■	■ ■ ■	■ V W	B B	B B	B B	■	■ ■ ■
E5	Williamsburg, 63388 573-254-3413	Jump Stop (Conoco) I-70 Exit 161 (CR D)	24 HRS ■ ■	M ■ ■		■ ■	■		■ ■			F C □	□ ■		□ □	□	□ □ □	□	□ □ □		■ □	■ ■ ■	■ V W	B B	F B B	B B	■	■ ■ ■
C2	Winston, 64689 660-749-5413	Winston Truck Stop (Shell) I-35 Exit 61 (Gallatin Exit - US 69)	24 HRS ■ ■	S ■		□	■		■ ■			F C										■	V W	B	B	B B	■	■ ■ ■

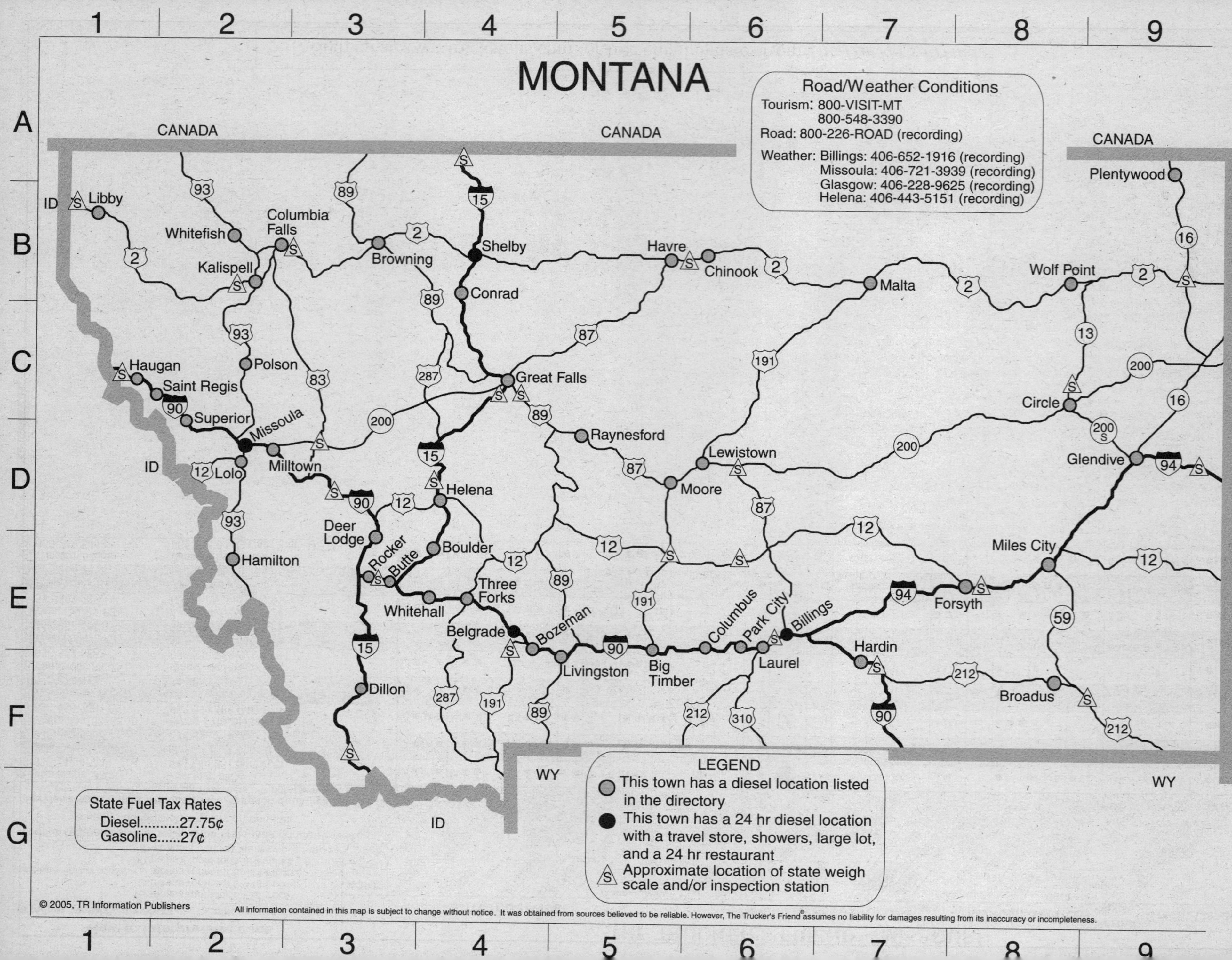
MONTANA
Road/Weather Conditions
Tourism: 800-VISIT-MT
800-548-3390
Road: 800-226-ROAD (recording)
Weather: Billings: 406-652-1916 (recording)
Missoula: 406-721-3939 (recording)
Glasgow: 406-228-9625 (recording)
Helena: 406-443-5151 (recording)
CANADA
ND
SD
WY
ID
Libby
Whitefish
Columbia Falls
Kalispell
Browning
Shelby
Conrad
Havre
Chinook
Malta
Wolf Point
Plentywood
Haugan
Saint Regis
Superior
Polson
Missoula
Milltown
Lolo
Hamilton
Great Falls
Raynesford
Helena
Deer Lodge
Rocker
Butte
Boulder
Whitehall
Three Forks
Belgrade
Bozeman
Livingston
Big Timber
Columbus
Park City
Laurel
Billings
Hardin
Lewistown
Moore
Dillon
Circle
Glendive
Miles City
Forsyth
Broadus
State Fuel Tax Rates
Diesel..........27.75¢
Gasoline......27¢
LEGEND
This town has a diesel location listed in the directory
This town has a 24 hr diesel location with a travel store, showers, large lot, and a 24 hr restaurant
Approximate location of state weigh scale and/or inspection station
All information contained in this map is subject to change without notice. It was obtained from sources believed to be reliable. However, The Trucker's Friend® assumes no liability for damages resulting from its inaccuracy or incompleteness.

THE TRUCKER'S FRIEND® - MONTANA

How to interpret the page

■ means available at truck stop □ means available nearby

In the overnight lot column: S means room for 5 - 24 trucks; M means room for 25-74 trucks; L means room for 85-149 trucks; XL means room for 150+ trucks; $ means a parking fee may be charged

code at left-hand side of rows is the state map grid reference

a key to advertising logos is on page 25

Services may change without notice. When in doubt, call ahead.

Driver Services: Motor Fuel (Truck Diesel, Self Service Diesel, Metered Propane, Gasoline); Parking (Overnight Lot ($), Paved Lot, Trailer Drop, Electric Plug-ins, Safe Haven/Hazmat); Food (Restaurant, Fast Food, Table Phones); Stores (Motel, Convenience, Trucker/Travel, Shopping Center, Walmart/Kmart, Grocery); Showers (Ladies', Men's); Communication (TV/Drivers Lounge, Laundry, Load Monitor, Internet Kiosk, Wi-Fi Hotspots, Document Scanning, Public Fax/Copier, UPS/FedEx/TripPak Box, Religious Services, State Lottery)

Vehicle Services: Scales (Platform, Axle, Certified); Tires (Repairs, New Tire Sales); Repairs (Shop Open 24 Hrs, DOT Inspection, Major Repairs, Minor Repairs, Oil Change/Lube, Minor Welding, AC/Reefer, CB); Road Svcs (Tire, Mechanical, Towing); Wash (Truck (Exterior), Trailer Washout)

RV Info: RVs Welcome, Dumping Station, Propane (Bottle)

Financial Services: ATM, Can Wire Money Out, Money Orders, NATSO Check-Link, Western Union, Wright Express, Voyager, Comdata (Comchek)

C=Checks F=Fuel Cards B=Both: EFS, Fuel Man, Multi Service, TCH, T-Chek, Fleet One

Permit Svcs: Buy/Pay at Fuel Desk, All Prepaid Permit Svcs

Credit Cards: American Express, Visa/Mastercard, Discover

Grid	Location / Phone	Truck Stop	Motor Fuel	Driver Services	Vehicle Services	Financial Services	Fuel Cards / Permit Svcs	Credit Cards
E4	Belgrade, 59714 406-388-4124	Broadway/Flying J Travel Plaza (Conoco) I-90 Exit 298 (MT 85)	24 HRS ■■■	XL ■■ / ■ / 24 HRS □■■ / ■■ / □ □ / ■■ / ■■ /	F C U F T / □ / CAT / □□ / □ / □□□ / □□ / □□□ /	■ ■ / ■ / V W	B B / B B / B B	■ / ■■■
E5	Big Timber, 59011 406-932-5349	Town Pump #0922 (Exxon/Mobil) I-90 Exit 367 EB/370 WB (US 10)	24 HRS ■ ■	M ■ / / □■ □ / ■ / □ / ■ / ■■ /	F C / □■ / / □□ / / □ / □ / □□ /	□■ / ■■■ / ■ V W	B C / C B / B B	■ / ■■■
E6	Billings, 59101 406-245-3143	Sinclair West Parkway I-90 Exit 446 (5400 Laurel Rd)	■■ ■	M ■ / / ■□ □ / ■■ / □□□ / ■■ / ■■ / DAT	F C / □ / / ■■ / ■ / ■■■ / ■ R / ■■□ /	/ ■ / V W	B / B / C	/ ■■■
E6	Billings, 59101 406-259-5426	Kum & Go #824 (Cenex) I-90 Exit 452	24 HRS ■ ■	S ■■ / / □■ / ■■ / □ / ■■ / ■□ /	F C / □■ / / □□ / / □ / □ / □□□ /	■□■ / ■ ■ / V W	B B / B B / B B	■ / ■■■
E6	Billings, 59101 406-256-8826	Flying J Travel Plaza #05490 (Conoco) I-90 Exit 455	24 HRS ■■■	M ■■ / / 24 HRS ■■□ / ■■ / □ □ / ■■ / ■■ / ■	F C U F T / □ / / □□ / / □□□ / □ / □□□ / □	■■■ / ■ / V W	B / B B / B	■ / ■■■
E4	Boulder, 59632 406-225-4330	Town Pump #0310 (Exxon) I-15 Exit 164 (MT 69 S)	24 HRS ■ ■	/ / □■ □ / ■■ / □ / ■ / □ /	F C F / □■ / / / / / / /	□■ / ■■■ / ■ V W	B B / B / B B	■ / ■■■
E4	Bozeman, 59715 406-586-8017	Town Pump #8927 (Exxon) 2607 W US 191 (19th St Exit)	24 HRS ■ ■	/ / □□ □ / ■ / □ □ / / □ /	F C □ / □■ / / □□ / □ / □□□ / □□□ / □□□ /	■ / ■■■ / ■ V W	/ /	■ / ■■■
E4	Bozeman, 59715 406-587-7052	Town Pump #9110 (Exxon) I-90 Exit 308 (US 191 - 1/2 mi W)	■■ ■	/ / □ □ / ■ / □□ / / □ /	F C □ / □■ / / □□ / □ / □□□ / □□ / □□□ /	■ / ■ / V W	/ /	■ / ■■■
F8	Broadus, 59317 406-436-2666	The Corner Store 106 US 212 W	■■■■	/ / □ □ / ■ / □ / / ■□ /	F / □ / / □□ / / □□ / / □□□ /	□■ / / V W	/ /	■ / ■■■
B3	Browning, 59417 406-338-7866	Town Pump #0320 (Exxon) US 2 & US 89	24 HRS ■ ■	S / / □■ □ / ■ / □ □ / / □ /	F C / □■ / / □□ / / □□□ / □ / □□□ /	■□ / ■■■ / ■ V W	B / / C	■ / ■■■
E3	Butte, 59701 406-494-3744	Town Pump #1300 (Exxon) I-90 Exit 127	24 HRS ■ ■	/ / □□ □ / ■ / □□□ / / ■■ /	F C / □■ / / □□ / / □□□ / □□□ / □□□ /	■ / ■■■ / ■ V W	/ /	■ / ■■■
B6	Chinook, 59523 406-357-2365	Town Pump #8947 (Exxon) US 2 W	24 HRS ■ ■	S ■■ / / □■ □ / ■ / □ / ■ / □ /	F C / □■ / / □□ / / □ / □ / □□□ /	■□ / ■■■ / ■ W	B / B / B	■ / ■■■
C8	Circle, 59215 406-485-3645	Circle Sinclair Service MT 200 E & MT 13	■■ ■	/ / □■ □ / ■ / □ / / □ /	/ □ / / ■■ / / □ / □□□ / ■□□ /	/ / V W	C C / C / C	/ ■■■
B2	Columbia Falls, 59912 406-892-2269	Mike's Conoco 1645 US 2 W (Truck Rte)	24 HRS ■■■	S ■ / / ■■ □ / ■ / □ / ■■ / ■■ /	F C / □■ / □□□ / □□ / / □□□ / □ / □□□ / □	■■■ / ■ / V	C C / C / C	■ / ■■■
B2	Columbia Falls, 59912 406-892-0747	Town Pump #8910 (Exxon) 6102 US 2 W	24 HRS ■ ■	S ■ / / ■ / ■ / □ / / □ /	F / □■ / / □□ / / □ / □□ / □□□ / □	□■ / ■■■ / ■ V W	B C / B B / B B	/ ■■■
E6	Columbus, 59019 406-322-4833	Town Pump #8924 (Exxon) I-90 Exit 408 (MT 78)	24 HRS ■ ■	L ■■ / / ■■■■ / ■■ / □ / ■■ / ■■ / DAT	F C F / □■ / / □□ / / □□ / □ / □□□ /	■■■ / ■■■ / ■ V W	B B / B / B B	■ / ■■■
B4	Conrad, 59425 406-278-7971	Town Pump #8929/Super 8 Motel (Exxon) I-15 Exit 339	24 HRS ■ ■	M ■ / ■ / 24 HRS ■■■ / ■■ / □ □ / ■■ / ■■ / ■	F C F / □■ / □□□ / □□ / □ / □□□ / □□ / □□ / □	■□■ / ■■■ / ■ V W	B B / F B B / B B	■ / ■■■
E3	Deer Lodge, 59722 406-846-3710	Town Pump #9150 (Exxon) I-90 Exit 184 (203 N Main)	24 HRS ■ ■	/ / □□ □ / ■ / □ / / □ /	/ □■ / / □□ / / □□ / □ / □□□ /	□ / ■■■ / ■	/ /	/ ■■■
E3	Deer Lodge, 59722 406-846-3969	I-90 Auto/Truck Plaza (Conoco) I-90 Exit 184 (N Main)	24 HRS ■ ■	M ■■ / / □□ □ / ■ / □ / ■■ / □ /	F C / □■ / / □□ / / □ / / □□□ /	■□ / ■ / V W	B / B / B B	■ / ■■■
F3	Dillon, 59725 406-683-2767	Big Sky Truck Stop (Exxon) I-15 Exit 56	24 HRS ■ ■	M ■■ / / ■ ■ / ■■ / / ■■ / ■■ /	F C / / □ / / / / / /	■□ / ■ /	B B / B B / B B	■ / ■■■
F3	Dillon, 59725 406-683-5097	Town Pump #0360 (Exxon) I-15 Exit 63 (E to MT 41, 1 blk S)	24 HRS ■ ■	S ■ / / □■ □ / ■ / □ □ / ■■ / □ /	F C / □■ / □ / □□ / / □□□ / □ / □□□ / □	■ ■ / ■■■ / ■ V W	B B / B B / B B	■ / ■■■
E8	Forsyth, 59327 406-356-7952	Town Pump #8932 (Exxon) I-94 Exit 93 (Front St)	24 HRS ■ ■	/ / □■ □ / ■ / □ / / □ /	F C U / □■ / / □□ / / □□ / □ / □□□ /	■■ / ■■■ / ■ V W	C / C / C C	■ / ■■■
D9	Glendive, 59330 406-377-3901	Trail Star Truck Stop (Sinclair) I-94 Exit 213 (MT 16 S)	24 HRS ■ ■	M ■■ / / ■□■□ / ■■ / □□□ / ■■ / ■■ /	F C F / □■ / □ / □□ / / □□□ / □ / □□□ /	■□ / ■ ■ / V W	B B / B B / B B	■ / ■■■
C4	Great Falls, 59405 406-727-7945	Flying J Fuel Stop #05003 I-15 Exit 280 (Vaughn Rd)	24 HRS ■■■	M ■■ / / 24 HRS □ □ / ■■ / □□□ / ■■ / □ /	F C U F T / □ / □□□ / □□ / / □□□ / □□ / □□□ / ■■	■ ■ / ■ / V W	B / B B / B	■ / ■■■
E2	Hamilton, 59840 406-363-4643	Town Pump #8935 (Exxon) 1117 US 93 N	24 HRS ■ ■	S ■■ / / □□ ■ / ■ / □□□ / / □ /	F C □ / □■ / / □□ / / □ / □ / □□□ /	■□■ / ■■■ / ■ V W	B / B B / B	■ / ■■■
F7	Hardin, 59034 406-665-1237	Broadway/Flying J Fuel Stop (Conoco) I-90 Exit 495 (MT 47 S - Crawford)	24 HRS ■■■	M ■ / / □■ □ / ■■ / □ □ / ■ / ■□ /	F C T / □ / / □□ / / □□□ / □ / □□□ /	■□■ / ■ / V W	B B / B B / B B	■ / ■■■
F7	Hardin, 59034 406-665-2423	Town Pump #1710 (Exxon) I-90 Exit 495 (MT 47 S - Crawford)	24 HRS ■ ■	/ / □□ □ / ■ / □ / / □ /	F C □ / □■ / / / / / / □□□ /	□■ / ■■■ / ■ V W	B B / B / B B	■ / ■■■
F7	Hardin, 59034 406-665-2920	Red Eagle Shell I-90 Exit 495 (MT 47 S)	■■ ■	/ / □□ □ / ■ / □ / / □ /	F / □■ / / □□ / / □□ / / □□□ / □□	/ / V W	/ /	/ ■■■

How to interpret the page

■ means available at truck stop □ means available nearby

in the overnight lot column:
- S means room for 5 - 24 trucks
- M means room for 25-74 trucks
- L means room for 85-149 trucks
- XL means room for 150+ trucks
- $ means a parking fee may be charged

code at left-hand side of rows is the state map grid reference

a key to advertising logos is on page 25

Services may change without notice. When in doubt, call ahead.

THE TRUCKER'S FRIEND® - MONTANA

Driver Services: MOTOR FUEL (TRUCK DIESEL, SELF SERVICE DIESEL, METERED PROPANE, GASOLINE); PARKING (OVERNIGHT LOT ($), PAVED LOT, TRAILER DROP, ELECTRIC PLUG-INS, SAFE HAVEN/HAZMAT); FOOD (RESTAURANT, FAST FOOD, TABLE PHONES); STORES (MOTEL, CONVENIENCE, TRUCKER/TRAVEL, SHOPPING CENTER, WALMART/KMART, GROCERY); SHOWERS (LADIES, MEN'S); TV/DRIVERS LOUNGE; LAUNDRY; COMMUNICATIONS (LOAD MONITOR, INTERNET KIOSK, WI-FI HOTSPOTS, DOCUMENT SCANNING, PUBLIC FAX/COPIER, UPS/FEDEX/TRIPPAK BOX); RELIGIOUS SERVICES; STATE LOTTERY

Vehicle Services: SCALES (CERTIFIED, PLATFORM, AXLE); TIRES (NEW TIRE SALES, REPAIRS); REPAIRS (SHOP OPEN 24 HRS, DOT INSPECTION, MAJOR REPAIRS, MINOR REPAIRS, OIL CHANGE/LUBE, MINOR WELDING, AC/REEFER); ROAD SVCS (TIRE, MECHANICAL, TOWING); WASH (TRUCK (EXTERIOR), TRAILER WASHOUT)

RV Info: RVS WELCOME, DUMPING STATION, PROPANE (BOTTLE)

Financial Services (C=Checks, F=Fuel Cards, B=Both): ATM, CAN WIRE MONEY OUT, MONEY ORDERS, NATSO CHECK-LINK, WESTERN UNION, VOYAGER/WRIGHT EXPRESS, COMDATA (COMCHEK), EFS, FUEL MAN, MULTI SERVICE

Permit Svcs; TCH, T-CHEK, FLEET ONE, BUY/PAY AT FUEL DESK, ALL PREPAID PERMIT SVCS

Credit Cards: AMERICAN EXPRESS, VISA/MASTERCARD, DISCOVER

Code	Location / Phone	Truck Stop / Address	Motor Fuel	Parking	Food / Stores / Showers	Communications	Scales	Tires	Repairs	Road Svcs / Wash	RV Info / Financial	Permit Svcs / Fuel Cards	Credit Cards
C1	Haugan, 59842 406-678-4285	Lincoln's Silver Dollar (Exxon) I-90 Exit 16	24HRS ■ ■	M ■ ■	■ □ ■ ■		F C	□	□ □	□ □ □ □ □ / □ □ □	■ ■	V W B C B B	■ ■ ■ ■
B5	Havre, 59501 406-265-2296	Milk River Co-op (Cenex) 5 US 2 (in town)	■ ■ ■ ■		□ □ □ ■ □ □ □	□	F C	□ □	□ □	□ □ □ □ □ □ / □ □ □	■ ■		■ ■ ■ ■
B5	Havre, 59501 406-265-8861	Emporium Food & Fuel (Conoco) US 2	■ ■ ■		□ □ ■ □ □ □	■ ■ ■	F C	□	□ □	□ □ □	□ ■ ■	V W B C B	■ ■ ■ ■
B5	Havre, 59501 406-265-3441	Stromberg's Sinclair US 2 (1200 1st St)	■ ■ ■		□ □ □ ■ □ □ □	□		□ ■	□ □	□ □ □ □ / □ □ □	□	V W C	■ ■ ■
D4	Helena, 59601 406-442-3259	High Country Travel Plaza (Conoco) I-15 Exit 192 (US 12 E - 287 NE)	24HRS ■ ■ ■	M ■ ■	■ □ □ ■ ■ □ □ □	■ ■ ■	F C U	□ ■	□ □	□ □ □ □ □ □ □ / □ □ □ □	□ ■ ■ ■ ■	V W B B F B B B	■ ■ ■ ■
D4	Helena (East), 59635 406-227-6074	Town Pump #8930 (Exxon) 418 W Main (off US 12 W)	24HRS ■ ■		■ □			□ ■	□ □	□ □ □ □ □ / □ □ □	□ ■ ■ ■ ■ ■	V W	■ ■ ■
B2	Kalispell, 59901 406-755-9491	Michael's West (Exxon) 1011 US 2 W	24HRS ■ ■ ■		□ □ □ ■ □ □ □	□		□ □ ■	□ □	□ □ □ / □ □ □	■ ■ ■	V W B B B B	■ ■ ■
B2	Kalispell, 59901 406-857-2344	White Oak C-Mart (Exxon) 4810 US 93 S	■ ■ ■		□ ■ □ ■	□	F C	□ ■			■		■ ■ ■ ■
E6	Laurel, 59044 406-628-7576	Town Pump (Exxon) I-90 Exit 434	24HRS ■ ■		□ □ □ ■ □		F C □	□ ■	□ □	□ / □ □ □	■ ■ ■ ■ ■	V W B B F	■ ■ ■ ■
E6	Laurel, 59044 406-628-4324	Pelican Truck Plaza (Sinclair) I-90 Exit 437 (MT 2 S)	24HRS ■ ■ ■	M ■ ■	24HRS ■ ■ ■ ■ ■ □	■ ■ ■ ■	F C U F	□ ■	■ ■	□ □ □ □ □ / □ □ □	■ ■ ■ ■ ■	V W B B F B B B B	■ ■ ■ ■
D6	Lewistown, 59457 406-538-2217	Town Pump #8938 (Exxon) 622 US 87 NE	24HRS ■ ■		□ ■ □ ■ □	□	F C	□ ■	□ □	□ □ □ / □ □ □ □ □	□ ■ ■ ■ ■ ■	V W B C B B	■ ■ ■ ■
B1	Libby, 59923 406-293-7331	Save-Rite South (Conoco) 1210 US 2 S (1/2 mi S of town)	■ ■ ■		□ □ □ ■ □	□		□ ■	□ □	□ □ □ □ □ / □ □ □	□ ■	V W B	■ ■ ■
B1	Libby, 59923 406-293-3111	Save-Rite West (Conoco) 573 US 2 W (1/2 mi W of town)	■ ■ ■		□ □ □ ■ □	□		□ □ ■	□ □	□ □ □ □ □ □ / □ □ □ □	□	V W F B	■ ■ ■
F5	Livingston, 59047 406-222-6180	Yellowstone Truck Stop I-90 Exit 330 (E on US 10W)	24HRS ■ ■	M ■ ■	24HRS □ ■ □ ■ □ □	■ ■ ■	F C □	□	■ ■	■ ■ ■ ■ ■ A / ■ ■ □	■ □ ■	V W B B B B B	■ ■ ■ ■
F5	Livingston, 59047 406-222-5527	Town Pump #0610 (Conoco) I-90 Exit 333 (US 89)	24HRS ■ ■	M ■ ■	□ ■ □ ■ □ □	■ ■ ■	F C	□ ■	□ □	□ □ □ □ □	■ □ ■ ■ ■ ■ ■	V W B B B B B B	■ ■ ■ ■
D2	Lolo, 59847 406-273-2724	Town Pump #8939 (Exxon) 10955 US 93 S	24HRS ■ ■	S ■ ■	□ ■ □ ■ □ □	□		□ □ ■	□ □	□ □ □ / □ □ □ □	■ □ ■ ■ ■ ■ ■	V W B B B	■ ■ ■ ■
D2	Lolo, 59847 406-273-6666	Town Pump #8912 (Exxon) US 12 & US 93	24HRS ■ ■ ■	M ■ ■	■ □ ■ □ ■ ■ □	■ ■ □	F C □ □	□ ■			■ □ ■ ■ ■ ■ ■	V W B B B B B B	■ ■ ■ ■ ■
B7	Malta, 59538 406-654-1406	West Side Self Service (Conoco) US 2 W	■ ■ ■ ■	M ■ ■	■ ■ □ ■ □	■ □	F C	□ ■ □ □ □ □	□ □	□ □ □ □ □ □ □ □ □ □ ■	■ ■ ■ ■	V W B B B B B B	■ ■ ■ ■
E8	Miles City, 59301 406-232-4549	Kum & Go #820 (Cenex) I-94 Exit 138 (MT 59 N)	24HRS ■ ■	M ■ ■	□ □ □ ■ ■ □ □ □	■ ■ ■ ■ ■	F C F	□ ■	□ □	□ □ □ □ / □ □ □	■ ■ ■ ■ ■	V W B B B B B B	■ ■ ■ ■
E8	Miles City, 59301 406-232-2582	Town Pump/Pilot #8300 (Exxon) I-94 Exit 138 (MT 59 N)	24HRS ■ ■	M ■ ■	□ ■ ■ ■ □ ■ ■ □ □ □	■ ■ ■	F C	□ ■	□ □	□ □ □ □ / □ □ □	■ ■ ■ ■ ■ ■	V W B B B B B	■ ■ ■ ■
D2	Milltown, 59851 406-258-6588	Town Pump #8500 (Exxon) I-90 Exit 109 (7985 MT 200)	24HRS ■ ■ ■	L ■ ■ ■	■ ■ ■ □ ■ ■	■ ■ ■ DAT	F C U F	□ ■ ■ ■ ■		/ □ □ □	■ ■ ■ ■ ■ ■	V W B B B B B	■ ■ ■ ■
D2	Missoula, 59808 406-543-8383	Harvest States Cenex I-90 Exit 101 (1/4 mi S)	24HRS ■ ■ ■		□ □ □ ■ □ □ □	□	F C □	□		□ □ / □ □ □	■ ■ ■	V W	■ ■ ■
D2	Missoula, 59808 406-543-8885	Deano's Travel Plaza (Exxon) I-90 Exit 101 (US 93 S)	24HRS ■ ■		■ □ □ ■ □ □ □	■ □	U F	■		□ □ □ □ □	■ ■	V W	■ ■ ■
D2	Missoula, 59807 406-728-7500	Ole's Truck Stop (Conoco) I-90 Exit 107 (N to MT 200)	24HRS ■ ■	M ■ ■ ■	24HRS ■ ■ □ ■ □	■ ■ DAT	F C	■		□ □ □ □ □	■ ■ ■	V W B B B B B	■ ■ ■ ■
D2	Missoula, 59807 406-549-2327	Crossroads Travel Center (Sinclair) I-90 Exit 96 (US 93)	24HRS ■ ■ ■	XL ■ ■	24HRS ■ ■ ■	■ ■ ■ DAT	F C U F T	□ □ □ □ □		□ □ □ □ □ □ □ □ □ □ □ □	■ ■ ■ ■ ■	V W B B B B B B	■ ■ ■ ■
D2	Missoula, 59802 406-728-4700	Muralt's Travel Plaza (Conoco) I-90 Exit 96 (US 93) AMBEST	24HRS ■ ■ ■	L ■ ■	24HRS ■ ■ ■	■ ■ ■ DAT	F C U F T	■ ■ CAT		□ □ ■ ■ ■ □ / ■ ■ □	■ ■ ■ ■ ■ ■	V W B B B B B B	■ ■ ■ ■ ■
D5	Moore, 59464 406-374-2471	Eddie's Corner (Conoco) 65000 US 87 W & US 191	24HRS ■ ■	M ■ ■	24HRS ■ ■	■ ■ ■	F C	■ ■ ■ ■			■ ■ ■	V W B B F B B B B	■ ■ ■ ■
E6	Park City, 59063 406-633-2359	Kum & Go #829 (Cenex) I-90 Exit 426	24HRS ■ ■ ■	M ■ ■	■ ■ ■ ■ □ ■ ■ □	■ ■ ■ DAT ■	F C	□ ■		/ □ □ □	■ ■ ■ ■ ■ ■	V W B B F B B B B	■ ■ ■ ■

THE TRUCKER'S FRIEND® - MONTANA

How to interpret the page

■means available at truck stop □means available nearby

in the overnight lot column:
S means room for 5 - 24 trucks
M means room for 25-74 trucks
L means room for 85-149 trucks
XL means room for 150+ trucks
$ means a parking fee may be charged

code at left-hand side of rows is the state map grid reference
a key to advertising logos is on page 25

Services may change without notice. When in doubt, call ahead.

Financial Services: C=Checks, F=Fuel Cards, B=Both

Map	Location	Truck Stop	Motor Fuel (Truck Diesel / Self Service Diesel / Metered Propane / Gasoline)	Parking (Overnight Lot ($) / Paved Lot / Trailer Drop)	Parking (Electric Plug-ins / Safe Haven/Hazmat)	Food (Restaurant / Fast Food / Table Phones / Motel)	Stores (Convenience / Trucker/Travel)	Stores (Shopping Center / Walmart/Kmart / Grocery)	Showers (Ladies' / Men's)	Communication (TV/Drivers Lounge / Laundry / Load Monitor)	Communication (Internet Kiosk / Wi-Fi Hotspots / Document Scanning / Public Fax/Copier / UPS/FedEx/Trippak Box)	Scales (Religious Services / State Lottery)	Tires (Axle / Platform)	Repairs (Certified / Repairs / New Tire Sales)	Repairs (Shop Open 24 Hrs / DOT Inspection)	Repairs (Major Repairs / Minor Repairs)	Road Svcs (Oil Change/Lube / Minor Welding / AC/Reefer / CB)	Wash (Tire / Mechanical / Towing)	RV Info (Truck (Exterior) / Trailer Washout / RVs Welcome)	RV Info (Dumping Station / Propane (Bottle))	Financial (ATM / Can Wire Money Out)	Financial (Money Orders / Natso Check-Link / Western Union)	Financial (Voyager/Wright Express / Comdata (Comchek))	Permit Svcs (EFS / Fuel Man)	Multi Service / TCH	T-Chek / Fleet One	Buy/Pay at Fuel Desk / All Prepaid Permit Svcs	American Express / Visa/Mastercard / Discover
A 9	Plentywood, 59254 406-765-2121	Can Am C-Store MT 16 & MT 5	24 HRS ■ ■	S ■		24 HRS ■ ■ □	■ ■	□	■ ■	■		F C	□ ■	□ □ □	□ □	□	□ □ □	□ □			■ □	■	V W	B	B	B		■ ■
C 2	Polson, 59860 406-883-9445	Town Pump (Exxon) 1714 US 93 (in town)	24 HRS ■ ■			□ □ □	■	□ □ □		□		F C	□ ■								□ ■	■ ■ ■	■				■	■ ■ ■
D 5	Raynesford, 59469 406-738-4400	Kibbey Korner Truck Stop (Cenex) US 87 & MT 427	■ ■ ■ ■	S ■		□ ■	■		■			F C	□ ■		□ □		□ □	□	□ □ □		■		V W				■	■ ■ ■
E 3	Rocker, 59701 406-723-4325	Flying J Travel Plaza #05130 I-15-90 Exit 122 (Flying J logo)	24 HRS ■ ■ ■	M ■ ■		24 HRS ■ ■ □	■ ■		■ ■	■ ■	(Flying J logo) ■ (Flying J logo) (Flying J logo)	F C U F T	□		□ □		□ □ □		□ □ □		■ □ ■	■	V W	B	B B	B	■	■ ■ ■
E 3	Rocker, 59701 406-723-0088	Town Pump Travel Plaza #5600 (Conoco) I-15-90 Exit 122	24 HRS ■ ■ ■	XL ■ ■		■ ■ ■ □	■ ■		■ ■	■ ■	(DAT logo)	F C U F T	□ ■		□ □		□ □	□	□ □ □		■ □ ■	■ ■ ■	■ V W	B B	B	B B	■	■ ■ ■
C 2	Saint Regis, 59866 406-649-2407	Saint Regis Travel Center (Conoco) I-90 Exit 33 (Old US 10)	24 HRS ■ ■			24 HRS □ □	■	□		□		F C	□	□ □ □	□		□ □ □	□	□ □ □		□	■	V W	C		C	■	■ ■ ■
B 4	Shelby, 59474 406-434-5491	Town Pump Travel Plaza #8926 (Exxon) I-15 Exit 363 (US 2)	24 HRS ■ ■	XL ■ ■		24 HRS ■ ■ □	■ ■	□	■ ■	■ ■		F C U F	□ ■		□ □	□	□ □ □	□ □	□ □ □	□	■ □ ■	■ ■ ■	■ W	B B	B	B B	■ ■	■ ■ ■
C 2	Superior, 59872 406-822-4444	Town Pump #3800 (Exxon) I-90 Exit 47	24 HRS ■ ■	S ■		□ ■ □	■	□	■ ■	□		F C	□ ■								■	■ ■ ■	■ V W	B B	B B	B B	■	■ ■ ■
E 4	Three Forks, 59752 406-285-3807	Town Pump Travel Plaza #0350 (Exxon) I-90 Exit 274 (US 287)	24 HRS ■ ■	L ■ ■		■ □	■ ■		■ ■	■		F C	■	□ □	□ □		□ □ □	□	□ □ □		■ □ ■	■ ■ ■	■ V W	B B	B	B B	■	■ ■ ■
B 2	Whitefish, 59937 406-862-6453	Mike's Conoco 6585 US 93 S	24 HRS ■ ■			□ ■ □	■	□ □		■		F C	□ ■		□ □		□	□	□ □ □		■ ■	■	V W	B		B	■	■ ■ ■
E 4	Whitehall, 59759 406-287-5630	Town Pump Travel Plaza #8945 (Exxon) I-90 Exit 249	24 HRS ■ ■	M ■ ■		24 HRS ■ ■ □	■ ■	□	■ ■	■ ■		F C	□ ■		□ □		□ □ □	□	□ □ □	□	■ □ ■	■ ■ ■	■ ■ V W	B B	B B	B B	■	■ ■ ■
B 8	Wolf Point, 59201 406-653-3206	Town Pump #8946 (Exxon) 401 US 2	24 HRS ■ ■			□ □ □	■	□					□ ■		□ □				□ □ □			■ ■ ■	■ V W	B				■ ■ ■

Sign up at www.truckstops.com for free email updates from *The Trucker's Friend.*®

NEBRASKA

Road/Weather Conditions

Tourism: 800-228-4307
Road: 800-906-9069 (recording)
402-471-4533 (recording)
Construction: 402-479-4512 (weekdays)
Weather: Hastings: 402-462-4287 (recording)
Grand Island: 308-384-1907 (rec)
North Platte: 308-532-5592 (rec)

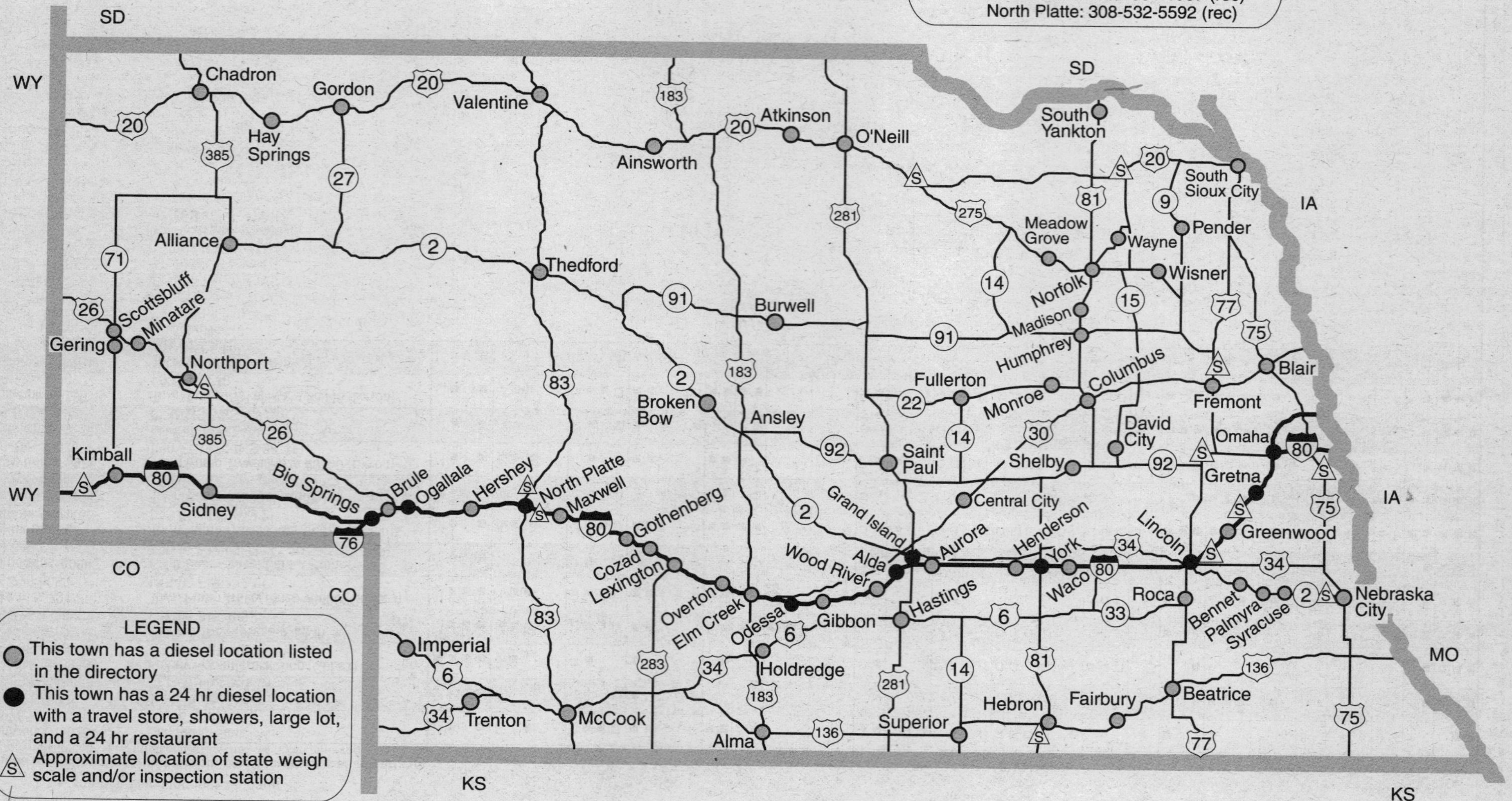

LEGEND

- This town has a diesel location listed in the directory
- This town has a 24 hr diesel location with a travel store, showers, large lot, and a 24 hr restaurant
- (S) Approximate location of state weigh scale and/or inspection station

State Fuel Tax Rates

Diesel..........24.8¢
Gasoline......24.8¢

THE TRUCKER'S FRIEND® - NEBRASKA

How to interpret the page

■ means available at truck stop □ means available nearby

in the overnight lot column:
S means room for 5 - 24 trucks
M means room for 25-74 trucks
L means room for 85-149 trucks
XL means room for 150+ trucks
$ means a parking fee may be charged

code at left-hand side of rows is the state map grid reference

a key to advertising logos is on page 25

Services may change without notice. When in doubt, call ahead.

Column groups: Motor Fuel (Truck Diesel, Self Service Diesel, Metered Propane, Gasoline); Driver Services — Parking (Overnight Lot, Paved Lot ($), Trailer Drop, Electric Plug-ins, Safe Haven/Hazmat), Food (Restaurant, Fast Food, Table Phones), Stores (Motel, Convenience, Trucker/Travel, Shopping Center, Walmart/Kmart, Grocery), Showers (Ladies, Men's), Communication (TV/Drivers Lounge, Laundry, Load Monitor, Internet Kiosk, WiFi Hotspots, Document Scanning, Public Fax/Copier, UPS/FedEx/TripPak Box, Religious Services, State Lottery); Vehicle Services — Scales (Axle, Platform, Certified), Tires (Repairs, New Tire Sales), Repairs (Shop Open 24 Hrs, DOT Inspection, Major Repairs, Minor Repairs, Oil Change/Lube, Minor Welding), Road Svcs (AC/Reefer, Tire, CB, Mechanical), Wash (Towing, Truck (Exterior), Trailer Washout); RV Info (RVs Welcome, Dumping Station, Propane (Bottle)); Financial Services (ATM, Can Wire Money Out, Money Orders, Natso Check-Link, Western Union, Voyager/Wright Express, Comdata (Comchek); C=Checks, F=Fuel Cards, B=Both: EFS, Fuel Man, Multi Service, TCH, T-Chek, Fleet One, Fuel Desk); Permit Svcs (Buy/Pay at Fuel Desk, All Prepaid Permit Svcs); Credit Cards (American Express, Visa/Mastercard, Discover).

Grid	Location	Truck Stop	Motor Fuel	Parking (lot/paved/drop)	Parking (plug-ins/safe haven)	Food / Motel	Stores (conv./trucker)	Stores (shopping/Walmart/grocery)	Showers	Lounge / Laundry	Communication (load monitor/internet/WiFi)	Communication (scan/fax/UPS)	Religious / Lottery	Scales	Tires	Repairs (24 hrs/DOT)	Repairs (major/minor/oil)	Repairs / Road Svcs	Road Svcs / Wash	Wash	RV Info	Financial (ATM/wire/money orders)	Financial (Western Union/Voyager/Comdata)	EFS / Fuel Man	Multi Service / TCH / T-Chek	Fleet One / Fuel Desk	Permit Svcs	Credit Cards
B 5	Ainsworth, 69210 402-387-1992	Master's Mini Mart (Shell) 822 US 20 E	■■ ■	S		□□ □	■	□				F C □	□■		□□		□□		□□□		■□	■	V W	B		B B	■	■■■
E 6	Alda, 68810 308-382-5320	Gas 'N Shop #33 (Sinclair) I-80 Exit 305	24 HRS ■ ■	S ■■		□□ □	■					F C □	■	□□□	□□	□	□□□	□□	□□□		■□	■ ■	V W	B C		B	■	■■■
E 6	Alda, 68810 308-382-5902	TravelCenters of America/Grand Island W TA I-80 Exit 305 (Alda Rd)	24 HRS ■ ■	XL ■■		24 HRS ■	■■		■■	■■	DAT ■ TA	■ F C T F		CAT	B F	■■	■■	■ A	■■□		■	■	■ V W	B B	B	B B	■	■■■
C 2	Alliance, 69301 308-762-9902	Terry's Corner (Cenex) NE 2 W & US 385	■■ ■	S ■		□■ □	■	□□	■	□		F C	■	□□□	□□		□□	□ □	□□□		■□■	■	V W	B C		B	■■	■■■
G 5	Alma, 68920 308-928-2590	Bosselman Pump & Pantry # 35 (Sinclair) 710 US 183 N	■■ ■	S ■		□ □	■	□	■■	□		F C	□■							□	□■	■ ■	V W	B B	B	B	■■	■■■
D 5	Ansley, 68814 308-935-1505	Custer's Last Stop (Cenex) US 2 & US 183 (1 mi E of town)	■■ ■	S ■		□■ □	■	□		□		F C	□■					□	□□□		■	■	V W			B	■	■■■
B 5	Atkinson, 68713 402-925-2465	Road Runner (Shell) US 20 & Hwy 11	■■ ■	S ■		■■ □	■	□		□		□	□■	□□□	□□		□□□	□	□□		■□	■	V W					■■■
E 6	Aurora, 68818 402-694-5223	Fast Fuel #2 (Sinclair) I-80 Exit 332 (NE 14 S)	■■ ■	S ■		□■ □	■		■	■		F C	■								■	■	V W	C C		B	■	■■■
E 6	Aurora, 68818 402-694-2802	Love's Travel Stop #309 I-80 Exit 332 (NE 14)	24 HRS ■ ■	M ■		□■■	■■		■■			■ F C	□	CAT							■■	■	■ V W	B B	F B	B B	■	■■■
F 8	Beatrice, 68310 402-223-2124	Ampride C-Store (Cenex) 1615 US 77 N	■■■■			□□ □	■	□				□	□■		■■	■	■■	□	□		■	■	V W					■■■
F 8	Beatrice, 68310 402-228-0103	Diamond T Truck & Auto Plaza US 77 N	24 HRS ■ ■	M ■		24 HRS ■ □	■■	□□□	■■	■		F C	□■		■■		■■	■	□□□		■■■	■	V W	B B	B B	B B	■	■■■
E 8	Bennet, 68317 402-782-8900	Kabredlo's (Cenex) NE 2 & NE 43	■■ ■	M ■		□■ □	■	□	■■				□■								■ ■	■	V W					■■■
E 3	Big Springs, 69122 308-889-3608	Total #4419 I-80 Exit 107	24 HRS ■ ■	S ■■		□□ □	■■	□	■■	■■		F C □	□■	□□□	□□		□□□	□	□□□	□□	■□	■ ■	V W	B B	B B	B B	■	■■■
E 3	Big Springs, 69122 308-889-3686	Bosselman Travel Center (Sinclair) I-80 Exit 107 (Big Springs Rd)	24 HRS ■ ■	XL ■■	■	24 HRS ■■■	■■	□	■■	■■	DAT ■	■ F C U F T	■■	■■■	B F	■■	■■■	■ A R	■■□	■■	■□	■ ■	■■ V W	B B	B B	B B	■■	■■■
D 8	Blair, 68008 402-426-2532	Dale's Sinclair 503 US 75 (1/4 mi S of US 30)	■■■■			□ □		□ □		□			□		□□	■■	■■■	A			□■		V W	C		F	■■	■■■
D 8	Blair, 68008 402-426-9150	Petro Mart (Conoco) US 30 (W of Blair Bridge)	■■ ■	M ■■		■ □	■	□ □		□			□		□□			□			■	■	W	B	B	B .		■■■
D 5	Broken Bow, 68822 308-872-6842	Pump & Pantry #14 (Sinclair) 1037 NE 2	■■ ■	S		■ □	■	□		□			□■								■	■ ■	V W					■■■
E 3	Brule, 69127 308-287-2474	Happy Jack (Sinclair) I-80 Exit 117	■■ ■	S ■		■	■		■■	■		F C	□■								■■■	■	V W	C C	B	C	■	■■■
D 5	Burwell, 68823 308-346-4050	Maverick Truck Stop (Sinclair) NE 91 N & NE 11	■■ ■	S ■		■ □		□		□		C □	□	■	■■		□□□	□			■□		V W					■■■
E 6	Central City, 68826 308-946-2394	Pump & Pantry #29 (Sinclair) 1110 US 30	■■ ■	S		□■ □	■	□		□		□	□■								■	■ ■	V W	B B	B	B		■■■
B 2	Chadron, 69337 308-432-4504	Big Bat's (Shell) 1250 US 20 & US 385	24 HRS ■ ■	M ■■		□■■□	■	□□	■	□		F C	□■	□□□	□□				□□□	□□	■□■	■	V W	B	B	B B	■■	■■■
D 7	Columbus, 68601 402-564-6766	Cubby's Cenex 4812 US 81 N & 48th Ave	24 HRS ■ ■	S ■■		□□ □	■	□□		□			□■						□□□		■ ■	■	V W	B	B	B		■■■
D 7	Columbus, 68601 402-564-8268	Sapp Bros. - Columbus (Shell) 901 US 30 E	24 HRS ■■■	S ■		■□■□	■■	□□□	■■	■■	⏻	F C U F	□■	■■■	□□		□□□	□	□□□	□	■□■	■■	■ V W	B B	F B B	B B	■	■■■
D 7	Columbus, 68601 402-563-2933	T-Bone Truck Stop (Sinclair) US 81 & US 30 W (S junction)	24 HRS ■ ■	M ■■		■□ □	■■	□□□	■■	■□		F C □	□■		□□		□□□	□	□□□	□	■	■	V W	B B	F B B	B B		■■
E 5	Cozad, 69130 308-784-4939	Gas 'N Shop (66) I-80 Exit 222 (1/2 mi N on NE 22)	24 HRS ■ ■			□■ □	■	□					■		□□			□	□		□	■ ■	V W	B		B		■■■
E 7	David City, 68632 402-367-3251	Northside 66 Hwy 15	■■ ■	S ■■		■□ □	■	□ □		□		□	□■		■■		□□□	□□	■□□		□■	■	V W					■■■
F 5	Elm Creek, 68836 308-856-4330	Bosselman Fuel Stop (Sinclair) I-80 Exit 257 (US 183)	24 HRS ■ ■	M ■■		■■□	■■	□	■■	■■	DAT ■	■ F C T F	□■	■■■	□□				□□□	□	■□	■■■	■ V W	B B	B B	B B	■■	■■■
F 7	Fairbury, 68352 402-729-2455	Maatsch Food Shop (BP) 1515 NE 15 (N of US 136)	■■ ■	S ■		□■ □	■	□□				F C	□	□□□	□□		□□	□	□□□		■□	■	W	B C		C C	■	■■■

THE TRUCKER'S FRIEND® - NEBRASKA

How to interpret the page

■ means available at truck stop □ means available nearby

in the overnight lot column:
- S means room for 5 - 24 trucks
- M means room for 25-74 trucks
- L means room for 85-149 trucks
- XL means room for 150+ trucks
- $ means a parking fee may be charged

code at left-hand side of rows is the state map grid reference

a key to advertising logos is on page 25

Services may change without notice. When in doubt, call ahead.

Column headings: Driver Services — MOTOR FUEL (Truck Diesel, Self Service Diesel, Metered Propane, Gasoline); PARKING (Overnight Lot ($), Paved Lot, Trailer Drop, Electric Plug-Ins, Safe Haven/Hazmat); FOOD (Restaurant, Fast Food, Table Phones); STORES (Motel, Convenience, Trucker/Travel, Shopping Center, Walmart/Kmart, Grocery); SHOWERS (Ladies', Men's); TV/Drivers Lounge, Laundry; COMMUNICATIONS (Load Monitor, Internet Kiosk, Wi-Fi Hotspots, Document Scanning, Public Fax/Copier, UPS/FedEx/TripPak Box); Religious Services, State Lottery. Vehicle Services — SCALES (Axle, Platform, Certified); TIRES (Repairs, New Tire Sales); REPAIRS (Shop Open 24 Hrs, DOT Inspection, Major Repairs, Minor Repairs, Oil Change/Lube, Minor Welding, AC/Reefer); ROAD SVCS (CB, Tire, Mechanical, Towing); WASH (Truck (Exterior), Trailer Washout). RV Info (RVs Welcome, Dumping Station, Propane (Bottle)). Financial Services (ATM, Can Wire Money Out, Money Orders, NATSO Check-Link, Western Union, Voyager/Wright Express, Comdata (Comchek), EFS, Fuel Man, Multi Service, TCH, T-Chek, Fleet One, Buy/Pay at Fuel Desk) — C=Checks, F=Fuel Cards, B=Both. Permit Svcs (All Prepaid Permit Svcs). Credit Cards (American Express, Visa/MasterCard, Discover).

Grid	City, Phone	Truck Stop, Location	Motor Fuel	Parking	Parking	Food	Stores	Stores	Showers	Lounge/Laundry	Communications	Scales	Tires	Repairs	Repairs	Repairs	Road Svcs	Road Svcs	Wash	RV Info	Financial	Financial	Financial	Checks/Fuel Cards	Checks/Fuel Cards	Checks/Fuel Cards	Permit/Credit Cards	Credit Cards
D8	Fremont, 68025 402-721-7620	Sapp Bros. - Fremont (Shell) 4260 US 77-275 N & US 30	24 HRS ■■■	M■■		■ □	■■	□	■■	■■	■ [Power logo]	F C T	□	■■■	□□		□	□□	□□□		■■■	■■■	■ V W	B B	F B B	B B	■■	■■■
D8	Fremont, 68025 402-727-9907	Amoco Fuel Express US 275 (2 mi S of US 30)	■■ ■	S ■		□■ □	■	□□□		□		F C □	□■	■■■	□□	□	□□□□	□□□	□□□	□	■ ■	■	V W	B B	B	B F	■	■■■
D6	Fullerton, 68638 308-536-2333	Pappy's Place NE 14 & NE 22	■■■■	S	■	□■ □	■	□		□		F C □	□■		□□		□	□	□□□		■□■	■	V W	B		B	■	■■■
D1	Gering, 69341 308-632-6641	Cyclone Express Mart (Shell) 2648 NE 71 Business	■■ ■	S		■	■		■■	■			■	□								■	V W	B	B	B		■■■
D1	Gering, 69341 308-632-6641	Cyclone Express Mart (Shell) NE 71	■■ ■			■	■		■■														V W	B	B	B B		■■■
F6	Gibbon, 68840 308-234-1513	Fort Kearney Trading Post (Shell) I-80 Exit 279 (NE 10 S)	■■ ■	S ■		■	■					F C							□□□		■	■	V W	B	B	B		■■■
B3	Gordon, 69343 308-282-2000	Pump & Pantry #34 (Sinclair) US 20 & NE 27	■■ ■			□■ □	■	□		□		F	□■								□■	■ ■	V W			B		■■■
E4	Gothenburg, 69138 308-537-3202	I-80 Pit Stop (Sinclair) I-80 Exit 211 (NE 47)	24 HRS ■ ■	M		■■ □	■■	□	■■	□		F C	□■		□				□□		■□	■	W	B B	B B	B B	■■	■■■
E4	Gothenburg, 69138 308-537-4444	Plaza Shell I-80 Exit 211 (NE 47)	■■ ■	S ■		□□ □	■	□		□		F C	□■		□□		□	□	□□□		■□	■	V W	B B	B B	B B	■	■■■
E6	Grand Island, 68801 308-384-1886	Bosselman Truck Stop (Sinclair) 2028 US 30 E	■■ ■	M■■		■■ □	■■	□	■■	■		F C □	□■	□	□□		□□	□	□□□	□□	■ ■	■ ■	V W	B B	B	B B	■	■■■
E6	Grand Island, 68803 308-384-0110	Gas N Shop #72 (66) 3320 US 281	24 HRS ■ ■				■															■		B		B		■■■
E6	Grand Island, 68803 308-389-3188	Gas 'N Shop #57 (66) 4150 US 30 (3-1/2 mi W of US 281)	24 HRS ■ ■	S ■		□■ □	■	□□		□		□	□■						□□□		■	■ ■	V W	B		B		■■■
E6	Grand Island, 68801 308-382-2288	Bosselman Travel Center (Sinclair) I-80 Exit 312 (US 281)	24 HRS ■■■	XL■■		24 HRS ■■□	■■		■■	■■	[DAT logo] ■■	■ F C U F T	■■	■■■	[Bridgestone Firestone logo]	■■	■■■	■ A ■	■■□	□□	■■■	■ ■	■ V W	B B	B B	B B	■■	■■■
E6	Grand Island, 68803 308-389-4900	Ampride (Cenex) Old Potash Hwy & N Webb Rd	24 HRS ■ ■			□■ □	■	□□□		□			□■		□□		□		□□□			■	V W					■■■
E8	Greenwood, 68366 402-944-7055	Cubby's Greenwood Travel Plaza (Conoco) I-80 Exit 420 (NE 63)	24 HRS ■ ■	M■	■	24 HRS ■□	■■		■■	■■	■ [Power logo]	F C	■	[CAT logo]	□□		□□□	□□			□■	■■	■ V W	B B	F B B	B B	■■	■■■
E8	Greenwood, 68366 402-944-3552	Speedy Mart (Shell) I-80 Exit 420 (NE 63)	24 HRS ■ ■			□■ □	■			□			■								■	■	V W					■■■
E8	Gretna, 68028 402-332-4483	Flying J Travel Plaza #05012 (Conoco) [Flying J logo] I-80 Exit 432 (NE 31)	24 HRS ■■■	XL■	■	24 HRS ■■□	■■	□	■■	■■	[Flying J logo] ■ [Flying J logo]	[Flying J logo] F C U F T		[Flying J logo]	□□		□□	□	□□□		■■■	■	V W	B	B B	B	■	■■■
F6	Hastings, 68901 402-462-5832	Bosselman Pump & Pantry (Sinclair) 1630 US 6 E & US 281	24 HRS ■■■	S■■		■ □	■■		■■	□		F C U F	□■		□		□		□□□		■ ■	■ ■	V W	B B	F B B	B B	■	■■■
F6	Hastings, 68901 402-461-3714	Ampride (Cenex) US 281 S & US 6 W	24 HRS ■ ■	S ■		□■■□	■	□□□	■	□		□	□■		□□		□□□	□ □	□□□		■□	■	V W	B C	C	B B		■■■
B2	Hay Springs, 69347 308-638-4545	Summerville Oil (Sinclair) US 20 & NE 87	■■ ■			□□		□		□		F C □	□■		■■		□	□					V W	B C		C		■■■
F7	Hebron, 68370 402-768-6140	Shell Food Mart 243 S 13th (in town)	■■ ■	S ■		□ □	■	□		□		F C	□■		□□						■□	■	V W	C C		C	■	■■■
F7	Hebron, 68270 402-768-2223	81 Express (66) US 81 & Dove Rd	■■ ■	S		□■ □	■	□		□		F C □	□■						□□□		■□	■	V W	B		B	■	■■■
E7	Henderson, 68371 402-723-4821	Fuel Mart #791 I-80 Exit 342 (Hwy 93A)	24 HRS ■ ■	S■■		□■■□	■■		■■			F C	□■						□□□		■□	■		B B	B B	F B	■	■■■
E3	Hershey, 69143 308-368-7368	Western Convenience Truck Stop I-80 Exit 164	24 HRS ■ ■	M■■	■	24 HRS ■	■■	□	■■	■■	[DAT logo]	F C U F	□■	■■■	□□		□	□	□□□		■■	■ ■	V W	B B	B B	B B	■■	■■■
F5	Holdrege, 68949 308-995-6907	Pump & Pantry #23 (Sinclair) 916 US 6-34 (1 mi E of US 183)	■■ ■	S		□■ □	■	□		□		U	□■				□	□			□■	■ ■	V W	B	B	B		■■■
D7	Humphrey, 68642 402-923-0737	Klub 81 Service (Sinclair) NE 91 & US 81	■■ ■	M ■		■ □	■	□	■	■		F C □	□		□□		□□□	□□	□□□		■	■	V W	B C	B	B F	■	■■■
F3	Imperial, 69033 308-882-4381	Frenchman Valley Farmers Co-op (Cenex) US 6	■■■■			□■ □	■	□		□		F C □	□	□□□	■■		□□□	□ □	□□□		□■		V W				■	■■■
F3	Imperial, 69033 308-882-5224	T-Junction US 6 & Hwy 61	24 HRS ■ ■	M ■		□■ □	■	□		□			□		□□		□□□	□	□□□		■			B		B		■■■

THE TRUCKER'S FRIEND® - NEBRASKA

How to interpret the page

■ means available at truck stop □ means available nearby

In the overnight lot column:
- S means room for 5 - 24 trucks
- M means room for 25-74 trucks
- L means room for 85-149 trucks
- XL means room for 150+ trucks
- $ means a parking fee may be charged

code at left-hand side of rows is the state map grid reference

a key to advertising logos is on page 25

Services may change without notice. When in doubt, call ahead.

Column groups: Motor Fuel (Truck Diesel, Self Service Diesel, Metered Propane); Driver Services — Parking (Gasoline, Overnight Lot ($), Paved Lot, Trailer Drop, Electric Plug-Ins, Safe Haven/Hazmat), Food (Restaurant, Fast Food, Table Phones), Stores (Convenience, Motel, Trucker/Travel, Shopping Center, Walmart/Kmart, Grocery), Showers (Ladies', Men's, TV/Drivers Lounge, Laundry), Communication (Load Monitor, Internet Kiosk, Wi-Fi Hotspots, Document Scanning, Public Fax/Copier, UPS/FedEx/Tripak Box); Vehicle Services — Scales (Religious Services, State Lottery, Axle, Platform, Certified), Tires (Repairs, New Tire Sales), Repairs (Shop Open 24 Hrs, DOT Inspection, Major Repairs, Minor Repairs, Oil Change/Lube), Road Svcs (Minor Welding, AC/Reefer, CB, Tire, Mechanical, Towing), Wash (Truck (Exterior), Trailer Washout); RV Info (RVs Welcome, Dumping Station, Propane (Bottle)); Financial Services (ATM, Can Wire Money Out, Money Orders, Natso Check-Link, Western Union, Voyager/Wright Express, Comdata/Comchek; C=Checks, F=Fuel Cards, B=Both); Permit Svcs (EFS, Fuel Man, Multi Service, TCH, T-Chek, Fleet One, Buypay at Fuel Desk, All Preapid Permit Svcs); Credit Cards (American Express, Visa/Mastercard, Discover).

Grid	City / Phone	Truck Stop / Address	Services (as printed, left to right)
E1	Kimball, 69145 308-235-4444	Travel Shop (Sinclair) I-80 Exit 20 (NE 71 NW corner)	■ ■ ■ S ■ ■ □ □ □ ■ □ □ F C □ ■ □ □ □ □ □ □ □ □ ■ □ ■ ■ ■ V W C C C ■ ■ ■ ■
E5	Lexington, 68850 308-324-6374	NebraskaLand Tire/Truck Center (Sinclair) I-80 Exit 237 (US 283 S)	24 HRS ■ ■ XL ■ ■ ■ □ ■ ■ □ □ □ ■ ■ ■ ■ F C U F □ ■ □ ■ ■ ■ □ ■ ■ ■ A ■ ■ □ □ □ ■ ■ V W B B B C B B ■ ■ ■ ■
E8	Lincoln, 68507 402-464-0110	Sapp Bros. (Sinclair) 5901 US 6 (E of N 56th St) (in town)	■ ■ ■ S □ ■ □ ■ □ □ □ ■ □ F C □ □ ■ ■ ■ □ □ □ □ □ □ □ ■ ■ ■ ■ ■ V W B B F B B B B ■ ■ ■
E8	Lincoln, 68528 402-474-1771	Shoemaker's Truck/Travel Plaza (Shell) I-80 Exit 395 (NW 48th & O St)	24 HRS ■ ■ XL ■ ■ 24 HRS ■ □ ■ ■ ■ ■ ■ ■ [DAT] ■ F C U F T □ ■ ■ ■ ■ [BF] ■ ■ ■ □ ■ ■ ■ □ □ □ □ ■ ■ ■ ■ ■ ■ ■ ■ ■ V W B B F B B B B ■ ■ ■ ■ ■
D7	Madison, 68748 402-454-3394	D&D Industries US 81 & NE 32 (to Industrial Rd)	■ ■ S □ □ ■ □ F C □ □ ■ ■ ■ □ □ □ □ □ ■ □ C C ■
E4	Maxwell, 69151 308-582-4611	Ranchland C-Store (Sinclair) I-80 Exit 190	■ ■ ■ S ■ ■ ■ V W ■ ■ ■
F4	McCook, 69001 308-345-6231	Ampride (Cenex) 302 US 6-83	24 HRS ■ ■ □ ■ ■ □ □ □ □ □ □ ■ □ □ □ ■ ■ □ □ □ □ □ □ □ □ □ ■ V W ■ ■ ■
C7	Meadow Grove, 68752 402-634-2400	Griff's One Stop (Sinclair) US 275	■ ■ ■ ■ □ ■ □ □ □ □ ■ □ ■ V W ■ ■ ■
D1	Minatare, 69356 308-783-1332	Minatare Plaza US 26 E	24 HRS ■ ■ M ■ ■ ■ ■ □ ■ ■ ■ ■ F C □ □ □ □ ■ ■ ■ ■ V W B B B B B ■ ■ ■ ■ ■
D7	Monroe, 68647 402-495-2307	M-Mart 338 NE 22	■ ■ ■ S ■ □ ■ ■ □ ■ □ □ □ □ □ □ □ □ □ □ ■ ■ B B ■ ■ ■
F9	Nebraska City, 68410 402-873-5500	Tags 1-Stop (66) 501 US 75 S & NE 2	■ ■ □ □ ■ □ □ F C □ ■ □ □ □ □ ■ V W B ■ ■ ■ ■
C7	Norfolk, 68701 402-371-5337	Cubby's (Cenex) 1303 US 81 S (S of US 275)	24 HRS ■ ■ M ■ □ ■ ■ □ ■ □ □ □ ■ ■ □ [ⓘ] F C U F T ■ ■ ■ ■ □ □ □ □ □ □ □ □ □ □ ■ ■ □ ■ ■ V W B B B B B B ■ ■ ■ ■
C7	Norfolk, 68701 402-371-7044	Prime Stop North (Shell) 84610 US 81 (5 mi N of US 275)	24 HRS ■ ■ M ■ ■ ■ ■ ■ F C ■ □ □ □ □ ■ ■ V W B B ■ ■ ■ ■
C7	Norfolk, 68701 402-371-9996	Prime Stop East (Shell) US 275/NE 24 SE & Omaha Ave W	24 HRS ■ ■ M ■ ■ □ □ □ ■ ■ □ F C □ ■ □ □ □ □ □ □ □ □ □ □ □ □ □ □ □ □ □ ■ □ ■ V W B B B ■ ■ ■ ■
E4	North Platte, 69101 308-532-4555	Flying J Travel Plaza #05059 (Conoco) I-80 Exit 179	[Flying J] 24 HRS ■ ■ ■ L ■ ■ 24 HRS ■ ■ ■ ■ ■ ■ ■ ■ [Flying J] ■ [Flying J] [Flying J] U F T □ [Flying J] □ □ □ ■ ■ ■ ■ ■ V W B B B B B ■ ■ ■ ■
D2	Northport, 69336 308-262-0459	Lee's Service (BP) US 385 & US 26	■ ■ ■ S □ ■ □ ■ □ □ □ □ □ ■ ■ □ □ □ ■ □ □ ■ □ V W C C ■ ■ ■
B6	O'Neill, 68763 402-336-3028	Ampride Travel Center (Cenex) 204 US 20-275-281 E	24 HRS ■ ■ S ■ ■ ■ ■ □ ■ □ □ ■ □ ■ ■ □ F C ■ □ □ □ □ □ □ □ □ □ □ ■ V W B B B F ■ ■ ■ ■ ■
B6	O'Neill, 68763 402-336-2224	Westside Plaza (66) US 20 (1 mi W of town)	■ ■ ■ S ■ □ □ □ ■ □ □ F C □ □ □ □ □ □ □ □ □ □ □ □ □ ■ V W B B ■ ■ ■ ■
F5	Odessa, 68861 308-234-1662	Sapp Bros. - Landmark (Shell) I-80 Exit 263 (Odessa Rd)	24 HRS ■ ■ M ■ ■ 24 HRS ■ □ ■ ■ □ ■ ■ ■ ■ ■ [ⓘ] F C T ■ ■ ■ ■ ■ ■ ■ ■ ■ □ ■ V W B B F B B B B ■ ■ ■ ■
E3	Ogallala, 69153 308-284-3667	TravelCenters of America I-80 Exit 126 (US 26 & NE 61)	[TA] 24 HRS ■ ■ L ■ ■ 24 HRS □ ■ □ ■ ■ ■ ■ ■ ■ ■ [DAT] [TA] F C T F [CAT] [BF] ■ ■ ■ ■ R ■ ■ ■ ■ ■ ■ ■ ■ ■ W B B B B B ■ ■ ■ ■ ■
E3	Ogallala, 69153 308-284-3329	Sapp Bros. - Ogallala (Shell) I-80 Exit 126 (US 26 & NE 61)	24 HRS ■ ■ □ □ □ ■ ■ □ □ ■ ■ □ [ⓘ] F C □ □ □ □ □ □ □ □ □ □ □ □ □ ■ ■ ■ ■ V W B B F B B B B ■ ■ ■ ■
E8	Omaha, 68138 402-895-5286	Wally's Place I-80 Exit 440 (NE 50 NE corner)	■ ■ ■ ■ □ ■ ■ □ □ □ □ □ ■ V W B B ■ ■ ■
E8	Omaha, 68137 402-895-2121	Sapp Bros. - Omaha (Shell) I-80 Exit 440 (NE 50)	24 HRS ■ ■ ■ XL ■ ■ 24 HRS ■ □ ■ ■ ■ □ □ □ ■ ■ ■ ■ [DAT] [ⓘ] F C U F T ■ ■ ■ ■ ■ ■ ■ ■ □ ■ ■ ■ A ■ ■ □ □ ■ ■ ■ ■ ■ ■ V W B B F B B B B ■ ■ ■ ■ ■
E5	Overton, 68863 308-987-2401	Mian Brothers (BP/Amoco) I-80 Exit 248	24 HRS ■ ■ M ■ ■ ■ ■ ■ ■ F C □ ■ □ □ □ ■ V W B B F B B B B ■ ■ ■ ■
F8	Palmyra, 68418 402-780-5767	Gas 'N Shop (Sinclair) US 2 & I St	■ ■ ■ S ■ ■ ■ ■ □ □ ■ □ □ □ ■ ■ ■ ■ V W ■ ■ ■
C8	Pender, 68047 402-385-3065	Smitty City (BP) NE 9 S	■ ■ ■ S ■ □ □ □ ■ ■ □ F C □ ■ ■ □ □ □ ■ ■ □ □ □ □ □ □ □ ■ ■ □ ■ V W C ■ ■ ■
F8	Roca, 68430 402-420-7899	Shoemaker's South Truck Station (Shell) US 77 N & Saltillo Rd	■ ■ ■ S ■ ■ ■ ■ □ □ □ ■ ■ F C □ □ □ ■ ■ V W B B F B B B B ■ ■ ■ ■
E6	Saint Paul, 68873 308-754-4439	Pump & Pantry #13 (Sinclair) 514 US 281 (1 mi S of NE 92)	■ ■ ■ □ ■ □ ■ □ □ □ □ ■ □ □ □ □ ■ □ ■ ■ V W B ■ ■ ■

THE TRUCKER'S FRIEND® - NEBRASKA

How to interpret the page

■ means available at truck stop □ means available nearby

in the overnight lot column:
S means room for 5 - 24 trucks
M means room for 25-74 trucks
L means room for 85-149 trucks
XL means room for 150+ trucks
$ means a parking fee may be charged

code at left-hand side of rows is the state map grid reference

a key to advertising logos is on page 25

Services may change without notice. When in doubt, call ahead.

Financial Services: C=Checks, F=Fuel Cards, B=Both

Driver Services (Motor Fuel, Parking, Food, Stores, Showers, Communications)

Grid	City	Phone	Truck Stop	Location	Truck Diesel	Self Service Diesel	Metered Propane	Gasoline	Overnight Lot ($)	Paved Lot	Trailer Drop	Electric Plug-ins	Safe Haven/Hazmat	Restaurant	Fast Food	Table Phones	Motel	Convenience	Trucker/Travel	Shopping Center	Walmart/Kmart	Grocery	Ladies'	Men's	TV/Drivers Lounge	Laundry	Load Monitor	Internet Kiosk	Wi-Fi Hotspots	Document Scanning	Public Fax/Copier	UPS/FedX/TripPak Box	Religious Services	State Lottery
E 6	Saint Paul, 68873	308-754-4486	Jim's Truck Stop (Shell)	US 281 & NE 92	■	■		■	S		■			■			□	■				□				□					F C	□	□	■
D 1	Scottsbluff, 69361	308-632-5302	Panhandle Co-op (Cenex)	401 NE 71 Bypass SW	■	■	■	■						□	■		□	■			□	□									F C		□	■
D 1	Scottsbluff, 69361	308-635-7374	Western Travel Terminal (Citgo)	US 71 & S Beltline W	24 HRS	■		■	M	■	■			■	□		□	■	■	□	□	□	■	■	■	□					F C	U F	□	■
E 7	Shelby, 68662	402-527-5331	Joe's Quick Shoppe (Ampride)	600 US 81 & NE 92 E	■	■		■	S		■			□	■			■				□										□	□	■
E 2	Sidney, 69162	308-254-3096	Sapp Bros. - Sidney (Shell)	I-80 Exit 59 (US 385)	24 HRS	■		■	M	■	■			□	■		□	■	■	□	□	□	■	■							F C	U F	□	
C 8	South Sioux City, 68776	402-494-5471	Crystal Oil Truck Stop (Shell)	I-129 Exit 2 (NE 35 S)	24 HRS	■		■	M		■			24 HRS	□		□	■	■		□	□	■	■	■	■					F C	U F	□	
B 7	South Yankton, 57078	402-667-9855	Shop EZ (Ampride)	89823 US 81 S	24 HRS	■		■	S					□	□		□	■		□				■		□					F C		□	■
G 6	Superior, 68978	402-879-4771	Petro Plus	NE 14 W & Commercial Ave	■			■						□	□		□			□		□				□						□	□	
F 8	Syracuse, 68446	402-269-3700	The Nutcracker (BP)	110 NE 50 N & NE 2	■	■		■	M		■			□	■	■	■	■				□				□					F C		□	■
C 4	Thedford, 69166	308-645-2233	Sandhill Oil Company (BP)	US 83 & NE 2	■	■		■	S	■		■		□	■		□	■				□		■							F C		□	
F 4	Trenton, 69044	308-334-5248	Trails West (Sinclair)	US 34 & NE 25	■	■		■	S			■			■		□	■						■		□					F C			■
B 4	Valentine, 69201	402-376-2280	Shell Travel Center	101 US 20 E & US 83	24 HRS	■		■	M					□	■		□	■		□		□	■	■	■	□					F C	U F	□	■
B 4	Valentine, 69201	402-376-2280	Shell Travel Center	101 US 20 W & US 83	24 HRS	■		■	M		■			□	■	■	□	■		□		□	■	■	■	□					F C	F	□	■
B 4	Valentine, 69201	402-376-1302	Midway Oil (Sinclair)	US 20 & US 83 E	■	■		■	S		■			□	■		□	■		□		□	■	■		□					F C	□	□	■
E 7	Waco, 68460	402-728-5672	Fuel Mart #642	I-80 Exit 360	24 HRS	■		■	M	■	■			24 HRS		■		■	■				■	■							F C			■
C 7	Wayne, 68787	402-375-1449	Wayne East (Shell)	NE 35 & Centennial Rd	24 HRS	■		■	S	■	■				■	■	□	■		□		□		■	■	□					F C	F	□	■
C 8	Wisner, 68791	402-529-3562	Wisner West (Shell)	US 275 W	24 HRS	■		■	S	■	■			□	■		□	■				□	■	■		□					F C		□	■
F 6	Wood River, 68883	308-583-2493	AMBEST Bosselman Fuel Stop (Sinclair)	I-80 Exit 300 (NE 11)	24 HRS	■		■	M	■	■			■	■	■	□	■	■				■	■	■	■				■	F C	T		■
E 7	York, 68467	402-362-1776	PETRO Petro Stopping Center #62 (66)	I-80 Exit 353	24 HRS	■	■	■	XL	■	■			24 HRS	■	■	□	■	■				■	■	■	■		■	■		F C	U F T	■	■
E 7	York, 68467	402-362-5999	Sapp Bros. - York (Sinclair)	I-80 Exit 353 (US 81 NW)	24 HRS	■		■	M	■	■			□	■		□	■	■			□	■	■		■					F C	U		
E 7	York, 68467	402-362-3530	Crossroads Fuel Stop (Shell)	I-80 Exit 353 (US 81)	24 HRS	■		■	L	■	■			■	■	■	□	■	■				■	■							F C	□		■

Vehicle Services (Scales, Tires, Repairs, Road Svcs, Wash) and RV Info

Truck Stop	Axle	Platform	Certified	Tires: Repairs	New Tire Sales	Shop Open 24 Hrs	DOT Inspection	Major Repairs	Minor Repairs	Oil Change/Lube	Minor Welding	AC/Reefer	CB	Tire	Mechanical	Towing	Truck (Exterior)	Trailer Washout	RVs Welcome	Dumping Station	Propane (Bottle)
Jim's Truck Stop (Shell), Saint Paul		□	□	■	■				□	□	□			■	□	□	□	□	■	□	■
Panhandle Co-op (Cenex), Scottsbluff	□	□	□	■	■	■			■	■	■			■	□	□	□	□		■	■
Western Travel Terminal (Citgo), Scottsbluff	■	■	■	□	□		□	□	□	□	□	□	□	□	□	□	□	□	■	□	
Joe's Quick Shoppe (Ampride), Shelby	□	□	□	■	■				□	□				■	□				■		
Sapp Bros. - Sidney (Shell), Sidney				□	□		□	□	□	□	□			□	□	□	□	□	■	□	■
Crystal Oil Truck Stop (Shell), South Sioux City	■	■	■	■	■			□	■		□	A	□				□	□			
Shop EZ (Ampride), South Yankton				□	□									□	□	□			■	□	■
Petro Plus, Superior				■	■		□	□	□	□		□		■	□	□				□	
The Nutcracker (BP), Syracuse	□			□	□		□		□		□			□	□	□			■	□	
Sandhill Oil Company (BP), Thedford				■	■									■					■	□	■
Trails West (Sinclair), Trenton														□	□	□				□	
Shell Travel Center, Valentine (101 US 20 E & US 83)	□	□		□	□				□	□	□			□	□	□			■		
Shell Travel Center, Valentine (101 US 20 W & US 83)	□	□	□	□					□		□			□	□	□			■	□	
Midway Oil (Sinclair), Valentine	□	□	□	□	□		□	□	□	□	□	□	□	□	□	□	□	□	■	□	
Fuel Mart #642, Waco														□	□	□			■	□	
Wayne East (Shell), Wayne	□	□	□	□	□								□			□			■	□	■
Wisner West (Shell), Wisner	■	■	■	□	□			■	■	□	□	□		■	■	■			■	□	■
Bosselman Fuel Stop (Sinclair), Wood River				□					□					□	□	□			■	□	
Petro Stopping Center #62 (66), York	■	■	■			■		□	■	■	■			■	■	□	■	■	■	■	■
Sapp Bros. - York (Sinclair), York	■	■	■	□	□		□	□	□	□	□	□	□	□	□	□	□		■	□	
Crossroads Fuel Stop (Shell), York	□	□	□	□	□			□	□	□	□			□	□	□	□	□	■		

Financial Services, Permit Svcs and Credit Cards

Truck Stop	ATM	Can Wire Money Out	Money Orders	NATSO Check-Link	Western Union	Voyager/Wright Express	Comdata (Comchek)	EFS	Fuel Man	Multi Service	TCH	T-Chek	Fleet One	Buy/Pay at Fuel Desk	All Prepaid Permit Svcs	American Express	Visa/MasterCard	Discover
Jim's Truck Stop (Shell), Saint Paul						V W	B			B	B	B			■	■	■	■
Panhandle Co-op (Cenex), Scottsbluff	■	■	■		■	V W			F						■	■	■	■
Western Travel Terminal (Citgo), Scottsbluff	■					V W	B	B		B	B	B	B	■	■	■	■	■
Joe's Quick Shoppe (Ampride), Shelby	■					V W										■	■	■
Sapp Bros. - Sidney (Shell), Sidney	■	■	■		■	V W	B	B	F	B	B	B	B	■	■	■	■	■
Crystal Oil Truck Stop (Shell), South Sioux City	■					V W	B	B				B		■	■	■	■	■
Shop EZ (Ampride), South Yankton	■					V W									■	■	■	■
Petro Plus, Superior						V W	B					C					■	■
The Nutcracker (BP), Syracuse	■					V W	B				B	B	B		■	■	■	■
Sandhill Oil Company (BP), Thedford	■					V W	C	C				C			■	■	■	■
Trails West (Sinclair), Trenton	■					V W	B	B				B	B		■	■	■	■
Shell Travel Center, Valentine (101 US 20 E & US 83)	■					V W	B	B		B	B	B	B	■	■	■	■	■
Shell Travel Center, Valentine (101 US 20 W & US 83)	■					V W	B	B		B	B	B	B	■	■	■	■	■
Midway Oil (Sinclair), Valentine		■	■		■	V W	B	B		B	B	B	B		■	■	■	■
Fuel Mart #642, Waco	■		■				B	B		B	B	B	B		■	■	■	■
Wayne East (Shell), Wayne	■					V W	B	B		B	B	B			■	■	■	■
Wisner West (Shell), Wisner	■					V W	B				F	C			■	■	■	■
Bosselman Fuel Stop (Sinclair), Wood River	■		■		■	V W	B	B		B	B	B	B		■	■	■	■
Petro Stopping Center #62 (66), York	■	■	■		■	V W	B	B		B		B	B		■	■	■	■
Sapp Bros. - York (Sinclair), York	■	■	■		■	V W	B	B	F	B	B	B	B		■	■	■	■
Crossroads Fuel Stop (Shell), York	■					V W	B	B			B	B			■	■	■	■

NEVADA

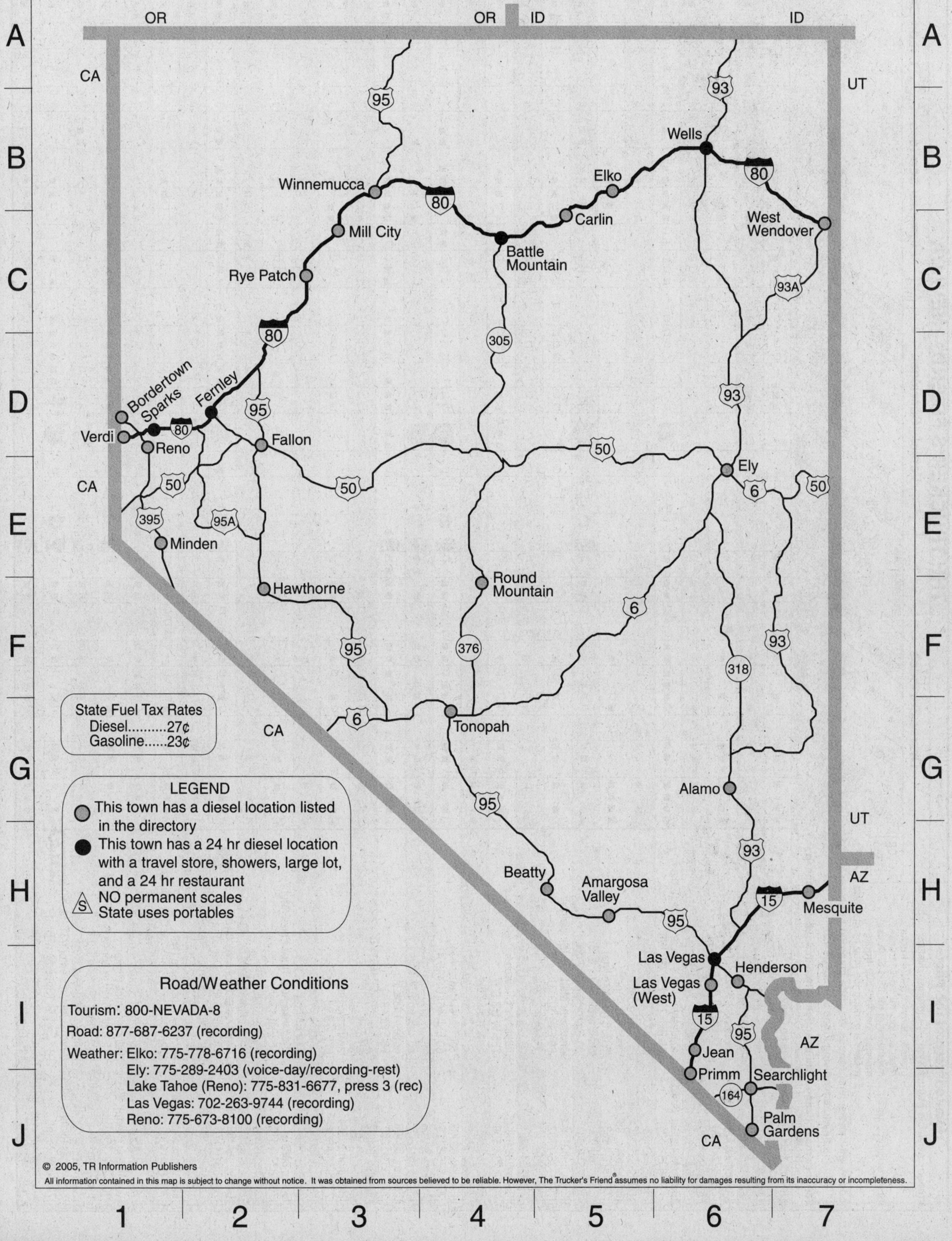

State Fuel Tax Rates
Diesel..........27¢
Gasoline......23¢

LEGEND

- This town has a diesel location listed in the directory
- This town has a 24 hr diesel location with a travel store, showers, large lot, and a 24 hr restaurant
- S NO permanent scales
  State uses portables

Road/Weather Conditions

Tourism: 800-NEVADA-8

Road: 877-687-6237 (recording)

Weather: Elko: 775-778-6716 (recording)
Ely: 775-289-2403 (voice-day/recording-rest)
Lake Tahoe (Reno): 775-831-6677, press 3 (rec)
Las Vegas: 702-263-9744 (recording)
Reno: 775-673-8100 (recording)

THE TRUCKER'S FRIEND® - NEVADA

How to interpret the page

■ means available at truck stop □ means available nearby

In the overnight lot column:
- S means room for 5 - 24 trucks
- M means room for 25-74 trucks
- L means room for 85-149 trucks
- XL means room for 150+ trucks
- $ means a parking fee may be charged

code at left-hand side of rows is the state map grid reference
a key to advertising logos is on page 25

Services may change without notice. When in doubt, call ahead.

Column headings — **Motor Fuel**: Truck Diesel, Self Service Diesel, Metered Propane, Gasoline. **Driver Services** — **Parking**: Overnight Lot ($), Paved Lot, Trailer Drop, Electric Plug-ins, Safe Haven/Hazmat; **Food**: Restaurant, Fast Food, Table Phones; **Stores**: Motel, Convenience, Trucker/Travel, Shopping Center, Walmart/Kmart, Grocery; **Showers**: Ladies', Men's; TV/Drivers Lounge, Laundry; **Communications**: Load Monitor, Internet Kiosk, Wi-Fi Hotspots, Document Scanning, Public Fax/Copier, UPS/FedEx/Trippak Box, Religious Services, State Lottery. **Vehicle Services** — **Scales**: Axle, Platform, Certified; **Tires**: Repairs, New Tire Sales, Shop Open 24 Hrs; **Repairs**: DOT Inspection, Major Repairs, Minor Repairs, Oil Change/Lube, Minor Welding; **Road Svcs**: AC/Reefer, CB, Tire, Mechanical, Towing; **Wash**: Truck (Exterior), Trailer Washout. **RV Info**: RVs Welcome, Dumping Station, Propane (Bottle). **Financial Services** (C=Checks, F=Fuel Cards, B=Both): ATM, Can Wire Money Out, Money Orders, Natso Check-Link, Western Union, Voyager/Wright Express, Comdata (Comchek), EFS, Fuel Man, Multi Service, TCH, T-Chek, Fleet One. **Permit Svcs**: Buy/Pay at Fuel Desk, All Prepaid Permit Svcs. **Credit Cards**: American Express, Visa/Mastercard, Discover.

Grid	Location / Phone	Truck Stop / Address	Motor Fuel & Driver Services	Vehicle Services	RV Info	Financial Services	Permit Svcs	Credit Cards
G 6	Alamo, 89001 / 775-725-3341	Alamo Chevron / US 93 (MM 38.5) & Broadway	■■ ■ / S ■■ / – / ■ □ / ■■ / □ / – / □ / –	F C □ / □ / – / ■■ / – / □□ / □	■ ■	– / ■ ■ / ■ / V W	B B	B B / B B / ■ / ■■■
G 6	Alamo, 89001 / 775-725-3337	Alamo Truck Stop / US 93 N (MM 39)	24 HRS ■ ■ / S ■ / – / ■ □ / ■ / □ / – / – / –	F C / □ / – / ■■ / – / □■□ / ■	□□□	– / ■ / ■ / V W	B C	B / B B / ■ / ■■■
H 5	Amargosa Valley, 89020 / 775-372-1500	Nevada Joe's (Shell) / 2711 US 95 (MM 30) & NV 373	■■ ■ / M ■■ / – / ■ / ■ / – / – / – / –	–	□□	– / ■□ / – / V W	B B	– / – / – / ■■■
H 5	Amargosa Valley, 89020 / 775-372-1177	Fort Amargosa (Exxon) / US 95 (MM 30) & NV 373	24 HRS ■ ■ / M ■■ / – / ■ / ■ / – / ■■ / ■ / –	F C	□□□	– / ■■ / ■ / W	B B	B B / B F / ■ / ■■■
C 4	Battle Mountain, 89820 / 775-635-5424	Broadway/Flying J Travel Plaza (Exxon) / I-80 Exit 229 EB/233 WB	24 HRS ■■■ / L ■■ / – / 24 HRS ■■■ / ■■ / □ □ / ■■ / ■ (logo) / –	(logo) F C U / □ / CAT / □□ / – / □□ / □	□□□	– / ■■■ / ■■ / ■ V W	B B	B B / B B / ■ / ■■■
H 5	Beatty, 89003 / 775-553-2378	Rebel Oil Truck Stop (76) / US 95 N & 1st	24 HRS ■ ■ / S ■■ / – / □ □ / ■ / – / – / □ / –	– / □ / – / □□ / – / □□□ / □	□□□	– / ■□ / ■ / V W	B	– / – / – / ■■■
D 1	Bordertown, 89506 / 775-972-1653	Winners Corner / US 395 (at state line)	■■■■ / – / – / ■□ / ■ / – / – / – / –	–	–	– / ■■ / ■ / –	–	– / – / – / ■■
C 5	Carlin, 89822 / 775-754-6384	Pilot Travel Center #387 / I-80 Exit 280 (NV 278)	24 HRS ■ ■ / M ■■ / – / □■■□ / ■■ / □ / ■■ / □ DAT / ⏻ ■	F C U F / □ / CAT / □□ / – / □ / □	□□□	– / ■■ / ■■ / ■■ V W	B B	F B / B B / ■ / ■■■
B 5	Elko, 89801 / 775-738-7732	Bonus Star Mart #53 (Sinclair) / I-80 Exit 303 (US 40)	24 HRS ■ ■ / M ■■ / – / □■ □ / ■ / □□□ / – / □ / –	F C □ / □ / – / □□ / □ / □□□ / □□	□□□	– / ■□■ / ■ / V W	B B	F B B / B B / ■■ / ■■■
E 6	Ely, 89301 / 775-289-2601	R Place # 2 (Shell) / 909 US 50 (W of US 6)	24 HRS ■ ■ / – / – / □□ □ / ■ / □ □ / – / □ / –	F C □ / □ / – / □□ / – / □□ / –	□□□	– / □ / – / V W	B B	F B / B F / ■■ / ■■■
D 2	Fallon, 89406 / 775-423-5500	Smedley's Chevron / 1755 W US 50	24 HRS ■■■ / S ■■ / – / □□ □ / ■ / □□□ / – / □ / –	– / □ / ■■■ / ■■ / – / □□ / –	□□□	– / □■ / ■ / V W	–	– / – / – / ■■■
D 2	Fallon, 89406 / 775-423-3888	Harmon Junction / US 50 & Harmon Rd (5 mi E of town)	■■■■ / S ■ / – / – / ■ / – / – / – / –	–	–	– / ■ ■ / – / –	–	– / – / – / ■■
D 2	Fernley, 89408 / 775-575-5115	Pilot Travel Center #340 / I-80 Exit 46 (US 95 A)	24 HRS ■ ■ / L ■■ / – / □■■□ / ■■ / □ □ / ■■ / □ DAT / ⏻ ■	F C U F T / □ / CAT / □□ / □ / □□□ / □	□□□	■■ / □ / ■■ / ■■ V W	B B	F B / B B / ■ / ■■■
D 2	Fernley, 89408 / 775-575-2200	Love's Travel Stop #246 / I-80 Exit 46 (US 95)	24 HRS ■ ■ / M ■■ / – / ■■ / ■■ / – / ■■ / ■■ DAT / ⏻ ■	F C U F T / – / CAT / – / – / – / –	□□□	□ / ■■■ / ■ / ■ V W	B B	F B / B B / ■ / ■■■
D 2	Fernley, 89408 / 775-351-1000	Fernley Truck Inn / I-80 Exit 48	24 HRS ■■■ / XL ■■ / ■ / 24 HRS ■ ■ / ■■ / □ / ■■ / ■■ DAT / ■	F C U F / □ / ■■■ / ■■ / ■ / ■■■ / ■	■■□	□□ / ■■■ / ■ / –	B B	F B B / B B / ■■ / ■■■
D 2	Fernley, 89408 / 775-575-1990	Winners Corner #50 (76) / I-80 Exit 48	24 HRS ■ ■ / S ■ / – / □□ □ / ■ / □ □ / ■■ / □ / –	□ / □ / □□□ / □□ / – / □□□ / □	□□□	□□ / ■□ / ■ / V W	B B	B / B / – / ■■■
F 2	Hawthorne, 89415 / 775-945-4664	Hawthorne Shell / 1075 US 95	24 HRS ■ ■ / M / – / □■ □ / ■ / □ / ■■ / ■■ / –	F C / □ / – / □□ / – / □□ / □ □	□□□	– / ■■ / ■ / V W	B B	B B / B / ■ / ■■■
I 6	Henderson, 89015 / 702-558-9044	Paradise Shell / I-515 Exit 56	■■ ■ / – / – / – / ■ / – / – / – / –	–	–	– / ■ / ■ / V W	–	B / – / – / ■■■
I 6	Jean, 89019 / 702-874-1515	Gold Strike Auto Truck Plaza (Mobil) / I-15 Exit 12	24 HRS ■ ■ / L ■■ / ■ / □□ □ / ■ / – / ■■ / – / –	F C	□□□	– / ■ / ■ / V W	B C	B / B / ■■ / ■■■
I 6	Las Vegas, 89103 / 702-736-2568	The Bus Stop (76) / 155 W Imperial Ave	■■■ / M$ ■ / – / □□ □ / ■ / □□□ / – / □ / –	F C □ / □ / – / ■□ / ■■ / ■■■ / ■□	■■■	■ / ■■ / – / –	–	– / – / ■ / ■■■
I 6	Las Vegas, 89118 / 702-361-1176	TA TravelCenters of America (76) / I-15 Exit 33 (Blue Diamond Rd)	24 HRS ■■■ / L ■■ / – / □■■□ / ■■ / □ □ / ■■ / ■■ DAT / ■ TA ■	F C U F T / ■ / CAT / BF / ■■ / ■■■ / ■ A R	■■□	■■ / ■■■ / ■■ / ■■ V W	B B	F B / B B / ■■ / ■■■
I 6	Las Vegas, 89103 / 702-736-2298	Wild Wild West Truck Plaza / I-15 Exit 37 (2-1/2 blks W on Tropicana)	■■■■ / XL ■■ / – / 24 HRS □ ■ / ■ / – / ■■ / □ / –	F C U F T / □ / ■■■ / – / – / □□ / –	□□	– / ■ / – / ■	B B	B B / B B / ■■ / ■■■
I 6	Las Vegas (North), 89115 / 702-644-1000	Maverick Truck Stop (76) / 3225 NV 604 (1.5 mi E of I-15 Exit 46)	24 HRS ■■■ / M ■ / – / ■□ □ / – / □□□ / ■■ / □ / –	F C / □	–	– / □■ / ■ / V W	–	– / – / ■ / ■■■
I 6	Las Vegas (North), 89030 / 702-649-2001	Flying J Travel Plaza #10010 / I-15 Exit 46 (Cheyenne Ave W)	24 HRS ■■■ / XL ■■ / – / 24 HRS ■■■ / ■■ / □□ / ■■ / ■■ (logo) / ■ (logo) (logo)	F C U F T / □ / ■■■ / BF / □ / □□■ / □□	■□□	□□ / ■■■ / ■ / V W	B B	B B / B B / ■■ / ■■■
I 6	Las Vegas (North), 89030 / 702-212-3500	Hallmark Truck Center / I-15 Exit 46 (W to Losee & 1/4 mi N)	24 HRS ■ ■ / S ■■ / – / ■□ □ / ■ / – / ■■ / ■ DAT / –	F C □ / – / ■■■ / ■■ / ■■ / ■■■ / ■ A R	■■□	■■ / ■ / ■ / V W	B B	F B B / B B / ■ / ■■■
I 6	Las Vegas (North), 89030 / 702-644-1600	Pilot Travel Center #341 / I-15 Exit 48 (Craig Rd)	24 HRS ■ ■ / M ■ / – / □■■ / ■■ / – / ■■ / DAT / ⏻ ■	F C U F T / – / CAT / □□ / □ / □□□ / □□	□□□	– / – / ■■ / ■■ V W	B B	F B / B B / ■ / ■■■
I 6	Las Vegas (North), 89115 / 702-632-2636	PETRO Petro Stopping Center #31 (Mobil) / I-15 Exit 54 (Speedway Blvd)	24 HRS ■ ■ / XL ■■ / – / 24 HRS ■ □ / ■■ / □□ / ■■ / ■■ DAT / ■ ⏻ ■	F C U F T / □ / CAT / BF / ■■ / ■■■ / ■ A	■■■	– / □■ / ■ / V W	B B	B / B B / ■ / ■■■
I 6	Las Vegas (West), 89124 / 702-407-9034	Vegas Valley Travel Center (Arco) / I-15 Exit 27 (SW Quadrant)	24 HRS ■■■ / M ■■ / – / 24 HRS ■ □ / ■■ / – / ■■ / ■■ DAT / –	F C / – / – / □□ / □ / □□□ / □□	□□□	– / ■■■ / ■ / V W	B B	B B / B B / ■ / ■■■

THE TRUCKER'S FRIEND® - NEVADA

How to interpret the page

■ means available at truck stop □ means available nearby

In the overnight lot column:
- S means room for 5 - 24 trucks
- M means room for 25-74 trucks
- L means room for 85-149 trucks
- XL means room for 150+ trucks
- $ means a parking fee may be charged

code at left-hand side of rows is the state map grid reference

a key to advertising logos is on page 25

Services may change without notice. When in doubt, call ahead.

Financial Services: C=Checks, F=Fuel Cards, B=Both

Sections: Motor Fuel; Driver Services (Parking, Food, Stores, Showers, Communication); Vehicle Services (Scales, Tires, Repairs, Road Svcs, Wash); RV Info; Financial Services; Permit Svcs; Credit Cards

Grid	Location	Truck Stop	Truck Diesel	Self Service Diesel	Metered Propane	Gasoline	Overnight Lot ($)	Paved Lot	Trailer Drop	Electric Plug-Ins	Safe Haven/Hazmat	Restaurant	Fast Food	Table Phones	Motel	Convenience	Trucker/Travel	Shopping Center	Walmart/Kmart	Grocery	Ladies'	Men's	TV/Drivers Lounge	Laundry
H7	Mesquite, 89024, 702-346-8881	Virgin River Food Mart (76), I-15 Exit 122	24 HRS	■	■	■	L	■	■				■		□	■				□				□
C3	Mill City, 89418, 775-538-7306	TravelCenters of America (Arco), I-80 Exit 149 EB/151 WB (TA)	24 HRS	■		■	XL	■	■			■	■	■	■	■	■				■	■	■	■
E1	Minden, 89423, 775-267-3359	Silver City RV Resort, 3165 US 395 N	■	■	■	■										■					■	■		■
J6	Palm Gardens, 89039, 702-298-1001	Palm Gardens Chevron, US 95 & NV 163	■	■		■	S									■								
J6	Primm, 89019, 702-679-6614	Whiskey Pete's Casino/Truck Stop (Shell), I-15 Exit 1	24 HRS	■		■	XL	■	■			24 HRS	□		■	■		□			■	■	■	
D1	Reno, 89512, 775-329-4015	Nite -N- Day, 2500 E 4th St	■	■		■						□			□	■		□	□	□				
F4	Round Mountain, 89045, 775-377-2632	Shoshone Market (76), NV 376 (6 mi N of town)	■	■		■	S					□	■		□	■								
C3	Rye Patch, 89419, 775-538-7504	Rye Patch Truck Stop, I-80 Exit 129 (Rye Patch Dam)	24 HRS	■		■	M	■	■				■			■					■	■		
J6	Searchlight, 89046, 702-297-1080	Terrible Herbst #243 (Chevron), 670 US 95	24 HRS	■	■	■	M	■	■			□	■		□	■	■				■	■		■
D1	Sparks, 89431, 775-359-0550	TravelCenters of America/Reno-Sparks, I-80 Exit 19 (McCarran Blvd) (TA)	24 HRS	■	■	■	XL	■	■			24 HRS	□	■	□	■	■	□		□	■	■	■	■
D1	Sparks, 89431, 775-355-8888	Petro Stopping Center #38, I-80 Exit 20 EB/21 WB (S to Greg) (PETRO)	24 HRS	■		■	XL	■	■			24 HRS	■	■	■	■	■				■	■	■	■
G4	Tonopah, 89049, 775-482-5780	Tonopah Truck/Auto Plaza (Exxon), 1500 US 6-95 S	24 HRS	■	■	■	M		■			□	■		□	■				□				□
G4	Tonopah, 89049, 775-482-3414	Tonopah Shell, 459 US 95 (1/2 mi N of US 6)	24 HRS	■		■						□	□		□	■		□		□				■
D1	Verdi, 89439, 775-345-8672	Boomtown Casino/Truck Stop, I-80 Exit 4 (Boomtown-Garson Rd) (AMBEST)	24 HRS	■		■	XL	■				24 HRS	■	■	□	■					■	■	■	■
B6	Wells, 89835, 775-752-2400	Flying J Travel Plaza #05068 (Conoco), I-80 Exit 352 (US 93 S)	24 HRS	■	■	■	L	■	■			24 HRS		■		■	■			□	■	■	■	■
C7	West Wendover, 89883, 775-664-3400	Pilot Travel Center #147, I-80 Exit 410	24 HRS	■		■	L	■	■			□	■	■	□	■	■	□		□	■	■		■
B3	Winnemucca, 89445, 775-623-0111	Flying J Fuel Stop #05025 (Conoco), I-80 Exit 176	24 HRS	■	■	■	L	■	■			□	■	■	□	■	■	□	□	□	■	■	■	■

Truck Stop	Load Monitor	Internet Kiosk	Wi-Fi Hotspots	Document Scanning	Public Fax/Copier	UPS/FedEx/TripPak Box	Religious Services	State Lottery	Axle	Platform	Certified	Repairs	New Tire Sales	Shop Open 24 Hrs	DOT Inspection	Major Repairs	Minor Repairs	Oil Change/Lube	Minor Welding	AC/Reefer	CB	Tire	Mechanical	Towing
Mesquite – Virgin River Food Mart (76)					F C	F	□					□	□			□	□		□			□	□	□
Mill City – TravelCenters of America (Arco)	DAT	■	TA	■	F C	T	■				CAT		BF	■	■	■	■	■	■	A		■	■	□
Minden – Silver City RV Resort					F C		□																	
Palm Gardens – Palm Gardens Chevron																								
Primm – Whiskey Pete's Casino/Truck Stop (Shell)					F C	F					CAT											□	□	□
Reno – Nite -N- Day							□					□	□									□	□	□
Round Mountain – Shoshone Market (76)					F C							□	□				□		□			□	□	□
Rye Patch – Rye Patch Truck Stop					F C																			
Searchlight – Terrible Herbst #243 (Chevron)							□																	
Sparks – TravelCenters of America/Reno-Sparks	DAT		TA	■	F C	U F T					CAT		BF	■	■	■	■	■	□	A	□	■	■	□
Sparks – Petro Stopping Center #38	DAT	■		■	F C	U F T	□				CAT		BF	■	■	□	■	■	■	A	□	■	■	□
Tonopah – Tonopah Truck/Auto Plaza (Exxon)					F C		□					□	□									□	□	□
Tonopah – Tonopah Shell					F C	□	□					□	□			□	□	□				□	□	□
Verdi – Boomtown Casino/Truck Stop	DAT				F C	U F T	□				CAT													
Wells – Flying J Travel Plaza #05068 (Conoco)		■			F C	U	□					□	□			□	□	□			□	□	□	□
West Wendover – Pilot Travel Center #147	DAT			■	F C	U F	□				CAT	□	□		□	□	□		□	□		□	□	□
Winnemucca – Flying J Fuel Stop #05025 (Conoco)		■			F C	U	□					□	□			□	□	□	□	□	□	□	□	□

Truck Stop	Truck (Exterior)	Trailer Washout	RVs Welcome	Dumping Station	Propane (Bottle)	ATM	Can Wire Money Out	Money Orders	NATSO Check-Link	Western Union	Voyager/Wright Express	Comdata (Comchek)	EFS	Fuel Man	Multi Service	TCH	T-Chek	Fleet One	Buy/Pay at Fuel Desk	All Prepaid Permit Svcs	American Express	Visa/Mastercard	Discover
Mesquite – Virgin River Food Mart (76)			■	□	■	■					V W								■	■	■	■	■
Mill City – TravelCenters of America (Arco)			■	□		■	■		■	■	W	B	B	F	B		B	B		■	■	■	■
Minden – Silver City RV Resort				■	■	■					V W									■	■	■	■
Palm Gardens – Palm Gardens Chevron			■																	■	■	■	■
Primm – Whiskey Pete's Casino/Truck Stop (Shell)			■								V W	B	B		B	B	B	B	■	■	■	■	■
Reno – Nite -N- Day	□	□		■	■	■					V W										■	■	■
Round Mountain – Shoshone Market (76)			■	□		■		■			W									■	■	■	■
Rye Patch – Rye Patch Truck Stop			■	□		■						B	B		B	B	B	B		■	■	■	■
Searchlight – Terrible Herbst #243 (Chevron)			■	□	■	■					W	B	B				B			■	■	■	■
Sparks – TravelCenters of America/Reno-Sparks	□	□	■	■	■	■	■	■	■	■	V W	B	B	F	B		B	B	■	■	■	■	■
Sparks – Petro Stopping Center #38	■	■	■			■					V W	B	B		B		B	B		■	■	■	■
Tonopah – Tonopah Truck/Auto Plaza (Exxon)			■	□	■	■					V W	B	B				B			■	■	■	■
Tonopah – Tonopah Shell				□		■					V W	B	C		B			B		■	■	■	■
Verdi – Boomtown Casino/Truck Stop			■	■	■	■					V W	B	B		C	B	B	C	■	■	■	■	■
Wells – Flying J Travel Plaza #05068 (Conoco)			■	■	■	■					V W		B		B	B	B			■	■	■	■
West Wendover – Pilot Travel Center #147			■	□		■	■		■	■	V W	B	B	F	B		B	B		■	■	■	■
Winnemucca – Flying J Fuel Stop #05025 (Conoco)			■	■	■	■					V W		B		B	B	B			■	■	■	■

NEW JERSEY

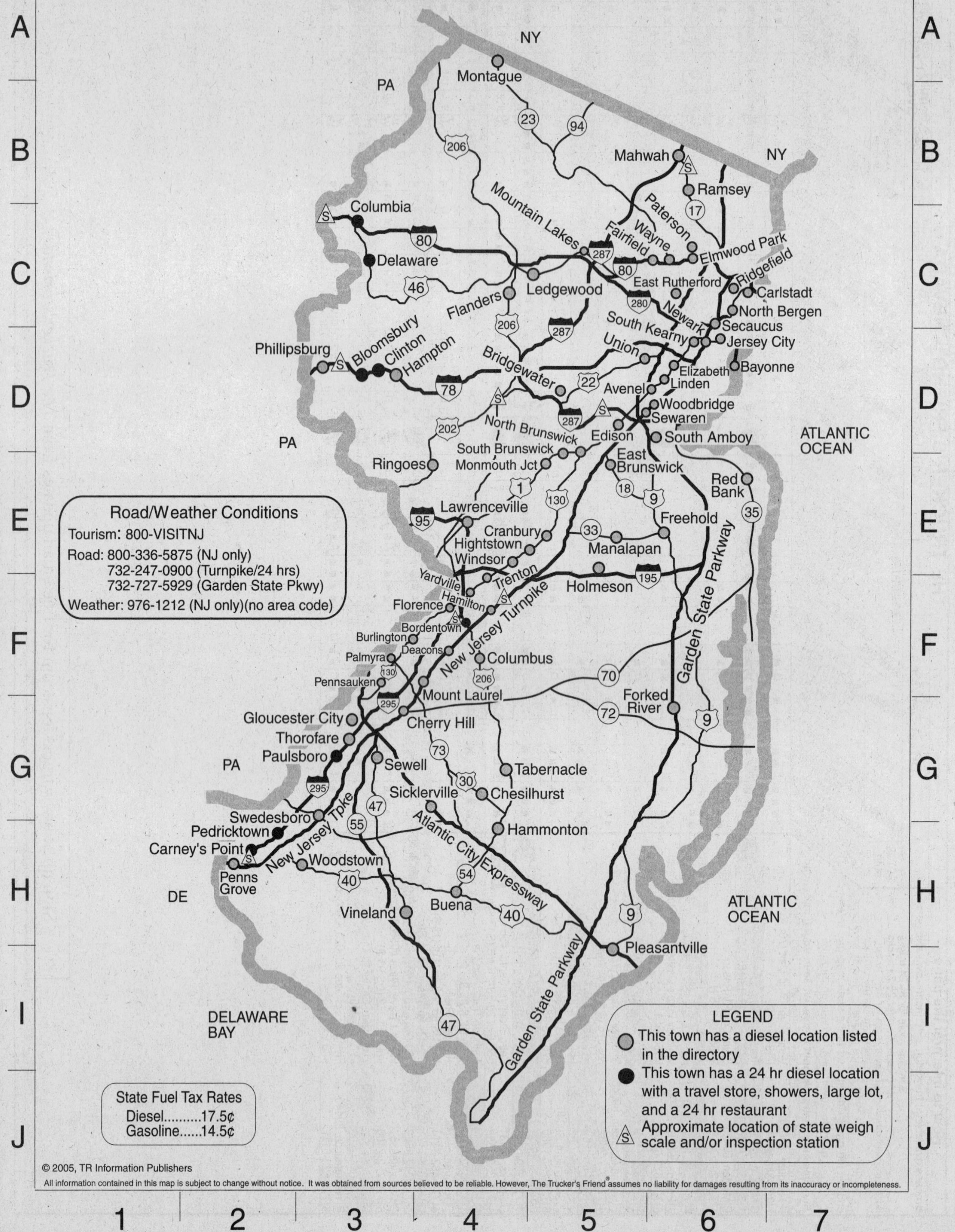

Road/Weather Conditions

Tourism: 800-VISITNJ

Road: 800-336-5875 (NJ only)
732-247-0900 (Turnpike/24 hrs)
732-727-5929 (Garden State Pkwy)

Weather: 976-1212 (NJ only)(no area code)

State Fuel Tax Rates

Diesel..........17.5¢
Gasoline......14.5¢

LEGEND

- (gray dot) This town has a diesel location listed in the directory
- (black dot) This town has a 24 hr diesel location with a travel store, showers, large lot, and a 24 hr restaurant
- (S triangle) Approximate location of state weigh scale and/or inspection station

THE TRUCKER'S FRIEND® - NEW JERSEY

How to interpret the page

■ means available at truck stop □ means available nearby

in the overnight lot column:
S means room for 5 - 24 trucks
M means room for 25-74 trucks
L means room for 85-149 trucks
XL means room for 150+ trucks
$ means a parking fee may be charged

code at left-hand side of rows is the state map grid reference
a key to advertising logos is on page 25

Services may change without notice. When in doubt, call ahead.

Column groups: MOTOR FUEL (Truck Diesel, Self Service Diesel, Metered Propane, Gasoline); Driver Services — PARKING (Overnight Lot ($), Paved Lot, Trailer Drop, Electric Plug-ins, Safe Haven/Hazmat), FOOD (Restaurant, Fast Food, Table Phones), STORES (Motel, Convenience, Trucker/Travel, Shopping Center, Walmart/Kmart, Grocery), SHOWERS (Ladies, Men's), COMMUNICATION (TV/Drivers Lounge, Laundry, Load Monitor, Internet Kiosk, Wi-Fi Hotspots, Document Scanning, Public Fax/Copier, UPS/FedEx/TripPak Box, Religious Services, State Lottery); Vehicle Services — SCALES (Platform, Axle, Certified), TIRES (Repairs, New Tire Sales), REPAIRS (Shop Open 24 Hrs, DOT Inspection, Major Repairs, Minor Repairs, Oil Change/Lube, Minor Welding, AC/Reefer), ROAD SVCS (CB, Tire, Mechanical, Towing), WASH (Truck (Exterior), Trailer Washout); RV Info (RVs Welcome, Dumping Station, Propane (Bottle)); Financial Services (ATM, Can Wire Money Out, Money Orders, Natso Check-Link, Western Union, Voyager/Wright Express, Comdata (Comchek)) — C=Checks, F=Fuel Cards, B=Both; Permit Svcs (EFS, Fuel Man, Multi Service, TCH, T-Chek, Fleet One, Buy/Pay at Fuel Desk, All Prepaid Permit Svcs); Credit Cards (American Express, Visa/Mastercard, Discover)

Location	Truck Stop	Motor Fuel / Parking	Food / Stores	Showers / Communication	Scales / Tires	Repairs / Road Svcs / Wash	RV Info / Financial	Permit Svcs / Credit Cards
D Avenel, 07001 6 732-382-7995	Metro 3 Fuel 2540 Randolph Ave	24 HRS ■ S ■	□ □ □	□ □ □ □	F □ □ □ □	□ □ □ □ □ □ □	■	V W B B B B B B ■ ■ ■ ■
D Bayonne, 07002 6 201-432-7678	Portland Petroleum (Citgo) 205 Port Jersey Blvd	■ ■	□	□ □ □ □	□ □	□ □ □ □ □ □		V W B C B B ■ ■ ■
D Bloomsbury, 08804 3 908-479-4136	TravelCenters of America I-78 Exit 7 (NJ 173) TA	24 HRS ■ ■ XL$ ■	24 HRS ■ ■ □	■ ■ □ □ ■ ■ ■ ■ DAT ■ TA ■	F C U F T □ CAT BF	■ ■ ■ ■ ■ A ■ ■ □	■ ■ ■ ■ ■ ■	W B B B B B ■ ■ ■ ■
D Bloomsbury, 08804 3 908-479-6443	Pilot Travel Center #280 I-78 Exit 7 (NJ 173)	24 HRS ■ ■ S ■	□ ■ □	■ ■ ■ ■ □ DAT ■	F C U F T □ ■ CAT □ □	□ □ □ □ □ □ □ □ □ □	□ ■ □ ■ ■ ■ ■	V W B B F B B B ■ ■ ■ ■
F Bordentown, 08505 4 609-291-0555	Turnpike Mobil NJTP Exit 7 (US 206 S)	24 HRS ■ ■	□ □ □	■ □	F C □ □ □	□ □ □ □ □ □ □	□	V W B B B B B ■ ■ ■ ■
F Bordentown, 08505 4 609-298-6070	Petro Stopping Center #14 NJTP Exit 7/I-295 Exit 56 NB/52A SB PETRO	24 HRS ■ XL$ ■ ■ ■	24 HRS ■ ■ □	■ ■ □ ■ ■ ■ ■ DAT ■ ■	F C U F T □ CAT BF	■ ■ ■ ■ ■ ■ A ■ ■ ■ ■ ■	■ ■ ■	B B B B B B ■ ■ ■ ■ ■
H Bordentown, 08505 3 609-324-1005	Pilot Travel Center #382 NJTP Exit 7/I-295 Exit 56 NB/52A SB	24 HRS ■ ■ L ■	□ ■ ■ □	■ ■ □ ■ ■ ■ DAT ■	F C U F T □ ■ CAT □ □	□ □ □ □ □ □ □ □	□ ■ ■ ■ ■ ■	V W B B F B B B ■ ■ ■ ■
D Bridgewater, 08807 5 908-526-9391	Bridgewater Hess Service Station 24 Finderne Ave	■ ■	□ □ □	■ □ □ □ □	□ □ □ □ □ □ □	□ □ □ □ □		W ■ ■ ■
H Buena, 08310 4 856-697-3887	Vineland Truck Stop (Gulf) US 40 & NJ 54	24 HRS ■	□ □ □	■ □ ■ □	□ □ □ □ □ □ □	□ □ □ □ □ □ □ □	□ ■	V W B B B ■ ■ ■
F Burlington, 08011 3 609-386-1706	Sunoco Gas Station US 130 & E Federal St	■ ■ ■	□	■ □ □ □ □				V W ■ ■ ■
C Carlstadt, 07073 6 201-460-3400	Giant Fuel Stop (Citgo) 330 NJ 503 S	24 HRS ■	□ □ □		F □ □	□ □ □ □	□	V W B C C B B ■ ■ ■ ■
C Carlstadt, 07072 6 201-438-7000	Paul's Service (Mobil) 688 NJ 503 S	■ ■	□ □ □		□ □	□ □ □ □ □ □ □ □		V W B B B ■ ■ ■
H Carney's Point, 08069 2 856-299-5701	Pilot Travel Center #253 I-295 Exit 2 B (Pennsville Rd)	24 HRS ■ ■ S ■	■ ■	■ ■ ■ ■ DAT ■	F C U F T ■ CAT □ □	□ □ □ □ □ □ □ □	■ ■ ■ ■ ■	V W B B F B B B ■ ■ ■ ■
H Carney's Point, 08069 2 856-351-0080	Flying J Travel Plaza #05067 I-295 Exit 2 C (NJ 140 W)	24 HRS ■ ■ ■ XL ■ ■	24 HRS ■ ■ □	■ ■ □ ■ ■ ■ ■ ■	F C U F T □ □ □	□ □ □ □ □ □ □ □	■ ■ ■ ■	V W B B B B ■ ■ ■ ■
H Carney's Point, 08069 2 856-299-9300	All American Plaza (Exxon) I-295 Exit 2 C (NJTP Exit 1)	24 HRS ■ ■ L ■ ■	□ ■ ■ □	■ ■ ■ ■ DAT ■	F C T CAT ■ ■	■ ■ ■ ■ ■ A R ■ ■ □	■ ■	B B F B B B B ■ ■ ■ ■
G Cherry Hill, 08002 3 856-428-1250	Walt Whitman Svc Area #7007 (Sunoco) NJTP MM 30.2 SB	24 HRS ■ M ■	■	■		□ □ □	■ ■	V W B ■ ■ ■
G Chesilhurst, 08089 4 856-768-5627	Citgo Gas Station US 30 E & Garfield Rd	24 HRS ■ S	□ □ □	■ □ □	F C □ □ □	□ □ □ □ □ □	■ ■	V W ■ ■ ■ ■
D Clinton, 08809 3 908-730-0637	Clinton Mobil 1747 NJ 31 S (2 mi N of I-78 Exit 17)	24 HRS ■	■	■	□ ■		■	W B B B B ■ ■ ■
D Clinton, 08809 3 908-735-7711	Johnny's Truck Stop (Citgo) I-78 Exit 12 (NJ 173)	24 HRS ■ ■ L$ ■	24 HRS □ ■ □	■ ■ □ □ □ ■ ■ ■ ■ DAT ■	F C U F ■ ■ ■ ■ BF	■ ■ □ ■ ■ ■ A R ■ ■ □	■ □ ■ ■ ■ ■	V W B B B B B B ■ ■ ■ ■
D Clinton, 08809 3 908-735-9935	Clinton Truck Stop I-78 Exit 13 (NJ 173)	■ ■ M	■ □	□ ■	□ □ □ □ □	□ □ □ □ □	□ ■	B B B B ■ ■ ■
C Columbia, 07832 3 908-496-4124	TravelCenters of America I-80 Exit 4 (NJ 94) TA	24 HRS ■ ■ XL ■ ■	24 HRS ■ ■ ■	■ ■ ■ ■ ■ ■ DAT TA ■	F C U F T ■ CAT BF	■ ■ ■ ■ ■ A R ■ ■ □	■ ■ ■ ■ ■	W B B B B B ■ ■ ■ ■ ■
C Columbia, 07843 3 908-496-9021	Columbia Fuel Stop (Shell) I-80 Exit 4/4 B (US 46)	24 HRS ■	□ □ □	■	F C ■ □ □	□ □ □ □ □ □ □ □	□ ■	V W B B B B B B ■ ■ ■ ■
F Columbus, 08022 4 609-298-9476	Columbus BP 3146 US 206	■ ■ ■		■	□			V W B C C ■ ■ ■
E Cranbury, 08512 5 609-448-2002	Cranbury Service Center 2734 US 130 & Cranbury Circle	■ ■	□ □ □	□ □ □	F C □ □ ■ ■	□ ■ ■ ■ □ ■ ■ ■		W B C B C C ■ ■ ■ ■
E Cranbury, 08512 5 609-395-1947	Molly Pitcher Service Area #7011 (Sunoco) NJTP MM 71.7	24 HRS ■ M ■	□ ■	■	■		■ ■	V W B ■ ■ ■
F Deacons, 08060 4 609-261-6447	Mobil Truck Stop NJTP Exit 5 (NJ 541 N)	24 HRS ■ ■ S ■	□ □ □	■ □ □ □	F □	□ □ □ □	■ ■	W B B B B B ■ ■ ■ ■
C Delaware, 07833 3 908-475-3416	GMH Truck Stop (Gulf) 54 US 46 (2 mi E of I-80 Exit 4/4B)	24 HRS ■	□ □	□ ■	F C □		□	W B B B B B B ■ ■ ■
C Delaware, 07833 3 908-475-5730	ACI Truck Stop 55 US 46 (2 mi E of I-80 Exit 4/4B)	24 HRS ■ ■ L ■ ■	24 HRS ■ □	■ ■ □ □ ■ ■ ■ □	F C □ ■ ■	■ ■ ■ ■ ■ ■ □	■ □ ■	V W B B B B B B ■ ■ ■ ■

THE TRUCKER'S FRIEND® - NEW JERSEY

How to interpret the page

■ means available at truck stop □ means available nearby

in the overnight lot column:
- S means room for 5 - 24 trucks
- M means room for 25-74 trucks
- L means room for 85-149 trucks
- XL means room for 150+ trucks
- $ means a parking fee may be charged

code at left-hand side of rows is the state map grid reference

a key to advertising logos is on page 25

Services may change without notice. When in doubt, call ahead.

Driver Services: MOTOR FUEL, PARKING, FOOD, STORES, SHOWERS, COMMUNICATIONS — Vehicle Services: SCALES, TIRES, REPAIRS, ROAD SVCS, WASH — RV Info — Financial Services — Permit Svcs — Credit Cards

C=Checks F=Fuel Cards B=Both

Grid	Location / Phone	Truck Stop / Address	Truck Diesel	Self Service Diesel	Metered Propane	Gasoline	Overnight Lot ($)	Paved Lot	Trailer Drop	Electric Plug-Ins	Safe Haven/Hazmat	Restaurant	Fast Food	Table Phones	Motel	Convenience	Trucker/Travel	Shopping Center	Walmart/Kmart	Grocery	Ladies'	Men's	TV/Drivers Lounge	Laundry	Load Monitor	Internet Kiosk	Wi-Fi Hotspots	Document Scanning	Public Fax/Copier	UPS/FedX/TripPak Box	Religious Services	State Lottery	Axle	Platform	Certified	Repairs	New Tire Sales	Shop Open 24 Hrs	DOT Inspection	Major Repairs	Minor Repairs	Oil Change/Lube	Minor Welding	AC/Reefer	CB	Tire	Mechanical	Towing	Truck (Exterior)	Trailer Washout	RVs Welcome	Dumping Station	Propane (Bottle)	ATM	Can Wire Money Out	Money Orders	NATSO Check-Link	Western Union	Voyager/Wright Express	Comdata (Comchek)	EFS	Fuel Man	Multi Service	TCH	T-Chek	Fleet One	Buy/Pay at Fuel Desk	All Prepaid Permit Svcs	American Express	Visa/Mastercard	Discover
E 5	East Brunswick, 08816 732-254-9720	Robin's Hess 345 NJ 18 Southbound	24 HRS			■						□	□		□			□	□	□				□						□	□					□	□		□	□	□	□						□						■					W	F	C		C	C	C	C			■	■	■
C 6	East Rutherford, 07073 201-438-8600	Meadowland Truck Stop 758 NJ 120 S (1/2 mi E of NJ 17)	■			■						□	□		□					□				□							□					□	□			□	□		□			□	□	□											V W	B	B	F	B	B	B	B			■	■	■
D 5	Edison, 08818 732-572-4411	Edison Fuel Stop 690 US 1 NB (Betw Exits 9 & 10 NJTP)	24 HRS			■						□	□		□	■			□	□									F C		□		■	■	■														■	■				■						B	B		B	B	B	B		■	■	■	■
D 6	Elizabeth, 07206 908-353-7776	Elizabeth Auto & Truck Stop 600 Bond St (off US 1)	■			■						□	□		□	■		□	□	□				□					F C	□	□	■				□	□			■	■	■	■	A R		□	□	□	□					■	■	■		■	V W	B	B	F	B	B	B	B		■	■	■	■
D 6	Elizabeth, 07201 908-289-3955	608 Spring Street Service Station (Gulf) 608 US 1-9 (S of airport)	24 HRS			■						□	□		□	■		□		□				□							□	■				□	□				□	□	□			□	□	□						■					V			F							■	■	■
D 6	Elizabeth, 07201 908-351-8831	Hess Express #30518 623 US 1-9 (S of Airport)	24 HRS	■		■	S						■			■																■																						■		■			W	B	B				B				■	■	■
D 6	Elizabeth, 07201 908-289-7270	Spring Citgo 720 US 1-9	24 HRS			■						□	□		□	■		□	□	□				□					F C	□	□	■				□																							V W	B	B			B	B			■	■	■	■
D 6	Elizabeth, 07201 908-353-7258	Xtra Auto Truck Stop 828 US 1-9 N	24 HRS		■	■						□	□		□			□	□	□				□					F C	□	□					□	□			□	□	□	□			□	□	□					■	■						B	B	F	B	B	B	B		■	■	■	■
D 6	Elizabeth, 08837 732-738-6516	Hess #30268 NJ 440 & NJ 514 (4 blks N to NJ 501)	24 HRS			■							■			■																■																						■					V W	B									■	■	■
D 6	Elizabeth, 07202 908-353-7769	Easy Gas Station US 1-9 NB (at circle)	■			■																														□	□				□																			B									■	■	■
C 6	Elmwood Park, 07407 201-797-1904	Parkway Exxon Garden State Pkwy & 227 US 46 W	24 HRS			■						□	□		□			□	□	□				□							□										□		□																V W									■	■	■	■
C 5	Fairfield, 07004 973-808-1124	Jack's Friendly Service (Sunoco) 152 Passaic Ave (2 mi S of US 46)	24 HRS			■						□	□		□	■		□		□				□						□	□	■								□	□	□				□	□	□						■					V W	C								■	■	■	■
C 5	Fairfield, 07004 973-227-6282	West Bound Sunoco 245 US 46	■			■						□	□		□			□		□				□						□	□															□	□	□											V W										■	■	■
C 5	Fairfield, 07004 973-882-1866	Fairfield East Sunoco 254 US 46 E	■			■						□	□		□			□	□	□				□						□	□												□																V W	B									■	■	■
C 5	Fairfield, 07004 973-227-9835	Sam's Gas & Diesel I-80 Exit 52 (US 46 W)	■			■						□	□					□																																										B	C			B	B					■	■
C 4	Flanders, 07836 973-691-4443	Hoop's Management (Shell) 90 US 206 N	24 HRS	■		■						□	□		□	■		□	□	□				□					F C		□	■				□	□			□	□	□	□			□	□	□					■	■	■	■		■	V W									■	■	■	■
F 4	Florence, 08518 609-387-4011	Mobil Gas Station 2012 US 130	24 HRS			■						□	□		□																																												V W	B	B		B	B	B	B			■	■	■
F 4	Florence, 08016 609-499-2710	Florence Amoco US 130 S & Cedar Ln	24 HRS	■		■						□	□		□	■		□	□	□				□							□		□	□	□	□	□			□	□	□	□	□		□	□	□	□				■						V W	B	B		B	B	B	B			■	■	■
G 6	Forked River, 08731 609-693-5419	Forked River Mobil Garden State Pkwy MM 76	24 HRS			■							□		□					□										□	□															□	□	□											V W										■	■	■
E 6	Freehold, 07728 732-536-0610	Mobil Station 391 US 9 SB & Gordons-Corner Rd	24 HRS		■	■						□	□			■		□		□											□	■																					■	■					V W										■	■	■
E 6	Freehold, 07728 732-462-7745	Raceway 4200 US 9 S	24 HRS			■						□	□		□	■		□	□					□							□	■																						■															■	■	■
G 3	Gloucester City, 08030 856-742-8793	Gloucester Coastal 145 NJ 551 S	■			■						□	□		□			□	□	□				□					F C	□	□					□	□			□	□	□	□		□	□	□	□					■	■		■			V W	B	B				B	B		■	■	■	■
F 4	Hamilton, 08620 609-585-5750	Woodrow Wilson Svc Area #7010 (Sunoco) NJTP MM 58.7 NB	24 HRS			■	M	■				□	■																			■				□	□									□	□	□			■			■					V W	B									■	■	■
F 4	Hamilton, 08650 609-585-5414	Richard Stockton Svc Area #7009 (Sunoco) NJTP MM 59 SB	24 HRS			■							■			■																																□						■					V W	B								■	■	■	■
H 4	Hammonton, 08037 609-561-3220	J&B Fuel Stop (Gulf) 725 NJ 54	■			■																																																■						B									■	■	■
H 4	Hammonton, 08037 609-567-8555	Al & Rich's Exxon 90 US 30 & US 206	■	■	■	■						□	□		□			□	□	□				□						□	□					□	□			□	□	□	□	□	□	□	□	□					■						V W	B	B			F	B			■	■	■	■
D 3	Hampton, 08827 908-537-7738	Petro Plaza 472 NJ 31	■			■							■			■													F C			■									□													■		■			V W	B	B			B	B	B		■	■	■	■
D 3	Hampton, 08827 908-537-6161	Hampton Mobil I-78 Exit 17 (Hwy 31 N)	24 HRS			■										■																■																						■						B	B			B	B				■	■	■

THE TRUCKER'S FRIEND® - NEW JERSEY

How to interpret the page

■ means available at truck stop □ means available nearby

in the overnight lot column:
S means room for 5 - 24 trucks
M means room for 25-74 trucks
L means room for 85-149 trucks
XL means room for 150+ trucks
$ means a parking fee may be charged

code at left-hand side of rows is the state map grid reference
a key to advertising logos is on page 25

Services may change without notice. When in doubt, call ahead.

Financial Services / Credit Cards key: C=Checks F=Fuel Cards B=Both

Driver Services (Motor Fuel, Parking, Food, Stores, Showers, Communication)

Grid	Location / Phone	Truck Stop / Address	Truck Diesel	Self Service Diesel	Metered Propane	Gasoline	Overnight Lot ($)	Paved Lot	Trailer Drop	Electric Plug-ins	Safe Haven/Hazmat	Restaurant	Fast Food	Table Phones	Motel	Convenience	Trucker/Travel	Shopping Center	Walmart/Kmart	Grocery	Ladies'	Men's	TV/Drivers Lounge	Laundry	Load Monitor	Internet Kiosk	Wi-Fi Hotspots	Document Scanning	Public Fax/Copier	UPS/FedEx/TripPak Box	Religious Services	State Lottery
E 4	Hightstown, 08520 609-443-9802	Mobil Truck Stop US 130 N	24 HRS			■						□	□		□							■									□	
E 5	Holmeson, 08510 609-259-1910	Remington Petroleum I-195 Exit 16 A (1 mi E to 504 NJ 537)	24 HRS		■	■							■			■		□														
D 6	Jersey City, 07305 201-915-0014	440 South Gas 321 NJ 440 S & Danforth Ave	■			■						□	□		□	■		□	□	□				□						□	□	
D 6	Jersey City, 07306 201-217-0632	Amoco Food Mart 362 US 1-9 N	24 HRS			■						□	■		□	■		□	□	□				□					F C	□	□	■
C 6	Jersey City, 07307 201-653-0086	Putnam Truck Stop 565 US 1-9	24 HRS	■		■						□	□		□	■				□				□					F C		□	■
D 6	Jersey City, 07307 201-792-7775	Ravi Gas Supply 823 US 1-9	24 HRS		■	■							□		□							■										
D 6	Jersey City, 07306 201-432-9600	Duncan Avenue Truck Stop (Gulf) US 1-9 & Duncan Ave	24 HRS			■							■		□	■			□	□	■	■		■					F C			■
D 6	Jersey City, 07306 201-324-1730	Ultra Truck Stop US 1-9 SB & Sip Ave	24 HRS			■						□	■		□			□	□	□				□					F C		□	■
E 4	Lawrenceville, 08648 609-896-2124	John's BP Truck Stop I-95 Exit 67 (3271 US 1)	24 HRS		■	■	S					□	□		□	■		□	□	□				□					F C		□	
C 5	Ledgewood, 07852 973-347-1145	Kingstown Citgo I-80 Exit 27 B (US 206 to 1470 US 46 E)	24 HRS			■						□	□		□	■		□	□	□				□					F C		□	■
C 5	Ledgewood, 07852 973-927-9512	Vantage Truck Stop (Citgo) I-80 Exit 28 (1237 US 46 - 1 mi E)	24 HRS			■						□	□		□			□	□	□				□							□	
D 6	Linden, 07036 908-862-3036	Route 1 South Fuel Stop (Citgo) 109 US 1	24 HRS			■						□	□		□	■		□	□	□				□						□	□	
D 6	Linden, 07036 908-862-6618	Route 1 Truck Stop (Gulf) 401 US 1-9 S (1.5 mi E of NJTP Exit 13)	24 HRS			■	S	■				24 HRS	□		□	■		□	□	□		■		□					F C	□	□	■
D 6	Linden, 07036 908-474-1255	Linden Operating (Citgo) US 1-9 & Wood Ave S	■			■						□	□		□			□	□	□				□						□	□	
B 6	Mahwah, 07430 201-529-1922	International Motor Plaza I-287 Exit 66 (130 NJ 17 SB)	24 HRS			■	M	■				■	□		□	■		□		□	■	■			DAT				F C		□	
B 6	Mahwah, 07430 201-529-4268	Mahwah Fuel Stop I-287 Exit 66 (131 NJ 17 NB)	24 HRS			■	S	■					■			■																
B 6	Mahwah, 07430 201-529-9892	Mobil ADPP Enterprises I-287 Exit 66 (193 NJ 17 NB)	24 HRS			■						□	□		□	■				□				□					F C		□	■
B 6	Mahwah, 07430 201-529-2704	Mahwah Travel Center I-287 Exit 66 (230 NJ 17 SB)	24 HRS				$ M	■	■			□	■	■	■	■	■	□	□	□	■	■	■	■	DAT	■			F C	T	□	
B 6	Mahwah, 07430 201-529-5225	TU - Way Gulf I-287 Exit 66 (261 NJ 17 NB)	■			■						□	□		□					□											□	
E 5	Manalapan, 07726 732-446-9454	Raceway 454 NJ 33 W & NJ 527 A	■			■										■																
E 5	Monmouth Junction, 08852 732-274-9550	Raymond Road Mobil 4217 US 1 & Raymond Rd	24 HRS			■									□																	
A 4	Montague, 07827 973-293-3814	Citgo Quik Mart I-84 Exit 1 (NJ 23)	24 HRS	■		■						□	□		□	■		□	□	□				□					F C		□	■
A 4	Montague, 07827 973-293-7966	Xtra Auto Truck Stop (Exxon) I-84 Exit 1 (NJ 23)	24 HRS			■						□	□		□	■		□	□	□				□					F C	□	□	
F 4	Mount Laurel, 08054 856-234-5222	James F Cooper Svc Area #7008 (Sunoco) NJTP MM 39.4 NB	24 HRS			■							■			■																■
C 5	Mountain Lakes, 07104 973-625-3006	Gulf Fuel Stop US 46 E	■			■																										
D 6	Newark, 07105 973-344-5003	Globe Gas Station 303 Raymond Blvd	24 HRS	■		■						□	□		□			□		□				□							□	
D 6	Newark, 07105 973-344-0854	Power Oil US 1-9 & Delancy W	24 HRS			■						□	■		□	■		□	□	□				□							□	■
C 6	North Bergen, 07047 201-866-2802	Mesco Petroleum 1008 US 1-9	24 HRS			■						□	□		□			□		□									F C		□	

Vehicle Services (Scales, Tires, Repairs, Road Svcs, Wash), RV Info, Financial Services, Permit Svcs, Credit Cards

Truck Stop	Axle	Platform	Certified	Repairs	New Tire Sales	Shop Open 24 Hrs	DOT Inspection	Major Repairs	Minor Repairs	Oil Change/Lube	Minor Welding	AC/Reefer	CB	Tire	Mechanical	Towing	Truck (Exterior)	Trailer Washout	RVs Welcome	Dumping Station	Propane (Bottle)	ATM	Can Wire Money Out	Money Orders	Natso Check-Link	Western Union	Voyager/Wright Express	Comdata (Comchek)	EFS	Fuel Man	Multi Service	TCH	T-Chek	Fleet One	Buy/Pay at Fuel Desk	All Prepaid Permit Svcs	American Express	Visa/MasterCard	Discover
Mobil Truck Stop																						■					V W	B	B		B	B	B	B			■	■	■
Remington Petroleum								□	□	□						□					■						V W	C					C			■	■	■	■
440 South Gas	□	□	□	□	□				□	□	□					□	□	□			■	■					V W	B	C			C	C	C			■	■	■
Amoco Food Mart														□	□	□						■		■			V W	B	B		B	B	B	B			■	■	■
Putnam Truck Stop	■	■	■	■	■		□	□	□	□	□			■	□	□						■					V W	B	B	F	B	B	B	B		■	■	■	■
Ravi Gas Supply				□	□				□	□	□			□	□	□					■							B	B		B	B	B	B			■	■	■
Duncan Avenue Truck Stop (Gulf)				□	□				□	□	□										■	■	■	■		■	V W	B	B			B	B	B		■	■	■	■
Ultra Truck Stop	□	□	□	■	■			□	■	■	■		□	■	■	■						■	■	■		■	V W	B	B		B	B	B	B		■	■	■	■
John's BP Truck Stop				□	□			□	□	□						□				□	■	■					V W	B	B		B	B	B	B		■	■	■	■
Kingstown Citgo				□	□			□	□	□	□			□	□	□				□							V W	B	B			B	B			■	■	■	■
Vantage Truck Stop (Citgo)				□	□		□	□	□	□	□		□	□	□	□											V W	B	B			B	B	B			■	■	■
Route 1 South Fuel Stop (Citgo)				□	□		□	□	□	□	□	□		□	□	□											V W	B	B	F	B	B	B	B		■	■	■	■
Route 1 Truck Stop (Gulf)				□	□				□					□	□	□					■	■	■	■		■	W	B	B		B	B	B	B		■	■	■	■
Linden Operating (Citgo)																											V W	B	B								■	■	■
International Motor Plaza	□	□	□	■	■			□	□	□	□			■	□	□						■					V W	B	B		B	B	B			■	■	■	■
Mahwah Fuel Stop														□	□	□					■	■						B	B		B		B	B			■	■	■
Mobil ADPP Enterprises														□	□	□					■	■					W	B	B			B	B	B		■	■	■	■
Mahwah Travel Center	■	■	■	■	■	■	■	■	■	■	■	R		■	■	■	□	□	■			■					V W	B	B	F	B	B	B	B		■	■	■	■
TU - Way Gulf	□	□	□																								V W	B									■	■	■
Raceway																					■							B					B				■	■	■
Raymond Road Mobil				□	□									□	□	□				□		■					V W	B	B		B	B	B	B			■	■	■
Citgo Quik Mart				□	□			□	□	□	□			□	□	□						■					V W	B	B				B			■	■	■	■
Xtra Auto Truck Stop (Exxon)				□	□				□	□	□		□	□	□	□				□		■					V W	B	B		B	B	B	B		■	■	■	■
James F Cooper Svc Area #7008 (Sunoco)																											V W	B	C				C				■	■	■
Gulf Fuel Stop																					■						V W										■	■	■
Globe Gas Station				□	□		□	□	□	□	□			□	□		□																				■	■	■
Power Oil	□	□	□	□	□			□	□	□		□		□	□	□						■					V W	B	B	F	B	B	B	B		■	■	■	■
Mesco Petroleum				□										□	□	□											W	B	C			B	B	B		■	■	■	■

THE TRUCKER'S FRIEND® - NEW JERSEY

How to interpret the page

■ means available at truck stop □ means available nearby

in the overnight lot column:
- S means room for 5 - 24 trucks
- M means room for 25-74 trucks
- L means room for 85-149 trucks
- XL means room for 150+ trucks
- $ means a parking fee may be charged

code at left-hand side of rows is the state map grid reference

a key to advertising logos is on page 25

Services may change without notice. When in doubt, call ahead.

Driver Services: MOTOR FUEL (TRUCK DIESEL, SELF SERVICE DIESEL, METERED PROPANE, GASOLINE); PARKING (OVERNIGHT LOT ($), PAVED LOT, TRAILER DROP, ELECTRIC PLUG-INS, SAFE HAVEN/HAZMAT); FOOD (RESTAURANT, FAST FOOD, TABLE PHONES); STORES (MOTEL, CONVENIENCE, TRUCKER/TRAVEL, SHOPPING CENTER, WALMART/KMART, GROCERY); SHOWERS (LADIES', MEN'S); TV/DRIVERS LOUNGE, LAUNDRY; COMMUNICATIONS (LOAD MONITOR, INTERNET KIOSK, WI-FI HOTSPOTS, DOCUMENT SCANNING, PUBLIC FAX/COPIER, UPS/FEDEX/TRIPPAK BOX); RELIGIOUS SERVICES, STATE LOTTERY

Vehicle Services: SCALES (AXLE, PLATFORM, CERTIFIED); TIRES (REPAIRS, NEW TIRE SALES); REPAIRS (SHOP OPEN 24 HRS, DOT INSPECTION, MAJOR REPAIRS, MINOR REPAIRS, OIL CHANGE/LUBE, MINOR WELDING, AC/REEFER, CB, TIRE, MECHANICAL); ROAD SVCS (TOWING); WASH (TRUCK (EXTERIOR), TRAILER WASHOUT)

RV Info: RVs WELCOME, DUMPING STATION, PROPANE (BOTTLE)

Financial Services: ATM, CAN WIRE MONEY OUT, MONEY ORDERS, NATSO CHECK-LINK, WESTERN UNION, WRIGHT EXPRESS, COMDATA (COMCHEK), VOYAGER; C=Checks, F=Fuel Cards, B=Both: EFS, FUEL MAN, MULTI SERVICE, TCH, T-CHEK, FLEET ONE

Permit Svcs: BUY/PAY AT FUEL DESK, ALL PREPAID PERMIT SVCS

Credit Cards: AMERICAN EXPRESS, VISA/MASTERCARD, DISCOVER

Grid	Location / Phone	Truck Stop / Address	Motor Fuel	Parking	Parking	Food	Stores	Showers	Communications	Communications	Communications	Scales	Scales	Tires	Tires	Repairs	Repairs	Road Svcs	Wash	RV Info	Financial Services	Financial Services	Financial Services	Permit Svcs	Credit Cards	Credit Cards	Credit Cards	Credit Cards
C 6	North Bergen, 07047 201-223-1466	Thind Travel Plaza (Shell) 1810 US 1-9	24 HRS ■			□□ □	■	□□□		□			□	□	■■		□□		■□□		■	■	V W	B B	B B	B B		■■■
D 5	North Brunswick, 08902 732-297-5739	KW Rastall Oil Co. 2600 US 130	■ ■■			□□ □		□					□		□□				□□□		■		V W	B	B	B		■■■
F 3	Palmyra, 08065 856-829-4646	Ralph's Auto/Truck Stop (Texaco) 201 NJ 73 SB & Front St	■ ■			□□ □		□		□					□□		□□□		□ □				V W					■■■
F 3	Palmyra, 08065 856-786-5088	Route 73 Truck Stop (Citgo) NJ 73 & S Broad St (WB nr bridge)	24 HRS ■			□■ □	■	□□□		□		F C	□■		□□		□□□	□□	□□□			■■■	■ V W	B B	F	B B	■	■■■
C 6	Paterson, 07503 973-881-8950	Hi-Tech Fuels 157 Gould Ave	■ ■												□	■	■■■	■						B		B		■■■
C 6	Paterson, 07514 973-881-7324	Avatar's Gulf NJ 20 & E 30th St	■ ■			□□ □	■	□□□		□		F C	□■		□□		□□	□□	□□□				V W	B B	F B B	B B	■	■■■
G 3	Paulsboro, 08066 856-423-5500	TravelCenters of America (Texaco) I-295 Exit 18 (Mt Royal E) [TA logo]	24 HRS ■ ■	XL ■		24 HRS ■■■	■■	□ □	■■	■■	[DAT logo] [TA logo]	■ F C U F T	□	[CAT logo]	[B/F logo]	■■	■■■	■ A R □	■■□		■□	■	■ W	B B	F B	B B	■■	■■■
H 2	Pedricktown, 08067 856-299-1470	Exit 7 Auto/Truck Plaza I-295 Exit 7	24 HRS ■ ■	L ■■	■	24 HRS ■■	■■		■■	■■	■	F C U		■■■	■■				■■□		■□	■		B B	F B	B B		■■■
H 2	Penns Grove, 08069 856-299-4005	Clara Barton Svc Area (Sunoco) NJTP MM 5.4	24 HRS ■	S ■		■	■					F C	■						□□□		■	■	V W	B			■	■■■
H 2	Penns Grove, 08069 856-299-4004	John Fenwick Svc Area #7006 (Sunoco) NJTP MM 5.4 NB	24 HRS ■	S ■		■	■												□□□		■	■	V W	B				■■■
F 3	Pennsauken, 08110 856-662-7954	Betsy Ross Amoco 9375 US 130 S	24 HRS ■ ■				■	□		□											■	■	V W	B B	B	B B		■■
D 3	Phillipsburg, 08865 908-859-9863	Hess Express 973 Memorial Parkway	24 HRS ■ ■			□□ □	■	□□□		□		□	□■				□□□	□□	□□□		□	■ ■	V W	C		B		■■■
D 3	Phillipsburg, 08865 908-859-5100	US Gas I-78 Exit 3 (1 mi N on US 22)	24 HRS ■			□□ □	■	□□□		□		F C □	□		□□				□□□		■	■		B B	F B B	B B	■	■■■
D 3	Phillipsburg, 08865 908-454-9046	Michael Petroleum I-78 Exit 3 (US 22 W)	24 HRS ■			□□ □	■	□□□		□		□	□								■	■	V W	B B	B B	B B		■■■
I 5	Pleasantville, 08232 609-272-0205	Riggins Auto/Truck Plaza US 9 & Delilah Rd	24 HRS ■			□■ □	■	□□□		□		F C □	□■	□□□	□□	□	□□□	□□	□□□			■	V W	B			■	■■■
B 6	Ramsey, 07446 201-934-9435	Citgo Fuel Stop 1275 NJ 17 NB/SB (2 mi S of NY thruway)	24 HRS ■			□□ □	■	□ □		□												■	W	B				■■■
E 6	Red Bank, 07701 732-741-1230	Raceway #237 237 NJ 35 N	■ ■					□													■							■■■
C 6	Ridgefield, 07650 201-945-9640	Sunco Co-op #7123 (Sunoco) I-95 (NJTP) Exit 18 (1/4 mi E US 46 EB)	24 HRS ■			□□ □	■	□ □		□		F C	□						□□□				V W	B B		B		■■■
C 6	Ridgefield, 07650 201-943-9802	Patriot Truck Stop (Sunoco) I-95 (NJTP) Exit 18 (1/4 mi E US 46 WB)	24 HRS ■			□□ □		□□□		□		F C	□		□□	□	□□□		□□□				V W	B B	B B	B B	■	■■■
C 6	Ridgefield, 07650 201-945-7766	46 Truck Stop I-95 (NJTP) Exit 18 (1/4 mi E US 46 EB)	24 HRS ■			□□ □	■	□□		□			□		□□		□□□	□	□□□			■	V W	B B	B	B B	■	■■■
C 6	Ridgefield, 07657 201-945-5112	Vince Lombardi Svc Area #7017 (Sunoco) NJTP MM 115 SB/116 NB	24 HRS ■			■ □	■												□□□				V W	B				■■■
E 4	Ringoes, 08551 908-806-7901	Ringoes Oil (Sunoco) 1019 US 202	24 HRS ■			□ □							□										V W	B		B		■■■
C 6	Secaucus, 07094 201-348-0656	Alexander Hamilton Svc Area #7016 (Sunoco) NJTP MM 111.6 SB	24 HRS ■	M ■		24 HRS	■						■		□□				□		■	■	V W	B				■■■
D 5	Sewaren, 07077 732-634-7152	Grover Cleveland Svc Area #7014 (Sunoco) NJTP MM 92.9 NB	24 HRS ■	M ■		■ □	■	□		□			□■		□□	□			□□□		■	■	V W	B				■■■
G 3	Sewell, 08080 856-227-9663	Mullary's Five Point Texaco NJ 55 Exit 56A (1 mi E on NJ 47)	■ ■			□□ □	■	□□□		□		F C □	□		□□		□□	□	□□□				V W	C	C	C C	■	■■■
G 4	Sicklerville, 08081 856-629-3319	Mongan's Corner 438 Williamstown Rd	■ ■			□□ □		□□□		□		□	□	□	□□		□	□	□□□				V W	C C	C	C B		■■■
D 6	South Amboy, 08879 732-727-1522	Victory Truckstop US 9 & NJ 35	■			□□ □		□□		□			□		■■		■■■	■				■	■	B B	B B	B B	■	■■■
E 5	South Brunswick, 08852 732-297-9540	Mobil Gas Station 3817 US 1	24 HRS ■			□□ □	■	□					□										V W	B B	B B	B		■■■

THE TRUCKER'S FRIEND® - NEW JERSEY

How to interpret the page

■ means available at truck stop □ means available nearby

in the overnight lot column:
S means room for 5 - 24 trucks
M means room for 25-74 trucks
L means room for 85-149 trucks
XL means room for 150+ trucks
$ means a parking fee may be charged

code at left-hand side of rows is the state map grid reference

a key to advertising logos is on page 25

Services may change without notice. When in doubt, call ahead.

Driver Services: MOTOR FUEL (TRUCK DIESEL, SELF SERVICE DIESEL, METERED PROPANE, GASOLINE); PARKING (OVERNIGHT LOT ($), PAVED LOT, TRAILER DROP, ELECTRIC PLUG-INS, SAFE HAVEN/HAZMAT); FOOD (RESTAURANT, FAST FOOD, TABLE PHONES); STORES (MOTEL, CONVENIENCE, TRUCKER/TRAVEL, SHOPPING CENTER, WALMART/KMART, GROCERY); SHOWERS (LADIES', MEN'S, TV/DRIVERS LOUNGE, LAUNDRY); COMMUNICATION (LOAD MONITOR, INTERNET KIOSK, WI-FI HOTSPOTS, DOCUMENT SCANNING, PUBLIC FAX/COPIER, UPS/FEDX/TRIPPAK BOX, RELIGIOUS SERVICES, STATE LOTTERY)

Vehicle Services: SCALES (AXLE, PLATFORM, CERTIFIED); TIRES (REPAIRS, NEW TIRE SALES); REPAIRS (SHOP OPEN 24 HRS, DOT INSPECTION, MAJOR REPAIRS, MINOR REPAIRS, OIL CHANGE/LUBE, MINOR WELDING, AC/REEFER); ROAD SVCS (CB, TIRE, MECHANICAL, TOWING); WASH (TRUCK (EXTERIOR), TRAILER WASHOUT)

RV Info: RVs WELCOME, DUMPING STATION, PROPANE (BOTTLE)

Financial Services: ATM, CAN WIRE MONEY OUT, MONEY ORDERS, NATSO CHECK-LINK, WESTERN UNION, VOYAGER/WRIGHT EXPRESS, COMDATA (COMCHEK), EFS, FUEL MAN, MULTI SERVICE, TCH, T-CHEK, FLEET ONE (C=Checks, F=Fuel Cards, B=Both)

Permit Svcs: BUY/PAY AT FUEL DESK, ALL PREPAID PERMIT SVCS

Credit Cards: AMERICAN EXPRESS, VISA/MASTERCARD, DISCOVER

Grid	Location / Phone	Truck Stop / Address	Motor Fuel	Parking	Parking	Food / Stores	Stores	Stores / Showers	Showers	Communication	Communication	Communication	Scales	Tires	Tires / Repairs	Repairs	Repairs	Repairs / Road Svcs	Wash	RV Info	Financial Services	Financial Services	Financial Services	Financial Services	Financial Services	Permit Svcs	Credit Cards
E 5	South Brunswick, 08810 732-422-7171	APCO - Georges Rd (Mobil) US 130	24 HRS ■ ■																		■		W	C B	B B	B		■ ■ ■
D 6	South Kearny, 07032 973-589-5922	Tullo Truck Stop (Exxon) NJTP Exit 15E (R over bridge, U-turn)	24 HRS ■ ■	M$ ■		□ ■ □	■ ■	□ □ □	■ ■	■ □	DAT	F C U F T	□	CAT	■ ■		□ □ □	□	■ □ □	□ □		■	■ W	B B	B	B B	■	■ ■ ■
D 6	South Kearny, 07032 973-344-1314	New Jersey Truck Stop NJTP Exit 15E (US 1-9 N)	24 HRS ■	M$		□ □ □	■	□ □ □	■ ■	■ □	DAT ■	F C U T	□	■ ■ ■	■ ■	■ □	■ ■ ■	■ □	□ □ □	□ □		■		B B	B	B B	■	■ ■ ■
G 3	Swedesboro, 08085 856-467-0944	Swedesboro Shell NJTP Exit 2 (US 322 E)	■ ■ ■			■	■															■	V W	B B	B B	B B		■ ■ ■
G 4	Tabernacle, 08088 609-268-1029	Tabernacle Mobil US 206 (3 mi S of US 70 circle)	24 HRS ■			□	■						□						□ □ □				V W	B B	B	B B		■ ■ ■
G 3	Thorofare, 08086 856-845-9386	Crown Point Truck Stop I-295 Exit 21/22	■ ■ ■	S ■		□ □ □	■		■ ■			F C	□		■ ■				■ □		■		V W	B B	B B	F B	■	■ ■ ■
F 4	Trenton, 08620 609-298-6516	Gas Way 51 US 130 N	■ ■																					B		C		■ ■ ■
D 5	Union, 07083 908-964-9347	Union Mobil Mart 2446 US 22 W	24 HRS ■	S ■ ■		□ ■ □	■	□ □ □		□		F C	□ ■		□ □		□ □ □	□ □	□ □ □		■	■ ■	V W	B B	B B	B B	■	■ ■ ■
H 3	Vineland, 08360 856-451-3700	Major Auto Truck Stop 1197 N Main Rd & E Oak (in town)	■ ■			□ □ □			■						□		□		□ □ □				V W	B B	F B B	B B		■ ■ ■
H 3	Vineland, 08360 856-825-8527	Riggins Auto/Truck Plaza NJ 55 Exit 26 (S Main Rd N)	■ ■ ■	S ■		■		□ □ □		□			□		□ □				□ □ □				V W	B B		B B		■ ■ ■
C 6	Wayne, 07470 973-694-2776	Van Varick & Sons I-80 Exit 53 (2 mi N to 1067 Hwy 23)	■ ■			□ □ □		□ □		□					□ □				□		■							■ ■
E 4	Windsor, 08561 609-448-1222	Windsor Fuel King (Gulf) 1372 US 130	■ ■			□ □ □		□		□		F C □	□		□ □	□	□ □ □	□ □	□ □ □			■	W	B B	B	B		■ ■ ■
D 6	Woodbridge, 07095 732-636-0580	Thomas Edison Svc Area #7013 (Sunoco) NJTP MM 92.2 SB	24 HRS ■	M ■		■ ■ □	■			■			□ ■						□ □ □		■	■	V W	F			■	■ ■ ■
H 3	Woodstown, 08098 856-769-4945	Sunoco A-Plus #2316 1170 US 40 & East Lake Road	24 HRS ■ ■			□ ■ □	■	□ □		□		□	□ ■		□ □		□ □		□		■	■ ■	V W					■ ■ ■
F 4	Yardville, 08620 609-298-8883	Tri State Truck Stop (Mobil) 42 US 130 S	24 HRS ■			□																	V W	B B		B		■ ■ ■

Sign up at www.truckstops.com for free email updates from *The Trucker's Friend.*®

NEW MEXICO

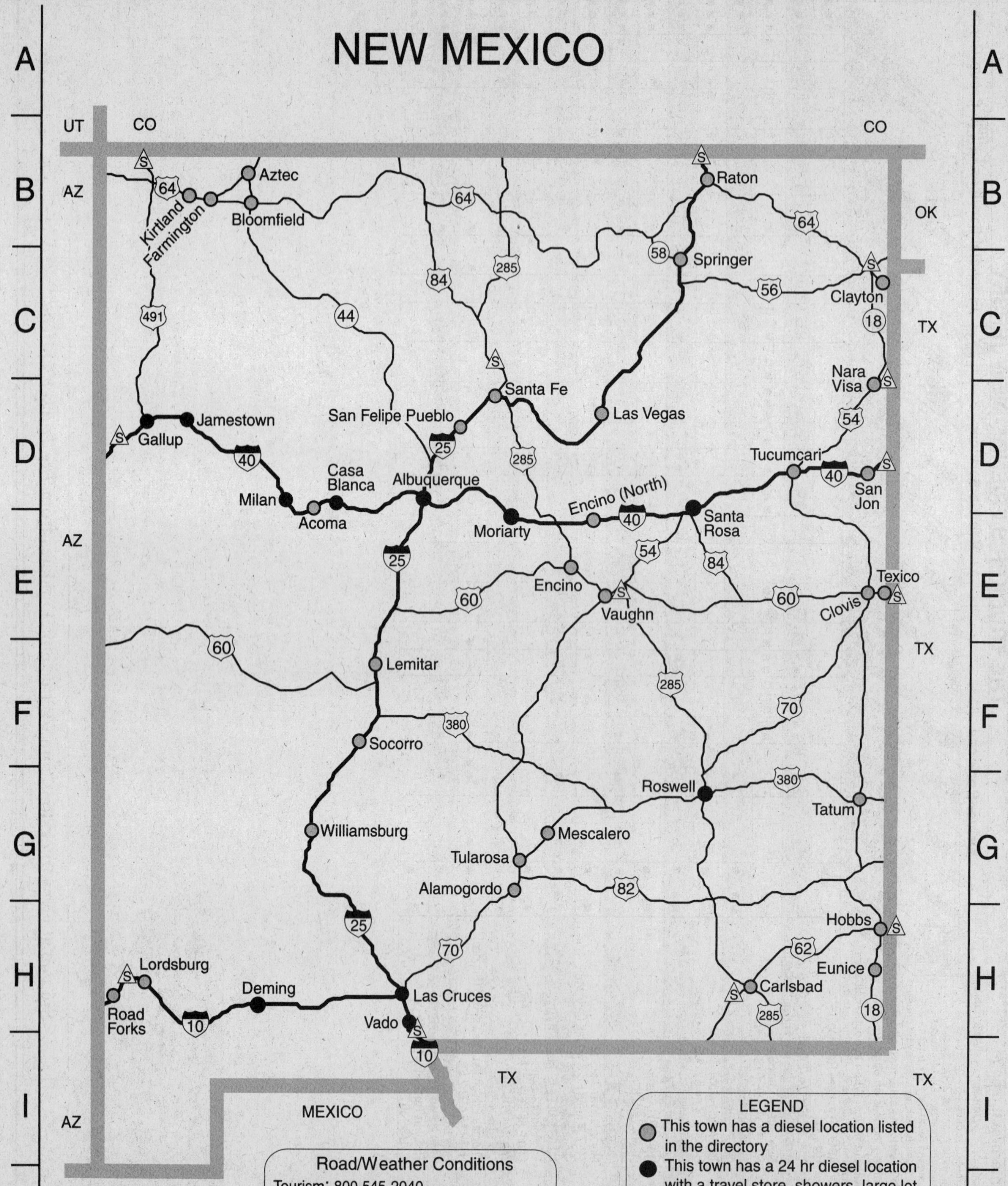

LEGEND

- This town has a diesel location listed in the directory
- This town has a 24 hr diesel location with a travel store, showers, large lot, and a 24 hr restaurant
- S Approximate location of state weigh scale and/or inspection station

Road/Weather Conditions

Tourism: 800-545-2040
Road: 800-432-4269 (recording)
Weather: Albuquerque: 505-821-1111 (rec)

State Fuel Tax Rates

Diesel......... 21¢
Gasoline......17¢

THE TRUCKER'S FRIEND® - NEW MEXICO

How to interpret the page

■ means available at truck stop □ means available nearby

in the overnight lot column:
S means room for 5 - 24 trucks
M means room for 25-74 trucks
L means room for 85-149 trucks
XL means room for 150+ trucks
$ means a parking fee may be charged

code at left-hand side of rows is the state map grid reference

a key to advertising logos is on page 25

Services may change without notice. When in doubt, call ahead.

Column headings: Motor Fuel (Truck Diesel, Self Service Diesel, Metered Propane, Gasoline); Parking (Overnight Lot ($), Paved Lot, Trailer Drop, Electric Plug-ins, Safe Haven/Hazmat); Driver Services — Food (Restaurant, Fast Food, Table Phones); Stores (Motel, Convenience, Trucker/Travel, Shopping Center, Walmart/Kmart, Grocery); Showers (Ladies', Men's, TV/Drivers Lounge, Laundry); Communication (Load Monitor, Internet Kiosk, Wi-Fi Hotspots, Document Scanning, Public Fax/Copier, UPS/FedEx/TripPak Box, Religious Services, State Lottery); Vehicle Services — Scales (Axle, Platform, Certified); Tires (Repairs, New Tire Sales, Shop Open 24 Hrs); Repairs (DOT Inspection, Major Repairs, Minor Repairs, Oil Change/Lube, Minor Welding, AC/Reefer, CB); Road Svcs (Tire, Mechanical, Towing); Wash (Truck (Exterior), Trailer Washout); RV Info (RVs Welcome, Dumping Station, Propane (Bottle)); Financial Services (ATM, Can Wire Money Out, Money Orders, NATSO Check-Link, Western Union, Voyager/Wright Express, Comdata (Comchek) — C=Checks, F=Fuel Cards, B=Both); Permit Svcs (EFS, Fuel Man, Multi Service, TCH, T-Chek, Fleet One, Buy/Pay at Fuel Desk, All Prepaid Permit Svcs); Credit Cards (American Express, Visa/Mastercard, Discover)

Grid	Location / Phone	Truck Stop / Address	Fuel & Parking	Food	Stores	Showers	Communication	Scales	Tires / Repairs	Road Svcs / Wash / RV	Financial	Permit Svcs	Credit Cards
D 2	Acoma, 87034 505-552-6681	Sky City Travel Center I-40 Exit 102	24 HRS ■ ■	XL ■ ■	□ ■ ■	■	■ DAT	F C			■ ■ V	B B B B	■ ■ ■ ■
G 4	Alamogordo, 88310 505-437-0000	Timeout Travel Center (Shamrock) 3500 US 82 N (S of N Jct US 54-70)	24 HRS ■ ■	M ■ ■	24 HRS □ ■ □ ■ ■	□ □ □ ■ ■ ■ ■	■	F C U F	□ □ □ □ □ □	□ □ □ □ □ □ □ □ □	■ ■ ■ V W	B B B B B B	■ ■ ■
G 4	Alamogordo, 88310 505-434-4317	J&J Mini Market #11 (Exxon) 901 US 70 W (MM 212)	24 HRS ■ ■	M ■ ■	□ ■ □ ■	□	□		□ ■ □ □ □ □ □	□ □ □	■ ■ ■ V W	B	■ ■ ■
G 4	Alamogordo, 88310 505-437-4464	Chevron Food Mart US 70 W MM 212	■ ■ ■	S ■	■	■			■ □ □	□ □ □ □ □ □ □ □ □ □	■ ■ ■ V W	F	■ ■ ■
D 3	Albuquerque, 87105 505-247-0759	Duke City Cardlock (CFN) 3203 NM 47 SB (W of I-25 Exit 222)	■ ■ ■		□				□		V	B F	■ ■ ■
D 3	Albuquerque, 87107 505-884-1066	TravelCenters of America (Chevron) I-25 X 225 NB/227 SB/I-40 X 159A EB/D WB	24 HRS ■ ■	L ■	24 HRS □ ■ □ ■ ■	□ □ □ ■ ■ ■ ■	DAT ■ TA ■	F C U F T	■ CAT BF ■ ■ ■ ■ ■ ■ A R	□ ■ ■ □ □ □	■ ■ ■ ■ ■ ■ W	B B B B B	■ ■ ■ ■
D 3	Albuquerque, 87121 505-352-7876	Rt 66 Travel Center (Conoco) I-40 Exit 140 (US 66)	24 HRS ■ ■	XL ■ ■	24 HRS ■ ■ ■	■ ■ ■	■	F C	■	□ □ □	■ ■ V W	B B B B B B	■ ■ ■ ■
D 3	Albuquerque, 87121 505-831-3448	Nine Mile Hill Chevron I-40 Exit 149 (Central Ave S)	24 HRS ■ ■	L ■	□ ■ □ ■	□		F C	■ □ □ □ □ □ □ □ □	□ □ □ □ □	■ □ ■ ■ V W		■ ■ ■ ■
D 3	Albuquerque, 87105 505-831-4694	Hilltop I-40 Exit 149 (E on US 66)	■ ■ ■	M ■	■			F C	■ □ □ □ □ □ □ □ □ □ □	□ □ □	■	B B B B	■ ■ ■ ■
D 3	Albuquerque, 87105 505-831-2001	Flying J Travel Plaza #05032 (Conoco) I-40 Exit 153 (98th St)	24 HRS ■ ■ ■	XL ■ ■	24 HRS ■ ■ □ ■ ■	□ ■ ■ ■ ■	Flying J ■ Flying J Flying J	F C U F T	Flying J □ □ □ □ □ □ □	□ □ □ □ □	■ ■ ■ ■ V W	B B B B	■ ■ ■ ■
D 3	Albuquerque, 87125 505-842-6514	Love's Travel Stop #210 I-40 Exit 158 (NW 6th)	24 HRS ■ ■		□ ■ ■ □ ■ ■	□ □	□ Love's ■	F C T	■ □ □ □ □ □ □ □ □ □ □ □ □ □	□ □ □	■ ■ V W	B B F B B B	■ ■ ■ ■
B 2	Aztec, 87410 505-334-3114	Sundial #7 (Chevron) 1315 US 550 & NM 574	■ ■ ■	S	□ ■ □ ■	□ □	□		□ ■		■ ■ V W	B C C	■ ■ ■
B 2	Bloomfield, 87413 505-632-3001	Sundial #3 (Conoco) 121 US 550/NM 44 S	24 HRS ■ ■		□ ■ □ ■	□	□	□	■	□	■ ■ V W	B C B	■ ■ ■
B 2	Bloomfield, 87413 505-632-2975	Lone Star Truck Stop (66) US 64 W (2 mi W of NM 44)	■ ■ ■	M ■	□ □ ■	□ □ ■ ■		F C	□ ■ □ □ □ □	□ □ □ □	■ □ ■ V W	B B B B	■ ■ ■ ■
H 6	Carlsbad, 88220 505-885-0167	Northgate Chevron 1311 US 285 N	■ ■ ■		□ □ □ ■	□ □			□ ■ □ □ □ □ □	□ □ □ □ □	■ V W	F	■ ■ ■
H 6	Carlsbad, 88220 505-885-6130	Queen Truck Stop (Conoco) 3202 US 285 S	■ ■ ■ ■	M ■ ■	□ ■ ■ □ ■ ■	□ □ □ ■ ■ ■ ■		F C F	□ ■ □ □ □ □ □ □ □	□ □ □	■ □ ■ ■ V W	B B B C B	■ ■ ■ ■
H 6	Carlsbad, 88220 505-887-0496	Fiesta Chevron US 285	■ ■ ■		□ □ □ ■	□ □	□		□ ■ □ □	□ □ □	■ ■ V W	F	■ ■ ■
H 6	Carlsbad, 88221 505-885-6303	Southwest LP Gas US 62-180	■ ■ ■ ■	M ■	□ □ □	□ □	□	F C	□ □ □ □ □ □ □ □ □ □ □ □ □ □	□ □ □ □	■ □ ■ V W		■ ■ ■ ■
H 6	Carlsbad, 88220 505-885-9761	Windmill Chevron US 62-180-285 (1 mi S of jct)	■ ■ ■		□ ■ □ ■	□ □	□		□ ■ □ □ □ □ □ □ □	□ □ □	□ ■ ■ V W	F	■ ■ ■
D 3	Casa Blanca, 87007 505-552-7477	Dancing Eagle Travel Center (Conoco) I-40 Exit 108 (NM 23)	24 HRS ■ ■	XL ■ ■	24 HRS ■ ■ ■ ■	□ ■ ■ ■ ■	DAT	F C	■	□ □ □	■ ■ ■ ■ ■ ■ ■ V W	B B B B B B	■ ■ ■ ■
C 7	Clayton, 88415 505-374-9548	Love's Country Store #022 703 US 87 (S of US 412)	24 HRS ■ ■	S ■ ■	□ □ ■	□ □	□ Love's ■	F C □	□ ■ □ □	□ □ □	■ □ ■ ■ V W	B B F B B B	■ ■ ■ ■
E 7	Clovis, 88101 505-763-7850	Bell Gas # 10 (Fina) US 60-84 W & W 7th	■ ■ ■	S ■	■				□		■ V W	B	■ ■ ■
H 2	Deming, 88031 505-546-7070	Savoy Truck Stop I-10 Exit 68 (NM 418 - 13 mi W of town)	24 HRS ■ ■	L ■ ■	24 HRS ■ ■ ■	■ ■ ■ ■		F C U	■ ■ ■ ■ ■ ■ ■	■ ■ ■ ■ ■ ■	■	B B B B B B	■ ■ ■
H 2	Deming, 88030 505-546-8833	Deming Truck Terminal #801 (USA) I-10 Exit 81 (Spruce St)	24 HRS ■ ■ ■	XL ■ ■	24 HRS □ ■ □ ■ ■	□ ■ ■ ■ □		F C U F	□ ■ □ □ □ ■ ■ □ □ □ □ □ □ □	■ □ □ ■ ■	■ □ ■ ■	B B B B B B	■ ■ ■
E 5	Encino, 88321 505-584-2955	Rio Pecos Fuel Stop (Mustang) US 60-285 & NM 3	■ ■ ■	S ■	■	■				□ □ □	■ V W		■ ■ ■
E 5	Encino (North), 88321 505-472-5410	D&R Chevron I-40 Exit 243	■ ■ ■	S ■		■				□ □ □	■ V W	B	■ ■ ■
H 7	Eunice, 88231 505-394-2742	JD's Fina 1205 Main St (NM 18 Loop)	■ ■ ■		□ ■ □ ■	□		F C	□ ■ □ ■ ■ ■ ■ A	■ ■ ■	□ ■ V W	B B F B B B	■ ■ ■ ■
B 2	Farmington, 87401 505-326-4668	Bubble City Truck Stop (Conoco) 3125 US 64	24 HRS ■ ■	M ■ ■	24 HRS ■ ■ □ ■ ■	□ □ □ ■ ■ ■ ■	DAT	F C U F	□ ■ □ □ □ □ □ □ □ □ □ □	□ □ ■ ■	■ □ ■ ■ ■ V W	B B B B B B	■ ■ ■ ■

THE TRUCKER'S FRIEND® - NEW MEXICO

How to interpret the page

■ means available at truck stop □ means available nearby

In the overnight lot column:
- S means room for 5 - 24 trucks
- M means room for 25-74 trucks
- L means room for 85-149 trucks
- XL means room for 150+ trucks
- $ means a parking fee may be charged

Code at left-hand side of rows is the state map grid reference.
A key to advertising logos is on page 25.

Credit cards: C=Checks, F=Fuel Cards, B=Both

Services may change without notice. When in doubt, call ahead.

Grid	Location / Phone	Truck Stop	Motor Fuel (Truck Diesel, Self Service Diesel, Metered Propane, Gasoline)	Parking (Overnight Lot ($), Paved Lot, Trailer Drop)	Electric Plug-Ins, Safe Haven/Hazmat	Food (Restaurant, Fast Food, Table Phones, Motel)	Stores (Convenience, Trucker/Travel)	Shopping Center, Walmart/Kmart, Grocery	Showers (Ladies', Men's)	TV/Drivers Lounge, Laundry	Communications (Load Monitor, Internet Kiosk, Wi-Fi Hotspots)	Document Scanning, Public Fax/Copier, UPS/FedEx/Trippak Box	Religious Services, State Lottery	Scales (Axle, Platform, Certified)	Tires (Repairs, New Tire Sales)	Repairs (Shop Open 24 Hrs, DOT Inspection)	Major Repairs, Minor Repairs, Oil Change/Lube	Minor Welding, AC/Reefer, CB	Road Svcs (Tire, Mechanical, Towing)	Wash (Truck (Exterior), Trailer Washout)	RV Info (RVs Welcome, Dumping Station, Propane (Bottle))	Financial Services (ATM, Can Wire Money Out, Money Orders)	Natso Check-Link, Western Union, Wright Express, Voyager	Comdata (Comchek), EFS	Fuel Man, Multi Service	TCH, T-Chek, Fleet One	Permit Svcs (Buy/Pay at Fuel Desk, All Prepaid Permit Svcs)	Credit Cards (American Express, Visa/Mastercard, Discover)
B 2	Farmington, 87401 505-327-5611	Huntington Broadway Conoco 520 US 64 E	■■ ■	S ■		□■ □	■	□□□		□			□■		□□		□□□	□□	□□□	□□	■□■	■	V W	B	B	B B		■■■
D 1	Gallup, 87301 505-863-6700	Texaco Travel Center I-40 Exit 16 (US 66 W)	24 HRS ■ ■	S ■■		■□■□	■■		■■	■■	DAT	F C □	■	□□□	■■	■□	■■■	■	■■□		■■■	■	V W	B B	B B	B B	■	■■■
D 1	Gallup, 87301 505-863-6801	TravelCenters of America (Giant) I-40 Exit 16 (US 66 W) TA	24 HRS ■ ■	XL ■■		24 HRS ■■■	■■		■■	■■	DAT ■ TA	■ F C U F T	■■	CAT	BF	■■	■■■	■ A	■■□	□□	■□	■■	■■ W	B B	B	B B	■	■■■
D 1	Gallup, 87301 505-863-3849	Love's Travel Stop #215 I-40 Exit 16 (US 66)	24 HRS ■ ■	M ■■		□■■□	■■	□	■■	□	⏻	■ F C T	■	□□□	□□	□	□□□	□□□	□□□	□□	■□	■	■ V W	B B	F B	B B	■	■■■
H 7	Hobbs, 88240 505-393-3064	Diamond Shamrock 600 US 180 W	■■ ■			□□ □	■	□		□			□	□□□	□□	□	□□□	□	□□□				V W	B				■■■
H 7	Hobbs, 88240 505-397-3821	Town & Country # 59 (66) 808 US 62-180 E	24 HRS ■ ■	S ■■		■ □	■	□					□■								■	■ ■	V W	B B	B	B		■■■
H 7	Hobbs, 88240 505-392-5283	Town & Country #183 (66) US 62-180	24 HRS ■ ■			□□ □	■	□□					□■									■	V W					■■■
D 1	Jamestown, 87347 505-722-6655	Pilot Travel Center #305 I-40 Exit 39 (17 mi E of Gallup)	24 HRS ■ ■	XL ■■	■	24 HRS ■■	■■		■■	■■	DAT ⏻	■ F C U T	■■	CAT	BF	■■	■■	■ A	■■□	■	■■	■■■	■■ V W	B B	F B	B B	■	■■■
B 1	Kirtland, 87417 505-598-6168	Sundial #9 (Chevron) 4199 US 64	■■ ■	S ■		□■ □	■	□		□			■								■	■ ■	V W	B		C		■■■
H 3	Las Cruces, 88004 505-527-5102	Love's Travel Stop #259 I-10 Exit 132 (Airport Rd)	24 HRS ■ ■	S ■■		■■	■■		■■		⏻	■ F C T	■		□□		□□□	□□	□□□		■□	■	■ V W	B B	F B	B B	■	■■■
H 3	Las Cruces, 88004 505-527-7400	TravelCenters of America I-10 Exit 139 (N Motel Blvd) TA	24 HRS ■ ■	XL ■		24 HRS ■■□	■■		■■	■■	DAT TA	■ F C T F	■	CAT	BF	■■	■■■	■ A ■	■■□		■□	■■	■■ V W	B B	B	B B	■	■■■
H 3	Las Cruces, 88005 505-523-2700	Pilot Travel Center #266 I-10 Exit 139 (NM 292 N)	24 HRS ■ ■	M ■■		□■■□	■■	□	■■	□	DAT ⏻	■ F C U T	□■	CAT	□□		□□□	□□	□□□		■ ■	■■	■■ V W	B B	F B	B B	■	■■■
D 5	Las Vegas, 87701 505-425-0848	Tenorio's Travel Center (Texaco) I-25 Exit 339	■■ ■	M ■		■■	■					F C	■						□□□		■□	■	V W	B		B	■	■■■
D 5	Las Vegas, 87701 505-425-8387	Pino's Truck Stop (Fina) I-25 Exit 347 (US 85 N)	24 HRS ■■■	M ■■		■□ □	■■	□□□	■■	□		□	□■		□□	□	□□□	□□□	□□□	□	■□■	■	V W	B B	B B	B B		■■■
F 3	Lemitar, 87823 505-838-1400	Roadrunner Travel Center (66) I-25 Exit 156	24 HRS ■ ■	L ■■		■	■■		■■	■■		F C	■		□□		□		□□□		■■	■	V W	B B	B B	B B	■	■■■
H 1	Lordsburg, 88045 505-542-8462	Love's Travel Stop #276 I-10 Exit 20 B (Motel Dr)	24 HRS ■ ■	S ■■		□■■□	■■	□	■■	□	⏻	■ F C U	□■	CAT	□□	□	□□□	□□□	□□□		■□	■	■ V W	B B	F B	B B	■	■■■
H 1	Lordsburg, 88045 505-542-3100	Pilot Travel Center #163 I-10 Exit 24	24 HRS ■ ■	L ■■		□■■□	■■	□	■■	■	DAT ■ ⏻	■ F C	□■	CAT	□□	□	□	□ □	□□□		■□	■■■	■■ V W	B B	F B	B B	■	■■■
G 4	Mescalero, 88340 505-464-5141	Casino Apache Travel Center (Conoco) 25845 US 70	24 HRS ■ ■	S ■		24 HRS □	■		■■	■	DAT ■										■□	■		B				■■■
D 2	Milan, 87021 505-285-6648	Petro Stopping Center #13 (Mobil) I-40 Exit 79 (Horizon Blvd) PETRO	24 HRS ■ ■	XL ■■		24 HRS ■■□	■■	□	■■	■■	DAT ■ ⏻	■ F C U F T	■■	CAT	BF	■■	□■■	■ A □	■■□	□	■□	■	V W	B B	B	B B	■	■■■
D 2	Milan, 87021 505-287-2981	Love's Travel Stop #257 I-40 Exit 79 (Horizon Blvd)	24 HRS ■ ■	S ■■		□■■□	■■	□	■■		⏻	■ F C T	□■	□	□□		□□□	□□	□□□		■□	■	■ V W	B B	F B	B B	■	■■■
E 4	Moriarty, 87035 505-832-4421	Rip Griffin Travel Center (Shell) I-40 Exit 194 (Central Ave) AMBEST	24 HRS ■■■	XL ■■	■	24 HRS ■■□	■■	□ □	■■	■■	DAT ■ ⏻	■ F C U F T	■■	CAT	BF	■■	■■■	■ R	■■□		■■■	■ ■	■■ V W	B B	F B	B	■	■■■
E 4	Moriarty, 87035 505-832-4455	Lisa's Truck Center I-40 Exit 197 (Loop P)	24 HRS ■	M ■■		24 HRS □	■	□ □	■■	□		F C □		□	■■		□□□	□□	■□□	□□	■□	■		B B	B B	B B	■	■■■
D 7	Nara Visa, 88430 505-633-2940	Nara Visa Truck Terminal US 54 E	■■ ■	M ■		■ □	■		■■			F C	□		□□				□□		■			B	B	B	■	■
B 6	Raton, 87740 505-445-3121	Pendleton's 66 I-25 Exit 450 (US 85)	■■■■			□□ □		□□□		□		□	□		□□		□□□	□	□□□	□□	□■		W					■■■
B 6	Raton, 87740 505-445-9300	Raton Truck Stop (Shell) I-25 Exit 451 (US 87)	24 HRS ■ ■	S ■■		□□ □	■	□□□		□		F C □	□		□□	□	□□□	□	□□□	□	■□	■	V W	B		B	■	■■■
B 6	Raton, 87740 505-445-7051	Hooter Brown Truck Stop (Total) I-25 Exit 451 (US 87-64)	■■ ■	S		□□ □	■■	□□□	■■	■■		F C F	□■		□□		□□□	□	□□□		■□	■	V W	B B	B	B B	■■	■■■
H 1	Road Forks, 88045 505-542-9079	USA Petroleum #802 I-10 Exit 5 (US 80)	24 HRS ■ ■	XL ■■		■ ■□	■■		■■	■■		F C	■	CAT	BF		□	□□	□□□		■	■		B B	B B	B B	■	■■
G 6	Roswell, 88201 505-623-1450	Price's Truck Stop 5500 N US 70-285	24 HRS ■ ■	XL ■■■		24 HRS □■□	■■	□□□	■■	■■		■ F C U T	□■	CAT	■■	■□	□□■	□□	■□□	■	■	■	■ V W	B B	B B	B B	■	■■■

THE TRUCKER'S FRIEND® - NEW MEXICO

How to interpret the page

■ means available at truck stop □ means available nearby

in the overnight lot column:
- S means room for 5 - 24 trucks
- M means room for 25-74 trucks
- L means room for 85-149 trucks
- XL means room for 150+ trucks
- $ means a parking fee may be charged

code at left-hand side of rows is the state map grid reference

a key to advertising logos is on page 25

Services may change without notice. When in doubt, call ahead.

Driver Services: MOTOR FUEL (Truck Diesel, Self Service Diesel, Metered Propane, Gasoline); PARKING (Overnight Lot ($), Paved Lot, Trailer Drop, Electric Plug-ins, Safe Haven/Hazmat); FOOD (Restaurant, Fast Food, Table Phones); STORES (Motel, Convenience, Trucker/Travel, Shopping Center, Walmart/Kmart, Grocery); SHOWERS (Ladies, Men's); COMMUNICATION (TV/Drivers Lounge, Laundry, Load Monitor, Internet Kiosk, Wi-Fi Hotspots, Document Scanning, Public Fax/Copier, UPS/FedEx/Trippak Box, Religious Services, State Lottery)

Vehicle Services: SCALES; TIRES (Axle, Platform, Certified, Repairs, New Tire Sales); REPAIRS (Shop Open 24 Hrs, DOT Inspection, Major Repairs, Minor Repairs, Oil Change/Lube); ROAD SVCS (Minor Welding, AC/Reefer, CB, Tire, Mechanical); WASH (Towing, Truck (Exterior), Trailer Washout)

RV Info: RVs Welcome, Dumping Station, Propane (Bottle)

Financial Services: ATM, Can Wire Money Out, Money Orders, Natso Check-Link, Western Union, Voyager/Wright Express, Comdata (Comchek)

Permit Svcs (C=Checks, F=Fuel Cards, B=Both): EFS, Fuel Man, Multi Service, TCH, T-Chek, Fleet One, Buy/Pay at Fuel Desk, All Prepaid Permit Svcs

Credit Cards: American Express, Visa/Mastercard, Discover

Grid	Location / Phone	Truck Stop	Motor Fuel & Parking	Food, Stores & Showers	Communication	Scales & Tires	Repairs, Road Svcs & Wash	RV Info	Financial Services	Permit Svcs	Credit Cards
D 4	San Felipe Pueblo, 87001 505-867-4706	San Felipe Travel Center (66) I-25 Exit 252	24 HRS ■ ■ L ■ ■	■ ■ ■	■ ■ ■ ■ DAT	F C □ ■			■ ■	B B B B B	■ ■ ■ ■
D 7	San Jon, 88434 505-576-2444	Drivers Travelmart #408 (Citgo) I-40 Exit 356 (NM 469)	24 HRS ■ ■ XL ■ ■ ■	■ □ ■ ■	■ ■ ■	F C □ ■	□ □ □ □ □ □ □ □ □ □ □ □ □ □		■ ■ ■ ■ V W	B B F B B F B	■ ■ ■ ■
D 7	San Jon, 88434 505-576-9252	Fast Stop #24 (66) I-40 Exit 356 (NM 469)	■ ■ ■ L ■ ■	■ □ ■ ■		F C □ ■	□ □ □ □ □ □ □ □ □ □ □ □ □ □ □		■ □ ■ V W	B B B B B B	■ ■ ■ ■
D 4	Santa Fe, 87501 505-471-2666	Polk Oil (Shamrock) 3624 NM 14 (3 mi N of I-25 Exit 278)	■ ■ ■	□ □	□				V W	B	■ ■ ■
D 4	Santa Fe, 87505 505-473-9744	Giant Station # 46 I-25 Exit 282 (US 285 N)	24 HRS ■ ■	□ ■ □ ■ □	□	□ ■			□ ■ ■ ■ V W	F F	■ ■ ■
D 6	Santa Rosa, 88435 505-472-3432	TravelCenters of America (Shell) I-40 Exit 277 (US 54-66-84 S) TA	24 HRS ■ ■ XL ■	24 HRS ■ ■ □ ■ ■ □	■ ■ ■ ■ DAT	TA ■ F C T F ■	CAT BF ■ ■ ■ ■ ■ ■ A ■ ■ □		■ □ ■ ■ V W	B B B B B	■ ■ ■ ■ ■ ■
D 6	Santa Rosa, 88435 505-472-1160	Love's Travel Stop #285 I-40 Exit 277 (US 84)	24 HRS ■ ■ M ■ ■	□ ■ ■ □ ■	□ ■ ■ □	■ F C □ ■	□ □ □ □ □ □ □ □ □ □ □ □ □ □ □		■ ■ ■ ■ V W	B B F B B B	■ ■ ■ ■
F 3	Socorro, 87801 505-854-2784	Santa Fe Diner & Truck Stop I-25 Exit 115 (NM 107)	24 HRS ■ ■ M ■	24 HRS ■ ■ ■	■ ■ ■	F C ■	■ ■ ■ ■ □		■ ■ ■ V W	B B B B B B	■ ■ ■ ■
C 5	Springer, 87747 505-483-5004	Russell Truck & Travel (Shell) I-25 Exit 419 (NM 58)	24 HRS ■ ■ M ■ ■	24 HRS ■ ■ ■	■ ■ ■ ■ DAT	F C U ■	CAT BF ■ □ □	■ ■ ■	■ ■ ■ ■ V W	B B B B B	■ ■ ■ ■
G 7	Tatum, 88267 505-398-2432	Town & Country #236 US 380 & NM 206	24 HRS ■ S	■ □ ■		■			□ ■ ■ V W	B B B	■ ■ ■
E 7	Texico, 88135 505-482-9313	Town & Country #150 US 60-70-84	24 HRS ■ ■ S ■ ■	□ ■ ■ ■ □ ■ □	□	F □ ■ □			■ ■ ■ V W	B B F B B B	■ ■ ■ ■
E 7	Texico, 88135 505-482-9300	Allsup's (Shell) US 60-70-84 at Port of Entry	24 HRS ■ ■ M ■ ■	□ ■ □ ■ □	■ ■ □	F □ ■	□ □ □		■ ■ ■ ■ V W	B C B B B	■ ■ ■ ■
D 6	Tucumcari, 88401 505-461-3841	MC Stop (Chevron) I-40 Exit 332 (Hwy 209)	24 HRS ■ ■ S ■ ■	□ ■ □ ■ ■ □ □ □	■ ■ ■	F C □ □ ■	□ □ □ □ □ □ □ □ □ □ □		■ ■ V W	B B B B B	■ ■ ■ ■
D 6	Tucumcari, 88401 505-461-4990	Love's Travel Stop #262 I-40 Exit 333	24 HRS ■ ■ S ■ ■	□ ■ ■ ■ □ ■ ■ □ □ □	■ ■ ■ □	■ F C U □ ■	□ □ □ □ □ □ □ □ □ □ □	□	■ □ ■ ■ V W	B B F B B B	■ ■ ■ ■
G 4	Tularosa, 88310 505-585-2103	Alamo-Rosa Fuel Stop (Fina) US 54-70 MM 74	24 HRS ■ ■ M ■	■ □ ■ ■	■ ■	F C □ ■	■ ■ ■ ■ ■ ■ ■ ■ ■ A R ■ ■ ■ ■		■ □ ■ V W	B B B B B B	■ ■ ■ ■
H 3	Vado, 88072 505-233-3695	National Truck Stop #305 (Fina) I-10 Exit 155	24 HRS ■ ■ L ■ ■	24 HRS ■ ■ ■	■ ■ ■ ■ DAT	F C □ ■	■ ■ ■ ■ ■ ■ ■ R ■ ■		■ □ ■ ■ ■ V W	B B F B B B B	■ ■ ■ ■
H 3	Vado, 88072 505-233-2988	Vado Travel City (Shell) I-10 Exit 155	24 HRS ■ ■ L ■ ■	■ ■ ■ ■	■ ■ ■ ■ DAT	F C □ ■	□ □ □ □ □ □ □ □ □		■ □ ■ ■ ■ ■ V W	B B B B B	■ ■ ■ ■
E 5	Vaughn, 88353 505-584-2614	Lalo's Cash & Carry (Chevron) US 54-60 & E Jct US 285 (@ state scale)	■ ■ ■ M	□ ■ □ ■	□	F □ ■	□ □ □ □ □ □ □ □ □ □ □ □ □		■ □ ■ V W	C C C	■ ■ ■ ■
G 2	Williamsburg, 87942 505-894-1782	Fast Stop (Shell) I-25 Exit 76 (US 85 S)	■ ■ ■	□ ■ □ ■ □	■	□ ■	□ □ □ □ □ □ □		□ ■ V W	B F	■ ■ ■

Sign up at www.truckstops.com for free email updates from *The Trucker's Friend.*®

NEW YORK

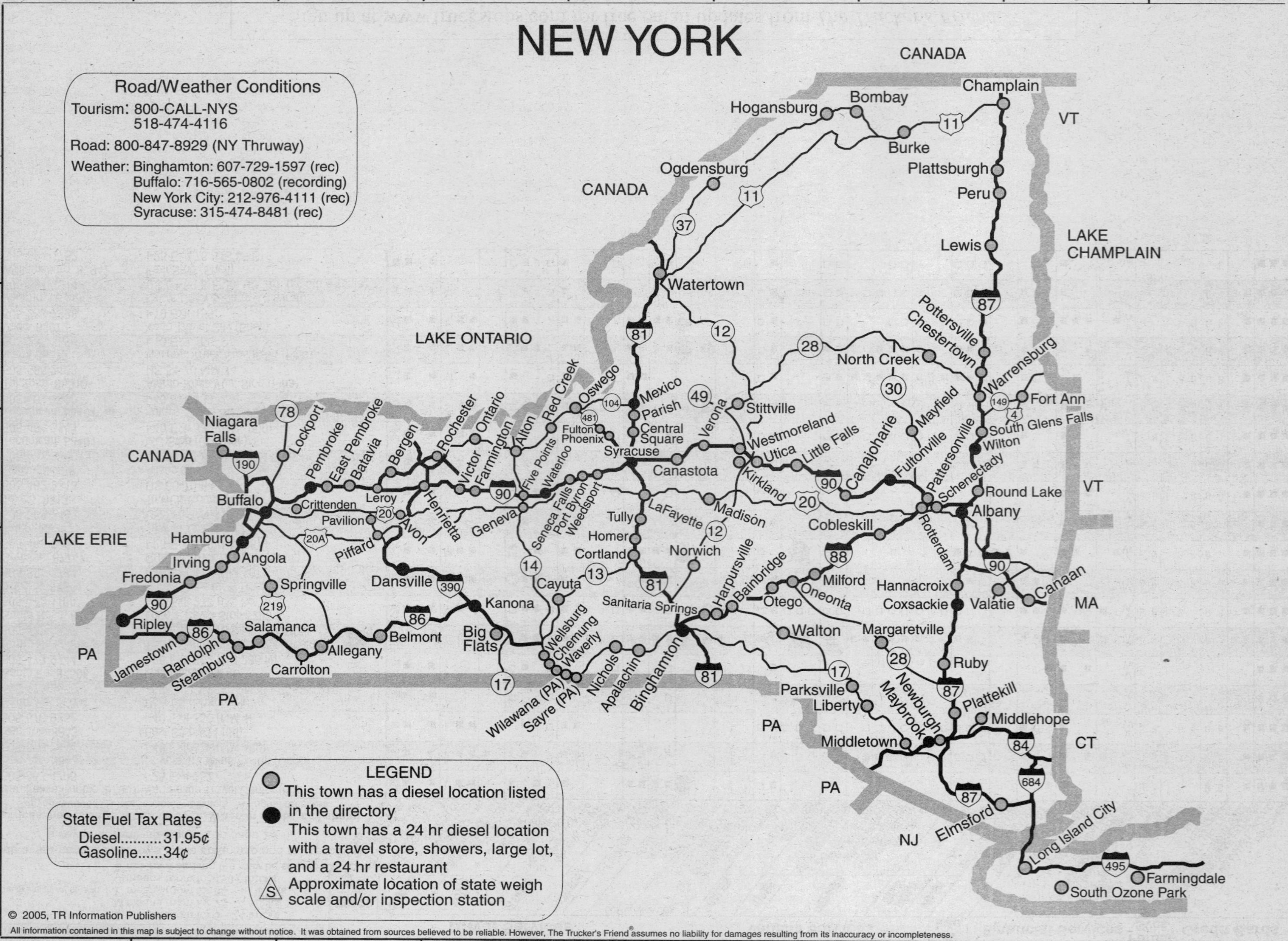

Road/Weather Conditions

Tourism: 800-CALL-NYS
518-474-4116

Road: 800-847-8929 (NY Thruway)

Weather: Binghamton: 607-729-1597 (rec)
Buffalo: 716-565-0802 (recording)
New York City: 212-976-4111 (rec)
Syracuse: 315-474-8481 (rec)

LEGEND

- (grey circle) This town has a diesel location listed in the directory
- (black circle) This town has a 24 hr diesel location with a travel store, showers, large lot, and a 24 hr restaurant
- (S triangle) Approximate location of state weigh scale and/or inspection station

State Fuel Tax Rates
Diesel..........31.95¢
Gasoline......34¢

THE TRUCKER'S FRIEND® - NEW YORK

How to interpret the page

■ means available at truck stop □ means available nearby

in the overnight lot column:
- S means room for 5 - 24 trucks
- M means room for 25-74 trucks
- L means room for 85-149 trucks
- XL means room for 150+ trucks
- $ means a parking fee may be charged

code at left-hand side of rows is the state map grid reference
a key to advertising logos is on page 25

Services may change without notice. When in doubt, call ahead.

Driver Services | Vehicle Services | RV Info | Financial Services | Permit Svcs | Credit Cards

C=Checks, F=Fuel Cards, B=Both

Code	Location / Phone	Truck Stop	MOTOR FUEL: Truck Diesel, Self Service Diesel, Metered Propane, Gasoline	PARKING: Overnight Lot ($), Paved Lot, Trailer Drop	Electric Plug-Ins, Safe Haven/Hazmat	FOOD: Restaurant, Fast Food; Table Phones, Motel	STORES: Convenience, Trucker/Travel	Shopping Center, Walmart/Kmart, Grocery	SHOWERS: Ladies', Men's	TV/Drivers Lounge, Laundry	COMMUNICATION: Load Monitor, Internet Kiosk, Wi-Fi Hotspots	Document Scanning, Public Fax/Copier, UPS/FedEx/TripPak Box	Religious Services, State Lottery	SCALES: Axle, Platform, Certified	TIRES: Repairs, New Tire Sales	REPAIRS: Shop Open 24 Hrs, DOT Inspection	Major Repairs, Minor Repairs, Oil Change/Lube	Minor Welding, AC/Reefer, CB	ROAD SVCS: Tire, Mechanical, Towing	WASH: Truck (Exterior), Trailer Washout	RV INFO: RVs Welcome, Dumping Station, Propane (Bottle)	ATM, Can Wire Money Out, Money Orders	NATSO Check-Link, Western Union, Voyager/Wright Express	Comdata (Comchek), EFS	Fuel Man, Multi Service, TCH	T-Chek, Fleet One	Buy/Pay at Fuel Desk, All Prepaid Permit Svcs	American Express, Visa/Mastercard, Discover
D 7	Albany, 12202 518-449-7924	Riverside Travel Plaza I-87 (NYTP) Exit 23 (I-787 Ex 2 @ Port)	24 HRS ■ ■	XL ■ ■		24 HRS ■ ■ □	■ ■		■ ■	■ ■	[DAT logo] ■	F C U F T	□ ■	[CAT logo]	■ ■	■ ■	■ ■ ■	■ A R	■ ■ □	■ ■	■	■	■ V W	B B	B B	B B	■ ■	■ ■ ■
D 7	Albany/Glenmont, 12077 518-434-9582	Petro 9-W I-87 (NYTP) Exit 23 (1.5 mi S on US 9W)	24 HRS ■ ■			□ ■ □	■	□ □ □		□		□	□											B C		B		■ ■ ■
D 7	Albany/Glenmont, 12077 518-427-1867	Big Main Truck Stop I-87 (NYTP) Exit 23 (1/2 mi S on US 9W)	24 HRS ■	M ■ ■		■ □ □	■ ■	□ □ □	■ ■	■ ■		F C □	□	□ □ □					□ □ □	□ □	■ ■	■	■	B B	B B	B B	■	■ ■ ■
E 3	Allegany, 14706 716-372-7885	Wilson Farms #159 (Mobil) 183 NY 17	24 HRS ■ ■			□ ■ □	■	□ □ □		□		□	□ ■				□				■	■ ■	W	B	F			■ ■ ■
D 4	Alton, 14413 315-483-9627	Featherly's Garage NY 14 & Ridge Rd W (N of NY 104)	■ ■ ■			□						F C			■ ■	■ ■	■ ■ ■	■ A R	■ ■ ■		■			B B	C C	C C	■	■ ■
E 2	Angola, 14006 716-549-3333	Angola Service Area (Mobil) I-90 (NYTP) MM 447 WB	24 HRS ■ ■	L ■		24 HRS ■						F	■								■	■	V W				■	■ ■ ■
E 5	Apalachin, 13732 607-625-2887	Express Mart #357 (Mobil) I-86 Exit 66 (S to NY 434)	24 HRS ■ ■			□ ■ □	■	□		□		F C F	□ ■								■	■ ■	V W	B B	B B	B B	■	■ ■ ■
D 3	Avon, 14414 585-226-2370	Sugarcreek (Mobil) I-390 Exit 10 (US 20)	■ ■ ■	S		□ □ □	■	□				F	□ ■								■ ■	■ ■	V W	B	B	B		■ ■ ■
D 3	Avon, 14414 585-226-3388	Avon Gas Way (Citgo) NY 39	■ ■ ■			□ □		□		□			□	□	□ □		□ □	□	□ □ □		■		V W	C				■ ■ ■
E 6	Bainbridge, 13733 607-967-8488	Xtra Mart (Sunoco) I-88 Exit 8 (NY 206)	24 HRS ■ ■			□ ■ □	■	□ □		□		□	■		□ □		□ □	□			■	■	V W	B C		C		■ ■ ■
D 3	Batavia, 14020 585-344-2989	Wilson Farms #165 (Sunoco) 669 NY 63 S & Cedar	■ ■ ■			□ □ □	■	□ □		□			□ ■		□ □		□ □ □	□	□ □ □		□ ■	■ ■	V W	B	F B			■ ■ ■
E 3	Belmont, 14813 585-268-5656	All American Plaza I-86 Exit 30 (NY 19)	24 HRS ■ ■ ■	M ■ ■		24 HRS ■	■ ■		■		[power logo]	F C F							□ □ □		■ ■	■	V W	B B	F B B	B B	■	■ ■ ■
D 3	Bergen, 14416 585-494-1589	Bergen Service Center I-490 Exit 2 (NY 19-33 W)	■ ■ ■	M ■ ■		■ □	■			□		F C	□ ■		□ □		□ □ □		□ □		■ □ ■	■	V W	B B	B	B B		■ ■ ■
D 3	Bergen, 14416 585-494-2120	Wilson Farms #149 (Sunoco) I-490 Exit 2 (W to NY 33 & NY 19)	24 HRS ■ ■	M ■ ■		□ ■	■				[DAT logo]	F C	■	□ □	□ □		□ □ □	□	□ □ □		■ ■	■ ■	V W	B B	F B B	B	■	■ ■ ■
E 4	Big Flats, 14814 607-562-3087	Dandy Mini Mart #11 (Citgo) 3149 NY 352 (2 mi E of NY 17 X 48)	■ ■ ■			□ ■ □	■	□ □				F C □	□ ■				□		□ □ □		■	■	V W					■ ■ ■
E 5	Binghamton, 13904 607-651-9153	Pilot Travel Center #170 I-81 Exit 2 W NB/3 SB	24 HRS ■ ■	L ■ ■		□ ■ ■ □	■ ■	□	■ ■	■	[DAT logo] [power logo]	■ F C U F T	□ ■	[CAT logo]	□ □		□ □ □		□ □ □	□	■	■ ■	■ ■ V W	B B	F B	B B	■	■ ■ ■
E 5	Binghamton, 13904 607-775-3500	TravelCenters of America [TA logo] I-81 Exit 2 W NB/3 SB (US 11)	24 HRS ■ ■ ■	L ■ ■		24 HRS ■ ■ □	■ ■	□	■ ■	■ ■	[DAT logo] [TA logo]	■ F C U F T	□	[CAT logo]	[B/F logo]	■ ■	□ ■ ■	■ A	■ ■ □	□ □	■ □ ■	■	■ ■ W	B B	F B	B B	■	■ ■ ■
A 7	Bombay, 12914 518-358-4182	Eastern Door Convenience Store 1285 NY 37	24 HRS ■			□ □	■					F C			□ □		□	□	□			■		B				■ ■
D 2	Buffalo/Cheektowaga, 14225 716-683-9931	Jim's Truck Plaza (Sunoco) [AMBEST logo] I-90 Exit 52 E	24 HRS ■ ■	L ■		24 HRS □ □	■ ■	□ □ □	■ ■	■ ■	[DAT logo]	F C U F T	□	■ ■ ■					□ □ □		■	■	V W	B B	F B B	B	■	■ ■ ■
A 7	Burke, 12917 518-483-6089	Cherry Knoll Petroleum (Mobil) 5680 US 11	■ ■ ■	M ■ ■		■ □	■	□	■	□		F C	■		■ ■		□ □ □	□	■		■ ■		V W	B		B	■	■ ■ ■
E 8	Canaan, 12029 518-781-4144	Canaan Super Stop (Citgo) [AMBEST logo] I-90 (NYTP) Exit B-3 (NY 22)	24 HRS ■ ■	M ■		■ □	■ ■		■ ■	■ □		F C U F T	■ ■	[CAT logo]	□ □		□ □ □	□ □	□ □ □		■ □	■	■ ■ V W	B B	B B	B	■	■ ■ ■
E 8	Canaan, 12029 518-781-4111	Rouse B-3 Truck Service (Sprague) I-90 (NYTP) Exit B-3 (NY 22)	24 HRS ■			□ □	■		■ ■	■ ■		F C □		□ □ □	■ ■	■	■ ■	■	■ □ □		□	■		B B	F B B	B B	■	■ ■ ■
D 6	Canajoharie, 13317 518-673-5556	Betty Beaver Fuel Stop (Getty) I-90 Exit 29 (S to Main)	24 HRS ■ ■			□ □ □	■	□	■	□		□	□ ■									■	V W	B B	B	B B		■ ■ ■
D 5	Canastota, 13032 315-697-7276	Nice N Easy Sunoco I-90 (NYTP) Exit 34 (1 mi S to NY 5)	24 HRS ■ ■	S		□ ■ □	■	□ □		□			□ ■						□ □ □	□ □	■	■ ■	V W		F			■ ■ ■
D 5	Canastota, 13032 315-687-9933	Chittenango Service Area (Sunoco) I-90 (NYTP) MM 266 WB	24 HRS ■ ■	M ■ ■		■	■					□									■	■	V W					■ ■ ■
F 3	Carrollton, 14753 716-945-6600	M&M Allegany Junction Truck Stop I-86 Exit 23 (US 219 S)	■ ■ ■	S ■ ■		□ ■ □	■	□ □ □	■ ■	□		F C □	□	□ □ □	□ □	□	□ □ □	□ □	□ □ □	□ □	■ □	■		B B	B	B B	■	■ ■ ■
E 4	Cayuta, 14824 607-594-7172	Dandy Mini Mart #31 (Citgo) 6034 NY 13	■ ■ ■	M ■ ■		■ ■ □	■			□		F C	□ ■		□ □		□	□	□ □ □		■ ■	■	V W	B B		B	■	■ ■ ■
D 5	Central Square, 13036 315-676-2693	Penn Can Truckstop (Mobil) I-81 Exit 32 (NY 49)	24 HRS ■ ■	M ■ ■		■	■	□ □ □	■ ■	■		F C U F	□ ■		□ □		□ □	□	□ □ □		■ □ ■	■	V W	B B	B B	B B	■	■ ■ ■

THE TRUCKER'S FRIEND® - NEW YORK

How to interpret the page

■ means available at truck stop □ means available nearby

In the overnight lot column:
- S means room for 5 - 24 trucks
- M means room for 25-74 trucks
- L means room for 85-149 trucks
- XL means room for 150+ trucks
- $ means a parking fee may be charged

Code at left-hand side of rows is the state map grid reference

A key to advertising logos is on page 25

Services may change without notice. When in doubt, call ahead.

Column groups: Driver Services (Motor Fuel: Truck Diesel, Self Service Diesel, Metered Propane, Gasoline; Parking: Overnight Lot ($), Paved Lot, Trailer Drop, Electric Plug-ins, Safe Haven/Hazmat; Food: Restaurant, Fast Food, Table Phones; Stores: Motel, Convenience, Trucker/Travel, Shopping Center, Walmart/Kmart, Grocery; Showers: Ladies', Men's; Communications: TV/Drivers Lounge, Laundry, Load Monitor, Internet Kiosk, Wi-Fi Hotspots, Document Scanning, Public Fax/Copier, UPS/FedEx/TripPak Box, Religious Services, State Lottery); Vehicle Services (Scales; Tires: Axle, Platform, Certified; Repairs: Repairs, New Tire Sales, Shop Open 24 Hrs, DOT Inspection, Major Repairs, Minor Repairs, Oil Change/Lube, Minor Welding, AC/Reefer; Road Svcs: CB, Tire, Mechanical, Towing; Wash: Truck (Exterior), Trailer Washout); RV Info (RVs Welcome, Dumping Station, Propane (Bottle)); Financial Services (ATM, Can Wire Money Out, Money Orders, NATSO Check-Link, Western Union, Voyager/Wright Express, Comdata (Comchek); C=Checks, F=Fuel Cards, B=Both: EFS, Fuel Man, Multi Service, TCH, T-Chek, Fleet One); Permit Svcs (Buy/Pay at Fuel Desk, All Prepaid Permit Svcs); Credit Cards (American Express, Visa/MasterCard, Discover).

Location	Truck Stop	Motor Fuel	Parking	Parking	Food	Stores	Stores	Showers	Communications	Communications	Scales	Tires	Tires	Repairs	Repairs	Repairs	Road Svcs	Wash	RV Info	Financial	Financial	Financial	Financial (C/F/B)	Financial (C/F/B)	Permit Svcs	Credit Cards
A7 Champlain, 12919 518-298-8438	Garceau Exxon I-87 Exit 42	■ ■ ■			□ ■	■	□		□		F C □	□ ■	□ □ □	□ □	□	□ □ □	□ □	□ □ □	□		■	W			■	■ ■ ■
A7 Champlain, 12919 518-298-8866	11-87 Truck Plaza I-87 Exit 42 (1/4 mi W on US 11)	24 HRS ■ ■ ■	L ■ ■		24 HRS ■	■	□ □	■ ■	■	DAT ■	F C U F T	□	■ ■ ■	■ ■	■ ■	■ ■	■	■ ■ ■	■ ■	■ ■	■ ■	V W	B B	B B	B B ■ ■	■ ■ ■
A7 Champlain, 12919 518-298-4143	Route 11 Mobil I-87 Exit 42 (NY 11 SW)	24 HRS ■ ■	S$ ■ ■		□ ■	■	□	■ ■			F C □	□ ■	□ □ □	□ □		□ □ □	□	□ □ □	□	■ □	■	■ W	B B	B B	B B ■	■ ■ ■
A7 Champlain, 12919 518-298-3835	Champlain Peterbilt I-87 Exit 43	24 HRS ■	M ■ ■		□ ■ ■	■ ■	□ □	■ ■	■ ■		F C U	□	CAT	■ ■	■ ■	■ ■ ■	■ A R □	■ ■ ■	□ □	■	■	W	B B	B B	B B ■ ■	■ ■ ■
F4 Chemung, 14825 607-529-3959	Dandy Mini Mart #10 I-86 Exit 59 (CR 60 N)	■ ■ ■			■	■						□ ■						□ □ □		■	■	V W				■ ■ ■
C7 Chestertown, 12817 518-494-2032	Riverside Nice & Easy #1501 (Mobil) I-87 Exit 25 (US 9 - 1 mi S to Theriot)	■ ■ ■			□ ■ □	■	□					□ ■								■	■	V W				■ ■ ■
C7 Chestertown, 12817 518-494-4999	Buckman's Family Fuel I-87 Exit 25 (US 9)	■ ■ ■			□ □	■	□		□		□	□		□ □		□		□ □ □								■ ■ ■
E7 Cobleskill, 12049 518-234-4767	Hess Express I-88 Exit 22 (N to 2423 NY 7)	■ ■ ■			□ ■ □	■	□ □ □		□		□	□ ■		□ □		□ □ □	□ □ □	□ □ □			■ ■	V W				■ ■ ■
E5 Cortland, 13045 607-756-5190	Express Mart #308 (Mobil) I-81 Exit 10 (US 11)	24 HRS ■ ■	S ■ ■		□ ■ ■ □	■	□		□		F C	□ ■		□ □		□ □	□	□ □ □		■ □ ■	■ ■	V W	B B	F B B	B B ■	■ ■ ■
E5 Cortland, 13045 607-753-8007	Pit Stop Travel Center (Citgo) I-81 Exit 10 (US 11)	24 HRS ■ ■	M ■ ■		□ ■ ■ □	■ ■	□ □ □	■ ■	□		F C	□ ■	□ □ □	□ □		□ □ □	□ □	□ □ □		■ □	■	V W	B B	F B B	F B ■ ■	■ ■ ■
E7 Coxsackie, 12051 518-731-2721	Fox Run Parc I-87 (NYTP) Exit 21 B	24 HRS ■ ■ ■	XL ■ ■		■ ■	■ ■	□ □	■ ■	■ ■	DAT ■	F C	□	■ ■ ■					□ □ □		■ ■	■		B B	B B	B B ■ ■	■ ■ ■
D3 Crittenden, 14004 716-937-4888	Wilson Farms #767 (Sunoco) NY 33 & Walden Ave	■ ■ ■			■	■						■								■	■ ■	V W	B			■ ■ ■
E3 Dansville, 14437 585-335-6023	TA TravelCenters of America (Mobil) I-390 Exit 5 (Commerce Dr)	24 HRS ■ ■ ■	L ■ ■		24 HRS □ ■ ■	■ ■	□ □	■ ■	■ ■	DAT TA ■	F C U F T	□	CAT	BF	■ ■	□ ■ ■	■ R	■ ■ □		■ ■ ■	■ ■	■ ■ W	B B	F B	B B ■	■ ■ ■
D3 East Pembroke, 14056 585-762-8410	Pembroke Service Area (Sunoco) I-90 (NYTP) MM 397 EB	24 HRS ■ ■	M ■ ■		■	■						■						□ □ □		■	■	V W				■ ■ ■
G8 Elmsford, 10523 914-347-8252	Elmsford BP/Amoco I-287 Exit 2	24 HRS ■ ■			□ □	■	□		□		F C □	□		□		□					■	V W	B B	F	B ■	■ ■ ■
G8 Farmingdale, 11735 631-756-0675	Petro King 880 NY 24 (W of NY 110)	■ ■			□ □ □		□ □ □		□		□	□	□ □ □	□ □	□	□ □ □	□ □ □	□ □ □	□ □			V W	B C	F C	C	■ ■ ■
D4 Farmington, 14425 585-924-4569	Wilson Farms #142 (Mobil) I-90 Exit 44 (1283 NY 332)	■ ■ ■			□ ■ □	■	□		□		□	□ ■		□ □				□ □		□ ■	■ ■	V W	B	F	B	■ ■ ■
D4 Five Points, 14532 315-781-1464	AMBEST Wilson Farms #184 (Mobil) I-90 (NYTP) Exit 42 (NY 14 S to NY 318)	24 HRS ■ ■	M ■ ■		■ ■ □	■	□	■ ■	■ ■	DAT	F C U F	■	CAT	□ □		□ □	□	□ □ □	□ □	■ □ ■	■ ■	V W	B B	F B B	B B ■ ■	■ ■ ■
C8 Fort Ann, 12827 518-639-8343	Fort Ann Super Stop 11300 NY 149 & US 4	■ ■ ■	S ■ ■		■ □	■		■ ■			F C	□ ■			■ ■	■ ■	■	□ □ □	□	■ ■	■	W	B B	B	B B ■	■ ■ ■
E2 Fredonia, 14063 716-672-4635	Tops Express (Mobil) I-90 Exit 59 (NY 60 - 1 mi S)	24 HRS ■ ■			□ ■ □	■	□ □ □		□			□ ■		□ □		□		□ □ □		□ ■	■ ■ ■	■ V W	B B	B B	B B	■ ■ ■
D5 Fulton, 13069 315-598-4345	Babcock Oil Co (Mobil) NY 481 & Hwy 57 (N of town)	■ ■ ■			□ □ □	■	□ □ □		□			□		□ □	□	□ □ □	□	□ □ □				V W	B C			■ ■ ■
D7 Fultonville, 12072 518-853-4601	AMBEST Fultonville Super Stop (Citgo) I-90 (NYTP) Exit 28	24 HRS ■ ■ ■	M ■ ■		■ ■ ■ ■	■ ■	□	■ ■	■ ■		F C U T	□ ■	CAT	□ □	□	□ □ □	□ □ ■	□ □ □	■ ■	■ ■	■	■ V W	B B	B B	B ■ ■	■ ■ ■
D7 Fultonville, 12072 518-853-3411	TA TravelCenters of America I-90 (NYTP) Exit 28	24 HRS ■ ■	XL ■ ■		24 HRS □ ■ ■	■ ■	□	■ ■	■ ■	DAT ■ TA ■	F C T F	□	CAT	BF	■	■ ■	■ A ■	■ ■ □	□ □	■ ■	■ ■	■ ■ W	B B	F B	B B ■	■ ■ ■
D7 Fultonville, 12072 518-853-3763	Betty Beaver Fuel Stop I-90 (NYTP) Exit 28 (L on Riverside)	24 HRS ■ ■	S ■ ■		□ □	■	□	■ ■			F C	□ ■	□ □ □	□	□	□ □	□ □ □	□ □	■ ■	■ □	■	V W	B B	B B	B B ■	■ ■ ■
D4 Geneva, 14456 315-789-0788	The Express Mart (Mobil) 825 US 20 W	24 HRS ■ ■	S ■		□ ■ □	■	□ □ □		□			□ ■		□ □	□	□ □ □	□ □	□ □		■ ■	■ ■	V W	F			■ ■ ■
E2 Hamburg, 14075 716-926-8200	Exit 57 Truck Plaza I-90 Exit 57 (NY 75 N)	24 HRS ■ ■	XL$ ■ ■		24 HRS ■ ■ ■	■ ■	□ □ □	■ ■	■ ■		F C U F	□ ■	CAT	■ ■	■	■ ■	■ □	□ □ □	■ ■	■ □	■		B B	B B	B ■	■ ■
E7 Hannacroix, 12087 518-756-9595	New Baltimore Service Area (Mobil) I-87 (NYTP) MM 127 NB/SB	24 HRS ■ ■	M ■		24 HRS ■ □							■								■	■	V W				■ ■ ■
E6 Harpursville, 13787 607-693-1414	Red Barrel # 2 I-88 Exit 6	■ ■ ■	S ■		■ ■	■		■ ■	■		F C	□ ■		□ □				□ □ □		■	■	V	B B	B	B B ■	■ ■ ■

THE TRUCKER'S FRIEND® - NEW YORK

How to interpret the page

■ means available at truck stop □ means available nearby

In the overnight lot column:
- S means room for 5 - 24 trucks
- M means room for 25-74 trucks
- L means room for 85-149 trucks
- XL means room for 150+ trucks
- $ means a parking fee may be charged

The code at the left-hand side of rows is the state map grid reference. A key to advertising logos is on page 25.

Services may change without notice. When in doubt, call ahead.

Column groups: Driver Services (Motor Fuel: Truck Diesel, Self Service Diesel, Metered Propane, Gasoline; Parking: Overnight Lot ($), Paved Lot, Trailer Drop, Electric Plug-Ins, Safe Haven/Hazmat; Food: Restaurant, Fast Food, Table Phones; Stores: Motel, Convenience, Trucker/Travel, Shopping Center, Walmart/Kmart, Grocery; Showers: Men's, Ladies; Communication: TV/Drivers Lounge, Laundry, Load Monitor, Internet Kiosk, Wi-Fi Hotspots, Document Scanning, Public Fax/Copier, UPS/FedEx/Trippak Box, Religious Services, State Lottery) · Vehicle Services (Scales; Tires: Platform, Axle, Certified; Repairs: Repairs, New Tire Sales, Shop Open 24 Hrs, DOT Inspection, Major Repairs, Minor Repairs, Oil Change/Lube, Minor Welding; Road Svcs: AC/Reefer, Tire, CB, Mechanical, Towing; Wash: Truck (Exterior), Trailer Washout) · RV Info (RVs Welcome, Dumping Station, Propane (Bottle)) · Financial Services (ATM, Can Wire Money Out, Money Orders, NATSO Check-Link, Western Union, Voyager/Wright Express, Comdata (Comchek), EFS, Fuel Man, Multi Service; C=Checks, F=Fuel Cards, B=Both) · Permit Svcs (TCH, T-Chek, Fleet One, Buy/Pay at Fuel Desk, All Prepaid Permit Svcs) · Credit Cards (American Express, Visa/Mastercard, Discover)

Grid	Location / Phone	Truck Stop / Address	Driver Services	Vehicle Services	Wash / RV Info	Financial Services	Permit Svcs / Credit Cards
D4	Henrietta, 14467 585-334-7510	Western Truck Stop (Citgo) I-90 Exit 46/I-390 Exit 12 (NY 253 W)	24 HRS ■ ■ $XL ■ ■ □ ■ □ ■ ■ ■ ■	F C T F □ ■ □ □ □ □ □ □ □ □ □ □ □	□ □ □	■ ■ ■ V W	B B F B B B B ■ ■ ■ ■
A6	Hogansburg, 13655 518-358-9519	Bear's Den Trading Post 425 NY 37 (Mohawk Reservation)	24 HRS ■ ■ S ■ ■ ■ □ □ ■ ■ ■ ■	F C □	□ □ □	■ □ ■ ■ ■	B B B B ■ ■ ■
A6	Hogansburg, 13655 518-358-3286	Burns Truck Stop #9 NY 37 & Cooks Rd	■ ■ S □ □ □ ■ □	□ □ □ □ □ □ □ □ □	□ □ □	■ □ ■	■ ■
A6	Hogansburg, 13655 518-358-2620	Speedway Pitt Stop NY 37 & NY 95	■ ■ ■ S ■ ■	F C F ■	□ □ □	■ ■ ■ ■ W	B B B B ■ ■ ■ ■
A6	Hogansburg, 13683 518-358-9038	Wolf Clan Truck Stop NY 37 (in town)	24 HRS ■ M ■ ■ ■ ■ ■ □ ■	F C □ □ □ □ □		■ ■	B B B B ■ ■ ■ ■
E5	Homer, 13077 607-749-7321	Express Mart #323 (Mobil) I-81 Exit 12 (1 mi W to 31 NY 281)	24 HRS ■ ■ □ □ □ ■ □ □ □ □	U □ ■ □ □ □	□	□ ■ ■ ■	■ ■ ■
E2	Irving, 14081 716-934-5130	Native Pride Travel Center I-90 Exit 58	24 HRS ■ ■ L ■ ■ ■ □ □ ■ ■ □ ■ ■ □	F C U □ ■ ■ ■ ■ ■	□ □ □	■ □ ■ ■	B B B B B B ■ ■ ■
E2	Irving, 14081 716-934-9524	Seneca One Stop I-90 Exit 58 (1 mi W on NY 5/US 20)	24 HRS ■ ■ ■ S ■ ■ □ □ □ ■ ■ ■	F C □	□ □ □	■ □ ■ ■	B B B B B B ■ ■ ■ ■
E2	Irving, 14081 716-934-4219	Seneca Hawk I-90 Exit 58 (1 mi W on NY 5/US 20)	■ ■ S ■ ■ ■ □ □ ■ ■ ■ ■ ■ DAT	F C □ □ □	□ □ □	■	B B B B B ■ ■ ■ ■
E2	Jamestown, 14701 716-484-2882	Main Express Travel Plaza I-86 Exit 12	24 HRS ■ ■ ■ □ ■ □ ■ ■ ■ □	F C U ■	□ □ □	■ ■ V W	B B B B B ■ ■ ■ ■
E4	Kanona, 14856 607-776-7634	Wilson Farms #167 (Sunoco) I-86 Exit 37 (I-390 Exit 0) AMBEST	24 HRS ■ ■ L ■ ■ 24 HRS □ ■ ■ ■ ■ ■ ■ ■ DAT	F C T □ ■ CAT □ □ □ □ □ □ □	□ □ □	■ ■ ■ ■ ■ ■ ■ V W	B B F B B B ■ ■ ■ ■
D6	Kirkland, 13323 315-853-1519	Nice N Easy Citgo 7481 NY 5 W & NY 233	24 HRS ■ ■ □ □ □ ■ □ □ □	□ ■ □ □ □ □ □ □ □ □ □	□ □ □	■ ■ W	B B ■ ■ ■ ■
D5	LaFayette, 13084 315-677-9790	Nice N Easy Grocery Shoppe #7 (Sunoco) I-81 Exit 15 (US 11)	24 HRS ■ ■ □ ■	F C □ □ ■ □ □	□ □ □	■ ■ V W	F ■ ■ ■ ■
D3	Leroy, 14416 585-768-8120	490 Truck Stop (Coastal) I-90 (NYTP) Exit 47 (NY 19)	■ ■ ■ S ■ □ □ □ ■ ■	F □ □ ■ □	□	■ ■ ■ V W	B B B B ■ ■ ■ ■
D3	Leroy, 14482 585-293-2440	Ontario Service Area (Mobil) I-90 (NYTP) MM 376 WB	24 HRS ■ ■ M ■ ■	■		■ □ ■ V W	B ■ ■ ■
B7	Lewis, 12950 518-873-2065	Pierce's Service Station I-87 Exit 32	■ ■ ■ □ □ □	F ■ ■ ■ ■ ■		□	B ■ ■ ■ ■
B7	Lewis, 12950 518-873-2083	Betty Beaver Truck Stop (Getty) I-87 Exit 32 (1/4 mi W)	24 HRS ■ ■ L ■ ■ ■ □ ■ □ ■ ■ □	F C ■ □ □ □ □ □ □ □ □	□ □ □	■ ■ ■ V W	B B B B B B ■ ■ ■ ■
F7	Liberty, 12754 845-292-7720	Sam's Service Station (Mobil) NY 17 Exit 100 (Rt 52)	24 HRS ■ ■ □ □ □ □ □ □ ■ □	□ □ ■ ■ ■ ■ ■ ■ ■ ■ ■ R	■ ■ ■ □	□ ■ W	B B B B B ■ ■ ■ ■
D6	Little Falls, 13365 315-823-1710	Indian Castle Service Area (Sunoco) I-90 (NYTP) MM 210 EB	24 HRS ■ ■ M ■ ■		□ □ □	■ V W	■ ■ ■
D6	Little Falls, 13365 315-823-2122	Iroquois Service Area (Sunoco) I-90 (NYTP) MM 210 WB	24 HRS ■ ■ M ■ ■ ■		□ □ □	■ ■ V W	■ ■ ■
D3	Lockport, 14094 716-625-9315	Hi-Quality Petroleum 6472 NY 78 S & Rapids Rd	■ ■ ■ □ □ □ □ □ □	□ □ □			■ ■
G8	Long Island City, 11101 718-786-7438	Long Island Service Station (Mobil) NY-495 (LI Expwy) & 49-01 Van Dam St	24 HRS ■ ■ □ □ □ ■ □ □ □	F C □ □ ■ □ □		■ V	C C C C ■ ■ ■ ■
G8	Long Island City, 11101 718-729-9480	John's 53-26 Service NY-495 (LI Expwy) & 53-26 Van Dam St	24 HRS ■ ■ □ □ □ □	F C □ □ □			■ ■ ■ ■
D5	Madison, 13402 315-893-1882	A-N-W Easy Mart 7227 US 20 W	■ ■ ■ □ □ ■ □	F □ ■		■ ■ V W	■ ■ ■ ■
E7	Margaretville, 12455 845-586-2526	Hess Mart 42598 NY 28	24 HRS ■ ■ □ ■ □ ■ ■ □	□ □ □ □ □ □ □ □	□ □ □	■ ■	■ ■ ■
F7	Maybrook, 12543 845-457-3163	TravelCenters of America/Maybrook I-84 Exit 5 (Neelytown Rd) TA	24 HRS ■ ■ XL ■ ■ 24 HRS ■ ■ ■ ■ ■ □ ■ ■ ■ ■ DAT TA	F C U F T ■ ■ ■ ■ ■ ■ ■ ■ ■ ■ ■ ■ R □	■ ■ □ □ □	■ □ ■ ■ ■ ■ W	B B F B B B ■ ■ ■ ■
D7	Mayfield, 12117 518-661-5612	Burmeister Energy 2469 NY 30	■ ■ ■ □ □ □	□		□ ■	■
C5	Mexico, 13131 315-625-4238	Sun-Up Auto/Truck Plaza (Sunoco) I-81 Exit 34 (NY 104 E)	24 HRS ■ L ■ ■ 24 HRS ■ □ ■ ■ □ ■ ■ ■ DAT	F C U □ ■ CAT	□ □ □	■ ■ ■ ■ ■ V W	B B F B B B B B ■ ■ ■ ■

THE TRUCKER'S FRIEND® - NEW YORK

How to interpret the page

■means available at truck stop □means available nearby

in the overnight lot column:
S means room for 5 - 24 trucks
M means room for 25-74 trucks
L means room for 85-149 trucks
XL means room for 150+ trucks
$ means a parking fee may be charged

code at left-hand side of rows is the state map grid reference
a key to advertising logos is on page 25

Services may change without notice. When in doubt, call ahead.

Column headings — Motor Fuel: Truck Diesel, Self Service Diesel, Metered Propane, Gasoline. Driver Services — Parking: Overnight Lot ($), Paved Lot, Trailer Drop, Electric Plug-ins, Safe Haven/Hazmat; Food: Restaurant, Fast Food, Table Phones; Stores: Motel, Convenience, Trucker/Travel, Shopping Center, Walmart/Kmart, Grocery; Showers: Ladies, Men's, TV/Drivers Lounge, Laundry; Communications: Load Monitor, Internet Kiosk, Wi-Fi Hotspots, Document Scanning, Public Fax/Copier, UPS/FedEx/Tripak Box, Religious Services, State Lottery. Vehicle Services — Scales: Axle, Platform, Certified; Tires: Repairs, New Tire Sales; Repairs: Shop Open 24 Hrs, DOT Inspection, Major Repairs, Minor Repairs, Oil Change/Lube; Road Svcs: Minor Welding, AC/Reefer, CB; Wash: Tire, Mechanical, Towing, Truck (Exterior), Trailer Washout. RV Info: RVs Welcome, Dumping Station, Propane (Bottle). Financial Services: ATM, Can Wire Money Out, Money Orders, Natso Check-Link, Western Union, Voyager/Wright Express, Comdata (Comchek) (C=Checks, F=Fuel Cards, B=Both), EFS, Fuel Man, Multi Service. Permit Svcs: TCH, T-Chek, Fleet One. Credit Cards: Buy/Pay at Fuel Desk, All Prepaid Permit Svcs, American Express, Visa/Mastercard, Discover.

Grid	Location / Phone	Truck Stop / Address	Motor Fuel & Parking	Food	Stores	Showers & Lounge	Communications	Scales	Tires	Repairs & Road Svcs	Wash & RV Info	Financial Services	Permit Svcs & Credit Cards
F 7	Middlehope, 12550 845-561-2780	9 W Diesel 5198 US 9W (1-1/2 mi N of I-84 Exit 10)	■■		□□ □	□ □	□		□	□□ □	□□□	V W C	B B B ■■■
F 7	Middlehope, 12550 845-562-2670	Prestige Mobil 5306 US 9W N	24 HRS ■ ■		□□ □ ■	□ □	□		□■	□□ □□□□	□□□	■■ W	■■■
F 7	Middletown, 10940 845-692-3022	Sunoco Mart NY 17 Exit 120	24 HRS ■ ■		□ ■	□	□		■	□		■■■■ ■W	B ■■■
E 6	Milford, 13807 607-286-3313	Red Barrel #14 (Citgo) NY 28	■■ ■	S■■	□■ □■	□	□		□■	□□ □	□□□	■ ■ V W F	■■■
F 7	Newburgh, 12550 845-567-1722	Pilot Travel Center #394 I-84 Exit 6 (NY 17 K)	24 HRS ■ ■	M■■	■■□■■	□	■■■■ (DAT logo) ■	F C U F T	■ (CAT logo)		□□□	■■■■ ■■ V W	B B F B B B ■■■■
D 2	Niagara Falls, 14301 716-285-0358	Star Food Mart 465 Main St (end NY 104, nr Rainbow Brg)	■■ ■		□□ □■	□ □	□	F C	□	□□□ □□□□□□	□□□	■ W B	■■■■
D 2	Niagara Falls, 14303 716-285-3479	CRS Truck & Trailer Service I-190 Exit 21 (W on NY 384 to 27th)	■		□□ □	□□	□	F C	□	□□□ ■■■■ ■■■	■■□■■		B B ■ ■
E 5	Nichols, 13812 607-687-3957	Lounsberry Truck Stop (Exxon) I-86 Exit 63	24 HRS ■ ■	L■■		■■ □	■■■	F C	□■	□□	□□□	■□■■ V W	B B F B B B ■■■■■
E 5	Nichols, 13812 607-699-3538	Dandy Mini Mart #14 (Citgo) NY 17 Exit 62	24 HRS ■ ■	S■	□■ ■	□	□	F C	□■		□□□	■□■□■ V W	B B B B B B ■■■■
C 7	North Creek, 12853 518-251-3667	Riverside Nice & Easy #1502 (Mobil) NY 28 (15 mi N of I-87 Exit 23 - US 9N)	■■ ■	S■	□■ □■	□	□		□■	□ □		□■■ ■ V W	B ■■■
E 5	Norwich, 13815 607-334-9557	Hess Express #32381 5644 NY 12	■■ ■	S■	□ □■	□□□	□	F	□■	□ □		□ ■ ■ V W	■■■
B 5	Ogdensburg, 13669 315-393-8532	Ultimar NY 37 & Black Lake Rd (38 mi E of I-81)	■■ ■	M ■	□□ □■	□□□	□		□■	□ □	□□□	■□ ■	■■■
E 6	Oneonta, 13820 607-432-8880	Red Barrel # 1 (Citgo) I-88 Exit 15 (NY 23 Southside)	24 HRS ■ ■	S■■	□■ □■	□□□	□	F C	□■ □□□		□□□■	■□ ■ V W	B B B B B ■■■■
D 4	Ontario, 14519 315-524-3333	Fast Track Market NY 104 E	24 HRS ■ ■	S■	□□ □■	□	□		□■	□□ □□□	□□□	■ ■■ ■ V W	B B F B B B ■■■■
C 5	Oswego, 13126 315-342-5470	Red's Sunoco 5048 NY 104	24 HRS ■ ■	S■■	□■				□■	□□ □	□□□	■□■■ ■ V W	F ■■■
E 6	Otego, 13825 607-988-9080	Red Barrel #25 (Mobil) I-88 Exit 12 (CR 48)	24 HRS ■ ■	M■■	□■■ ■		■	F C	□■	□	□□□	■□ ■ V W	B B B B B ■■■■
D 5	Parish, 13131 315-625-7691	Grist Mill Restaurant (Sunoco) I-81 Exit 33	24 HRS ■ ■	S■■	24 HRS □		□		□	□□ □□□□□□	□□□	■ ■ V W	■■■
F 6	Parksville, 12768 845-292-1231	Ultra Power - Citgo NY 17 W	■■ ■		■ □■	□		F C	□■	□□ □	□□□□	■ V B	■■■
D 7	Pattersonville, 12137 518-887-5505	Pattersonville Service Area (Sunoco) I-90 (NYTP) MM 168 WB	24 HRS ■ ■	M■	24 HRS □■			F C	■		□□□	■ ■ V W	■■■■
D 3	Pavilion, 14525 585-584-3587	Yellow Goose (Sunoco) 6316 US 20 & NY 63	■■ ■	S■■	□ ■				■			■ ■■ ■ W B C	■■■
D 3	Pembroke, 14036 585-599-4430	Flying J Travel Plaza #05049 I-90 (NYTP) Exit 48 A (Flying J logo)	24 HRS ■■■	XL■■	24 HRS ■■□■■	□	■■■■ (Flying J logos)	F C U F T	(Flying J logo)	□ □□□□	□□□	■■■■ W	B B B B ■■■
D 3	Pembroke, 14036 585-599-4577	TravelCenters of America/Buffalo I-90 E I-90 (NYTP) Exit 48 A (NY 77) (TA logo)	24 HRS ■■■	L■■	24 HRS ■□■■■	□	■■■■ (DAT logo) (TA logo)	F C T F F	■ (CAT logo)	(logo) ■■■■■■ R	■■□ ■	■■■■ ■ V W	B B B B B ■■■■■
B 7	Peru, 12972 518-643-2000	Chase's Mobil #2 I-87 Exit 35 (Bearswamp Rd W)	24 HRS ■ ■	S■■	□■ ■	□ □ ■	□	F C	□■	□□ □	□□□	□■■ V W	B B ■■■■
D 5	Phoenix, 13135 315-695-2525	Fast Track Market NY 481 & NY 264	24 HRS ■ ■	M■■	□■ ■	□■■			□■			■ ■■ ■ V W	B F ■■■
E 3	Piffard, 14533 585-243-5211	Cook's Convenience Center (Citgo) 3705 NY 63 & NY 36	■■ ■	S	□■ ■	□ ■	□		□□■	□ □ □	□□□	■ ■■ V W	B ■■■
F 7	Plattekill, 12568 845-564-0530	Plattekill Service Area (Mobil) I-87 (NYTP) MM 65 NB	24 HRS ■ ■	S■	■■							■ ■■ V W	■■■
F 7	Plattekill, 12568 845-564-4711	Modena Service Area (Mobil) I-87 (NYTP) MM 66 SB	24 HRS ■ ■	M■	■						□□□	■ ■ V W	■■■
B 7	Plattsburgh, 12901 518-561-3256	Exit 36 Truck Stop (Mobil) I-87 Exit 36 (NY 22)	24 HRS ■ ■	M■■	□■ □■■	□□□ ■■■	□	F C	□■ ■■■	□□ □□□□□ □	□□□□	■□ ■ V W	B B C B ■■■■

THE TRUCKER'S FRIEND® - NEW YORK

How to interpret the page

■ means available at truck stop □ means available nearby

in the overnight lot column:
S means room for 5 - 24 trucks
M means room for 25-74 trucks
L means room for 85-149 trucks
XL means room for 150+ trucks
$ means a parking fee may be charged

code at left-hand side of rows is the state map grid reference

a key to advertising logos is on page 25

Services may change without notice. When in doubt, call ahead.

Driver Services — MOTOR FUEL: Truck Diesel, Self Service Diesel, Metered Propane, Gasoline; PARKING: Overnight Lot ($), Paved Lot, Trailer Drop, Electric Plug-Ins, Safe Haven/Hazmat; FOOD: Restaurant, Fast Food, Table Phones; STORES: Motel, Convenience, Trucker/Travel, Shopping Center, Walmart/Kmart, Grocery; SHOWERS: Ladies', Men's; TV/Drivers Lounge, Laundry; COMMUNICATION: Load Monitor, Internet Kiosk, Wi-Fi Hotspots, Document Scanning, Public Fax/Copier, UPS/FedEx/TripPak Box, Religious Services, State Lottery

Vehicle Services — SCALES: Axle, Platform, Certified; TIRES: Repairs, New Tire Sales; REPAIRS: Shop Open 24 Hrs, DOT Inspection, Major Repairs, Minor Repairs, Oil Change/Lube, Minor Welding, AC/Reefer; ROAD SVCS: CB, Tire, Mechanical, Towing; WASH: Truck (Exterior), Trailer Washout

RV Info — RVs Welcome, Dumping Station, Propane (Bottle)

Financial Services — ATM, Can Wire Money Out, Money Orders, Natso Check-Link, Western Union, Voyager/Wright Express, Comdata (Comchek), EFS, Fuel Man, Multi Service, TCH, T-Chek, Fleet One (C=Checks, F=Fuel Cards, B=Both)

Permit Svcs — Buy/Pay at Fuel Desk, All Prepaid Permit Svcs

Credit Cards — American Express, Visa/Mastercard, Discover

Grid	City / Phone	Truck Stop / Location	Motor Fuel	Parking	Parking	Food	Stores	Stores	Showers	Lounge/Laundry	Communication	Scales	Tires	Repairs	Repairs	Repairs	Road Svcs	Road Svcs	Wash	RV Info	Financial	Financial	Financial	Fuel Cards	Fuel Cards	Fuel Cards	Permit Svcs	Credit Cards
D 5	Port Byron, 13140 315-776-4885	Port Byron Thruway Service (Mobil) I-90 (NYTP) MM 310 EB	24 HRS ■ ■	M ■		□											□		□ □ □		■		V W					■ ■ ■
C 7	Pottersville, 12860 518-494-9660	Pottersville Nice & Easy (Mobil) I-87 Exit 26 NB (US 9 N)	24 HRS ■ ■	S ■		□ ■ ■	■						■		□ □		□ □ □	□	□ □ □		■ □ ■	■ ■	V W	B		B		■ ■ ■
E 2	Randolph, 14772 716-358-3939	Wilson Farms #166 (Mobil) I-86 Exit 16 (Main St)	24 HRS ■ ■ ■	L ■ ■		■ ■	■ ■	□	■ ■	■ DAT		F C F	□ ■		□ □	□	□ □ □	□	□ □ □		■ □ ■	■ ■ ■	■ V W	B B	F B B	B	■	■ ■ ■
D 4	Red Creek, 13143 315-754-8114	Dalino's Truck Stop (Getty) 14518 NY 104 (3 mi W of NY 38)	■ ■ ■ ■	S ■ ■		■	■		■ ■	■		F C	□ ■				□				■ □ ■	■	V W	C	B	B	■	■ ■ ■
D 4	Red Creek, 13143 315-754-8164	104 Store (Sunoco) NY 104 & NY 370	24 HRS ■ ■ ■	M ■ ■		24 HRS □	■					F C	■				□ □ □	□	□ □ □		■ ■	■	V W	B C		C	■	■ ■ ■
E 1	Ripley, 14775 716-736-4201	Ripley State Line Truck Stop (Shell) I-90 Exit 61 (Shortman Rd)	24 HRS ■ ■	L ■ ■		24 HRS ■ □	■ ■		■ ■	■ ■		F C	□	■ ■ ■	■ ■	■ □	■ ■ ■	■ A R	■ ■ □		■	■ ■	■ V W	B B	B B	B B	■	■ ■ ■
D 4	Rochester, 14623 585-424-4423	Kwik Fill #058 3093 West Henrietta Rd	24 HRS ■ ■			□ □ □	■	□ □		□			■				□					■	V W	B		B		■ ■ ■
D 4	Rochester, 14606 585-254-9200	Emerson Oil 545 NY 31 (E of Mt Read Blvd)	■ ■			□ □ □		□ □ □		□					□ □		□		□ □ □									■ ■
D 7	Rotterdam, 12306 518-356-5445	Quick Way Food Store #47 (Citgo) I-88 Exit 25 (S to NY 7 W)	24 HRS ■ ■	M ■ ■		□ ■ □	■ ■	□ □ □	■	□ DAT		F C U F	□ ■				□ □ □		□ □ □		■ □ ■	■ ■ ■	■ W	B B	B C	B B		■ ■ ■
D 7	Round Lake, 12019 518-899-8900	Exit 11 Truck Stop (Citgo) I-87 Exit 11	■ ■ ■ ■	M ■		□ ■ □	■	□ □ □	■	■ □		F C □	□ ■						□ □ □		■ ■	■	V W	B B	B	B	■	■ ■ ■
F 7	Ruby, 12475 845-336-4016	Ulster Service Area (Mobil) I-87 (NYTP) MM 96 SB	24 HRS ■ ■	M ■		24 HRS	■						■						□ □ □		■	■	V W					■ ■ ■
E 2	Salamanca, 14779 716-945-5400	Seneca One Stop I-86 Exit 20	24 HRS ■ ■ ■	M ■ ■		□ □ □	■	□		□		F C F	□						□ □ □		■ □ ■	■		B F	B	B B	■	■ ■ ■
E 5	Sanitaria Springs, 13833 607-648-2700	Hess Express #32379 I-88 Exit 4 (NY 7)	■ ■ ■	S ■			■						■								■	■ ■	V W	B				■ ■ ■
D 7	Schenectady, 12304 518-356-4936	Guilderland Service Area (Sunoco) I-90 (NYTP) MM 153 EB	24 HRS ■ ■	M ■		□ ■ □		□ □ □		□		U F	□						□ □ □		■	■	V W					■ ■ ■
D 5	Seneca Falls, 13148 315-539-8876	Nice N Easy Grocery Shoppe #21 (Mobil) I-90 (NYTP) Exit 41 (NY 414 & NY 318)	24 HRS ■ ■	S ■		□ ■ □	■					F C	■								■ ■	■ ■	V W	B B	F B	B	■	■ ■ ■
D 7	South Glens Falls, 12831 518-761-4063	Betty Beaver Truck Stop (Getty) I-87 Exit 17 (3/4 mi N on US 9)	■ ■	M ■ ■		24 HRS □ ■ □	■	□ □	■ ■		■	F C	□ ■		□ □		□	□			■ □	■	V W	B B	B B	B B	■	■ ■
D 7	South Glens Falls, 12803 518-793-6642	Moreau Xtra Mini Mart (Sunoco) I-87 Exit 17 (US 9 N)	24 HRS ■ ■	M ■ ■		□ □ □	■	□				F C	□ ■								■ □	■	W	B B		B C	■	■ ■ ■
D 7	South Glens Falls, 12831 518-743-0081	Nice N Easy Grocery (Mobil) I-87 Exit 17 (US 9 N)	24 HRS ■ ■	S ■ ■		■ ■ □	■		■ ■	■		F C F	■		□ □		□	□ □	□ □ □		■ □ ■	■ ■	V W	B B	B B	B B	■	■ ■ ■
G 8	South Ozone Park, 11436 718-659-7776	Timboc's Service Station (Citgo) I-678 Exit 2 (148-12 Rockaway Blvd)	24 HRS ■ ■			□ □ □	■	□ □ □		□			□ ■		□ □		□ □ □	□	□ □ □				V W	B		B C	■	■ ■ ■
E 2	Springville, 14141 716-592-9335	Wilson Farms #972 (Mobil) US 219 (end of Xpwy - S of NY 39)	■ ■ ■			□ ■ □	■	□ □ □		□		□	□ ■						□ □ □		■	■ ■	V W	B	F	B		■ ■ ■
E 2	Steamburg, 14783 716-354-2027	M&M Diesel Mart I-86 Exit 17 (W Perimeter Rd)	■	S ■ ■		□	■	□	■			F C □	□		□ □	□	□ □ □	□ □	□ □ □		■ □			B B	B	B B	■	■ ■ ■
C 6	Stittville, 13469 315-865-5933	Easy Mart (Sunoco) 9060 NY 365 & NY 291	■ ■ ■	S ■		■ ■ ■	■			□		F C	□ ■				□		□ □ □		■ ■	■	V W	B	F B	B	■	■ ■ ■
D 5	Syracuse, 13204 315-422-6818	Quickway #33 (Canon Travel Center) (Citgo) I-690 Exit 8 EB (L-L)/10 WB (R-L 3 blks)	24 HRS ■ ■	M ■ ■		24 HRS □ □	■ ■	□ □	■ ■	■ ■	DAT	F C □	□ ■		Bridgestone Firestone	■ □	□ ■ ■	■ □ ■	■ ■ □	■ ■	■ □ ■	■ ■ ■	■ V W	B B	B B	B B	■	■ ■ ■
D 5	Syracuse, 13088 315-424-0124	Pilot Travel Center #380 I-81 Exit 25/I-90 Exit 36	24 HRS ■ ■	L ■ ■		□ ■ ■ □	■ ■	□	■ ■	□	DAT ■ (power logo) ■	F C U F T	□ ■	CAT	□ □	□	□ □ □	□ □	□ □ □	□ □	■	■ ■	■ ■ V W	B B	F B	B B	■	■ ■ ■
D 5	Syracuse, 13206 315-432-1347	DeWitt Service Area (Sunoco) I-90 (NYTP) MM 281 EB	24 HRS ■ ■	S ■		□ ■ □	■					F	■		□ □		□		□ □ □		■	■	V W					■ ■ ■
D 5	Syracuse (East), 13057 315-433-1241	Nice N Easy Grocery Shoppe (Sunoco) I-481 Exit 5 (NY 53 W)	24 HRS ■ ■			□ ■ □	■	□ □		□		F C F	□ ■		□ □		□ □		□ □ □		■	■	W		F		■	■ ■ ■
D 5	Tully, 13159 315-696-8238	Nice N Easy Grocery Shoppe #12 (Sunoco) I-81 Exit 14 (NY 80)	24 HRS ■ ■			□	■					U	■		□		□ □		□ □ □		■	■	V W	B F	F	B		■ ■ ■
D 6	Utica, 13502 315-733-7623	North Utica Citgo I-90 (NYTP) Exit 31 (385 N Genesee St)	■ ■ ■			□ □ □		□ □ □		□			□						□ □ □		■		V W					■ ■ ■

THE TRUCKER'S FRIEND® - NEW YORK

How to interpret the page

■ means available at truck stop □ means available nearby

in the overnight lot column:
S means room for 5 - 24 trucks
M means room for 25-74 trucks
L means room for 85-149 trucks
XL means room for 150+ trucks
$ means a parking fee may be charged

code at left-hand side of rows is the state map grid reference
a key to advertising logos is on page 25

Services may change without notice. When in doubt, call ahead.

Driver Services: MOTOR FUEL (Truck Diesel, Self Service Diesel, Metered Propane, Gasoline); PARKING (Overnight Lot ($), Paved Lot, Trailer Drop, Electric Plug-ins, Safe Haven/Hazmat); FOOD (Restaurant, Fast Food, Table Phones); STORES (Motel, Convenience, Trucker/Travel, Shopping Center, Walmart/Kmart, Grocery); SHOWERS (Ladies', Men's); COMMUNICATIONS (TV/Drivers Lounge, Laundry, Load Monitor, Internet Kiosk, Wi-Fi Hotspots, Document Scanning, Public Fax/Copier, UPS/FedEx/TripPak Box, Religious Services, State Lottery)

Vehicle Services: SCALES (Axle, Platform, Certified); TIRES (Repairs, New Tire Sales); REPAIRS (Shop Open 24 Hrs, DOT Inspection, Major Repairs, Minor Repairs, Oil Change/Lube, Minor Welding, AC/Reefer, CB); ROAD SVCS (Tire, Mechanical, Towing); WASH (Truck (Exterior), Trailer Washout)

RV Info: RVs Welcome, Dumping Station, Propane (Bottle)

Financial Services: ATM, Can Wire Money Out, Money Orders, Natso Check-Link, Western Union, Voyager/Wright Express, Comdata (Comchek), EFS, Fuel Man, Multi Service, TCH, T-Chek, Fleet One, Buy/Pay at Fuel Desk (C=Checks, F=Fuel Cards, B=Both)

Permit Svcs: All Prepaid Permit Svcs

Credit Cards: American Express, Visa/Mastercard, Discover

Grid	City, Phone	Truck Stop, Location	Motor Fuel	Parking		Food	Stores		Showers	Communications			Scales	Tires	Repairs			Road Svcs	Wash		RV Info	Financial Services					Permit Svcs	Credit Cards
E 7	Valatie, 12184 518-784-5591	Valatie Elite Mart (Mobil) US 9	24 HRS ■ ■			■	■							■		□ □		□				■	■ ■ ■	■ V W	B	F	B		■ ■ ■
D 5	Verona, 13478 315-829-8950	SavOn Diesel I-90 (NYTP) Exit 33 (NY 365 & NY 31)	24 HRS ■	M ■		□ ■	■	□						□						□ □ □		■ □	■		B B		B B		■ ■ ■
D 4	Victor, 14564 585-924-5909	Seneca Service Area (Mobil) I-90 (NYTP) MM 350 WB	24 HRS ■ ■	L ■		□ ■ □		□ □ □		□				□						□ □ □		■	■	V W					■ ■ ■
E 6	Walton, 13856 607-865-4080	Hess Express NY 10-206 & West St	24 HRS ■ ■			□ □ □	■	□		□		F C □		□ ■		□ □		□ □	□	□ □ □			■ ■	V W				■	■ ■ ■
C 7	Warrensburg, 12845 518-623-3707	Exit 23 Truck Stop (Citgo) I-87 Exit 23 (US 9)	■ ■ ■			□ □ □	■	□		□		F C		□ ■								□	■	V W	B B	B	B B	■	■ ■ ■
D 4	Waterloo, 13165 315-539-8278	Junius Ponds Service Area (Sunoco) I-90 (NYTP) MM 324 WB	24 HRS ■ ■	M ■		■	■								□	□ □				□ □ □		■	■	V W					■ ■ ■
D 4	Waterloo, 13165 585-314-1001	Petro Stopping Center I-90 Exit 41 (NY 414 S)	24 HRS ■ ■ ■	XL ■		24 HRS ■ ■ □	■ ■	□	■ ■	■ ■	■	F C U F		□ ■	■ ■ ■	■ ■	■ ■	■ ■ ■	A ■	■ ■	■ ■	■ ■	■	V W	B B	F B B	B B	■	■ ■ ■
B 5	Watertown, 13601 315-788-2603	Nice N Easy Grocery Shoppe I-81 Exit 47 (NY 12)	24 HRS ■ ■	S ■		□ ■ □	■	□ □ □		□		F C □		□ ■				□	□			■ ■	■	V W	B B	F B	B	■	■ ■ ■
B 5	Watertown, 13601 315-785-9232	Wilson Farms #590 (Sunoco) I-81 Exit 48 (NY 342 E to NY 37) AMBEST	24 HRS ■ ■	S ■ ■		□ ■ □	■ ■		■ ■		DAT	F C U F T		□ ■	□ □ □	□ □		□ □ □	□ □	□ □ □		■ ■	■ ■ ■	■ V W	B B	F B B	B B	■	■ ■ ■
B 5	Watertown, 13601 315-788-5291	Nice N Easy Grocery Shoppe #36 I-81 Exit 48 (NY 342)	24 HRS ■ ■	S ■		■ □	■							■								■ ■	■		B B	F B	B		■ ■ ■
B 5	Watertown, 13601 315-782-1120	Longway's Truckstop (Exxon/Mobil) I-81 Exit 48 (NY 37-342 - 1/2 mi E)	24 HRS ■ ■	S ■ ■		24 HRS □	■		■		DAT	F C		■	□ □ □	□ □	□	□ □ □		□ □ □		■ ■	■	V W	B B	B B	B B	■	■ ■ ■
F 4	Waverly, 14892 607-598-2500	Dandy Mini Mart # 9 959 NY 34 (5 mi N of town)	■ ■ ■			■	■					F C		□ ■								■	■					■	■ ■ ■
D 5	Weedsport, 13166 315-834-9393	The Pit Stop Auto/Truck Plaza (Sunoco) I-90 (NYTP) Exit 40 (NY 31-34)	24 HRS ■ ■			□ ■ ■ □	■	□	■ ■	□		F C U F		□ ■		□ □		□ □	□	□ □ □		□ ■	■ ■	■ V W	B B	B B	B B	■	■ ■ ■
D 5	Weedsport, 13166 315-834-9341	Fast Track Market #210 I-90 (NYTP) Exit 40 (NY 31-34)	24 HRS ■ ■			□ □ □	■	□		□		□		□ ■		□ □		□ □		□ □ □		■	■	V W	B B	F	B		■ ■ ■
E 4	Wellsburg, 14894 607-734-2805	Dandy Mini Mart #26 Berwick Turnpike (at PA border)	■ ■ ■			□ ■	■	□				F C		□ ■								■	■	W				■	■ ■ ■
D 6	Westmoreland, 13440 315-853-2967	Oneida Service Area (Sunoco) I-90 (NYTP) MM 244 EB	24 HRS ■ ■	M ■ ■																□ □ □		■	■	V W					■ ■ ■
D 7	Wilton, 12831 518-584-1444	Wilton Travel Plaza (Sunoco) I-87 Exit 16 (Ballard Rd)	24 HRS ■	XL ■ ■	■	24 HRS ■ □	■ ■	□	■ ■	■ ■		F C U F T		□	CAT	■ ■	■ ■	■ ■ ■	■ R	■ ■ ■	□ □	■ □	■ ■	■ ■ V W	B B	B B	B B	■ ■	■ ■ ■

NORTH CAROLINA

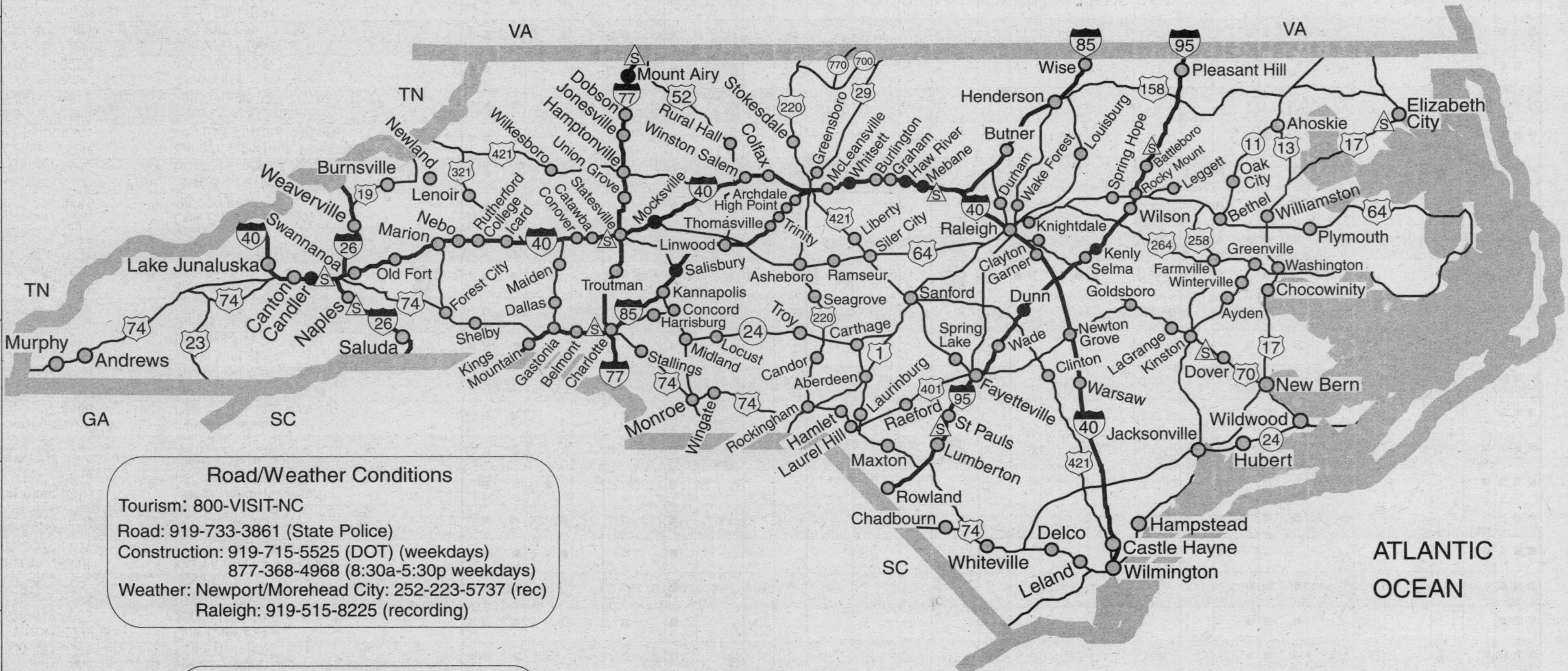

Road/Weather Conditions

Tourism: 800-VISIT-NC

Road: 919-733-3861 (State Police)

Construction: 919-715-5525 (DOT) (weekdays)
877-368-4968 (8:30a-5:30p weekdays)

Weather: Newport/Morehead City: 252-223-5737 (rec)
Raleigh: 919-515-8225 (recording)

LEGEND

- This town has a diesel location listed in the directory
- This town has a 24 hr diesel location with a travel store, showers, large lot, and a 24 hr restaurant
- (S) Approximate location of state weigh scale and/or inspection station

State Fuel Tax Rates

Diesel..........24.6¢
Gasoline......24.6¢

THE TRUCKER'S FRIEND® - NORTH CAROLINA

How to interpret the page

■ means available at truck stop □ means available nearby

in the overnight lot column: S means room for 5 - 24 trucks; M means room for 25-74 trucks; L means room for 85-149 trucks; XL means room for 150+ trucks; $ means a parking fee may be charged

code at left-hand side of rows is the state map grid reference

a key to advertising logos is on page 25

Services may change without notice. When in doubt, call ahead.

Column groups: Driver Services (Motor Fuel: Truck Diesel, Self Service Diesel, Metered Propane, Gasoline; Parking: Overnight Lot ($), Paved Lot, Trailer Drop, Electric Plug-ins, Safe Haven/Hazmat; Food: Restaurant, Fast Food, Table Phones; Stores: Convenience, Motel, Trucker/Travel, Shopping Center, Walmart/Kmart, Grocery; Showers: Ladies, Men's; TV/Drivers Lounge, Laundry; Communications: Load Monitor, Internet Kiosk, WiFi Hotspots, Document Scanning, Public Fax/Copier, UPS/FedEx/TripPak Box, Religious Services, State Lottery) – Vehicle Services (Scales: Axle, Platform, Certified; Tires: Repairs, New Tire Sales; Repairs: Shop Open 24 Hrs, DOT Inspection, Major Repairs, Minor Repairs, Oil Change/Lube, Minor Welding; Road Svcs: AC/Reefer, CB, Tire, Mechanical, Towing; Wash: Truck (Exterior), Trailer Washout) – RV Info (RVs Welcome, Dumping Station, Propane (Bottle)) – Financial Services (ATM, Can Wire Money Out, Money Orders, NATSO Check-Link, Western Union, Voyager/Wright Express, Comdata (Comchek), EFS, Fuel Man; C=Checks, F=Fuel Cards, B=Both) – Permit Svcs (Multi Service, TCH, T-Chek, Fleet One, Buy/Pay at Fuel Desk, All Prepaid Permit Svcs) – Credit Cards (American Express, Visa/MasterCard, Discover)

Grid	City / Phone	Truck Stop / Location	Motor Fuel & Parking	Food	Stores / Showers / Lounge	Communications	Scales / Tires	Repairs / Road Svcs / Wash	RV Info	Financial Services	Permit Svcs / Credit Cards
D 6	Aberdeen, 28315 910-944-2802	Kangaroo Express #3301 11495 US 15-501 & NC 211	24 HRS ■ ■		□□ □ ■ □□	□	□			■ ■ ■ W	B F B ■ ■
B 8	Ahoskie, 27910 252-332-2221	Duck Thru Fuel Stop #3 (Shell) NC 11 & NC 561	■ ■ ■	S ■ ■	□ ■ □ ■ □□□	□	□	□□ □ □ □	□□□	■ ■ ■ V W	B F C C C ■ ■ ■
D 1	Andrews, 28901 828-321-4828	White's Solo 13990 US 19-129 Bypass W	■ ■ ■	S ■ ■	□□ □ ■ □ □	□	□	□□ □□ □		■ V W	■ ■ ■
C 5	Archdale, 27263 336-861-3278	Moose Tracks (Citgo) I-85 Exit 113 (NC 62)	■ ■ ■		■ □ ■ □		F C □	□□ □□□ □	□□□	■ ■ ■ V W	B B B B B B ■ ■ ■ ■
C 5	Asheboro, 27203 336-672-0653	Quik Chek #24 20003 US 220 Business N	24 HRS ■ ■		□ ■ ■	□	□ □			■ ■ ■	B B ■ ■ ■
C 5	Asheboro, 27203 336-625-3652	Eastgate Shell 3445 US 64 E	■ ■ ■		□ ■ □ ■ □□		□			□ ■ ■ ■ V W	■ ■ ■
C 8	Ayden, 28513 252-524-5811	Kash & Karry # 1 (Amoco) NC 11 & Hanrahan Rd E	■ ■ ■	S ■	■ ■		F C	□□		■ W	■ ■ ■ ■
C 7	Battleboro, 27809 252-442-0954	EP Mart # 4 (Exxon) I-95 Exit 145 (NC 4)	24 HRS ■ ■	M ■	□ □ ■ □□□	□	F □		□□□	■ ■ ■ W	■ ■ ■
D 4	Belmont, 28012 704-827-6813	Handy Dandy (Chevron) I-85 Exit 27 (NC 273)	24 HRS ■ ■	S ■	□□ □ ■ □ □	□	F C □	□□ □ □ □ □	□□□	■ ■ V W	F C C C ■ ■ ■ ■
C 8	Bethel, 27812 252-758-4202	Country Mart US 13-64 & 4787 NC 11 N	24 HRS ■ ■	M ■	■ ■ ■	■ ■ ■	F C □ CAT	□□ □□□□□	□□□	■ ■ ■ V W	B B B B B B ■ ■ ■ ■
C 6	Burlington, 27215 336-227-8140	Interstate Shell I-40-85 Exit 145 (Hwy 49)	24 HRS ■ ■		□ ■ □ ■ □ □	□	□ □	□□ □□	□□□	■ ■ ■ V W	B ■ ■ ■
C 3	Burnsville, 28714 828-682-6666	Mountain Energy (Shell) 633 US 19 E Bypass	■ ■ ■		□□ □ ■ □ □	■	□ □	□□ □	□□□	■ ■ V W	F F F ■ ■ ■ ■
B 6	Butner, 27522 919-528-1380	Trade Mart #27 I-85 Exit 191 (NC 56 E)	■ ■ ■		□□ □ ■ □ □	□	U □	□□	□□□	■ ■ ■ V W	■ ■ ■
B 6	Butner, 27509 919-575-6344	Rose Mart # 2 (Shell) I-85 Exit 191 (NC 56 W)	24 HRS ■ ■		□□ □ ■ □	□	□ □	□□	□□□	■ V W	F ■ ■ ■
C 2	Candler, 28715 828-665-1156	TravelCenters of America I-40 Exit 37 (TA)	24 HRS ■ ■	L ■	24 HRS ■ □ ■ ■ □	■ ■ ■ ■ DAT TA	F C U F T □ CAT	24 HRS ■ ■ ■ ■ ■	■ ■ □	■ ■ ■ ■ ■ W	B B F B B B ■ ■ ■ ■
D 5	Candor, 27229 910-974-4919	WilcoHess Travel Plaza # 205 801 NC 211 E	24 HRS ■ ■	M ■ ■	■ □ ■ □	■ ■ □	F C T □ CAT	□□	□□□	■ ■ ■ V W	B B F B B B B B ■ ■ ■ ■
D 5	Candor, 27229 910-974-3451	Quik Chek #19 (Citgo) US 220 & NC 211	24 HRS ■ ■	M ■ ■	□ ■ ■ □	■ ■ □	U □	□	□□□	■ ■ ■ ■ V W	B B F B B B B B ■ ■ ■
D 5	Candor, 27229 910-974-4041	Shop & Save #3 (Exxon) US 220 Bypass & NC 211	■ ■ ■	S ■	□ ■ ■ □		F □ □	□		■ ■ V W	■ ■ ■ ■
C 2	Canton, 28716 828-648-4344	Sandy's Auto/Truck Plaza (BP) I-40 Exit 31 (Champion Dr)	■ ■ ■		□ ■ □ ■ □	□	F C □	□□ □□□	□□□	■ V W	B B F B ■ ■ ■ ■
D 6	Carthage, 28327 910-947-5382	Franks Food Center (BP) 1005 NC 22-24	■ ■ ■		□ □ ■ □	□	□ □			V W	■ ■ ■
E 7	Castle Hayne, 28429 910-675-3200	Ashworth's 4505 NC 132 S	■ ■ ■		□□ ■ □ □		□			W	■ ■
C 4	Catawba, 28609 828-241-3384	Bunker Hill Exxon I-40 Exit 138	■ ■ ■	S ■	□ ■ □ ■		F □	□□□		■ ■ ■ ■ V W	C B ■ ■ ■ ■
E 6	Chadbourn, 28431 910-654-3333	Hasty Mart (BP) US 76 & 505 NC 410	24 HRS ■ ■	M ■	□□ □ ■ □ □	□	F C □ □	□□ □□□□□ □	□□□□	■ ■ V W	B B B ■ ■ ■ ■
D 4	Charlotte, 28216 704-597-7980	Charlotte Travel Plaza (Shell) I-77 Exit 16 B (Sunset Rd) (AMBEST)	24 HRS ■ ■	M ■	■ ■ ■ □	■ ■ ■ ■ DAT ■	F C U T □ CAT	□□ □□ □□	□□□□□	■ ■ ■ V W	B B F B B B B B ■ ■ ■ ■
D 4	Charlotte, 28210 704-523-0486	Petro Express #10 (Citgo) I-77 Exit 7 (Clanton Rd)	24 HRS ■ ■		□□ □ ■ □□□	□	□ □	□□	□□□□	■ V W	F ■ ■ ■
D 4	Charlotte, 28214 704-398-9401	Sam's Mart (Shell) I-85 Exit 32 (Little Rock Rd S)	24 HRS ■ ■		□ ■ □ ■ □		□ □□□	□	□□□□	■ ■ V W	B B F B B B B B ■ ■ ■
D 4	Charlotte, 28216 704-394-2501	Sam's Mart (Shell) I-85 Exit 36 (NC 16 - 3/4 mi N)	24 HRS ■ ■	S ■	□□ □ ■		□ □	□□ □□	□□□□	■ ■ ■ V W	B F B B B B ■ ■ ■
D 4	Charlotte, 28206 704-358-1006	Pilot Travel Center #275 I-85 Exit 39 (Statesville Ave)	24 HRS ■ ■	M ■	□ ■ ■ □ ■ ■ ■ □□ ■ ■	□ DAT ■	F U F T ■ CAT	□□ □□□□□ □		■ ■ ■ ■ V W	B B F B B B ■ ■ ■ ■

THE TRUCKER'S FRIEND® - NORTH CAROLINA

How to interpret the page

■ means available at truck stop □ means available nearby

in the overnight lot column:
S means room for 5 - 24 trucks
M means room for 25-74 trucks
L means room for 85-149 trucks
XL means room for 150+ trucks
$ means a parking fee may be charged

code at left-hand side of rows is the state map grid reference

a key to advertising logos is on page 25

Services may change without notice. When in doubt, call ahead.

Driver Services: Motor Fuel, Parking, Food, Stores, Showers, Communication. Vehicle Services: Scales, Tires, Repairs, Road Svcs, Wash. RV Info. Financial Services (C=Checks, F=Fuel Cards, B=Both). Permit Svcs. Credit Cards.

Grid	City / Phone	Truck Stop / Location	Truck Diesel / Self Service Diesel / Metered Propane / Gasoline	Overnight Lot ($) / Paved Lot / Trailer Drop	Electric Plug-ins / Safe Haven/Hazmat	Restaurant / Fast Food / Table Phones / Motel	Convenience / Trucker/Travel	Shopping Center / Walmart/Kmart / Grocery	Ladies' / Men's	TV/Drivers Lounge / Laundry	Load Monitor / Internet Kiosk / Wi-Fi Hotspots	Document Scanning / Public Fax/Copier / UPS/FedEx/Trippak Box / Scales	Religious Services / State Lottery	Axle / Platform / Certified	Repairs / New Tire Sales	Shop Open 24 Hrs / DOT Inspection	Major Repairs / Minor Repairs / Oil Change/Lube	Minor Welding / AC/Reefer / CB	Tire / Mechanical / Towing	Truck (Exterior) / Trailer Washout	RVs Welcome / Dumping Station / Propane (Bottle)	ATM / Can Wire Money Out / Money Orders	NATSO Check-Link / Western Union / Voyager / Wright Express	Comdata (Comchek) / EFS	Fuel Man / Multi Service / TCH	T-Chek / Fleet One	Buy/Pay at Fuel Desk / All Prepaid Permit Svcs	American Express / Visa/MasterCard / Discover
C8	Chocowinity, 27817 252-940-7234	Trade Mart #68 2901 US 17 S	■ ■ ■			□ □ □	■	□ □ □					□								□ ■	■ ■	V W	B				■ ■ ■
C7	Clayton, 27520 919-550-3314	WilcoHess C-Store # 216 11693 US 70 W	24 HRS ■ ■			□ □ □	■	□ □ □		□		F C □	□		□ □		□	□	□ □ □		■	■ ■ ■	■ V W	B		B	■	■ ■ ■
D7	Clinton, 28328 910-592-3556	Minuteman Food Mart #6 (Citgo) NC 24 & Lisbon St	■ ■ ■			□ □ □	■	□ □		□			□		□ □				□ □ □		■	■	V W	B		B		■ ■ ■
C5	Colfax, 27235 336-993-0267	WilcoHess C-Store # 295 I-40 Exit 208	24 HRS ■ ■			□ □ □	■					F C F	□				□ □ □	□ □ □		□ □	■	■ ■	V W	B B	F B B	B B	■	■ ■ ■
C5	Colfax, 27235 336-996-7482	Neighbors Fuel Center # 9 (Citgo) I-40 Exit 208 (Sandy Ridge Rd S)	24 HRS ■ ■			□ □	■															■	V W		F			■ ■ ■
C4	Concord, 28025 704-784-2108	WilcoHess C-Store # 368 475 US 29 N	■ ■ ■			□ □	■	□ □		□		□	□ ■						□ □ □		■	■ ■	V W			F		■ ■ ■
C4	Conover, 28613 828-465-4646	Speedy Mart I-40 Exit 128 (CR 1476 N)	■ ■ ■	M ■ ■		□ ■ □	■	□ □ □				F	□		□ □		□ □	□	□ □ □	□	■ ■	■ ■	V W	B B	B B	B B	■	■ ■ ■
C4	Conover, 28613 828-464-9084	Citgo Fuel Center I-40 Exit 128 (S to US 70-321)	24 HRS ■ ■	S ■ ■		□ □ □	■	□ □ □		□		F C □	□		□ □	□	□ □	□ □ □	□ □ □	□ □	■	■ ■	V W	B C	F B B	C B	■	■ ■ ■
C4	Conover, 28613 828-465-2525	WilcoHess Travel Plaza # 351 I-40 Exit 133	24 HRS ■ ■	M ■		□ ■ ■ □	■ ■	□ □ □	■ ■	■	DAT ■	F C U F T	□	CAT	□ □		□ □ □	□ □	□ □ □		■	■ ■	V W	B B	F B B	B B	■	■ ■ ■
C4	Dallas, 28034 704-922-5362	Pit Stop & Deli (BP) 1405 NC 279 (3/4 mi W of US 321)	■ ■ ■			□ ■ □	■	□ □		□		F	□					□	□ □			■	V W				■	■ ■ ■
E7	Delco, 28436 910-655-3548	Sam's Pit Stop (BP/Amoco) 27157 US 74-76 E	24 HRS ■ ■	M ■ ■		■ ■ □	■ ■	□	■			F C	□		□ □		□ □ □	□ □	□ □ □		■ ■	■ ■	V W	B B	F B B	B B	■	■ ■ ■
E7	Delco, 28436 910-655-3169	RE Carroll's Grocery & Garage US 74-76 W (CR 1824 - Watertank Rd)	■ ■ ■			□	■																W					■ ■ ■
B4	Dobson, 27017 336-366-3061	Fast Track Shell #119 I-77 Exit 93 (Zephyr Rd)	24 HRS ■ ■			□ ■ □	■					C	□		□ □	□	□ □	□	□ □ □		■	■ ■	W	B B	B	B B		■ ■ ■
D8	Dover, 28526 252-527-6916	Mallard Food Store # 20 (Texaco) 6041 US 70 E	24 HRS ■ ■			■	■														■	■	V W					■ ■ ■
C7	Dunn, 28334 910-892-3642	Kangaroo #3123 (Citgo) I-95 Exit 71	24 HRS ■ ■	M ■ ■		□ ■ ■ □	■ ■		■ ■	■ ■	DAT	F C U	□		□ □		□ □	□	□ □ □		■ ■	■ ■	V W	B B	F B B	B B	■	■ ■ ■
C7	Dunn, 28334 910-892-0106	Sadler Travel Plaza (Shell) I-95 Exit 75 (Jonesboro Rd)	24 HRS ■ ■	L ■ ■		24 HRS □ ■ □	■ ■	□ □ □	■ ■	■ ■	DAT	F C U F T	■	■ ■ ■	■ ■	■ ■	■ ■ ■	■ A	■ ■ ■		■ ■	■	■ V W	B B	B B	B B	■ ■	■ ■ ■
C7	Dunn, 28334 910-892-7230	Pilot Travel Center #055 I-95 Exit 77 (CR 1709)	24 HRS ■ ■	M ■ ■		□ ■ ■	■ ■		■ ■		DAT (power logo)	■ F C U F T	□	CAT	□ □		□ □ □	□ □	□ □ □		■ ■	■ ■	■ ■ V W	B B	F B	B B	■	■ ■ ■
C6	Durham, 27703 919-596-2057	WilcoHess C-Store # 195 1400 US 70 E	24 HRS ■ ■			□	■			□		F C	□ ■		□ □		□		□ □ □		■	■ ■	V W	B B	F B B	B B		■ ■ ■
C6	Durham, 27703 919-596-0375	Circle K #5356 (76) 1401 US 70 E	24 HRS ■ ■			□	■						□								■	■ ■	V W		F			■ ■ ■
C6	Durham, 27704 919-688-5708	WilcoHess C-Store # 191 803 E Greer St	■ ■ ■			□ □ □	■	□ □ □		□		□	□		□ □		□ □	□	□ □ □		■	■ ■	V W					■ ■ ■
B9	Elizabeth City, 27909 252-264-3155	Erps Truck Stop (BP) 660 Old US 17 S	■ ■ ■	S ■		■ □	■	□ □	■			F C	□		□ □		□ □	□	□ □ □	■	■	■ ■	W	B B	B	B B	■	■ ■ ■
B9	Elizabeth City, 27909 252-338-8300	Sentry Food Mart # 6 (Citgo) US 17 N	24 HRS ■ ■			□ □ □	■	□ □		□		□	□						□ □ □		■	■ ■ ■	■ V W	B C		C B		■ ■ ■
C8	Farmville, 27828 252-753-6856	Trade Mart #56 103 US 264 E	■ ■ ■			□ □ □	■	□ □ □		□		□	□		□ □		□		□ □ □		■	■ ■	V W					■ ■ ■
D6	Fayetteville, 28301 910-483-3006	WilcoHess C-Store # 221 101 US 301 (I-95 Business)	■ ■ ■			□ □ □	■	□		□		F C □	□	□	□ □		□ □	□			■	■ ■ ■	■ V W					■ ■ ■
D6	Fayetteville, 28303 910-488-7822	Trade Mart # 3 1228 US 401 Bypass	■ ■ ■			□ □ □	■	□ □ □		□			□		□ □		□ □	□	□ □ □		■	■ ■	V W					■ ■ ■
D6	Fayetteville, 28301 910-483-0105	301 Truck Stop US 301 (I-95 Business) & NC 87	■ ■			□ □ □	■	□ □ □	■	■ □		F C U F	□	■ ■ ■	■ ■				■ ■ ■	■ ■				B B	B B	B F	■	■
C3	Forest City, 28043 828-245-3458	Childer's Truckstop (66) 5337 US 221 S	24 HRS ■ ■	M ■		■	■						□								■	■	V W		F			■ ■ ■
C7	Garner, 27529 919-779-3409	Country Cupboard #3 (BP) I-40 Exit 303 (NC 2547 N)	■ ■ ■	S ■		□ □	■					F C			□ □	□	□ □	□ □	□ □ □		■ ■	■	V W	B C		B B	■	■ ■ ■

THE TRUCKER'S FRIEND® - NORTH CAROLINA

How to interpret the page

■ means available at truck stop □ means available nearby

In the overnight lot column:
S means room for 5 - 24 trucks
M means room for 25-74 trucks
L means room for 85-149 trucks
XL means room for 150+ trucks
$ means a parking fee may be charged

code at left-hand side of rows is the state map grid reference
a key to advertising logos is on page 25

Services may change without notice. When in doubt, call ahead.

- Motor Fuel: Truck Diesel, Self Service Diesel, Metered Propane, Gasoline
- Driver Services — Parking: Overnight Lot ($), Paved Lot, Trailer Drop, Electric Plug-Ins, Safe Haven/Hazmat; Food: Restaurant, Fast Food, Table Phones; Stores: Motel, Convenience, Trucker/Travel, Shopping Center, Walmart/Kmart, Grocery; Showers: Ladies', Men's, TV/Drivers Lounge, Laundry; Communications: Load Monitor, Internet Kiosk, Wi-Fi Hotspots, Document Scanning, Public Fax/Copier, UPS/FedEx/TripPak Box, Religious Services, State Lottery
- Vehicle Services — Scales: Axle, Platform, Certified; Tires: Repairs, New Tire Sales; Repairs: Shop Open 24 Hrs, DOT Inspection, Major Repairs, Minor Repairs, Oil Change/Lube, Minor Welding, AC/Reefer; Road Svcs: CB, Tire, Mechanical, Towing; Wash: Truck (Exterior), Trailer Washout
- RV Info: RVs Welcome, Dumping Station, Propane (Bottle)
- Financial Services (C=Checks, F=Fuel Cards, B=Both): ATM, Can Wire Money Out, Money Orders, NATSO Check-Link, Western Union, Voyager/Wright Express, Comdata (Comchek)
- Permit Svcs: EFS, Fuel Man, Multi Service
- Credit Cards: TCH, T-Chek, Fleet One, BuyPay at Fuel Desk, All Prepaid Permit Svcs, American Express, Visa/Mastercard, Discover

Grid	Location / Phone	Truck Stop / Address	Motor Fuel	Parking	Food	Stores	Showers	Communications	Scales	Tires	Repairs	Road Svcs	Wash	RV Info	Financial Services	Permit Svcs	Credit Cards
C 7	Garner, 27529 919-773-2501	WilcoHess Travel Plaza # 213 I-40 Exit 312 (NC 42)	24 HRS ■ ■		□ ■ □	■ ■ □		□	F C T □		□ □				■ ■ ■	V W	B B F B B B B ■ ■ ■ ■
D 4	Gastonia, 28052 704-867-3615	Grab & Go (Citgo) I-85 Exit 14 (NC 274 S)	24 HRS ■ ■	S ■	□ □ □	■ □ □		□	F C □		□ □	□ □	□	□ □ □	■ ■	V W	B B F ■ ■ ■ ■
C 7	Goldsboro, 27530 919-734-6849	Handy Mart # 4 (Exxon) 2011 US 70 W	■ ■ ■		□ □ □	■ □		□	□					□ □ □	■	V W	F ■ ■ ■
C 7	Goldsboro, 27530 919-735-3838	Kangaroo #3474 (Amoco) 2035 US 70 (1-3/4 mi W of US 117 Bypass)	24 HRS ■ ■	S ■	□ ■ ■ □	■ □		□	□		□ □	□		□ □ □	■ ■ ■ ■	V W	B B F B B B B ■ ■ ■
C 7	Goldsboro, 27530 919-581-0731	Downeast Travel Center (Solo) 2600 US 117 S	24 HRS ■ ■	$M ■ ■	24 HRS ■	■ □	■ ■	■ □	F C □		□ □	□			■ ■ ■	V W	B B B B ■ ■ ■ ■
C 6	Graham, 27253 336-222-8600	On The Run #70 (Exxon) I-40-85 Exit 148	24 HRS ■ ■		□ ■ □	■ □		□	□		□ □	□ □ □ □	□	□ □ □	□ ■ ■ ■	V W	■ ■ ■
C 5	Greensboro, 27405 336-375-7059	E-Z Stop BP 4736 US 29 N	24 HRS ■ ■		□ □	■ □			F C □						■	V W	■ ■ ■
C 5	Greensboro, 27406 336-275-0187	The Pantry # 170 I-40-85 Exit 126 (US 421 - 1 mi S)	24 HRS ■ ■		□ □	■ □		□	□ ■					□ □ □	■ ■ ■	V W	B F B ■ ■ ■
C 8	Greenville, 27834 252-752-8788	Fuel Dock Center (Exxon) US 11-13 & US 264	■ ■ ■	M ■	□ ■ ■ □	■ ■ □ □	■ ■	■ DAT	F C □		□ □	□ □ □ □	□ □ □	□ □ □	■ ■ ■	V W	B B B B B ■ ■ ■ ■
D 5	Hamlet, 28345 910-582-1963	Blue Oil & Gas 1861 US 74 E (2 mi E of town)	■ ■ ■ ■		□ □	□		□	□ □					□ □ □	■		■ ■ ■ ■
E 7	Hampstead, 28443 910-270-0844	WilcoHess C-Store # 394 US 17 S & NC 210	■ ■ ■		□ □	■ □		□	□ ■					□ □ □	■ ■ ■	V W	F ■ ■ ■
C 4	Hamptonville, 27020 336-468-1495	Fast Track #143 (Shell) I-77 Exit 73 A (1/2 mi E on US 421)	24 HRS ■ ■	S ■	■ ■ □	■			F C F					□ □ □	■ ■ ■ ■	V W	B B B B B ■ ■ ■ ■
C 4	Harrisburg, 28075 704-455-9720	Politis Shell 4025 NC 49	■ ■ ■	M ■ ■	□ ■	■ □ □		□	F C □		□	□			■ ■ ■ ■ ■	V W	B B F C C C ■ ■ ■ ■
C 6	Haw River, 27258 336-578-2427	Flying J Travel Plaza #05332 (Conoco) I-40-85 Exit 150 (Flying J logo)	24 HRS ■ ■ ■	XL ■ ■	24 HRS ■ ■ □	■ ■ □	■ ■	■ ■ (Flying J logo) ■ (Flying J logo) (Flying J logo)	F C U F T	(Flying J logo)	□ □ □	□ □		□ □ □	□ □ ■ ■ ■ ■	V W	B B B B ■ ■ ■ ■
C 6	Haw River, 27258 336-578-2610	WilcoHess Travel Plaza # 165 I-40-85 Exit 150 (Jimmie Kerr Rd)	24 HRS ■ ■	XL ■ ■	□ ■ ■ □	■ ■ □	■ ■	■ DAT	F C U T □	CAT	□ □	□ □		□ □ □	□ □ ■ ■ ■ ■	V W	B B F B B B B ■ ■ ■ ■
B 7	Henderson, 27536 252-492-7031	Chex Truck Stop (Exxon) I-85 Exit 220 (Fleming Rd)	24 HRS ■ ■ ■	XL ■ ■ ■	■ ■ ■	■ ■ □	■ ■	■ ■ (power logo)	F C U T □	CAT	(BF logo) ■	■ ■ ■ ■	R	■ ■ ■	■ ■ ■ □ ■ ■ ■ ■	V W	B B B B B B ■ ■ ■ ■ ■
C 5	High Point, 27260 336-884-1633	Kelly's 66 1232 E US 68	■ ■ ■		□ ■	■ □ □			□						■	V W	F ■ ■ ■
C 5	High Point, 27263 336-841-6357	Grand Central Express 2174 Surrett Dr (1/2 mi off US 29-70)	■ ■ ■		□ □	■		□	□		□ □	□ □		□ □ □	■ ■	W	B F B B B ■ ■ ■
C 5	High Point, 27265 336-884-4470	Kelly's Food Plaza (66) 3010 Hwy 311 N	■ ■ ■		□ ■ □	■ □ □ □		□	□		□ □			□ □ □	□ ■	W	F ■ ■ ■
D 8	Hubert, 28539 910-353-1652	Scotchman #139 (Exxon) NC 24 & NC 172	24 HRS ■ ■		□ ■	■ □ □		□	□						■ ■ ■	V W	B B B ■ ■ ■
C 4	Icard, 28666 828-397-5876	Jack B Quick # 7 (66) I-40 Exit 116	24 HRS ■ ■	S ■ ■	□ □ □	■ □			□ □					□ □ □	■ ■ ■ ■	V W	B F B ■ ■ ■
D 8	Jacksonville, 28540 910-346-6994	Whizz Mart #1 (Shell) 3024 US 258 & NC 53	■ ■ ■		□ □ □	■ □ □		□	□		□ □	□ □	□ □		■ ■	W	B ■ ■ ■
D 8	Jacksonville, 28546 910-347-6688	Trade Mart #25 New Bridge St (off NC 24 - 1/2 E of 17)	■ ■ ■		□ □ □	■ □		□	□		□				■ ■ ■	V W	■ ■ ■
B 4	Jonesville, 28642 336-526-4444	Four Brothers Food Store # 300 (BP) I-77 Exit 82 (NC 67 W)	24 HRS ■ ■	S ■ ■	□ □ □	■ □			□ □		□ □	□		□ □ □	■ ■ ■ ■	V W	F ■ ■ ■
B 4	Jonesville, 28642 336-835-3502	G&B Food Mart #290 (Exxon) I-77 Exit 82 (NC 67)	24 HRS ■ ■		□ □ □	■ □									■	V W	■ ■ ■
C 4	Kannapolis, 28081 704-938-6800	Pilot Travel Center #056 I-85 Exit 63 (Lane St)	24 HRS ■ ■	M ■	□ ■ ■ □	■ ■ □ □ □	■ ■	■ □ DAT (power logo) ■	F C U F T □	CAT	□ □	□	□	□ □ □	□ ■ ■ ■ ■ ■ ■ ■	V W	B B F B B B ■ ■ ■ ■
C 7	Kenly, 27542 919-284-4046	Big Boy's Truck Stop (Citgo) I-95 Exit 105 (Bagley Rd)	24 HRS ■ ■ ■	XL ■ ■	24 HRS ■ ■ □	■ ■ □	■ ■	■ ■ DAT	F C U F T □	■ ■ ■	■ ■ ■ ■	■ ■ ■	■ A R ■	■ ■ ■	□ □ ■ ■ ■ ■ ■ ■	V W	B B F B B B B ■ ■ ■ ■
C 7	Kenly, 27542 919-284-5121	TravelCenters of America I-95 Exit 106 (TA logo)	24 HRS ■ ■	XL ■ ■	24 HRS ■ ■ ■	■ ■ □	■ ■	■ ■ DAT ■	■ F C U F T ■	CAT	(BF logo) ■ ■	■ ■ ■	■ □	■ ■ □	■ ■ ■ ■ ■	V W	B B B B B ■ ■ ■ ■ ■

THE TRUCKER'S FRIEND® - NORTH CAROLINA

How to interpret the page

■ means available at truck stop □ means available nearby

in the overnight lot column:
S means room for 5 - 24 trucks
M means room for 25-74 trucks
L means room for 85-149 trucks
XL means room for 150+ trucks
$ means a parking fee may be charged

code at left-hand side of rows is the state map grid reference

a key to advertising logos is on page 25

Services may change without notice. When in doubt, call ahead.

Column groups: Driver Services (Motor Fuel: Truck Diesel, Self Service Diesel, Metered Propane, Gasoline; Parking: Overnight Lot ($), Paved Lot, Trailer Drop, Electric Plug-ins, Safe Haven/Hazmat; Food: Restaurant, Fast Food, Table Phones; Stores: Motel, Convenience, Trucker/Travel, Shopping Center, Walmart/Kmart, Grocery; Showers: Ladies, Men's, TV/Drivers Lounge, Laundry; Communication: Load Monitor, Internet Kiosk, Wi-Fi Hotspots, Document Scanning, Public Fax/Copier, UPS/FedEx/Trip Box) – Vehicle Services (Scales: Religious Services, State Lottery, Axle, Platform, Certified; Tires: Repairs, New Tire Sales; Repairs: Shop Open 24 Hrs, DOT Inspection, Major Repairs, Minor Repairs, Oil Change/Lube, Minor Welding, AC/Reefer; Road Svcs: CB, Tire, Mechanical, Towing; Wash: Truck (Exterior), Trailer Washout) – RV Info (RVs Welcome, Dumping Station, Propane (Bottle)) – Financial Services (ATM, Can Wire Money Out, Money Orders, Natso Check-Link, Western Union, Voyager/Wright Express, Comdata/Comchek; C=Checks, F=Fuel Cards, B=Both) – Permit Svcs (EFS, Fuel Man, Multi Service, TCH, T-Chek) – Credit Cards (Fleet One, BuyPay at Fuel Desk, All Prepaid Permit Svcs, American Express, Visa/Mastercard, Discover)

Grid	Location / Phone	Truck Stop / Address	Motor Fuel & Parking	Food	Stores	Showers	Lounge / Laundry	Communication	Scales	Tires	Repairs	Road Svcs / Wash	RV Info	Financial Services	Permit Svcs	Credit Cards
C 7	Kenly, 27542 919-284-6109	WilcoHess Travel Plaza # 218 I-95 Exit 106	24 HRS ■ ■	XL ■ ■	□ ■ □	■ ■	□ ■ ■ □	DAT	F C T	CAT	□ □	□ □ □	□ □ □ □	■ ■	V W	B B F B B B B ■ ■ ■ ■
C 7	Kenly, 27542 919-284-3199	The Pantry # 931 (BP) I-95 Exit 107 (US 301)	24 HRS ■ ■		□ □ □	■	□ □		F C □ □				□ □ □	■ ■ ■	V W	F B ■ ■ ■ ■
D 4	Kings Mountain, 28086 704-739-6415	Kings Mountain Truck Plaza (Shell) I-85 Exit 5 (Dixon School Rd)	AMBEST 24 HRS ■ ■	XL ■ ■	■ ■ ■	■ ■	□ ■ ■ ■ ■	DAT	■ F C T □	■ ■ ■	BF ■ □	■ ■ ■ ■ R □	■ ■ □	■ ■ ■	V W	B B F B B B ■ ■ ■ ■
D 7	Kinston, 28501 252-523-8914	Mallard Food Shop #15 (Texaco) 1020 US 70 W & NC 11	24 HRS ■ ■		□ □ □	■	□ □		□		□ □ □ □ □		□ □ □	■ ■	V W	■ ■ ■
D 7	Kinston, 28504 252-527-8994	Kangaroo #3472 509 US 70 E	24 HRS ■ ■	S ■ ■	□ ■ ■ □	■ ■	□		□	□ □ □	□ □	□ □ □	□ □ □	■ ■ ■ ■	V W	B B F B B B B ■ ■ ■
C 7	Knightdale, 27545 919-217-9950	EP Mart #10 (Shell) 7604 US 64 E	24 HRS ■ ■		□ □ □	■	□ □ □ □		□					■ ■ ■	V W	B B ■ ■ ■
C 7	Knightdale, 27545 919-266-1509	Mack's Food Mart (Texaco) US 64 E	■ ■ ■	S ■	□ ■ □	■	□ □ □ □		□ □					■ ■ ■	V W	B B ■ ■ ■
D 7	LaGrange, 28551 252-523-5331	Mallard Food Shop #19 (Texaco) 6130 US 70 W	■ ■ ■		□ □	■	□ □ □		□						V W	■ ■ ■
C 2	Lake Junaluska, 28786 828-627-9514	Sam's Mart #45 (Citgo) I-40 Exit 24 (NC 209)	24 HRS ■ ■	M ■ ■	■ □	■ ■	■ ■		F □	□ □ □		□ □ □ □	□ □ □	■ ■ ■	V W	B B F B B B B ■ ■ ■ ■
C 2	Lake Junaluska, 28745 828-627-8611	Pilot Travel Center #393 I-40 Exit 24 (NC 209)	24 HRS ■ ■	M ■	■ □ ■ ■ □	■ ■	□ □ □ ■ ■	DAT ■ ⏻	F C U F T	CAT			□ □ □	■ ■ ■ ■ ■ ■	V W	B B F B B B ■ ■ ■ ■
D 6	Laurel Hill, 28351 910-462-2082	Village Fare BP/Amoco Station US 74 W	■ ■ ■	S ■	■	■	□		U □					■ ■	V W	■ ■ ■
D 6	Laurinburg, 28352 910-276-8908	Nick's Pick Kwik #1 (Shell) 17341 US 15-501 N (in town)	■ ■ ■		□ ■ □	■	□ □		□		□ □	□ □ □ □ □	□ □ □ □ □	■ ■ ■	V W	B B ■ ■ ■
C 7	Leggett, 27886 252-823-5055	Big Jim's Express #6 (Exxon) 7564 NC 33 & NC 97 (6 mi NW of town)	■ ■ ■		□ ■	■			F C					■ ■ ■ ■		B B F B B ■ ■ ■ ■
E 7	Leland, 28451 910-371-1288	Leland Citgo US 74-76 & Village Rd	24 HRS ■ ■		□ □ □	■	□ □ □		□		□ □			■ ■ ■	V W	B B ■ ■ ■
C 3	Lenoir, 28645 828-728-5139	Tobacco To Go (BP) 1136 US 321 SW & McLean Dr	24 HRS ■ ■		□ □ □	■	□ □				□ □	□ □ □	□ □ □	■	V W	F F ■ ■ ■
C 6	Liberty, 27298 336-622-2520	Liberty Shell US 421 & NC 49 N	■ ■ ■			■								■ ■ ■	V W	■ ■ ■
C 5	Linwood, 27299 336-956-4494	Bill's Truck Stop (66) I-85 Exit 86 (Belmont Rd)	24 HRS ■ ■	M ■ ■	24 HRS ■ □	■ ■	■ ■ ■ ■	DAT	F C T F □	CAT	■ ■ ■	■ ■ ■	■ ■ □	■ ■ ■	V W	B B B B B B ■ ■ ■ ■
D 5	Locust, 28097 704-888-6755	Quik Chek #5 512 NC 24-27 W	■ ■ ■	S ■ ■	□ □	■	□ ■ □		□ □		□ □	□ □ □	□ □ □	■ ■ ■ ■ ■		B F B F B ■ ■ ■
B 7	Louisburg, 27549 919-496-6794	Trade Mart #17 112 US 401 S & NC 56 (N Jct)	■ ■ ■		□ □ □	■	□ □ □ □		□		□ □	□ □ □	□ □ □	■	V W	■ ■ ■
D 6	Lumberton, 28358 910-738-2858	Sun-Do 74/95 (BP/Amoco) I-95 Exit 14 (US 74)	■ ■ ■	S ■		■			F C □		■ ■ ■ □ □	■ ■ ■ A R	■ ■ ■	■ □ ■ ■ ■	V W	B B F B B ■ ■ ■ ■
D 6	Lumberton, 28358 910-738-8882	Dobb's Place Exxon I-95 Exit 17	24 HRS ■ ■		□ ■ □	■	□ □ □ □		□		□ □	□ □ □ □ □		■ ■	V W	B B F B B B ■ ■ ■
D 6	Lumberton, 28358 910-738-6325	Dobbs Mobil I-95 Exit 17 (West 5th St)	■ ■ ■		□ □ □	■	□ □ □ □		□		□ □	□ □ □ □ □ □	□ □	■ ■	W	B F B B B B ■ ■ ■
D 6	Lumberton, 28358 910-618-9986	Sun-Do 301 I-95 Exit 22 (US 301 - 1 mi N)	■ ■ ■		□ □ □	■	□ □				□ □	□ □		■ ■		F ■ ■ ■
D 6	Lumberton, 28358 910-738-9987	Minuteman #24 (Texaco) I-95 Exit 22 (US 301)	■ ■ ■	M ■	□ ■ □	■ ■	□ □ □ ■ ■ ■ □	DAT	F C T □		□ □	□	□ □ □	■ ■ ■	V W	B B F B B B ■ ■ ■ ■
C 4	Maiden, 28650 828-428-2790	Country Market (Exxon) US 321 Exit 33	■ ■ ■		■	■								■ ■	V W	B B F B B B B ■ ■ ■
C 3	Marion, 28752 828-738-8700	Marion Travel Plaza (Texaco) I-40 Exit 81 (Sugar Hill Rd)	24 HRS ■ ■	M ■ ■	24 HRS □ ■	■ ■	□ ■ ■ ■ ■	DAT	F C U F T □		□ □	□ □ □ □ □ □ □	□ □ □	■ □ ■	V W	B B F B B B B ■ ■ ■ ■
C 3	Marion, 28752 828-652-1589	Dollar Mart #10 (Shell) I-40 Exit 85 (US 221)	24 HRS ■ ■		□ □ □	■			□		□ □	□ □ □ □ □	□ □ □	■ ■	V W	F B B ■ ■ ■ ■
C 3	Marion, 28752 828-652-3422	Love's Travel Stop #308 I-40 Exit 86 (NC 226)	24 HRS ■ ■	M ■	■ ■ □	■ ■	■ ■	⏻ ■	F C F	CAT			□ □ □	■ ■ ■	V W	B B F B B B ■ ■ ■ ■

THE TRUCKER'S FRIEND® - NORTH CAROLINA

How to interpret the page

■ means available at truck stop □ means available nearby

In the overnight lot column:
- S means room for 5 - 24 trucks
- M means room for 25-74 trucks
- L means room for 85-149 trucks
- XL means room for 150+ trucks
- $ means a parking fee may be charged

code at left-hand side of rows is the state map grid reference

a key to advertising logos is on page 25

Services may change without notice. When in doubt, call ahead.

Column groups: Driver Services — Motor Fuel (Truck Diesel, Self Service Diesel, Metered Propane, Gasoline); Parking (Overnight Lot ($), Paved Lot, Trailer Drop, Electric Plug-Ins, Safe Haven/Hazmat); Food (Restaurant, Fast Food, Table Phones); Stores (Motel, Convenience, Trucker/Travel, Shopping Center, Walmart/Kmart, Grocery); Showers (Ladies, Men's); Communications (Laundry, TV/Drivers Lounge, Load Monitor, Internet Kiosk, Wi-Fi Hotspots, Document Scanning, Public Fax/Copier, UPS/FedEx/Tripak Box, Religious Services, State Lottery). Vehicle Services — Scales; Tires (Axle, Platform, Certified, Repairs, New Tire Sales); Repairs (Shop Open 24 Hrs, DOT Inspection, Major Repairs, Minor Repairs, Oil Change/Lube); Road Svcs (Minor Welding, AC/Reefer, CB); Wash (Tire, Mechanical, Towing, Truck (Exterior), Trailer Washout). RV Info (RVs Welcome, Dumping Station, Propane (Bottle)). Financial Services (ATM, Can Wire Money Out, Money Orders, Natso Check-Link, Western Union, Voyager/Wright Express, Comdata/Comchek) — C=Checks, F=Fuel Cards, B=Both. Permit Svcs (EFS, Fuel Man, Multi Service). Credit Cards (TCH, T-Chek, Fleet One, Buypay at Fuel Desk, All Prepaid Permit Svcs, American Express, Visa/Mastercard, Discover).

Grid	Location / Phone	Truck Stop / Address	Logo	Fuel & Parking & Food	Stores & Showers	Communications	Scales & Tires	Repairs, Road Svcs, Wash	RV Info	Financial Services	Permit Svcs / Credit Cards
D 6	Maxton, 28364 910-844-3229	C&P Mini Mart (BP) 2199 NC 71 N (3 mi N of US 74)		■■ ■ S ■■	■ □ ■ □	■■ □	F C □	□□□ □□ □ □	□□□ □□	■ V W	B ■■■■
D 6	Maxton, 28364 910-844-5173	Nick's Pick Kwik #4 (Shell) NC 71 (Off US 74)		■■ ■ S ■	□■ ■ □	□	□	□	□□	■ ■ ■ W	B B B B ■■■
C 5	McLeansville, 27301 336-698-9525	WilcoHess Travel Plaza # 308 I-40-85 Exit 132 (Mt Hope Church Rd)		24 HRS ■ ■ S ■	■■□ ■■	■■ DAT	F C T U □		□□□	■ ■■ ■ ■ V W	B B F B B B B ■■■■
C 6	Mebane, 27302 919-563-4999	Pilot Travel Center #057 I-40-85 Exit 152 (Trollingwood Rd)		24 HRS ■ ■ L ■■	□■■□ ■■ □□	■■ ■ DAT ⏻	F C U T □	CAT ■	□□□	■■■ ■■ V W	B B F B B B ■■■■
C 6	Mebane, 27302 919-563-3450	Circle K Truxtop #5364 I-40-85 Exit 152 (Trollingwood Rd)		24 HRS ■ ■ M ■■	□■ ■■	■■	F C F □	□□□ □□ □□□□□ □□	□□□ □□	■□■ ■■■ ■ V W	B B F B B B B ■■■■
C 6	Mebane, 27302 919-563-4681	Arrowhead Shell I-40-85 Exit 154 (Mebane Oaks Rd)		24 HRS ■ ■	□□ □■ □ □		□	□□ □ □	□□□	■■ ■ V W	■■■
C 6	Mebane, 27302 919-304-8100	Petro Stopping Center #29 (Mobil) I-40-85 Exit 157 (Buckhorn Rd N)	PETRO	24 HRS ■ ■ XL ■■	24 HRS ■ □ ■■	■■■■ DAT ■ ⏻	F C U F T ■	CAT BF ■■ ■■ ■ A	■■■	■ ■ V W	B B B B B ■■■■
D 5	Midland, 28107 704-888-5285	B&D Mart (Exxon) US 601 & NC 24-27		■■ ■	□□ ■ □		C □	□□ □□	□□□	■ ■ W	B C F ■■■
C 4	Mocksville, 27028 336-751-3815	Horn's Auto/Truck Plaza (Pure) I-40 Exit 170 (US 601)	AMBEST	24 HRS ■ ■ XL ■■	24 HRS □■□ ■■□□□	■■■■ DAT ■	F C U F T □	■■■ BF ■ ■■■	■■□■■	■ ■ ■■ V W	B B B B B ■■■■
D 5	Monroe, 28110 704-289-8748	WilcoHess Travel Plaza # 383 2700 US 74 W		24 HRS ■ ■ M ■■	□ □ ■■ □□	□	F C U F T	□□	□□□	■ ■ ■ ■ V W	B B F B B B B ■■■■
D 5	Monroe, 28110 704-289-8294	Catawba Food Mart #2 (Shell) 2800 US 74 W		■■ ■	□□ □■ □□□	□	F □	□□	□□□	■ ■ ■ V W	F ■■■
D 5	Monroe, 28110 704-291-9961	BP/Amoco # 15 4102 US 74 W & Rocky River		24 HRS ■ ■ S ■■	□■■□ ■ □□	■■ □ DAT	F C F □	□□ □□	□□□	■ ■ ■ V W	B B F B B B B ■■■■
D 5	Monroe, 28112 704-764-8614	Bobbie's Community Store (BP) 5432 NC 601 (8 mi S of town)		■■ ■ S ■■	■ ■		F C □	□□	□	■ ■ ■ V W	B B B B ■■■■
B 4	Mount Airy, 27030 336-789-2729	Neighbors Store # 5 115 US 52 (2 mi S of town)		■■ ■ M ■■	□□ □■ □□□		□	□□ □□□□ □	□□	■ ■ V W	F ■■■
B 4	Mount Airy, 27030 336-352-3161	Brintle Travel Plaza (Citgo) I-77 Exit 100 (NC 89)		24 HRS ■ ■ XL ■■	24 HRS □■■ ■■	■■■ DAT	F C U F T □	■■■ ■■■ ■■■■ ■ A R	■■■	■ ■ ■ W	B B B B B ■■■■■
D 1	Murphy, 28906 828-837-6839	Hot Spot (Texaco/Chevron) 5560 US 19-64 W		24 HRS ■ ■	□ □■ □□		□	□□ □□		■■ ■ V W	F ■■■
C 3	Naples, 28791 828-687-0402	Mountain Energy Travel Center (Shell) I-26 Exit 44 (US 25)		24 HRS ■ ■ XL ■■	□□ □■■ □	■■■■	F C □	CAT ■■■ ■■■ ■ R □	□□□□□	■□ ■ ■ V W	B B F B B B B ■■■■
C 3	Nebo, 28761 828-652-6110	Nebo Truck Stop (Citgo) I-40 Exit 90 (Nebo/Lake James)		■■ ■ L ■■	24 HRS ■	■■	F C □	□□ □□□	□□□	■ ■ ■ V W	B B B B B ■■■■
C 3	Nebo, 28761 828-652-9235	Travel Store (Amoco) I-40 Exit 90 (Nebo/Lake James)		■■ ■ S ■■	□ ■			□□□	□□□	■ ■ V W	■■■
D 8	New Bern, 28562 252-638-5988	Trade Mart #49 NC 43 & NC 55 (W Junction)		■■ ■ S ■	□■ ■ □	□	□	□□ □□ □	□□□□	■■ ■ ■ V W	B B ■■■■
D 8	New Bern, 28560 252-633-5537	Trade Mart #21 US 70 (S end of airport)		■■ ■	□□ ■ □	□	□		□□□	■ ■ V W	B ■■■
C 3	Newland, 28657 828-733-9089	Scotchman #125 NC 194 & Nottalle St		■■ ■	□■ □■ □	□	□	□□ □ □□□ □□	□□□	□■ ■ V W	F ■■■
D 7	Newton Grove, 28366 910-594-1267	Short Stop (BP) US 13 (1/2 mi S of NC 50-55 & US 701)		■■ ■	□□ ■ □ □	□	□	□□ □	□□□	■ ■ W	■■■
C 8	Oak City, 27857 252-798-7931	Red Apple Market #17 (Texaco) NC 11 & NC 125		24 HRS ■ ■	■					■ ■ V W	B B F B B B ■■■
C 3	Old Fort, 28762 828-668-7511	Stuckey's Dairy Queen (Citgo) I-40 Exit 75 (Parker-Padgett Rd)		■■ ■ M ■■	■■ ■		□	□□ □□ □	□□□	■ ■ W	■■■
B 7	Pleasant Hill, 27866 252-537-4476	Pilot Travel Center #058 I-95 Exit 180 (Hwy 48)		24 HRS ■ ■ M ■	■ ■■	■■ DAT ⏻ ■	F C	CAT □□ □□□□□ □□	□□□	■ ■■■ ■■ V W	B B F B B B ■■■■
C 8	Plymouth, 27962 252-793-4313	Red Apple Market #15 1109 US 64 E		24 HRS ■ ■	□□ □■ □ □	□	□	□□ □□	□□□	■■ ■ V W	B B F B ■■■
C 8	Plymouth, 27962 252-793-4425	Trade Mart #59 2025 US 64		■■ ■	□■ □■ □ □	■■ □	□	□□ □□□ □	□□□	■■ ■ V W	B B B ■■■

THE TRUCKER'S FRIEND® - NORTH CAROLINA

How to interpret the page

■ means available at truck stop □ means available nearby

in the overnight lot column:
- S means room for 5 - 24 trucks
- M means room for 25-74 trucks
- L means room for 85-149 trucks
- XL means room for 150+ trucks
- $ means a parking fee may be charged

code at left-hand side of rows is the state map grid reference

a key to advertising logos is on page 25

Services may change without notice. When in doubt, call ahead.

Column groups: Driver Services (MOTOR FUEL: Truck Diesel, Self Service Diesel, Metered Propane, Gasoline; PARKING: Overnight Lot ($), Paved Lot, Trailer Drop, Electric Plug-ins, Safe Haven/Hazmat; FOOD: Restaurant, Fast Food, Table Phones; STORES: Motel, Convenience, Trucker/Travel, Shopping Center, Walmart/Kmart, Grocery; SHOWERS: Ladies, Men's, TV/Drivers Lounge, Laundry; COMMUNICATION: Load Monitor, Internet Kiosk, Wi-Fi Hotspots, Document Scanning, Public Fax/Copier, UPS/FedEx/Tripak Box, Religious Services, State Lottery) · Vehicle Services (SCALES; TIRES: Axle, Platform, Certified, Repairs, New Tire Sales; REPAIRS: Shop Open 24 Hrs, DOT Inspection, Major Repairs, Minor Repairs, Oil Change/Lube, Minor Welding, AC/Reefer; ROAD SVCS: CB, Tire, Mechanical, Towing; WASH: Truck (Exterior), Trailer Washout) · RV Info (RVs Welcome, Dumping Station, Propane (Bottle)) · Financial Services (ATM, Can Wire Money Out, Money Orders, Check-Link, NATSO, Western Union, Wright Express, Comdata (Comchek), Voyager; C=Checks, F=Fuel Cards, B=Both) · Permit Svcs (EFS, Fuel Man, Multi Service) · Credit Cards (TCH, T-Chek, Fleet One, Buy/Pay at Fuel Desk, All Prepaid Permit Svcs, American Express, Visa/Mastercard, Discover)

Code	Location / Phone	Truck Stop / Address	Driver Services	Vehicle Services	RV Info	Financial Services	Permit Svcs / Credit Cards
C 8	Plymouth, 27962 252-793-2806	Trade Mart #88 630 US 64	■■ ■ □□ □■ □ □ □	□ □□ □□	□□□	■ ■ V W	B ■■■
D 6	Raeford, 28376 910-904-0321	Tri Star Food Mart (Shell) 5609 US 401 E	24 HRS ■■■ S$ ■ ■■□■ □□□ ■■	F C □□	□□□	■ ■■ V W	C ■■■■
C 6	Raleigh, 27603 919-779-6033	Resco Mart (66) 802 US 401 (S of US 70)	24 HRS ■ ■ □□ □■ □ □ □	□□ □□	□□□	■■ ■ V W	■■■
C 6	Raleigh, 27601 919-833-8200	Stop & Quick Texaco I-40 Exit 299	24 HRS ■ ■ S■■ □■ □□□	□		■ ■■■■ ■ V W	B B ■■■
C 6	Raleigh, 27604 919-876-7980	Kangaroo #935 (BP) I-440 Exit 11 (1 mi N - 3128 US 1)	24 HRS ■ ■ □□ □■ □□□ □	□□		■■ ■ V W	F ■■■
C 6	Raleigh, 27608 919-231-6206	Caroco #257 I-440 Exit 13 B (4100 US 64 E)	■■ ■ □ □■ □□□ □	□ □□ □□	□□□□ □	■ V W	■■■
C 6	Raleigh, 27610 919-231-6285	Spinx #327 (Exxon) I-440 Exit 13 B (4301 US 64 E)	24 HRS ■ ■ □□ □■ □ □ □	□		■ ■ V W	B F ■■■
C 6	Raleigh, 27612 919-782-3548	Citgo Star Mart US 70	■■ ■ □□ □■ □□ □	□		■ V W	■■■
C 5	Ramseur, 27316 336-824-4796	Quik Chek #23 US 64 & NC 49	24 HRS ■ ■ S■■ □■ □■ □ □ □	□ □□ □		■ ■■ ■ V W	B B B B B ■■■
D 5	Rockingham, 28379 910-895-1540	Save More #202 823 US 74 E	24 HRS ■ ■ □□ □■ □□□ □	F C □ □□ □ □	□□□	■■ ■	C C C ■
C 7	Rocky Mount, 27801 252-972-8976	Fuel Dock # 3 (Exxon) 2341 US 64 E (Business Rt)	■■ ■ ■ □	□	□□□	■■ ■ V W	B B B B ■■■
C 7	Rocky Mount, 27804 252-937-4944	Big Jim's Food Mart #5 I-95 Exit 138	■■■■ □■ ■ □ □	□		■■■■ W	B B F B B B ■■■
C 7	Rocky Mount, 27804 252-442-7288	EP Mart # 5 (Shell) I-95 Exit 141	■■ ■ □■ □■ □□□ □	U □ □□ □ □	□□□	■■ ■ V W	F ■■■
E 6	Rowland, 28383 910-422-8434	Border Shell I-95 Exit 1 (US 301-501 N)	■■ ■ □ □■ □	□ □□ □	□□□	□ ■ V W	■■■
B 5	Rural Hall, 27045 336-969-2029	Kangaroo #3188 (Citgo) US 52 & NC 65	24 HRS ■ ■ S ■ □□ □■ □□ □	□ □□ □□ □	□□□	■■ ■ V W	B B F B B B B ■■■
C 3	Rutherford College, 28671 828-874-4076	Southern Convenience (66) I-40 Exit 113 (Connelly Springs)	24 HRS ■ ■ S■■ ■ ■	□		■ ■ V W	B B F B B ■■■
D 6	Saint Pauls, 28384 910-865-2277	Poco Shop #2 (Shell) I-95 Exit 31 (NC 20)	24 HRS ■ ■ S ■ 24 HRS ■■□ ■ □■■ □	F C F □ □□ □ □□□□□	□□□	■ ■ ■ V W	B B F B B B ■ ■■■
C 5	Salisbury, 28144 704-636-6144	Derrick Travel Plaza (Shell) I-85 Exit 71 (Peeler Rd)	24 HRS ■ ■ XL■■ 24 HRS ■■□ ■■□□□ ■■■■ DAT	F C U F T ■ ■■■ ■■■■■■ A R ■■■□	■■■	■■ ■■ V W	B B F B B B B ■■■■■
C 5	Salisbury, 28144 704-638-0855	WilcoHess Travel Plaza # 364 I-85 Exit 71 (Peeler Rd)	24 HRS ■ ■ M■■ □■■ ■■ ■■ DAT ■	F C U F T □■ CAT □□ □□□□□ □□□□□	□□□	■□■ ■ ■ V W	B B F B B B B ■■■
C 5	Salisbury, 28145 704-633-7856	WilcoHess C-Store # 363 I-85 Exit 75	■■ ■ □□ □■ □□□ □	□ □□□□	□□□	■■ ■ V W	■■■
D 3	Saluda, 28773 828-749-4921	Saluda Truck Plaza (BP/Amoco) I-26 Exit 59 (S to Ozone)	24 HRS ■ ■ M■■ ■■ □■■ □■■■■	F C □ □□ □□□□□□□	□□□	■ ■ ■ V W	B B B B B B ■■■
C 6	Sanford, 27330 919-775-5013	Kangaroo Express # 218 1130 US 421 (SE of US 1)	24 HRS ■ ■ □□ □■ □ □ □	□ □□ □□□	□□□	■■ ■ V W	B B F B B B ■■■
C 6	Sanford, 27330 919-774-4422	Scotchman # 99 1141 US 421 N & US 1	24 HRS ■ ■ S■■ □□ □■ □ □ □	F C □□■		■ ■■ ■ W	B B F B B B ■■■■
C 5	Seagrove, 27341 336-873-9162	Quik Chek #15 (Citgo) 434 Little River Rd (W of US 220 Bypass)	24 HRS ■ ■ S■■ ■■ ■ ■■	F C		■ ■■ ■ V W	B B F B F B ■■■
C 5	Seagrove, 27341 336-873-7062	Quik Chek #26 US 220 Bus	■■ ■ ■ ■ □	□	□□□	■ ■	■■■
C 7	Selma, 27576 919-965-8667	M&N Truckstop (Citgo) I-95 Exit 97 (US 70 E)	24 HRS ■■■ S■ ■□ □■ □□□ □	□□ □□ □ □	□□□	■□■■ ■ V W	B B ■■■
D 3	Shelby, 28150 704-482-0558	Roco Food Stores (BP) 1776 US 74 Bypass E	■■ ■ □□ □■ □□□ □	□□		■■ ■ V W	■■■
D 3	Shelby, 28150 704-484-9175	Gasland USA #7 (Shell) 1801 US 74 Bypass E & NC 180	24 HRS ■ ■ S■ ■■ □■ □□□ ■■■■	F C □ □□ □□	□□□	■□■■ ■ V W	B B F B B B B ■■■■

THE TRUCKER'S FRIEND® - NORTH CAROLINA

How to interpret the page

■ means available at truck stop □ means available nearby

in the overnight lot column:
- S means room for 5 - 24 trucks
- M means room for 25-74 trucks
- L means room for 85-149 trucks
- XL means room for 150+ trucks
- $ means a parking fee may be charged

code at left-hand side of rows is the state map grid reference

a key to advertising logos is on page 25

Services may change without notice. When in doubt, call ahead.

Financial services / Permit Svcs / Credit Cards: C=Checks, F=Fuel Cards, B=Both

Motor Fuel / Driver Services

Grid	Location / Phone	Truck Stop / Address	Truck Diesel	Self Service Diesel	Metered Propane	Gasoline	Overnight Lot ($)	Paved Lot	Trailer Drop	Electric Plug-ins	Safe Haven/Hazmat	Restaurant	Fast Food	Table Phones	Motel	Convenience	Trucker/Travel	Shopping Center	Walmart/Kmart	Grocery	Ladies'	Men's	TV/Drivers Lounge	Laundry
C6	Siler City, 27344 919-742-2552	Etna Handy Market #3192 (Citgo) US 421 Exit 171 (US 64 W)	24 HRS	■		■	M	■	■			□	■		□	■		□	□	□				□
C7	Spring Hope, 27882 919-269-0299	Foy Mart US 64 Bypass & NC 1737	■	■		■	M		■				■			■								
D6	Spring Lake, 28390 910-436-5623	Kangaroo #3141 1886 NC 87 N	24 HRS	■		■						□	□		□	■		□	□	□				□
D4	Stallings, 28105 704-821-9404	Circle K Truxtop #5359 (76) US 74 & Stallings Rd	24 HRS	■		■						□	□		□	■		□	□	□				□
C4	Statesville, 28677 704-871-8008	Homers Truck Stop (Citgo) I-40 Exit 146 (Stamey Farm Rd)	24 HRS	■		■	XL	■	■			■	□	■		■	■			□	■	■	■	■
C4	Statesville, 28677 704-873-6007	Etna #3195 (BP) I-77 Exit 49 A (1542 US 70 E)	24 HRS	■		■						□			□	■								
C4	Statesville, 28677 704-876-6238	Fast Track #130 (Shell) I-77 Exit 54 (US 21)	24 HRS	■		■	S	■					□			■	■			□				
B5	Stokesdale, 27357 336-427-4299	Sutton's Mini Mart #1 (Citgo) 2221 US 220	■	■		■	S	■	■			■			□	■								
C3	Swannanoa, 28778 828-686-8888	Lee's Exxon 2345 US 70	24 HRS	■		■						■	□			■				□				■
C5	Thomasville, 27360 336-472-0363	Gas Mart 4578 Business I-85/US 29-70	■	■		■	S	■	■			□			□	■				□				□
C5	Trinity, 27370 336-476-8200	Quik Shop - Gas Stop Exxon I-85 Exit 106 (Finch Farm Rd)	24 HRS	■		■	S	■					■			■								
C4	Troutman, 28166 704-528-4104	WilcoHess Travel Plaza # 357 I-77 Exit 42 (US 21)	24 HRS	■		■	L	■	■			□	■	■		■	■			□	■	■	■	□
D5	Troy, 27371 910-576-1746	Quik Chek #48 (Citgo) NC 24-27	24 HRS	■		■						□	□		□	■		□		□				□
C4	Union Grove, 28689 704-539-4515	Knight's BP I-77 Exit 65 (NC 901 - 1422 Memorial)	■	■		■	M	■	■	■		□	□			■								
C4	Union Grove, 28689 704-539-5346	Fast Track #137 (Shell) I-77 Exit 65 (NC 901 W)	24 HRS	■		■	S	■				□	■			■								
C4	Union Grove, 28689 704-539-5497	Union Grove Quick Stop (BP/Amoco) I-77 Exit 65 (NC 901 W)	■	■		■	S	■				□	□			■								
D6	Wade, 28395 910-484-4488	Lucky 7 Truckstop (BP) I-95 Exit 61	24 HRS	■		■	M	■	■	■			■	■	□	■								
C7	Wake Forest, 27578 919-569-0075	WilcoHess C-Store # 197 13960 US 1	24 HRS	■		■	S	■	■			□	□		□	■		□	□	□				□
D7	Warsaw, 28398 910-293-7200	C-Check #4 (BP) I-40 Exit 364 (NC 24 W)	24 HRS	■		■						□	□		□	■				□				□
D7	Warsaw, 28398 910-293-3931	The Pantry #3130 I-40 Exit 364 (NC 24)	24 HRS	■		■	S					□	■	■	□	■				□				□
D7	Warsaw, 28398 910-293-7070	WilcoHess Travel Plaza # 225 I-40 Exit 364 (NC 24)	24 HRS	■		■	S	■				□	■		□	■		□	□	□	■	■		□
C8	Washington, 27889 252-946-9359	Kangaroo #3198 (Citgo) 5th & Bridges St	■	■		■						□	□		□	■		□	□	□				□
C3	Weaverville, 28787 828-658-1778	Payless Discount Beverage Ctr (BP) I-26 Exit 13	■	■		■									□	■								
C3	Weaverville, 28787 828-645-5515	Mountain Energy (Shell) I-26 Exit 19 SB/19A NB (US 25 W)	24 HRS	■		■						24 HRS	□			■		□		□				■
C3	Weaverville, 28787 828-645-4638	Giant BP I-26 Exit 19 SB/19A NB (US 25 W)	■	■		■						□	■		□	■		□		□			■	□
E6	Whiteville, 28472 910-640-3939	Minuteman #20 (Citgo) 1105 N JK Powell Blvd	■	■		■						□	■		□	■		□	□	□				□
E6	Whiteville, 28472 910-642-6690	Trade Mart #74 207 US 701 (S of US 74)	■	■		■						□	□		□	■			□	□				□
C6	Whitsett, 27377 336-449-6060	TA TravelCenters of America/Greensboro I-40-85 Exit 138 (NC 61)	24 HRS	■		■	XL	■	■			24 HRS	■	■	■	■	■	□	□	□	■	■	■	■

Communications / Vehicle Services

Truck Stop	Load Monitor	Internet Kiosk	Wi-Fi Hotspots	Document Scanning	Public Fax/Copier	UPS/FedEx/Trippak Box	Religious Services	State Lottery	Axle	Platform	Certified	Repairs	New Tire Sales	Shop Open 24 Hrs	DOT Inspection	Major Repairs	Minor Repairs	Oil Change/Lube	Minor Welding	AC/Reefer	CB	Tire	Mechanical	Towing
Etna Handy Market #3192 (Citgo)							□					□					□					□	□	□
Foy Mart					F C		□					□	□		□	□	□		□	□	□	□	□	
Kangaroo #3141						□	□		□	□	□										□			
Circle K Truxtop #5359 (76)					F C	□	□					□	□								□	□	□	□
Homers Truck Stop (Citgo)	DAT				F C	U F T				CAT		■	■		■	■	■	■				■	■	■
Etna #3195 (BP)																								
Fast Track #130 (Shell)					F C		□																	
Sutton's Mini Mart #1 (Citgo)					F C		□					□					□		□			□	□	□
Lee's Exxon							□					□	□				□					□	□	□
Gas Mart							□					□	□		□	□	□	□	□	□		□	□	□
Quik Shop - Gas Stop Exxon					C							□	□			□	□	□			□			
WilcoHess Travel Plaza # 357	DAT				F C	U F T	□			CAT		□	□				□		□			□	□	□
Quik Chek #48 (Citgo)							□					□	□				□					□	□	□
Knight's BP						□	□		□	□	□	□	□		□	□	□	□	□			□	□	□
Fast Track #137 (Shell)					F C	F	□					□	□				□		□			□		
Union Grove Quick Stop (BP/Amoco)							□																	
Lucky 7 Truckstop (BP)					F	□	□					□	□			□	□		□			□	□	□
WilcoHess C-Store # 197					F C	□	□					□	□									□	□	□
C-Check #4 (BP)						□	□		□	□	□											□	□	□
The Pantry #3130					F C	F	□			□		□				□	□		□			□	□	□
WilcoHess Travel Plaza # 225						T	□															□	□	□
Kangaroo #3198 (Citgo)						□	□					□	□			□	□	□	□		□	□	□	
Payless Discount Beverage Ctr (BP)																								
Mountain Energy (Shell)						□	□																	
Giant BP							□																	
Minuteman #20 (Citgo)						□	□					□	□			□	□	□	□		□	□	□	□
Trade Mart #74							□																	
TravelCenters of America/Greensboro	DAT	■	TA	■	F C	U F T	■			CAT		BF		■	■	■	■	■	■			■	■	□

Wash / RV Info / Financial Services / Permit Svcs / Credit Cards

Truck Stop	Truck (Exterior)	Trailer Washout	RVs Welcome	Dumping Station	Propane (Bottle)	ATM	Can Wire Money Out	Money Orders	Natso Check-Link	Western Union	Voyager/Wright Express	Comdata (Comchek)	EFS	Fuel Man	Multi Service	TCH	T-Chek	Fleet One	Buy/Pay at Fuel Desk	All Prepaid Permit Svcs	American Express	Visa/Mastercard	Discover
Etna Handy Market #3192 (Citgo)			■		■	■		■			V W	B	B	F			B				■	■	■
Foy Mart					■	■														■			
Kangaroo #3141					■	■		■			V W	B		F							■	■	■
Circle K Truxtop #5359 (76)	□	□			■	■		■			V W			F						■	■	■	■
Homers Truck Stop (Citgo)			■			■					V W	B	B			B	B	B		■	■	■	■
Etna #3195 (BP)					■			■			V W			F							■	■	■
Fast Track #130 (Shell)			■		■	■		■			V W	B	B		B		B	B		■	■	■	■
Sutton's Mini Mart #1 (Citgo)			■			■		■			V W	B	C		B	B	B	B		■	■	■	■
Lee's Exxon				□	■	■		■			V W	B					B				■	■	■
Gas Mart				□								B	C			B	B					■	
Quik Shop - Gas Stop Exxon			■			■		■			V W	C	C				C	C			■	■	■
WilcoHess Travel Plaza # 357			■	□	■	■		■			V W	B	B	F	B	F	B	B		■	■	■	■
Quik Chek #48 (Citgo)						■		■			V W	B		F			B	B			■	■	■
Knight's BP			■	□		■					V W										■	■	■
Fast Track #137 (Shell)			■	□	■	■		■			V W	B	B		B		B	B		■	■	■	■
Union Grove Quick Stop (BP/Amoco)			■		■	■															■	■	■
Lucky 7 Truckstop (BP)			■	□	■	■					V W	B	B		B		B	B		■	■	■	■
WilcoHess C-Store # 197			■		■	■		■			V W	B	B	F	B	B	B	B		■	■	■	■
C-Check #4 (BP)					■	■		■			V W	B									■	■	■
The Pantry #3130			■		■	■		■			V W	B	B	F	B	B	B	B		■	■	■	■
WilcoHess Travel Plaza # 225			■		■	■		■			V W	B	B	F	B	B	B	B			■	■	■
Kangaroo #3198 (Citgo)					■			■			V W	B	B	F			B				■	■	■
Payless Discount Beverage Ctr (BP)					■	■					W										■	■	■
Mountain Energy (Shell)					■	■					V W			F							■	■	■
Giant BP					■						W										■	■	■
Minuteman #20 (Citgo)					■	■		■			V W	B		F			B				■	■	■
Trade Mart #74					■			■			V W										■	■	■
TravelCenters of America/Greensboro	■	■	■			■	■		■	■	V W	B	B		B		B	B		■	■	■	■

THE TRUCKER'S FRIEND® - NORTH CAROLINA

How to interpret the page

■ means available at truck stop   □ means available nearby

In the overnight lot column:
- S means room for 5 - 24 trucks
- M means room for 25-74 trucks
- L means room for 85-149 trucks
- XL means room for 150+ trucks
- $ means a parking fee may be charged

code at left-hand side of rows is the state map grid reference

a key to advertising logos is on page 25

Services may change without notice. When in doubt, call ahead.

Driver Services: Motor Fuel, Parking, Food, Stores, Showers, Communication — Vehicle Services: Scales, Tires, Repairs, Road Svcs, Wash — RV Info — Financial Services (C=Checks, F=Fuel Cards, B=Both) — Permit Svcs — Credit Cards

Grid	Location / Phone	Truck Stop / Address	Truck Diesel	Self Service Diesel	Metered Propane	Gasoline	Overnight Lot ($)	Paved Lot	Trailer Drop	Electric Plug-Ins	Safe Haven/Hazmat	Restaurant	Fast Food	Table Phones	Motel	Convenience	Trucker/Travel	Shopping Center	Walmart/Kmart	Grocery	Ladies'	Men's	TV/Drivers Lounge	Laundry	Load Monitor	Internet Kiosk	Wi-Fi Hotspots	Document Scanning	Public Fax/Copier	UPS/FedEx/TripPak Box	Religious Services	State Lottery	Axle	Platform	Certified	Repairs	New Tire Sales	Shop Open 24 Hrs	DOT Inspection	Major Repairs	Minor Repairs	Oil Change/Lube	Minor Welding	AC/Reefer	CB	Tire	Mechanical	Towing	Truck (Exterior)	Trailer Washout	RVs Welcome	Dumping Station	Propane (Bottle)	ATM	Can Wire Money Out	Money Orders	Natso Check-Link	Western Union	Voyager/Wright Express	Comdata (Comchek)	EFS	Fuel Man	Multi Service	TCH	T-Chek	Fleet One	Buy/Pay at Fuel Desk	All Prepaid Permit Svcs	American Express	Visa/Mastercard	Discover
D 8	Wildwood, 28570 252-727-0070	Kangaroo #3473 5230 US 70 (1 mi W of NC 24)	24 HRS	■		■	S	■	■			□	■		□	■		□	□	□				□							□					□																			■	■		■			V W	B	B	F		B	B	B			■	■	■
C 4	Wilkesboro, 28697 336-667-8621	WilcoHess C-Store # 251 1844 US 421 Business	■	■		■						□	□		□	■			□					□							□										□												■			■			V W			F			B				■	■	■
C 4	Wilkesboro, 28659 336-667-7531	WilcoHess C-Store # 231 701 Second St N	■	■		■						□	□			■				□											□																						■			■			V W										■	■	■
C 8	Williamston, 27892 252-792-2696	Trade Mart #24 605 US 17	■	■		■						□	□		□	■		□	□	□				□							□					□	□			□	□	□				□	□	□	□			□	■	■		■			V W	B					B			■	■	■	■
E 7	Wilmington, 28412 910-343-1991	Springer-Eubank Oil Co (Exxon) 123 W Shipyard Blvd	■	■								□	□		□			□	□	□				□						□	□					□	□		□	□	□	□	□	□	□	□	□	□											V W	B	B	F		B					■	■	■
E 7	Wilmington, 28405 910-791-4451	Pop Shoppe #124 (Citgo) 6980 US 17 N & US 17 Truck Rte	24 HRS	■		■						□	□		□	■		□	□	□				□							□																□	□	□				□	■	■		■			V W	B		F		B					■	■	■
E 7	Wilmington, 28405 910-762-1563	Scotchman #107 (Shell) 906 N 23rd St (off US 117)	24 HRS	■		■						□			□	■		□		□				□							□																□	□	□					■	■		■			V W	F	F	F							■	■	■
E 7	Wilmington, 28401 910-251-0444	Wilmington Auto/Truck Stop (Shell) US 421 N & US 117/NC 133 (N Jct)	24 HRS	■		■	S	■					■			■	■								DAT				F C	T F			■	■	■	□	□			□	□		□			□							■	■		■	■		V W	B	B	F	B	B	B	B		■	■	■	■
C 7	Wilson, 27896 252-237-7200	Kangaroo #3471 I-95 Exit 121 (US 264 W)	24 HRS	■		■	S	■	■			□	■	■	□	■		□	□	□				□							□																					■		■	■		■			V W	B	B	F	B	B	B	B			■	■	■
C 7	Wilson, 27893 252-237-5588	Crossroads Mart I-95 Exit 127 (2 mi W on Hwy 97)	■	■		■										■																																									■																	■	
C 7	Wilson, 27893 252-237-4943	Happy Store #105 US 264 E & US 301 S	24 HRS	■		■						□	□		□	■			□	□				□						□	□					□	□		□	□	□	□	□	□		□	□	□	□				■	■		■			V W	B	B				B	B			■	■	■
D 5	Wingate, 28174 704-233-4110	Save More #203 3826 US 74 East	24 HRS	■		■						□	□			■				□				□							□																						■			■												■		■	
C 5	Winston Salem, 27107 336-788-7380	WilcoHess C-Store # 108 I-40 Exit 195 (NC 109 S)	■	■		■						□	□			■				□				□							□	■																					■	■		■			V W	F					F				■	■	■
C 5	Winston Salem, 27107 336-784-5175	WilcoHess C-Store # 102 I-40 Exit 199 (US 52 - 1/2 mi N)	■	■		■						□	□		□	■				□				□							□																						■			■			V W	B					B	F			■	■	■
C 8	Winterville, 28590 252-321-8870	Trade Mart #30 NC 11	■	■		■						□	□		□	■		□		□				□							□					□											□	□	□					■	■		■			V W										■	■	■
B 7	Wise, 27594 252-456-2342	Wise Truck Stop (Citgo) I-85 Exit 233	24 HRS	■		■	M	■	■			24 HRS	□	■	□	■	■			□				□					F C	□	□		□	□	□	□	□			□	□	□	□			□	□	□			■			■					V W	B	B		B	B	B	B		■	■	■	■

Sign up at www.truckstops.com for free email updates from *The Trucker's Friend.*®

NORTH DAKOTA

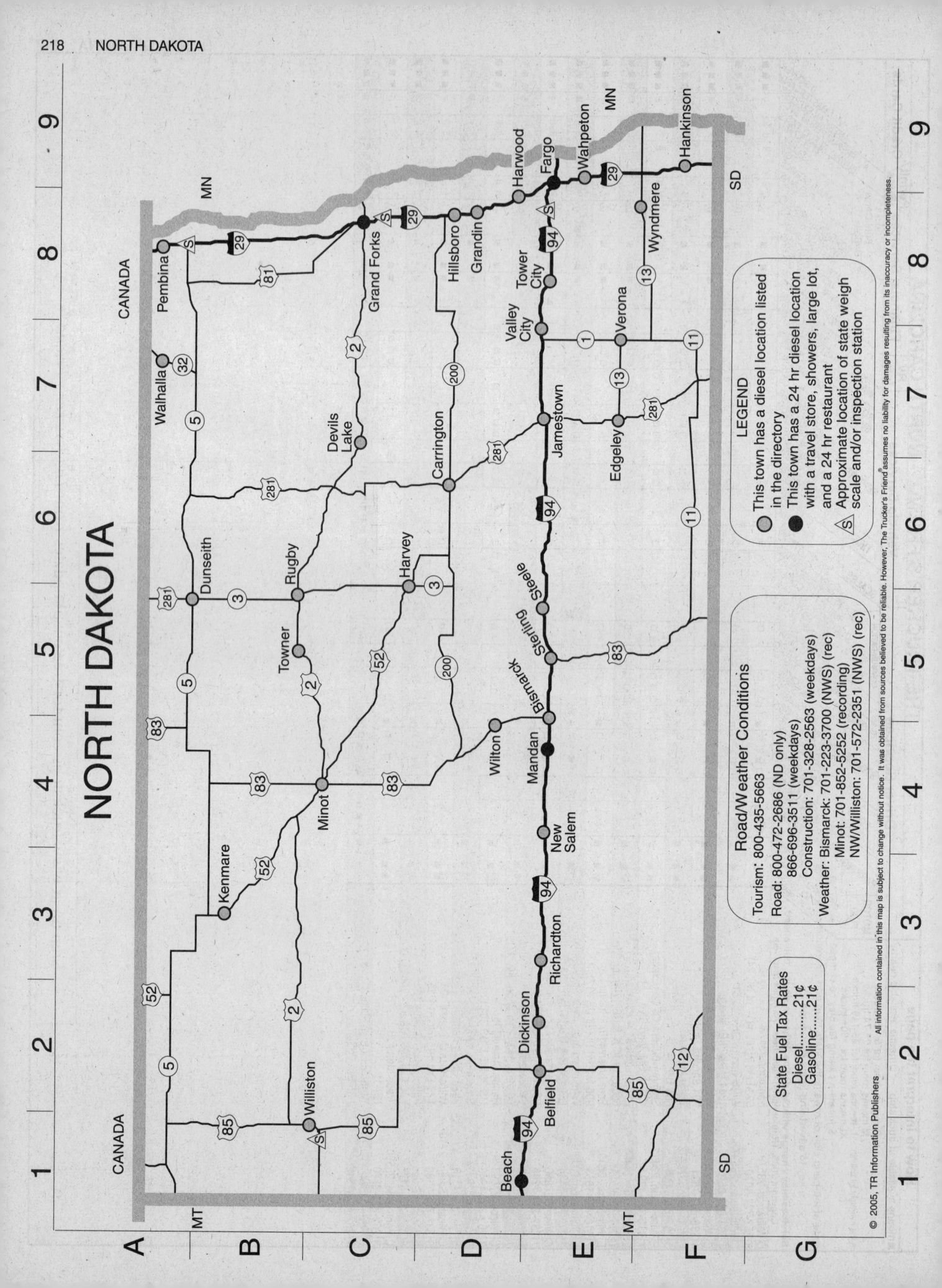

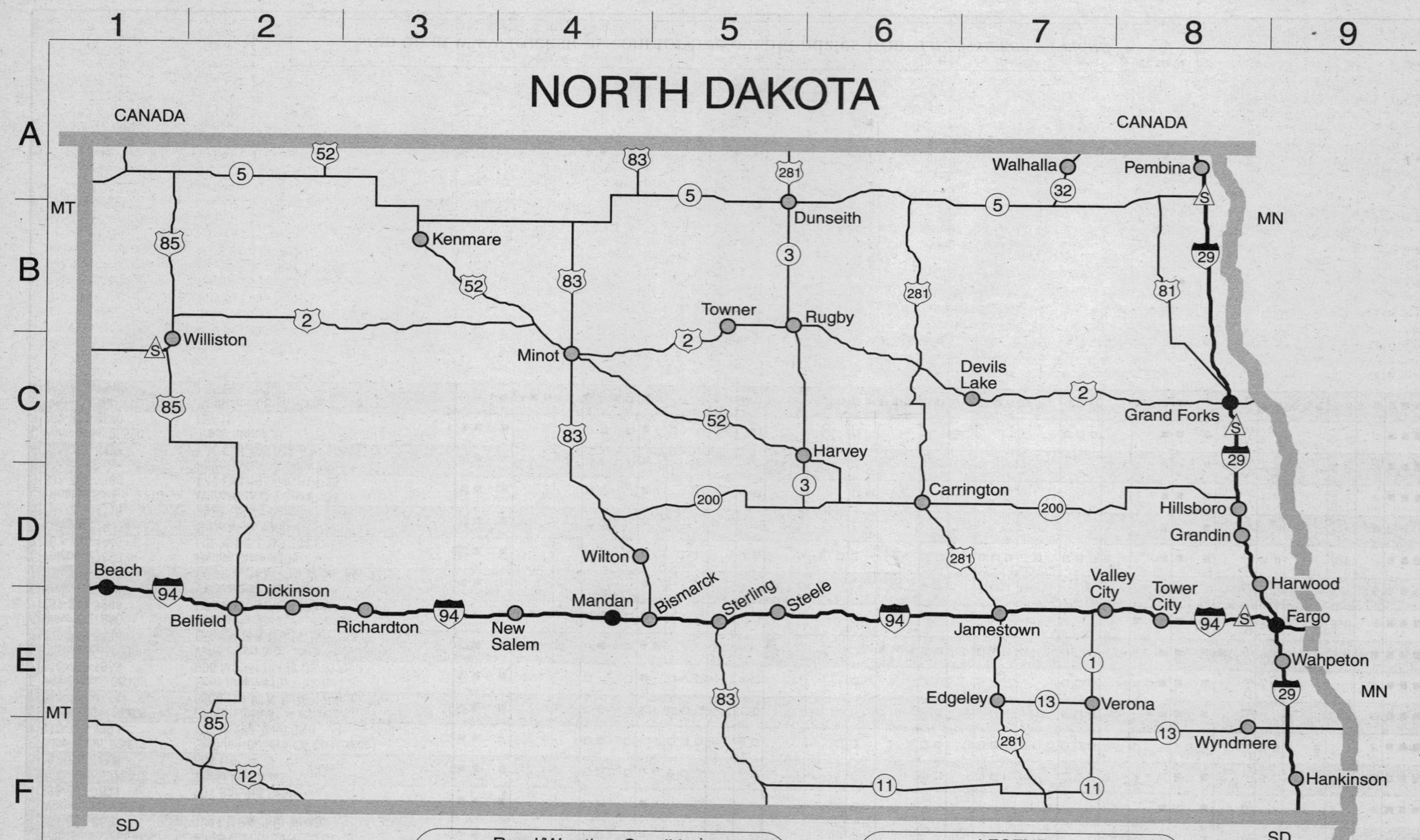

Road/Weather Conditions

Tourism: 800-435-5663

Road: 800-472-2686 (ND only)
866-696-3511 (weekdays)
Construction: 701-328-2563 (weekdays)

Weather: Bismarck: 701-223-3700 (NWS) (rec)
Minot: 701-852-5252 (recording)
NW/Williston: 701-572-2351 (NWS) (rec)

State Fuel Tax Rates

Diesel..........21¢
Gasoline......21¢

LEGEND

- ● (grey) This town has a diesel location listed in the directory
- ● (black) This town has a 24 hr diesel location with a travel store, showers, large lot, and a 24 hr restaurant
- △S Approximate location of state weigh scale and/or inspection station

THE TRUCKER'S FRIEND® - NORTH DAKOTA

How to interpret the page

■ means available at truck stop □ means available nearby

In the overnight lot column:
- S means room for 5 - 24 trucks
- M means room for 25-74 trucks
- L means room for 85-149 trucks
- XL means room for 150+ trucks
- $ means a parking fee may be charged

code at left-hand side of rows is the state map grid reference

a key to advertising logos is on page 25

Services may change without notice. When in doubt, call ahead.

Column headings:
- **Driver Services**:
  - MOTOR FUEL: Truck Diesel, Self Service Diesel, Metered Propane, Gasoline.
  - PARKING: Overnight Lot ($), Paved Lot, Trailer Drop.
  - FOOD: Electric Plug-Ins, Safe Haven/Hazmat, Restaurant, Fast Food.
  - STORES: Table Phones, Motel, Convenience, Trucker/Travel, Shopping Center, Walmart/Kmart, Grocery.
  - SHOWERS: Ladies, Men's.
  - COMMUNICATION: TV/Drivers Lounge, Laundry, Load Monitor, Internet Kiosk, Wi-Fi Hotspots, Document Scanning, Public Fax/Copier, UPS/FedEx/TripPak Box, Religious Services, State Lottery.
- **Vehicle Services**:
  - SCALES: Platform, Axle, Certified.
  - TIRES: Repairs, New Tire Sales, Shop Open 24 Hrs.
  - REPAIRS: DOT Inspection, Major Repairs, Minor Repairs, Oil Change/Lube, Minor Welding.
  - ROAD SVCS: AC/Reefer, CB, Tire, Mechanical, Towing.
  - WASH: Truck (Exterior), Trailer Washout.
- **RV Info**: RVs Welcome, Dumping Station, Propane (Bottle).
- **Financial Services** (C=Checks, F=Fuel Cards, B=Both): ATM, Can Wire Money Out, Money Orders, Natso Check-Link, Western Union, Wright Express, Voyager, Comdata (Comchek).
- **Permit Svcs**: Multi Service, Fuel Man.
- **Credit Cards**: EFS, TCH, T-Chek, Fleet One, Buy/Pay at Fuel Desk, All Prepaid Permit Svcs, American Express, Visa/Mastercard, Discover.

Grid	City, ZIP / Phone	Truck Stop / Location	Driver Services	Vehicle Services	RV Info / Financial Services	Permit Svcs	Credit Cards
E1	Beach, 58621 / 701-872-4737	Flying J Travel Plaza #05004 / I-94 Exit 1 (ND 16)	24 HRS ■ ■ ■ M ■ ■ 24 HRS ■ ■ □ ■ ■ □ ■ ■ ■ ■	F C F □ □ □ □ □ □ □ □ □ □ □	■ □ ■ ■	V W B	B B B ■ ■ ■ ■
E2	Belfield, 58622 / 701-575-4216	Super Pumper #22 (Tesoro) / I-94 Exit 42 (US 85)	24 HRS ■ ■ M ■ ■ □ ■ ■ □ ■ □ ■ ■ ■	F C □ ■ □ □ □ □ □ □ □ □ □ □	■ ■ ■	V W B B	B B B B ■ ■ ■ ■
E5	Bismarck, 58501 / 701-255-3810	Cenex C-Store / I-94 Exit 161	24 HRS ■ ■ ■ □ ■ □ ■ □ □ □ □	F C □ ■ □ □ □ □ □ □ □ □ □ □ □ □ □ □ □ □	□ ■ ■ ■	V W C	C ■ ■ ■ ■
E5	Bismarck, 58501 / 701-222-1675	StaMart Travel Center #15 (Tesoro) / I-94 Exit 161	24 HRS ■ ■ M ■ ■ ■ 24 HRS ■ ■ □ ■ ■ □ □ □ ■ ■ ■ □ DAT	F C U F T □ ■ CAT □ □ □ □ □ □ □ □ □ □ □	■ ■ ■ ■	V W B B	B B B B ■ ■ ■ ■
D6	Carrington, 58421 / 701-652-3103	Stop-N-Go (Tesoro) / US 52-281 & ND 200	24 HRS ■ ■ S ■ ■ □ ■ □ ■ □ ■ ■ □	F C □ □ ■ □ □ □ □ □ □	■ □ ■ ■ ■ ■ ■	V W B B	B B ■ ■ ■ ■
C7	Devils Lake, 58301 / 701-662-8778	Cenex C-Store / 600 US 2 W & ND 19	■ ■ S ■ ■ □ ■ □ ■ □ □ □ ■ ■ □	F C □ □ ■ ■ □ □ ■ □ □	■ ■ ■	V W B C	C C ■ ■ ■ ■
E2	Dickinson, 58601 / 701-483-3633	The General Store (Cenex) / I-94 Exit 61 (ND 22)	■ ■ ■ ■ S ■ ■ □ □ □ ■ □ □ □ □	F C □ ■ □ □ □ □ □	■ □ ■ ■	V W B	■ ■ ■ ■
E2	Dickinson, 58601 / 701-456-3835	Tiger Discount Truck Stop (Tesoro) / I-94 Exit 64 (US 10 E)	24 HRS ■ ■ M ■ ■ ■ □ ■ ■ □ ■ ■ □ □ □ ■ ■ ■ □ DAT	F C U F □ ■ □ □ □ □ □ □ □ □ □ □ □ □ □ □ □ □ □ □	■ ■ ■ ■	V W B B	B B B B ■ ■ ■ ■ ■
A5	Dunseith, 58329 / 701-244-5491	Dale's Truck Stop (Conoco) / US 281 & ND 3 & ND 5	24 HRS ■ ■ S ■ ■ ■ ■ ■ ■ □ ■	F C □ ■ □ □ □	■ □ ■	V W B	B B ■ ■ ■ ■
E7	Edgeley, 58433 / 701-493-2266	Cenex C-Store / US 281 & ND 13	■ ■ □ ■ ■ □ ■ □	F C □ ■ ■ ■ ■ ■	■ ■	V W B B	B B ■ ■ ■ ■
E9	Fargo, 58103 / 701-282-7766	Flying J Travel Plaza #05009 (Conoco) / I-29 Exit 62 (I-94 Exit 349 A)	24 HRS ■ ■ ■ XL ■ 24 HRS ■ ■ ■ ■ ■ □ □ □ ■ ■ ■ ■	U F T □ ■ ■ ■ ■ ■ ■ R ■ ■ □ ■ ■	■ ■ ■ ■ ■	V W B	B B B ■ ■ ■ ■
E9	Fargo, 58103 / 701-232-7511	StaMart Convenience Ctr #14 (Tesoro) / I-29 Exit 65 (1 mi E to 2903 US 10)	■ ■ ■ S ■ ■ ■ □ ■ □ ■ ■	F C □ ■ □ □ □ □ □ □ □ □ □ □	■ ■ ■	V W B B	B B B B ■ ■ ■ ■
E9	Fargo, 58102 / 701-298-3500	StaMart Travel Center # 5 (Tesoro) / I-29 Exit 66 (12th Ave)	24 HRS ■ ■ ■ L ■ ■ 24 HRS ■ ■ □ ■ ■ □ □ □ ■ ■ ■ □ DAT ■ ■	F C U F T CAT □ □ □ □ □ □ □ □ □	■ ■ ■ ■	V W B B	B B B B ■ ■ ■ ■
E9	Fargo, 58103 / 701-282-8105	Petro Stopping Center #61 / I-94 Exit 348	PETRO 24 HRS ■ ■ ■ XL ■ ■ 24 HRS ■ ■ □ ■ ■ □ □ □ ■ ■ ■ □ DAT ■	F C U F T □ ■ ■ ■ □ □ ■ ■ □ ■ □ □ □ ■ ■	■ ■ ■ ■ ■	V W B B	B B B B ■ ■ ■ ■
E9	Fargo (West), 58078 / 701-281-9180	West Fargo Truck Stop (BP) / I-94 Exit 343 (US 10)	■ ■ ■ ■ S ■ □ ■ □ ■ ■ □	F C □ □ □ □	■ □ ■ ■	V W B B	B B ■ ■ ■ ■
C8	Grand Forks, 58201 / 701-746-8145	Big Sioux Travel Plaza (Conoco) / I-29 Exit 138 (32nd Ave S)	AMBEST 24 HRS ■ ■ ■ XL ■ ■ ■ 24 HRS ■ ■ □ ■ ■ □ □ □ ■ ■ ■ □ DAT	F C U F T ■ ■ ■ ■ □ □ ■ ■ ■ ■ ■ ■ A R □ □ □	■ ■ ■ ■	V W B B	B B B B ■ ■ ■ ■ ■
C8	Grand Forks, 58201 / 701-775-2537	Mini Mart # 664 (Conoco) / I-29 Exit 141 (US 2 E)	24 HRS ■ ■ □ □ ■ □ □	F C □ □ □ □ □ □ □ □ □ □ □ □ □ □ □	□ ■ ■ ■	V W C	C ■ ■ ■ ■
C8	Grand Forks, 58201 / 701-795-2107	Simonson Travel Center / I-29 Exit 141 (US 2 W)	24 HRS ■ ■ M ■ ■ ■ 24 HRS ■ ■ □ ■ ■ □ □ ■ ■ ■ □ ■	F C U F □ ■ ■ ■ ■ ■ □ □ □ ■ □ □ □ □ □	■ ■ ■ ■ ■ ■	W B B	B B B ■ ■ ■ ■
C8	Grand Forks, 58201 / 701-746-1356	StaMart Travel Plaza #13 (Tesoro) / I-29 Exit 141 (US 2 W)	24 HRS ■ ■ ■ M ■ ■ 24 HRS ■ ■ □ ■ ■ □ □ □ ■ ■ ■ □ DAT	F C U F □ CAT □ □ □ □ □ □ □ □ □ □ □ □ □ □ □	■ ■ ■ ■	V W B B	B B B B ■ ■ ■ ■
D8	Grandin, 58038 / 701-484-5326	Nepstad's Stop N Shop (Citgo) / I-29 Exit 92 (W on 12 St SE)	■ ■ ■ ■ ■	□ □ □	■	V W	■ ■ ■
F9	Hankinson, 58041 / 701-242-7404	MGS Oil (Mobil) / I-29 Exit 8 (ND 11)	■ ■ S ■ ■ ■ ■ ■	F C ■ □ □	■	V W C	C ■ ■ ■ ■
C5	Harvey, 58341 / 701-324-4964	Little Mart (Sinclair) / 708 US 52 W Bypass	■ ■ S ■ □ ■ □ ■ □	F C □ ■ □ □ □ □ □ □ □	■ □ ■	V W	■ ■ ■ ■
D8	Harwood, 58042 / 701-282-8290	Cenex / I-29 Exit 73 (Hwy 17)	■ ■ S ■ ■ ■ ■ ■	F C □ ■ □ □ □	■ ■	V W	B ■ ■ ■ ■
D8	Hillsboro, 58045 / 701-436-5126	Cenex / I-29 Exit 104	■ ■ S □ ■ ■ □ ■ □ □	□ ■	■ □ ■ ■	V W	B ■ ■ ■ ■
E7	Jamestown, 58401 / 701-252-4732	Super Pumper #26 (Conoco) / I-94 Exit 258 (US 281 S)	24 HRS ■ ■ M ■ ■ □ ■ ■ □ ■ □ □ □ ■ ■ ■ □ DAT	F C □ □ □ □ □ □ □	■ ■ ■	V W B B	B B B B ■ ■ ■ ■
E7	Jamestown, 58401 / 701-251-2837	Interstate Sinclair / I-94 Exit 258 (US 281 S)	24 HRS ■ ■ S ■ □ □ □ ■ □ □ □	□ ■ ■ □ □ □ □ □ □ □ □ □ □ □ □ □ □ □ □	■ ■ ■ ■ ■	V W B	B ■ ■ ■ ■
E7	Jamestown, 58402 / 701-252-3523	Jamestown Truck Plaza (BP) / I-94 Exit 260	24 HRS ■ ■ M ■ ■ ■ 24 HRS □ ■ □ ■ ■ □ □ ■ ■ ■ ■	F C □ ■ □ ■ ■ ■ ■ □ ■ ■ □ □ ■ ■ ■ ■ ■	■ ■ □ ■ ■	V W B B	B B B ■ ■ ■ ■
B3	Kenmare, 58746 / 701-385-4222	Cenex C-Store / US 52 S	24 HRS ■ ■ ■ S ■ ■ □ ■ ■ □ ■ □ ■ □	F C □ ■ □ □	■ □ ■	V W B	B B ■ ■ ■ ■

THE TRUCKER'S FRIEND® - NORTH DAKOTA

How to interpret the page

■ means available at truck stop □ means available nearby

in the overnight lot column:
- S means room for 5 - 24 trucks
- M means room for 25-74 trucks
- L means room for 85-149 trucks
- XL means room for 150+ trucks
- $ means a parking fee may be charged

code at left-hand side of rows is the state map grid reference

a key to advertising logos is on page 25

Services may change without notice. When in doubt, call ahead.

Driver Services: Motor Fuel, Parking, Food, Stores, Showers, Communications. Vehicle Services: Scales, Tires, Repairs, Road Svcs, Wash. RV Info. Financial Services (C=Checks, F=Fuel Cards, B=Both). Permit Svcs. Credit Cards.

Grid	Location / Phone	Truck Stop	Motor Fuel (Truck Diesel / Self Service Diesel / Metered Propane / Gasoline)	Parking (Overnight Lot ($) / Paved Lot / Trailer Drop)	Electric Plug-Ins / Safe Haven/Hazmat	Food (Restaurant / Fast Food / Table Phones / Motel)	Stores (Convenience / Trucker/Travel)	Shopping Center / Walmart/Kmart / Grocery	Showers (Ladies' / Men's)	TV/Drivers Lounge / Laundry	Communications (Load Monitor / Internet Kiosk / Wi-Fi Hotspots)	Document Scanning / Public Fax/Copier / UPS/FedEx/Trippak Box	Religious Services / State Lottery	Scales (Axle / Platform / Certified)	Tires (Repairs / New Tire Sales)	Repairs (Shop Open 24 Hrs / DOT Inspection)	Major Repairs / Minor Repairs / Oil Change/Lube	Minor Welding / AC/Reefer / CB	Road Svcs (Tire / Mechanical / Towing)	Wash (Truck (Exterior) / Trailer Washout)	RV Info (RVs Welcome / Dumping Station / Propane (Bottle))	ATM / Can Wire Money Out / Money Orders	Natso Check-Link / Western Union / Voyager/Wright Express	Comdata (Comchek) / EFS	Fuel Man / Multi Service / TCH	T-Chek / Fleet One	Buy/Pay at Fuel Desk / All Prepaid Permit Svcs	Credit Cards (American Express / Visa/MasterCard / Discover)
E 4	Mandan, 58554 701-663-6922	Freeway 147 Truck Stop (Sinclair) I-94 Exit 147 (ND 25)	24 HRS ■ ■ ■	L ■ ■	■	24 HRS ■ ■	■ ■		■ ■	■ ■	DAT ■	F C		■ ■ ■					□ □ □		■ ■ ■	■	V W	B B	B B	B B	■	■ ■ ■
C 4	Minot, 58702 701-839-5061	Behm's Truck Stop (Conoco) 3800 US 2-52 W	24 HRS ■ ■ ■	M ■ ■	■	24 HRS ■ □	■ ■	□ □ □	■ ■	■ ■		F C	■		□ □	□	□ □ □	□ □	□ □ □		■ ■ ■	■	V W	B B	B B	B B	■	■ ■ ■
C 4	Minot, 58701 701-852-0810	Econo Stop US 2-52 Bypass (EB) & US 83	24 HRS ■ ■	M ■ ■	■	24 HRS □ ■ □	■ ■	□ □ □	■ ■	■ □	DAT	F C F	■	□ □ □		□	□ ■ ■	□ □ □	■ ■ □	■ ■	■ ■ ■	■	■ V W	B B	B B	B B	■	■ ■ ■
C 4	Minot, 58701 701-839-6324	Schatz Econo Stop US 2-52 Bypass (WB) & US 83	24 HRS ■ ■ ■	S ■ ■		24 HRS □ ■ □	■ ■	□ □		■		F C □	□		■ ■	■	□ ■ ■	■ A □	■ ■ □	■ ■	■ ■ ■	■	V W	B B	B B	B B	■	■ ■ ■
E 4	New Salem, 58563 701-843-7547	U-Serve (Cenex) I-94 Exit 127 (ND 31)	24 HRS ■ ■	S ■		□ ■ □	■	□ □		□		F C	□		□ □		□ □	□			■	■	V W	C C	B	B B	■	■ ■ ■
A 8	Pembina, 58271 701-825-6275	Gastrak I-29 Exit 215	24 HRS ■ ■	M ■ ■		□ ■ ■ □	■ ■	□	■ ■	□		F C U F	□ ■	CAT	□ □	□	□ □	□	□ □ □	□	■ □	■	W	B B	B B	B B	■	■ ■
E 3	Richardton, 58652 701-974-2365	Cenex C-Store I-94 Exit 84 (ND 8)	■ ■ ■ ■	M ■ ■	■	□ ■ □	■	□				F C	□ ■		■ ■	■	■ ■	■ A	■		■ □ ■	■	V W				■	■ ■ ■
B 5	Rugby, 58368 701-776-5806	The Hub (Sinclair) US 2 & ND 3	■ ■ ■	M ■ ■		■ □ ■	■	□ □	■ ■	□		F C	□		□ □		□ □		□ □ □		■ □ ■	■		B		C	■	■ ■ ■
B 5	Rugby, 58368 701-776-6220	Cenex C-Store US 2 W & ND 3	24 HRS ■ ■ ■	M ■ ■		□ ■ □	■ ■	□ □ □	■ ■	■ □		F C □	□ ■		□ □		□ □ □	□ □ □	□ □ □	□ □	□	■	V W	B	B	B	■	■ ■ ■
E 5	Steele, 58482 701-475-2274	Coffee Cup Fuel Stop #2 (Conoco) I-94 Exit 200 (ND 3)	24 HRS ■ ■	S ■ ■		□ ■ ■ □	■ ■	□	■ ■	□	DAT	F C	□ ■	□ □ □	□ □		□		□ □		■ □	■	V W	B B	B B	B B	■	■ ■ ■
E 5	Sterling, 58572 701-387-4351	Tops Truck Stop (Cenex) I-94 Exit 182 (US 83 S)	24 HRS ■ ■	M ■ ■	■ ■	24 HRS ■ ■ □	■ ■		■ ■	■ ■		F C	□ ■						□ □ □		■ □ ■	■	V W	B B	B	B B	■	■ ■ ■
E 8	Tower City, 58071 701-749-2595	Tower Fuel Stop (Mobil) I-94 Exit 307	24 HRS ■ ■	M ■ ■	■	24 HRS □	■ ■		■ ■	■ ■		F C	□		■ ■		□ ■	■	■	■ ■	■ □	■	V W	B B	B B	B B	■	■ ■ ■
B 5	Towner, 58788 701-537-5457	Cenex US 2-14	■ ■ ■ ■	S		■	■	□				F C	□ ■								□ ■	■	V W	B		B	■	■ ■ ■
E 7	Valley City, 58072 701-845-5808	John's I-94 Tesoro I-94 Exit 292	24 HRS ■ ■	S ■ ■		24 HRS □ □	■	□ □		□		F C □	□	□	□ □	□	□ □ □	□ □	□ □ □		■ □	■	V W	B B	B B	B B	■	■ ■ ■
E 7	Verona, 58490 701-432-5541	Good Oil (Tesoro) ND 1 & ND 13	■ ■ ■	S		■	■						□								■ ■		V W			C		■ ■ ■
E 9	Wahpeton, 58075 701-642-3414	Northside BP/Amoco ND 210 Bypass & 9th St N	24 HRS ■ ■	S ■		□ ■ □	■					F C	□ ■		□ □	□	□ □	□ □ □	□ □	■ ■	□ ■	■	V W	B C		B	■	■ ■ ■
E 9	Wahpeton, 58075 701-642-8035	Cenex C-Store ND 210 Bypass & 9th St N	■ ■ ■	S ■	■	□ ■ □	■	□		□		F C □	□ ■		□ □	□	□ □ □	□ □ □	□ □ □		■ □ ■		V W	C		C	■	■ ■ ■
A 7	Walhalla, 58282 701-549-2527	Walhalla Co-Op (Cenex) US 32 N	■ ■ ■ ■	S		□ □ □	■	□	■	□		F C □	□ ■	□ □ □	■ ■		■ ■	□	□ □		□ ■	■	W	C C		C	■	■ ■ ■
C 1	Williston, 58801 701-572-6717	Williston Fuel Plaza (Tesoro) 3014 US 2-85 NW	24 HRS ■ ■	S ■	■	24 HRS □	■	□ □ □	■ ■	■ ■		F C □					□ □ □				■	■	V W	B	B B	B	■	■ ■ ■
C 1	Williston, 58801 701-572-4591	OK Conoco North 4201 US 2-85 NW	24 HRS ■ ■	M ■	■	24 HRS □	■	□ □ □	■ ■	■ ■		F C □	□ ■		□		□ □ □	□	□ □	□	■ ■	■	V W	B	B B	B	■	■ ■ ■
C 1	Williston, 58801 701-774-0233	OK Tire Store (Conoco) US 2-85 W	■ ■ ■ ■				■	□	■	□		F C	■	□	■ ■	□	□ □ □	□ □ □	■ □ □		□ ■	■	V W	B	B B	B B	■	■ ■ ■
D 4	Wilton, 58579 701-734-6312	Wilton Cenex US 83	■ ■ ■ ■	S		■	■					F C	■						□ □ □		■ ■	■	V W	B B		B	■	■ ■ ■
E 8	Wyndmere, 58081 701-439-2261	Wyndmere Oil (Tesoro) 704 ND 18 N & ND 13	■ ■ ■	S ■		□ ■ □	■	□					□ ■		□ □		□ □ □	□ □	□ □		■							■ ■ ■

Sign up at www.truckstops.com for free email updates from *The Trucker's Friend.®*

OHIO
A
B
C
D
E
F
G
H
I
J
1
2
3
4
5
6
7
MI
IN
PA
WV
KY
LAKE ERIE
Kingsville
Ashtabula
Geneva
Austinburg
Holiday City
Archbold
West Unity
Fayette
Wauseon
Delta
Holland
Sylvania
Toledo
Oregon
Northwood
Swanton
Maumee
Waterville
Millbury
Port Clinton
Bryan
Napoleon
Perrysburg
Stony Ridge
Fremont
Sandusky
Newburgh Heights
Cleveland
Avon
Elyria
Walton Hills
Bowling Green
Bradner
Clyde
Oberlin
Richfield
Twinsburg
Mantua
Leavittsburg
Girard
Hubbard
Cecil
Paulding
North Baltimore
Van Buren
Gibsonburg
Bellevue
Monroeville
Norwalk
Broadview Heights
Medina
Ravenna
Austintown
Alvada
Tiffin
Sullivan
Lodi
Akron
Findlay
Attica
New Haven
Seville
Burbank
North Canton
North Lima
New Springfield
Bluffton
Upper Sandusky
Beaverdam
Middle Point
Ashland
Doylestown
Dalton
Massillon
Canton
Lisbon
Columbiana
Rockford
Lima
Cridersville
Bucyrus
Mansfield
Wooster
Mount Eaton
Hanoverton
Mercer
Kenton
Strasburg
Wapakoneta
Mount Victory
Marion
Chesterville
New Philadelphia
Wintersville
Steubenville
New Weston
Bellefontaine
Marengo
Newcomerstown
Belmont
Berkshire
New California
Coshocton
Martins Ferry
Sidney
Urbana
Westerville
Sonora
Hendrysburg
Quaker City
Old Washington
New Paris
Brookville
Springfield
London
New Concord
Cambridge
Eaton
South Vienna
Columbus
Hebron
Kirkersville
Buckeye Lake
Dayton
Grove City
South Bloomfield
Lancaster
Caldwell
Franklin
Jeffersonville
Circleville
Fairfield
Wilmington
Washington Court House
Nelsonville
Marietta
Monroe
Springdale
Harrison
Cleves
Rainsboro
Belpre
Coolville
Cincinnati
Waverly
Jackson
Sardinia
Peebles
Macon
Seaman
Lucasville
Rodney
Gallipolis
Aberdeen
West Portsmouth
Wheelersburg
Coal Grove
20
80
90
6
66
2
280
163
127
24
250
58
18
224
71
75
76
77
14
21
30
68
309
42
23
33
43
7
4
36
62
16
83
70
35
60
127
50
32
104
247
52
S
State Fuel Tax Rates
Diesel..........28¢
Gasoline......28¢
LEGEND
This town has a diesel location listed in the directory
This town has a 24 hr diesel location with a travel store, showers, large lot, and a 24 hr restaurant
Approximate location of state weigh scale and/or inspection station
Road/Weather Conditions
Tourism: 800-BUCKEYE
Road: 888-876-7453 (Turnpike) (rec)
614-466-7170 (DOT) (weekdays)
Construction: 888-264-7623 (OH only)
Weather: Canton: 330-454-5454(rec)
Cincinnati: 513-241-1010 (rec)
Columbus: 614-469-1010 (rec)
Wilmington: 937-383-0031
© 2005, TR Information Publishers
All information contained in this map is subject to change without notice. It was obtained from sources believed to be reliable. However, The Trucker's Friend® assumes no liability for damages resulting from its inaccuracy or incompleteness.

THE TRUCKER'S FRIEND® - OHIO

How to interpret the page

■ means available at truck stop □ means available nearby

in the overnight lot column: S means room for 5 - 24 trucks; M means room for 25-74 trucks; L means room for 85-149 trucks; XL means room for 150+ trucks; $ means a parking fee may be charged

code at left-hand side of rows is the state map grid reference

a key to advertising logos is on page 25

Services may change without notice. When in doubt, call ahead.

Column groups: Driver Services (Motor Fuel: Truck Diesel, Self Service Diesel, Metered Propane, Gasoline; Parking: Overnight Lot, Paved Lot, Trailer Drop, Electric Plug-Ins, Safe Haven/Hazmat; Food: Restaurant, Fast Food, Table Phones; Stores: Motel, Convenience, Trucker/Travel, Shopping Center, Walmart/Kmart, Grocery; Showers: Ladies, Men's, TV/Drivers Lounge, Laundry; Communications: Load Monitor, Internet Kiosk, Wi-Fi Hotspots, Document Scanning, Public Fax/Copier, UPS/FedEx/TripPak Box, Religious Services, State Lottery); Vehicle Services (Scales: Axle, Platform, Certified; Tires: Repairs, New Tire Sales; Repairs: Shop Open 24 Hrs, DOT Inspection, Major Repairs, Minor Repairs, Oil Change/Lube, Minor Welding, AC/Reefer; Road Svcs: CB, Tire, Mechanical, Towing; Wash: Truck (Exterior), Trailer Washout); RV Info (RVs Welcome, Dumping Station, Propane (Bottle)); Financial Services (ATM, Can Wire Money Out, Money Orders, Natso Check-Link, Western Union, Voyager/Wright Express, Comdata (Comchek), EFS, Fuel Man, Multi Service; C=Checks, F=Fuel Cards, B=Both); Permit Svcs (TCH, T-Chek, Fleet One, Buy/Pay at Fuel Desk, All Prepaid Permit Svcs); Credit Cards (American Express, Visa/MasterCard, Discover)

Grid	Location / Phone	Truck Stop / Address	Motor Fuel & Parking	Food	Stores	Showers	Communications	Scales	Tires	Repairs / Road Svcs / Wash	RV Info	Financial Services	Permit Svcs	Credit Cards
I 2	Aberdeen, 45101 937-795-0221	Fuel Stop (Citgo) 1434 US 52 W	■ ■ ■ M	■ ■	□ □ □	■	□	F C	□ ■	□ □	□ □ □	■ □ ■ ■ V W	B B B B F	■ ■ ■ ■
D 6	Akron, 44305 330-794-1550	Knack's Morgan's Truck Plaza (Marathon) I-76 Exit 25 B EB/26 WB	24 HRS ■ ■ $M	■ ■ ■	□ □ □	■	■ □	F C U F	□ ■		□ □ □	■ ■ V W	B B F B B F B	■ ■ ■ ■
D 3	Alvada, 44802 419-435-8490	Soni Junction (Marathon) US 23 & US 224	■ ■ ■ M	■ ■	■	■	■ ■	F C	□ ■	□ □ □ □ □	□	■ ■ V W	B F B B B B	■ ■ ■ ■
D 3	Alvada, 44802 419-595-2268	US 23 & 224 Plaza (Sunoco) US 23 & US 224	■ ■ ■ M	■ ■	□ ■	■		F C □	■			■ ■ ■ V W	B B B B B	■ ■ ■ ■
C 1	Archbold, 43502 419-446-2487	Laub Food Mart # 3 (Shell) OH 66 (1500 S Defiance St)	■ ■ ■ S	■	□ ■ □	■	□ □	F C	□	□ □ □ □ □	□ □ □	■ ■ V W		■ ■ ■ ■
D 5	Ashland, 44805 419-289-6420	TravelCenters of America (BP) I-71 Exit 186 (US 250 E)	TA 24 HRS ■ ■ M	■ ■	24 HRS ■ □ □	■ ■ □ □ □	■ ■ ■ ■ DAT TA	F C U F T	□ CAT	□ □ □ □ □ □	□ □ □	■ ■ ■ ■ ■ ■ ■ V W	B B F B B B	■ ■ ■ ■ ■
B 7	Ashtabula, 44004 440-998-6802	O&P Oil & Gas 2515 OH 84 (E of OH 11-46)	■ ■ ■		□ □ □	□ □ □			□ ■	□ □ □		W	B	■ ■ ■
D 3	Attica, 44807 419-426-6602	Friendship Citgo US 224 & OH 4	24 HRS ■ ■		□	■			□ ■		□	■ V	B F B	■ ■ ■
B 7	Austinburg, 44010 440-275-3303	Pilot Travel Center #002 I-90 Exit 223 (OH 45)	24 HRS ■ ■ M	■ ■	□ ■ ■ □	■	■ ■ ■ DAT ⏻	F C T	□ ■ CAT	□ □ □ □	□ □ □	■ ■ ■ ■ ■ V W	B B F B B B	■ ■ ■ ■
B 7	Austinburg, 44010 440-275-1515	Flying J Travel Plaza #05066 (Shell) I-90 Exit 223 (OH 45)	Flying J 24 HRS ■ ■ ■ ■ XL	■ ■	24 HRS ■ ■ □	■ ■ □ □ □	■ ■ ■ ■ Flying J Flying J Flying J	U F T	□ ■ Flying J	□ □ □ □ □	□ □ □	■ ■ ■ ■ V W	B B B B	■ ■ ■ ■
D 7	Austintown, 44515 330-793-4426	TravelCenters of America/Youngstown I-80 Exit 223 A (OH 46 S)	TA 24 HRS ■ ■ XL	■ ■	24 HRS □ ■ ■ ■	■ ■	■ ■ ■ ■ DAT TA	F C U F T	■ CAT	2F ■ ■ ■ ■ ■ ■ A ■ ■	□ □ □	■ ■ ■ ■ ■ W	B B F B B B	■ ■ ■ ■
D 7	Austintown, 44515 330-799-5197	Fuel Mart #730 I-80 Exit 223 A (OH 46 S)	24 HRS ■ ■ M	■ ■	□ ■ □ ■	■ ■ □ □ □	■ ■ □	F C	□ □ ■ ■ ■	□ □ □ □ □ □ □ □ □	□ □ □	■	B B B B B B	■ ■ ■ ■
D 7	Austintown, 44515 330-505-3532	Pilot Travel Center #003 I-80 Exit 223 B (US 46 N)	24 HRS ■ ■ XL	■ ■	□ ■ □	■	■ ■ ■ DAT ⏻	F C T	□ ■ CAT	□ □ □ □ □ □	□ □ □ ■ ■	■ ■ ■ ■ ■ ■ ■ V W	B B F B B B	■ ■ ■ ■
C 5	Avon, 44011 440-934-0110	Pilot Travel Center #004 I-90 Exit 151 (OH 611)	24 HRS ■ ■ M	■	□ ■ ■ □	■ ■ □ □	■ ■ ■ DAT ⏻	F C U T	□ ■ CAT	□ □ □ □ □ □ □	□ □ □	■ □ ■ ■ ■ ■ ■ ■ V W	B B F B B B	■ ■ ■ ■
D 2	Beaverdam, 45808 419-643-8001	Flying J Travel Plaza #05039 I-75 Exit 135	Flying J 24 HRS ■ ■ ■ XL	■ ■	24 HRS ■ ■		■ ■ ■ ■ Flying J Flying J Flying J	U F T	□ ■ Flying J	□ □ □ □ □ □ □	□ □ □ □ □	■ ■ ■ ■ V W	B B B B	■ ■ ■ ■
D 2	Beaverdam, 45808 419-643-6023	Pilot Travel Center #457 I-75 Exit 135	24 HRS ■ ■ L	■	24 HRS ■ ■	■ ■	■ ■ ■ DAT ⏻	F C U F T	□ ■ CAT	2F ■ ■ □ ■ ■ ■ A	■ ■ □	■ ■ ■ ■ ■ ■ ■ V W	B B F B B B	■ ■ ■ ■
E 2	Bellefontaine, 43311 937-592-0896	Tip Top Towing & Hauling (Citgo) US 33 & US 68 N	■ ■ ■ M	■	□ □ □	■ □	□	F C F	□	■ ■ ■ ■ ■	■ ■ ■	■ V W		■ ■ ■ ■
C 4	Bellevue, 44811 419-483-0517	Speedway #3065 US 20 & OH 4	24 HRS ■ ■ M	■ ■	□ □	■		F C	□ ■	□ □	□ □ □	■ ■ ■ ■ V W	B B F B B	■ ■ ■ ■
F 6	Belmont, 43718 740-782-1601	Two-O-Eight Fuel Plaza (BP) I-70 Exit 208	24 HRS ■ ■ $M	■ ■	□ ■ □	■		F C	■	□ □	□ □ □	■ □ ■ ■ ■ V W	B B B B B B	■ ■ ■ ■
H 6	Belpre, 45714 740-423-7680	The Hartley Starfire 301 Washington Blvd	■ ■ ■		□ □ □	■ □ □ □	□		□ ■				B	■ ■
F 4	Berkshire, 43074 740-965-5540	Pilot Travel Center #014 I-71 Exit 131 (US 36)	24 HRS ■ ■ M	■ ■	□ ■ ■ ■ □	■ □	■ ■ DAT ⏻	F C T	■ CAT	□ □ □	□ □ □	■ ■ ■ ■ ■ ■ V W	B B F B B B	■ ■ ■ ■
F 4	Berkshire, 43074 740-965-9835	Flying J Travel Plaza #05028 I-71 Exit 131 (US 36)	Flying J 24 HRS ■ ■ ■ XL	■ ■	24 HRS ■ ■ □	■ ■	■ ■ ■ ■ Flying J Flying J Flying J	U F T	■ ■ Flying J	□ □ □ □ □ □ □	□ □ □	■ ■ ■ ■ V W	B B B B	■ ■ ■ ■
D 2	Bluffton, 45817 419-358-0152	District Petroleum (BP) I-75 Exit 142 (Hwy 103)	24 HRS ■ ■		□ ■ □	■		F	■	□ □ □ □	□ □ □	■ V W	B F	■ ■ ■
C 2	Bowling Green, 43402 419-352-0534	Barney's Convenience Mart (Citgo) OH 25 (1 mi N of US 6)	24 HRS ■ ■ ■ S		□ □ □	■ □ □	□		□ ■			■ □ ■ ■ ■ V W	B F	■ ■ ■
C 3	Bradner, 43406 419-288-2733	Fuel Mart #767 US 6 & US 23	24 HRS ■ ■ S	■ ■	■	■ □ ■ ■	□	F C	□ ■ CAT	□ □	□ □ □	■ □ ■ ■ ■	B B B B B B	■ ■ ■ ■
C 5	Broadview Heights, 44147 440-717-9658	Towpath Plaza (Sunoco) I-80 (OHTP) MM 170 EB	24 HRS ■ ■ M	■ ■	■	■	■ ■ ■		■		□ □ □	■ ■ ■ V W	B B B	■ ■ ■
C 5	Broadview Heights, 44147 440-717-9530	Great Lakes Plaza (Sunoco) I-80 (OHTP) MM 170 WB	24 HRS ■ ■ M	■	■	■	■ ■ ■		■		□ □ □	■ ■ ■ V W	B B B	■ ■ ■
F 1	Brookville, 45309 937-833-4680	Speedway #1219 I-70 Exit 21	24 HRS ■ ■		□ □ □ ■	■ □ □	□		■			■ ■ ■ ■ ■ V W	B B F B	■ ■ ■

THE TRUCKER'S FRIEND® - OHIO

How to interpret the page

■ means available at truck stop □ means available nearby

in the overnight lot column:
- S means room for 5 - 24 trucks
- M means room for 25-74 trucks
- L means room for 85-149 trucks
- XL means room for 150+ trucks
- $ means a parking fee may be charged

code at left-hand side of rows is the state map grid reference

a key to advertising logos is on page 25

Services may change without notice. When in doubt, call ahead.

Column groups: Driver Services (Motor Fuel: Truck Diesel, Self Service Diesel, Metered Propane, Gasoline; Parking: Overnight Lot ($), Paved Lot, Trailer Drop, Electric Plug-ins, Safe Haven/Hazmat; Food: Restaurant, Fast Food, Table Phones; Stores: Motel, Convenience, Trucker/Travel, Shopping Center, Walmart/Kmart, Grocery; Showers: Ladies, Men's, TV/Drivers Lounge, Laundry; Communication: Load Monitor, Internet Kiosk, Wi-Fi Hotspots, Document Scanning, Public Fax/Copier, UPS/FedEx/Trippak Box) – Vehicle Services (Scales: Religious Services, State Lottery, Platform, Certified; Tires: Axle, Repairs, New Tire Sales; Repairs: Shop Open 24 Hrs, DOT Inspection, Major Repairs, Minor Repairs, Oil Change/Lube; Road Svcs: Minor Welding, AC/Reefer, Tire; Wash: CB, Mechanical, Truck (Exterior), Trailer Washout, Towing) – RV Info (RVs Welcome, Dumping Station, Propane (Bottle)) – Financial Services (ATM, Can Wire Money Out, Money Orders, Natso Check-Link, Western Union, Wright Express, Comdata (Comchek), Voyager; C=Checks, F=Fuel Cards, B=Both) – Permit Svcs (EFS, Fuel Man, Multi Service) – Credit Cards (TCH, T-Chek, Fleet One, Buy/Pay at Fuel Desk, All Prepaid Permit Svcs, American Express, Visa/Mastercard, Discover)

Grid	Location / Phone	Truck Stop / Address	Fuel & Parking	Food	Stores	Showers	Communication	Scales	Tires	Repairs / Road Svcs	Wash	RV Info	Financial Services	Permit Svcs	Credit Cards
C 1	Bryan, 43506 419-636-0523	Bryan Fuel Stop (Sunoco) US 6 E & CR 15 (1 mi E of US 127)	■ ■ ■	M ■ ■	□ ■ ■ □ ■	□ □ □ ■ ■		F C	□ ■	□ □ □ □ □ □	□ □ □		■ ■ V W	B B F B B	B B ■ ■ ■ ■
F 4	Buckeye Lake, 43008 740-928-3906	Duke Travel Plaza (BP) I-70 Exit 129 A (OH 79 S)	24 HRS ■ ■	XL ■ ■ ■	24 HRS ■ ■ ■ ■ ■	□ ■ ■ ■ ■	DAT ⏻	U F C T	□ ■ ■ ■ ■	■ ■ ■ ■ ■ ■ ■ ■	A R □ ■ ■ □	□ □	■ □ ■ ■ ■ ■ ■ V W	B B F B B	B B ■ ■ ■ ■ ■
F 4	Buckeye Lake, 43025 740-928-9501	SuperAmerica #9385 I-70 Exit 129 B (OH 79 N)	24 HRS ■ ■		□ □ □ ■	□ □ □			□ □ ■	□ □ □ □ □ □ □ □ □	□ □ □		□ ■ ■ ■ V W	B	B ■ ■ ■
D 3	Bucyrus, 44820 419-563-0777	Country Star Sunoco US 30 & OH 4	24 HRS ■ ■	M ■	□ ■ ■ □ ■	□ □		F C F	□ ■				■ ■ ■ W	B B F B	B ■ ■ ■
D 5	Burbank, 44214 330-948-4571	Pilot Travel Center #287 I-71 Exit 204 (OH 83)	24 HRS ■ ■	L ■	□ ■ ■ □ ■ ■	□ □ ■	DAT ⏻	F C T	□ ■ CAT	□ □ □ □ □ □ □ □ □	□ □ □		■ ■ ■ ■ V W	B B F B	B B ■ ■ ■ ■
G 6	Caldwell, 43724 740-732-5656	Pilot Travel Center #309 I-77 Exit 25 (OH 78)	24 HRS ■ ■	M ■ ■	□ □ □ ■	□ ■ ■ ■ □	DAT ⏻	U F C T	□ ■ CAT	□ □ □ □ □ □ □	□ □ □		■ ■ ■ ■ ■ ■ ■ V W	B B F B	B B ■ ■ ■ ■
F 6	Cambridge, 43725 740-439-0989	Pilot Travel Center #006 I-70 Exit 178 (OH 209)	24 HRS ■ ■	S ■ ■	□ ■ ■ □ ■ ■	□ □ □ ■ ■ ■ □	DAT ⏻	U F C T	□ ■ CAT		□ □ □		■ □ ■ ■ ■ ■ ■ ■ V W	B B F B	B B ■ ■ ■ ■
F 6	Cambridge, 43725 740-432-4944	Fuel Mart #708 (Ashland) I-77 Exit 46 A NB/46 SB (1504 US 40)	■ ■		□ □ ■	□ □ □				□ □	□ □ □				■ ■ ■
D 6	Canton, 44706 330-484-8400	77 Gulliver's Travel Plaza (Citgo) I-77 Exit 101	24 HRS ■ ■	XL ■ ■	□ ■ □ ■	■ ■ □ □ ■ ■ ■	■	U F C T	□ ■ ■ ■ ■	□ □ □ □ □ □ □ □ ■	□ □ □ □ □	□ □	■ ■ ■ V W	B B F B B	B B ■ ■ ■ ■
D 6	Canton, 44706 330-477-2981	Speedway #9400 US 30-62 & Raff Rd (N to Southway)	24 HRS ■ ■	S ■ ■	□ □ ■	□ □			□ □ ■	□ □ □ □ □	□ □		■ ■ ■ V W	B B F	B B ■ ■ ■
C 1	Cecil, 45821 419-899-4291	Vagabond Village (Marathon) US 24 & OH 127 (12 mi W of Defiance)	■ ■ ■	M ■ ■ ■	24 HRS	■		F C	■		□ □ □		■ ■ V W	B B B	B ■ ■ ■ ■
E 4	Chesterville, 43317 419-768-3359	Mt Gilead Truck Plaza (Duke) I-71 Exit 151 (OH 95)	24 HRS ■ ■	M ■ ■	24 HRS ■ ■ □ ■	■ ■ ■ ■	DAT ■	F C T	■	■ ■ ■ ■ ■ ■ ■ ■	■ ■ ■		■ □ ■ ■ ■ ■ V W	B B F B B	B B ■ ■ ■ ■ ■
H 1	Cincinnati, 45217 513-242-9322	Vine Street Sunoco 5534 Vine St	■ ■ ■		□ □ □ ■	□ □			□ ■	□	□ □ □		W	F	■ ■ ■
H 1	Cincinnati, 45203 513-421-7900	Skurow Brothers (Marathon) I-75 Exit 1 A (US 50 W to 700 Dalton)	■ ■ ■		□ □ □ ■			F C	■	□ □ □ □ □			■ V W	B B F	B B ■ ■ ■
H 1	Cincinnati, 45215 513-821-7183	Lockland Marathon I-75 Exit 12 (100 S Cooper)	■ ■ ■		□ ■ □ ■	□			□ ■	□ □ □ □	□ □ □		■ ■ W	F	■ ■ ■
G 3	Circleville, 43113 740-474-9988	The Goody-Nook (BP) 2512 US 22 W & OH 104	■ ■ ■	S ■	■ ■	■			□ ■	□ □	□ □ □		■ ■ V W	B	B ■ ■
G 3	Circleville, 43113 740-420-8942	Pilot Travel Center #008 25600 US 23 (3.5 mi S of US 22)	24 HRS ■ ■	M ■ ■	□ ■ ■ □ ■ ■	□ □ □ ■ ■ □	DAT ⏻ ■	U F C T	□ ■ CAT	□	□ □ □		■ □ ■ ■ ■ ■ ■ ■ V W	B B F B	B B ■ ■ ■ ■ ■
C 6	Cleveland, 44113 216-566-9070	Seaway Gas & Petroleum (Sunoco) 1690 Columbus Rd	■ ■ ■		□ □ ■		□		■				■	B	B ■ ■ ■
C 6	Cleveland, 44115 216-861-7511	United Truck Stop I-77 Exit 161 (Broadway NW to Transport)	■ ■ ■	L ■ ■	■	■ ■ ■ ■ ■ ■	DAT	F C T	CAT	■ ■ ■ ■ ■ ■ ■ ■	■ ■ □	□ □ □	■	B B B	B C ■ ■ ■ ■
C 6	Cleveland, 44119 216-692-2234	Marathon Mart I-90 Exit 182 A (E 185th St)	24 HRS ■ ■		□ □ □ ■	□			□ ■	□ □ □ □ □			■ ■ V W	B B F	B ■ ■ ■
H 1	Cleves, 45002 513-353-2198	G&R Market (Marathon) I-275 Exit 7 (OH 128, 1 mi S)	■ ■ ■		■	□			□ □ ■	□ □			□ ■ ■ V W		F ■ ■ ■
C 4	Clyde, 43410 419-547-8585	Commodore Perry Plaza #7112 (Sunoco) I-80-90 (OHTP) MM 100 EB	24 HRS ■ ■	L ■	■ ■ ■	■ ■ ■ ■			■		□ □ □		■ V W	B B	B ■ ■ ■
C 4	Clyde, 43410 419-547-6355	Erie Islands Plaza #7111 (Sunoco) I-80-90 (OHTP) MM 100 WB	24 HRS ■ ■	XL ■ ■	24 HRS ■ ■	■ ■ ■ ■			■	□ □ □	□ □ □		■ ■ V W	B B	C ■ ■ ■
I 4	Coal Grove, 45638 740-532-7231	Jim's Mart (Gulf) 125 US 52 & OH 243 W	■ ■ ■		□ □ ■	□ □			□ ■ □ □ □	□ □ □ □ □ □	□ □ □		■ ■ ■ ■ V W	F	F ■ ■ ■
I 4	Coal Grove, 45638 740-532-0811	Speedway #9266 202 US 52 & OH 243	24 HRS ■ ■	M ■ ■	24 HRS □ ■	□		F C	□ ■	□ □ □ □ □ □ □	□ □ □ □ □		■ ■ ■ ■ V W	B B	B B ■ ■ ■ ■
D 7	Columbiana, 44408 330-482-0207	M&S Truck Stop #2 44952 OH 14 & OH 7	24 HRS ■ ■	M ■ ■	24 HRS □ ■	■ □	■ □	F C	□	□ □ □	□ □ □		■ □ V W	B B B B	B B ■ ■ ■ ■
F 3	Columbus, 43204 614-308-9195	Pilot Travel Center #213 I-70 Exit 94 (Wilson Rd)	24 HRS ■ ■	L ■	□ ■ ■ □ ■	□ □ ■ ■	DAT ⏻ ■	U F C T	■ CAT	□ □ □ □ □ □ □ □	□ □ □		■ ■ ■ ■ ■ ■ V W	B B F B	B B ■ ■ ■ ■
H 5	Coolville, 45723 740-667-6100	Cool Spot Truck Stop (BP) 25780 OH 7	24 HRS ■ ■ ■ ■	$ L ■ ■	■ ■ □ ■	■ ■ □ □	□	F C	□ ■ □ □ □ □			□	■ ■ ■ ■ V W	B B B	B B ■ ■ ■ ■

THE TRUCKER'S FRIEND® - OHIO

How to interpret the page

■ means available at truck stop □ means available nearby

in the overnight lot column:
- S means room for 5 - 24 trucks
- M means room for 25-74 trucks
- L means room for 85-149 trucks
- XL means room for 150+ trucks
- $ means a parking fee may be charged

code at left-hand side of rows is the state map grid reference
a key to advertising logos is on page 25

Services may change without notice. When in doubt, call ahead.

Column groups: Driver Services — Motor Fuel (Truck Diesel, Self Service Diesel, Metered Propane, Gasoline); Parking (Overnight Lot ($), Paved Lot, Trailer Drop, Electric Plug-ins, Safe Haven/Hazmat); Food (Restaurant, Fast Food, Table Phones); Stores (Motel, Convenience, Trucker/Travel, Shopping Center); Showers (Walmart/Kmart, Grocery, Ladies, Men's); Communications (TV/Drivers Lounge, Laundry, Load Monitor, Internet Kiosk, Wi-Fi Hotspots, Document Scanning, Public Fax/Copier, UPS/FedEx/Tripak Box, Religious Services, State Lottery). Vehicle Services — Scales (Axle, Platform, Certified); Tires (Repairs, New Tire Sales); Repairs (Shop Open 24 Hrs, DOT Inspection, Major Repairs, Minor Repairs); Road Svcs (Oil Change/Lube, Minor Welding, AC/Reefer); Wash (CB, Tire, Mechanical, Towing, Truck (Exterior), Trailer Washout). RV Info (RVs Welcome, Dumping Station, Propane (Bottle)). Financial Services (ATM, Can Wire Money Out, Money Orders, NATSO Check-Link, Western Union, Voyager/Wright Express, Comdata/Comchek, EFS, Fuel Man, Multi Service, TCH, T-Chek, Fleet One). C=Checks, F=Fuel Cards, B=Both. Permit Svcs (Buy/Pay at Fuel Desk, All Prepaid Permit Svcs). Credit Cards (American Express, Visa/Mastercard, Discover).

Grid	Location / Phone	Truck Stop / Address	Fuel & Parking	Food / Stores / Showers	Communications	Scales / Tires / Repairs	Road Svcs / Wash / RV	Financial	Permit / Credit Cards
F 5	Coshocton, 43812 740-622-1199	Hahn's Quick Mart (Citgo) US 36 & CR 621	24HRS ■ ■	□ □ □ ■	□ □ □ □	C □ ■ □ □ □ □ □	□ □ □ □ □ □ □ □	■ ■ ■ V W	B C B B ■ ■ ■
E 1	Cridersville, 45806 419-645-4197	Fuel Mart #782 I-75 Exit 118 (OH 25)	24HRS ■ ■	□ ■ □ ■	□ ■ ■ □	F C □ ■		■ ■	B B B B B B ■ ■ ■ ■
D 5	Dalton, 44618 330-828-2950	Fuel Mart #703 US 30 & OH 94	24HRS ■ ■	□ □ □ ■	□ □	□ ■	□ □ □	■ ■	B B B B B B ■ ■ ■
F 1	Dayton, 45404 937-223-7635	True North Energy #704 (Shell) I-75 Exit 56 A	24HRS ■ ■	□ □ □ ■	□ □ □	U □ ■ □ □	□ □ □ □ □ □ □	■ ■ V W	B B F B ■ ■ ■
B 2	Delta, 43515 419-822-8459	Country Corral (Citgo) I-80-90 (OHTP) Exit 39 (OH 109)	24HRS ■ ■ M	■ ■ ■	■ ■ ■	F C	□ □ □	■ ■ W	B F B B B ■ ■ ■ ■
D 5	Doylestown, 44230 330-658-5235	Gas & Oil OH 21 & Edwards Rd	■ ■ ■	■		■	□ □ □	■ V	B ■ ■ ■
F 1	Eaton, 45320 937-456-5521	TravelCenters of America/Dayton (BP) I-70 Exit 10 (US 127 N) (TA)	24HRS ■ ■ XL ■	24HRS ■ ■ □ ■ ■	■ ■ ■ ■ DAT TA	F C T F ■ CAT [logo] F	■ ■ ■ ■ ■ ■ A □ ■ ■ □	■ ■ ■ ■ ■ V W	B B B B B ■ ■ ■ ■
F 1	Eaton, 45320 937-456-6303	Pilot Travel Center #286 I-70 Exit 10 (US 127)	24HRS ■ ■ M ■ ■	□ ■ ■ □ ■ ■	■ ■ ■ DAT [logo]	F C U T □ ■ CAT □ □	□ □ □ □ □ □ □ □ □ □	■ ■ ■ ■ ■ V W	B B F B B B ■ ■ ■ ■
C 5	Elyria, 44039 440-327-4025	A&C Food Mart #2 (Citgo) US 20 (39479 Center Ridge Rd)	■ ■	□ □ □ ■ □ □	□	□ ■ □ □	□ □ □	V W	C F B ■ ■ ■
G 1	Fairfield, 45014 513-874-8656	Site Stores #102 6477 OH 4	24HRS ■ ■	□ □ □ ■	□	□ ■ □ □	□ □	■ ■ ■	F ■ ■
B 2	Fayette, 43521 419-237-2567	R&H Restaurant & Repp Oil (Sunoco) 414 US 20 E	■ ■ ■ M ■ ■	■ ■ □		F C □ ■	□ □ □	■ ■ W	B B B B B ■ ■ ■ ■
B 2	Fayette, 43521 419-452-6609	US 20 Main Stop (Citgo) US 20 & OH 108	■ ■ ■	■		■		■ ■ V W	■ ■ ■
D 2	Findlay, 45840 419-423-8982	Highway Travel Center I-75 Exit 157 (OH 12)	24HRS ■ ■ XL ■ ■ ■	24HRS ■ ■ □ ■ ■ □ □ □	■ ■ ■ ■	F C F □ □ □	□ □ □ □ □ □ □ □ □ □ □ □ □	■ ■ V W	B B F B B B B ■ ■ ■ ■
D 2	Findlay, 45840 419-422-1808	Fuel Mart #627 I-75 Exit 158 (100 Crystal Ave)	■ ■ ■	□ □ □ ■		C □ ■ □ □		■ ■ ■	■ ■ ■
G 1	Franklin, 45005 937-746-4488	Pilot Travel Center #009 I-75 Exit 36 (OH 123)	24HRS ■ ■ XL ■ ■	■ ■ ■	■ ■ ■ DAT [logo]	F C U F T □ ■ CAT □ □	■ □ □ □ ■	■ ■ ■ ■ ■ ■ ■ V W	B B F B B B ■ ■ ■ ■
C 3	Fremont, 43420 419-332-3860	BP # 137 I-80-90 (OHTP) Exit 91 (OH 53)	24HRS ■ ■ S ■ ■	□ □ □ ■ □ □	□	□ ■ □ □	□ □ □ □ □ □	■ V W	B B F B B B B ■ ■ ■
I 5	Gallipolis, 45631 740-446-9459	Little John's Food Center #7 (Citgo) US 35 & OH 7	■ ■ ■	□ □ □ ■ □ □ □		F C □ ■		■ ■ V W	B F C ■ ■ ■ ■ ■
B 7	Geneva, 44041 440-466-4790	Geneva Truck Stop #227 (Kwik Fill) I-90 Exit 218 (OH 534)	24HRS ■ M ■	□ ■ □ ■	■ ■	F C □ ■ ■ ■ ■ □ □	□ □ □ □ □ □ □ □ □ ■ □	■ ■ V W	B B B B B B ■ ■ ■ ■
C 3	Gibsonburg, 43431 419-862-3421	Fuel Mart #625 4541 US 20	24HRS ■ ■ S ■	■ ■ □	■ ■	F C ■	□ □ □	■ ■ ■	B B B B B B ■ ■ ■ ■
C 7	Girard, 44420 330-530-8500	Pilot Travel Center #281 I-80 Exit 226 (Salt Spring Rd)	24HRS ■ ■ M ■	□ ■ ■ ■	■ ■ ■ DAT [logo]	F C U F T □ ■ CAT □ □	□ □ □ □ □ □ □ □ □ □ □ □	■ ■ ■ ■ ■ V W	B B F B B B ■ ■ ■ ■
C 7	Girard, 44420 330-544-6400	Petro Stopping Center #20 (Mobil) I-80 Exit 226 (Salt Spring Rd) (PETRO)	24HRS ■ ■ XL ■ ■	24HRS □ ■ ■ ■	□ ■ ■ ■ DAT [logo]	F C U F T ■ ■ CAT [logo] F	■ ■ ■ ■ ■ A ■ ■ □ ■ ■	■ V W	B B B B B ■ ■ ■ ■
C 7	Girard, 44420 330-530-4024	Mr Fuel #5 I-80 Exit 226 (Salt Spring Rd)	24HRS ■ ■ L ■ ■ ■	24HRS □ □ ■ □ □	■ ■ ■ □ DAT	F C U F □ ■ ■ ■ ■ □ □	□ □ □ □ □ □ □ □ □ □ □	■ ■ W	B B F B B B B ■ ■ ■ ■
F 3	Grove City, 43123 614-871-4227	Speedway #1231 I-71 Exit 100	24HRS ■ ■	□ □ □ ■ □ □	□	□ ■		■ ■ ■ V W	■ ■ ■
D 6	Hanoverton, 44423 330-223-1013	Papa Joe's One Stop US 30 & OH 9	■ ■	□ ■ ■ □ □		F C U F □	□ □		B ■ ■ ■
G 1	Harrison, 45030 513-202-9333	74 Fuel Stop (Shell) I-74 Exit 3	24HRS ■ ■ S ■	□ ■ □ ■ □ □ □	□	F C □ □ ■ □	□ □ □ □ □ □ □ □	■ ■ ■ ■ V W	B C B B ■ ■ ■ ■
F 4	Hebron, 43025 740-928-0616	Certified #423 (Citgo) I-70 Exit 126 (OH 37 NW)	24HRS ■ ■ ■	□ ■ □ ■		F C ■ □ □ □ □	□ □ □ □ □ □ □	■ ■ V W	B B F B B B B ■ ■ ■
F 4	Hebron, 43025 740-467-2900	TravelCenters of America (BP) I-70 Exit 126 (OH 37) (TA)	24HRS ■ ■ XL ■ ■	24HRS ■ ■ □ ■ ■	■ ■ ■ ■ DAT TA	F C U F T ■ CAT [logo] F ■	■ ■ ■ A R ■ ■ ■ □ □ □ ■	■ ■ V W	B B B B B ■ ■ ■ ■
F 4	Hebron, 43025 740-928-5588	Pilot Travel Center #285 I-70 Exit 126 (OH 37)	24HRS ■ ■ M ■	□ ■ ■ □ ■ ■	■ ■ □ DAT [logo]	F C U T □ ■ CAT □ □	□ □ □ □ □ □ □ □ □ □ □	■ ■ ■ ■ ■ V W	B B F B B B ■ ■ ■ ■

THE TRUCKER'S FRIEND® - OHIO

How to interpret the page

■ means available at truck stop □ means available nearby

In the overnight lot column:
S means room for 5 - 24 trucks
M means room for 25-74 trucks
L means room for 85-149 trucks
XL means room for 150+ trucks
$ means a parking fee may be charged

code at left-hand side of rows is the state map grid reference
a key to advertising logos is on page 25

Services may change without notice. When in doubt, call ahead.

Driver Services: MOTOR FUEL (Truck Diesel, Self Service Diesel, Metered Propane, Gasoline); PARKING (Overnight Lot ($), Paved Lot, Trailer Drop, Electric Plug-Ins, Safe Haven/Hazmat); FOOD (Restaurant, Fast Food, Table Phones, Motel); STORES (Convenience, Trucker/Travel, Shopping Center, Walmart/Kmart, Grocery); SHOWERS (Ladies', Men's); COMMUNICATION (TV/Drivers Lounge, Laundry, Load Monitor, Internet Kiosk, Wi-Fi Hotspots, Document Scanning, Public Fax/Copier, UPS/FedEx/TripPak Box, Religious Services, State Lottery)
Vehicle Services: SCALES (Axle, Platform, Certified); TIRES (Repairs, New Tire Sales); REPAIRS (Shop Open 24 Hrs, DOT Inspection, Major Repairs, Minor Repairs, Oil Change/Lube, Minor Welding, AC/Reefer); ROAD SVCS (CB, Tire, Mechanical, Towing); WASH (Truck (Exterior), Trailer Washout)
RV Info: RVs Welcome, Dumping Station, Propane (Bottle)
Financial Services: ATM, Can Wire Money Out, Money Orders, NATSO Check-Link, Western Union, Wright Express, Comdata (Comchek), Voyager (C=Checks, F=Fuel Cards, B=Both)
Permit Svcs: EFS, Fuel Man, Multi Service, TCH, T-Chek, Fleet One, Buy/Pay at Fuel Desk, All Prepaid Permit Svcs
Credit Cards: American Express, Visa/Mastercard, Discover

Map	Location / Phone	Truck Stop / Address	Logo	Motor Fuel	Parking	Parking	Food	Stores	Stores	Showers	Communication	Communication	Communication	Communication	Scales	Tires	Repairs	Repairs	Repairs	Road Svcs	Wash	RV Info	Financial Services	Financial Services	Financial Services	Permit Svcs	Permit Svcs	Credit Cards
F 4	Hebron, 43025 740-467-2818	Truckomat I-70 Exit 126 (OH 37)		24HRS ■ ■	S		□ □ □	■		■ ■	□		F C □	□	CAT	□ □	□	□ □ □	□ □	□ □ □	■ ■	□	■		B B	B. B	B	■ ■ ■ ■
F 6	Hendrysburg, 43713 740-758-5390	U-Save Food Mart I-70 Exit 202 (OH 800)		■ ■ ■				■															■		C			■
B 1	Holiday City, 43543 419-485-4853	Hutch's Karrie Out (Marathon) I-80-90 (OHTP) Exit 13 (OH 15 S)		■ ■ ■			□ □	■					F C	□ ■		■ ■		■ ■		■ ■ ■		■	■	W	C			■ ■ ■ ■
B 1	Holiday City, 43543 419-485-4009	Stop-N-Go (Sunoco) I-80-90 (OHTP) Exit 13 (OH 15)		■ ■ ■	S ■		□ □	■						■		□ □	□	□ □ □	□ □	□ □ □		■	■	V W	B B	F B		■ ■ ■
B 2	Holland, 43528 419-866-4386	Fuel Mart #760 OH 2 (W of I-475 Exit 8)		24HRS ■ ■			□ □	■					C	□ ■								■	■ ■		B	B	B B	■ ■ ■
C 7	Hubbard, 44425 330-534-8166	Truck World (Shell) I-80 Exit 234 WB/234 B EB (OH 7/US 62 N)		24HRS ■ ■	XL ■ ■		24HRS ■ ■ ■	■ ■	□	■ ■	■	DAT ■	F C U F T	□ ■	■ ■ ■	■ ■	■ ■	■ ■ ■	■ R ■	■ ■ ■	■ ■	■ □	■	■ V W	B B	F B B	B B	■ ■ ■ ■ ■
C 7	Hubbard, 44425 330-534-3774	Flying J Travel Plaza #05112 I-80 Exit 234 WB/234 B EB		24HRS ■ ■ ■	XL ■ ■		24HRS ■ ■	■ ■	□	■ ■	■ ■	■	F C U F T	□ ■		□ □		□ □	□	□ □ □	□ □	■ ■ ■	■	V W	B	B B	B	■ ■ ■ ■
H 4	Jackson, 45640 740-286-5574	Jackson BP AL 32 (W of US 35 S)		24HRS ■ ■	S ■ ■		□ ■ □	■	□ □ □		□		F C	□ ■	□ □ □	□ □	□	□ □ □	□	□ □ □		■ ■		V W	B B	F B	B B	■ ■ ■ ■
H 4	Jackson, 45640 740-286-1288	A&A Truckstop (Citgo) US 35 & CR 41 South		24HRS ■ ■	XL ■ ■		24HRS □ ■ □	■ ■	□ □ □	■ ■	■ ■		F C T	□	CAT	B F	■ ■	■ ■ ■	■ A R	■ ■ □	■ ■	■ □	■	V W	B B	B B	B B	■ ■ ■ ■
G 2	Jeffersonville, 43128 740-948-2365	TravelCenters of America (BP) I-71 Exit 65 (US 35 E)	TA	24HRS ■ ■	XL ■ ■		24HRS ■ ■ □	■ ■	□	■ ■	■ ■	DAT ■ TA ■	F C U F T	□	CAT	B F	■	■ ■	■ A R □	■ ■ □		■	■ ■	■ ■ V W	B B	B	B B	■ ■ ■ ■
G 2	Jeffersonville, 43128 740-948-2572	True North #757 I-71 Exit 65 (US 35)		24HRS ■ ■	S ■		□ ■ □	■	□		□		□	□ ■	□	□		□ □	□	□ □ □		■ □	■ ■	W	B C	F B	B	■ ■ ■
G 2	Jeffersonville, 43128 740-426-9136	Flying J Travel Plaza #05046 I-71 Exit 69 (OH 41)		24HRS ■ ■ ■	L ■ ■		24HRS ■ ■ □	■ ■	□ □	■ ■	■ ■	■	F C U F T	□		□ □		□ □	□	□ □ □		■ ■ ■	■	V W	B	B B	B	■ ■ ■ ■
E 2	Kenton, 43326 419-675-2244	Fuel Mart #626 302 OH 68 S (S of OH 309)		■ ■ ■			□ □ □	■	□ □ □		□		C □	□ ■				□		□ □		□	■		C			■ ■ ■
E 2	Kenton, 43326 419-675-6249	Kenton Marathon 960 US 68 S		■ ■ ■			■ ■ □	■	□ □		□			□ ■								■	■	V W				■ ■ ■
B 7	Kingsville, 44048 440-224-2035	TravelCenters of America (BP) I-90 Exit 235 (OH 193 S)	TA	24HRS ■ ■	L ■ ■		24HRS ■ ■ □	■ ■	□	■ ■	■ ■	DAT ■ TA ■	F C U F T	□	CAT	B F	■ ■	■ ■ ■	■ A R □	■ ■ ■		■	■ ■	■ ■ V W	B B	F B	B B	■ ■ ■ ■
B 7	Kingsville, 44048 440-224-2264	Speedway #3536 I-90 Exit 235 (OH 193)		24HRS ■ ■	M ■ ■		□ ■ ■ □	■ ■					F □	□ ■	□ □ □	□ □	□	□ □ □	□	□ □ □		■ □	■ ■	■ V W	B B	F	B	■ ■ ■ ■
F 4	Kirkersville, 43046 740-964-9601	Flying J Travel Plaza #05030 I-70 Exit 122 (OH 158)		24HRS ■ ■ ■	XL ■ ■		24HRS ■ ■	■ ■	□	■ ■	■ ■	■	F C U F T	□ ■						□ □ □		■ ■ ■	■	V W	B	B B	B	■ ■ ■ ■
G 4	Lancaster, 43130 740-687-1546	33 Shop Quick & Carry (Sunoco) 4320 Logan Lancaster Rd		■ ■ ■			■	■						■								■	■ ■	V W	B B		B	■ ■ ■
C 7	Leavittsburg, 44430 330-898-7505	Short Stop Truck Plaza (Marathon) OH 5 (2.5 E of I-80 Exit 209)		24HRS ■ ■	L ■ ■	■	24HRS □ □	■ ■	□ □ □	■ ■	■ ■		F C U F T	□ ■	CAT	■ ■	■ ■	■ ■ ■	■ R	■ ■ □		■ ■	■ ■ ■	■ V W	B B	F B B	B B	■ ■ ■ ■
D 2	Lima, 45804 419-221-2262	Speedway #5236 I-75 Exit 122 (OH 65 E)		24HRS ■ ■	S ■		□ □ □	■	□ □ □		□		F C □	□ ■		□ □	□	□ □ □	□	□ □ □		■	■ ■	V W	B		B B	■ ■ ■ ■
D 2	Lima, 45804 419-229-2001	4 Star Party Mart (Shell) I-75 Exit 122 (OH 65 W)		24HRS ■ ■			□ ■ □	■	□ □ □		□		□	□ ■		□ □	□	□ □ □	□	□ □ □		■	■	V W	B	F B	B B	■ ■ ■
D 7	Lisbon, 44432 330-424-9170	Pa Pa's Fuel Stop 7720 OH 45 (1/2 mi N of town)		■ ■ ■			□ □	■	□ □		□		□	□		□ □		□ □	□	□					B B			■ ■ ■
D 5	Lodi, 44254 330-948-1062	Triple O (Marathon) US 224 & 830 OH 421		■ ■ ■ ■			□ □	■	□ □		□			□ ■		□ □						■	■	V W		F		■ ■ ■
F 3	London, 43140 740-852-3810	TravelCenters of America (BP) I-70 Exit 79 (US 42)	TA	24HRS ■ ■	XL ■		24HRS ■ ■ □	■ ■		■ ■	■ ■	DAT ■ TA ■	F C U F T	■	CAT	B F	■ ■	■ ■ ■	□ A □	■ ■ ■	■ ■	■	■ ■	■ ■ V W	B B	F B	B B	■ ■ ■ ■
F 3	London, 43140 614-879-4128	Pilot Travel Center #454 I-70 Exit 79 (US 42)		24HRS ■ ■	L ■		□ ■ ■ □	■ ■		■ ■	■	DAT ■	F C T F	□ ■	CAT	□ □		□ □ □	□ □	□ □ □	□	■ ■ ■	■ ■ ■	■ ■ V W	B B	F B	B B	■ ■ ■ ■
H 3	Lucasville, 45648 740-259-5161	Briar Patch OH 104 & OH 348 (1 mi W of US 23)		24HRS ■ ■			□ □	■	□		□			□ ■						□ □ □		■	■	V W				■ ■ ■
H 2	Macon, 45697 937-695-1352	1st Stop (Sunoco) OH 32 & US 62 N		24HRS ■ ■	S ■		□ □ □	■						□ ■								■	■	V W	B	F B B	B	■ ■ ■
D 4	Mansfield, 44902 419-522-7676	In-N-Out Mart #103 (Citgo) Hwy 13 (1 mi S to Surrey Rd)		■ ■ ■			■	■			□		□	■									■	V W	B C		C	■ ■ ■

THE TRUCKER'S FRIEND® - OHIO

How to interpret the page

■ means available at truck stop □ means available nearby

in the overnight lot column:
S means room for 5 - 24 trucks
M means room for 25-74 trucks
L means room for 85-149 trucks
XL means room for 150+ trucks
$ means a parking fee may be charged

code at left-hand side of rows is the state map grid reference

a key to advertising logos is on page 25

Services may change without notice. When in doubt, call ahead.

Column groups: Driver Services (Motor Fuel: Truck Diesel, Self Service Diesel, Metered Propane, Gasoline; Parking: Overnight Lot ($), Paved Lot, Trailer Drop, Electric Plug-Ins, Safe Haven/Hazmat; Food: Restaurant, Fast Food, Table Phones; Stores: Motel, Convenience, Trucker/Travel, Shopping Center, Walmart/Kmart, Grocery; Showers: Ladies', Men's, TV/Drivers Lounge, Laundry; Communications: Load Monitor, Internet Kiosk, Wi-Fi Hotspots, Document Scanning, Public Fax/Copier, UPS/FedEx/Trippak Box, Religious Services, State Lottery); Vehicle Services (Scales: Axle, Platform, Certified; Tires: Repairs, New Tire Sales; Repairs: Shop Open 24 Hrs, DOT Inspection, Major Repairs, Minor Repairs, Oil Change/Lube, Minor Welding; Road Svcs: AC/Reefer, CB, Tire, Mechanical, Towing; Wash: Truck (Exterior), Trailer Washout); RV Info (RVs Welcome, Dumping Station, Propane (Bottle)); Financial Services (ATM, Can Wire Money Out, Money Orders, NATSO Check-Link, Western Union, Wright Express, Voyager, Comdata (Comchek)); Permit Svcs (EFS, Fuel Man, Multi Service, TCH, T-Chek, Fleet One, Buy/Pay at Fuel Desk, All Prepaid Permit Svcs); Credit Cards (American Express, Visa/Mastercard, Discover). C=Checks, F=Fuel Cards, B=Both

Grid	Location / Phone	Truck Stop / Address	Motor Fuel / Parking	Food	Food	Stores	Showers	Stores	Showers	Communications	Communications	Scales	Tires	Repairs	Repairs	Repairs	Road Svcs	Road Svcs	Wash	RV Info	Financial Services	Financial Services	Financial Services	Permit Svcs	Permit Svcs	Credit Cards	Credit Cards	Credit Cards
C 6	Mantua, 44255 330-298-1596	Brady's Leap Plaza #7116 (Sunoco) I-80 (OHTP) MM 197 EB	24HRS ■ ■	L ■ ■		■ □	■		■ ■	■		F C	■								■ ■	■	V W	B B		B	■	■ ■ ■
C 6	Mantua, 44255 330-298-1582	Portage Plaza #7115 (Sunoco) I-80 (OHTP) MM 197 WB	24HRS ■ ■	M ■ ■		■			■ ■	■			■								■ ■	■	V W	B B	C	B		■ ■ ■
E 4	Marengo, 43334 419-253-1400	Pilot Travel Center #455 I-71 Exit 140 (OH 61)	24HRS ■ ■	M ■ ■		■ ■ ■	■ ■		■ ■	■	DAT [logo] ■	F C T F	■	CAT	□		□	□	□ □ □		■ ■	■ ■	■ ■ V W	B B	F B	B B	■	■ ■ ■
G 6	Marietta, 45750 740-374-9344	Go-Mart #58 I-77 Exit 1 (OH 7)	24HRS ■ ■	S ■ ■		□ ■ ■ □	■	□ □ □	■ ■	□		F C U F	□ ■						□ □ □		■ □	■ ■	V W	B B	B	B B	■	■ ■ ■
G 6	Marietta, 45750 740-373-2676	Miller's AM/PM (BP) I-77 Exit 6 (OH 821)	■ ■ ■ ■				■						□ ■								■	■	V W	B				■ ■ ■
G 6	Marietta, 45750 740-374-8112	Par-Mar Food Store # 7 OH 7 S	■ ■ ■				■					U	■												F			■ ■ ■
E 3	Marion, 43302 740-387-2163	Moto Mart 691 OH 309 W & OH 95	24HRS ■ ■	S ■		□ ■ ■	■			□		F C □	□ ■		□	□	□ □ □	□	□ □ □			■ ■	W	B C		C B	■	■ ■ ■
F 7	Martins Ferry, 43935 740-633-3180	Hanover Fuel Stop (Marathon) 1st & Hanover (SE of OH 7)	■ ■ ■			□ ■	■	□		□		□	□ ■		□ □	□	□ □ □	□ □	□ □ □				V W	B B	F	C		■ ■ ■
D 6	Massillon, 44646 330-879-2744	Speedway #9314 (Marathon) US 30 & OH 21 S	24HRS ■ ■			□ □	■	□ □ □					□ ■								■	■ ■	V W	B B		B B		■ ■ ■
C 2	Maumee, 43537 419-891-9046	Toledo Sunoco #76 I-475 Exit 6 (1 mi E - 552 US 20 Alt)	■ ■ ■			□ □ □	■	□ □ □		□		□	□ ■		□ □		□ □ □		□ □ □			■	V W	B	F			■ ■ ■
C 5	Medina, 44256 330-725-3662	Stop N Go #99 1010 OH 42	■ ■ ■			■ □		□		□		F C	□ ■								■	■ ■		B			■	■ ■ ■
C 5	Medina, 44256 330-725-1475	Stop-N-Go #91 (Citgo) 828 OH 18 (1 mi W of US 42)	24HRS ■ ■ ■	S ■ ■		■ □	■	□ □ □		□		F C □	□ ■		□		□ □ □	□ □ □	□ □ □		□ ■	■ ■	V W	B	C	B B	■	■ ■ ■
E 1	Mercer, 45862 419-363-3376	Motor Inn Auto/Truck Stop (BP) US 127 & US 33	24HRS ■ ■	L ■ ■		■	■				■	F C T	□ ■		□ □		□ □ □	□ □	□ □ □		■ ■	■	V W	B B	B	B B	■	■ ■ ■
D 1	Middle Point, 45863 419-968-2118	Rambler's Roost Restaurant & T/Stop (Citgo) 18191 A Lincoln Hwy (6 mi E of US 127)	24HRS ■ ■	M ■ ■	■	24HRS	■		■ ■		■	F C □	■		□		□ □		□ □ □		■ □ ■	■	V W	B C	F B B	C C	■	■ ■ ■
C 3	Millbury, 43447 419-837-9725	Petro Stopping Center #17 (Mobil) PETRO I-280 Exit 1 B (1 mi N of OHTP Exit 71)	24HRS ■ ■	XL ■ ■		24HRS ■ ■ □	■ ■		■ ■	■ ■	DAT ■ [logo] ■	F C U F T	■	CAT	BF	■ ■	■ ■ ■	■ A □	■ ■ □	■ ■	■	■	V W	B B	B	B B	■	■ ■ ■
C 3	Millbury, 43447 419-837-2100	Flying J Travel Plaza #05450 [logo] I-280 Exit 1 B (1 mi N of OHTP Exit 71)	24HRS ■ ■ ■	XL ■ ■		24HRS ■ ■ □	■ ■	□	■ ■	■ ■	[logo] ■ [logo] [logo]	F C U F T	□ ■	[logo]	□ □	□	□ □ □	□ □	□ □ □	□ □	■ ■ ■	■	V W	B	B B	B	■	■ ■ ■
C 3	Millbury, 43447 419-836-4040	Sunoco Fuel Stop #7613 I-280 Exit 2 (OH 795 W)	24HRS ■ ■	M ■ ■		□ ■ □	■	□ □		□	DAT	F C	□ ■	□ □ □	□ □		□		□ □ □	□	■ ■	■ ■	V W	B B	F B	B B	■	■ ■ ■
G 1	Monroe, 45050 513-539-7700	Stony Ridge Travel Center I-75 Exit 29 (OH 63 E)	24HRS ■	XL ■ ■		24HRS □ ■ ■	■ ■	□ □ □	■ ■	■ ■	DAT ■	F C U F	■	CAT	□ □		□ □ □	□ □ □	□ □ □	□ □	■	■		B B	B	B B	■	■ ■ ■
G 1	Monroe, 45050 513-539-9428	Monroe Marathon I-75 Exit 29 (OH 63)	24HRS ■ ■			□ ■ □	■			□		F C □	■	□ □ □	□ □	□	□ □ □	□	□ □ □			■	V W	B B	F	B	■	■ ■ ■
C 4	Monroeville, 44847 419-465-4449	In-N-Out Mart #211 (Citgo) 150 US 20	■ ■ ■	L ■ ■		□ ■ ■	■		■ ■			F C U F T	□ ■	CAT	□ □		□ □ □	□ □	□ □ □	□	■	■	V W	B C	B	B	■	■ ■ ■
D 5	Mount Eaton, 44659 330-359-5888	Fuel Mart #709 US 250	■ ■ ■			□	■	□				C	□ ■								■	■						■ ■ ■
E 2	Mount Victory, 43340 937-354-2681	Mt Victory Service Plaza (Citgo) OH 31 S (1/2 mi S of town)	■ ■ ■	M ■ ■		■ □	■					F C	□	□ □ □							■ ■ ■	■	V W	C B		C	■	■ ■ ■
C 2	Napoleon, 43545 419-599-0065	Fuel King Travel Center US 6-24 Bypass & CR 12 (Industrial Dr)	24HRS ■ ■	L ■ ■	■	24HRS ■ ■ ■	■ ■	□ □ □	■ ■	■ ■	DAT ■ ■	F C U F T	□ ■	CAT	■ ■	■	■ ■ ■	■ A R □	■ ■ □	■ ■	■ □	■	V W	B B	B B	B B	■	■ ■ ■
G 5	Nelsonville, 45764 740-753-4774	Little John's Food Center #20 (Exxon) US 33 (1 mi N of Hwy 691)	■ ■ ■			□ □	■						■				□ □ □		□		■	■	V W	B	F			■ ■ ■
F 3	New California, 43040 614-873-4855	The Village Mart Marathon US 33 & US 42	■ ■ ■	S		■ □	■					F C	□ ■						□ □ □		■ ■	■	V W	B			■	■ ■ ■
F 5	New Concord, 43762 740-826-7166	Fuel Mart #706 I-70 Exit 169 (OH 83 - 1 mi N to US 40)	24HRS ■ ■			□	■	□		□			□ ■		□ □		□ □ □	□ □	□ □ □			■		C		C		■ ■ ■
D 4	New Haven, 44850 419-933-2095	Friendship Marathon US 224 & OH 61	24HRS ■ ■	S ■		□ ■ □	■	□ □		□		F C □	□ ■						□ □ □		■ ■	■	V W	B B	F B B	B B		■ ■ ■
F 1	New Paris, 45347 937-437-8593	Petro Stopping Center #57 PETRO I-70 IN Exit 156 B (US 40)	24HRS ■ ■	XL ■ ■		24HRS ■ ■ □	■ ■	□ □	■ ■	■ ■	DAT ■ [logo]	F C U F T	□	■ ■ ■	BF	■ ■	□ ■ ■	■ R ■	■ ■ ■	■ ■	■ □	■ ■ ■	■ ■ V W	B B	B	B B	■ ■	■ ■ ■

THE TRUCKER'S FRIEND® - OHIO

How to interpret the page

■ means available at truck stop □ means available nearby

in the overnight lot column: S means room for 5 - 24 trucks; M means room for 25-74 trucks; L means room for 85-149 trucks; XL means room for 150+ trucks; $ means a parking fee may be charged

code at left-hand side of rows is the state map grid reference

a key to advertising logos is on page 25

Services may change without notice. When in doubt, call ahead.

Column headings: MOTOR FUEL (Truck Diesel, Self Service Diesel, Metered Propane, Gasoline); Driver Services — PARKING (Overnight Lot, Paved Lot ($), Trailer Drop, Electric Plug-Ins, Safe Haven/Hazmat), FOOD (Restaurant, Fast Food, Table Phones), STORES (Motel, Convenience, Trucker/Travel, Shopping Center, Walmart/Kmart, Grocery), SHOWERS (Ladies, Men's), TV/Drivers Lounge, Laundry, COMMUNICATION (Load Monitor, Internet Kiosk, Wi-Fi Hotspots, Document Scanning, Public Fax/Copier, UPS/FedEx/Trippak Box), Religious Services, State Lottery; Vehicle Services — SCALES (Platform, Axle, Certified), TIRES (Repairs, New Tire Sales), REPAIRS (Shop Open 24 Hrs, DOT Inspection, Major Repairs, Minor Repairs, Oil Change/Lube, Minor Welding, AC/Reefer), ROAD SVCS (Tire, Mechanical, Towing), WASH (Truck (Exterior), Trailer Washout); RV Info (CB, RVs Welcome, Dumping Station, Propane (Bottle)); Financial Services (ATM, Can Wire Money Out, Money Orders, Natso Check-Link, Western Union, Voyager/Wright Express, Comdata (Comchek)); Permit Svcs (EFS, Fuel Man, Multi Service; C=Checks, F=Fuel Cards, B=Both); Credit Cards (TCH, T-Chek, Fleet One, Buy/Pay at Fuel Desk, All Prepaid Permit Svcs, American Express, Visa/Mastercard, Discover)

Grid	Town / Phone	Truck Stop / Location	Fuel & Parking	Food	Stores & Showers	Communication	Scales	Tires & Repairs	Road Svcs / Wash / RV	Financial	Permit Svcs	Credit Cards
F1	New Paris, 45347 / 937-437-5700	Fuel Mart #604 / I-70 IN Exit 156 B (US 40)	24HRS ■ ■	M ■ ■	□ ■ □ ■ □ □ □ ■ ■	□	F C	□ ■ □ □ □ □ □	□ □ □ □ □ □ □ □ □ □	■ □	B B	B B B B ■ ■ ■ ■
E6	New Philadelphia, 44663 / 330-339-4157	Eagle Auto/Truck Plaza (BP) / I-77 Exit 81 W (US 250 & OH 39 W)	■ ■ ■	M ■ ■	■ □ ■ □ ■ ■ □ □ □ ■ ■	□	F C U F T	□ ■ □ □ □ □ □	□ □ □ □ □ □ □ □ □	■ □ ■ V W	B B	B B B B ■ ■ ■ ■
D7	New Springfield, 44443 / 330-542-0233	Glacier Hills Service Plaza (Sunoco) / I-76 (OHTP) MM 237 EB	24HRS ■ ■	S ■	■ ■ ■ ■		F	■	□ □ □	■ ■ V W	B B	■ ■ ■ ■
D7	New Springfield, 44443 / 330-542-0272	Mahoning Valley Plaza (Sunoco) / I-76 (OHTP) MM 237 WB	24HRS ■ ■	L ■ ■	□ ■ □ ■ □ ■ ■ ■	□		□ ■ □ □	□ □ □ □ □ □ □ □	■ ■ V W	B B	■ ■ ■
E1	New Weston, 45348 / 419-336-5008	Pak & Sak #38 (Citgo) / US 127 & Hwy 705	24HRS ■ ■	S ■	■ ■ □	□		□ ■ □ □	□ □ □ □ □	■ ■ ■ ■ W		■ ■ ■
C6	Newburgh Heights, 44105 / 216-883-7359	Speedway #3328 / I-77 Exit 159 A (Harvard Ave)	24HRS ■ ■		□ □ □ ■ □ □		F C	□ ■	□ □ □ □ □ □ □	■ ■ ■ V W	B B F B	B B ■ ■ ■ ■
E6	Newcomerstown, 43832 / 740-498-5161	.Newcomerstown Truck Stop (Duke) / I-77 Exit 65 (US 36)	24HRS ■ ■	L ■ ■	24HRS □ ■ ■ ■ □ ■ ■ ■ ■	DAT	F C U F	□ ■ ■ ■ ■ ■ ■	■ ■ ■ ■ ■ □	■ ■ ■ ■ ■ ■ V W	B B F B B	B B ■ ■ ■ ■ ■
C2	North Baltimore, 45872 / 419-257-3744	Petro Stopping Center #25 (Mobil) / I-75 Exit 167 (OH 18)	24HRS ■ ■	XL ■ ■	24HRS ■ ■ □ ■ ■ □ ■ ■ ■ ■	DAT	F C U F T	■ CAT	■ ■ ■ ■ ■ ■ A ■ ■ □ ■ ■	■ ■ ■ V W	B B B	B B ■ ■ ■ ■
C2	North Baltimore, 45872 / 419-257-3695	Fuel Mart #714 / I-75 Exit 168 (Grant Rd)	24HRS ■ ■		□ □ ■ ■ □ ■			□ ■ □ □	□ □ □ □	■ ■	B B	B B B B ■ ■ ■
D6	North Canton, 44720 / 330-494-7507	TravelCenters of America / I-77 Exit 111 (Portage St)	24HRS ■	L ■	24HRS □ ■ □ ■ ■ ■ □ □ □ ■ ■ ■ ■	DAT TA	F C U F T	CAT	■ ■ ■ ■ ■ ■ A ■ ■ □ ■ ■	■ ■ ■ ■ W	B B F B	B B ■ ■ ■ ■
D7	North Lima, 44452 / 330-549-9203	Pilot Travel Center #011 / I-76 (OHTP) Exit 232 (OH 7)	24HRS ■ ■	S ■ ■	□ ■ ■ □ ■ ■ □ ■ ■ □	DAT	F C T	□ ■ CAT □ □	□ □ □	■ ■ ■ ■ ■ ■ V W	B B F B	B B ■ ■ ■ ■
C3	Northwood, 43619 / 419-666-9823	Wales Road Shell / I-75 Exit 198 (Wales Rd E)	24HRS ■ ■		□ ■ □ ■	□		□ □ ■		■ V W	B F	■ ■ ■
C4	Norwalk, 44857 / 419-668-4494	Sunrise Fuel Plus / 82 Old US 20 (8/10 mi W of E bypass)	■ ■ ■		□ ■ □ ■ □ □	□	F C	□ ■ □ □	□ □ □ □ □ □ □ □ □ □ □	■ ■ V	B	■ ■ ■ ■
C5	Oberlin, 44074 / 440-774-5417	Certified Oil #345 (Citgo) / 45970 US 20 & OH 58	24HRS ■ ■		□ □ □ ■ □	□		□ ■ □ □	□ □ □ □ □ □ □	□ ■ ■ V W	B F	B ■ ■ ■
F6	Old Washington, 43755 / 740-489-5566	Go-Mart #57 / I-70 Exit 186 (OH 285)	24HRS ■ ■	L ■ ■ ■	■ ■ ■ ■ □ ■ ■	□ ■	F C	□ ■ □	□ □ □ □	■ ■ ■ ■ V W	B B B	B B ■ ■ ■ ■
B3	Oregon, 43618 / 419-836-4049	Maumee Bay General Store (Sunoco) / 7410 OH 2 E	24HRS ■ ■	M ■ ■	□ ■ □ ■ □ □ □	□	F C	□ ■ □ □	□ □ □ □ □ □	■ ■ ■ V W	B B F B	B B ■ ■ ■ ■
B3	Oregon, 43618 / 419-836-3439	East River Plaza (Citgo) / OH 2 (Stadium Rd)	■ ■ ■		□ □ □ ■ □ □	□		□ ■ □ □	□ □ □	□ ■ V W	B	■ ■ ■
D1	Paulding, 45879 / 419-399-3247	Paulding Maramart (Marathon) / 1001 US 127 N	■ ■ ■		□ □ □ ■ □ □	□		□ ■		■ ■ V W		■ ■ ■
H3	Peebles, 45660 / 937-587-7118	Peebles 1st Stop (BP) / OH 41 & OH 32	24HRS ■ ■	S ■ ■	□ □ ■ □	□	F C	□ □ ■	□ □ □	■ ■ V W	B	■ ■ ■ ■
C2	Perrysburg, 43551 / 419-872-1000	H&M Food Store (Citgo) / I-475 Exit 2 (1 mi N on OH 25)	■ ■ ■		□ □ □ ■ □ □	□		□ ■		■ ■ ■ V W	B F	B ■ ■ ■
C4	Port Clinton, 43452 / 419-734-5915	Friendship Food Stores (Marathon) / OH 2 & Hwy 53 N	24HRS ■ ■	S ■	□ ■ □ ■ □ □ □	□	□	□ ■	□ □ □	■ □ ■ ■ V W	B F	■ ■ ■
C4	Port Clinton, 43452 / 419-734-2908	Port Clinton Shell / OH 2 & OH 163 (Perry St)	24HRS ■ ■		□ ■ □ ■ □ □ □	□		□ ■		□ ■ ■ V W	B B F	■ ■ ■
F6	Quaker City, 43773 / 740-758-5920	Fuel Mart #727 / I-70 Exit 193 (OH 513)	24HRS ■ ■	S ■	■ ■ ■ ■		F C	■ ■ ■ ■ □	□ □ □ □ □ □ □ □ □	■ ■ ■	B B	B B B B ■ ■ ■ ■
H3	Rainsboro, 45133 / 937-365-1779	Rocky Fork Truck Stop (Sunoco) / 12410 US 50 & OH 753 S	■ ■ ■ ■		■ □ ■		F C	□ □	□ □ □	□ ■ ■ V W	B	B ■ ■ ■
D6	Ravenna, 44266 / 330-325-9484	Certified Oil #410 (Citgo) / I-76 Exit 43 (OH 14)	24HRS ■ ■		■ □		F C	□ ■ □ □	□ □ □ □ □ □ □ □ □ □	■ ■ V W	B B	B B ■ ■ ■ ■
C6	Richfield, 44286 / 330-659-2020	Pilot Travel Center #130 / I-80 Exit 173/I-77 Exit 145 (OH 21 N)	24HRS ■ ■	M ■	□ ■ ■ □ ■ ■ ■ ■	DAT	F C U F T	□ ■ CAT □ □	□ □ □ □ □ □	■ ■ ■ ■ ■ ■ ■ V W	B B F B	B B ■ ■ ■ ■
D1	Rockford, 45882 / 419-363-2961	TJ's Grocerette (Marathon) / 301 US 33/OH 118 (N Main)	■ ■ ■		□ ■ ■ ■ □	□	F C	□ ■ □ □	□ □ □ □ □ □	■ W	B C	C ■ ■ ■ ■
I5	Rodney, 45631 / 740-245-5253	Bodimer's Grocery (Marathon) / 3747 old US 35	■ ■ ■	S ■ ■	□ ■ □ ■ □ □ □	□		□ □ ■ □ □	□ □ □ □ □ □	■ □ V W		■ ■ ■

THE TRUCKER'S FRIEND® - OHIO

How to interpret the page

■ means available at truck stop □ means available nearby

in the overnight lot column:
- S means room for 5 - 24 trucks
- M means room for 25-74 trucks
- L means room for 85-149 trucks
- XL means room for 150+ trucks
- $ means a parking fee may be charged

code at left-hand side of rows is the state map grid reference

a key to advertising logos is on page 25

Services may change without notice. When in doubt, call ahead.

Driver Services: MOTOR FUEL (Truck Diesel, Self Service Diesel, Metered Propane, Gasoline); PARKING (Overnight Lot ($), Paved Lot, Trailer Drop, Electric Plug-Ins, Safe Haven/Hazmat); FOOD (Restaurant, Fast Food); STORES (Table Phones, Motel, Convenience, Trucker/Travel, Shopping Center, Walmart/Kmart, Grocery); SHOWERS (Ladies, Men's); COMMUNICATIONS (TV/Drivers Lounge, Laundry, Load Monitor, Internet Kiosk, Wi-Fi Hotspots, Document Scanning, Public Fax/Copier, UPS/FedEx/TripPak Box, Religious Services, State Lottery)

Vehicle Services: SCALES (Axle, Platform, Certified); TIRES (Repairs, New Tire Sales); REPAIRS (Shop Open 24 Hrs, DOT Inspection, Major Repairs, Minor Repairs, Oil Change/Lube, Minor Welding, AC/Reefer); ROAD SVCS (CB, Tire, Mechanical, Towing); WASH (Truck (Exterior), Trailer Washout)

RV Info: RVs Welcome, Dumping Station, Propane (Bottle)

Financial Services: ATM, Can Wire Money Out, Money Orders, Natso Check-Link, Western Union, Wright Express, Comdata (Comchek), Voyager

Permit Svcs: EFS, Fuel Man, Multi Service, TCH, T-Chek, Fleet One, Buy/Pay at Fuel Desk, All Prepaid Permit Svcs — C=Checks, F=Fuel Cards, B=Both

Credit Cards: American Express, Visa/Mastercard, Discover

Grid	City, ZIP / Phone	Truck Stop / Location																									
C 4	Sandusky, 44870 / 419-609-9378	Friendship Food Stores #96 (Sunoco) / OH 101 & OH 2	24HRS ■ ■			■	■						■									□ ■	■ ■	W	B B	F	B B		■ ■ ■
C 4	Sandusky, 44870 / 419-625-9238	250 Hy-Miler (Shell) / US 250 & OH 2	24HRS ■ ■			□ □ □	■	□ □ □		□			□ ■	□	□ □		□ □	□	□ □ □			■	W	B B	F B B	B B		■ ■ ■
H 2	Sardinia, 45171 / 937-446-3740	Tanker's Travel Center (Marathon) / OH 32 MM 13 (Simon & Yocum)	24HRS ■ ■	M ■ ■		24HRS ■ ■	■ ■	□	■ ■	□		F C	□ ■	CAT	□ □	□	□ □ □	□ □	□ □ □		■ ■	■ ■	V W	B B	F B B	B B	■ ■	■ ■ ■
H 3	Seaman, 45679 / 937-386-2877	Seamen Food Mart (Marathon) / 17286 OH 247 N	■ ■ ■	S ■ ■		□ ■ □	■	□		□		□	□ ■						□ □ □		■	■	V W	B				■ ■ ■
D 5	Seville, 44273 / 330-769-2053	TravelCenters of America/Lodi (BP) / I-71 Exit 209 (I-76 & US 224) TA	24HRS ■ ■	XL ■ ■		24HRS ■ ■ □	■ ■	□	■ ■	■ ■	DAT ■	TA ■ F C U F T	■	CAT	Bridgestone/Firestone	■ ■	■ ■ ■	■ A □	■ ■ □	□ □	■ ■	■	■ V W	B B	F B	B B	■	■ ■ ■
D 5	Seville, 44273 / 330-769-4220	Pilot Travel Center #013 / I-71 Exit 209 (I-76 & US 224)	24HRS ■ ■	XL ■ ■		24HRS ■ ■ □	■ ■	□ □	■ ■	■ ■	DAT	Pilot ■ F C U F T	□ ■	CAT	□ □	□	□ □ □	□ □ ■	□ □ □	□ □	■ □ ■	■ ■ ■	■ ■ V W	B B	F B	B B	■	■ ■ ■
F 1	Sidney, 45365 / 937-492-7996	G&H Sunoco / I-75 Exit 90 (Fair Rd)	24HRS ■ ■	S ■ ■		□ ■ ■ □	■	□ □ □		□		F C □	□ ■	□ □ □	■ ■	■	■ ■	■ A R	■ ■ ■	□	■ □ ■	■	V W	B B	F B B	B	■	■ ■ ■
F 5	Sonora, 43701 / 740-453-8506	Love's Travel Stop #221 / I-70 Exit 160 (Sonora Rd)	24HRS ■ ■	M ■		□ ■ ■ □	■ ■		■ ■	■	DAT	Pilot ■ F C U F T	□	CAT	□ □		□ □	□	□ □ □		■ ■ ■	■	■ V W	B B	F B	B B	■	■ ■ ■
G 3	South Bloomfield, 43103 / 740-983-0460	Circle K #3457 (Marathon) / 5065 US 23 S	24HRS ■ ■			□ □	■			■			□ ■		□ □		□				■	■ ■	V W	B B	F B	B		■ ■ ■
F 2	South Vienna, 45369 / 937-568-9451	Fuel Mart #764 / I-70 Exit 66 (OH 54)	24HRS ■ ■	M ■ ■		■ ■	■	□	■ ■				□ ■								■ □	■ ■		B B	B B	B B		■ ■ ■
G 1	Springdale, 45246 / 513-671-4983	747 Sunoco / I-275 Exit 42 B (OH 747 N)	■ ■ ■			□ □ □	■	□ □ □		□		□	□ ■		□ □		□ □ □	□	□ □ □			■	V W	B B	F B B	B B		■ ■ ■
G 1	Springdale, 45246 / 513-874-1425	Speedway #9367 / I-275 Exit 42 B (OH 747)	24HRS ■ ■			□ □ □	■	□ □ □				□	□ ■		□ □		□		□ □		■	■ ■	V W	F F		F F		■ ■ ■
F 2	Springfield, 45502 / 937-322-0556	Prime Fuel Center (Clark) / I-70 Exit 59 (OH 41)	■ ■ ■	M$		■	■		■	■			■	□ □ □	□ □		□ □	□	□ □ □		■ □	■ ■	V W	B C	F C	B C		■ ■ ■
E 7	Steubenville, 43952 / 740-282-5482	J&K Truck Stop / OH 7 & OH 44	24HRS ■ ■	S ■ ■		□ □	■	□ □ □		□		F C □	□		□ □	□	□ □ □	□ □	□ □ □			■		B B	B B	B B	■	■ ■ ■
C 3	Stony Ridge, 43463 / 419-837-5017	TravelCenters of America/Toledo (BP) / I-80-90 (OHTP) Exit 71 (Libby Rd) TA	24HRS ■ ■	XL ■ ■		24HRS ■ ■ □	■ ■		■ ■	■ ■	DAT ■	TA ■ F C U F T	■	CAT	Bridgestone/Firestone	■ ■	■ ■ ■	■ A □	■ ■ □	□ □	■ □	■ ■	■ ■ V W	B B	F B	B B	■	■ ■ ■
C 3	Stony Ridge, 43463 / 419-837-5091	Pilot Travel Center #012 / I-80-90 (OHTP) Exit 71 (Libby Rd)	24HRS ■ ■	M ■ ■		□ ■ ■ □	■ ■		■ ■	□	DAT	Pilot ■ F C U T	□ ■	CAT	□ □	□	□ □ □	□	□ □ □	□	■	■ ■	■ ■ V W	B B	F B	B B	■	■ ■ ■
C 3	Stony Ridge, 43463 / 419-837-5228	Fuel Mart #641 / I-80-90 (OHTP) Exit 71 (OH 420 S)	24HRS ■ ■	XL ■ ■		24HRS □ ■ □	■ ■		■ ■	■ ■		F C □	■ ■	CAT	■ ■	■ ■	■ ■ ■	■ □	■ ■ □	■ ■	■ □ ■	■ ■		B B	F B B	B B	■	■ ■ ■
E 6	Strasburg, 44690 / 330-878-5323	Fuel Mart #731 / I-77 Exit 87 (US 250 N)	24HRS ■ ■			□ □ □	■			□			□ ■							□	■	■		B B	F	B		■ ■ ■
D 5	Sullivan, 44880 / 419-736-3377	Ohio Fuel Stop / 499 OH 58 & US 224	24HRS ■ ■			□	■	□					■		□	□	□ □ □	□	□ □ □		□ ■	■		B C		C		■ ■ ■
B 2	Swanton, 43558 / 419-826-8562	Fallen Timbers Plaza #7108 (Sunoco) / I-80-90 (OHTP) MM 49 EB	24HRS ■ ■	M ■		■	■		■ ■	■			■								■	■	V W	B B		B		■ ■ ■
B 2	Swanton, 43558 / 419-826-8802	Oak Openings Plaza #7107 (Sunoco) / I-80-90 (OHTP) MM 49 WB	24HRS ■ ■	L ■		■	■						■						□ □ □		■	■	V W	B B		B		■ ■ ■
B 2	Sylvania, 43617 / 419-843-6222	Barney's Convenience Mart (Citgo) / US 20 (3 mi W of I-475 Exit 13)	24HRS ■ ■			□ ■	■	□ □				□	■								■	■ ■	V W	B	F			■ ■ ■
D 3	Tiffin, 44883 / 419-443-1990	G&L Shell / US 224 & OH 100	■ ■ ■	S$ ■ ■		□ ■ □	■	□		□		F C □	□ ■						□ □ □		■ ■	■	V W	B B	F	B B	■	■ ■ ■
B 3	Toledo, 43612 / 419-478-2583	Alexis Rd Shell / 429-431 W Alexis Rd	24HRS ■ ■			□ □ □	■	□ □ □					□ ■								■	■	V W		F			■ ■ ■
B 3	Toledo, 43612 / 419-729-3985	Pilot Travel Center #015 / I-75 Exit 210 (Hagman Rd)	24HRS ■ ■	M ■ ■		□ ■ ■ □	■ ■	□ □	■ ■			Pilot ■ F C U T	□ ■	CAT	□ □		□ □	□	□ □ □		■ ■	■ ■	■ ■ V W	B B	F B	B B	■	■ ■ ■
C 6	Twinsburg, 44087 / 330-425-7445	Fuel Mart #712 / I-480 Exit 37 (1.25 mi S to 8035 OH 91)	24HRS ■ ■			□	■	□ □		□		□	□ ■								■	■ ■		B B				■ ■ ■
D 3	Upper Sandusky, 43351 / 419-294-1270	Upper Citgo / 1600 US 30 & US 23	24HRS ■ ■ ■	M ■		□ ■ □	■ ■	□ □	■ ■	□		F C □	□ ■	CAT	□ □	■ ■	■ ■ ■	A	□ ■ □		■	■	V W	B B	F B B	B B	■	■ ■ ■
D 3	Upper Sandusky, 43351 / 419-294-0443	KFC Travel Mart (Marathon) / US 23 N & OH 199 S	■ ■ ■	S ■		□ ■ □	■	□		□		F C □	□ ■		□ □				□ □ □		■ □	■	V W	B C	F B	B B	■	■ ■ ■

THE TRUCKER'S FRIEND® - OHIO

How to interpret the page

■ means available at truck stop □ means available nearby

in the overnight lot column:
- S means room for 5 - 24 trucks
- M means room for 25-74 trucks
- L means room for 85-149 trucks
- XL means room for 150+ trucks
- $ means a parking fee may be charged

code at left-hand side of rows is the state map grid reference

a key to advertising logos is on page 25

Services may change without notice. When in doubt, call ahead.

Financial Services: C=Checks, F=Fuel Cards, B=Both

Code	Location	Truck Stop	Motor Fuel / Parking (Truck Diesel, Self Service Diesel, Metered Propane, Gasoline)	Parking (Overnight Lot ($), Paved Lot, Trailer Drop)	Food (Electric Plug-Ins, Safe Haven/Hazmat)	Food (Restaurant, Fast Food, Table Phones, Motel)	Stores (Convenience, Trucker/Travel)	Stores (Shopping Center, Walmart/Kmart, Grocery)	Showers (Ladies', Men's)	Communication (TV/Drivers Lounge, Laundry, Load Monitor)	Communication (Internet Kiosk, Wi-Fi Hotspots, Document Scanning, Public Fax/Copier, UPS/FedEx/TripPak Box)	Scales (Religious Services, State Lottery)	Tires (Axle, Platform)	Repairs (Certified)	Repairs (Repairs, New Tire Sales, Shop Open 24 Hrs)	Repairs (DOT Inspection)	Repairs (Major Repairs, Minor Repairs, Oil Change/Lube)	Road Svcs (Minor Welding, AC/Reefer)	Road Svcs (CB, Tire, Mechanical)	Wash (Towing, Truck (Exterior))	RV Info (Trailer Washout, RVs Welcome, Dumping Station)	Financial Services (Propane (Bottle), ATM, Can Wire Money Out)	Financial Services (Money Orders, Natso Check-Link, Western Union, Wright Express, Comdata (Comchek), Voyager)	Financial Services (EFS, Fuel Man)	Financial Services (Multi Service, TCH, T-Chek)	Permit Svcs (Fleet One, Buy/Pay at Fuel Desk, All Prepaid Permit Svcs)	Credit Cards (American Express, Visa/MasterCard, Discover)
F 2	Urbana, 43078 937-653-4345	Speedway #1001 725 Hwy 68 N	24 HRS ■ ■			□ □ □	■	□		□			□ ■									■	■ ■	V W	C			■ ■ ■
C 2	Van Buren, 45840 419-299-3381	Pilot Travel Center #360 I-75 Exit 164 (OH 613)	24 HRS ■ ■	M ■		■ ■	■ ■		■ ■		DAT ■ ⏻	■ F C U T	□ ■	CAT	□ □				□ □ □			■ □ ■	■ ■	■ ■ V W	B B	F B	B B	■	■ ■ ■
C 6	Walton Hills, 44146 440-439-7756	Fuel Mart #701 7225 OH 8	■ ■ ■			□ □ □	■					□		□ □ □	□ □	□	□ □ □	□	□ □ □				■	W	B				■ ■ ■
E 1	Wapakoneta, 45895 419-738-2550	L&G Truckers City I-75 Exit 111 (US 33 A)	24 HRS ■ ■	L ■ ■		24 HRS □ ■ □	■ ■	□ □ □	■ ■	■ ■	DAT ■ ■	F C U F T	□ ■	CAT	B F	■ ■	■ ■ ■	■ ■	■ ■ ■			■ □ ■	■	V W	B B	F B B	B B	■	■ ■ ■
G 3	Washington CH, 43160 740-335-3522	Fuel Mart #732 352 US 22 (in town)	■ ■ ■			□ □ □	■	□ □ □		□		C	□ ■									■	■ ■		B				■ ■ ■
C 2	Waterville, 43566 419-878-8103	Barney's Convenience Mart (Citgo) US 24 (5 mi S of I-475)	24 HRS ■ ■			□	■	□		□			□ ■									■	■ ■	V W	B	F	B		■ ■ ■
B 2	Wauseon, 43567 419-337-6986	Turnpike Shell I-80-90 (OHTP) Exit 34 (OH 108)	24 HRS ■ ■	M ■		□ ■ ■ □	■ ■	□ □	■ ■	□		F C F	□ ■	□	□ □		□ □ □	□	□ □ □			■	■	V W	B	F B	B B	■ ■	■ ■ ■
H 3	Waverly, 45690 740-947-9911	Plateau Truck Stop (Gulf) US 23 (1 mi N of town)	■ ■ ■ ■	M ■ ■		■ □ □	■	□	■	■ □		F C F			■ ■		□	□	□ □ □	■ ■		■ ■		V W	B B	B	B B	■	■ ■
I 3	West Portsmouth, 45663 740-858-6645	Super Quick #10 1051 US 104	24 HRS ■ ■ ■	S ■			■	□		□			□ ■		□ □		□ □					■ ■	■ ■	V W	B				■ ■ ■
B 1	West Unity, 43570 419-924-5083	Tiffin River Plaza #7106 (Sunoco) I-80-90 (OHTP) MM 21 EB	24 HRS ■ ■	M ■		■			■ ■	■		F C	■						□ □ □			■	■	V W	B B		B		■ ■ ■
B 1	West Unity, 43570 419-924-5918	Indian Meadow Plaza #7105 (Sunoco) I-80-90 (OHTP) MM 21 WB	24 HRS ■ ■	M ■		■	■			■		F C	■						□ □ □			■ ■	■	V W	B B		B	■	■ ■ ■
F 4	Westerville, 43231 614-882-0442	Certified #217 5323 OH 3 (3 mi N)	■ ■ ■ ■			□ □ □	■	□ □ □		□			□ ■									■	■	W		F			■ ■ ■
I 4	Wheelersburg, 45694 740-574-8844	Buster's #32 US 52 Wheelersburg Exit (L at light)	■ ■			□ □ □		□		□			□		□ □		□ □ □		□ □ □										
G 2	Wilmington, 45177 937-382-0464	Pilot Travel Center #016 I-71 Exit 50 (US 68)	24 HRS ■ ■	S ■ ■		■ ■ □	■ ■		■ ■		⏻	■ F C T	■	CAT	□ □		□ □		□ □ □			■	■ ■ ■	■ ■ V W	B B	F B	B B	■	■ ■ ■
G 2	Wilmington, 45177 937-383-3810	Mt Pleasant Shell I-71 Exit 50 (US 68)	24 HRS ■ ■			□ □ □	■						■		□ □	□	□ □ □	□ □	□ □ □				■ ■	V W	B B	F B	B		■ ■ ■
E 7	Wintersville, 43953 740-266-6980	Citgo Truck Stop US 22 & OH 43 N	24 HRS ■	S ■		24 HRS □ ■	■	□ □ □		□		F C U F	□ ■						□ □ □				■ ■	V W	B B	F B B	F B	■	■ ■ ■
D 5	Wooster, 44691 330-264-1885	Fuel Mart #601 OH 3 & OH 95	24 HRS ■ ■	S ■		□ ■ □	■					□	□ ■		□ □			□				■	■ ■		B B	F B	C B		■ ■ ■

OKLAHOMA

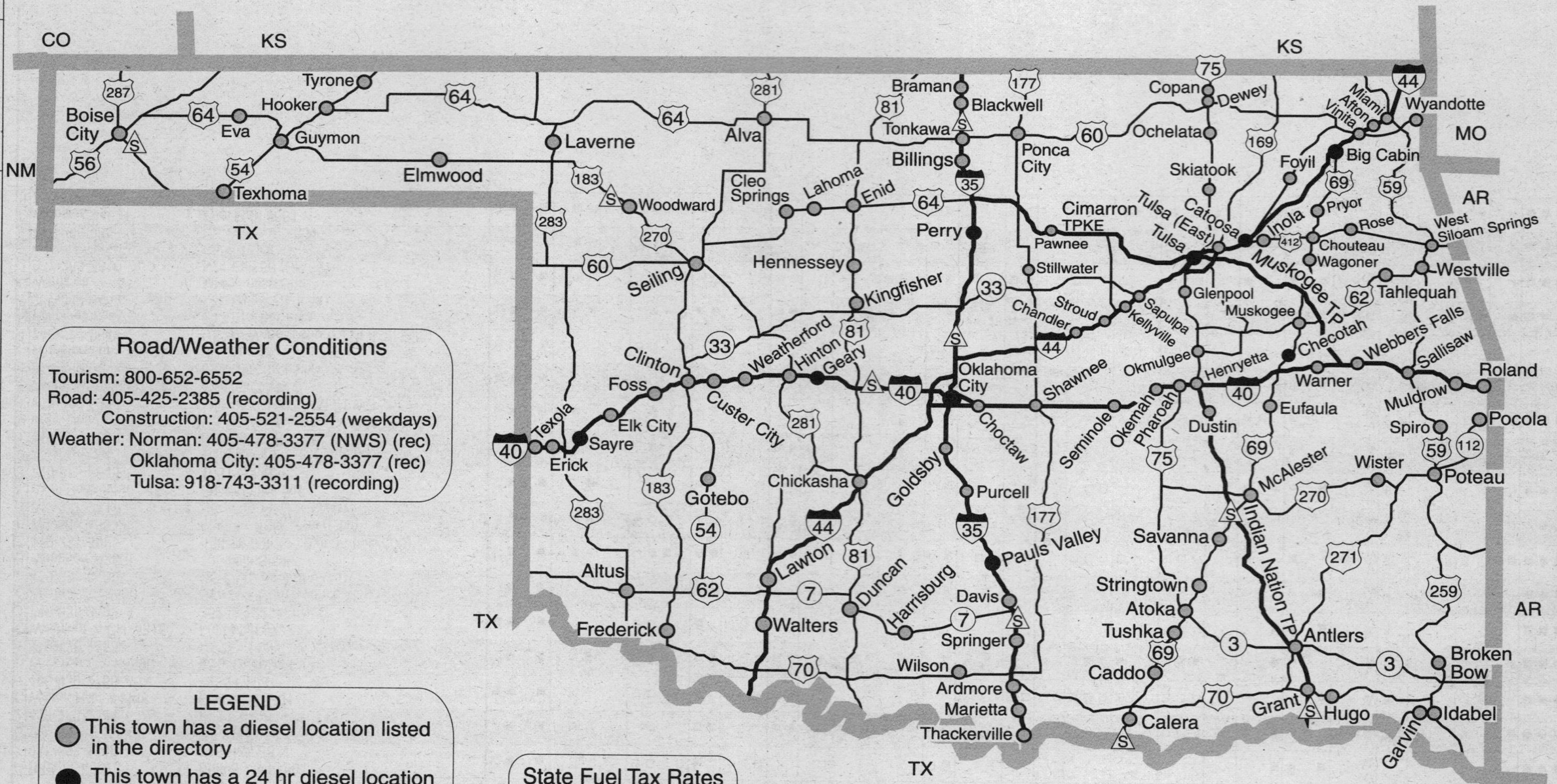

Road/Weather Conditions

Tourism: 800-652-6552
Road: 405-425-2385 (recording)
Construction: 405-521-2554 (weekdays)
Weather: Norman: 405-478-3377 (NWS) (rec)
Oklahoma City: 405-478-3377 (rec)
Tulsa: 918-743-3311 (recording)

LEGEND

- ● (grey) This town has a diesel location listed in the directory
- ● (black) This town has a 24 hr diesel location with a travel store, showers, large lot, and a 24 hr restaurant
- △S Approximate location of state weigh scale and/or inspection station

State Fuel Tax Rates

Diesel..........13¢
Gasoline......16¢

THE TRUCKER'S FRIEND® - OKLAHOMA

How to interpret the page

■ means available at truck stop □ means available nearby

in the overnight lot column:
- S means room for 5 - 24 trucks
- M means room for 25-74 trucks
- L means room for 85-149 trucks
- XL means room for 150+ trucks
- $ means a parking fee may be charged

code at left-hand side of rows is the state map grid reference

a key to advertising logos is on page 25

Services may change without notice. When in doubt, call ahead.

Column headings: Driver Services — MOTOR FUEL (Truck Diesel, Self Service Diesel, Metered Propane, Gasoline); PARKING (Overnight Lot ($), Paved Lot, Trailer Drop, Electric Plug-ins, Safe Haven/Hazmat); FOOD (Restaurant, Fast Food, Table Phones); STORES (Motel, Convenience, Trucker/Travel, Shopping Center, Walmart/Kmart, Grocery); SHOWERS (Ladies, Men's); COMMUNICATION (TV/Drivers Lounge, Laundry, Load Monitor, Internet Kiosk, Wi-Fi Hotspots, Document Scanning, Public Fax/Copier, UPS/FedEx/Trip Box, Religious Services, State Lottery). Vehicle Services — SCALES; TIRES (Axle, Platform, Certified); REPAIRS (Repairs, New Tire Sales, Shop Open 24 Hrs, DOT Inspection, Major Repairs, Minor Repairs, Oil Change/Lube, Minor Welding, AC/Reefer); ROAD SVCS (Tire, Mechanical, Towing); WASH (Truck (Exterior), Trailer Washout). RV Info (RVs Welcome, Dumping Station, Propane (Bottle)). Financial Services (ATM, Can Wire Money Out, Money Orders, Natso Check-Link, Western Union, Voyager, Wright Express, Comdata (Comchek)); C=Checks, F=Fuel Cards, B=Both: EFS, Fuel Man, Multi Service, TCH, T-Chek, Fleet One. Permit Svcs (Buy/Pay at Fuel Desk, All Prepaid Permit Svcs). Credit Cards (American Express, Visa/Mastercard, Discover).

Grid	Town / Phone	Truck Stop / Location	Motor Fuel & Parking	Food	Stores & Showers	Communication	Scales & Tires	Repairs, Road Svcs & Wash	RV Info	Financial Services	Permit Svcs	Fuel Cards / Credit Cards
B 8	Afton, 74331 918-257-4368	Buffalo Ranch Travel Center (Citgo) I-44 Exit 302 (US 69 S)	24 HRS ■ ■	M ■	□ ■ □ ■	□ □	F C U	□ □ □		■ ■	V W	B B F B B B B ■ ■ ■ ■
E 4	Altus, 73521 580-477-0034	EZ-Go Foods #60 (Conoco) 2516 US 62 E & Veterans Dr	24 HRS ■ ■	S ■	□ ■ ■		F C U F □	□ □ □ □ □ □ □	□ □ □ □	■ ■ ■ ■ ■ ■	V W	B B F B ■ ■ ■ ■
B 5	Alva, 73717 580-327-5090	Ampride (Cenex) US 64 & US 281 N	24 HRS ■ ■	S ■ ■	□ ■ □ ■	□ □ ■ □	F C □	□ □ □ ■ ■ □ □ □ □ □ □	□ □ □	■ □ ■	V W	B B F B B B ■ ■ ■ ■
F 8	Antlers, 74523 580-298-5521	Jim Ray's Quick Stop (Citgo) Indian Nation Exit 16 (OK 3-7, 1 mi E)	24 HRS ■ ■	S ■	□ ■ ■	□ ■	□	□ □ □ □ □ □	□ □ □ □	□ ■ ■	V W	B F B ■ ■ ■
F 8	Antlers, 74523 580-298-3941	Quick Check #25 (66) Indian Nation Exit 16 (OK 3-7 E)	■ ■ ■ ■		□ □ ■	□ □	□ □	□ □	□ □ □	■ ■ ■	V W	C F ■ ■ ■
F 8	Antlers, 74523 580-298-6715	Garman's Quick Stop (Shell) Indian Nation Exit 16 (OK 3-7, 1 mi E)	■ ■ ■	S	□ ■ □ ■	□ □ □	□	□ □ □ □ □ □	□ □ □	□	V W	B F ■ ■ ■
F 8	Antlers, 74523 580-298-3693	EZ-Go Foods #42 (66) Indian Nation TPKE MM 16	24 HRS ■ ■	S ■ ■	□ ■ □ ■ ■	□ □	F C	□ □ □ □ □ □ □	□ □ □	■ ■	V W	B C F B B B B ■ ■ ■ ■
F 6	Ardmore, 73401 580-226-0973	Love's Travel Stop #266 I-35 Exit 32 (12th Ave NW)	24 HRS ■ ■	S ■ ■	□ ■ ■ □ ■ ■	□ □ □ ■ ■ □	■ F C U F T □ (CAT)		□ □ □	■ ■	V W	B B F B B B ■ ■ ■ ■
E 7	Atoka, 74525 580-889-9394	Love's Travel Stop #268 1811 US 69-75 S	24 HRS ■ ■	S ■	□ ■ ■ □ ■ ■	□ □ □ ■ □	■ F C T □	□ □ □ □ □ □ □	□ □ □	■ ■	V W	B B F B B B ■ ■ ■ ■
E 7	Atoka, 74525 580-889-5330	Dal Fuel 502 US 69-75 N	■ ■	M	□ ■	□ □ □ ■ □	F C □ □	■ ■ ■ ■ ■ ■ ■ A	■ ■ □	■	V W	B B B ■ ■ ■
B 8	Big Cabin, 74332 918-783-5121	Big Cabin Truck Plaza (Shell) I-44 Exit 283 (US 69 N) (AMBEST)	24 HRS ■ ■	XL ■ ■	■ 24 HRS ■ ■ □ ■ ■	■ ■ ■ □ (DAT)	■ F C U F T ■ (CAT)	■ □ □ ■ □ ■ ■ R ■ ■	■ ■ ■ ■ ■	■ □ ■	V W	B B F B B B C ■ ■ ■ ■
B 6	Billings, 74630 580-725-3252	Cimarron Travel Plaza (Conoco) I-35 Exit 203 (OK 15)	24 HRS ■ ■	XL ■	■ ■ ■ ■	■ ■ ■ (DAT)	F C	■ ■ ■ □ □ □	□ □ □	■ ■	V W	B B F B B B B ■ ■ ■ ■
B 6	Blackwell, 74631 580-363-0402	Jiffy Trip Truck Stop #24 (Conoco) I-35 Exit 222 (OK 11)	24 HRS ■ ■	S ■	□ □ □ ■	□ □ □ ■ ■	F C □	□ □ □ □	□ □ □	■ ■	W	B B F B B B B ■ ■ ■ ■
B 1	Boise City, 73933 580-544-2811	Black Mesa Shell US 385 & US 56-64-287	24 HRS ■ ■	M	24 HRS □ □ ■	□ ■ ■ □	F C	□	□ □ □	■ □ ■	V W	B B F B B B B ■ ■ ■ ■
B 1	Boise City, 73933 580-544-3456	Love's Travel Stop #035 US 56-64-287 (E Main)	24 HRS ■ ■	S ■ ■	□ ■ □ ■ ■	□ ■ ■	■ F C □	□ □ □ □ □	□ □ □	■ □ ■ ■	V W	B B F B B B ■ ■ ■ ■
B 6	Braman, 74632 580-385-2137	Kanza Travel Plaza (Conoco) I-35 Exit 231 (US 177)	24 HRS ■ ■	L ■ ■	■ ■ ■	■ ■ ■	F C U □	■ ■ ■ □ □ □ □ □ □ □ □	□ □ □	■ ■ ■ ■	V W	B B F B B B B ■ ■ ■ ■ ■ ■
F 9	Broken Bow, 74728 580-584-9437	Bunch's Thrifty Mart (Shell) 1400 US 259 (1 mi S of OK 3/US 70)	■ ■ ■	S ■ ■	□ ■ □ ■	□ □ ■	F C □	□ □ □	□ □ □ □ ■ ■ ■	■	W	■ ■ ■ ■
F 9	Broken Bow, 74728 580-584-5529	Choctaw Travel Plaza (Shamrock) 1800 US 259 S	24 HRS ■ ■	S ■	□ ■ □ ■	□ □ □ □ (DAT)	F C T □	□ □ □ □ □ □	□ □ □ □ □ □	■ □	V W	B B B B B ■ ■ ■ ■
F 9	Broken Bow, 74728 580-584-9707	Burke's Convenience Store (Conoco) 704 US 259 (1/2 mi N of OK 3/US 70)	■ ■ ■		□ ■ □ ■	□ □ □ □	□ □				V W	■ ■ ■
F 9	Broken Bow, 74728 580-584-2976	Hopson's Truck Stop US 259 (2 mi N of OK 3/US 70))	■ ■ ■		■		F C	■ ■	□ ■			C F ■ ■ ■ ■
F 7	Caddo, 74729 580-367-3020	C&H One Stop (Citgo) US 69-75 & Hwy 22	■ ■ ■		□ ■	■	□	□	□ ■ ■	□ ■	V W	■ ■ ■
F 7	Calera, 74701 580-920-2186	Choctaw Travel Plaza #1 (66) US 69-75 (1 mi N) & Choctaw Rd E	24 HRS ■ ■	L ■ ■	□ ■ □ ■	□ □ □ ■ ■ ■ ■ (DAT)	F C U F T □	□	□ □ □	■ ■	V W	B B F B B B B ■ ■ ■ ■
F 7	Calera, 74730 580-924-7210	Choctaw Travel Plaza #2 (Conoco) US 69-75 (1 mi N) & Choctaw Rd W	24 HRS ■ ■	M ■	■ ■ ■ □ ■	□ □ ■ ■ ■ (DAT)	F C T ■		□ □ □	■ ■	V W	B B F B B B B ■ ■ ■ ■
F 7	Calera, 74730 580-434-5899	E-Z Mart #330 US 69-75 N	24 HRS ■ ■	S	□ ■ □ ■		□	□ □		■	V W	B ■ ■ ■
C 8	Catoosa, 74015 918-266-7088	Johnny's Quick Stop (Shell) 5250 OK 167 (4 mi N of I-44 Exit 240 A)	■ ■ ■	M ■	■ ■ ■	(DAT)	□			■ ■ ■	V W	B F B ■ ■ ■
C 8	Catoosa, 74015 918-266-6622	Speedy's 66 #1 I-44 Exit 240 A (193rd E Ave N)	24 HRS ■ ■	M ■ ■	□ □ □ ■ ■	□	F C T	□ □ □ □ □ □ □ □	□ □ □ □ □	■ □ ■ ■	V W	B B F B B ■ ■ ■ ■
C 8	Catoosa, 74015 918-266-5040	Sunmart #046 I-44 Exit 240 A (193rd E Ave N)	24 HRS ■ ■	L ■	24 HRS □ ■ □ ■ ■ □	□ ■ ■ □	F C U F	□ □ □	□ □ □ □ □	■ □ ■		B B B B B B ■ ■ ■ ■ ■ ■
C 7	Chandler, 74834 405-258-0459	EZ Go Foods #51 (66) I-44 Exit 166 (Turner Tpke)	■ ■ ■	S ■ ■	□ ■	□ □ □ □	□		□	■ ■ ■	V W	F ■ ■ ■ ■

THE TRUCKER'S FRIEND® - OKLAHOMA

How to interpret the page

■ means available at truck stop □ means available nearby

In the overnight lot column:
- S means room for 5 - 24 trucks
- M means room for 25-74 trucks
- L means room for 85-149 trucks
- XL means room for 150+ trucks
- $ means a parking fee may be charged

code at left-hand side of rows is the state map grid reference

a key to advertising logos is on page 25

Services may change without notice. When in doubt, call ahead.

Column headings — Driver Services: MOTOR FUEL (TRUCK DIESEL, SELF SERVICE DIESEL, METERED PROPANE, GASOLINE); PARKING (OVERNIGHT LOT ($), PAVED LOT, TRAILER DROP, ELECTRIC PLUG-INS, SAFE HAVEN/HAZMAT); FOOD (RESTAURANT, FAST FOOD, TABLE PHONES); STORES (CONVENIENCE, MOTEL, TRUCKER/TRAVEL, SHOPPING CENTER, WALMART/KMART, GROCERY); SHOWERS (LADIES, MEN'S, TV/DRIVERS LOUNGE, LAUNDRY); COMMUNICATIONS (LOAD MONITOR, INTERNET KIOSK, WI-FI HOTSPOTS, DOCUMENT SCANNING, PUBLIC FAX/COPIER, UPS/FEDX/TRIPPAK BOX, RELIGIOUS SERVICES, STATE LOTTERY). Vehicle Services: SCALES (AXLE, PLATFORM, CERTIFIED); TIRES (REPAIRS, NEW TIRE SALES); REPAIRS (SHOP OPEN 24 HRS, DOT INSPECTION, MAJOR REPAIRS, MINOR REPAIRS, OIL CHANGE/LUBE, MINOR WELDING, AC/REEFER); ROAD SVCS (CB, TIRE, MECHANICAL, TOWING); WASH (TRUCK (EXTERIOR), TRAILER WASHOUT). RV Info (RVs WELCOME, DUMPING STATION, PROPANE (BOTTLE)). Financial Services (ATM, CAN WIRE MONEY OUT, MONEY ORDERS, NATSO CHECK-LINK, WESTERN UNION, VOYAGER/WRIGHT EXPRESS, COMDATA (COMCHEK)) — C=Checks, F=Fuel Cards, B=Both. Permit Svcs (EFS, FUEL MAN, MULTI SERVICE, TCH, T-CHEK, FLEET ONE, BUY/PAY AT FUEL DESK, ALL PREPAID PERMIT SVCS). Credit Cards (AMERICAN EXPRESS, VISA/MASTERCARD, DISCOVER).

Grid	Location	Truck Stop	Motor Fuel / Parking	Food	Stores	Showers / Communications	Scales	Tires	Repairs / Road Svcs / Wash	RV Info	Financial Services	Permit Svcs	Credit Cards
D8	Checotah, 74426 918-473-1243	Flying J Travel Plaza #05052 (Conoco) I-40 Exit 264 B (US 69 - 1 mi N) [logo]	24HRS ■ ■ ■	L ■ ■	24HRS ■ ■ □ ■ ■	□ □ □ ■ ■ ■ ■ ■ [logo] ■ [logo]	[logo] F C U F T	□ [logo]	□ □ □ □ □ □	□ □ □	■ ■ ■ ■ ■ V W	B B B B	■ ■ ■ ■
D8	Checotah, 74426 918-473-7200	Kwik-N-EZ Auto/Truck Travel Plaza (Citgo) I-40 Exit 265 (S US 69 Business)	24HRS ■ ■	M ■ ■	□ ■ ■ □ ■	□ □ ■ ■ □		□	□ □ □ □ □ □	□ □ □	■ □ ■ V W	B B F F F	■ ■ ■ ■
D8	Checotah, 74426 918-473-4551	E-Z Mart #529 (Citgo) US 69 & US 266	24HRS ■ ■	L ■ ■	□ ■ ■ ■ ■	□ □ ■ ■ ■	F C F	□ □ □ □	[logo] ■ □ ■ ■ ■ ■ □ □	■ ■ ■	■ ■ V W	B B F C B B	■ ■ ■ ■
E5	Chickasha, 73018 405-224-2027	TNT - Full Convenience Center (Shamrock) 528 US 81	■ ■ ■		□ ■ □ ■	□ □ □ □	□	□ □ □ □ □	□ □ □ □ □ □	□ □ □ □ □	□ V W	F F B B	■ ■ ■
E5	Chickasha, 73018 405-224-0671	EZ-Go Foods #43 (66) I-44 (HE Bailey TPKE) MM 85	24HRS ■ ■	M ■ ■	■ ■ ■ ■	□ □ □	F C			□ □ □	■ ■ V W	B C F B	■ ■ ■ ■
E5	Chickasha, 73018 405-222-1159	62 Truck Stop (Shamrock) US 62 W & 29th St	■ ■ ■	S ■	■ ■			□		□	■ V W	F	■ ■ ■
D6	Chocktaw, 73020 405-390-2800	Panek's Grocery (Shell) 29th SE Indian Meridian Rd	■ ■ ■	S	□ □ ■			□			V W	F B	■ ■ ■
D6	Choctaw, 73020 405-391-9993	Love's Travel Stop #241 I-40 Exit 166 (Choctaw Rd N)	24HRS ■ ■	S ■ ■	■ ■		[logo] ■ F C U F	□		□ □ □	■ □ ■ ■ ■ V W	B B F B B B B	■ ■ ■ ■
D6	Choctaw, 73020 405-386-5550	Anderson Travel Plaza (66) I-40 Exit 166 (Choctaw Rd S)	24HRS ■ ■	M ■ ■	■ ■ ■ ■ ■	■ ■ ■ ■	[logo] F C U	□ ■ ■ ■	□ □ □	□ □ □	■ □ ■ V W	B B F B B B B	■ ■ ■ ■
C8	Chouteau, 74337 918-476-4691	Love's Travel Stop #295 US 69 & US 412	24HRS ■ ■	S ■ ■	□ ■ ■ □ ■ ■	□ ■ ■ □	[logo] ■ F C U T	□ [CAT logo]	□ □ □ □ □	□ □ □	■ ■ ■ ■ V W	B B F B B B	■ ■ ■ ■
C8	Chouteau, 74337 918-476-6770	Curt's Oil #1195 US 69 S	24HRS ■ ■	M ■	□ □ □ ■	□ ■ □		□	□ □ □ □ □	□ □ □ □ □	■ □	B B F B B B B	■ ■
C5	Cleo Springs, 73729 580-438-2571	The Curve Jiffy Trip #105 US 412 (1 mi S)	■ ■ ■	S ■ ■	■ ■		F C	□		□ □ □	■ ■ V W	B B F B B B B	■ ■ ■ ■
D5	Clinton, 73601 580-323-0341	Domino Food & Fuel (Shell) I-40 Exit 66 (1/2 mi S on US 183)	24HRS ■ ■	M ■ ■	□ ■ □ ■ ■	□ □ ■ ■	F C	□ ■ ■ ■	□ □ □ □ □ □ □ □	□ □ □	■ □ ■ ■ V W	B B F B B B B	■ ■ ■ ■
D5	Clinton, 73601 580-323-0140	Fast Lane Store #300 (66) I-40 Exit 66 (US 183)	■ ■ ■	S ■	□ ■	□	F C □		□ □	□ □	■ ■ ■ V W	B B F B B	■ ■ ■
B7	Copan, 74022 918-532-4523	Copan Truck Stop (Shamrock) US 75 (1/2 mi N of OK 10 E)	■ ■ ■	M ■	■ ■ ■	□	F C	□	□ □	□ □ □	■ ■ V W	B B F B B B	■ ■ ■ ■
D5	Custer City, 73601 580-323-1022	Love's Travel Stop #248 I-40 Exit 71	24HRS ■ ■	S ■ ■	□ ■ ■ ■ ■		[logo] ■ F C				■ ■ ■ V W	B B F B B B	■ ■ ■ ■
E6	Davis, 73030 580-369-5360	Chickasaw Trading Post (Shamrock) I-35 Exit 55 (Hwy 7)	24HRS ■ ■	S ■ ■	□ □ □ ■	□ □	F C	□	□ □	□ □ □	■ □ ■ V W	B C B C C	■ ■ ■ ■
B7	Dewey, 74029 918-534-2032	Pump'n Pete's (Conoco) 2390 US 75 N	24HRS ■ ■	S ■ ■	□ ■ □ ■	□ □	F C	□	□ □ □ □	□ □ □	■ ■ ■ V W	B B B B	■ ■ ■ ■
E5	Duncan, 73534 580-252-1200	Connie's Quick Mart/Johnson's Shamrock 2717 US 81 S	■ ■ ■	S ■	□ ■ □ ■	□	F C T	□	□ □	□ □ □ ■	■ V W	B B B B	■ ■ ■ ■
D7	Dustin, 74839 918-657-2540	EZ-Go Foods #41 (66) Indian Nation TPKE MM 92 (OK 9)	24HRS ■ ■	S ■ ■	■ ■		F C			□ □ □	■ ■ V W	B C F B	■ ■ ■ ■
D4	Elk City, 73648 580-225-9162	Love's Travel Stop #201 I-40 Exit 41 (US 66 & OK 34)	24HRS ■ ■		□ ■ ■ □ ■	□	[logo] ■ F C	□	□ □ □ □ □ □	□ □	□ ■ ■ V W	B B F B B B	■ ■ ■ ■
B3	Elmwood, 73935 580-625-4896	Boston's 66 Service US 270-412 & OK 3 & OK 23	■ ■ ■		■ ■		F C		■ ■		W	C	■ ■ ■ ■
C5	Enid, 73703 580-242-0747	Hutch's #14 (Conoco) 3206 US 81 S & E Southgate Rd	24HRS ■ ■	S	■ ■ ■	■ ■	F C □	□	□ □	□ □ □	■ V W	B B F B B B B	■ ■ ■ ■
C5	Enid, 73701 580-234-4111	24/7 Travel Plaza US 64-412 E & 42nd St	24HRS ■ ■	S ■	■ ■	■ ■	F C U F	■ ■ ■		□ □ □	■ ■ V W	B B F B B B B	■ ■ ■ ■
C5	Enid, 73701 580-234-4420	Potter Oil US 81 Business	■ ■		□ □ □	□		□	□ □ □ □ □ □ □		V W	F	■ ■ ■
D4	Erick, 73645 580-526-3345	Love's Travel Stop #253 I-40 Exit 7 (US 30)	24HRS ■ ■	M ■ ■	□ ■ ■ □ ■ ■	□ ■ ■ ■	[logo] ■ F C	□ [CAT logo]	□ □ □ □ □	□ □ □	■ ■ ■ V W	B B F B B B	■ ■ ■ ■
D8	Eufaula, 74432 918-689-9444	Love's Travel Stop #204 US 69 & OK 9 (1 blk E)	24HRS ■ ■	M ■	□ ■ ■ □ ■ ■	□ ■ ■ □	[logo] ■ F C U T	□	□ □ □ □ □	□ □ □	■ □ ■ ■ ■ V W	B B F B B B	■ ■ ■ ■
B2	Eva, 73939 580-545-3320	Four Corners Truck Stop & Cafe US 64/OK 3 & OK 95	■ ■ ■	M ■ ■	■ ■ ■	■ ■ ■			■ ■	□ □ □	■	B	■

THE TRUCKER'S FRIEND® - OKLAHOMA

How to interpret the page

■ means available at truck stop □ means available nearby

in the overnight lot column:
S means room for 5 - 24 trucks
M means room for 25-74 trucks
L means room for 85-149 trucks
XL means room for 150+ trucks
$ means a parking fee may be charged

code at left-hand side of rows is the state map grid reference

a key to advertising logos is on page 25

Services may change without notice. When in doubt, call ahead.

Column headings — Driver Services: MOTOR FUEL (Truck Diesel, Self Service Diesel, Metered Propane, Gasoline); PARKING (Overnight Lot ($), Paved Lot, Trailer Drop, Electric Plug-Ins, Safe Haven/Hazmat); FOOD (Restaurant, Fast Food, Table Phones); STORES (Motel, Convenience, Trucker/Travel, Shopping Center, Walmart/Kmart, Grocery); SHOWERS (Ladies', Men's); COMMUNICATION (TV/Drivers Lounge, Laundry, Load Monitor, Internet Kiosk, Wi-Fi Hotspots, Document Scanning, Public Fax/Copier, UPS/FedEx/TripPak Box, Religious Services, State Lottery). Vehicle Services: SCALES (Axle, Platform, Certified); TIRES (Repairs, New Tire Sales); REPAIRS (Shop Open 24 Hrs, DOT Inspection, Major Repairs, Minor Repairs, Oil Change/Lube, Minor Welding, AC/Reefer); ROAD SVCS (CB, Tire, Mechanical, Towing); WASH (Truck (Exterior), Trailer Washout). RV Info (RVs Welcome, Dumping Station, Propane (Bottle)). Financial Services (ATM, Can Wire Money Out, Money Orders, Natso Check-Link, Western Union, Voyager/Wright Express, Comdata (Comchek), EFS, Fuel Man, Multi Service, TCH, T-Chek, Fleet One) — C=Checks, F=Fuel Cards, B=Both. Permit Svcs (Buy/Pay at Fuel Desk, All Prepaid Permit Svcs). Credit Cards (American Express, Visa/Mastercard, Discover).

Grid	City / Phone	Truck Stop / Location	Motor Fuel	Parking	Food	Stores	Showers	Communication	Scales	Tires	Repairs	Road Svcs	Wash	RV Info	Financial Services	V/W	C/F/B	Credit Cards
D 4	Foss, 73647 580-592-4752	Pendleton's Truck Stop (Shell) I-40 Exit 53 (OK 44)	■ ■ ■	M ■ ■		■ ■	■		F C		■ ■ □ □ □ □	□ □	■ □ □	■	■	V W	B B F C B B B	■ ■ ■ ■
B 8	Foyil, 74031 918-342-4955	Okie Mart (Citgo) 9953 Hwy 66 N	■ ■ ■			□ ■ □	■		C □	□					■	W		■ ■ ■
F 4	Frederick, 73542 580-335-7511	183 Truck Stop 1300 US 183 S	■ ■ ■	S		□ □ □	■	□ □	F C □	□ □ □ □	■ ■ ■ □ ■ ■	□	■ ■ □	□ □ ■ □		V W	C F	■ ■ ■ ■
F 9	Garvin, 74736 580-746-2212	Choctaw Travel Plaza (Conoco) OK 37 W & OK 98	■ ■ ■	S		■	■	■	F C				□ □ □	■		V W	B B F C C B B	■ ■ ■ ■
D 5	Geary, 73014 405-884-5585	Cherokee Travel Mart (Shell) I-40 Exit 108	24 HRS ■ ■	M ■ ■		24 HRS ■	■ ■	□ ■ ■	F C □	□	■ ■ ■		■ ■ □	■ ■ □	■	V W	B B F B B B	■ ■ ■ ■
D 5	Geary, 73014 405-884-6175	Love's Travel Stop #251 I-40 Exit 108	24 HRS ■ ■	S ■ ■		□ ■	■ ■	⏻ ■	F C U	□	□ □	□	□ □	■ □	■ ■	V W	B B F B B B	■ ■ ■ ■
D 5	Geary, 73040 405-884-5591	Fast Lane Food Mart (66) I-40 Exit 108	■ ■ ■	S ■		□ ■	■	□ □	F C	□			□ □ □	□	■	V W		■ ■ ■ ■
C 7	Glenpool, 74033 918-322-9265	E-Z Mart #512 (Citgo) US 75 S & 141st St W	24 HRS ■ ■	S ■ ■	■	□ ■ ■ □	■	□ □ ■ □	□	□	□ □ □ □ □ □	□ □	□ □ □	■ □ ■	■	V W	B B F B B	■ ■ ■ ■
D 6	Goldsby, 73070 405-364-0059	Love's Travel Stop #260 I-35 Exit 106 (OK 9 W)	24 HRS ■ ■	S ■ ■		□ ■ ■ □	■ ■	□ □ □ □ ⏻ ■	F C U		□ □ □	□	□ □ □	■ □ ■	■ ■	V W	B B F B B B	■ ■ ■ ■
D 6	Goldsby, 73072 405-573-4040	Chickasaw Travel Plaza (66) I-35 Exit 106 (OK 9)	24 HRS ■ ■	S$ ■ ■		□ ■ □	■ ■	□ □ ■ ■ ■	F C	□		□	□ □ □	■	■	V W	B B F B B B B	■ ■ ■ ■
E 5	Gotebo, 73041 580-538-5454	54 Truckstop OK 54	■ ■ ■	S ■		□ ■	■	□		□	■ ■ ■ ■	□		□			C	■ ■ ■
F 8	Grant, 74738 580-326-7595	Choctaw Travel Plaza (66) US 271 (10 mi S of Turnpike)	24 HRS ■ ■	M ■ ■		■	■	■ ■ ■ DAT ⏻	F C T					■	■	V W	B B F B B B	■ ■ ■ ■
B 2	Guymon, 73942 580-338-4228	Wes-T-Go #32 (Shell) 1015 US 54-64 NE	24 HRS ■ ■	M ■ ■		24 HRS □ ■ □	■ ■	□ □ □ ■ ■ ■ ■	F C □	□ CAT	□ □ □	□	□ □ □	□ ■ □	■	V W	B B F B B B B	■ ■ ■ ■
B 2	Guymon, 73942 580-338-2850	Super Star Wash #3 US 54-64 (2 mi NE)	■ ■	M ■ ■	■	24 HRS		■ ■ ■ ■	F C □		□ □ □ □ □	□ □	□ □ □	■ ■ ■			B B B C	■ ■ ■ ■
B 2	Guymon, 73942 580-338-1327	Wes-T-Go # 14 (Conoco) US 54-64 Bypass	■ ■ ■	S ■ ■		□ ■ □	■	□ □ □ ■	F C □	□	■ ■ □ □ □	□ □ □	■ □ □	□ ■ □	■ ■ ■ ■	V W	B B F B B B B	■ ■ ■ ■
F 6	Harrisburg, 73529 580-470-9555	Midway Truck Stop OK 7 (9 mi E of US 81)	■ ■ ■	M ■		■ □	■	■ ■ ■ ■	F C							V W	B B F B C	■ ■ ■
C 5	Hennessey, 73742 405-853-4528	Dale's Quick Stop #4 (Sinclair) US 81 & OK 51	24 HRS ■ ■	S ■		□ ■ □	■	□ □	F C	□ □				□ ■	■	V W	B B F B	■ ■ ■ ■
D 7	Henryetta, 74437 918-652-7437	R&R Shell I-40 Exit 237 (OK 62)	■ ■ ■	L ■		□ □	■	□ □ □		□	□ □ □ □	□ □	□ □ □	■		V W	B B B	■ ■ ■
D 7	Henryetta, 74437 918-650-0418	Mobile Services (Citgo) I-40 Exit 237 (US 62-75)	24 HRS ■ ■	S ■		□ ■ ■ □	■	□ □ ■ □	F C □	□	■ ■ ■ ■ ■	■	■ ■ □	■ □	■ ■ ■	V W	B F F B B B B	■ ■ ■ ■
D 5	Hinton, 73047 405-542-6661	Hinton Travel Plaza (Shell) I-40 Exit 101 (US 281)	24 HRS ■	L ■ ■		■ ■	■ ■	■ ■ ■ ■	F C		□	■	□ □ □	■ ■	■	V W	B B F B B B B	■ ■ ■ ■
B 2	Hooker, 73945 580-652-2001	Love's Travel Stop #046 US 54 E & US 64	24 HRS ■ ■			□ ■ ■ □	■ ■	□ ■ ■ ⏻ ■	F C □	□	□ □ □ □ □ □	□	□ □ □		■ ■	V W	B B F B B B	■ ■ ■ ■
F 8	Hugo, 74743 580-326-6755	Kwik Chek #24 (Citgo) US 70 E & OK 93	24 HRS ■ ■ ■	S		□ ■ □	■	□ □ □ □	F C	□	□ □	□	□	■ ■	■ ■	V W	B C F C C C	■ ■ ■ ■
F 9	Idabel, 74745 580-286-5503	Carter's Fuel Center (Shell) 100 US 70-259 Bypass & OK 37	24 HRS ■ ■	M		■ □	■			□	□ □ □	□		□	■	V W	B B B	■ ■ ■
C 8	Inola, 74036 918-543-7750	Stone Creek Travel Center (66) US 412 (4 mi E of OK 88)	24 HRS ■ ■	M ■		■	■ ■	■ ■ ■ ■	F C				□ □ □	■	■ ■ ■ ■	V W	B F	■ ■ ■ ■
C 7	Kellyville, 74039 918-247-6666	EZ Go Foods #52 I-44 MM 207	■ ■ ■	S ■			■						□ □ □	■	■	V W	F	■ ■ ■
C 5	Kingfisher, 73750 405-375-6666	Domino Fuel Stop #14 (Conoco) US 81 S	■ ■ ■	S ■ ■		□ ■ □	■ ■	□ □ ■	F C	□ □ □			□	□ ■	■ ■	V W	C C F C C	■ ■ ■ ■
C 5	Lahoma, 73754 580-796-2218	The Lahoma Corner Store (Cenex) US 60-412 & Stabe Rd	■ ■ ■			□ ■	■	■		□	□	□		□	■ ■	V W		■ ■ ■
B 4	Laverne, 73848 580-921-3327	Laverne Farmers Co-op US 283 (1 mi N of town)	■ ■ ■			□ □ □		□ ■ □		□	■ ■ □ □ □	□	□	□ □ □ ■		V W	F	■ ■ ■

THE TRUCKER'S FRIEND® - OKLAHOMA

How to interpret the page

■ means available at truck stop □ means available nearby

in the overnight lot column:
- S means room for 5 - 24 trucks
- M means room for 25-74 trucks
- L means room for 85-149 trucks
- XL means room for 150+ trucks
- $ means a parking fee may be charged

code at left-hand side of rows is the state map grid reference

a key to advertising logos is on page 25

Services may change without notice. When in doubt, call ahead.

Column groups: Driver Services (Motor Fuel: Truck Diesel, Self Service Diesel, Metered Propane, Gasoline; Parking: Overnight Lot ($), Paved Lot, Trailer Drop, Electric Plug-Ins; Food: Safe Haven/Hazmat, Restaurant, Fast Food, Table Phones; Stores: Motel, Convenience, Trucker/Travel, Shopping Center, Walmart/Kmart, Grocery; Showers: Ladies, Men's; Communications: TV/Drivers Lounge, Laundry, Load Monitor, Internet Kiosk, WiFi Hotspots, Document Scanning, Public Fax/Copier, UPS/FedEx/Trippak Box, Religious Services, State Lottery) · Vehicle Services (Scales; Tires: Axle, Platform, Certified, Repairs, New Tire Sales; Repairs: Shop Open 24 Hrs, DOT Inspection, Major Repairs, Minor Repairs, Oil Change/Lube, Minor Welding, AC/Reefer; Road Svcs: CB, Tire, Mechanical, Towing; Wash: Truck (Exterior), Trailer Washout) · RV Info (RVs Welcome, Dumping Station, Propane (Bottle)) · Financial Services (ATM, Can Wire Money Out, Money Orders, Natso Check-Link, Western Union, Voyager/Wright Express, Comdata/Comchek, EFS, Fuel Man, Multi Service, TCH, T-Chek, Fleet One; C=Checks, F=Fuel Cards, B=Both) · Permit Svcs (Buy/Pay at Fuel Desk, All Prepaid Permit Svcs) · Credit Cards (American Express, Visa/Mastercard, Discover)

Grid	City / Phone	Truck Stop / Location	Fuel & Parking	Food	Stores	Showers	Communications	Scales	Tires	Repairs	Road Svcs / Wash	RV Info	Financial Services	Permit Svcs	Credit Cards
E 5	Lawton, 73501 580-355-5112	Kids #03 I-44 Exit 36 (Hwy 7)	■■ ■	S	□■ □	■	□ □ ■□	F C	□	□□□ □□	□□□□ □□	□□□ □□	■ ■■ ■	W	B C F C C ■■■■
E 5	Lawton, 73501 580-353-7575	Expressway Fina I-44 Exit 36 A (Hwy 7, 1blk W)	■■ ■	S■■	□□ □	■	□□□ □	F C □	□	□□□ ■■	□□□□□ □□	■□□□ □□	■	V W	B F B B ■■■■
E 5	Lawton, 73501 580-529-2882	Love's Travel Stop #263 I-44 Exit 45 (OK 49)	24 HRS ■ ■	S■	■	■		⏻■ F C T	□	□ □□	□	□□□	■ ■ ■	V W	B B F B B B ■■■■
F 6	Marietta (West), 73448 580-276-9326	Valero #4430 I-35 Exit 15 (Hwy 32)	24 HRS ■ ■	M■■	□■ □	■■	□■■ □	F C	□	□	□□□□ □ □□□□		■ ■■	V W	B B B B B B ■■■■
E 8	McAlester, 74501 918-426-6390	Choctaw Travel Plaza (Conoco) 1640 US 69	24 HRS ■ ■	M■■	□■■□	■■	□□□ ■■ ■■ DAT	⏻ F U C F T	□	□□	□□□ □□	□□□□	■□ ■	V W	B B F B B F B ■■■■
E 8	McAlester, 74501 918-423-0563	E-Z Mart #516 US 69 Bypass & Hardy Springs Rd	24 HRS ■ ■	S■■	□■■□	■	□□□ □	F C	□	□□	□□□□□□□	□□□□□	■□ ■	V W	B B F ■■■■
B 9	Miami, 74354 918-542-2088	EZ Go Foods #48 (66) I-44 (Will Rogers TPKE) MM 313 WB	■■ ■	M■	□■ □	■	□□ □		□			□□□	■□ ■ ■	V W	B F ■■■
D 9	Muldrow, 74948 918-427-7214	Curt's Oil #1192 I-40 Exit 321	24 HRS ■ ■	S■■	■□ ■	■	□□□ ■■ ■□	F C	□	□□	□□□□	□□□□	■ ■		B B F B B B ■■■■
C 8	Muskogee, 74401 918-686-0100	Barking Frog Travel Plaza (Citgo) 3950 US 69 N (1/4 mi S of river)	■■ ■	M ■	□■■□	■■	■■ ■	F T C F	□ CAT	BF ■	■■■ ■ A R ■	■■■	■□■■	V W	B B F B B B B ■■■■
C 8	Muskogee, 74403 918-687-7451	Fuel Smart (66) Muskogee Tpke & Chandler Rd	24 HRS ■ ■	M■■	□■ □	■	□■■■	F T	□	□□	□□□□	□□□■	■ ■	V W	B B F B ■■■■
C 8	Muskogee, 74401 918-683-4821	EZ-Go Foods #40 (66) Muskogee Tpke Service Area	24 HRS ■ ■	S■	■	■		F C				□□□	■□ ■	V W	B C F B ■■■■
C 8	Muskogee, 74401 918-781-2350	Creek Nation Travel Plaza (Conoco) US 69 & Peak Blvd	24 HRS ■ ■	M■■	■	■■	■■ ■	F C		□□	□	□□□	■□ ■	V W	B B B B B B ■■■■
C 8	Muskogee, 74401 918-682-6610	Shell Mart US 69 S & Hancock	■■ ■	M■■	□□ □	■	□■■ □	F F C	□	■■	■■■ ■ A R □	■■■■■	■□ ■	V W	B C F B B B B ■■■■
B 7	Ochelata, 74051 918-535-2112	Dan's Citgo 28572 US 75 (8 mi S of Bartlesville)	■■ ■	M ■	■	■							■ ■	V W	F ■■■
D 7	Okemah, 74859 918-623-2024	Love's Travel Stop #274 I-40 Exit 221 (Hwy 27)	24 HRS ■ ■	S■■	□■ □	■■	□■■	⏻■ F C	□	□□	□□□□ □	□□□	■ ■■ ■	V W	B B F B B B ■■■■
D 7	Okemah, 74859 918-623-1945	Okemah Travel Center (Shamrock) I-40 Exit 221 (Hwy 27)	24 HRS ■ ■	M■■	□■ □	■■	□■■ ■	F C		□□	□□□□ □	□□□	■■□■■ ■	V W	B B F B B B B ■■■■
D 6	Oklahoma City, 73135 405-672-8766	City Mart #7 (Shamrock) I-240 Exit 7 (Sunnylane)	24 HRS ■ ■	M■■■	■ □	■ □		F C	□			□□	■ ■■ ■	V W	B B B B B B ■■■■
D 6	Oklahoma City, 73153 405-632-3566	Love's Travel Stop #211 I-35 Exit 120 (SE 89th)	24 HRS ■ ■	S■	□■■□	■	□□□	⏻■ F U C T	□	□□			■ ■ ■ ■	V W	B B F B B B ■■■■
D 6	Oklahoma City, 73160 405-631-3633	CD Mart (Shamrock) I-35 Exit 120 (SE 89th)	24 HRS ■ ■	M■■	□■ □	■	□□□ ■■ ■	U	□ ■■■	□□		□□□	■□ ■ ■	V W	B B B B B B ■■■
D 6	Oklahoma City, 73149 405-632-1166	City Mart #4 (Shamrock) I-35 Exit 122 B (59th Street SE)	24 HRS ■		□■ □	■	□□□ □		□				□ ■ ■	V W	B B B B B B ■■■■
D 6	Oklahoma City, 73117 405-424-4677	Synergy Flash Mart #3 (Conoco) I-35 Exit 129 (NE 10th)	■■ ■	S■■	□■ □	■	□ □	C □	□			□□□	■ ■■ ■	V W	B B F B B B ■■■■
D 6	Oklahoma City, 73117 405-235-5070	JRS Travel Center I-35-40 Exit 127	24 HRS ■ ■	L■■	□■■□	■■	■■ ■ DAT	F U C F	CAT	□□	□□□□□	□□□□□	■ ■■ ■■	V W	B B F B B B B ■■■■
D 6	Oklahoma City, 73117 405-228-7040	PETRO Petro Stopping Center #16 (Mobil) I-35-40 Exit 127 (Eastern Ave/MLK Blvd)	24 HRS ■ ■	XL■■	24 HRS ■■□	■	□□ ■■■■ DAT ⏻	F U C F T	■ CAT	BF ■■■■■■	■ A R □	■■□■	■	V W	B B B B B ■■■■
D 6	Oklahoma City, 73013 405-478-5766	Love's Travel Stop #205 I-35-44 Exit 137 (NE 122nd W)	24 HRS ■ ■	S■	□■■□	■	■■	⏻■ F U C T	CAT	□□	□	□□□□	□■■ ■	V W	B B F B B B ■■■■
D 6	Oklahoma City, 73131 405-478-3052	Travel Stop # 26 (Shell) I-35-44 Exit 137 (NE 122nd E)	24 HRS ■ ■	M ■	□■■□	■	□■ □	⏻ F C	□ □□□			□□□□□	■□ ■	V W	B B F B B ■■■■
D 6	Oklahoma City, 73131 405-475-9440	Flying J Travel Plaza #05056 I-35-44 Exit 137 (NE 122nd)	24 HRS ■■■	L ■	24 HRS ■■□	■	■■■■ ⌀⌀⌀⌀	F U T	■ ⌀	□□	□ □	□□□□□	■■■■ ■	V W	B B B B ■■■■
D 6	Oklahoma City, 73128 405-324-5376	TA TravelCenters of America/OKC West I-40 Exit 140 (Morgan Rd)	24 HRS ■ ■	L■■	24 HRS ■■□	■■□	■□■■ DAT TA	F U C F T	■ CAT	BF ■■■■■	■ R ■■	■■□□□	■□ ■■ ■■	W	B B B B B ■■■■
D 6	Oklahoma City, 73128 405-789-0087	Love's Travel Stop #203 I-40 Exit 140 (Morgan Rd)	24 HRS ■ ■	M■	□■■□	■■	□□□ ■ □	⏻■ F C T	□ □□□□	□□	□□□□□□□	□□□□□	■ ■ ■ ■	V W	B B F B B B ■■■■

THE TRUCKER'S FRIEND® - OKLAHOMA

How to interpret the page

■ means available at truck stop □ means available nearby

In the overnight lot column:
- S means room for 5 - 24 trucks
- M means room for 25-74 trucks
- L means room for 85-149 trucks
- XL means room for 150+ trucks
- $ means a parking fee may be charged

code at left-hand side of rows is the state map grid reference
a key to advertising logos is on page 25

Services may change without notice. When in doubt, call ahead.

Column headings: Motor Fuel (Truck Diesel, Self Service Diesel, Metered Propane, Gasoline); Driver Services — Parking (Overnight Lot ($), Paved Lot, Trailer Drop), Food (Electric Plug-ins, Safe Haven/Hazmat, Restaurant, Fast Food), Stores (Table Phones, Motel, Convenience, Trucker/Travel), Showers (Shopping Center, Walmart/Kmart, Grocery, Ladies, Men's), TV/Drivers Lounge, Laundry, Communication (Load Monitor, Internet Kiosk, Wi-Fi Hotspots, Document Scanning, Public Fax/Copier, UPS/FedEx/Trippak Box); Vehicle Services — Scales (Religious Services, State Lottery), Tires (Axle, Platform, Certified), Repairs (New Tire Sales, Shop Open 24 Hrs, DOT Inspection, Major Repairs, Minor Repairs), Road Svcs (Oil Change/Lube, Minor Welding, AC/Reefer), Wash (CB, Tire, Mechanical, Towing, Truck (Exterior), Trailer Washout); RV Info (RVs Welcome, Dumping Station, Propane (Bottle)); Financial Services (ATM, Can Wire Money Out, Money Orders, Natso Check-Link, Western Union, Voyager/Wright Express, Comdata (Comchek)); Permit Svcs (Multi Service, Fuel Man, EFS); Credit Cards (TCH, T-Chek, Fleet One, Buy/Pay at Fuel Desk, All Prepaid Permit Svcs, American Express, Visa/Mastercard, Discover). C=Checks, F=Fuel Cards, B=Both.

Grid	City / Phone	Truck Stop / Location	Motor Fuel / Driver Services	Vehicle Services / RV Info	Financial / Permit / Credit Cards
D6	Oklahoma City, 73127 405-324-5000	Flying J Travel Plaza #05027 (Conoco) I-40 Exit 140 (Morgan Rd)	24HRS ■ ■ ■ XL ■ ■ 24HRS ■ □ ■ ■ □ □ □ ■ ■ ■	F C U F T ■ □ □ □ □ □ □ □ □ □ □	■ ■ ■ ■ V W B B B B ■ ■ ■ ■
D6	Oklahoma City, 73128 405-440-1048	Pilot Travel Center #460 I-40 Exit 140 (Morgan Rd)	24HRS ■ ■ XL ■ ■ ■ ■ □ ■ ■ □ ■ ■ ■	F C U F T ■ □ □ □ □ □ □ □ □ □ □ □ □ □	■ ■ ■ ■ ■ ■ ■ ■ V W B B F B B B ■ ■ ■ ■
D6	Oklahoma City, 73128 405-787-7411	TravelCenters of America/OKCity East I-40 Exit 142 (Council Rd)	24HRS ■ ■ XL ■ ■ 24HRS ■ ■ □ ■ ■ ■ ■ ■	F C U F T ■ ■ ■ ■ ■ ■ ■ ■ A □ ■ ■ □ ■ ■	■ □ ■ ■ ■ ■ B B B B B ■ ■ ■ ■
D6	Oklahoma City, 73418 405-235-1446	Roadway Ventures (66) I-40 Exit 148	24HRS ■ ■ □ ■ □ ■ □	F C □ □	■ V W C C F B B ■ ■ ■ ■
D6	Oklahoma City, 73119 405-691-4126	Hi-Way Grill & Service Station (Shell) I-44 Exit 112 (SW 104th St)	24HRS ■ ■ M ■ ■ ■ □ □ □ □	F C F □ □ □ □ □ □ □ □ □ □	■ ■ V W B C F C B ■ ■ ■ ■
D7	Okmulgee, 74447 918-752-0094	Creek Nation Travel Plaza (Conoco) 2800 US 75 N	24HRS ■ ■ ■ S ■ ■ □ ■ □ ■ ■ □ □ □ ■	F C □ □ □ □ □ □ □ □ □ □	■ ■ ■ V W B B B B B B ■ ■ ■ ■
E6	Pauls Valley, 73075 405-238-5523	Travel Plaza (Shamrock) I-35 Exit 72 (OK 19 E)	24HRS ■ ■ M ■ ■ 24HRS □ ■ □ ■ ■ □ □ ■ ■ ■	F C U T □ ■ ■ ■ ■ ■ ■ ■ ■ ■ ■ ■ A ■ ■ ■ ■ □	■ ■ V W B B F B B B B ■ ■ ■ ■
E6	Pauls Valley, 73075 405-238-5675	Love's Travel Stop #202 I-35 Exit 72 (OK 19)	24HRS ■ ■ S ■ □ ■ ■ □ ■ ■ □ □	F C U F □ □ □ □ □ □ □ □ □ □ □ □ □ □ □ □	■ □ ■ ■ ■ V W B B F B B B ■ ■ ■ ■
E6	Pauls Valley, 73075 405-238-3216	Pauls Valley Travel Center (66) I-35 Exit 72 (OK 19)	24HRS ■ ■ S ■ ■ ■ ■ □ ■ ■ □ □	□ □ □ □ □ □ □ □ □ □ □ □ □ □ □	■ ■ V W B F B B ■ ■ ■
C7	Pawnee, 74058 918-454-2891	EZ Go Foods (66) US 412 (Cimarron Turnpike)	24HRS ■ ■ M ■ □ ■	F □ □ □ □ □	■ ■ V W B C F C ■ ■ ■
C6	Perry, 73077 580-336-4460	Sooner's Corner Conoco I-35 Exit 185 (OK 164)	24HRS ■ ■ L ■ ■ 24HRS □ ■ ■ ■ ■ □ □ □ ■ ■ ■	F C □ ■ ■ ■ ■ ■ ■ A ■ ■ □	■ ■ ■ ■ V W B B F B B B ■ ■ ■
C6	Perry, 73077 580-336-9110	Sunmart #038 I-35 Exit 186 (US 64)	24HRS ■ ■ S ■ □ ■ □ ■ ■ □ □ □ ■ ■ □	F C □ □ □ □	■ □ ■ B B B B B B ■ ■ ■ ■
D7	Pharoah, 74880 405-786-3230	Bernhardt's Phillips 66 Truck Stop I-40 Exit 231 (US 75 S)	24HRS ■ ■ M ■ ■ 24HRS ■ ■	□ □ □ □ □ □ □	■ V W B B ■ ■ ■
D9	Pocola, 74902 918-436-7374	Tote-A-Poke OK 112	■ ■ ■ S ■ ■ □ □	□ □ □ □ □ □ □ □ □	■ ■ V W F ■ ■ ■
D9	Pocola, 74902 918-436-7824	Choctaw Travel Plaza #4 (66) US 271 at AR border	■ ■ ■ □ ■ ■	F C	V W ■ ■ ■ ■
B6	Ponca City, 74604 580-762-7750	Mid West Easy Stop # 13 (66) 3280 US 60 (2 mi E of Hwy 77)	24HRS ■ ■ S ■ ■ ■ □ ■	F C □ □ □ □ □ □ □ □ □ □	■ V W F ■ ■ ■
E9	Poteau, 74953 918-647-3392	Choctaw Travel Plaza (66) 4105 US 59-271 N & OK 112	24HRS ■ ■ S ■ ■ □ ■ □ ■ □ □ □ ■ ■ □ ■	F C T □ □ □ □	■ ■ V W B B F B B B ■ ■ ■ ■
C8	Pryor, 74361 918-825-7544	E-Z Mart #678 (Shell) US 69 & US 69 A	24HRS ■ ■ M ■ ■ ■ ■ □ ■ ■ ■ ■ ■	F □ □ □ □ □ □ □ □ □ □ □	■ ■ V W B B F B B ■ ■ ■ ■
E6	Purcell, 73080 405-527-5300	Star Travel Plaza (Shell) I-35 Exit 91 (Hwy 74)	24HRS ■ ■ S ■ ■ □ ■ ■ □ ■ ■ □ □	F C □ □ □ □ □ □ □ □ □ □ □ □ □	■ □ ■ V W B B F B B B B ■ ■ ■ ■
D9	Roland, 74954 918-427-5100	Roland Shell I-40 Exit 325 (US 64)	24HRS ■ ■ S ■ ■ □ ■ ■ □ ■ ■ □ ■ □	F C □ □ ■ ■ ■ □ □ □ □ □ □ □	■ ■ V W B B F B B B B ■ ■ ■ ■
D9	Roland, 74954 918-427-0895	Pilot Travel Center #196 I-40 Exit 325 (US 64)	24HRS ■ ■ M ■ ■ □ ■ ■ □ ■ ■ □ ■ ■	F C U F T □	■ ■ ■ ■ ■ ■ V W B B F B B B ■ ■ ■ ■
C8	Rose, 74352 918-868-3909	EZ-Go Foods #45 (Conoco) US 412 (Cherokee Tpke) MM 19	24HRS ■ ■ S ■ ■ ■ ■	F C □ □ □ □ □ □ □ □ □ □	■ ■ ■ V W B C F B B ■ ■ ■
D9	Sallisaw, 74955 918-775-5133	Sallisaw Travel Center (Shell) I-40 Exit 308 (US 59 S)	■ ■ ■ M ■ ■ ■ ■ ■ □ ■ ■ □ □ □ ■ ■ ■ ■	F C U F T □ ■ ■ ■ ■ ■ ■ ■ ■ ■ ■ ■ ■ ■ □	■ □ ■ V W B B F B B B B ■ ■ ■ ■
D9	Sallisaw, 74955 918-775-4686	Ed's Truck Stop (66) I-40 Exit 311 (US 64 E)	24HRS ■ ■ M ■ ■ 24HRS ■ □ ■ ■ □ □ ■ ■ ■ ■	F U T □ ■ ■ □ ■ ■ ■	■ ■ V W B B F B B F B ■ ■ ■ ■
D9	Sallisaw, 74955 918-775-3981	Greg's Mini Mart (66) US 59	■ ■ ■ ■ □ ■ □ □ □ □	□ □ □ □ □ □ □ □ □ □ □ □ □	■ ■ ■
C7	Sapulpa, 74067 918-227-4318	Fastop #135 (Shell) I-44 Exit 211 (OK 33 & OK 66)	■ ■ ■ ■		■ ■ V W F ■ ■ ■
E8	Savanna, 74565 918-548-3568	Savanna Fuel Stop (Shell) US 69 (2 mi S of TPKE Exit 63 B)	24HRS ■ ■ M ■ ■ 24HRS ■ □ ■ ■ ■ ■ ■	F C T □ ■ ■ ■ ■ ■ ■ □	■ ■ ■ □ ■ V W B B F B B B B ■ ■ ■ ■
D4	Sayre, 73662 580-928-2216	Flying J Travel Plaza #05093 (Conoco) I-40 Exit 20 (US 283)	24HRS ■ ■ ■ XL ■ ■ 24HRS ■ ■ □ ■ ■ □ ■ ■ ■	F C U F T ■ □ □ □ □ □ □ □ □ □ □ □ □ □	■ ■ ■ ■ V W B B B B ■ ■ ■ ■

THE TRUCKER'S FRIEND® - OKLAHOMA

How to interpret the page

■ means available at truck stop □ means available nearby

in the overnight lot column:
- S means room for 5 - 24 trucks
- M means room for 25-74 trucks
- L means room for 85-149 trucks
- XL means room for 150+ trucks
- $ means a parking fee may be charged

code at left-hand side of rows is the state map grid reference

a key to advertising logos is on page 25

Services may change without notice. When in doubt, call ahead.

Column headings:

- **Driver Services** — MOTOR FUEL: Truck Diesel, Self Service Diesel, Metered Propane, Gasoline; PARKING: Paved Lot, Overnight Lot ($); FOOD: Trailer Drop, Electric Plug-Ins, Safe Haven/Hazmat, Restaurant, Fast Food, Table Phones; STORES: Motel, Convenience, Trucker/Travel, Shopping Center, Walmart/Kmart; SHOWERS: Grocery, Ladies, Men's, TV/Drivers Lounge, Laundry; COMMUNICATIONS: Load Monitor, Internet Kiosk, Wi-Fi Hotspots, Document Scanning, Public Fax/Copier, UPS/FedEx/Trippak Box, Religious Services, State Lottery
- **Vehicle Services** — SCALES: Axle, Platform, Certified; TIRES: Repairs, New Tire Sales; REPAIRS: Shop Open 24 Hrs, DOT Inspection, Major Repairs, Minor Repairs, Oil Change/Lube, Minor Welding; ROAD SVCS: AC/Reefer, CB, Tire, Mechanical, Towing; WASH: Truck (Exterior), Trailer Washout
- **RV Info** — RVs Welcome, Dumping Station, Propane (Bottle)
- **Financial Services** — ATM, Can Wire Money Out, Money Orders, Natso Check-Link, Western Union, Voyager/Wright Express, Comdata/Comchek, EFS, Fuel Man, Multi Service, TCH, T-Chek, Fleet One, Buy/Pay at Fuel Desk, All Prepaid Permit Svcs (C=Checks, F=Fuel Cards, B=Both)
- **Permit Svcs**
- **Credit Cards** — American Express, Visa/Mastercard, Discover

Grid	Location / Phone	Truck Stop / Address	Motor Fuel	Parking	Food	Stores	Showers	Communications	Scales	Tires	Repairs	Road Svcs	Wash	RV Info	Financial Services	Permit Svcs	Credit Cards
D 4	Sayre, 73662 580-928-3691	Tosh Service Center (Shell) I-40 Exit 23 (OK 152)	■ ■	■	S ■ ■	□ ■ □	■ □	□	F C	□	■ ■ ■	■ ■ ■ ■ A R	■ ■ ■		■ □ ■ V W	B C F B B	■ ■ ■ ■
D 4	Sayre, 73662 580-928-5571	TravelCenters of America (TA) I-40 Exit 26 (Cemetery Rd)	24 HRS ■	■	L ■ ■	□ ■ ■ □	■ ■ □	■ ■ ■ ■ DAT TA	F C T	CAT	24/7 ■ ■	■ ■ ■ A	■ ■ □ □ □		■ □ ■ ■ ■ ■ V W	B B B B B	■ ■ ■ ■
C 5	Seiling, 73663 580-922-3122	Domino Food & Fuel #2 (Shell) US 270 S	24 HRS ■	■	S ■ ■	□ ■ □	■ □	■ ■ □	F C	□	□ □	□ □ □ □ □ □ □	□ □ □ □		■ □ ■ ■ ■ V W	B B F B B B	■ ■ ■ ■
D 7	Seminole, 74868 405-303-2219	I-40 Pit Stop Station I-40 Exit 200 (US 377/OK 99)	■ ■	■	M ■	24 HRS	■	■ ■ ■	F C				□ □ □		□ ■ V W	B B F B B B B	■ ■ ■ ■
D 7	Seminole, 74868 405-382-7165	Love's Travel Stop #219 I-40 Exit 200 (US 377/OK 99)	24 HRS ■	■	S ■ ■	□ ■	■	⏻ ■	F C T		□ □	□ □ □ □ □	□ □ □		■ □ ■ ■ ■ V W	B B F B B B	■ ■ ■ ■
D 7	Seminole, 74868 405-382-1616	Seminole Food Mart (Citgo) I-40 Exit 200 (US 377/OK 99 S)	24 HRS ■	■		□ □	■			□	□ □	□ □ □ □ □	□ □ □		□ ■ V W		■ ■ ■
D 7	Seminole, 74868 405-382-7466	Seminole Nation Travel Plaza (Conoco) I-40 Exit 200 (US 377/OK 99)	24 HRS ■	■	M ■	■ □	■ ■	■ ■ ■	F C				□ □ □		■ □ ■ V W	B B B B B B	■ ■ ■ ■
D 6	Shawnee, 74801 405-275-1670	Expo Stop (66) I-40 Exit 181 (US 177)	■ ■	■	S ■	□ ■ □	■ □ □ □	□		□	□ □	□ □ □ □	□ □ □ ■		■ □ ■ ■ V W	B F	■ ■ ■
C 7	Skiatook, 74070 918-396-2253	Gas N Go (66) US 75 & OK 20	24 HRS ■	■	M ■		■		F C				□ □ □		■ V W	B C F C	■ ■ ■ ■
D 9	Spiro, 74959 918-962-2225	Sunset Corner Mart (Conoco) US 271 & US 59 S	■ ■	■	S ■ ■	□ ■	■ □		F C	□	□ □		□ □ □ ■ ■		■ □ ■ V W	B B F B	■ ■ ■ ■
F 6	Springer, 73458 580-653-2464	Springer Shell I-35 Exit 40 (OK 53)	24 HRS ■	■	M ■ ■	□ ■ ■ □	■	■ ■ ■ ■	F C	□	□ □	□ □ □ □ □	□ □ □		■ ■ V W	B B F B B B B	■ ■ ■
F 6	Springer, 73458 580-653-2428	Sunmart #006 (Exxon) I-35 Exit 42 (OK 53)	24 HRS ■	■	S ■ ■	■	■	■	F C				□ □ □		■ ■ W	B B B B B B	■ ■ ■
C 6	Stillwater, 74074 405-624-9091	Jack Griffith's Gas Up (66) 1402 US 177 S	24 HRS ■	■		□	■ □ □ □	□	□	□					■ ■ V W	F F	■ ■ ■
C 6	Stillwater, 74075 405-372-8374	Wells 66 Convenience Store 2623 US 177 N	■ ■	■	S		■ □ □ □	■ □	F C	□	■ ■ ■ ■ ■	□ □ □ □ □	■ □ □		■	B F B	
E 7	Stringtown, 74569 580-346-7478	Choctaw Travel Plaza (Conoco) 895 US 69-75 (1/2 mi N of OK 43)	24 HRS ■	■	M ■	□ ■	■	■ ■ ■ DAT ⏻	F C T	□			□ □ □		■ ■ ■ V W	B B F B B B B	■ ■ ■ ■
C 7	Stroud, 74079 918-968-2208	EZ Go Foods #53 (66) I-44 MM 178 EB	24 HRS ■	■	M ■ ■	□ □ □	■ □	□		□	□ □	□ □ □ □	□ □ □		■ ■ ■ V W	B F	■ ■ ■
C 8	Tahlequah, 74464 918-456-0224	Midway Conoco US 62 W	■ ■	■	S ■ ■	■	■		F C	□		□ □ □			■ □ V W	F	■ ■ ■ ■
C 2	Texhoma, 73949 580-423-7078	Taylor Food Mart #5181 (Citgo) US 54 & OK 95	24 HRS ■	■		□ ■ □	■ □		F C	□	□ □	□ □ □	□ □ □		■ ■ W	B	■ ■ ■ ■
D 4	Texola, 73668 580-526-3967	Double D Fuel Stop & RV Park I-40 Exit 1	■ ■	■	S ■	■	■	■ ■ ■		□			□ □ □		■ ■	F	■ ■
F 6	Thackerville, 73459 580-276-4706	Thackerville Travel Plaza (Shamrock) I-35 Exit 1	24 HRS ■	■	S ■	■	■	■ ■ ■	F C				□ □ □		■ ■ V W	B B B B B B	■ ■ ■ ■
B 6	Tonkawa, 74653 580-628-5335	Love's Travel Stop #213 I-35 Exit 211 (Fountain Rd)	24 HRS ■	■	S ■	■ ■	■ ■	■ ■ ⏻ ■	F C U F T	CAT	□	□	□ □ □		■ ■ V W	B B F F B B	■ ■ ■ ■
C 7	Tulsa, 74108 918-437-5477	Flying J Travel Plaza #05008 I-44 Ex 236 (129th E Ave N)/I-244 Ex 15	24 HRS ■ ■ ■	■	XL ■ ■	24 HRS ■ ■ □	■ ■	■ ■ ■ ■ Flying J ■ Flying J Flying J	F C U F T	■ Flying J	□ □	□ □ □ □	□ □ □		■ ■ ■ ■ V W	B B B B	■ ■ ■ ■
C 7	Tulsa, 74107 918-446-5500	QuikTrip #102 (QT) I-44 Exit 222 A (49th West Ave)	24 HRS ■	■	M ■	□ ■ ■ □	■ ■ ■ □ □	■ ■ ■ □ DAT	F C T	□ CAT	□ □	□ □ □ □ □ □ □	□ □ □ □ □		■ ■ ■ W	B B B B B B	■ ■ ■ ■
C 7	Tulsa, 74115 918-834-1415	Apache Mart (Citgo) OK 11 & N Yale (1/2 mi S to 2474 N Yale)	■ ■	■		□ □	■ □ □	□		□	□	□				F B	■ ■ ■
C 8	Tulsa (East), 74108 918-234-0380	QuikTrip #071 (QT) I-44 Exit 238 (165th E Ave S)	24 HRS ■	■	M ■ ■	□ ■ ■ □	■ ■ □ □	■ ■ ■ □ DAT	F C U F T	□ CAT	□ □	□ □ □ □ □	□ □ □ □ □		■ □ ■ W	B B B B B B	■ ■ ■ ■
F 7	Tushka, 74525 580-889-7063	Noel's Food Mart #10 (Shamrock) US 69 & US 75	24 HRS ■	■	S ■ ■	24 HRS ■ □	■ □ □ □	■ ■ ■		□	□ □	□ □ □	□ □ □		■ □ ■ V W	B B B C B B	■ ■ ■ ■
B 3	Tyrone, 73951 580-854-6215	Hobo Truck Stop US 54 (2 mi E of town)	24 HRS ■	■	S ■	■ ■	■ ■	■ ■ ■ ■	F C				□ □ □		■ ■ V W	B B B B B B B	■ ■ ■ ■
B 8	Vinita, 74301 918-256-2813	Diamond Rio (Sinclair) 437950 US 60-69 (2 mi W of town)	■ ■	■	S ■	□ ■ □	■ □ □	□	F C □	□	□ □	□ □ □ □	□ □ □		■ □ ■ V W	B F B	■ ■ ■ ■

THE TRUCKER'S FRIEND® - OKLAHOMA

How to interpret the page

■ means available at truck stop □ means available nearby

in the overnight lot column:
S means room for 5 - 24 trucks
M means room for 25-74 trucks
L means room for 85-149 trucks
XL means room for 150+ trucks
$ means a parking fee may be charged

code at left-hand side of rows is the state map grid reference

a key to advertising logos is on page 25

Services may change without notice. When in doubt, call ahead.

Column headings: Driver Services — MOTOR FUEL: Truck Diesel, Self Service Diesel, Metered Propane, Gasoline; PARKING: Overnight Lot ($), Paved Lot, Trailer Drop, Electric Plug-ins, Safe Haven/Hazmat; FOOD: Restaurant, Fast Food, Table Phones; STORES: Motel, Convenience, Trucker/Travel, Shopping Center, Walmart/Kmart, Grocery; SHOWERS: Ladies', Men's; COMMUNICATION: TV/Drivers Lounge, Laundry, Load Monitor, Internet Kiosk, Wi-Fi Hotspots, Document Scanning, Public Fax/Copier, UPS/FedX/TripPak Box, Religious Services, State Lottery. Vehicle Services — SCALES: Axle, Platform, Certified; TIRES: Repairs, New Tire Sales; REPAIRS: Shop Open 24 Hrs, DOT Inspection, Major Repairs, Minor Repairs, Oil Change/Lube, Minor Welding, AC/Reefer; ROAD SVCS: CB, Tire, Mechanical, Towing; WASH: Truck (Exterior), Trailer Washout. RV Info: RVs Welcome, Dumping Station, Propane (Bottle). Financial Services (C=Checks, F=Fuel Cards, B=Both): ATM, Can Wire Money Out, Money Orders, NATSO Check-Link, Western Union, Voyager/Wright Express, Comdata (Comchek), EFS, Fuel Man, Multi Service, TCH, T-Chek, Fleet One, Buy/Pay at Fuel Desk. Permit Svcs: All Prepaid Permit Svcs. Credit Cards: American Express, Visa/Mastercard, Discover.

Grid	Location / Phone	Truck Stop / Address	Motor Fuel	Parking		Food / Stores		Showers		Communication			Scales	Tires	Repairs			Road Svcs		Wash	RV Info	Financial Services			Permit Svcs		Credit Cards	
B 8	Vinita, 74301 918-256-8309	EZ Go Foods #47 (66) I-44 (Will Rogers TPKE) MM 289 EB	24 HRS ■ ■	M ■ ■		□ □ □	■	□ □		□		□	□		□		□ □		□ □ □		■	■ ■		B	F	B		■ ■ ■
B 8	Vinita, 74301 918-256-8217	EZ-Go Foods (66) I-44 (Will Rogers TPKE) MM 289 WB	24 HRS ■ ■	M ■		□	■												□ □ □		■	■	V W	B	F			■ ■ ■
C 8	Wagoner, 74467 918-485-5533	Speedy's 66 #2 US 69 & OK 51	24 HRS ■ ■	S ■ ■		□ □ □	■	□ □ □		□		F C T	□						□ □ □		■ ■	■ ■	V W	B B	F B	B B	■	■ ■ ■
F 5	Walters, 73572 580-875-3992	EZ-Go Foods #44 (66) I-44 Exit 20 (Hwy 53 - 1/2 mi S)	24 HRS ■ ■	M ■ ■		■ ■	■					F C							□ □ □		■	■ ■	V W	B C	F	B	■	■ ■ ■
D 8	Warner, 74469 918-463-2581	Jim Bob's Little Stores #21 (66) I-40 Exit 278 (OK 2)	24 HRS ■ ■	S ■		□ ■ □	■	□		□			□		□ □	□	□ □ □	□	□ □ □		■		V W	B C	F C			■ ■ ■
D 5	Weatherford, 73096 580-772-5618	Fast Lane Travel Plaza (Texaco) I-40 Exit 84	24 HRS ■ ■	L ■ ■	■	■ ■ □	■ ■	□ □	■ ■	□		F C U	□	CAT	□ □		□ □ □	□ □ ■	□ □ □	□	■ □	■ ■	V W	B B	F B B	B B	■	■ ■ ■
D 8	Webbers Falls, 74470 918-464-2865	Love's Travel Stop #255 I-40 Exit 287 (OK 100)	24 HRS ■ ■	M ■ ■		■ ■ □	■ ■	□	■ ■	□	[logo]	■ F C U T	□		□ □		□ □ □	□	□ □ □		■ □	■	■ V W	B B	F B	B B	■	■ ■ ■
C 9	West Siloam Sprgs, 74964 918-422-8835	The Station II (66) US 412 & US 59 S	24 HRS ■ ■	M ■		□ ■ ■ □	■	□ □ □		□		F	□		□ □		□		□ □ □		■ □	■	V W	B B	F B B	B B	■	■ ■ ■
C 9	Westville, 74965 918-723-5200	Lucky's 66 US 59 & US 62	■ ■ ■	S ■ ■		□ ■	■	□		□			□		□ □		□	□	□ □ □	□	■	■	V W	B	F	B		■ ■ ■
F 6	Wilson, 73463 580-668-9248	Wilson Travel Stop (66) US 70 Business & Mulberry Lane	24 HRS ■ ■			□	■	□		□			□									■	V W					■ ■ ■
D 8	Wister, 74966 918-655-7010	Mountain Creek Gap (Conoco) US 270 & US 271	■ ■ ■	S ■		□ ■	■	□		□			□		□ □		□ □	□	□ □ □		■ □		V W					■ ■ ■
C 4	Woodward, 73801 580-256-2130	Jiffy Trip #433 OK 15 W & 48th St	■ ■ ■			□ ■ □	■						□	□ □ □	□ □	□	□ □ □	□	□ □ □	□	□ ■		V W	F	F			■ ■ ■
C 4	Woodward, 73801 580-256-2650	Hutch's #113 (Shell) US 183-270-412 W & OK 15	AMBEST 24 HRS ■ ■	M ■ ■		□ ■ ■ □	■ ■	□ □ □	■ ■	■ ■	DAT	F C U	□	■ ■ ■	□ □		□ □	□	□ □ □	■	■	■ ■ ■	■ V W	B B	F B B	B B	■	■ ■ ■
B 9	Wyandotte, 74370 918-666-1757	Eastern Shawnee Travel Center (Citgo) 69721 OK 10 C (1/2 mi W of state line)	24 HRS ■ ■	S ■		■	■					F C									■	■	V W	B B		B	■	■ ■ ■

OREGON

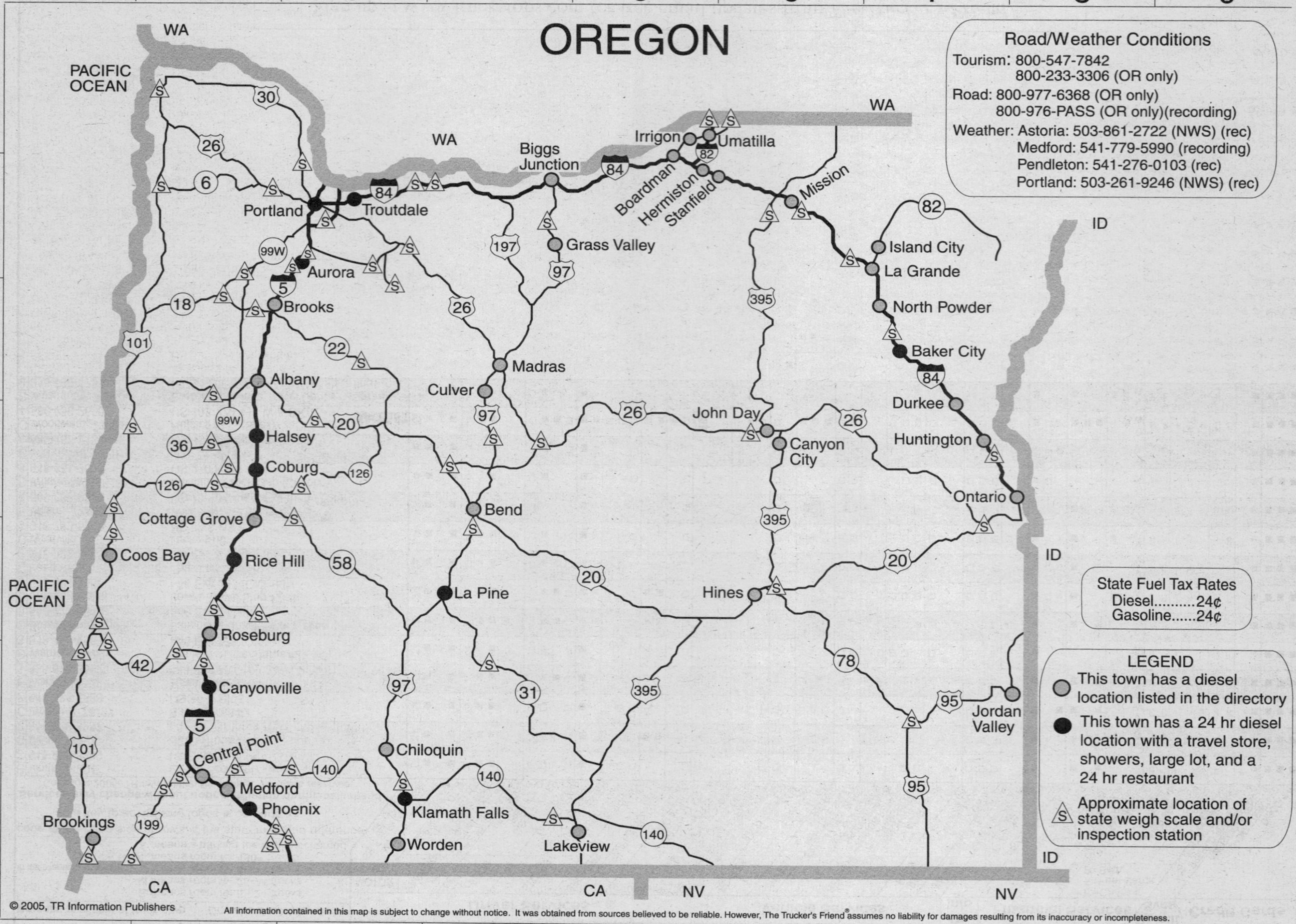

Road/Weather Conditions
Tourism: 800-547-7842
800-233-3306 (OR only)
Road: 800-977-6368 (OR only)
800-976-PASS (OR only)(recording)
Weather: Astoria: 503-861-2722 (NWS) (rec)
Medford: 541-779-5990 (recording)
Pendleton: 541-276-0103 (rec)
Portland: 503-261-9246 (NWS) (rec)

State Fuel Tax Rates
Diesel..........24¢
Gasoline......24¢

LEGEND
This town has a diesel location listed in the directory
This town has a 24 hr diesel location with a travel store, showers, large lot, and a 24 hr restaurant
Approximate location of state weigh scale and/or inspection station

THE TRUCKER'S FRIEND® - OREGON

How to interpret the page

■ means available at truck stop □ means available nearby

in the overnight lot column:
S means room for 5 - 24 trucks
M means room for 25-74 trucks
L means room for 85-149 trucks
XL means room for 150+ trucks
$ means a parking fee may be charged

code at left-hand side of rows is the state map grid reference

a key to advertising logos is on page 25

Services may change without notice. When in doubt, call ahead.

Driver Services: MOTOR FUEL (Truck Diesel, Self Service Diesel, Metered Propane, Gasoline); PARKING (Overnight Lot ($), Paved Lot, Trailer Drop, Electric Plug-ins, Safe Haven/Hazmat); FOOD (Restaurant, Fast Food, Table Phones); STORES (Motel, Convenience, Trucker/Travel, Shopping Center, Walmart/Kmart, Grocery); SHOWERS (Ladies', Men's, TV/Drivers Lounge, Laundry); COMMUNICATION (Load Monitor, Internet Kiosk, Wi-Fi Hotspots, Document Scanning, Public Fax/Copier, UPS/FedEx/Trippak Box, Religious Services, State Lottery)

Vehicle Services: SCALES (Platform, Axle, Certified); TIRES (Repairs, New Tire Sales); REPAIRS (Shop Open 24 Hrs, DOT Inspection, Major Repairs, Minor Repairs, Oil Change/Lube, Minor Welding, AC/Reefer, CB); ROAD SVCS (Tire, Mechanical, Towing); WASH (Truck (Exterior), Trailer Washout)

RV Info (RVs Welcome, Dumping Station, Propane (Bottle))

Financial Services (ATM, Can Wire Money Out, Money Orders, Natso Check-Link, Western Union, Voyager/Wright Express, Comdata (Comchek)) — C=Checks, F=Fuel Cards, B=Both

Permit Svcs (Multi Service, Fuel Man, EFS)

Credit Cards (TCH, T-Chek, Fleet One, Buy/Pay at Fuel Desk, All Prepaid Permit Svcs, American Express, Visa/MasterCard, Discover)

Location	Truck Stop	Motor Fuel	Parking	Food	Stores	Showers	Communication	Scales	Tires	Repairs	Road Svcs	Wash	RV Info	Financial	Permit	Credit Cards
C2 Albany, 97322 541-926-0990	I-5 76 Food Mart, I-5 Exit 228 (OR 34)	24 HRS ■ ■	M ■	■ □	■			F C		□ □	□	□	□ □ □	■ □ ■	V W	B F ■ ■ ■ ■
C2 Albany, 97321 541-926-1989	Jack's Truck Stop (76), I-5 Exit 233	24 HRS ■ ■	M$ ■	□ ■ □	■ □ □ □	■ ■ ■ □		F C	□	■ ■ ■ □ □	□ □ □ □	□ □	□ □ □	■ □ ■	V W	B B C B B ■ ■ ■ ■
C2 Albany, 97322 541-924-5726	Carson Chevron Food Mart, I-5 Exit 233 (4175 Santiam Hwy SE)	■ ■ ■ ■	S ■ ■	□ ■ □	■ □ □ □	□			□ ■	□ □ □ □	□ □	□	□ □	□ □ ■ □ ■ ■	V W	B ■ ■ ■
B3 Aurora, 97002 503-678-2111	TA TravelCenters of America/Portland, I-5 Exit 278	24 HRS ■ ■	XL ■	24 HRS ■ ■	■ ■	■ ■ ■ ■	DAT ■ TA ■	F C U F T	■	CAT, BF	■ ■ ■ ■	■ A	■ ■ □	■ □ ■ ■ ■ ■	W	B B F B B B ■ ■ ■ ■
B3 Aurora, 97002 503-678-1558	Leathers Truck Stop (Shell), I-5 Exit 278 W	24 HRS ■ ■ ■	M$ ■ ■	□	■	■ ■		F		□ □ □ □ □	□	□	□ □ □	■ ■	V W	B B B B B ■ ■ ■ ■
C7 Baker City, 97814 541-523-6341	Baker City Chevron, I-84 Exit 304	■ ■ ■	M ■	□ ■ □	■ □	□		F C	□	□ □ □ □ □	□ □ □ □	□	□ □ □ □	■ □	V W	■ ■ ■ ■
C7 Baker City, 97814 541-523-3952	AMBEST Baker Truck Corral (Sinclair), I-84 Exit 304 (Campbell St)	24 HRS ■ ■ ■	XL ■ ■	24 HRS □ ■ □	■ ■ □ □	■ ■ ■ ■	DAT ■	F C U F	□ ■	CAT □	□ □ □	□	□ □ □	■ ■ ■ ■	V W	B B B B B ■ ■ ■ ■
C7 Baker City, 97814 541-523-7812	Jackson's Food Mart #83 (Shell), I-84 Exit 304 (Campbell St)	24 HRS ■ ■ ■	S ■ ■	□ ■ ■ □	■ ■ □ □	■ ■ □		F C □	□ ■	□ □ □ □ □	□ □ □	□	□ □ □	■ ■ ■ ■ ■	V W	B B F B B B B ■ ■ ■ ■
D4 Bend, 97702 541-382-1041	Jake's Truck Stop (Shell), US 97 S (MM 140)	24 HRS ■ ■ ■	M ■ ■	24 HRS □ ■ □	■ ■ □ □ □	■ ■ ■ ■	DAT ■	F C	□	■ ■ ■ ■ ■	■ ■ ■ □	■ □	■ ■ □	■ □ ■ ■ ■	W	B B B B B B ■ ■ ■ ■
B4 Biggs Junction, 97065 541-739-2174	Pilot Travel Center #195, I-84 Exit 104 (US 97)	24 HRS ■ ■	M ■ ■	■ ■ □	■ ■	■ ■	DAT ⏻ ■	F C □	□	CAT □ □	□ □ □	□	□ □ □	■ □ ■ ■ ■ ■	V W	B B F B B B ■ ■ ■ ■
B5 Boardman, 97818 541-481-9391	Devin Oil (76), I-84 Exit 164	■ ■ ■		□ ■ □	■ □	■ □		F C □	□				□ □ □	□ ■	V	B ■ ■ ■ ■
B5 Boardman, 97818 541-481-6750	Main Street Shell, I-84 Exit 164 (Main St N)	24 HRS ■ ■	S ■	□ □ □	■ □	□		F	□				□ □ □	■ □	V W	B B ■ ■ ■ ■
G1 Brookings, 97415 541-469-2525	Alliance Fast Mart (Texaco), US 101	■ ■ ■		□ □	■ □ □	□		□	□	□ □ □ □	□ □ □ □	□	□ □ □	□ ■	V W	C ■ ■ ■
C2 Brooks, 97305 503-463-1114	Pilot Travel Center #386, I-5 Exit 263 (Brooklake Rd)	24 HRS ■ ■	L ■ ■	□ ■ ■	■ ■	■ ■ ■ ■	DAT ■ ⏻ ■	F C U F T	□ ■	CAT	□ □ □	□ □	□ □ □	■ ■ ■ ■ ■	V W	B B F B B B ■ ■ ■ ■
D6 Canyon City, 97820 541-575-1348	Jackson's Mini Station (Shell), US 395 & N Washington	■ ■ ■		□ □	■ □ □	□		F C □	□ ■	□ □	□ □ □ □	□ □	□ □ □	■	V W	B C B C C ■ ■ ■ ■
F2 Canyonville, 97417 541-839-4868	Seven Feathers Truck/Travel Center, I-5 Exit 99	24 HRS ■ ■ ■	XL ■ ■	24 HRS ■ ■ □	■ ■ □	■ ■ ■ ■	DAT	F C U F T	□	■ ■ ■ BF	□ □ □	□ □ □	■ □ □	■ □ ■ ■	V W	B B F B B B B ■ ■ ■ ■
G2 Central Point, 97502 541-664-7001	Pilot Travel Center #391, I-5 Exit 33 (Pine St)	24 HRS ■ ■	L ■ ■	□ ■ ■ □	■ ■ □ □	■ ■ ■ ■	DAT ⏻ ■	F C U F T	□ ■	CAT □ □	□ □ □	□ □ □	□ □ □	■ ■ ■ ■ ■	V W	B B F B B B ■ ■ ■ ■ ■
F3 Chiloquin, 97624 541-783-3933	Pixie's, 27600 US 97 N	■ ■	S ■	■	■	■		F C					□ □ □	■		B B B B B ■ ■ ■ ■
D2 Coburg, 97408 541-485-2137	TA TravelCenters of America/Truck 'N Travel, I-5 Exit 199	24 HRS ■ ■ ■	XL ■	24 HRS ■ ■ ■	■ ■	■ ■ ■ ■	DAT TA ■	F C U F T	□ ■	■ ■ ■ BF	■ ■ □ ■ ■	■ A R ■	■ ■ □	■ □ ■ ■	V	B B B B B ■ ■ ■ ■
D2 Coburg, 97408 541-686-2900	Fuel-N-Go, I-5 Exit 199	24 HRS ■ ■ ■	M ■	24 HRS ■ ■	■ ■ □ □ □	■ ■ ■		F C □	□	□ □ □ □ □	□ □ □	□ □ □	□ □ □ □	■ □ ■ ■	V W	B B B B B B ■ ■ ■ ■
E1 Coos Bay, 97420 541-269-5682	Bassett Hyland Fuel Center (Chevron), US 101 S (1059 Evans Blvd)	24 HRS ■ ■		□ □ □	■ □ □	□		□	□	□ □	□	□		□ ■	V	■ ■ ■
E2 Cottage Grove, 97424 541-942-0105	Market Express (Chevron), I-5 Exit 174	24 HRS ■ ■	M ■ ■	□ ■ ■ □	■ □ □ □	■ ■ ■		F C F	□ ■	□ □			□ □ □	■ □ ■	V W	B C B B B ■ ■ ■ ■
C4 Culver, 97734 541-546-6603	Culver Shell, Hwy 361	■ ■ ■	M ■	□ □ □	■ □	□		□	□	□ □ □ □ □	■ ■ ■	■ A	□	■ ■ ■	V W	B ■ ■ ■
C7 Durkee, 97905 541-877-2222	Cenex Truck Stop, I-84 Exit 327	■ ■ ■	M ■ ■	■	■			F C	□	□			□ □ □	■ ■ ■	V W	C C ■ ■ ■ ■
B4 Grass Valley, 97029 541-333-2333	Roadhouse 97-, US 97	■ ■		□	■ □			F C	□	□ □	□ □	□	□ □ □	□		B B B B B ■ ■
D2 Halsey, 97348 541-369-2801	Pioneer Villa Truck Plaza (76), I-5 Exit 216	24 HRS ■ ■	XL ■	24 HRS ■ ■ ■	■ ■ □	■ ■ ■		F C	□	■ ■	■ ■	■ A	□ □ □	■ ■ ■ ■	V W	B B B B ■ ■ ■ ■
B5 Hermiston, 97838 541-567-5900	Western Express (Shell), I-84 Exit 180 (Westland Rd N)	24 HRS ■ ■ ■	L ■	■	■ ■			F C	■	□ □	□ □ □	□ □	□ □ □	■ ■ ■	V W	B B F B B B B ■ ■ ■ ■
B5 Hermiston, 97838 541-564-6254	Space Age Travel Center, I-84 Exit 182	24 HRS ■ ■ ■	L ■ ■	■ ■	■ ■ □	■ ■ ■ ■	■	F C T F	□	■ ■ ■ □ □	□ □ □ □	□	□ □ □	■ ■ ■ ■	V W	B B B B B B ■ ■ ■ ■

THE TRUCKER'S FRIEND® - OREGON

How to interpret the page

■ means available at truck stop □ means available nearby

in the overnight lot column:
S means room for 5 - 24 trucks
M means room for 25-74 trucks
L means room for 85-149 trucks
XL means room for 150+ trucks
$ means a parking fee may be charged

code at left-hand side of rows is the state map grid reference
a key to advertising logos is on page 25

Services may change without notice. When in doubt, call ahead.

Column groups: Driver Services (Motor Fuel: Truck Diesel, Self Service Diesel, Metered Propane, Gasoline; Parking: Overnight Lot ($), Paved Lot, Trailer Drop; Food: Electric Plug-ins, Safe Haven/Hazmat, Restaurant, Fast Food, Table Phones; Stores: Convenience, Motel, Trucker/Travel, Shopping Center, Walmart/Kmart, Grocery; Showers: Ladies, Men's; Communications: TV/Drivers Lounge, Laundry, Load Monitor, Internet Kiosk, Wi-Fi Hotspots, Document Scanning, Public Fax/Copier, UPS/FedEx/Trippak Box, Religious Services, State Lottery) — Vehicle Services (Scales: Certified, Platform, Axle; Tires: New Tire Sales, Repairs; Repairs: Shop Open 24 Hrs, DOT Inspection, Major Repairs, Minor Repairs, Oil Change/Lube, Minor Welding, AC/Reefer; Road Svcs: CB, Tire, Mechanical; Wash: Truck (Exterior), Trailer Washout) — RV Info (Towing, RVs Welcome, Dumping Station, Propane (Bottle)) — Financial Services (ATM, Can Wire Money Out, Money Orders, Natso Check-Link, Western Union, Voyager/Wright Express, Comdata (Comchek), EFS, Fuel Man, Multi Service; C=Checks, F=Fuel Cards, B=Both) — Permit Svcs (T-Chek, TCH, Fleet One, Buy/Pay at Fuel Desk, All Prepaid Permit Svcs) — Credit Cards (American Express, Visa/Mastercard, Discover)

Grid	Location / Phone	Truck Stop / Address	Driver Services	Vehicle Services	RV Info	Financial Services	Permit Svcs	Credit Cards
E 6	Hines, 97738 541-573-7070	Leather's Shell #23 1202 Oregon Avenue	24HRS ■ ■ ■ S ■ ■ □ □ □ ■ □ ■ ■	F C □ □ □ □ □	□ □ □	■ ■ ■ V W	B	B B B B ■ ■ ■ ■
E 6	Hines, 97738 541-573-2639	Eddie's Truck & Auto Center US 20-395 MM 128.5	■ ■ ■ M ■ ■ ■ □ ■ □ ■ □ ■ ■ ■ □	F C □ □ ■ ■ ■ ■ ■ ■ ■ ■ ■ A □	■ ■ □	■ □ ■ V W	B B F B B B	■ ■ ■ ■
D 7	Huntington, 97907 541-869-2244	Farewell Bend Travel Plaza I-84 Exit 353	24HRS ■ ■ ■ M ■ ■ ■ ■ ■ ■ ■ ■ ■	F C □ □ □		■ □ ■ ■	B B	B B B B ■ ■ ■ ■
A 5	Irrigon, 97844 541-922-4221	Huwe's Has It All (76) 300 US 730 E (6 mi N of I-84 Exit 168)	■ ■ ■ M ■ ■ □ ■ □ ■ □ ■ ■	F C □ ■		■ ■ ■ ■ ■ ■	B	■ ■ ■ ■
B 7	Island City, 97850 541-963-3411	C&M Country Store (76) 10102 N Hwy 82	■ ■ ■ ■ □ ■ □ □ □ □	C □ □ ■ □ □ □ □ □ □ □ □ □ □	□ □ □	■ ■ V		■ ■ ■
D 6	John Day, 97845 541-575-2585	Jackson's Shell US 26 W	■ ■ ■ ■ S ■ □ ■ □ ■ □ □ □	F C □ ■ ■ ■ ■ □ □ □ □ □ □ □ □ □ □	□ □ □ □	■ □ ■ ■ V W	B	B ■ ■ ■ ■
F 8	Jordan Valley, 97910 541-586-2244	Jim's Shell 801 US 95	24HRS ■ ■ □ ■ ■ ■ ■ ■ □	F □ ■ ■ ■ ■ ■ ■ A R	■ ■	■ ■ ■ ■ V W	B	■ ■ ■ ■
G 3	Klamath Falls, 97601 541-882-9591	Mollie's Fuel Center 3817 US 97 N	24HRS ■ L ■ 24HRS □ ■ □ ■ ■ ■ ■ □	F C T □ ■ □ □ □ □ ■	□ □ □	■ □ ■ V W	B B	B B B B ■ ■ ■ ■
G 3	Klamath Falls, 97601 541-882-0262	18 Wheeler Truck Stop (Texaco) 8600 US 97 (3 mi S of OR 66)	24HRS ■ M ■ 24HRS ■ ■ ■ ■ ■	F C ■ ■ ■ ■ ■ ■ ■ R	□ ■ □	■ ■ V W	B B F B B	B B ■ ■ ■ ■ ■
B 7	LaGrande, 97850 541-963-5221	Gem Stop (Chevron) I-84 Exit 261 (NE to 2706 OR 82)	24HRS ■ ■ S ■ ■ □ ■ □ ■ □ □ □ ■ ■ □	F C □ □ □ □ □ □ □ □ □ □ □ □ □ □	□ □ □ □	■ □ ■ V W	B	B ■ ■ ■ ■
B 7	LaGrande, 97850 541-963-6566	Buy Rite Exxon (Pacific Pride) I-84 Exit 261 (SW to 2112 OR 82)	■ ■ ■ □ □ □ ■ □ □ □	□	□ □ □ □	□ ■ V W		■ ■ ■
B 7	LaGrande, 97850 541-963-3432	Flying J Travel Plaza #10120 (Exxon) I-84 Exit 265	24HRS ■ ■ M ■ 24HRS ■ ■ ■ ■ ■ ■ ■ ■ □	F C U ■ ■ ■ ■ □ □ □ □	□ □ □	■ ■ V W	B B	B B B B ■ ■ ■ ■
G 5	Lakeview, 97630 541-947-2678	Lakeview Truck Stop US 395 S & 12th St	■ ■ ■ □ □ □ ■ □ □	F C □ □ □ □ □ □ □	□ □ □	V	B	■ ■ ■ ■
E 4	LaPine, 97739 541-536-6055	Gordys Truck Stop 17045 Whitney Road	24HRS ■ ■ ■ XL ■ ■ 24HRS ■ ■ □ ■ ■ □ ■ ■ ■ ■ ■	F C F □ ■ ■ ■ □ □ □	□ □ □ □	■ ■ ■ ■ V W	B B	B B B B ■ ■ ■ ■
C 4	Madras, 97741 541-475-7127	Tiger Mart & Deli (Chevron) 1210 US 97 SW	24HRS ■ ■ S ■ ■ □ ■ □ ■ □ □ □	F C □ □ ■ □ □ □ □ □ □	□ □ □	■ □ ■ ■ V W	C	■ ■ ■ ■
C 4	Madras, 97741 541-475-0126	Space Age Fuel 200 NW US 26	■ ■ ■ M ■ □ □ □ □ ■ □ □	F □ □ □ □ □ □ □ □	□ □ □ ■	■ □ V	B	C ■ ■ ■
C 4	Madras, 97741 541-475-7027	Madras J&L (Shell) 992 US 97 S & L Street	24HRS ■ M ■ ■ 24HRS □ ■ ■ □ □ □	F C □ □ □ □ □ □ □ □	□ □ □	■ ■ V W	B C	B B C ■ ■ ■ ■
G 2	Medford, 97504 541-779-0792	Witham Truck Stop (Chevron) I-5 Exit 30	24HRS ■ ■ ■ M ■ 24HRS □ ■ □ ■ ■ □ □ □ ■ ■ ■ □ DAT	F C U □ ■ ■ ■ ■ ■ ■ ■ ■ ■ ■ ■ A R □	□ □ □	■ ■ V	B B	B B ■ ■ ■ ■ ■
B 6	Mission, 97801 541-276-8080	Arrowhead Travel Plaza I-84 Exit 216	24HRS ■ ■ ■ XL ■ ■ ■ ■ □ ■ ■ ■ ■ □ DAT	F C U F ■ ■ ■	□ □ □	■ □ ■ ■ V W	B B	B B B B ■ ■ ■ ■
C 7	North Powder, 97867 541-898-2119	North Powder Co-op (Cenex) I-84 Exit 285	■ ■ ■ M ■ ■ □ □	F C □ □ □	□ □ □	■ □ ■ V W	C	C C ■ ■ ■ ■
D 8	Ontario, 97914 541-889-3580	Pilot Travel Center #232 I-84 Exit 376 A (US 30 Business)	24HRS ■ ■ M ■ ■ □ ■ ■ ■ ■ ■ □ □ □ ■ ■ ■ DAT	F C U F T ■ CAT □ □ □	□ □ □ □ □ □	■ ■ ■ ■ ■ V W	B B F B	B B ■ ■ ■ ■
G 2	Phoenix, 97504 541-535-3372	PETRO Petro Stopping Center #24 I-5 Exit 24	24HRS ■ ■ ■ XL ■ 24HRS ■ ■ □ ■ ■ ■ ■ □ ■ ■ ■ ■ ■ DAT	F C U F T □ CAT ■ ■ ■ ■ ■ ■	■ ■	□ ■ ■ V W	B B B	B B ■ ■ ■ ■ ■
B 3	Portland, 97217 503-285-7667	TEC Equipment I-5 Exit 307	■ ■ □ □ □ □ □ □ □ ■ ■ DAT	F C □ □ □ □ □ □ □ □ □ □	□ □ □ □		B	B ■ ■ ■ ■
B 3	Portland, 97211 503-283-1111	AMBEST Jubitz Travel Center I-5 Exit 307 (E to N Vancouver Way)	24HRS ■ ■ XL ■ 24HRS ■ ■ ■ ■ ■ ■ ■ ■ ■ ■ ■ DAT	F C U F T ■ ■ ■ ■ ■ ■ ■ ■ ■ ■ ■ ■ ■ A R	■ ■ □ ■	■ ■ ■ ■ ■ ■	B B	B B B ■ ■ ■ ■
E 2	Rice Hill, 97499 541-849-2133	Pilot Travel Center #233 I-5 Exit 148	24HRS ■ ■ XL ■ ■ 24HRS ■ ■ □ ■ ■ □ ■ ■ ■ ■ DAT	F C U F T ■ CAT □ □ □ □ □ □ □ □	□ □ □	■ □ ■ ■ ■ ■ V W	B B F B	B B ■ ■ ■ ■
E 2	Roseburg, 97470 541-672-6212	Diamond Lake 76 1847 OR 138 E (Exit Garden Valley)	■ ■ ■ □ ■ □ ■ □ □ □ □	□ □ □ □ □ □ □	□ □ □	□ V W		B ■ ■ ■
E 2	Roseburg, 97470 541-679-1916	Love's Travel Stop #312 I-5 Exit 119 (CR 42)	24HRS ■ ■ L ■ □ ■ ■ □ ■ ■ □ ■ ■ □ DAT	F C F □ CAT □ □ □ □	□ □ □ □ □ ■ ■ ■	■ V W	C B F B	B B ■ ■ ■ ■
B 5	Stanfield, 97875 541-449-1403	Pilot Travel Center #390 I-84 Exit 188 (US 395)	24HRS ■ ■ XL ■ ■ ■ ■ □ ■ ■ ■ ■ DAT	F C U F T □ ■ CAT □ □ □ □ □	□ □ □	■ □ ■ ■ ■ ■ V W	B B F B	B B ■ ■ ■ ■

THE TRUCKER'S FRIEND® - OREGON

How to interpret the page

■ means available at truck stop □ means available nearby

in the overnight lot column:
S means room for 5 - 24 trucks
M means room for 25-74 trucks
L means room for 85-149 trucks
XL means room for 150+ trucks
$ means a parking fee may be charged

code at left-hand side of rows is the state map grid reference

a key to advertising logos is on page 25

Services may change without notice. When in doubt, call ahead.

Driver Services — MOTOR FUEL: TRUCK DIESEL, SELF SERVICE DIESEL, METERED PROPANE, GASOLINE; PARKING: OVERNIGHT LOT ($), PAVED LOT, TRAILER DROP, ELECTRIC PLUG-INS, SAFE HAVEN/HAZMAT; FOOD: RESTAURANT, FAST FOOD, TABLE PHONES; STORES: MOTEL, CONVENIENCE, TRUCKER/TRAVEL, SHOPPING CENTER, WALMART/KMART, GROCERY; SHOWERS: LADIES', MEN'S; TV/DRIVERS LOUNGE, LAUNDRY; COMMUNICATION: LOAD MONITOR, INTERNET KIOSK, WI-FI HOTSPOTS, DOCUMENT SCANNING, PUBLIC FAX/COPIER, UPS/FEDX/TRIPPAK BOX, RELIGIOUS SERVICES, STATE LOTTERY

Vehicle Services — SCALES: AXLE, PLATFORM, CERTIFIED; TIRES: REPAIRS, NEW TIRE SALES; REPAIRS: SHOP OPEN 24 HRS, DOT INSPECTION, MAJOR REPAIRS, MINOR REPAIRS, OIL CHANGE/LUBE, MINOR WELDING, AC/REEFER; ROAD SVCS: CB, TIRE, MECHANICAL, TOWING; WASH: TRUCK (EXTERIOR), TRAILER WASHOUT

RV Info — RVs WELCOME, DUMPING STATION, PROPANE (BOTTLE)

Financial Services (C=Checks, F=Fuel Cards, B=Both) — CAN WIRE MONEY OUT, ATM, MONEY ORDERS, NATSO CHECK-LINK, WESTERN UNION, VOYAGER/WRIGHT EXPRESS, COMDATA (COMCHEK), EFS, FUEL MAN, MULTI SERVICE, TCH, T-CHEK, FLEET ONE

Permit Svcs — BUY/PAY AT FUEL DESK, ALL PREPAID PERMIT SVCS

Credit Cards — AMERICAN EXPRESS, VISA/MASTERCARD, DISCOVER

Code	Location	Truck Stop	Motor Fuel	Parking	Food	Stores	Showers				Communication	Scales	Tires	Repairs			Road Svcs	Wash	RV Info		Financial Services			Permit Svcs			Credit Cards
B 3	Troutdale, 97060 503-665-7741	Flying J Travel Plaza #05019 (Conoco) I-84 Exit 17 [Flying J logo]	24 HRS ■ ■ ■	M ■ ■		24 HRS ■ ■ □	■ ■	□ □ □	■ ■	■ ■	[Flying J logo] ■ [Flying J logo] [Flying J logo]	F C U F T	□	[Flying J logo]	□ □		□ □ □	□ □	□ □ □		■ ■ ■	■	V W	B	B B	B	■	■ ■ ■
B 3	Troutdale, 97060 503-666-1588	TravelCenters of America (Arco) I-84 Exit 17 (NW Frontage Rd) [TA logo]	24 HRS ■ ■	XL ■		24 HRS ■ ■ ■	■ ■	□ □ □	■ ■	■ ■	[DAT logo] ■ [TA logo] ■	F C U F T	■ ■	[CAT logo]	[BF logo]	■ ■	□ ■ ■	■ A R	■ ■ □		□	■ ■	■ ■	B B	F B	B B	■	■ ■ ■
A 5	Umatilla, 97882 541-922-3297	Crossroads Truck Stop (Shell) I-82 Exit 1 (US 730)	■ ■ ■	M ■ ■		■ □ ■ □	■ ■	□	■ ■	■ □		F C U F	□ ■		■ ■	■ □	■ ■	■ R	■ ■ □		■ □ ■	■	V W	B B	B B	B B	■	■ ■ ■
A 5	Umatilla, 97882 541-922-0428	Tesoro #62180 I-82 Exit 1 (W to 1800 US 730)	24 HRS ■ ■			□ ■ □	■	□		□		F C □	□								□ ■	■ ■	V W	B C	C C	C C	■	■ ■ ■
G 3	Worden, 97603 541-273-6216	Worden Truck Stop 19777 US 97 S (3 mi N of CA border)	24 HRS ■ ■	M ■ ■		■ ■	■		■ ■			F C									■	■	V	B B	B	B	■ ■	■ ■

Sign up at www.truckstops.com for free email updates from *The Trucker's Friend.*®

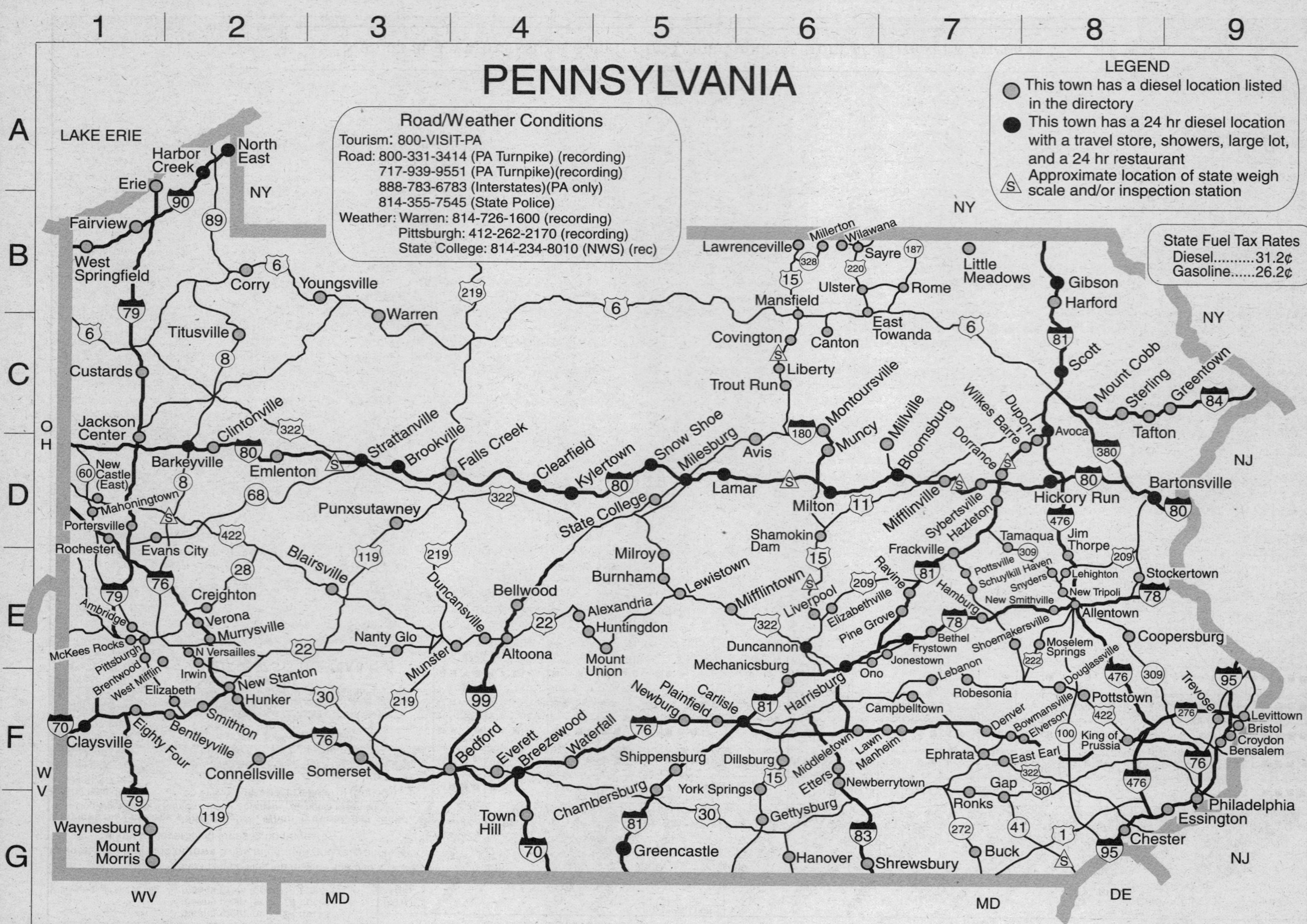
PENNSYLVANIA
Road/Weather Conditions
Tourism: 800-VISIT-PA
Road: 800-331-3414 (PA Turnpike) (recording)
717-939-9551 (PA Turnpike)(recording)
888-783-6783 (Interstates)(PA only)
814-355-7545 (State Police)
Weather: Warren: 814-726-1600 (recording)
Pittsburgh: 412-262-2170 (recording)
State College: 814-234-8010 (NWS) (rec)
LEGEND
This town has a diesel location listed in the directory
This town has a 24 hr diesel location with a travel store, showers, large lot, and a 24 hr restaurant
Approximate location of state weigh scale and/or inspection station
State Fuel Tax Rates
Diesel..........31.2¢
Gasoline......26.2¢
1 2 3 4 5 6 7 8 9
A B C D E F G
LAKE ERIE
NY
OH
WV
MD
DE
NJ
North East
Harbor Creek
Erie
Fairview
West Springfield
Corry
Youngsville
Warren
Titusville
Custards
Jackson Center
Barkeyville
Clintonville
Emlenton
New Castle (East)
Mahoningtown
Portersville
Rochester
Evans City
Creighton
Verona
Murrysville
Ambridge
McKees Rocks
Pittsburgh
Brentwood
West Mifflin
Irwin
N Versailles
Elizabeth
New Stanton
Hunker
Smithton
Bentleyville
Eighty Four
Claysville
Connellsville
Somerset
Waynesburg
Mount Morris
Blairsville
Punxsutawney
Strattanville
Brookville
Falls Creek
Clearfield
Kylertown
Snow Shoe
Milesburg
State College
Nanty Glo
Munster
Duncansville
Altoona
Bellwood
Bedford
Everett
Breezewood
Waterfall
Town Hill
Alexandria
Huntingdon
Mount Union
Milroy
Burnham
Lewistown
Mifflintown
Avis
Lamar
Lawrenceville
Millerton
Wilawana
Sayre
Ulster
Rome
Mansfield
East Towanda
Canton
Covington
Liberty
Trout Run
Montoursville
Muncy
Milton
Millville
Bloomsburg
Mifflinville
Shamokin Dam
Liverpool
Duncannon
Mechanicsburg
Harrisburg
Carlisle
Plainfield
Newburg
Shippensburg
Chambersburg
Greencastle
Dillsburg
York Springs
Gettysburg
Hanover
Middletown
Etters
Newberrytown
Shrewsbury
Little Meadows
Gibson
Harford
Scott
Mount Cobb
Sterling
Greentown
Tafton
Avoca
Dupont
Wilkes Barre
Dorrance
Hickory Run
Bartonsville
Hazleton
Sybertsville
Frackville
Tamaqua
Jim Thorpe
Lehighton
Pottsville
Schuylkill Haven
Snyders
New Tripoli
New Smithville
Allentown
Stockertown
Coopersburg
Ravine
Elizabethville
Pine Grove
Hamburg
Bethel
Frystown
Jonestown
Ono
Shoemakersville
Moselem Springs
Douglassville
Lebanon
Robesonia
Campbelltown
Lawn
Manheim
Denver
Bowmansville
Elverson
Ephrata
East Earl
Gap
Ronks
Buck
Pottstown
King of Prussia
Trevose
Levittown
Bristol
Croydon
Bensalem
Philadelphia
Essington
Chester
90 79 89 6 8 322 80 60 68 422 28 76 22 30 119 70 219 99 15 328 220 187 180 11 81 380 84 476 209 78 309 422 222 100 322 30 41 272 1 95 276 83

THE TRUCKER'S FRIEND® - PENNSYLVANIA

How to interpret the page

■ means available at truck stop □ means available nearby

In the overnight lot column:
- S means room for 5 - 24 trucks
- M means room for 25-74 trucks
- L means room for 85-149 trucks
- XL means room for 150+ trucks
- $ means a parking fee may be charged

code at left-hand side of rows is the state map grid reference
a key to advertising logos is on page 25

Services may change without notice. When in doubt, call ahead.

Column groups: Driver Services (Motor Fuel: Truck Diesel, Self Service Diesel, Metered Propane; Parking: Gasoline, Overnight Lot ($), Paved Lot, Trailer Drop, Electric Plug-Ins, Safe Haven/Hazmat; Food: Restaurant, Fast Food; Stores: Table Phones, Motel, Convenience, Trucker/Travel, Shopping Center, Walmart/Kmart, Grocery; Showers: Ladies', Men's; TV/Drivers Lounge, Laundry; Communication: Load Monitor, Internet Kiosk, Wi-Fi Hotspots, Document Scanning, Public Fax/Copier, UPS/FedEx/Trippak Box, Religious Services, State Lottery) · Vehicle Services (Scales: Axle, Platform, Certified; Tires: Repairs, New Tire Sales; Repairs: Shop Open 24 Hrs, DOT Inspection, Major Repairs, Minor Repairs, Oil Change/Lube, Minor Welding, AC/Reefer; Road Svcs: CB, Tire, Mechanical, Towing; Wash: Truck (Exterior), Trailer Washout) · RV Info (RVs Welcome, Dumping Station, Propane (Bottle)) · Financial Services (ATM, Can Wire Money Out, Money Orders, Natso Check-Link, Western Union, Wright Express, Voyager, Comdata (Comchek), EFS, Fuel Man, Multi Service, TCH, T-Chek, Fleet One; C=Checks, F=Fuel Cards, B=Both) · Permit Svcs (Buy/Pay at Fuel Desk, All Prepaid Permit Svcs) · Credit Cards (American Express, Visa/Mastercard, Discover)

Grid	Location / Phone	Truck Stop	Motor Fuel / Parking	Food	Stores / Showers	Lounge / Communication	Scales	Tires / Repairs	Repairs / Road Svcs / Wash / RV Info	Financial Services	Permit Svcs	Credit Cards
E4	Alexandria, 16611 814-669-4535	Martin General Store #226 5496 US 22	24HRS ■ ■ ■		□ ■ ■		F C	□ ■ □ □	□ □ □	■ ■ ■ V W B B B B		■ ■ ■
E8	Allentown, 18106 610-398-9901	Allentown Plaza #7087 (Sunoco) I-476 (PATP) MM 56 NB/SB	24HRS ■ ■	S ■	24HRS ■ ■	DAT		■	□ □ □	■ ■ ■ ■ V W B B B		■ ■ ■
E8	Allentown, 18104 610-398-6800	Trexler Plaza (Shell) I-78 Ex 49 B (r at light)/I-476 Ex 56	24HRS ■ ■	XL ■ ■	■ □ ■ ■ ■ ■	□ □ □ ■ ■ ■ ■ DAT	F C U F T	□ ■ ■ ■ ■ □ □	□ □ □ □ □ □ ■ □ □ □	■ ■ V W B B F B B B B	■ ■	■ ■ ■
E4	Altoona, 16602 814-942-4468	Kettle Street Gold Star 301 E Walton Ave	■ ■		□ □ □	□ □		□ □ □	□ □ □ □ □ □ □ □	V W F		■ ■ ■
E1	Ambridge, 15003 724-266-6995	Leo Pardi Service Station (Ashland) Old Rt 65	■ ■		□ ■	□ □ □		□ □	□ □	V W B F		■ ■ ■
D6	Avis, 17721 570-753-5935	Minit Mart US 220 & PA 150	24HRS ■ ■		■ ■	□		□ ■ □ □	□ □ □ □ □ □ □ □	■ ■ ■ V W F		■ ■ ■
C8	Avoca, 18641 570-654-5111	Petro Stopping Center #63 - Scranton I-81 Exit 178 B (PETRO)	24HRS ■ ■	XL ■ ■	24HRS ■ ■ □ ■ ■	□ □ □ ■ ■ ■ ■ DAT ■ (power logo) ■	F C U F T	□ ■ CAT BF	■ ■ ■ ■ ■ A ■ ■ ■ ■	■ ■ ■ V W B B B B B B	■	■ ■ ■
D2	Barkeyville, 16038 814-786-7911	Phoenix Auto/Truck Stop I-80 Exit 29 (PA 8 N)	24HRS ■ ■	M ■ ■	■ □ □ ■ ■	■ ■ ■ ■ ■	F C	□ □ □ □ □ □	□ □ □ □ □ □ □ □ □ □ □ □	■ ■ V W B B F B B B B	■	■ ■ ■
D2	Barkeyville, 16038 814-786-7971	Kwik Fill A/T Plaza #229 I-80 Exit 29 (PA 8 S)	24HRS ■	M ■ ■	24HRS ■ ■ □ ■ ■	■ ■ ■ □	F C □	□ ■ ■ ■ ■ □ □	□ □ □ □ □ □ □ □ □	■ ■ ■ ■ ■ V W B B F B B B B	■	■ ■ ■
D2	Barkeyville, 16038 814-786-9227	Exit 29 Fuel Stop (Citgo) I-80 Exit 29 (PA 8 SE)	■ ■ ■	S ■	□ ■ □ ■	■	F C	□ ■ □ □ □ □ □	□ □ □ □ □ □ □ □ □ □	■ □ V W B	■	■ ■ ■
D2	Barkeyville, 16038 814-786-7988	TravelCenters of America (BP) I-80 Exit 29 (PA 8) (TA)	24HRS ■ ■	L ■ ■	24HRS ■ ■ □ ■ ■	■ ■ ■ ■ DAT ■ TA ■	F C U F T	□ ■ CAT BF	■ ■ ■ ■ ■ ■ A □ ■ ■ □ □ □	■ ■ ■ ■ ■ W B B B B B	■	■ ■ ■
D8	Bartonsville, 18321 570-421-1770	Pocono Auto/Truck Plaza (Mobil) I-80 Exit 302 B (US 611 N) (AMBEST)	24HRS ■ ■	XL ■	24HRS ■ ■ □ ■ ■	■ ■ ■ ■ DAT ■	F C T F	■ CAT BF	■ ■ ■ ■ ■ ■ R ■ ■ ■ ■ □ □	■ ■ ■ ■ W B B B B B	■ ■	■ ■
D8	Bartonsville, 18321 570-476-9274	Bartonsville Travel Center (Texaco) I-80 Exit 302 B (US 611 N)	24HRS ■ ■		□ ■ □ ■	□ ■ ■ ■ □	U F	□ ■ □ □	□ □ □ □ □ □ □	■ ■ V W B B B B B		■ ■ ■
F4	Bedford, 15537 814-623-2989	SAC Shop #14 (BP) 10071 US 30	24HRS ■ ■		■ ■	□ □	U F	■		■ V W B B B B B		■ ■ ■
F4	Bedford, 15522 814-623-1740	South Midway Plaza #7078 (Sunoco) I-70-76 (PATP) MM 147 EB	24HRS ■ ■	M ■ ■	■ ■	DAT	F C	■ □ □	□ □ □ □ □ □ □ □	■ ■ ■ V W B B B		■ ■ ■
F4	Bedford, 15522 814-623-6203	North Midway Plaza #7079 (Sunoco) I-70-76 (PATP) MM 147 WB	24HRS ■ ■	M ■ ■	□ ■	DAT	□	■ □ □	□ □ □ □ □ □ □ □ □ □	■ □ ■ V W B B B		■ ■ ■
F4	Bedford, 15522 814-624-0599	Arby's/Amoco Travel Plaza I-76 (PATP) Exit 146	24HRS ■ ■	S ■	□ ■ □ ■			■		□ ■ V W B B B B B B		■ ■ ■
F4	Bedford, 15522 814-623-7093	SAC Shop (BP) I-76 (PATP) Exit 146 (US 220)	24HRS ■ ■	S ■	□ ■ ■ □ ■	□ ■ ■ ■ ■	F C F	□ ■ □ □	□ □ □ □ □ □ □ □	□ ■ V W B B B B B	■	■ ■ ■
E4	Bellwood, 16617 814-742-9352	Martin General Store #207 US 220 & PA 865	24HRS ■ ■		□ □ ■	□ □	F C	□ ■ □ □	□ □ □ □ □ □	■ ■ ■ V W B B B B B	■	■ ■ ■
F9	Bensalem, 19020 215-244-6190	Bensalem Travel Plaza (Pacific Pride) 2950 PA 132	■ ■ ■		□ □ □	□ □ □ ■ ■ □	F C □	□ ■ ■	■ ■ ■ ■ ■ ■ A R ■ ■ □ ■ ■	F		■ ■ ■
F2	Bentleyville, 15314 724-239-5855	Pilot Travel Center #348 I-70 Exit 32 B (PA 917)	24HRS ■ ■	L ■ ■	□ ■ ■ □ ■ ■	□ ■ ■ ■ DAT ■ (power logo) ■	F C U F T	□ ■ CAT	□ □ □ ■ ■	■ □ ■ ■ ■ ■ ■ V W B B F B B B	■	■ ■ ■
E7	Bethel, 19507 717-933-9188	I-78 Exit 13 Fuel Stop (Texaco) I-78 Exit 13 (PA 501)	24HRS ■ ■	S ■	□ ■ □ ■	□	F C □	□ □ □ □	□ □ □ □ □ □ □ □ □ □ □	■ ■ V W B B B B B B	■	■ ■ ■
E7	Bethel, 19507 717-933-4701	Midway Exxon Travel Center I-78 Exit 16	24HRS ■ ■	S ■	□ ■ □ ■		F C	■	□ □ □ □ □	■ ■ V W B B B B B	■	■ ■ ■
E7	Bethel, 19507 717-933-9094	Midway Fuel & Truck Wash I-78 Exit 16	24HRS ■ ■	S	□ □ □ ■	□ □			□ □ □ ■ ■	■ ■ B B B B B		■ ■ ■
E3	Blairsville, 15717 724-459-9311	Glassmart #250 (Citgo) US 22 E	24HRS ■ ■	S ■	■ □ ■	□ □ □ □	F C	□ □	□ □ □ □	■ ■ ■ V W B F B	■	■ ■ ■
D7	Bloomsburg, 17815 570-784-8520	TravelCenters of America (BP) I-80 Exit 232 (TA)	24HRS ■ ■	XL ■ ■	24HRS ■ ■ □ ■ ■ □	■ ■ ■ ■ DAT ■ TA ■	F C U F T	□ ■ CAT BF ■ ■ ■	■ ■ ■ ■ ■ ■ A R ■ ■ □	■ □ ■ ■ ■ ■ V W B B F B B B	■ ■	■ ■ ■
F7	Bowmansville, 17507 717-445-9178	Bowmansville Plaza (Sunoco) I-76 (PATP) MM 290 EB	24HRS ■ ■	M ■	■ ■	DAT		■	□ □ □	■ ■ V W B B C C C		■ ■ ■
F4	Breezewood, 15533 814-735-4076	Petro:2 #84 (Shell) I-76 (PATP) Exit 161 (I-70 Exit 147) (PETRO)	24HRS ■ ■	XL ■ ■	24HRS ■ ■ □ ■ ■	□ ■ ■ ■ ■ DAT ■ (power logo) ■	F C U F T	■ ■ ■ ■ ■ BF ■ ■ ■	■ ■ ■ ■ ■ ■ A R ■ ■ □ ■ ■	■ □ ■ ■ ■ ■ V W B B F B B B B	■	■ ■ ■

THE TRUCKER'S FRIEND® - PENNSYLVANIA

How to interpret the page

■ means available at truck stop □ means available nearby

in the overnight lot column: S means room for 5 - 24 trucks; M means room for 25-74 trucks; L means room for 85-149 trucks; XL means room for 150+ trucks; $ means a parking fee may be charged

code at left-hand side of rows is the state map grid reference

a key to advertising logos is on page 25

Services may change without notice. When in doubt, call ahead.

Column groups: **Driver Services** — MOTOR FUEL (Truck Diesel, Self Service Diesel, Metered Propane, Gasoline); PARKING (Overnight Lot (S), Paved Lot, Trailer Drop, Electric Plug-Ins); FOOD (Safe Haven/Hazmat, Restaurant, Fast Food, Table Phones); STORES (Motel, Convenience, Trucker/Travel, Shopping Center, Walmart/Kmart, Grocery); SHOWERS (Ladies, Men's, TV/Drivers Lounge, Laundry); COMMUNICATIONS (Load Monitor, Internet Kiosk, Wi-Fi Hotspots, Document Scanning, Public Fax/Copier, UPS/FedEx/TripPak Box). **Vehicle Services** — SCALES (Religious Services, State Lottery, Axle, Platform, Certified); TIRES (Repairs, New Tire Sales); REPAIRS (Shop Open 24 Hrs, DOT Inspection, Major Repairs, Minor Repairs, Oil Change/Lube, Minor Welding, AC/Reefer); ROAD SVCS (CB, Tire, Mechanical, Towing); WASH (Truck Exterior, Trailer Washout). **RV Info** (RVs Welcome, Dumping Station, Propane (Bottle)). **Financial Services** (ATM, Can Wire Money Out, Money Orders, Natso Check-Link, Western Union, Voyager/Wright Express, Comdata (Comchek)). **Permit Svcs** (EFS, Fuel Man, Multi Service; C=Checks, F=Fuel Cards, B=Both). **Credit Cards** (TCH, T-Chek, Fleet One, Buy/Pay at Fuel Desk, All Prepaid Permit Svcs, American Express, Visa/Mastercard, Discover).

Grid	City / Phone	Truck Stop / Location	Motor Fuel & Parking	Food	Stores	Showers	Communications	Scales	Tires	Repairs	Road Svcs / Wash	RV Info	Financial Services	Permit Svcs / Credit Cards
F 4	Breezewood, 15533 814-735-4011	TravelCenters of America/Gateway I-76 (PATP) Exit 161 (I-70 Exit 147) (TA)	24 HRS ■ ■	XL ■ ■	24 HRS ■ ■ ■ ■	■ ■	■ ■ ■ DAT ■ ■	F C U F T ■	CAT	B/F ■ ■ □ ■ ■	■ A R □	■ ■ □	□ □ ■ □ ■ ■	V W B B B B B ■ ■ ■ ■ ■
F 4	Breezewood, 15533 814-735-4503	Breezewood BP I-76 (PATP) Exit 161 (I-70 Exit 147)	24 HRS ■ ■		□ □ □ ■	□		F C □ ■	□ □ □ □	□ □ □ □ □ □ □	□ □ □ □	□ □ □ □ □	■	W B B F B B B ■ ■ ■ ■
E 1	Brentwood, 15227 412-881-5005	7-11 #173 (Exxon) 2929 PA 51 (4 mi S of I-279 Exit 5 B)	24 HRS ■ ■		□ ■ ■	□		□ ■					■ ■	W F ■ ■ ■
F 9	Bristol, 19007 215-781-8303	Bristol Gas & Diesel I-276 (PATP) Exit 358 (905 US 13 S)	24 HRS ■ ■ ■	S ■	□ □ □ ■	□ □	□	□ □ ■				□ □ □	■	B B B B ■ ■ ■
D 3	Brookville, 15825 814-849-3051	TravelCenters of America (BP) I-80 Exit 78 (PA 36 N) (TA)	24 HRS ■ ■	XL ■ ■ ■	24 HRS ■ ■ ■ ■	■ ■	□ ■ ■ ■ DAT TA	F C T F □ ■	CAT	B/F ■ ■ ■ ■ ■ ■	R	■ ■ □	■ ■ ■ ■ ■	V W B B B B B ■ ■ ■ ■ ■
D 3	Brookville, 15825 814-849-2992	Flying J Travel Plaza #05092 I-80 Exit 78 (PA 36) (Flying J)	24 HRS ■ ■ ■	L ■ ■ ■	24 HRS ■ ■ □ ■	■ ■	□ ■ ■ ■ ■ Flying J	U F T □	Flying J	□ □ □ □ □	□	□ □ □ □	■ ■ ■ □ ■	V W B B B B ■ ■ ■
G 7	Buck, 17566 717-284-7040	Tanglewood Market (Citgo) 1201 PA 272 (1 mi S of PA 372)	■ ■ ■		□ □	□		F C □		□ □ □ □	□	□ □ □ ■ ■	□ ■ □ ■	V W ■ ■ ■
E 5	Burnham, 17009 717-242-3080	Snedeker #2 (Mobil) US 322 W	■ ■ ■ ■		□ □ □ ■	□ □ □							■	V W B ■ ■ ■
F 7	Campbelltown, 17010 717-838-3001	Hess Express 322 US 322 W	■ ■ ■		□ □ □ ■	□	□	□ ■				□ □ □	□ ■ ■	V W ■ ■ ■
C 6	Canton, 17724 570-673-8601	Dandy Mini Mart #12 40-50 PA 14 (Troy St)	■ ■ ■		□ ■ □ ■	□		F C □ ■		□ □	□	□ □ □	■	V W ■ ■ ■
F 6	Carlisle, 17013 717-240-0055	Pilot Travel Center #342 I-76 (PATP) Exit 226 (US 11 S)	24 HRS ■ ■	XL ■ ■	□ ■ ■ □ ■	□ ■ ■	DAT ■	F C T F □ ■	CAT	□ □ □ □ □ □	□	□ □ □ □ □	■ □ ■ ■ ■ ■	V W B B F B B B ■ ■ ■ ■
F 6	Carlisle, 17013 717-249-1919	Petro Stopping Center #36 I-76 (PATP) Exit 226 N (I-81 Exit 52 W) (PETRO)	24 HRS ■	XL ■ ■	24 HRS ■ ■ □ ■	■ ■ ■	■ ■ DAT ■	F C U F T □	CAT	B/F ■ ■ ■ ■ ■ ■ ■	■ A R ■	■ ■ □	■ ■ □ ■	W B B B B B ■ ■ ■ ■
F 6	Carlisle, 17013 717-245-2001	Gables of Carlisle (Shell) I-76 (PATP) Exit 226 N (I-81 Exit 52 W)	24 HRS ■ ■	M ■ ■	□ ■ □ ■	□ □	DAT ■	F C T □ ■	CAT	□ □ □ □ □ □ □	□ □ □	□ □ □ ■ ■	□ ■ ■	V W B B F B B ■ ■ ■
F 6	Carlisle, 17013 717-243-6659	Flying J Travel Plaza #05200 I-81 Exit 52 SB/52 A NB (US 11 N) (Flying J)	24 HRS ■ ■ ■	XL ■ ■	24 HRS □ ■ □ ■	■ ■	■ ■ ■ ■ Flying J	U F T □	Flying J	B/F ■ □ ■ ■ □	A	■ ■ □	■ ■ ■ ■ ■	V W B B B B ■ ■ ■
F 6	Carlisle, 17013 717-243-9001	I-81 Carlisle Fuel Stop (Citgo) I-81 Exit 52 SB/52 A NB (US 11 N)	24 HRS ■ ■	S ■	□ ■ □ ■		□	F C □ □ ■	□ □ □ □	□ □ □ □ □ □ □	□ □ □ □	□ □ □ □ □	■ □ ■	V W B B B B B B ■ ■ ■
F 5	Chambersburg, 17201 717-263-6818	RGS Food Shop #9 I-81 Exit 20	■ ■ ■		□ ■ □ ■	□	□	□ ■					■ ■	V W ■ ■ ■
G 8	Chester, 19013 610-485-2327	B&S Sunoco 2200 PA 291 (S of US 322)	■ ■ ■		□ □ □ ■	□	□	F C □ □ ■		□ □ □ □	□	□ □ □	□ ■ ■	V W B C ■ ■ ■
F 1	Claysville, 15323 724-663-7718	Petro:2 #83 (Citgo) I-70 Exit 6 (PETRO)	24 HRS ■ ■	XL ■ ■	24 HRS ■ ■ ■ ■	■ ■ ■	■ ■ ■ DAT ■ ■	F C U F T ■	CAT	B/F ■ ■ ■ ■ ■ ■	A R	■ ■ □	■ ■	V W B B F B B B B ■ ■ ■ ■ ■
D 4	Clearfield, 16830 814-765-5321	Sapp Bros. - PA (Shell) I-80 Exit 120 (1/4 MI E on PA 879)	24 HRS ■ ■	XL ■ ■ ■	24 HRS ■ ■ □ ■	■ ■ ■	■ ■ DAT ■	F C T F ■	■ ■ ■ ■	■ ■ ■ ■ ■ ■ ■ ■	■ R	■ ■ □	■ ■ ■ ■ ■ ■ ■	V W B B F B B B B ■ ■ ■ ■ ■
D 2	Clintonville, 16372 814-385-6090	Phoenix Quik Stop I-80 Exit 35	■ ■ ■	S ■ ■	■		□	□		□ □		□ □ □	■	V W B B B B B ■ ■ ■
F 2	Connellsville, 15425 724-628-4660	Gas & Go (Sunoco) Hwy 119 S	■ ■ ■		□ □ □ ■	□ □	□	□				□ □ □		V W C ■ ■ ■
E 8	Coopersburg, 18036 610-282-4011	309 Truck Stop PA 309 (1 mi S of town, 5 mi S of I-78)	■ ■ ■ ■	M ■ ■	■ □	□ □ □	□	F C □ □				□ □ □	■ □ ■	V W B B B B B B ■ ■ ■
B 2	Corry, 16407 814-664-7522	Winter's Community Express (BP) 247 PA 426 (E of PA 77)	24 HRS ■ ■		□ □ ■			□				□	□ ■	V W F ■ ■ ■
C 6	Covington, 16917 570-659-5121	Dandy Mini Mart # 1 (Gulf) US 15	■ ■ ■		□ □ □ ■	□ □ □		□ ■		□ □	□ □ □	□ □ □	□ ■ ■	V W C C ■ ■ ■
E 2	Creighton, 15030 724-339-1977	Orris Express PA 28 Exit 13 (Freeport Rd)	■ ■ ■		□ □ ■	□	□	□ □ ■		□ □	□ □ □	□ □ □		V W B C F B ■ ■ ■
F 9	Croydon/Bensalem, 19021 215-785-4611	JAI Sunoco I-95 Exit 37 (PA 132 E)	24 HRS ■ ■		□ □ □ ■	□ □ □		□ ■		□ □	□ □ □ □	□ □ □	■ ■	V W B B B B ■ ■ ■
C 1	Custards, 16314 814-337-5823	Exit 141 Auto/Truck Stop I-79 Exit 141 (US 19 & PA 285)	■ ■ ■	M ■	■ ■ ■	■		F C	□	□ □	□ □ □ □ □	□ □ □ □ □ □	■	V W B B B B B ■ ■ ■ ■
F 7	Denver, 17517 717-336-7236	Al's Exxon I-76 (PATP) Exit 286 (PA 272 N)	■ ■ ■		□ □ □ ■	□	□	□ □ ■		□ □	□ □ □ □ □ □	□ □ □ □ □	□	V W C B C ■ ■ ■

THE TRUCKER'S FRIEND® - PENNSYLVANIA

How to interpret the page

■means available at truck stop □means available nearby

in the overnight lot column:
- S means room for 5 - 24 trucks
- M means room for 25-74 trucks
- L means room for 85-149 trucks
- XL means room for 150+ trucks
- $ means a parking fee may be charged

code at left-hand side of rows is the state map grid reference

a key to advertising logos is on page 25

Services may change without notice. When in doubt, call ahead.

Financial Services / Permit Svcs: C=Checks F=Fuel Cards B=Both

Grid	Location / Phone	Truck Stop / Address	MOTOR FUEL: Truck Diesel / Self Service Diesel / Metered Propane / Gasoline	PARKING: Overnight Lot ($) / Paved Lot / Trailer Drop	Electric Plug-Ins / Safe Haven/Hazmat	FOOD / STORES: Restaurant / Fast Food / Table Phones / Motel	Convenience / Trucker/Travel	Shopping Center / Walmart/Kmart / Grocery	SHOWERS: Ladies' / Men's	TV/Drivers Lounge / Laundry	COMMUNICATION: Load Monitor / Internet Kiosk / Wi-Fi Hotspots	Document Scanning / Public Fax/Copier / UPS/FedEx/Trippak Box	Religious Services / State Lottery	SCALES: Axle / Platform / Certified	TIRES: Repairs / New Tire Sales	REPAIRS: Shop Open 24 Hrs / DOT Inspection	Major Repairs / Minor Repairs / Oil Change/Lube	Minor Welding / AC/Reefer / CB	ROAD SVCS: Tire / Mechanical / Towing	WASH: Truck (Exterior) / Trailer Washout	RV INFO: RVs Welcome / Dumping Station / Propane (Bottle)	FINANCIAL SERVICES: ATM / Can Wire Money Out / Money Orders	NATSO Check-Link / Western Union / Voyager, Wright Express	Comdata (Comchek) / EFS	Fuel Man / Multi Service / TCH	T-Chek / Fleet One	PERMIT SVCS: Buy/Pay at Fuel Desk / All Prepaid Permit Svcs	CREDIT CARDS: American Express / Visa/Mastercard / Discover
F6	Dillsburg, 17019 717-432-9617	Shumaker's Service (Getty) 601 US 15 N & PA 74	■ ■ ■			□ □	■	□ □				□	□ ■		■ ■	■ □	■ ■ ■	■	■ ■ ■				V W	C C				■ ■ ■
D7	Dorrance, 18707 570-868-3117	Blue Ridge Plaza I-81 Exit 155	■ ■ ■	M ■ ■		□	■		■	■		F C	■		□ □		□ □ □	□	□ □ □			■ ■	■ V W	B B	B	B B	■	■ ■ ■
F8	Douglassville, 19518 610-327-1113	Speedway Oil Co (Sunoco) US 422 & 422 Bus (3.5 mi W of Pottstown)	■ ■			□ □		□ □		□			□			□	□ □ □	□	□ □ □				V W					■ ■ ■
E6	Duncannon, 17020 717-834-5927	Angie's Auto Truck Plaza (Sunoco) US 11-15	24 HRS ■ ■	M		24 HRS ■ □	■	□	■ ■	□		F C	□ ■	□ □ □			□		□ □ □		■ □ ■	■	V W	B B	F B B	B B	■	■ ■ ■
E6	Duncannon, 17020 717-834-3174	Clarks Ferry All American (Texaco) US 22-322 (1/4 mi E of US 11-15)	24 HRS ■ ■ ■	L ■ ■		24 HRS ■	■ ■	□	■ ■	■ ■	DAT (icon)	■ F C U F T	□ ■	■ ■ ■					□ □ □		■ □ ■	■ ■ ■	■ ■ V W	B B	F B B	B	■	■ ■ ■
E4	Duncansville, 16635 814-695-6264	Kwik Fill #249 663 Old US 22	24 HRS ■			□ □ □	■	□		□		F C	□		□ □		□ □ □	□	□ □ □		□		V W	B	B	B B	■	■ ■ ■
D8	Dupont, 18641 570-655-4116	Pilot Travel Center #370 I-81 Exit 175 NB/175 B SB (PA 315)	24 HRS ■ ■	M ■ ■		24 HRS ■ ■ □	■ ■	□ □ □	■ ■	■ ■	DAT (icon)	■ F C T F	□ ■	CAT	B/F	■ □	■ ■ ■	■ R ■	■ ■ ■	■ ■	■	■ ■	■ ■ V W	B B	F B	B B	■	■ ■ ■
D8	Dupont, 18641 570-654-3212	Hi-Way Auto & Truck (Getty) I-81 Exit 175 NB/175 B SB (PA 315)	■ ■ ■	S ■ ■		□ □ □		□ □ □		□		□	□	□ □ □	■ ■	■ ■	■ ■ ■	■ A	■ ■ ■	□ □	■		V W	B B	B B	B B		■ ■ ■
F7	East Earl, 17519 717-354-9486	Martin's Trailside Express (Mobil) US 322 & PA 897 (1 mi E of PA 23)	■ ■ ■ ■	M ■ ■		□ ■ ■ □	■	□	■ ■	□		F C F	□		□ □	□	□ □ □	□ □	□ □ □		■ □ ■	■ ■	V W	B B	F B B	B B	■	■ ■ ■
B6	East Towanda, 18848 570-265-7277	Dandy Mini Mart # 3 US 6 (just E of bridge)	24 HRS ■ ■			□ ■ □	■	□ □ □		□			□ ■		□ □		□ □	□	□ □ □		■	■	V W					■ ■ ■
F1	Eighty Four, 15330 724-228-3120	7-11 #185 (BP) I-70 Exit 25 (PA 519 S)	24 HRS ■ ■	S ■ ■		■ ■ ■ □	■ ■		■ ■			F C U F	□ ■		□ □		□ □ □	□	□ □ □		■ □ ■	■	V W	B B	F B B	B B	■	■ ■ ■
F2	Elizabeth, 15037 412-384-5360	Greenwald's One Stop (Citgo) Hwy 51 (1 mi S of bridge)	■ ■ ■			□	■	□		□		F C	□ ■						□ □ □			■	V W		F		■	■ ■ ■
E6	Elizabethville, 17023 717-362-7071	Lisi's Shell #1 4175 US 209 SW	■ ■ ■			□ □ □	■	□		□			□		■ ■						■	■ ■	W					■ ■ ■
F8	Elverson, 19520 610-286-8836	Peter J Camiel Service Plaza (Sunoco) I-76 (PATP) MM 305 WB	24 HRS ■ ■	S ■		24 HRS ■ □	■				DAT	F C	■						□ □ □		■		V W	B B	B B	B B	■	■ ■ ■
D2	Emlenton, 16373 724-867-1511	Emlenton Travel Center (Citgo) I-80 Exit 42	24 HRS ■ ■	M ■ ■		■ □ ■ ■	■ ■	□	■ ■	■	DAT ■	F C	□ ■	■ ■ ■	■ ■	■	■ ■ ■	■ A R □	■ ■ □	□ □	■ □	■	■ V W	B B	B B	B B	■ ■	■ ■ ■
F7	Ephrata, 17522 717-733-7111	222 Travel Plaza (Texaco) US 222 & US 322 (6 mi S of I-76 Exit 21)	24 HRS ■ ■	M ■ ■		24 HRS □ ■	■ ■	□ □ □	■ ■	■	DAT	F C U F T	□ ■	■ ■ ■	□ □		□ □ □	□	□ □ □		■ ■	■	■ V W	B B	F B B	B B	■	■ ■ ■
A1	Erie, 16502 814-456-7516	Greengarden Shell I-79 Exit 183A (E to Greengarden & 15th)	■ ■ ■	S ■ ■		□ □ □	■	□ □ □		□		□	□ ■		□ □		□	□	□ □ □		■ ■	■ ■	V W	B				■ ■ ■
A1	Erie, 16509 814-864-8536	Pilot Travel Center #311 I-90 Exit 27 (PA 97 S)	24 HRS ■ ■	L ■ ■		□ ■ ■ □	■ ■		■ ■		DAT ■ (icon)	■ F C U F T	□ ■	CAT	□ □	□	□ □ □	□ □	□ □ □		■ ■	■ ■	■ ■ V W	B B	F B	B B	■	■ ■ ■
A1	Erie, 16509 814-866-5320	Holiday Shell Truck Stop I-90 Exit 27 (PA 97)	24 HRS ■ ■	S ■		□ ■ □	■	□ □ □		□		□	□						□ □ □		□ ■	■ ■	V W	B C	B	B B		■ ■ ■
G9	Essington, 19029 610-521-9206	Valero Gas I-95 Exit 9 A (PA 420 S to PA 291)	■ ■			□ □ □	■	□ □ □		□			□	□	□ □	□	□ □ □	□	□ □ □				V W					■ ■ ■
F6	Etters, 17319 717-938-3779	Henry's Truck Stop I-83 Exit 33 (Old Trail N)	■ ■ ■	L ■		■ □ ■ □	■	□ □	■ ■	■ ■		F C U F T	□		■ ■	■	■ ■ ■	■ A R	□ □ □		■ □	■		B B		B B	■	■ ■
F6	Etters, 17319 717-932-8083	Hess Express #38422 I-83 Exit 34	24 HRS ■ ■			□ ■ □	■	□ □		□		C	□ ■	□ □ □	□ □		□ □		□ □ □		□	■ ■	V W	B B		B		■ ■ ■
D1	Evans City, 16033 724-538-8517	Evans City 7-11 (BP) 542 W Main St	24 HRS ■ ■			□	■	□ □		□			□ ■		□ □		□ □ □	□	□ □ □			■ ■	V W		F			■ ■ ■
F4	Everett, 15537 814-652-9092	SAC Shop #512 (BP) 13107 US 30 East	■ ■ ■			□ ■ ■ □	■	□		□		F C	□ ■		□ □				□ □ □			■	V W	B B	B	B B	■	■ ■ ■
B1	Fairview/Erie, 16415 814-838-9622	Urraro Oil I-90 Exit 18 (PA 832 N)	24 HRS ■ ■	M$ ■		□ □	■	□	■ ■	□		F C	□		□		□		□ □ □		■ □		V W	B B	B B	B B	■	■ ■ ■
D4	Falls Creek, 15840 814-371-1704	Sheetz Travel Center #194 I-80 Exit 97 (US 219 & 830)	24 HRS ■ ■	M$ ■ ■		□ ■ ■ □	■ ■	□ □ □	■ ■	■ ■	DAT	F C U F	□ ■	■ ■ ■	□ □	□	□ □ □	□ □	□ □ □	□	■	■ ■	■ V W	B B	F B B	B B	■	■ ■ ■
D4	Falls Creek, 15840 814-375-6046	Pilot Travel Center #336 I-80 Exit 97 (US 219)	24 HRS ■ ■	L ■ ■		□ ■ ■ □	■ ■		■ ■	■	DAT ■ (icon)	■ F C T	□ ■	CAT		□	□ □ □	□	□ □ □		■	■ ■	■ ■ V W	B B	F B	B B	■	■ ■ ■
E7	Frackville, 17931 570-874-1661	Central Hwy Oil Co (Gulf) I-81 Exit 124 B (PA 61 N)	■ ■ ■			□ □ □		□ □ □		□		□	□		□ □	□	□ □ □	□	□ □ □		■							■ ■ ■

THE TRUCKER'S FRIEND® - PENNSYLVANIA

How to interpret the page

■ means available at truck stop □ means available nearby

in the overnight lot column:
- S means room for 5 - 24 trucks
- M means room for 25-74 trucks
- L means room for 85-149 trucks
- XL means room for 150+ trucks
- $ means a parking fee may be charged

code at left-hand side of rows is the state map grid reference

a key to advertising logos is on page 25

Services may change without notice. When in doubt, call ahead.

Column headings: Motor Fuel (Truck Diesel, Self Service Diesel, Metered Propane, Gasoline); Driver Services – Parking (Overnight Lot, Paved Lot, Trailer Drop, Electric Plug-Ins, Safe Haven/Hazmat), Food (Restaurant, Fast Food, Table Phones), Stores (Motel, Convenience, Trucker/Travel, Shopping Center, Walmart/Kmart, Grocery), Showers (Ladies', Men's), Communications (TV/Drivers Lounge, Laundry, Load Monitor, Internet Kiosk, WiFi Hotspots, Document Scanning, Public Fax/Copier, UPS/FedEx/Trippak Box, Religious Services); Vehicle Services – Scales (State Lottery, Axle, Platform), Tires (Certified, Repairs, New Tire Sales), Repairs (Shop Open 24 Hrs, DOT Inspection, Major Repairs, Minor Repairs, Oil Change/Lube, Minor Welding), Road Svcs (AC/Reefer, CB, Tire, Mechanical), Wash (Towing, Truck (Exterior), Trailer Washout); RV Info (RVs Welcome, Dumping Station, Propane (Bottle)); Financial Services (ATM, Can Wire Money Out, Money Orders, Natso Check-Link, Western Union, Voyager/Wright Express, Comdata (Comchek)); Permit Svcs (EFS, Fuel Man, Multi Service) – C=Checks, F=Fuel Cards, B=Both; Credit Cards (TCH, T-Chek, Fleet One, Buy/Pay at Fuel Desk, All Prepaid Permit Svcs, American Express, Visa/Mastercard, Discover)

Grid	Location / Phone	Truck Stop / Address	Parking	Food	Stores	Showers	Communications	Scales	Tires	Repairs	Road Svcs / Wash	RV Info	Financial Services	Permit Svcs / Credit Cards
E 7	Frystown, 17067 717-933-4171	Frystown All American Plaza I-78 Exit 10 (PA 645)	24 HRS ■ ■	XL ■ ■	24 HRS ■ ■	■ ■	□ ■ ■ ■ DAT	⏻ F C U T	■ ■ ■ ■ ■	B/F ■ ■ ■ ■	■ □ A ■ ■ ■ □		■ ■ ■ ■ ■	B B B B B ■ ■ ■ ■
E 7	Frystown, 17067 717-933-4787	Gables of Frystown (Shell) I-78 Exit 10 (PA 645)	24 HRS ■ ■ ■	M ■ ■	□ ■ ■	■ ■	□	⏻ F C T	□ ■ □ □ □	□ □ □ □ □ □	□ □ □ □ □ □ □ □		■ ■ □ ■ ■ V W	B B F B B B ■ ■ ■ ■
F 7	Gap, 17527 717-442-9115	Mobil Truck Stop PA 41 (1 mi S of US 30)	24 HRS ■ ■	M ■ ■	■ □	■ ■ □	□ ■ ■ □	F C	□ ■ ■ ■	□ □ □ □ □ □	□ ■ □ □ □		■ □ ■ ■ ■ ■ V W	B B B B B B ■ ■ ■ ■
G 6	Gettysburg, 17325 717-337-1196	Gettysburg Travel Plaza (Texaco) US 15 & PA 394	■ ■	M ■ ■	■ □ □	■ ■	□ □ □ ■ ■ □	F C □ □		□ □ □	□ □ □ □		■ □ ■ ■ V W	B B F B B B ■ ■ ■ ■
B 8	Gibson, 18820 570-465-2974	Flying J Travel Plaza #05062 (Shell) I-81 Exit 219 (PA 848)	24 HRS ■ ■ ■	L ■ ■	24 HRS ■ ■ □	■ ■	■ ■ ■ ■ Flying J Flying J Flying J	F C U F T	Flying J	□ □ □ □	□ □ □		■ ■ ■ ■ V W	B B B B ■ ■ ■ ■
G 5	Greencastle, 17225 717-597-7762	TravelCenters of America (BP) I-81 Exit 5	24 HRS ■ ■ ■	XL ■ ■ ■	24 HRS ■ ■ ■ ■	■ ■	□ ■ ■ ■ DAT TA	F C U F T ■ ■	CAT	B/F ■ ■ ■ ■ ■	■ A ■ ■ ■ □ □ □		■ ■ ■ ■ ■ V W	B B F B B B ■ ■ ■ ■
G 5	Greencastle, 17225 717-597-4713	Texaco Food Mart I-81 Exit 5	24 HRS ■ ■	S ■ ■	□ ■ □ ■	■	□ □	F C □ □ ■	□ □ □ □ □	□ □ □	□ □ □ □		■ □ ■ ■ ■ V W	B B B B B B ■ ■ ■ ■
C 9	Greentown, 18426 570-676-4303	Lakewood 84 (Exxon) I-84 Exit 20 (PA 507)	24 HRS ■ ■	M ■ ■	□ □ ■		□ ■	F C □ ■			□ □ □		■ □ ■ ■ V W	B B F B B B B ■ ■ ■ ■
E 7	Hamburg, 19526 610-488-1413	Stuckey/Dairy Queen (Sunoco) I-78 Exit 23	24 HRS ■ ■		□ ■ □ ■								■ V W	B B B B B ■ ■ ■
E 7	Hamburg, 19526 610-562-6900	Keller's Korner (Mobil) I-78 Exit 29	■ ■ ■		□ □ □ ■			F			□ □ □		■ V W	B B B B ■ ■ ■
G 6	Hanover, 17331 717-633-7070	Shell Jiffy-Mart 2633 PA 94 (5 mi S of town)	■ ■ ■	S ■ ■	□ ■ □ ■		□ □	C □ ■					■ ■ ■ V W	B C C C ■ ■ ■
A 2	Harborcreek, 16421 814-899-1919	TravelCenters of America (BP) I-90 Exit 35 (PA 531)	24 HRS ■ ■	XL ■ ■	24 HRS ■ ■ ■ ■	■ ■ □ □ □	■ ■ ■ ■ DAT TA	F C U F T ■	CAT	B/F ■ ■ □ ■ ■	■ A ■ ■ ■ □ ■ ■		■ ■ ■ ■ W	B B F B B B ■ ■ ■ ■
B 8	Harford, 18823 570-434-2608	Penn-Can Travel Plaza (Getty) I-81 Exit 217	24 HRS ■ ■	M ■ ■	24 HRS ■ ■	■ ■	■ ■ DAT ■	F C □ ■		■ ■	■ □ □		■ □ ■ ■ ■ V W	B B B B B B ■ ■ ■ ■
B 8	Harford, 18823 570-434-2330	Liberty Travel Plaza (Exxon) I-81 Exit 217	24 HRS ■ ■	M ■ ■	□ ■	■ ■	□ ■ ■	F C □ ■		□ □ □ □ □ □	□ □ □		■ ■ ■ V W	B B B B B B ■ ■ ■ ■
E 6	Harrisburg, 17111 717-564-0206	Hess Express 6821 US 322 (3 mi E of I-83 Exit 47)	24 HRS ■ ■		□ ■ □ ■	□ □ □	□	C □ □ ■					■ ■ V W	■ ■ ■
E 6	Harrisburg, 17112 717-545-5053	Gables of Harrisburg (Shell) I-81 Exit 77 (PA 39)	24 HRS ■ ■	M ■ ■	□ ■ □ ■	■ ■	□ □	⏻ F C T □	■ ■ ■	□ □ □ □ □ □	□ □ □ □		■ □ ■ ■ ■ V W	B B F B B B B ■ ■ ■ ■
E 6	Harrisburg, 17112 717-545-5517	WilcoHess Travel Plaza #7001 I-81 Exit 77 (PA 39)	24 HRS ■ ■	L ■ ■	24 HRS □ ■ □	■ ■	■ ■ ■ DAT	F C T F ■ ■	CAT	■ ■ ■ □ ■ ■	■ A R ■ ■ □		■ ■ ■ V W	B B F B B B B ■ ■ ■ ■
E 6	Harrisburg, 17112 717-652-4556	TravelCenters of America I-81 Exit 77 (PA 39)	24 HRS ■ ■	L ■ ■	24 HRS □ ■ ■ ■	■ ■	■ ■ ■ ■ DAT TA	F C U F T ■	CAT	B/F ■ ■ □ ■ ■ ■	■ A ■ ■ ■		■ ■ ■ ■ ■ W	B B B B B ■ ■ ■ ■
E 6	Harrisburg, 17112 717-545-5507	Pilot Travel Center #245 I-81 Exit 77 (PA 39)	24 HRS ■ ■	S ■ ■	□ ■ ■ □ ■	■ ■	■ ■ ■ □ DAT ⏻	F C T □ ■	CAT	□ □ □ □ □ □ □ □	□ □ □ □ □ □	□ ■	■ ■ ■ ■ V W	B B F B B B ■ ■ ■ ■
D 7	Hazleton, 18202 570-501-1930	Uni-Mart #04346 (Exxon) I-81 Exit 143 (PA 924)	24 HRS ■ ■	M ■	■ ■			F C U ■		□ □ □ □	□ □ □ □		■ V W	B B B B B ■ ■ ■ ■
D 8	Hickory Run, 18661 570-443-4437	Hickory Run Travel Plaza (Exxon) I-80 Exit 274 (PA 534)	24 HRS ■ ■	L ■ ■	24 HRS ■ □ ■	■ ■	□ ■ ■ □ ■ ■	F C ■	■ ■ ■ ■	■ ■ ■ ■ ■ ■	■ ■ ■		■ □ ■ W	B B B B B B ■ ■ ■ ■
D 8	Hickory Run, 18661 570-443-7294	Bandit Truck Stop #2 (Sunoco) I-80 Exit 274 (PA 534)	■ ■ ■	M ■ ■	□ ■ ■ □ ■	■ ■ □ □	■ ■ ■ □	F C □ ■	□ □ □ □	□ □ □ □ □ □	□ □ □		■ □ ■ V W	B B F B B B B ■ ■ ■ ■
F 2	Hunker, 15639 724-925-3221	New Stanton Plaza #7089 (Sunoco) I-76 (PATP) MM 78 WB	24 HRS ■ ■	S ■ ■	□	■	DAT	■			□ □ □		■ ■ ■ V W	B B C ■ ■ ■
E 5	Huntingdon, 16652 814-643-1999	Kwik Fill #250 US 22 East	■ ■ ■		□ □ ■								V W	B ■ ■ ■
E 2	Irwin, 15642 724-864-9872	7-11 (Marathon) I-76 (PATP) Exit 67 (3/4 mi W on US 30)	24 HRS ■ ■		□ □ □ ■	□ □		□ □ ■			□ □ □		■ ■ ■ V W	B B F B B B ■ ■ ■
D 1	Jackson Center, 16133 724-662-2060	Sunoco Gas Station I-79 Exit 121 (PA 965)	■ ■ ■		□ ■ □ ■			F C □ ■		□ □ □ □ □ □	□ □ □ □		■ ■ ■ V W	B B B B B ■ ■ ■ ■
E 8	Jim Thorpe, 18229 570-325-8141	Hickory Run Service Plaza (Sunoco) I-476 (PATP) MM 86 NB/SB	24 HRS ■ ■ ■	M ■	■	■	DAT	■			□ □ □		■ ■ ■ V W	B B C ■ ■ ■
E 7	Jonestown, 17038 717-865-2107	Kreiser Fuel Service US 22 (2 mi W) & Racehorse Dr	24 HRS ■ ■		□ ■ □ ■		■ ■ ■ □	F C □ □	□ □ □ □ □	■	□ □ □ □		□ ■ ■	B B B B B ■ ■ ■ ■

How to interpret the page

■means available at truck stop □means available nearby

in the overnight lot column: S means room for 5 - 24 trucks; M means room for 25-74 trucks; L means room for 85-149 trucks; XL means room for 150+ trucks; $ means a parking fee may be charged

code at left-hand side of rows is the state map grid reference

a key to advertising logos is on page 25

Services may change without notice. When in doubt, call ahead.

THE TRUCKER'S FRIEND® - PENNSYLVANIA

Driver Services — MOTOR FUEL: TRUCK DIESEL, SELF SERVICE DIESEL, METERED PROPANE, GASOLINE; PARKING: OVERNIGHT LOT, OVERNIGHT LOT ($), PAVED LOT, TRAILER DROP, ELECTRIC PLUG-INS, SAFE HAVEN/HAZMAT; FOOD: RESTAURANT, FAST FOOD, TABLE PHONES; STORES: MOTEL, CONVENIENCE, TRUCKER/TRAVEL, SHOPPING CENTER, WALMART/KMART, GROCERY; SHOWERS: LADIES', MEN'S; TV/DRIVERS LOUNGE, LAUNDRY; COMMUNICATION: LOAD MONITOR, INTERNET KIOSK, WI-FI HOTSPOTS, DOCUMENT SCANNING, PUBLIC FAX/COPIER, UPS/FEDEX/TRIPPAK BOX, RELIGIOUS SERVICES, STATE LOTTERY

Vehicle Services — SCALES: AXLE, PLATFORM, CERTIFIED; TIRES: REPAIRS, NEW TIRE SALES; REPAIRS: SHOP OPEN 24 HRS, DOT INSPECTION, MAJOR REPAIRS, MINOR REPAIRS, OIL CHANGE/LUBE, MINOR WELDING; ROAD SVCS: AC/REEFER, CB, TIRE, MECHANICAL, TOWING; WASH: TRUCK (EXTERIOR), TRAILER WASHOUT

RV Info — RVs WELCOME, DUMPING STATION, PROPANE (BOTTLE)

Financial Services (C=Checks, F=Fuel Cards, B=Both) — ATM, CAN WIRE MONEY OUT, MONEY ORDERS, NATSO CHECK-LINK, WESTERN UNION, VOYAGER/WRIGHT EXPRESS, COMDATA (COMCHEK), EFS, FUEL MAN, MULTI SERVICE, TCH, T-CHEK, FLEET ONE, BUY/PAY AT FUEL DESK

Permit Svcs — ALL PREPAID PERMIT SVCS

Credit Cards — AMERICAN EXPRESS, VISA/MASTERCARD, DISCOVER

F 8	King of Prussia, 19406 610-265-9791	King of Prussia Service Plaza (Sunoco) I-276 (PATP) MM 328 WB	24 HRS ■ ■	M ■		□ ■ □	■	□		□	DAT		□ ■		□		□		□ □ □		■	■ ■	V W	B B	B	B B		■ ■ ■
F 8	King of Prussia, 19087 610-687-9964	Valley Forge Plaza (Sunoco) I-76 (PATP) MM 324 EB	24 HRS ■ ■	M ■		■	■				DAT		■								■ ■	■	V W	B B		C		■ ■ ■
D 4	Kylertown, 16847 814-345-6119	Kwik Fill A/T Plaza #226 I-80 Exit 133 (PA 53)	24 HRS ■	L ■ ■		24 HRS ■ ■	■ ■	□ - □	■ ■	■ □		F C □	□ ■	■ ■ ■	■ ■	■	■ ■	■	■ ■ □		■	■ ■	■ V W	B B	B B	B B	■ ■	■ ■ ■
D 5	Lamar, 17751 570-726-7618	Pilot Travel Center #001 I-80 Exit 173	24 HRS ■ ■	M ■ ■		□ ■ ■ □	■ ■	□	■ ■	□	■	F C T	□ ■	CAT	□ □	□	□ □ □	□ □	□ □ □		■ ■	■ ■	■ ■ V W	B B	F B	B B	■	■ ■ ■
D 5	Lamar, 16848 570-726-4996	TravelCenters of America (Exxon) I-80 Exit 173 (PA 64) TA	24 HRS ■ ■	L ■ ■		24 HRS ■ ■ □	■ ■		■ ■	■ ■	DAT ■ TA ■	F C T F	□ ■	CAT		■ ■	■ ■ ■	■ A	■ ■ □		■	■ ■	■ ■ W	B B	B	B B	■	■ ■ ■
D 5	Lamar, 16848 570-726-4080	Flying J Travel Plaza #05113 I-80 Exit 173 (PA 64)	24 HRS ■ ■ ■	XL ■		24 HRS ■ ■ □	■ ■		■ ■	■ ■	■	F C T F	□		□ □		□ □	□	□ □ □		■ ■ ■	■	V W	B	B B	B	■	■ ■ ■
F 7	Lawn, 17041 717-367-9336	Lawn Turnpike Service Plaza (Sunoco) I-76 (PATP) MM 258 WB	24 HRS ■ ■	S ■		□	■				DAT	F C	■						□ □ □		■ ■ ■	■ ■	V W	B B		B	■	■ ■ ■
B 6	Lawrenceville, 16929 570-827-2706	Kwik Fill #196 US 15 (1/2 mi S of NY line)	24 HRS ■			□	■	□		□		F C	□						□ □ □	□	□ ■	■	V W	B B	B	B B	■	■ ■ ■
F 7	Lebanon/Midway, 17042 717-273-6205	Hess Express 302 Evergreen Rd	■ ■ ■			□ ■ □	■					C	■				□ □ □	□				■ ■	V W					■ ■ ■
E 8	Lehighton, 18235 610-377-6160	Fast Fill (Mobil) US 209 & PA 443 (2 mi W of I-476)	■ ■ ■			□ □ □	■	□ □		□		□	□ ■		□ □		□	□	□ □ □		■	■	V W					■ ■ ■
F 9	Levittown, 19057 215-547-6172	Citgo Fuel Stop I-276 (PATP) Exit 358 (US 13)	■ ■ ■			□ □ □	■	□		□			□		□ □	□	□ □ □		□ □ □		□ ■		V W	B B	B	B B	■	■ ■ ■
E 5	Lewistown, 17044 717-242-2010	Minit Mart (Citgo) 401 US 522 N	24 HRS ■ ■			□ □ □	■	□ □ □				□	□ ■		□ □	□	□ □ □	□	□ □ □		□ ■	■ ■	V W					■ ■ ■
C 6	Liberty, 16930 570-324-5440	Liberty Exxon US 15 & PA 414	24 HRS ■ ■	M ■ ■		□ ■	■	□				F C	□ ■		□		□		□ □ □		■ ■	■	W	B B	B B	B B	■	■ ■ ■
B 7	Little Meadows, 18830 570-623-4311	Outright Sales (Sunoco) PA 858 (6 mi S of NY 17 Exit 66)	■ ■ ■ ■	S ■		■	■				■	F C	□ ■		□		□		□ □ □		■ ■	■					■	■ ■ ■
E 6	Liverpool, 17045 717-444-9927	Fuel City Truck Stop (Gulf) US 11-15 S	■ ■ ■	M ■		□ ■ ■ □	■	□		■		F C	□				□ □	□	□ □ □		■	■ ■	V W	B B	B B	B B	■ ■	■ ■ ■
D 1	Mahoningtown, 16102 724-658-0269	Last Minit Mart (Citgo) 511 PA 18 (1 mi E of PA 60 Exit 19)	24 HRS ■ ■			■	■						□ ■								■	■	V W	B				■ ■ ■
F 7	Manheim, 17545 717-273-7871	Hess Express #38429 I-76 (PATP) Exit 266 (3/4 mi N on PA 72)	24 HRS ■ ■			□ ■ □	■						□ ■		□		□ □ □		□ □ □		□	■ ■	V W	B				■ ■ ■
B 6	Mansfield, 16933 570-659-5301	American Truck Stop US 15 S (3.5 mi S of town)	■ ■ ■	M ■ ■		■ □ □		□ □ □		□		F C □	□	■	■ ■	■	■ ■	■ A	■ ■ ■		■			B		B	■	■ ■ ■
E 1	McKees Rocks, 15136 412-331-8484	Tomei's Gulf 1369 PA 51 (Island Ave)	■ ■ ■			□ □ □	■	□ □		□			□		□ □		□ □		□ □ □				V W					■ ■ ■
F 6	Mechanicsburg, 17055 717-766-2550	Kwik Fill #259 6479 US 11	24 HRS ■ ■			□ ■ □	■	□ □ □		□		F C □	□						□ □ □		■		V W	B B	B	B B	■	■ ■ ■
F 6	Middletown, 17057 717-944-9266	Highspire Service Plaza (Sunoco) I-76 (PATP) MM 250 EB	24 HRS ■ ■	M ■		■	■ ■				DAT	F C	■						□ □ □		■ ■	■ ■	V W	B B		B	■	■ ■ ■
E 6	Mifflintown, 17059 717-436-8941	Stop 35 (Exxon) US 322-22 & PA 35	24 HRS ■ ■			24 HRS □ ■	■	□	■ ■	■		F C F	□ ■		□ □	□	□ □ □	□ □	□ □ □			■ ■	■ V W	B				■ ■ ■
D 7	Mifflinville, 18631 570-752-3729	Kreiser Truck Stop (Citgo) I-80 Exit 242	24 HRS ■ ■	S ■ ■		□ ■ ■ □	■	□	■ ■	□		F C □	□	□ □ □	□ □	□	□ □ □	□ □ □	□ □ □		■	■	V W	B B	B B	B B	■	■ ■ ■
D 7	Mifflinville, 18631 570-759-0695	Brennan's Auto/Truck Plaza (Shell) I-80 Exit 242 (PA 339)	24 HRS ■ ■	M ■ ■		24 HRS ■ □	■ ■	□ □	■ ■	■		F C □	□ ■	■ ■ ■	■ ■	■ ■	■ ■	■ ■	■ ■ □		■ □	■	V W	B B	B B	B B	■	■ ■ ■
D 5	Milesburg, 16853 814-355-7561	TravelCenters of America (BP) I-80 Exit 158 TA	24 HRS ■ ■ ■	L ■ ■		24 HRS □ ■ □	■ ■		■ ■	■ ■	DAT TA ■	F C T	□	CAT		■ ■	□ ■ ■	■ A	■ ■ □		■ ■	■ ■	■ ■ W	B B	F B	B B	■ ■	■ ■ ■
D 5	Milesburg, 16853 814-355-7591	Bestway Travel Center (Shell) I-80 Exit 158 (PA 150 N)	24 HRS ■ ■	L ■ ■		24 HRS ■ ■ ■	■ ■	□	■ ■	■ ■	■	F C	□ ■	■ ■ ■	■ ■	■	■ ■ ■	■ R ■	■ □ □		■ □	■	V W	B B	F B B	B B	■	■ ■ ■
B 6	Millerton, 16936 570-537-3050	Dandy Mini Mart #22 (Citgo) PA 328	■ ■ ■			□ ■	■					F C	□ ■		□ □						■	■	V W	F			■	■ ■ ■
D 7	Millville, 17846 570-458-5822	Woolcock Oil (Texaco) PA 42 (9 mi N of I-80 Exit 232)	■ ■ ■	S		□ ■	■	□		□			□	□ □ □	□ □		□ □ □	□	□ □ □	□	■		V W			F		■ ■ ■

THE TRUCKER'S FRIEND® - PENNSYLVANIA

How to interpret the page

■ means available at truck stop □ means available nearby

In the overnight lot column:
- S means room for 5 - 24 trucks
- M means room for 25-74 trucks
- L means room for 85-149 trucks
- XL means room for 150+ trucks
- $ means a parking fee may be charged

code at left-hand side of rows is the state map grid reference
a key to advertising logos is on page 25

Services may change without notice. When in doubt, call ahead.

Column headings:
- **Driver Services**: MOTOR FUEL (Truck Diesel, Self Service Diesel, Metered Propane, Gasoline); PARKING (Overnight Lot ($), Paved Lot, Trailer Drop); FOOD (Electric Plug-ins, Safe Haven/Hazmat, Restaurant, Fast Food); STORES (Table Phones, Motel, Convenience, Trucker/Travel, Shopping Center, Walmart/Kmart, Grocery); SHOWERS (Ladies', Men's); COMMUNICATIONS (TV/Drivers Lounge, Laundry, Load Monitor, Internet Kiosk, Wi-Fi Hotspots, Document Scanning, Public Fax/Copier, UPS/FedEx/TripPak Box)
- **Vehicle Services**: SCALES (Religious Services, State Lottery); TIRES (Platform, Axle, Certified, Repairs, New Tire Sales); REPAIRS (Shop Open 24 Hrs, DOT Inspection, Major Repairs, Minor Repairs, Oil Change/Lube, Minor Welding, AC/Reefer); ROAD SVCS (Mechanical, Tire); WASH (CB, Towing, Truck (Exterior), Trailer Washout)
- **RV Info**: RVs Welcome, Dumping Station, Propane (Bottle)
- **Financial Services** (C=Checks, F=Fuel Cards, B=Both): ATM, Can Wire Money Out, Money Orders, Natso Check-Link, Western Union, Voyager/Wright Express, Comdata (Comchek)
- **Permit Svcs**: EFS, Fuel Man, Multi Service
- **Credit Cards**: TCH, T-Chek, Fleet One, Buy/Pay at Fuel Desk, All Prepaid Permit Svcs, American Express, Visa/MasterCard, Discover

Map	Location / Phone	Truck Stop / Address	Motor Fuel, Parking, Food	Stores, Showers	Communications	Scales, Tires	Repairs, Road Svcs, Wash, RV Info	Financial Services	Permit Svcs	Credit Cards
E5	Milroy, 17063 717-667-6002	Unimart Travel Center #04170 (Exxon/Mobil) US 322	24HRS ■ ■ M ■ ■	24HRS ■ ■ ■	□ ■ ■ ■ ■ DAT	F C □ □ ■ CAT	□ □ □ □ □ □ □ □ □	■ ■ ■ ■ ■ W	B B	B B B B ■ ■ ■ ■
D6	Milton, 17847 570-742-7655	Milton 32 Truck Plaza I-80 Exit 215 (PA 254 N)	24HRS ■ ■ L ■ ■	■ ■ ■	□ ■ ■ ■ ■	F C □ □	■ ■ ■ ■ ■ ■ ■ ■ A ■ ■ □ □	■ ■	B B	B B B B ■ ■
D6	Milton, 17847 570-742-2663	Petro Stopping Center #64 (Shell) PETRO I-80 Exit 215 (PA 254 S)	24HRS ■ ■ ■ XL ■ ■ ■	24HRS ■ ■ ■ ■ ■	□ ■ ■ ■ ■ DAT ⏻	F C U F T ■ ■ ■ ■ ■ ■ ■	BF ■ ■ □ ■ ■ ■ ■ ■ ■ ■ ■ ■ ■	■ ■ ■ ■ ■ ■ ■ ■ V W	B B	F B B B B ■ ■ ■ ■
C6	Montoursville, 17754 570-368-2020	Mill Street Sunoco I-180 Exit 23/23B EB (E to Broad & Mill)	24HRS ■ ■	□ □ □ □ □ □	□	□ □	□ □ □ □ □ □	□ ■		■ ■ ■
E8	Moselem Springs, 19522 610-944-1291	Hess Express #38411 US 222 & PA 662	24HRS ■ ■	□ ■ □ ■		■		■ V W	B	B ■ ■ ■
C8	Mount Cobb, 18436 570-689-9087	Joe's Kwik Mart (Mobil) I-84 Exit 8 (PA 247-348)	24HRS ■ ■	■ ■		■	□ □ □	■ W	B	■ ■ ■
G1	Mount Morris, 15349 724-324-5385	BFS Truck/Auto Plaza (Citgo) I-79 Exit 1	24HRS ■ ■ M ■ ■	24HRS ■ ■	□ ■ ■ ■ ■	F C □ ■ CAT	□ □ □	■ □ ■ V W	B B	B B B ■ ■ ■ ■
E5	Mount Union, 17052 814-542-2751	Martin General Store US 22 W	■ ■ ■	□ ■		C □ ■	□ □ □ □ □ □ □ □	■ ■ ■ W	B	■ ■ ■
D6	Muncy, 17756 570-546-2247	Sunoco #7263 I-180 Exit 15 (US 220)	24HRS ■ ■ S ■	□ ■		■	□ □ □ □ □	■ ■ V W	B B	B ■ ■ ■
E4	Munster, 15931 814-886-2767	Keystone Truck Stop US 22 W & PA 164	24HRS ■ ■ M ■ ■	■ □ ■ □ ■ ■ ■ □ □ □ ■ ■	□	F C □	□ □ □ □ □ □ □ □ □ □ □	■ ■ V W	B B	B ■ ■ ■
E2	Murrysville, 15668 724-733-1016	Stop #22 (Citgo) I-76 (PATP) Exit 57 (US 22)	■ ■ ■	□ ■ □ ■ □ □	□	□ ■		■ ■ V W		F ■ ■ ■
E3	Nanty Glo, 15943 814-749-9817	Sheetz Travel Center #48 US 22 & PA 271	24HRS ■ ■	□ □ □ ■ □ □ □	□	F C □ ■	□ □ □ □ □	□ ■ ■ ■ V W	B B	B B B B ■ ■ ■ ■
D1	New Castle (East), 16101 724-924-2063	Red Apple Kwik Fill 2985 US 422 (1 mi W of PA 388)	24HRS ■ ■ S ■	□ □ □ ■ □	□	F C □ ■	□ □ □ □ □ □ □ □ □ □ □	■ V W	B	C ■ ■ ■ ■
E8	New Smithville, 19530 610-285-2852	Bandit Truck Stop #1 (Texaco) I-78 Exit 45 (PA 863)	24HRS ■ ■ L ■ ■	□ ■ □ ■	■ DAT ■ ■	F C F □	□ □ □ □ □ □ □ □	■ □ ■ ■ ■ V W	B B	F B B B B ■ ■ ■ ■
F2	New Stanton, 15672 724-925-1450	Hempfield Service Plaza (Sunoco) I-76 (PATP) MM 75 EB	24HRS ■ ■ S ■	□ ■ □ ■ □	DAT	F □	□ □ □ □ □ □ □ □ □	□ ■ V W	B C	C ■ ■ ■
E8	New Tripoli, 18066 610-298-8400	New Tripoli Plaza (Shell) 6391 PA 309	■ ■ ■	□ ■ ■	□	C □ ■	□ □ □ □	■ ■ V W		■ ■ ■
F6	Newberrytown, 17339 717-938-4293	Rutter's Farm Stores #53 I-83 Exit 32 (Old Trail Rd)	24HRS ■ ■ S ■	□ ■ □ ■ □	□	F C □ □ ■	□ □ □ □	□ ■ ■ ■ V W	B B	B B B ■ ■ ■ ■
F5	Newburg, 17240 717-423-5482	Blue Mountain Plaza (Sunoco) I-76 (PATP) MM 203 WB	24HRS ■ ■ M ■	■ ■	DAT	■	□ □ □	■ ■ ■ V W	B B	■ ■ ■
A2	North East, 16428 814-725-9661	Kwik Fill A/T Plaza #228 I-90 Exit 45 (US 20)	24HRS ■ ■ M ■ ■	□ ■ ■ □ ■ ■ ■	□ ■ ■ ■ □	F C □ □ ■ ■ ■ ■	□ □ □ □ □ □ □ □ □ □ □	■ □ ■ □ ■ ■ ■ V W	B B	B B B B ■ ■ ■ ■ ■
A2	North East, 16428 814-725-9653	TravelCenters of America TA I-90 Exit 45 (US 20)	24HRS ■ ■ ■ L ■ ■	24HRS ■ □ ■ ■ ■	□ ■ ■ ■ ■ DAT	F C U F T □ ■ ■ ■	BF ■ ■ ■ ■ ■ A ■ ■ □	■ ■ ■ ■ ■ ■ ■ V W	B B	F B B B ■ ■ ■ ■
A2	North East, 16428 814-725-3381	Stateline BP I-90 Exit 45 (US 20)	24HRS ■ ■ M ■ ■	□ ■ □ ■	■ ■	F C ■ □ □ □ □	□ □ □ □ □ □ □	■ ■ ■ ■ V W	B B	F B B B B ■ ■ ■ ■
E2	North Versailles, 15137 412-829-8900	Buy'N Fly #3 (Exxon) 1826 US 30 & PA 48	24HRS ■ ■	□ □ □ ■ □ □ □	□	F C	□ □ □ □ □ □	■ ■ ■ V W	B	B ■ ■ ■
E6	Ono, 17077 717-865-7096	Ono Truck Center (Shell) I-81 Exit 85 A NB/85 SB (S to US 22 E)	24HRS ■ ■ M ■ ■	□ ■ □ ■ ■ □	■ ■ ■ ■	F C F □ ■	□ □ □	■ ■ □ ■ ■ ■ ■ V W	B B	B B B B ■ ■ ■ ■
G9	Philadelphia, 19148 215-336-6200	Walt Whitman Truckstop I-76 X 350 EB/I-95 X 19 (3540 S Lawrnce)	24HRS ■ ■ M ■ ■	■ □ ■ ■ ■ ■ □ □ □	■ ■ ■ ■ DAT ⏻	F C U F T □ CAT	■ ■ ■ □ ■ ■ ■ A ■ □ ■ ■ ■	■ ■ ■ ■ V W	B B	B B B B ■ ■ ■ ■
E7	Pine Grove, 17963 570-345-4546	Empire Fuel Stop (Sunoco) I-81 Exit 100 (PA 443)	24HRS ■ ■ M ■ ■	□ ■ □ ■ □		F C □ □	□ □ □ □ □ □ □ □	■ ■ W	B B	B B B B ■ ■ ■ ■
E1	Pittsburgh, 15205 412-787-7661	Snyder Bros. Automotive (Exxon) I-279 Exit 1 (Cambells Run Rd, 1 mi W)	24HRS ■ ■	□ ■ □ ■ □ □ □	□	□ ■	□ □ □ □ □ □ □ □ □ □ □	■ ■ V W	B C	F B B ■ ■ ■
E1	Pittsburgh, 15223 412-782-2213	A-Advantage Truck/Trailer Svce PA 28 Exit 5 (1 mi N to 815 PA 8)	■ ■ ■ ■	□ □ ■ □ □ □	□	F C □	■ ■ □ ■ ■ ■ ■ ■ ■	■ V W	C C	F C C C ■ ■ ■ ■
E1	Pittsburgh, 15233 412-231-0550	Beaver Avenue Service (Marathon) PA 65 & S Beaver Ave	■ ■ ■	□ □ ■		□ □	□ □ □ □ □ □ □ □	V W		F ■ ■ ■

How to interpret the page

■ means available at truck stop □ means available nearby

In the overnight lot column:
- S means room for 5 - 24 trucks
- M means room for 25-74 trucks
- L means room for 85-149 trucks
- XL means room for 150+ trucks
- $ means a parking fee may be charged

code at left-hand side of rows is the state map grid reference

a key to advertising logos is on page 25

Services may change without notice. When in doubt, call ahead.

THE TRUCKER'S FRIEND® - PENNSYLVANIA

Column groups: Driver Services (Motor Fuel: Truck Diesel, Self Service Diesel, Metered Propane, Gasoline; Parking: Overnight Lot ($), Paved Lot, Trailer Drop, Electric Plug-ins, Safe Haven/Hazmat; Food: Restaurant, Fast Food, Table Phones; Stores: Motel, Convenience, Trucker/Travel, Shopping Center, Walmart/Kmart, Grocery; Showers: Ladies', Men's, TV/Drivers Lounge, Laundry; Communication: Load Monitor, Internet Kiosk, Wi-Fi Hotspots, Document Scanning, Public Fax/Copier, UPS/FedEx/Trippak Box, Religious Services, State Lottery) – Vehicle Services (Scales: Axle, Platform, Certified; Tires: Repairs, New Tire Sales; Repairs: Shop Open 24 Hrs, DOT Inspection, Major Repairs, Minor Repairs, Oil Change/Lube, Minor Welding, AC/Reefer; Road Svcs: CB, Tire, Mechanical, Towing; Wash: Truck (Exterior), Trailer Washout) – RV Info (RVs Welcome, Dumping Station, Propane (Bottle)) – Financial Services (ATM, Can Wire Money Out, Money Orders, Natso Check-Link, Western Union, Voyager/Wright Express, Comdata (Comchek); C=Checks, F=Fuel Cards, B=Both: EFS, Fuel Man, Multi Service, TCH, T-Chek) – Permit Svcs (Fleet One, Buy/Pay at Fuel Desk, All Prepaid Permit Svcs) – Credit Cards (American Express, Visa/Mastercard, Discover)

Location	Truck Stop	Motor Fuel	Parking	Food	Stores	Showers	Communication	Scales	Tires	Repairs / Road Svcs	Wash / RV Info	Financial Services	Fuel Cards / Permit Svcs	Credit Cards
F5 Plainfield, 17081 717-258-4397	Plainfield Plaza (Sunoco) I-76 (PATP) MM 219 EB	24HRS ■ ■	M ■	24HRS ■	■		DAT		■		□□□	■ ■ ■ V W	B B C	■■■
D1 Portersville, 16051 724-368-9557	Isaly's Quik Shoppe (Gulf) 1651 US 19 N (betw I-79 Exits 96 & 99)	■■ ■	S ■	24HRS □	■ □				□■		□□□	■□ V W	B B F B F	■■■
F8 Pottstown, 19464 610-323-7401	Penn Oil Citgo 63 W High St (E of PA 100)	■■ ■		□□ □	■ □□□	□		□	□■ □	□□ □	□□□□ □	■■ V W		■■■
F8 Pottstown, 19465 610-327-3114	Coventry Hess PA 100 (betw US 422 & US 23)	■■■■		□□ □	■ □□□	□		F C	□■			■■ W		■■■■
E7 Pottsville, 17901 570-429-2970	Sony Fuel Stop PA 61 (3 mi S of I-81 Exit 124 A)	■■■■		□□ □	■ □□□	□			□	□ □□□ □	□□□	■■ W	B B B B B	■■■■
D3 Punxsutawney, 15767 814-938-3295	Nelson's Mini Mart (Gulf) US 119	■■ ■		□□ □	■ □□□	□		□	□■			V W	C F	■■■
E7 Ravine, 17963 570-345-2498	Raceway Truck Stop (Exxon) I-81 Exit 104	24HRS ■ ■	M ■■	■■■□	■■ □	■■ □		F C	□■	■■ ■■■■■ ■ A R	■■■	■□■ ■ V W	B B B B B B	■■■■
F7 Robesonia, 19551 610-693-3290	Robesonia Exxon 406 US 422 (2.5 mi E of PA 419)	■■ ■	S ■■	□■■□	■ □	□		F C U F	□■	□□ □ □	□□□	■□■ ■ ■ V W	B B B B B	■■■■
D1 Rochester, 15074 724-774-9815	Zelienople Plaza (Sunoco) I-76 (PATP) MM 22 EB	24HRS ■ ■	M ■■	■	■		DAT		■		□□□	■ ■ ■ V W	B B	■■■
B7 Rome, 18837 570-247-2766	Dandy Mini Mart #21 (Sunoco) PA 187	■■ ■		■	■ □			□	□■			□■ ■		■■■
F7 Ronks, 17572 717-687-6112	Grandview Depot (Sunoco) 2622 US 30 (5 mi E of Lancaster)	24HRS ■ ■	M ■■	□■ □	■	■■ ■		F C F	□■ CAT	□□ □□□□ □	□□□	■□■ ■ V W	B B F B B B B	■■■■
B6 Sayre, 18840 570-888-8288	Dandy Mini Mart #16 (Citgo) 926 N Elmira St	■■ ■		□■ □	■ □□□	□			□■	□□	□□□	□■ ■		■■■
E7 Schuylkill Haven, 17972 570-385-3200	Tigers Den 61 (Exxon) PA 61	■■ ■	S	□□ □	■ □ □	□		□	□	□□ □□□□ □□□	□□□	■ V W	B	■■■
C8 Scott, 18414 570-563-1645	BP 60 I-81 Exit 199	24HRS ■ ■	S ■■	□■ □	■ □	■ ■ □		F C	□■	□□ □□□□ □	□□□ □□	■ V W	B B B B B	■■■■
C8 Scott, 18414 570-563-1185	Scott 60 Car/Truck Plaza (Gulf) I-81 Exit 199 (PA 524)	24HRS ■ ■	L ■■	24HRS □■□	■■ □	■■ ■	DAT	F C	■	■■ □□□ □□	□□□ ■■	■□ ■ V W	B B B B B B	■■■■
D6 Shamokin Dam, 17876 570-743-2201	Kratzer Oil (BP) US 11-15	■■		□□ □	■ □□□			□	□			V W	B	■■■
F5 Shippensburg, 17257 717-532-9008	Pharo's Truck Stop I-81 Exit 29 (PA 174 E)	■■	XL ■■	■□■□	■■ □□□	■■ ■	DAT	F C □	□■ CAT	■■ ■■■■■ ■ A R ■	■■□	■ ■ V W	B B B B B	■■■■
E7 Shoemakersville, 19555 610-562-0988	Shoemakersville Texaco PA 61 N (3 mi S of I-78 Exit 29A)	■■ ■	S ■	□□	■ □ □	□		□	□	□ □	□□□	V W	B B F B B B B	■■■
G6 Shrewsbury, 17361 717-235-4726	Tom's Mobil I-83 Exit 4	24HRS ■ ■	M ■	□■■□	■ □□□	□		F C □	□■ □ □	□ □□ □	□□□	■ ■ ■ V W	B B B	■■■■
G6 Shrewsbury, 17349 717-235-3317	Tom's Cigarette Cellar #22 I-83 Exit 4 (PA 851)	■■ ■		■	■ □□			□	■			■ V W	B B B	■■■
F2 Smithton, 15479 724-872-4224	Smithton Truck Stop (Citgo) I-70 Exit 49	24HRS ■■■	XL ■■	■■■■	■■ □	■■ ■	DAT ■	F C □	□■ CAT	□□ □□□	□□□	■ ■■■ V W	B B B B B	■■■■
F2 Smithton, 15479 724-872-4050	Penn Station Travel Plaza (Exxon) I-70 Exit 49 (Smithton Rd)	24HRS ■ ■	L ■■	■ ■■	■■	■■ ■	DAT ■	F C U F T	■ CAT	B/F ■ ■■ ■ A □	■■□ □■	■■ ■ V W	B B F B B B B	■■■■■
D5 Snow Shoe, 16874 814-387-4300	Snow Shoe Auto/Truck Stop (Citgo) I-80 Exit 147 (PA 144)	24HRS ■ ■	M ■■	■□	■ □	■■ □		F C	□	□□ □□□□ □	□□□	■ ■ V W	B B B B B B	■■■■
D5 Snow Shoe, 16874 814-387-6203	Reese Truck Stop (Exxon) I-80 Exit 147 (PA 144)	24HRS ■ ■	XL ■■	24HRS ■■	■■ □	■■ ■ □		F C	□■	■■■ ■ ■	■■■	■□■ ■ V W	B B B B B	■■■■
E8 Snyders, 18211 570-386-2460	EZ Mart Mobil PA 309 & PA 895	■■ ■		□■	■				□■	□□ □	□□□	□■ ■ V W		■■■
F3 Somerset, 15501 814-445-4925	South Somerset Plaza #7076 (Sunoco) I-70-76 (PATP) MM 112 EB	24HRS ■ ■	M ■	□■	■		DAT		■		□□□	■ ■ ■ V W	B B C	■■■
F3 Somerset, 15501 814-445-3359	North Somerset Plaza #7077 (Sunoco) I-70-76 (PATP) MM 112 WB	24HRS ■ ■	L ■	■	■■		DAT		■		□□□	■ ■ ■ V W	B B	■■■
F3 Somerset, 15501 814-443-2304	Jim's Auto/Truck Stop (Texaco) I-76 (PATP) Exit 110	24HRS ■ ■	M ■■	□□ □	■■ □□□	■■ ■ □		F C □	□ B/F	■□□■■■ □	■■■	■ ■ ■ V W	B B F B B B B	■■■■■

THE TRUCKER'S FRIEND® - PENNSYLVANIA

How to interpret the page

■ means available at truck stop □ means available nearby

in the overnight lot column:
- S means room for 5 - 24 trucks
- M means room for 25-74 trucks
- L means room for 85-149 trucks
- XL means room for 150+ trucks
- $ means a parking fee may be charged

code at left-hand side of rows is the state map grid reference
a key to advertising logos is on page 25

Services may change without notice. When in doubt, call ahead.

Column groups: Driver Services (Motor Fuel: Truck Diesel, Self Service Diesel, Metered Propane, Gasoline; Parking: Overnight Lot ($), Paved Lot, Trailer Drop, Electric Plug-Ins, Safe Haven/Hazmat; Food: Restaurant, Fast Food, Table Phones; Stores: Convenience, Motel, Trucker/Travel, Shopping Center, Walmart/Kmart, Grocery; Showers: Ladies', Men's; TV/Drivers Lounge, Laundry; Communications: Load Monitor, Internet Kiosk, Wi-Fi Hotspots, Document Scanning, Public Fax/Copier, UPS/FedEx/TripPak Box, Religious Services, State Lottery) — Vehicle Services (Scales: Axle, Platform, Certified; Tires: Repairs, New Tire Sales; Repairs: Shop Open 24 Hrs, DOT Inspection, Major Repairs, Minor Repairs, Oil Change/Lube, Minor Welding; Road Svcs: AC/Reefer, CB, Tire, Mechanical, Towing; Wash: Truck (Exterior), Trailer Washout) — RV Info (RVs Welcome, Dumping Station, Propane (Bottle)) — Financial Services (ATM, Can Wire Money Out, Money Orders, Natso Check-Link, Western Union, Wright Express, Voyager, Comdata (Comchek)) — Permit Svcs (C=Checks, F=Fuel Cards, B=Both: EFS, Fuel Man, Multi Service, TCH, T-Chek, Fleet One, Buypay at Fuel Desk, All Prepaid Permit Svcs) — Credit Cards (American Express, Visa/Mastercard, Discover)

Grid	City, Zip / Phone	Truck Stop / Location	Motor Fuel / Parking	Parking / Food	Food	Stores	Showers	Lounge	Communications	Communications	Communications	Scales	Tires	Repairs	Repairs	Repairs	Road Svcs	Wash	RV Info	Financial	Financial	Financial	Permit Svcs	Credit Cards	Credit Cards	Credit Cards
D 5	State College, 16801 814-234-9742	Minit Mart (Citgo) 106 US 322 Business	24 HRS ■ ■			□ ■ □	■	□ □ □		□			□ ■		□ □		□ □		□ □ □		■	■ ■	V W				■ ■ ■
D 5	State College, 16801 814-238-1391	Minit Mart (Citgo) 913 W College Ave	24 HRS ■ ■			□ □ □	■	□ □ □		□			□ ■						□ □ □		■	■ ■	V W	F		B		■ ■ ■
C 8	Sterling, 18436 570-689-4345	Howe's 84 Auto/Truck Plaza (Exxon) I-84 Exit 17 (PA 191) [AMBEST]	24 HRS ■ ■	L ■ ■		■ ■ ■	■ ■		■ ■	■	[DAT]	F C	■	[CAT]	■ ■	■ ■	■ ■ ■	■	■ ■ ■	■		■	■ V W	B B	B B	B B	■ ■	■ ■ ■
E 8	Stockertown, 18083 610-746-4390	T&C Mini Mart (Texaco) PA 33 & PA 191	■ ■ ■	S ■ ■		□ ■	■	□ □ □		□			□ ■								■	■ ■	V W	B B		B		■ ■ ■
D 3	Strattanville, 16258 814-379-3276	Keystone All American Plaza (Shell) I-80 Exit 70 (US 322)	24 HRS ■ ■	L ■ ■	■	24 HRS ■	■ ■		■ ■	■ ■		F C T		■ ■ ■	[B/F]	■	■ ■	■	■ ■ □	■		■ ■	■ ■ V W	B B	B B	B B	■	■ ■ ■
D 7	Sybertsville, 18222 570-788-3262	Pilot Travel Center #298 I-80 Exit 256 (PA 93)	24 HRS ■ ■	M ■ ■		□ ■ ■ □	■ ■	□	■ ■		[DAT] ■ [⏻] ■	F C U F T	□ ■	[CAT]	□ □	□	□ □ □	□	□ □ □	□	■ □	■ ■	■ ■ V W	B B	F B	B B	■	■ ■ ■
C 8	Tafton, 18464 570-857-1515	Promised Land Fuel Stop (Exxon) I-84 Exit 26	24 HRS ■ ■	S ■		■	■						□ ■									■	V W	B B	F B B	B B	■	■ ■ ■
D 7	Tamaqua, 18252 570-386-4151	Fegley Oil Co (Mobil) PA 309 (2 mi S of town)	24 HRS ■ ■			□ □	■	□		□		F C	■								■	■	V W	B		B B	■	■ ■ ■
C 2	Titusville, 16354 814-827-1797	Kwik Fill #200 1001 East Spring Street	24 HRS ■ ■	S		□ □ □	■	□		□		F C	□ ■		□		□		□ □ □		■	■	V W	B C			■	■ ■ ■
G 4	Town Hill, 17267 814-735-3850	Sunoco Travel Plaza I-70 Exit 156 (PA 643)	24 HRS ■ ■ ■	L ■ ■		■ ■ ■ ■	■ ■		■ ■			F C	□ ■						□ □ □		■ ■	■ ■	V W	B B		B	■	■ ■ ■
F 9	Trevose, 19053 215-638-1165	Classic Diesel Truck Stop (Texaco) I-276 (PATP) Exit 351 (S to 2629 US 1)	24 HRS ■ ■			□ □ □		□ □		□			□									■	V W					■ ■ ■
F 9	Trevose, 19053 215-639-3461	South Neshaminy Plaza #7085 (Sunoco) I-276 (PATP) MM 352 EB	24 HRS ■ ■	S ■		■	■				[DAT]		■						□ □ □		■	■ ■	V W	B B	B	B		■ ■ ■
F 9	Trevose, 19047 215-357-9725	North Neshaminy Plaza (Sunoco) I-276 (PATP) MM 352 WB	24 HRS ■ ■	M ■ ■		■ □	■	□ □		□	[DAT]		□ ■						□ □ □		■	■	V W	B B				■ ■ ■
F 9	Trevose, 19047 215-638-2141	MO Fuels (Sunoco) I-276 (PATP) X 351 (1/2 mi S to US 1 NB)	24 HRS ■ ■			□ □ □	■	□		□			□ ■								■	■	V W	B C	B	B B		■ ■ ■
C 6	Trout Run, 17771 570-998-2428	Steam Valley Sunoco #7268 US 15 & PA 14	24 HRS ■ ■	S ■ ■		□				□		F C	□						□ □ □		■ ■	■ ■	V W	B B		B	■	■ ■ ■
C 6	Trout Run, 17771 570-998-9400	Fry Brothers Turkey Ranch (Citgo) US 15 Exit 184	■ ■ ■	S			■						■						□ □ □		■	■		B				■ ■ ■
B 6	Ulster, 18850 570-358-3800	Dandy Mini Mart #20 (Citgo) US 220 & Bridge St	■ ■ ■			□	■						□ ■								□ ■	■	V W					■ ■ ■
E 2	Verona, 15147 412-828-9860	Oakmont Plaza #7095 (Sunoco) I-76 (PATP) MM 49 EB	24 HRS ■ ■	M ■		■	■				[DAT]		■						□ □ □		■	■ ■	V W	B B				■ ■ ■
C 3	Warren, 16365 814-726-2370	Kwik Fill #295 US 6	24 HRS ■ ■			□ □ □	■	□					□ ■		□ □						■	■	V W	B C	B	B B		■ ■ ■
F 4	Waterfall, 16689 717-987-3328	Sideling Hill Plaza #7080 (Sunoco) I-76 (PATP) MM 172 EB/WB	24 HRS ■ ■	M ■		□ ■	■				[DAT]		■						□ □ □		■ ■	■ ■	V W	B B				■ ■ ■
G 1	Waynesburg, 15370 724-627-5245	Deputy Dog (Amoco) I-79 Exit 14 (PA 21)	■ ■ ■	S$		□ ■ □	■	□				□	□		□ □		□		□ □ □			■	V W					■ ■ ■
E 2	West Mifflin, 15122 412-466-7169	7-11 #188 (Exxon) PA 885 & Camp Hollow Rd (at airport)	24 HRS ■ ■ ■			□ ■ ■ □	■	□ □ □		□		F C	□ ■		□ □		□		□ □ □		■	■	V W	B C	F		■	■ ■ ■
B 1	West Springfield, 16443 814-922-3121	Stateline BP I-90 Exit 3 (US 6 N)	24 HRS ■ ■	M ■ ■		24 HRS ■ ■ □	■ ■		■ ■	■ ■		F C U	□ ■	■ ■ ■	■ ■	■ ■	■ ■	■	■ ■ ■		■ ■	■ ■	V W	B B	F B B	B B	■	■ ■ ■
B 6	Wilawana, 18840 570-888-4320	Dandy Mini Mart #19 (Sunoco) NY 17 Exit 59 A	24 HRS ■ ■	M ■ ■		□ ■ ■ □	■	□ □ □		□		F C	□ ■		□ □		□ □ □		□ □ □		■ ■	■	V W	B B	B B	B B	■	■ ■ ■
D 8	Wilkes-Barre, 18705 570-825-0722	Miners Mills Service 169 Miller St	■ ■ ■			□				□													V W			B		■ ■ ■
F 6	York Springs, 17372 717-528-9998	Shell Truck Stop US 15 (1/4 mi N of PA 94)	24 HRS ■ ■	M ■ ■		□ ■	■	□		□		F C	□ ■		□ □	□	□ □ □	□ □	□ □ □		■ □	■	V W	B	B	B	■	■ ■ ■
B 3	Youngsville, 16371 814-563-4952	Youngsville BP US 6	24 HRS ■ ■	S ■ ■		□ □	■	□		□		F C	□ ■								■ ■	■ ■	V W	B B	F B	B B	■	■ ■ ■

SOUTH CAROLINA

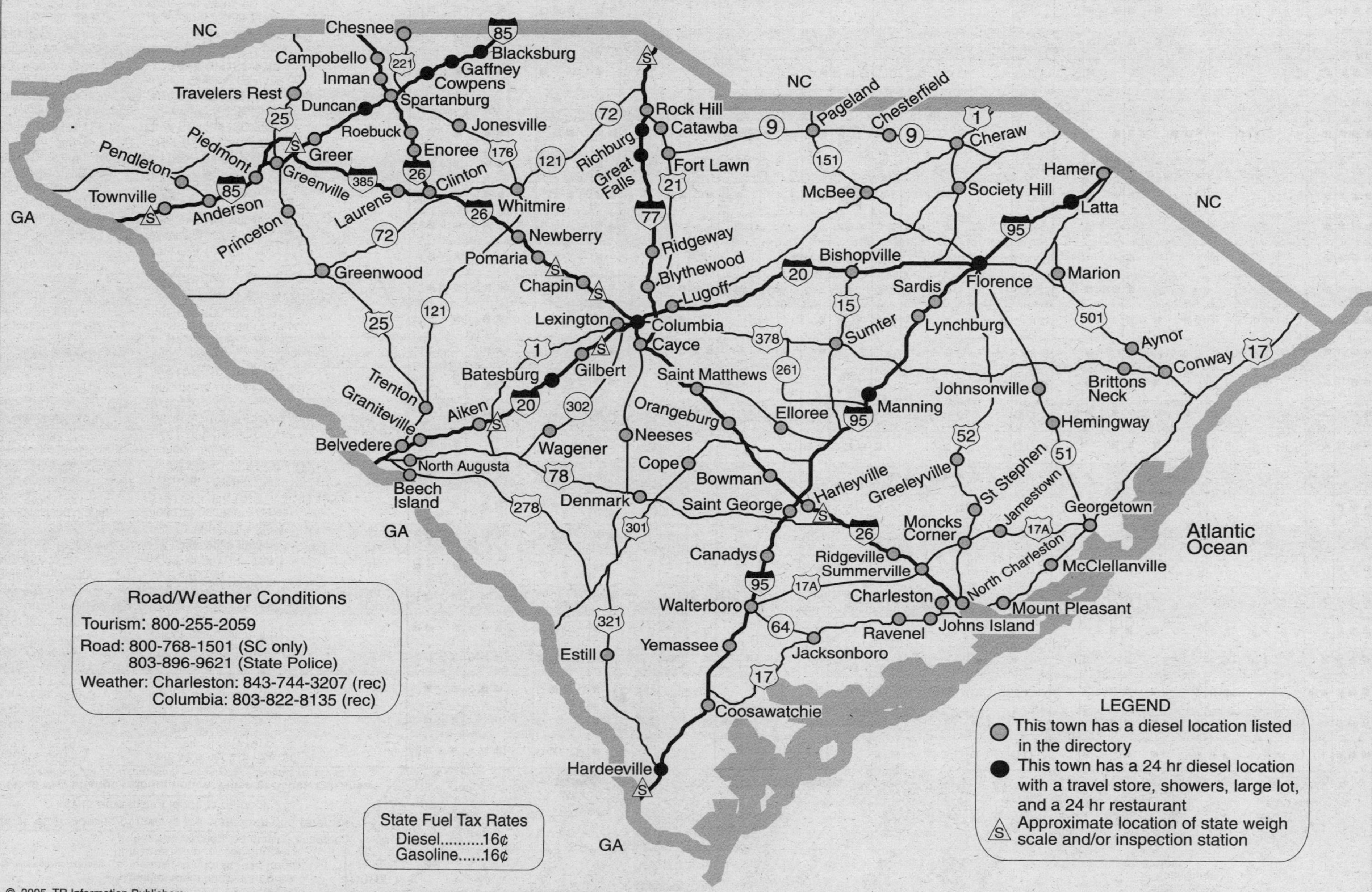

Road/Weather Conditions

Tourism: 800-255-2059

Road: 800-768-1501 (SC only)
803-896-9621 (State Police)

Weather: Charleston: 843-744-3207 (rec)
Columbia: 803-822-8135 (rec)

State Fuel Tax Rates

Diesel..........16¢
Gasoline......16¢

LEGEND

- (grey dot) This town has a diesel location listed in the directory
- (black dot) This town has a 24 hr diesel location with a travel store, showers, large lot, and a 24 hr restaurant
- (S triangle) Approximate location of state weigh scale and/or inspection station

THE TRUCKER'S FRIEND® - SOUTH CAROLINA

How to interpret the page

■ means available at truck stop □ means available nearby

In the overnight lot column:
- S means room for 5 - 24 trucks
- M means room for 25-74 trucks
- L means room for 85-149 trucks
- XL means room for 150+ trucks
- $ means a parking fee may be charged

code at left-hand side of rows is the state map grid reference

a key to advertising logos is on page 25

Services may change without notice. When in doubt, call ahead.

Column groups: Motor Fuel (Truck Diesel, Self Service Diesel, Metered Propane, Gasoline); Driver Services — Parking (Overnight Lot ($), Paved Lot, Trailer Drop, Electric Plug-Ins, Safe Haven/Hazmat), Food (Restaurant, Fast Food, Table Phones), Stores (Motel, Convenience, Trucker/Travel, Shopping Center, Walmart/Kmart, Grocery), Showers (Ladies, Men's, Laundry, TV/Drivers Lounge), Communications (Load Monitor, Internet Kiosk, Wi-Fi Hotspots, Document Scanning, Public Fax/Copier, UPS/FedEx/Trippak Box, Religious Services, State Lottery); Vehicle Services — Scales (Axle, Platform, Certified), Tires (Repairs, New Tire Sales), Repairs (Shop Open 24 Hrs, DOT Inspection, Major Repairs, Minor Repairs, Oil Change/Lube, Minor Welding), Road Svcs (AC/Reefer, CB, Tire, Mechanical, Towing), Wash (Truck (Exterior), Trailer Washout); RV Info (RVs Welcome, Dumping Station, Propane (Bottle)); Financial Services (ATM, Can Wire Money Out, Money Orders, Natso Check-Link, Western Union, Wright Express, Voyager, Comdata (Comchek)); Permit Svcs (EFS, Fuel Man, Multi Service); Credit Cards (TCH, T-Chek, Fleet One, Buypay at Fuel Desk, All Prepaid Permit Svcs, American Express, Visa/Mastercard, Discover). C=Checks, F=Fuel Cards, B=Both.

Grid	Location / Phone	Truck Stop	Motor Fuel / Parking	Food	Stores	Showers / Communications	Scales / Tires	Repairs / Road Svcs / Wash	RV Info	Financial Services	Permit Svcs	Credit Cards
D4	Aiken, 29801 803-643-7558	Kent's Korner #15 (Exxon) I-20 Exit 18 (SC 19)	24HRS ■ ■	S ■ ■	□ ■ □ ■		□ ■	□ □ □ □ □	□ □ □	■ ■ ■	W	B B F B B B B ■ ■ ■
D4	Aiken, 29801 803-649-0898	Sunoco #2628 US 1 Bypass & SC 118	24HRS ■ ■		□ □ □ ■	□ □ □	F C □ ■			■ ■ ■	V W	B B F B B B ■ ■ ■ ■
B2	Anderson, 29621 864-261-7209	Liberty Crossroads (Shell) I-85 Exit 21 (US 178)	24HRS ■ ■	S ■ ■	□ ■ ■ □ ■	□ □ □	F C □ ■	□ □ □ □ □ □ □	□ □ □	■ ■ ■ ■	V W	B B F ■ ■ ■ ■ ■
B2	Anderson, 29621 864-224-6454	Anderson Travel Center I-85 Exit 27 (SC 81)	24HRS ■ ■	XL ■ ■	■ ■ □ ■ ■	■ ■ ■ ■	F U T □ ■ CAT	□ □ □ □ □	■ □ □	■ ■		B B F B B B B ■ ■ ■ ■
C8	Aynor, 29571 843-358-2976	WilcoHess C-Store # 941 2949 US 501 E	■ ■ ■	S ■ ■	□ ■	□ □ □	F C □ ■	□ □		■ ■ ■ ■	V W	B B B B B B ■ ■ ■ ■
D4	Batesburg, 29006 803-657-6670	Kent's Korner #18 (BP) I-20 Exit 33 (SC 39)	24HRS ■ ■	XL ■ ■ ■	24HRS ■ ■	■ ■ ■ DAT	F C T □ ■		□ □ □	■ ■ ■	V W	B B F B B B ■ ■ ■ ■
D4	Batesburg, 29006 803-657-7845	Mr B's Exxon I-20 Exit 39 (US 178 N)	■ ■ ■		□ ■		■		□ □ □	■	V W	■ ■ ■
D4	Batesburg, 29070 803-657-6383	Hill View Truck Stop (BP) I-20 Exit 39 (US 178 S)	24HRS ■ ■	M ■ ■	■ ■ ■ ■	■ ■ ■ ■	F C □ ■	□ □ □ □	□ □ □	■ ■ ■	V W	B B F B B B B ■ ■ ■ ■ ■
D3	Beech Island, 29842 803-827-0156	Todd's Food Store (Shell) 1721 SC 28 & US 278 & SC 125	24HRS ■ ■	S ■ ■	□ ■ ■	□ □	□ □ ■	□ □ □ □ □ □ □	□ □ □	■ □ ■ ■ ■	V W	B B F B B ■ ■ ■
D3	Belvedere, 29841 803-279-8116	S&S Truck Stop I-20 Exit 5 (3/4 mi N on US 25)	24HRS ■ ■	XL ■ ■	24HRS □ ■ □ ■	□ ■ ■ ■ □	F C □ □	□ □ ■ ■ ■ □ □ ■ ■ ■ □	■ ■ □ ■ ■ ■	■		B B B B B B ■ ■ ■
D3	Belvedere, 29841 803-279-3677	Sunoco #2670 I-20 Exit 5 (US 25)	24HRS ■		□ □ □ ■ □ □	□	F C □ □ ■	□ □ □ □ □ □ □	□ □ □ □	■ ■ ■	V W	B B B B B ■ ■ ■ ■
D3	Belvedere, 29841 803-278-4832	Circle K Truxtop #5350 (76) I-20 Exit 5 (US 25)	24HRS ■ ■	M ■ ■	□ ■ □ ■ ■ ■	□ □ ■ ■ □	F C U F □ ■	■ ■ ■ □ □ □ □ □ □	□ □ □	■ ■ ■ ■ ■ ■	■ V W	B B F B B ■ ■ ■ ■
C6	Bishopville, 29010 803-428-2248	WilcoHess Travel Plaza # 935 I-20 Exit 116 (US 15 S)	24HRS ■ ■	M ■ ■	■ ■ □ ■ ■	■ ■ DAT	F C T F ■ CAT	□ □ □ □ □ □	□ □ □	■ ■ ■	V W	B B F B B B B ■ ■ ■ ■
C6	Bishopville, 29010 803-428-5611	Interstate Shell I-20 Exit 116 (US 15)	24HRS ■ ■	L ■ ■	□ ■ □ ■ ■ □	□ ■ ■ ■ ■	F C ■	□ □ □ □ □ □ □ □	□ □ □	■ ■ ■	V W	B B F B B B B ■ ■ ■ ■
A4	Blacksburg, 29702 864-839-2003	Sharma Petroleum (Sunoco) I-85 Exit 100 (SC 5)	24HRS ■ ■	M ■ ■	■ ■ ■	■ ■	F C T ■ CAT	□ □ □ □	□ □ □ □	■ ■ ■ ■	■ V W	B B B B B B ■ ■ ■ ■
A4	Blacksburg, 29702 864-839-5934	Flying J Travel Plaza #05510 (Conoco) I-85 Exit 102	24HRS ■ ■ ■ ■	XL ■ ■	24HRS ■ ■ □ ■ ■	□ ■ ■ ■ ■ ■ ■	F U T C □	□ □ □		■ ■ ■ ■ ■	V W	B B B B ■ ■ ■ ■
A4	Blacksburg, 29702 864-839-2111	Gasland #8 (BP) I-85 Exit 102 (SC 198)	■ ■ ■		□ □ ■	□ □	F C □ □ ■	□ □ □ □ □ □ □ □ □ □ □ □	□ □ □	■	V W	B F ■ ■ ■ ■
A4	Blacksburg, 29702 864-839-5800	Mr Waffle #104 I-85 Exit 104 (SC 99)	24HRS ■ ■	XL ■ ■	24HRS □ ■ ■ ■	□ ■ ■ ■ ■	F C □ ■	■ ■ ■ ■ ■ ■ ■ ■ ■ ■ ■	■ ■ □	■ ■ ■	V W	B B B B B B ■ ■ ■ ■
A4	Blacksburg, 29702 864-936-9984	WilcoHess Travel Plaza # 905 I-85 Exit 106 (US 29)	24HRS ■ ■	M ■ ■	■ ■ □ ■ ■	■ ■ ■ DAT	F C T ■ CAT		□ □ □	■ ■ ■ ■	V W	B B F B B B B ■ ■ ■ ■
C5	Blythewood, 29016 803-754-5359	Pitt Stop # 3 (Shell) I-77 Exit 24 (US 21 NE)	24HRS ■	S ■ ■	□ ■ ■		■	□ □ □ □ □	□ □ □	■ ■ ■ ■ ■	V W	B B B B B ■ ■ ■ ■
D6	Bowman, 29018 803-829-3541	Pilot Travel Center #060 I-26 Exit 159 (SC 36)	24HRS ■ ■	XL ■ ■	■ ■ ■ ■	■ ■ ■ DAT	F C U □ ■ CAT	■ ■ ■ □	□ □ □	■ ■ ■ ■	■ ■ V W	B B F B B B ■ ■ ■ ■
D6	Bowman, 29018 803-829-3502	Bowman Shell Truckstop I-26 Exit 165 (SC 210)	24HRS ■ ■	XL ■ ■	■ ■		F C ■	■ ■ ■ ■ ■ ■ ■ ■ ■	■ ■ □	■ ■ ■	V W	B B B B ■ ■ ■ ■
D6	Bowman, 29018 803-829-2176	Mac's Quick C (BP/Amoco) I-26 Exit 165 (SC 210)	■ ■ ■	S ■ ■	■ ■		F C ■	□ □ □ □ □ □ □	□ □ □	■ ■	V W	C C F C C ■ ■ ■ ■
D8	Brittons Neck, 29546 843-362-1583	Hot Spot #2021 2415 US 378 W	24HRS ■ ■	S ■ ■	■ ■	□	F □ ■			■ ■ ■ ■		B ■ ■ ■ ■
A3	Campobello, 29322 864-472-2128	Kangaroo #3439 I-26 Exit 5 (SC 11)	24HRS ■ ■	M ■ ■	□ ■ ■ ■ ■		F C □ ■			■ ■ ■	V W	B B F B B B B ■ ■ ■ ■
E6	Canadys, 29488 843-538-5443	Circle C Truck Stop (Shell) I-95 Exit 68 (SC 61)	24HRS ■ ■	L ■ ■	■ ■ ■ ■ ■	■ ■ ■ DAT	F C T □ ■	■ ■ ■ ■ ■ ■ ■ ■ ■ A R ■ ■ ■	■ ■ ■	■ ■ ■ ■	■ V W	B B B B B B ■ ■ ■ ■
B5	Catawba, 29704 803-366-4405	Fast Bucks (Citgo) 5595 SC 5 (1 mi E of US 21)	■ ■ ■	M ■ ■	■ ■		■ ■ ■ ■		□ □ □	■ ■ ■	W	B F ■ ■ ■
C5	Cayce, 29033 803-796-8084	Corner Pantry #127 I-26 Exit 115 (US 321)	■ ■		□ ■ □ ■	□ ■ □	□ ■	□ □ □ □	□ □ □	■ ■	V W	B B F B B B ■ ■ ■

THE TRUCKER'S FRIEND® - SOUTH CAROLINA

How to interpret the page

■ means available at truck stop □ means available nearby

in the overnight lot column:
S means room for 5 - 24 trucks
M means room for 25-74 trucks
L means room for 85-149 trucks
XL means room for 150+ trucks
$ means a parking fee may be charged

code at left-hand side of rows is the state map grid reference

a key to advertising logos is on page 25

Services may change without notice. When in doubt, call ahead.

Column headings — Driver Services: MOTOR FUEL (Truck Diesel, Self Service Diesel, Metered Propane, Gasoline); PARKING (Overnight Lot ($), Paved Lot, Trailer Drop, Electric Plug-Ins); FOOD (Safe Haven/Hazmat, Restaurant, Fast Food, Table Phones); STORES (Motel, Convenience, Trucker/Travel, Shopping Center, Walmart/Kmart, Grocery); SHOWERS (Ladies, Men's); COMMUNICATION (TV/Drivers Lounge, Laundry, Load Monitor, Internet Kiosk, Wi-Fi Hotspots, Document Scanning, Public Fax/Copier, UPS/FedEx/Trippak Box, Religious Services, State Lottery). Vehicle Services: SCALES; TIRES (Axle, Platform, Certified, Repairs, New Tire Sales); REPAIRS (Shop Open 24 Hrs, DOT Inspection, Major Repairs, Minor Repairs, Oil Change/Lube, Minor Welding, AC/Reefer); ROAD SVCS (CB, Tire, Mechanical, Towing); WASH (Truck (Exterior), Trailer Washout). RV Info (RVs Welcome, Dumping Station, Propane (Bottle)). Financial Services (ATM, Can Wire Money Out, Money Orders, NATSO Check-Link, Western Union, Voyager/Wright Express, Comdata (Comchek); C=Checks, F=Fuel Cards, B=Both; EFS, Fuel Man, Multi Service, TCH, T-Chek, Fleet One, Buypay at Fuel Desk, All Prepaid Permit Svcs). Permit Svcs. Credit Cards (American Express, Visa/Mastercard, Discover).

Grid	Location / Phone	Truck Stop / Address	Fuel & Parking	Food	Stores & Showers	Communication	Scales	Tires & Repairs	Road Svcs & Wash	RV Info	Financial Services	Permit Svcs / Fuel Cards	Credit Cards
C 5	Cayce, 29033 803-739-2921	Pilot Travel Center #338 I-26 Exit 115 (US 321)	24 HRS ■ ■	L ■ ■	□ ■ ■ □ ■ ■	□ □ ■ ■ □ DAT	⏻ F C T F	□ ■ CAT □ □	□ □ □ □ □ □ □ □	□ □ □	■ □ ■ ■ ■ ■	V W B B F B B B	■ ■ ■ ■
C 5	Cayce, 29172 803-939-8360	Pitt Stop #36 (Exxon) I-26 Exit 119 (US 176 E)	24 HRS ■ ■	M ■ ■	■ ■	■ ■	F C	■ ■ ■ ■ □ □		□ □ □	■ ■ ■	V W B B B B B	■ ■ ■
C 5	Cayce, 29172 803-791-5821	The Pantry #3272 (BP) I-26 Exit 119 (US 21 W)	24 HRS ■ ■	S	□ ■ □ ■ ■	□ □		■ □ □ □ □ □	□	□ □ □	■ ■ ■ ■ ■	V W B B F B B B B	■ ■ ■
C 4	Chapin, 29036 803-945-7018	Rainbow Gas Garden #12 (Exxon) I-26 Exit 91	■ ■ ■	S ■	□ ■ ■	□		□ ■			■ ■	V W B B F B	■ ■ ■
C 4	Chapin, 29036 803-345-1988	Pitt Stop # 7 (Shell) I-26 Exit 91 (SC 48 S)	■ ■ ■		□ □ ■ □	□		□ ■		□	□ ■ ■ ■	V W B B	■ ■ ■
E 7	Charleston, 29405 843-722-9932	Kangaroo #3355 I-26 Exit 217	24 HRS ■ ■		■			□ ■ □ □	□ □ □	□ □ □	■ ■ ■	V W B B F B B B B	■ ■ ■
E 7	Charleston, 29492 843-971-9499	Rew's Run-In (Shell) I-526 Exit 23B (EB)/Clements Ferry (WB)	24 HRS ■ ■	S ■	□ ■ ■		F	□ ■ □ □	□ □	□ □ □	■ ■	V W B F	■ ■ ■ ■
B 7	Cheraw, 29520 843-921-9400	CD's Fuel Stop 3271 SC 9	■ ■ ■		□ ■ □ ■ □ □ □			□ □ ■ □		□ □ □		W F	■ ■ ■
A 3	Chesnee, 29323 864-461-4147	Hot Spot US 221	24 HRS ■ ■		□ ■ □ ■ □	□		□ ■ □ □	□ □	□ □ □	■ ■ ■	V B B F	■ ■ ■
B 6	Chesterfield, 29709 843-623-7353	Town & Country (Conoco) 1091 SC 145 N & SC 742	■ ■ ■		□ ■			□ ■			■	V W B F	■ ■ ■
B 6	Chesterfield, 29709 843-623-2868	Curtis Mini Mart (66) 1220 SC 9 Bypass W & SC 9	24 HRS ■ ■		□ □ □ ■ □	□		□ ■ □ □		□ □ □	■	V W B B	■ ■ ■
B 3	Clinton, 29325 864-833-4555	Pilot Travel Center #061 I-26 Exit 52 (SC 56)	24 HRS ■ ■	M ■ ■	□ ■ ■ □ ■ ■	■ ■ □ DAT	⏻ F C U F T	□ ■ CAT □ □	□ □ □ □	□ □ □ □	■ ■ ■ ■ ■ ■ ■	V W B B F B B B	■ ■ ■ ■
B 3	Clinton, 29325 864-938-0200	Exxon Corner Mart #49 I-26 Exit 54 (SC 72)	24 HRS ■ ■	S	■ ■ ■	□		■		□ □ □	■ ■ ■	W B B B B B B	■ ■ ■
C 5	Columbia, 29201 803-771-0994	Gaz-Bah # 1 (Exxon) 1501 SC 48	■ ■ ■		□ □ □ ■	□	F	□ ■ □ □	□ □	□ □ □	■	V W B	■ ■ ■
C 5	Columbia, 29201 803-765-2779	Circle N Station (BP) 905 SC 48 (2-1/2 mi N of I-77)	■ ■ ■		□ □ □ ■ □			□ □ □ □ □ □	□	□ □ □	■	V W	■ ■ ■
C 5	Columbia, 29210 803-754-4125	Pitt Stop #10 (Shell) I-20 Exit 68 (SC 215 N)	■ ■ ■		□ □ □ ■ □	□		□ ■ □ □ □	□ □	□ □ □	■ ■	V W F	■ ■ ■
C 5	Columbia, 29203 803-735-9006	Flying J Travel Plaza #05031 (Conoco) I-20 Exit 70	24 HRS ■ ■ ■	XL ■	24 HRS ■ ■ □ ■ ■ □ □ □	■ ■ ■ ■ ■	F C U F T	□ □ □	□ □ □ □ □ □ □ □ □	□ □ □ □	■ ■ ■ ■ ■	V W B B B B	■ ■ ■ ■
C 5	Columbia, 29203 803-786-7680	Columbia 20 Travel Center (Exxon) I-20 Exit 71 (US 21)	24 HRS ■ ■ ■	L ■ ■	24 HRS ■ ■ □ ■ ■ □ □	■ ■ ■ ■ DAT ■	F C U F T	□ CAT ■ ■ ■ ■ ■ ■	R ■ ■	■ ■ □ ■ ■	■ ■ ■	V W B B F B B B B B	■ ■ ■
C 5	Columbia, 29201 803-779-1640	Pitt Stop #35 (Shell) I-77 Exit 5 (3/4 mi NW to 2022 SC 48)	24 HRS ■ ■ ■		■ ■			■			■ ■ ■	V W B B B B	■ ■ ■
C 5	Columbia, 29202 803-776-2450	Circle K #5347 (76) SC 48 (Bluff Rd) & Atlas	24 HRS ■ ■		□ □ □ ■ □ □	□		□ ■ □ □	□ □ □ □ □ □	□ □ □	□ ■ ■ ■ ■	V W F	■ ■
C 5	Columbia (West), 29210 803-772-0207	Sunoco #2634 I-26 Exit 104 (Piney Grove Rd)	24 HRS ■ ■		□ □ □ ■ □ □ □	□	F C	□ ■		□ □ □	■ ■ ■	V W B B F F	■ ■ ■
D 8	Conway, 29526 843-347-7349	WilcoHess C-Store # 943 1120 US 501 Business E	■ ■ ■		□ □ □ ■	□	F □	■ □ □			■ ■ ■	V W B B B B B B	■ ■ ■ ■
D 8	Conway, 29526 843-347-6343	Scotchman # 29 (Amoco) 8033 US 501 E	■ ■ ■		□ □ □ ■ □ □	□		□ ■ □ □		□	■ ■ ■	V W F	■ ■ ■
F 5	Coosawatchie, 29936 843-726-6240	Tiger Express #11 (Exxon) I-95 Exit 28 (US 17)	24 HRS ■ ■	M ■ ■ ■	□ ■ ■ □	□ ■ ■	F C	□ □ ■ □ □	□ □ □ □ □	□ □ □	■ ■ ■	V W B B F B B B	■ ■ ■
D 5	Cope, 29038 803-534-7794	EZ Shop #23 6004 US 301	24 HRS ■ ■		■ ■		F C	■			■ ■	W B B F B B B B B	■ ■ ■
A 3	Cowpens, 29330 864-463-6464	Mr Waffle Auto/Truck Plaza I-85 Exit 83 (SC 110)	24 HRS ■ ■	XL ■ ■	24 HRS ■ ■ ■ ■	□ ■ ■ ■ ■	⏻ F C T	□ ■ ■ ■ ■ ■ ■ ■ ■	■ A □	■ ■ □	■ ■ ■	V W B B F B F B	■ ■ ■ ■
E 5	Denmark, 29042 803-793-0040	Rainbow Gas Garden (BP) 18076 US 78 (1 mi E of US 321)	■ ■ ■		■ □ ■	□		□ ■ □ □		□ □ □	■	V W B B F	■ ■ ■
B 3	Duncan, 29334 864-433-0711	TravelCenters of America/Spartanburg TA I-85 Exit 63 (SC 290)	24 HRS ■ ■	XL ■ ■	24 HRS □ ■ ■ ■ ■ □ □	■ ■ ■ ■ DAT TA ■	F C U F T	■ CAT ■ ■ ■ ■ ■ ■	A R ■ ■ ■	□ □ ■ □	■ ■ ■ ■	V W B B B B B	■ ■ ■ ■

THE TRUCKER'S FRIEND® - SOUTH CAROLINA

How to interpret the page

■ means available at truck stop □ means available nearby

in the overnight lot column:
S means room for 5 - 24 trucks
M means room for 25-74 trucks
L means room for 85-149 trucks
XL means room for 150+ trucks
$ means a parking fee may be charged

code at left-hand side of rows is the state map grid reference
a key to advertising logos is on page 25

Services may change without notice. When in doubt, call ahead.

Driver Services: MOTOR FUEL (Truck Diesel, Self Service Diesel, Metered Propane, Gasoline); PARKING (Overnight Lot ($), Paved Lot, Trailer Drop, Electric Plug-Ins, Safe Haven/Hazmat); FOOD (Restaurant, Fast Food, Table Phones); STORES (Motel, Convenience, Trucker/Travel, Shopping Center, Walmart/Kmart, Grocery); SHOWERS (Ladies', Men's); TV/Drivers Lounge, Laundry; COMMUNICATIONS (Load Monitor, Internet Kiosk, Wi-Fi Hotspots, Document Scanning, Public Fax/Copier, UPS/FedEx/Trippak Box, Religious Services, State Lottery)

Vehicle Services: SCALES (Axle, Platform, Certified); TIRES (Repairs, New Tire Sales); REPAIRS (Shop Open 24 Hrs, DOT Inspection, Major Repairs, Minor Repairs, Oil Change/Lube, Minor Welding, AC/Reefer, CB, Tire, Mechanical); ROAD SVCS (Towing); WASH (Truck (Exterior), Trailer Washout)

RV Info: RVs Welcome, Dumping Station, Propane (Bottle)

Financial Services (C=Checks, F=Fuel Cards, B=Both): ATM, Can Wire Money Out, Money Orders, NATSO Check-Link, Western Union, Wright Express, Comdata (Comchek), Voyager, EFS, Fuel Man, Multi Service, TCH, T-Chek, Fleet One

Permit Svcs: Buy/Pay at Fuel Desk, All Prepaid Permit Svcs

Credit Cards: American Express, Visa/Mastercard, Discover

Grid	Location / Phone	Truck Stop	Motor Fuel	Parking	Food	Stores	Showers	Lounge/Laundry	Communications	Scales	Tires	Repairs	Road Svcs	Wash/RV	Financial Services	Fuel Cards	Permits/Credit Cards
B 3	Duncan, 29334 864-433-1221	Pilot Travel Center #310 I-85 Exit 63 (SC 290)	24HRS ■ ■	M ■ ■	□ ■ ■ □	■ ■ □	■ ■	■	DAT ■ ⏻ ■	F C U F T	□ ■	CAT □ □	□ □ □ □ □ □ □ □	□ □	■ ■ ■ ■ ■ V W	B B F B B B	■ ■ ■ ■
B 3	Duncan, 29334 864-486-1706	Minimart Food Store #3414 (Citgo) I-85 Exit 63 (SC 290)	24HRS ■ ■		□ ■ □	■ □					□ ■	□ □ □ □ □	□ □ □ □ □ □	□ □	■ ■ ■ V W	F B	■ ■ ■
D 6	Elloree, 29047 803-897-3232	The Corner Store (Horizon) 6642 SC 6 & Snyder (SE of SC 47)	■ ■ ■	S ■ ■	□ ■	■ □		□			□				■ ■ V W		■ ■ ■
B 3	Enoree, 29335 864-969-7081	Hot Spot #6004/Hardees (Shell) I-26 Exit 38 (SC 146)	24HRS ■ ■	M ■ ■	■	■ ■	■ ■	■ ■		F C	■	CAT			■ ■ ■ ■ W	B B B B B	■ ■ ■ ■
F 5	Estill, 29918 803-625-2121	Bo Bop's El Cheapo #2 692 East Railroad Ave	■ ■ ■		□ □ □	■ □		□			□ ■	□ □	□ □ □		■ ■ ■		■ ■ ■
C 7	Florence, 29501 843-292-0386	American Travel Plaza I-95 Exit 164	24HRS ■ ■	L ■ ■	■ ■ ■ □	■ ■ □	■ ■	■ ■	■ ■	F C	□ ■	CAT □ □	□ □ □ □ □ □ □ □ □		■ ■ ■ ■ ■ ■ V W	B B F B B B B	■ ■ ■ ■
C 7	Florence, 29502 843-662-2646	Pilot Travel Center #337 I-95 Exit 164 (US 52 - Lucas St)	24HRS ■ ■	L ■ ■	□ ■ ■ □	■ ■ □ □ □	■ ■	□	DAT ⏻ ■	F C U F T	■	CAT □ □	□ □ □ □ □ □ □		■ ■ ■ ■ ■ V W	B B F B B B	■ ■ ■ ■ ■
C 7	Florence, 29502 843-669-7236	Kwik Fill # 5 (Shell) I-95 Exit 164 (US 52)	24HRS ■ ■	S ■	□ □ □	■ □ □ □		□	□		□ ■				■ □		■ ■ ■
C 7	Florence, 29501 843-661-0730	[PETRO] Petro Stopping Center #58 I-95 Exit 169 (TV Rd)	24HRS ■ ■	XL ■ ■	24HRS ■ ■ □	■ ■ □	■ ■	■ ■	DAT ■ ⏻ ■	F C U F T	■	CAT BF ■	■ ■ ■ A ■ ■ □	■ ■	■ ■ ■ ■ ■ ■ ■ V W	B B B B B	■ ■ ■ ■ ■
C 7	Florence, 29501 843-662-6972	Pilot Travel Center #062 I-95 Exit 170 (US 327)	24HRS ■ ■	M ■ ■	■ ■	■ ■	■ ■	■	DAT ■ ⏻ ■	F C T	■	CAT □ □	□ □ □ □ □ □ □ □ □	□ □	■ ■ ■ ■ ■ ■ ■ V W	B B F B B B	■ ■ ■ ■
B 5	Fort Lawn, 29714 803-872-4847	Fort Lawn Texaco US 21 & SC 9	■ ■ ■		□ ■ □	■					■				■ V W	F B B	■ ■ ■
A 4	Gaffney, 29341 864-206-0050	Pilot Travel Center #453 I-85 Exit 90 (SC 105)	24HRS ■ ■	L ■ ■	24HRS ■ □	■ ■ □ □	■ ■	■	DAT ⏻ ■	F C U F T	□ ■	CAT	□ □ □		■ ■ ■ ■ ■ ■ ■ V W	B B F B B B	■ ■ ■ ■
A 4	Gaffney, 29340 864-489-1379	Minimart Food Store #3406 I-85 Exit 95 (SC 18)	24HRS ■ ■	S ■	□ ■ □	■					□ ■	□	□ □ □ □ □ □		■ ■ ■ ■ V W	B F B	■ ■ ■
A 4	Gaffney, 29342 864-487-5641	Kangaroo #3438 I-85 Exit 96 (SC 18)	24HRS ■ ■	M ■ ■	■ ■	■ ■	■ ■	■ ■	DAT ■	F C	□ ■	□ □	□ □ □ □ □ □ □ □ □		■ □ ■ ■ ■ V W	B B F B B B B	■ ■ ■ ■
E 8	Georgetown, 29440 843-546-9425	Angler's # 7 (Citgo) 1802 US 17	24HRS ■ ■		□ ■ □	■ □		□		F C	□ ■	□ □ □ □ □ □	□ □ □ □ □		■ ■ V W	B B B B B	■ ■ ■ ■
E 8	Georgetown, 29440 843-527-2809	Scotchman # 50 (Hess) US 17 A & US 701 (5 points)	■ ■ ■		□ □ □	■ □ □ □		□			□ ■				■ ■ ■ W	F	■ ■ ■
C 4	Gilbert, 29054 803-657-5542	44 Truck Stop (Citgo) I-20 Exit 44 (SC 34)	24HRS ■ ■	M ■ ■	24HRS	■ ■	■ ■	■		F C	□ ■	■ ■	■ ■ ■ ■ ■ ■ ■ □		■ ■ ■ ■ V W	B B F B B B B	■ ■ ■ ■
D 3	Graniteville, 29829 803-232-1732	Kent's Korner #24 (BP) I-20 Exit 11	24HRS ■ ■	M ■ ■	24HRS	■	■ ■	■ ■	DAT ■	F C T F	□ ■	CAT □ □	□ □ ■ □ □ □	■ ■	■ ■ ■ V W	B B F B B B	■ ■ ■ ■
B 5	Great Falls, 29180 803-482-2118	Grand Central Station (Shell) I-77 Exit 48 (SC 200 E)	24HRS ■ ■	L ■ ■	24HRS □ ■	■ ■	■ ■	■	DAT	F C T F	■	■ ■ ■ ■ ■ ■ ■	■ ■ ■ ■ ■ □	■ ■	■ ■ ■ V W	B B F B B B	■ ■ ■ ■
B 5	Great Falls, 29180 803-482-6844	WilcoHess Travel Plaza # 932 I-77 Exit 48 (SC 200 W)	24HRS ■ ■	L ■	■ ■	■ ■	■ ■	■	DAT ■	F C T	■	CAT □ □	□ □ □		■ ■ ■ V W	B B F B B B B	■ ■ ■ ■
D 7	Greeleyville, 29056 843-426-4097	52 Station 2700 US 52	■ ■	S	■	■	■			F C	□ ■		□ □ □		■ ■ W	B B B B	■ ■ ■ ■
B 2	Greenville, 29611 864-295-9065	Corner Mart #38 (Citgo) I-185 Exit 1 (2705 US 25)	24HRS ■ ■	S ■	□ ■ ■ □	■ □ □ □		□		F C U F	□ ■	□ □	□ □ □		■ ■ ■ V W	B B B B	■ ■ ■ ■
B 2	Greenville, 29605 864-277-6324	Spinx Subway Travel Plaza #138 I-85 Exit 44 (US 25 S)	24HRS ■ ■		□ ■ □	■ □	■	□			□ ■	□ □	□ □ □		■ ■ ■ V W	B B F B B B B	■ ■ ■
C 3	Greenwood, 29646 864-942-0096	Spinx #119 102 Bypass US 25/SC 72	24HRS ■ ■		□ □ □	■ □		□			■		□		■ ■ ■ V W	F F	■ ■ ■
C 3	Greenwood, 29646 864-227-1234	Hot Spot #2009 (Shell) 3228 US 25-178 S	24HRS ■ ■	M ■ ■	■	■	■ ■	■		F C	□ ■				■ ■ ■ ■ V W	B B B B B	■ ■ ■ ■
B 3	Greer, 29651 864-801-0500	Spinx #121 I-85 Exit 56 (SC 14)	24HRS ■ ■ ■	S ■	□ ■	■					□ ■	□ □	□ □ □ □ □ □ □ □		■ ■ ■ W	B B F B B B B	■ ■ ■
B 3	Greer, 29651 864-877-3743	Grand Foodstuff #2 I-85 Exit 60 (SC 101)	■ ■ ■		■ □	■					■		□		■ ■ V W	B F B B	■ ■ ■
B 8	Hamer, 29536 843-774-2411	Porky's T/S - South of the Border I-95 NC Exit 1 (US 301-501 S)	24HRS ■	M ■ ■	24HRS ■ ■	■ ■ □ □	■ ■	■ □		F C F	□ ■	BF	□ □ □ □ □ □ □ □		■ ■ ■ ■	B B B	■ ■ ■ ■ ■

How to interpret the page

■ means available at truck stop □ means available nearby

In the overnight lot column:
- S means room for 5 - 24 trucks
- M means room for 25-74 trucks
- L means room for 85-149 trucks
- XL means room for 150+ trucks
- $ means a parking fee may be charged

Code at left-hand side of rows is the state map grid reference. A key to advertising logos is on page 25.

Services may change without notice. When in doubt, call ahead.

THE TRUCKER'S FRIEND® - SOUTH CAROLINA

Permit Svcs: C=Checks, F=Fuel Cards, B=Both

Grid	City / Phone	Truck Stop / Location	Motor Fuel	Parking & Food	Stores & Showers	Communication	Scales & Tires	Repairs & Road Svcs	Wash & RV Info	Financial Services	Permit Svcs	Fuel Cards	Credit Cards
G 5	Hardeeville, 29927 843-784-3222	Sunoco #2656 I-95 Exit 5 (US 17)	24HRS ■ ■		□ □ □ ■	□ □	F C □ ■	□ □ □ □ □	□ □ □	■ ■ ■	V W	B B F B B	■ ■ ■ ■
G 5	Hardeeville, 29927 843-784-3121	Joker Joe's (BP) I-95 Exit 8 (SC 27-88)	24HRS ■ ■	L ■ ■	24HRS ■ ■ □ ■ ■	■ ■ ■ ■	F C U F □ ■	■ ■ ■ ■ ■	■ □ □	■ ■	W	B B F B B B B	■ ■ ■ ■
E 6	Harleyville, 29448 843-636-9740	EZ Shop Travel Center # 27 I-26 Exit 172 A (US 15)	24HRS ■ ■	M ■	■ ■ ■	■ ■ DAT	F C ■	■ ■ ■	□ □ □	■ ■ ■	V W	B B F B B B B	■ ■ ■ ■
E 6	Harleyville, 29448 843-462-7659	Ronnie's Shell I-26 Exit 177 (SC 453)	■ ■ ■ ■ ■	S ■	□ □ ■	□ □	F C □ ■	□ □ □ □ □	□ □ □	■ ■ ■ ■ ■ ■	V W		■ ■ ■ ■
D 7	Hemingway, 29554 843-558-2243	Angler's Mini Mart # 5 (Hess) SC 41-51 N & SC 261	■ ■ ■		□ □ □ ■	□ □	F C □ ■	□ □ □ □	□ □ □ □ □	■	W	B B F B B B	■ ■ ■ ■
A 3	Inman, 29349 864-472-3199	Hot Spot #2013/Subway Travel Ctr (Shell) I-26 Exit 10 (SC 292)	24HRS ■ ■	XL ■ ■	□ ■ ■ ■ ■	■ ■ ■ ■ DAT	F U CAT	□ □ □ □ □	□ □ □	■ ■ ■ ■ ■ ■	V W	B B B B	■ ■ ■ ■
A 3	Inman, 29349 864-472-8001	Exxon Corner Mart I-26 Exit 15	24HRS ■ ■		□ ■ □ ■	□ □	□ ■ □ □ □			■ ■	V W		■ ■ ■
A 3	Inman, 29349 864-599-7173	Circle K Truxtop #5370 (76) I-26 Exit 15 (US 176)	24HRS ■ ■	M ■ ■	□ ■ ■ □ ■ ■	□ □ □ ■ □	F C □ ■ ■ ■ ■	□ □ □ □ □ □ □ □	□ □ □	■ ■ ■ ■ ■ ■	V W	B B F B B B	■ ■ ■ ■
A 3	Inman, 29303 864-578-4500	Minimart Food Store #3415 (Citgo) I-26 Exit 16	24HRS ■		■ ■	□ □	□ ■			■ ■ ■	V W	B F B F B	■ ■ ■
F 6	Jacksonboro, 29452 843-893-3345	Youmans Shop #2 (Exxon) 16812 US 17	■ ■ ■	S ■ ■	□ ■ ■		F C ■ □ □ □	□ □	□ □	■ ■ ■	V W	B F	■ ■ ■
F 6	Jacksonboro, 29452 843-893-2571	Angler's #10 (Citgo) US 17 & SC 64	■ ■ ■	M ■	□ ■ ■ ■ ■		F C □ ■ CAT	□ □	□ □ □	■ ■ ■	V W	B B B B B	■ ■ ■
E 7	Jamestown, 29453 843-257-4520	Angler's # 9 (Citgo) US 17A & SC 41	■ ■ ■	S ■	■ ■		F C □ ■	□ □	□ □ □	■ ■	W	B B F B B B B	■ ■ ■
F 7	Johns Island, 29455 843-571-6231	Hess Express #40201 3622 US 17	24HRS ■		■ ■		□ ■			■ ■	V W	B B B B B	■ ■ ■
D 7	Johnsonville, 29555 843-386-2997	OM Mini Mart 525 SC 41-51 S	■ ■ ■	S ■	□ □ ■	□ ■ ■ □	F	□ □ □ □ □	□ □	■			■ ■ ■
B 4	Jonesville, 29353 864-674-6742	Minimart Food Store #3412 (Citgo) US 176	■ ■ ■	S	□ ■ □ ■	□ □	□ □ ■			■ ■ ■ ■	W	F	■ ■ ■
B 8	Latta, 29565 843-752-9169	WilcoHess Travel Plaza # 938 I-95 Exit 181 (SC 38)	24HRS ■ ■	XL ■ ■	□ ■ ■ ■	■ ■ DAT ■	F C T CAT	□ □ □ □ □ □ □ □	□ □ □ □	■ ■ ■ ■ ■ ■	V W	B B F B B B B ■	■ ■ ■ ■
B 8	Latta, 29565 843-752-5047	Flying J Travel Plaza #05331 (Conoco) I-95 Exit 181 A (SC 38 E)	24HRS ■ ■ ■	XL ■ ■	24HRS ■ ■ ■	□ □ ■ ■ ■ ■ ■	F C U F T □	□ □ □ □ □	□ □ □ □ □ □	■ ■ ■ ■	V W	B B B B	■ ■ ■ ■
B 3	Laurens, 29360 864-682-8182	JC's Exxon Subway I-385 Exit 9 (US 221)	24HRS ■ ■	L ■ ■	□ ■ ■ □ ■ ■		F C □			■ ■	V W	B B F B B	■ ■ ■ ■
C 5	Lexington, 29073 803-808-6424	Pitt Stop #15 (Shell) I-20 Exit 51 (Longs Pond Rd N)	24HRS ■ ■	M ■ ■	■ □ ■	■ ■	□ ■ □ □ □	□ □	□ □	■ ■ ■ ■	V W	B B B B	■ ■ ■ ■
C 5	Lexington, 29073 803-359-7221	Pitt Stop (Mobil) I-20 Exit 51 (Longs Pond Rd S)	■ ■ ■	S ■	■ ■	■	■			■ ■ ■	V W	B B B B B	■ ■ ■ ■
C 5	Lexington, 29073 803-359-7300	Depot Truck Stop # 3254 (BP) I-20 Exit 55 (Hwy 6)	24HRS ■ ■	S ■ ■	□ □ ■ ■	□ □ □ □	□ ■	□ □ □ □ □	□ □ □	■ ■ ■ ■	V W	B B F B C B	■ ■ ■ ■
C 5	Lexington, 29072 803-356-1019	Pitt Stop # 6 (Shell) I-20 Exit 58 (US 1 NW)	24HRS ■ ■	S ■	□ ■ □ ■	□ □ □ ■ □	F C □ ■ ■	□ □ □	□ □ □	■ ■ ■ ■	V W	B B B B	■ ■ ■ ■
C 5	Lugoff, 29078 803-438-9865	Pilot Travel Center #346 I-20 Exit 92 (US 601)	24HRS ■ ■	L ■ ■	□ ■ ■ □ ■ ■	□ □ ■ ■ □ DAT ■	F C U F T □ ■ CAT	□ □ □ □ □	□ □ □	■ □ ■ ■ ■ ■	V W	B B F B B B	■ ■ ■ ■
C 7	Lynchburg, 29080 803-453-5999	Mary O's Exxon I-95 Exit 141	■ ■ ■		□ ■		□ ■		□ □ □		V W	B	■ ■ ■
D 6	Manning, 29102 803-473-3311	Moore's Food Store (Texaco) I-95 Exit 115 (US 301)	24HRS ■ ■	S ■	□ □ ■		■			■ ■	V W	B F	■ ■ ■
D 6	Manning, 29102 803-473-2568	TravelCenters of America (BP/Amoco) I-95 Exit 119 (SC 261)	24HRS ■ ■	L ■ ■	24HRS ■ ■ ■ □ ■	□ □ □ ■ ■ ■ ■ DAT TA	F C U F T ■ CAT ■ ■	■ ■ ■ A ■	■ ■ □ □ □	■ ■ ■ ■ ■	V W	B B F B B B	■ ■ ■ ■
C 7	Marion, 29571 843-423-4631	Kwik Fill # 1 (Citgo) 2207 US 76 E (1.5 mi W of US 501)	24HRS ■ ■		□ □ ■ ■	□ □ □ □	□ ■	□ □ □ □	□ □ □ □	■ ■	V W	F	■ ■ ■
C 7	Marion, 29571 843-423-2174	Hot Spot #2028 (Shell) US 301 & US 76	24HRS ■ ■	S ■	□ ■ □ ■		F □ ■	□ □		■ ■ ■ ■	W	B B B	■ ■ ■ ■

THE TRUCKER'S FRIEND® - SOUTH CAROLINA

How to interpret the page

■ means available at truck stop □ means available nearby

in the overnight lot column: S means room for 5 - 24 trucks; M means room for 25-74 trucks; L means room for 85-149 trucks; XL means room for 150+ trucks; $ means a parking fee may be charged

code at left-hand side of rows is the state map grid reference

a key to advertising logos is on page 25

Services may change without notice. When in doubt, call ahead.

Column headings — Driver Services: MOTOR FUEL (Truck Diesel, Self Service Diesel, Metered Propane, Gasoline); PARKING (Overnight Lot (S), Paved Lot, Trailer Drop, Electric Plug-ins, Safe Haven/Hazmat); FOOD (Restaurant, Fast Food); STORES (Table Phones, Motel, Convenience, Trucker/Travel, Shopping Center, Walmart/Kmart, Grocery); SHOWERS (Ladies', Men's, TV/Drivers Lounge, Laundry); COMMUNICATIONS (Load Monitor, Internet Kiosk, Wi-Fi Hotspots, Document Scanning, Public Fax/Copier, UPS/FedEx/Trippak Box, Religious Services, State Lottery). Vehicle Services: SCALES (Axle, Platform, Certified); TIRES (Repairs, New Tire Sales); REPAIRS (Shop Open 24 Hrs, DOT Inspection, Major Repairs, Minor Repairs, Oil Change/Lube, Minor Welding, AC/Reefer, CB); ROAD SVCS (Tire, Mechanical, Towing); WASH (Truck (Exterior), Trailer Washout). RV Info (RVs Welcome, Dumping Station, Propane (Bottle)). Financial Services (ATM, Can Wire Money Out, Money Orders, Natso Check-Link, Western Union, Voyager/Wright Express, Comdata (Comchek)) — C=Checks, F=Fuel Cards, B=Both. Permit Svcs (EFS, Fuel Man, Multi Service). Credit Cards (TCH, T-Chek, Fleet One, Buy/Pay at Fuel Desk, All Prepaid Permit Svcs, American Express, Visa/Mastercard, Discover).

Grid	Location / Phone	Truck Stop / Address	Motor Fuel	Parking	Food	Stores	Showers			Communications		Scales	Tires		Repairs		Road Svcs	Wash	RV Info		Financial Services			Permit Svcs		Credit Cards		
B 6	McBee, 29101 843-335-5191	Lotto Land (Citgo) US 1 & SC 151 E	■■ ■	S		□□	■					F C	□■						□□□		■	■■■	■ V W	B B	F B B	B B	■	■■■
E 7	McClellanville, 29458 843-887-3977	The Pantry # 878 (BP) 10105 US 17 N (S of town)	■■ ■				■						■								■	■ ■	V W		F	B		■■■
E 7	Moncks Corner, 29461 843-899-2899	Fuel Depot US 52 & US 17-A	■■■■	$M ■		□■ □	■	□□		□			□■								■	■	V W	B	F			■■
E 7	Mount Pleasant, 29464 843-884-7627	The Pantry # 873 (Amoco) 2846 US 17 N & SC 41	24 HRS ■ ■			□□ □	■	□ □		□		C F	□■		□		□	□		□	□■	■ ■	V W	B C	F	B B		■■■
D 5	Neeses, 29107 803-247-2126	Piggly Wiggly 6611 US 321 & SC 4	■■ ■	S ■		■	■	□		■		F C	□■						□		■ ■	■ ■		C C	F		■	■■■
C 4	Newberry, 29108 803-276-5318	Country Peddler 367 US 76 S	■■ ■	M		□□ □	■	□□□		□		C	□■							□	■ ■	■ ■		B				■■
C 4	Newberry, 29108 803-276-6453	Corner Mart #44 (Citgo) I-26 Exit 72 (SC 121)	■■ ■	M ■		■■□	■					F C	□■		□□		□	□	□□□	□□	■	■ ■	V W	B B	B B	B B	■	■■■
C 4	Newberry, 29108 803-276-6662	I-26 Shell I-26 Exit 74 (SC 34)	24 HRS ■ ■	S ■■		□□ ■	■	□□		□		F C □	□■		□□		□□□	□	□□□	□□	■	■	V W	B B	F B B	B B	■	■■■
D 3	North Augusta, 29841 803-593-9910	Sunoco #2669 4368 US 1-78 (1 mi N of US 278)	■■ ■			□□ □	■	□□□		□		□	□■		□□		□□□	□		□	■	■ ■	V W	C				■■■
D 3	North Augusta, 29841 803-278-4678	Circle K Truxtop #5348 (76) 5412 US 1-78 (1-1/4 mi N of US 278)	24 HRS ■ ■	S ■■			■					F C	□■		□□						■	■■■	■ W	B	F		■	■■■
D 3	North Augusta, 29841 803-278-0130	Circle K Truxtop #5588 (76) I-20 Exit 1 (Martintown Rd)	24 HRS ■ ■			□■	■	□ □		□		F C	□■						□□□		■	■ ■	V W	B	F		■	■■■
E 7	North Charleston, 29418 843-747-2848	Palmetto Amoco #3 I-26 Exit 213	24 HRS ■ ■			□□ □	■	□□□		□		F C □	□				□		□□□		□	■■■	■ V W	B B	B	B B	■	■■■
E 7	North Charleston, 29406 843-566-1745	The Pantry #3354 (Amoco) I-526 Exit 18 (5255 US 52-78 - 1/2 mi S)	24 HRS ■ ■			□□ □	■	□ □		□			□■						□			■ ■	V W	B B	F B B	B B		■■■
D 5	Orangeburg, 29118 803-531-1207	Sunoco #2679 I-26 Exit 145 A (US 601)	24 HRS ■ ■			□■ □	■	□□□	■■	□		F C	□■		□□		□□		□□		□■	■ ■	V W	B B	F B	B B	■	■■■
B 6	Pageland, 29728 843-672-6606	Phillips 66 Food Plaza SC 9 & SC 151	24 HRS ■ ■	M ■		■■□	■	□		□		F C	□■		□□		□		□□□		■ ■	■	V W	B B	F B	B B	■	■■■
B 2	Pendleton, 29670 864-646-9212	Spinx #157 7605 US 76	24 HRS ■ ■			□□	■	□ □		□			□■								■	■ ■	W		F			■■■
B 2	Piedmont, 29673 864-845-8177	Pilot Travel Center #063 I-85 Exit 35 (Hwy 86)	24 HRS ■ ■	M ■		■■	■■		■■■		DAT logo, power logo	■ F C T	□■	CAT logo	□□		□□	□	□□□		■	■■	■■ V W	B B	F B	B B	■	■■■
C 4	Pomaria, 29126 803-405-0409	Kangaroo #3441 (Amoco) I-26 Exit 82 (SC 773)	24 HRS ■ ■	XL ■■		■	■■		■■■		DAT logo	F C	□■	■■■	■■	■■	■■■	■ A	■■■		■□	■ ■	V W	B B	F B B	B B	■	■■■
B 2	Princeton, 29654 864-369-6105	Hot Spot #2022 US 25 & US 76	24 HRS ■ ■			□■ □	■					F C	□■								■	■ ■	V	B	B	B B	■	■■■
F 6	Ravenel, 29470 843-889-6171	The Pantry # 881 (BP) 6303 US 17 & SC 165	24 HRS ■ ■			□	■	□					□■								■	■ ■	V W	B	F	B		■■■
B 5	Richburg, 29729 803-789-6484	Crenco Auto/Truck Stop (Exxon) I-77 Exit 65 (SC 9)	24 HRS ■ ■	$XL ■■		24 HRS □■□	■■	□	■■	■	DAT logo	F C F	□■						□□□		■	■	V W	B B	B	B C	■	■■■
E 6	Ridgeville, 29472 843-875-3113	Carter's Fast Stop # 3 (BP) 1104 US 78 & SC 27	■■ ■	S ■■		□■	■	□ □		□		□	□■		□□		□		□□□		■ ■	■ ■	V W	B C	F B	B B		■■■
C 5	Ridgeway, 29130 803-337-4085	AM-PM Food Mart I-77 Exit 34 (SC 34)	■■ ■			□ □	■		■■				■		□		□		□□□			■		B				■
C 5	Ridgeway, 29130 803-337-8500	Sharpe Shoppe #5 (Exxon) I-77 Exit 34 (SC 34)	■■ ■	S ■		□ □	■						□■								■□	■ ■	V W	B		C C		■■■
B 5	Rock Hill, 29730 803-366-7994	Quick C Foodmart #103 (Exxon) 2696 Sherry Rd	24 HRS ■ ■			□□ □	■	□□□		□			□■		□□				□□□			■	V W			F		■■■
B 5	Rock Hill, 29730 803-324-4302	Crenco Auto/Truck Stop # 8 (Exxon) I-77 Exit 73 (SC 901)	24 HRS ■ ■	M ■			■	□		□		F C	□■								■	■	V W	B B	B	B	■	■■■
B 5	Rock Hill, 29730 803-329-4796	Cone Oil #220 I-77 Exit 77	24 HRS ■ ■	M ■■		□■■□	■■	□□□	■■	□		F C T	□■	□□□	□□		□□□	□	□□□		■	■		B B	F B B	B B	■	■■■
B 5	Rock Hill, 29730 803-324-8797	Fast Stop (Pride) I-77 Exit 77 (SC 21)	24 HRS ■ ■	S ■■		□■■□	■■	□□□	■■	■■		F C T F	□■	■■■	□□		□□	□	□□□		■ ■	■	V W	B B	F B B	B B	■	■■■

How to interpret the page

■ means available at truck stop □ means available nearby

in the overnight lot column:
- S means room for 5 - 24 trucks
- M means room for 25-74 trucks
- L means room for 85-149 trucks
- XL means room for 150+ trucks
- $ means a parking fee may be charged

code at left-hand side of rows is the state map grid reference

a key to advertising logos is on page 25

Services may change without notice. When in doubt, call ahead.

THE TRUCKER'S FRIEND® - SOUTH CAROLINA

Column groups: Driver Services (Motor Fuel: Truck Diesel, Self Service Diesel, Metered Propane, Gasoline; Parking: Overnight Lot ($), Paved Lot, Trailer Drop, Electric Plug-Ins, Safe Haven/Hazmat; Food: Restaurant, Fast Food, Table Phones; Stores: Motel, Convenience, Trucker/Travel, Shopping Center, Walmart/Kmart, Grocery; Showers: Ladies, Men's; Communication: TV/Drivers Lounge, Laundry, Load Monitor, Internet Kiosk, Wi-Fi Hotspots, Document Scanning, Public Fax/Copier, UPS/FedEx/Trippak Box); Vehicle Services (Religious Services, State Lottery; Scales: Axle, Platform, Certified; Tires: Repairs, New Tire Sales; Repairs: Shop Open 24 Hrs, DOT Inspection, Major Repairs, Minor Repairs, Oil Change/Lube, Minor Welding; Road Svcs: AC/Reefer, CB, Tire, Mechanical, Towing; Wash: Truck (Exterior), Trailer Washout); RV Info (RVs Welcome, Dumping Station, Propane (Bottle)); Financial Services (ATM, Can Wire Money Out, Money Orders, Natso Check-Link, Western Union, Voyager/Wright Express, Comdata (Comchek); C=Checks, F=Fuel Cards, B=Both: EFS, Fuel Man, Multi Service, TCH, T-Chek, Fleet One); Permit Svcs (Buypay at Fuel Desk, All Prepaid Permit Svcs); Credit Cards (American Express, Visa/Mastercard, Discover)

Grid	Location	Truck Stop	Motor Fuel / Parking	Food	Stores	Showers	Communication	Scales	Tires	Repairs / Road Svcs / Wash	RV Info	Financial Services	Permit Svcs / Fuel Cards	Credit Cards
B 3	Roebuck, 29376 864-587-7770	Minimart Food Store #3416 (Citgo) I-26 Exit 28 (US 221)	24HRS ■ ■	M ■ ■	□ ■	■		F C U	□ ■	□ □ □ □	□ □ □	■ □ ■ ■ ■ V W	B B F B B B B	■ ■ ■ ■
E 6	Saint George, 29477 843-563-2419	Rainbow Gas Garden #8 (Shell) I-95 Exit 77 (US 78 W)	24HRS ■ ■	S ■	□ □ □	■	□ □ □	F C □	□ ■	□ □ □ □ □ □ □	□ □ □	■ ■ V W	B B F B B	■ ■ ■ ■
E 6	Saint George, 29477 843-563-6306	WilcoHess Travel Plaza # 930 I-95 Exit 82	24HRS ■ ■	XL ■ ■	■ ■	■ ■	■ ■ ■ DAT	F C U F T	■ CAT	□ □ □ □ □ □	□ □ □	■ ■ ■ V W	B B B B B B	■ ■ ■ ■
D 5	Saint Matthews, 29135 803-655-7104	Brakefield's Exxon I-26 Exit 136	24HRS ■ ■	M ■ ■	■	■				■ ■ □ □	■ ■ □	■ ■ W	B	■ ■ ■
D 5	Saint Matthews, 29135 803-874-4340	WilcoHess Travel Plaza # 933 I-26 Exit 139	24HRS ■ ■	M ■ ■	■	■ ■	■ ■ ■ DAT	F C T	□ CAT	□ □ □	□ □	■ ■ ■ V W	B B F B B B B	■ ■ ■ ■
E 7	Saint Stephen, 29479 843-567-5378	Lee's Quick Stop (Citgo) 3794 US 52	24HRS ■ ■		□ ■ □	■	□ □	F C	□ ■	□		■ ■ ■ W	B B B B B	■ ■ ■ ■
E 7	Saint Stephen, 29479 843-567-3355	The Pantry #3363 (BP) 3862 US 52	■ ■ ■		□ □	■	□ □		□ ■	□ □ □		■ ■ ■ V W	F	■ ■ ■
C 7	Sardis, 29161 843-346-4917	Sardis Auto Truck Plaza (BP/Amoco) I-95 Exit 150 (SC 403 E)	24HRS ■ ■	S ■	■ □	■			□ ■	□ □ □	□ □ □	■ □ ■ V W	C	■ ■ ■
B 7	Society Hill, 29593 843-378-4821	Johnnie's Truck Stop US 15-52-401	■ ■ ■	M ■	■	■	■ □	F C	□	□ □ □ □ □ □	□ □ □	■ ■	B B	■ ■ ■ ■
B 3	Spartanburg, 29303 864-583-7470	Spinx #219 I-85 Business Exit 4 (1808 SC 56)	24HRS ■		□ □ □	■	□		■	□		■ ■ ■ W	B B B B B	■ ■ ■ ■
B 3	Spartanburg, 29303 864-583-3655	Southern Convenience (Texaco) I-85 Business Exit 4 (SC 56)	24HRS ■ ■		□ □ □	■	□		□ ■	□	□ □ □	V W	F	■ ■ ■
E 7	Summerville, 29483 843-486-5770	Pilot Travel Center #064 I-26 Exit 199 B (US 17-Alt N)	24HRS ■ ■	S ■	□ ■ ■ □	■ ■	□ □ □ ■ ■ □ DAT	■ F C T F	□ ■ CAT	□ □ □ □ □ □ □	□ □ □	■ ■ ■ ■ ■ V W	B B F B B B	■ ■ ■ ■
E 7	Summerville, 29483 843-821-5634	Angler's Auto/Truck Plaza #3 (Citgo) I-26 Exit 199 B (US 17-Alt)	24HRS ■ ■	XL$ ■	□ ■ □	■ ■	□ □ □ ■ ■ ■ ■ DAT	F C U F T	■ ■ CAT		□ □ □	■ ■ ■ V W	B B F B B B B	■ ■ ■ ■
C 6	Sumter, 29150 803-469-3410	Kangaroo #3378 1281 US 76-378 & SC 120 (W of US 521)	24HRS ■ ■		□ ■ □	■	□ □ □ □		□ ■	□ □	□ □ □	■ ■ ■ V W	B B F B B B B	■ ■ ■ ■
C 6	Sumter, 29150 803-773-9309	Hodge Shell Truck Stop 491 US 76 E	24HRS ■ ■	S ■ ■	■ □ □	■	□ ■ ■ ■ □	F C	□ ■ ■ ■ ■	□ □ □ □ □	□ □ □	■ ■ ■ V W	B B B B B	■ ■ ■ ■
C 6	Sumter, 29150 803-775-0223	Munn-E-Saver # 191 (Exxon) US 521 Bypass	■ ■ ■	S ■	□ □ □	■	□ □ □		□ ■	□ □ □ □ □ □ □	□ □ □	■ ■ V W	B F	■ ■ ■
B 2	Townville, 29689 864-287-4590	Sunoco #2687 I-85 Exit 11 (SC 24)	24HRS ■ ■		□ □	■		F	□ ■	□ □ □	□ □ □	■ ■ ■ V W	B B	■ ■ ■ ■
B 2	Townville, 29625 864-287-1969	Fuel Club I-85 Exit 14 (SC 187)	24HRS ■ ■	S$ ■ ■ ■	■ □	■			□	□ □ □	□ □ □	■ □ V W	B B B B B B	■ ■ ■
B 2	Travelers Rest, 29690 864-610-9427	Spinx #178 US 25 N & Tigerville Rd	24HRS ■ ■	S ■	□ ■ □	■	□ □		□ ■	□ □ □ □ □	□ □ □	■ ■ ■ W	B B F B B B	■ ■ ■
B 2	Travelers Rest, 29690 864-834-4202	Handi Mart # 10 (Texaco) US 25 N (1 blk S of Hwy 290)	■ ■			■			■		□	□ ■ V W		■ ■ ■
D 3	Trenton, 29847 803-275-4998	Billy's Super Store US 25 & SC 121	■ ■ ■	M ■ ■	□ ■ □	■	■ ■ ■ □		□	■ ■ □	□ □	■ ■		■
D 4	Wagener, 29164 803-564-5854	Kent's Korner (BP) SC 39 (2 blks E of town)	■ ■		■	■	□ □		□ ■	□ □ □	□ □	□ ■ ■ ■ W		■ ■ ■
E 5	Walterboro, 29488 843-549-1209	Speedy Express (Citgo) 305 SC 63/US 15 S	■ ■ ■		□ □ □	■	□ □ □ □	□	□	□ □ □ □ □ □ □ □	□ □ □	■ ■ ■ W	F	■ ■ ■
E 5	Walterboro, 29488 843-538-4503	Angler's Mini Mart #12 (Citgo) I-95 Exit 53	■ ■		□ □ □	■		F C	□ ■			□ ■ V W	B B F B B B B	■ ■ ■ ■
E 5	Walterboro, 29488 843-538-4062	Rhoades Way (Mobil) I-95 Exit 57 (SC 64)	24HRS ■ ■		□ ■ □	■	□ □ □	F C □	□ ■	□ □ □	□ □ □ □	■ V W	B B B B	■ ■ ■ ■
B 4	Whitmire, 29178 803-694-4488	Foothills Mini Mart (Chevron) 6506 Hwy 72	■ ■ ■	S	□ ■	■	□ □		□ ■			V W	B B	■ ■ ■
F 5	Yemassee, 29945 843-589-3400	Simco Travel Plaza (Amoco) I-95 Exit 38 (SC 68)	■ ■ ■	M ■	■ □ ■	■	□ ■ ■ ■ □	F C	□	■ ■ ■ ■ ■ ■ ■ ■ ■ ■ ■ ■	■ ■ ■	■ ■	B C C C	■ ■ ■ ■

Visit us on the web at WWW.TRUCKSTOPS.COM

SOUTH DAKOTA

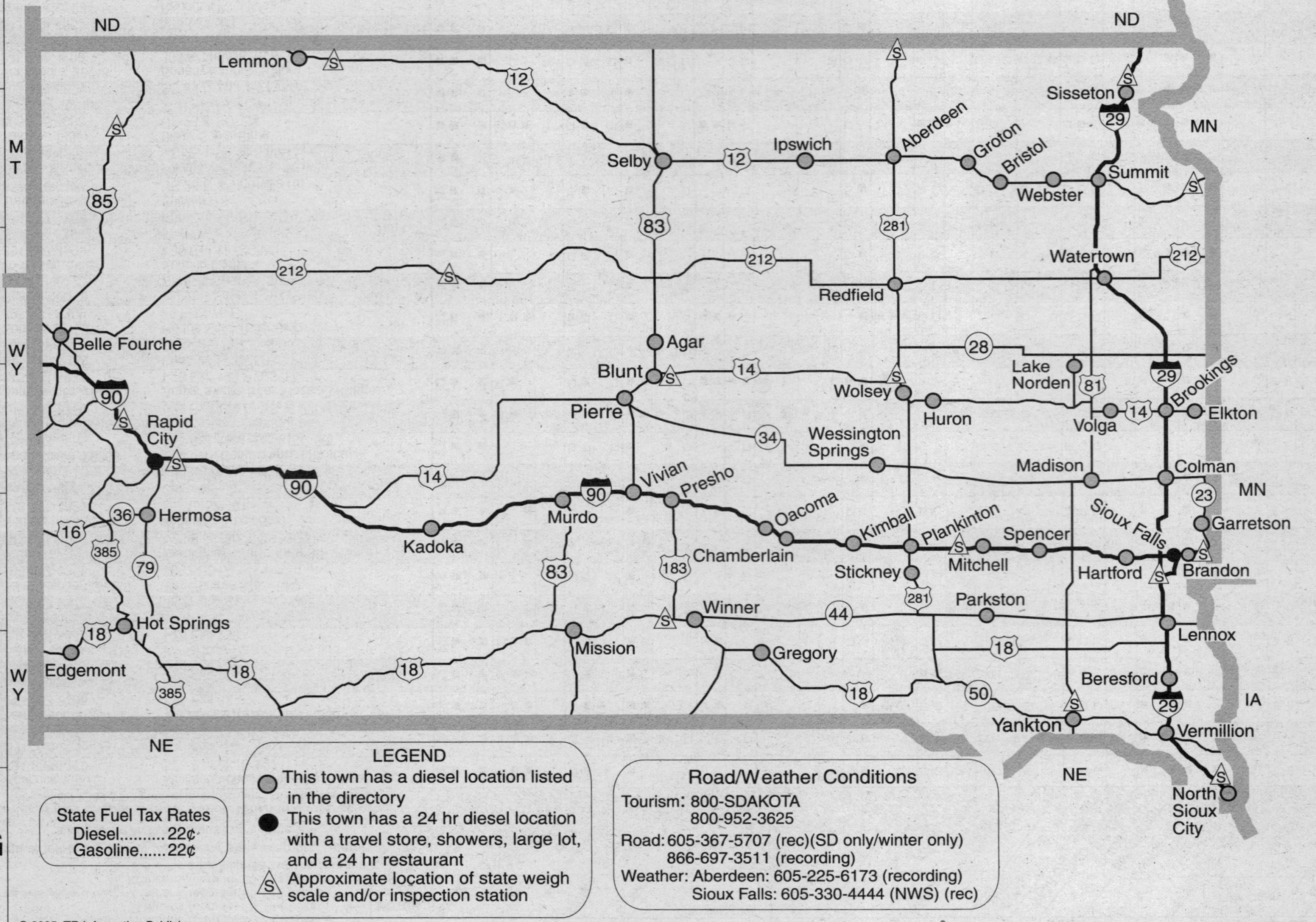

LEGEND

- This town has a diesel location listed in the directory
- This town has a 24 hr diesel location with a travel store, showers, large lot, and a 24 hr restaurant
- Approximate location of state weigh scale and/or inspection station

State Fuel Tax Rates
Diesel.......... 22¢
Gasoline...... 22¢

Road/Weather Conditions

Tourism: 800-SDAKOTA
800-952-3625

Road: 605-367-5707 (rec)(SD only/winter only)
866-697-3511 (recording)

Weather: Aberdeen: 605-225-6173 (recording)
Sioux Falls: 605-330-4444 (NWS) (rec)

THE TRUCKER'S FRIEND® - SOUTH DAKOTA

How to interpret the page

■ means available at truck stop □ means available nearby

in the overnight lot column:
S means room for 5 - 24 trucks
M means room for 25-74 trucks
L means room for 85-149 trucks
XL means room for 150+ trucks
$ means a parking fee may be charged

code at left-hand side of rows is the state map grid reference

a key to advertising logos is on page 25

Services may change without notice. When in doubt, call ahead.

Financial Services: C=Checks, F=Fuel Cards, B=Both

Motor Fuel / Driver Services

Grid	Location / Phone	Truck Stop	Truck Diesel	Self Service Diesel	Metered Propane	Gasoline	Overnight Lot ($)	Paved Lot	Trailer Drop	Electric Plug-Ins	Safe Haven/Hazmat	Restaurant	Fast Food	Table Phones	Motel	Convenience	Trucker/Travel	Shopping Center	Walmart/Kmart	Grocery	Ladies'	Men's	TV/Drivers Lounge	Laundry	Load Monitor	Internet Kiosk	Wi-Fi Hotspots	Document Scanning	Public Fax/Copier	UPS/FedX/TripPak Box	Religious Services	State Lottery
B6	Aberdeen, 57401 605-225-5913	Starlite Truck Stop (Shell) US 12 W & US 281	24 HRS	■		■	M	■	■			24 HRS	□	■	□	■	■	□	□	□	■	■	■	□					FC		□	■
C5	Agar, 57520 605-258-2137	Eric's Amoco 17597 US 83	■			■	S		■			□				■				□											□	
C1	Belle Fourche, 57717 605-892-2661	Cenex Fuel Stop 2311 US 85 S & SD 34 E	■	■	■	■						□	□		□	■		□		□				□					FC	□	□	
C1	Belle Fourche, 57717 605-892-2063	Mid America Travel Plaza (Conoco) US 85 N & US 212 W	24 HRS	■		■	M	■	■			■	□	■	■	■	■			□	■	■	■	■	DAT				FC	UF		■
C1	Belle Fourche, 57717 605-892-2484	Big D Oil Co (Sinclair) US 85 S & Hwy 34	■	■		■	S		■			□	□		□	■		□		□				□					FC	□	□	■
F8	Beresford, 57004 605-763-5005	Jet Truck Plaza (Sinclair) I-29 Exit 47 (1/4 mi E on SD 46)	24 HRS	■		■	S					□	■		□	■				□		■		□					FC		□	■
F8	Beresford, 57004 605-957-4141	Truck Towne (Cenex) I-29 Exit 47 (SD 46 W)	24 HRS	■	■	■	M	■	■			■	□	■	□	■	■			□	■	■	■	■	DAT				FC	□	□	■
D5	Blunt, 57522 605-962-6111	Kroeplin Ag Center (Sinclair) 19865 US 83 & US 14 W	■	■		■	S		■	■		■		■		■	■				■	■							FC			■
E8	Brandon, 57005 605-582-7229	Coffee Cup Fuel Stop #7 (BP) I-90 Exit 406	24 HRS	■		■	S					□	■	■	□	■				□				□					FC		□	
B7	Bristol, 57219 605-492-3681	Dale's Service US 12 W	■	■		■	M		■			■	■			■				□		■							FC		□	
D8	Brookings, 57006 605-697-7110	Kum & Go #623 (Cenex) I-29 Exit 132 (US 14 E)	24 HRS	■		■						□	■		□	■			□	□										F		■
E5	Chamberlain, 57325 605-734-5888	Vet's Whoa & Go (Conoco) I-90 Exit 265	24 HRS	■		■	M	■	■				□		□	■	■	□		□									FC		□	■
D8	Colman, 57017 605-534-3300	Prairie Junction Truck Stop (BP) I-29 Exit 109 (SD 34 W)	■	■		■	M	■	■				■			■						■	■						FC			■
D8	Colman, 57017 605-534-3600	Crossroads Truck Stop (Shell) I-29 Exit 109 (SD 34)	■	■		■	M	■	■			■				■													FC	□		
F1	Edgemont, 57735 605-662-7365	Fresh Start Convenience Store (Conoco) US 18 & SD 471	24 HRS	■		■	S					■	■		□	■				□				■					FC	□	□	■
D8	Elkton, 57026 605-542-4961	Skyview Junction (BP) 21505 SD 13 & US 14	■	■		■	M		■	■		■				■	■			□	■	■							FC		□	■
E8	Garretson, 57030 605-594-3465	Palisades Oil (Citgo) SD 11 & Dows St	■	■	■	■	S	■	■			□	■	■	□	■				□									FC	□	□	■
F5	Gregory, 57533 605-835-9172	Mr G's Truck Stop (Shell) US 18 & S Main	■	■		■						□	■		□	■				□				□						□	□	■
F5	Gregory, 57533 605-835-9449	Jono's (Sinclair) US 18 & SD 47	■			■	S					□	■		□	■				□				□					FC		□	
B7	Groton, 57445 605-397-2376	Darrel's Sinclair US 12 & SD 37	■	■		■	S					□	■			■				□				□					FC		□	
E8	Hartford, 57033 605-528-6666	Tammen Oil (66) I-90 Exit 387 (SD 151 N)	■	■		■	S		■			□	■			■				□				□						□	□	■
E1	Hermosa, 57744 605-255-4555	Fresh Start Convenience Store SD 79 & SD 40	24 HRS	■		■	M		■			■	■			■													FC		□	■
E1	Hot Springs, 57747 605-745-4215	Maverick Junction Truckstop (Conoco) US 18-385 & SD 79	24 HRS	■		■	L	■	■			24 HRS	□			■						■	■						FC		□	■
D6	Huron, 57350 605-352-3855	West Park Travel Center 2369 Old US 14 W & New US 14	■	■		■	S						■	■		■			□			■							FC			■
D6	Huron, 57350 605-352-5242	Cain Creek (Cenex) 39751 US 14 W	■		■	■	S		■			□	■		□	■		□	□	□				□					FC	□	□	■
B6	Ipswich, 57451 605-426-6163	North Central Farmers Elevator (Cenex) 513 US 12 W	■	■			S					□			□					□											□	
E3	Kadoka, 57543 605-837-2271	Discount Fuel (Conoco) I-90 Exit 150 (SD 73)	24 HRS	■		■	M		■			□	■	■	□	■				□			■	□					FC		□	■
E3	Kadoka, 57543 605-837-2126	Badlands Travel Stop (66) I-90 Exit 152	24 HRS	■		■	M		■			■		■	□	■	■			□	■	■	■	■					FC		□	■

Vehicle Services / RV Info

Grid	Location / Phone	Truck Stop	Axle	Platform	Certified	Repairs	New Tire Sales	Shop Open 24 Hrs	DOT Inspection	Major Repairs	Minor Repairs	Oil Change/Lube	Minor Welding	AC/Reefer	CB	Tire	Mechanical	Towing	Truck (Exterior)	Trailer Washout	RVs Welcome	Dumping Station	Propane (Bottle)
B6	Aberdeen, 57401 605-225-5913	Starlite Truck Stop (Shell)	□	□	□	□	□		□	□	□	□	□	□		□	□	□	□	□	■		■
C5	Agar, 57520 605-258-2137	Eric's Amoco				■	■				■		■			■	■				■	□	
C1	Belle Fourche, 57717 605-892-2661	Cenex Fuel Stop	□	□	□	□	□			□	□	□	□			□	□		□	□		□	■
C1	Belle Fourche, 57717 605-892-2063	Mid America Travel Plaza (Conoco)				□	□			□	□	□	□		□	□	□	□			■	□	■
C1	Belle Fourche, 57717 605-892-2484	Big D Oil Co (Sinclair)	□	□	□	□	□									□	□	□			■	□	
F8	Beresford, 57004 605-763-5005	Jet Truck Plaza (Sinclair)				■	■	■	■		■	■	■			□	□	□				□	■
F8	Beresford, 57004 605-957-4141	Truck Towne (Cenex)		□		■	■				■	■				□	□	□			■	□	■
D5	Blunt, 57522 605-962-6111	Kroeplin Ag Center (Sinclair)			□	■	■														■		
E8	Brandon, 57005 605-582-7229	Coffee Cup Fuel Stop #7 (BP)	■	■	■																		
B7	Bristol, 57219 605-492-3681	Dale's Service			□	■	■		■	■	■	■	■	A		□	□	□			■		
D8	Brookings, 57006 605-697-7110	Kum & Go #623 (Cenex)				□	□			□	□	□	□			□	□	□					■
E5	Chamberlain, 57325 605-734-5888	Vet's Whoa & Go (Conoco)				□	□			□	□	□	□			□	□	□			■	□	
D8	Colman, 57017 605-534-3300	Prairie Junction Truck Stop (BP)				□	□				□	□				□	□	□			■		
D8	Colman, 57017 605-534-3600	Crossroads Truck Stop (Shell)				□	□			□	□	□	□			□	□	□			■	□	
F1	Edgemont, 57735 605-662-7365	Fresh Start Convenience Store (Conoco)																			■	□	
D8	Elkton, 57026 605-542-4961	Skyview Junction (BP)	□			□	□				□	□				□	□	□			■		■
E8	Garretson, 57030 605-594-3465	Palisades Oil (Citgo)				■	■				■	■	■			■	■	□	□		■	□	■
F5	Gregory, 57533 605-835-9172	Mr G's Truck Stop (Shell)	□	□	□	□	□				□	□	□			□	□	□				□	
F5	Gregory, 57533 605-835-9449	Jono's (Sinclair)				■	■			□	□		□									□	
B7	Groton, 57445 605-397-2376	Darrel's Sinclair				■	■				■					■					■	□	
E8	Hartford, 57033 605-528-6666	Tammen Oil (66)				■	■									□	□	□			■		■
E1	Hermosa, 57744 605-255-4555	Fresh Start Convenience Store	■	■	■																■	□	■
E1	Hot Springs, 57747 605-745-4215	Maverick Junction Truckstop (Conoco)																	■	■	■		
D6	Huron, 57350 605-352-3855	West Park Travel Center				□	□				□		□			□	□				■		
D6	Huron, 57350 605-352-5242	Cain Creek (Cenex)		□		□	□			□	□	□	□			□	□	□			■	□	■
B6	Ipswich, 57451 605-426-6163	North Central Farmers Elevator (Cenex)				■	■									□	□					□	■
E3	Kadoka, 57543 605-837-2271	Discount Fuel (Conoco)				□										□		□			■	□	
E3	Kadoka, 57543 605-837-2126	Badlands Travel Stop (66)				■	■				□		□								■		

Financial Services / Permit Svcs / Credit Cards

Grid	Location / Phone	Truck Stop	ATM	Can Wire Money Out	Money Orders	Natso Check-Link	Western Union	Voyager/Wright Express	Comdata (Comchek)	EFS	Fuel Man	Multi Service	TCH	T-Chek	Fleet One	Buy/Pay at Fuel Desk	All Prepaid Permit Svcs	American Express	Visa/MasterCard	Discover
B6	Aberdeen, 57401 605-225-5913	Starlite Truck Stop (Shell)	■					V W	B	B			B	B		■	■	■	■	■
C5	Agar, 57520 605-258-2137	Eric's Amoco						V W										■	■	■
C1	Belle Fourche, 57717 605-892-2661	Cenex Fuel Stop						V W	C					C				■	■	■
C1	Belle Fourche, 57717 605-892-2063	Mid America Travel Plaza (Conoco)	■	■			■	V W	B	B		B	B	B		■	■	■	■	■
C1	Belle Fourche, 57717 605-892-2484	Big D Oil Co (Sinclair)	■					V W	B	C			B	B	B		■	■	■	■
F8	Beresford, 57004 605-763-5005	Jet Truck Plaza (Sinclair)	■					V W	B				B	B			■	■	■	■
F8	Beresford, 57004 605-957-4141	Truck Towne (Cenex)	■		■				B	B			B	B			■	■	■	■
D5	Blunt, 57522 605-962-6111	Kroeplin Ag Center (Sinclair)	■					V W	C				B	B			■	■	■	■
E8	Brandon, 57005 605-582-7229	Coffee Cup Fuel Stop #7 (BP)	■					V W	B	B		B	B	B	B		■	■	■	■
B7	Bristol, 57219 605-492-3681	Dale's Service												B			■	■	■	■
D8	Brookings, 57006 605-697-7110	Kum & Go #623 (Cenex)	■		■			V W	B	B		B	B	B	B			■	■	■
E5	Chamberlain, 57325 605-734-5888	Vet's Whoa & Go (Conoco)	■					V W	B	B		B	B	B	B		■	■	■	■
D8	Colman, 57017 605-534-3300	Prairie Junction Truck Stop (BP)	■					V W	B	B		B	B	B	B		■	■	■	■
D8	Colman, 57017 605-534-3600	Crossroads Truck Stop (Shell)	■					V W	B	B			B	B			■	■	■	■
F1	Edgemont, 57735 605-662-7365	Fresh Start Convenience Store (Conoco)	■					W									■	■	■	■
D8	Elkton, 57026 605-542-4961	Skyview Junction (BP)	■					V W	B	B				B			■	■	■	■
E8	Garretson, 57030 605-594-3465	Palisades Oil (Citgo)	■					V W	C					C				■	■	■
F5	Gregory, 57533 605-835-9172	Mr G's Truck Stop (Shell)	■														■	■	■	■
F5	Gregory, 57533 605-835-9449	Jono's (Sinclair)	■					V W									■	■	■	■
B7	Groton, 57445 605-397-2376	Darrel's Sinclair						V W									■	■	■	■
E8	Hartford, 57033 605-528-6666	Tammen Oil (66)	■					V W										■	■	■
E1	Hermosa, 57744 605-255-4555	Fresh Start Convenience Store	■					V W	B								■	■	■	■
E1	Hot Springs, 57747 605-745-4215	Maverick Junction Truckstop (Conoco)	■					V W	B			B	B	B	B		■	■	■	■
D6	Huron, 57350 605-352-3855	West Park Travel Center	■					W	B	B			B	B	B		■	■	■	■
D6	Huron, 57350 605-352-5242	Cain Creek (Cenex)	■					V W	B	B				B	B		■	■	■	■
B6	Ipswich, 57451 605-426-6163	North Central Farmers Elevator (Cenex)																■	■	■
E3	Kadoka, 57543 605-837-2271	Discount Fuel (Conoco)	■					V W	B	C			B	B			■	■	■	■
E3	Kadoka, 57543 605-837-2126	Badlands Travel Stop (66)	■					V W	B	B	F	B	B	B	B	■	■	■	■	■

THE TRUCKER'S FRIEND® - SOUTH DAKOTA

How to interpret the page

■ means available at truck stop □ means available nearby

in the overnight lot column:
S means room for 5 - 24 trucks
M means room for 25-74 trucks
L means room for 85-149 trucks
XL means room for 150+ trucks
$ means a parking fee may be charged

code at left-hand side of rows is the state map grid reference
a key to advertising logos is on page 25

Services may change without notice. When in doubt, call ahead.

C=Checks
F=Fuel Cards
B=Both

Column groups: Driver Services — Motor Fuel (Truck Diesel, Self Service Diesel, Metered Propane, Gasoline); Parking (Overnight Lot ($), Paved Lot, Trailer Drop, Electric Plug-ins, Safe Haven/Hazmat); Food (Restaurant, Fast Food, Table Phones); Stores (Motel, Convenience, Trucker/Travel, Shopping Center, Walmart/Kmart, Grocery); Showers (Ladies, Men's); Communications (TV/Drivers Lounge, Laundry, Load Monitor, Internet Kiosk, Wi-Fi Hotspots, Document Scanning, Public Fax/Copier, UPS/FedEx/TripPak Box, Religious Services, State Lottery). Vehicle Services — Scales (Axle, Platform, Certified); Tires (Repairs, New Tire Sales); Repairs (Shop Open 24 Hrs, DOT Inspection, Major Repairs, Minor Repairs, Oil Change/Lube, Minor Welding); Road Svcs (AC/Reefer, CB, Tire, Mechanical, Towing); Wash (Truck (Exterior), Trailer Washout). RV Info (RVs Welcome, Dumping Station, Propane (Bottle)). Financial Services (ATM, Can Wire Money Out, Money Orders, Natso Check-Link, Western Union, Voyager/Wright Express, Comdata (Comchek)). Permit Svcs (EFS, Fuel Man, Multi Service). Credit Cards (TCH, T-Chek, Fleet One, Buy/Pay at Fuel Desk, All Prepaid Permit Svcs, Visa/Mastercard, American Express, Discover).

Map	City / Phone	Truck Stop / Location	Logo	Motor Fuel	Parking	Parking	Food / Stores	Stores	Stores	Showers	Communications	Communications	Communications	Communications	Scales	Tires	Repairs	Repairs	Road Svcs	Road Svcs	Wash	RV Info	Financial Services	Financial Services	Financial Services	Permit Svcs	Credit Cards	Credit Cards	Credit Cards
E 6	Kimball, 57355 605-778-6433	Corner Bottle Stop I-90 Exit 284 (4 blks N)		■■ ■			□ □	■	□		□			□■				□	□	□□□							C		
E 6	Kimball, 57355 605-778-6567	Corner Pantry Cafe (66) I-90 Exit 284 (SD 16-45)		24 HRS ■ ■	M ■■		24 HRS ■□	■	□	■	■		F C	□■				□□		□□□		■□	■	V W	B B	B	B B	■	■■■
D 7	Lake Norden, 57248 605-785-3401	Country Store (Cenex) 721 CR 31 (S of SD 28)		■■ ■			□■ □	■	□					□								■	■	V W					■■■
A 2	Lemmon, 57638 605-374-3348	Cenex US 12 E (in town)		■■ ■	S ■		□■ □	■	□	■	□		F C □	□	□□□	■■		□□■	□	■□□		■□	■	V W			B C	■	■■■
E 8	Lennox, 57039 605-372-4166	Countryside Convenience (Shell) I-29 Exit 62 (US 18)		24 HRS ■ ■	M ■■		■ ■	■		■■			F C	■								■	■	V W	B B	B	B B	■	■■■
D 7	Madison, 57042 605-256-4516	F&M Coop Oil (Cenex) US 81 & SD 34 W		■■■■	S ■		■□ □	■	□		□		F C	□	□□□	■■	□	□□□	□□	■□□		■□■		V W	B B	B	B	■■	■■■
F 4	Mission, 57555 605-856-2466	Ampride (Cenex) US 18 W		■■■■	S ■		□■ □	■	□ □	■	□		F C □	□■		□□				□□		■□■	■ ■	V W				■	■■■
E 7	Mitchell, 57301 605-996-1951	West Havens Cenex I-90 Exit 330 (1/2 mi N on W Havens)		■■ ■	S		□■ □	■	□□□	■	□		F C □	□						□□□		□■		V W	B		B		■■■
E 7	Mitchell, 57301 605-996-9632	Cenex C-Store I-90 Exit 332 (1000 SD 37)		24 HRS ■ ■	S ■■	■	□■■□	■	□□□	■■	□		F C □	□	□	□□		□□	□	□□□	□□	■□■	■	V W	B		B	■	■■■
E 7	Mitchell, 57301 605-996-3371	I-90 Travel Center (Shell) I-90 Exit 332 (SD 37)	AMBEST	24 HRS ■ ■	M ■■		24 HRS ■■□	■■	□□□	■■	■■	DAT	F C U F T	□■	CAT	■■		■■■	□R	□□□	□□	■□	■	V W	B B	B B	B B	■	■■■
E 4	Murdo, 57559 605-669-2465	Triple H Truck Stop (Shell) I-90 Exit 192 (US 83 & SD 16)		24 HRS ■■■	M ■		■□ □	■■	□	■■	■■		F C F	□■		■■		■■	■	■■□		□■	■	V W	B B	B B	B B	■	■■■
G 8	North Sioux City, 57049 605-232-4329	Connie's Ampride (Cenex) I-29 Exit 2		■■ ■	S ■■		■□ □	■		■			F C U F	□■						□□□		■□	■	V W	B.B		B	■	■■■
E 5	Oacoma, 57365 605-734-5325	Oasis Pump & Pack (Conoco) I-90 Exit 260 (1.25 mi E on I-90 Bus)		24 HRS ■ ■	S ■■		□□ □	■	□ □		□			■								□	■■	■ V W					■■■
E 7	Parkston, 57366 605-928-7543	Ampride (Cenex) SD 37 & Hwy 44		■■ ■	S		□■ □	■	□		□		F C	□		□		□	□□	□□□		■	■	V W			C	■	■■■
D 4	Pierre, 57501 605-224-9746	Kum & Go #605 (Cenex) US 14-83 & SD 34		24 HRS ■ ■	M ■■		24 HRS □ □	■	□		□		F C □	□■		□□	□	□□□	□□□	□□□		■□	■ ■	V W	B B		B B	■	■■■
E 6	Plankinton, 57368 605-942-7138	Coffee Cup Fuel Stop #4 (Conoco) I-90 Exit 310 (SD 281)		24 HRS ■ ■	M ■		□■■□	■■	□	■■	■□	DAT	F C	□■	□			□		□□□		■□	■	V W	B B	B B	B B	■	■■■
E 5	Presho, 57568 605-895-2545	New Frontier Station (Conoco) I-90 Exit 225/226 (in town on SD 16)		■■ ■	S ■		□■ □	■■	□		□		F C	□■	□					□□□		□	■	V W		C	C	■	■■■
D 2	Rapid City, 57702 605-348-7070	Windmill Truck Stop (Sinclair) I-90 Exit 55 (Deadwood Ave)	AMBEST	24 HRS ■■■	L ■■	■	24 HRS ■■□	■■	□	■■	■■	DAT	F C U F T	■■	■■■	■■	■■	□■■	■ A	■■□	■■	■■■	■	V W	B B	B B	B B	■■	■■■
D 2	Rapid City, 57701 605-342-5450	Flying J Travel Plaza (Conoco) I-90 Exit 61 (St Patrick St)	Flying J	24 HRS ■■■	XL ■■		24 HRS ■□	■■	□□□	■■	■■	Flying J ■ Flying J	Flying J F C U F T	■	CAT	□□		□□□	□	□□□	■■	■■■	■	V W	B B	B B	B B	■	■■■
C 6	Redfield, 57469 605-472-0136	Appel Oil Co (66) US 212 & US 281 S		■■ ■	S ■		□□ □	■	□ □	■			F C □	□■	□	□□		□□	□	□□□	■	■□■	■	V W				■	■■■
B 5	Selby, 57472 605-649-7858	Shorty's One Stop (Conoco) US 12-83 (in town)		24 HRS ■ ■	S ■	■	□■ □	■■	□	■			F C	□■	□□□	□□		□□	□	□□□		■□	■	V W	B	B B	B F	■	■■■
E 8	Sioux Falls, 57103 605-332-3217	Gary Cone's Truckstop (Amoco) I-229 Exit 6 (0.1 mi W on 10th St)		■■■■			□□ □	■	□□□		□			□■		□				□ □		■	■	V W					■■■
E 8	Sioux Falls, 57106 605-368-2531	Larry's I-29 Truck Plaza (Texaco) I-29 Exit 73 (Tea)		■■ ■	M ■■	■	■□ □	■■	□□□	■■	□		F C U F	□■		□□	□	□□	□□	□□□		■□	■	V W	B B	B B	B	■	■■■
E 8	Sioux Falls, 57107 605-332-8911	Kum & Go #619 (Cenex) I-29 Exit 79 (SD 16-42 W)		24 HRS ■ ■	S ■■		□■ □	■■	□□□		□		F	□■	■■■	□□		□□□	□	□□□	□	■□■	■ ■	V W	B B	F	B F	■	■■■
E 8	Sioux Falls, 57107 605-977-1438	Flying J Travel Plaza #05035 I-29 Exit 83 (SD 38 E)/I-90 Ex 396 A	Flying J	24 HRS ■ ■	XL ■		24 HRS ■■	■■		■■	■	Flying J ■ Flying J	Flying J F C U F T		Flying J					□□□		■■■	■	V W	B	B B	B	■	■■■
E 8	Sioux Falls, 57106 605-338-8536	Kum & Go #613 (Cenex) I-90 Exit 399 (3420 SD 115 - 1.5 mi S)		24 HRS ■ ■			□□ □	■					□	□■	□□□	□□		□	□	□□□	□	■	■ ■	V W					■■■
E 8	Sioux Falls, 57104 605-332-7611	Pilot Travel Center #349 I-90 Exit 399 (5301 SD 115)		24 HRS ■ ■	L ■■		24 HRS ■■□	■■		■■	■	DAT ■ Pilot	F C U F T	■■	CAT	BF	■■	□■■	■ A □	■■□	■■	■□	■	■ V W	B B	F B	B B	■	■■■
E 8	Sioux Falls, 57104 605-339-3200	Frontier Village Truck Stop (Sinclair) I-90 Exit 399 (US 77)		24 HRS ■ ■	L ■■		■□■□	■■	□ □	■■	■■	DAT	F C □	□■	■■■	□□	□	□□□	□□■	□□□	□□	■□	■	V W	B B	B B	B B	■	■■■

THE TRUCKER'S FRIEND® - SOUTH DAKOTA

How to interpret the page

■ means available at truck stop □ means available nearby

in the overnight lot column:
S means room for 5 - 24 trucks
M means room for 25-74 trucks
L means room for 85-149 trucks
XL means room for 150+ trucks
$ means a parking fee may be charged

code at left-hand side of rows is the state map grid reference

a key to advertising logos is on page 25

Services may change without notice. When in doubt, call ahead.

Financial Services / Permit Svcs codes: C=Checks, F=Fuel Cards, B=Both

Grid	Location	Truck Stop	Motor Fuel (Truck Diesel, Self Service Diesel, Metered Propane, Gasoline)	Parking (Overnight Lot ($), Paved Lot, Trailer Drop)	Parking (Electric Plug-ins, Safe Haven/Hazmat)	Food (Restaurant, Fast Food, Table Phones, Motel)	Stores (Convenience, Trucker/Travel)	Stores (Shopping Center, Walmart/Kmart, Grocery)	Showers (Ladies', Men's)	TV/Drivers Lounge, Laundry	Communication (Load Monitor, Internet Kiosk, Wi-Fi Hotspots, Document Scanning, Public Fax/Copier, UPS/Fedex/Trippak Box)	Religious Services, State Lottery, Scales	Tires (Axle, Platform)	Tires/Repairs (Certified, Repairs, New Tire Sales)	Repairs (Shop Open 24 Hrs, DOT Inspection)	Repairs (Major Repairs)	Repairs/Road Svcs (Minor Repairs, Oil Change/Lube, Minor Welding)	Road Svcs (AC/Reefer, CB, Tire)	Road Svcs/Wash (Mechanical, Towing, Truck (Exterior))	Wash/RV Info (Trailer Washout, RVs Welcome)	RV Info/Financial (Dumping Station, Propane (Bottle), ATM)	Financial (Can Wire Money Out, Money Orders, Natso Check-Link)	Financial (Western Union, Voyager/Wright Express, Comdata (Comchek))	Financial (EFS, Fuel Man)	Financial (Multi Service, TCH)	Financial (T-Chek, Fleet One)	Permit Svcs (Buy/Pay at Fuel Desk, All Prepaid Permit Svcs)	Credit Cards (American Express, Visa/Mastercard, Discover)
B 8	Sisseton, 57262 605-698-4273	Dakota Connection Casino I-29 Exit 232 (US 10)	24 HRS ■ ■	M ■ ■	■	■ ■ □	■ ■	□ □	■ ■	□		F C □	□	□ □ □							■ □	■		B B	B	B B	■	■ ■ ■
E 7	Spencer, 57374 605-449-4627	TravelCenters of America (Amoco) I-90 Exit 353 TA	24 HRS ■ ■	S ■ ■		■	■ ■		■ ■	■	DAT TA ■	F C T	■								■	■ ■	■ ■	B B	F B	B B	■	■ ■ ■
E 6	Stickney, 57375 605-732-4241	Aurora Coop (Cenex) US 281 S (MM 63)	■ ■ ■ ■			□	■	□				F C	□				□ □ □	□			□ ■		V W				■	■ ■ ■
B 7	Summit, 57266 605-398-6493	Coffee Cup Fuel Stop #1 (Conoco) I-29 Exit 207 (US 12)	24 HRS ■ ■	M ■ ■		■ ■	■ ■	□	■ ■		DAT	F C	□ ■		□ □		□		□ □ □		■	■	V W	B B	B B	B B	■ ■	■ ■ ■
F 8	Vermillion, 57069 605-624-2062	Coffee Cup Fuel Stop #6 (Conoco) I-29 Exit 26 (SD 50)	24 HRS ■ ■	L ■		■ ■	■ ■		■ ■	■ ■	DAT	F C		■ ■ ■	□		□		□ □ □		■	■	V W	B B	B B	B B	■	■ ■ ■
E 5	Vivian, 57576 605-683-4666	Coffee Cup Fuel Stop #8 (66) I-90 Exit 212 (US 83)	24 HRS ■ ■	M ■ ■		□ ■ ■	■ ■	□	■	■	DAT ■	F C	□ ■		□				□ □ □		■	■	V W	B B	B B	B B	■	■ ■ ■
D 7	Volga, 57071 605-627-9451	Volga Ampride Truck Stop (Cenex) US 14 & 101 N Caspian Ave	■ ■ ■	S ■ ■		■ □ ■	■	□	■	■ □		F C	□ ■	□	□ □		□	□	□ □ □		■	■	V W	B	B	B	■	■ ■ ■
C 7	Watertown, 57201 605-886-3133	Prairie Stop (BP) 1007 US 212 W & SD 20	24 HRS ■ ■			□ ■ □	■	□ □		□		F C U F	□ ■	□ □ □	□ □		□ □	□	□ □ □	□ □	□	■	V W	B		B	■	■ ■ ■
C 7	Watertown, 57201 605-886-3055	P&L Convenience (Shell) I-29 Exit 177 (US 212 W)	24 HRS ■ ■			□ ■ ■ □	■	□ □ □		□		C □	□	□ □ □	□ □	□	□ □ □	□ □	□ □ □	□ □		■	V W					■ ■ ■
C 7	Watertown, 57201 605-882-1484	Stone's Truck Stop (Sinclair) I-29 Exit 177 (US 212)	24 HRS ■ ■	M ■ ■	■	24 HRS ■ ■ □	■ ■	□ □ □	■ ■	■ ■	DAT	F C U F T	□ ■	■	■ ■		□ □ □	□	□ □ □	■ ■	■	■ ■	■ V W	B B	B B	B B	■	■ ■ ■
B 7	Webster, 57274 605-345-3549	Cenex C-store US 12 & SD 25	■ ■ ■			□ ■ □	■	□		□			□	□ □ □	□ □		□ □		□ □ □		□ ■	■	V W					■ ■ ■
D 6	Wessington Sprgs, 57382 605-539-1932	Ampride (Cenex) SD 34 & Dakota Rd	■ ■ ■ ■	S		□ ■ □	■	□	■	□		F C □	□	□	■ ■	■	■ ■	■ A R	■ ■ ■		■ □ ■	■	W	C		C	■	■ ■ ■
E 5	Winner, 57580 605-842-2999	Ampride (Cenex) 641 W 2nd	■ ■ ■			□ ■ □	■	□		□		F C □	□ ■		□ □		□ □ □	□ □	□ □ □	□	□ ■	■ ■	V W	B		B	■	■ ■ ■
D 6	Wolsey, 57384 605-883-4586	281 Travel Center (BP) US 14-281 (MM 331)	24 HRS ■ ■ ■	M ■ ■	■	■	■ ■		■ ■	■		F C	□ ■	□ □ □	□		□	□			■ ■ ■	■	V W	B B	B B	B B	■	■ ■ ■
F 7	Yankton, 57078 605-665-1450	J-R's Oasis (Shell) 2400 SD 50 E	■ ■ ■	S ■ ■		□ ■ ■ □	■	□ □ □		□		F C	□ ■		□ □		□ □	□	□ □ □		■ ■	■	V W	B	B	B	■	■ ■ ■
F 7	Yankton, 57078 605-665-9650	Rudy's Truck Stop 30649 US 81 (3 mi N of town)	■ ■ ■	S ■	■	■	■		■ ■	■		F C	■						□ □ □		■ ■	■	V W	B B	B	B F	■	■ ■ ■

TENNESSEE

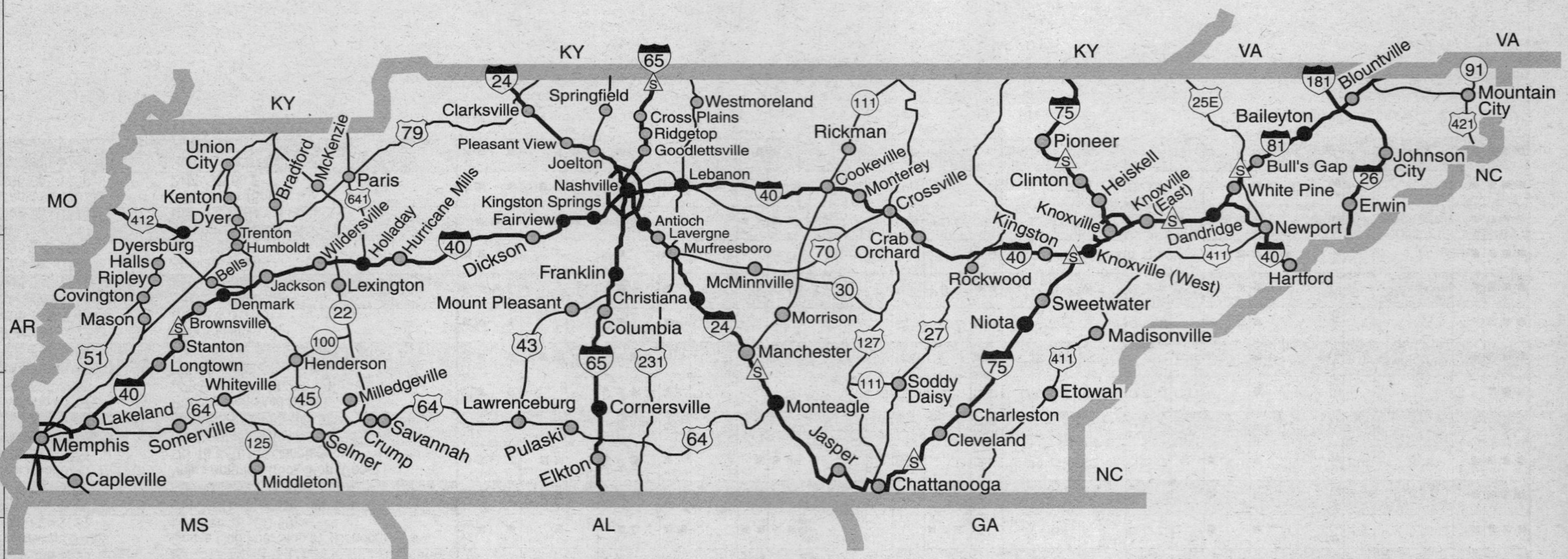

State Fuel Tax Rates
Diesel..........17¢
Gasoline......20¢

LEGEND

- (grey circle) This town has a diesel location listed in the directory
- (black circle) This town has a 24 hr diesel location with a travel store, showers, large lot, and a 24 hr restaurant
- (S triangle) Approximate location of state weigh scale and/or inspection station

Road/Weather Conditions

Tourism: 800-TENN-200
Road: 800-858-6349 (recording)
Chattanooga: 423-634-5855 (recording)
Construction: 615-741-2015 (recording)
Weather: Memphis: 901-522-8888 (recording)
Statewide: 423-586-3771 (NWS) (rec)

THE TRUCKER'S FRIEND® - TENNESSEE

How to interpret the page

■ means available at truck stop □ means available nearby

in the overnight lot column:
- S means room for 5 - 24 trucks
- M means room for 25-74 trucks
- L means room for 85-149 trucks
- XL means room for 150+ trucks
- $ means a parking fee may be charged

code at left-hand side of rows is the state map grid reference

a key to advertising logos is on page 25

Services may change without notice. When in doubt, call ahead.

Column groups: Driver Services — MOTOR FUEL (Truck Diesel, Self Service Diesel, Metered Propane, Gasoline); PARKING (Overnight Lot ($), Paved Lot, Trailer Drop, Electric Plug-Ins, Safe Haven/Hazmat); FOOD (Restaurant, Fast Food, Table Phones, Motel); STORES (Convenience, Trucker/Travel, Shopping Center, Walmart/Kmart, Grocery); SHOWERS (Ladies', Men's); TV/Drivers Lounge, Laundry; COMMUNICATION (Load Monitor, Internet Kiosk, Wi-Fi Hotspots, Document Scanning, Public Fax/Copier, UPS/FedEx/Trippak Box, Religious Services, State Lottery). Vehicle Services — SCALES (Axle, Platform, Certified); TIRES (New Tire Sales, Repairs); REPAIRS (Shop Open 24 Hrs, DOT Inspection, Major Repairs, Minor Repairs, Oil Change/Lube, Minor Welding, AC/Reefer); ROAD SVCS (CB, Tire, Mechanical); WASH (Towing, Truck (Exterior), Trailer Washout). RV Info (RVs Welcome, Dumping Station, Propane (Bottle)). Financial Services (ATM, Can Wire Money Out, Money Orders, Natso Check-Link, Western Union, Voyager/Wright Express, Comdata (Comchek), EFS, Fuel Man, Multi Service, TCH, T-Chek, Fleet One; C=Checks F=Fuel Cards B=Both). Permit Svcs (Buy/Pay at Fuel Desk, All Prepaid Permit Svcs). Credit Cards (American Express, Visa/Mastercard, Discover).

Grid	Location / Phone	Truck Stop	Motor Fuel	Parking	Food	Stores	Showers	Communication	Scales	Tires	Repairs	Road Svcs	Wash	RV Info	Financial Services	Financial Services (C/F/B)	Permit Svcs	Credit Cards
C 4	Antioch, 37013 615-641-6731	TravelCenters of America (BP) I-24 Exit 62 (Old Hickory E) TA	24HRS ■ ■	XL ■ ■	24HRS ■ ■ □	■ ■ □ □ □	■ ■	■ ■ DAT ■ TA ■	F C U F T	■ CAT	BF ■ ■ ■ ■ ■ ■	■	■ ■ □		■ □ ■ ■	■ ■ V W B B F B B B	■	■ ■ ■
C 4	Antioch, 37013 615-641-2223	Antioch Food Mart (Citgo) I-24 Exit 62 (Old Hickory E)	24HRS ■ ■		□ ■ □	■ □			F C □	□ ■ □	□ □ □ □ □ □ □	□	□ □ □		■ ■	V W B B F B B B B	■	■ ■ ■
C 8	Baileyton, 37745 423-234-0414	Pilot Travel Center #051 I-81 Exit 36 (CR 171 S)	24HRS ■ ■	S ■	□ ■ ■ □	■ ■	■ ■	□ DAT ⏻ ■	F C	□ ■ CAT	□ □ □ □ □ □ □	□	□ □ □	□	□ ■ ■ ■ ■	■ ■ V W B B F B B B	■	■ ■ ■
C 8	Baileyton, 37745 423-234-4451	Davey Crockett Travel Center (Marathon) I-81 Exit 36 (CR 172 N) AMBEST	24HRS ■ ■	XL ■ ■	24HRS ■ ■ □	■ ■	■ ■	■ ■ DAT	F C U F T	■ ■ CAT	■ ■ ■ ■ ■ ■	■	■ ■ □	□ □	■ □ ■ ■	■ V W B B B B B	■	■ ■ ■
C 8	Baileyton, 37743 423-234-0503	Roadrunner #119 (Shell) I-81 Exit 36 (CR 172 N)	24HRS ■ ■	M ■	□ ■ ■ □	■	■ ■	□ DAT	F C □	□ ■ □ □ □	□ □ □	□	□ □ □	□	■ □ ■ ■ ■	■ V W B B F B B B B	■	■ ■ ■
D 2	Bells, 38006 731-663-2003	Bells Eagle One Stop (BP) 7300 US 412 S	■ ■ ■	M ■	■ ■	■ □ □		□	F C	□ ■	□ □		□ □ □		■ ■	V W B B	■	■ ■ ■
C 8	Blountville, 37617 423-323-1325	Appco # 23 (66) I-81 Exit 63 (CR 357 W)	24HRS ■ ■	M ■ ■	□ ■ ■ □	■ ■	■ ■	■ ■		□ ■	□ □ □ □ □ □		□ □ □		■ □ ■	V W B B F B B		■ ■ ■
C 2	Bradford, 38316 731-742-2195	Trading Post of Bradford (66) 727 US 45 E Bypass	■ ■ ■	S ■ ■	■	■ ■ □			F C	□ ■	□ □ □ □ □	□ □	□ □ □		■ ■ ■	V W B B F B B B B	■	■ ■ ■
D 2	Brownsville, 38012 731-772-9993	Hooper Quik Stop # 3 (Exxon) I-40 Exit 56 (TN 76 S)	24HRS ■ ■		□ ■ □	■ □ □				□ ■	□ □ □	□	□		■	V W F		■ ■ ■
D 2	Brownsville, 38012 731-772-1006	Fuel Mart #628 I-40 Exit 66 (US 70 S)	24HRS ■ ■	M ■ ■	□ ■ ■ □	■	■ ■		F C	□ ■ ■	□ □ □ □ □	□	□ □ □		■ □ ■ ■	B B B B B B	■	■ ■ ■
C 8	Bulls Gap, 37818 423-235-7790	Kwik Fuel # 23 (66) I-81 Exit 23 (NW on US 11 E)	24HRS ■ ■	M ■ ■	□ ■ □	■ ■	■ ■		F C T	□ ■ ■ ■ ■	□ □ □ □ □	□	□ □ □		■ ■	V W B B F B B F B	■	■ ■ ■
E 1	Capleville, 38118 901-546-0460	Coastal Truck Stop 4941 US 78 & Shelby Dr	24HRS ■ ■	S ■	□ ■ □	■			F C	□ ■ □ □ □	□ □ □ □ □	□ □	□ □ □		■ ■ ■	V W B B F B B B	■	■ ■ ■
E 1	Capleville, 38118 901-202-5520	Pilot Travel Center #405 4949 US 78 & Shelby Dr	24HRS ■ ■	L ■ ■	■ ■ □	■ ■	■ ■	■ DAT ⏻ ■	F C U F T	■ CAT	□ □ □ □	□ □ □	□ □ □		■ ■ ■ ■ ■	■ ■ V W B B F F F B	■	■ ■ ■
E 1	Capleville, 38118 901-794-6647	Circle K Truxtop #5147 (76) 4999 US 78 & Shelby Dr	24HRS ■ ■	S ■ ■	□ □ □	■ □ □		□	F C	□ ■ □ □ □	□ □ □ □ □		□ □ □	□	■ ■ ■ ■ ■	■ V W B B F	■	■ ■ ■
E 1	Capleville, 38118 901-366-0337	Pilot Travel Center #363 5021 US 78 & Pleasant Hill	24HRS ■ ■	M ■ ■	■ ■ □	■ ■	■ ■	■ DAT ⏻ ■	F C U F T	CAT	□ □ □ □ □ □	□ □	□ □ □		■ ■	■ ■ V W B B F B B B	■	■ ■ ■
E 6	Charleston, 37310 423-336-5521	L&M Travel Center (Shell) I-75 Exit 33 (CR 308 W)	24HRS ■ ■	M ■	24HRS ■ □	■ ■	■ ■	■	F C T F	□ ■ ■ ■	■ ■ ■ □ ■ ■	■	■ ■ □	□	■ □ ■ ■	V W B B F B B B B	■	■ ■ ■
E 6	Chattanooga, 37419 423-821-7437	Fast Food & Fuel (Amoco) I-24 Exit 174 (US 41-64)	24HRS ■ ■		□ □ □	■ □ □ □		□		□					■ ■ ■	V B F B B		■ ■ ■
E 6	Chattanooga, 37419 423-825-5515	Conoco Fuel Stop I-24 Exit 175 S	24HRS ■ ■		□ □ □	■ □		□	□	□ ■	□ □ □	□	□ □ □		■ ■ ■	V W B B F B B		■ ■ ■
E 6	Chattanooga, 37402 423-265-6273	Fast Food & Fuel #206 (Amoco) I-24 Exit 178 (Hwy 124)	24HRS ■ ■		□ ■ □	■ □		□	□	□ ■ □ □ □	□ □ □ □ □	□ □	□ □ □	□ □	■ ■	V W B B F F		■ ■ ■
E 6	Chattanooga, 37404 423-629-4993	Fast Food & Fuel #219 I-24 Exit 180 B (US 27 S)	24HRS ■ ■		□ □	■ □		□	F C U	□ ■	□ □ □ □ □		□ □ □		■ ■	B B F B B B B	■	■ ■ ■
E 6	Chattanooga, 37412 423-892-8609	Mr Zip #557 (Conoco) TN 153 & 5900 Shallowford Rd W	24HRS ■ ■		□ □	■ □ □ □		□		■					■ ■	B B B F		■ ■ ■
E 6	Chattanooga/Hixson, 37343 423-870-2279	Fast Food & Fuel (Amoco) TN 153 & Hammil Rd	24HRS ■ ■		□ □ □	■ □ □ □		□		□ ■					■ ■ ■	W F F		■ ■ ■
D 5	Christiana, 37037 615-898-1471	Danny's Food & Fuel (Citgo) I-24 Exit 89 (W)	24HRS ■ ■	L ■ ■	24HRS ■	■ ■ □	■ ■	■	F C	□	□ □ □ □	□	□ □ □		■ ■ ■	V W B B B B B B	■	■ ■ ■
D 5	Christiana, 37037 615-904-7303	Love's Travel Stop #314 I-24 Exit 89 (W)	24HRS ■ ■	L ■	□ ■ ■ □	■ ■ □ □	■ ■	⏻	F C T F	□ ■ CAT	□ □ □ □	□	□ □ □		■ ■ ■	V W B B F B B B	■	■ ■ ■
C 4	Clarksville, 37043 931-358-9447	Sudden Service (Shell) I-24 Exit 11 (TN 76)	24HRS ■ ■	S ■	□ □ □	■ □ □ □		□		□ ■					■ ■ ■	V W B B B		■ ■ ■
E 6	Cleveland, 37311 423-472-3128	Orbit Chevron I-75 Exit 25 (TN 60 E)	■ ■ ■		□ □ □	■ □ □ □		□		□ ■			□ □ □		■	V W		■ ■ ■
C 7	Clinton, 37716 865-457-2923	Kwik Fuel Center # 122 (66) I-75 Exit 122 (TN 61 W)	24HRS ■ ■	M ■ ■	□ ■ □	■ ■ □	■ ■	■	F C	□ ■ ■	□ □ □ □ □	□	□ □ □		■ □ ■ ■ ■	V W B B F B B B B	■	■ ■ ■
D 4	Columbia, 38401 931-381-2236	Stan's Restaurant & Country Store (Texaco) I-65 Exit 46 (US 412 W)	■ ■ ■	S ■	■ □ □	■				■					■ □ ■	V W F		■ ■ ■

THE TRUCKER'S FRIEND® - TENNESSEE

How to interpret the page

■ means available at truck stop □ means available nearby

in the overnight lot column:
- S means room for 5 - 24 trucks
- M means room for 25-74 trucks
- L means room for 85-149 trucks
- XL means room for 150+ trucks
- $ means a parking fee may be charged

code at left-hand side of rows is the state map grid reference
a key to advertising logos is on page 25

Services may change without notice. When in doubt, call ahead.

Column groups: Driver Services (Motor Fuel: Truck Diesel, Self Service Diesel, Metered Propane, Gasoline; Parking: Overnight Lot ($), Paved Lot, Trailer Drop, Electric Plug-ins, Safe Haven/Hazmat; Food: Restaurant, Fast Food, Table Phones; Stores: Motel, Convenience, Trucker/Travel, Shopping Center, Walmart/Kmart, Grocery; Showers: Ladies, Men's, TV/Drivers Lounge, Laundry; Communications: Load Monitor, Internet Kiosk, Wi-Fi Hotspots, Document Scanning, Public Fax/Copier, UPS/FedEx/Trippak Box, Religious Services, State Lottery) — Vehicle Services (Scales; Tires: Platform, Axle, Certified, Repairs, New Tire Sales; Repairs: Shop Open 24 Hrs, DOT Inspection, Major Repairs, Minor Repairs, Oil Change/Lube, Minor Welding, AC/Reefer; Road Svcs: Tire, Mechanical, Towing; Wash: Truck (Exterior), Trailer Washout) — RV Info (RVs Welcome, Dumping Station, Propane (Bottle)) — Financial Services (ATM, Can Wire Money Out, Money Orders, Natso Check-Link, Western Union, Voyager/Wright Express, Comdata/Comchek; C=Checks, F=Fuel Cards, B=Both) — Permit Svcs (EFS, Fuel Man, Multi Service) — Credit Cards (TCH, T-Chek, Fleet One, Buy/Pay at Fuel Desk, All Prepaid Permit Svcs, American Express, Visa/MasterCard, Discover)

Grid	City / Phone	Truck Stop / Location	Services (left to right)
D 4	Columbia, 38401 931-388-3820	RP Williams Company I-65 Exit 46 (US 412 W)	■■ □ □ □ □ □ □□ ■■■■■ A R □□□ ■■ V B C C ■■■
C 5	Cookeville, 38501 931-528-7782	Minit Mart #138 (Marathon) I-40 Exit 287	24 HRS ■ ■ S ■■ □■■□ ■■ □□□ F C □■ □□□ □□ □□□□ □ □□□ ■ ■ ■ ■ V W B F F ■■■■
C 5	Cookeville, 38501 931-528-7100	Pilot Travel Center #265 I-40 Exit 287 (S Jefferson)	24 HRS ■ ■ □■■□ ■■ □□□ ■ □ DAT ■ ⏻ ■ U F T C CAT □□□□ □ ■ ■■■■ ■■ V W B B F B B B ■■■■
C 5	Cookeville, 38501 931-526-3314	Middle Tennessee A/T Plaza (66) I-40 Exit 288 (TN 111 S)	24 HRS ■ ■ XL ■■ □■■□ ■■ □□□ ■■■□ ■ U F T C □ ■■■ B T F ■ □■■■□ ■■■■■■ ■ V W B B B B B B ■■■■
E 4	Cornersville, 37047 931-293-4171	The Tennessean Truckstop (BP/Amoco) I-65 Exit 22 (US 31 Alt NE)	24 HRS ■ ■ L ■■ 24 HRS □■□ ■■ ■■■ DAT ■■ F C T CAT B T F ■■■■■■ A R ■■□ ■ ■ ■ V W B B F B B B B ■■■■
E 4	Cornersville, 37047 931-363-3290	Pilot Travel Center #406 I-65 Exit 22 (US 31 Alt SW)	24 HRS ■ ■ S ■■ □□ □ ■■ ■■ DAT ⏻ ■ F C ■ CAT □□ □□□□□ □□□ ■ ■■■■■ V W B B F B B B ■■■■
D 1	Covington, 38019 901-476-4687	Mapco Express #3041 833 US 51 N	24 HRS ■ ■ □□ □■ □□□ □ F C □■ ■ ■ W F B ■■■■
D 1	Covington, 38019 901-476-4445	Hajjeh Travel Center 880 US 51 N	24 HRS ■ ■ □■ □■ □□□ □ F C □ □□ □□ □ □□□ □■■■■ ■■ V W B B F B B B B ■■■■
D 6	Crab Orchard, 37723 931-484-0384	Crab Orchard BP I-40 Exit 329 (US 70)	■■ ■ S ■■ ■ F C □■ ■ V W ■■■■
C 4	Cross Plains, 37049 615-654-2599	Mapco Express #1028 I-65 Exit 112 (TN 25 W)	24 HRS ■ ■ M ■■ ■■ ■■ ■■ F C □ □ □ ■ ■■■■ ■ V W B B F B B B B ■■■■
C 6	Crossville, 38555 931-484-7498	Plateau Travel Plaza (BP) I-40 Exit 320 (TN 298)	24 HRS ■ ■ M ■ □■ ■■ □□□ □ F U C F □■■■■ □□ □□□ □□ □□□ ■ ■ V W B B B B B ■■■■
E 3	Crump, 38327 731-632-3464	64 Truck Stop US 64 & Riverside Lane	24 HRS ■ ■ S □■ □■ □ F C □ □□ □ □ ■■ B B F B B B ■■■■
C 8	Dandridge, 37725 865-397-9430	TR Auto/Truck Plaza (Chevron) I-40 Exit 412 (Deep Springs Rd)	24 HRS ■ ■ L ■■ ■ 24 HRS ■ ■■ ■■■■ ■ F C T □ ■■■ B T F ■ ■■ ■■■□ ■■ ■ ■■ V W B B F B B B B ■■■■
C 8	Dandridge, 37725 865-397-5040	Love's Travel Stop #306 I-40 Exit 412 (Deep Springs Rd)	24 HRS ■ ■ XL ■■ ■■ ■■ ■■ DAT ⏻ ■ F C T □■ CAT □□ □□□□ □□□□ ■■ ■ ■ V W B B F B B B ■■■■
C 8	Dandridge, 37725 865-397-3547	Pilot Travel Center #226 I-40 Exit 417 (TN 92 N)	24 HRS ■ ■ M ■ □■ □■ ■■ DAT ⏻ ■ F C T F □■ CAT B T F ■■ ■■■ A ■■□■ ■ ■■ ■■ V W B B F B B B ■■■■
D 2	Denmark, 38391 731-424-5591	TravelCenters of America/Wilhites I-40 Exit 68 (TN 138 S)	TA 24 HRS ■ ■ XL ■■ 24 HRS ■■□ ■■ ■■■■ DAT ■ ■ U F T C ■ CAT B T F ■■□■■ ■ ■□ ■■ ■■ V W B B B B B B B ■■■■
D 4	Dickson, 37055 615-446-4600	Pilot Travel Center #409 I-40 Exit 172 (TN 46 N)	24 HRS ■ ■ M ■■ □■ □■ □□□ ■■ DAT ⏻ ■ F C U F T □■ CAT □□□ ■□■ ■■■ ■■ V W B B F B B B ■■■■
C 2	Dyer, 38330 731-692-2860	Tiger Express (Exxon) 547 US 45 E	■■ ■ □ ■ □ □ □□ □ □□□ ■■ W F F F ■■■
C 2	Dyersburg, 38024 731-287-9070	TG's Northside Truck Stop (Amoco) US 51 (1 mi S of US 412)	24 HRS ■ ■ L ■■ 24 HRS □■□ ■■ □□□ ■■■□ DAT F C U □■ ■■■■■■ ■■■■ R □ ■■■ ■ ■■ ■ V W B B B B B B ■■■■
E 4	Elkton, 38449 931-468-2104	Shady Lawn Truck Stop (66) I-65 Exit 6 (Bryson Rd E)	24 HRS ■ ■ M ■■ 24 HRS ■□ ■■ ■■■ DAT F C ■■ ■■■ ■ ■ ■■■ ■ ■■ V W B B F B B B B ■■■■
C 8	Erwin, 37650 423-743-2466	Big Break Exxon #116 US 19	24 HRS ■ ■ □□ □■ □ □ □ □ ■■ V W F B ■■■
E 7	Etowah, 37331 423-263-5511	Valley Mart (Conoco) 229 US 411 N	24 HRS ■ ■ □□ □■ □ □ □■ ■ V W F ■■■
C 4	Fairview, 37062 615-799-4116	Flying J Travel Plaza #05051 (Conoco) I-40 Exit 182 (TN 96 SE)	Flying J 24 HRS ■■■ XL ■■ 24 HRS ■■□ ■■ ■■■■ Flying J ■ Flying J Flying J U F T C □ Flying J □□ □□□□□□□□ □□□□ □□ ■■■■ ■ V W B B B B B ■■■■
D 4	Franklin, 37064 615-794-8406	TravelCenters of America/Nashville S I-65 Exit 61 (Peytonsville Rd E)	TA 24 HRS ■ ■ L ■■ 24 HRS ■■□ ■■ ■■■■ DAT ■ TA ■ U F T C □■ CAT B T F ■■■■■■ A R ■■■ ■□ ■ ■■ V W B B B B B B ■■■■
D 4	Franklin, 37064 615-790-7221	Kwik-Sak #610 I-65 Exit 61 (Peytonsville Rd E)	■■ ■ M ■■ ■ F C □□□□ □□ □□ □□□ ■ ■ V W B B B B B ■■■■
C 4	Goodlettsville, 37072 615-851-1877	Daily's (Shell) I-65 Exit 97	24 HRS ■ ■ □□ □■ □ F C □□■ ■ V W B B F B B B ■■■■
D 1	Halls, 38040 731-836-7376	51 Travel Center (Exxon) 10473 US 51 N	■■ ■ L ■ ■■ ■■ ■■■ ■ F C U F □ CAT □□ □□ □□ ■ ■ ■ V W B B F B B B B ■■■■
D 8	Hartford, 37753 423-487-0192	Downtown Hartford Citgo I-40 Exit 447	■■ ■ S ■ ■ ■ F C □ □□□ ■ ■ V W B B F B B B ■■■■

THE TRUCKER'S FRIEND® - TENNESSEE

How to interpret the page

■ means available at truck stop □ means available nearby

In the overnight lot column:
- S means room for 5 - 24 trucks
- M means room for 25-74 trucks
- L means room for 85-149 trucks
- XL means room for 150+ trucks
- $ means a parking fee may be charged

code at left-hand side of rows is the state map grid reference

a key to advertising logos is on page 25

Services may change without notice. When in doubt, call ahead.

Driver Services — Vehicle Services — RV Info — Financial Services — Permit Svcs — Credit Cards

C=Checks F=Fuel Cards B=Both

Grid	City, Zip / Phone	Truck Stop / Location	Motor Fuel (Truck Diesel / Self Service Diesel / Metered Propane / Gasoline)	Parking (Overnight Lot ($) / Paved Lot / Trailer Drop)	Parking (Electric Plug-ins / Safe Haven/Hazmat)	Food (Restaurant / Fast Food / Table Phones) / Motel	Stores (Convenience / Trucker/Travel)	Stores (Shopping Center / Walmart/Kmart / Grocery)	Showers (Ladies / Men's)	TV/Drivers Lounge / Laundry	Communication (Load Monitor / Internet Kiosk / Wi-Fi Hotspots)	Document Scanning / Public Fax/Copier / UPS/FedEx/Trippak Box	Religious Services / State Lottery	Scales (Axle / Platform / Certified)	Tires (Repairs / New Tire Sales)	Shop Open 24 Hrs / DOT Inspection	Repairs (Major / Minor / Oil Change/Lube)	Road Svcs (Minor Welding / AC/Reefer / CB)	Tire / Mechanical / Towing	Wash (Truck (Exterior) / Trailer Washout)	RV Info (RVs Welcome / Dumping Station / Propane (Bottle))	ATM / Can Wire Money Out / Money Orders	Natso Check-Link / Western Union / Wright Express / Voyager	Comdata (Comchek) / EFS	Fuel Man / Multi Service / TCH	T-Chek / Fleet One	Buy/Pay at Fuel Desk / All Prepaid Permit Svcs	American Express / Visa/Mastercard / Discover
C 7	Heiskell, 37754 865-938-1439	Pilot Travel Center #403 I-75 Exit 117 (Raccoon Valley Rd E)	24 HRS ■ ■	S ■ ■		□	■ ■		■ ■	□	⏻	■ F/C U/F	□ ■	CAT	□ □		□ □ □	□	□ □ □		■ □ ■	■ ■ ■	■ ■ V/W	B B	F B	B B	■	■ ■ ■
D 2	Henderson, 38340 731-989-5449	Henderson Food & Fuel (BP/Amoco) 3825 US 45 N	■ ■ ■	S		□ ■ □	■	□	■	□		F/C F	□ ■		□ □		□ ■ ■	■	□ □ □		■	■	V/W	B B	F B B	B B	■	■ ■ ■
D 2	Henderson, 38340 731-989-3205	Corner Express (Exxon) US 45 & Hwy 100	24 HRS ■ ■	S ■ ■		□ ■ □	■	□ □	■	■		F □	□ ■		□ □		□ □ □	□	□ □ □		■ ■	■	V/W	B B	F		■	■ ■ ■
D 3	Holladay, 38341 731-584-5163	North Forty Truckstop (66) I-40 Exit 126 (US 641 N)	24 HRS ■ ■	XL ■ ■		24 HRS ■ ■ □	■ ■		■ ■	■ ■		F/C U/F	□	■ ■ ■	□ □		□ □ □	□ □	□ □ □		■ ■	■	V/W	B B		B	■	■ ■ ■
D 3	Holladay, 38341 731-847-2272	Holladay Shell I-40 Exit 126 (US 641 N)	■ ■ ■	M ■		□ □ □	■			□		F/C □	□ ■	□ □ □	□ □	□	□ □ □	□ □	□ □ □	□ □	■	■	V/W	B B		B B	■	■ ■ ■
D 3	Holladay, 38341 731-584-3447	Sugar Tree Truck Stop I-40 Exit 126 (US 641)	24 HRS ■ ■	XL ■ ■		24 HRS □ ■ □	■ ■	□	■ ■	■ □	DAT	F/C □	□ ■	□ □ □	■ ■	■	■ ■ ■	■ □ □	■ ■ □	□	■	■ ■ ■	■ V/W	B B	F B B	B B	■	■ ■ ■
D 2	Humboldt, 38343 731-784-6217	Little General #27 (BP) 3130 East End Dr	■ ■ ■			□ ■ □	■	□ □ □		□			□								■	■		B				■ ■ ■
D 3	Hurricane Mills, 37078 931-296-7180	Pilot Travel Center #053 I-40 Exit 143 (TN 13 NW)	24 HRS ■ ■	XL ■ ■		□ ■ ■ □	■ ■		■ ■	■	DAT ⏻	■ F/C U/F/T	□	CAT	□ □		□ □	□	□ □ □		■ □ ■	■ ■ ■	■ ■ V/W	B B	F B	B B	■	■ ■ ■
D 2	Jackson, 38305 731-664-9154	Ash's Citgo I-40 Exit 79 (US 412 S)	■ ■ ■	S ■		□ ■ □	■	□ □ □		□		F/C □	□ ■		□ □		□		□ □ □		□ ■	■	V/W	B	F	B	■	■ ■ ■
D 2	Jackson, 38305 731-424-0013	Express Food Mart & Deli (Exxon) I-40 Exit 85 (29 Kenworth Blvd)	24 HRS ■ ■			□ ■ □	■	□ □							□ □		□ □ □	□	□ □		■	■	V/W					■ ■ ■
D 2	Jackson, 38305 731-424-5002	Texaco Food Mart #3 I-40 Exit 87 (US 70 SW)	24 HRS ■ ■	S ■		□ □	■					F	□	□ □ □	□ □		□ □	□	□ □		■	■	V/W	B B	F B	B B	■	■ ■ ■
D 2	Jackson, 38305 731-422-0901	Love's Travel Stop #244 I-40 Exit 87 (US 70 SW)	24 HRS ■ ■	XL ■ ■		□ ■ ■	■ ■		■ ■	■	DAT ⏻	■ F/C U/F/T	■	CAT	□ □		□	□	□ □ □		■ ■ ■	■	■ V/W	B B	F B	B B	■	■ ■ ■
D 2	Jackson, 38305 731-427-5609	Texaco Food Mart #8 I-40 Exit 93 (Law Rd)	24 HRS ■ ■	S ■		■ ■	■ ■								□ □		□		□ □ □		■	■	V/W	B B	F B B	B B		■ ■ ■
D 2	Jackson, 38301 731-422-3405	Bob Parker Service Center US 45 S	24 HRS ■ ■	M ■ ■		24 HRS □ □		□ □ □		□		F/C □	□		■ ■		□ □ □	□ □ □	■ □ ■					B B		B	■	■ ■ ■
E 5	Jasper, 37347 423-942-5484	Interstate Exxon I-24 Exit 155 (TN 28)	■ ■ ■			□ □	■														■	■	V/W					■ ■ ■
C 4	Joelton, 37080 615-746-5661	Scot's Market (Citgo) I-24 Exit 31	24 HRS ■ ■	S ■ ■		□ ■	■						□ ■								■ ■	■						■ ■ ■
C 4	Joelton, 37080 615-876-4960	Chip's Quik Stop (BP) I-24 Exit 35 (US 431 S)	24 HRS ■ ■			□ ■ □	■	□		□			□		□			□			□ ■	■	V/W					■ ■ ■
C 9	Johnson City, 37686 423-282-6105	Bristol Hwy Citgo 4519 US 11E N	■ ■ ■				■					F/C	□ ■	□ □ □	□ □		□	□ □	□ □		□		V/W	B	F	B	■	■ ■ ■
C 9	Johnson City, 37601 423-928-5582	Circle A #1 910 US 11-34 W	■ ■ ■			□ □ □	■	□ □ □		□		□	□ ■		□ □		□		□ □ □		□		V/W					■ ■ ■
C 2	Kenton, 38233 731-479-5810	Kenton Food Plaza (66) 301 N US 45W	■ ■ ■	S		□ ■ □	■	□					□ ■								■ ■		W	B B	F B	B		■ ■ ■
D 7	Kingston, 37763 865-376-4629	Pilot Travel Center #132 I-40 Exit 355	24 HRS ■ ■			□ ■ □	■					F/C	□ ■								□ ■	■ ■ ■	■ V/W	B B	F B	B B	■	■ ■ ■
C 4	Kingston Springs, 37082 615-952-3208	PETRO Petro:2 #49 (Mobil) I-40 Exit 188 (CR 249 S)	24 HRS ■ ■	L ■ ■		24 HRS ■ ■ □	■ ■	□	■ ■	■	DAT ■ ⏻	■ F/C U/F/T	□	CAT	B/F	■ ■	■ ■	■ A	■ ■ □		■	■	V/W	B B	B	B	■ ■	■ ■ ■
C 4	Knoxville, 37914 865-546-6776	Pilot Travel Center #241 2801 TN 168 E & National Dr	24 HRS ■ ■			□ □	■					F/C	□ ■	CAT						□	■	■ ■ ■	■ V/W	B B	F B	B B	■	■ ■ ■
C 7	Knoxville, 37921 865-584-0998	Pilot Travel Center #106 5216 Middlebrook Pike	24 HRS ■ ■			□	■	□		□		F/C □	□ ■						□ □		■	■ ■ ■	■ V/W	B B	F B	B B	■	■ ■ ■
C 4	Knoxville, 37924 865-546-0808	Kwik Fuel 7608 US 11 W (5 mi E of I-40 Exit 392)	24 HRS ■ ■			□ ■ □	■	□ □ □			⏻	F	□ ■								■	■	V/W		F	B	■	■ ■ ■
C 7	Knoxville, 37917 865-637-5579	Favorite Market # 409 (Shell) I-40 Exit 390 (Cherry St)	24 HRS ■ ■			□ □	■	□		□		□	□ ■	□ □ □	□ □		□	□ □	□ □ □		■	■ ■	V/W	B				■ ■ ■
C 7	Knoxville (East), 37914 865-933-6311	Aztex Amoco I-40 Exit 398 (N Strawberry Plains Pike)	24 HRS ■ ■			□ □ □	■	□				□	□ ■	□ □ □	□ □				□ □ □		■	■	W		F	F		■ ■ ■
C 7	Knoxville (East), 37924 865-933-6604	Kwik Fuel Center (Exxon) I-40 Exit 398 (N Strawberry Plains Pike)	24 HRS ■ ■	M ■ ■		□ ■ ■ □	■ ■	□ □	■ ■	□		F/C	□ ■	□ □ □	□ □		□ □ □	□	□ □ □		■ ■	■ ■	V/W	B B	F B	B B	■	■ ■ ■

THE TRUCKER'S FRIEND® - TENNESSEE

How to interpret the page

■means available at truck stop □means available nearby

in the overnight lot column:
S means room for 5 - 24 trucks
M means room for 25-74 trucks
L means room for 85-149 trucks
XL means room for 150+ trucks
$ means a parking fee may be charged

code at left-hand side of rows is the state map grid reference
a key to advertising logos is on page 25

Services may change without notice. When in doubt, call ahead.

Column groups: Motor Fuel (Truck Diesel, Self Service Diesel, Metered Propane, Gasoline); Driver Services — Parking (Overnight Lot (S), Paved Lot, Trailer Drop, Electric Plug-Ins, Safe Haven/Hazmat), Food (Restaurant, Fast Food, Table Phones), Stores (Convenience, Motel, Trucker/Travel, Shopping Center, Walmart/Kmart, Grocery), Showers (Ladies, Men's), Communications (TV/Drivers Lounge, Laundry, Load Monitor, Internet Kiosk, WiFi Hotspots, Document Scanning, Public Fax/Copier, UPS/FedEx/Trippak Box, Religious Services, State Lottery); Vehicle Services — Scales, Tires (Platform, Axle, Certified, Repairs, New Tire Sales), Repairs (Shop Open 24 Hrs, DOT Inspection, Major Repairs, Minor Repairs, Oil Change/Lube, Minor Welding, AC/Reefer), Road Svcs (Mechanical, Tire, CB), Wash (Towing, Truck (Exterior), Trailer Washout); RV Info (RVs Welcome, Dumping Station, Propane (Bottle)); Financial Services (ATM, Can Wire Money Out, Money Orders, Natso Check-Link, Western Union, Voyager/Wright Express, Comdata/Comchek) C=Checks F=Fuel Cards B=Both (EFS, Fuel Man, Multi Service, TCH, T-Chek, Fleet One); Permit Svcs (Buy/Pay at Fuel Desk, All Prepaid Permit Svcs); Credit Cards (American Express, Visa/Mastercard, Discover)

Grid	City / Phone	Truck Stop / Location	Fuel	Parking / Food	Stores / Showers / Communications	Scales / Tires / Repairs / Road Svcs / Wash / RV	Financial / Permit	Credit Cards
C 7	Knoxville (East), 37914 865-523-0348	Pilot Travel Center #219 I-40 Exit 398 (S Strawberry Plains Pike)		24 HRS ■ ■ L ■	□ ■ ■ □ ■ ■ □ □ ■ ■ □	F C T F □ ■ CAT	■ ■ ■ ■ ■ ■ ■ V W B B F B	B B ■ ■ ■ ■
C 7	Knoxville (East), 37924 865-637-6878	Pilot Travel Center #054 I-40 Exit 398 (S Strawberry Plains Pike)		24 HRS ■ ■ M ■ ■	□ □ □ ■ ■ ■ ■ □	F C U □ ■ CAT □ □ □ □ □ □ □ □ □	■ ■ ■ ■ ■ ■ ■ V W B B F B	B B ■ ■ ■ ■
D 7	Knoxville (West), 37932 865-531-7400	Flying J Travel Plaza #05034 (Conoco) I-40-75 Exit 369 (N Watt Rd)	Flying J	24 HRS ■ ■ ■ XL ■ ■	24 HRS ■ ■ □ ■ ■ □ □ ■ ■ ■ ■	U F T □ □ □ □ □ □ □ □ □ □ □ □ □	■ ■ ■ ■ ■ V W B B B B	■ ■ ■ ■
D 7	Knoxville (West), 37922 865-531-7676	TravelCenters of America/Knoxville W I-40-75 Exit 369 (S Watt Rd)	TA	24 HRS ■ ■ XL ■ ■	24 HRS ■ ■ ■ ■ □ □ ■ ■ ■ ■	F C U F T ■ ■ CAT 24 ■ ■ ■ ■ ■ ■ ■ A ■ ■ ■ □ □ □	■ □ ■ B B B	B B ■ ■ ■ ■
D 7	Knoxville (West), 37922 865-693-6542	Petro Stopping Center #12 (Mobil) I-40-75 Exit 369 (S Watt Rd)	PETRO	24 HRS ■ ■ XL ■ ■	24 HRS □ ■ ■ ■ ■ ■ ■	F C U F T ■ CAT ■ ■ ■ ■ ■ ■ ■ ■ A ■ □ □ ■ ■	■ ■ V W B B B	B B ■ ■ ■ ■
D 7	Knoxville (West), 37932 865-966-6781	TravelCenters of America/Knoxville E I-40-75 Exit 374 (N Lovell Rd)	TA	24 HRS ■ XL ■ ■	24 HRS ■ ■ ■ ■ ■ □ □ □ ■ ■ ■ ■	F C U F T ■ CAT 24 ■ ■ ■ ■ ■ ■ ■ A ■ ■ □	■ ■ ■ ■ ■ B B F B	B B ■ ■ ■ ■
D 7	Knoxville (West), 37922 865-966-0445	Pilot Travel Center #270 I-40-75 Exit 374 (S Lovell Rd)		24 HRS ■ ■ M ■ ■	□ ■ ■ □ ■ ■ □ □ □ □ ■ ■ □	F C T F □ ■ CAT □ □ □ □ □ □ □ □ □ □ □	■ ■ ■ ■ ■ ■ V W B B F B	B B ■ ■ ■ ■
E 1	Lakeland, 38002 901-386-2726	Lakeland 76 I-40 Exit 20 (Canada Rd N)		24 HRS ■ ■ S ■	□ ■ □ ■ □ □ □ □	F C □ □ □ □ □ □ □ □ □ □ □ □	■ □ ■ ■ V W B B F B	B ■ ■ ■ ■
D 4	Lavergne, 37086 615-793-9856	Pilot Travel Center #052 I-24 Exit 64 (Waldron Rd)		24 HRS ■ ■ S ■	□ ■ ■ □ ■ ■ □ □ ■	F C U F T CAT □ □ □ □ □	■ □ ■ ■ ■ ■ V W B B F B	B B ■ ■ ■ ■
E 4	Lawrenceburg, 38464 931-829-2199	Handy Andy Market & Deli (66) US 43 N (edge of town)		24 HRS ■ ■ M ■ ■	□ ■ □ ■ ■ □ □ □ □	F □ ■ □ □ □ □ □ □ □ □	B C B	B B ■
C 5	Lebanon, 37087 615-443-3416	Scot Market #87 (Citgo) I-40 Exit 238		24 HRS ■ ■ S ■	□ ■ ■ □ ■ ■ □ □ □ □	F C □ ■ □ □ □ □ □ □ □ □ □ □ □ □	□ ■ V W B B	B ■ ■ ■ ■
C 5	Lebanon, 37087 615-453-8866	Pilot Travel Center #411 I-40 Exit 238 (US 231 S)		24 HRS ■ ■ XL ■ ■	■ ■ □ ■ ■ □ □ □ ■ ■ ■ ■	F C U F T □ CAT □ □ □ □ □ □ □ □ □	■ ■ ■ ■ ■ ■ ■ V W B B F B	B B ■ ■ ■ ■
C 5	Lebanon, 37087 615-449-0030	Uncle Pete's Truck Stop (66) I-40 Exit 239 A (US 70 - Sparta Pike)		24 HRS ■ ■ L ■ ■	24 HRS ■ ■ □ ■ ■ □ □ □ ■ ■ ■ ■	F C U F T □ ■ ■ ■ ■ ■ ■ □ ■ ■ ■ ■ A R □ ■ ■ □ ■ ■	□ ■ ■ V W B B	B B B ■ ■ ■ ■
D 3	Lexington, 38351 731-968-6162	Major Market #279 (BP) TN 22 S & TN 22 A		■ ■ ■ S ■	□ ■ □ ■ □ □ □ □	□ ■ □ □ □ □	■ ■ W B B F	■ ■ ■
D 2	Longtown, 38049 901-594-5103	Longtown Travel Center (BP) I-40 Exit 35 (TN 59 S)		24 HRS ■ ■ L ■ ■	■ ■ ■ ■ ■	F C F □ CAT □ □ □ □ □ ■ □ □ □	■ ■ ■ V W B B F B B	B B ■ ■ ■ ■
D 7	Madisonville, 37354 423-442-1145	Checkered Flag Market & Deli 3416 US 411		■ ■ ■	□ ■ □ □	■	■ ■ ■ W B	B ■ ■ ■
D 7	Madisonville, 37354 423-442-4064	Jiffy 7 to 11 #25 3987 US 411		■ ■ ■ S ■ ■	□ ■ □ ■ □ □ □ □	□ ■ □ □	■ ■ B F	B ■ ■ ■
D 7	Madisonville, 37354 423-420-0008	Sloan Center (BP) 4500 US 411 (1/4 Mi N of TN 68)		24 HRS ■ ■	□ ■ □ ■ ■ □ □ □ ■ □	F C □ □ ■ □ □	■ ■ ■ ■ ■ W B C F	B ■ ■ ■
D 5	Manchester, 37355 931-728-1750	Busy Corner Truck Stop (BP) I-24 Exit 105		24 HRS ■ ■ S ■ ■	■ ■ ■ ■ ■	F C ■ □ □ □ □ □ □ □ □ □	■ □ ■ V W B B	B B ■ ■ ■ ■
D 5	Manchester, 37355 931-728-0240	Hullett Shell I-24 Exit 110 (Hwy 53 S)		24 HRS ■ ■	□ ■ □ ■ □	□ □ □ □ □ □ □ □ □ □	■ W	■ ■ ■
D 5	Manchester, 37355 931-728-6710	I-24 Truck Plaza (BP) I-24 Exit 114 (US 41 S)		24 HRS ■ ■ M ■ ■	□ ■ □ ■ ■ □ □ □ □ ■ ■ □	F C F □ CAT 24 ■ ■ ■ ■ ■ ■ ■ ■	■ □ ■ V W B B	B B B ■ ■ ■ ■
D 1	Mason, 38049 901-476-4341	Midway Market TN 59 & TN 14 (6 mi N of town)		■ ■	■	■	■ V W B B F	B B B ■ ■ ■
C 2	McKenzie, 38201 731-352-5641	Service Center Wrecker Service (BP) 25675 TN 22 (2 mi N of US 79)		■ ■ ■ ■	□ ■	F C □ □ □ ■ ■ ■ □ ■	■ C C	C ■ ■ ■
D 5	McMinnville, 37110 931-668-8361	4 Lane Market (BP) 3932 US 70 S (1 mi W of TN 30)		■ ■ ■ M ■	□ ■ ■ ■ □ □ □ □	F C □ ■ □ □ □ □ □ □	■ V W B C	C C F ■ ■ ■
E 1	Memphis, 38126 901-947-4320	Mapco Express #3164 459 US 78		24 HRS ■ ■	□ □ □ ■ □ □ □	□ ■ □ □ □ □ □ □ □	■ ■ ■ V W F	F ■ ■ ■
E 1	Memphis, 38122 901-761-4799	Mapco Express #3144 I-40-240 Exit 12 A (5325 US 64-70-79 E)		24 HRS ■ ■	□ □ □ ■ □		■ ■ ■ W B B F	B F ■ ■ ■
E 1	Memphis, 38116 901-398-9818	Mapco Express #3159 I-55 Exit 5 A (US 51)		24 HRS ■ ■	□ ■ □ ■ ■ □ □ □	F C □ ■ □ □ □ □ □ □	■ ■ ■ W B B F B	B B ■ ■ ■ ■
E 1	Memphis, 38109 901-346-0096	Roadrunner Petro I-55 Exit 7 (US 61 - 3/4 mi S)		■ ■ ■ S$ ■ ■	□ □ ■ □ □	F C □ ■ ■ □	□ ■ ■ W B B	B B B ■ ■ ■

THE TRUCKER'S FRIEND® - TENNESSEE

How to interpret the page

■ means available at truck stop   □ means available nearby

In the overnight lot column:
- S means room for 5 - 24 trucks
- M means room for 25-74 trucks
- L means room for 85-149 trucks
- XL means room for 150+ trucks
- $ means a parking fee may be charged

code at left-hand side of rows is the state map grid reference

a key to advertising logos is on page 25

Services may change without notice. When in doubt, call ahead.

C=Checks
F=Fuel Cards
B=Both

Column headings (by section):
- Motor Fuel: Truck Diesel, Self Service Diesel, Metered Propane, Gasoline
- Driver Services – Parking: Overnight Lot ($), Paved Lot, Trailer Drop, Electric Plug-Ins, Safe Haven/Hazmat; Food: Restaurant, Fast Food, Table Phones; Stores: Motel, Convenience, Trucker/Travel, Shopping Center, Walmart/Kmart, Grocery; Showers: Ladies, Men's, TV/Drivers Lounge, Laundry; Communication: Load Monitor, Internet Kiosk, Wi-Fi Hotspots, Document Scanning, Public Fax/Copier, UPS/FedEx/Trippak Box, Religious Services, State Lottery
- Vehicle Services – Scales: Axle, Platform, Certified; Tires: Repairs, New Tire Sales, Shop Open 24 Hrs; Repairs: DOT Inspection, Major Repairs, Minor Repairs, Oil Change/Lube, Minor Welding; Road Svcs: AC/Reefer, CB, Tire, Mechanical, Towing; Wash: Truck (Exterior), Trailer Washout
- RV Info: RVs Welcome, Dumping Station, Propane (Bottle)
- Financial Services: Can Wire Money Out, ATM, Money Orders, Natso Check Link, Western Union, Comdata (Comchek), Voyager/Wright Express
- Permit Svcs / Credit Cards: EFS, Fuel Man, Multi Service, TCH, T-Chek, Fleet One, Buy/Pay at Fuel Desk, All Prepaid Permit Svcs, American Express, Visa/Mastercard, Discover

Code	Location / Phone	Truck Stop / Address	Motor Fuel & Parking	Food	Stores	Showers	Lounge & Communication	Scales	Tires	Repairs	Road Svcs	Wash	RV Info	Financial Services	Permit Svcs / Fuel Cards	Credit Cards
E 1	Memphis, 38109 / 901-948-2284	Mapco Express #3138 / I-55 Exit 7 (US 61 N to 298 E Mallory)	24HRS ■ ■		□ □ □	■	□ □ □	F C	□ ■	□ □	□ □ □	□	□ □ □	■ ■	V W B B F B B B	■ ■ ■ ■
E 2	Middleton, 38052 / 731-376-1493	Bull Market #21 (BP) / 101 TN 57 & TN 125	24HRS ■ ■		□ ■ ■		□ □		□	□ □	□ □ □	□	□ □ □	■ ■	V W F	■ ■ ■ ■
E 3	Milledgeville, 38359 / 731-687-3391	White Oak Shell / 9647 TN 22 & TN 69	■ ■ ■	S ■	■	■			□ ■					■	V W B B F B B B B	■ ■ ■
E 5	Monteagle, 37356 / 931-924-2442	Monteagle Truck Plaza (66) / I-24 Exit 135 (US 41-64 N)	24HRS ■ ■	XL ■ ■ ■ ■	24HRS □ ■ □	■ ■	□ ■ ■	F C U F T	□ ■ CAT	■ ■ ■ ■	■ ■	A □	■ □ □	■ ■ □ ■ ■ ■	V W B B F B B B B	■ ■ ■ ■
C 6	Monterey, 38574 / 931-839-3880	The Convenience Mart (Citgo) / I-40 Exit 300 (US 70)	24HRS ■ ■		□ ■	■	□ □		□ □ ■				□ □ □		W B	■ ■ ■
D 5	Morrison, 37357 / 931-815-9332	Serv-N-Go Mart #2 (BP) / 8935 TN 55 E	■ ■ ■	M ■ ■	■	■	□ ■ □		□ ■	□ □	□ □ □		□ □ □	■ ■	V W B B F B B	■ ■ ■
D 4	Mount Pleasant, 38474 / 931-379-5200	By-Pass Phillip 66 / US 43	■ ■ ■		■	■									W B B	■ ■ ■
C 9	Mountain City, 37683 / 423-727-4444	Silver Lake Market & Deli (Marathon) / 4423 TN 91 N	■ ■ ■	S	□ ■ □	■	□ □ □		□				□ □ □	□	V W F	■ ■ ■
D 5	Murfreesboro, 37130 / 615-890-1941	Uncle Sandy's A/T Plaza (BP) / I-24 Exit 81 (US 231 S)	24HRS ■ ■	S ■ ■	□ □ □	■ ■	□ □	F C	□ ■	□ □	□		□ □ □ □ □	■ ■ ■	V W B B B	■ ■ ■ ■
D 5	Murfreesboro, 37130 / 615-893-1932	WT's Fuel Stop (66) / I-24 Exit 81 A (US 231 S)	24HRS ■ ■	M ■ ■	□ ■ ■ □	■ ■	□ □ □ ■ ■ ■	F C U F T	□ ■ ■ ■ ■	□ □	□ □ □ □		□ □ □ ■ ■	■ ■ ■	W B B F B B B B	■ ■ ■ ■
C 4	Nashville, 37213 / 615-244-3682	TravelCenters of America (TA) / I-24 Exit 48 (James Robertson Pkwy W)	24HRS ■ ■	XL ■ ■	24HRS ■ □ ■	■	□ ■ ■ ■ DAT TA	F C T F	■ CAT	TF ■ ■ ■ ■	■ ■ □	■	■ ■ □ □ □	■ ■ ■ ■	W B B F B B B	■ ■ ■ ■ ■
C 4	Nashville, 37210 / 615-242-2566	Daily's #604 (Shell) / I-24-40 Exit 212 EB (Fesslers Lane S)	24HRS ■ ■	S ■ ■	□ □ □	■ ■	□ ■ ■ ■	F C	■					■ ■	V W B B F B B B	■ ■ ■ ■
C 4	Nashville, 37207 / 615-226-6393	Pilot Travel Center #292 / I-65 Exit 87 (US 431 E)	24HRS ■ ■	L ■ ■	□ ■ ■ □	■ ■	□ ■ ■ □ DAT Pilot	F C U F T	□ ■ CAT	□ □			□ □ □ □	■ ■ ■ ■ ■ ■ ■	V W B B F B B B	■ ■ ■ ■
C 8	Newport, 37821 / 423-623-7440	Time Out Travel Center / I-40 Exit 432 B (US 25-70 W)	24HRS ■ ■	M ■	■ □ ■	■ ■	□ □ ■ ■ ■ ■	F C	□ ■ □ □	□	□ □ □ □ □ □		□ □ □ □	■ □ ■ ■	W B B F B B B	■ ■ ■ ■
C 8	Newport, 37821 / 423-625-1845	Appco #34 (Sunoco) / I-40 Exit 440	24HRS ■ ■	M ■ ■	24HRS □ ■	■ ■	■	F C	□ ■	□ □	□ □ □ □		□ □ □	■ ■	V W B B F B B	■ ■ ■ ■
D 7	Niota, 37826 / 423-568-2529	Crazy Ed's (BP) / I-75 Exit 56	24HRS ■ ■	XL ■ ■	24HRS	■ ■	■ ■ ■	F C T F	□ ■ ■ ■ ■	■	□ □		■ □ □	■ ■	V W B B B B B B	■ ■ ■ ■
C 3	Paris, 38242 / 731-642-9907	Fuel Pro Express / 1008 US 79 SW & US 641	24HRS ■ ■	$S ■	□ ■ □ ■		□ □		□ ■					■ ■	B B F B	
C 3	Paris, 38242 / 731-642-1385	Henry Farmers Co-op / 1211 TN 54 W	■ ■ ■		□ □		□		□	■ ■	□			■	W	■ ■
C 7	Pioneer, 37847 / 423-562-5000	Pilot Travel Center #224 / I-75 Exit 141 (TN 63 W)	24HRS ■ ■	XL ■ ■	■ ■ □ ■		■ ■ ■ DAT Pilot	F C U T	■ CAT	□ □	□ □ □ □ □		□ □ □	■ ■ ■ ■ ■ ■	V W B B F B B B	■ ■ ■ ■
C 4	Pleasant View, 37146 / 615-746-8325	Mapco Express #1007 / I-24 Exit 24 (TN 49 E)	24HRS ■ ■	S ■ ■	□ ■ ■	■ ■	□ ■ ■ □	F C F	□ ■	□ □	□ □ □		□ □ □	■ ■ ■ ■	V W B B F B B B	■ ■ ■ ■
E 4	Pulaski, 38478 / 931-363-3003	Scott Market #70 (Citgo) / US 31 & US 31A	24HRS ■ ■		□ □ ■		□ □ □		□		□ □				W	■ ■ ■
C 6	Rickman, 38580 / 931-498-9808	C&H Food Mart (Chevron) / 3706 TN 111	■ ■ ■	S ■ ■	■	■	□	C	□ ■					■ ■ ■ ■ ■ ■	V W C	■ ■ ■
C 4	Ridgetop, 37072 / 615-643-4299	Ridgetop Auto Truck Center (66) / I-65 Exit 104 (Bethel Rd)	24HRS ■ ■	M ■ ■	24HRS ■	■ ■	□ ■ ■ ■	F C	□ ■ ■ ■ TF		■ ■ ■ ■		■ ■ ■ ■ ■	■ □ ■	V W B C B B B B	■ ■ ■ ■
D 1	Ripley, 38063 / 731-635-0566	Major Market #276 (BP) / 1335 US 51 N	■ ■		□ ■ □ ■	■	□ □ □ □		□	□	□ □ □		□ □ □	■	W B B F B B C	■ ■ ■ ■
D 6	Rockwood, 37854 / 865-354-3419	Mapco Express #1059 / 1010 US 70 & US 27	■ ■ ■		□ □ □ ■	■	□ □	F □	□ ■	□ □	□ □ □ □ □		□ □ □	□ ■ ■	V W F B	■ ■ ■ ■
E 3	Savannah, 38372 / 731-925-9122	K-M Market / 906 TN 69	■ ■ ■		□ □ □ ■	■	□ □ □ □	F	□ ■	□ □	□ □		□ □	■ ■	W B F B B	■ ■ ■
E 2	Selmer, 38375 / 731-645-6558	Jim's Truck Stop / US 45 S & US 64	24HRS ■ ■		■ □ ■	■	□ □ □	□	■				□	□	B B F C	■ ■ ■
E 6	Soddy Daisy, 37379 / 423-332-3360	Hwy 111 Fuel Center (Citgo) / TN 111 & Jones Gap Rd	■ ■ ■	S ■	■			F C	■				□ □ □	■ ■ ■	V W B B B	■ ■ ■ ■

THE TRUCKER'S FRIEND® - TENNESSEE

How to interpret the page

■ means available at truck stop □ means available nearby

In the overnight lot column:
- S means room for 5 - 24 trucks
- M means room for 25-74 trucks
- L means room for 85-149 trucks
- XL means room for 150+ trucks
- $ means a parking fee may be charged

code at left-hand side of rows is the state map grid reference

a key to advertising logos is on page 25

Services may change without notice. When in doubt, call ahead.

Driver Services: Motor Fuel, Parking, Food, Stores, Showers, Communications. Vehicle Services: Scales, Tires, Repairs, Road Svcs, Wash. RV Info. Financial Services (C=Checks, F=Fuel Cards, B=Both). Permit Svcs. Credit Cards.

Grid	Location	Truck Stop	Truck Diesel / Self Service Diesel / Metered Propane / Gasoline	Overnight Lot ($) / Paved Lot / Trailer Drop	Electric Plug-ins / Safe Haven/Hazmat	Restaurant / Fast Food / Table Phones / Motel	Convenience / Trucker/Travel	Shopping Center / Walmart/Kmart / Grocery	Ladies' / Men's	TV/Drivers Lounge / Laundry	Load Monitor / Internet Kiosk / Wi-Fi Hotspots	Document Scanning / Public Fax/Copier / UPS/FedEx/Trippak Box	Religious Services / State Lottery	Axle / Platform / Certified	Repairs / New Tire Sales	Shop Open 24 Hrs / DOT Inspection	Major Repairs / Minor Repairs / Oil Change/Lube	Minor Welding / AC/Reefer / CB	Tire / Mechanical / Towing	Truck (Exterior) / Trailer Washout	RVs Welcome / Dumping Station / Propane (Bottle)	ATM / Can Wire Money Out / Money Orders	Natso Check-Link / Western Union / Voyager/Wright Express	Comdata (Comchek) / EFS	Fuel Man / Multi Service / TCH	T-Chek / Fleet One	Buy/Pay at Fuel Desk / All Prepaid Permit Svcs	American Express / Visa/Mastercard / Discover
E2	Somerville, 38068 901-465-3570	Larry's Quick Stop #2 (Pure) 17825 US 64 E	■ ■ ■			□ ■ □	■	□ □ □		□		F C	□ ■		□ □		□ □	□ □	□ □ □	□		■	W	B C	C	C C	■	■ ■
C4	Springfield, 37172 615-384-2451	Hollingsworth Tire & Fuel 498 Industrial Dr	■ ■ ■			□ □		□		■ □			□		■ ■	□	■ ■		□ □				V W	B C	F	C B		■ ■ ■
D2	Stanton, 38069 901-466-3535	Pilot Travel Center #149 I-40 Exit 42 (TN 222 N)	24 HRS ■ ■	L ■ ■		□ ■ ■ ■	■ ■		■ ■	■	⏻	F C	□ ■	CAT	□ □	□	□	□	□ □ □		■	■ ■ ■	■ ■ V W	B B	F B	B B	■	■ ■ ■
D2	Stanton, 38069 731-548-6537	Exit 47 Plaza I-40 Exit 47 (TN 179 SE)	■ ■ ■	M ■ ■		■ ■	■		■			F C	□	■ ■ ■	■ ■				■ ■ □		■	■	■	B B	B B	B B	■	■ ■ ■
D7	Sweetwater, 37874 423-337-9577	Golden Gallon #3599 (Exxon) I-75 Exit 60 (TN 68 E)	24 HRS ■ ■	S ■ ■		□ □ □	■						■								■ ■	■ ■	V W	B B	F F	B B		■ ■ ■
D2	Trenton, 38382 731-855-9424	Short Stop # 3 (Exxon) 2035 US 45 Bypass S	24 HRS ■ ■			□ ■	■	□ □					□								■	■	V W		F			■ ■ ■
C2	Union City, 38261 731-885-0001	Food Plaza #1 (66/Conoco) US 51	24 HRS ■ ■	M ■		□ ■ □	■	□ □ □		□		F C	□ ■		□ □		□ □ □	□ □	□ □ □	□	■ ■	■	V W	B B	F B B	B B	■	■ ■ ■
C5	Westmoreland, 37186 615-644-2954	Westmoreland Trading Post (Shell) 5404 US 31-231 E (1 mi N of TN 52)	■ ■ ■			□ □	■	□ □		□		F C	□		□		□ □ □	□	□ □ □		■			B C		C	■	■ ■ ■
C5	Westmoreland, 37186 615-644-5051	J&T Fuel Stop (BP) US 31E & New TN 52 E	24 HRS ■ ■	S ■ ■		□ □	■	□	■	■ □		F C □	□		□	□	□ □ □	□ □	□ □ □		■ ■		V W	C C	F F	F	■	■ ■ ■
C8	White Pine, 37890 865-397-0047	Fast Trax (BP) I-40 Exit 424	■ ■ ■	S ■ ■		■ □	■			□			□ ■		□ □		□ □	□	□ □ □		■ □ ■	■	V W	B B	F	B		■ ■ ■
C8	White Pine, 37890 865-674-8570	Pilot Travel Center #412 I-81 Exit 4	24 HRS ■ ■	L ■ ■		□ ■ □	■ ■	□	■ ■	■ ■	DAT ⏻	■ F C U F T	□ ■	CAT	□ □		□ □	□ □	□ □ □		■ ■ ■	■ ■ ■	■ ■ V W	B B	F B	B B	■	■ ■ ■
E2	Whiteville, 38075 731-254-2000	Whiteville BP/Amoco 3207 US 64 E & TN 100	24 HRS ■ ■	S ■		■ □ □	■	□					□ ■		□ □		□ □	□	□ □ □			■	V W	B	F	B		■ ■ ■
D2	Wildersville, 38388 731-968-9956	I-Mart # 108 (66) I-40 Exit 108 (TN 22 N)	24 HRS ■ ■	S ■ ■		□ ■ ■ □	■		■ ■	□		F C	□ ■		□				□		□	■	V W	B B	F B	B	■	■ ■ ■
D2	Wildersville, 38388 731-967-1418	Bull Market #19 (Citgo) I-40 Exit 108 (TN 22 N)	24 HRS ■ ■	S ■ ■		□ ■ □	■	□	■ ■			F C	□ ■		■ ■				□ □ □		■ ■	■ ■	V W	B B	B	B	■	■ ■ ■

TEXAS

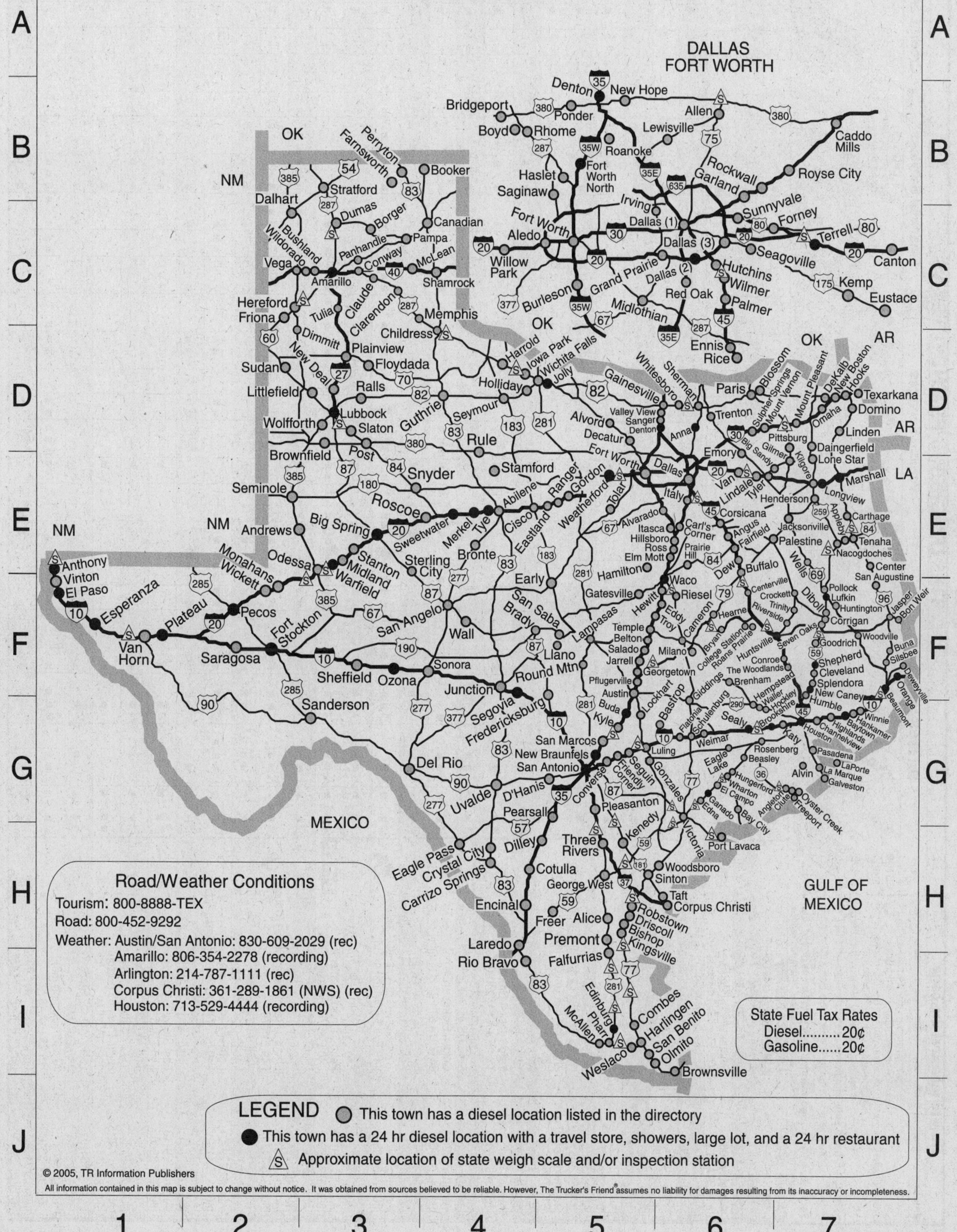

Road/Weather Conditions

Tourism: 800-8888-TEX
Road: 800-452-9292
Weather: Austin/San Antonio: 830-609-2029 (rec)
Amarillo: 806-354-2278 (recording)
Arlington: 214-787-1111 (rec)
Corpus Christi: 361-289-1861 (NWS) (rec)
Houston: 713-529-4444 (recording)

State Fuel Tax Rates
Diesel..........20¢
Gasoline......20¢

LEGEND

- This town has a diesel location listed in the directory
- This town has a 24 hr diesel location with a travel store, showers, large lot, and a 24 hr restaurant
- (S) Approximate location of state weigh scale and/or inspection station

THE TRUCKER'S FRIEND® - TEXAS

How to interpret the page

■ means available at truck stop □ means available nearby

In the overnight lot column:
- S means room for 5 - 24 trucks
- M means room for 25-74 trucks
- L means room for 85-149 trucks
- XL means room for 150+ trucks
- $ means a parking fee may be charged

code at left-hand side of rows is the state map grid reference
a key to advertising logos is on page 25

Services may change without notice. When in doubt, call ahead.

Financial Services: C=Checks, F=Fuel Cards, B=Both

Grid	Location / Phone	Truck Stop / Address	Motor Fuel & Parking	Food	Stores	Showers	Communications	Scales	Tires	Repairs	Road Svcs	Wash	RV Info	Financial Services	Permit Svcs	Credit Cards
E 4	Abilene, 79603 325-676-0707	Allsup's #331 (Exxon) I-20 Exit 286 C (FM 600)	24 HRS ■ ■	S ■	□ ■	□			■					■ ■ ■	V W	B F ■ ■ ■
E 4	Abilene, 79601 325-672-1681	Skinny's # 77 (Fina) I-20 Exit 286 C (FM 600)	■ ■ ■		□ □ ■				□ ■ □ □	□ □			□ □ □	■	V W	B ■ ■ ■
C 5	Aledo, 76008 817-244-3137	Sunmart #401 (Mobil) I-30 Exit 1 B (Linkcrest Rd)	24 HRS ■ ■		□ ■ □ ■			F	■	□ □			□ □	■	V W	B B B B ■ ■ ■ ■
H 5	Alice, 78332 361-664-6888	Times Market #299 1205 US 281 Business S	■ ■ ■	S ■	□ ■ □ ■		□ □ ■ ■ □	F C	□ ■	□ □	□ □		□ □ □	□ ■	W	B B B B B ■ ■ ■ ■
H 5	Alice, 78332 361-664-3393	Aycock Oil Co (Shamrock) 1238 US 281 S	24 HRS ■ ■	S ■	□ □ □ ■	□ □ □	□		□ □ ■ □ □ □	□ □	□ □ □ □	□	□ □ □ □ □ □	■ □ ■	V W	■ ■ ■
H 5	Alice, 78332 361-668-3146	Texas Star #151 (Shell) 215 US 281 N	24 HRS ■ ■		□ □ □ ■		□ □		□ ■					■ ■ ■	V W	F ■ ■ ■
H 5	Alice, 78832 361-668-8877	El Tigre (Exxon) 5015 US 281 S	24 HRS ■ ■	M ■ ■	□ ■ □ ■		■ ■ ■	F C	□ ■ □ □ □	□ □	□ □ □ □		□ □ □	■ ■ ■	V W	B B B B B ■ ■ ■ ■
B 6	Allen, 75013 972-562-0511	Pride Fuel Stop (66) US 75 Exit 38 (TX 121 S)	■ ■ ■	S ■	■	■	□	F	□ ■	□ □	□ □ □ □		□ □ □	■	V W	B C B ■ ■ ■ ■
E 6	Alvarado, 76009 817-790-7717	Alvarado Shell Travel Plaza I-35 W Exit 24	24 HRS ■ ■	S ■ ■	■ □	■ ■	□ ■ ■	F C	□ ■	□ □	□ □ □ □ □ □ □		□ □ □ □ □ □	■ ■	V W	B B F B B B B ■ ■ ■ ■
G 7	Alvin, 77511 281-482-5808	Alvin Pantry (Citgo) 19387 TX 35 S	■ ■ ■		□ ■ □ ■		□		□ ■	□	□ □ □		□ □ □	■ ■	V W	B B B ■ ■ ■
G 7	Alvin, 77511 281-388-1600	Yellow Jacket Grocery (Texaco) TX 35 A & FM 2403	■ ■ ■	S ■	□ □ ■	□			□ □ ■					■ ■ ■	V W	B B ■ ■ ■ ■
D 5	Alvord, 76225 940-427-8510	Derrick Truck Stop 5985 US 81-287 N & FM 2410	■ ■ ■	M ■ ■	□ □ □ ■		□ ■ □	F C	□ ■ □	□	□		□ □ □	■ □ ■	V W	B B F B B ■ ■ ■ ■
D 5	Alvord, 76225 940-427-2500	Golden Express (Exxon) 8417 US 81-287 N (3 mi N)	24 HRS ■ ■	L ■ ■	■ □ ■ ■		■ ■ ■ ■	F C U	■ ■ ■ ■	■ ■	□ □ □		■ □ □	■ □ ■ ■	V W	B B F B B B B ■ ■ ■ ■
C 3	Amarillo, 79110 806-352-9501	Love's Travel Stop #261 I-27 Exit 116 (Loop 335 - Hollywood Rd)	24 HRS ■ ■	S ■ ■	□ ■ ■ ■ □ ■ ■	□ □	■ [logo]	F C U	□ ■				□ □ □	■ ■ ■	V W	B B F B B B ■ ■ ■ ■
C 3	Amarillo, 79101 806-342-3080	TravelCenters of America/Amarillo W I-40 Exit 74 (Whitaker Rd) [TA logo]	24 HRS ■ ■	XL ■	24 HRS ■ ■ ■ ■ ■	□ □ □	■ ■ ■ [DAT logo] [TA logo]	F C U T	■ [CAT logo]	[logo] ■ ■ □ ■ ■	■ A □	■ ■ □	□ □	■ □ ■ ■ ■ ■	W	B B B B B ■ ■ ■ ■
C 3	Amarillo, 79103 806-373-7775	Love's Travel Stop #200 I-40 Exit 74 (Whitaker Rd S)	24 HRS ■ ■	M ■	□ ■ ■ ■ □ ■ ■	□ □ □	■ ■ [logo]	F C T	□ ■ [CAT logo]	□ □	□ □ □ □ □	□ □ □	□ □ □ □	□ ■ ■ ■	V W	B B F B B B ■ ■ ■ ■
C 3	Amarillo, 79118 806-372-4899	Petro Stopping Center # 7 I-40 Exit 75 (Lakeside Dr S) [PETRO logo]	24 HRS ■ ■	XL ■ ■	24 HRS ■ ■ ■		■ ■ ■ [DAT logo] [logo]	F C U T	■ ■ [CAT logo]	[logo] ■ ■	■ ■ ■ A	■ ■ □	■ ■	■ □ ■ ■ ■	V W	B B B B B ■ ■ ■ ■
C 3	Amarillo, 79118 806-335-3323	Pilot Travel Center #436 I-40 Exit 75 (Lakeside Dr)	24 HRS ■ ■	L ■	□ ■ ■ □ ■ ■		■ ■ ■ [DAT logo] [logo]	F C U T	■ ■ [CAT logo]	□ □	□ □ □ □ □ □ □	□ □ □	□ ■ □	■ ■ ■ ■ ■ ■	V W	B B F B B B ■ ■ ■ ■
C 3	Amarillo, 79111 806-335-1475	Flying J Travel Plaza #05350 (Conoco) I-40 Exit 76 [Flying J logo]	24 HRS ■ ■ ■ ■	XL ■ ■	24 HRS ■ ■ □ ■ ■	□ □ □	■ ■ ■ [Flying J logos]	F C U T	□ [Flying J logo]	□ □	□ □ □ □ □	□ □ □	□ □ □ ■ ■	■ ■ ■	V W	B B B B ■ ■ ■ ■
C 3	Amarillo, 79111 806-335-3636	USA Travel Center I-40 Exit 77 (Pullman Rd S)	24 HRS ■ ■	L ■ ■	□ ■ ■ □ ■ ■		■ ■ ■ ■	F C U T	■ [CAT logo]	□ □	□ □ □	□ □ □	□ □ □	■ □ ■ ■ ■ ■	V W	B B F B B B B ■ ■ ■ ■
C 3	Amarillo, 79101 806-335-1110	CeeTeez Truck Plaza I-40 Exit 77 (US 287 - Pullman Rd E)	24 HRS ■ ■	M ■ ■ ■	24 HRS □ ■ ■		■ ■ ■ ■ ■	F C T		■ ■	■ ■		□ □ □ ■ ■	□ ■ ■ ■	V W	B B F B B B B ■ ■ ■ ■
C 3	Amarillo, 79118 806-335-2841	Amarillo Travel Center I-40 Exit 81 (FM 1912) [AMBEST logo]	24 HRS ■ ■	$ XL ■ ■	24 HRS ■ ■ ■ ■		■ ■ ■ ■ [DAT logo]	F C U T	[CAT logo]	■ ■	■ ■		■ ■	■ ■ ■	V W	B B F B B B B ■ ■ ■ ■
C 3	Amarillo, 79118 806-335-2988	Fast Stop #25 (66) I-40 Exit 81 (FM 1912)	■ ■ ■		□ ■ ■				■ □ □ □ □	□	□ □ □		□ □ □	□ ■ ■ ■ ■	V W	■ ■ ■
E 2	Andrews, 79714 432-524-9189	Town & Country #156 1112 US 385 S	24 HRS ■ ■		□ ■ □ ■				■					□ ■ ■	V W	B B F B B B ■ ■ ■
G 7	Angleton, 77515 979-849-5133	Handi Plus #45 (Exxon) 2301 TX 35 W	■ ■ ■		■ ■			F	■					■	V W	B B F B B ■ ■ ■ ■
E 6	Angus, 75110 903-872-9719	Lucky 7 Quick Stop I-45 Exit 225	■ ■ ■	M			■ ■	F C		□ □	□ ■		□ □ □	■ ■	V W	B B F B B ■ ■ ■
D 6	Anna, 75409 972-924-3246	Anna Truck Stop (66) US 75 Exit 48	24 HRS ■ ■	L ■ ■	□ ■ ■		□ ■ ■ ■ ■	F C T	□ ■ ■ ■ ■	■ ■	■ ■ ■			■ ■ ■ ■ ■ ■ ■	V W	B B F B B B B ■ ■ ■ ■
D 6	Anna, 75409 972-924-3683	Love's Travel Stop #299 US 75 Exit 48 (FM 455)	24 HRS ■ ■	M ■	□ ■ ■ ■ ■		□ ■ ■ □ [logo]	F C U T	[CAT logo]	□ □	□ □ □ □ □	□ □ □	□ □ □ □ □	■ ■ ■	V W	B B F B B B ■ ■ ■ ■

THE TRUCKER'S FRIEND® - TEXAS

How to interpret the page

■ means available at truck stop □ means available nearby

In the overnight lot column:
- S means room for 5 - 24 trucks
- M means room for 25-74 trucks
- L means room for 85-149 trucks
- XL means room for 150+ trucks
- $ means a parking fee may be charged

code at left-hand side of rows is the state map grid reference

a key to advertising logos is on page 25

Services may change without notice. When in doubt, call ahead.

Column headings:
- Driver Services — MOTOR FUEL: Truck Diesel, Self Service Diesel, Metered Propane, Gasoline; PARKING: Overnight Lot ($), Paved Lot, Trailer Drop, Electric Plug-Ins, Safe Haven/Hazmat; FOOD: Restaurant, Fast Food, Table Phones; STORES: Motel, Convenience, Trucker/Travel, Shopping Center, Walmart/Kmart, Grocery; SHOWERS: Ladies, Men's; Laundry, TV/Drivers Lounge; COMMUNICATION: Load Monitor, Internet Kiosk, Wi-Fi Hotspots, Document Scanning, Public Fax/Copier, UPS/FedEx/Tripak Box, Religious Services, State Lottery
- Vehicle Services — SCALES: Platform, Certified; TIRES: Axle, New Tire Sales; REPAIRS: Shop Open 24 Hrs, DOT Inspection, Major Repairs, Minor Repairs, Oil Change/Lube; ROAD SVCS: Minor Welding, AC/Reefer, Tire, Mechanical, Towing; WASH: Truck (Exterior), Trailer Washout
- RV Info: RVs Welcome, Dumping Station, Propane (Bottle)
- Financial Services: ATM, Can Wire Money Out, Money Orders, NATSO Check-Link, Western Union, Comdata (Comchek), Voyager/Wright Express (C=Checks, F=Fuel Cards, B=Both)
- Permit Svcs: EFS, Fuel Man, Multi Service, TCH
- Credit Cards: T-Chek, Fleet One, Buy/Pay at Fuel Desk, All Prepaid Permit Svcs, American Express, Visa/MasterCard, Discover

Grid	Location / Phone	Truck Stop	Fuel & Parking	Food & Stores	Showers & Communication	Scales & Tires	Repairs, Road Svcs & Wash	RV & Financial	Permit & Credit Cards
D6	Anna, 75409 / 972-924-3832	Drivers Travelmart (Citgo) / US 75 Exit 48 (TX 455)	24HRS ■ ■ L ■ ■	24HRS ■	■ ■ ■ ■ ■	F C U F T ■ CAT	□ □ □ □ □ □	■ ■ ■ V W	B B F B B ■ ■ ■ ■
E1	Anthony, 79821 / 915-886-2737	Flying J Travel Plaza #05460 (Conoco) / I-10 Exit 0	24HRS ■ ■ ■ XL ■ ■	24HRS ■ ■ □	■ ■ □ ■ ■ ■ ■ (Flying J logos)	F C U F T □ (Flying J)	□ □ □ □ □ □ □ □ □ □ □	□ □ ■ ■ ■ ■ V W	B B B B ■ ■ ■ ■
E1	Anthony, 79821 / 915-886-3090	Pilot Travel Center #435 / I-10 Exit 0	24HRS ■ ■ L ■ ■	□ ■ ■ □	■ ■ □ ■ ■ (DAT) (logo)	F C □ ■ CAT	□ □ □ □ □ □ □ □ □ □ □	■ ■ ■ ■ ■ ■ V W	B B F B B B ■ ■ ■ ■
E7	Appleby, 75965 / 936-462-1960	Meador Grocery & Catfish Buffet (Exxon) / 14084 US 59	24HRS ■ ■	■ ■	□	□	□ □ □ □ □ □	□ V W	■ ■ ■
F5	Austin, 78724 / 512-928-2793	Speedy Stop #216 (Conoco) / 9105 US 290 E	24HRS ■ ■	■ □ ■	□ □ □	□ ■		■ ■ V W	B B B B ■ ■ ■
F5	Austin, 78744 / 512-444-0451	Quick Mart # 2 (Conoco) / I-35 Exit 230 B (Burleson Rd)	■ ■ ■	□ □ ■			□ □ □	■	F ■ ■ ■
F5	Austin, 78752 / 512-452-1992	Conoco Fuel Stop / I-35 Exit 238	24HRS ■ ■	□ □ □ ■	□ □ □ □	□ ■ □ □ □		■ ■ V W	F ■ ■ ■
G6	Bastrop, 78602 / 512-303-6505	Bastrop Exxon / 1273 TX 21-71 W	24HRS ■ ■	□ ■		F ■		□ ■ V W	B B F B ■ ■ ■ ■
G6	Bastrop, 78602 / 512-321-4100	Tiger Tote #3 (Exxon) / Loop 150 & TX 71 (NW Jct)	24HRS ■ ■ S ■ ■	□ ■ □ ■	□ □ □	□ ■	□ □ □ □ □ □ □ □ □ □ □ □ □	■ ■ ■ V W	F F ■ ■ ■
G6	Bay City, 77414 / 979-245-0664	Diamond Mini Mart #303 (Chevron) / 4309 TX 35 E	■ ■ ■	□ □ □ ■	□ □ □ □	□ ■	□ □	V W	F F ■ ■ ■
G7	Baytown, 77521 / 281-426-5493	Baytown Express Travel Plaza (Shamrock) / I-10 Exit 789 (Thompson Rd)	24HRS ■ ■ M ■ ■	□ ■ ■ □ ■	■ □ □ □ ■ ■ ■ ■ (DAT)	F C U F T □ ■ ■ ■ ■	□ □ □ □ □ ■ □ □ □ □ □	■ □ ■ ■ ■ ■ V W	B B B B B B ■ ■ ■ ■
G7	Baytown, 77520 / 281-424-7772	TravelCenters of America / I-10 Exit 789 (Thompson Rd)	24HRS ■ ■ XL ■	24HRS ■ ■ □	■ ■ □ □ □ ■ ■ ■ ■ (DAT) (TA)	F C U F T ■ CAT	(logo) ■ ■ □ ■ ■ ■ A R ■ ■ □ ■ ■	■ □ ■ ■ ■ ■ W	B B F B B B ■ ■ ■ ■
G7	Baytown, 77521 / 281-426-6569	Pilot Travel Center #086 / I-10 Exit 789 (Thompson Rd)	24HRS ■ ■ L ■ ■	□ ■ ■ □	■ ■ □ □ □ ■ ■ (DAT) (logo)	F C U F T □ ■ CAT	□ □ □ □ □ □ □ □ □ □ □	■ ■ ■ ■ ■ V W	B B F B B B ■ ■ ■ ■
G7	Baytown, 77521 / 281-421-2283	Citgo Travel Center / I-10 Exit 793 (Main St)	24HRS ■ ■ M ■ ■	■ ■ ■ □	■ ■ □ □ □ ■ ■ ■ □ (DAT)	F C U F T □ ■ CAT	□ □ □ □ □ □ □ □	■ ■ ■ V W	B B B B B ■ ■ ■ ■
G7	Baytown, 77520 / 281-383-0144	Sunmart #400 (Mobil) / I-10 Exit 797 (TX 146)	24HRS ■ ■ M ■ ■	□ ■ □ ■	■ ■ ■ □	F C □ ■ CAT	■ ■ ■ ■ ■ ■ ■ ■ ■ ■	□ ■ ■ V W	B B B B B B ■ ■ ■ ■
G7	Baytown, 77520 / 281-576-4472	Conoco Travel Center / I-10 Exit 797 (TX 146)	24HRS ■ ■ L ■ ■	□ ■ ■ □ ■	■ □ ■ ■ ■ (DAT)	F C U F T □ ■ CAT	□ □ □ □ □ □ □ □	■ □ ■ ■ ■ V W	B B F B B B B ■ ■ ■ ■
G6	Beasley, 77417 / 979-387-3997	786 Truck Stop (Chevron) / 7122 US 59 S	24HRS ■ ■ M ■ ■	24HRS ■ ■ ■	■ ■ ■	F C F □ ■	□ □ □ □ □	■ ■ ■ V W	B B F B B B B ■ ■ ■ ■
F7	Beaumont, 77705 / 409-842-9600	Petro Stopping Center # 4 (Mobil) / I-10 Exit 848 (Walden Rd)	24HRS ■ ■ XL ■ ■	24HRS ■ ■ ■ ■	■ □ □ □ ■ ■ ■ ■ (DAT) (logo)	F C U F T ■ ■ CAT	(logo) ■ ■ ■ ■ A ■ ■ □ ■ ■	■ □ ■ ■ ■ V W	B B B B B ■ ■ ■ ■
F7	Beaumont, 77705 / 409-842-5573	Super Food Mart / I-10 Exit 849 (US 69-96-287)	■ ■ ■	■		■	□ □ □ □ □	■	■ ■ ■
F7	Beaumont/Rose City, 77662 / 409-769-8650	I-10 Fuel Mart / I-10 Exit 858 A	24HRS ■ ■	□ □ ■		□ ■	□ □ □	□ ■ ■	F B ■ ■ ■
F7	Beaumont/Vidor, 77762 / 409-783-2755	Gateway Truck Plaza (Chevron) / I-10 Exit 858 B	24HRS ■ ■ M ■	24HRS ■ ■ ■	■ □ □ □ ■ ■ ■	F C □ ■ ■ ■ ■	■ ■ ■ ■ ■ ■ ■ ■ A R ■ ■ ■ □ □ ■ □	■ ■ ■ ■ V W	B B F B B B B ■ ■ ■ ■
F5	Belton, 76513 / 254-939-8979	Cefco #54 / I-35 Exit 293 A (NB only)	24HRS ■ ■ S ■ ■	□ ■ □ ■	■ ■ □ ■ ■ ■ □ (DAT)	F C □ ■	□ □ □ □ □ □ □ □ □	□ ■ ■ V W	B B B B B ■ ■ ■ ■
E6	Big Sandy, 75755 / 903-636-4115	Lucky's Beer & Wine (Citgo) / TX 155 (1/2 mi S of US 80)	■ ■ ■	□ □ ■	□ □	F C □		W	■ ■ ■ ■
E3	Big Spring, 79720 / 432-263-3480	Town & Country #103 (Chevron) / I-20 Exit 176 (TX 176)	24HRS ■ ■ S ■	□ ■ □ ■	□ □ □	□ ■ □ □ □ □	□ □ □ □ □ □ □ □	■ ■ □ ■ ■ V W	F B ■ ■ ■ ■
E3	Big Spring, 79720 / 432-264-4444	Rip Griffin Truck/Travel Center (66) / I-20 Exit 177 (US 87)	24HRS ■ ■ XL ■ ■	■ 24HRS ■ ■ ■ □	■ □ □ □ ■ ■ ■ ■ (DAT) (logo)	F C U F T CAT	(logo) ■ ■ ■ ■ ■ A ■ ■ □	■ □ ■ ■ ■ V W	B B F B B B ■ ■ ■ ■
H5	Bishop, 78343 / 361-584-2575	Oil Patch Petroleum (Texaco) / 102 US 77 N	■ ■ ■ S	□ □ □ ■	□ ■ □	F □ □ ■	□ □	■ ■ ■ V W	B B B ■ ■ ■ ■
H5	Bishop, 78343 / 361-584-3378	Circle K #7129 (Citgo) / 201 US 77 N & 4th	24HRS ■ ■	■ □ ■	□ □	□ ■		■ ■ ■ V W	B B F ■ ■ ■
D6	Blossom, 75416 / 903-982-6898	Blossom Food Mart (Shell) / US 82 E	■ ■ ■ S ■	□ ■ ■	□ □	F C □ □ ■	□ □ □ □ □ □	■ ■ ■ V W	■ ■ ■ ■

THE TRUCKER'S FRIEND® - TEXAS

How to interpret the page

■ means available at truck stop □ means available nearby

in the overnight lot column:
- S means room for 5 - 24 trucks
- M means room for 25-74 trucks
- L means room for 85-149 trucks
- XL means room for 150+ trucks
- $ means a parking fee may be charged

code at left-hand side of rows is the state map grid reference

a key to advertising logos is on page 25

Services may change without notice. When in doubt, call ahead.

Column groups: **Driver Services** — MOTOR FUEL (Truck Diesel, Self Service Diesel, Metered Propane, Gasoline); PARKING (Overnight Lot ($), Paved Lot, Trailer Drop, Electric Plug-Ins, Safe Haven/Hazmat); FOOD (Restaurant, Fast Food, Table Phones); STORES (Motel, Convenience, Trucker/Travel, Shopping Center, Walmart/Kmart, Grocery); SHOWERS (Ladies', Men's, TV/Drivers Lounge, Laundry); COMMUNICATIONS (Load Monitor, Internet Kiosk, Wi-Fi Hotspots, Document Scanning, Public Fax/Copier, UPS/FedEx/Trippak Box, Religious Services, State Lottery). **Vehicle Services** — SCALES; TIRES (Axle, Platform, Certified, Repairs, New Tire Sales); REPAIRS (Shop Open 24 Hrs, DOT Inspection, Major Repairs, Minor Repairs, Oil Change/Lube, Minor Welding, AC/Reefer); ROAD SVCS (CB, Tire, Mechanical, Towing); WASH (Truck (Exterior), Trailer Washout). **RV Info** (RVs Welcome, Dumping Station, Propane (Bottle)). **Financial Services** (ATM, Can Wire Money Out, Money Orders, NATSO Check-Link, Western Union, Voyager/Wright Express, Comdata (Comchek); C=Checks, F=Fuel Cards, B=Both: EFS, Fuel Man, Multi Service, TCH, T-Chek, Fleet One). **Permit Svcs** (Buy/Pay at Fuel Desk, All Prepaid Permit Svcs). **Credit Cards** (American Express, Visa/Mastercard, Discover).

Grid / Location / Phone	Truck Stop / Address	Motor Fuel & Parking	Food	Stores	Showers	Lounges	Communications	Scales	Tires	Repairs	Road Svcs	Wash	RV Info	Financial Services	Permit Svcs / Fuel Cards	Credit Cards
F7 Bon Wier, 75928 409-397-4512	Three Flags Truck Stop (66) US 190 E	■■ ■		■	■	□ ■■		F C	□	■■				W	C	■ ■■■
B4 Booker, 79005 806-658-4772	Imo's Country Store #1 (66) TX 15 & TX 23	■■ ■		□■ □	■	□ ■	□		□					■ ■ V W	B	■■■
C3 Borger, 79008 806-274-2909	Riverview Service Station (66) TX 152-207 (3 mi N of town)	■■ ■		□	■				□■					V W	B	■■■
B4 Boyd, 76023 940-433-2185	Allsup's #292 (Exxon) 490 TX 114 W & Knox Ave	24 HRS ■ ■		□	■	□	□		□■	□□	□□	□□□		■ ■ V W		■■■
F4 Brady, 76825 325-597-5201	Berkly's Travel Center #3 (Shell) 2340 US 87 S	24 HRS ■ ■	M ■■	□□ □	■■	□□□ ■■	■□	F C	□■	□□	□□□□□	□□□□	□ ■□	■ V W	B C F B B C	■ ■■■
F6 Brenham, 77833 979-836-0789	Jud's Food Stores #4 (Chevron) 4185 TX 36 N & Fritz Rd	■■ ■			■			F C	■	□□		□□□		■ ■ V W	B B F B B B B	■■■
F6 Brenham, 77833 979-830-1862	Jud's Food & Fuel #1 (Chevron) Loop 290 & FM 389 (Blinn College)	24 HRS ■ ■		□■ □	■	□□□	■□	U	□■	□□	□□□□□ □	□□□□		■ ■ V W	B B F B B B B	■■■
B4 Bridgeport, 76426 940-683-2422	Diamond W (Shamrock) US 380 & Hwy 114	24 HRS ■ ■	S ■	□■ □	■	□	□	F	□■	□□	□□□□□□□	□□□	□	■ V W	B B B	■ ■■■
E4 Bronte, 76933 325-473-6601	Town & Country #114 US 277	24 HRS ■ ■	S ■	□■ □	■	□	□		□■	□	□		■	■ ■ V W	B B F B B B	■■■
G6 Brookshire, 77423 281-934-3151	Citgo Fuel Center I-10 Exit 732 (FM 359 S)	24 HRS ■ ■	S ■	□□ □	■	□	□	F C	□■ □□□	□	□□□□ □	□□□□	■ ■□	V W	B B B	■ ■■■
G6 Brookshire, 77423 281-934-8576	AMBEST Houston West Travel Center (66) I-10 Exit 732 (FM 359)	24 HRS ■ ■	XL ■■	24 HRS □■□	■■	□ ■■	■■ DAT ■	F C U F T	■■ CAT	BF ■	□■■■	■■□□□	■□	■ V W	B B B B B	■ ■■■
G6 Brookshire, 77423 281-375-8090	US Truxtop (Exxon) I-10 Exit 732 (FM 359)	24 HRS ■ ■	S ■	□□ □	■	□	■	F C	□■ □□□	□□	□□□□	□□□□ □	■□	■ V W	B F	■ ■■■
D3 Brownfield, 79316 806-637-3151	Fast Stop #10 (Fina) 1106 US 62-82	24 HRS ■ ■	S ■	□□ □	■	□□	□	C	□■	□□	□□□□	□□□	■□	■■■ ■ V W	B B F C	■■■
I6 Brownsville, 78521 956-542-5599	El Centro Exxon 4425 TX 48 (2 mi NE of US 77-83)	24 HRS ■ ■	S ■	□■	■	□□□	□		■	□	□	□□□	■	■ V W	B B B B B	■■■
I6 Brownsville, 78521 956-831-4825	Gordon's Bait & Tackle 7066 TX 48	■■ ■	M	□■ □	■			F C □	□■ □□□	□□		□□□	■	■■■ ■ V W	B B F B B	■ ■■■
F6 Bryan, 77805 979-822-5455	Fas-Start Market (Chevron) 2714 TX 21 W	24 HRS ■ ■	M	□■■□	■	□ ■■	□	F C	□■	□□	□□□	□□□ ■■	■	■ ■ V W	B B F B B B B	■ ■■■
F6 Bryan, 77802 979-846-1325	Diamond Shamrock 4609 E 29th St	■■ ■		□ □	■	□□□	□		□■				■	■ ■ V W		■■■
G5 Buda, 78610 512-312-0052	Dorsett's 221 Truck Stop I-35 Exit 221 (Loop 4 E)	24 HRS ■ ■	XL ■■	24 HRS □■□	■■	□ □ ■■	■■ DAT	F C U T	□ ■■■	■■	□□□□□□□	□□□□ □	■□	■ ■ V W	B B B B B B	■ ■■■
E6 Buffalo, 75831 903-322-4611	Buffalo Truck Stop (Shamrock) I-45 Exit 178 (US 79 N)	24 HRS ■ ■	M ■	□□ □	■■	□ ■	■■	F C U F	□■	□□	□□□□□	□□□□ □	□	■ ■ V W	B B B B B B	■ ■■■
E6 Buffalo, 75831 903-322-9150	Tiger Mart Travel Plaza (Exxon) I-45 Exit 178 (US 79 W)	24 HRS ■ ■	S ■	□■ □	■	□ ■■	■	F C	□■ ■■■	□□	□□□□ □	□□□	□	■■■ ■ V W	B B F B B B B	■ ■■■
E6 Buffalo, 75831 903-322-4009	Sunmart #115 (Mobil) I-45 Exit 178 (US 79)	24 HRS ■ ■		□■■□	■■	□ ■■	□	F C □	□■ □	□□	□ □ □	□□□	□	■ ■ V W	B B B B B B	■ ■■■
F7 Buna, 77612 409-994-5885	Coastal Mart # 3 US 96 & TX 62	24 HRS ■ ■	S ■	□□	■	□	□		□■			□		V W	B B B	■■■
C5 Burleson, 76028 817-790-5501	KC Ranch House (Shell) I-35 W Exit 30 (FM 917)	■■ ■		■ □	■				■	□□		□	□	■■■ V W	F F F	■■■
C3 Bushland, 79012 806-358-2551	Love's Travel Stop #250 I-40 Exit 60 (Arnot Rd)	24 HRS ■ ■	S ■■	■■	■■			⏻ ■ F C U	□■	□□	□□ □□	□□□	■□	■ ■ V W	B B F B B B	■ ■■■
B7 Caddo Mills, 76029 903-527-4588	Greenville Exxon Truck Stop I-30 Exit 87 (FM 1903)	24 HRS ■ ■	S ■	24 HRS □ □	■		DAT	F C	□■	□□	□□ □	□□□	■	■ V W	B B B B	■ ■■■
F6 Cameron, 76520 254-697-4781	Hilltop Food Mart (Shell) 1007 US 77-190/TX 36 S	24 HRS ■ ■	M ■■	□■ □	■	□ □	□	F C □	□■	□□	□□□ □ □	□□□	■□	■ ■ V W	B B F B B	■ ■■■
C4 Canadian, 79014 806-323-5103	Ampride (Cenex) 718 S US 60-83	■■ ■		□□ □	■	□	□		□ □□□	□□	□□□	□□□	□			■■■
C4 Canadian, 79014 806-323-8133	Oasis Truck Stop (Shell) US 60 & US 83 (N Junction)	■■ ■	S ■■	□■ □	■	□ □ ■	□	□	□	□□	□□□□□ □	□□□	■□	V W	F	■■■

THE TRUCKER'S FRIEND® - TEXAS

How to interpret the page

■ means available at truck stop □ means available nearby

In the overnight lot column: S means room for 5 - 24 trucks; M means room for 25-74 trucks; L means room for 85-149 trucks; XL means room for 150+ trucks; $ means a parking fee may be charged

code at left-hand side of rows is the state map grid reference

a key to advertising logos is on page 25

Services may change without notice. When in doubt, call ahead.

Column groups: Motor Fuel (Truck Diesel, Self Service Diesel, Metered Propane, Gasoline); Driver Services — Parking (Overnight Lot, Paved Lot, Trailer Drop, Electric Plug-ins, Safe Haven/Hazmat), Food (Restaurant, Fast Food, Table Phones), Stores (Motel, Convenience, Trucker/Travel, Shopping Center, Walmart/Kmart, Grocery), Showers (Ladies, Men's), Communication (Laundry, TV/Drivers Lounge, Load Monitor, Internet Kiosk, WiFi Hotspots, Document Scanning, Public Fax/Copier, UPS/FedEx/Trippak Box); Vehicle Services — Scales (Religious Services, State Lottery), Tires (Axle, Platform, Certified, Repairs, New Tire Sales), Repairs (Shop Open 24 Hrs, DOT Inspection, Major Repairs, Minor Repairs, Oil Change/Lube, Minor Welding), Road Svcs (AC/Reefer, CB, Tire, Mechanical, Towing), Wash (Truck (Exterior), Trailer Washout); RV Info (RVs Welcome, Dumping Station, Propane (Bottle)); Financial Services (ATM, Can Wire Money Out, Money Orders, NATSO Check-Link, Western Union, Voyager/Wright Express, Comdata/Comchek; C=Checks, F=Fuel Cards, B=Both: EFS, Fuel Man, Multi Service, TCH, T-Chek, Fleet One); Permit Svcs (Buy/Pay at Fuel Desk, All Prepaid Permit Svcs); Credit Cards (American Express, Visa/MasterCard, Discover)

Grid	Location / Phone	Truck Stop / Address	Fuel & Parking	Food	Stores	Showers	Communication	Scales	Tires	Repairs	Road Svcs / Wash	Financial Services	Permit Svcs	Credit Cards
C 7	Canton, 75103 / 903-567-5041	Kick 66 / I-20 Exit 527 (Hwy 19)	24HRS ■ ■	S ■ ■	□ □ □	■ ■	□ □	F C	□ ■		□ □ □ □	■ □ ■ ■ ■ V W	B B B	■ ■ ■ ■
C 7	Canton, 75103 / 903-829-5310	Canton Travel Plaza (Shamrock) / I-20 Exit 533	24HRS ■ ■	M ■	■ ■ □	■	□ □ ■ ■ ■ ■ ■ ■	F C	□	■ ■ ■	■ ■ ■ ■ □	■ □ ■ V W	B B F B B B B	■ ■ ■ ■
E 6	Carl's Corner, 76645 / 254-582-8433	Carl's Corner Truck Stop / I-35 Exit 374 (FM 2959 W)	24HRS ■ ■	L ■	24HRS	■	■ ■ ■	F C		□ □	□ □ □ □ □ □ □ □ □	■ ■	B B B B B B	■ ■ ■ ■
H 4	Carrizo Springs, 78834 / 830-876-9566	Uncle Sam's #16 (Texaco) / 208 N 1st St	■ ■ ■		□ ■ □	■	□ ■		□ □ ■	□ □	□ □ □ □ □	□ V W	C C	■ ■ ■
E 7	Carthage, 75633 / 903-693-9787	B&F Grave's Truck Stop (Shell) / 1025 US 59 N	24HRS ■ ■	M ■ ■	□ ■ □	■ ■	□ □ □ ■ ■ ■ □	F C	□ ■	□ □	□ □ □	■ □ V W	B B F B B B B	■ ■ ■ ■
E 7	Center, 75935 / 936-598-7277	Nu Way # 306 (Citgo) / 907 Hurst St	24HRS ■ ■		□ ■ □	■	□ □ □ □		□ ■	□ □	□ □ □	■ ■ V W	B B F B B B B	■ ■ ■
F 6	Centerville, 75833 / 903-536-2434	Woody's Diesel Express (Shell) / I-45 Exit 164 (TX 7 W)	■ ■ ■	M	□ ■ □	■	□ ■	F C	□ □ ■ □ □ □		□ □ □ □ □	■ ■ V W	B B F B B B	■ ■ ■ ■
G 7	Channelview, 77530 / 281-457-2561	Texaco Mart / I-10 Exit 783 EB/784 WB	24HRS ■ ■		□ □ □	■	□ □ □ □		□ ■ □ □ □		□ □ □	□ □ V W	B B B B	■ ■ ■
G 7	Channelview, 77530 / 281-457-1817	Cobra Truck Stop (Shell) / I-10 Exit 785 (Normandy N)	24HRS ■ ■	M ■ ■	□ ■ ■ □	■ ■	□ □ □ ■ ■ □ ■ DAT	F C U F	■ ■ ■ ■	□ □	□ □ □ □ □ □ □ □ □ □ □ □ □	■ □ ■ ■ ■ ■ V W	B B B B B B	■ ■ ■ ■
G 7	Channelview, 77530 / 281-457-5000	Key Truck Stop (66) / I-10 Exit 785 (Normandy S, W on Market)	24HRS ■ ■	XL ■ ■	□ ■ ■ ■ □	■ ■	■ ■ ■ ■ DAT	F C U F T	□ ■ ■ ■ ■	□ □	□ □ □ □ □ □ □ □ □ □ □ □	■ ■ V W	B B F B B B B	■ ■ ■ ■
G 7	Channelview, 77530 / 281-457-1331	USA Truck Stop / I-10 Exit 785 (Normandy S, W on Market)	■ ■ ■		□ ■ □ ■		□ ■	F C	□ □ □ □	□ □	□ □ □ □ □ □ □ □ □ ■ ■	□	B B B B B B	■ ■ ■ ■
D 4	Childress, 79201 / 940-937-3203	Allsup's # 83 (Exxon) / 1510 US 287 (Ave F NW)	24HRS ■		□ ■ □	■	□ □ □ □		□ ■	□ □	□ □ □	□ ■ ■ V W		■ ■ ■
D 4	Childress, 79201 / 940-937-6521	Taylor Petroleum #5142 (Shamrock) / 400 US 287 NE (1.25 mi E of US 62-83)	24HRS ■ ■	S ■	□ ■ □	■	□ □ □	F C	□ ■	□	□ □ □	■ □ ■ V W		■ ■ ■ ■
D 4	Childress, 79201 / 940-937-6960	Allstar Travel Center (Shell) / US 83 & US 287	24HRS ■ ■	S ■ ■	□ ■ ■ □	■ ■	□ □ □ ■ ■ ■	F C	□ □ ■	□ □	□ □ □ □ □ □ □ □ □	■ □ ■ V W	B B F B B B B	■ ■ ■ ■
E 4	Cisco, 76437 / 254-442-4412	Texas Express #10 (Fina) / I-20 Exit 332	24HRS ■ ■	M ■	□ ■ □	■	□ □	F C	□ □ ■		□ □ □ □ □ □ □ □ □	■ □ ■ V W	B C B B	■ ■ ■ ■
C 3	Clarendon, 79226 / 806-874-3376	Taylor Petroleum #5139 (Shamrock) / US 287 & Taylor	24HRS ■		□ ■ □	■	□ □	F C	□ ■	□ □	□ □ □ □ □ □	□ ■ ■ V W	B	■ ■ ■
C 3	Claude, 79019 / 806-226-5521	FFP #5141 / US 287 & Hwy 207	24HRS ■ ■		□	■			□ ■			■ ■	B	■ ■ ■
F 7	Cleveland, 77327 / 281-592-2142	Kountry Mart (Exxon) / 18919 Hwy 105	■ ■ ■	M ■	□ ■	■	■ ■	F	■		□ □ □	■ ■ V W	F B B B	■ ■ ■ ■
F 7	Cleveland, 77328 / 281-592-0214	Midway Drive In (Exxon) / Hwy 105 & Walker Rd	■ ■ ■	S ■ ■	■	■		F C	■			■ □ ■ ■ W	C	■ ■ ■ ■
F 7	Cleveland, 77327 / 281-592-0642	Singletree # 3 (Citgo) / US 59 (2-1/2 mi S of town)	■ ■			■			■	□ □	□ □ □ □ □ □	■	F F	■ ■ ■
G 7	Clute, 77531 / 979-265-2127	Salyer's Shortstop / 708 US 288-B N	■ ■ ■		□ □ □	■	□		■	□	□ □	■ ■	C C	■ ■ ■
F 6	College Station, 77845 / 979-693-3765	Diamond Shamrock / 3129 TX 6-507 S & TX 6 Bypass	■ ■ ■		□ □ □	■	□ □ □ □		□ ■		□ □ □	■ ■ ■ V W		■ ■ ■
I 5	Combes, 78535 / 956-428-7987	Combes Auto/Truck Stop (Chevron) / US 77 N & TX 107 W	24HRS ■ ■	L ■ ■	■ ■ □	■ ■	■ ■ ■ ■ DAT	F C U F T	□ ■ CAT ■ ■		□ □ □ □ □ □	■ V W	B B B B B	■ ■ ■ ■
F 7	Conroe, 77301 / 936-539-6295	336 Shell / 1203 N Loop 336 (2 mi E of I-45 Exit 88)	■ ■ ■		□	■	□ □	C □	■			■ ■ V W	F B	■ ■ ■ ■
F 7	Conroe, 77301 / 936-756-0299	Diamond Shamrock / 12464 FM 3083 & Creighton Rd	■ ■ ■			■			□ ■			■ ■ ■ V W		■ ■ ■
F 7	Conroe, 77384 / 936-273-5402	Diamond Shamrock # 591 / I-45 Exit 81 (672 FM 1488)	24HRS ■ ■		□ □				■			■ ■ ■ V W		■ ■ ■
G 5	Converse, 78109 / 210-661-2336	San Antonio Travel Center (Shell) / I-10 Exit 585 (FM 1516 NE)	24HRS ■ ■	M ■	□ ■ ■ □	■ ■	■ ■ ■ DAT ■	F C T F	■ ■ ■ ■	□ □	□ □ □ □ □ □ □ □ □ □ □	□ ■ V W	B B F B B B B	■ ■ ■ ■
G 5	Converse, 78154 / 210-658-6961	Global Travel Center (Exxon) / I-10 Exit 591 (FM 1518 NE)	24HRS ■ ■	XL ■ ■	■ ■ □	■ ■	□ ■ ■ ■	F C U	□ ■ ■ ■ ■	■ □ □ ■ □	■ ■ ■ A R □ □ □ □ ■ ■	□ ■ ■ V W	B B F B B B B	■ ■ ■ ■

THE TRUCKER'S FRIEND® - TEXAS

How to interpret the page

■ means available at truck stop □ means available nearby

In the overnight lot column:
S means room for 5 - 24 trucks
M means room for 25-74 trucks
L means room for 85-149 trucks
XL means room for 150+ trucks
$ means a parking fee may be charged

The code at the left-hand side of each row is the state map grid reference.
A key to advertising logos is on page 25.

Services may change without notice. When in doubt, call ahead.

Financial Services: C=Checks, F=Fuel Cards, B=Both

Grid	City, Zip / Phone	Truck Stop / Location	Motor Fuel: Truck Diesel / Self Service Diesel / Metered Propane / Gasoline	Parking: Overnight Lot ($) / Paved Lot / Trailer Drop	Electric Plug-ins / Safe Haven/Hazmat	Food: Restaurant / Fast Food / Table Phones / Motel	Stores: Convenience / Trucker/Travel	Shopping Center / Walmart/Kmart / Grocery	Showers: Ladies' / Men's	TV/Drivers Lounge / Laundry	Communications: Load Monitor / Internet Kiosk / Wi-Fi Hotspots	Document Scanning / Public Fax/Copier / UPS/FedX/Trippak Box	Religious Services / State Lottery	Scales: Axle / Platform / Certified	Tires: Repairs / New Tire Sales	Repairs: Shop Open 24 Hrs / DOT Inspection	Major Repairs / Minor Repairs / Oil Change/Lube	Minor Welding / AC/Reefer / CB	Road Svcs: Tire / Mechanical / Towing	Wash: Truck (Exterior) / Trailer Washout	RV Info: RVs Welcome / Dumping Station / Propane (Bottle)	Financial: ATM / Can Wire Money Out / Money Orders	Natso Check-Link / Western Union / Voyager/Wright Express	Comdata (Comchek) / EFS	Fuel Man / Multi Service / TCH	T-Chek / Fleet One	Permit Svcs: Buy/Pay at Fuel Desk / All Prepaid Permit Svcs	Credit Cards: Visa/Mastercard / American Express / Discover
C 3	Conway, 79068 806-537-3393	Love's Travel Stop #229 I-40 Exit 96 (TX 207)	24 HRS ■ ■	S ■ ■		□ ■ ■ □	■					■ F	■								■	■	■ V W	B B	F B	B B	■	■ ■ ■
H 6	Corpus Christi, 78405 361-289-7416	Circle K #7124 (Citgo) 597 TX 358 S & Old Brownsville Rd	24 HRS ■ ■			□ □ □	■	□ □ □				□	□ ■								■	■ ■	V W	B	F			■ ■ ■
H 6	Corpus Christi, 78407 361-883-0802	Corpus Christi Truck Stop I-37 Exit 3A (4 blks N)	24 HRS ■	M ■ ■		■ □ ■ □	■	□ □ □	■ ■	■ □	DAT	F C U T	□	■ ■ ■	■ ■	■ ■	■ ■ ■	■ A	■ ■ □	■ ■	■ ■	■	V W	B B	F B B	B B	■	■ ■ ■
F 7	Corrigan, 75939 936-398-2840	Hughes Truck Stop (Phillips) 1001 US 59 N	24 HRS ■ ■	S		□ ■	■	□		□		F C	□						□ □ □			■	V W	B		B	■	■ ■ ■
F 7	Corrigan, 75939 936-398-4766	Polk's Pick It Up # 9 (Mobil) 208 US 59 (S of US 287)	24 HRS ■ ■			□ ■	■	□				C	□ ■							■ ■		■	V W					■ ■ ■
E 6	Corsicana, 75110 903-872-5472	Tiger Tote #3 (Exxon) I-45 Exit 231 (TX 31)	■ ■ ■			□ ■ □	■	□ □					□ ■									■	V W		F			■ ■ ■
E 6	Corsicana, 75110 903-872-1527	Tiger Tote #2 (Exxon) TX 31 & Main St	■ ■ ■			□ ■	■	□ □		□			□ ■									■	V W		F			■ ■ ■
H 4	Cotulla, 78014 830-879-3109	Big's Travel Center (Shamrock) I-35 Exit 67 (FM 468)	24 HRS ■ ■	M ■		□ ■ □	■	□	■	□		F F	□ ■	□	□ □		□ □ □	□	□ □ □	□	■	■ ■	V W	B B	F B B	B B	■	■ ■ ■
H 4	Cotulla, 78014 830-879-6398	Tetco Store #70 (Chevron) I-35 Exit 67 (FM 468)	24 HRS ■ ■	XL		□ ■ □	■	□	■	■ □		F C	□ ■	■ ■ ■	□ □		□	□	□ □ □			■	V W	B B	F B B	B B	■	■ ■ ■
F 7	Crockett, 75835 936-545-1915	Express Truck Stop (Exxon) US 287 & Loop 304 E	24 HRS ■ ■	M ■ ■		□ □ □	■	□ □ □	■ ■			F C	□ ■		□ □		□ □ □	□			■		V W	B B	F B	B	■	■ ■ ■
H 4	Crystal City, 77839 830-374-0044	Cleo's Travel Center #7 (Shell) 1901 US 83	24 HRS ■ ■	S ■ ■		□ ■ □	■	□	■	□		F C F	□ ■		□ □		□ □	□	□		□ ■	■	V W	B F	F B	B B	■	■ ■ ■
G 5	D'Hanis, 78850 830-363-5100	Country Twin US 90 & FM 411	■ ■ ■	S ■			■		■			F C							□		■			B B		B B	■	■ ■ ■
G 5	D'Hanis, 78850 830-363-4290	Pico #20 (Chevron) US 90 (2/10 mi E of CR 2200)	■ ■ ■	S ■		□ ■ □	■	□ □		□			□ ■						□ □ □			■ ■	V W		F			■ ■ ■
D 7	Daingerfield, 75638 903-645-3880	Topps Food & Fuel (Exxon) US 259 & TX 49 (Broadnax St)	24 HRS ■ ■	S		□ ■ □	■	□ □		□		F C	□								■	■	V W	B B	F	B	■	■ ■ ■
C 2	Dalhart, 79022 806-244-6496	Express Lane #4 (Conoco) 1107 US 87-385 S	24 HRS ■ ■	S ■ ■		□ ■ □	■	□ □	■ ■	■ □		F C U	□ ■	□ □ □	□ □		□	□	□ □ □		■	■ ■	V W	B B	B B	B B	■	■ ■ ■
C 6	Dallas (1), 75220 214-358-2025	Friendly's Fina Mart Harry Hines & NW Hwy	24 HRS ■ ■			□ □ □	■	□ □ □		□			□				□		□ □			■ ■ ■	■ V W	B	F			■ ■ ■
C 6	Dallas (1), 75207 214-651-8927	Knox Super Stop (Fina) I-35 Exit 430 C (Wycliff W & Irving)	24 HRS ■ ■	S ■		□ □ □	■		■ ■	□	DAT	■ F C T	□	CAT	□ □	□	□ □ □	□ □	□ □ □	□ □	■	■	V W	B B	F B B	B B	■	■ ■ ■
C 6	Dallas (2), 75232 972-224-5970	Love's Travel Stop #294 I-20 Exit 466 (S Polk S)	24 HRS ■ ■	M ■		□ ■ ■ □	■	□ □ □	■ ■	□	■	■ F C U F T	□ ■	CAT	■ ■				■		■ ■ ■	■	■ V W	B B	F B	B B	■	■ ■ ■
C 6	Dallas (2), 75241 972-228-9290	USA Travel Center I-20 Exit 470 (TX 342 - Lancaster Rd N)	24 HRS ■ ■	L ■ ■		□ ■ ■ □	■ ■	□	■ ■		DAT	F C U F T		CAT	□ □		□ □	□ □	□ □ □	□ □	■	■ ■	■ W	B B	B	B B	■	■ ■ ■
C 6	Dallas (2), 75241 972-228-2467	Pilot Travel Center #433 I-20 Exit 470 (TX 342 - Lancaster Rd S)	24 HRS ■ ■	XL ■		■ ■ □	■ ■		■ ■	■	DAT ■	■ F C U F T	■	CAT	□ □		□ □	□ □	□ □ □	□ □	■	■ ■ ■	■ ■ V W	B B	F B	B B	■	■ ■ ■
C 6	Dallas (2), 75241 972-225-3566	Flying J Travel Plaza #05520 (Conoco) I-20 Exit 472 (Bonnieview Rd N)	24 HRS ■ ■ ■	XL ■		24 HRS ■ ■ □	■ ■		■ ■	■ ■	■	F C U F T	□			■ ■	■ ■ ■	■	□ □ □	■ ■	■ ■ ■	■	V W	B	B B	B	■	■ ■ ■
C 6	Dallas (2), 75241 469-941-3150	TravelCenters of America/Dallas S I-20 Exit 472 (Bonnieview Rd S)	24 HRS ■ ■	XL$ ■		□ ■ □	■ ■		■ ■	■ ■	DAT ■ TA	■ F C U F T	■	CAT		■ ■	■ ■	■ A	□ □ □	□ □	■ ■	■ ■	■ ■ W	B B	B	B B	■	■ ■ ■
C 6	Dallas (3), 75253 972-557-0119	Marlow's Fuel Center (Shell) I-20 Exit 479 (US 175 SE)	24 HRS ■ ■	S ■		■ □	■					F C	□		□ □		□ □	□	□ □ □		□	■ ■ ■	■ V W	B B	F B	B B	■	■ ■ ■
D 5	Decatur, 76234 940-627-1549	Allsup's #103 (Fina) 1305 US 287 S	24 HRS ■ ■	S ■		□ ■ □	■	□ □				□	□ ■		□ □		□ □		□ □ □			■ ■	V W	B				■ ■ ■
D 5	Decatur, 76234 940-627-4288	MVP Fuels (Shell) 1306 US 380 E	24 HRS ■ ■	S ■ ■		□ ■ □	■	□		□		F C	□ ■						□ □ □		■	■ ■	V W	B B	F B B	B B	■	■ ■ ■
D 5	Decatur, 76234 940-627-8377	Shell Deli Mart #2 US 287 & FM 730 N	24 HRS ■ ■	M ■ ■		□ ■ □	■	□ □ □		□		□	□ ■		□		□ □		□ □ □		■	■	V W	B	B	B		■ ■ ■
D 7	DeKalb, 75559 903-667-3161	Texas 192 Truck Stop I-30 Exit 192 (FM 990)	24 HRS ■ ■	M ■		■	■ ■		■ ■			F C	■		■ ■	■	■	■	■ ■ ■		■		V W	B B	B	B B	■	■ ■ ■
G 3	Del Rio, 78840 830-775-1604	Pico # 2 (Shamrock) 1300 East Gibbs	24 HRS ■ ■			□ ■ □	■	□ □ □		□		□	□ ■	□ □ □	□ □	□	□ □ □	□	□ □ □	□ □		■ ■	V W		F	F		■ ■ ■

THE TRUCKER'S FRIEND® - TEXAS

How to interpret the page

■ means available at truck stop □ means available nearby

in the overnight lot column: S means room for 5 - 24 trucks; M means room for 25-74 trucks; L means room for 85-149 trucks; XL means room for 150+ trucks; $ means a parking fee may be charged

code at left-hand side of rows is the state map grid reference

a key to advertising logos is on page 25

Services may change without notice. When in doubt, call ahead.

Column groups: Motor Fuel (Truck Diesel, Self Service Diesel, Metered Propane, Gasoline); Driver Services – Parking (Overnight Lot, Paved Lot, Trailer Drop, Electric Plug-Ins, Safe Haven/Hazmat), Food (Restaurant, Fast Food, Table Phones), Stores (Convenience, Motel, Trucker/Travel, Shopping Center, Walmart/Kmart, Grocery), Showers (Ladies, Men's), Communication (TV/Drivers Lounge, Laundry, Load Monitor, Internet Kiosk, Wi-Fi Hotspots, Document Scanning, Public Fax/Copier, UPS/FedEx/Tripp Box, Religious Services, State Lottery); Vehicle Services – Scales, Tires (Axle, Platform, Certified, New Tire Sales), Repairs (Repairs, Shop Open 24 Hrs, DOT Inspection, Major Repairs, Minor Repairs, Oil Change/Lube, Minor Welding, AC/Reefer), Road Svcs (CB, Tire, Mechanical, Towing), Wash (Truck (Exterior), Trailer Washout); RV Info (RVs Welcome, Dumping Station, Propane (Bottle)); Financial Services (ATM, Can Wire Money Out, Money Orders, NATSO Check-Link, Western Union, Voyager/Wright Express, Comdata (Comchek)); Permit Svcs (EFS, Fuel Man, Multi Service); Credit Cards (T-Chek, TCH, Fleet One, Buy/Pay at Fuel Desk, All Prepaid Permit Svcs, American Express, Visa/MasterCard, Discover)

C=Checks F=Fuel Cards B=Both

Grid	City / Phone	Truck Stop / Location	Motor Fuel	Parking	Food	Stores	Showers	Communication	Scales	Tires	Repairs	Road Svcs	Wash	RV Info	Financial Services	Permit Svcs	Credit Cards
G 3	Del Rio, 78840 830-774-1881	Town & Country #210 2200 Spur 239 (W of Farley St)	24 HRS ■ ■	S	■ ■	□ ■	■	■ ■	F C	□ ■	□ □			■	■ ■ W	B B F	B B B ■ ■ ■
G 3	Del Rio, 78840 830-774-5670	Del Rio Fisherman's HQ (Chevron) US 90 W & US 277	■ ■ ■			■ □ □	■ □ □	■ ■ □		□ □ □		□		□	■ V W	B	B ■ ■ ■
B 5	Denton, 76201 940-566-6701	Golden Express (Conoco) I-35 Exit 469 (US 380)	24 HRS ■ ■	S	■	□ □ □	■ ■ □ □ □	□	F C	□ ■ □	□ □	□ □		■	■ V W	B B F	B B B B ■ ■ ■ ■
B 5	Denton, 76201 940-383-1455	TravelCenters of America (Conoco) I-35 Exit 471 (US 77 E) [TA]	24 HRS ■ ■	XL	■ ■	24 HRS ■ ■ □	■ ■ □ □	■ ■ ■ DAT ■ ■	F U C T	■ CAT	BF ■ ■ □ ■ ■ ■	A	■ ■ □ □ □		■ ■ W	B B F B	B B ■ ■ ■ ■
B 5	Denton, 76201 940-383-1655	Sunpower Travel Plaza I-35 Exit 471 (US 77 W)	24 HRS ■ ■	L	■ ■	■ □ ■ □	■ ■ □ □ □	■ ■ ■	F U C F	□ CAT	■ ■ ■ □ ■ ■ ■ ■	A R	■ ■ ■ □	■ ■ □	■ V W	B B	B B B B ■ ■ ■ ■
B 5	Denton, 76207 940-320-6022	Howdy Doody # 14 (Fina) I-35 Exit 471 (US 77 W)	■ ■ ■	S	■	□ □	■ □			□ ■	□ □ □	□ □ □		□	■ W		■ ■ ■
E 6	Dew, 75860 903-389-2672	Jet Travel Plaza (Exxon) I-45 Exit 189 (TX 179)	24 HRS ■ ■	XL	■ ■	■	■ ■	■ ■ ■ ■	F C	■	■ ■	■	■ ■ □		■ ■ V W	B B F B	B B B ■ ■ ■ ■
F 7	Deweyville, 77632 409-746-2000	Super Stop #22 (Chevron) TX 87 & TX 12 E	24 HRS ■			■	■		F C	■					■ ■ ■ ■ V W	B B F	B B ■ ■ ■ ■
F 7	Diboll, 75941 936-829-5308	Polk's Pick It Up # 8 (Mobil) 605 US 59 (in town)	24 HRS ■ ■			□ □	■ □		F C	□ □ ■	□	□ □	□ □ □		■ ■ V W		■ ■ ■ ■
F 7	Diboll, 75941 936-829-5691	Okay Food Store # 15 (Shamrock) 701 US 59 S	24 HRS ■			□ □ □	■ □	□		□ ■ □ □ □	□ □	□ □ □	□ □ □ □		■ V W	C F	■ ■ ■
H 5	Dilley, 78017 830-965-1818	Cleo's Travel Center # 3 (Shell) I-35 Exit 84 (TX 85)	24 HRS ■ ■	M	■ ■	□ ■ ■ □	■ ■ □	■ □ DAT	F F C	□ ■ □	□ □	□ □ □	□ □ □ □ □		■ ■ V W	B B F	B B B ■ ■ ■ ■
H 5	Dilley, 78017 830-965-1537	Frio Self Serve (Shamrock) I-35 Exit 84 (TX 85)	■ ■ ■	S	■ ■	□ ■ □	■ □	■ □		□ ■ □ □	□ □	□ □ □	□ □ □	■	■ V W	B B	B B ■ ■ ■
D 2	Dimmitt, 79027 806-647-4241	Town & Country #142 (Chevron) US 385 N (in town)	24 HRS ■			□ ■ □	■ □	□		■					■ ■ V W	F	■ ■ ■
D 7	Domino, 75572 903-796-9131	Food Fast (Exxon) US 59	■ ■ ■	S	■	■	■	□	F C	□ ■	□	□	□		■ V W	F	■ ■ ■ ■
H 5	Driscoll, 78351 361-387-8627	Economy Oil #270 710 US 77 S	24 HRS ■			■	■ □			□ ■					■ ■ V W		■ ■ ■
C 3	Dumas, 79029 806-935-7214	Express Lane #6 (Shamrock) 403 US 287 N (N end of town)	■ ■ ■			□ □ □	■ □ □ □	□	F	■		□ □ □	□ □ □	□	■ ■ V W	B B	B B ■ ■ ■ ■
C 3	Dumas, 79029 806-935-2615	Express Lane #104 (Shamrock) US 287 S	24 HRS ■ ■	M	■ ■	□ □ □	■ ■ □ □ □	■ ■ ■ □	F C	□ □ ■ □ □ □	□ □	□ □ □	□ □ □ □	■ □	■ V W	B B	B B B B ■ ■ ■ ■
G 6	Eagle Lake, 77432 979-234-2003	Buc-ee's #24 (Exxon) 505 US 90 Alt E	24 HRS ■			□ □ □	■							□ □	■ V W	B B F B	B B B ■ ■ ■ ■
G 6	Eagle Lake, 77434 979-234-3334	East Main Service Station 917 US 90 Alt E	■ ■ ■			□ □	□	□		□ □ □ □ □	■ ■	□ □					■ ■ ■
H 4	Eagle Pass, 78852 830-758-1712	Mr Cartender #4 (Exxon) 3002 US 57	24 HRS ■ ■	XL	■ ■	□ ■ □	■ ■ □ □ □	■ ■ ■ □	F C	□ ■ CAT	□ □	□ □ □ □ □	□ □ □ □ □	■ □ ■	■ ■ V W	B B	B B B B ■ ■ ■ ■
H 4	Eagle Pass, 78852 830-773-1659	Valley Mart # 9 (Exxon) US 277	■ ■ ■	M	■	□ ■ □	■ □ □	□	C	□ ■ □	□ □	□ □ □ □ □	□ □ □ □ □	■ ■ ■	■ V W	B B	■ ■ ■ ■
H 4	Eagle Pass, 78852 830-773-2230	Mr Cartender #3 (Shell) US 277	24 HRS ■ ■	XL	■ ■	□ ■ ■ □	■ ■ □ □	■ ■ ■ ■	F C	□ ■	□ □	□ □ □ □ □	□ □ □ □ □ □	■ ■ ■ ■	■ V W	B B	B B ■ ■ ■ ■
H 4	Eagle Pass, 78853 830-773-5125	Cartender #5 (Shell) US 57 & US 277 (E junction)	24 HRS ■			■ □ ■	■ □ □ □		U F	□ ■ □ □ □	■ ■ ■	■ ■ ■ ■		■ ■ □	■ V		■ ■ ■
F 5	Early, 76802 325-643-2792	Taylor Petroleum #71 (Chevron) 130 US 67-84-377	■ ■ ■	S	■	□ □ □	■ □ □ □	□		□ ■				■ □	■ V W	F	■ ■ ■
E 5	Eastland, 76448 254-629-3822	Red Star Truck Terminal (Shell) I-20 Exit 340 (Hwy 6)	24 HRS ■ ■	M	■ ■	24 HRS □	■ ■ □ □ □	□	F C	□	□ □	□ □ □ □	□ □ □	■	■ V W	B B	B B ■ ■ ■ ■
F 6	Eddy, 76524 254-859-3782	Cefco #47 (Shell) I-35 Exit 315	24 HRS ■ ■	S	■ ■	□ ■	■ ■ □	□ ■ ■ DAT		□ ■ □ □ □ □	□ □	□ □ □ □ □	□ □ □		■ ■ V W	B B F B	B B B ■ ■ ■ ■
I 5	Edinburg, 78541 956-383-0788	TravelCenters of America (Conoco) 8301 US 281 N & FM 2812 (5 mi N of town) [TA]	24 HRS ■ ■	L	■ ■	24 HRS ■ ■ ■	■ ■	■ ■ ■ DAT ■ ■	F U C T	■ ■ ■ ■ ■	BF ■	■ ■ ■ A	■ ■ □	■ ■ □	■ ■ V W	B B F B	B B ■ ■ ■ ■ ■
I 5	Edinburg, 78539 956-316-1782	Love's Travel Stop #284 8420 US 281 N & FM 2812 (5 mi N of town)	24 HRS ■ ■	M	■	□ ■ □ ■	■ ■	■ ■ DAT	F T C F	■ CAT	□ □	□ □ □	□ □ □	■	■ ■ V W	B B F B	B B ■ ■ ■ ■

THE TRUCKER'S FRIEND® - TEXAS

How to interpret the page

■ means available at truck stop □ means available nearby

In the overnight lot column:
- S means room for 5 - 24 trucks
- M means room for 25-74 trucks
- L means room for 85-149 trucks
- XL means room for 150+ trucks
- $ means a parking fee may be charged

Code at left-hand side of rows is the state map grid reference.
A key to advertising logos is on page 25.

Services may change without notice. When in doubt, call ahead.

Column groups: Driver Services (Motor Fuel: Truck Diesel, Self Service Diesel, Metered Propane, Gasoline; Parking: Overnight Lot (S), Paved Lot, Trailer Drop; Food: Safe Haven/Hazmat, Electric Plug-ins, Restaurant, Fast Food; Stores: Table Phones, Motel, Convenience, Trucker/Travel, Shopping Center, Walmart/Kmart, Grocery; Showers: Ladies, Men's; Communications: TV/Drivers Lounge, Laundry, Load Monitor, Internet Kiosk, Wi-Fi Hotspots, Document Scanning, Public Fax/Copier, UPS/FedEx/Trippak Box, Religious Services, State Lottery) – Vehicle Services (Scales; Tires: Axle, Platform, Certified; Repairs: New Tire Sales, Repairs, Shop Open 24 Hrs, DOT Inspection, Major Repairs, Minor Repairs, Oil Change/Lube; Road Svcs: Minor Welding, AC/Reefer, CB, Tire, Mechanical, Towing; Wash: Truck (Exterior), Trailer Washout) – RV Info (RVs Welcome, Dumping Station, Propane (Bottle)) – Financial Services (ATM, Can Wire Money Out, Money Orders, Natso Check-Link, Western Union, Voyager/Wright Express, Comdata (Comchek), EFS, Fuel Man, Multi Service, TCH, T-Chek, Fleet One; C=Checks, F=Fuel Cards, B=Both) – Permit Svcs (Buy/Pay at Fuel Desk, All Prepaid Permit Svcs) – Credit Cards (American Express, Visa/Mastercard, Discover)

Grid	City / Phone	Truck Stop / Location	Motor Fuel	Parking / Food	Stores	Showers	Communications	Scales	Tires	Repairs	Road Svcs	Wash	RV Info	Financial Services	Permit Svcs	Credit Cards
G 6	Edna, 77957 / 361-782-6700	Love's Travel Stop #297 / US 59 N & Milby Rd	24HRS ■ ■	M ■ ■	□ ■ ■ □	■	□ □ ■ ■ □ ⏻ ■	F C U	□ ■	CAT □ □	□		□ □ □	■ □ ■ ■ V W B B F B B B	■	■ ■ ■
G 6	El Campo, 77437 / 979-543-4841	MC Food Mart (Citgo) / 1514 US 59 W Bypass	■ ■ ■	M ■	■ □	■	□	F C	□ ■	□ □	□ □ □ □		□ □ □	■ ■ V W B B F B B B	■	■ ■ ■
G 6	El Campo, 77437 / 979-543-7722	Star Jet Truck Stop (Exxon) / 21411 US 59 E & FM 960	24HRS ■ ■	M ■ ■	24HRS □ □	■ ■	□ □ ■ ■ ■	F C □	□ ■	□ □ □ □	□ □ □		□ □ □	■ ■ V W B B B B B B	■	■ ■ ■
F 1	El Paso, 79915 / 915-772-1441	El Paso Truck Terminal (Chevron) / I-10 Exit 25 (Airway Blvd)	24HRS ■ ■	XL ■ ■	■ □ ■ □	■ ■	□ □ □ ■ ■ □ DAT ■	F C U F T	□ ■	□ □ □ ■ ■			■ □	■ ■ ■ ■ ■ V W B B B B B	■	■ ■
F 1	El Paso, 79927 / 915-852-4141	AMBEST El Paso Travel Plaza (Exxon) / I-10 Exit 37 (Horizon Blvd)	24HRS ■ ■	XL ■ ■	24HRS ■ ■ □	■ ■	□ □ ■ ■ ■ ■ DAT ■	F C U F T	□ ■	CAT B F ■	□ ■ ■ ■	A □	■ ■ □ □ □	■ □ ■ B B F B B B	■	■ ■ ■
F 1	El Paso, 79927 / 915-859-3911	PETRO Petro Stopping Center # 1 / I-10 Exit 37 (Horizon Blvd)	24HRS ■ ■	XL ■ ■ ■	24HRS ■ ■ □	■ ■	□ ■ ■ ■ ■ DAT ⏻ ■	F C U F T	■ ■	CAT B F ■ ■	□ ■ ■ ■	A ■	■ ■ □ □ □	■ □ ■ V W B B B B B	■	■ ■ ■
F 1	El Paso, 79927 / 915-852-4021	Love's Travel Stop #214 / I-10 Exit 37 (Horizon Blvd)	24HRS ■ ■	M ■ ■	□ ■ ■ □	■ ■	□ ■ ■ □ ⏻ ■	F C U T	■	■ ■ ■ □ □	□ □ □ □ □ □	□	□ □ □ □	■ ■ ■ ■ V W B B F B B B	■	■ ■ ■
E 6	Elm Mott, 76640 / 254-829-2133	Ed's Truck Stop (Shell) / I-35 Exit 343 (FM 308 E)	24HRS ■ ■	M ■ ■	■ ■ ■ □	■	□ □ ■ ■ ■	F C	□ ■	■ ■ ■ ■ ■ ■	■ ■ ■ ■ ■	A	□ □ □ ■ ■	■ □ ■ ■ ■ V W B B F B B	■	■ ■ ■
D 6	Emory, 75440 / 903-473-2180	Max-A-Mart (Fina) / US 69 & TX 19	24HRS ■ ■	S ■	□ ■ □	■	□ □		□ ■	□ □ □				■ ■ ■ ■ ■ W		■ ■ ■
H 4	Encinal, 78019 / 956-948-7044	Love's Travel Stop #298 / I-35 Exit 39 (TX 44)	24HRS ■ ■	L ■	■ ■		■ ■ DAT ⏻ ■	F C U F	□ ■	CAT □ □	□ □ □		□ □	■ ■ ■ ■ V W B B F B B B	■	■ ■ ■
D 6	Ennis, 75119 / 972-875-3500	Tiger Mart #23 (Exxon) / 2200 TX 34	24HRS ■ ■	$S ■ ■	24HRS □ □	■ ■	□ □ □ □		□ ■				□ □ □ □	■ □ ■ ■ ■ ■ ■ V W B B F B B		■ ■ ■
D 6	Ennis, 75119 / 972-875-9995	Kwik Mart #6 (Fina) / I-45 Exit 249 (US 75)	24HRS ■ ■	S	■	■		F C						□ ■ V W B F F B	■	■ ■ ■
F 1	Esperanza, 79851 / 915-769-1300	Tiger Travel Plaza / I-10 Exit 87	24HRS ■ ■	XL ■ ■	24HRS ■ ■	■ ■	■ ■ ■ ■	F C	■	■ ■ ■	■ ■ ■		■ ■ ■	■ ■ ■ W B B B B B	■	■ ■ ■
C 7	Eustace, 75124 / 903-425-3081	Kidd Jones #8 (Exxon) / 206 US 175	24HRS ■ ■		■	■	□		□ ■				□ □ □	■ V W F		■ ■ ■
E 6	Fairfield, 75840 / 903-389-2907	Bond Texaco Truck Center / I-45 Exit 197 (US 84)	24HRS ■ ■	M ■ ■	□ □	■	□ ■ □	U	□ ■	□ □ □ □ □	□ □ □ □		□ □ □	■ □ ■ V W B B B B B B		■ ■ ■
E 6	Fairfield, 75840 / 903-389-2976	I-45 Shell Truck Stop / I-45 Exit 197 (US 84)	24HRS ■ ■	M ■ ■	24HRS □ □	■	□ □ ■ □	F C F	□ ■	■ ■ ■ ■	■ ■ ■ □		■ ■	■ ■ V W B B F B B B	■	■ ■ ■
E 6	Fairfield, 75840 / 903-389-3967	Love's Travel Stop #288 / I-45 Exit 198	24HRS ■ ■	M ■ ■	□ ■ ■ □	■ ■	□ ■ ■ □ ⏻ ■	F C □	□ ■	□ □	□ □ □ □ □ □ □		□ □ □	■ ■ ■ ■ V W B B F B B B	■	■ ■ ■
I 5	Falfurrias, 78355 / 361-325-1337	Circle K #2180 (Citgo) / US 281 & TX 285	24HRS ■ ■	S ■	■ □	■	□ □ □ □	F C	□ ■	□			□ □ □	■ □ ■ ■ ■ V W B B F B B B B	■	■ ■ ■
B 3	Farnsworth, 79033 / 806-435-2467	Imo's Country Store #4 / TX 15	■ ■ ■		■	■								V W		■ ■ ■
G 6	Flatonia, 78941 / 361-865-9399	Flatonia Country Store (Shell) / I-10 Exit 661 (FM 609 S)	24HRS ■ ■	M ■ ■	□ ■ □	■	□ ■ ■ ■ □ ⏻	F C F	□ ■	□ □	□ □ □		□ □ □	■ ■ ■ ■ V W B B F B B B B	■	■ ■ ■
G 6	Flatonia, 78941 / 361-865-2703	Stockman's Travel Center (Mobil) / I-10 Exit 661 (TX 95 N)	■ ■ ■	M ■ ■	□ □ □	■ ■	□ ■ ■ ■ □	F C	□ ■	□ □	□		□ □ □	■ ■ ■ ■ ■ V W B B F B B B B	■	■ ■ ■
D 3	Floydada, 79235 / 806-983-5532	Uncle's Convenience Store (66) / 902 US 70 N	■ ■ ■		□ □ □	■	□ □		□ ■	□ □	□ □ □ □ □		□ □ □ □	□ ■ V W F		■ ■ ■
C 6	Forney, 75126 / 972-564-5577	Payless Fuel Center (Shell) / US 80 & TX 740	24HRS ■ ■	S	□ ■ ■ □	■	■ ■ ■ DAT	F C	■					■ ■ ■ ■ B B B	■	■ ■ ■
C 6	Forney, 75126 / 972-552-9021	Knox Super Stop / US 80 W & FM 460	24HRS ■ ■	M ■ ■	□ ■ □	■ ■	□ ■ ■ ■ ■ DAT ⏻	F C T	□ ■	CAT □ □	□ □ □		□ □ □	■ V W B B F B B B B	■	■ ■ ■
F 2	Fort Stockton, 79735 / 432-336-9713	Comanche Springs Truck Terminal (Exxon) / I-10 Exit 257 (US 285)	24HRS ■ ■	L ■ ■	24HRS □ ■ □	■ ■	□ □ □ ■ ■ ■ ■ ■	F C U F	□ ■	□ ■ ■	□ □ □ □		■ □ □ □ □	■ □ ■ V W B B F B B B B	■	■ ■ ■
F 2	Fort Stockton, 79735 / 432-336-7737	Town & Country #113 (Chevron) / I-10 Exit 257 (US 285)	24HRS ■ ■	S ■	□ □	■	□ □ □		■	□ □	□ □ □ □		□ □ □	□ ■ ■ ■ V W F		■ ■ ■
F 2	Fort Stockton, 79735 / 432-336-5900	Johnny's Circle N Food Store (Fina) / I-10 Exit 259 B (TX 18)	24HRS ■ ■	S ■ ■	□ ■ ■	■ ■	□ □ ■ ■ ■ ■	F C □	□ ■ □	■ ■	□ ■ □ ■ □		■ ■ □ □ □	■ □ ■ V W B B B B B B	■	■ ■ ■
F 2	Fort Stockton, 79735 / 432-336-8677	Oasis Travel (Shell) / I-10 Exit 259 B (TX 18)	■ ■ ■	S ■ ■	□ ■ ■	■		F C	□ ■	□ □			□ □ □	■ □ ■ V W B B B	■	■ ■ ■

THE TRUCKER'S FRIEND® - TEXAS

How to interpret the page

■ means available at truck stop □ means available nearby

In the overnight lot column:
- S means room for 5 - 24 trucks
- M means room for 25-74 trucks
- L means room for 85-149 trucks
- XL means room for 150+ trucks
- $ means a parking fee may be charged

code at left-hand side of rows is the state map grid reference

a key to advertising logos is on page 25

Services may change without notice. When in doubt, call ahead.

Column headings:
- **MOTOR FUEL:** TRUCK DIESEL, SELF SERVICE DIESEL, METERED PROPANE, GASOLINE
- **Driver Services:** PARKING: OVERNIGHT LOT ($), PAVED LOT, TRAILER DROP, ELECTRIC PLUG-INS, SAFE HAVEN/HAZMAT; FOOD: RESTAURANT, FAST FOOD, TABLE PHONES; STORES: MOTEL, CONVENIENCE, TRUCKER/TRAVEL, SHOPPING CENTER, WALMART/KMART, GROCERY; SHOWERS: LADIES', MEN'S; TV/DRIVERS LOUNGE, LAUNDRY; COMMUNICATION: LOAD MONITOR, INTERNET KIOSK, WI-FI HOTSPOTS, DOCUMENT SCANNING, PUBLIC FAX/COPIER, UPS/FEDEX/TRIPPAK BOX, RELIGIOUS SERVICES, STATE LOTTERY
- **Vehicle Services:** SCALES; TIRES: AXLE, PLATFORM, CERTIFIED, REPAIRS, NEW TIRE SALES; REPAIRS: SHOP OPEN 24 HRS, DOT INSPECTION, MAJOR REPAIRS, MINOR REPAIRS, OIL CHANGE/LUBE, MINOR WELDING, AC/REEFER; ROAD SVCS: CB, TIRE, MECHANICAL, TOWING; WASH: TRUCK (EXTERIOR), TRAILER WASHOUT
- **RV Info:** RVs WELCOME, DUMPING STATION, PROPANE (BOTTLE)
- **Financial Services:** ATM, CAN WIRE MONEY OUT, MONEY ORDERS, NATSO CHECK-LINK, WESTERN UNION, VOYAGER/WRIGHT EXPRESS, COMDATA (COMCHEK), EFS, FUEL MAN, MULTI SERVICE, TCH, T-CHEK, FLEET ONE (C=Checks, F=Fuel Cards, B=Both)
- **Permit Svcs:** BUY/PAY AT FUEL DESK, ALL PREPAID PERMIT SVCS
- **Credit Cards:** AMERICAN EXPRESS, VISA/MASTERCARD, DISCOVER

Grid	Location / Phone	Truck Stop / Address	Motor Fuel	Driver Services	Vehicle Services	Wash / RV Info	Financial Services	Fuel Cards / Permit Svcs	Credit Cards
F 2	Fort Stockton, 79735 432-336-8002	7-D Exxon I-10 Exit 261 (7-D Rd)	24HRS ■ ■	M ■ ■ ■ ■	■		■ ■ V/W	B B B B	■ ■ ■
C 5	Fort Worth, 76140 817-293-5118	Love's Travel Stop #281 I-35 W Exit 40	24HRS ■ ■	S ■ □ ■ ■ □ ■ □ □ ■ ■ □ [power logo] ■	F/C T/F □ ■ □ □ □ □ □ □ □	□ □ □	■ ■ ■ ■ V/W	B B F B B B	■ ■ ■ ■
C 5	Fort Worth, 76134 817-293-4106	QuikTrip #873 (QT) I-35 W Exit 42 (Everman Pkwy E)	24HRS ■ ■	M ■ ■ □ □ □ ■ ■ □ □ [DAT logo]	F/C □ ■ ■ ■ ■ □ □ □ □ □	□ □ □	■ ■ V/W	B B B B B B	■ ■ ■ ■
C 5	Fort Worth, 76106 817-624-3975	Drivers Travelmart #412 I-35 W Exit 54	24HRS ■ ■	M ■ ■ □ ■ □ ■ ■ ■ ■ [DAT logo]	F/C U/F ■ [CAT logo] □ □ □ □ □	□ □ □ □ □	■ ■ V/W	B B B B B	■ ■ ■ ■
C 5	Fort Worth, 76106 817-626-4811	Super Lady #2 (Fina) I-35 W Exit 54 A (NW 28th St)	■ ■ ■	□ □ □ ■ □ □ □	F/C □ ■ ■		■ ■ V/W	B F	■ ■ ■ ■
B 5	Fort Worth (N), 76178 817-337-5324	Pilot Travel Center #434 I-35 W Exit 65	24HRS ■ ■	XL ■ 24HRS ■ ■ □ ■ ■ ■ ■ ■ [DAT logo] ■ [power logo] ■	F/C U/F/T ■ [CAT logo] □ □ □ □ □	□ □ □	■ ■ ■ ■ ■ ■ ■ V/W	B B F B B B	■ ■ ■ ■
F 5	Fredericksburg, 78624 830-997-3955	Crenwelge # 1 (Fina) 722 S US 87	■ ■ ■	□ □ □ ■ □ □ □ □	□ □ □ □ □ □ □	□ □ □	V		■ ■ ■
G 7	Freeport, 77541 979-239-2286	Jones Creek Korner Exxon 7102 TX 36 NW	■ ■	S$ ■ ■ ■	F/C ■	□ □ □	■ □ ■ V/W	B B B B B	■ ■ ■ ■
G 7	Freeport, 77541 979-233-1639	Buc-ee's # 7 (Texaco) TX 332 E & FM 523	24HRS ■ ■	■ ■ □			■ ■ V/W	F	■ ■ ■
H 5	Freer, 78357 361-394-6610	Circle K #2140 (Citgo) US 59 & TX 16	24HRS ■ ■	M ■ ■ □ ■ ■ □ ■ □ ■ □	F/C □ ■ □ □ □ □ □ □ □	□ □ □ □	■ □ ■ ■ ■ V/W	B B F B B B	■ ■ ■ ■
G 5	Friendly Corner, 78124 210-667-1131	Trainer Hale Truck Stop (Exxon) I-10 Exit 593 (Trainer Hale Rd SW)	■ ■ ■	M ■ ■ ■ ■ □ ■ ■ ■ ■	F/C ■ □ □ □ □ □ □ □ □	□ □ □ □ □	□ ■ V/W	B B F B B B	■ ■ ■ ■
C 2	Friona, 79035 806-247-8009	Allsup's #225 (Fina) 1411 US 60 W	24HRS ■ ■	M ■ □ ■ □ ■ ■ □	□ □ ■ □ □ □ □ □ □ □ □ □ □	□ □ □ □ □	■ ■ V/W	B C F C C C C	■ ■ ■
C 2	Friona, 79035 806-250-3347	Fast Stop Truck Wash 609 US 60 E (1 mi E of Hwy 214)	■ ■	S □ □ □ □ ■ ■	F/C F □ ■ ■ ■ □ □ □ □ □ □ □ □ □	□ □ □ ■ ■	■ ■ V/W	B B F C B C	■ ■ ■ ■
D 6	Gainesville, 76240 940-668-8518	E&M Mini Market (66) 1401 US 82 E	24HRS ■ ■	S ■ ■ □ □ □ ■ □ □ □ □	□ □ ■ □ □ □ □ □ □	□ □ □	■ ■ V/W		■ ■ ■
D 6	Gainesville, 76240 940-668-7336	Gainesville Truck Stop (Citgo) I-35 Exit 500	24HRS ■ ■	S ■ 24HRS □ □ ■ □ □ □ ■ ■	F/C U □ ■ □ ■ ■ ■ ■ ■ ■ ■	■ ■ □ ■ ■	■ ■ V/W	B B B B B	■ ■ ■ ■
D 6	Gainesville, 76240 940-665-9521	Hitchin' Post Truck Stop (Shell) I-35 Exit 500 (FM 372 W)	AMBEST 24HRS ■ ■	M ■ ■ 24HRS □ ■ □ ■ ■ □ □ ■ ■ ■ ■	F/C U □ ■ ■ ■ ■ ■ ■ ■ □ ■ ■ ■ A	■ ■ □	■ □ ■ V/W	B B F B B B	■ ■ ■ ■ ■
G 7	Galveston, 77554 409-740-2828	Harborside Food Mart (Citgo) I-45 Exit 1 C (8220 Harborside Dr)	■ ■ ■	S ■ ■ □ ■ ■ ■	F/C ■ □ □ □ □	□ □ □	■ ■ V/W	B B F B B B B	■ ■ ■ ■ ■
G 7	Galveston, 77554 409-740-7300	Island Food Mart (Shell) I-45 Exit 1 C (8224 Harborside Dr)	■ ■ ■	S ■ □ ■	■ □		■ ■ V/W	B F	■ ■ ■
G 6	Ganado, 77962 361-771-3504	Rip Griffin Truck/Travel Center (66) US 59 NE & TX 522	AMBEST 24HRS ■ ■ ■	L ■ ■ 24HRS ■ ■ ■ □ ■ ■ ■ ■ [DAT logo] ■ [power logo] ■	F/C T ■ [CAT logo] [BF logo] ■ ■ ■ ■ ■ ■ A/R	■ ■ ■	■ ■ ■ V/W	B B F B B B	■ ■ ■ ■
B 6	Garland, 75043 972-240-7156	Golden Express (Conoco) I-30 Exit 61 (Zion Rd)	24HRS ■ ■	□ □ □ ■ □ □ □	F/C U/F □ ■		■ V/W	B B F B B B	■ ■ ■ ■
F 5	Gatesville, 76528 254-865-5602	Pruitt's Shell 1316 N Loop 36	■ ■ ■	S ■ ■ □ ■ ■	■ ■ ■	□ □ □	■ ■ V/W	B B B B	■ ■ ■ ■
H 5	George West, 78022 361-449-2214	Circle K (Citgo) I-37 Exit 56 (US 59)	24HRS ■ ■	S ■ ■ ■ ■	■	□ □ □	■ ■ V/W	B B B	■ ■ ■
H 5	George West, 78022 361-449-3766	Circle K #2157 (Citgo) I-37 Exit 56 (US 59)	24HRS ■ ■	S ■ ■ ■ ■ ■ ■ ■	■		■ ■ ■ V/W	B B F B B	■ ■ ■
H 5	George West, 78022 361-449-2677	Petro Pantry #17 (Shell) I-37 Exit 56 (US 59)	24HRS ■ ■	M ■ ■ □ ■ □ □	■ □ □	□ □ □	■ ■ ■ W	B B B B B	■ ■ ■
H 5	George West, 78022 361-449-1633	George West Truck Stop (Shell) US 59 Bypass & US 281	24HRS ■ ■	S ■ ■ □ ■ □ ■ □ □	F/C □ ■ ■ ■ □ □ □	■ □ □	■ □ ■ V/W	B B B B B B	■ ■ ■ ■
F 5	Georgetown, 78626 512-863-7593	Sunmart #168 (Mobil) I-35 Exit 266 (FM 195)	24HRS ■ ■	S ■ ■ □ ■ ■	■		■ V/W	B B B B B B	■ ■ ■
G 6	Giddings, 78942 979-542-5795	Wilbert's Tire Center 2830 US 290 E	■ ■ ■	□ □ □ □ □ □ □	F/C □ □ ■ ■ ■ ■	■ □ □	□ V/W	B B B	■ ■ ■
G 6	Giddings, 79824 979-542-2650	Citgo 290 #1 4115 US 290	■ ■ ■	□ □ ■ □	■		■ V/W	B F B	■ ■ ■

THE TRUCKER'S FRIEND® - TEXAS

How to interpret the page

■ means available at truck stop □ means available nearby

In the overnight lot column:
S means room for 5 - 24 trucks
M means room for 25-74 trucks
L means room for 85-149 trucks
XL means room for 150+ trucks
$ means a parking fee may be charged

code at left-hand side of rows is the state map grid reference
a key to advertising logos is on page 25

Services may change without notice. When in doubt, call ahead.

Financial Services: C=Checks, F=Fuel Cards, B=Both

Grid	Location / Phone	Truck Stop / Address	Motor Fuel (Truck Diesel, Self Service Diesel, Metered Propane, Gasoline)	Parking (Overnight Lot ($), Paved Lot, Trailer Drop, Electric Plug-ins, Safe Haven/Hazmat)	Food (Restaurant, Fast Food, Table Phones, Motel)	Stores (Convenience, Trucker/Travel, Shopping Center, Walmart/Kmart, Grocery)	Showers (Ladies', Men's, TV/Drivers Lounge, Laundry)	Communications (Load Monitor, Internet Kiosk, Wi-Fi Hotspots, Document Scanning, Public Fax/Copier, UPS/FedEx/TripPak Box, Religious Services, State Lottery)	Scales (Axle, Platform, Certified)	Tires	Repairs	Road Svcs	Wash	RV Info	Financial Services (Propane (Bottle), ATM, Can Wire Money Out, Money Orders, NATSO Check-Link, Western Union, Voyager/Wright Express)	Fuel Cards (Comdata (Comchek), EFS, Fuel Man, Multi Service, TCH, T-Chek, Fleet One)	Permit Svcs (Buy/Pay at Fuel Desk, All Prepaid Permit Svcs)	Credit Cards (American Express, Visa/Mastercard, Discover)
E 7	Gilmer, 75644 903-762-2020	Midway Armadillo Truck Stop (Conoco) 8966 US 271 N	24 HRS ■ ■	M ■ ■	■ ■ ■	■	■ ■ ■ ■		F C	□ ■	□ □	□ □	□ □ □		■ ■ V W	B B F B B B B	■	■ ■ ■
G 5	Gonzales, 78629 830-672-4849	Buc-ee's #15 (Citgo) 114 US 90A W & US 183	24 HRS ■ ■		□ □ □	■					□ □	□ □ □	□ □ □		■ ■ V W	B B F B B B		■ ■ ■
F 7	Goodrich, 77335 936-365-2793	A-1 Stop (Mobil) 4727 US 59 (5 mi S of Livingston)	24 HRS ■ ■	M ■	□ ■ ■ □	■ ■ □			F	□	□ □	□ □ □ □ □ □	□ □ □		■ ■ V W	B B B	■	■ ■ ■
F 7	Goodrich, 77335 936-365-2353	Polk's Pick It Up #10 (Exxon) US 59 (in town)	24 HRS ■ ■	M ■ ■	□ ■ □	■ ■ □ □ □	□		F C	□ ■	□ □	□ □ □ □ □ □	□ □ □		■ □ ■ ■ V W	B B B	■	■ ■ ■
E 5	Gordon, 76453 254-693-5851	Bar-B Travel Plaza (Citgo) I-20 Exit 370 (FM 919)	24 HRS ■ ■	M ■ ■	24 HRS ■ ■ □	■	■ ■	DAT	F C F	■	■ ■ ■	■ ■ ■	■ ■ ■		■ □ ■ ■ ■ ■ V W	B B F B B B B	■ ■	■ ■ ■
C 6	Grand Prairie, 75050 972-262-4206	Fina Mart #1 1612 E Main	■ ■ ■		□ □ □	■ □	□		F C □	□ ■	□ □ □	□ □ □ □ □ □	□ □ □	■	■ ■ ■ ■ V W	C F C	■	■ ■ ■
C 6	Grand Prairie, 75050 972-642-4895	LDD Food Mart #1 (Conoco) 2970 Roy Orr Blvd (2 mi S of TX 183)	■ ■ ■		□ ■ □	■ □ □ □	□			□ ■				□	■ ■ W	B B		■ ■ ■
C 6	Grand Prairie, 75051 972-641-3329	Golden Express #2 (Conoco) I-20 Exit 454 (Great SW Pkwy N)	24 HRS ■ ■	S ■ ■	□ □ □	■ □ □ □	□		F C F	□ ■					■ □ ■ V W	B B F B B	■	■ ■ ■
D 4	Guthrie, 79236 806-596-4690	Super Quick (Shell) US 82 & US 83	■ ■ ■	S ■	■	■ □			F C	□ ■					■ □ V W	B	■	■ ■ ■
E 5	Hamilton, 76531 254-386-8850	Cefco Food Store (Exxon) 1101 TX 22-36 E	24 HRS ■ ■	S ■	□ ■	■ □	□			□ ■					■ ■ ■ V W	B C C		■ ■ ■
G 7	Hankamer, 77567 409-374-2222	Country Boys Country Store (Shell) I-10 Exit 812 (EB)/813 (WB)	24 HRS ■ ■	S	■ ■ □	■ □		■ ■	F C F	□ ■	□ □ □	□ □ □ □ □	□ □ □		□ ■ V W	B B F B B	■	■ ■ ■
I 5	Harlingen, 78550 956-421-4600	Speedy Stop #35 (Exxon) 4706 US 83 S	24 HRS ■ ■	S ■	□ ■ □	■ □ □			F C	□ ■					■ ■ ■ ■ V W	B B B B	■	■ ■ ■
I 5	Harlingen, 78550 956-428-9129	Southern Terminal (Exxon) US 77 S & Loop 499 (Primera Exit)	24 HRS ■ ■	L ■	■ ■ ■	■ ■	■ ■ ■ ■	DAT	F C U T		CAT ■ ■ ■	■ ■ ■ ■ A R	■ ■ □		■ □ ■ V W	B B B B B B	■	■ ■ ■
D 4	Harrold, 76364 940-886-2661	7-11 #218 (Fina) 19765 US 287 (1 mi S of town)	24 HRS ■ ■	M ■ ■	■ ■	■ ■	■ ■ ■		F C U F	■	CAT □ □ □	□ □ □ □ □	□ □ □	□	■ ■ ■ ■ ■ V W	B B F B B B B	■	■ ■ ■
B 5	Haslet, 76052 817-439-1298	Texas Travel Plaza (Shell) 13200 US 81-287	24 HRS ■ ■	S ■	■	■ ■			F C F	■	□ □				■ □ ■ ■ ■ V W	B B F B B B	■	■ ■ ■
F 6	Hearne, 77859 979-279-9112	Stop-N-Save US 79 & TX 6 N	■ ■ ■	S ■	□ ■ □	■ □			□	□ ■	□ □		□ □ □		■ □ W	B B F B		■ ■ ■
G 6	Hempstead, 77445 979-826-6500	Hempstead Truck Stop (Exxon) US 290 W & FM 1488	24 HRS ■ ■	M ■ ■	□ ■ □	■ ■ □ □ □	■ ■ ■ ■		F C T	□ ■	■ ■ ■ □ □		□ □ □		■ ■ V W	B B F B B B B	■	■ ■ ■
E 7	Henderson, 75652 903-655-0832	Super Shop #3 (Shell) 1113 US 79 N	■ ■ ■		□ ■ □	■ □			F C	■	□ □		□ □		■ ■ V W	B B F B B	■	■ ■ ■
C 2	Hereford, 79045 806-363-1030	Town & Country #211 2901 US 60 (E of US 385)	24 HRS ■ ■	M ■ ■	■	■ ■	■ ■		F C	■	□ □	□ □ □	□ □ □		■ ■ ■ V W	B B F B B B B	■	■ ■ ■
F 6	Hewitt, 76643 254-662-4771	Pilot Travel Center #432 I-35 Exit 328 (SE)	24 HRS ■ ■	XL ■ ■	■ ■	■ ■	■ ■ ■ ■	DAT ⏻ ■	F C U F T	□ ■	CAT □ □	□ □ □ □ □	□ □ □	□ □	■ ■ ■ ■ ■ ■ ■ V W	B B F B B B	■	■ ■ ■
G 7	Highlands, 77562 281-843-5020	Sunmart #136 (Mobil) I-10 Exit 787 (Crosby-Lynchburg S)	24 HRS ■ ■		□ □	■ □	□			□ ■	□ □ □	□ □ □	□	□	□ ■ ■ V W	B B	■	■ ■ ■
E 6	Hillsboro, 76621 254-582-8511	Sunmart #169 (Mobil) I-35 Exit 359 (FM 1304 W)	24 HRS ■ ■	M ■ ■	■	■ ■	■ ■ ■ ■		F C U	■ ■	□ □	□	□ □ □	□ □	■ ■ V W	B B B B B B	■	■ ■ ■
E 6	Hillsboro, 76645 254-582-3334	Knox Super Stop (Fina) I-35 Exit 364 A (FM 310)	24 HRS ■ ■	M	■ ■	■ ■	■ ■	DAT ⏻ ■	F C T	■	□ □	□	□ □ □		■ ■ V W	B B F B B B B	■	■ ■ ■
E 6	Hillsboro, 76645 254-582-7018	Quix'n (Shell) I-35 Exit 368 A (SB only)	24 HRS ■ ■		□ □ □	■ □ □ □	□			□ ■					■ ■ V W			■ ■ ■
E 6	Hillsboro, 76645 254-582-2101	Love's Travel Stop #231 I-35 Exit 368 A (TX 22 E)	24 HRS ■ ■	M ■ ■	□ ■ ■ □	■ ■ □ □ □	■ ■ □	⏻ ■	F C T F	□ ■	CAT □ □	□ □ □ □	□ □ □		■ ■ ■ ■ ■ V W	B B F B B B	■	■ ■ ■
G 6	Hockley, 77447 281-304-1900	Hwy 290 Shell Truck Stop 32150 US 290 & Becker Rd	24 HRS ■ ■	M ■ ■	■ ■	■	■ ■ ■	DAT	F C F	□ ■	■ ■ ■ □ □	□			■ ■ V W	B B F B B B	■	■ ■ ■
G 6	Hockley, 77447 281-373-5600	290 Express Way (Exxon) 32202 US 290 & Becker Rd	■ ■ ■	M ■	■	■				■					■ ■ V W			■ ■ ■
D 4	Holliday, 76308 940-692-1581	Kamay Y Convenience Store (Shell) 8682 US 82-277 & TX 258	■ ■ ■		■	■				■					■ W			■ ■ ■

THE TRUCKER'S FRIEND® - TEXAS

How to interpret the page

■means available at truck stop □means available nearby

in the overnight lot column: S means room for 5 - 24 trucks; M means room for 25-74 trucks; L means room for 85-149 trucks; XL means room for 150+ trucks; $ means a parking fee may be charged

code at left-hand side of rows is the state map grid reference

a key to advertising logos is on page 25

Services may change without notice. When in doubt, call ahead.

Column headings: Driver Services — MOTOR FUEL (Truck Diesel, Self Service Diesel, Metered Propane, Gasoline); PARKING (Overnight Lot ($), Paved Lot, Trailer Drop, Electric Plug-Ins, Safe Haven/Hazmat); FOOD (Restaurant, Fast Food, Table Phones); STORES (Motel, Convenience, Trucker/Travel, Shopping Center, Walmart/Kmart, Grocery); SHOWERS (Ladies, Mens, Laundry); COMMUNICATION (TV/Drivers Lounge, Load Monitor, Internet Kiosk, Wi-Fi Hotspots, Document Scanning, Public Fax/Copier, UPS/FedEx/Trippak Box, Religious Services, State Lottery). Vehicle Services — SCALES (Platform, Axle, Certified); TIRES (Repairs, New Tire Sales); REPAIRS (Shop Open 24 Hrs, DOT Inspection, Major Repairs, Minor Repairs, Oil Change/Lube, Minor Welding); ROAD SVCS (AC/Reefer, CB, Tire, Mechanical, Towing); WASH (Truck (Exterior), Trailer Washout). RV Info (RVs Welcome, Dumping Station, Propane (Bottle)). Financial Services (ATM, Can Wire Money Out, Money Orders, Natso Check-Link, Western Union, Voyager, Wright Express, Comdata (Comchek)). Permit Svcs (Multi Service, Fuel Man, EFS, TCH, T-Chek, Fleet One, Buy/Pay at Fuel Desk, All Prepaid Permit Svcs). Credit Cards (American Express, Visa/MasterCard, Discover). C=Checks F=Fuel Cards B=Both

Grid	Location / Phone	Truck Stop / Address	Fuel / Parking / Food	Stores / Showers	Communication	Scales / Tires	Repairs / Road Svcs	Wash / RV / Financial	Permit Svcs / Fuel Cards	Credit Cards
D 4	Holliday, 76366 940-586-1208	Kelly Propane US 82-277	■■■■	□		□		■ V		■■■
D 7	Hooks, 75561 903-547-7297	Willco Travel Stop (Citgo) I-30 Exit 208 (FM 560)	24 HRS ■ ■ S ■	□■ ■	□■■ □	F C	□□□ □□ □□□	□□□ ■ ■ ■ V W	B B F F B	■■■■
D 7	Hooks, 75561 903-547-6788	Diamond Shamrock #4509 I-30 Exit 208 (FM 560)	24 HRS ■ ■ M ■■	□■■ ■	□■■■□ DAT	F C U F □■	CAT □□ □□□□□□□□□	□□□ ■□■■ ■ V W	B B F B B B B	■■■■
G 7	Houston, 77041 713-849-5778	Charles' Conoco 11250 FM 529 (off US 290 NW)	■■ ■	□■ □■	□□ □	□□■	□□ □□□□□□□	□□□ ■ V W	F	■■■
G 7	Houston, 77047 713-413-8222	South Freeway Truck Stop (Texaco) 12602 US 288 S & Almeda-Genoa	24 HRS ■ ■ L	■■■ ■■	■■■■	F C F ■	CAT □□	□ ■ V W	B B B B B	■■■■
G 7	Houston, 77039 281-442-8505	Owen's Truck Stop 12609 US 59 N	■■ ■	□ □■	□ □	F C			B	■■■
G 7	Houston, 77049 281-458-0503	Royalwood Truck Stop (66) 13438 US 90	■■ ■	□ □■	□ ■ □	□■	□□□ □□□	□□□□ ■■■ V W	B B B B	■■■
G 7	Houston, 77049 281-454-4300	Sunmart #128 (Mobil) 15411 Wallisville & TX 8 E	24 HRS ■ ■ M ■	24 HRS ■□■ □□□	□	F C F □■	□	□□□ ■ V W	B B B	■■■■
G 7	Houston, 77032 281-219-0261	Handy Stop #39 (Shell) 1950 TX 8 N	24 HRS ■ ■	■ □■		■		■ ■ V W	B B F B B	■■■
G 7	Houston, 77015 281-452-0700	Handi Stop #32 (Shell) 5750 E Beltway 8 N & Wallisville Rd	24 HRS ■ ■ M ■	□■ □■ □□□	■ □	F C □■	□□ □□ □	□□□ ■ ■ V W	B B F B	■■■■
G 7	Houston, 77064 281-657-0690	Sunmart #201 (Mobil) 8110 TX 8 (NW) WB & Gessner	24 HRS ■ ■	□■ □■ □□□	□	F C □ ■	CAT □□	□□□ ■ ■ V W	B B B B B B	■■■■
G 7	Houston, 77061 713-644-2626	Time Mart #10 (Shell) 8250 TX 35 (W of airport)	■■ ■	□■ □■ □□□	□	F C □ □■	□□ □□ □	□□□ ■ V W	B B F B B	■■■■
G 7	Houston, 77013 713-670-3000	Truckers Paradise (66) 9221 Wallisville Rd	24 HRS ■ ■ L ■	□■ □■■	■■■■ DAT	F C U F T □■	□□□□ □□ □□□	□□□□ □ ■ ■ ■ V W	B B F B B B	■■■■
G 7	Houston, 77020 713-673-5926	Wayside Conoco I-10 Exit 773 A	24 HRS ■ ■	□□ □■	□ □	F C ■	□□ □□□□	□□□ ■ V W	B B B	■■■■
G 7	Houston, 77020 713-673-7276	Sunmart #314 I-10 Exit 773 A (N Wayside)	24 HRS ■ ■	□ ■	□	F C □ ■	□□□□ □□	□□□□□ ■	B B B B	■ ■
G 7	Houston, 77029 713-673-1415	Conner's Gas & Diesel I-10 Exit 773 B (3/4 mi S on McCarty)	■■ ■	□□ ■		F C □	□ □□ □□□□□	□□□□□	B C	■■■■
G 7	Houston, 77029 713-672-9666	Fleet Fuel Management (Citgo) I-10 Exit 773 B (McCarty)	■■ ■	□□ □			□□□ □□ □□□□□□	□□□		■■■
G 7	Houston, 77029 713-678-8949	Texas Truck Stop I-10 Exit 774 (S to 8772 Market)	24 HRS ■ ■ M ■■	□■■■□■ □□□	■■■■□	F C □■□	□□□□ □□ □□□□□	□□□□□□ ■ ■ ■	B B B B B	■■■■
G 7	Houston, 77015 713-453-6658	Sunmart #150 (Mobil) I-10 Exit 778 (Federal Rd)	■■ ■ S ■■	□■■■□■ □□	■ □	F C F □■		■ V W	B B	■■■■
G 7	Houston, 77015 713-450-2972	Normandy Truck Stop (Conoco) I-10 Exit 778 (Normandy)	24 HRS ■ ■	□□ □■ □□	□	F C F □■	□□ □□□	■	B B B B	■■■■
G 7	Houston, 77015 713-450-3440	Sunmart #149 (Mobil) I-10 Exit 781	24 HRS ■ ■	□■■■□■■ □□□□	■■ □	□■	□□ □□□□	□□□□ □ ■ V W	B B B B B	■■■
G 7	Houston, 77061 713-946-4413	Airport Gas Mart I-45 Exit 36 (Airport Blvd)	■■ ■	□□ □■ □□□	□	□■		■ W	B B B B B	■■■■
G 7	Houston, 77009 713-694-9898	Pilot Travel Center #383 I-45 Exit 50 A NB/50 SB (Patton St E)	24 HRS ■ ■ XL ■■	□■■■□■ □	■■■■ DAT (logo)	F C U F T □■	CAT □□ □□□ □	□□□□■■■ ■■ ■■ V W	B B F B B B	■■■■
G 7	Houston, 77076 713-694-1262	Sunmart #119 (Mobil) I-45 Exit 55 A	24 HRS ■ ■	□□ □■ □□	■ □	F C □■		■ V W	B B B B B	■■■■
G 7	Houston, 77037 281-445-0483	Sunmart #133 (Mobil) I-45 Exit 57 A (Gulf Bank Rd)	24 HRS ■ ■	□□ □■ □□□		■	□ □□ □	■ ■ V W		■■■
G 7	Houston, 77003 281-821-3279	Sunmart #190 (Mobil) I-45 Exit 62 (1 mi E to 702 Rankin)	24 HRS ■ ■ S	■ ■ □		□■			B B B B B B	■■■
G 7	Houston, 77062 281-209-0918	Sunmart #110 (Mobil) I-45 Exit 63	24 HRS ■ ■ S ■	■ ■ □		F C ■		■ ■ ■ V W	B B B	■■■■
G 7	Houston, 77090 281-893-0423	Flying J Travel Plaza #05094 I-45 Exit 64 (Richey Rd)	(logo) 24 HRS ■■■ XL ■	24 HRS ■■□ ■■□ □	■■■■ (logos)	F C U F T □	(logo) □□□□ □□ □□□	□□□ ■■■ ■ W	B B B B	■■■■

THE TRUCKER'S FRIEND® - TEXAS

How to interpret the page

■ means available at truck stop □ means available nearby

in the overnight lot column:
- S means room for 5 - 24 trucks
- M means room for 25-74 trucks
- L means room for 85-149 trucks
- XL means room for 150+ trucks
- $ means a parking fee may be charged

code at left-hand side of rows is the state map grid reference

a key to advertising logos is on page 25

Services may change without notice. When in doubt, call ahead.

Column groups: Driver Services (Motor Fuel: Truck Diesel, Self Service Diesel, Metered Propane, Gasoline; Parking: Overnight Lot ($), Paved Lot, Trailer Drop; Food: Electric Plug-Ins, Safe Haven/Hazmat, Restaurant, Fast Food, Table Phones; Stores: Convenience, Motel, Trucker/Travel, Shopping Center, Walmart/Kmart, Grocery; Showers: Ladies', Men's, TV/Drivers Lounge; Communications: Laundry, Load Monitor, Internet Kiosk, WiFi Hotspots, Document Scanning, Public Fax/Copier, UPS/FedEx/Trippak Box, Religious Services) – Vehicle Services (Scales: State Lottery, Axle, Platform, Certified; Tires: Repairs, New Tire Sales; Repairs: Shop Open 24 Hrs, DOT Inspection, Major Repairs, Minor Repairs; Road Svcs: Oil Change/Lube, Minor Welding, AC/Reefer; Wash: CB, Tire, Mechanical, Towing, Truck (Exterior), Trailer Washout) – RV Info (RVs Welcome, Dumping Station, Propane (Bottle)) – Financial Services (ATM, Can Wire Money Out, Money Orders, Natso Check-Link, Western Union, Voyager/Wright Express, Comdata (Comchek), EFS, Fuel Man, Multi Service, TCH, T-Chek, Fleet One; C=Checks, F=Fuel Cards, B=Both) – Permit Svcs (Buy/Pay at Fuel Desk, All Prepaid Permit Svcs) – Credit Cards (American Express, Visa/Mastercard, Discover)

Grid	City / Phone	Truck Stop / Location	Driver Services	Vehicle Services	RV Info / Financial Services / Permit Svcs / Credit Cards
G 7	Houston, 77013 713-674-1338	Texas Truck Plaza (Shell) I-610 Exit 24 (5303 McCarty)	24HRS ■ ■ M ■ ■ ■ ■ ■	F C ■ □ □ □ □ □ □	□ □ □ □ ■ ■ ■ ■ ■ V W B B F B B B ■ ■ ■ ■
G 7	Houston, 77013 713-672-9640	Sunmart #171 (Mobil) I-610 Exit 24 (McCarty)	24HRS ■ ■ □ ■ □ ■	F C ■ □ □ □ □ □ □ □ □	□ □ □ ■ ■ V W B B B B B ■ ■ ■ ■
G 7	Houston, 77013 713-670-0235	Love's Travel Stop #315 I-610 Exit 24 A (3940 N McCarty)	24HRS ■ ■ L ■ □ ■ □ ■ ■ ■ ■ □ ⏻	F C T F □ ■ CAT □ □ □ □ □	□ □ ■ ■ ■ ■ V W B B F B B B ■ ■ ■ ■
G 7	Houston, 77029 713-676-1222	Sunmart #361 (Mobil) I-610 Exit 24 B (Wallisville Rd)	24HRS ■ ■ S ■ □ ■ □ ■ ■ □ □ □ □	F C F □ ■ □ □ □ □ □ □ □ □ □	□ □ □ □ □ ■ ■ ■ V W B B B B B B ■ ■ ■ ■
G 7	Houston, 77029 713-674-3683	Sunmart #134 (Mobil) I-610 Exit 24 B (Wallisville Rd)	24HRS ■ ■ □ □ ■	F C ■	■ ■ V W B B B B B ■ ■ ■ ■
G 7	Houston, 77032 281-443-0924	Airway Food Mart (Shell) US 59 & 2201 Greens Rd	24HRS ■ ■ S ■ ■ ■ □ ■ ■ □ ■ □ □ □ □	F C □ ■ □ □ □ □ □ □ □ □ □	□ □ □ ■ ■ V W B B ■ ■ ■ ■
G 7	Houston, 77093 713-691-2108	Star Parts (Citgo) US 59 & 4017 Tidwell (2 blks E)	■ ■ ■ □ □ □ ■ □ □	□ ■ □ □	■ ■ ■
G 7	Houston, 77093 281-449-5795	Super Food Mart (Citgo) US 59 N (betw Hopper & Mt Houston)	24HRS ■ ■ S ■ ■ □ ■ ■ □ DAT	F C □ ■ □ □ □ □ □ □ □ □ □ □ □ □	□ □ □ ■ ■ ■ V W B B F B B B B ■ ■ ■ ■
G 7	Houston, 77023 713-928-2672	Produce Row Truckstop US 90A & Produce Row (1/4 mi E of MLK)	24HRS ■ ■ □ ■ □ ■ ■ ■ □	F □ □ ■ □ □ □ □ □ □ □ □ □	□ □ □ □ ■ ■ W B B B B B ■ ■ ■
G 7	Humble, 77396 281-441-6462	Citgo Truck Stop 2000 14555 US 59 N	24HRS ■ ■ M ■ ■ □ ■ □ ■ □	F C U F □ ■ □ □ □ □ □ □ □ □	□ □ □ □ □ ■ □ ■ V W B B F B B B B B ■ ■ ■ ■
G 7	Humble, 77396 281-441-4450	Quix (66) 15615 US 59	24HRS ■ ■ L ■ ■ □ ■ ■ □ ■ ■ □ □ □ ■ ■ ■ ■ DAT ■	F C U F T □ ■ ■ ■ ■ □ □ □ □ □ □ □	□ □ □ ■ ■ ■ ■ V W B B F B B B B ■ ■ ■ ■
G 7	Humble, 77396 281-441-9340	Sam's Mart (Conoco) US 59	■ ■ ■ S □ ■ ■ □ □ ■ □	□ ■	■ □ ■ V W B B B B ■ ■ ■ ■
G 7	Humble, 77396 281-441-6008	Texas Star Stop (Shell) US 59 N & Beltway 8	24HRS ■ ■ M ■ ■ □ ■ ■ □ ■ ■ □ □ □ ■ ■ ■ ■ DAT	F C T F □ ■ CAT □ □ □ □ □ □	■ ■ ■ V W B B F B B B B ■ ■ ■ ■
G 7	Humble, 77396 281-441-2522	Eastex Truck Stop US 59 SB & Aldine Bender Rd W	24HRS ■ ■ S ■ ■ ■ ■	F ■	□ □ □ ■ ■ ■ ■ ■ B B B B B ■ ■ ■ ■
G 6	Hungerford, 77448 979-532-0786	786 #2 Truck Stop (Shell) 2439 US 59 S	■ ■ ■ S ■ ■ ■ ■ ■ ■ ■	F C F ■ □ □	□ □ □ ■ ■ V W B B F B B B B ■ ■ ■ ■
G 6	Hungerford, 77448 979-532-3910	Diamond Mini Mart #302 (Chevron) 6810 US 59 Bypass SB	■ ■ ■ M ■ ■ □ ■ ■ □	F C □ ■ □ □ □ □ □ □	□ □ □ ■ □ ■ V W B B F B B ■ ■ ■ ■
F 7	Huntington, 75949 936-876-4452	Nu-Way #249 (Citgo) US 69 S	24HRS ■ ■ S ■ ■ □ ■ ■ □ □	F C □ ■	■ ■ V W F ■ ■ ■ ■
F 6	Huntsville, 77340 936-295-2488	Hitchin' Post Truck Terminal (Shell) I-45 Exit 118 (TX 75 N) AMBEST	24HRS ■ ■ L ■ ■ 24HRS □ □ ■ ■ □ □ □ ■ ■ ■ ■ DAT	F C U F T □ □ □ □ ■ ■ ■ □ ■ ■ ■ ■ □ A R	■ ■ ■ □ ■ ■ ■ V W B B F B B B B ■ ■ ■ ■
F 6	Huntsville, 77340 936-291-1125	Pilot Travel Center #234 I-45 Exit 118 (TX 75)	24HRS ■ ■ L ■ ■ □ ■ ■ ■ □ ■ ■ □ □ □ ■ ■ ■ DAT ■ ⏻	F C U F T ■ CAT ■ ■ ■ ■ ■ ■ ■ ■ ■ A R	□ □ □ □ □ □ ■ ■ ■ ■ ■ ■ V W B B F B B B ■ ■ ■ ■
C 6	Hutchins, 75141 972-225-3100	Tucker Oil I-45 Exit 274 (408 N Main - in town)	■ ■ ■ □ □ □ □	□ □ □ □ □ □ □ □ □	□ ■ ■ ■ ■
D 4	Iowa Park, 76367 940-851-8170	Garrison Travel Center (Chevron) 7401 US 287 & FM 369	24HRS ■ ■ M ■ □ ■ ■ □ ■ ■ ■ ■ ■ ■	F C □ □ ■ CAT □ □ □	□ □ □ ■ ■ V W B B B B B B ■ ■ ■ ■
C 5	Irving, 75061 972-445-2443	Big D Travel Center 300 N Loop 12 & Union Bower Rd	24HRS ■ ■ XL$ ■ ■ □ □ □ ■ ■ □ DAT	F C T F □ ■ CAT BF ■ ■ ■ ■ ■ ■ A R	■ ■ □ ■ ■ ■ ■ B B B B B B ■ ■ ■ ■
E 6	Italy, 76651 972-483-7600	Tiger Mart (Exxon) I-35 Exit 386 (TX 34 W)	24HRS ■ ■ L ■ ■ ■ ■ ■ □ ■ ■ DAT	F C □ ■ CAT □ □ □ □ □ □ □	□ □ □ ■ ■ ■ ■ ■ ■ V W B B F B B B B ■ ■ ■ ■
E 6	Itasca, 76055 254-687-2633	Handy Plus Citgo I-35 W Exit 8	■ ■ ■ S ■ ■ □ □ ■ ■ ■	F C □ ■ □ □ □	□ □ □ ■ ■ ■ ■ ■ V W B B F B B B B ■ ■ ■ ■
E 6	Itasca, 76055 254-687-2766	Stars & Stripes (Shamrock) I-35 W Exit 8 (FM 66)	■ ■ ■ M ■ ■ ■ □ ■ ■ ■ ■	F □ ■	■ V W B B B B B ■ ■ ■ ■
E 7	Jacksonville, 75766 903-589-5477	NU Time Truck Stop (Fina) 729 US 175 W	■ ■ ■ M ■ ■ □ ■ □ ■ □ □ □ □	□ □ ■ □ □ □ □ □ □ □	□ □ □ □ ■ ■ V W B B B ■ ■ ■
E 7	Jacksonville, 75766 903-586-1761	Corner Market #102 (Shamrock) US 175 & US 69	24HRS ■ ■ M ■ ■ □ ■ □ ■ □ □ □ ■ □	□ □ ■ □ □	□ □ □ ■ ■ V W B B F B ■ ■ ■
F 5	Jarrell, 76537 512-746-2970	Texas Star #166 (Shell) I-35 Exit 271 (Theon Rd W)	24HRS ■ ■ M ■ ■ ■ ■	F C ■ □ □ □ □ □ □	■ ■ ■ V W B B F B B B B ■ ■ ■ ■

THE TRUCKER'S FRIEND® - TEXAS

How to interpret the page

■ means available at truck stop □ means available nearby

in the overnight lot column:
- S means room for 5 - 24 trucks
- M means room for 25-74 trucks
- L means room for 85-149 trucks
- XL means room for 150+ trucks
- $ means a parking fee may be charged

code at left-hand side of rows is the state map grid reference

a key to advertising logos is on page 25

Services may change without notice. When in doubt, call ahead.

Column groups: Driver Services — Motor Fuel (Truck Diesel, Self Service Diesel, Metered Propane, Gasoline), Parking (Overnight Lot ($), Paved Lot, Trailer Drop, Electric Plug-ins, Safe Haven/Hazmat), Food (Restaurant, Fast Food, Table Phones), Stores (Convenience, Motel, Trucker/Travel, Shopping Center, Walmart/Kmart, Grocery), Showers (Ladies, Men's), Communication (TV/Drivers Lounge, Laundry, Load Monitor, Internet Kiosk, Wi-Fi Hotspots, Document Scanning, Public Fax/Copier, UPS/FedEx/Tripak Box, Religious Services, State Lottery); Vehicle Services — Scales, Tires (Axle, Platform, Certified, Repairs, New Tire Sales), Repairs (Shop Open 24 Hrs, DOT Inspection, Major Repairs, Minor Repairs, Oil Change/Lube, Minor Welding), Road Svcs (AC/Reefer, CB, Tire, Mechanical), Wash (Towing, Truck (Exterior), Trailer Washout); RV Info (RVs Welcome, Dumping Station, Propane (Bottle)); Financial Services (Can Wire Money Out, ATM, Money Orders, NATSO Check Link, Western Union, Voyager/Wright Express, Comdata (Comchek)) — C=Checks, F=Fuel Cards, B=Both; Permit Svcs (EFS, Fuel Man, Multi Service); Credit Cards (TCH, T-Chek, Fleet One, Buy/Pay at Fuel Desk, All Preapaid Permit Svcs, American Express, Visa/Mastercard, Discover).

Grid	City / Phone	Truck Stop / Location	Motor Fuel & Parking	Food	Stores	Showers	Communication	Scales	Tires	Repairs	Road Svcs / Wash	RV Info	Financial Services	Permit Svcs	Credit Cards
F 5	Jarrell, 76537 512-746-2096	Doc's One Stop (Shamrock) I-35 Exit 275 (FM 487 E)	24 HRS ■ ■	M ■ ■	■ ■	■	□ ■ ■ ■ [DAT] [logo]	F C	□ ■ [CAT]	□ □	□ □ □ □ □	□ □ □	■ ■	V W	B B C B B B ■ ■ ■ ■ ■
F 7	Jasper, 75951 409-384-7673	Hwy 190 Fuel Stop (Shamrock) 850 US 190 (1 mi E of US 96)	24 HRS ■ ■	M ■ ■	□ ■ □ ■	□ □ □	■ ■	F C	□ ■	□ □	□ □ □	□ □ □ □ □	■ ■ ■	V W	B B F B ■ ■ ■ ■
D 5	Jolly, 76305 940-767-8536	Total #4543 US 287-82 SE	24 HRS ■ ■	XL ■ ■	24 HRS ■ ■	■ ■	■ ■ ■ ■ [DAT]	F C U F T	□ ■ ■ ■ ■ [logo]		□ □ □	□ □ □	■ ■ ■	V W	B B B B B B ■ ■ ■ ■ ■
F 4	Junction, 76849 325-446-3113	Harold's Food Mart (Shell) I-10 Exit 456	■ ■ ■		□ □ □ ■	□	□	C	□ ■			□ □ □ □	□ ■	V W	■ ■ ■
F 4	Junction, 76849 325-446-9528	Gene's Go Truck Stop (Chevron) I-10 Exit 456	24 HRS ■	M ■ ■	□ ■ ■ □	■ ■	□ ■ ■ ■ ■	F C U	□ ■	□ □		□ □ □	■ □ ■	V W	B B B B B B ■ ■ ■ ■
F 4	Junction, 76849 325-446-8740	Junction Country Store (Shamrock) I-10 Exit 456	24 HRS ■ ■	S ■ ■	□ ■ □ ■		□ ■ ■ ■ □ [logo]	F C F	□ ■	□ □	□ □ □	□ □ □	■ □ ■	V W	B B F B B B B B ■ ■ ■ ■
F 4	Junction, 76849 325-446-2735	Joy's Conoco I-10 Exit 456	■ ■ ■		□ □ □ ■		□	F C	□	■ ■		■	□	V W	B B B ■ ■ ■ ■
F 4	Junction, 76849 325-446-2158	Grandad's Corner Store (Shell) I-10 Exit 457	■ ■ ■		□ □ ■				■ □ □ □				□ ■ ■	V W	■ ■ ■
G 7	Katy, 77494 281-391-5556	Love's Travel Stop #234 I-10 Exit 737 (US 90)	24 HRS ■ ■	L ■ ■	□ □ □ ■ ■	□ □ □	■ ■ [logo]	F C F	□ ■ [CAT]	□ □	□ □ □	□ □ □	■ □ ■ ■	V W	B B F B B B ■ ■ ■ ■
G 7	Katy, 77494 281-395-0515	Sunmart #131 (Mobil) I-10 Exit 742 (Katy-Fort Bend Cty Rd)	24 HRS ■ ■	M ■ ■	□ ■ □ ■ ■	□ □ □	■ ■ □	F C	□ ■	□ □		□ □ □	■ ■ ■	V W	B B B B B B ■ ■ ■ ■
C 7	Kemp, 75143 903-498-4156	The Store (Citgo) 16237 US 175 E	■ ■ ■	S	■ ■				■	□ □	□ □	□ □ □	■ □ ■ ■	W	B ■ ■ ■
H 5	Kenedy, 78119 830-583-9019	Texas Star #164 (Shell) US 181 & Sunset Strip	24 HRS ■		□ ■ □ ■	□ □ □	□	F C	□ ■ □	□ □	□ □ □ □	□ □ □	□ ■	V W	■ ■ ■ ■
E 7	Kilgore, 75662 903-983-5887	Rudy's #3 (Exxon) I-20 Exit 589 B (US 259)	24 HRS ■ ■	S ■	□ ■ ■ □ ■	□ □ □	□	F C U	□ ■	□	□	□ □ □	■ □ ■	V W	B B F B B B ■ ■ ■ ■
H 5	Kingsville, 78363 361-592-0293	Kwik Pantry #5151 (Citgo) 5402 US 77 S & FM 1118	24 HRS ■		□ ■ ■	□ □			□ ■	□			■ ■	V W	B F ■ ■ ■
H 5	Kingsville, 78363 361-595-5753	Get-N-Go #37 US 77 Bypass S	24 HRS ■ ■	L ■ ■	■ □ ■ ■	□ □ □	■ ■ ■ ■	F C	□ ■ ■ ■ ■	□ □	□	□ □ □ □	■ □ ■		B B B B ■ ■ ■ ■
G 5	Kyle, 78640 512-295-4802	Tex-Best #3 (Conoco) I-35 Exit 217 (Loop 4 E)	24 HRS ■ ■	S ■ ■	□ □ ■		□	F C F	■	□		□ □ □	■ □ ■	V W	B B F B ■ ■ ■ ■
G 7	LaMarque, 77568 409-938-3743	Shopper's Mart #5 (Shell) I-45 Exit 10	■ ■ ■	S ■	□ □ ■		□	F	□ ■	□ □	□	□ □ □	■ ■	V W	B B F B B C B ■ ■ ■
F 5	Lampasas, 76550 512-556-6828	Berkley Shell Station US 281 & US 183	24 HRS ■		□ □ ■	□ □ □	□		□ □ ■	□ □	□	□ □ □	□ ■	W	F ■ ■ ■
G 7	LaPorte, 77571 281-842-7200	Port Auto Truck Stop (66) TX 146 & Barbours Cut	24 HRS ■ ■	M ■	■ □ ■ ■		□ ■ ■ ■ ■	F C U F T	□ ■ ■ ■	□ □	■ ■ ■ ■	□ □ □ □	■ ■ ■ ■	V W	B B F B B B B ■ ■ ■ ■
H 4	Laredo, 78041 956-729-0777	Speedy Stop #34 (Exxon) 11801 FM 1472	24 HRS ■ ■		□ □ ■ ■ ■	□	□	C □	■ □ □ □ □	□ □	□ □ □	□ □ □ □ □	■ ■ ■ ■ ■	V	B B B B B B ■ ■ ■ ■
H 4	Laredo, 78405 713-789-0310	Laredo Fuel Center (Chevron) FM 1472 & Killam Blvd	24 HRS ■ ■		■ ■ ■			F C F	■	□ □	□ □ □ □ □		■ ■	V W	B B F B B B B ■ ■ ■ ■
H 4	Laredo, 78045 956-717-5006	Pilot Travel Center #377 I-35 Exit 13 (Uniroyal Dr)	24 HRS ■ ■	$ XL ■ ■	■ ■ ■		■ ■ [DAT] ■ [logo] ■	F C U F T	■ [CAT]			■ ■	■ ■ ■ ■ ■ ■	V W	B B F B B B ■ ■ ■ ■
H 4	Laredo, 78041 956-725-5892	Gateway Truck Terminal I-35 Exit 3 B (W to 5301 Santa Maria)	24 HRS ■ ■	XL ■ ■	■ □ ■ ■ ■ ■	□ □ □	■ ■ ■ □ [DAT]	F C U F T	□ ■ ■ ■ ■ ■	■ ■ ■ ■ ■	■ ■ A ■	□ □ □ ■ ■ ■	■		B B B B B B ■ ■ ■ ■
H 4	Laredo, 78041 956-723-3441	Leyendecker Oil (Exxon) I-35 Exit 3 B (W to 5400 Santa Maria)	■ ■ ■		□ □ □	□ □ □	□		□ □ □		□ □ □	□ □ □ □		V W	F ■ ■ ■
H 4	Laredo, 78045 956-791-5450	Petro Pantry #18 (Shell) I-35 Exit 4 (8919 FM 1472)	24 HRS ■ ■	S ■	□ ■	□ □ □		F C	■		□		■ ■	W	B B F B B B ■ ■ ■ ■
H 4	Laredo, 78040 956-725-7336	Uncle Sam's #2031 I-35 Exit 4 (US 83 S)	24 HRS ■		□ □ □ ■	□ □ □			□ ■	□ □		□ □ □	■		B B B ■ ■ ■
B 6	Lewisville, 75056 972-492-8614	Whip In Stop (Fina) I-35 Exit 450 (TX 121 Business)	24 HRS ■		□ □ □ ■	□ □			□ ■			□ □ □	■ ■ ■	V W	B F ■ ■ ■
E 6	Lindale, 75771 903-882-9711	Oasis (Shamrock) I-20 Exit 548 (Hwy 110)	24 HRS ■ ■	S ■	■			F C	■	□ □	□ □ □	□ □ □	■	V W	B F ■ ■ ■ ■

THE TRUCKER'S FRIEND® - TEXAS

How to interpret the page

■ means available at truck stop □ means available nearby

In the overnight lot column:
S means room for 5 - 24 trucks
M means room for 25-74 trucks
L means room for 85-149 trucks
XL means room for 150+ trucks
$ means a parking fee may be charged

code at left-hand side of rows is the state map grid reference

a key to advertising logos is on page 25

Services may change without notice. When in doubt, call ahead.

Financial Services: C=Checks, F=Fuel Cards, B=Both

Grid	Location	Truck Stop	Motor Fuel: Truck Diesel / Self Service Diesel / Metered Propane / Gasoline	Parking: Overnight Lot ($) / Paved Lot / Trailer Drop	Electric Plug-Ins / Safe Haven/Hazmat	Food: Restaurant / Fast Food / Table Phones / Motel	Stores: Convenience / Trucker/Travel	Shopping Center / Walmart/Kmart / Grocery	Showers: Ladies' / Men's	TV/Drivers Lounge / Laundry	Communications: Load Monitor / Internet Kiosk / Wi-Fi Hotspots	Document Scanning / Public Fax/Copier / UPS/FedEx/TripPak Box	Religious Services / State Lottery	Scales: Axle / Platform / Certified	Tires: Repairs / New Tire Sales	Repairs: Shop Open 24 Hrs / DOT Inspection	Major Repairs / Minor Repairs / Oil Change/Lube	Minor Welding / AC/Reefer / CB	Road Svcs: Tire / Mechanical / Towing	Wash: Truck (Exterior) / Trailer Washout	RV Info: RVs Welcome / Dumping Station / Propane (Bottle)	ATM / Can Wire Money Out / Money Orders	Natso Check-Link / Western Union / Wright Express / Comdata (Comchek) / Voyager/Wright	EFS / Fuel Man	Multi Service / TCH / T-Chek	Fleet One / Buy/Pay at Fuel Desk	All Prepaid Permit Svcs	American Express / Visa/Mastercard / Discover
D7	Linden, 75563 903-756-8453	Linden Fuel Center (Fina) 814 US 59	■■ ■	S		■	■					F/C U							□□□		□		V/W		F		■	■■■
D3	Littlefield, 79339 806-385-6333	Fast Stop # 3 (Shamrock) US 385 (Southside of town)	■■ ■			□□ □	■	□ □		□			□■		□□				□□□		□	■■■	■ V/W		F			■■■
D3	Littlefield, 79339 806-385-7522	Town & Country #203 US 84 & US 385	24HRS ■ ■	S ■■		□■ □	■	□ □	■■	□		F/C F	□■		□				□			■ ■	W	B B	F B B	B B	■	■■■
F5	Llano, 78643 325-247-4554	Rusche Oil (Fina) 202 TX 29 E	■■ ■			□□ □		□		□			□	□	■	□	□□□	□ □	□		□		V/W	C				■■■
G5	Lockhart, 78644 512-398-2386	JP Jones Oil (66) TX 20 W & Patton	■■ ■			□□ □		□													□							
E7	Lone Star, 75668 903-656-2946	Jerry's Food Mart US 259 N & FM 250	■■ ■	S ■■		□■	■	□				□	□		□□	□	□□□	□□	□□□	□	■			B			■	■■■
E7	Longview, 75602 903-234-0800	Honey Stop #22 (Shell) I-20 Exit 596 (Eastman Rd)	24HRS ■ ■	S ■■		■ □	■			□		F/C □	□■	□□□	□□		□□□		□□□		■	■	V/W		F		■	■■■
E7	Longview, 75603 903-757-0551	Fastop Foods (Exxon) I-20 Exit 596 (TX 149)	24HRS ■ ■	M ■■		□■ □	■	□ □	■■	■□		F/C □	□■		□□				□□□		■□■	■ ■	V/W	B B	F	B	■	■■■
E7	Longview, 75601 903-753-3631	National Truck Stop (Fina) I-20 Exit 599 (Loop 281)	24HRS ■ ■	XL ■		24HRS ■□	■■		■■	■■	[DAT] ■	F/C U/F/T	□■	■■■	■■	■	■■■	■ ■	■■□		■□	■ ■	■ V/W	B B	F B B	B B	■■	■■■
D3	Lubbock, 79404 806-745-3583	Bell Gas Sun Country #1599 (Fina) 6302 US 84 (6 mi E of Loop 289)	■■ ■			■	■								□□		□□					■	V/W	B				■■■
D3	Lubbock, 79404 806-747-2505	AMBEST Rip Griffin Truck/Travel Center I-27 Exit 1 C (50th E to 4609 US 87)	24HRS ■ ■	M ■■		24HRS ■■□	■■	□□□	■■	■■	[DAT] ■ [power logo]	■ F/C U/F/T	□	[CAT]	[BF]	■■	■■■	■ A/R □	■■□	□□	■	■	■ V/W	B B	F B B	B	■	■■■
D3	Lubbock, 79404 806-744-0733	Chisum Travel Center (66) TX 289 & US 84 SE	24HRS ■■■	L ■■	■	■■ □	■■		■■	■■	■	F/C	■	■■■	□□	□	□□□	□□	□□	□□	■ ■		V/W	B B	F B B	B B	■	■■■
D3	Lubbock, 79408 806-763-9201	Rip Griffin Swif Shop # 1 (Shell) US 62-82 (1 mi E of Loop 289)	■■ ■	M ■■		□■ □	■	□	■■			F/C			□□		□		□□□			■	V/W	B B	B	B	■	■■■
D3	Lubbock, 79404 806-763-0360	Town & Country #206 (66) US 87 & 50th St	24HRS ■ ■	M ■■		■ □	■	□	■■	■□		F/C U	□■	□□□	□□	□	□□□	□□	□□□	□□	■	■ ■	V/W	B B	F B	F B	■	■■■
F7	Lufkin, 75901 936-639-6873	Polk's Pick It Up # 7 (Exxon) 1910 US 59 (in town)	■■ ■			□■ □	■	□□		□		F/C	□■		□□		□□□		□□□	□	□	■ ■	V/W				■	■■■
F7	Lufkin, 75901 936-634-2069	Okay Food Store # 23 (Shamrock) Loop 287 & Four Chapel	■■ ■				■						□■	□	□□	□	□□□	□ □	□□□				V/W		F			■■■
F7	Lufkin, 75901 936-634-4922	Polk's Pick It Up # 6 (Exxon) Loop 287 NW & Frank St W	24HRS ■ ■			□	■	□ □		□		F □	□■		□□		□□		□□□	□		■ ■	V/W		F		■	■■■
F7	Lufkin, 75901 936-637-4928	Love's Travel Stop #290 US 287 E & Ford Chapel (1 mi N of US 69)	24HRS ■ ■	M ■		□■■	■■		■■	□	[power logo]	■ F/C U/F/T	□■	[CAT]	□□		□□□		□□□		■■■	■	■ V/W	B B	F B	B B	■	■■■
F7	Lufkin, 75901 936-632-1959	Fifth Wheel of Texas Fuel Stop (Exxon) US 59 N & N Loop 287	24HRS ■ ■	L ■■		24HRS ■□	■■		■■	■■		F/C U/F/T	■■	[CAT]	■■		□■■	■□■	■■□	■■	■	■		B B	F B B	F B	■	■■■
F7	Lufkin, 75901 936-639-2747	Okay Food Store # 22 (Shamrock) US 69 N & Chimney Rock	24HRS ■ ■	S ■		□■	■			□			□■		□□		□		□□□		■	■	V/W	B	F			■■■
G5	Luling, 78648 830-875-0068	Luling Mini Mart (Shamrock) I-10 Exit 628 (TX 80)	24HRS ■ ■	S ■■		□■■□	■	□		□		F/C	□■		□□		□	□			□	■	V/W				■	■■■
G5	Luling, 78648 830-875-5667	Love's Travel Stop #264 I-10 Exit 632 (US 183)	24HRS ■ ■	S ■		■■□	■■		■■		[power logo]	■ F/C U	□■		□□				□□□		■	■	■ V/W	B B	F B	B B	■	■■■
E7	Marshall, 75670 903-935-7121	Pump & Pantry # 15 (Shamrock) I-20 Exit 617 (US 59 S)	24HRS ■ ■			□■■□	■			□			□■	□□□	□□		□□	□	□□□		□	■	V/W	B	F	B		■■■
E7	Marshall, 75672 903-938-3466	Pony Express Travel Center (Conoco) I-20 Exit 617 (US 59)	24HRS ■ ■	L ■■		24HRS □■□	■■	□ □	■■	■■	[DAT]	F/C U/T	■■	■■■	[BF]	■■	■■■	■ A ■	■■□	□	■□	■	■ V/W	B B	F B B	B B	■	■■■
L5	McAllen, 78503 956-928-0433	Circle K #9131 (Citgo) 4712 FM 1016	24HRS ■ ■	S ■		■ □	■					□	■						□□□		■	■ ■	V/W	B B	F B	B B		■■■
C3	McLean, 79057 806-779-2391	Country Corner Texaco I-40 Exit 142 (TX 273)	■■ ■	M ■■		□■ □	■	□					□		□□		□		□□□		■□		V/W					■■■
C3	Memphis, 79245 806-259-1200	Checkered Flag (Exxon) 219 US 287 & TX 256	■■ ■	M ■		□■ □	■	□	■■	■■		F	□■		□□			□	□□□		■	■	V/W	B B	B B	B B	■	■■■
E4	Merkel, 79536 325-928-5914	Skinny's Fina I-20 Exit 269 (SE to 1207 N 7th)	24HRS ■ ■			□□ □	■	□		□		□	□■									■						■■■

THE TRUCKER'S FRIEND® - TEXAS

How to interpret the page

■ means available at truck stop □ means available nearby

in the overnight lot column:
S means room for 5 - 24 trucks
M means room for 25-74 trucks
L means room for 85-149 trucks
XL means room for 150+ trucks
$ means a parking fee may be charged

code at left-hand side of rows is the state map grid reference
a key to advertising logos is on page 25

Services may change without notice. When in doubt, call ahead.

Column groups: Driver Services — Motor Fuel (Truck Diesel, Self Service Diesel, Metered Propane, Gasoline); Parking (Overnight Lot ($), Paved Lot, Trailer Drop, Electric Plug-Ins, Safe Haven/Hazmat); Food (Restaurant, Fast Food, Table Phones); Stores (Motel, Convenience, Trucker/Travel, Shopping Center, Walmart/Kmart, Grocery); Showers (Ladies, Men's); Communication (TV/Drivers Lounge, Laundry, Load Monitor, Internet Kiosk, Wi-Fi Hotspots, Document Scanning, Public Fax/Copier, UPS/FedEx/Trippak Box). Vehicle Services — Scales (Religious Services, State Lottery, Platform, Axle, Certified); Tires (New Tire Sales, Shop Open 24 Hrs); Repairs (DOT Inspection, Major Repairs, Minor Repairs, Oil Change/Lube, Minor Welding); Road Svcs (AC/Reefer, CB, Mechanical, Tire); Wash (Towing, Truck (Exterior), Trailer Washout). RV Info (RVs Welcome, Dumping Station, Propane (Bottle)). Financial Services (C=Checks, F=Fuel Cards, B=Both) — ATM, Can Wire Money Out, Money Orders, Natso Check-Link, Western Union, Voyager/Wright Express, Comdata (Comchek), EFS. Permit Svcs — Fuel Man, Multi Service. Credit Cards — TCH, T-Chek, Fleet One, Buy/Pay at Fuel Desk, All Prepaid Permit Svcs, American Express, Visa/Mastercard, Discover.

Grid	Location / Phone	Truck Stop / Exit	Motor Fuel	Parking / Food	Stores / Showers	Communication	Scales / Tires	Repairs / Road Svcs	Wash / RV Info	Financial Services	Permit Svcs / Credit Cards
E 4	Merkel, 79536 325-928-5584	Big Country Truck Stop (Shell) I-20 Exit 270	24 HRS ■ ■	XL ■ ■	■ □ ■ ■	□ ■ ■ ■ ■	F C U □ ■	□ □ □	□ □ □ □ □	■ ■	V W B B F B B B B ■ ■ ■ ■ ■
E 3	Midland, 79701 432-684-4533	Town & Country #122 (Chevron) I-20 Exit 134 (Midkiff Rd)	24 HRS ■ ■	S ■	□ ■ □ ■	□	■			□ ■ ■	V W B B F B B ■ ■ ■
E 3	Midland, 79701 432-682-5024	Travel Mart #10 (Exxon) I-20 Exit 136 (TX 349)	24 HRS ■ ■	M ■ ■	□ ■ □ ■ ■	□ ■ ■	F C U F □ ■	□ □ □ □ □ □ □	□ □ □	■ ■	V W B B B B B ■ ■ ■ ■
E 3	Midland, 79701 432-683-8132	Town & Country #107 I-20 Exit 138 (TX 158 S)	24 HRS ■ ■	S ■	□ ■ ■ ■	□	F C □ ■	□ □ □	□ □ □	■ □ ■ ■	V W B B F B B B ■ ■ ■ ■
C 5	Midlothian, 76065 972-723-0202	Smart Stop #31 (Exxon) 4041 US 287	■ ■ ■		□ ■ □	□	■			■ ■	V W B B ■ ■ ■
C 5	Midlothian, 76065 972-775-2820	Love's Travel Stop #216 US 67 & US 287	24 HRS ■ ■	M ■	■ ■ □ ■ ■	■ ■ ■ (DAT logo)	(logo) ■ F C T ■ (CAT logo)	□ □ □	□ □ □	■ ■	V W B B F B B B ■ ■ ■ ■
C 5	Midlothian, 76065 972-723-1600	Minit Mart (Shell) US 67 (Shiloh Exit)	■ ■ ■		■ ■			□ □	□ □ □	■	V W B B F B B ■ ■ ■
F 6	Milano, 76556 512-455-6981	Milano Truck Plaza US 79 & Hwy 36	■ ■ ■	M ■	24 HRS □ ■		□	□ □	□ □ □	■	B B ■ ■ ■
F 2	Monahans, 79756 432-943-6621	Town & Country #082 (Fina) I-20 Exit 80 (TX 18 S)	24 HRS ■ ■	S ■ ■	□ ■ □ ■	□ ■ ■ □	F C □ ■	□ □ □ □ □	□ □ □	■ ■	V W B B F B C B ■ ■ ■ ■
D 7	Mount Pleasant, 75455 903-577-8588	Sprint 24 (Shell) I-30 Exit 160 EB/162 WB (271 S & 67)	24 HRS ■ ■	M ■	□ ■ ■ ■ □ ■	□	□ □ ■	□ □ □ □ □ □	□ □ □	■ □ ■	V W B F ■ ■ ■
D 7	Mount Pleasant, 75455 903-577-1599	Total Stop # 2 I-30 Exit 162 A (US 271)	24 HRS ■ ■	S ■	□ ■ □ ■	□ □	□ □ ■	□ □ □ □	□ □ □	■ □ ■	V W ■ ■ ■
D 7	Mount Pleasant, 75455 903-572-4531	Bix Tex Fuel Stop (Exxon) I-30 Exit 165	■ ■ ■	S ■ ■	■ ■		□	□ □ □ □ □ □ □ □	□ □ □	■ □ ■	V W ■ ■ ■
D 7	Mount Pleasant, 75455 903-572-5424	E-Z Mart (Shell) US 271 & TX 49 Loop	24 HRS ■ ■		□ □ □ ■	□ □ □	□ ■	□ □ □ □	□ □ □ □ □		V W ■ ■ ■
D 6	Mount Vernon, 75457 903-588-2323	Fina Food Fast I-30 Exit 146 (TX 37)	24 HRS ■ ■	M ■ ■	□ ■ ■ □ ■	□ □ ■ ■ □	F C T □ ■	□ □ □ □ □ □	□ □ □ □	■ □ ■ ■	V W B B F B B B ■ ■ ■ ■
D 6	Mount Vernon, 75457 903-537-7695	Love's Travel Stop #279 I-30 Exit 147 (Spur 423)	24 HRS ■ ■	M ■	□ ■ ■ □ ■ ■	□ ■ ■	■ (logo) ■ F C T □ ■	□ □ □	□ □ □	■ ■ ■	V W B B F B B B ■ ■ ■ ■
E 7	Nacogdoches, 75864 936-560-0821	Quick Stop (Exxon) 2915 US 59 S	■ ■ ■	S ■	□ ■ ■ ■ □ ■	□ □	F C □ ■	□ □ □	□ □ □	■ □ ■	V W B F B B ■ ■ ■ ■
E 7	Nacogdoches, 75961 936-564-9941	Total #4521 3220 US 59 & Loop 224	24 HRS ■ ■	S ■ ■	□ ■ ■ ■ □ ■	□ □	F C □ ■ □ □ □ □	□ □ □ □ □ □ □	□ □ □ □ □	■ □ ■ ■ ■	V W B B B B B B ■ ■ ■ ■
E 7	Nacogdoches, 75964 936-560-1084	Nu-Way Food N Fuel #409 4010 US 59 S & US 259	24 HRS ■ ■	M ■ ■	24 HRS □ ■ □ ■	■ ■ ■	F C □ ■ ■ ■ ■	□ □ □ □ □ □ □ □ □	□ □ □	■ □ ■	V W B B F B B B ■ ■ ■ ■
E 7	Nacogdoches, 75964 936-552-7255	Polk's Pick It Up #11 (Exxon) US 259	24 HRS ■ ■	S ■	□ ■ ■ ■ □ ■ ■	□ □ ■ □	F C □ ■ (CAT logo)	□ □ □ □ □ □	□ □ □ □ □	■ □ ■	V W B B F B B ■ ■ ■ ■
E 7	Nacogdoches, 75961 936-560-0558	Morgan Oil Fuel Stop (Chevron) US 59 & Loop 224 N (Stallings Dr)	24 HRS ■ ■	M ■ ■	□ ■ □ ■ ■	□ □ ■ ■ ■ ■	F C □ ■	□ □ □ □ □ □ □	□ □ □ ■ ■	■ □ ■	V W B B F B F ■ ■ ■ ■
D 7	New Boston, 75570 903-628-5221	Total #4522 I-30 Exit 201 (TX 8)	24 HRS ■ ■	S ■	□ ■ ■ □ ■ ■	□ □ □ □	F C □ ■	□ □ □ □ □ □	□ □ □ □	■ □ ■ ■ ■	V W B B F B B B ■ ■ ■ ■
D 7	New Boston, 75570 903-628-4095	New Boston 66 I-30 Exit 201 (TX 8)	24 HRS ■ ■		□ □ □ ■	□ □	F C □ ■			■ ■	V W B B ■ ■ ■ ■
G 5	New Braunfels, 78130 830-629-2054	Tex-Best #5 (Exxon) I-35 Exit 191 (FM 306 W)	24 HRS ■ ■		■ ■ ■		F C □ ■	□ □ □ □ □ □ □	□ □ □ □	□ ■	V W B B F C ■ ■ ■ ■
G 5	New Braunfels, 78130 830-608-9395	Rip Griffin Truck/Travel Center #97 I-35 Exit 193 (Conrads Rd W) (AMBEST logo)	24 HRS ■ ■	XL ■ ■	24 HRS ■ ■ □ ■ ■	□ □ □ ■ ■ ■ ■ (DAT logo)	(logo) ■ F C U F T ■ ■ ■ ■ (logo)	■ ■ ■ ■ ■ ■ A R	■ ■ □ □	■ ■ ■ ■	V W B B F B B B ■ ■ ■ ■
F 7	New Caney, 77357 281-689-8065	Flying J Travel Plaza #05128 US 59 N & TX 242 (Flying J logo)	24 HRS ■ ■ ■	XL ■	24 HRS ■ ■ ■ ■	□ ■ ■ ■ ■ (logos)	U F F T □ (Flying J logo)	□ □ □ □ □	□ □ □	■ ■ ■ ■ ■	V W B B B C ■ ■ ■ ■
D 3	New Deal, 79350 806-746-4866	New Deal Truck Stop (Fina) I-27 Exit 14	24 HRS ■ ■	M ■ ■	■ ■ ■	■ ■ ■ ■ ■	F C T □ ■ ■ ■ ■			■ ■ ■ ■	V W B B F B B ■ ■ ■ ■
B 5	New Hope, 76227 940-365-9347	Deli-Quick (Exxon) US 377 S & US 380 E	■ ■ ■		□ ■ ■		□ ■	□ □ □ □	□ □ □	□ ■	V W ■ ■ ■
E 3	Odessa, 79761 432-381-3777	Drivers Travelmart #405 I-20 Exit 112 (US 80)	24 HRS ■ ■	M ■ ■	□ ■ ■ □ ■ ■ ■	□ □ ■ ■ ■	F C ■	■ ■ □ □ □ □	■ □ □ □	■ ■ ■ ■ ■	V W B B F B B B ■ ■ ■ ■ ■

THE TRUCKER'S FRIEND® - TEXAS

How to interpret the page

■ means available at truck stop □ means available nearby

In the overnight lot column:
- S means room for 5 - 24 trucks
- M means room for 25-74 trucks
- L means room for 85-149 trucks
- XL means room for 150+ trucks
- $ means a parking fee may be charged

code at left-hand side of rows is the state map grid reference

a key to advertising logos is on page 25

Services may change without notice. When in doubt, call ahead.

Financial Services / Permit Svcs: C=Checks, F=Fuel Cards, B=Both

Grid	Location / Phone	Truck Stop / Address	Motor Fuel: Truck Diesel / Self Service Diesel / Metered Propane / Gasoline	Parking: Overnight Lot ($) / Paved Lot / Trailer Drop	Electric Plug-Ins / Safe Haven/Hazmat	Food: Restaurant / Fast Food / Table Phones / Motel	Stores: Convenience / Trucker/Travel	Shopping Center / Walmart/Kmart / Grocery	Showers: Ladies' / Men's	TV/Drivers Lounge / Laundry	Communications: Load Monitor / Internet Kiosk / Wi-Fi Hotspots / Document Scanning	Public Fax/Copier / UPS/FedEx/TripPak Box	Religious Services / State Lottery	Scales: Axle / Platform / Certified	Tires: Repairs / New Tire Sales	Repairs: Shop Open 24 Hrs / DOT Inspection	Major Repairs / Minor Repairs / Oil Change/Lube / Minor Welding	Road Svcs: AC/Reefer / CB	Tire / Mechanical / Towing	Wash: Truck (Exterior) / Trailer Washout	RV Info: RVs Welcome / Dumping Station / Propane (Bottle)	ATM / Can Wire Money Out / Money Orders	NATSO Check-Link / Western Union / Wright Express / Comdata (Comchek) / Voyager	EFS / Fuel Man	Multi Service / TCH / T-Chek	Fleet One / Buy/Pay at Fuel Desk	All Prepaid Permit Svcs	American Express / Visa/MasterCard / Discover
E3	Odessa, 79764 432-366-1413	Town & Country #104 TX 191 & TX 302	24 HRS ■ ■	S ■		□ ■	■	□ □ □					□ ■		□ □					□		■ ■	V W	B B	F	B		■ ■ ■
I6	Olmito, 78575 956-350-3902	Circle K #9136 (Citgo) US 77 & FM 511	24 HRS ■ ■	S ■		■	■						■								■	■ ■	V W	B B	F B B	B B		■ ■ ■
D7	Omaha, 75571 903-884-2841	Armadillos #23 (Exxon) I-30 Exit 178 (US 259 S)	■ ■ ■	S ■ ■		□ ■	■			■		F C	□ ■		□ □	□	□ □ □	□	□ □ □		■	■ ■	V W		F		■	■ ■ ■
F7	Orange, 77630 409-883-9465	Flying J Travel Plaza #05026 (Conoco) I-10 Exit 873 [Flying J logo]	24 HRS ■ ■ ■	XL ■ ■	■	24 HRS ■ ■ □	■ ■		■ ■	■ ■	[Flying J logo] ■ [Flying J logo] [Flying J logo]	F C U F T	□	[Flying J logo]	□ □	□	□ □ □	□ □	□ □ □		■ ■ ■	■	V W	B	B B	B	■	■ ■ ■
F7	Orange, 77630 409-745-1124	Pilot Travel Center #431 I-10 Exit 873 (TX 62)	24 HRS ■ ■	M ■		□ ■ ■ □	■ ■	□ □ □	■ ■	□	[DAT logo] [logo] ■	F C U F T	□ ■	[CAT Scale logo]	□ □		□ □ □	□	□ □ □	□	■ □	■ ■ ■	■ ■ V W	B B	F B	B B	■	■ ■ ■
F7	Orange, 77630 409-670-1166	Sunmart #363 (Mobil) I-10 Exit 878	24 HRS ■ ■	S ■		□ ■ □	■	□ □ □		□		F	□ ■				□ □	□			□	■	V W	B B			■	■ ■ ■
G7	Oyster Creek, 77541 979-233-8360	Mike's Drive In Grocery & Hardware FM 523 & TX 332	■ ■ ■	S		□ ■ □	■	□		□		F C	□ ■	□ □ □	□ □	□	□ □ □	□	□ □ □	□		■ ■					■	
F3	Ozona, 76943 325-392-2473	Town & Country #219 I-10 Exit 365 (TX 163)	24 HRS ■ ■			□ ■ □	■			□			□ ■		□ □	□	□ □ □	□ □	□ □ □		□	■ ■	V W	F	F			■ ■ ■
F3	Ozona, 76943 325-392-2637	Circle Bar Auto/Truck Plaza (Chevron) I-10 Exit 372 (Taylor Box Rd) [AMBEST logo]	24 HRS ■ ■	XL ■ ■	■	24 HRS ■ ■ ■	■ ■		■ ■	■ ■		F C	■	[CAT Scale logo]	■ ■	■	■ ■ ■	A R	■ ■ ■	■ ■	■ ■	■ ■ ■	■ V W	B B	B B	B	■	■ ■ ■
E6	Palestine, 75801 903-538-2000	Tucker Truck Stop 5138 US 79 S	24 HRS ■ ■	M ■		24 HRS	■						□ ■		□ □	□	□ □ □	□ □	□ □ □		■	■	V W	B				■ ■ ■
C6	Palmer, 75152 972-449-2229	Sunmart #170 (Mobil) I-45 Exit 258 (US 75)	24 HRS ■ ■	M ■ ■		■ ■ □	■		■ ■	■ ■		F C F	■	[CAT Scale logo]	■ ■		□ □ □	□	■ ■ □		■	■ ■	V W	B B	B B	B B	■	■ ■ ■
C3	Pampa, 79065 806-669-1028	Taylor Petroleum # 35 (66) US 60 W	■ ■ ■	S		□ ■ □	■						■	□ □	□ □				□ □		■	■ ■	V W	B	F			■ ■ ■
C3	Panhandle, 79068 806-537-3808	Taylor's (Shamrock) US 60 & TX 207	24 HRS ■ ■	S		□ ■ □	■					F	□ ■		□ □		□	□	□		■	■ ■	V W	F			■	■ ■ ■
D6	Paris, 75460 903-783-0053	Loop Truck Stop 1955 NE Loop 286 & Spur 139	■ ■ ■	S ■ ■		□ □	■	□							□ □		□		□ □ □		■		V W	B C				■ ■ ■
D6	Paris, 75460 903-784-4553	Food Fast #101 (Exxon) 2170 TX 19-24 (1/4 mi N of Loop 286)	■ ■ ■				■						□ ■									■	V W	B	F			■ ■ ■
D6	Paris, 75460 903-784-2802	T's Mart (Shell) 2805 US 271 N & Loop 286	■ ■ ■	M ■		□ ■ ■ □	■ ■	□	■ ■	□		F C U F	□ ■	□ □	□ □		□ □ □	□ □ □	□ □ □	□	■ □	■	V W	B B	F B B	B B	■	■ ■ ■
G7	Pasadena, 77506 713-475-2122	Flagship Truckstop (66) 2120 US 225	24 HRS ■ ■	S ■		□ ■ ■ □	■	□		□		F C	□ ■		□ □		□ □ □	□	□ □ □			■ ■ ■	■ V W	B B	F B	B	■	■ ■ ■
G5	Pearsall, 78061 830-334-9296	Valley Mart #12 (Exxon) I-35 Exit 101 (FM 140)	24 HRS ■ ■	M ■ ■		■ ■	■					F C	■	□	□ □		□	□	□ □ □	□ □	■	■	V W	B B	F	B B	■	■ ■ ■
F2	Pecos, 79772 432-445-9436	Flying J Travel Plaza #05260 (Conoco) I-20 Exit 42 (US 80-285) [Flying J logo]	24 HRS ■ ■ ■	XL ■ ■		24 HRS ■ ■ □	■ ■	□	■ ■	■ ■	[Flying J logo] ■ [Flying J logo] [Flying J logo]	F C U F T		[Flying J logo]	□ □		□ □ □		□ □ □		■ ■ ■	■	V W	B	B B	B	■	■ ■ ■
B3	Perryton, 79070 806-435-3299	Imo's Country Store #3 (66) 2202 S US 83 (7 mi N of TX 70)	■ ■ ■	M ■ ■		■ □	■	□	■			F C	□		□ □		□		□ □ □		■ □ ■	■	V W	B		B	■	■ ■ ■
B3	Perryton, 79070 806-435-4777	Waterhole 83 (Shell) 2602 US 83 S (1 blk S of Loop Rd)	24 HRS ■ ■	M ■ ■		□ ■ □	■ ■	□ □	■ ■	■		F F	□ ■		□ □	□	□ □ □	□ □	□ □ □		■	■	V W	B C	B B	B B	■	■ ■ ■
F5	Pflugerville, 78660 512-251-2286	Speedy Stop #248 I-35 Exit 248 (FM 1825 SE)	24 HRS ■ ■	S ■ ■		□ ■ ■ □	■ ■	□ □ □		■ □			□ ■		□ □	□	□ □ □	□	□ □ □	□ □		■ ■	V W	B B	F B	B B		■ ■ ■
F5	Pflugerville, 78660 512-670-7401	Tex-Con Oil I-35 Exit 248 (N to 7701 Grand Ave)	■ ■ ■			□ □	■						■									■	W			B		■ ■ ■
I5	Pharr, 78577 956-781-2841	Sunrise RV Center (Citgo) 2800 US 281 & Sioux Rd	■ ■ ■ ■			□ □ □	■					F C	□ ■	□	□ □		□ □ □	□	□ □ □		□ ■	■ ■ ■	■ V W	B C	F	B	■	■ ■
I5	Pharr, 78577 956-283-0019	Valley 66 - 2 Truck Stop US 281 & Military Hwy	24 HRS ■ ■	$ M ■ ■		■	■		■ ■			C T	■									■ ■	V W	B B	F B B	B B		■ ■ ■
I5	Pharr, 78577 956-781-7543	Silver Spur Truckstop US 281 & Sioux Rd	24 HRS ■	XL ■ ■		24 HRS ■ ■ ■		□ □ □	■ ■	■ □		F C U F	□ ■	■ ■ ■	■ □	□	□ □ □	□ □	□ □ □	□ ■	□	■	■	B B	B	B	■	■ ■
I5	Pharr, 78577 956-787-8631	Circle K (Citgo) US 83 W & 809 N Cage	24 HRS ■ ■			□ ■ □	■	□ □ □		□			□ ■		□ □		□		□ □ □	□	□	■ ■	V W	B	F			■ ■ ■
D7	Pittsburg, 75686 903-856-5841	E-Z Mart (Shell) 400 US 271 S	24 HRS ■ ■			□ □ □	■	□					□ ■										V W		F			■ ■ ■

THE TRUCKER'S FRIEND® - TEXAS

How to interpret the page

■ means available at truck stop □ means available nearby

in the overnight lot column:
S means room for 5 - 24 trucks
M means room for 25-74 trucks
L means room for 85-149 trucks
XL means room for 150+ trucks
$ means a parking fee may be charged

code at left-hand side of rows is the state map grid reference
a key to advertising logos is on page 25

Services may change without notice. When in doubt, call ahead.

Column key:
Driver Services — MOTOR FUEL: Truck Diesel, Self Service Diesel, Metered Propane, Gasoline; PARKING: Overnight Lot ($), Paved Lot, Trailer Drop; FOOD: Safe Haven/Hazmat, Electric Plug-Ins, Restaurant, Fast Food; STORES: Table Phones, Motel, Convenience, Trucker/Travel; SHOWERS: Shopping Center, Walmart/Kmart, Grocery, Ladies, Men's; COMMUNICATION: TV/Drivers Lounge, Laundry, Load Monitor, Internet Kiosk, Wi-Fi Hotspots, Document Scanning, Public Fax/Copier, UPS/FedEx/Tripak Box
Vehicle Services — SCALES: Religious Services, State Lottery; TIRES: Axle, Platform, Certified; REPAIRS: Repairs, New Tire Sales, Shop Open 24 Hrs, DOT Inspection, Major Repairs, Minor Repairs; ROAD SVCS: Oil Change/Lube, Minor Welding, AC/Reefer, CB; WASH: Tire, Mechanical, Towing, Truck (Exterior), Trailer Washout
RV Info: RVs Welcome, Dumping Station, Propane (Bottle)
Financial Services (C=Checks, F=Fuel Cards, B=Both): ATM, Can Wire Money Out, Money Orders, Natso Check-Link, Western Union, Voyager/Wright Express, Comdata (Comchek)
Permit Svcs: EFS, Fuel Man, Multi Service
Credit Cards: TCH, T-Chek, Fleet One, Buy/Pay at Fuel Desk, All Prepaid Permit Svcs, American Express, Visa/Mastercard, Discover

Grid	Location / Phone	Truck Stop / Address	Fuel / Parking / Food	Stores / Showers	Communication	Scales / Tires	Repairs / Road Svcs / Wash	RV Info / Financial	Permit / Credit Cards (C/F/B)	Credit Cards (■)
D 3	Plainview, 79072 806-296-5999	All Star (Shell) I-27 Exit 49 (US 70)	24HRS ■ ■ S ■ ■	□ ■ ■ □ ■	□ □ □ □	F C □ ■	□ □	□ □ □ □ ■ ■ ■ V W	B B F B B B	■ ■ ■ ■
D 3	Plainview, 79072 806-296-9669	Uncle's # 82 I-27 Exit 49 (US 70)	24HRS ■ ■	□ □ □ ■	□ □ □ □	□ ■	□ □ □ □ □	□ □ □ ■ ■ V W	B F F	■ ■ ■
F 1	Plateau, 79855 432-283-7837	Plateau Truck & Auto Center (Fina) I-10 Exit 159	24HRS ■ ■ XL ■ ■	24HRS ■ ■ ■ ■	■ ■ ■ ■	F C ■	■ ■ ■ ■ ■ ■	■ ■ □ ■ ■ V W	B B B B B B	■ ■ ■ ■
G 5	Pleasanton, 78064 830-569-2026	Kuntry Korner Steak & Eggs (Shamrock) I-37 Exit 104 (Jim Brite Rd NB/Leal SB)	24HRS ■ ■ M ■ ■	24HRS ■ ■ ■	■ ■	F C ■		□ □ □ ■ ■ V W	B B C	■ ■ ■ ■
G 5	Pleasanton, 78064 830-281-2377	ZS Super Stop (Chevron) I-37 Exit 109 (FM 97 E)	■ ■ ■ S ■ ■	■ ■		F C ■		□ □ □ ■ □ ■ V W	F	■ ■ ■ ■
F 7	Pollok, 75969 936-853-2700	Polk's Pick It Up # 3 (Exxon) US 69 N	24HRS ■ ■	□ ■ ■ □	□	F □ ■	□ □ □ □	□ □ □ ■ ■ V W		■ ■ ■ ■
D 6	Ponder, 76249 940-482-6768	Midway Truck Stop (66) 17605 US 380 W	■ ■ ■ M ■ ■	■		□ ■		■ V W		■ ■ ■
H 6	Port Lavaca, 77979 361-552-2661	Speedy Stop #12 (Exxon) 2207 TX 35 & US 87	24HRS ■ ■	□ □ □ ■ □ □ □	□	□ ■	□ □ □	□ □ □ □ ■ ■ V W	B	■ ■ ■
H 6	Port Lavaca, 77979 361-553-7726	Buc-ee's #12 (Chevron) 2318 US 87 & TX 35	24HRS ■ ■	□ □ □ ■ □ □ □	□	F C U F □	□ □ □	□ ■ ■ V W	B B F B B	■ ■ ■ ■
D 3	Post, 79356 806-495-4573	Town & Country Food #223 115 US 84 & US 380	24HRS ■ ■	□ ■ □ ■ □	□	□ □ ■	□ □	□ ■ ■ V W	F B	■ ■ ■
E 6	Prairie Hill, 76678 254-344-2727	Sunmart #113 (Mobil) US 84 & FM 73	24HRS ■ ■ S ■	■		F C ■		□ □ □ ■ ■ ■ V W	B B B B B B	■ ■ ■ ■
H 5	Premont, 78375 361-348-3711	Diamond Shamrock #1527 201 US 281 S	24HRS ■ ■ S ■ ■	□ ■ □ ■ □	□	F C □ ■	□ □ □ □	□ □ □ ■ ■ ■ V W	B B F B B B	■ ■ ■
D 3	Ralls, 79357 806-253-0118	Cenex Ampride 900 US 82	■ ■ ■ S	■ ■ □	□	F C □ ■		■	B B B	■ ■ ■ ■
E 5	Ranger, 76470 254-647-3700	Love's Travel Stop #270 I-20 Exit 349 (US 80)	24HRS ■ ■ M ■	□ ■ ■ □ ■	■ ■ □ ⏻	F C F □ ■ CAT	□ □ □ □ □ □ □ □	□ □ □ ■ ■ ■ ■ V W	B B F B B B	■ ■ ■ ■
C 6	Red Oak, 75154 972-617-7477	Knox Super Stop (Shell) I-35 Exit 410 (NB Access Rd)	24HRS ■ ■ S ■	□ ■ □ ■ ■ □ □ □	■ ■ □ DAT	F C U □ ■ CAT	□ □ □ □ □	□ □ □ ■ □ ■ ■ V W	B B F B B B B	■ ■ ■ ■
B 4	Rhome, 76078 817-638-2704	Big Z Travel Plaza (Exxon) US 81-287 & TX 114	■ ■ ■ S	■ ■		F C □ ■		□ □ □ ■ V W	B B F B B B	■ ■ ■ ■
D 6	Rice, 75155 903-326-6111	Interstate Travel Center (Fina) I-45 Exit 238 (FM 1603)	24HRS ■ ■ M ■ ■	■ ■ ■ ■	■ ■ ■	F C U ■		□ □ □ ■ ■ ■ V W	B B F B B B	■ ■ ■ ■
F 6	Riesel, 76682 254-896-6500	End Zone Mini Mart (Exxon) 402 TX 6 S	■ ■ ■ S ■	■ ■		□ ■		■ V W	B B	■ ■ ■ ■
I 4	Rio Bravo, 78046 956-753-8509	Speedy Stop #78 (Exxon) US 83 S	24HRS ■ ■	□ ■ ■ □	□	□ ■		□ ■ ■ ■ ■ ■ V W	B B B B B	■ ■ ■
F 7	Riverside, 77367 936-594-3930	Papa Keith's Travel Center (Citgo) TX 19 & FM 980	24HRS ■ ■ M	□ ■ ■ □	■ ■	□ ■		■ ■ ■ ■ V W	B B F B	■ ■ ■ ■
B 5	Roanoke, 76262 817-430-9828	Texaco Metro Mart 508 TX 114 E	24HRS ■ ■	□ ■ □ ■ □ □	□	□ ■		■ ■ ■ V W		■ ■ ■
F 6	Roans Prairie, 77875 936-874-2720	Diamond Shamrock #541 TX 30 & TX 90	■ ■ ■ S ■	■ ■		■		■ ■ ■ ■ V W	F	■ ■ ■
H 5	Robstown, 78380 361-767-2686	US Travel Center (Chevron) 2217 US 77 (2 mi N of town)	24HRS ■ ■ M ■ ■	■ ■ ■ □ □	■ ■ ■ DAT	F C □ ■ ■ ■	■ ■ ■ ■ ■ ■ ■ ■ A □	■ ■ ■ ■ □ ■ ■ ■ ■ V W	B B F B B B B B	■ ■ ■ ■
H 5	Robstown, 78380 361-387-5558	Roadrunner Travel Center (Shell) US 77 & FM 892	24HRS ■ ■ L ■ ■	■ ■ ■ ■ ■ □	■ ■ ■ ■ DAT	F C T F □ ■ CAT	■ ■ ■ ■ ■ ■ ■ ■ A □	■ ■ ■ □ ■ ■ ■ ■ V W	B B F B B B B B	■ ■ ■ ■
B 6	Rockwall, 75087 972-722-7450	TravelCenters of America I-30 Exit 68 (TX 205)	TA 24HRS ■ ■ L ■ ■	■ ■ □ ■ ■ □ □ □	■ ■ ■ DAT TA	F C U F T ■ CAT	■ ■ □ ■ ■ ■ A	■ ■ □ ■ ■ ■ ■ ■ W	B B B B B	■ ■ ■ ■
B 6	Rockwall, 75087 972-722-3178	Love's Travel Stop #283 I-30 Exit 70 (FM 549)	24HRS ■ ■ M ■ ■	■ ■ □ ■ ■ □ □	■ ■ ■ DAT ⏻	F C U F T □ ■ CAT	□ □ □ □ □	□ □ □ ■ ■ ■ ■ V W	B B F B B B	■ ■ ■ ■
E 4	Roscoe, 79545 325-766-3777	Town & Country #226 I-20 Exit 236 (Main St N)	24HRS ■ ■ S ■	□ ■ ■ □		■	□ □	□ □ □ ■ ■ V W	F	■ ■ ■
G 6	Rosenberg, 77471 281-341-7900	Rosenberg Chevron 1809 TX 36/US 90 Alt	24HRS ■ ■	□ ■ □ ■ □ □ □	□	F C □ ■	□ □	■ V W	B F B	■ ■ ■ ■

THE TRUCKER'S FRIEND® - TEXAS

How to interpret the page

■ means available at truck stop □ means available nearby

In the overnight lot column:
- S means room for 5 - 24 trucks
- M means room for 25-74 trucks
- L means room for 85-149 trucks
- XL means room for 150+ trucks
- $ means a parking fee may be charged

Code at left-hand side of rows is the state map grid reference; a key to advertising logos is on page 25

Services may change without notice. When in doubt, call ahead.

Driver Services: MOTOR FUEL (Truck Diesel, Self Service Diesel, Metered Propane, Gasoline); PARKING (Overnight Lot ($), Paved Lot, Trailer Drop, Electric Plug-Ins, Safe Haven/Hazmat); FOOD (Restaurant, Fast Food, Table Phones); STORES (Motel, Convenience, Trucker/Travel, Shopping Center, Walmart/Kmart, Grocery); SHOWERS (Ladies', Men's, TV/Drivers Lounge, Laundry); COMMUNICATIONS (Load Monitor, Internet Kiosk, Wi-Fi Hotspots, Document Scanning, Public Fax/Copier, UPS/FedEx/TripPak Box, Religious Services, State Lottery)

Vehicle Services: SCALES (Axle, Platform, Certified); TIRES (Repairs, New Tire Sales); REPAIRS (Shop Open 24 Hrs, DOT Inspection, Major Repairs, Minor Repairs, Oil Change/Lube); ROAD SVCS (Minor Welding, AC/Reefer, CB, Tire, Mechanical, Towing); WASH (Truck (Exterior), Trailer Washout)

RV Info: RVs Welcome, Dumping Station, Propane (Bottle)

Financial Services: ATM, Can Wire Money Out, Money Orders, NATSO Check-Link, Western Union, Wright Express, Comdata (Comchek), Voyager

C=Checks F=Fuel Cards B=Both

Permit Svcs: EFS, Fuel Man, Multi Service, TCH, T-Chek, Fleet One, Buy/Pay at Fuel Desk, All Prepaid Permit Svcs

Credit Cards: American Express, Visa/Mastercard, Discover

Grid	Location / Phone	Truck Stop / Address	Motor Fuel	Parking	Parking (Plug-Ins/Safe Haven)	Food	Stores	Stores (Shopping/Grocery)	Showers	Lounge/Laundry	Communications	Communications (Scanning/Fax/Box)	Religious Svcs/Lottery	Scales	Tires	Repairs	Repairs	Road Svcs	Road Svcs	Wash	RV Info	Financial Services	Financial Services	Fuel Cards	Fuel Cards	Fuel Cards	Permit Svcs	Credit Cards
G 6	Rosenberg, 77481 / 281-238-0066	Cottonwood Travel Plaza / 2801 US 59 S & Cottonwood Church Rd	24 HRS ■ ■	M ■ ■		■	■ ■		■ ■	■ ■	■ ⏻	F C F	□ ■	[CAT]	□		□		□ □ □		■ ■	■ ■	V W	B B	F B	B B	■	■ ■ ■
G 6	Rosenberg, 77471 / 281-341-9097	Sunmart #125 (Mobil) / 28111 US 59 & TX 36	24 HRS ■ ■			□ □	■	□ □		□		F	□ ■	□	□ □		□ □ □	□	□ □ □	□		■ ■	V W	B B	F B B	B	■	■ ■ ■
E 6	Ross, 76684 / 254-829-0669	Ross Truck Stop (Shell) / I-35 Exit 346 (Ross Rd E)	24 HRS ■ ■	L ■ ■		■ ■ ■ □	■ ■	□	■ ■	■ ■		F C	□ ■	□ □ □	□ □	□	□ □ □	□ □	□ □ □	□ □	■ □	■ ■ ■	■ V W	B B	F B B	B B	■	■ ■ ■
E 6	Ross, 76684 / 254-829-0687	Will's Petro Stop (Exxon) / I-35 Exit 346 (Ross Rd W)	24 HRS ■ ■	S ■		■ □ ■	■		■ ■			F C			□ □		□	□	□ □ □		■ □	■	V W	B B	F B B	B B	■	■ ■ ■
F 5	Round Mountain, 78663 / 830-825-3432	Berkly's Travel Center (Shell) / US 281 SW	■ ■ ■	M ■ ■		□	■					F C	□ ■						□ □ □		■	■	V W	B	F B	B	■	■ ■ ■
B 7	Royse City, 75189 / 972-636-4303	Exxon Prime Stop / I-30 Exit 77 B (CR 35)	■ ■ ■	S ■ ■		□ ■ □	■	□ □ □		□			□	□	□ □		□ □	□	□ □ □		■	■	V W	B B	B	B		■ ■ ■
B 7	Royse City, 75189 / 972-636-9999	Knox Super Stop (Fina) / I-30 Exit 77 B (FM 35)	24 HRS ■ ■	M ■		■ □	■ ■		■ ■	■	[DAT] ⏻	■ F C U F T	■	[CAT]	□ □		□ □	□	□ □ □		■	■	V W	B B	F B B	B B	■	■ ■ ■
D 4	Rule, 79547 / 940-997-2122	Simpson Oil Co / 4329 US 380 E	■ ■ ■ ■			□ □ □						F C	□								□ ■						■	■ ■ ■
B 5	Saginaw, 76179 / 817-232-2850	Diamond Shamrock #4528 / I-820 Exit 13 (US 287 Bus, 1 mi N)	24 HRS ■ ■			□ □ □	■	□ □ □		□		F	□ ■				□ □	□			■	■ ■	V W	B B	B B	B B	■	■ ■ ■
F 5	Salado, 76571 / 254-947-5228	JD's Travel Center (Shamrock) / I-35 Exit 282 (2 mi S of town)	24 HRS ■ ■	M ■ ■		■ □ □	■	□ □	■ ■	■ □		F C	□ ■		■ ■	■	□ ■	■	□ □ □		■ □	■	V W	B B	F	B B	■	■ ■ ■
F 4	San Angelo, 76902 / 325-653-4942	Shots #7 (Chevron) / 1802 US 87 S	24 HRS ■ ■			□ □	■	□		□			□ ■									■ ■	V W					■ ■ ■
F 4	San Angelo, 76902 / 325-658-4250	Shots #8 (Chevron) / 2901 US 87 N	■ ■ ■			□ ■ □	■	□ □		□			□ ■									■ ■	V W			F		■ ■ ■
F 4	San Angelo, 76903 / 325-655-1613	Town & Country #119 / 3925 US 87 S	24 HRS ■ ■	M ■ ■		□ ■ □	■						□ ■	□ □ □	□ □				□ □ □		■	■ ■	V W	B B	F B	B B		■ ■ ■
F 4	San Angelo, 76905 / 325-655-0397	Town & Country #179 (Chevron) / US 67 & US 277	24 HRS ■ ■	S ■		□ □ □	■			□			□ ■	□ □ □	□ □		□ □ □		□ □ □	□	■	■ ■	V W	B B	F B	B B		■ ■ ■
G 5	San Antonio, 78257 / 210-698-3634	Pico #10 (Shamrock) / I-10 Exit 550 (Ralph Fair Rd)	24 HRS ■ ■	S ■		□ ■	■	□ □				F	□ ■								■ ■	■ ■	V W	B B	F	C	■	■ ■ ■
G 5	San Antonio, 78219 / 210-661-9416	[PETRO] Petro Stopping Center # 5 (Mobil) / I-10 Exit 582 (Ackerman Rd SE)	24 HRS ■ ■	XL ■ ■	■	24 HRS ■ ■ □	■ ■	□	■ ■	■ ■	[DAT] ■ ⏻	■ F C U F T	■ ■	[CAT]	[BF]	■	■ ■	A ■	■ ■ □	■ ■	■ □	■	V W	B B	B	B B	■	■ ■ ■
G 5	San Antonio, 78219 / 210-661-5353	Pilot Travel Center #306 / I-10 Exit 582 (Ackerman Rd NE)	24 HRS ■ ■	M ■ ■		□ ■ ■ □	■ ■		■ ■	□	[DAT] ■ ⏻	■ F C U F T	□ ■	[CAT]	□ □	□	□ □ □	□ □	□ □ □	□	■ □	■ ■ ■	■ ■ V W	B B	F B	B B	■ ■	■ ■ ■
G 5	San Antonio, 78244 / 210-666-2266	[Flying J] Flying J Travel Plaza #05410 (Conoco) / I-10 Exit 583 (Foster Rd NW)	24 HRS ■ ■	XL ■ ■		24 HRS ■ ■ □	■ ■	□	■ ■	■ ■	[Flying J] ■ ■	[Flying J] F C U F T	□	[Flying J]	□ □	□	□ □ □	□ □	□ □ □	□ □	■ ■ ■	■	V W	B	B B	B	■	■ ■ ■
G 5	San Antonio, 78244 / 210-310-0145	[TA] TravelCenters of America (Chevron) / I-10 Exit 583 (Foster Rd SW)	24 HRS ■ ■	XL ■ ■		24 HRS ■ ■ □	■ ■	□	■ ■	■ ■	[TA]	■ F C T F	■	[CAT]	[BF]	■ ■	□ ■ ■	■ A □	■ ■ □	□ □	■ □	■ ■	■ ■ W	B B	F B	B B	■	■ ■ ■
G 5	San Antonio, 78233 / 210-599-7200	Shell Truckstop #10 / I-35 Exit 169 (O'Connor Rd NW)	■ ■ ■			□ □ □	■	□ □	■	□	[DAT]	□	□ ■	□ □ □							□	■ ■	V W	B B	F	B		■ ■ ■
G 5	San Antonio, 78223 / 210-633-2751	Whiteside's Fuel Station / I-410 Exit 42 (Southton Rd)	■ ■ ■			□ □		□ □				F C	□ ■	□ □ □	□ □		□ □		□ □ □	■	□	■		B			■	■ ■ ■
G 5	San Antonio/Elmendorf, 78223 / 210-635-7370	EZ Stop / 15540 US 181 S & Loop 1604	■ ■ ■			□	■					F C	■								□	■	V W		F		■	■ ■ ■
G 5	San Antonio/Elmendorf, 78112 / 210-621-2061	Tex-Best #1 (Conoco) / I-37 Exit 125 (TX 1604 NE)	24 HRS ■ ■	M ■ ■		□ ■ □	■ ■				[DAT]	F C F	■		□ □				□ □ □		■	■	V W	B B	F C	B C	■	■ ■ ■
G 5	San Antonio/Elmendorf, 78264 / 210-626-1462	EZ Mart #601 (Citgo) / I-37 Exit 125 (TX 1604 SW)	24 HRS ■ ■	S ■ ■		■	■						■		□ □						■	■	V W	B				■ ■ ■
G 5	San Antonio/Elmendorf, 78112 / 210-633-3197	Tetco #303 (Shamrock) / I-37 Exit 130 (NE)	24 HRS ■ ■	S		□ ■ □	■					C	□ ■	■ ■ ■	□ □		□		□ □	□	■ □	■	W	B B	F	B		■ ■ ■
G 5	San Antonio/Von Ormy, 78073 / 210-622-3790	Tex-Best #4 (Exxon) / I-35 Exit 140 (FM 1604 SE)	24 HRS ■ ■	S ■ ■		■	■				[DAT]	F C □	■	□ □ □	□ □				□ □ □		■ □	■	V W	B B	F C	B C	■	■ ■ ■
G 5	San Antonio/Von Ormy, 78073 / 210-622-3222	AAA Travel Center (Shamrock) / I-35 Exit 140 (FM 1604 SW)	24 HRS ■ ■	L ■ ■		□ ■ □	■	□	■ ■	■ ■		F C	□ ■	■ ■ ■	□ □		□ □ □	□	□ □ □		■ □	■	V W	B B	B	B B	■	■ ■ ■
G 5	San Antonio/Von Ormy, 78073 / 210-622-3435	Shell Truck Stop #3056 / I-35 Exit 141 (Benton Rd) (SB)	24 HRS ■ ■ ■	M ■ ■	■	□ ■ □	■						□ ■		□ □		□ □	□	□ □ □	□	■ □ ■	■ ■	V W	B B	F B	B		■ ■ ■

THE TRUCKER'S FRIEND® - TEXAS

How to interpret the page

■ means available at truck stop □ means available nearby

in the overnight lot column:
- S means room for 5 - 24 trucks
- M means room for 25-74 trucks
- L means room for 85-149 trucks
- XL means room for 150+ trucks
- $ means a parking fee may be charged

code at left-hand side of rows is the state map grid reference
a key to advertising logos is on page 25

Services may change without notice. When in doubt, call ahead.

Column groups: Motor Fuel (Truck Diesel, Self Service Diesel, Metered Propane, Gasoline); Driver Services — Parking (Overnight Lot, Paved Lot, Trailer Drop, Electric Plug-ins, Safe Haven/Hazmat), Food (Restaurant, Fast Food, Table Phones), Stores (Motel, Convenience, Trucker/Travel, Shopping Center, Walmart/Kmart, Grocery), Showers (Ladies, Men's), Communication (TV/Drivers Lounge, Laundry, Load Monitor, Internet Kiosk, Wi-Fi Hotspots, Document Scanning, Public Fax/Copier, UPS/FedEx/TripPak Box, Religious Services, State Lottery); Vehicle Services — Scales, Tires (Platform, Axle, Certified, Repairs, New Tire Sales), Repairs (Shop Open 24 Hrs, DOT Inspection, Major Repairs, Minor Repairs, Oil Change/Lube, Minor Welding, AC/Reefer), Road Svcs (CB, Tire, Mechanical, Towing), Wash (Truck (Exterior), Trailer Washout); RV Info (RVs Welcome, Dumping Station, Propane (Bottle)); Financial Services (ATM, Can Wire Money Out, Money Orders, Natso Check-Link, Western Union, Wright Express, Comdata (Comchek), Voyager; C=Checks F=Fuel Cards B=Both); Permit Svcs (EFS, Fuel Man, Multi Service, TCH, T-Chek, Fleet One, Buy/Pay at Fuel Desk, All Prepaid Permit Svcs); Credit Cards (American Express, Visa/Mastercard, Discover)

Location	Truck Stop	Fuel/Parking	Food	Stores	Showers	Communication	Scales	Tires	Repairs	Road Svcs/Wash	RV Info	Financial	Fuel Cards (C/F/B)	Credit Cards
G5 San Antonio/Von Ormy, 78073 210-623-3580	Tetco #308 (Shamrock) I-35 Exit 144 (Fisher Rd E)	24 HRS ■ ■	L ■ ■	□ ■ □	■ ■	■ ■ □	F C	□ ■ ■	□ □	□ □ □ □	□ □ □ □ □	■ □ ■	V W B B F B	■ ■ ■ ■
G5 San Antonio/Von Ormy, 78073 210-623-2329	Love's Travel Stop #242 I-35 Exit 144 (Fisher Rd W)	24 HRS ■ ■	M ■	■ ■ □	■ ■	■ ■ ■	[logo] ■ F C U F T	[CAT]	□ □	□ □ □	□ □ □	■ ■ ■ ■ ■ ■	V W B B F B B B	■ ■ ■ ■
F7 San Augustine, 75972 936-275-5575	Mixon Brothers Shell Hwy 103 & Hwy 147	24 HRS ■ ■	S ■		■	■			□ □	□ □ □ □ □	□ □	■	V W	■ ■ ■ ■
L5 San Benito, 78586 956-361-1400	Circle K #9115 (Citgo) 2500 US 83 W	24 HRS ■ ■	S ■	□ ■ □	■	□ □ □		■				■ ■	V W B B F B B B	■ ■ ■
G5 San Marcos, 78666 512-392-4040	San Marcos Truck Stop (Texaco) I-35 Exit 204 A (SB only)	24 HRS ■ ■ ■	M ■ ■	□ ■ □	■	□ □ □ ■ ■	F C	□ ■	■ ■		□	■ ■ ■	V W B B F B B	■ ■ ■ ■
F5 San Saba, 76877 325-372-3027	R&R Fuel Stop US 190 & TX 16 (604 N 8th)	■ ■ ■		□ □ □		□ □		□ □ □ □	□ □	□ □	□ □ □ □ □ □	□	C	
G3 Sanderson, 79848 432-345-2747	Town & Country #228 (66) US 90	24 HRS ■ ■	S ■	□ ■ □	■	□	F C	□ ■	□ □	□ □	□ □ □	■ □ ■ ■	V W B F B B	■ ■ ■ ■
D6 Sanger, 76266 940-382-3608	Love's Travel Stop #217 I-35 Exit 473 (FM 156)	24 HRS ■ ■	M ■ ■	■ ■	■ ■		[logo] ■ F C	□ ■				■ ■ ■ ■	V W B B F B B B	■ ■ ■ ■
F2 Saragosa, 79780 432-375-2418	I-10 Fina I-10 Exit 212 (TX 17)	24 HRS ■ ■	M ■ ■ ■	■	■		F C		□ □	□	□ □ □	■ ■ ■	W B C B B	■ ■ ■ ■
G6 Schulenburg, 78956 979-743-4694	Andy's Food Mart (66) I-10 Exit 674 (US 77 S)	■ ■ ■		□ ■ □	■	□ □	F C □	□ ■ □ □ □	□ □	□ □ □ □ □	□ □ □ □ □	□ ■ ■ ■	V W	■ ■ ■ ■
G6 Schulenburg, 78956 979-743-3138	Speedy Stop #68 (Exxon) I-10 Exit 674 (US 77)	24 HRS ■ ■		□ ■ □	■	□ □		□ ■	□ □	□ □ □ □ □	□ □ □	■ ■	V W	■ ■ ■
C6 Seagoville, 75159 972-287-7844	Diamond Shamrock #4529 US 175 & Malloy Bridge Rd	24 HRS ■ ■	S ■ ■	□ ■ □	■	□ □	F	□ ■	□ □	□ □ □ □	□ □ □	■ □ ■ ■ ■	W B B B B B B	■ ■ ■ ■
C6 Seagoville, 75159 972-287-3240	Seagoville Shell US 175 & Malloy Bridge Rd	24 HRS ■ ■		□ ■ □	■	□ □ □	F	□ ■	□ □	□ □	□ □	■ ■	V W B B F B B B	■ ■ ■ ■
G6 Sealy, 77474 979-885-6636	Sealy Truck Stop (Exxon) I-10 Exit 716 (Pyka Rd)	24 HRS ■ ■	L ■ ■	24 HRS ■	■ ■	■ ■ ■ ■ [DAT]	F C T	□ ■	■ ■	□ □ □	■	■ ■ ■ ■ ■	V W B B F B B B B	■ ■ ■ ■
G6 Sealy, 77474 979-885-2592	Sunmart #123 (Mobil) I-10 Exit 720 (TX 36)	24 HRS ■ ■	M ■ ■	□ □	■ ■	□ □ □ □	F C □	□ ■ □	□ □	□ □ □ □ □ □ □	□ □ □	■ ■ ■	V W B B B B B B	■ ■ ■ ■
G6 Sealy, 77474 979-885-2401	Sunmart #121 (Mobil) I-10 Exit 723 (FM 1458)	24 HRS ■ ■	S ■ ■	■	■ ■ □	■ ■	F C T	□ ■ [CAT]	□ □	□ □ □	□ □ □	■ ■ ■	V W B B B B B B	■ ■ ■ ■
F4 Segovia, 76849 325-446-3193	Segovia Truck Stop (66) I-10 Exit 465	24 HRS ■ ■	XL ■ ■ ■	24 HRS ■ ■ ■	■	■ ■ ■ ■ ■	F C U	■	■ ■ ■ ■ ■ ■ ■	A R	■ ■ □	■ ■ ■ ■	V W B B B C B B	■ ■ ■ ■
G5 Seguin, 78155 830-420-3301	Sunmart #167 (Mobil) I-10 Exit 601 (FM 775)	24 HRS ■ ■	M ■ ■	■	■ ■	■ ■ ■	F	[CAT]	□ □	□	□ □ □	■ ■ ■	V W B B B B B B	■ ■ ■ ■
G5 Seguin, 78155 830-379-3673	Jud's Food & Fuel #5 (Chevron) I-10 Exit 610 (TX 123 Bypass)	24 HRS ■ ■	M ■ ■	□ ■ □	■ ■ □ □ □	□ [DAT]	F C F	□ ■ □	□ □	□ □ □ □ □ □	□ □ □	■ □ ■ ■	V W B B F B B B B	■ ■ ■ ■
E2 Seminole, 79360 432-758-6331	Allsup's #264 (Fina) 1101 US 62-180 W	24 HRS ■ ■	S ■	□ □	■	□ □ □		□ ■	□ □	□ □ □ □ □ □	□ □ □ □ □	■ □ ■	V W B	■ ■ ■
E2 Seminole, 79360 432-758-6001	Seminole Exxon 400 US 62-180 W	■ ■ ■		□ □ □	■	□ □ □		□ ■	□ □	□ □ □ □	□ □ □ □	□ ■	V W B C	■ ■ ■
F7 Seven Oaks, 77350 936-398-4200	Dandy Double #12 (Exxon) US 59 (in town)	■ ■ ■	S ■ ■	□ □	■	■ □	F C	□ ■	■ ■		■ ■	■ ■ ■	V W B	■ ■ ■ ■
D4 Seymour, 76380 940-888-5634	Brasher Brothers Truck Stop 1001 US 277 N	■ ■ ■	S ■ ■	□ □ □	■	□ □	□ □	□ ■ ■	□		□	■ □ ■	B B B B B	■
D4 Seymour, 76380 940-888-3552	Allsup's #159 (Exxon) 700 US 277 N	24 HRS ■ ■	S	□ □ □	■	□ □		□ ■	□ □	□	□ □	■ □ ■ ■	V W B	■ ■ ■
C4 Shamrock, 79079 806-256-3830	T&M Truck Stop I-40 Exit 152 (Pakan Rd)	■ ■ ■	M ■ ■		■	■			■ ■	■	■ ■	■	B B B B B	■ ■ ■
C4 Shamrock, 79079 806-256-3204	Cantrell's Diamond Shamrock I-40 Exit 163 (US 83)	24 HRS ■ ■ ■		□ □ □	■	□ □	F C	□	□ □	□ □ □ □ □	□ □ □	□ ■ ■	V W B B B B B B	■ ■ ■ ■
C4 Shamrock, 79079 806-256-5352	Taylor Petroleum #6 (66) I-40 Exit 163 (US 83)	24 HRS ■ ■	M ■ ■ ■	□ ■ ■ ■	■ ■ □	□ ■ ■ ■	F	□ ■	□ □	□ □ □ □	□ □ □	■ □ ■ ■	V W B B F B B B B	■ ■ ■ ■
C4 Shamrock, 79079 806-256-2127	Cantrell's Longhorn (Shamrock) I-40 Exit 167 (Daberry Rd)	■ ■ ■	M ■		■	□			□ □	□	□ □ □	■		■ ■ ■ ■

THE TRUCKER'S FRIEND® - TEXAS

How to interpret the page

■means available at truck stop □means available nearby

in the overnight lot column:
- S means room for 5 - 24 trucks
- M means room for 25-74 trucks
- L means room for 85-149 trucks
- XL means room for 150+ trucks
- $ means a parking fee may be charged

code at left-hand side of rows is the state map grid reference

a key to advertising logos is on page 25

Services may change without notice. When in doubt, call ahead.

Column headings — Driver Services: MOTOR FUEL (Truck Diesel, Self Service Diesel, Metered Propane, Gasoline); PARKING (Overnight Lot ($), Paved Lot, Trailer Drop, Electric Plug-Ins, Safe Haven/Hazmat); FOOD (Restaurant, Fast Food, Table Phones); STORES (Motel, Convenience, Trucker/Travel, Shopping Center, Walmart/Kmart, Grocery); SHOWERS (Ladies', Men's, Laundry, TV/Drivers Lounge); COMMUNICATIONS (Load Monitor, Internet Kiosk, Wi-Fi Hotspots, Document Scanning, Public Fax/Copier, UPS/FedEx/Trippak Box, Religious Services, State Lottery). Vehicle Services: SCALES (Axle, Platform, Certified); TIRES (Repairs, New Tire Sales); REPAIRS (Shop Open 24 Hrs, DOT Inspection, Major Repairs, Minor Repairs, Oil Change/Lube, Minor Welding); ROAD SVCS (AC/Reefer, CB, Tire, Mechanical, Towing); WASH (Truck (Exterior), Trailer Washout). RV Info (RVs Welcome, Dumping Station, Propane (Bottle)). Financial Services (ATM, Can Wire Money Out, Money Orders, Natso Check-Link, Western Union, Voyager/Wright Express, Comdata (Comchek), EFS, Fuel Man, Multi Service, TCH, T-Chek). Permit Svcs (C=Checks, F=Fuel Cards, B=Both). Credit Cards (Fleet One, Buy/Pay at Fuel Desk, All Prepaid Permit Svcs, American Express, Visa/Mastercard, Discover).

Grid	Location / Phone	Truck Stop / Address	Motor Fuel / Parking / Food	Stores / Showers	Communications	Scales	Tires	Repairs	Road Svcs / Wash	RV Info	Financial Services	Permit Svcs	Credit Cards
F 3	Sheffield, 79781 432-836-4394	Pecos River Crossing (66) I-10 Exit 328	■ ■ ■ M ■	■ ■							■ □	V W	B B ■ ■ ■
F 7	Shepherd, 77371 281-593-1300	Champion Travel Plaza (Exxon) 10000 US 59 S & FM 2914	24HRS ■ ■ L ■ ■	24HRS ■ ■ ■ ■	■ ■ ■ ■ DAT ■	F C U T	■ ■ ■ ■	■ ■ ■	■ ■ ■ ■ A	■ ■ ■	■ ■ ■ ■ ■ ■	W	B B F B B B B ■ ■ ■ ■
D 6	Sherman, 75090 903-893-1500	Sherman Truck Stop (Fina) US 75 Exit 56 (FM 1417)	24HRS ■ ■ M ■ ■	24HRS ■ □ ■	■ ■ ■ ■	F C	■			□ □ □ □	■ ■	W	B B B B B ■ ■ ■ ■
F 7	Silsbee, 77656 409-385-2264	Short Stop Convenience Center (Exxon) 4345 US 96 N (SB)	■ ■ ■ S ■	■ ■ □ ■		F C □	□ ■		□ □ □ □		■ □ ■	V W	F F ■ ■ ■ ■
H 5	Sinton, 78387 361-364-2416	Dyer Oil (Exxon) 137 W Main	■ ■ ■	□ □ □	□ □		□	□ □	□	□ □ □	□	V W	■ ■ ■
H 5	Sinton, 78387 361-364-5783	Sinton Travel Center (Shell) 8140 US 77	24HRS ■ ■ M ■	■ ■	■ ■ DAT	F C F	■		□ □	□ □ □	■ ■ ■	V W	B B F B B B B ■ ■ ■ ■
D 3	Slaton, 79364 806-828-3630	66 Truck & Auto Plaza US 84 Bypass & Woodrow Rd	24HRS ■ ■ M ■ ■	24HRS □ □ ■ □ □	■ ■ ■ □	F C	□ ■				■ ■	V W	B B B B B B ■ ■ ■ ■
E 3	Snyder, 79549 325-573-6222	McCormick Super Station (66) 100 US 180 (1.5 mi E of TX 208)	■ ■ ■	□ □	□		□	□ □	□ □ □ □ □	□ □	□	V W	■ ■ ■
E 3	Snyder, 79549 325-573-0735	Sisters' Plaza (Fina) US 84 & Hoffman Ave	■ ■ ■ M	■ ■				□ □	□ □ □	□ □ □	■	V W	B ■ ■ ■
E 3	Snyder, 79549 325-573-5213	Rip Griffin Truck/Travel Center (Shell) US 84-180 Bypass AMBEST	24HRS ■ ■ M ■ ■	■ □ ■ ■	■ ■ ■ DAT ■	F C T	□	□ □	□ □ □ □ □	□ □ □	■ □ ■ ■ ■	V W	B B B B B ■ ■ ■ ■
F 4	Sonora, 76950 325-387-2117	Skinny's Convenience Store (Fina) I-10 Exit 400 (US 277)	■ ■ ■	□ □ □ ■	□ □		□ ■	□ □	□ □	□ □ □	□ ■	W	■ ■ ■
F 4	Sonora, 76950 325-387-2740	Live Oak Phillips 66 US 277 N & US 290 W	■ ■ ■	□ □ □	□			□ □	□ □ □ □ □	□ □ □	□	V W	B F C ■ ■ ■
F 7	Splendora, 77372 281-399-0200	Quick & Easy #10 (Chevron) 14651 US 59 & FM 2090	24HRS ■ ■	■ ■	□	F □	□ ■		□ □ □		■	V W	B B F B B B ■ ■ ■ ■
E 4	Stamford, 79553 325-773-5532	Super Quick (Shell) US 277 & Hwy 6	24HRS ■ ■ S ■	□ ■ □ ■	□ □ □	F C □	□ ■	□ □	□ □ □ □ □	□ □ □	■ □ ■	V W	B ■ ■ ■ ■
E 3	Stanton, 79782 432-756-2115	Town & Country #209 (66) I-20 Exit 156 (TX 137)	24HRS ■ ■ M ■ ■	■ ■	□ ■ ■	F	□ ■			□ □ □	■ □ ■ ■	V W	B B F B B B B ■ ■ ■ ■
E 3	Sterling City, 76951 325-378-2042	Town & Country #144 (Shell) 1001 US 87 N	24HRS ■ ■ M ■ ■	■ ■			□ ■				■ ■ ■	V W	F F F F F F ■ ■ ■
B 3	Stratford, 79084 806-396-5341	Bain Tire Co 320 US 54	■ ■ ■	□ □ □	□ □	F C	□	□ □ □ ■ ■	□ □	■ □	□		C C C ■ ■ ■ ■
B 3	Stratford, 79084 806-366-5602	Express Lane #5 (Conoco) US 54 & US 287	■ ■ ■ S ■ ■	□ ■ □ ■ □ □	□ □	F C □	□ ■	□ □	□ □ □	□ □ □	■ □ ■ ■	V W	B B B B B B ■ ■ ■ ■
D 2	Sudan, 79371 806-227-2373	Hill Service Center 507 US 84 E	■ ■ ■	□ □	□		□	□ □	■ ■	□			■
D 6	Sulphur Springs, 75482 903-885-5956	Crossroads Travel Center (66) I-30 Exit 122 (TX 19)	24HRS ■ ■ M ■	24HRS □ □ ■ ■ □ □ □	■ ■ □	F C U F	□ ■	□ □	□ □ □ □ □ □	□ □ □	■ □ ■	V W	B B F ■ ■ ■ ■
D 6	Sulphur Springs, 75482 903-885-0020	Pilot Travel Center #157 I-30 Exit 122 (TX 19)	24HRS ■ ■ L ■	□ ■ ■ ■ ■ □	■ ■ DAT ■	F C U F T	■ CAT	□	□	□ □ □	■ ■ ■ ■ ■ ■	V W	B B F B B B ■ ■ ■ ■
C 6	Sunnyvale, 75182 972-226-3144	County Line Truck Stop (Shamrock) 780 US 80 E & Lawson Rd	■ ■ ■ S ■ ■ ■	■ □ □ ■	■	F C	□ ■ □ □ □	□ □	□	□ □ □ □	■ ■	V W	B B B B B ■ ■ ■ ■
E 4	Sweetwater, 79556 325-235-8488	TravelCenters of America (Conoco) I-20 Exit 242 (Hopkins Rd) TA	24HRS ■ ■ XL ■ ■	24HRS ■ ■ □ ■ ■	■ ■ ■ DAT ■ ■	F C U F T	■ ■ ■ ■ ■	■ ■ ■ ■ ■	■ A	■ ■ □ □ □	□ ■ ■	V W	B B B B B ■ ■ ■ ■
H 6	Taft, 78390 361-528-4585	Coastal Cooler 430 US 181	■ ■ ■	□ ■ □ ■	□ □		□ ■	□		□		V W	F ■ ■ ■
F 5	Temple, 76501 254-778-3000	Cefco Travel Center #48 (Shell) I-35 Exit 304 (HK Dodgen Loop W)	24HRS ■ ■ M ■	■ ■ □ ■	■ ■ ■ ■ DAT	F C U F T	□ ■ CAT	□ □	□ □ □ □ □ □ □	□ □ □	■ ■ ■ ■ ■ ■	V W	B B F B B B B ■ ■ ■ ■
E 7	Tenaha, 75974 936-248-4008	Rudy's #4 (Exxon) US 59 & Hwy 84	24HRS ■ ■ M ■ ■	24HRS ■ □ ■	■ ■ □	F C	□ ■			□ □ □ □	■ ■	V W	B B F B ■ ■ ■ ■
C 7	Terrell, 75160 972-524-0705	Terrell Travel Plaza I-20 Exit 498 (TX 148)	24HRS ■ ■ S ■	24HRS ■ □ ■ □ □ □		F C F	□ ■	□ □	□ □ □ □	□ □ □	■ □ ■	V W	B B B B ■ ■ ■ ■
C 7	Terrell, 75160 972-524-2239	Total #4532 I-20 Exit 501 (TX 34)	24HRS ■ ■ S ■	□ ■ □ ■ ■ □		F	□ ■ □ □ □ □	□ □	□ □ □ □ □ □		■ ■ ■ ■ ■	V W	B B B B B B ■ ■ ■ ■

THE TRUCKER'S FRIEND® - TEXAS

How to interpret the page

■ means available at truck stop □ means available nearby

In the overnight lot column: S means room for 5 - 24 trucks; M means room for 25-74 trucks; L means room for 85-149 trucks; XL means room for 150+ trucks; $ means a parking fee may be charged

code at left-hand side of rows is the state map grid reference

a key to advertising logos is on page 25

Services may change without notice. When in doubt, call ahead.

Column groups: Driver Services (Motor Fuel: Self Service Diesel, Truck Diesel, Metered Propane, Gasoline; Parking: Overnight Lot, Paved Lot, Trailer Drop; Food: Safe Haven/Hazmat, Electric Plug-ins, Restaurant, Fast Food; Stores: Table Phones, Motel, Convenience, Trucker/Travel, Shopping Center; Showers: Walmart/Kmart, Grocery, Ladies, Men's; Communication: TV/Drivers Lounge, Laundry, Load Monitor, Internet Kiosk, WiFi Hotspots, Document Scanning, Public Fax/Copier, UPS/FedEx/Tripak Box, Religious Services, State Lottery); Vehicle Services (Scales: Axle, Platform, Certified; Tires: Repairs, New Tire Sales; Repairs: Shop Open 24 Hrs, DOT Inspection, Major Repairs, Minor Repairs, Oil Change/Lube; Road Svcs: Minor Welding, AC/Reefer, CB, Tire, Mechanical; Wash: Towing, Truck (Exterior), Trailer Washout); RV Info (RVs Welcome, Dumping Station, Propane (Bottle)); Financial Services (ATM, Can Wire Money Out, Money Orders, Natso Check-Link, Western Union, Voyager/Wright Express, Comdata (Comchek), EFS); Permit Svcs (Fuel Man, Multi Service); Credit Cards (TCH, T-Chek, Fleet One, Buy/Pay at Fuel Desk, All Prepaid Permit Svcs, American Express, Visa/Mastercard, Discover). C=Checks, F=Fuel Cards, B=Both

Grid	Location / Phone	Truck Stop / Address	Motor Fuel & Parking	Food	Stores & Showers	Communication	Scales & Tires	Repairs & Road Svcs	Wash & RV Info	Financial Services	Permit Svcs	Credit Cards
C 7	Terrell, 75160 972-563-6939	AMBEST Rip Griffin Truck/Travel Center (Shell) I-20 Exit 503 (Wilson Rd)	24 HRS ■ ■ ■	XL ■ ■ ■	24 HRS ■ ■ □ ■ ■	□ ■ ■ ■ DAT ⏻ ■	F C U F T ■ CAT	■ ■ ■ ■ ■ ■	A R ■ ■ □	■ ■ ■ ■ ■ ■	V W	B B F B B B ■ ■ ■ ■
C 7	Terrell, 75161 972-563-9581	McDonald's Phillips 66 I-20 Exit 509 (Hiram Rd)	24 HRS ■ ■	M ■ ■	□ ■ ■	■ ■	F C ■ □ □ □		□ □ □	■ □ ■	V W	B B B B B ■ ■ ■ ■
D 7	Texarkana, 75501 903-832-3301	Total Stop 4020 US 59 S	24 HRS ■ ■	S ■ ■	□ ■ ■ □ ■ □ □ □	□ DAT	F C U □ ■ □	□ □ □ □ □ □ □	□ □ □	■ ■	V W	B B F B B B B ■ ■ ■ ■
F 7	The Woodlands, 77380 281-364-1941	Sunmart #116 (Mobil) I-45 Exit 73 (S Service Rd)	24 HRS ■ ■	$ S ■ ■	□ ■ ■ □ ■ ■ □ □ □	■ ■ ■ □	F C F □ ■		□ □ □	■ □ ■	V W	B B B B B B ■ ■ ■ ■
H 5	Three Rivers, 78071 361-786-3535	Wolffs Travel Stop & Restaurant (Shamrock) I-37 Exit 69 (TX 72)	24 HRS ■ ■	M ■ ■	24 HRS ■ ■ ■ ■	■	F C □ ■	■ ■	□ □ □	■ ■ ■ ■	V W	B B B B B B ■ ■ ■ ■
E 5	Tolar, 76476 254-835-4636	Meyer's Kwik Stop (Shell) US 377 & FM 56 S	■ ■ ■		■ ■	□	C □ ■	□ □ □ □	□ □ □	■	V W	F ■ ■ ■
D 6	Trenton, 75490 903-989-5303	Kwik Chek (Exxon) US 69 & TX 121	■ ■ ■	S	■ □		F C □ ■			■ ■ ■ ■		B B F B ■ ■ ■ ■
F 7	Trinity, 75862 936-594-8270	HPP #6 103 TX 19	■ ■ ■		■	■	■			■	V W	■ ■ ■
F 5	Troy, 76579 254-938-7213	Love's Travel Stop #232 I-35 Exit 306 (FM 1237 NW)	24 HRS ■ ■	S ■ ■	□ ■ ■ ■ ■	■ ■ □ ■ ⏻ ■	F C T F □ ■ □ □ □ □	□ □ □ □	□ □ □ □ □ □	■ ■ ■ ■ ■	V W	B B F B B B ■ ■ ■ ■
C 3	Tulia, 79088 806-995-4567	AMBEST Rip Griffin Truck Stop (66) I-27 Exit 74 (TX 86)	24 HRS ■ ■	M ■ ■	□ ■ □ ■ ■ □	■ ■ ■ DAT ⏻ ■	F C T □ ■ ■ ■		□ □ □	■ ■ ■	V W	B B F B B B ■ ■ ■ ■
E 4	Tye, 79563 325-691-9974	Flying J Travel Plaza #05064 (Shell) I-20 Exit 277	24 HRS ■ ■ ■	XL ■ ■	24 HRS ■ ■ ■ ■	■ ■ ■ ■ Flying J ■ Flying J Flying J	F C U F T Flying J	□ □ □ □ □ □ □ □	□ □ □ □ □ □	■ ■ ■ ■	V W	B B B B ■ ■ ■ ■
E 4	Tye, 79563 325-692-8736	Wes-T-Go Truck Stop (Conoco) I-20 Exit 278	24 HRS ■ ■	XL ■ ■	24 HRS □ ■ ■ ■	■ ■ ■ ■ DAT	F C U F T ■ ■ CAT	□ □ □ □ □	□ □ □ □ □	■ □ ■	V W	B B F B B B B ■ ■ ■ ■
E 4	Tye, 79563 325-695-5330	TOP # 18 (Conoco) I-20 Exit 278 (Spinks Rd)	24 HRS ■ ■	S ■ ■	□ □ ■	□	F □ □ ■ □ □ □ □	□ □ □ □ □	□ □ □ □	■ □ ■	V W	B B F B B B B ■ ■ ■ ■
E 6	Tyler, 75708 903-877-3219	Road Island Exxon 12010 US 271 & TX 155	■ ■ ■	S ■	■ □ ■	■ ■ ■	F C □ ■	□ □ □ □ □ □		■ □ ■	V W	B B F B ■ ■ ■ ■
E 6	Tyler, 75708 903-592-6270	Truck Express (Conoco) 3319 N NE Loop 323	24 HRS ■ ■	M ■ ■	■ □ ■	□ ■ ■ ■ DAT	F C F □ ■	□ □	□ □ □	■ ■ ■	V W	B B F B B B ■ ■ ■ ■
E 6	Tyler, 75702 903-597-1338	Tyler Truck Stop (Citgo) 801 S SE Loop 323 & TX 124	■ ■ ■	S	■ ■ □ □ □	■ ■ □	F C □ ■			■	V W	B B F B ■ ■ ■ ■
E 6	Tyler, 75706 903-882-4431	Diamond Shamrock I-20 Exit 556 (US 69)	24 HRS ■ ■	M ■ ■	□ ■ ■ □ ■ ■	DAT	F C U F T □ ■	□ □	□ □ □	■ □ ■ ■	V W	B B B B B B ■ ■ ■ ■
E 6	Tyler, 75708 903-877-2280	Willco Travel Stop (Citgo) I-20 Exit 567 (TX 155 N)	24 HRS ■ ■	M ■ ■	□ ■ □ ■	■	F □	□ □ □ □ □	□ □ □	■ ■ ■	V W	B B F F ■ ■ ■ ■
G 4	Uvalde, 78801 830-278-9700	Partners' Shell US 83	■ ■ ■	S ■	■ ■ □ ■ □	□	F C □ ■			■ ■	V W	■ ■ ■ ■
G 4	Uvalde, 78801 830-278-6401	Country Junction (Chevron) US 83 N & TX 55	■ ■ ■	M ■ ■	□ ■ ■ □ □	□	F C □ ■ □ □	□ □ □ □ □ □ □	□ □ □ □	■ ■	V W	B B F B B ■ ■ ■ ■
D 6	Valley View, 76272 940-726-3419	Lucky Lady #14 (Chevron) I-35 Exit 487	■ ■ ■		■ ■		C ■		□ □ □	■	V W	■ ■ ■
E 6	Van, 75790 903-963-7341	Love's Travel Stop #287 I-20 Exit 540 (FM 314)	24 HRS ■ ■	L ■ ■	□ ■ ■ □ ■ ■	□ ■ ■ ■ ⏻ ■	F C U F T □ ■ CAT	□ □ □ □ □ □	□ □ □ □	■ □ ■	V W	B B F B B B ■ ■ ■ ■
E 6	Van, 75771 903-963-8974	Running W Truck Stop (Conoco) I-20 Exit 544	24 HRS ■ ■	M ■ ■	24 HRS ■ ■ ■	■ ■ ■	F C ■	■ ■ □ ■ ■ □ □	■ ■ ■	■ □ ■	V W	B B F B B B ■ ■ ■ ■
F 1	Van Horn, 79855 432-283-2343	Chevron Truck Stop I-10 Exit 138 (Golf Course Dr)	24 HRS ■ ■	M ■ ■	■ ■ □ ■ ■	□ ■ ■ □ ⏻	F C □ □ ■ □ □	□ □ □ □ □ □	■ ■ □	■ □ ■ ■ ■ ■	V W	B C B B B B ■ ■ ■ ■
F 1	Van Horn, 79855 432-283-8067	Pilot Travel Center #209 I-10 Exit 140 A	24 HRS ■ ■	L ■ ■	□ ■ ■ □ ■ ■	□ ■ ■ □ DAT ⏻ ■	F C U F □ ■ CAT	□ □ □ □ □	□ □ □	■ ■ ■ ■ ■	V W	B B F B B B ■ ■ ■ ■
F 1	Van Horn, 79855 432-283-2881	Love's Travel Stop #256 I-10 Exit 140 B (US 90)	24 HRS ■ ■	M ■ ■	□ ■ ■ □ ■ ■	□ ■ ■ □ ⏻ ■	F C □ ■	□ □ □ □ □ □	□ □ □ □	■ □ ■ ■	V W	B B F B B B ■ ■ ■ ■
C 2	Vega, 79092 806-267-2521	Texas Quick Stop (Texaco) I-40 Exit 36 (US 385)	■ ■ ■	M ■ ■	□ ■ ■ □ ■ ■	□ ■ ■ □	F C □	■ □ ■ ■ ■ ■ □	■ ■ □	■ ■ ■ ■	V W	B B B B B ■ ■ ■ ■
C 2	Vega, 79092 806-267-2551	Allsup's #304 (Conoco) I-40 Exit 36 (US 385)	24 HRS ■ ■	S	□ □ ■	□ □	□ ■	□ □ □ □	□ □ □	□ □ ■ ■	V W	B ■ ■ ■

THE TRUCKER'S FRIEND® - TEXAS

How to interpret the page

■ means available at truck stop □ means available nearby

in the overnight lot column:
S means room for 5 - 24 trucks
M means room for 25-74 trucks
L means room for 85-149 trucks
XL means room for 150+ trucks
$ means a parking fee may be charged

code at left-hand side of rows is the state map grid reference

a key to advertising logos is on page 25

Services may change without notice. When in doubt, call ahead.

Column groups: Driver Services (MOTOR FUEL: Truck Diesel, Self Service Diesel, Metered Propane, Gasoline; PARKING: Overnight Lot ($), Paved Lot, Trailer Drop, Electric Plug-Ins, Safe Haven/Hazmat; FOOD: Restaurant, Fast Food, Table Phones; STORES: Motel, Convenience, Trucker/Travel, Shopping Center, Walmart/Kmart, Grocery; SHOWERS: Ladies, Mens; TV/Drivers Lounge, Laundry; COMMUNICATIONS: Load Monitor, Internet Kiosk, Wi-Fi Hotspots, Document Scanning, Public Fax/Copier, UPS/FedEx/TripPak Box), Vehicle Services (SCALES: Religious Services, State Lottery; TIRES: Axle, Platform, Certified, New Tire Sales; REPAIRS: Repairs, Shop Open 24 Hrs, DOT Inspection, Major Repairs, Minor Repairs; ROAD SVCS: Oil Change/Lube, Minor Welding, AC/Reefer; WASH: CB, Tire, Mechanical, Towing, Truck (Exterior), Trailer Washout), RV Info (RVs Welcome, Dumping Station, Propane (Bottle)), Financial Services (ATM, Can Wire Money Out, Money Orders, Natso Check-Link, Western Union, Wright Express, Voyager, Comdata (Comchek); C=Checks, F=Fuel Cards, B=Both), Permit Svcs (EFS, Fuel Man, Multi Service, TCH, T-Chek, Fleet One, Buy/Pay at Fuel Desk, All Prepaid Permit Svcs), Credit Cards (American Express, Visa/Mastercard, Discover).

Grid	Location / Phone	Truck Stop / Address	Logo	Fuel / Parking	Food	Stores / Showers	Communications	Scales	Tires	Repairs / Road Svcs	Wash / RV	Financial	Permit Svcs	Credit Cards
G 6	Victoria, 77904 361-578-4071	Fina Truck Stop 2103 US 59 Business		■ ■ ■		□□ □ □	□	□□		□□ □	□ □□□		V W C	■■■
G 6	Victoria, 77901 361-576-1741	Fastop Food Store #5 (Conoco) 4008 US 59		24 HRS ■ ■	S ■■	□■ □■		F C T	■	□□□ □□ □□□	□□□□□	■□ ■ ■	V W B B F B B B B	■ ■■■
G 6	Victoria, 77901 361-575-7138	Big Vic Truck Stop (Shell) 4507 US 87 & US 59		24 HRS ■ ■	L ■■	24 HRS ■■■ ■	□ ■■ DAT	F C F □	CAT	■■ □□□□□□	□□□□□	■□ ■ ■	V W B B F B B B B	■ ■■■
G 6	Victoria, 77905 361-578-6009	Speedy Stop #46 5684 US 77 S & Fleming		24 HRS ■ ■	S ■	■ ■			■		□□□	■ ■ ■	V W B B B B B	■■■
G 6	Victoria, 77901 361-579-0201	Corder Family Travel Stop (Citgo) US 59 & TX 185 N		24 HRS ■ ■	S	■ ■■		F	■		□□□	■	V W B B F B B B B	■ ■■■
G 6	Victoria, 77901 361-575-9991	Midway Truck Stop (Chevron) US 59 E & Beck Rd (3 mi E of airport)		24 HRS ■ ■	M ■	□ ■	■■ ■	F C	■		□□□	■ ■	V W B B F B B B	■ ■■■
F 1	Vinton, 79835 915-886-5761	Petro:2 #50 (Mobil) I-10 Exit 2 (Vinton Rd)	PETRO	24 HRS ■ ■	M ■■	□■ □■	□ ■■ DAT ⏻	F C T F □	CAT	24/7 ■■■■■ ■■□□	■■■□	■□ ■	V W B B B B B	■ ■■■
F 6	Waco, 76712 254-776-9368	Cefco #41 (Shell) I-35 Exit 330 (1 mi W on TX 6)		■ ■		□■■□■ □		F C U □■	□	□□		■ ■	V W B B F B B	■ ■■■
F 6	Waco, 76711 254-714-0313	Flying J Travel Plaza #05089 I-35 Exit 331 (New Rd W)	Flying J	24 HRS ■■■	XL ■	24 HRS ■■□ ■■ □□□	■■■ Flying J ■ Flying J Flying J	U F T C □	Flying J	□□ □□□□□□		■■■ ■	V W B B B B	■ ■■■
F 6	Waco, 76705 254-799-8944	K's Travel Center #3 (Shell) I-35 Exit 338 SB		24 HRS ■ ■	S ■	□□ □ ■ □□□	□	□		□ □	□□□	■	W	■■■
F 4	Wall, 76957 325-651-7707	C&W Truck Stop (Shamrock) 9533 US 87 S (in town)		■■ ■	S ■	■ ■	■		■	□□ □	□□□	■ ■ ■	V W B F	■■■
G 6	Waller, 77484 936-372-3449	Love's Travel Stop #233 US 290 & FM 2920		24 HRS ■ ■	M ■	□■■ ■ □	■■ ■ ⏻	F C T F	■ CAT	□ □	□□□	■ ■ ■ ■	V W B B F B B B	■ ■■■
E 3	Warfield, 79706 432-563-1373	Sunmart #109 (Mobil) I-20 Exit 126 (FM 1788 S)		24 HRS ■ ■	XL ■■	24 HRS ■■□ ■	■■■ ■	F C U F T	■■ CAT	■■■■■■■■■ A R	■■□■■	■□ ■	V W B B F B B B B	■ ■■■
E 5	Weatherford, 76087 817-341-4600	Pilot Travel Center #206 I-20 Exit 406		24 HRS ■ ■	L ■	□■■□■ ■■ □□□	■■■ DAT ⏻	F C U F T	□■ CAT	24/7 □□ □ □	■■■	■□■ ■ ■■■	V W B B F B	■ ■■■
E 5	Weatherford, 76086 817-596-3096	Truck & Travel (Conoco) I-20 Exit 406 (Old Dennis Rd)		24 HRS ■ ■	L ■■	■■■■■ ■■ □□□	■■ ■	F C □	□ ■■■	■■■□■■■■ R ■	□	■□ ■	V W B B B B B B	■ ■■■
E 5	Weatherford, 76086 817-599-9411	Petro Stopping Center # 2 (Mobil) I-20 Exit 409 (Clear Lake Rd)	PETRO	24 HRS ■ ■	XL ■■	24 HRS ■■■ ■■ □□□	■■■ DAT ⏻	F C U F T	■■ CAT	24/7 ■■■■■■■ A	■■□□□	■□ ■	W B B B B B B	■ ■■■
E 5	Weatherford, 76086 817-594-2755	Love's Travel Stop #273 I-20 Exit 410 (Bankhead Hwy)		24 HRS ■ ■	M ■■	□■■□■ ■■ □□□	■■ □ ⏻	F C T	□■ CAT	□□ □□□□□ □	□□□□	■ ■ ■	V W B B F B	■ ■■■
E 5	Weatherford, 76087 817-596-4740	Drivers Travelmart #402 (Citgo) I-20 Exit 415		24 HRS ■ ■	M ■■	24 HRS □■□ ■■ □□	■■ □	F C	□■ □	□□ □□□	□□□	■ ■	V W B B B B B	■ ■■■
G 6	Weimar, 78962 979-725-6240	Fishbeck Shell & BBQ I-10 Exit 682		■ ■	S	□ □	□	F C	□■■□	□	□□□	■□ ■	V W B F B B	■ ■■■
E 7	Wells, 75976 936-867-4787	Polk's Pick It Up # 2 (Exxon) US 69 (in town)		■■ ■		□ □	□	F C	□■	□□ □□□	□□□□	■ ■	V W	■ ■■■
I 5	Weslaco, 78599 956-968-3154	Betts Oil & Butane (66) US 83 & FM 1015		■■■■		□■■□■ □□	□	□□	■			■ ■	V W C B	■■■
G 6	Wharton, 77488 979-282-9208	Quick & Easy # 2 (Texaco) 4014 US 59 N Loop		24 HRS ■ ■	S ■	■■ ■ □□	■■	C	■	□□		■	V W B C F C	■ ■■■
D 6	Whitesboro, 76273 903-564-9448	Whitesboro Truck Stop (Citgo) US 82 E		24 HRS ■ ■	M ■	24 HRS □ □■ □	■ □	F C	□■	■■■□□■■■□	■■□	■ ■	V W B B B B B B	■ ■■■
D 4	Wichita Falls, 76307 940-766-6098	Love's Travel Stop #269 1124 US 287 E		24 HRS ■ ■	S ■	□■■□■ □	■■ □ ⏻	F C T	□■■■■	□□ □□□□□□	□□□	■ ■ ■	V W B B F B	■ ■■■
D 4	Wichita Falls, 76364 940-855-5925	7-11 #217 (Fina) 7351 US 287 & FM 369		24 HRS ■		■ ■		F	■			□ ■ ■	V W B B F B	■■■
F 2	Wickett, 79788 432-943-2445	Allsup's #283 (Shell) I-20 Exit 73		24 HRS ■ ■	S ■	□ ■			□■	□□	□□□	■	V W B	■■■
F 2	Wickett, 79788 432-943-3932	Sunmart #112 (Mobil) I-20 Exit 73 (TX 1219)		24 HRS ■ ■	L ■■	■ ■■	■■	F C	□■	□□ □□□	□□□	■ ■ ■	V W B B B B B B	■ ■■■
C 3	Wildorado, 79098 806-426-3421	Wildorado Fuel Club I-40 Exit 49		■■		□ □■						■	V W	■■■

How to interpret the page

■ means available at truck stop □ means available nearby

in the overnight lot column:
- S means room for 5 - 24 trucks
- M means room for 25-74 trucks
- L means room for 85-149 trucks
- XL means room for 150+ trucks
- $ means a parking fee may be charged

code at left-hand side of rows is the state map grid reference

a key to advertising logos is on page 25

Services may change without notice. When in doubt, call ahead.

THE TRUCKER'S FRIEND® - TEXAS

Driver Services: Motor Fuel (Truck Diesel, Self Service Diesel, Metered Propane, Gasoline); Parking (Overnight Lot ($), Paved Lot, Trailer Drop, Electric Plug-ins, Safe Haven/Hazmat); Food (Restaurant, Fast Food, Table Phones); Stores (Motel, Convenience, Trucker/Travel, Shopping Center, Walmart/Kmart, Grocery); Showers (Ladies', Men's); Communication (TV/Drivers Lounge, Laundry, Load Monitor, Internet Kiosk, Wi-Fi Hotspots, Document Scanning, Public Fax/Copier, UPS/FedEx/Trippak Box, Religious Services, State Lottery)

Vehicle Services: Scales (Axle, Platform, Certified); Tires (Repairs, New Tire Sales); Repairs (Shop Open 24 Hrs, DOT Inspection, Major Repairs, Minor Repairs, Oil Change/Lube); Road Svcs (Minor Welding, AC/Reefer, CB, Tire, Mechanical, Towing); Wash (Truck (Exterior), Trailer Washout)

RV Info: RVs Welcome, Dumping Station, Propane (Bottle)

Financial Services: ATM, Can Wire Money Out, Money Orders, Natso Check-Link, Western Union, Voyager/Wright Express, Comdata (Comchek), EFS, Fuel Man, Multi Service, TCH, T-Chek, Fleet One, Buy/Pay at Fuel Desk (C=Checks, F=Fuel Cards, B=Both)

Permit Svcs: All Prepaid Permit Svcs

Credit Cards: American Express, Visa/Mastercard, Discover

Grid	Location / Phone	Truck Stop / Exit	Motor Fuel	Parking	Parking (plug-ins/haven)	Food / Stores	Stores	Stores / Showers	Showers / Communication	Communication	Communication (logo)	Scales	Tires	Repairs (logo)	Repairs	Repairs	Road Svcs	Road Svcs	Wash	RV Info	RV Info / Financial	Financial	Voyager / Wright	Financial	Financial	Financial	Permit Svcs	Credit Cards
C 4	Willow Park, 76087 817-441-7675	Sprint #103 (Shell) I-20 Exit 418 (Willow Park/Ranch House)	24 HRS ■ ■			□ ■ □	■	□ □				F	□ ■		□ □		□ □	□	□ □ □		□	■ ■	V W		F		■	■ ■ ■
C 6	Wilmer, 75172 972-441-3747	Citgo Fuel Stop I-45 Exit 270	24 HRS ■ ■ ■	M ■ ■		■ □	■	□ □	■ ■	□		F C F	□ ■		□ □		□ □ □	□	□ □ □		■ ■	■ ■ ■	■ V W	B B	B	B B	■	■ ■ ■
G 7	Winnie, 77665 409-296-2183	Sunmart #111 (Mobil) I-10 Exit 829	24 HRS ■ ■	S ■		□ ■ □	■ ■	□ □	■ ■	□		F C □	□ ■	CAT	□ □		□ □	□ □	□ □ □		■	■ ■	W	B B	B B	B B	■	■ ■ ■
G 7	Winnie, 77665 409-296-4773	Bingo Truck Stop (Chevron) I-10 Exit 829 (TX 124 to TX 73)	24 HRS ■ ■	M ■ ■		24 HRS □ □	■ ■	□	■ ■	■ ■	DAT	F C U F	□ ■		□ □		□ □ □	□	□ □ □		■	■ ■ ■	■ V W	B B	F B B	B B	■	■ ■ ■
G 7	Winnie, 77665 409-296-2545	Speedy Stop #15 I-10 Exit 829 (TX 124)	24 HRS ■ ■	S ■		□ □ □	■	□ □		□		□	□ ■		□ □		□ □		□ □ □		■	■ ■	V W	B B	B	B B		■ ■ ■
D 3	Wolfforth, 79382 806-866-4263	Rip Griffin Food Mart # 4 (Shell) US 62-82 & FM 179	■ ■ ■			□ ■	■	□				F C										■ ■	V W	C C			■	■ ■ ■
H 6	Woodsboro, 78393 361-543-5344	Fast Break Shell US 77	■ ■ ■	S ■ ■		■	■			□			□ ■		□ □		□		□ □ □		■	■ ■	V W	B				■ ■ ■
F 7	Woodville, 75979 409-283-5555	Okay Food Store # 27 (Shamrock) 523 S Magnolia	24 HRS ■ ■	S ■		□ ■ □	■	□ □		□			□ ■		□ □		□ □ □		□ □ □			■	V W	B	F			■ ■ ■

Sign up at www.truckstops.com for free email updates from *The Trucker's Friend.®*

UTAH

State Fuel Tax Rates
Diesel..........24.5¢
Gasoline......24.5¢

Road/Weather Conditions

Tourism: 800-200-1160
801-538-1030

Road: 800-492-2400 (recording)
801-964-6000 (recording)

Weather: Salt Lake City: 801-524-5133 (rec)

LEGEND

- This town has a diesel location listed in the directory
- This town has a 24 hr diesel location with a travel store, showers, large lot, and a 24 hr restaurant
- Approximate location of state weigh scale and/or inspection station

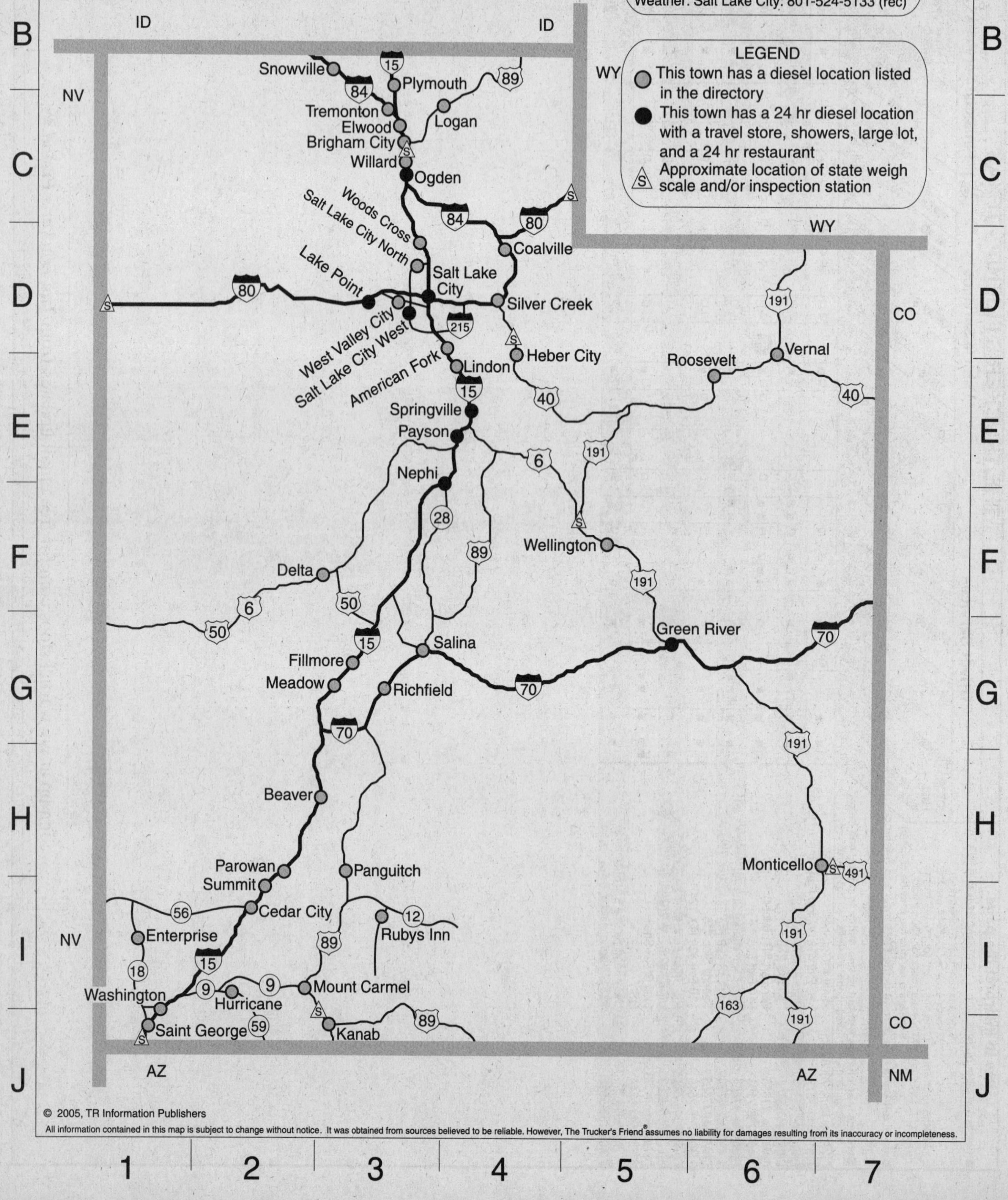

THE TRUCKER'S FRIEND® - UTAH

How to interpret the page

■ means available at truck stop □ means available nearby

In the overnight lot column:
- S means room for 5 - 24 trucks
- M means room for 25-74 trucks
- L means room for 85-149 trucks
- XL means room for 150+ trucks
- $ means a parking fee may be charged

Code at left-hand side of rows is the state map grid reference. A key to advertising logos is on page 25.

Services may change without notice. When in doubt, call ahead.

Column groups: Driver Services — Motor Fuel (truck diesel, self service diesel, metered propane, gasoline); Parking (overnight lot ($), paved lot, trailer drop, electric plug-ins, safe haven/hazmat); Food (restaurant, fast food, table phones); Stores (motel, convenience, trucker/travel, shopping center, Walmart/Kmart, grocery); Showers (ladies', men's); Communication (TV/drivers lounge, laundry, load monitor, internet kiosk, Wi-Fi hotspots, document scanning, public fax/copier, UPS/FedEx/TripPak box, religious services, state lottery). Vehicle Services — Scales (axle, platform, certified); Tires (repairs, new tire sales); Repairs (shop open 24 hrs, DOT inspection, major repairs, minor repairs, oil change/lube, minor welding, AC/reefer); Road Svcs (CB, tire, mechanical, towing); Wash (truck (exterior), trailer washout). RV Info (RVs welcome, dumping station, propane (bottle)). Financial Services (ATM, can wire money out, money orders, NATSO check-link, Western Union, Voyager/Wright Express, Comdata (Comchek), EFS, Fuel Man, Multi Service) — C=Checks, F=Fuel Cards, B=Both. Permit Svcs (TCH, T-Chek, Fleet One, buy/pay at fuel desk, all prepaid permit svcs). Credit Cards (American Express, Visa/Mastercard, Discover).

Grid	Location / Phone	Truck Stop	Motor Fuel	Parking	Food	Stores	Showers	Communication	Scales	Tires	Repairs	Road Svcs	Wash	RV Info	Financial Services	Permit Svcs	Credit Cards
D 3	American Fork, 84003 801-756-3620	Hart's Fuel Stop (66) I-15 Exit 281 (Main St)	24 HRS ■ ■	S ■ ■	□ ■ □	■ ■ □ □ □	□		F □ □		□ □ □ □				■ V W	B B	F B C ■ ■ ■
H 3	Beaver, 84713 435-438-5306	High Country Chevron I-15 Exit 112 (1 blk E)	■ ■ ■	S ■ ■	□ ■ □	■ ■			F C □		□ □ □ □ □	□ □ □	□ □ □		■ □ ■ V W		■ ■ ■ ■
H 3	Beaver, 84713 435-438-5846	Ernie's Truck Plaza (Sinclair) I-15 Exit 112 (3/4 mi E - 1035 UT 160 N)	24 HRS ■ ■	M ■ ■	□ ■ ■ □	■ ■ □	■ ■ □		F C U □		□ □ □ □	□	□ □ □		■ □ ■ V W	B B	B B B B ■ ■ ■ ■
H 3	Beaver, 84713 435-438-5191	Eagle's Landing Truck Plaza (Shell) I-15 Exit 112 (W)	24 HRS ■ ■	L ■ ■	□ ■ ■ □	■ ■ □	■ ■ ■ ■	DAT ■	F C □ □		□ □ □ □ □ □ □	□ □ □	□ □ □ □	□	■ □ ■ V W	B B	B B B B ■ ■ ■ ■
C 3	Brigham City, 84302 435-723-3924	Flying J Fuel Stop #01188 I-15-84 Exit 364 (1 mi E) [Flying J]	24 HRS ■ ■	S ■ ■	□ ■ ■ □	■	□	[Flying J]	[Flying J] F C T F □				□ □ □		■ ■ ■ V W	B	B B B ■ ■ ■ ■
I 2	Cedar City, 84720 435-586-0498	JR's Truck Stop (Texaco) I-15 Exit 62 (N Interchange)	24 HRS ■ ■	M ■ ■	□ ■ ■ □	■ ■	■ ■ ■ □		F C □	■ ■ ■	□ □ □ □ □ □ □ □		□ □ □		■ □ ■ ■ V W	B B	F B B B B ■ ■ ■ ■
D 4	Coalville, 84017 435-336-4421	Holiday Hills (66) I-80 Exit 164	■ ■ ■ ■	M ■	□ □	■ □			F C	□ □	□ □ □ □		□ □ □		■ ■ ■ ■ W	B	B C ■ ■ ■ ■
F 3	Delta, 84624 435-864-4671	Hart's Fuel Stop (66) US 6 & US 50	■ ■ ■		□ □ □	■ □	□		F □		□	□	□ □ □	□ □	□ ■ V W	B B	F B B C ■ ■ ■
C 3	Elwood, 84337 435-257-4710	Exxon Travel Center I-15 Exit 379 (UT 13 N)	24 HRS ■ ■	S ■	■	■			F C				□ □ □		■ □ ■ ■ V W	B B	B B ■ ■ ■ ■
I 1	Enterprise, 84725 435-878-2603	Cottonwood Sinclair UT 18 & Main St	■ ■ ■	S ■ ■	□ □	■ □	■ □		□	□ □ □			□ □ □		■ ■ ■ V W		■ ■ ■
G 3	Fillmore, 84631 435-743-4823	Sinclair Retail #43041 I-15 Exit 163	24 HRS ■ ■	M ■	□ ■ ■	■ □	■ ■		F □				□ □ □		■ □ ■ V W	B B	B B B B ■ ■ ■
G 3	Fillmore, 84631 435-743-6508	Miller 66 I-15 Exit 167	■ ■ ■	S ■	□ ■ □	■ □	□		□ □		□ □ □ □ □	□	□ □ □		■ □ ■ V W	B	B ■ ■ ■
G 3	Fillmore, 84631 435-743-6328	Fillmore Shell I-15 Exit 167 (1/2 mi to N Main St)	■ ■ ■ ■		□ □ □	■			□		□ □ □ □ □ □		□ □ □		■ V W		■ ■ ■
G 3	Fillmore, 84631 435-743-6860	Steve's Tire & Oil (Sinclair) I-15 Exit 167 (1/4 mi S)	■ ■ ■ ■		□ □ □	□ □	□		F C U □		■ ■ □ □ □ □ □ □		■ □ □		□ ■ V W	C C	C C C C ■ ■ ■ ■
G 5	Green River, 84525 435-564-8262	Gas-N-Go #13 (Conoco) I-70 Exit 158	24 HRS ■ ■	L ■ ■	□ ■ ■ □	■ ■ □	■ ■ ■ ■	■	F C □	□ □ □	□ □ □ □ □ □		□ □ □ □ □		■ □ ■ V W	B B	B B B B ■ ■ ■ ■
G 5	Green River, 84525 435-564-3495	West Winds Truck Stop (Sinclair) I-70 Exit 158 EB/162 WB [AMBEST]	24 HRS ■ ■	L ■ ■ ■	24 HRS ■ ■ ■	■ ■ □	■ ■ ■ ■	■	F C F □	[CAT]	[BF] ■ □ ■ ■ ■	■ R	■ ■ □ ■ ■		■ ■ ■ ■ ■ ■ ■ V W	B B	B B B B ■ ■ ■ ■
E 4	Heber City, 84032 435-654-4642	Heber Mart (Chevron) US 40 & US 189 (1/2 mi E)	■ ■ ■ ■		□ □ □	■ □	□		□		□		□ □		■ ■ V W		■ ■ ■
I 2	Hurricane, 84737 435-877-1101	Little Creek Station (Chevron) 4105 UT 59 S	■ ■ ■ ■	S ■	■	■			F C						■ □ ■ ■ V W	B	B B B ■ ■ ■ ■
J 3	Kanab, 84741 435-644-2689	Kanab Tesoro Truck Stop US 89 & US 89 Alt	24 HRS ■ ■	S ■	□ □ □	■ □ □	□		F C □ □		■ ■ □ □ □ □ □ □		□ □ □ □		■ □ V W	B B	F B B B ■ ■ ■ ■
J 3	Kanab, 84741 435-644-5357	Samco US 89 & US 89A (289 S 100 E)	24 HRS ■ ■		□ □ □	■	□ □		□ □		□ □ □ □ □ □ □		□ □ □		□ ■ V W		■ ■ ■
D 3	Lake Point, 84074 801-250-8585	TravelCenters of America/Salt Lake City I-80 Exit 99 [TA]	24 HRS ■ ■	XL ■ ■	24 HRS ■ ■ □	■ ■	■ ■ ■ ■	[DAT] [TA] ■	F C U F T □	[CAT]	[BF] ■ ■ ■ ■	□	■ ■ □ □ □		■ ■ ■ ■ ■ ■ V W	B B	B B B ■ ■ ■ ■
D 3	Lake Point, 84074 801-508-7400	Flying J Travel Plaza #05015 (Conoco) I-80 Exit 99 [Flying J]	24 HRS ■ ■ ■ ■	XL ■ ■ ■	24 HRS ■ ■ □	■ ■	■ ■ ■ ■	[Flying J] ■ [Flying J] [Flying J]	F C U F T □	[Flying J]			□ □ □ □		■ ■ ■ ■ V W	B	B B B ■ ■ ■ ■
E 4	Lindon, 84062 801-225-3377	Pirate Petroleum (Sinclair) I-15 Exit 276	■ ■ ■		□	■ □			□						V W		B B ■ ■ ■
C 3	Logan, 84321 435-753-7461	LW's Truck Stop (Conoco) 1000 W 200 N	24 HRS ■ ■	M ■ ■ ■	□ ■ □	■ ■ □ □ □	■ ■ ■ ■		F C U F □	■ ■ ■	■ ■ ■ ■ ■ ■ ■	■ A R ■	■ ■ ■ ■ ■		■ □ ■ ■ ■ ■ ■ V W	B B	F B B B C ■ ■ ■ ■
G 3	Meadow, 84644 435-842-7132	Meadow Chevron & Food Mart I-15 Exit 158	■ ■ ■	S ■ ■	■	■ □			F C □				□ □ □		■ ■ V W	B	B ■ ■ ■ ■
H 7	Monticello, 84535 435-587-2555	Out West Food & Fuel (Shell) US 191 & US 491	■ ■ ■	M ■ ■	□ ■ □	■ □	■ □		F F □		□ □ □ □ □ □ □ □		□ □ □		□ ■ ■ V W	B	■ ■ ■ ■
I 2	Mount Carmel, 84755 435-648-2326	Ramsay Oil Co (Texaco) US 89 & UT 9	■ ■ ■	S	□ □	■	□		□						■ □ ■ ■ V W	B	B B ■ ■ ■
E 3	Nephi, 84648 435-623-2644	Sunmart #903 (Tesoro) I-15 Exit 222	■ ■ ■	S ■	□ □ □	■	□		F C □ □	□ □ □	□ □ □ □ □ □ □		□ □ □ □		■ ■ ■ V W		F ■ ■ ■ ■

THE TRUCKER'S FRIEND® - UTAH

How to interpret the page

■means available at truck stop □means available nearby

in the overnight lot column:
S means room for 5 - 24 trucks
M means room for 25-74 trucks
L means room for 85-149 trucks
XL means room for 150+ trucks
$ means a parking fee may be charged

code at left-hand side of rows is the state map grid reference
a key to advertising logos is on page 25

Services may change without notice. When in doubt, call ahead.

Driver Services: MOTOR FUEL (Truck Diesel, Self Service Diesel, Metered Propane, Gasoline); PARKING (Overnight Lot ($), Paved Lot, Trailer Drop, Electric Plug-Ins, Safe Haven/Hazmat); FOOD (Restaurant, Fast Food, Table Phones); STORES (Motel, Convenience, Trucker/Travel, Shopping Center, Walmart/Kmart, Grocery); SHOWERS (Ladies, Men's); COMMUNICATIONS (TV/Drivers Lounge, Laundry, Load Monitor, Internet Kiosk, Wi-Fi Hotspots, Document Scanning, Public Fax/Copier, UPS/FedEx/Trippak Box, Religious Services, State Lottery)

Vehicle Services: SCALES; TIRES (Axle, Platform, Certified, Repairs, New Tire Sales); REPAIRS (Shop Open 24 Hrs, DOT Inspection, Major Repairs, Minor Repairs, Oil Change/Lube); ROAD SVCS (Minor Welding, AC/Reefer, Mechanical, Tire); WASH (CB, Towing, Truck (Exterior), Trailer Washout)

RV Info: RVs Welcome, Dumping Station, Propane (Bottle)

Financial Services: ATM, Can Wire Money Out, Money Orders, Natso Check-Link, Western Union, Voyager/Wright Express, Comdata (Comchek) — C=Checks, F=Fuel Cards, B=Both

Permit Svcs: EFS, Fuel Man, Multi Service, TCH, T-Chek, Fleet One

Credit Cards: Buy/Pay at Fuel Desk, All Prepaid Permit Svcs, American Express, Visa/Mastercard, Discover

Map code	Location	Phone	Truck stop	Location detail	Overnight lot
E3	Nephi, 84648	435-623-2400	Flying J Travel Plaza #11196	I-15 Exit 222	L
E3	Nephi, 84648	435-623-2085	Top Stop Truck Plaza (Sinclair)	I-15 Exit 222 (91st St S)	M
C3	Ogden, 84401	801-399-5577	Flying J Travel Plaza #05001 (Conoco)	I-15-84 Exit 346 (UT 104 E)	XL
C3	Ogden, 84401	801-731-3437	Super Stop Shell	I-15-84 Exit 346 (UT 104 W)	S
C3	Ogden, 84403	801-392-5010	Wilson Lane Chevron	I-15-84 Exit 346 (UT 104 E)	S
C3	Ogden, 84401	801-731-2900	Pilot Travel Center #294	I-15-84 Exit 347 (UT 39)	M
H3	Panguitch, 84759	435-676-8730	KB Express (66)	195 US 89 N (in town)	
H3	Panguitch, 84759	435-676-8986	Big 4 Travel Center (Conoco)	445 US 89 S	M
H2	Parowan, 84761	435-477-3311	TravelCenters of America	I-15 Exit 78	M
E4	Payson, 84651	801-465-9281	Flying J Travel Plaza #01198	I-15 Exit 254	L
B3	Plymouth, 84330	435-458-3816	Fast-Stop (Chevron)	I-15 Exit 394 (Nucor Rd)	S
G3	Richfield, 84701	435-896-8338	Top Stop (Sinclair)	I-70 Exit 39 (S to 1st light, 7 blks E)	S
G3	Richfield, 84701	435-896-5050	Flying J Fuel Stop #11186	I-70 Exit 40	M
E6	Roosevelt, 84066	435-722-9940	Top Stop Food Store #66 (Sinclair)	US 40 W	S
I3	Ruby's Inn, 84764	435-834-5222	Bryce Canyon Chevron	UT 63 (1 mi S of UT 12)	
J1	Saint George, 84770	435-628-7204	Premium Oil (Sinclair)	181 UT 18 N & UT 34	
J1	Saint George, 84790	435-674-7104	Flying J Fuel Stop #05101	I-15 Exit 4	M
G3	Salina, 84654	435-529-3232	Salina Express (Shell)	I-70 Exit 54 (1355 S State)	S
G3	Salina, 84654	435-529-3781	Scenic Quik Stop (66)	I-70 Exit 54 (US 89)	M
G3	Salina, 84654	435-529-3362	Cash Saver #4	US 50 & UT 24	
D3	Salt Lake City, 84119	801-972-3711	Flying J Travel Plaza #05007	I-15-80 Exit 308 NB/308 A SB (UT 201 W)	L
D3	Salt Lake City, 84115	801-484-1662	Premium Oil (Chevron)	I-15-80 Exit 308 NB/308 B SB (UT 201 E)	
D3	Salt Lake City (N), 84054	801-936-1408	Flying J Fuel Stop #05100	I-215 Exit 28 (UT 68)	M
D3	Salt Lake City (W), 84104	801-977-3900	Sapp Bros. Truck Stop (Sinclair)	I-215 Exit 21 (California Ave E)	XL
D3	Salt Lake City (W), 84104	801-975-7188	Dunn Oil #2 (Chevron)	I-215 Exit 21 (California Ave E)	M
D4	Silver Creek, 84060	435-649-9243	Bell's Silver Creek Junction (Sinclair)	I-80 Exit 148 (US 40)	M
B3	Snowville, 84336	435-872-8181	Flying J Fuel Stop #01139	I-84 Exit 7	M
E4	Springville, 84663	801-489-3622	Flying J Travel Plaza #11105	I-15 Exit 265 (UT 75)	M

THE TRUCKER'S FRIEND® - UTAH

How to interpret the page

■ means available at truck stop □ means available nearby

in the overnight lot column:
S means room for 5 - 24 trucks
M means room for 25-74 trucks
L means room for 85-149 trucks
XL means room for 150+ trucks
$ means a parking fee may be charged

code at left-hand side of rows is the state map grid reference

a key to advertising logos is on page 25

Services may change without notice. When in doubt, call ahead.

Driver Services: MOTOR FUEL (Truck Diesel, Self Service Diesel, Metered Propane, Gasoline); PARKING (Overnight Lot ($), Paved Lot, Trailer Drop, Electric Plug-Ins, Safe Haven/Hazmat); FOOD (Restaurant, Fast Food, Table Phones); STORES (Motel, Convenience, Trucker/Travel, Shopping Center, Walmart/Kmart, Grocery); SHOWERS (Ladies', Men's); COMMUNICATION (TV/Drivers Lounge, Laundry, Load Monitor, Internet Kiosk, Wi-Fi Hotspots, Document Scanning, Public Fax/Copier, UPS/FedEx/TripPak Box, Religious Services, State Lottery)

Vehicle Services: SCALES; TIRES (Axle, Platform, Certified, Repairs, New Tire Sales); REPAIRS (Shop Open 24 Hrs, DOT Inspection, Major Repairs, Minor Repairs, Oil Change/Lube); ROAD SVCS (Minor Welding, AC/Reefer, CB, Tire, Mechanical, Towing); WASH (Truck (Exterior), Trailer Washout)

RV Info: RVs Welcome, Dumping Station, Propane (Bottle)

Financial Services: ATM, Can Wire Money Out, Money Orders, Natso Check-Link, Western Union, Voyager/Wright Express, Comdata (Comchek), EFS, Fuel Man, Multi Service, TCH, T-Chek, Fleet One, Buy/Pay at Fuel Desk — C=Checks, F=Fuel Cards, B=Both

Permit Svcs: All Prepaid Permit Svcs

Credit Cards: American Express, Visa/Mastercard, Discover

Code	Location	Truck Stop	Motor Fuel	Parking	Parking	Food	Stores	Stores	Showers	Communication	Communication	Scales	Tires	Tires	Repairs	Repairs	Road Svcs	Road Svcs	Wash	RV Info	Financial Services	Financial Services	Financial Services	Financial Services	Financial Services	Financial Services	Permit Svcs	Credit Cards
I 2	Summit, 84772 435-586-3893	Sunshine Truck Stop I-15 Exit 71	24 HRS ■ ■	L ■ ■	■	■ ■ ■	■ ■		■ ■	■ ■		F C U F	□		■ ■				■ □		■	■	V W	B B	B B	B B	■	■ ■ ■
C 3	Tremonton, 84337 435-257-0148	Rhodes Conoco 25 S 1600 E (3 mi N of I-15-84 Exit 379)	■ ■ ■	S ■		□ □ □	■	□		□		F C □	□	□ □ □	□ □	□	□ □ □	□ □	□ □ □			■	W				■	■ ■ ■
C 3	Tremonton, 84337 435-257-5455	Jim & Dave's (Sinclair) I-84 Exit 40	■ ■ ■			□ □ □	■	□		□		□	□	□ □ □	□ □	□	□ □ □	□	□ □ □	□	□		V W	C C	F	C C		■ ■ ■
C 3	Tremonton, 84337 435-257-3530	Westside Sinclair I-84 Exit 40 (2267 W UT 30)	24 HRS ■ ■ ■	M ■ ■		□ ■ □	■	□ □	■ ■	■ ■		F C	□	■ ■ ■	■ ■	■	■ ■ ■	■	□ □	□	■ □ ■	■	V W	B B	F B B	B C	■	■ ■ ■
C 3	Tremonton, 84337 435-257-7249	Golden Spike Travel Plaza (Chevron) I-84 Exit 40 (2410 W UT 30)	24 HRS ■ ■ ■	M ■ ■	■ ■	■ □ □	■	□ □	■ ■	■ ■	■	F C	□	□ □ □	■ ■	■ ■	■ ■ ■	■ A ■	■ ■ ■	■ ■	■ ■ ■	■	V W	B B	F B B	B B	■	■ ■ ■
D 6	Vernal, 84078 435-789-8292	Top Stop #40 (Sinclair) 1355 US 40 E	24 HRS ■ ■ ■	S ■ ■		□ ■ ■ □	■	□ □ □		□		F C	□	□ □ □	□ □	□	□ □ □	□ □ □	□ □ □	□	■ □ ■	■	V W	B	F B		■	■ ■ ■
J 1	Washington, 84780 435-673-3675	Freeway Chevron I-15 Exit 10	24 HRS ■ ■	S ■		□ ■ □	■	□ □ □	■ ■	□		F C F	□		■ ■	□	□ □ □	□ □	□ □ □		■ □	■	V W	B	B	B B	■	■ ■ ■
F 5	Wellington, 84542 435-637-9523	Gas-N-Go #17 (Conoco) 1010 E Main	■ ■ ■	S ■		□ □ □	■			□			□		□ □		□		□ □ □		■ □	■	V W	B B				■ ■ ■
F 5	Wellington, 84542 435-637-9767	Walker's Food & Fuel (Chevron) US 6 & US 191 (2195 E Main)	24 HRS ■ ■	M ■ ■		□ ■ □	■					F C	□		□ □		□		□ □ □		■ □ ■	■	V W	B B		B	■	■ ■ ■
D 3	West Valley City, 84128 801-952-0606	JoAnn's Gearjammer Truck Stop (Sinclair) UT 201 Exit 11 (1 mi W on S service rd)	24 HRS ■ ■	L ■ ■		■ □ ■ □	■ ■	□ □ □	■ ■	■ ■	DAT	F C T F	□	■ ■ ■	□ □	□	□ □ □	□ □	□ □ □	□ □		■	V W	B B	F B B	B B	■	■ ■ ■
C 3	Willard, 84340 435-723-1010	Flying J Travel Plaza #01125 I-15-84 Exit 360 (UT 315)	24 HRS ■ ■ ■	M ■ ■		24 HRS ■ ■	■ ■		■ ■	■ ■		F C U F T			□ □	□	□ □ □	□ □	□ □ □		■ ■ ■	■	W	B	B B	B	■	■ ■ ■
D 3	Woods Cross, 84037 801-295-8437	Slim Olson's #2 (Chevron) I-15 Exit 318 (742 West 2600 South)	24 HRS ■ ■ ■	S		□ □ □	■	□ □ □		□		U F	□	□ □ □	□ □		□ □	□	□ □ □		■ ■ ■	■	W		F	F		■ ■ ■
D 3	Woods Cross, 84087 801-295-3241	RB's One Stop (66) I-15 Exit 320 (500 S)	24 HRS ■ ■	S ■ ■		□ ■ □	■	□ □ □	■ ■	■ ■		F C U F	□		□ □	□	□ □ □	□	□ □ □	□	■ ■	■	V W	B B	B B	B B	■	■ ■ ■

Sign up at www.truckstops.com for free email updates from *The Trucker's Friend.*®

VIRGINIA - WEST VIRGINIA

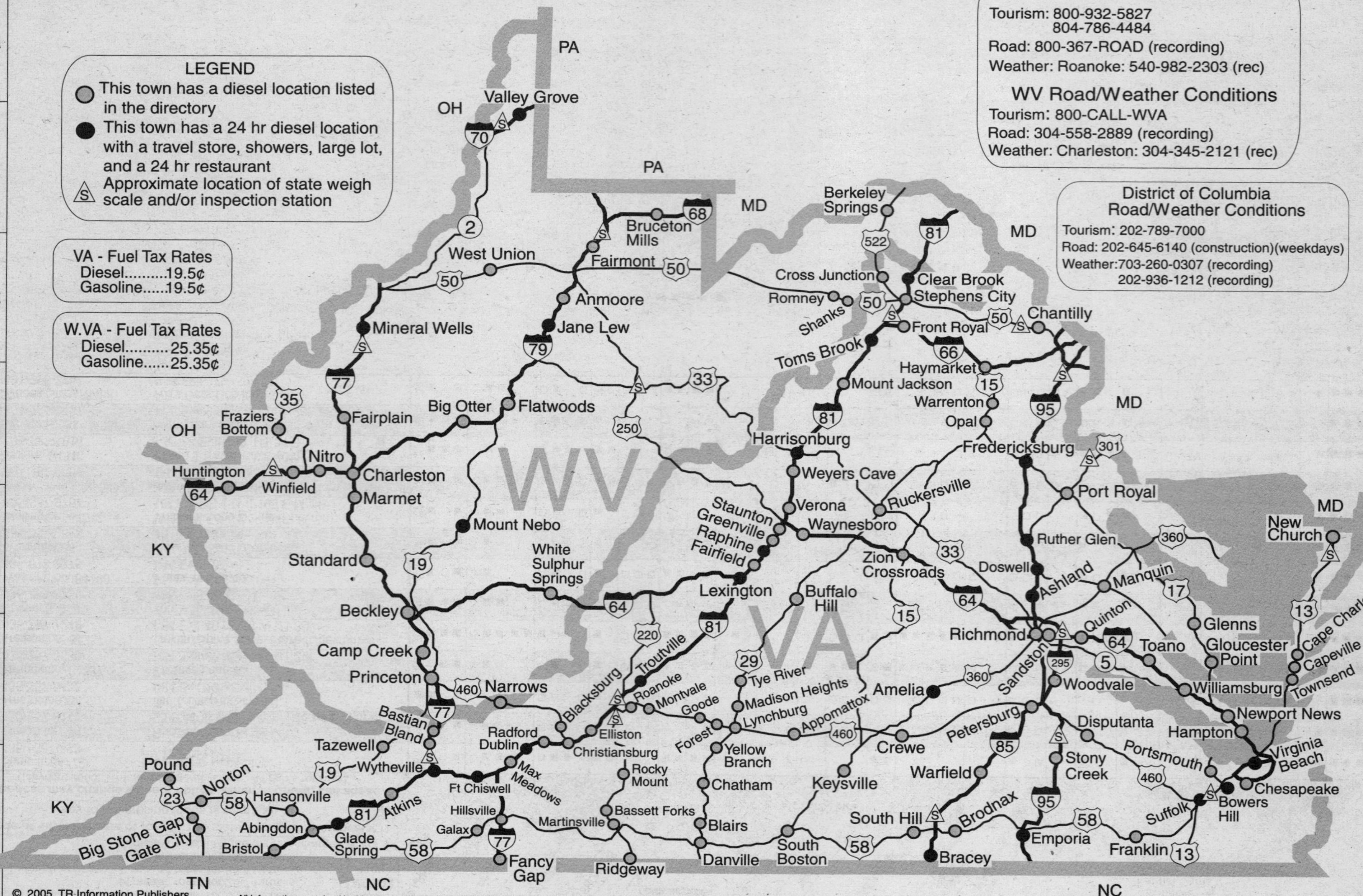

LEGEND
- This town has a diesel location listed in the directory
- This town has a 24 hr diesel location with a travel store, showers, large lot, and a 24 hr restaurant
- (S) Approximate location of state weigh scale and/or inspection station

VA - Fuel Tax Rates
Diesel..........19.5¢
Gasoline......19.5¢

W.VA - Fuel Tax Rates
Diesel..........25.35¢
Gasoline......25.35¢

VA Road/Weather Conditions
Tourism: 800-932-5827
804-786-4484
Road: 800-367-ROAD (recording)
Weather: Roanoke: 540-982-2303 (rec)

WV Road/Weather Conditions
Tourism: 800-CALL-WVA
Road: 304-558-2889 (recording)
Weather: Charleston: 304-345-2121 (rec)

District of Columbia Road/Weather Conditions
Tourism: 202-789-7000
Road: 202-645-6140 (construction)(weekdays)
Weather: 703-260-0307 (recording)
202-936-1212 (recording)

THE TRUCKER'S FRIEND® - VIRGINIA - WEST VIRGINIA

How to interpret the page

■ means available at truck stop □ means available nearby

In the overnight lot column:
- S means room for 5 - 24 trucks
- M means room for 25-74 trucks
- L means room for 85-149 trucks
- XL means room for 150+ trucks
- $ means a parking fee may be charged

code at left-hand side of rows is the state map grid reference
a key to advertising logos is on page 25

Services may change without notice. When in doubt, call ahead.

Column groups: Motor Fuel (Truck Diesel, Self Service Diesel, Metered Propane, Gasoline); Driver Services — Parking (Overnight Lot ($), Paved Lot, Trailer Drop, Electric Plug-Ins, Safe Haven/Hazmat), Food (Restaurant, Fast Food, Table Phones), Stores (Motel, Convenience, Trucker/Travel, Shopping Center, Walmart/Kmart, Grocery), Showers (Ladies', Men's), TV/Drivers Lounge, Laundry, Communication (Load Monitor, Internet Kiosk, WiFi Hotspots, Document Scanning, Public Fax/Copier, UPS/FedEx/Tripak Box, Religious Services, State Lottery); Vehicle Services — Scales (Axle, Platform, Certified), Tires (Repairs, New Tire Sales, Shop Open 24 Hrs), Repairs (DOT Inspection, Major Repairs, Minor Repairs, Oil Change/Lube, Minor Welding, AC/Reefer), Road Svcs (CB, Tire, Mechanical, Towing), Wash (Truck (Exterior), Trailer Washout); RV Info (RVs Welcome, Dumping Station, Propane (Bottle)); Financial Services (ATM, Can Wire Money Out, Money Orders, Natso Check-Link, Western Union, Voyager/Wright Express, Comdata (Comchek); C=Checks, F=Fuel Cards, B=Both: EFS, Fuel Man, Multi Service, TCH, T-Chek, Fleet One, Buy/Pay at Fuel Desk); Permit Svcs (All Prepaid Permit Svcs); Credit Cards (American Express, Visa/Mastercard, Discover).

VIRGINIA

Grid	Location / Phone	Truck Stop / Address	Driver Services	Vehicle Services	RV Info / Financial Services	Fuel Cards / Permit Svcs / Credit Cards
G 3	Abingdon, 24211 276-628-4410	Roadrunner #134 (Shell) I-81 Exit 19 (US 11 S)	24HRS ■ ■ M ■ ■ □ ■ ■ □ ■ □ □ ■ ■ ■ DAT	F C F □ ■ □ □ □ □ □ □ □ □ □ □ □	■ ■ ■ ■ ■ V W	B B F B F B B ■ ■ ■ ■ ■
F 7	Amelia, 23002 804-561-2802	360 Truck Stop US 360 (6 mi E of town)	24HRS ■ ■ L ■ ■ 24HRS □ ■ ■ ■ □ ■ ■ ■ □	F C U □ ■ □ □ □ □ □	■ □ ■ ■ ■ ■ ■ V W	B B B B B B ■ ■ ■ ■
F 6	Appomattox, 24522 434-352-2725	Express Lane #7 (Exxon) 903 US 460 West	24HRS ■ ■ S ■ □ ■ □ ■ □ □ □	F □ ■ □ □ □	■ ■ ■ V W	B B B ■ ■ ■
E 7	Ashland, 23005 804-798-6021	TravelCenters of America/Richmond (TA) I-95 Exit 89 (VA 802 E)	24HRS ■ ■ XL ■ ■ 24HRS ■ ■ ■ ■ □ ■ ■ ■ ■ DAT	TA ■ F C U F T ■ CAT BF ■ ■ ■ ■ ■ □ ■ ■ ■ ■	■ □ ■ ■ ■ ■ W	B B F B B B ■ ■ ■ ■
E 7	Ashland, 23005 804-798-6011	TravelCenters of America (TA) I-95 Exit 92 (VA 54)	24HRS ■ ■ XL ■ ■ 24HRS ■ ■ ■ ■ □ □ □ ■ ■ ■ ■ DAT	TA ■ F C U F T □ CAT BF ■ ■ ■ ■ ■ ■ ■ ■ ■ □	■ □ ■ ■ ■ ■ W	B B F B B B ■ ■ ■ ■
E 7	Ashland, 23005 804-798-9633	Mapco Express #4061 I-95 Exit 92 B	24HRS ■ ■ □ ■ ■ □ ■ □ □ □ □	F C □ ■ □ □ □ □ □ □ □ □ □ □ □ □ □ □ □	□ □ □ □ □ ■ ■ ■ V W	B B B F ■ ■ ■ ■
G 3	Atkins, 24311 276-783-5775	Village Truck Stop (Shell) I-81 Exit 54 (US 11 S)	24HRS ■ ■ M ■ ■ □ ■ ■ □ ■ ■ ■ ■ □	F C □ ■ □ □ □ □ □ □ □ □ □	■ ■ V W	B B B B B ■ ■ ■ ■
G 5	Bassett Forks, 24055 276-783-2126	WilcoHess C-Store # 662 5484 US 220	24HRS ■ ■ □ ■ □	□ ■	■ ■ ■ V W	B ■ ■ ■
G 5	Bassett Forks, 24055 276-627-0713	Red Birch Country Market 5740 US 220 N	24HRS ■ ■ S ■ ■ □ ■ ■ □ ■ □ □ □	F C U F □ □ □ □	■ ■ ■ V W	B B B B B ■ ■ ■ ■
F 3	Bastian, 24314 276-688-4169	Sentry Food Mart #30 (Citgo) I-77 Exit 58 W	24HRS ■ ■ S ■ □ ■	F C □ ■ □ □ □	■ ■ ■ ■ ■ V W	B B B B ■ ■ ■ ■
G 2	Big Stone Gap, 24219 276-523-0900	Kwick Shop Market #15 (Exxon) 412 Powell Valley Rd	24HRS ■ ■ □ ■ □ ■ □ □ □ □	□ ■ □ □ □ □ □ □ □	■ V W	■ ■ ■
F 4	Blacksburg, 24060 540-961-9244	WilcoHess C-Store # 645 US 460 S	■ ■ ■ □ □ □ ■ □ □ □ □	□ □ ■ □ □ □ □ □ □ □ □ □	■ ■ ■ V W	■ ■ ■
G 5	Blairs, 24527 434-836-2599	Kangaroo #3478 9181 US 29 N	24HRS ■ ■ ■ M ■ ■ ■ ■ ■ □ □	□ □ ■ □ □ □ □ □ □ □ □	■ ■ ■ ■ V W	B B F B B B B ■ ■ ■
F 3	Bland, 24315 276-688-4426	Sentry Food Mart #28 (Shell) I-77 Exit 52 (US 52)	24HRS ■ ■ S ■ ■ ■ □ ■ □	F C □ ■ □ □ □ □ □ □ □ □ □ □	■ ■ ■ ■ ■ ■ V W	B B B B ■ ■ ■ ■
G 9	Bowers Hill, 23321 757-488-8337	Frank's Trucking Center (Shell) I-664 Exit 13/13 B EB (W Military)	24HRS ■ ■ L 24HRS □ ■ □ ■ ■ □ □ □ ■ ■ ■ ■ DAT	F C T F □ ■ ■ ■ ■ ■ ■ □ □ ■ □ □ ■ ■ ■ ■ ■ □ □	■ ■ ■ ■ ■ ■ ■ ■ W	B B B B B B ■ ■ ■ ■
G 7	Bracey, 23919 434-689-2221	Simmons Travel Center (Exxon) I-85 Exit 4 (VA 903)	24HRS ■ ■ L ■ ■ 24HRS ■ ■ □ ■ ■ ■ ■ ■ ■ DAT	■ F C U F □ ■ CAT BF ■ ■ ■ ■ ■ ■ ■ ■ ■ ■ ■ ■	■ □ ■ ■ ■ V W	B B B B B B ■ ■ ■ ■
G 2	Bristol, 24201 276-669-5945	Exit 10 Quick Stop (BP) I-81 Exit 10	■ ■ ■ S ■ ■ □ ■ □ ■ □	F C ■ □ □ □	□ ■ V W	B B B ■ ■ ■ ■
G 7	Brodnax, 23920 434-729-2214	Slip-In Food Mart US 58 E	■ ■ ■ S ■ ■ ■ ■ ■	■	■ ■ ■ V W	B B B B C B ■ ■ ■
E 6	Buffalo Hill, 24521 434-946-2567	Apple Market (Amoco) 1425 US 29 & VA 151	■ ■ ■ □ ■ □ ■ □ □	□ ■ □ □ □ □ □ □ □ □ □ □ □ □	■ ■ V W	■ ■ ■
F 9	Cape Charles, 23310 757-331-4008	Shore Stop # 205 (Mobil) 22177 US 13	24HRS ■ ■ □ □ ■	□ ■ □	■ ■ V W	B F ■ ■ ■
F 9	Capeville, 23313 757-331-2505	Cape Center (Exxon) 26507 US 13 (5 mi N of bridge)	■ ■ ■ S ■ ■ ■ □ ■ □ □	F C □ ■ □ □ □	□ ■	■ ■ ■
C 7	Chantilly, 20152 703-471-1100	Chantilly Truck Stop (Citgo) US 50 (3 mi W of VA 28)	■ ■ ■ ■ S ■ ■ ■ ■ ■ ■	F C ■ □ □ □	■ ■ ■ ■ ■ ■	B ■ ■ ■ ■
G 5	Chatham, 24531 434-432-4171	Fas-Mart #101 (Citgo) 13869 US 29 S	24HRS ■ ■ □ ■ □ ■ □ □ □	□ ■ □ □ □ □ □ □ □ □ □ □ □	■ ■ ■ V W	B F B ■ ■ ■
G 9	Chesapeake, 23320 757-545-3361	Miller Mart #26 (Shell) I-464 Exit 2 (2154 US 13 - 1/2 mi N)	■ ■ ■ □ □ □ ■ □ □ □	□ ■ □ □ □ □ □ □ □ □ □ □ □	■ ■ ■ V W	F ■ ■ ■
F 4	Christiansburg, 24073 540-382-1451	Charlie's Market (Crown) I-81 Exit 118 (1/4 mi N on US 460)	24HRS ■ ■ □ □ □ ■ □ □ □	F C □ ■ □ □ □ □ □ □ □ □ □ □ □	□ ■ ■ W	B B B ■ ■ ■ ■
F 4	Christiansburg, 24073 540-382-4999	Stop In # 40 (Shell) I-81 Exit 118 C (US 460 W & US 11 N)	24HRS ■ ■ □ □ □ ■ □ □ □	□ □ ■ □ □ □ □ □ □ □ □ □ □ □ □ □	□ ■ ■ ■ V W	B B ■ ■ ■
C 6	Clear Brook, 22621 540-667-0020	Olde Stone Truckstop (Mobil) I-81 Exit 321 (VA 672 E to US 11)	24HRS ■ ■ 24HRS □ ■	■ □ □ □ □ □	■ W	B B B B B B ■ ■ ■

THE TRUCKER'S FRIEND® - VIRGINIA - WEST VIRGINIA

How to interpret the page

■ means available at truck stop □ means available nearby

in the overnight lot column:
- S means room for 5 - 24 trucks
- M means room for 25-74 trucks
- L means room for 85-149 trucks
- XL means room for 150+ trucks
- $ means a parking fee may be charged

code at left-hand side of rows is the state map grid reference

a key to advertising logos is on page 25

Services may change without notice. When in doubt, call ahead.

Driver Services: MOTOR FUEL (Truck Diesel, Self Service Diesel, Metered Propane, Gasoline); PARKING (Overnight Lot ($), Paved Lot, Trailer Drop, Electric Plug-Ins, Safe Haven/Hazmat); FOOD (Restaurant, Fast Food, Table Phones); STORES (Motel, Convenience, Trucker/Travel, Shopping Center, Walmart/Kmart, Grocery); SHOWERS (Ladies, Men's); COMMUNICATIONS (TV/Drivers Lounge, Laundry, Load Monitor, Internet Kiosk, Wi-Fi Hotspots, Document Scanning, Public Fax/Copier, UPS/FedEx/Trippak Box, Religious Services, State Lottery)

Vehicle Services: SCALES; TIRES (Axle, Platform, Certified); REPAIRS (Repairs, New Tire Sales, Shop Open 24 Hrs, DOT Inspection, Major Repairs, Minor Repairs, Oil Change/Lube, Minor Welding); ROAD SVCS (AC/Reefer, CB, Tire); WASH (Mechanical, Towing, Truck (Exterior), Trailer Washout)

RV Info: RVs Welcome, Dumping Station, Propane (Bottle)

Financial Services: ATM, Can Wire Money Out, Money Orders, Natso Check-Link, Western Union, Voyager/Wright Express, Comdata (Comchek) — C=Checks, F=Fuel Cards, B=Both

Permit Svcs: EFS, Fuel Man, Multi Service, TCH

Credit Cards: T-Chek, Fleet One, Buy/Pay at Fuel Desk, All Prepaid Permit Svcs, American Express, Visa/Mastercard, Discover

VIRGINIA

Grid	City / Phone	Truck Stop / Location	Driver Services									Vehicle Services							RV Info	Financial Services				Permit Svcs	Credit Cards			
C 6	Clear Brook, 22624 540-678-3641	Flying J Travel Plaza #05073 I-81 Exit 323 (VA 669)	24HRS ■ ■ ■	L ■		24HRS ■ ■	■ ■		■ ■	■ ■	■	F C U F T	□		□ □		□ □		□ □ □		■ ■ ■	■	V W	B	B B	B	■	■ ■ ■
F 6	Crewe, 23930 434-645-1000	Fas-Mart #42 (Amoco) 1511 US 460 & VA 49	24HRS ■ ■			□ ■ □	■	□		□		□	□ ■		□ □				□ □ □		■	■ ■	V W		B	B		■ ■ ■
C 6	Cross Junction, 22625 540-888-1412	Liberty Xpress Stop US 522	24HRS ■ ■ ■	S ■ ■		■	■					F C	□ ■		□ □	□	□ □ □	□	□ □ □		■ □ ■	■	W	B B			■	■ ■ ■
G 5	Danville, 24540 434-791-3896	WilcoHess C-Store # 673 1264 US 58	■ ■ ■			□	■	□ □		□		F C	□ ■								■	■ ■	V W	B B	B B	B B		■ ■ ■
G 5	Danville, 24541 434-792-8401	Fas-Mart #115 (Valero) 1794 VA 86 S (3/4 mi N of VA 265)	24HRS ■ ■				■	□		□			□								■	■	V W					■ ■ ■
G 5	Danville, 24540 434-792-7135	Fas-Mart #114 (Valero) 2802 US 29 W	24HRS ■ ■			□ ■ □	■	□		□			□ ■		□ □		□ □ □	□	□ □ □		■	■	V W					■ ■ ■
G 5	Danville, 24541 434-792-1308	Fas-Mart #120 (Valero) VA 265 & VA 737 N	■ ■ ■				■						■									■	V W					■ ■ ■
F 8	Disputanta, 23842 804-732-6957	Mapco Express #4058 I-295 Exit 3 (1/2 mi E on US 460)	24HRS ■ ■	S ■		□ ■ ■	■					F C U	□ ■						□ □ □		■ ■	■ ■	V W	B B	B B	B B	■	■ ■ ■
F 8	Disputanta, 23842 804-862-9900	Disputanta C-Store (Shell) US 460 E & VA 156	■ ■ ■	S ■ ■		□ ■ ■	■	□					□ ■								■	■	V W	B B	B B	B B		■ ■ ■
E 7	Doswell, 23047 804-876-3712	Doswell All American Travel Plaza (Texaco) I-95 Exit 98 (VA 30 E)	24HRS ■	XL ■ ■		24HRS □ ■ ■	■ ■		■ ■	■ ■	DAT	■ F C U F T	■ ■	■ ■ ■		■ ■	■ ■ ■	■ A R ■	■ ■ ■	■ ■	■ ■	■ ■ ■	■ V W	B B	F B B	B	■ ■	■ ■ ■
F 4	Dublin, 24084 540-674-4552	Lancer Travel Plaza (Chevron) I-81 Exit 101	24HRS ■ ■	XL ■ ■		24HRS ■ ■ □	■ ■		■ ■	■ ■	DAT	F C T F	■	■ ■ ■	■ ■		■ ■ ■	■ A	■ ■ ■		■ □ ■	■	V W	B B	B B	B B	■	■ ■ ■
F 4	Dublin, 24084 540-674-6730	Texaco Handy Mart #120 I-81 Exit 98 (VA 100)	24HRS ■ ■	M ■ ■		□ ■ □	■	□	■ ■	■ □		F C U F T	□ ■		□	□	□ □ □	□ □	□ □ □		■	■	V W	B B	F B C	B B	■	■ ■ ■
F 4	Elliston, 24087 540-268-9500	Lancer Truck Stop (Citgo) I-81 Exit 128 (VA 603)	24HRS ■ ■	M ■ ■		■ ■	■ ■		■ ■	■		F C U	□ ■						□ □ □		■ □ ■	■	V W	B B	B B	B B	■	■ ■ ■
G 7	Emporia, 23847 434-634-4594	MS 58 Plaza I-95 Exit 11 B	24HRS ■ ■	L ■ ■	■	24HRS ■ ■ □	■ ■	□ □ □	■ ■	□		F C □	□ ■	□ □ □			□	□		□ □	■ ■	■	V W	B B	F B B	B B	■	■ ■
G 7	Emporia, 23847 434-634-4312	Sadler Travel Plaza (Shell) I-95 Exit 11 B (US 58 W)	24HRS ■ ■	XL ■ ■		24HRS ■ ■ □	■ ■	□ □ □	■ ■	■ ■	DAT	F C U F T	□ ■	■ ■ ■	■ ■	■ ■	■ ■ ■	■ A □	■ ■ ■		■ □	■ ■	V W	B B	B B	B B	■	■ ■ ■
G 7	Emporia, 23847 434-634-9296	Simmons Travel Center #2 (BP/Amoco) I-95 Exit 8 (US 301 S)	24HRS ■ ■	L ■ ■		24HRS □ ■ □	■ ■	□ □ □	■ ■	■ ■	DAT	F C T	□ ■	CAT		■	■ ■ ■	■ A R	■ ■ ■		■ ■	■	■ V W	B B	B B	B B	■ ■	■ ■ ■
E 5	Fairfield, 24435 540-377-6640	Stop In Food Stores (Shell) I-64-81 Exit 200	24HRS ■ ■			□ □	■	□		□			□ ■		□ □		□ □ □	□ □	□ □ □		■	■	V W	B B		B		■ ■ ■
E 5	Fairfield, 24435 540-377-9289	Fairfield Exxon I-64-81 Exit 200 (VA 710)	■ ■ ■			□ ■	■	□		□		F C	□ ■		□ □		□ □ □	□ □	□ □ □			■	V W				■	■ ■ ■
G 4	Fancy Gap, 24328 276-728-7077	On The Way #3367 (Citgo) I-77 Exit 8	24HRS ■ ■	M ■ ■		■ ■ □	■					F C	□ ■		□ □		□ □ □	□ □	□ □ □		■ □ ■	■ ■	V W	B B	F B B	B B	■	■ ■ ■
F 5	Forest, 24551 434-525-4432	Express Lane #2 (Exxon) 12000 US 460 West	■ ■ ■	S ■		■	■	□					□ ■						□ □ □		■	■ ■	V W	B B	F	B		■ ■ ■
G 4	Fort Chiswell, 24382 276-637-4250	Sentry Food Mart #21 (Citgo) I-77-81 Exit 80	24HRS ■ ■			□ □ □	■	□ □	■	□		F C	□ ■	□ □ □	□ □		□ □ □	□ □	□ □ □	□	□ ■	■ ■ ■	■ V W	B B		B B	■	■ ■ ■
G 4	Fort Chiswell, 24360 276-637-4115	Flying J Travel Plaza #01123 I-77-81 Exit 80 (US 52)	24HRS ■ ■	XL ■ ■		24HRS ■ ■ □	■ ■	□ □	■ ■	■ ■	■	F C U F T	■	CAT		■	□ ■ ■	■ A R	■ ■	■ ■	■ □	■	V W	B	B B	B	■	■ ■ ■
G 8	Franklin, 23851 757-569-8137	Duck Thru Food Store #5 (Shell) US 258	■ ■ ■	S ■ ■		□ □	■	□ □ □		□			□ ■								■ ■	■	W	B				■ ■ ■
G 8	Franklin, 23851 757-562-3083	New Dixie Mart #15 (BP) US 58 & CR 671	24HRS ■ ■	S ■ ■		■ ■ □	■ ■	□ □ □		■ □	■	F C □	□ ■		□ □	□	□ □ □	□ □	□ □ □	□ □	■ □	■ ■ ■	■ V W	B		B	■	■ ■ ■
G 8	Franklin, 23851 757-562-2168	Sentry Food Mart #17 (Shell) US 58 Business & CR 671	24HRS ■ ■	S		□ □	■	□ □ □		□		F C	□ ■		□		□ □	□	□ □ □		■	■ ■ ■	■ V W	B B		B B	■	■ ■ ■
D 7	Fredericksburg, 22401 540-898-4563	Racetrac Fuel Stop I-95 Exit 126 (Massoponax)	24HRS ■ ■	S ■		□ □ □	■	□ □	■ ■	□			□ ■		□ □	□	□ □ □	□ □	□ □ □		■	■ ■		B B				■ ■
D 7	Fredericksburg, 22403 540-371-1166	Servicetown Truck Plaza I-95 Exit 133 B (US 17 N)	24HRS ■	$ XL ■ ■		24HRS □ ■ □	■ ■	□ □ □	■ ■	■ ■	DAT	F C U F T	□ ■	■ ■ ■		■ ■	■ ■ ■	■ A R ■	■ ■ ■	■ ■	■	■	■ V	B B	F B B	B B	■	■ ■ ■

THE TRUCKER'S FRIEND® - VIRGINIA - WEST VIRGINIA

How to interpret the page

■ means available at truck stop □ means available nearby

in the overnight lot column:
S means room for 5 - 24 trucks
M means room for 25-74 trucks
L means room for 85-149 trucks
XL means room for 150+ trucks
$ means a parking fee may be charged

code at left-hand side of rows is the state map grid reference

a key to advertising logos is on page 25

Services may change without notice. When in doubt, call ahead.

Permit Svcs / Credit Cards: C=Checks, F=Fuel Cards, B=Both

VIRGINIA

Driver Services — Motor Fuel, Parking, Food, Stores

Grid	City / Phone	Truck Stop / Location	Truck Diesel	Self Service Diesel	Metered Propane	Gasoline	Overnight Lot ($)	Paved Lot	Trailer Drop	Electric Plug-ins	Safe Haven/Hazmat	Restaurant	Fast Food	Table Phones	Convenience	Motel	Trucker/Travel	Shopping Center	Walmart/Kmart	Grocery
D7	Fredericksburg, 22405, 540-899-3923	Mapco Express #4050, I-95 Exit 133 B (US 17 N)	24 HRS ■			■						□	■		□	■				□
C6	Front Royal, 22630, 540-635-5060	Quarles Food Store, I-66 Exit 6	24 HRS ■			■	S	■					■	■	□	■				
G4	Galax, 24333, 276-236-2799	Midway Food Mart (Shell), US 58 E	■	■		■							□		□	■		□	□	□
G2	Gate City, 24251, 276-386-7242	Mid-Town Quik Stop (Addco), 241 US 23 (Kane St)	■	■		■						□	□			■				□
G3	Glade Spring, 24340, 276-429-5100	PETRO Petro Stopping Center #72, I-81 Exit 29	24 HRS ■			■	XL	■	■			24 HRS	□	■	□	■	■			□
E8	Glenns, 23149, 804-758-5629	Get & Zip #6 (BP), 14878 US 17 & VA 33	■	■		■						□	□			■				
F8	Gloucester Point, 23062, 804-642-6393	Mapco Express #4054, 1569 US 17	■	■		■						□	■		□	■		□		
F5	Goode, 24556, 434-525-1144	Owen's Market & Chevron Service, 9741 US 460 (10 mi E of Bedford)	■	■	■	■							■		□	■				□
E6	Greenville, 24440, 540-324-0714	Pilot Travel Center #396, I-64-81 Exit 213	24 HRS ■			■	L	■	■			□	■	■	□	■	■			
F9	Hampton, 23661, 757-380-1787	Zooms Citgo, I-664 Exit 3 (1 blk W to Pembroke)	■	■		■						□				■		□	□	□
G2	Hansonville, 24266, 276-794-7330	Hansonville Exxon, US 58 & US 19 N	■	■		■							■			■				
D6	Harrisonburg, 22801, 540-434-0601	Harrisonburg Travel Center, I-81 Exit 243 (US 11 S)	24 HRS ■			■	XL	■	■		■	24 HRS	□	■	□	■	■		□	□
C7	Haymarket, 20169, 703-754-3718	Q-Stop #616 (Mobil), I-66 Exit 40 (US 15 S to 15250 VA 55 E)	24 HRS ■			■						□	■			■		□		
G4	Hillsville, 24343, 276-728-4194	Cockerham Fuel Center #4 (Chevron), I-77 Exit 14 (US 58-221)	24 HRS ■			■	M	■				□	■	■	□	■				□
G6	Keysville, 23947, 434-736-8585	Sav-U-Time (Exxon), 350 US 360 (2 mi E of US 15)	24 HRS ■			■	M	■	■			■		■	□	■				
E5	Lexington, 24450, 540-463-3478	Lee Hi Travel Plaza (Shell), I-64-81 Exit 195 (US 11 N)	24 HRS ■			■	XL	■	■			24 HRS		■	□	■	■	□		□
F5	Lynchburg, 24502, 434-237-4010	Mapco Express #4031, US 29 (1/4 mi N of US 460)	24 HRS ■			■	S	■	■			□	□		□	■		□	□	□
F5	Lynchburg, 24501, 434-385-6052	WilcoHess C-Store # 691, US 501 N & US 221	■	■		■						□	□			■		□		□
F5	Madison Heights, 24572, 434-929-1634	Express Lane #5 (Exxon), 4069 US 29 (3 mi N)	24 HRS ■			■						□	■		□	■			□	□
F5	Madison Heights, 24572, 434-847-5315	WilcoHess C-Store # 693, 4536 US 29 N	24 HRS ■			■						□	■	■	□	■		□	□	□
F5	Madison Heights, 24572, 434-845-3744	Sentry Food Mart #38 (Citgo), US 29 N & Woody's Lake Rd	24 HRS ■			■						□	□		□	■		□	□	□
E8	Manquin, 23086, 804-769-2860	Fas-Mart #33 (Valero), VA 30 & US 360	24 HRS ■			■							■			■				□
G5	Martinsville, 24112, 276-666-2818	Sentry Food Mart #41 (Citgo), 1560 US 220 Business	■	■		■						□			□	■		□	□	□
G5	Martinsville, 24112, 276-632-0161	Fas-Mart #104 (Citgo), Hwy 174 & College Dr	24 HRS ■			■	S	■				□	■		□	■		□	□	□
G4	Max Meadows, 24360, 276-637-4510	Sentry Food Mart #34 (Shell), I-81 Exit 84	24 HRS ■			■	S	■	■			□	□		□	■				
G4	Max Meadows, 24360, 276-637-3124	Love's Travel Stop #239, I-81 Exit 84 (VA 651)	24 HRS ■			■	L	■				□	■		□	■	■			
G4	Max Meadows, 24360, 276-637-3118	I-81 Travel Plaza (Citgo), I-81 Exit 86	24 HRS ■			■	M	■	■			■		■	■	■	■			

Driver Services (Showers, Communication) — Vehicle Services (Scales, Tires)

Truck Stop	Ladies'	Men's	TV/Drivers Lounge	Laundry	Load Monitor	Internet Kiosk	Wi-Fi Hotspots	Document Scanning	Public Fax/Copier	UPS/FedEx/TripPak Box	Religious Services	State Lottery	Axle	Platform	Certified	Repairs	New Tire Sales
Fredericksburg – Mapco Express #4050				□							□					□	□
Front Royal – Quarles Food Store			■						F C								
Galax – Midway Food Mart (Shell)				□							□	■					
Gate City – Mid-Town Quik Stop (Addco)				□							□	■				□	□
Glade Spring – Petro Stopping Center #72	■	■	■	■	DAT	■	■	■	F C	U F T	□	■	■	■	■	B F	
Glenns – Get & Zip #6 (BP)												■				□	□
Gloucester Point – Mapco Express #4054				□					F C			■					
Goode – Owen's Market & Chevron Service									F C		□	■	□	□	□		
Greenville – Pilot Travel Center #396	■	■		■	DAT		⏻	■	F C	U F T	□	■		CAT		□	
Hampton – Zooms Citgo				□							□						
Hansonville – Hansonville Exxon											□	■					
Harrisonburg – Harrisonburg Travel Center	■	■	■	■	DAT				F C	U F T	□	■	■	■	■	□	□
Haymarket – Q-Stop #616 (Mobil)									F C			■					
Hillsville – Cockerham Fuel Center #4 (Chevron)		■		□					F C	U	□	■				□	□
Keysville – Sav-U-Time (Exxon)																□	□
Lexington – Lee Hi Travel Plaza (Shell)	■	■	■	■			⏻		F C	U F T	■		■	■	■	B F	
Lynchburg – Mapco Express #4031				□					F C		□	■				□	□
Lynchburg – WilcoHess C-Store # 691				□							□	■					
Madison Heights – Express Lane #5 (Exxon)				□						F	□	■				□	□
Madison Heights – WilcoHess C-Store # 693				□							□	■				□	□
Madison Heights – Sentry Food Mart #38 (Citgo)		■		□					F C		□	■				□	□
Manquin – Fas-Mart #33 (Valero)				□							□	■					
Martinsville – Sentry Food Mart #41 (Citgo)				□					F C	□	□	■					
Martinsville – Fas-Mart #104 (Citgo)				□							□	■					
Max Meadows – Sentry Food Mart #34 (Shell)	■	■							F C		□	■	□	□	□		
Max Meadows – Love's Travel Stop #239	■	■		■	DAT		⏻	■	F C	T F	□			CAT		□	□
Max Meadows – I-81 Travel Plaza (Citgo)	■	■	■						F C	T	□	■	□	□	□	B F	

Vehicle Services (Repairs, Road Svcs, Wash) — RV Info — Financial Services

Truck Stop	Shop Open 24 Hrs	DOT Inspection	Major Repairs	Minor Repairs	Oil Change/Lube	Minor Welding	AC/Reefer	CB	Tire	Mechanical	Towing	Truck (Exterior)	Trailer Washout	RVs Welcome	Dumping Station	Propane (Bottle)	ATM	Can Wire Money Out	Money Orders
Fredericksburg – Mapco Express #4050		□	□	□	□	□			□	□	□	□	□			■	■		■
Front Royal – Quarles Food Store									□	□	□			■	□		■		
Galax – Midway Food Mart (Shell)				□					□	□	□					■			
Gate City – Mid-Town Quik Stop (Addco)			□	□		□			□	□	□					■	■		■
Glade Spring – Petro Stopping Center #72	■	■		■	■	■	A		■	■	□			■			■	■	■
Glenns – Get & Zip #6 (BP)			□	□	□	□			□	□	□				□	■	■		■
Gloucester Point – Mapco Express #4054																■	■		■
Goode – Owen's Market & Chevron Service				■	■	■										■			
Greenville – Pilot Travel Center #396				□					□	□	□			■		■	■	■	
Hampton – Zooms Citgo									□	□	□								
Hansonville – Hansonville Exxon																	■		
Harrisonburg – Harrisonburg Travel Center			□	□	□	□	□		□	□	□	■	■	■			■		
Haymarket – Q-Stop #616 (Mobil)															□	■	■		
Hillsville – Cockerham Fuel Center #4 (Chevron)				□					□	□	□				□	■	■		
Keysville – Sav-U-Time (Exxon)									□	□	□					■	■		
Lexington – Lee Hi Travel Plaza (Shell)	■	■	■	■	■	■	A R		■	■	■			■	■		■		
Lynchburg – Mapco Express #4031		□	□	□	□	□	□	□	□	□	□			■		■			■
Lynchburg – WilcoHess C-Store # 691																■			■
Madison Heights – Express Lane #5 (Exxon)																■	■		■
Madison Heights – WilcoHess C-Store # 693			□	□	□	□			□	□	□								■
Madison Heights – Sentry Food Mart #38 (Citgo)			□	□	□	□										■	■	■	■
Manquin – Fas-Mart #33 (Valero)																■	■		■
Martinsville – Sentry Food Mart #41 (Citgo)																■	■		■
Martinsville – Fas-Mart #104 (Citgo)														■		■			■
Max Meadows – Sentry Food Mart #34 (Shell)									□	□	□			■		■	■	■	■
Max Meadows – Love's Travel Stop #239				□	□	□			□	□	□	□	□	■	■	■	■		
Max Meadows – I-81 Travel Plaza (Citgo)	■	■	■	■	■	■	A R	□	■	■	■	□		■			■		

Financial Services — Permit Svcs — Credit Cards

Truck Stop	NATSO Check-Link	Western Union	Voyager/Wright Express	Comdata (Comchek)	EFS	Fuel Man	Multi Service	TCH	T-Chek	Fleet One	Buy/Pay at Fuel Desk	All Prepaid Permit Svcs	American Express	Visa/Mastercard	Discover
Fredericksburg – Mapco Express #4050			V W	B	B		B		B	B		■	■	■	■
Front Royal – Quarles Food Store			V W	B	B	F	B	B	B	B		■	■	■	■
Galax – Midway Food Mart (Shell)			V W										■	■	■
Gate City – Mid-Town Quik Stop (Addco)			V W										■	■	■
Glade Spring – Petro Stopping Center #72		■	V W	B	B		B		B	B		■	■	■	■
Glenns – Get & Zip #6 (BP)			V W	B									■	■	■
Gloucester Point – Mapco Express #4054			V W	B						B		■	■	■	■
Goode – Owen's Market & Chevron Service			W	B	C				C			■	■	■	■
Greenville – Pilot Travel Center #396	■	■	V W	B	B	F	B		B	B		■	■	■	■
Hampton – Zooms Citgo			V W	B									■	■	■
Hansonville – Hansonville Exxon			V W										■	■	■
Harrisonburg – Harrisonburg Travel Center			W	B	B	F	B	B	B	B		■	■	■	■
Haymarket – Q-Stop #616 (Mobil)			V W	B								■	■	■	■
Hillsville – Cockerham Fuel Center #4 (Chevron)			V W	B	B		B	B	B	B		■	■	■	■
Keysville – Sav-U-Time (Exxon)			W	B	B		B		B	B			■	■	■
Lexington – Lee Hi Travel Plaza (Shell)		■	V W	B	B		B	B	B	B	■	■	■	■	■
Lynchburg – Mapco Express #4031			V W	B	B		B	B	B	B		■	■	■	■
Lynchburg – WilcoHess C-Store # 691			V W										■	■	■
Madison Heights – Express Lane #5 (Exxon)			V W	B									■	■	■
Madison Heights – WilcoHess C-Store # 693			V W	B	B	F		B	B	B			■	■	■
Madison Heights – Sentry Food Mart #38 (Citgo)		■	V W	B					C	B		■	■	■	■
Manquin – Fas-Mart #33 (Valero)			V W										■	■	■
Martinsville – Sentry Food Mart #41 (Citgo)			V W									■	■	■	■
Martinsville – Fas-Mart #104 (Citgo)			V W	B						B			■	■	■
Max Meadows – Sentry Food Mart #34 (Shell)		■	V W	B	B			B	B	B		■	■	■	■
Max Meadows – Love's Travel Stop #239	■		V W	B	B	F	B		B	B		■	■	■	■
Max Meadows – I-81 Travel Plaza (Citgo)			V W	B	B	F	B	B	B	B		■	■	■	■

THE TRUCKER'S FRIEND® - VIRGINIA - WEST VIRGINIA

How to interpret the page

■ means available at truck stop □ means available nearby

in the overnight lot column:
- S means room for 5 - 24 trucks
- M means room for 25-74 trucks
- L means room for 85-149 trucks
- XL means room for 150+ trucks
- $ means a parking fee may be charged

code at left-hand side of rows is the state map grid reference

a key to advertising logos is on page 25

Services may change without notice. When in doubt, call ahead.

Financial Services: C=Checks, F=Fuel Cards, B=Both

VIRGINIA

Grid	Location / Phone	Truck Stop		Motor Fuel	Parking	Parking	Food	Stores	Stores	Showers	Communications	Communications	Communications	Communications	Scales	Tires	Tires	Repairs	Repairs	Road Svcs	Wash	RV Info	Financial Services	Financial Services	Financial Services	Credit Cards
F 5	Montvale, 24122 540-947-5149	Lancer Travel Plaza #04 (Citgo) 11268 US 460		24HRS ■ ■	M ■ ■		24HRS	■		■ ■			U	□ ■				□	□	□ □ □		■	■	V W	B B	B B B ■ ■ ■
D 6	Mount Jackson, 22842 540-477-3110	Sheetz Travel Center #701 I-81 Exit 273		24HRS ■ ■	L ■ ■		□ ■ □	■ ■	□ □	■ ■	■ ■	DAT	F C F	□ ■	■ ■ ■	□ □		□	□	□ □ □		■ ■	■ ■	■ V W	B B	B B B B ■ ■ ■ ■
D 6	Mount Jackson, 22842 540-477-2991	Shenandoah Truck Center (Liberty) I-81 Exit 273 (VA 703)		24HRS ■	XL ■ ■		□ ■ ■ ■	■ ■	□ □	■ ■	■ ■		F C U	□ ■	CAT	□ □		□ □ □	□ □	□ □ □		■ □	■ ■	W	B B	B B B B ■ ■ ■ ■ ■
F 4	Narrows, 24124 540-726-7425	Texaco Handy Mart #102 2771 US 460		■ ■ ■			□ ■	■			□		U	□ ■								□	■	V W	B B	B B ■ ■ ■
E 9	New Church, 23415 757-824-6248	Royal Farms #79 2497 US 13		24HRS ■ ■	S ■ ■		□ ■ □	■	□ □ □		□			□ ■	□ □ □					□ □ □	□	■	■ ■	W	B	■ ■ ■
F 9	Newport News, 23602 757-877-1678	Miller Mart #40 I-64 Exit 255 B (Jefferson Ave)		24HRS ■ ■			□ ■ □	■	□ □ □				□	□ ■				□	□	□ □ □		□ ■	■ ■	V W	B C	F B F B ■ ■ ■
G 2	Norton, 24273 276-679-5943	Double Quick Market (Texaco) US 58 & Trent Street		24HRS ■ ■			□ ■ □	■	□ □ □		□			□ ■		□ □		□ □		□ □ □			■	W		F ■ ■ ■
D 7	Opal, 20187 540-439-3000	Quarles Truck Stop US 15-17-29 (N of junction)		24HRS ■ ■	L ■ ■		■ ■ □	■ ■	□ □	■ ■	□		F C	□ ■		□ □		□ □ □	□	□ □ □		■	■	V W	B B	F B B F B ■ ■ ■ ■
F 7	Petersburg, 23805 804-733-9592	Mapco Express #4064 I-85 Exit 61		24HRS ■ ■	M ■ ■		□ ■ ■ □	■	□				F C F	□ ■						□ □ □		■ □ ■	■ ■	V W	B B	B B B B ■ ■ ■ ■
F 7	Petersburg, 23804 804-732-1184	Thrift Mart (Exxon) I-85 Exit 63A (US 1 S)		24HRS ■ ■	M ■ ■		□ ■ □	■	□	■ ■	■ ■	DAT	F C T F	□ ■		□ □	□	□ □ □	□	□ □ □		■ □ ■	■ ■	V W	B B	B B B ■ ■ ■ ■
F 7	Petersburg, 23825 804-732-0201	US Gas (Chevron) I-95 Exit 41		24HRS ■ ■				■						■									■	W	B B	B B B B ■ ■ ■
D 8	Port Royal, 22535 804-742-5743	Horne's Restaurant & Gifts (Citgo) US 301 & US 17		24HRS ■ ■			24HRS	■						□ ■									■	V W	B C	■ ■ ■ ■
G 8	Portsmouth, 23707 757-397-9433	Pinners Point Shell 2315 Woodrow St		■ ■ ■			□	■	□					□		□								V W	B B	B C ■ ■ ■
G 2	Pound, 24279 276-796-9122	Stateline Food Mart (Sunoco) 12643 US 23		24HRS ■ ■	S		■	■	□		□		F C	□ ■		□						■	■	V W	B B	B B B ■ ■ ■ ■
G 2	Pound, 24279 276-796-4318	Double Kwik Shop Market #12 (Exxon) US 23 S & VA 83		24HRS ■ ■			■ □	■	□		□			□ ■		□ □	□	□ □ □	□			□	■	V W	C	■ ■ ■
F 8	Quinton, 23141 804-932-9016	Bottoms Bridge Shell I-64 Exit 205 (S to 2301 US 60 E)		■ ■ ■			□ □	■	□					■								■	■	V W		B B ■ ■ ■
F 4	Radford, 24141 540-639-4973	Radford Travel Center (BP) I-81 Exit 109 (Hwy 177)		■ ■ ■	S ■ ■		□ □	■	□	■ ■				□						□ □ □		■	■	V W	B B	B ■ ■ ■
E 6	Raphine, 24472 540-377-2505	Fuel City (Sunoco) I-64-81 Exit 205 (VA 606 E)		24HRS ■ ■	M ■ ■		□ ■ ■ □	■ ■		■ ■	■ □		F C □	□ ■	□ □ □	□ □		□ □ □	□ □ □	□ □ □	□	■ □	■ ■	V W	B B	F B B B ■ ■ ■ ■
E 6	Raphine, 24472 540-377-2111	White's Truck Stop I-64-81 Exit 205 (VA 606 E)	AMBEST	24HRS ■ ■	XL ■ ■		24HRS ■ ■ ■	■ ■		■ ■	■ ■	DAT ■ ■	F C U F T	□ ■	■ ■ ■		■ ■	■ ■ ■	■ A R ■	■ ■ □	■ ■	■ □	■ ■ ■	■ ■ W	B B	F B B B B ■ ■ ■ ■ ■
E 6	Raphine, 24472 540-377-9239	WilcoHess Travel Plaza # 735 I-64-81 Exit 205 (VA 606 W)		24HRS ■ ■	XL ■ ■		■ ■ □	■ ■		■ ■	□	DAT	F C U F T	□ ■	CAT	□ □		□ □ □	□ □ □	□ □ □		■	■ ■	V W	B B	F B B B B ■ ■ ■ ■
F 7	Richmond, 23223 804-226-1059	Sunoco Mart 3109 US 60 E		■ ■ ■			□ □ □	■	□ □ □		□		F C	□ ■		□	□	□ □ □	□	□		■	■	V W	F F	F ■ ■ ■
F 7	Richmond, 23228 804-262-4348	Q-Mart (Sunoco) 8701 US 33 N		■ ■ ■			□ ■ □	■	□ □ □		□			□ ■						□ □ □		■	■	V W		■ ■ ■
G 5	Ridgeway, 24148 276-956-3164	EZ Stop #107 (Exxon) US 220 S		■ ■ ■	M ■ ■		□ ■ □	■ ■	□ □	■ ■	□		F C F	□ ■		□ □		□ □ □	□	□ □ □			■ ■	V W	B B	B B B B ■ ■ ■ ■
F 5	Roanoke, 24012 540-982-1585	WilcoHess C-Store # 681 2121 US 460 NE		24HRS ■ ■			□ □	■	□ □		□		F C	□ ■		□ □				□ □			■ ■	V W	B B	C C B B ■ ■ ■ ■
G 5	Rocky Mount, 24151 540-483-7883	Dudley's Truck Stop (BP) US 220 (2 mi N of town)		24HRS ■ ■	S ■		24HRS □ ■ □	■ ■	□ □ □	■	□		F C F	□		■ ■	■	■ ■	■	■ ■ □		■	■	V W	B B	F B B B B ■ ■ ■ ■
E 6	Ruckersville, 22968 434-985-7336	The 29'er (Shell) US 29 (South Side) & US 33		■ ■ ■	M ■ ■		■ □ ■	■	□		■		F C	□ ■	□ □ □	□ □						■	■	W	B B	C ■ ■ ■ ■
E 7	Ruther Glen, 22546 804-448-9047	Flying J Travel Plaza #05033 I-95 Exit 104		24HRS ■ ■ ■	XL ■	■	24HRS ■ ■ □	■ ■	□	■ ■	■ ■	■ ■	F C U F T	□		□ □		□	□	□ □ □	□	■ ■ ■	■	V W	B	B B B ■ ■ ■ ■

THE TRUCKER'S FRIEND® - VIRGINIA - WEST VIRGINIA

How to interpret the page

■means available at truck stop □means available nearby

in the overnight lot column:
S means room for 5 - 24 trucks
M means room for 25-74 trucks
L means room for 85-149 trucks
XL means room for 150+ trucks
$ means a parking fee may be charged

code at left-hand side of rows is the state map grid reference

a key to advertising logos is on page 25

Services may change without notice. When in doubt, call ahead.

Driver Services: MOTOR FUEL (Truck Diesel, Self Service Diesel, Metered Propane, Gasoline); PARKING (Overnight Lot ($), Paved Lot, Trailer Drop, Electric Plug-Ins, Safe Haven/Hazmat); FOOD (Restaurant, Fast Food, Table Phones); STORES (Motel, Convenience, Trucker/Travel, Shopping Center, Walmart/Kmart, Grocery); SHOWERS (Ladies, Men's, TV/Drivers Lounge, Laundry); COMMUNICATION (Load Monitor, Internet Kiosk, Wi-Fi Hotspots, Document Scanning, Public Fax/Copier, UPS/FedEx/Trippak Box, Religious Services, State Lottery)

Vehicle Services: SCALES (Axle, Platform, Certified); TIRES (Repairs, New Tire Sales); REPAIRS (Shop Open 24 Hrs, DOT Inspection, Major Repairs, Minor Repairs, Oil Change/Lube, Minor Welding, AC/Reefer); ROAD SVCS (CB, Tire, Mechanical, Towing); WASH (Truck (Exterior), Trailer Washout)

RV Info: RVs Welcome, Dumping Station, Propane (Bottle)

Financial Services: Can Wire Money Out, ATM, Money Orders, Natso Check-Link, Western Union, Voyager/Wright Express, Comdata/Comchek (C=Checks, F=Fuel Cards, B=Both)

Permit Svcs: EFS, Fuel Man, Multi Service, TCH

Credit Cards: T-Chek, Fleet One, Buy/Pay at Fuel Desk, All Prepaid Permit Svcs, American Express, Visa/Mastercard, Discover

VIRGINIA

Grid	Location	Truck Stop	Driver Services	Vehicle Services	RV Info	Financial Services	Permit Svcs / Credit Cards
E 7	Ruther Glen, 22546 804-448-2723	Petro Stopping Center #56 (Shell) PETRO I-95 Exit 104 (VA 207)	24HRS ■ ■ XL ■ 24HRS ■ ■ □ ■ ■ ■ ■ ■ DAT ■ ⏻	F C U F T ■ CAT 24/7 ■ ■ ■ ■ ■ A □	■ ■ □	■ ■ ■ ■ ■ V W	B B B B B ■ ■ ■ ■ ■
E 7	Ruther Glen, 22546 804-448-0102	Pilot Travel Center #291 I-95 Exit 104 (VA 207)	24HRS ■ ■ M ■ ■ □ ■ □ ■ ■ ■ ■ □ DAT ⏻	F C T F □ ■ CAT □ □ □ □ □ □ □	□ □ □ □	□ □ ■ ■ ■ ■ ■ V W	B B F B B B ■ ■ ■ ■
E 7	Ruther Glen, 22546 804-448-1720	Mr Fuel #2 I-95 Exit 104 (VA 207)	24HRS ■ ■ S ■ ■ □ ■ ■ ■ □ ■ ■ ■ ■ □ DAT	F C □ ■ ■ ■ ■ □ □ □ □ □ □	□ □ □ □	□ □ ■ □ ■ ■	B B F B B B B ■ ■ ■ ■
F 7	Sandston, 23150 804-328-5170	Rennie's #659 (Citgo) I-64 Exit 197 (1/2 mi S)	■ ■ ■ □ □ □ ■	F □ ■ □ □		■ V W	B ■ ■ ■ ■
G 6	South Boston, 24592 434-575-1900	South Boston Shell 2190 US 58-360 W	24HRS ■ ■ ■ L ■ ■ □ ■ ■ □ ■ □ □ ■ ■ ■ ■	F C U □ ■ CAT □ □ □ □	□ □ □	■ ■ ■ ■ V W	B B F F F F ■ ■ ■ ■
G 6	South Boston, 24592 434-572-9581	Fas-Mart (Citgo) US 58 (1 mi W of town)	24HRS ■ ■ □ □ □ ■ □ □ □	□ ■ □ □ □ □ □	□ □ □	■ ■ W	B ■ ■ ■
G 7	South Hill, 23970 434-447-6202	Parham's #2 (Citgo) 976 US 1-58 S	■ ■ ■ □ ■ □ ■ □ □ □	■ □ □	□ □ □	■	F B ■ ■ ■
G 7	South Hill, 23970 434-447-4528	Slip-In (Shell) I-85 Exit 12	24HRS ■ ■ S ■ ■ □ ■ ■ □ ■ □ □	□ ■		■ ■ ■ ■ V W	B B B B B B ■ ■ ■
G 7	South Hill, 23970 434-447-7806	Red Barn US 1-58 W (5 mi S of I-85 Exit 12)	■ ■ ■ □ □ □ ■ □ □ □ □	□ ■ □ □ □ □ □	□ □ □ □	■	■ ■ ■
E 6	Staunton, 24401 540-337-9752	Sentry Food Mart #29 (Citgo) I-64-81 Exit 217	24HRS ■ ■ S ■ □ ■ ■ □ ■ ■ ■	F C □ ■ □ □	□ □ □	■ ■ ■ ■ ■ ■ V W	B B B B ■ ■ ■ ■
C 6	Stephens City, 22655 540-869-3111	High Point Truck Stop (Shell) 5116 US 11 (betw Exit 310 & 307)	■ ■ ■ $S ■ ■ ■ ■ □ ■ ■ ■ □ □ □	F □ □ □ □ □	□ □ □	■ ■ V W	B B F B B B ■ ■ ■ ■
G 7	Stony Creek, 23882 434-246-2039	Carter's One Stop (Shell) I-95 Exit 31 (13024 US 301 N)	24HRS ■ ■ ■ □ ■ ■ □ □	F C □ ■ ■ ■ ■ ■ ■ ■ ■ ■	□ □ □	■ ■ ■ V W	B B ■ ■ ■ ■
G 7	Stony Creek, 23882 434-246-2881	Davis Travel Center (Exxon) AMBEST I-95 Exit 33 (US 301)	24HRS ■ ■ L ■ ■ ■ ■ ■ ■ ■ ■ ■ ■ DAT ⏻	F C U T □ ■ CAT 24/7 ■ ■ ■ ■	■ ■ ■	■ ■ ■ ■ V W	B B B B B B ■ ■ ■ ■
G 8	Suffolk, 23434 757-934-2298	Southern Food Stores #3 (Exxon) 1504 Holland Rd	■ ■ ■ S ■ ■ □ ■ ■ □ ■ □	□ ■	□ □ □	■ ■ ■ V	B B B B ■ ■ ■
G 8	Suffolk, 23434 757-925-0902	WilcoHess C-Store # 796 1555 US 58 E	24HRS ■ ■ □ □ □ ■ □ □ □ □	F C □ ■		■ ■ ■ V W	B B B B B B ■ ■ ■ ■
G 8	Suffolk, 23434 757-539-0897	Miller Mart #55 (Exxon) 2872 US 460 (NW of US 58-460 Bypass)	24HRS ■ ■ M ■ ■ 24HRS ■ ■ □ ■ ■ ■ □ □ □ ■ ■ ■ ■ DAT ■	F C U □ ■ CAT □ □ □ □ □ □ □	□ □ □	■ □ ■ ■ ■ V W	B B F B B B B B ■ ■ ■ ■
G 8	Suffolk, 23434 757-539-2454	Red Apple Truck Stop #20 (Texaco) US 13/VA 32	24HRS ■ ■ M ■ ■ □ □ □ ■ □ □ □ ■ □	F C □ ■ □ □ □ □	□ □ □ □	■ □ ■ ■ V W	B B F B B B ■ ■ ■
G 8	Suffolk, 23434 757-539-9099	Sentry Food Mart # 8 (Citgo) US 460 Bypass	24HRS ■ ■ M ■ ■ □ ■ ■ ■ □ ■ □ □ □ □ ■ ■ ■	F C F □ ■ □ □ □ □ □ □ □	□ □ □ □	■ ■ ■ ■ ■ V W	B B B B B ■ ■ ■ ■
F 3	Tazewell, 24630 276-988-9883	Happy Mart (Exxon) US 19-460 N	24HRS ■ ■ S ■ ■ □ ■ □ ■ □ □	F C □ ■ □ □	□ □ □	■ V W	B B B B B B ■ ■ ■ ■
F 8	Toano, 23168 757-566-1400	Interstate Shell I-64 Exit 227	■ ■ ■ □ □ ■ □	□ ■		□ ■ V W	■ ■ ■
C 6	Toms Brook, 22660 540-436-3121	WilcoHess Travel Plaza # 705 I-81 Exit 291	24HRS ■ ■ XL ■ ■ 24HRS ■ ■ □ ■ ■ ■ ■ ■ DAT	F C U F T □ ■ CAT □ □ □ □ □ □ □ □	□ □ □ □	□ □ ■ ■ ■ V W	B B F B B B B ■ ■ ■ ■
C 6	Toms Brook, 22660 540-436-8048	Love's Travel Stop #305 I-81 Exit 291 (VA 651)	24HRS ■ ■ L ■ ■ ■ ■ ■ ■ ■ DAT ⏻	F C U F T ■ CAT 24/7 ■ ■ ■ ■ ■	■ ■ □	□ □ ■ ■ ■ ■ V W	B B F B B B ′■ ■ ■ ■
F 9	Townsend, 23443 757-331-2160	Lankford Truck Stop (Citgo) 28412 US 13	24HRS ■ ■ S ■ ■ □ □ □ ■ ■	F C □ ■ □ □ □	□ □ □	■ ■ ■ V W	B B B B B B ■ ■ ■
F 5	Troutville, 24175 540-992-3100	TravelCenters of America/Roanoke TA I-81 Exit 150 (US 11-220)	24HRS ■ ■ L ■ ■ 24HRS ■ ■ ■ □ □ ■ ■ ■ DAT TA ■	F C U F T ■ CAT 24/7 ■ ■ □ ■ ■ ■ A □	■ ■ □	□ □ □ ■ ■ ■ ■ W	B B B B B ■ ■ ■ ■
F 5	Troutville, 24175 540-992-5062	Sentry Food Mart #23 (Citgo) I-81 Exit 150 A	24HRS ■ ■ S ■ □ □ □ ■ □ □ □	F C □ ■ □ □ □ □ □ □ □ □ □ □ □ □	□ □ □	■ ■ ■ ■ ■ V W	B B B B ■ ■ ■ ■
F 5	Troutville, 24175 540-992-2805	Pilot Travel Center #258 I-81 Exit 150 A/B (US 11 N)	24HRS ■ ■ S ■ □ ■ ■ ■ □ ■ ■ ⏻	F C T □ ■ CAT □ □ □ □ □ □ □ □ □	□ □ □ □	■ ■ ■ ■ ■ ■ V W	B B F B B B ■ ■ ■ ■
F 5	Tye River, 22922 434-263-8110	Tye River Truck Plaza 1170 US 29	■ ■ ■ M ■ ■ ■ ■ ■ ■	■ ■ ■ ■ ■ ■ A	■ ■ □	■	B

THE TRUCKER'S FRIEND® - VIRGINIA - WEST VIRGINIA

How to interpret the page

■ means available at truck stop □ means available nearby

in the overnight lot column:
S means room for 5 - 24 trucks
M means room for 25-74 trucks
L means room for 85-149 trucks
XL means room for 150+ trucks
$ means a parking fee may be charged

code at left-hand side of rows is the state map grid reference

a key to advertising logos is on page 25

Services may change without notice. When in doubt, call ahead.

C=Checks F=Fuel Cards B=Both

Map	Location / Phone	Truck Stop / Address	Motor Fuel (Truck Diesel / Self Service Diesel / Metered Propane / Gasoline)	Parking (Overnight Lot ($) / Paved Lot / Trailer Drop)	Parking (Electric Plug-ins / Safe Haven/Hazmat)	Food (Restaurant / Fast Food / Table Phones / Motel)	Stores (Convenience / Trucker/Travel)	Stores (Shopping Center / Walmart/Kmart / Grocery)	Showers (Ladies' / Men's)	TV/Drivers Lounge / Laundry	Communications (Load Monitor / Internet Kiosk / WiFi Hotspots)	Communications (Document Scanning / Public Fax/Copier / UPS/FedEx/Tripak Box)	Religious Services / State Lottery	Scales (Axle / Platform / Certified)	Tires (Repairs / New Tire Sales)	Repairs (Shop Open 24 Hrs / DOT Inspection)	Repairs (Major Repairs / Minor Repairs / Oil Change/Lube)	Repairs (Minor Welding / AC/Reefer / CB)	Road Svcs (Tire / Mechanical / Towing)	Wash (Truck (Exterior) / Trailer Washout)	RV Info (RVs Welcome / Dumping Station / Propane (Bottle))	Financial Services (ATM / Can Wire Money Out / Money Orders)	Financial Services (Natso Check-Link / Western Union / Wright Express / Voyager)	Comdata (Comchek) / EFS	Fuel Man / Multi Service / TCH	T-Chek / Fleet One	Permit Svcs (Buy/Pay at Fuel Desk / All Prepaid Permit Svcs)	Credit Cards (American Express / Visa/Mastercard / Discover)
	VIRGINIA																											
E 6	Verona, 24482 540-248-8670	WilcoHess C-Store # 721 101 US 11 N	■ ■ ■			□ □ □	■	□ □		□		□	□ ■								■	■	V W					■ ■ ■
E 6	Verona, 24482 540-248-6417	Amoco/BP 2717 US 11	■ ■ ■			□ □ □	■	□		□		□	□ ■		□ □						□	■	V W			B		■ ■ ■
G 9	Virginia Beach, 23455 757-460-2032	Big Charlie's Truck Plaza I-64 Exit 282 (1 mi N on US 13)	24 HRS ■	XL ■ ■	■ ■	24 HRS ■ ■ □	■ ■	□ □ □	■ ■	■ ■	DAT	F C U F T	□	■ ■ ■	■ ■	■ ■	■ ■	■ □	■ ■ ■	■ ■	■	■	V W	B B	B B	B B	■	■ ■ ■
G 7	Warfield, 23889 804-478-4403	Circle D Mart #108 (Chevron) I-85 Exit 39 (VA 712)	24 HRS ■ ■	S ■		□ ■ □	■			□		F C	□ ■						□ □ □		□ ■	■ ■	V W	B B	B B	B B	■	■ ■ ■
D 7	Warrenton, 20187 540-439-2245	Mapco Express #4062 US 29 & US 17	24 HRS ■ ■	S ■		■ ■ □	■					F C	■		□ □				□ □ □		■	■ ■	V W	B B	B B	B B	■	■ ■ ■
E 6	Waynesboro, 22980 540-949-7675	WilcoHess C-Store # 732 780 US 250 E & US 340	■ ■ ■			□ □ □	■	□ □		□			□ ■		□ □		□		□		■	■	V W	B		F		■ ■ ■
D 6	Weyers Cave, 24486 540-234-9327	Deno's Food Mart #10 (BP) I-81 Exit 235 (VA 256 W & US 11)	24 HRS ■ ■	S ■		■ □	■	□					□ ■		□ □		□ □ □		□ □ □		■	■	V W	B		B		■ ■ ■
F 8	Williamsburg, 23185 757-565-3296	Williamsburg Texaco Bus Stop US 60 & Airport Rd	■ ■ ■ ■			□ □	■	□ □ □					□ ■			□	□ □ □	□	□ □ □		■	■	V W	B		B		■ ■ ■
F 7	Woodvale, 23836 804-530-0814	Mapco Express #4065 I-295 Exit 15 B (VA 10 W)	24 HRS ■ ■			□ ■ ■ □	■	□				F C F	□ ■		□ □		□ □	□	□ □ □		■	■ ■	V W	B B	B	B B	■	■ ■ ■
G 3	Wytheville, 24382 276-228-8676	TravelCenters of America (BP/Amoco) I-77 Exit 41 (I-81 Exit 72) [TA]	24 HRS ■ ■	L ■ ■		24 HRS ■ ■ □	■ ■		■ ■	■ ■	DAT ■ TA	■ F C U T	■	CAT	B/F	■ ■	■ ■ ■	■	■ ■ □		■	■ ■	■ ■ V W	B B	B	B B	■	■ ■ ■
G 3	Wytheville, 24382 276-228-8081	Sentry Food Mart #22 (Shell) I-77 Exit 41 (I-81 Exit 72)	24 HRS ■ ■	S ■ ■		□ ■ ■ □	■	□ □ □	■	□		F C F	□ ■	□ □ □					□ □ □		■	■ ■ ■	■ V W	B B		B B	■	■ ■ ■
G 3	Wytheville, 24382 276-228-6680	Sentry Food Mart #24 (Citgo) I-77-81 Exit 77	24 HRS ■ ■ ■	S ■ ■		□ ■ ■ □	■ ■		■ ■	□		F C □	□ ■	□ □ □	□ □		□ □ □	□	□ □ □	□ □	□ ■	■ ■ ■	■ V W	B B		B B	■	■ ■ ■
G 3	Wytheville, 24382 276-228-7110	Flying J Travel Plaza #05420 I-77-81 Exit 77 [Flying J]	24 HRS ■ ■ ■	XL ■ ■		24 HRS ■ ■ □	■ ■	□ □ □	■ ■	■ ■	Flying J ■ Flying J	Flying J F C U F T	□	Flying J					□ □ □		■ ■ ■	■	V W	B	B B	B	■	■ ■ ■
G 3	Wytheville, 24382 276-228-7401	WilcoHess C-Store # 605 I-77-81 Exit 77	24 HRS ■ ■			□ □ □	■	□		□		F C T	□ ■	□ □ □	□ □		□ □ □	□ □ □	□ □ □	□	□ ■	■ ■	V W	B B	F B B	B B	■	■ ■ ■
G 3	Wytheville, 24382 276-228-2421	WilcoHess Travel Plaza # 606 I-77-81 Exit 77	24 HRS ■ ■	M ■ ■		□ ■ ■ □	■ ■	□ □ □	■ ■	■	DAT	F C □	□ ■	CAT	□ □		□ □	□	□ □ □	□ □	■ □ ■	■ ■	W	B B	F B B	B B	■	■ ■ ■
F 5	Yellow Branch, 24588 434-821-4236	Foster Convenience US 29 & VA 685	■ ■ ■	S		□ ■ □	■					F C	□ ■		□ □				□ □ □		■	■	V W	B B	F B	B B	■	■ ■ ■
F 5	Yellow Branch, 24588 434-821-1513	Trent Truck Plaza US 29 (2 mi S of VA 24)	24 HRS ■ ■	M$ ■ ■		■ □ ■ □	■ ■	□ □	■ ■	■ ■		F C U F T	□ ■	CAT	■ ■	□	□ □	□ □	□ □ □		■	■ ■	■	B B	B B	B B	■	■ ■ ■
F 5	Yellow Branch, 24588 434-821-4401	Turpin Fuel US 29 S	■ ■ ■ ■	S ■		□ ■ □	■	□					□	□	■ ■	□	□ ■ ■	■ A R	□ □ □		■			B B	B	B B		■ ■ ■
E 6	Zion Crossroads, 22942 434-589-4167	Crossing Point Citgo I-64 Exit 136 (US 15)	24 HRS ■ ■	XL ■ ■		□ ■ ■ □	■ ■	□	■ ■	□		F C T F	■						□ □ □		■	■	V W	B B	F B B	B B	■	■ ■ ■
	WEST VIRGINIA																											
C 4	Anmoore, 26323 304-624-4841	7-11 #5602 (BP) I-79 Exit 117 (WV 58 W)	24 HRS ■ ■			□ □ □	■	□ □ □		□			□ ■						□ □ □		■	■	V W	B B	F B B	B B		■ ■ ■
E 3	Beckley, 25801 304-255-2510	Go-Mart #50 I-77 Exit 44	24 HRS ■ ■	M ■		□ ■ ■ □	■ ■	□ □	■ ■	□	■	F C F	□ ■		□ □	□	□ □ □	□	□ □ □		■	■ ■	V W	B B	B	B B	■	■ ■ ■
E 3	Beckley, 25801 304-253-9826	Beckley Travel Plaza #713 (Exxon) I-77 Exit 45	24 HRS ■ ■	L ■		24 HRS ■ ■ □	■		■ ■	■ ■		F C	■						□ □ □		■ ■	■	V W	B B	B B	B	■	■ ■
B 6	Berkeley Springs, 25411 304-258-3648	Southern Belle Truck Stop US 522 (3 mi S of town)	■ ■	S ■		■ □ □		□ □		□			□		□ □		□ □	□	□ □ □					B B	B B	B B		■ ■ ■
D 4	Big Otter, 25113 304-286-3911	Big Otter Food Mart (Exxon) I-79 Exit 40	24 HRS ■ ■				■						■						□ □ □			■	V W					■ ■ ■
D 4	Big Otter, 25113 304-286-5908	Go Mart #86 I-79 Exit 40 (WV 16)	24 HRS ■ ■	S ■ ■		□	■	□					□ ■						□ □ □		■	■	V W	B B	B	B B		■ ■ ■
B 5	Bruceton Mills, 26525 304-379-3804	BFS Foods #10 (BP) I-68 Exit 23	24 HRS ■ ■ ■			□ ■ □	■	□		□		C □	□ ■		□ □		□		□ □ □			■ ■	W	F	F			■ ■ ■

THE TRUCKER'S FRIEND® - VIRGINIA - WEST VIRGINIA

How to interpret the page

■ means available at truck stop   □ means available nearby

in the overnight lot column:
- S means room for 5 - 24 trucks
- M means room for 25-74 trucks
- L means room for 85-149 trucks
- XL means room for 150+ trucks
- $ means a parking fee may be charged

code at left-hand side of rows is the state map grid reference

a key to advertising logos is on page 25

Services may change without notice. When in doubt, call ahead.

Driver Services: MOTOR FUEL (Truck Diesel, Self Service Diesel, Metered Propane, Gasoline); PARKING (Overnight Lot ($), Paved Lot, Trailer Drop, Electric Plug-Ins, Safe Haven/Hazmat); FOOD (Restaurant, Fast Food, Table Phones, Motel); STORES (Convenience, Trucker/Travel, Shopping Center, Walmart/Kmart, Grocery); SHOWERS (Ladies', Men's); COMMUNICATION (TV/Drivers Lounge, Laundry, Load Monitor, Internet Kiosk, Wi-Fi Hotspots, Document Scanning, Public Fax/Copier, UPS/FedEx/TripPak Box, Religious Services, State Lottery)

Vehicle Services: SCALES (Certified, Platform, Axle); TIRES; REPAIRS (New Tire Sales, Shop Open 24 Hrs, DOT Inspection, Major Repairs, Minor Repairs, Oil Change/Lube, Minor Welding); ROAD SVCS (AC/Reefer, CB, Tire, Mechanical, Towing); WASH (Truck (Exterior), Trailer Washout)

RV Info: RVs Welcome, Dumping Station, Propane (Bottle)

Financial Services: ATM, Can Wire Money Out, Money Orders, NATSO Check-Link, Western Union, Wright Express, Voyager, Comdata (Comchek) — C=Checks, F=Fuel Cards, B=Both

Permit Svcs: EFS, Fuel Man, Multi Service

Credit Cards: TCH, T-Chek, Fleet One, Buy/Pay at Fuel Desk, All Prepaid Permit Svcs, American Express, Visa/Mastercard, Discover

WEST VIRGINIA

Grid	Location / Phone	Truck Stop / Exit	Motor Fuel	Parking	Food	Stores	Showers	Communication	Scales	Tires	Repairs	Road Svcs	Wash	RV Info	Financial Services	Permit Svcs	Credit Cards
B 5	Bruceton Mills, 26525 304-379-7200	Little Sandy's Truck Stop (Mobil) I-68 Exit 23 (WV 26)	24 HRS ■ ■	M$ ■ ■	24 HRS ■ □	■ ■ □		□	F C □	□			□ □ □		■ □ ■ V W	B B	B B B B ■ ■ ■ ■
F 3	Camp Creek, 25820 304-487-2156	Camp Creek Service Center (Exxon) I-77 Exit 20 (US 19)	■ ■ ■	M ■ ■		■				□			□ □ □		■ □ ■ V W	B B	B B ■ ■ ■
F 3	Camp Creek, 25820 304-384-7109	Whiting & Jamison #712 (Exxon) I-77 MM 18 (NB only) - Bluestone T/P	24 HRS ■ ■	M ■ ■	■	■		■	F C □	■			□ □ □		■ ■ ■ V W	B	■ ■ ■
D 3	Charleston, 25304 304-925-3592	Go-Mart #31 I-77 Exit 95 (WV 61 - MacCorkle Ave)	24 HRS ■ ■	M ■ ■	□ ■ ■ □	■ □ □ □		□	F C F	□ ■			□ □ □		■ □ ■ ■ V W	B B	B B B ■ ■ ■ ■ ■
C 4	Fairmont, 26554 304-366-8109	BFS Foods #39 (BP) I-79 Exit 133	24 HRS ■ ■		□ ■ □	■ □ □ □		□	C □	□ ■	□ □ □ □ □	□	□ □ □		■ ■ ■ W	B	■ ■ ■
C 4	Fairmont, 26554 304-367-1517	K&T Truck Stop (BP) I-79 Exit 139	24 HRS ■ ■	M ■	24 HRS □ ■	■ ■ □	■ ■	■ ■	F C T F	□	CAT □ □ □ □	□ □	□ □ □		■ □ ■ V W	B B	F B B B B ■ ■ ■ ■
D 3	Fairplain, 25271 304-372-6867	Fairplain BP #5521 I-77 Exit 132	24 HRS ■ ■		■ □	■				□ ■			□ □ □		■ ■ ■ W	B	B ■ ■ ■
D 3	Fairplain, 25271 304-372-2470	Go-Mart #33 I-77 Exit 132 (WV 21)	24 HRS ■ ■	M ■ ■	■ □	■				■			□ □ □		■ ■ ■ V W	B B	B B B ■ ■ ■
D 4	Flatwoods, 26601 304-765-7586	John Skidmore Truck Stop I-79 Exit 67	24 HRS ■	M ■ ■	24 HRS □ ■	■ □ □	■ ■	■ □	F C U F	□ ■	■ ■		■ □ □	□ □	■ □ ■ ■ V W	B B	B ■ ■ ■ ■
D 4	Flatwoods, 26601 304-765-5885	Lloyd's Food Store (Chevron) I-79 Exit 67 (L on Main St)	24 HRS ■ ■	S ■	■ □ ■	■		□	□	□	□ □		□ □ □	□ □	■ □ V W		F ■ ■ ■
D 4	Flatwoods, 26621 304-765-5840	Go-Mart #44 I-79 Exit 67 (WV 4)	24 HRS ■ ■	M ■ ■	□ ■ ■ □	■ ■ □ □		□	F □	□ ■	□ □ □ □ □	□ □	□ □ □		■ □ ■ ■ V W	B B	B B B ■ ■ ■ ■
D 2	Fraziers Bottom, 25082 304-937-3550	Fraziers Bottom BP US 35 & Five and Twenty Mile Rd	24 HRS ■ ■	M ■ ■	24 HRS □ ■	■	■ ■		F C	□ ■			□ □ □		■ □ ■ ■ V W	B B	B B B ■ ■ ■ ■
D 2	Fraziers Bottom, 25213 304-937-3479	KH&H Quik Mart US 35 & WV 19	■ ■ ■		□ ■	■ □				□ ■	□ □ □ □ □		□ □ □		V W		B B B ■ ■ ■
E 2	Huntington, 25705 304-736-7216	Go-Mart #59 I-64 Exit 15 (US 60)	24 HRS ■ ■	M ■ ■	□ ■ □	■ ■ □ □ □		□	F F	□ ■	□ □ □ □ □ □	□	□ □ □		■ ■ ■ V W	B B	B C B B ■ ■ ■ ■
C 4	Jane Lew, 26378 304-884-7876	Jane Lew Truck Stop (Chevron) I-79 Exit 105 (E)	24 HRS ■ ■	L ■ ■ ■	24 HRS □ ■ ■	■ ■	■ ■	■ ■	F C U F T	□ ■	■ ■ ■ ■ ■ ■ □ ■ ■ ■	■ A	■ ■ □	■ ■	■ ■ ■ ■ W	B B	B B B ■ ■ ■ ■
E 3	Marmet, 25315 304-949-4628	Market Express #7 (Exxon) I-77 Exit 89	24 HRS ■ ■		■	■ □			F C	□ ■	□ □ □ □ □ □	□ □	□ □ □		■ ■ ■ V W		■ ■ ■ ■
C 3	Mineral Wells, 26150 304-489-9201	Liberty Truck Stop I-77 Exit 170	24 HRS ■	XL ■ ■ ■	24 HRS □ ■ ■	■ ■ □ □	■ ■	■ ■ ■ ■	F C U F T	□	■ ■ ■ BF ■ ■ ■ ■ ■	■ A R ■	■ ■ □	■ ■	■ ■ V W	B B	F B B B B ■ ■ ■ ■ ■
C 3	Mineral Wells, 26150 304-489-2010	Pifer's Service Center (BP) I-77 Exit 170 (WV 14)	24 HRS ■ ■ ■	S ■	□ □ □	■ ■ □ □ □		□	F C □	□ ■	□ □ □ □ □ □ □ □ □	□ □ □	□ □ ■	□ □	■ □ ■ ■ ■ ■ ■ V W	B C	F C ■ ■ ■ ■ ■
E 4	Mount Nebo, 26679 304-872-8377	U-Save Travel Plaza US 19 & WV 129	24 HRS ■ ■	XL ■ ■	24 HRS □ ■ □	■ ■	■ ■	■ ■	F C □	□ ■	■ ■ ■ ■ ■ ■ ■ ■ ■ ■	■ A R	■ ■ □	■ ■	■ ■ ■ W	B B	B B B B ■ ■ ■ ■
E 4	Mount Nebo, 26679 304-872-6849	Go-Mart #51 US 19 & WV 41	24 HRS ■ ■	M ■ ■	□ ■ ■	■			F	□ ■	□ □ □ □ □ □	□	□ □ □		■ □ ■ ■ V W	B B	B B B ■ ■ ■ ■ ■
D 3	Nitro, 25143 304-755-8654	Pilot Travel Center #243 I-64 Exit 45 (WV 25)	24 HRS ■ ■	M ■	□ ■ ■ □	■ ■ □	■ ■	DAT ⏻ ■	F C U F T	□ ■	CAT □ □		□ □ □		■ ■ ■ ■ ■ V W	B B	F B B B ■ ■ ■ ■
F 3	Princeton, 24740 304-487-8755	Blue Flash Foodmart #460 I-77 Exit 9 (US 460)	■ ■ ■		□ □ □	■ □ □			□	■			□ □ □		■	B	■ ■ ■
C 6	Romney, 26757 304-822-5675	Mountain Top Truck Stop (Exxon) US 50 E	■ ■ ■	S ■ ■ ■	■ □ □	■ □ □		□	F C	□ ■	□ □ □ □ □ □	□ □	□ □ □	□ □	■ ■ V W	B B	B ■ ■ ■ ■
C 6	Shanks, 26761 304-496-8987	J&E Market US 50	■ ■ ■	S		■ □			F C	□ ■	□		□ □ □	□	■ W		■ ■ ■ ■
E 3	Standard, 25083 304-595-4525	Whiting & Jamison #714 (Exxon) I-77 MM 72 (NB only) - Morton T/P	24 HRS ■ ■	M ■ ■	■	■				■			□ □ □		■ ■ ■ V W	B	■ ■ ■
B 4	Valley Grove, 26059 304-547-0570	Dallas Pike Fuel Center (Citgo) I-70 Exit 11 (Dallas Pike S)	24 HRS ■ ■	XL ■ ■	24 HRS ■ ■	■ ■ □	■ ■	■ ■ DAT	F C T	□ ■	CAT □ □ □ □ □ □	□	□ □ □	□ □	■ ■ ■ ■ V W	B B	F B B B ■ ■ ■ ■ ■
B 4	Valley Grove, 26060 304-547-1521	TravelCenters of America/Wheeling I-70 Exit 11 (Dallas Pike N)	24 HRS ■	XL ■ ■	24 HRS □ ■ □	■ ■ □	■ ■	■ ■ DAT TA ■	F C U F T	□	CAT BF ■ ■ ■ ■	■ A □	■ ■ □	□ □	■ □ ■ ■ ■ ■ W	B B	B B B ■ ■ ■ ■

THE TRUCKER'S FRIEND® - VIRGINIA - WEST VIRGINIA

How to interpret the page

■ means available at truck stop □ means available nearby

in the overnight lot column:
- S means room for 5 - 24 trucks
- M means room for 25-74 trucks
- L means room for 85-149 trucks
- XL means room for 150+ trucks
- $ means a parking fee may be charged

code at left-hand side of rows is the state map grid reference

a key to advertising logos is on page 25

Services may change without notice. When in doubt, call ahead.

Financial Services / Permit Svcs: C=Checks, F=Fuel Cards, B=Both

WEST VIRGINIA

Driver Services

Grid	Location	Truck stop	Motor Fuel: Truck Diesel	Self Service Diesel	Metered Propane	Gasoline	Parking: Overnight Lot ($)	Paved Lot	Trailer Drop	Electric Plug-Ins	Safe Haven/Hazmat	Food: Restaurant	Fast Food	Table Phones	Stores: Motel	Convenience	Trucker/Travel	Shopping Center	Walmart/Kmart	Grocery	Showers: Ladies'	Men's	TV/Drivers Lounge	Laundry
C4	West Union, 26456 304-873-2744	7-11 #5692 (BP) 404 E Main & WV 18 (N of US 50)	■	■		■						□	■			■				□				□
C4	West Union, 26456 304-873-3371	Fairview Chevron US 50 (2.5 mi E of WV 18) & Snowbird Rd	■	■		■	S					■	■	■		■								
E4	White Sulphur Sprgs, 24986 304-536-3128	Dixon's Auto Truck Stop (Shell) I-64 Exit 175 (US 60 E)	24 HRS	■	■	■	S	■	■			■	■			■	■							
D2	Winfield, 25526 304-757-7600	TravelCenters of America/Charleston W I-64 Exit 39 (WV 34)	24 HRS	■		■	M	■	■			24 HRS	□	■	□	■	■	□	□	□	■	■	■	■
D2	Winfield, 25526 304-757-9050	Go-Mart #43 I-64 Exit 39 (WV 34)	24 HRS	■		■	M	■	■			□	■		□	■		□	□	□			■	□

Communications / Vehicle Services

Truck stop	Load Monitor	Internet Kiosk	Wi-Fi Hotspots	Document Scanning	Public Fax/Copier	UPS/FedEx/Trippak Box	Religious Services	State Lottery	Scales: Axle	Platform	Certified	Tires: Repairs	New Tire Sales	Repairs: Shop Open 24 Hrs	DOT Inspection	Major Repairs	Minor Repairs	Oil Change/Lube	Minor Welding	AC/Reefer	Road Svcs: CB	Tire	Mechanical	Towing
7-11 #5692 (BP)							□	■																
Fairview Chevron					FC		□	■				□	□									□	□	□
Dixon's Auto Truck Stop (Shell)					FC	□		■				■	■			□	□	□	□	□		■	■	■
TravelCenters of America/Charleston W	DAT	■	TA	■	FC	UFT	□				CAT	B F		■		■	■	■	■	AR	■	■	■	□
Go-Mart #43					FC	□	□	■	□	□	□	□	□		□	□	□	□	□	□	□	□	□	□

Wash / RV Info / Financial Services / Permit Svcs / Credit Cards

Truck stop	Wash: Truck (Exterior)	Trailer Washout	RVs Welcome	Dumping Station	Propane (Bottle)	ATM	Can Wire Money Out	Money Orders	Natso Check-Link	Western Union	Voyager/Wright Express	Comdata (Comchek)	EFS	Fuel Man	Multi Service	TCH	T-Chek	Fleet One	Buy/Pay at Fuel Desk	All Prepaid Permit Svcs	American Express	Visa/Mastercard	Discover
7-11 #5692 (BP)						■		■			VW										■	■	■
Fairview Chevron			■			■					VW	B		F			B	B		■	■	■	■
Dixon's Auto Truck Stop (Shell)			■	□	■	■		■			W	B	B		B	B	B	B	■	■	■	■	■
TravelCenters of America/Charleston W			■			■	■		■	■	VW	B	B		B		B	B	■	■	■	■	■
Go-Mart #43			■			■		■			VW	B	B		B	C	B	B	■	■	■	■	■

Sign up at www.truckstops.com for free email updates from *The Trucker's Friend.*®

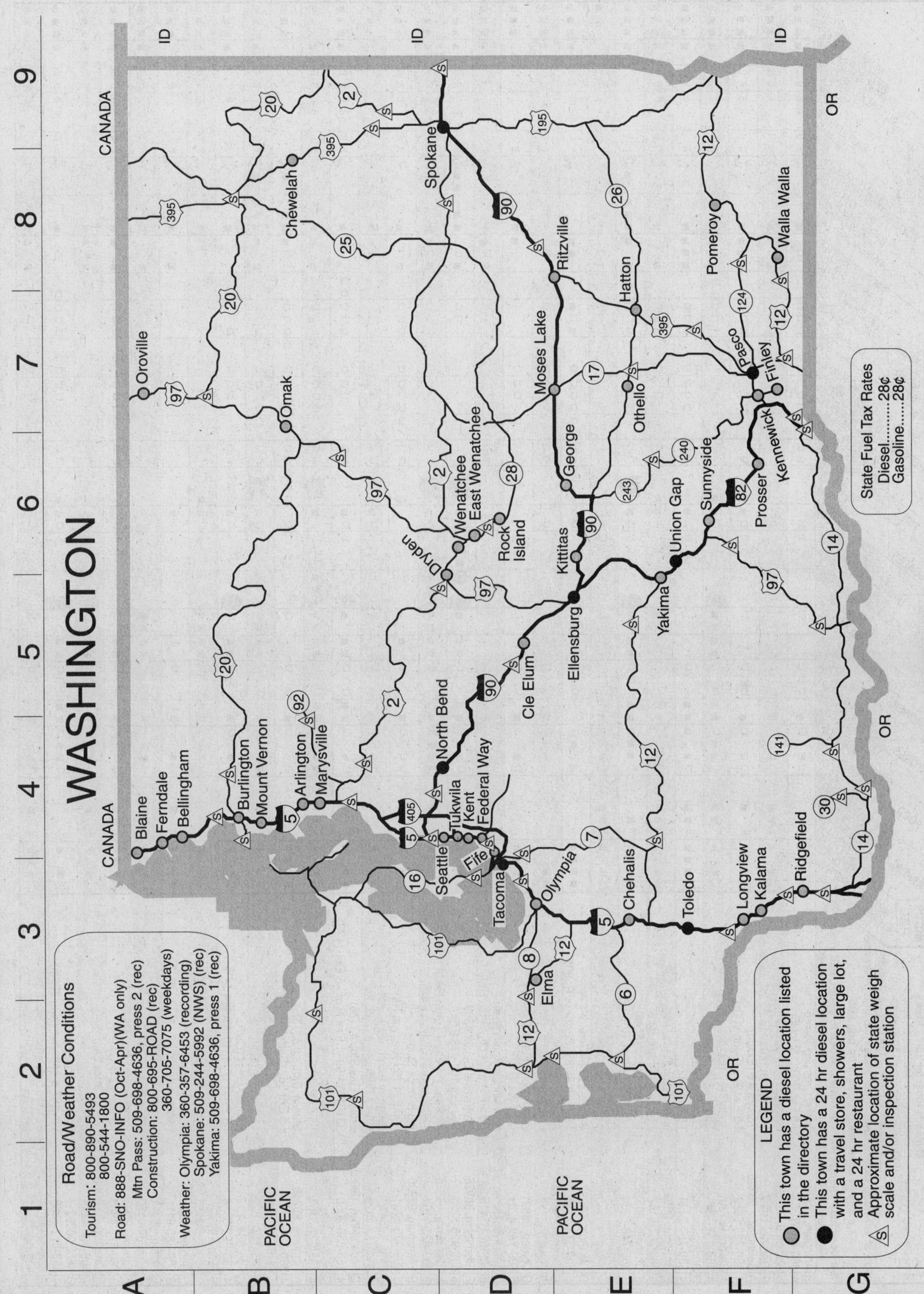
WASHINGTON
CANADA
ID
OR
PACIFIC OCEAN
Road/Weather Conditions
Tourism: 800-890-5493
800-544-1800
Road: 888-SNO-INFO (Oct-Apr)(WA only)
Mtn Pass: 509-698-4636, press 2 (rec)
Construction: 800-695-ROAD (rec)
360-705-7075 (weekdays)
Weather: Olympia: 360-357-6453 (recording)
Spokane: 509-244-5992 (NWS) (rec)
Yakima: 509-698-4636, press 1 (rec)
LEGEND
This town has a diesel location listed in the directory
This town has a 24 hr diesel location with a travel store, showers, large lot, and a 24 hr restaurant
Approximate location of state weigh scale and/or inspection station
State Fuel Tax Rates
Diesel........28¢
Gasoline......28¢
Blaine
Ferndale
Bellingham
Burlington
Mount Vernon
Arlington
Marysville
Seattle
Tukwila
Kent
Federal Way
Fife
Tacoma
Olympia
North Bend
Cle Elum
Ellensburg
Kittitas
Yakima
Union Gap
Sunnyside
Prosser
Kennewick
Finley
Pasco
Walla Walla
Pomeroy
Othello
Hatton
Ritzville
Moses Lake
George
Rock Island
East Wenatchee
Wenatchee
Dryden
Omak
Oroville
Chewelah
Spokane
Chehalis
Toledo
Longview
Kalama
Ridgefield
Elma
1
2
3
4
5
6
7
8
9
A
B
C
D
E
F
G

THE TRUCKER'S FRIEND® - WASHINGTON

How to interpret the page

■ means available at truck stop □ means available nearby

in the overnight lot column:
- S means room for 5 - 24 trucks
- M means room for 25-74 trucks
- L means room for 85-149 trucks
- XL means room for 150+ trucks
- $ means a parking fee may be charged

code at left-hand side of rows is the state map grid reference

a key to advertising logos is on page 25

Services may change without notice. When in doubt, call ahead.

Column headings — Motor Fuel: Truck Diesel, Self Service Diesel, Metered Propane, Gasoline. Driver Services — Parking: Overnight Lot, Paved Lot ($), Trailer Drop; Food: Electric Plug-Ins, Safe Haven/Hazmat, Restaurant, Fast Food; Stores: Table Phones, Motel, Convenience, Trucker/Travel, Shopping Center, Walmart/Kmart, Grocery; Showers: Ladies', Men's; Communications: TV/Drivers Lounge, Laundry, Load Monitor, Internet Kiosk, Wi-Fi Hotspots, Document Scanning, Public Fax/Copier, UPS/FedEx/TripPak Box, Religious Services, State Lottery. Vehicle Services — Scales: Axle, Platform, Certified; Tires: Repairs, New Tire Sales; Repairs: Shop Open 24 Hrs, DOT Inspection, Major Repairs, Minor Repairs, Oil Change/Lube, Minor Welding, AC/Reefer; Road Svcs: CB, Tire, Mechanical; Wash: Towing, Truck (Exterior), Trailer Washout. RV Info: RVs Welcome, Dumping Station, Propane (Bottle). Financial Services (C=Checks, F=Fuel Cards, B=Both): ATM, Can Wire Money Out, Money Orders, Natso Check-Link, Western Union, Voyager, Wright Express, Comdata (Comchek), EFS, Fuel Man, Multi Service, TCH, T-Chek, Fleet One. Permit Svcs: Buy/Pay at Fuel Desk, All Prepaid Permit Svcs. Credit Cards: American Express, Visa/Mastercard, Discover.

Grid	Location / Phone	Truck Stop / Address	Motor Fuel / Parking	Food	Stores / Showers	Communications	Scales / Tires	Repairs / Road Svcs / Wash	RV Info / Financial Services	Voyager / Wright Express	Fuel & Permit Cards	Credit Cards
B 4	Arlington, 98223 360-652-7951	Island Crossing Tesoro I-5 Exit 208 (1/2 mi E)	■ ■ ■		□ □ □ ■	□ □ □ □	F C □ □	□ □ □ □ □ □ □ □ □ □	□ ■	V W	B B B B B	■ ■ ■ ■
B 4	Arlington, 98223 360-652-6066	Arlington Fuel Stop (76) I-5 Exit 208 (WA 530 W)	24 HRS ■ ■	S ■ ■	□ □ ■	□ □	F C □	□ □ □ □ □ □ □ □ □ □ □	■ □ ■	V W	B B B B B	■ ■ ■ ■
A 4	Bellingham, 98225 360-733-6682	Yorky's # 6 (Exxon) I-5 Exit 258 (Bennett Dr)	24 HRS ■ ■	S$ ■	□ □ □ ■	□ □ □ □	F C U □ ■ ■ ■	□ □ □ □ □ □	■ ■ ■ ■	V W	B B B B B C	■ ■ ■ ■
A 4	Blaine, 98230 360-332-4341	Yorky's # 7 (Exxon) I-5 Exit 275	24 HRS ■ ■	L$ ■ ■	□ ■ ■ □ ■ ■	□ □ ■ ■ ■ ■ DAT	F C U F □ ■ ■	□ □ □	■ □ ■ ■	V W	B B B B B C	■ ■ ■ ■
B 4	Burlington, 98233 360-757-2424	Cook Rd Shell I-5 Exit 232	24 HRS ■ ■ ■	S ■ ■	□ ■ ■ ■ ■	□	F C □ ■	□ □ □ □ □ □ □ □ □	■ ■ ■ ■	V W	B B F	■ ■ ■ ■
E 3	Chehalis, 98532 360-262-0582	Eagle Truck Plaza (76) I-5 Exit 71 (Estep Rd)	24 HRS ■ ■	M ■ ■	□ ■ ■ ■	□	F □ ■ ■	□ □ □ □ □ □ □	■ ■	V W	B B B B	■ ■ ■ ■
E 3	Chehalis, 98532 360-748-0204	Now Truck Stop (Shell) I-5 Exit 72 (Rush Rd)	24 HRS ■ ■ ■	M ■	□ ■ ■ □ ■ ■	□ □ □ ■ ■ □ DAT	F C U F T □ ■ CAT	□ □ □ □ □ □ □	■ ■ ■ ■ ■ ■	V W	B B B B F	■ ■ ■ ■
B 8	Chewelah, 99109 509-935-4242	Cadillac City Truck Stop 2509 US 395 S	24 HRS ■ ■	S ■ ■	□ ■ ■		□ □		■ □ ■			■ ■
D 5	Cle Elum, 98922 509-674-2138	Willette's Shell Service I-90 Exit 84/85 (Business Rt 90)	■ ■ ■ ■		24 HRS □ ■ □	□ □ ■ □	F C □	■ ■ □ □ □ □ □ ■ □ ■ □	■ ■	V W	B C C B C	■ ■ ■ ■
D 5	Cle Elum, 98922 509-674-5349	Storey Service I-90 Exit 85	■ ■ ■		□ □ ■	□ □	□	□ □ □ □ □ □ □ □ □	□		B C B B	■ ■ ■ ■
D 5	Dryden, 98821 509-782-4261	BJ's Food-N-Fuel # 2 (Shell) US 2 & US 97	24 HRS ■ ■ ■		□ ■ □ ■	□ □	□	□ □ □ □	■ ■	V W	B	■ ■ ■
D 6	East Wenatchee, 98802 509-884-7415	BJ's Lincoln Rock (Shell) US 97 (1 mi N of Chelan Exit)	■ ■ ■ ■	S ■ ■	■ ■		F C		■ □ ■ ■	V W	F	■ ■ ■ ■
E 5	Ellensburg, 98926 509-925-5200	Pilot Travel Center #389 I-90 Exit 106 (US 97)	24 HRS ■ ■	M ■ ■	□ ■ ■ □ ■ ■	□ ■ ■ ■ DAT	■ F C U F T □ ■ CAT	□ □ □ □	■ □ ■ ■ ■ ■	V W	B B F B B B	■ ■ ■ ■
E 5	Ellensburg, 98926 509-925-6161	Broadway/Flying J Travel Plaza (Exxon) I-90 Exit 109 (Canyon Rd)	24 HRS ■ ■ ■	XL ■ ■	24 HRS ■ ■ □ ■ ■	□ ■ ■ ■ ■ ■	F C U F T □ ■ CAT	□ □ □ □ □ □ □ □ □ □ □	■ □ ■ ■	V W	B B B B B B	■ ■ ■ ■
E 5	Ellensburg, 98926 509-925-5721	Big B Truck Stop I-90 Exit 109 (Canyon Rd)	24 HRS ■ ■	S ■ ■	□ □ □ ■	□ ■ □		□ □ □ □ □ □ □ □ □ □ □ □ □ □	■ □ ■	V	B B B B B	■ ■ ■
D 3	Elma, 98541 360-482-4929	Gateway Exxon Truck Stop US 12 Business & Main St	24 HRS ■ ■ ■		□ ■ □ ■	□ □	□ ■	□ □ □	■ ■ ■	V W	F	■ ■ ■
D 4	Federal Way, 98003 253-838-2060	Ernie's Fuel Stop #3 (76) 33101 WA 99 (1.5 mi N of I-5 Exit 142B)	■ ■ ■	S$ ■	□ ■ □ ■ ■	□ □ □ ■ ■ ■ DAT	F C F □ ■	□ □ □ □ □ □ □ □ □ □ □	■	V W	B B B B B B	■ ■ ■ ■
D 4	Federal Way, 98003 253-927-8467	Broadway/Flying J Fuel Stop #11306 I-5 Exit 142 B (WA 18)	24 HRS ■ ■ ■	L$ ■ ■	■ ■ ■ □ ■ ■	■ ■ ■ ■ ■ ■	F C U F T ■ CAT	□ □ □ □ □ □ □ □ □ □ □	■ ■ ■	W	B B B B B B	■ ■ ■ ■
A 4	Ferndale, 98248 360-384-3841	Starvin' Sam's # 4 (76) I-5 Exit 262 (Barrett Rd)	■ ■ ■ ■		□ □ ■	□ □ □	□	□ □ □ □ □ □ □ □ □ □ □ □ □ □ □ □	□ ■ ■ ■ ■	V W		■ ■ ■
A 4	Ferndale, 98248 360-312-1822	Ferndale Truck Stop (Tesoro) I-5 Exit 262 (Main St)	■ ■ ■	M$ ■ ■	24 HRS ■ ■	□ □ ■ ■ ■ □	F C □ ■ CAT	□ □ □ □ □ □ □ □ □ □	■ ■ ■ ■ ■ ■	W	B B B B B B	■ ■ ■ ■
D 4	Fife, 98424 253-922-3858	Pacific Xpress (Gulf) I-5 Exit 137 (4310 WA 99)	24 HRS ■ ■		□ ■ □ ■	■ ■ □ DAT	F C □ ■	□ □ □ □ □ □ □ □ □ □ □	■	V W	B B	■ ■ ■ ■
F 7	Finley, 99336 509-585-9955	Finley Truck Stop (Tesoro) 214307 WA 397	24 HRS ■ ■	M	□ ■ ■ ■ ■	□ ■ ■ ■ ■	F C □ ■ ■		■	V W	B B B B B B	■ ■ ■ ■
E 6	George, 98848 509-785-6111	Midway Shell I-90 Exit 151	■ ■ ■	S ■	■ ■	□	■		■ □ ■	V W	B B	■ ■ ■
E 7	Hatton, 99341 509-234-0850	Country Travel Plaza (Conoco) US 395 & WA 26 W	24 HRS ■ ■	M ■ ■	■ ■ ■	■ ■ ■ ■	F C ■		■ ■	W	B B B B	■ ■ ■ ■
F 3	Kalama, 98625 360-673-2885	Rebel Truck Stop (Shell) I-5 Exit 27 (Hwy 99)	24 HRS ■ ■ ■	M ■ ■	24 HRS □ ■	□ ■ ■ □	F C F □	□ □ □ □ □ □ □ □ □ □	■ ■ ■	V W	B B F B B B B	■ ■ ■ ■
F 7	Kennewick, 99336 509-735-1518	Tesoro Truck Stop US 395 S	24 HRS ■ ■ ■	S ■	■ ■ ■ □ ■	□ □ □ ■ ■ ■ □ DAT	F C □ □ ■	□ □	■ □ ■ ■	V W	B B B B B B	■ ■ ■ ■
D 4	Kent, 98032 253-872-8368	Ernie's Truck Stop #1 (76) WA 167 & 84th Ave (N to 220th)	24 HRS ■ ■		□ ■ ■ □ ■ ■	□ □ □ ■ ■ DAT	F C U F T □ ■ ■	□ □ □ □ □ □ □ □ □ □ □	□ ■	V W	B B B B B B	■ ■ ■ ■
E 6	Kittitas, 98934 509-968-3037	Exit 115 Auto/Truck Stop (Shell) I-90 Exit 115	24 HRS ■ ■ ■	S ■	□ ■ ■	□ □	F C □ ■	□ □ □ □ □ □ □	■ ■ ■	V	B B	■ ■ ■ ■

THE TRUCKER'S FRIEND® - WASHINGTON

How to interpret the page

■ means available at truck stop □ means available nearby

in the overnight lot column:
S means room for 5 - 24 trucks
M means room for 25-74 trucks
L means room for 85-149 trucks
XL means room for 150+ trucks
$ means a parking fee may be charged

code at left-hand side of rows is the state map grid reference

a key to advertising logos is on page 25

Services may change without notice. When in doubt, call ahead.

Column headings — Motor Fuel: Truck Diesel, Self Service Diesel, Metered Propane, Gasoline. Driver Services — Parking: Overnight Lot, Paved Lot, Trailer Drop, Electric Plug-Ins, Safe Haven/Hazmat; Food: Restaurant, Fast Food, Table Phones; Stores: Motel, Convenience, Trucker/Travel, Shopping Center, Walmart/Kmart, Grocery; Showers: Ladies, Men's; Communication: TV/Drivers Lounge, Laundry, Load Monitor, Internet Kiosk, Wi-Fi Hotspots, Document Scanning, Public Fax/Copier, UPS/FedEx/TripPak Box, Religious Services, State Lottery. Vehicle Services — Scales; Tires: Axle, Platform, Certified, Repairs, New Tire Sales; Repairs: Shop Open 24 Hrs, DOT Inspection, Major Repairs, Minor Repairs, Oil Change/Lube, Minor Welding, AC/Reefer; Road Svcs: Tire, CB, Mechanical, Towing; Wash: Truck (Exterior), Trailer Washout. RV Info: RVs Welcome, Dumping Station, Propane (Bottle). Financial Services (C=Checks, F=Fuel Cards, B=Both): ATM, Can Wire Money Out, Money Orders, Natso Check-Link, Western Union, Voyager/Wright Express, Comdata/Comchek, EFS, Fuel Man, Multi Service, TCH, T-Chek, Fleet One. Permit Svcs: Buy/Pay at Fuel Desk, All Prepaid Permit Svcs. Credit Cards: American Express, Visa/Mastercard, Discover.

Grid	Location	Truck Stop	Motor Fuel / Parking	Food	Stores	Showers	Communication	Scales	Tires / Repairs	Road Svcs / Wash / RV	Financial Services	Permit Svcs / Credit Cards
F 3	Longview, 98632 360-425-2031	Industrial Way Chevron I-5 Exit 36 (1161 Industrial Way)	24 HRS ■ ■		■■ □	■■	□ □	F C U F	□■ □□□ □□	□ □□□	□ ■ V W	B C B ■■■■
C 4	Marysville, 98270 360-653-3000	Donna's Truckstop (Chevron) I-5 Exit 202	24 HRS ■ ■	$M ■	□■■□	■■	□□□ ■■■□ [DAT] [CAT]	F C U F T	□■ ■■■ □□	□□□□□ □□□	■ ■ V	B B B B B B ■■■■■
D 7	Moses Lake, 98837 509-765-4470	Ernie's Truck Stop #9 (Chevron) I-90 Exit 179 (WA 17 N)	24 HRS ■ ■	XL ■■	■ □	■■	□□ ■■■■ [DAT]	F C U F	□■ ■■■ □□	□□□□□□□ □□□□□	■ ■ V W	B B B B B B ■■■■
B 4	Mount Vernon, 98273 360-428-3070	Truck City Truck Stop I-5 Exit 224 NB/225 SB (WA 99 S)	■■ ■	$M ■■	■□ □	■■	□□ ■■■■	F C	□■ ■■■ □□	□□□□□□ ■■□■■	■ ■	B B B B B ■■■■
D 4	North Bend, 98045 425-888-1119	TravelCenters of America/Seattle East [TA] I-90 Exit 34	24 HRS ■	XL ■	24 HRS ■□	■■	■■■ [DAT] [TA]	F C U F T	■■ [CAT] [2F]	■■□■■□■□ ■■□	■■ ■W	B B B B B ■■■■■
D 4	North Bend, 98045 425-888-9764	Edgewick Shell & Deli I-90 Exit 34	24 HRS ■■■		□■ □	■	□ □		□■ □□	□□□□ □□□□ □	□■■ ■ V W	B B B B ■■■
D 3	Olympia, 98507 360-943-0151	Restover Truck Stop (Shell) I-5 Exit 99 (93rd Ave SW)	24 HRS ■■■	M ■■ ■	■□ ■	■■	□ ■■■■ [DAT]	F C U F T	□■ ■■■ □□	□□□□□□□ □□□□□	■■■ ■ V W	B B B B B B ■■■■
B 7	Omak, 98841 509-826-2965	Shell Omak US 97 & E Riverside	24 HRS ■■■	S ■■	□■■□	■■	□□□ ■■□	F C F	□■ □□	□□□□□ □□□□■	■■■■ V W	B B B B B ■■■■
A 7	Oroville, 98844 509-476-2502	Dale's Texaco 1106 US 97	■■■■		□□ □		□ □ □	F C	□□ □ ■■	□ □ □□□	□■ V W	B C C C C ■■■■
E 7	Othello, 99344 509-488-6328	Bob's Korner (Conoco) WA 24 (1 mi S of WA 26)	■■ ■			■			□□	□ □□	■ V W	■■■
F 7	Pasco, 99301 509-547-0373	King City Truck Stop (Shell) US 395 & Hillsboro St	24 HRS ■■■	L ■■	24 HRS ■■■	■■	□ ■■■ [DAT]	F C U F	□■ ■■■ □□	□□□□□□□ □□□□□□	■□■ ■ V W	B B B B B B ■■■■
F 7	Pasco, 99301 509-547-5561	Broadway/Flying J Fuel Stop #11311 [Flying J] US 395 (1 mi N of town)	24 HRS ■ ■	M ■■	□□ □	■■	□ ■■ [Flying J] [Flying J] [Flying J]	F C U F T	■ [CAT] □□	□□□□□□ □□□□□	■□ ■ V W	B B B B B B ■■■■
F 8	Pomeroy, 99347 509-843-3693	Pomeroy Grange Supply (Cenex) US 12	■■■■		□□ □	■	□ □	F C U	□ □□□ □□	□□□□	□■ V W	B B C ■■■■
F 6	Prosser, 99350 509-786-1440	Horse Heaven Hills Travel Plaza (Shell) I-82 Exit 80	24 HRS ■■■	M ■	□■■□	■■	□ ■■ [DAT] [CAT]	F C F	□■ [CAT] □□	□□□□ □□□□□	■□■ ■ V W	B B B B B B ■■■■
G 3	Ridgefield, 98642 360-887-8400	Paradise Truck Stop (Shell) I-5 Exit 16	24 HRS ■■■	S	□■ □	■	□ □	F C	□■ □□	□ □□□	■□■ ■ V W	B B B B B ■■■■
E 8	Ritzville, 99169 509-659-0251	Vista-Astro Quick Mart I-90 Exit 220 (US 395)	■■ ■	M	□□ □	■	□ □		□ □□□ □□	□□□□□□□ □□□□□	■ ■	B F B B ■■■
E 8	Ritzville, 99169 509-659-0815	Jake's Exxon I-90 Exit 220 (US 395)	24 HRS ■ ■	M ■■	24 HRS □■□	■	□	F C	□ □□	□□□□ □□□	■□ ■ V W	B B B B ■■■■
D 6	Rock Island, 98850 509-886-0230	BJ's Auto/Truck Plaza (Shell) WA 28 (7 mi E of Wenatchee)	24 HRS ■ ■	M ■■■	■ ■	■	■■■■	F C	□■ ■■■		■□ ■ V W	B B B B B B ■■■■■
D 4	Seattle, 98106 206-971-7999	Sea Port Star Mart (Shell) 7800 Detroit Ave SW (SW of Jct 99 & 509)	24 HRS ■ ■	$M ■■	□■ □	■	□□□ □		□■ □□	□□□ □□□	■ ■ V W	■■■
D 4	Seattle, 98134 206-621-9777	Kitimat Seattle Gull I-5 Exit 163 (4th Ave S)	■■ ■		□□ □	■	□ □	F	□ □■ ■■■ □□	□□□□□□□ □□□	■ V W	B ■■■■
D 9	Spokane, 99207 509-467-8457	Devine's (Shell) 8213 N Market	■■ ■	$S ■	□■ □	■	□□□ ■ □		□■	□	□■ ■ V W	C ■■■■
D 9	Spokane, 99202 509-535-4205	Betts Save/Way I-90 Exit 283 B (5 blks N, 1 blk W)	■■■■	S ■■	□ □	■■	□□□ ■■■□	F C	□	□□□□ □□□	■	B B ■ ■
D 9	Spokane, 99212 509-535-3028	Broadway/Flying J Travel Plaza [Flying J] I-90 Exit 286 (Broadway)	24 HRS ■■■	M ■■	24 HRS □■□	■	■■■ [Flying J] [Flying J] [Flying J]	F C U F T	■ [CAT] ■■	□□■■□ ■■	■ ■ V W	B B B B B B ■■■■
D 9	Spokane (West), 99204 509-456-8843	Broadway/Flying J Fuel Stop #106 (Exxon) [Flying J] I-90 Exit 276 (S Geiger Blvd)	24 HRS ■■■		□■■□	■	■■ [Flying J] [Flying J]	F C U F T	■ [CAT] □□		■ ■ V W	B B B B B B ■■■■
F 6	Sunnyside, 98944 509-839-5300	The Outpost (Texaco) I-82 Exit 69	24 HRS ■■■	S ■■	□■■□	■■	□□□ □	F C	□■ □□	□□ □□ □□□□	■ ■ ■ V W	B B B B B ■■■■
D 3	Tacoma, 98499 253-588-5515	76 Gas Station I-5 Exit 125	24 HRS ■■■	S ■	□□ □	■	□ □ □		□■ □□		■■ ■ V W	■■■■
D 3	Tacoma, 98424 253-922-8884	Flying J Travel Plaza #05060 [Flying J] I-5 Exit 136 SB/136 B NB	24 HRS ■■■	M ■	24 HRS ■■□	■	□ ■■■■ [Flying J] [Flying J] [Flying J]	F C U F T	□■ [Flying J] □□	□□□□□□□ □□□□□	■■ ■ V W	B B B B ■■■■
F 3	Toledo, 98591 360-864-4300	Gee Cee's Truck Stop I-5 Exit 57 (Jackson Hwy)	24 HRS ■ ■	XL ■	24 HRS ■■	■■	■■■ [DAT]	F C F	■ [CAT] [2F]	□□■■■□ ■■□	■ ■ ■	B B B B B ■■■■■

THE TRUCKER'S FRIEND® - WASHINGTON

How to interpret the page

■ means available at truck stop □ means available nearby

in the overnight lot column:
S means room for 5 - 24 trucks
M means room for 25-74 trucks
L means room for 85-149 trucks
XL means room for 150+ trucks
$ means a parking fee may be charged

code at left-hand side of rows is the state map grid reference

a key to advertising logos is on page 25

Services may change without notice. When in doubt, call ahead.

Driver Services (Motor Fuel, Parking, Food, Stores, Showers)

Grid	City / Phone	Truck Stop	Truck Diesel	Self Service Diesel	Metered Propane	Gasoline	Overnight Lot ($)	Paved Lot	Trailer Drop	Electric Plug-ins	Safe Haven/Hazmat	Restaurant	Fast Food	Table Phones	Motel	Convenience	Trucker/Travel	Shopping Center	Walmart/Kmart	Grocery	Ladies	Mens
D 4	Tukwila, 98168 206-244-3520	Tukwila Shell I-5 Exit 156 (Interurban N)	24 HRS	■		■						□			□	■						
E 6	Union Gap, 98903 509-577-8333	Rainier Place (Arco) I-82 Exit 36	■	■		■						□			□	■		□	□	□		
E 6	Union Gap, 98903 509-248-9640	AMBEST Gearjammer Truck Plaza (Shell) I-82 Exit 36 (US 82)	24 HRS	■	■	■	XL	■	■			24 HRS	■	■	■	■	■	□	□	□	■	■
F 8	Walla Walla, 99362 509-529-8214	Sohi Gas 2719 E Isaacs Ave	■	■	■	■						□	□		□			□	□	□		
D 6	Wenatchee, 98801 509-667-1801	Wenatchee Valley Truck Stop 3607 US 97 Alt (N of US 97)	■	■	■	■	S						■	■		■		□	□	□		
E 5	Yakima, 98019 509-575-5667	Roadrunner Deli Mart (Pacific Pride) 1408 N 1st St	■	■		■						□	□		□	■			□	□		

Driver Services (Communications) / Vehicle Services (Scales, Tires, Repairs)

Truck Stop	TV/Drivers Lounge	Laundry	Load Monitor	Internet Kiosk	Wi-Fi Hotspots	Document Scanning	Public Fax/Copier	UPS/FedX/TripPak Box	Religious Services	State Lottery	Axle	Platform	Certified	Repairs	New Tire Sales	Shop Open 24 Hrs	DOT Inspection	Major Repairs	Minor Repairs	Oil Change/Lube
Tukwila Shell									□	■										
Rainier Place (Arco)		□						□	□		□	□	□	□	□				□	□
Gearjammer Truck Plaza (Shell)	■	■	DAT	■			F C	U F T	□		CAT			B/F			□	□	■	■
Sohi Gas		□						□	□					□	□		□	□	□	□
Wenatchee Valley Truck Stop							F C	□		■	□	□	□	□	□				□	
Roadrunner Deli Mart (Pacific Pride)		□																		

Vehicle Services (Road Svcs, Wash) / RV Info / Financial Services / Permit Svcs / Credit Cards (C=Checks, F=Fuel Cards, B=Both)

Truck Stop	Minor Welding	AC/Reefer	CB	Tire	Mechanical	Towing	Truck (Exterior)	Trailer Washout	RVs Welcome	Dumping Station	Propane (Bottle)	ATM	Can Wire Money Out	Money Orders	NATSO Check-Link	Western Union	Voyager/Wright Express	Comdata (Comchek)	EFS	Fuel Man	Multi Service	TCH	T-Chek	Fleet One	Buy/Pay at Fuel Desk	All Prepaid Permit Svcs	American Express	Visa/Mastercard	Discover
Tukwila Shell											■	■														■	■	■	■
Rainier Place (Arco)				□	□	□	□			□		■						B	B			B	B					■	
Gearjammer Truck Plaza (Shell)	■	□	□	■	□	□	■	■	■	■	■	■			■		V W	B	B	F	B	B	B	B	■	■	■	■	■
Sohi Gas	□			□	□	□					■																■	■	■
Wenatchee Valley Truck Stop	□			□	□	□				□	■	■					V W	B	C		B	B	B			■	■	■	■
Roadrunner Deli Mart (Pacific Pride)										□								B	B				B					■	■

Sign up at www.truckstops.com for free email updates from *The Trucker's Friend.®*

WISCONSIN

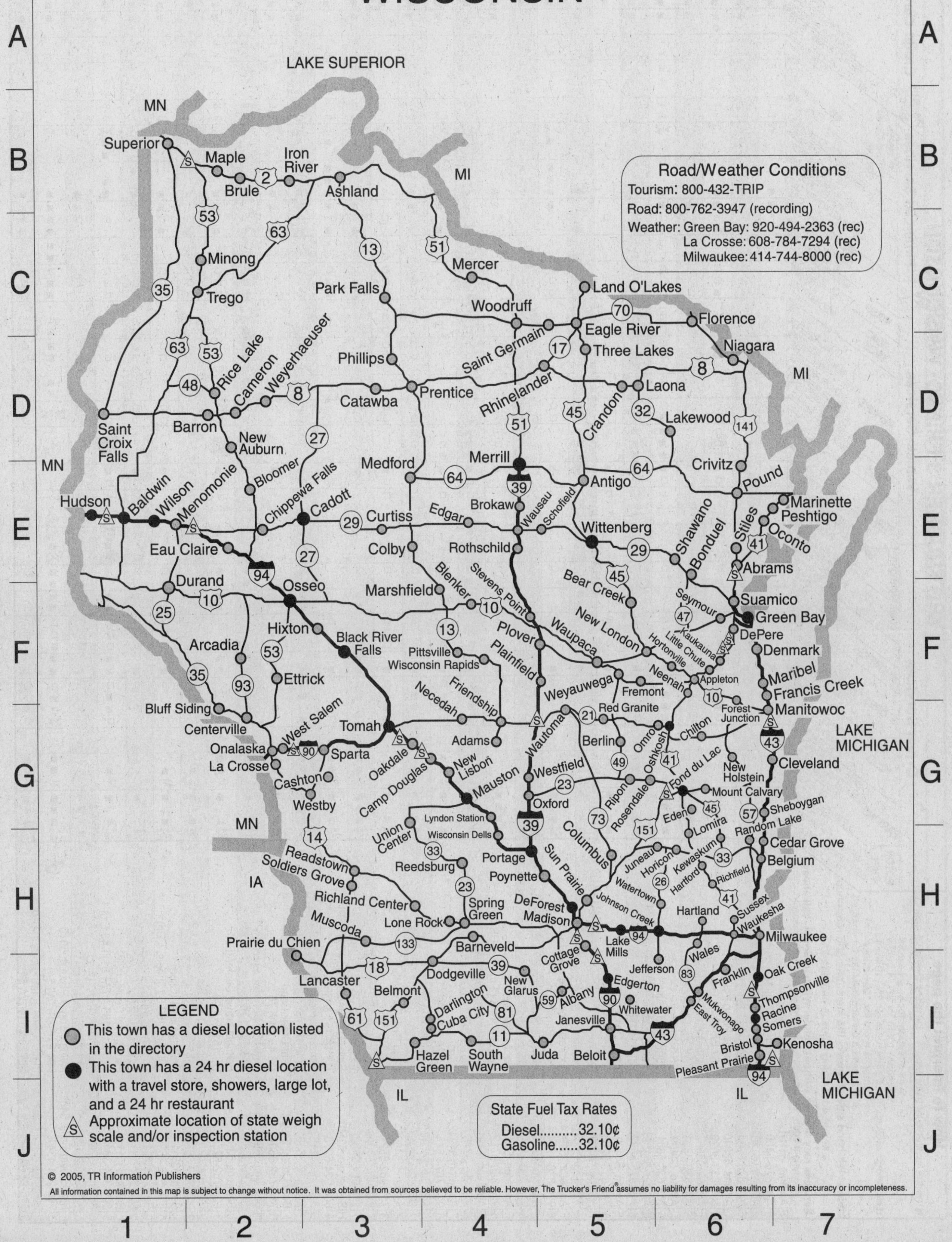
LAKE SUPERIOR
MN
MI
IA
IL
LAKE MICHIGAN
LAKE MICHIGAN
Road/Weather Conditions
Tourism: 800-432-TRIP
Road: 800-762-3947 (recording)
Weather: Green Bay: 920-494-2363 (rec)
La Crosse: 608-784-7294 (rec)
Milwaukee: 414-744-8000 (rec)
LEGEND
This town has a diesel location listed in the directory
This town has a 24 hr diesel location with a travel store, showers, large lot, and a 24 hr restaurant
Approximate location of state weigh scale and/or inspection station
State Fuel Tax Rates
Diesel..........32.10¢
Gasoline......32.10¢
Superior
Maple
Brule
Iron River
Ashland
Minong
Trego
Mercer
Park Falls
Land O'Lakes
Woodruff
Eagle River
Florence
Three Lakes
Niagara
Saint Germain
Phillips
Rice Lake
Cameron
Weyerhaeuser
Prentice
Catawba
Rhinelander
Laona
Crandon
Lakewood
Saint Croix Falls
Barron
New Auburn
Bloomer
Medford
Merrill
Antigo
Crivitz
Pound
Marinette
Peshtigo
Hudson
Baldwin
Wilson
Menomonie
Chippewa Falls
Cadott
Curtiss
Edgar
Brokaw
Wausau
Schofield
Wittenberg
Shawano
Bonduel
Stiles
Oconto
Eau Claire
Colby
Rothschild
Abrams
Durand
Osseo
Marshfield
Blenker
Stevens Point
Bear Creek
Seymour
Suamico
Green Bay
DePere
Hixton
Black River Falls
Plover
New London
Kaukauna
Little Chute
Hortonville
Denmark
Arcadia
Ettrick
Pittsville
Wisconsin Rapids
Plainfield
Waupaca
Neenah
Appleton
Maribel
Francis Creek
Weyauwega
Fremont
Forest Junction
Manitowoc
Bluff Siding
Centerville
Onalaska
La Crosse
West Salem
Sparta
Tomah
Necedah
Friendship
Adams
Red Granite
Wautoma
Berlin
Omro
Oshkosh
Chilton
New Holstein
Cleveland
Cashton
Westby
Oakdale
Camp Douglas
New Lisbon
Mauston
Westfield
Oxford
Ripon
Rosendale
Fond du Lac
Mount Calvary
Sheboygan
Eden
Lomira
Random Lake
Lyndon Station
Wisconsin Dells
Union Center
Columbus
Juneau
Horicon
Kewaskum
Cedar Grove
Belgium
Readstown
Soldiers Grove
Reedsburg
Portage
Poynette
Sun Prairie
Watertown
Hartford
Richfield
Richland Center
Spring Green
DeForest
Madison
Johnson Creek
Hartland
Sussex
Waukesha
Muscoda
Lone Rock
Lake Mills
Milwaukee
Prairie du Chien
Barneveld
Cottage Grove
Wales
Jefferson
Oak Creek
Lancaster
Dodgeville
New Glarus
Edgerton
Franklin
Belmont
Darlington
Cuba City
Albany
Whitewater
Mukwonago
East Troy
Thompsonville
Racine
Somers
Janesville
Kenosha
Bristol
Hazel Green
South Wayne
Juda
Beloit
Pleasant Prairie
A
B
C
D
E
F
G
H
I
J
1
2
3
4
5
6
7

THE TRUCKER'S FRIEND® - WISCONSIN

How to interpret the page

■ means available at truck stop □ means available nearby

In the overnight lot column:
- S means room for 5 - 24 trucks
- M means room for 25-74 trucks
- L means room for 85-149 trucks
- XL means room for 150+ trucks
- $ means a parking fee may be charged

code at left-hand side of rows is the state map grid reference

a key to advertising logos is on page 25

Services may change without notice. When in doubt, call ahead.

Column groups: Driver Services (MOTOR FUEL: Truck Diesel, Self Service Diesel, Metered Propane, Gasoline; PARKING: Overnight Lot ($), Paved Lot, Trailer Drop, Electric Plug-Ins, Safe Haven/Hazmat; FOOD: Restaurant, Fast Food, Table Phones; STORES: Motel, Convenience, Trucker/Travel, Shopping Center, Walmart/Kmart, Grocery; SHOWERS: Ladies', Men's; COMMUNICATIONS: TV/Drivers Lounge, Laundry, Load Monitor, Internet Kiosk, Wi-Fi Hotspots, Document Scanning, Public Fax/Copier, UPS/FedEx/TripPak Box, Religious Services, State Lottery) – Vehicle Services (SCALES: Axle, Platform, Certified; TIRES: Repairs, New Tire Sales, Shop Open 24 Hrs; REPAIRS: DOT Inspection, Major Repairs, Minor Repairs, Oil Change/Lube, Minor Welding, AC/Reefer; ROAD SVCS: CB, Tire, Mechanical, Towing; WASH: Truck (Exterior), Trailer Washout) – RV Info (RVs Welcome, Dumping Station, Propane (Bottle)) – Financial Services (ATM, Can Wire Money Out, Money Orders, NATSO Check-Link, Western Union, Voyager/Wright Express, Comdata (Comchek), EFS, Fuel Man, Multi Service, TCH, T-Chek, Fleet One; C=Checks, F=Fuel Cards, B=Both) – Permit Svcs (Buy/Pay at Fuel Desk, All Prepaid Permit Svcs) – Credit Cards (American Express, Visa/Mastercard, Discover)

Grid	City / Phone	Truck Stop / Location	Motor Fuel	Parking	Food, Stores, Showers, Communications	Vehicle Services / RV Info	Financial Services	Fuel Cards / Permit Svcs	Credit Cards
E 6	Abrams, 54101 420-826-6400	Abrams Shell US 41-141 Exit 185	24 HRS ■ ■	S ■	■ ■	■	■ ■ W	B B B B B	■ ■ ■
E 6	Abrams, 54101 920-826-5905	Hi-Way Restaurant & Fuel (66) US 41-141 Exit 185 (CR D)	24 HRS ■ ■	M ■ ■ ■	■ □ ■ □ □ □ □	F C □ □ ■ □ □ □ □ □	■ ■ ■ ■ W	B B B B B B	■ ■ ■ ■
G 4	Adams, 53910 608-339-3626	Cenex Pump 24 451 WI 13 (in town)	■ ■ ■		□ ■ □ ■ □ □ □	□ □ ■ □ □ □ □ □ □ □ □ □ □ □ □	■ ■ V W	B C C B	■ ■ ■
I 5	Albany, 53502 608-862-3303	Albany Mini Mart (Mobil) WI 59 & Cincinnati St	■ ■ ■		□ ■ ■ □	F C □ ■	■ ■ V W		■ ■ ■ ■
E 5	Antigo, 54409 715-623-6311	FS Fast Stop 2300 Hwy 45 N	■ ■ ■ ■	S ■	□ ■ □ ■ □ □ □	F C U F □ ■ ■ ■ ■ □ □ ■ □ □ □ □ □ □ □ □ □ □ □ □ □ □	■ ■ ■ V W	B C C C C	■ ■ ■ ■
E 5	Antigo, 54409 715-623-4972	Citgo North US 45 & WI 64	24 HRS ■ ■	S ■ ■	□ ■ □ ■ □ □ □ □	F C □ □ ■ ■ ■ ■ □ □ ■ □ □ □ □ □ □ □ □ □ □ □ □ □ □ □	■ □ ■ ■		■ ■ ■ ■
E 5	Antigo, 54409 715-623-5253	Citgo Quik Food Mart US 45 (N of WI 47)	■ ■ ■		□ ■ □ ■ □ □ □ □	□ □ ■ □ □	□ V W	B	■ ■ ■
E 5	Antigo, 54409 715-623-4515	Remington's Fueltown (Exxon) US 45 S	■ ■ ■	M ■ ■	□ □ ■ □ ■ □	F C □ ■ ■ ■ ■ □ □ ■ □ □ □ □ □ □ □ □ □ □ □	■ ■	B	■ ■ ■ ■
F 6	Appleton, 54914 920-830-1774	Express Convenience (US Oil) 275 S Bluemound Rd	24 HRS ■ ■		□ □ □ ■ □ □ □ □	□ ■ □ □ □ □ □ □ □ □ □ □	■ ■ ■ ■ ■ V W	B B B	■ ■ ■
F 6	Appleton, 54915 920-830-4160	Kensington Express 65 (US Oil) 320 S Kensington Dr	24 HRS ■ ■		□ □ □ ■ □ □ □ □	C □ ■ □ □ □ □ □	■ ■ ■ ■ ■ V W		■ ■ ■
F 6	Appleton, 54913 920-380-9712	Northside Citgo 5208 WI 47 S (1 mi N of US 41)	■ ■ ■ ■		■ ■	F C ■ □	□ ■ ■ V W	B	■ ■ ■ ■
F 6	Appleton, 54914 920-993-8706	West Wisconsin Ave Citgo US 41 Exit 138 (3/4 mi E to 2775 WI 96)	■ ■ ■ ■	M ■ ■	■ ■ ■ □ ■ □ □ □ ■ ■ □ ■	F C □ □ ■ ■ ■ ■ □ □ ■ □ □ □ □ □ □ □ □ □ □ □ □ □ □ □	■ ■ ■ V W	B B B B B	■ ■ ■ ■
F 6	Appleton, 54942 920-757-6944	Citgo WI 76 & WI 96	■ ■ ■	S ■ ■	■ □ ■ □ □ □	F C □ □ ■ □ □ □ □	■ ■ ■ V W	C	■ ■ ■ ■
F 2	Arcadia, 54612 608-323-2206	BP/Amoco C-Store WI 93	■ ■ ■	S ■	□ ■ ■ □ ■ □ □	F C □ □ ■ □ □ □ □ □ □ □ □ □ □ □ □ □	■ ■ ■ V W	C F C C C C	■ ■ ■ ■
B 3	Ashland, 54806 715-682-5521	Citgo Quik Food Mart 521 US 2 E	■ ■ ■		□ ■ □ ■ □ □ □ □	□ □ ■ □ □ □ □ □ □ □ □ □ □ □ □ □ □ □ □ □	□ V W		■ ■ ■
E 1	Baldwin, 54002 715-684-2482	Ray's Super Stop (Citgo) I-94 Exit 19 (US 63)	24 HRS ■ ■ ■	L ■ ■	24 HRS □ ■ □ ■ ■ □ □ ■ ■ □	F C □ ■ □ □ □ □ □ □ □ □ □ □ □ □	■ ■ ■ V W	B B B B B	■ ■ ■ ■
H 4	Barneveld, 53507 608-924-6278	Stop N Go Eagle Mart #227 (BP) US 18-151 & CR K	24 HRS ■ ■	S ■ ■	□ ■ ■ □	□ ■ □ □ □	■ ■ ■ ■ ■ ■ V W	B B	■ ■ ■
D 2	Barron, 54812 715-537-3658	Barron Farmers Union Truck Stop (Cenex) 1710 US 8 E	24 HRS ■ ■ ■	M ■ ■	■ ■ □ ■ □ □ ■ ■ ■	F C F □ ■ □ □ □ □ □	■ □ ■ ■ V W	B B B B B	■ ■ ■ ■
F 5	Bear Creek, 54922 715-752-3504	Bear Creek Citgo US 45 & WI 76	■ ■ ■ ■	M ■ ■	■ ■	F C ■	■ ■ ■ V W	B C F F	■ ■ ■ ■
H 6	Belgium, 53004 262-285-3435	How-Dea Service Center (BP) I-43 Exit 107	24 HRS ■ ■	L ■	■ ■ ■ □ ■ ■ ■ ■ ■ ■ DAT [logo]	F C U F □ ■ CAT ■ ■ ■ ■ ■ ■ ■ ■ A ■ ■ □ ■	■ ■ V W	B B B B B B	■ ■ ■ ■
I 3	Belmont, 53510 608-762-6250	Belmont Travel Center (BP) US 151 Exit 26	24 HRS ■ ■	L ■ ■	■ ■ ■ ■ ■ ■ ■ ■ ■	F C U T □ ■ CAT □ □ □ □ □ □ □ □	■ ■ ■ V W	B B F F B B B	■ ■ ■ ■
I 3	Belmont, 53510 608-762-6277	Belmont Quick Stop (Mobil) US 151 S	■ ■ ■	S ■	□ ■ ■	□ ■ □ □ □ □ □ □ □	■ □ ■ V W	B B B B	■ ■ ■
I 5	Beloit, 53511 608-362-4599	Rollette Oil #4 (Citgo) I-90 Exit 183 E (Shopiere Rd)	24 HRS ■ ■	M ■	□ ■ □ ■ □ □ □ ■ ■ ■ □	F C □ ■ □ □ □ □ □ □ □ □	■ □ ■ ■ W	B B B B	■ ■ ■ ■
I 5	Beloit, 53511 608-364-1917	Speedway #4293 I-90 Exit 185 A	24 HRS ■ ■		□ ■ □ ■ □ □ □ ■ □	□ ■ □ □ □ □ □ □ □ □ □ □ □	■ ■ ■ V W	B	■ ■ ■ ■
I 5	Beloit, 53511 608-364-3644	Pilot Travel Center #289 I-90 Exit 185 A (WI 81)/I-43 Exit 1	24 HRS ■ ■	M ■	□ ■ ■ □ ■ ■ □ □ □ ■ ■ DAT ■ [logo] ■	F C T F □ ■ CAT □ □ □ □ □ □	□ ■ ■ ■ ■ V W	B B F B B B	■ ■ ■ ■
G 5	Berlin, 54923 920-361-2808	Berlin Oil & Tires (Citgo) 713 CR F (Broadway)	■ ■ ■ ■		□ ■ □ ■ □ □ □ □	□ □ ■ ■ ■	□ ■ ■ V W		■ ■ ■
F 3	Black River Falls, 54615 715-284-4341	Flying J Travel Plaza #05010 I-94 Exit 116 (WI 54) (Flying J)	24 HRS ■ ■ ■	XL ■ ■	24 HRS □ ■ □ ■ ■ □ □ □ ■ ■ ■ ■ Flying J ■ Flying J Flying J	F C U F T □ Flying J [logo] ■ ■ ■ ■ ■ A ■ ■ □ ■ ■	■ ■ ■ ■ V W	B B B B	■ ■ ■ ■
F 3	Black River Falls, 54615 715-284-4344	Black River Crossing Oasis (BP) I-94 Exit 116 (WI 54)	24 HRS ■ ■ ■	S ■ ■	□ ■ □ ■ □ □ □ □	F □	■ ■ ■ ■ V W	B	■ ■ ■ ■

THE TRUCKER'S FRIEND® - WISCONSIN

How to interpret the page

■ means available at truck stop □ means available nearby

In the overnight lot column:
S means room for 5 - 24 trucks
M means room for 25-74 trucks
L means room for 85-149 trucks
XL means room for 150+ trucks
$ means a parking fee may be charged

code at left-hand side of rows is the state map grid reference

a key to advertising logos is on page 25

Services may change without notice. When in doubt, call ahead.

Driver Services | Vehicle Services | RV Info | Financial Services | Permit Svcs | Credit Cards

C=Checks F=Fuel Cards B=Both

Grid	Location	Truck Stop	Motor Fuel: Truck Diesel / Self Service Diesel / Metered Propane / Gasoline	Parking: Overnight Lot ($) / Paved Lot / Trailer Drop	Electric Plug-ins / Safe Haven/Hazmat	Food: Restaurant / Fast Food / Table Phones / Motel	Stores: Convenience / Trucker/Travel	Shopping Center / Walmart/Kmart / Grocery	Showers: Ladies' / Men's	TV/Drivers Lounge / Laundry	Communication: Load Monitor / Internet Kiosk / Wi-Fi/Hotspots	Document Scanning / Public Fax/Copier / UPS/FedEx/TripPak Box	Religious Services / State Lottery	Scales: Axle / Platform / Certified	Tires: Repairs / New Tire Sales	Repairs: Shop Open 24 Hrs / DOT Inspection	Major Repairs / Minor Repairs / Oil Change/Lube	Minor Welding / AC/Reefer / CB	Road Svcs: Tire / Mechanical / Towing	Wash: Truck (Exterior) / Trailer Washout	RV Info: RVs Welcome / Dumping Station / Propane (Bottle)	ATM / Can Wire Money Out / Money Orders / NATSO Check-Link / Western Union	Voyager / Wright Express	Comdata (Comchek) / EFS	Fuel Man / Multi Service / TCH	T-Chek / Fleet One	Buy/Pay at Fuel Desk / All Prepaid Permit Svcs	American Express / Visa/MasterCard / Discover
F 3	Black River Falls, 54615 715-284-9247	Kwik Trip #648 I-94 Exit 116 (WI 54)	24 HRS ■ ■	S ■ ■		□ ■ □	■ ■	□ □ □	■ ■	■		F C □	□ ■	□ □ □	□ □	□	□ □ □	□ □ □	□ □ □	□ □	■ □ ■	■ ■	V W	B B	F B B	B B	■	■ ■ ■
F 4	Blenker, 54415 715-652-2404	Swetz Country Corner Mart 3912 US 10	■ ■ ■			□ ■	■			□			□ ■								■	■	V W			B		■ ■ ■
E 2	Bloomer, 54724 715-568-1550	Kwik Trip #427 US 53 Exit 110 (WI 40)	24 HRS ■ ■	S ■ ■		■ □ ■	■	□		□		F C	□ ■	□ □ □	□ □		□ □ □	□ □ □	□ □ □		■ ■	■ ■	V W	B B	F B B	B B	■	■ ■ ■
G 2	Bluff Siding, 54629 608-687-8662	Bluff Siding Spur WI 35 & WI 54 (across from bridge)	■ ■ ■				■						■				□				■		W					■ ■ ■
E 6	Bonduel, 54107 715-758-2160	Lee's Mini Mart (Citgo) WI 29 Bypass & 218 WI 55-117 N	■ ■ ■			□ ■ □	■	□ □		□			□ ■	□ □ □					□ □ □				V W					■ ■ ■
E 6	Bonduel, 54107 715-758-7777	Bonduel City Express (Mobil) WI 29 Bypass & WI 47-117 N	24 HRS ■ ■	XL ■ ■	■	■ ■ ■	■ ■	□	■ ■	■ ■		F C	□ ■	CAT	□ □		□ □	□	□ □ □	■ ■	■ ■	■	V W	B B	F B B	B B	■	■ ■ ■
I 6	Bristol, 53104 262-857-7022	Countryside Market 20015 93rd Street	■ ■ ■	S ■ ■		■	■					F C	■						□ □ □		■ ■	■		B			■	■ ■ ■
I 6	Bristol, 53104 262-857-9123	Preet Petroleum (Shell) US 45 & WI 50 W	24 HRS ■ ■	S ■			■					F C	■								■	■	V W				■	■ ■ ■
E 4	Brokaw, 54417 715-675-5806	Northside Citgo I-39 Exit 197 (US 51 N & CR WW)	■ ■ ■	S			■															■	V W					■ ■ ■
B 2	Brule, 54820 715-372-4805	Brule Outpost (Citgo) US 2 & WI 27	■ ■ ■	S		□ ■ □	■						□ ■		□ □						□		V W	B		B		■ ■ ■
E 3	Cadott, 54727 715-289-3953	River Country Plaza (Cenex) 641 WI 27 S & WI 29	24 HRS ■ ■ ■	M ■ ■		24 HRS ■ □	■ ■	□	■ ■	■ ■	DAT	F C T	□ ■	■ ■ ■					□ □ □	■	■ ■ ■	■	V W	B B	B B	B B	■	■ ■ ■
D 2	Cameron, 54822 715-458-2511	Brion's Crossroads Cafe/Handimart (66) US 8 & Hwy SS	■ ■ ■	S ■		■ □	■	□		□		F C □	□ ■		□ □		□ □ □	□ □ □	□ □ □		■	■	V W				■	■ ■ ■
G 4	Camp Douglas, 54618 608-427-3365	Camp Douglas BP I-90-94 Exit 55 (Hwy 12 & 16)	24 HRS ■ ■	M ■ ■	■	□ ■ ■ □	■ ■	□	■ ■	■		F C	□	□ □ □	□ □		□ □ □	□	□ □ □	□	■ □	■	V W	B B	B	B B	■	■ ■ ■
G 3	Cashton, 54619 608-654-7784	Central Express 633 WI 33	■ ■ ■			■ ■	■	□		■		□	□ ■				□		□ □ □		■	■	W					■ ■ ■
D 3	Catawba, 54515 715-474-3322	Catawba Supply (Amoco) 9149 US 8 W	■ ■ ■	S			■					F C	■								■	■	W			B	■	■ ■ ■
H 6	Cedar Grove, 53013 920-668-6403	Hy-Way Service Center (Citgo) I-43 Exit 113	■ ■ ■	M ■ ■	■	□ □	■	□				F C	□ ■		■ ■	■	■ ■	■	□ □ □		■	■	W	B	C C	C C		■ ■ ■
G 2	Centerville, 54630 608-539-4324	Stop & Shop (Spur) WI 35-54 & WI 93	■ ■ ■			■ □	■						■								■	■	V W					■ ■ ■
G 6	Chilton, 53014 920-849-2815	Corner One Stop (Exxon) US 151 & WI 57/32 S	■ ■ ■			□ ■ □	■	□ □ □		□			□ ■				□ □		□ □ □			■	V W					■ ■ ■
E 2	Chippewa Falls, 54729 715-723-7005	River Country (Cenex) 1080 WI 29 W	24 HRS ■ ■ ■			□ □	■	□ □ □		□		F C	■	■ ■ ■	□ □		□	□	□ □ □		■	■	V W				■	■ ■ ■
G 6	Cleveland, 53015 920-693-3145	Bonde's Quik Mart (Citgo) I-43 Exit 137	■ ■ ■	S ■		□ ■	■	□				F C □	□ ■		□ □		□ □ □	□	□ □ □		■	■	V W				■	■ ■ ■
E 3	Colby, 54421 715-223-8758	Super 29 Shell 1210 WI 13 N (S of WI 29)	24 HRS ■ ■			■	■				DAT	F	■	■ ■ ■								■	V W	B B	B	B B	■	■ ■ ■
H 5	Columbus, 53925 920-623-2220	Columbus Mart (66) 220 Dix St (off WI 16 - SE of US 151)	■ ■ ■	S		□ □ □	■	□		□		□	□ ■								■	■	V W		B			■ ■ ■
H 5	Cottage Grove, 53527 608-873-5559	Road Ranger Travel Center #136 (Citgo) I-90 Exit 147 (Hwy N)	24 HRS ■ ■	S ■ ■		■ ■	■		■ ■			F	■						□ □ □		■ □ ■	■ ■	V W	B B	F B B	B B	■	■ ■ ■
D 5	Crandon, 54520 715-478-2650	Citgo Quik Food Mart US 8 & WI 55	24 HRS ■ ■			□ ■ □	■	□ □		□		F C	□ ■		□ □		□ □	□	□ □ □	□		■	V W	F	B		■	■ ■ ■
E 6	Crivitz, 54114 715-854-3600	Citgo Quik Food Mart 403 US 141	24 HRS ■ ■	S ■ ■		□ ■ □	■	□		□			□ ■	□	□ □		□ □	□ □	□ □ □		■ □	■	W	B		B		■ ■ ■
I 4	Cuba City, 53807 608-744-8422	Munyon's Auto Service (BP/Amoco) WI 80 (2 mi N of WI 11)	■ ■ ■			□ □ □	■	□		□			□		□ □		□ □ □	□	□ □ □				V W					■ ■ ■
E 3	Curtiss, 54422 715-223-6666	Abbyland Travel Center WI 29 Exit 127 (CR E) AMBEST	24 HRS ■ ■	M ■ ■		24 HRS ■	■ ■		■ ■	■ ■		F C	□ ■	■ ■ ■					□ □ □		■ ■	■ ■ ■	V W	B B	B B	B B	■	■ ■ ■
I 4	Darlington, 53530 608-776-2877	Darlington Mini Mart (Citgo) 1310 WI 23-81 SW	■ ■ ■	S ■		□ ■ □	■	□		□		F C	□ ■		□ □						■	■	V W	B C	B B	B	■	■ ■ ■

THE TRUCKER'S FRIEND® - WISCONSIN

How to interpret the page

■ means available at truck stop □ means available nearby

In the overnight lot column:
S means room for 5 - 24 trucks
M means room for 25-74 trucks
L means room for 85-149 trucks
XL means room for 150+ trucks
$ means a parking fee may be charged

code at left-hand side of rows is the state map grid reference
a key to advertising logos is on page 25

Services may change without notice. When in doubt, call ahead.

Driver Services: Motor Fuel, Parking, Food, Stores, Showers, Communications — Vehicle Services: Scales, Tires, Repairs, Road Svcs, Wash — RV Info — Financial Services (C=Checks, F=Fuel Cards, B=Both) — Permit Svcs — Credit Cards

Grid	Location / Phone	Truck Stop / Address	Truck Diesel / Self Service Diesel / Metered Propane / Gasoline	Overnight Lot ($) / Paved Lot / Trailer Drop	Electric Plug-Ins / Safe Haven/Hazmat	Restaurant / Fast Food / Table Phones / Motel	Convenience / Trucker/Travel	Shopping Center / Walmart/Kmart / Grocery	Ladies' / Men's	TV/Drivers Lounge / Laundry	Load Monitor / Internet Kiosk / Wi-Fi Hotspots	Document Scanning / Public Fax/Copier / UPS/FedEx/TripPak Box	Religious Services / State Lottery	Axle / Platform / Certified	Repairs / New Tire Sales	Shop Open 24 Hrs / DOT Inspection	Major Repairs / Minor Repairs / Oil Change/Lube	Minor Welding / AC/Reefer / CB	Tire / Mechanical / Towing	Truck (Exterior) / Trailer Washout	RVs Welcome / Dumping Station / Propane (Bottle)	ATM / Can Wire Money Out / Money Orders	Natso Check-Link / Western Union / Voyager/Wright Express	Comdata (Comchek) / EFS	Fuel Man / Multi Service / TCH	T-Chek / Fleet One	Buy/Pay at Fuel Desk / All Prepaid Permit Svcs	American Express / Visa/MasterCard / Discover
H 5	DeForest, 53598 608-846-7272	Windsor Truck Wash I-90-94 Exit 131	■ ■													□	□ □ □	□		■ ■			V W	B C		B	■	■ ■ ■
H 5	DeForest, 53532 608-249-9294	Hwy 51 Citgo I-90-94 Exit 132 (US 51)	■ ■ ■	M ■ ■		24 HRS □ ■ □	■ ■	□	■ ■	■ ■	■	F C	■	□ ■ □	□ □	□	□ □ □	□ □ □	□ □ □	□ □	■ □ ■	■	V W	B B	B B	B B	■	■ ■ ■
H 5	DeForest, 53532 608-249-9000	TravelCenters of America/Madison I-90-94 Exit 132 (US 51) (TA)	24 HRS ■ ■	XL ■ ■		24 HRS ■ ■ □	■ ■		■ ■	■ ■	(DAT) ■ (TA)	■ F C U F T	■	(CAT)	(Bridgestone/Firestone)	■ ■	□ ■ ■	■ A R □	■ ■ □	□ ■	■ □	■ ■	■ ■ W	B B	F B	B B	■	■ ■ ■
H 5	DeForest, 53532 608-246-3040	Trucker's Inn #1 (Shell) I-90-94 Exit 132 (US 51)	24 HRS ■ ■	XL ■ ■	■	24 HRS □ □	■ ■	□ □ □	■ ■	■ ■	(DAT) ■	F C	□	■ ■ ■	■ ■	■ ■	□ ■ ■	■ □ ■	■ ■ □	■ ■	■ □	■ ■	V W	B B	B B	B B	■	■ ■ ■
F 6	Denmark, 54208 920-863-2127	Village Mart (Citgo) I-43 Exit 171	■ ■ ■ ■	S ■		□ ■	■	□	■ ■	□		F C	□ ■		□ □		□		□ □ □		■ ■	■	W				■	■ ■ ■
F 6	DePere, 54115 920-339-8880	City Limits Express (Mobil) Hwy PP & O'Keefe Rd	■ ■ ■			□ □ □	■	□ □		□		□	□ ■						□ □ □		■	■	V W					■ ■ ■
F 6	DePere, 54155 920-336-9199	L&M Quik Stop (BP) US 41 Exit 157	■ ■ ■				■					F C	■								■		W	B		B	■	■ ■ ■
I 4	Dodgeville, 53533 608-924-1524	151 Express (Mobil) 6189 US 18-151	■ ■ ■	M		■ ■	■	□	■ ■	■		F C	□ ■		□		□		□ □ □		■ □	■	V W	B B	F B B	B B	■	■ ■ ■
I 4	Dodgeville, 53533 608-935-9777	Dodgeville Truck Stop (Shell) US 18 & US 151	24 HRS ■ ■	M ■ ■	■	■ □ □	■ ■	□ □ □	■ ■	■ ■		F C □	□ ■	□	□ □		□ □	□	□ □ □		■ □	■	V W	B B	B B	B B	■	■ ■ ■
F 1	Durand, 54736 715-672-8935	Handy Mart (Conoco) US 10 & WI 25	■ ■ ■			□ ■ □	■	□		□		□	□ ■		□ □		□		□ □ □			■	V W					■ ■ ■
C 5	Eagle River, 54521 715-479-2088	Citgo Quik Food Mart 114 W Pine	■ ■ ■			□ ■ □	■	□ □		□		□	□ ■		□ □		□ □ □	□	□ □ □			■	W	C				■ ■ ■
C 5	Eagle River, 54521 715-479-8202	ICO (Marathon) 5077 WI 70 W	■ ■ ■			□ □ □	■	□ □		□			□ ■		□ □		□ □	□	□ □ □				V W					■ ■ ■
I 6	East Troy, 53120 262-642-5858	Side View Travel Center (Citgo) I-43 Exit 36 (WI 120 S)	■ ■ ■	S ■		□ □ □	■	□		□			□		□ □		□ □	□	□ □ □		□		V W	B B		B		■ ■ ■
I 6	East Troy, 53120 262-642-1400	Road Ranger #236 I-43 Exit 38 (WI 20 W)	24 HRS ■ ■			□ ■ ■	■	□		□		F	□ ■		□ □	□	□ □ □	□	□ □ □			■ ■	W	B B	F B B	B B	■	■ ■ ■
E 2	Eau Claire, 54703 715-874-6662	Mega Mart #1201 (Citgo) I-94 Exit 59 (1/4 mi E on US 12)	24 HRS ■ ■ ■	M ■ ■		□ ■ ■ □	■ ■	□	■	□		F C F	■	□ □ □	□ □		□ □ □	□ □	□ □ □		■ ■	■	V W	B B	B B	B B	■	■ ■ ■
E 2	Eau Claire, 54703 715-874-6930	Holiday Station # 16 I-94 Exit 59 (US 12)	24 HRS ■ ■	M ■ ■		□ ■ □	■ ■		■ ■			F C T	□ ■	■ ■ ■	□ □	□	□ □ □	□	□ □ □		■ ■	■	V W	B B	B B	B B	■	■ ■ ■
E 2	Eau Claire, 54703 715-834-5080	Handy Mart (Conoco) US 53 & Eddy Lane	■ ■ ■			□ □ □	■	□ □		□			□ ■						□ □ □		■	■	V W					■ ■ ■
G 6	Eden, 53019 920-477-4203	Rahns Corner (Citgo) CR B & CR V	■ ■ ■	S$ ■ ■		■ □	■	□				□	□ ■		□		□		□ □ □		■ □ ■	■	W					■ ■
E 4	Edgar, 54426 715-352-2414	Customer One Co-op Truck Stop (Cenex) WI 29 & CR H	24 HRS ■ ■	S ■ ■		■ ■ ■	■ ■		■ ■	■		F C	■	■ ■ ■					□ □ □		■	■	W	B B	B B	B B	■	■ ■ ■
I 5	Edgerton, 53534 608-884-9451	Edgerton Shell Oasis I-90 Exit 160 (US 51 & WI 73) (AMBEST)	24 HRS ■ ■ ■	XL ■ ■	■	24 HRS □ ■ □	■ ■	□	■ ■	■ ■	(DAT) (power logo)	■ F C T	■ ■	■ ■ ■	■ ■	■ ■	■ ■ ■	■ A R	■ ■ □		■ □ ■	■ ■	■ V W	B B	F B B	B B	■ ■	■ ■ ■
F 2	Ettrick, 54627 608-525-2820	BP Corner Mart 22753 US 53 & Caroline St	24 HRS ■ ■			□ ■	■			□		F C	□ ■						□ □ □		■	■	V W	C			■	■ ■ ■
C 6	Florence, 54121 715-528-5263	Citgo Quik Food Mart US 2-141	■ ■ ■			□ ■ □	■	□		□			□ ■				□ □	□			□		V W	F				■ ■ ■
G 6	Fond du Lac, 54935 920-929-6104	Rolling Meadows Travel Plaza (Marathon) 311 W Rolling Meadows Dr	■ ■ ■	S		□ □ □	■	□ □		□	(DAT)	F C U	□ ■	■ ■ ■	□		□ □ □		□ □ □		■ ■	■	V W	B B	B B	B B	■	■ ■ ■
G 6	Fond du Lac, 54935 920-921-1500	Stretch Truck Stop (BP) US 41 & CR OO	24 HRS ■ ■	L ■		24 HRS □ ■ ■	■ ■	□ □ □	■ ■	■ ■	(DAT)	F C U F T	□ ■	■ ■ ■	□ □	□	□ □ □	□ □	■ □ □	■ ■	■	■ ■	■ ■ V W	B B	B B	B B	■	■ ■ ■
F 6	Forest Junction, 54123 920-989-3250	Railway Junction Fast Stop (BP) US 10 & WI 57	■ ■ ■	M ■		■	■		■			F C T	□ ■		□ □		□ □	□	□ □ □	□ □	■	■	V W	B B	B	B B	■	■ ■ ■
F 6	Francis Creek, 54214 920-686-9032	Fun-N-Fast Travel Center (Citgo) I-43 Exit 157	■ ■ ■	M ■ ■	■	■	■ ■		■ ■	■ ■		F C	□ ■		□ □		□		□ □ □		■ ■ ■	■	V W	B B	F B B	B B	■	■ ■ ■
F 6	Francis Creek, 54214 920-684-4300	OCS Hotstop Travel Plaza I-43 Exit 157	24 HRS ■ ■	M ■		■ ■	■ ■		■ ■	■ ■	(DAT)		□ ■	■ ■ ■							■ ■	■		B B	F B	B B		■ ■ ■
I 6	Franklin, 53132 414-425-7332	Hodach Petroleum (Citgo) WI 36 & WI 100	■ ■ ■	S ■		■ □ □	■	□					□ ■								■ ■	■	V W					■ ■ ■

THE TRUCKER'S FRIEND® - WISCONSIN

How to interpret the page

■means available at truck stop □means available nearby

in the overnight lot column:
S means room for 5 - 24 trucks
M means room for 25-74 trucks
L means room for 85-149 trucks
XL means room for 150+ trucks
$ means a parking fee may be charged

code at left-hand side of rows is the state map grid reference

a key to advertising logos is on page 25

Services may change without notice. When in doubt, call ahead.

Column headings — Motor Fuel: Truck Diesel, Self Service Diesel, Metered Propane, Gasoline. Driver Services — Parking: Overnight Lot ($), Paved Lot, Trailer Drop, Electric Plug-Ins, Safe Haven/Hazmat; Food: Restaurant, Fast Food, Table Phones; Stores: Motel, Convenience, Trucker/Travel, Shopping Center, Walmart/Kmart, Grocery; Showers: Ladies, Men's, TV/Drivers Lounge, Laundry; Communication: Load Monitor, Internet Kiosk, Wi-Fi Hotspots, Document Scanning, Public Fax/Copier, UPS/FedEx/Tripak Box, Religious Services, State Lottery. Vehicle Services — Scales; Tires: Axle, Platform, Certified; Repairs: New Tire Sales, Repairs, Shop Open 24 Hrs, DOT Inspection, Major Repairs, Minor Repairs; Road Svcs: Oil Change/Lube, Minor Welding, AC/Reefer, CB, Tire, Mechanical, Towing; Wash: Truck (Exterior), Trailer Washout. RV Info: RVs Welcome, Dumping Station, Propane (Bottle). Financial Services: ATM, Can Wire Money Out, Money Orders, Natso Check-Link, Western Union, Voyager, Wright Express, Comdata (Comchek), EFS, Fuel Man, Multi Service (C=Checks, F=Fuel Cards, B=Both). Permit Svcs. Credit Cards: TCH, T-Chek, Fleet One, Buy/Pay at Fuel Desk, All Prepaid Permit Svcs, American Express, Visa/Mastercard, Discover.

Grid	City / Phone	Truck Stop / Location	Motor Fuel	Parking / Food	Stores / Showers / Communication	Scales / Tires	Repairs / Road Svcs / Wash	RV Info	Financial Services	Permit Svcs	Credit Cards
F5	Fremont, 54940 920-446-3344	Fremont Citgo WI 96 E & WI 110	24 HRS ■ ■	M ■ ■	□ ■ □ ■ ■ □	F C F □ ■			■ □ ■ ■	V W	B C B C B ■ ■ ■ ■
G4	Friendship, 53934 608-339-2218	Friendship Corners (BP/Amoco) 1610 Hwy 13 & Hwy 21	■ ■ ■	S ■	□ ■ □ ■ ■ ■	□ ■	□ □	□ □ □	■ □ ■ ■	V W	B C C B C C ■ ■ ■
F6	Green Bay, 54311 920-863-5485	I-43 Shell I-43 Exit 178 (US 29 E)	24 HRS ■ ■	S ■	□ ■ ■ □ □	□ ■ □ □ □ □	□ □	□	■ ■ ■	V W	B B F B B B B ■ ■ ■ ■
F6	Green Bay, 54115 920-336-6402	Country Express Auto/Truck Stop (Citgo) I-43 Exit 180 (1/2 mi W to WI 172 & GV)	24 HRS ■ ■	L ■ ■ ■	24 HRS □ ■ ■ ■ ■ ■ ■ ■ [DAT logo]	F C U F T ■ ■ [CAT logo]	□ □ □ □ □ □ □ □ □	□ □ □ ■ ■ ■	■ ■	V W	B B B B B B ■ ■ ■ ■
F6	Green Bay, 54313 920-434-8929	Lineville Travel Mart (Mobil) US 41 & Lineville (2 mi N of I-43 X 192)	■ ■ ■	M ■ ■	■ ■ ■ ■ □ ■ ■ ■ ■	F C ■		□ □ □	■ ■ ■	V W	B B B B B ■ ■ ■ ■
F6	Green Bay, 54313 920-865-4333	Maplewood Shell WI 29 NW & Milltown Rd	24 HRS ■ ■	S ■ ■	■ ■	F C ■		□ □ □	■ ■ ■	V W	B F C F ■ ■ ■
H6	Hartford, 53027 262-673-6079	Rapid Mart (BP) 5720 WI 60 & Kettle Moraine Rd	■ ■ ■ ■	S ■ ■	■ ■	F C □ ■			■ □ ■ ■	V W	■ ■ ■ ■
H6	Hartford, 53027 262-644-7878	Addison Station Citgo US 41 & Hwy K	■ ■ ■	S ■ ■	■ ■	F C ■	□ □	□ □ □	■ ■ ■	V W	B B B B B ■ ■ ■ ■
H6	Hartland, 53029 262-367-4675	Cardinal 83 Mobil WI 16 Exit 181 (1/2 mi S on WI 83)	■ ■		□ □ ■ □ □	□ □ ■	□ □ □	□ □ □	■	V W	C ■ ■ ■
I3	Hazel Green, 53811 608-854-2533	Southwest Mart (Citgo) 3515 WI 11-80 N	■ ■ ■	S ■	■ ■ □ □	F C □ □ ■	□ □	□ □	■	W	B C ■ ■ ■ ■
F3	Hixton, 54635 715-963-3701	Hixton Travel Plaza (66) I-94 Exit 105 (WI 95)	■ ■ ■	S ■ ■	■ □ ■ ■ ■ ■ ■ ■	F C □ □ ■	□ □	□ □ □	■ ■	V W	B B B B B ■ ■ ■ ■
H6	Horicon, 53032 920-485-6610	Kwik Trip #332 305 Barstow St	■ ■		□ □ ■ ■ □ □ □	C □ ■	□ □ □ □ □	□ □ □	■ ■ ■	V W	B C F C ■ ■ ■
F6	Hortonville, 54944 920-779-6151	Kwik Trip #740 261 WI 15 E	24 HRS ■		□ □ ■ □ □	■			■ ■ ■	V W	C B ■ ■ ■
E1	Hudson, 54016 715-386-5835	TravelCenters of America (Mobil) I-94 Exit 4 (US 12) [TA logo]	24 HRS ■ ■	L ■ ■	24 HRS ■ □ ■ ■ □ □ □ ■ ■ ■ ■ [DAT logo] [TA logo]	F C U F T ■ [CAT logo]	[logo] ■ ■ ■ ■ ■ ■ A	■ ■ □	■ ■ ■ ■ ■	V W	B B B B B ■ ■ ■
B2	Iron River, 54847 715-372-4433	O'Brien's Spur C-Store US 2	■ ■ ■	S ■	□ □ □ ■ □ □	□ □ ■			■ □ ■	V W	■ ■ ■
I5	Janesville, 53545 608-755-5792	Mulligan's Truckstop (66) I-90 Exit 171 A (WI 26 N)	24 HRS ■		□ □ □ ■ □ □ □ □	□ ■ □ □ □ □ □	□ □ □ □ □ □ □	□ □ □ □	■ ■	V W	B B F B B ■ ■ ■
I5	Janesville, 53545 608-755-6144	Road Ranger Travel Center #107 (Citgo) I-90 Exit 171 A (WI 26 S)	24 HRS ■ ■	M ■ ■	24 HRS □ ■ ■ ■ □ □ □ ■ ■ ■ ■ □	F C □ □ ■ □ □ □ □ □	□ □ □ □ □ □	□ □ □ □	■ ■ ■ ■	V W	B B F B B B B ■ ■ ■ ■
I5	Janesville, 53545 608-752-8700	TravelCenters of America (Mobil) I-90 Exit 171 C (US 14) [TA logo]	24 HRS ■ ■	XL ■ ■	□ ■ ■ ■ ■ □ □ □ ■ ■ ■ ■ [DAT logo] [TA logo]	F C U F T □ ■ [CAT logo]	□ □ □ □ □ □	□ □ □ □ □	■ ■ ■	V W	B B F B B B ■ ■ ■ ■
I5	Janesville, 53546 608-758-3540	J&R Quick Mart (BP) I-90 Exit 175 B (WI 11 E)	24 HRS ■ ■	S ■	□ ■ ■ □ ■ □	F	□ □ □ □ □ □		■	V W	B B ■ ■ ■
I6	Jefferson, 53549 920-674-6767	Main Street Station (Shell) WI 26 S	■ ■		□ □ □ ■ □ □ □	F C F ■	□	□ □ □	■ ■	W	B C ■ ■ ■
H6	Johnson Creek, 53038 920-699-2766	Pine Cone Travel Plaza (Shell) I-94 Exit 267 (WI 26)	24 HRS ■ ■	L ■ ■	24 HRS ■ ■ □ ■ ■ ■ ■ ■ ■	F C U F T □ [CAT logo]	□ □ □ □ □	□ □ □	■ ■ ■	V W	B B B B B B ■ ■ ■ ■
I5	Juda, 53550 608-934-5588	Olin's Juda Oasis (Mobil/Exxon) 2616 WI 11-81 W	■ ■ ■	M ■ ■ ■	■ ■ ■ ■	F C □ ■ □ □ □ □	□ □ □ □ □ □	□ □ □ □	■ ■ ■ ■	V W	B B B B B ■ ■ ■ ■
H6	Juneau, 53039 920-386-4949	Wild Goose Station (BP) WI 33 & CR 5948 W	■ ■ ■	S ■	□ ■ ■ □ □	F C □ ■	□		■ ■ ■	V W	B B B B ■ ■ ■ ■
F6	Kaukauna, 54130 920-766-4747	The Badger Quick Stop (Citgo) US 41 Exit 150 (CR J)	■ ■ ■ ■	S ■	□ ■ ■ □	F C □ ■ □ □ □ □ □	□ □ □	□ □ □	■ □ ■ ■	V W	B ■ ■ ■ ■
I7	Kenosha, 53144 262-652-2828	Sports Plaza Mobil Mart WI 31 & 158	■ ■ ■		□ □ □ ■ □ □ □ □	□ □ ■		□ □ □	■	V W	■ ■ ■
H6	Kewaskum, 53040 262-626-8471	BP/Amoco of Kewaskum 890 US 45	■ ■ ■	S ■	□ ■ □ ■ □ □	C □ ■			■ ■ ■	V W	B C B C C ■ ■ ■ ■
G2	LaCrosse, 54603 608-785-2344	Kwik Trip #829 507 WI 35	■ ■ ■		□ □ □ ■ □ □ □	C □ ■		□ □ □	■ ■ ■	V W	B C F C C ■ ■ ■
H5	Lake Mills, 53551 920-648-3033	Kwik Trip #306 I-94 Exit 259 (WI 89 S)	24 HRS ■ ■	S ■ ■	□ □ □ ■ □ □	F C □ ■	□ □ □ □ □ □	□ □ □	■ ■ ■ ■ ■	V W	B B F B B B B ■ ■ ■ ■

THE TRUCKER'S FRIEND® - WISCONSIN

How to interpret the page

■ means available at truck stop □ means available nearby

In the overnight lot column:
S means room for 5 - 24 trucks
M means room for 25-74 trucks
L means room for 85-149 trucks
XL means room for 150+ trucks
$ means a parking fee may be charged

code at left-hand side of rows is the state map grid reference

a key to advertising logos is on page 25

Services may change without notice. When in doubt, call ahead.

Column groups: Motor Fuel (Truck Diesel, Self Service Diesel, Metered Propane, Gasoline); Parking (Overnight Lot, Paved Lot, Trailer Drop); Food (Electric Plug-ins, Safe Haven/Hazmat, Restaurant, Fast Food); Stores (Table Phones, Motel, Convenience, Trucker/Travel, Shopping Center, Walmart/Kmart, Grocery); Showers (Ladies, Men's); Communications (TV/Drivers Lounge, Laundry, Load Monitor, Internet Kiosk, Wi-Fi Hotspots, Document Scanning, Public Fax/Copier, UPS/FedEx/Tripak Box); Scales (Religious Services, State Lottery, Platform, Certified); Tires (Axle, New Tire Sales, Repairs); Repairs (Shop Open 24 Hrs, DOT Inspection, Major Repairs, Minor Repairs, Oil Change/Lube, Minor Welding); Road Svcs (AC/Reefer, CB, Tire, Mechanical, Towing); Wash (Truck (Exterior), Trailer Washout); RV Info (RVs Welcome, Dumping Station, Propane (Bottle)); Financial Services (ATM, Can Wire Money Out, Money Orders, Natso Check-Link, Western Union, Voyager/Wright Express, Comdata/Comchek, EFS, Fuel Man, Multi Service, TCH; C=Checks, F=Fuel Cards, B=Both); Permit Svcs (T-Chek, Fleet One, Buy/Pay at Fuel Desk, All Prepaid Permit Svcs); Credit Cards (American Express, Visa/MasterCard, Discover)

Grid	Location / Phone	Truck Stop / Address	Motor Fuel	Parking	Food	Stores	Showers	Communications	Scales	Tires	Repairs	Road Svcs	Wash	RV Info	Financial Services	Permit Svcs	Credit Cards
H 5	Lake Mills, 53551 920-648-3408	Lake Oasis Travel Plaza (Citgo) I-94 Exit 259 (WI 89)	24 HRS ■ ■	XL ■ ■	■	24 HRS □ ■ ■	■ ■	□ ■ ■ ■ DAT ■	F C U F	□ ■	■ ■ ■ ■ ■ ■	■ ■ ■ ■	■ A R	■ ■ ■	■ ■ ■ ■ ■ ■ ■ V W	B B	B B B ■ ■ ■ ■
D 6	Lakewood, 54138 715-276-3270	Citgo Quik Food Mart WI 32	■ ■ ■	S ■ ■		□ ■ □	■	□ □		□ ■				□ □ □	■ □ ■ W		■ ■ ■
I 3	Lancaster, 53813 608-723-7800	People's Community Oil Co-Op 319 US 61 North	■ ■ ■ ■			□ ■ ■ □	■	□ □ □	□	□ ■	□ □	□ □ □ □		□ □ □	□ ■ W	B	■ ■ ■
C 5	Land O Lakes, 54540 715-547-6640	Citgo Quik Food Mart US 45 & CR B	■ ■ ■			□ ■ □	■	□ □		□ ■					■ V W		■ ■ ■
D 5	Laona, 54541 715-674-2601	Yaeger Oil Co (Mobil) 4902 US 8	■ ■ ■	M ■ ■		□ ■ □	■	□ □	F C	□	□ □ □	□ □		□ □ □	■ □ ■ W	B	■ ■ ■ ■
F 6	Little Chute, 54140 920-788-7989	Moasis Truck Stop (Mobil) US 41 & CR N	24 HRS ■ ■ ■	M ■ ■		■ ■ ■ □	■	□ ■ ■ ■ DAT ■	F C T F	□ ■	■ ■ □ □	□ □ □ □	□	□ □ □	■ ■ ■ ■ V W	B B	B B B ■ ■ ■ ■
H 6	Lomira, 53048 920-269-4114	Kountry Korners Mini Mart (Exxon) US 41 & WI 67	■ ■ ■	M ■ ■		□ □ □	■	□ □		□ ■					■ ■ V W	B B	B B ■ ■ ■
H 6	Lomira, 53048 920-269-7621	BP Hi-Way Hop US 41 & WI 67	■ ■ ■	S ■		□ ■ □	■	□ □	C	□ ■	□ □	□		□ □ □	■ ■ V W	B	F B B ■ ■ ■
H 6	Lomira, 53048 920-269-7799	Mid Point Mobil US 41 & WI 67	■ ■ ■	S	■	□ ■ □	■	□ □	F C	□ ■					■ ■ ■ V W	B B	C B B ■ ■ ■ ■
H 4	Lone Rock, 53556 608-583-3835	Lone Stop Shell US 14 & WI 130	■ ■ ■	S ■ ■		■ ■ ■	■	□	F C	□ ■					■ ■ ■ W		B ■ ■ ■ ■
G 4	Lyndon Station, 53944 608-666-3771	Scully Interstate Shell I-90-94 Exit 79 (WI HH)	24 HRS ■ ■	S ■ ■		□ ■ □	■ ■	□ ■ ■ □	F C	□	□ □	□ □ □ □ □ □		□ □ □	■ □ ■ ■ V W	B B	B B B ■ ■ ■ ■
H 5	Madison, 53718 608-222-1149	Wagner's Mobil I-90 Exit 142 (US 12-18)	■ ■ ■			□ ■ □	■			□ ■	□ □	□ □		□ □ □	■ ■ V W		■ ■ ■
G 6	Manitowoc, 54220 920-684-4743	Manatowoc Shell I-43 Exit 149 (US 151 E)	24 HRS ■ ■ ■	S ■ ■		□ ■ □	■	□ □ ■ □	F C U	□ ■	□ □	□ □ □ □		□ □ □	■ □ ■ ■ ■ ■ V W	B C	B B B C ■ ■ ■ ■
B 2	Maple, 54854 715-363-2543	Sundown Cafe & Truck Stop (ICO) US 2 E	■ ■ ■	S ■ ■		■	■		F C	□ ■	□ □	□ □		□ □ □	■ ■ W		B B ■ ■
F 6	Maribel, 54227 920-863-8606	Maribel Express (Citgo) I-43 Exit 164 (Hwy Z West)	■ ■ ■	S ■ ■		□	■	■	F C	□ ■					■ □ ■ ■ V W	B C	B F ■ ■ ■ ■
E 7	Marinette, 54143 715-732-9620	River Cities Travel Plaza (Exxon) US 41 & 2700 Cleveland Ave E	24 HRS ■ ■	M ■		■ ■ □	■ ■	□ □ □ ■ ■ ■ □	F C □	□ ■	■ ■ ■ ■ ■ ■ ■	■ ■ ■ ■	R ■	■ ■ ■ ■ ■	■ □ ■ ■ V W	B B	B B B B ■ ■ ■ ■
F 4	Marshfield, 54449 715-384-8055	Weiler Enterprises County Trunk Road A	■ ■ ■	S ■ ■		□ ■ □	■	□ □ □ ■ □	F C □	■	□ □ □ □ □	□ □ □ □ □		□ □ □	■ □ ■ ■ V W	B B	B ■ ■ ■ ■
G 4	Mauston, 53948 608-847-3321	Pilot Travel Center #164 I-90-94 Exit 69 (WI 82 E)	24 HRS ■ ■	L ■ ■		□ ■ ■ □	■	□ □ ■ ■ DAT ■	F C U F T	CAT	□ □	□ □ □ □	□	□ □ □	■ ■ ■ ■ ■ ■ ■ V W	B B F	B B B ■ ■ ■ ■
G 4	Mauston, 53948 608-847-4384	Cenex Travel Mart I-90-94 Exit 69 (WI 82 E)	24 HRS ■ ■	M ■ ■ ■		□ ■ □	■ ■	□ □ □ ■ ■ □	F C □	□ ■	□ □ □ □ □	□ □ □ □		□ □ □	■ □ ■ ■ V W	B C	B B B B ■ ■ ■ ■
G 4	Mauston, 53948 608-847-2333	Kwik Trip #775 (BP) I-90-94 Exit 69 (WI 82 E)	24 HRS ■ ■	L ■ ■		24 HRS □ □	■ ■	□ □ □ ■ ■ ■ DAT ■	F C U F T	□ ■	■ ■ ■ □ □	□ □ □ □ □ □		□ □ □	■ ■ ■ ■ ■ V W	B B F	B B B B ■ ■ ■ ■
E 3	Medford, 54451 715-748-4696	Citgo Quik Food Mart 341 WI 13 S	■ ■ ■			□ ■ □	■	□ □ □	C □	□ ■	□ □	□		□ □ □	□ V W	B	■ ■ ■
E 3	Medford, 54451 715-748-4294	R-Store (Mobil) 805 WI 13 N	■ ■ ■	S		□ □ □	■	□ □ □ □	F C	□ ■	□ □	□ □ □ □		□ □ □	□ ■ W		■ ■ ■ ■
E 1	Menomonie, 54751 715-235-1166	Cenex 45 Auto/Truck Plaza I-94 Exit 45 (CR B)	24 HRS ■ ■ ■	M ■ ■		24 HRS □ ■ □	■ ■	□ ■ ■ DAT	F C T	■ CAT	□ □	□ □ □ □		□ □ □ □ □	■ ■ ■ V W	B B	B B B B ■ ■ ■ ■
E 1	Menomonie, 54751 715-235-8755	Kwik Trip #674 (BP) I-94 Exit 45 (CR B)	24 HRS ■ ■	L ■ ■		□ ■ ■ ■	■	■ ■ ■ ■ DAT ■	■ F C U F T	■ ■ ■		□ □ □		□ □ □ ■ ■	■ □ ■ ■ ■ V W	B B F	B B B B ■ ■ ■ ■
C 4	Mercer, 54547 715-476-2900	Citgo Quik Food Mart US 51	■ ■ ■			□ □ □	■	□ □	C	□ ■					□ ■ V W	B	■ ■ ■
E 4	Merrill, 54452 715-536-1912	Hwy 51 Truck Stop (BP) I-39 Exit 205 (CR Q)	24 HRS ■ ■	M ■ ■		24 HRS □ ■	■ ■	□ □ ■ ■ ■ ■	F C	□ ■					■ ■ V W	B B	B B B B ■ ■ ■ ■
E 4	Merrill, 54452 715-536-3455	Pine Ridge Mobil Station US 51 & WI 64	24 HRS ■ ■ ■			□ □ □	■	□ □ □ □	F C U F	□ ■	□ □			□ □ □	■ ■ ■ ■ ■ V W		■ ■ ■ ■
H 6	Milwaukee, 53225 414-462-6632	Kaul Mart (Citgo) 5931 N 91st St	■ ■ ■			□ □ □	■	□ □ □ □	□	□ ■	□ □	□ □ □		□ □ □	■ ■ V W		■ ■ ■

THE TRUCKER'S FRIEND® - WISCONSIN

How to interpret the page

■ means available at truck stop □ means available nearby

in the overnight lot column: S means room for 5 - 24 trucks; M means room for 25-74 trucks; L means room for 85-149 trucks; XL means room for 150+ trucks; $ means a parking fee may be charged

code at left-hand side of rows is the state map grid reference

a key to advertising logos is on page 25

Services may change without notice. When in doubt, call ahead.

Column groups: MOTOR FUEL (Truck Diesel, Self Service Diesel, Metered Propane, Gasoline); Driver Services — PARKING (Overnight Lot ($), Paved Lot, Trailer Drop, Electric Plug-Ins, Safe Haven/Hazmat), FOOD (Restaurant, Fast Food, Table Phones), STORES (Convenience, Motel, Trucker/Travel, Shopping Center, Walmart/Kmart, Grocery), SHOWERS (Ladies, Men's, TV/Drivers Lounge), COMMUNICATION (Laundry, Load Monitor, Internet Kiosk, Wi-Fi Hotspots, Document Scanning, Public Fax/Copier, UPS/FedEx/Trippak Box, Religious Services, State Lottery); Vehicle Services — SCALES (Platform, Axle, Certified), TIRES (Repairs, New Tire Sales, Shop Open 24 Hrs), REPAIRS (DOT Inspection, Major Repairs, Minor Repairs, Oil Change/Lube, Minor Welding), ROAD SVCS (AC/Reefer, CB, Tire, Mechanical), WASH (Towing, Truck (Exterior), Trailer Washout); RV Info (RVs Welcome, Dumping Station, Propane (Bottle)); Financial Services (ATM, Can Wire Money Out, Money Orders, NATSO Check-Link, Western Union, Voyager/Wright Express, Comdata (Comchek) — C=Checks, F=Fuel Cards, B=Both); Permit Svcs (EFS, Fuel Man, Multi Service, TCH, T-Chek); Credit Cards (Fleet One, Buy/Pay at Fuel Desk, All Prepaid Permit Svcs, American Express, Visa/Mastercard, Discover)

Location	Truck Stop	Motor Fuel / Parking	Food	Stores / Showers	Communication	Scales / Tires	Repairs / Road Svcs / Wash	RV Info	Financial Services	Permit Svcs	Credit Cards
H Milwaukee, 53225 6 414-527-3887	Roettgers' Mobil US 45 & Silver Spring Dr	24 HRS ■ ■		□ □ □ ■ □ □ □	□	F □ ■	□ □ □ □ □ □		□ ■ ■	V W	■ ■ ■ ■
C Minong, 54859 2 715-466-5899	Link Stop #1 (66) 1030 US 53/WI 77 W	24 HRS ■ ■ ■	M ■	■ □ ■ ■ □	■ ■ ■ □	F C □ □		□ □ □	■ ■ ■ ■	V W B	B B ■ ■ ■ ■
C Minong, 54859 2 715-466-5243	Baillie's Citgo 511 US 53	■ ■ ■		□ □ □ ■ □	□	□ □ ■		□ □ □	■	V W	■ ■ ■
G Mount Calvary, 53057 6 920-923-6655	B&B Express (Citgo) WI 23 & CR W	■ ■ ■	M ■ ■	■ ■		□ ■			■ ■	V W	■ ■ ■
I Mukwonago, 53149 6 262-363-2371	BJ's BP I-43 Exit 43 (WI 83)	■ ■ ■	S ■ ■	□ □ □ ■ □	□	F C □ □ ■	□ □	□ □ □	■ □ ■ ■ ■	V W B B F B B	B B ■ ■ ■ ■
H Muscoda, 53573 3 608-739-3733	Muscoda Mini Mart (Citgo) WI 80-133 & Wisconson Ave	■ ■ ■		□ ■ □ ■	□	□ ■	□ □ □ □	□ □ □	□	V W	■ ■ ■
G Necedah, 54646 4 608-565-7744	Kwik Trip #399 100 WI 21	24 HRS ■ ■		■		■			■ ■ ■	V W B	B B ■ ■ ■
F Neenah, 54956 6 920-722-3048	Citgo Quik Food Mart 1305 S Commercial	■ ■ ■		□ □ □ ■ □ □	□	C □ ■			■	V W	■ ■ ■
D New Auburn, 54757 2 715-237-2585	Bridge Stop (BP/Amoco) US 53 Exit 118	■ ■ ■		□ ■ □	□	F C □ ■		□ □ □	■ ■ ■	V W B	■ ■ ■ ■
I New Glarus, 53574 4 608-527-2112	Cenex Ampride 1401 WI 39-69 (S of Junction)	■ ■ ■		□ □ □ ■ □	□	□ ■	□ □ □ □	□ □ □	□ ■	V W	■ ■ ■
G New Holstein, 53061 6 920-898-1301	Fannin's Mobil Mart WI 57	■ ■ ■		□ ■ □ ■ □	□	C □ ■	□ □ □ □ □	□ □ □	■ ■	W	■ ■ ■
G New Lisbon, 53950 4 608-562-3838	New Lisbon Travel Center (Citgo) I-90-94 Exit 61 (WI 80)	24 HRS ■ ■	M ■ ■	24 HRS □ ■ □ ■ ■ □	■ ■ ■ ■ DAT	F C □ ■ ■ ■		□ □ □	■ ■ ■ ■	V W B B	B B B B ■ ■ ■ ■
G New Lisbon, 53950 4 608-562-6000	The Bunk House (Mobil) I-90-94 Exit 61 (WI 80)	24 HRS ■ ■	M ■ ■	■ ■ ■ ■ ■ □	■ ■ ■ ■	F C □ ■ □ □ □		□ □ □	■ ■ ■	V W B B	B B B B ■ ■ ■ ■
F New London, 54961 5 920-982-7232	New London Travel Plaza (Citgo) 1280 US 45 Business (N of 54)	24 HRS ■ ■	M ■ ■ ■	□ ■ □ ■ ■ □ □ □	■ ■ ■ □ DAT	F C F □ ■	□ □ □ □ □ □ □	□ □ □	■ □ ■ ■	V W B	B ■ ■ ■ ■
F New London, 54961 5 920-982-7530	Kwik Trip #792 1500 US 45 Business (S of 54)	24 HRS ■ ■		□ □ □ ■ □ □	□	C □ ■			■ ■ ■	V W B F B	■ ■ ■
D Niagara, 54151 6 715-251-3540	Citgo Quik Food Mart US 141 (S of US 2)	■ ■ ■		□ ■ □		□ ■				W B	■ ■ ■
I Oak Creek, 53154 6 414-761-0482	Flying J Travel Plaza #05124 I-94 Exit 322	24 HRS ■ ■ ■	XL ■	24 HRS ■ ■ □ ■ ■	■ ■ ■ Flying J Flying J Flying J	U F T □ ■ Flying J	□ □ □ □ □	□ □ □ □	■ ■ ■ ■	V W B	B B B ■ ■ ■ ■
I Oak Creek, 53154 6 414-761-1393	Pilot Travel Center #040 I-94 Exit 322 (Ryan Rd)	24 HRS ■ ■	XL ■ ■	24 HRS ■ ■ □ ■ ■ □	■ ■ ■ □ DAT ■	U F T ■ CAT	□ □ □ □ □	□ □ □ □ □	■ ■ ■ ■ ■ ■	V W B B F B	B B ■ ■ ■ ■
G Oakdale, 54649 3 608-374-3130	Road Ranger Travel Center #209 (Citgo) I-90-94 Exit 48	24 HRS ■ ■	M ■ ■	■ ■ □ ■ ■	■ ■ ■	F C T ■ CAT	□ □ □ □ □ □	□ □ □	■ □ ■ ■ ■	V W B B F B B	B B ■ ■ ■ ■ ■
E Oconto, 54153 6 920-834-3431	Citgo Quik Food Mart 223 US 41 (S of WI 22)	■ ■ ■		□ □ □ ■ □	□	□ □ ■	□ □ □	□ □ □	□	W C	C ■ ■ ■
G Omro, 54963 6 920-685-5727	Omro Travel Center (Amoco) WI 21 E & Alder	■ ■ ■	S ■	□ ■ □ ■ □	□	□ ■			■ ■	V W	■ ■ ■
G Onalaska, 54650 2 608-783-6061	Kwik Trip #767 I-90 Exit 3 (229 Oak Forest Dr)	24 HRS ■ ■		□ □ □ ■ □ □ □	□	C □ ■ □ □ □ □ □	□ □ □	□ □ □ □	■ ■ ■	V W B C F	B ■ ■ ■
G Oshkosh, 54901 6 920-426-2203	Marathon US 41 & WI 110	24 HRS ■ ■	S ■	□ ■ □ ■ □ □	□	F C □ □ ■ □ □ □	□ □ □ □ □ □ □	□ □ □	■ ■ ■ ■	V W B B B	B B ■ ■ ■
G Oshkosh, 54901 6 920-426-2641	Planeview Travel Plaza (Mobil) US 41 Exit 113 (WI 26)	24 HRS ■ ■	XL ■	24 HRS □ ■ □ ■ ■ □ □ □	■ ■ ■ ■ DAT	F C U F T ■ CAT □		□ □ □	■ ■ ■ ■	W B B	B B B B ■ ■ ■
G Oshkosh, 54904 6 920-233-1165	Oshkosh Plaza (BP/Amoco) US 41 Exit 124 (US 45/WI 76 N)	24 HRS ■ ■	M ■ ■	□ ■ □ ■ □	□	F C T F □ ■ CAT	□ □ □ □ □ □ □	□ □ □ □ □ □	■ ■ ■ ■	V W B B	B B B B ■ ■ ■
F Osseo, 54758 2 715-597-2327	Direct Travel Center (Mobil) I-94 Exit 88 (US 10 E)	■ ■ ■		□ □ □ ■ □	□	□ ■ □ □ □ □	□ □ □ □	□ □ □	□ ■	V W C	C ■ ■ ■
F Osseo, 54758 2 715-597-2353	Golden Express Travel Plaza (Shell) AMBEST I-94 Exit 88 (US 10)	24 HRS ■ ■ ■	XL ■ ■	24 HRS □ ■ □ ■ ■ □	■ ■ ■ ■ DAT	U F C T ■ ■ ■ ■ ■ ■ ■	■ ■ ■ ■ A	■ ■ ■	■ □ ■ ■ ■ ■ ■	V W B B F B B	B B ■ ■ ■ ■
F Osseo, 54758 2 715-597-3222	Speedway #4523 I-94 Exit 88 (US 10)	24 HRS ■ ■	S	□ □ □ ■ □	□	F C □ ■	□ □ □	□ □ □	■ ■ ■	W B B	B B ■ ■ ■ ■

THE TRUCKER'S FRIEND® - WISCONSIN

How to interpret the page

■ means available at truck stop □ means available nearby

In the overnight lot column: S means room for 5 - 24 trucks; M means room for 25-74 trucks; L means room for 85-149 trucks; XL means room for 150+ trucks; $ means a parking fee may be charged

Code at left-hand side of rows is the state map grid reference

A key to advertising logos is on page 25

Services may change without notice. When in doubt, call ahead.

Column groups: Motor Fuel (Truck Diesel, Self Service Diesel, Metered Propane, Gasoline); Parking (Overnight Lot ($), Paved Lot, Trailer Drop, Electric Plug-Ins, Safe Haven/Hazmat); Food (Restaurant, Fast Food, Table Phones); Stores (Motel, Convenience, Trucker/Travel, Shopping Center, Walmart/Kmart, Grocery); Showers (Ladies, Men's); Communications (TV/Drivers Lounge, Laundry, Load Monitor, Internet Kiosk, Wi-Fi Hotspots, Document Scanning, Public Fax/Copier, UPS/FedEx/Trippak Box, Religious Services, State Lottery); Scales; Tires (Axle, Platform, Certified, Repairs, New Tire Sales); Repairs (Shop Open 24 Hrs, DOT Inspection, Major Repairs, Minor Repairs, Oil Change/Lube, Minor Welding, AC/Reefer); Road Svcs (CB, Tire, Mechanical, Towing); Wash (Truck (Exterior), Trailer Washout); RV Info (RVs Welcome, Dumping Station, Propane (Bottle)); Financial Services (ATM, Can Wire Money Out, Money Orders, Natso Check-Link, Western Union, Voyager/Wright Express, Comdata/Comchek, EFS, Fuel Man, Multi Service, TCH, T-Chek); Permit Svcs (C=Checks, F=Fuel Cards, B=Both); Credit Cards (Fleet One, Buy/Pay at Fuel Desk, All Prepaid Permit Svcs, American Express, Visa/Mastercard, Discover)

Grid	City / Phone	Truck Stop	Logo	Motor Fuel / Parking	Food	Stores	Showers / Communications	Scales	Tires	Repairs	Road Svcs / Wash	RV Info	Financial Services	Permit Svcs / Credit Cards
G 4	Oxford, 53952 608-589-5200	Oxford Travel Center (Citgo) I-39 Exit 106		■■ ■		■ □	■		■		□		■■	W B B B ■■■
C 3	Park Falls, 54552 715-762-3411	Citgo Quik Food Mart 214 WI 13 S		24 HRS ■ ■		□■ □	■ □ □ □	C	□■	□□	□□□	□□□	□ ■	V W C C C ■■■
C 3	Park Falls, 54552 715-762-3400	Holiday of Park Falls WI 13 S		■■ ■		□□ □	■ □ □ □		□			□□□	□■■	V W B ■■■
E 6	Peshtigo, 54157 715-582-3524	Bayer Truck/Auto Center (BP) US 41 S		■■■■ M	■■■	□■ □	■ □ ■ ■	F C	□■	□■■■	■■■■ ■ □	■■□□	■□■■	V W B C B B ■■■■
D 3	Phillips, 54555 715-339-6443	Citgo Quik Food Mart 125 WI 13 S		■■ ■		□■ □	■ □ □	F	□■					V W B ■■■
F 4	Pittsville, 54466 715-884-2501	Harmony Country Co-op (Cenex) 8315 WI 13-80		■■■■ S	■■■	□■■	■ □ ■ □	F C	□□■	□□	□□□ □□	□□□	■■□■■	V W B B ■■■■
F 5	Plainfield, 54966 715-335-6568	Plainfield BP/Amoco I-39 Exit 136 (WI 73)		24 HRS ■ ■ S	■	□□ □	■ □ □		□	□□□□	□□□	□□■	■ ■	V W B B B ■■■
F 5	Plainfield, 54966 715-335-6188	Plainfield Truck Stop (Mobil) I-39 Exit 136 (WI 73)		24 HRS ■ ■ M	■■■	■ ■	■■ □ ■■■■ DAT	F C	□□■	■■■ □□	□□□□ □	□□□□□	■ ■■■■ ■	V W B B B B B C ■■■■
F 5	Plainfield, 54966 715-335-7339	Plainfield 66 Travel Plaza I-39 Exit 136 (WI 73)		24 HRS ■ ■ M	■■	□■ □	■ □ ■■■■ DAT	F C U	□□■	■■■ □	□□□□ □	□□□	■ ■	V W B B B B B B ■■■■
I 6	Pleasant Prairie, 53158 262-857-9592	Kenosha Truck Stop (66) I-94 Exit 345 (Hwy C)		24 HRS ■■■		□■■□	■■□ □	F C T	□■			□□□□□	□■■■■ ■	V W B B F B B B B ■■■■
F 5	Plover, 54467 715-344-5400	Super 39 Shell I-39 Exit 151 (WI 54)		24 HRS ■ ■ L	■■	□■ □	■■□□□ ■■■■ DAT	F C U F	□■	CAT □□	□□□□ □□■	□□□□□	■ ■	V W B B F B B B B ■■■■
F 5	Plover, 54467 715-345-5078	Schierl Tire & Service US 51 Bus (1/4 mi N of US 51-54 & CR B)		■■ ■		□□ □	□ □ □		□□	■■	□□□□	■□□		C ■■■
H 4	Portage, 53901 608-742-6427	Jim's Food Shop (Amoco) 2219 W Hwy 16		■■ ■		□□ □	■ □□□ □	C	□□	□□	□□□	□□□	■■	V W ■■■
H 4	Portage, 53901 608-742-6676	Kwik Trip #683 I-39 Exit 92		24 HRS ■ ■		□□ □	■ □□ □		□■				■■ ■	V W B F B ■■■
H 4	Portage, 53901 608-742-6455	J&L Food Mart #104 (Mobil) I-90-94 Exit 106 (WI 33 E)		24 HRS ■ ■ M	■■		■						■□	V W B B B B B B ■■■
H 4	Portage, 53901 608-742-6551	Petro Stopping Center #53 I-90-94 Exit 108 A (WI 78 S)	PETRO	24 HRS ■ ■ XL	■■	24 HRS ■■□	■■ ■■■■ DAT ■ (logo)	F C U F T	■	CAT (logo) ■■	■■■ A	■■□■■	■ ■■ ■■	W B B B B B ■■■
E 6	Pound, 54161 920-897-3232	R-Store (Mobil) 4057 US 141 N & Hwy 64		■■ ■		□ □	■	F C	□■			□□□	■	V W C C B B ■■■■
H 5	Poynette, 53955 608-635-7139	North Point Plaza (BP) I-90-94 Exit 115 (CR CS)		■■ ■ M	■■	□	■	F C	■	□□	□□□□	□□□	■ ■	V W B B B B B ■■■■
I 2	Prairie du Chien, 53821 608-326-8155	Krachey's BP/Amoco South 1910 US 18 S		24 HRS ■ ■ M	■■■	■□■■□	■ □□□ ■■■■ (logo)	F C	□□■	□□□	□□□□□ □□	□□□■	■□■□ ■	V W B B F B B B B ■■■■■
D 3	Prentice, 54556 715-428-2360	Prentice Travel Center (BP) US 8 & WI 13		24 HRS ■ ■ M	■■■	■ ■■□	■■ □ ■■□	F C U	□■	□□□□□	□□□□□	□□□	■■ ■ ■	W B B B B B B ■■■■
I 6	Racine, 53177 262-884-7500	Petro Stopping Center #68 (Mobil) I-94 Exit 333 (WI 20 W)	PETRO	24 HRS ■ ■ XL	■	24 HRS ■□	■ ■■■■ DAT ■	F C U F T	■■	CAT (logo) ■■■■■■	■ A R	■■■	■□ ■ ■ ■	V W B B B B B B ■■■
I 6	Racine, 53177 262-886-2738	Citgo Auto/Truck Plaza I-94 Exit 333 (WI 20 W)		24 HRS ■ ■ M	■■■	□■ □	■■ ■■■■ DAT (logo)	F C T	□■	□□□□	□□□□□ □□□	□□□	■□■■ ■ ■	V W B B F B B B B ■■■■
I 6	Racine, 53177 262-886-5441	Kwik Trip #686 I-94 Exit 333 (WI 20)		24 HRS ■ ■ S	■■	□□ □	■ □	F C	■	□□	□□□□□ □□□	□□□	■ ■ ■	V W B B F B B B B ■■■
I 6	Racine, 53177 262-884-4880	I-94-20 Shell Plaza I-94 Exit 333 (WI 20)		24 HRS ■ ■		□□ □	■ □□□		□■			□□□	■ ■	V W F B C ■■■
H 6	Random Lake, 53075 920-994-9601	Midway Mart (Citgo) WI 57 & CR RR		■■ ■		□■ □	■ □ □	F C	□■				■■	W ■■■
H 3	Readstown, 54652 608-629-5717	Kickapoo Kwkstop (Citgo) 896 US 14 W		■■ ■ S		□■	■ ■	F C	□■				■□■■ ■ ■	V W B B B B ■■■■
G 5	Redgranite, 54970 920-566-2276	Kwik Trip #781 549 WI 21 NW		■■ ■ S	■■	□ □	■ □ □		□■			□□□	■■ ■	W B F ■■■
H 4	Reedsburg, 53959 608-524-5544	Viking Express Mart (Amoco) 10 WI 23		24 HRS ■ ■		□■ □	■■ □ □	F C	□		□		■■ ■	V W B B B ■■■■

THE TRUCKER'S FRIEND® - WISCONSIN

How to interpret the page

■ means available at truck stop □ means available nearby

in the overnight lot column:
S means room for 5 - 24 trucks
M means room for 25-74 trucks
L means room for 85-149 trucks
XL means room for 150+ trucks
$ means a parking fee may be charged

code at left-hand side of rows is the state map grid reference

a key to advertising logos is on page 25

Services may change without notice. When in doubt, call ahead.

Driver Services: Motor Fuel (Truck Diesel, Self Service Diesel, Metered Propane, Gasoline); Parking (Overnight Lot ($), Paved Lot, Trailer Drop, Electric Plug-Ins, Safe Haven/Hazmat); Food (Restaurant, Fast Food, Table Phones); Stores (Motel, Convenience, Trucker/Travel, Shopping Center, Walmart/Kmart, Grocery); Showers (Ladies', Men's); Communication (TV/Drivers Lounge, Laundry, Load Monitor, Internet Kiosk, Wi-Fi Hotspots, Document Scanning, Public Fax/Copier, UPS/FedEx/TripPak Box, Religious Services, State Lottery)

Vehicle Services: Scales (Axle, Platform, Certified); Tires (Repairs, New Tire Sales); Repairs (Shop Open 24 Hrs, DOT Inspection, Major Repairs, Minor Repairs, Oil Change/Lube, Minor Welding, AC/Reefer); Road Svcs (CB, Tire, Mechanical, Towing); Wash (Truck (Exterior), Trailer Washout)

RV Info: RVs Welcome, Dumping Station, Propane (Bottle)

Financial Services: ATM, Can Wire Money Out, Money Orders, NATSO Check-Link, Western Union, Wright Express, Comdata (Comchek), Voyager; C=Checks, F=Fuel Cards, B=Both: EFS, Fuel Man, Multi Service, TCH, T-Chek, Fleet One

Permit Svcs: BuyPay at Fuel Desk, All Prepaid Permit Svcs

Credit Cards: American Express, Visa/Mastercard, Discover

Location	Truck Stop	Motor Fuel	Parking	Food	Stores	Showers		Communication			Scales	Tires	Repairs			Road Svcs	Wash	RV Info	Financial Services				Permit Svcs			Credit Cards	
H4 Reedsburg, 53959 608-524-3112	Kwik Trip #838 WI 23 & WI 33	24 HRS ■ ■	S ■ ■		□ □ □	■	□		□		F C F	□ ■	□	□ □		□ □ □	□ □	□ □ □		■ □ ■	■ ■	V W	B B	B	B B		■ ■ ■
D5 Rhinelander, 54501 715-282-6676	Crescent BP/Amoco 6601 US 8 (11 mi E of US 51)	■ ■ ■	S ■		■	■					F C	■			□		□	□ □ □		■ ■	■	V W				■	■ ■ ■
D5 Rhinelander, 54501 715-369-7648	Citgo Quik Food Mart 724 US 8 Business	24 HRS ■ ■			□ ■ □	■	□ □ □		□		□	□ ■	□ □	□ □	□	□ □ □	□ □ □	□ □ □			■	V W	C				■ ■ ■
D5 Rhinelander, 54501 715-362-3363	Hodag Mobil US 8 Business & Hwy 17 Bypass	■ ■ ■			□ ■ □	■	□ □ □		□		F C □	□ ■	■ ■ ■	□ □		□ □ □	□	□ □ □		□ ■	■	V W	C		C	■	■ ■ ■
D5 Rhinelander, 54501 715-362-4144	Kemp Street BP US 8 W (1/4 mi E of 47N)	■ ■ ■	S ■		□ ■ □	■	□ □ □		□			□ ■		□ □	□	□ □ □	□ □	□ □ □		■	■	V W	C C		C		■ ■ ■
D2 Rice Lake, 54868 715-736-0800	Kum & Go (Cenex) US 53 & WI 48	24 HRS ■ ■	S		□	■					F C	□ ■								□	■ ■	V W	B		B B	■	■ ■ ■
H6 Richfield, 53076 262-628-3344	Pioneer Plaza (BP) US 41 & WI 145	24 HRS ■ ■	L ■ ■		■ ■ ■	■ ■	□ □	■ ■		DAT	F C U T	■	■ ■ ■	□ □				□ □ □		■ ■	■ ■	■ V W	B B	F B B	B B	■	■ ■ ■
H6 Richfield, 53076 262-628-1134	Richfield Truck Stop (Citgo) US 41-45 & WI 167 W (Holy Hill)	24 HRS ■ ■	M ■ ■	■	24 HRS □ ■	■ ■	□	■ ■	■ ■	DAT ■	F C T F	□ ■	CAT	■ ■	□	□ ■ ■	□ □	■ ■ □	■	■ ■	■	■ V W	B B	F B B	B B	■	■ ■ ■
H3 Richland Center, 53581 608-647-2297	Kwik Trip #363 2393 US 14 E	24 HRS ■ ■			□ □		□ □				□	■								■	■ ■	V W	B	F B	B		■ ■ ■
G5 Ripon, 54971 920-748-2276	Ripon Citgo West 1105 WI 23 W	■ ■ ■			□ □ □	■	□ □ □		□		C	□ ■		□ □		□		□ □ □		■	■						■ ■ ■
G5 Rosendale, 54974 920-872-2191	Bluemkes Food Mart (BP) 102 WI 23 E & WI 26	■ ■ ■			□ ■	■			■		F C	□		□		□				■	■	W				■	■ ■ ■
E4 Rothschild, 54455 715-359-3113	R-Store (Mobil) I-39 Exit 185 (1.5 mi E on CR XX)	■ ■ ■			□ □ □	■	□ □		□		F C	□ ■		□ □		□ □ □	□	□ □ □		□ ■	■	V W				■	■ ■ ■
D1 Saint Croix Falls, 54024 715-483-9080	Skogland Conoco US 8 & WI 35	24 HRS ■ ■	S ■ ■		□ ■ □	■	□ □ □		□			□ ■						□ □ □		■ ■	■	V W	B		B		■ ■ ■
D1 Saint Croix Falls, 54024 715-483-1816	Wayne's Polk Plaza (Citgo) US 8 & WI 35 N	■ ■ ■	S ■ ■		■ ■ □	■	□ □ □	■ ■	■ ■		F C F	□ ■						□ □ □		■ □ ■	■	W	B B	B B	B B	■	■ ■ ■
C5 Saint Germain, 54558 715-479-1144	Citgo Quik Food Mart US 70	■ ■ ■			□ □	■	□		□		C	□ ■		□		□ □	□	□ □ □			■	V W	C				■ ■ ■
E5 Schofield, 54476 715-355-1990	Avenue Shell WI 29 E & CR X (N to 3001 Schofield W)	24 HRS ■ ■			□ □ □	■	□		□		F C	■									■	V W			B	■	■ ■ ■
E5 Schofield, 54476 715-355-1188	Kwik Trip #787 WI 29 E & CR X (N to 3207 Schofield W)	24 HRS ■ ■			□ □	■	□ □		□		□	■								■	■ ■	V W	C	F C	B		■ ■ ■
F6 Seymour, 54165 920-833-2391	Coonen Quick Stop (Shell) WI 54 & WI 55	24 HRS ■ ■			□ □ □	■	□		□		F C □	□ ■		□ □		□ □		□ □ □		■	■	V W	C			■	■ ■ ■
E6 Shawano, 54166 715-524-9200	Midwest Oil (Mobil) 1206 US 29 Business E	24 HRS ■ ■			□ □ □	■	□ □ □		□		F C F	□ ■				□					■ ■ ■	■ W			B	■	■ ■ ■
G6 Sheboygan, 53081 920-452-4677	Western Shores 66 I-43 Exit 120 (CR V)	■ ■ ■	S ■ ■		□ □	■						□ ■								■ □ ■	■	V W	B B	B	B		■ ■ ■
G6 Sheboygan, 53083 920-459-6061	Quality Q Mart #218 (Citgo) I-43 Exit 123	24 HRS ■ ■	S ■		□ ■ □	■	□ □ □		□		F C □	□ ■		□ □	□	□ □ □	□	□ □ □		■ ■	■ ■ ■	■ V W	B C	F	B B		■ ■ ■
G6 Sheboygan, 53083 920-459-9800	Interstate Plaza (BP) I-43 Exit 128 (1/3 mi S on US 42)	■ ■ ■	S ■ ■	■	■ □ □	■	□					□ ■	□	■ ■	■ ■	■ ■ ■	■ A	□ □ □		■	■	V W	B				■ ■ ■
G6 Sheboygan, 53083 920-565-4500	Citgo Oasis I-43 Exit 128 (Hwy 42)	24 HRS ■ ■	L ■ ■	■	□ ■ ■ □	■		■ ■	■ ■	DAT	F C T	□ ■		□ □		□		□ □ □		■ ■	■	V W	B B	B	B B	■	■ ■ ■
H3 Soldiers Grove, 54655 608-624-5701	Nelson Mobil 1 100 US 61 (3 mi S of US 14)	■ ■ ■			□ ■ ■ □	■	□		□		F C	□ ■		□		□				□ ■	■	V W	C B		B	■	■ ■ ■
I6 Somers, 53171 262-859-2470	Toor Petroleum (Marathon) I-94 Exit 339 (East CR E)	24 HRS ■ ■	S		□ □	■	□ □		□		F C	□ ■						□ □ □		■ ■	■	V W	B B		B B	■	■ ■ ■
I4 South Wayne, 53587 608-439-5229	JD One Stop (BP/Amoco) WI 11	■ ■ ■			□ ■	■					F C	□ ■		□ □		□ □ □	□	□ □ □		■		V W				■	■ ■ ■
G3 Sparta, 54656 608-269-4669	Amish Cheese House Shell I-90 Exit 25	■ ■ ■			□ ■ □	■	□ □ □		□		F C □	□ ■		□ □	□	□ □ □	□	□ □ □			■	V W	B	B	B B	■	■ ■ ■
G3 Sparta, 54656 608-269-4656	Kwik Trip #318 I-90 Exit 25 (1 mi N - 630 WI 27)	24 HRS ■ ■			□ □	■	□ □		□		U	□						□ □ □		■	■ ■	V W	B B		B		■ ■ ■

THE TRUCKER'S FRIEND® - WISCONSIN

How to interpret the page

■means available at truck stop □means available nearby

in the overnight lot column:
S means room for 5 - 24 trucks
M means room for 25-74 trucks
L means room for 85-149 trucks
XL means room for 150+ trucks
$ means a parking fee may be charged

code at left-hand side of rows is the state map grid reference
a key to advertising logos is on page 25

Services may change without notice. When in doubt, call ahead.

Column groups: MOTOR FUEL (Truck Diesel, Self Service Diesel, Metered Propane, Gasoline); Driver Services — PARKING (Overnight Lot ($), Paved Lot, Trailer Drop, Electric Plug-ins, Safe Haven/Hazmat), FOOD (Restaurant, Fast Food, Table Phones), STORES (Motel, Convenience, Trucker/Travel, Shopping Center, Walmart/Kmart, Grocery), SHOWERS (Ladies, Mens, TV/Drivers Lounge, Laundry), COMMUNICATIONS (Load Monitor, Internet Kiosk, Wi-Fi Hotspots, Document Scanning, Public Fax/Copier, UPS/FedEx/Trippak Box, Religious Services); Vehicle Services — SCALES (State Lottery, Axle, Platform, Certified), TIRES (Repairs, New Tire Sales), REPAIRS (Shop Open 24 Hrs, DOT Inspection, Major Repairs, Minor Repairs, Oil Change/Lube), ROAD SVCS (Minor Welding, AC/Reefer, Tire, Mechanical, Towing), WASH (Truck (Exterior), Trailer Washout); RV Info (RVs Welcome, Dumping Station, Propane (Bottle)); Financial Services (ATM, Can Wire Money Out, Money Orders, Natso Check-Link, Western Union, Wright Express, Comdata (Comchek), Voyager) — C=Checks, F=Fuel Cards, B=Both; Permit Svcs (EFS, Fuel Man, Multi Service); Credit Cards (TCH, T-Chek, Fleet One, Buy/Pay at Fuel Desk, All Prepaid Permit Svcs, American Express, Visa/Mastercard, Discover)

Grid	Location / Phone	Truck Stop	Motor Fuel / Parking / Food	Stores / Showers / Communications	Scales / Tires / Repairs / Road Svcs / Wash	RV Info	Financial Services	Permit Svcs	Credit Cards
G3	Sparta, 54656 608-269-1930	Cenex Station #27 I-90 Exit 25 (1 mi N - 918 WI 27)	24HRS ■ ■	□■ □■ □□ □	□■	□□□□ □□	■■ V W		■■■
G3	Sparta, 54656 608-269-6122	Kwik Trip #317 I-90 Exit 28 (10219 WI 16)	■■ ■	□□ □■ □□ □	C □■ □ □□	□	■■ ■ V W	C F	C ■■■
H4	Spring Green, 53588 608-588-2561	River Valley Mobil US 14 & WI 23-60	24HRS ■ ■ S ■	□■ □■ □ □	F C □ □■	□	□ □■■ V W	B	B B ■■■■
F4	Stevens Point, 54481 715-341-2167	Kwik Trip #342 I-39 Exit 159 (WI 66)	24HRS ■ ■	■ □	□■ □□□□□ □		■■ ■ V W	B B	B B B ■■■
E6	Stiles, 54153 920-834-9890	EZ Stop (Mobil) 5070 US 141 S (4 mi S of WI 22)	24HRS ■ ■ S	■	F C □■		■ V W	B B	B B B ■■■■
F6	Suamico, 54173 920-434-7072	Suamico Citgo US 41-141 & Sunset Beach Rd	■■ ■ S ■■	□■ □■ □ □	F C □■ □ □	□□□	■ ■■ V W	B B	B B B B ■■■■
H5	Sun Prairie, 53590 608-837-0960	Glacier Mobil WI 19 & Hwy N	■■ ■	□□ □■ □□ □	F C □■ □□ □□□□□	□□□	■ V W	B B	B B B ■■■■
B1	Superior, 54880 715-394-6087	Citgo Quik Food Mart 2821 US 2-53 (2nd St)	■■ ■ S ■	□■ □■ □ □ □	□■ □		■□ V W	B	B ■■■
B1	Superior, 54880 715-398-6668	Nemadji Travel Plaza (Amoco) 3027 US 2-53	24HRS ■ ■ M ■■	□■ □■ □ □	F C ■ □□□□□ □	□□□	■■■■ V W	B B	B B B B ■■■■
B1	Superior, 54880 715-398-6306	Holiday Station #229 4827 US 2-53 (E 2nd St)	24HRS ■■■ M ■■	□■ □■■ □■■■□ DAT	F C T F □■ ■■■□ □	□□□	■□■■ V W	B B	B B B B ■■■■
H6	Sussex, 53089 262-246-1999	Quarry Mobil Mart WI 164 & CR K	■■■■	□■ □■ □□□ □	F C □□■ □□□ □□ □□□	□□□	□■■ V W	B B F B	B ■■■■
I6	Thompsonville, 53126 262-835-2292	Pilot Travel Center #324 I-94 Exit 329 (CR K)	24HRS ■ ■ M ■■	□■■□ ■■ ■■ DAT ■ ⏻ ■	F C U T □■ CAT □ □	□□□	■ ■■ ■■■ V W	B B F B	B B ■■■■
D5	Three Lakes, 54562 715-546-3521	Citgo Quik Food Mart 1695 Superior St	■■ ■	□■ □■ □ □	C □□■ □□ □□□□	□□□	□ ■ V W	C	■■■
G3	Tomah, 54660 608-372-5776	Kwik Trip #796 (BP) I-94 Exit 143 (US 12/WI 21)	24HRS ■ ■ XL ■■	24HRS □■ □■ ■■□□□□ ■■■■ DAT ■■	F C U F ■■■■ □□ □□□□□□□□	□□□□	■■■■ ■ V W	B B F B	B B B ■■■■
C2	Trego, 54888 715-635-9505	Inter City Oil (Spur) US 53-63 & CR E	■■ ■ S ■	□ ■	□■ □□ □□ □□	□	■□■■ W		B ■■
C2	Trego, 54888 715-635-4933	Trego Travel Center (Mobil) US 53-63 & CR E	24HRS ■ ■ M ■■■	□■ ■ ■■■■ DAT	F C ■■■ ■■■■	■■■	■□■■ V W	B B	B B B B ■■■■
G3	Union Center, 53962 608-462-5367	Kwik Trip #847 WI 33 & WI 82	■■ ■	□□ □■, □ □	F C □■		□■ ■ V W	B F	B B ■■■■
H6	Wales, 53183 262-968-5328	Kwik Trip #687 415 WI 83 (3 mi N of I-94 Exit 287)	24HRS ■ ■	■	■		□■■ V W	F	B ■■■
H6	Watertown, 53094 920-206-0128	Kwik Trip #354 1731 WI 26 S	24HRS ■ ■	□□ □■ □□ □	□ ■		■ ■ V W	C F	C B ■■■■
H6	Waukesha, 53188 262-446-2032	Kwik Trip #396 I-94 Exit 195 (WI 164 - 1 mi S)	24HRS ■ ■	□■	■		■■ ■ V W	B B F	B B B ■■■
H6	Waukesha, 53186 262-542-5343	Hopson Oil (66) I-94 Exit 295 (WI 164 S to Moreland)	■■ ■	□□ □■ □□□ □	□■ □□ □	□□□	W		■■■
F5	Waupaca, 54981 715-258-8951	Waupaca Mobil Truck Center US 10 & WI 22-54 W	24HRS ■■■ M ■■	24HRS ■□ ■■□□□ ■■ ■	F C □■ ■■■□□■■□□	■■■■	■■■□■■ ■	B B	B B B B ■■■■
F5	Waupaca, 54981 715-258-7582	Waupaca Truck Stop (Mobil) US 10 & WI 54 W	24HRS ■■■ M ■■■	24HRS □ ■■□□□ ■■ □	F C □□■ ■■■ ■■■■□	■■■	■■■■ ■W	B B	B B B B ■■■■
E4	Wausau, 54401 715-355-8939	The Store #60 (Citgo) I-39 Exit 187 (WI 29 E to 4005 Westview)	24HRS ■ ■ S ■■	□■ □■ □□□ □	□□■ □ □□ □□□	□□□□□	■□ ■ ■ V W	B	■■■
E4	Wausau, 54401 715-355-5600	Rib Mountain Travel Center (BP) I-39 Exit 188 (US 51/CR N)	24HRS ■■■ M ■■	24HRS □■□■ ■■□□□ ■■■■ DAT ⏻	F C U F T ■ CAT □ □□ □	□□□	■■■■ ■ V W	B B	B B B B ■■■■
E4	Wausau, 54401 715-842-9778	The Store #61 (Citgo) I-39 Exit 190 (CR NN W)	24HRS ■ ■	□■ □■ □□□ □	□■ □□□□ □□□□□□□□		□□ ■ V W	B	■■■
E4	Wausau, 54401 715-842-9946	R-Store (BP) I-39 Exit 191 to W Stewart	■■ ■	□□ □■ □□□ □	F C □■ □□ □□□□□ □	□□□	■■ V W		■■■■
G5	Wautoma, 54982 920-787-4424	Wautoma Food Mart & Deli (Citgo) 613 WI 73-21 W & WI 22	■■ ■	■ □■ □	□□■ □□ □		■ V W		■■■

THE TRUCKER'S FRIEND® - WISCONSIN

How to interpret the page

■ means available at truck stop □ means available nearby

in the overnight lot column:
- S means room for 5 - 24 trucks
- M means room for 25-74 trucks
- L means room for 85-149 trucks
- XL means room for 150+ trucks
- $ means a parking fee may be charged

code at left-hand side of rows is the state map grid reference

a key to advertising logos is on page 25

Services may change without notice. When in doubt, call ahead.

Financial Services: C=Checks, F=Fuel Cards, B=Both

Driver Services

Grid	Location	Truck stop	Truck Diesel	Self Service Diesel	Metered Propane	Gasoline	Overnight Lot ($)	Paved Lot	Trailer Drop	Electric Plug-Ins	Safe Haven/Hazmat	Restaurant	Fast Food	Table Phones	Motel	Convenience	Trucker/Travel	Shopping Center	Walmart/Kmart	Grocery	Ladies'	Men's
G 2	West Salem, 54669 608-786-1108	I-90 Cenex, I-90 Exit 12 (CR C N)	24 HRS	■		■	M $	■				■			□	■						■
G 3	Westby, 54667 608-634-2230	Central Express, US 14/WI 27	■	■		■	M	■	■	■		■	□		■	■				□	■	■
G 4	Westfield, 53964 608-296-3121	Pioneer Mini Store (Mobil), I-39 Exit 113	■	■		■	S		■			■	■		■	■				□		
F 5	Weyauwega, 54983 920-867-3172	Sunset BP, US 10/WI 110 & WI 49 (3 mi S of town)	■	■	■	■										■						
F 5	Weyauwega, 54983 920-867-2176	Mitchell's Automotive (Cenex), WI 110 & WI 54 (5 mi N of town)	■	■		■						□	■			■				□		
D 2	Weyerhaeuser, 54895 715-353-2612	Weyerhaeuser Equity Co-op (Cenex), 14336 US 8 W	■			■							■		□					□		
I 5	Whitewater, 53190 262-473-8010	Eastsider Citgo, 650 US 12 E	24 HRS	■		■	S	■	■			□	■		□	■			□	□		
E 1	Wilson, 54027 715-772-4283	Kwik Trip #603 (BP), I-94 Exit 28 (WI 128)	24 HRS	■		■	L	■	■			24 HRS		■		■	■				■	■
H 4	Wisconsin Dells, 53965 608-254-7852	Interstate BP/Amoco, I-90-94 Exit 87 (US 13)	24 HRS	■		■	S	■				□	■		□	■				□		
F 4	Wisconsin Rapids, 54494 715-424-1555	Kwik Trip #310, 2520 WI 13 W	24 HRS	■		■						□	■		□	■		□		□		
F 4	Wisconsin Rapids, 54495 715-424-1486	Kwik Trip #347, 4611 WI 13 S	24 HRS	■		■						□	□		□	■		□	□	□		
F 4	Wisconsin Rapids, 54494 715-325-2233	Saratoga Mini Mart (Shell), 8810 WI 13 S	■	■		■	S		■			□	■		□	■						
E 5	Wittenberg, 54499 715-253-2272	Hochunk North (66), 17240 US 45 North	■	■		■	S	■				□	■		□	■				□		
E 5	Wittenberg, 54499 715-253-6205	Wittenberg One Stop (Mobil), 211 E Grand (in town)	■	■		■						□	□		□	■				□		
E 5	Wittenberg, 54499 715-253-2333	Wilderness Crossing Travel Center (Mobil), US 45 S & WI 29	24 HRS	■		■	L	■	■			24 HRS	□	■	■	■	■			□	■	■
C 4	Woodruff, 54568 715-356-9600	Citgo Quik Food Mart, US 51 & 3rd Ave	24 HRS	■		■						□	■		□	■		□	□	□		

Communication / Vehicle Services

Grid	Location	Truck stop	TV/Drivers Lounge	Laundry	Load Monitor	Internet Kiosk	Wi-Fi Hotspots	Document Scanning	Public Fax/Copier	UPS/FedX/TripPak Box	Religious Services	State Lottery	Axle	Platform	Certified	Repairs	New Tire Sales	Shop Open 24 Hrs	DOT Inspection	Major Repairs	Minor Repairs	Oil Change/Lube	Minor Welding	AC/Reefer	CB
G 2	West Salem, 54669	I-90 Cenex	■	□					F C	F	□	■	□	□	□	■	■								
G 3	Westby, 54667	Central Express		□					F		□	■		□		□	□			□	□	□	□		
G 4	Westfield, 53964	Pioneer Mini Store (Mobil)		□							□														
F 5	Weyauwega, 54983	Sunset BP										■													
F 5	Weyauwega, 54983	Mitchell's Automotive (Cenex)	■	□					F C	□	□	■	□	□	□	□					□				
D 2	Weyerhaeuser, 54895	Weyerhaeuser Equity Co-op (Cenex)		□							□	■													
I 5	Whitewater, 53190	Eastsider Citgo		□					C	U F	□	■				□	□				□	□			
E 1	Wilson, 54027	Kwik Trip #603 (BP)	■	■		■			F C	T	□	■				□	□				□	□	□		
H 4	Wisconsin Dells, 53965	Interstate BP/Amoco		□					F C	□	□	■								□	□	□	□		
F 4	Wisconsin Rapids, 54494	Kwik Trip #310		□					F C	F	□	■	□	□	□	□	□				□	□	□		
F 4	Wisconsin Rapids, 54495	Kwik Trip #347		□					C	□	□	■				□	□				□				
F 4	Wisconsin Rapids, 54494	Saratoga Mini Mart (Shell)							F C	U		■				□					□				
E 5	Wittenberg, 54499	Hochunk North (66)		□					F C		□					□					□				
E 5	Wittenberg, 54499	Wittenberg One Stop (Mobil)		□					F	□	□	■													
E 5	Wittenberg, 54499	Wilderness Crossing Travel Center (Mobil)	■	■	DAT				F C		□	■	□	□	□	□	□		□	□	□	□	□		
C 4	Woodruff, 54568	Citgo Quik Food Mart		□						□	□	■				□	□			□	□	□	□	□	□

Road Services / Wash / RV Info / Financial Services / Permit Services / Credit Cards

Grid	Location	Truck stop	Tire	Mechanical	Towing	Truck (Exterior)	Trailer Washout	RVs Welcome	Dumping Station	Propane (Bottle)	ATM	Can Wire Money Out	Money Orders	NATSO Check-Link	Western Union	Voyager/Wright Express	Comdata (Comchek)	EFS	Fuel Man	Multi Service	TCH	T-Chek	Fleet One	Buy/Pay at Fuel Desk	All Prepaid Permit Svcs	American Express	Visa/MasterCard	Discover
G 2	West Salem, 54669	I-90 Cenex	■	■	□			■	□	■	■					V W	B	B		B	B	B	B		■	■	■	■
G 3	Westby, 54667	Central Express	□	□	□			■		■	■					V W	B					B			■	■	■	■
G 4	Westfield, 53964	Pioneer Mini Store (Mobil)						■		■	■					W	B					B				■	■	■
F 5	Weyauwega, 54983	Sunset BP							□	■	■					V W	C	C				C				■	■	■
F 5	Weyauwega, 54983	Mitchell's Automotive (Cenex)	□	□	□					■	■					V W										■	■	■
D 2	Weyerhaeuser, 54895	Weyerhaeuser Equity Co-op (Cenex)								■	■					V W						B				■	■	■
I 5	Whitewater, 53190	Eastsider Citgo	□	□	□			■	□	■	■					W	C					B				■	■	■
E 1	Wilson, 54027	Kwik Trip #603 (BP)	□	□	□			■		■	■		■			V W	B	B		B	B	B	B		■	■	■	■
H 4	Wisconsin Dells, 53965	Interstate BP/Amoco	□	□	□				■		■					V W									■	■	■	■
F 4	Wisconsin Rapids, 54494	Kwik Trip #310	□	□	□	□	□			■	■		■			V W	B	C	F		B	B	B		■	■	■	■
F 4	Wisconsin Rapids, 54495	Kwik Trip #347	□							■	■		■			V W						C	C			■	■	■
F 4	Wisconsin Rapids, 54494	Saratoga Mini Mart (Shell)	□	□	□			■		■	■					V W									■	■	■	■
E 5	Wittenberg, 54499	Hochunk North (66)	□	□	□												B					B			■	■	■	■
E 5	Wittenberg, 54499	Wittenberg One Stop (Mobil)	□	□	□																				■	■	■	■
E 5	Wittenberg, 54499	Wilderness Crossing Travel Center (Mobil)	□	□	□			■		■	■					V W	B	B		B	B	B	B		■	■	■	■
C 4	Woodruff, 54568	Citgo Quik Food Mart	□	□	□				□		■					V W	F									■	■	■

WYOMING

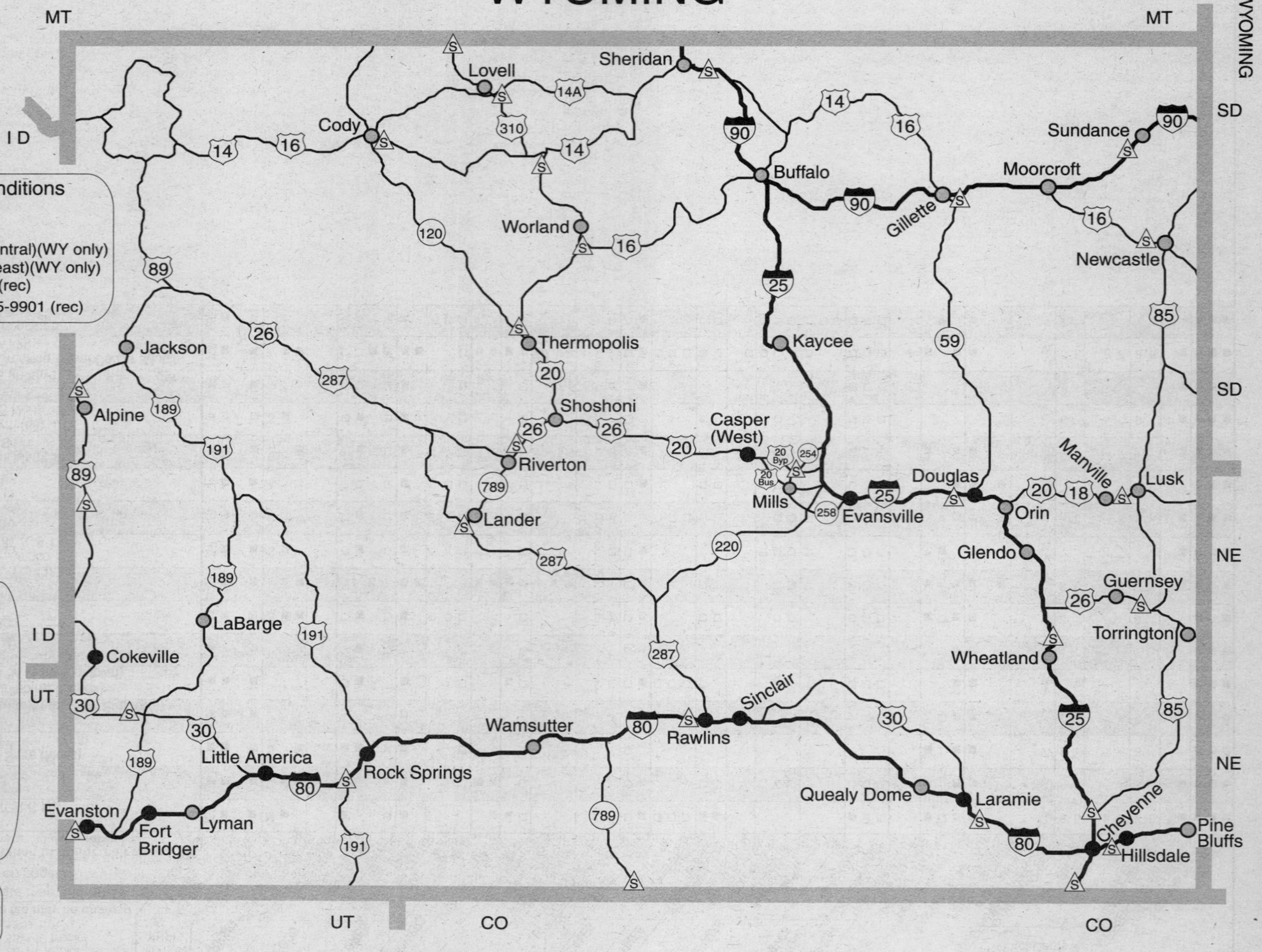

Road/Weather Conditions
Tourism: 800-CALL-WYO
307-777-7777
Road: 800-442-2565 (Eastcentral)(WY only)
800-442-8321 (Southeast)(WY only)
Construction: 307-772-0824 (rec)
Weather: Cheyenne: 307-635-9901 (rec)

LEGEND
- This town has a diesel location listed in the directory
- This town has a 24 hr diesel location with a travel store, showers, large lot, and a 24 hr restaurant
- Approximate location of state weigh scale and/or inspection station

State Fuel Tax Rates
Diesel..........14¢
Gasoline......14¢

THE TRUCKER'S FRIEND® - WYOMING

How to interpret the page

■ means available at truck stop □ means available nearby

in the overnight lot column:
S means room for 5 - 24 trucks
M means room for 25-74 trucks
L means room for 85-149 trucks
XL means room for 150+ trucks
$ means a parking fee may be charged

code at left-hand side of rows is the state map grid reference

a key to advertising logos is on page 25

Services may change without notice. When in doubt, call ahead.

Column headings: Driver Services — Motor Fuel (Truck Diesel, Self Service Diesel, Metered Propane, Gasoline); Parking (Overnight Lot ($), Paved Lot, Trailer Drop, Electric Plug-Ins, Safe Haven/Hazmat); Food (Restaurant, Fast Food, Table Phones); Stores (Motel, Convenience, Trucker/Travel, Shopping Center, Walmart/Kmart, Grocery); Showers (Ladies', Men's, TV/Drivers Lounge, Laundry); Communication (Load Monitor, Internet Kiosk, Wi-Fi Hotspots, Document Scanning, Public Fax/Copier, UPS/FedEx/TripPak Box, Religious Services, State Lottery). Vehicle Services — Scales (Axle, Platform, Certified); Tires (Repairs, New Tire Sales); Repairs (Shop Open 24 Hrs, DOT Inspection, Major Repairs, Minor Repairs, Oil Change/Lube, Minor Welding, AC/Reefer); Road Svcs (CB, Tire, Mechanical, Towing); Wash (Truck (Exterior), Trailer Washout). RV Info (RVs Welcome, Dumping Station, Propane (Bottle)). Financial Services (ATM, Can Wire Money Out, Money Orders, NATSO Check-Link, Western Union, Voyager/Wright Express, Comdata (Comchek)) — C=Checks, F=Fuel Cards, B=Both. Permit Svcs (EFS, Fuel Man, Multi Service). Credit Cards (TCH, T-Chek, Fleet One, Buy/Pay at Fuel Desk, All Prepaid Permit Svcs, American Express, Visa/Mastercard, Discover).

Grid	City / Phone	Truck Stop / Location	Logo	Motor Fuel	Parking	Food	Stores	Showers	Communication	Scales	Tires	Repairs	Road Svcs	Wash	RV Info	Financial Services	Permit Svcs	Credit Cards
D 3	Alpine, 83128 307-654-9982	Nordic Market (Chevron) US 89 & US 26		■ ■ ■ ■	S ■	□ ■	■ □	□		C	□ □ □	□ □	□ □	□ □ □		■ ■ ■ ■	V W	F F F ■ ■ ■
B 7	Buffalo, 82834 307-684-9513	Kum & Go #943 I-25 Exit 299 (US 16)		24 HRS ■ ■	M ■ ■	□ □ □	■ ■ □	■ ■ □		F C F	□	□ □	□	□ □ □	□	□ ■ ■ ■	V W	B B B B B B ■ ■ ■ ■
B 7	Buffalo, 82834 307-684-5246	Big Horn Travel Plaza I-25 Exit 299 (US 16)		24 HRS ■ ■	M ■ ■ ■ ■	24 HRS □ □	■ ■ □	■ ■ ■ ■	■	F C □	□	□ □	□ □ □ □ □ □ □	□ □ □	□	■ ■ ■ ■ ■		B B B B B B ■ ■ ■ ■
D 7	Casper (West), 82604 307-472-0200	Ghost Town Fuel Stop (Conoco) US 20-26 (5 mi SW of I-25 Exit 189)		24 HRS ■ ■	L ■ ■ ■	24 HRS □ ■ □	■ ■ □ □	■ ■ ■ ■	[DAT]	F C U F	■	□ □	□ □ □ □ □ □ □	□ □ □		■ ■	V W	B B F B B B B ■ ■ ■ ■
G 9	Cheyenne, 82003 307-632-9271	Diamond Shamrock #4545 I-25 Exit 7 (College Dr)		24 HRS ■ ■	S ■ ■	□ ■ □	■ ■	■ ■ ■ ■		F C □	□ □ □	□ □	□ □ □ □ □ □ □	□ □ □		■ □ ■ ■ ■	V W	B B B B B B ■ ■ ■ ■
G 9	Cheyenne, 82007 307-635-2918	Flying J Travel Plaza #05018 (Conoco) I-25 Exit 7 (College Dr)	[Flying J]	24 HRS ■ ■ ■	XL ■ ■	24 HRS ■ ■ ■	■ ■	■ ■ ■ ■	[Flying J] ■ [Flying J] [Flying J]	F C U F T	[Flying J]	□ □	□ □	□ □ □		■ ■ ■ ■	V W	B B B B ■ ■ ■ ■
G 9	Cheyenne, 82007 307-632-7902	Love's Travel Stop #220 I-25 Exit 7 (College Dr)		24 HRS ■ ■	L ■ ■	■ ■ □	■ ■ □	■ ■ ■	[DAT] ■ [power logo] ■	F C U F T	[CAT Scale]	□ □	□ □ □ □ □ □	□ □ □		■ ■ ■ ■	V W	B B F B B B ■ ■ ■ ■
G 9	Cheyenne, 82003 307-775-8406	Holdings Little America (Sinclair) I-25 Exit 9/I-80 Exit 358 EB/359 WB		24 HRS ■ ■ ■	M ■ ■	■ □ ■	■ ■	■ ■ □		F C □		[B/F logo] ■	■ ■ ■ A	■ ■ □		■ ■ ■	V W	B B B B B ■ ■ ■ ■
G 9	Cheyenne, 82001 307-635-1093	Big D Truck Stop (Conoco) I-25 Exit 9/I-80 Exit 358 EB/359 WB		24 HRS ■ ■ ■	L ■ ■	24 HRS ■ ■ □	■ ■	■ ■ ■ ■	[DAT]	F C U F	■	□ □	□ □ □ □	□ □ □		■ ■ ■	V W	B B B B B B ■ ■ ■ ■ ■ ■
G 9	Cheyenne, 82007 307-638-0022	Diamond Shamrock #4550 I-80 Exit 362 (US 85)		24 HRS ■ ■	S ■	□ ■ ■ □	■ □	□		F C				□ □ □		■ □ ■ ■ ■	V W	B B B B B B ■ ■ ■ ■
G 9	Cheyenne, 82007 307-635-5744	Cheyenne Travel Plaza (Sinclair) I-80 Exit 367		24 HRS ■ ■	M ■ ■	■ ■	■ ■	■ ■ ■ ■		F C T		□ □	□ □ □	□ □ □		■ ■ ■	V W	B B B B B B ■ ■ ■ ■
G 9	Cheyenne, 82009 307-632-6600	Sapp Bros. - Cheyenne (Texaco) I-80 Exit 370		24 HRS ■ ■	XL ■ ■	24 HRS ■ ■ ■	■ ■	■ ■ ■ ■	[DAT] ■ [power logo] ■	F C U T	■	■ ■ ■ ■	□ ■ ■ ■	■ ■ □		■ □ ■ ■ ■ ■ ■	V W	B B F B B B B ■ ■ ■ ■
B 4	Cody, 82414 307-587-6200	Red Eagle Food Store #4 (Cenex) 1200 US 14-20 (17th St)		24 HRS ■ ■		□ □ □	■ □ □ □	□						□ □ □		□ ■	V W	■ ■ ■
B 4	Cody, 82414 307-587-9331	Red Eagle Food Mart #2 (Cenex) 221 US 14-16-20 W		■ ■ ■	S ■	□ □ □	■ □ □				□	□ □	□ □ □ □ □ □ □	□ □ □		□ ■ ■	V W	■ ■ ■
B 4	Cody, 82414 307-527-7534	Kwik Mart (66) US 14-16-20		■ ■ ■		□ □ □	■ □ □ □	□		□	□ □ □	□ □	□ □ □ □ □	□ □ □	□	□ ■	V W	F ■ ■ ■
E 3	Cokeville, 83114 307-279-3050	Flying J Travel Plaza #05022 US 30 & WY 232	[Flying J]	24 HRS ■ ■	L ■ ■	24 HRS ■ ■ □	■ ■ □	■ ■ ■ ■	[Flying J] [Flying J] [Flying J]	F C	□ ■ ■ ■	□	□ □ □ □ □	□ □ □		■ ■ ■ ■	V W	B B B B ■ ■ ■ ■
D 8	Douglas, 82633 307-358-4444	Broken Wheel Truck Stop (Sinclair) I-25 Exit 135		24 HRS ■ ■	L ■	24 HRS □ □	■ ■ □	■ ■ ■ □	[DAT]	F C □	□ □		□ □ □ □ □ □	□ □ □		■ □ ■	V W	B B F B B B B ■ ■ ■ ■
G 3	Evanston, 82930 307-789-9129	Flying J Travel Plaza #05180 I-80 Exit 3 (US 30 W)	[Flying J]	24 HRS ■ ■	M ■ ■	24 HRS ■ ■ □	■ ■ □ □	■ ■ ■ ■	[Flying J] [Flying J] [Flying J]	F C U F T	□ [Flying J]	□ □	□ □ □ □ □	□ □ □		■ □ ■	V W	B B B B ■ ■ ■ ■
G 3	Evanston, 82930 307-783-5930	Pilot Travel Center #141 I-80 Exit 6		24 HRS ■ ■	M ■ ■	□ ■ ■ □	■ ■ □ □ □	■ ■ ■ ■	[DAT] [power logo] ■	F C U F T	□ [CAT Scale]	□ □	□ □ □ □ □ □ □	□ □ □		■ □ ■ ■ ■ ■	V W	B B F B B B ■ ■ ■ ■
G 3	Evanston, 82930 307-789-7388	Sinclair Truck Stop I-80 Exit 6 (Bear River Dr)		24 HRS ■ ■	M ■	□ ■ ■	■ ■ □ □ □	■ ■ ■ ■		F C □	□ □ □ □	□ □	□ □ □ □ □ □	□ □ □		□ ■	V W	B B F B B B B ■ ■ ■ ■
D 7	Evansville, 82636 307-234-0504	Eastgate Travel Plaza (Sinclair) I-25 Exit 182 (WY 253 E)		24 HRS ■ ■ ■	L ■ ■	24 HRS ■ ■ □	■ ■ □ □	■ ■ ■ ■	[DAT]	F C U F T	■ ■ ■ ■			□ □ □		■ ■ ■ ■	V W	B B B B B B ■ ■ ■ ■
D 7	Evansville, 82609 307-473-1750	Flying J Travel Plaza #05029 I-25 Exit 185	[Flying J]	24 HRS ■ ■ ■	M ■ ■	24 HRS ■ ■ □	■ ■ □ □ □	■ ■ ■ ■	[Flying J] ■ [Flying J] [Flying J]	F C U F T	□ ■ ■ ■	□ □	□ □ □ □ □	□ □ □	□ □	■ ■ ■ ■	V W	B B B B ■ ■ ■ ■
D 7	Evansville, 82636 307-265-9312	Mini Mart # 127 (Conoco) I-25 Exit 185 (Wyoming Blvd)		24 HRS ■ ■		□ □ □	■ □ □ □			□	□	□ □	□ □	□ □	□ □	□ ■ ■ ■	V W	■ ■ ■
G 3	Fort Bridger, 82933 307-782-3814	TravelCenters of America (Tesoro) I-80 Exit 30 (Bigelow Rd)	[TA]	24 HRS ■ ■	XL ■ ■	24 HRS ■ ■	■ ■	■ ■ ■ ■	[DAT] ■ [TA] ■	F C U F T	■ [CAT Scale]	[B/F logo] ■ ■	■ ■ ■ A R	■ ■ □		■ ■ ■ ■ ■	V W	B B F B B B ■ ■ ■ ■
B 8	Gillette, 82718 307-686-4144	Shell Food Mart 10800 WY 59 S (I-90 Exit 129 - 6 mi S)		24 HRS ■ ■	M ■	■	■			F C			□ □ □ □ □	□ □ □		■ □ ■	V W	B F B B ■ ■ ■ ■
B 8	Gillette, 82717 307-686-1623	Shell Food Mart I-90 Exit 124 (CR 1416 N)		24 HRS ■ ■		□ ■ □	■ □ □ □	□		F C □	□	□ □		□ □		□ ■	W	B B B ■ ■ ■ ■
B 8	Gillette, 82716 307-682-3562	Flying J Travel Plaza #05140 I-90 Exit 126 (WY 59)	[Flying J]	24 HRS ■ ■ ■	M ■ ■	24 HRS ■ ■ □	■ ■ □ □ □	■ ■ ■ ■	[Flying J] [Flying J] [Flying J]	F C U F T	□	□ □	□ □ □ □	□ □ □		■ ■ ■ ■	V W	B B B B ■ ■ ■ ■
E 8	Glendo, 82213 307-735-4252	Howard's General Store (Sinclair) I-25 Exit 111 (A St)		■ ■ ■	M ■	□ ■ ■	■	□		F C	□			□ □ □		■ □ ■	W	■ ■ ■ ■

THE TRUCKER'S FRIEND® - WYOMING

How to interpret the page

■means available at truck stop □means available nearby

in the overnight lot column:
S means room for 5 - 24 trucks
M means room for 25-74 trucks
L means room for 85-149 trucks
XL means room for 150+ trucks
$ means a parking fee may be charged

code at left-hand side of rows is the state map grid reference

a key to advertising logos is on page 25

Services may change without notice. When in doubt, call ahead.

Driver Services: MOTOR FUEL (Truck Diesel, Self Service Diesel, Metered Propane, Gasoline); PARKING (Overnight Lot ($), Paved Lot, Trailer Drop, Electric Plug-Ins, Safe Haven/Hazmat); FOOD (Restaurant, Fast Food, Table Phones); STORES (Motel, Convenience, Trucker/Travel, Shopping Center, Walmart/Kmart, Grocery); SHOWERS (Ladies, Men's, TV/Drivers Lounge, Laundry); COMMUNICATIONS (Load Monitor, Internet Kiosk, Wi-Fi Hotspots, Document Scanning, Public Fax/Copier, UPS/FedEx/Trippak Box, Religious Services)

Vehicle Services: SCALES (State Lottery, Axle, Platform, Certified); TIRES (Repairs, New Tire Sales); REPAIRS (Shop Open 24 Hrs, DOT Inspection, Major Repairs, Minor Repairs, Oil Change/Lube, Minor Welding); ROAD SVCS (AC/Reefer, Tire, Mechanical); WASH (Towing, Truck (Exterior), Trailer Washout)

RV Info: RVs Welcome, Dumping Station, Propane (Bottle)

Financial Services: ATM, Can Wire Money Out, Money Orders, Natso Check-Link, Western Union, Voyager/Wright Express, Comdata (Comchek) — C=Checks, F=Fuel Cards, B=Both

Permit Svcs: EFS, Fuel Man, Multi Service, TCH

Credit Cards: T-Chek, Fleet One, Buy/Pay at Fuel Desk, All Prepaid Permit Svcs, American Express, Visa/Mastercard, Discover

Grid	City / Phone	Truck Stop / Location	Logo
E9	Guernsey, 82214 307-836-3155	Johnston's Corner (Sinclair) US 26	
G9	Hillsdale, 82060 307-547-3557	TravelCenters of America/Cheyenne I-80 Exit 377 (Hillsdale Rd)	TA
C3	Jackson, 83001 307-733-3793	Shervin's Independent Oil (Sinclair) 400 US 89 S	
C7	Kaycee, 82639 307-738-2213	Kaycee Sinclair I-25 Exit 254	
E3	La Barge, 83123 307-386-2202	Dry Creek Station (Sinclair) US 189 (2/3 mi N of WY 235)	
D5	Lander, 82520 307-332-2566	Stub's Truck Stop 730 WY 789 E	
F8	Laramie, 82070 307-745-7394	Diamond Shamrock #4552 I-80 Exit 310 (1 mi E on Curtis St)	
F8	Laramie, 82070 307-742-6443	Pilot Travel Center #308 I-80 Exit 310 (Curtis St)	
F8	Laramie, 82070 307-745-6480	Petro Stopping Center # 3 I-80 Exit 310 (Curtis St)	PETRO
F8	Laramie, 82070 307-721-7406	High Country Sportsman (Sinclair) I-80 Exit 311 (Snowy Range)	
F4	Little America, 82929 307-872-2686	Little America Travel Center (Sinclair) I-80 Exit 68	
A5	Lovell, 82431 307-548-7246	Red Eagle #12 1801 US 310	
A5	Lovell, 82431 307-548-7110	Country Store (Conoco) 575 US 310	
D9	Lusk, 82225 307-334-2048	Outpost Truck Stop US 85 (3 blks S of US 18-20)	
F3	Lyman, 82937 307-786-2264	Gas-N-Go #15 I-80 Exit 41	
D9	Manville, 82227 307-334-3005	3 Sisters Truck Stop US 20 & Hwy 270	
D7	Mills, 82644 307-234-0840	Homax Convenience Store (Conoco) 400 WY 254 (1 mi S of US 20-26)	
D7	Mills, 82644 307-237-9794	Red Eagle Food Store #14 (Shell) US 20-26 & Wyoming Blvd	
B8	Moorcroft, 82721 307-756-3493	Coffee Cup Fuel Stop #5 (Conoco) I-90 Exit 154 (WY 16)	
B9	Newcastle, 82701 307-746-9919	4 Way Gas N Go 1226 Washington Street	
D8	Orin, 82633 307-358-2870	Orin Junction Truck Stop (Sinclair) I-25 Exit 126 (US 18-20)	
G9	Pine Bluffs, 82082 307-245-3593	Ampride (Cenex) I-80 Exit 401 (1/2 blk N)	
G9	Pine Bluffs, 82082 307-245-3264	Race Track I-80 Exit 401 (Parson St)	
F8	Quealy Dome, 82070 307-742-0269	Cenex 4 Gas Stop I-80 Exit 290	
F6	Rawlins, 82301 307-328-0158	Flying J Travel Plaza #05040 I-80 Exit 209 (Johnson Rd)	Flying J
F6	Rawlins, 82301 307-324-4089	West End Sinclair I-80 Exit 211 (W Spruce)	
F6	Rawlins, 82301 307-328-2103	Rip Griffin Truck/Travel Center (Shell) I-80 Exit 214 (Higley Blvd)	AMBEST
D5	Riverton, 82501 307-856-6789	789 Car & Truck Stop (Exxon) 10369 Hwy 789	

THE TRUCKER'S FRIEND® - WYOMING

How to interpret the page

■ means available at truck stop □ means available nearby

in the overnight lot column:
S means room for 5 - 24 trucks
M means room for 25-74 trucks
L means room for 85-149 trucks
XL means room for 150+ trucks
$ means a parking fee may be charged

code at left-hand side of rows is the state map grid reference
a key to advertising logos is on page 25

Services may change without notice. When in doubt, call ahead.

Driver Services: MOTOR FUEL (TRUCK DIESEL, SELF SERVICE DIESEL, METERED PROPANE, GASOLINE); PARKING (OVERNIGHT LOT ($), PAVED LOT, TRAILER DROP, ELECTRIC PLUG-INS); FOOD (SAFE HAVEN/HAZMAT, RESTAURANT, FAST FOOD, TABLE PHONES); STORES (MOTEL, CONVENIENCE, TRUCKER/TRAVEL, SHOPPING CENTER, WALMART/KMART, GROCERY); SHOWERS (LADIES, MEN'S); COMMUNICATION (TV/DRIVERS LOUNGE, LAUNDRY, LOAD MONITOR, INTERNET KIOSK, WI-FI HOTSPOTS, DOCUMENT SCANNING, PUBLIC FAX/COPIER, UPS/FEDEX/TRIPPAK BOX, RELIGIOUS SERVICES, STATE LOTTERY)

Vehicle Services: SCALES (AXLE, PLATFORM, CERTIFIED); TIRES (REPAIRS, NEW TIRE SALES); REPAIRS (SHOP OPEN 24 HRS, DOT INSPECTION, MAJOR REPAIRS, MINOR REPAIRS, OIL CHANGE/LUBE, MINOR WELDING); ROAD SVCS (AC/REEFER, CB, TIRE); WASH (MECHANICAL, TOWING, TRUCK (EXTERIOR), TRAILER WASHOUT)

RV Info: RVs WELCOME, DUMPING STATION, PROPANE (BOTTLE)

Financial Services: CAN WIRE MONEY OUT, ATM, MONEY ORDERS, NATSO CHECK-LINK, WESTERN UNION, VOYAGER/WRIGHT EXPRESS, COMDATA (COMCHEK)

C=Checks F=Fuel Cards B=Both

Permit Svcs: EFS, FUEL MAN, MULTI SERVICE

Credit Cards: TCH, T-CHEK, FLEET ONE, BUY/PAY AT FUEL DESK, ALL PREPAID PERMIT SVCS, AMERICAN EXPRESS, VISA/MASTERCARD, DISCOVER

Grid	Location / Phone	Truck Stop / Address	Motor Fuel	Parking / Food	Stores	Showers	Communication	Scales	Tires	Repairs	Road Svcs	Wash	RV Info	Financial Services	Permit Svcs	Credit Cards
D 5	Riverton, 82501 307-856-6535	Bailey Tire & Auto Service (Sinclair) 811 S WY 789 (4 blks S of US 26)	■■ ■	S ■■■	□□ □		□□□ □	F C □	□	□□□ ■■	□□□□	□	■□□ □	■□ V W	C	■■■■
F 4	Rock Springs, 82901 307-362-4231	Flying J Travel Plaza #05017 (Conoco) I-80 Exit 104	24 HRS ■■■	M ■■	24 HRS ■■□	■■	□□□ ■■■■	F C U F T	□	□□	□□□□□		□□□	■■■■ V W	B	B B B ■■■■
F 4	Rock Springs, 82901 307-362-6205	Outlaw Sinclair I-80 Exit 104 (US 191 N)	24 HRS ■ ■	M ■■	□■■□	■■	□□ ■■■■	F C U	□	□□□□□	□□□□	□□□	□□□	■□ ■ V W	B B	B B B B ■■■■
F 4	Rock Springs, 82901 307-362-2171	Cruel Jack's Travel Plaza (Conoco) I-80 Exit 99 (US 191 - Flaming Gorge)	24 HRS ■ ■	M ■■	24 HRS □■□	■■	□□□ ■■■□	F C U	□				□□□	■□ ■ V W	B B	B B B B ■■■■
A 6	Sheridan, 82801 307-673-1128	Red Eagle Food Store #17 (Shell) I-90 Exit 20	■■ ■		□□ □	■	□□□ □	F C □		□□□□□	□□□□	□	□□□□	□■■ ■ V W	F	■■■■
A 6	Sheridan, 82801 307-674-8853	Common Cents Travel Plaza (Exxon) I-90 Exit 20 (at Port of Entry)	24 HRS ■ ■	M ■■	24 HRS ■■□	■■	□□□ ■■■■ ■	F C U F	□	□□□□□	□□□□	□	□□□□	■□■■ ■ V W	B B	B B B B ■■■■
D 5	Shoshoni, 82649 307-876-2561	Trail Town Supply (Conoco) US 20 & US 26/WY 789	■ ■		□	■	□	C	□					■ V W		■■■
F 7	Sinclair, 82334 307-324-4407	I-80 Travel Plaza (66) I-80 Exit 221 (East Sinclair)	24 HRS ■ ■	L ■■	24 HRS ■■	■■	■■	F C		□□	□□□		□□□	■ ■ V W	B B	B B B B ■■■■
B 9	Sundance, 82729 307-283-1200	Sundance BP Travel Center I-90 Exit 189 (US 14)	24 HRS ■ ■	S ■	□■■□	■	□■■■■	F C	□	□□ □□	□□	□	□□□□	■□ ■ W	B B	B B B B ■■■■
C 5	Thermopolis, 82443 307-864-3108	Shell Southside Travel Center 167 US 20 S	■■■■	S ■	□■	■	□■■■	F C	□	□□	□	□	□□□	■■■ V W	B	B B B C ■■■■
E 9	Torrington, 82240 307-532-8164	Torrington Travel Terminal (Citgo) 1500 US 26	24 HRS ■■■	M ■■	■■ □	■■■	□ □■■■	F C	□	■■ □□	□□□□	□	□□□	■■■■ V W	B B	B B B B ■■■■
F 5	Wamsutter, 82336 307-324-7807	Wamsutter Conoco Service I-80 Exit 173	■■ ■	S	□□ □		□ □		□	□□□ ■■■■	■■	■ R	■■■	■□ V W	C C	C C ■■■
F 5	Wamsutter, 82336 307-324-7818	Sinclair Truck Stop I-80 Exit 173	■■ ■	L ■	□■■□	■	□ ■	F C	□	■■	■■	■	■■■	■■■■ ■ V W	C C	C C C ■■■■
F 5	Wamsutter, 82336 307-324-0087	Love's Travel Stop #310 I-80 Exit 173 (CR 23)	24 HRS ■ ■	$ M ■■	■■		■■ ■	F C F		□□	□□	□	□□□	■ ■ ■ V W	B B F B	B B ■■■■
F 5	Wamsutter, 82336 307-324-7188	Phillips 66 Travel Center I-80 Exit 173 (McCormick St S)	24 HRS ■ ■	M ■	■■■□	■	■■ ■	F C	□	□ □□	□□□	□	□□□	■ ■ V W	B B	B B B B ■■■■
E 8	Wheatland, 82201 307-322-2802	Common Cents (Exxon) I-25 Exit 78	24 HRS ■ ■	M ■■	□□ □	■	□ □ □	F C	□	□□□□□	□□□□	□ □	□□□□	■□ ■ ■ W	B	■■■
E 8	Wheatland, 82201 307-322-5921	I-25 Conoco I-25 Exit 78	■■ ■	S ■	□■ □	■	□■■ ■	F C U	□	□□□□□	□	□ □	□□□	■□ ■ V W	B B	B B B ■■■■
E 8	Wheatland, 82201 307-322-2978	Wheatland Co-op Association (Cenex) I-25 Exit 79 (to 16 St)	■■■■		□□ □		□	□	□	■■■■■	□□□	□	■ □	□■ V W	F	■■■
E 8	Wheatland, 82201 307-322-1884	Wheatland Travel Plaza (Sinclair) I-25 Exit 80	24 HRS ■■■	M ■■	□■■□	■	□ □■■■■	■ F C □	□	□ □□	□□	□	□□□	■□■■ V W	B	B B B ■■■■
B 6	Worland, 82401 307-347-2875	Go Gas C-Store (Conoco) US 16-20 (in town)	■■ ■		□■ □	■	□ □	□	□	□□	□□□	□□	□□□□□	□ ■ V W		■■■
B 6	Worland, 82401 307-347-4281	One Stop (Cenex) US 16-20 (W side of town)	■■■■	S ■	□■	■	□■■ □	F C F	□	■■■■■			□□□□	■■■■ V W	B B	B B B B ■■■■

Sign up at www.truckstops.com for free email updates from *The Trucker's Friend.®*

Canada's Top Stops on the C.A.P Network

BRITISH COLUMBIA • ALBERTA

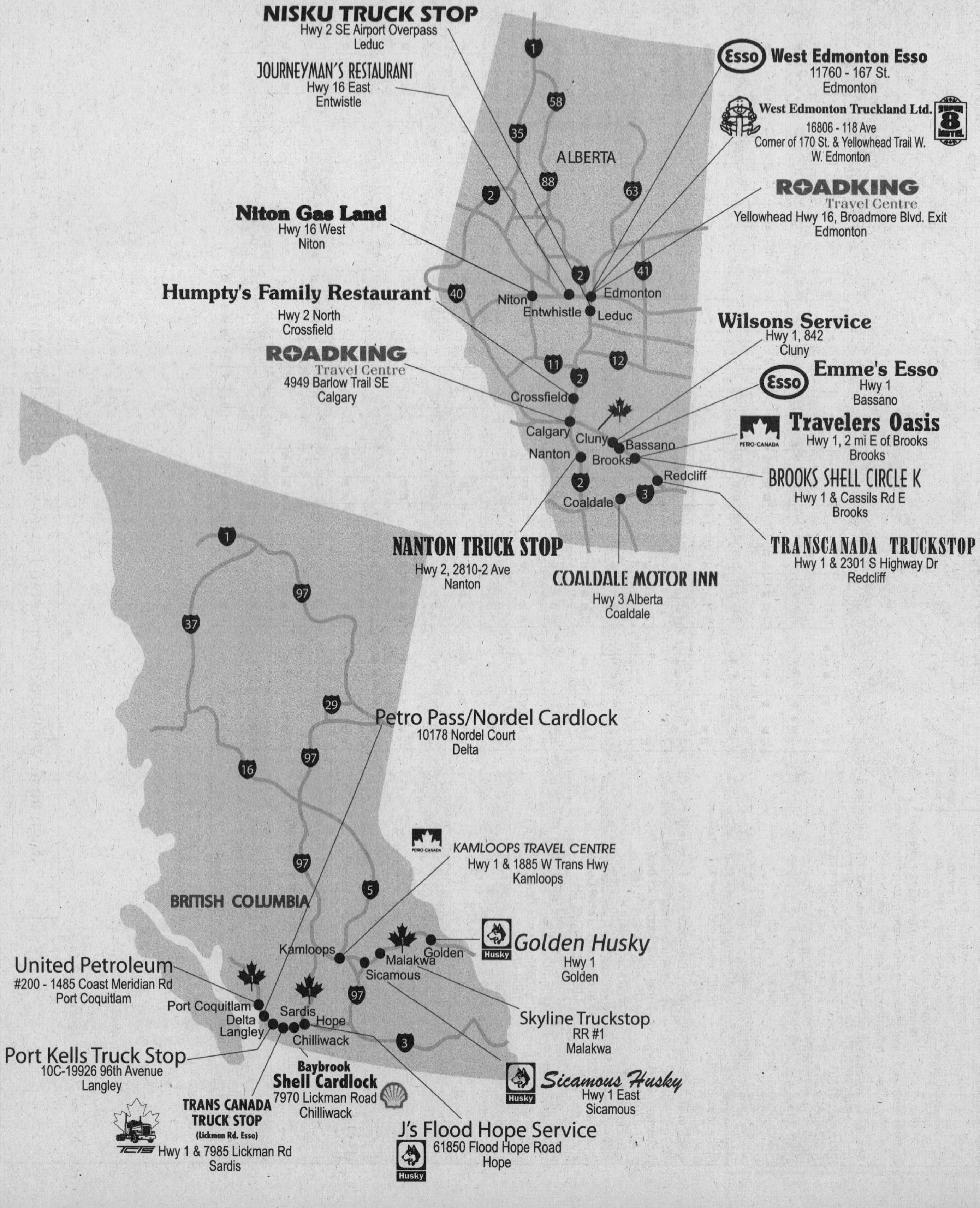

Canada's Top Stops on the C.A.P Network

SASKATCHEWAN • MANITOBA

We're the leaders in truckstop/travel center poster advertising throughout North America.

CAP Media
Canadian-American Posters in Canada
888-775-0635

Newport Poster Network
In the U.S.
800-787-7808

Grasswood Park Esso
Hwy 11
Saskatoon

Red Bull
HWY 16
Raddison

Paynton Place Truckstop/Motel
Hwy 16
Paynton

HIGHWAY 1 EAST ESSO
Hwy 1 East
Moose Jaw

Silver Dollar Truckstop
Hwy 1
Chaplin

Transport City Service Esso
Hwy 1
Swift Current

Half Way Service
Hwy 11
Davidson

Regina Husky Car/Truck Stop
1755 Prince of Wales Dr
Regina

Headingly Husky
5540 TCH 1
Headingly

JK's Co-Op
Hwy 1 & Hwy 350
MacGregor

Petro Canada 1 & 16 Service
Hwy 1 & Hwy 16
Portage La Prairie

Fas Gas Prairie West Service
Hwy 1
Portage La Prairie

Elie Esso
Hwy 1 West & #248
Elie

C & G Village Inn Domo
Hwy 59
Niverville

Truckers Paradise Mohawk
Morris

Oak Point Hwy PETRO-PASS
500 Oak Point Hwy
Winnipeg

Sun Valley Restaurant
Hwy 1 & 433 Oak Point Hwy
Winnipeg

Oak Point Esso
GARVI ENTERPRISES LTD. Esso
Hwy 1 & 100 Oak Point Hwy
Winnipeg

NORTHWEST PETROLEUM Shell
Hwy 1 & 1747 Brookside Blvd
Winnipeg

PETRO-PASS **Marion Street Petro Pass**
Winnipeg

PETRO-CANADA *Deacons Corner*
Hwy 1 East & 207
Dugald

DOUBLE S TRUCK STOP Esso
Hwy 1 East of Richer
Richer

Maple Inn
Hwy 1 East
Richer

Prawda Shell
Hwy 1 & Jct 506
Prawda

Birchwood Esso
Hwy 1 & Jct 506
Prawda

PETRO-PASS **Petro Pass**
Main Street
Morris

The truckstops listed on these pages are part of the Canadian-American Poster Network, and represent Canada's finest travel facilities.

Continued —

Canada's Top Stops on the C.A.P Network

ONTARIO

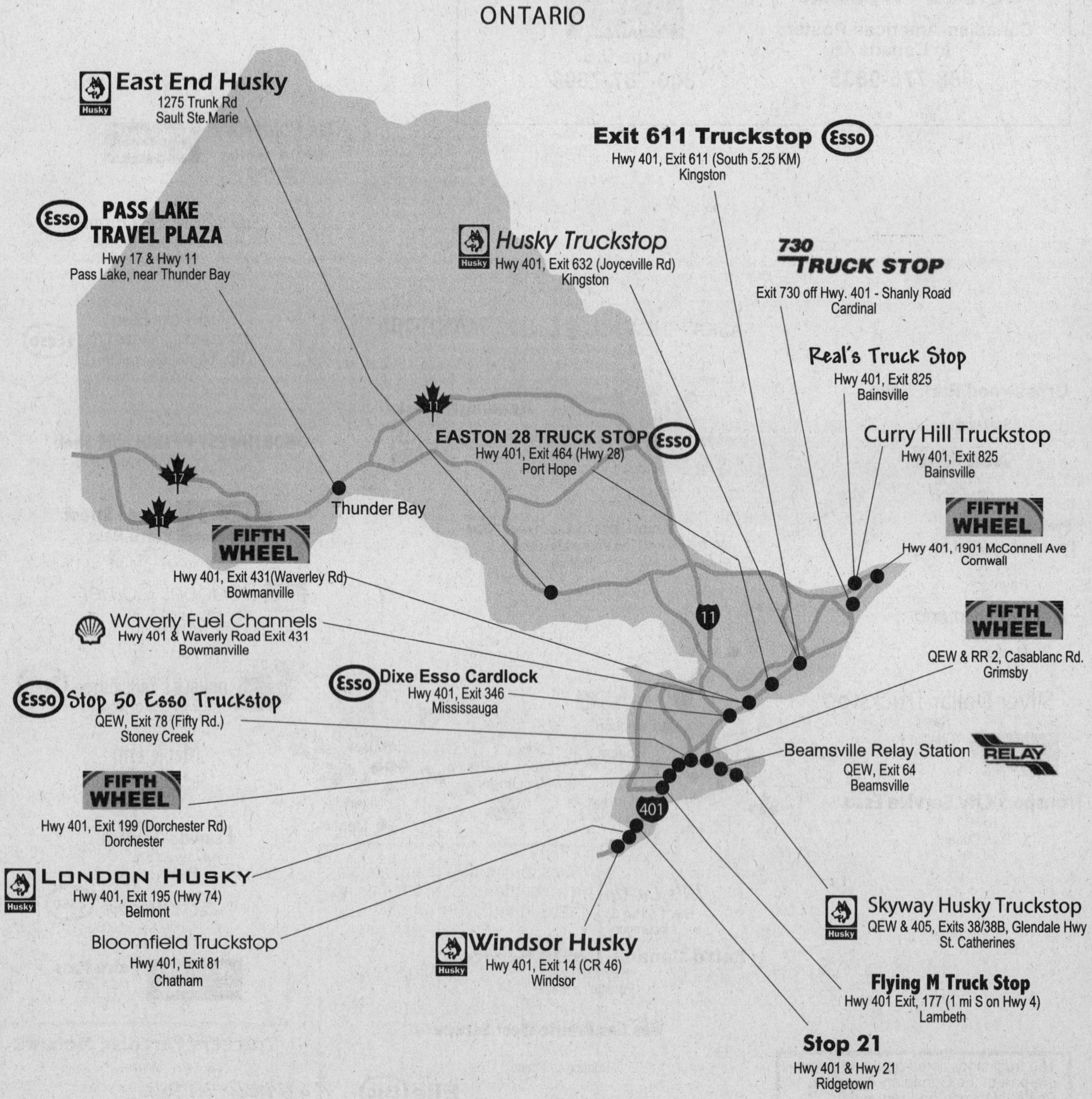

Canada's Top Stops on the C.A.P Network

QUEBEC • NEW BRUNSWICK • NOVA SCOTIA

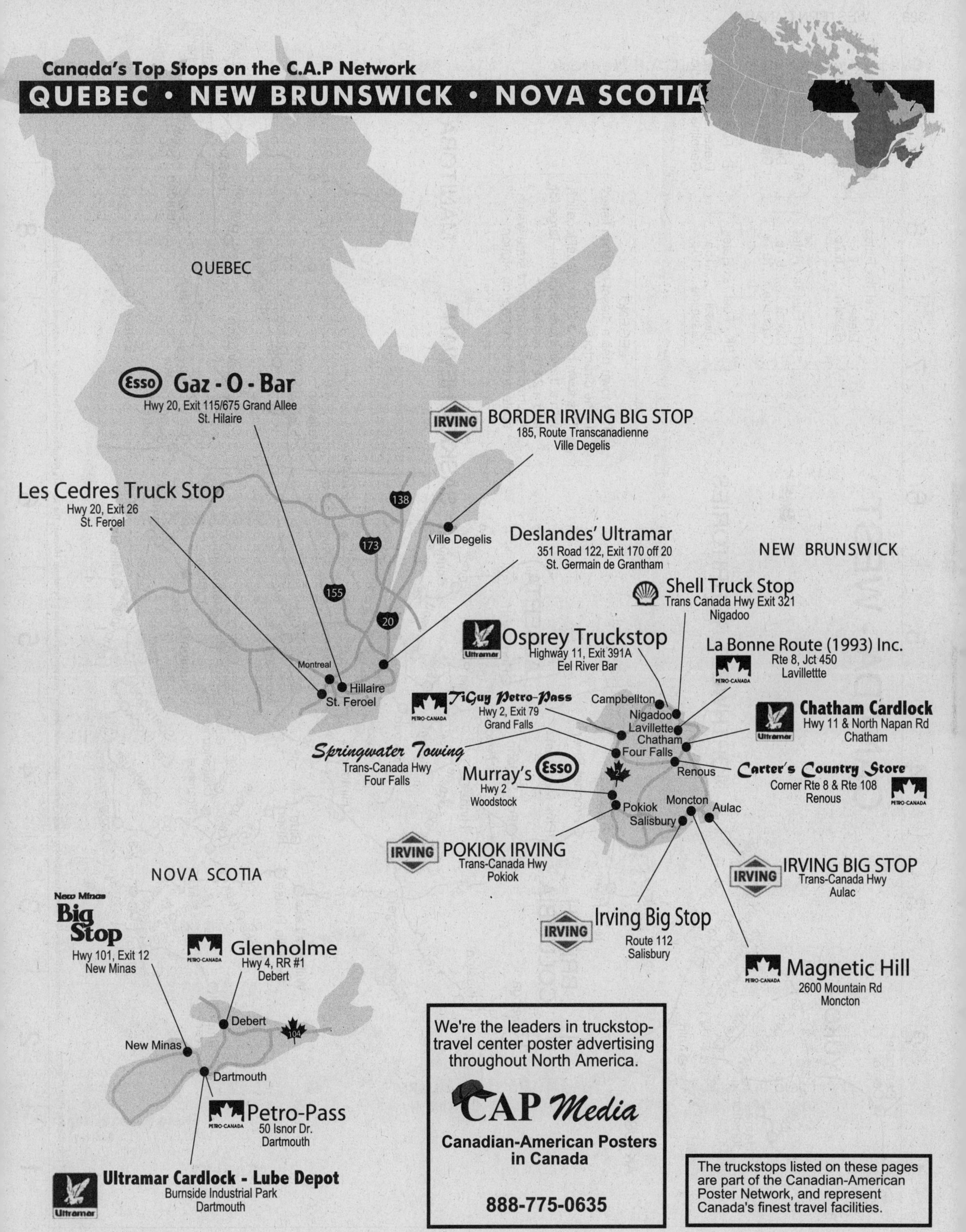

The truckstops listed on these pages are part of the Canadian-American Poster Network, and represent Canada's finest travel facilities.

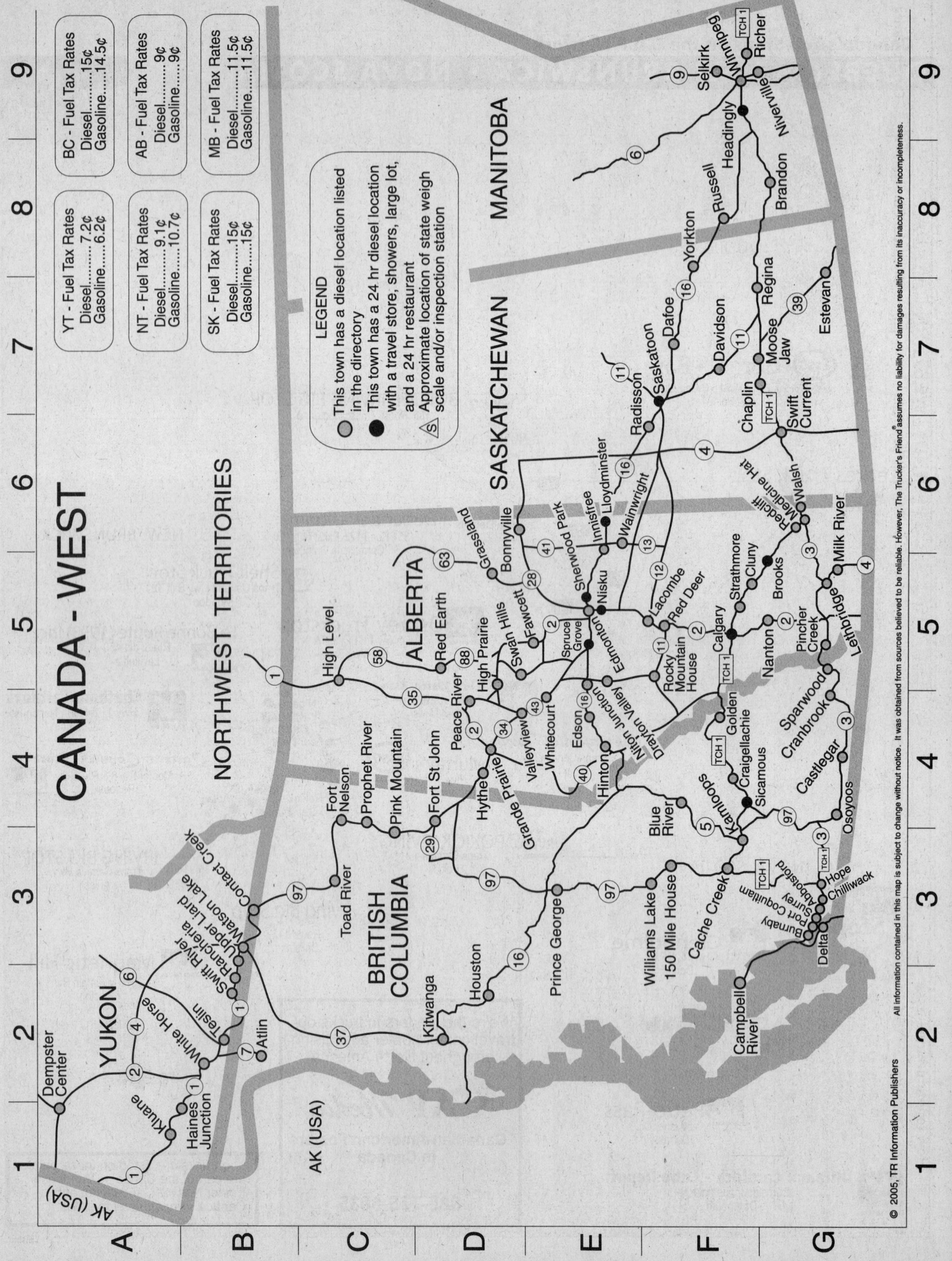
CANADA - WEST
YT - Fuel Tax Rates
Diesel..........7.2¢
Gasoline.....6.2¢
BC - Fuel Tax Rates
Diesel..........15¢
Gasoline.....14.5¢
NT - Fuel Tax Rates
Diesel..........9.1¢
Gasoline.....10.7¢
AB - Fuel Tax Rates
Diesel..........9¢
Gasoline.....9¢
SK - Fuel Tax Rates
Diesel..........15¢
Gasoline.....15¢
MB - Fuel Tax Rates
Diesel..........11.5¢
Gasoline.....11.5¢
LEGEND
This town has a diesel location listed in the directory
This town has a 24 hr diesel location with a travel store, showers, large lot, and a 24 hr restaurant
Approximate location of state weigh scale and/or inspection station
YUKON
NORTHWEST TERRITORIES
BRITISH COLUMBIA
ALBERTA
SASKATCHEWAN
MANITOBA
AK (USA)
AK (USA)
Dempster Center
Haines Junction
Kluane
White Horse
Teslin
Atlin
Swift River
Rancheria
Upper Liard
Watson Lake
Contact Creek
Toad River
Fort Nelson
Prophet River
Pink Mountain
Fort St John
Kitwanga
Houston
Prince George
Williams Lake
150 Mile House
Cache Creek
Campbell River
Burnaby
Delta
Port Coquitlam
Surrey
Abbotsford
Chilliwack
Hope
Kamloops
Blue River
Sicamous
Craigellachie
Golden
Osoyoos
Castlegar
Cranbrook
Sparwood
Hythe
Grande Prairie
Valleyview
Peace River
High Prairie
Whitecourt
High Level
Red Earth
Grassland
Swan Hills
Fawcett
Bonnyville
Spruce Grove
Sherwood Park
Edmonton
Nisku
Innisfree
Lloydminster
Wainwright
Hinton
Edson
Niton Junction
Drayton Valley
Rocky Mountain House
Lacombe
Red Deer
Calgary
Strathmore
Cluny
Brooks
Nanton
Pincher Creek
Lethbridge
Milk River
Redcliff
Medicine Hat
Walsh
Swift Current
Chaplin
Moose Jaw
Regina
Estevan
Radisson
Saskatoon
Davidson
Dafoe
Yorkton
Russell
Brandon
Headingly
Winnipeg
Selkirk
Niverville
Richer
TCH 1
A
B
C
D
E
F
G
1
2
3
4
5
6
7
8
9

THE TRUCKER'S FRIEND® - WESTERN CANADA

How to interpret the page

■ means available at truck stop □ means available nearby

In the overnight lot column:
- S means room for 5 - 24 trucks
- M means room for 25-74 trucks
- L means room for 85-149 trucks
- XL means room for 150+ trucks
- $ means a parking fee may be charged

code at left-hand side of rows is the state map grid reference

a key to advertising logos is on page 25

Services may change without notice. When in doubt, call ahead.

Column groups: Driver Services (Motor Fuel: Truck Diesel, Self Service Diesel, Metered Propane, Gasoline; Parking: Overnight Lot ($), Paved Lot, Trailer Drop, Electric Plug-ins, Safe Haven/Hazmat; Food: Restaurant, Fast Food, Table Phones; Stores: Motel, Convenience, Trucker/Travel, Shopping Center, Walmart/Kmart, Grocery; Showers: Ladies', Men's; TV/Drivers Lounge, Laundry; Communication: Load Monitor, Internet Kiosk, Wi-Fi Hotspots, Document Scanning, Public Fax/Copier, UPS/FedEx/TripPak Box, Religious Services, State Lottery) – Vehicle Services (Scales: Axle, Platform, Certified; Tires: Repairs, New Tire Sales; Repairs: Shop Open 24 Hrs, DOT Inspection, Major Repairs, Minor Repairs, Oil Change/Lube, Minor Welding, AC/Reefer; Road Svcs: CB, Tire, Mechanical, Towing; Wash: Truck (Exterior), Trailer Washout) – RV Info (RVs Welcome, Dumping Station, Propane (Bottle)) – Financial Services (ATM, Can Wire Money Out, Money Orders, NATSO Check-Link, Western Union, Voyager/Wright Express, Comdata (Comchek), EFS, Fuel Man, Multi Service, TCH, T-Chek, Fleet One, Buy/Pay at Fuel Desk; C=Checks, F=Fuel Cards, B=Both) – Permit Svcs (All Prepaid Permit Svcs) – Credit Cards (American Express, Visa/MasterCard, Discover)

ALBERTA

Grid	City / Phone	Truck Stop / Location	Motor Fuel	Parking	Parking	Food	Stores	Stores	Showers	Communication	Communication	Communication	Communication	Scales	Tires	Repairs	Repairs	Road Svcs	Wash	RV Info	Financial Services	Financial Services	Financial Services	Financial Services	Financial Services	Financial Services	Permit Svcs	Credit Cards
D 6	Bonnyville 780-826-3454	McEwen's Esso, Hwy 41 & 55th Ave	■■ ■			□□ □		□□□		□		F C	□		□□	□	□□□	□ □	□□□	□□							■	■
G 5	Brooks 403-362-5594	Shell Select, TCH 1 & Cassils Rd E	24 HRS ■ ■	M ■■		■□ ■	■	□□□	■■	□		F C	□■		□□	□	□□□	□□□	□□□	□	■■	■					■	■■
G 5	Brooks 403-362-4077	Travelers' Oasis (Petro Canada), TCH 1 (2 mi E of town)	24 HRS ■ ■	M		24 HRS □	■■		■■	■■		F C	■								□	■					■	■■■
F 5	Calgary 403-236-2515	Calgary Super Stop (Esso), 2515 - 50th Ave SE	24 HRS ■ ■	L ■■		24 HRS ■■	■■		■■	■■		F C □	■	■■■	□□		□□■	□	□□□	■■	■	■		B B	B	B	■	■■■
F 5	Calgary 403-291-1233	Husky Car/Truck Stop, 2525 - 32nd Ave NE & Barlow Trail	24 HRS ■■	L ■■		24 HRS □■□	■■	□□□	■■	□		F C T	□■	CAT	□□		□□	□□□	□□□	□	■■■	■		B B		B	■	■■■
F 5	Calgary 403-236-7035	Foothills Esso Cardlock, 5210 - 76th Ave SE & 52nd St	■■ ■			□□	■		■■			F C		■■■	□□		□□□	□	□□□	□		■				F	■	■■
F 5	Calgary 403-215-1451	Jepson Petroleum (Petro-Pass), 5215 61st Ave SE	■■ ■	M ■		□□ □	■	□	■■	■■		F C	□	■■■	□□	□	□□□	□□	□□□	□□		■		F			■	■■
F 5	Calgary 403-269-1636	Blackfoot Truck Stop (Petro Canada), Hwy 2 & Blackfoot Trail	24 HRS ■ ■	M ■■		24 HRS □■□	■	□ □	■■	□		F C	□■	□□	□□	□	□□□	□□	□□□	□	□	■					■	■■
F 5	Calgary 403-273-4949	Road King Travel Center (Shell), Hwy 2 (Deerfoot Trail) & Barlow Trail	24 HRS ■ ■	XL ■■		24 HRS □■■	■■	□	■■	■■	DAT	F C U F	□	CAT	■■		■■	■	■□□	■■	■■	■■■	■	B B	B B	B B	■	■■
F 5	Cluny 403-734-3853	Wilson's Service Station (Petro Canada), TCH 1 & Hwy 842	■■■■			□□	■	□				F C	□■		□				□□		■	■					■	■■
E 5	Drayton Valley 780-542-5575	Esso Bulk Agency, 5521 Industrial Rd (E of Hwy 22)	■■ ■			□□ □		□ □		□		F C	□	□□□	□□	□	□□□	□□□	□□□	□□	□						■	■
E 5	Edmonton 780-444-8800	West Edmonton Esso Truck Stop, 11760 - 167th St (off Yellowhead)	24 HRS ■ ■			□■■□	■	□□□	■■	■		F C	□■	■■■	□□		□□□	□□□	□□□	□□	□	■		B		B	■	■■■
E 5	Edmonton 780-455-1111	West Edmonton Truckland/Super 8 (Shell), 16806 - 118th Ave (off Yellowhead)	24 HRS ■■■	M ■■	■	24 HRS □■■	■■	□ □	■■	■■	■	F C F	□■	■	■■	■■	■■■	■ ■	■■□	■■	■	■■	■	B B	B	B	■	■■
E 5	Edmonton 780-465-0152	Esso Bulk Agency, 3704 - 92nd Ave	■■ ■			□□ □		□□□					□		□													■
E 4	Edson 780-723-6121	Esso Bulk Agency, 4821 - 1st Ave (S of Hwy 16)	■■ ■			□□ □		□		□		F C	□		□□	□	□□□	□ □	□□□	□	□						■	■
E 5	Fawcett 780-681-2248	Fawcett Husky, Hwy 44	■■ ■	M ■		■ ■■	■	□	■■			F C	□■								■	■					■	■■
D 4	Grande Prairie 780-513-5343	Derrick Husky Service Station, 10919 Hwy 43 W	24 HRS ■■			□□ □	■	□□□		□		F	□		□□	□	□□	□□□	□□□	□	□■	■					■	■■
D 4	Grande Prairie 780-532-2493	South Peace Distributors (Esso), Hwy 43 N (Agricultural Park)	■■ ■	S ■		□□ □	■	□□□	■	□		F C	□	□□	□□	□	□□□	□□□	□□□	□	□			B		B	■	■
D 5	Grassland 780-525-3931	Derko's Service (Husky), Hwy 63	■■ ■	M ■■		□□ □		□	■	□		F C	□		□□	□	□□□	□	□□□	□	■			B B			■	■■
C 5	High Level 780-926-3000	Esso Bulk Agency, 11002 - 95th St (E of Hwy 35)	■■ ■	S		□□ □		□		□		F C	□	□	□□	□	□□	□□□	□□□	□	□						■	■
C 5	High Level 780-926-2066	Shell Truck Stop, Hwy 35	24 HRS ■ ■	M ■■		□■■□	■	□ □		□		F C	□■		□□	□	□□□	□□□	□□□	□	■□	■		B			■	■■
D 5	High Prairie 780-523-4496	Esso Bulk Agency, Hwy 2 W	■■ ■			□□ □		□ □		□		F C	□		□□		□□□	□ □	□□□	□							■	■
E 4	Hinton 780-865-3902	G&A Petro Products (Esso), 246 Kelley Rd (N on Switzer off Hwy 16)	■■ ■			□□ □		□□□		□		F C	□		□□	□	□□□	□ □			□						■	■
E 4	Hinton 780-865-2881	Husky Car/Truck Stop, Hwy 16 W	24 HRS ■■■	M ■■		24 HRS □■□	■	□□□	■■	□		F C	□■		□□		□□	□	□□□	□	■■■	■		B F		B B	■	■■■
D 4	Hythe 780-356-3970	Esso Bulk Agency, Hwy 43 (2 km W of town)	■■ ■			□ □		□		□		F C	□		□□	□	□□	□	□□□	□	□					F	■	■
E 6	Innisfree 780-592-3777	Innisfree Hwy Truck Stop (Petro Canada), Yellowhead Hwy 16	24 HRS ■ ■	M ■		■	■						□■				□				■□■	■						■■
F 5	Lacombe 403-782-6516	Esso Bulk Agency, 4522 - 46th Ave (off Hwy 2A or Hwy 12)	■■ ■			□□ □		□ □		□			□		□□				□□□		□							■

THE TRUCKER'S FRIEND® - WESTERN CANADA

How to interpret the page

■ means available at truck stop □ means available nearby

in the overnight lot column:
- S means room for 5 - 24 trucks
- M means room for 25-74 trucks
- L means room for 85-149 trucks
- XL means room for 150+ trucks
- $ means a parking fee may be charged

code at left-hand side of rows is the state map grid reference

a key to advertising logos is on page 25

Services may change without notice. When in doubt, call ahead.

Column headings — Driver Services: MOTOR FUEL (Truck Diesel, Self Service Diesel, Metered Propane, Gasoline); PARKING (Overnight Lot ($), Paved Lot, Trailer Drop, Electric Plug-Ins, Safe Haven/Hazmat); FOOD (Restaurant, Fast Food, Table Phones); STORES (Motel, Convenience, Trucker/Travel, Shopping Center, Walmart/Kmart, Grocery); SHOWERS (Ladies, Men's); COMMUNICATIONS (TV/Drivers Lounge, Laundry, Load Monitor, Internet Kiosk, Wi-Fi Hotspots, Document Scanning, Public Fax/Copier, UPS/FedEx/Trippak Box, Religious Services, State Lottery). Vehicle Services: SCALES (Axle, Platform, Certified); TIRES (Repairs, New Tire Sales); REPAIRS (Shop Open 24 Hrs, DOT Inspection, Major Repairs, Minor Repairs, Oil Change/Lube, Minor Welding, AC/Reefer, CB); ROAD SVCS (Tire, Mechanical, Towing); WASH (Truck (Exterior), Trailer Washout). RV Info (RVs Welcome, Dumping Station, Propane (Bottle)). Financial Services (ATM, Can Wire Money Out, Money Orders, Natso Check-Link, Western Union, Voyager, Wright Express, Comdata (Comchek), EFS, Fuel Man, Multi Service, TCH, T-Chek, Fleet One; C=Checks, F=Fuel Cards, B=Both). Permit Svcs (Buy/Pay at Fuel Desk, All Prepaid Permit Svcs). Credit Cards (American Express, Visa/Mastercard, Discover).

ALBERTA

Grid	City / Phone	Truck Stop / Location	Fuel & Parking	Food	Stores	Showers	Communications	Scales	Tires	Repairs	Road Svcs / Wash	RV Info	Financial Services / Permit Svcs	Credit Cards
G 5	Lethbridge 403-327-3535	Esso Card Lock 3110 - 1st Ave S (off Hwy 3)	■■ ■		□□		■	F C	□	□□	□□□□□□	□□□□□	□ F	■ ■
E 6	Lloydminster 780-872-7089	Husky Travel Center Hwy 16 W	24 HRS ■■■	M ■■	24 HRS □■□	■■ □□□	■■ ■ ■■	F C	□■	□□	□□□□□	□□□□	■■■■ B B B B	■■■
G 6	Medicine Hat 403-526-3003	Esso Bulk Agency 1538 - 32nd St SW	■■ ■		□□ □	□□□	□		□	□□	□□ □ □	□□□□□□	□ F F	■
G 6	Medicine Hat 403-527-5561	Husky Car/Truck Stop TCH 1 & 15th St SW	24 HRS ■■■	M ■■	24 HRS □■□	■ □□□	■ □	F C	□■	□□	■■■■■ A R	□□□□	■■■■ B B B B B	■■■
G 5	Milk River 403-647-2007	Southgate Gas Plus Hwy 4 (212 - 8th Ave NW)	■ ■■	S ■	□□ □	■ □	■■	F C	□	□□		□□ □	■■□■■ B B	■ ■
G 5	Nanton 403-646-3181	Nanton Truck Stop (Esso) Hwy 2 NB/SB (1 km S)	24 HRS ■■■	M ■■	24 HRS □■□	■ □ □	■■■■	F C	□■	□□	□□□	□□□□	■□■■ B B B B	■■■
E 5	Nisku 780-986-7867	Nisku Truck Stop (Esso) Hwy 2 (E of Airport)	24 HRS ■■■	L ■■■	24 HRS ■■■	■■ □□	■■■■ DAT	F C F	□■■■■	■■	□■	■■■□■■	■■ B B B B B	■■■
E 5	Niton Junction 780-795-3771	Niton Gasland TCH 16	■■ ■	S ■	■□ □	■ □	□	F C	□■				■ ■	■ ■
D 4	Peace River 780-624-2727	Esso Bulk Agency Hwy 2 (10 km E of Hwy 35)	■ ■		□□ □	□ □		F C	□	□□	□□□□□□	□□□□	B	■ ■
G 5	Pincher Creek 403-627-3188	Junction 3 & 6 Husky Service Hwy 3 & Hwy 6	■ ■■	M ■	■□■□	■ □ □	□	F C	□	□□	□□□ □	□□□□	■□■■ C C	■■■
F 5	Red Deer 403-346-2589	Esso Bulk Agency 8132 Edgar Industrial Close & Taylor Dr	■■ ■		□□ □	□□□	□	F C	□ □□□	□□	□□□□□□	□□□□	F	■ ■
D 5	Red Earth 780-649-3822	Esso Card Lock Hwy 88 N	■■ ■		□ □	□	□	F C		□□	□□□□	□□□□		■ ■
G 6	Redcliff 403-548-7333	Trans Canada Truck Stop (Esso) TCH 1 (S Highway Dr)	24 HRS ■■	M ■■	24 HRS □■□	■■ □□□	■■■■ ■	F C	□■	□□	□□□□□□	□□□■	■■■■ B B B B	■■■
F 5	Rocky Mountain House 403-845-3171	Esso Bulk Agency 4908 - 43rd St	■■ ■		□□ □	□ □	□	F C	□	□□	□□□□□□□	□□□□□	□ B B	■■■
E 5	Sherwood Park 780-417-9414	Road King Travel Center (Shell) Hwy 16 E & Broadmoore Blvd	24 HRS ■ ■	XL ■	24 HRS ■■■	■■	■■■■ DAT	F C	□■ CAT		■	■■■■	B B B B B	■■■
E 5	Spruce Grove 780-960-6649	Edmonton West Travel Center (Husky) Hwy 16 & Hwy 60	24 HRS ■■■	L ■ ■	24 HRS ■■□	■■	■■■	F C T	□■□□□			□□□□□	□■■ B B B B	■■■
F 5	Strathmore 403-934-3288	Strathmore Shell TCH 1	■■ ■		□□ □	■ □	□		□	□□			□ ■	■■
F 5	Strathmore 403-934-3522	Husky Truck Stop TCH 1	24 HRS ■■■	M ■■	24 HRS □■□	■ □ □	■■ ■	F C	□■	□□	□□□□□□□	□□□□□	■■■ B B B B	■■■■
D 5	Swan Hills 780-333-4886	Esso Bulk Agency Onely Crescent (off Hwy 33 E)	■■ ■		□ □	□ □	□	F C	□	□□	□□	□ □□	□ B	■ ■
D 4	Valleyview 780-524-3504	Valleyview Esso Hwy 43 & Hwy 49	24 HRS ■■	S ■■	■□■□	■ □ □	□	F C	□■	□□	□□□□□□	□□ □□	■□■■ C C C C	■■■
E 6	Wainwright 780-842-3591	Wainwright Husky Travel Stop Hwy 14 & Main St	■■ ■		■□ □	□ □	□		□ □□□	□□	□□□□	□□□□	□	■■
G 6	Walsh 403-937-3934	Walsh Shell Services Station TCH 1	■■ ■		□	■	■■		■				□ ■	■■
E 4	Whitecourt 780-778-3776	Gateway Esso Service Hwy 43 NW	24 HRS ■■	M ■	□□ □	■ □□□	□		□■□□□	□□	□□□ □	□□□□	■□■	■■■
E 4	Whitecourt 780-778-5541	Fas Gas Short Stop Hwy 43 SE	24 HRS ■■■		□□ □	■ □□□	□		□	□□	□□□□□□□	□□□□□	□■■ B	■■■

BRITISH COLUMBIA

Grid	City / Phone	Truck Stop / Location	Fuel & Parking	Food	Stores	Showers	Communications	Scales	Tires	Repairs	Road Svcs / Wash	RV Info	Financial Services / Permit Svcs	Credit Cards
F 3	150 Mile House 250-296-4515	Mr G #15 (Fas-Gas) Hwy 97 S	24 HRS ■■■	M ■■	□■ □	■ □	■	F C	■	□□	□□□□	□□□	■ ■■ ■	■ ■
G 3	Abbotsford 604-853-1441	Esso Card Lock 34086 S Fraser Way	■■ ■		□□ □	□□□			□	□□	□□□□□	□□□□	F F	■

THE TRUCKER'S FRIEND® - WESTERN CANADA

How to interpret the page

■ means available at truck stop □ means available nearby

in the overnight lot column:
- S means room for 5 - 24 trucks
- M means room for 25-74 trucks
- L means room for 85-149 trucks
- XL means room for 150+ trucks
- $ means a parking fee may be charged

code at left-hand side of rows is the state map grid reference

a key to advertising logos is on page 25

Services may change without notice. When in doubt, call ahead.

Driver Services: MOTOR FUEL (Truck Diesel, Self Service Diesel, Metered Propane, Gasoline); PARKING (Overnight Lot ($), Paved Lot, Trailer Drop, Electric Plug-ins, Safe Haven/Hazmat); FOOD (Restaurant, Fast Food, Table Phones); STORES (Motel, Convenience, Trucker/Travel, Shopping Center, Walmart/Kmart, Grocery); SHOWERS (Ladies, Men's); COMMUNICATION (TV/Drivers Lounge, Laundry, Load Monitor, Internet Kiosk, Wi-Fi Hotspots, Document Scanning, Public Fax/Copier, UPS/FedEx/TripPak Box, Religious Services, State Lottery)

Vehicle Services: SCALES (Axle, Platform, Certified); TIRES (Repairs, New Tire Sales); REPAIRS (Shop Open 24 Hrs, DOT Inspection, Major Repairs, Minor Repairs, Oil Change/Lube, Minor Welding); ROAD SVCS (AC/Reefer, CB, Tire, Mechanical, Towing); WASH (Truck (Exterior), Trailer Washout)

RV Info: RV Welcome, Dumping Station, Propane (Bottle)

Financial Services: ATM, Can Wire Money Out, Money Orders, NATSO Check-Link, Western Union

Permit Svcs (C=Checks, F=Fuel Cards, B=Both): Voyager/Wright Express, Comdata (Comchek), EFS, Fuel Man, Multi Service, TCH, T-Chek, Fleet One, Buy/Pay at Fuel Desk, All Prepaid Permit Svcs

Credit Cards: American Express, Visa/Mastercard, Discover

BRITISH COLUMBIA

Grid	Location / Phone	Truck Stop / Address	Motor Fuel	Parking	Food	Stores	Showers	Communication	Scales	Tires	Repairs	Road Svcs	Wash	RV Info	Financial	Permit Svcs	Credit Cards
B 2	Atlin 250-651-7636	Pine Tree Services (Shell) Discovery & 3rd	■ ■■		■ □		□	□		□		□			□■■		■
F 4	Blue River 250-673-8221	Blue River Husky Car/Truck Stop Hwy 5 S & Yellowhead Hwy	24HRS ■■■	M■■	■ ■□	■	□	□	F C	□■		□□□			■□■■	B	■■■■
G 3	Burnaby 604-420-4331	Esso Bulk Agency 3100 Underhill	■■ ■		□		□ □					□□□□□			□		■
F 3	Cache Creek 250-457-6643	Husky Car/Truck Stop 959 S TCH 1	■■■■	S■■	24HRS □■□	■	□	■■ □		□■	□□□□□	□□□□□		□□□	■■■■	B B	■■■
F 2	Campbell River 250-286-6113	Esso Bulk Agency 16th & Maple St	■■ ■		□□ □		□□□	□		□	□□	□□□□□	□	□□□	□	B	■
G 4	Castlegar 250-365-5185	Esso Link 2201 - 6th Ave	■■ ■		□□ □		□ □			□	□□□□□	□□□□□		□□□		B	■
G 3	Chilliwack 604-858-5113	Husky Car/Truck Stop Hwy 1 Exit 119A (EB)/119B (WB)	24HRS ■■■	M■	24HRS □■□	■	□□□	■■ □	F C	□■	□□	□□□□□		□□□■	□■■	B F	■■■■
G 3	Chilliwack 604-795-7265	Chilliwack Cardlock (Shell) TCH 1 & 7970 Lickman Rd	24HRS ■ ■	M■■	□□ □	■	□□□	■■■■	F C	□■	□□ □□	□□□□□		□□□□□	□ ■		■■■
G 3	Chilliwack 604-795-5335	Trans Canada Truck Stop (Esso) TCH 1 & Lickman Rd	24HRS ■■■	L ■	□■ ■	■■	□□□	■■■■ DAT	F C	■■	■■■■□	□□■■□	□□□	□□□■■	□■■	B BB B	■■■
F 4	Craigellachie 250-836-4949	Skyline Truck Stop (Esso) TCH 1	24HRS ■■	M■■	24HRS ■	■		■■■■	F C	■	■■	■ ■		□□□	■□■■	B B	■■■■
G 4	Cranbrook 250-426-4421	Esso Bulk Agency 2001 Theatre Rd	■■ ■		□□ □		□□□	□	F C	□	□□	□□□□□		□□□□□□	□	F F	■ ■
G 3	Delta 604-521-4445	Annacis Island Shell Hwy 91 & Cliveden Ave	24HRS ■	S■	□ □	■		■	F C	■	□□□□□□			□□□	■		■■■
G 3	Delta 604-582-1433	Autogas Propane (Husky) Hwy 91 & Nordell Way	■■■		■	■									■	B B	■■
G 3	Delta 604-581-3835	Nordel Petro Pass (Petro Canada) Hwy 91 & River Rd	■■ ■	S■	□□	■	□	■■ ■	F C	□	□□□□□	□		□□□□		C	■■■
C 4	Fort Nelson 250-774-3077	Fort Nelson Esso AK Hwy & Airport Rd	■ ■■		□□ □	■	□	□	F C	□■	□□	■■■	□□□□□□		□■		■■
C 4	Fort Nelson 250-774-7248	Fort Nelson Shell Bulk Plant AK Hwy (MM 293)	■■ ■		□□			■			□□□□□			□	□		■■
C 4	Fort Nelson 250-774-7270	5th Wheel Truck Stop (Race Track) AK Hwy (MM 293)	24HRS ■■■	M■■	24HRS □■■	■■		■■ ■	F C		□□□□□	□□□□□□□□□□			■■■■	B	■■■
D 4	Fort Saint John 250-785-3121	Highway Car/Truck Wash AK Hwy (MM 45) & Tahltan Rd	■■ ■	S	□□ □	■	□□□	□		□	□□	□□□□□	□□□□	□□■■	■		■■
F 4	Golden 250-344-6878	Husky Car/Truck Stop 1050 TCH 1	24HRS ■■■	M■■	24HRS ■■□	■	□	■■ ■ ■	F C	□■	□□□□□	□□□□□		□□□□□□	■■■■	B B B B	■■■
G 3	Hope 604-869-9443	Dogwood Husky Car/Truck Stop 27052 TCH 1	■■■■	M■■	■ ■	■			F C	■					■□■■	B	■■■
G 3	Hope 604-869-5589	J's Flood Hope Husky TCH 1 Exit 165	24HRS ■■■	M	24HRS ■□	■	□		F C	□	□□			□□□	□ ■	B B	■■■■
D 2	Houston 250-845-2234	Esso Bulk Agency 5th St (W of Tweedie St)	■■ ■		□□ □		□ □	□		□	□□	□□□□□		□□□□	□		■
F 3	Kamloops 250-374-6263	Kamloops Travel Center (Petro Canada) TCH 1 Exit 366 (top of hill)	24HRS ■■■	M■■	24HRS □■□	■■	□□□	■■■ ■	F C	□■	■■■	□□□□□□		□□□	■■■■		■■■
D 2	Kitwanga 250-849-5793	N&V Johnson Services (Petro Canada) Hwy 37 & Hwy 16	■■ ■	S■	■	■	□			□■					□ ■		■■
G 4	Osoyoos 250-495-6443	Husky Car/Truck Stop Hwy 97 & Hwy 3	24HRS ■■	M■■	24HRS ■■□	■	□ □	■■ □ ■	F C	□■	□□	□□□□□		□□□□■■	■■■■	B B B	■■■■
C 3	Pink Mountain 250-772-3234	Pink Mountain Motor Inn (Esso) AK Hwy (MM 143)	■	S ■	■ ■			■	F C						■		■■■
G 3	Port Coquitlam 604-552-4815	United Petroleum (Husky) Mary Hill Bypass & Hwy 7	■■■■		■□ □	■	□ □	■	F	□■	□□	■■■		■■□■■	■		■ ■

THE TRUCKER'S FRIEND® - WESTERN CANADA

How to interpret the page

■ means available at truck stop □ means available nearby

in the overnight lot column:
S means room for 5 - 24 trucks
M means room for 25-74 trucks
L means room for 85-149 trucks
XL means room for 150+ trucks
$ means a parking fee may be charged

code at left-hand side of rows is the state map grid reference

a key to advertising logos is on page 25

Services may change without notice. When in doubt, call ahead.

Column headings:
- **Driver Services**: MOTOR FUEL (TRUCK DIESEL, SELF SERVICE DIESEL, METERED PROPANE, GASOLINE); PARKING (OVERNIGHT LOT ($), PAVED LOT, TRAILER DROP, ELECTRIC PLUG-INS, SAFE HAVEN/HAZMAT); FOOD (RESTAURANT, FAST FOOD, TABLE PHONES); STORES (MOTEL, CONVENIENCE, TRUCKER/TRAVEL, SHOPPING CENTER, WALMART/KMART, GROCERY); SHOWERS (LADIES', MEN'S); COMMUNICATIONS (TV/DRIVERS LOUNGE, LAUNDRY, LOAD MONITOR, INTERNET KIOSK, WI-FI HOTSPOTS, DOCUMENT SCANNING, PUBLIC FAX/COPIER, UPS/FEDEX/TRIPPAK BOX, RELIGIOUS SERVICES, STATE LOTTERY)
- **Vehicle Services**: SCALES (AXLE, PLATFORM, CERTIFIED); TIRES (REPAIRS, NEW TIRE SALES); REPAIRS (SHOP OPEN 24 HRS, DOT INSPECTION, MAJOR REPAIRS, MINOR REPAIRS, OIL CHANGE/LUBE, MINOR WELDING, AC/REEFER, CB); ROAD SVCS (TIRE, MECHANICAL, TOWING); WASH (TRUCK (EXTERIOR), TRAILER WASHOUT)
- **RV Info**: RVS WELCOME, DUMPING STATION
- **Financial Services** (C=Checks, F=Fuel Cards, B=Both): PROPANE (BOTTLE), ATM, CAN WIRE MONEY OUT, MONEY ORDERS, NATSO CHECK-LINK, WESTERN UNION, WRIGHT EXPRESS, VOYAGER, COMDATA (COMCHEK), EFS, FUEL MAN, MULTI SERVICE, TCH, T-CHEK, FLEET ONE
- **Permit Svcs**: BUY/PAY AT FUEL DESK, ALL PREPAID PERMIT SVCS
- **Credit Cards**: AMERICAN EXPRESS, VISA/MASTERCARD, DISCOVER

Code	City / Phone	Truck Stop / Location	Motor Fuel	Parking	Food / Stores / Showers / Communications	Scales	Tires / Repairs / Road Svcs / Wash	RV Info	Financial Services	Permit Svcs	Credit Cards
	BRITISH COLUMBIA										
E 3	Prince George 250-563-5521	Husky Car/Truck Stop Hwy 97 S	24 HRS ■ ■	M ■	24 HRS ■ □ ■ ■ ■ ■		■ □ □ □ □ □ □ □ □	■ ■	■ □ ■ B B B		■ ■
C 4	Prophet River 250-773-6366	Lum-N-Abner's (Shell) AK Hwy (MM 233)	■ ■ ■	M ■	■ ■ ■ ■ ■ ■				■ ■		■ ■
F 4	Sicamous 250-836-4675	Husky Car/Truck Stop 1340 TCH 1 (1 mi E of Hwy 97A)	24 HRS ■ ■ ■	M ■	24 HRS □ ■ □ ■ ■ □ ■ ■ □	F C	□ ■ □ □ □ □ □ □ □ □	□ □	■ ■ ■ ■ F F	■	■ ■ ■
G 5	Sparwood 250-425-7100	Esso Bulk Agency 747 Douglas Fir Rd (W of Hwy 3)	■ ■ ■		□ □ □ □ □ □	F C	□ □ □ □ □ □ □ □ □ □ □ □ □	□	□	■	■
G 3	Surrey (North) 604-888-4434	Port Kells Truck Stop (Husky) 96th Ave & 192nd St	■ ■ ■ ■		□ □ □ ■ □ □	C	□ ■ □ □ □ □ □ □ □ □ □ □ □ □ □ □ □ □	□ □	□ ■ ■		■ ■
C 3	Toad River 250-232-5401	Toad River Lodge (Fas Gas) AK Hwy (MM 422)	■ ■ ■ ■	S ■	■ ■ ■ ■ ■ ■	F C	■ ■ ■ ■		■ ■ ■	■	■ ■ ■
F 3	Williams Lake 250-392-2979	Esso Bulk Agency 548 S MacKenzie Ave (off Hwy 20)	■ ■ ■		□ □ □ □ □ □		□ □ □ □ □ □ □ □ □ □ □ □ □	□	□ B F		
F 3	Williams Lake 250-989-5134	Deep Creek Enterprises (Sun Valley) Hwy 97 (Deep Creek)	■ ■ ■	S ■	■ ■ ■ ■ ■	F C			■	■	■
	MANITOBA										
G 8	Brandon 204-727-6060	Shell Truck Stop 351 Park Ave E	■ ■ ■	S	□ □ □ □ □ ■ ■	F C	□ □ □ □ □ □ □ □ □ □	□ □		■	■ ■
G 8	Brandon 204-728-7387	Husky Car/Truck Stop TCH 1 & 18th St N	24 HRS ■ ■	M ■ ■	24 HRS □ ■ □ ■ □ □ ■ ■ ■	F C	■ □ □ □ □ □ □ □ □ □ □ □ □	□ □	■ □ ■ B B B B B	■	■ ■ ■
F 9	Headingley 204-831-0028	Headingley Co-op 5540 TCH 1	24 HRS ■ ■	M ■ ■	24 HRS ■ ■ □ ■ ■ ■ ■	F C	□ ■ ■ ■ ■ ■ ■ ■ ■ ■ A □ □ □	■ ■	■ ■ B	■	■ ■
F 9	Headingley 204-837-2085	Headingly Husky Car/Truck Stop TCH 1 W	24 HRS ■ ■ ■	XL ■ ■	24 HRS □ ■ □ ■ ■ □ □ □ ■ ■ ■ ■	F C T	□ ■ CAT □ □ □ □ □ □ □ □ □ □ □	□ □	■ ■ ■ ■ F B B B	■	■ ■
F 9	Niverville 204-388-4283	C&G Village Inn Hwy 59 & Prefontaine Rd	■ ■ ■	S	■ ■ ■ ■				■ □ ■		■ ■
F 9	Richer 204-422-5756	Double S Truck Stop (Esso) TCH 1 (E of town)	24 HRS ■ ■	M ■	24 HRS ■ ■ ■ ■	F C	■ ■ ■ ■ ■ ■ A □ □ □	□ □	■ ■ B B B	■	■ ■
F 8	Russell 204-773-2268	Brendonn Holding Ltd (Petro Canada) Hwy 16 & 83	■ ■ ■	S ■ ■	■ □ ■ □ ■ □ □ □	F C	□ ■ ■ □ □ □ □ □ □ □ □ □	□ □	■ □ ■		■ ■
F 9	Selkirk 204-482-4532	Shell Canada Products Hwy 9 & Manitoba	■ ■ ■		□ □ □ □ □ □	F C	□ □ □ □ □ □ □ □ □ □	□ □		■	■ ■
F 9	Winnipeg 204-694-4559	Esso Service Station 100 Oak Point Hwy & Selkirk Ave	■ ■ ■	M ■	■ □ ■ □ ■ □ ■ ■ □	F C	□ ■ ■ □ □ □ □ □ □ □ □ □ □ □ □ □	□ □	■ □ ■ B B	■	■ ■
F 9	Winnipeg 204-477-6112	Waverly Card Lock (Esso) 1420 Hwy 80 (S of Hwy 155 E)	■ ■ ■	S ■	□ ■ □ ■ □ □ □ ■	F C	□ ■ ■ ■		F	■	■ ■
F 9	Winnipeg 204-949-7292	Petro-Pass (Petro-Canada) 500 Oak Point Hwy	■ ■ ■	S	□ □ □ ■ □ □ ■ ■ ■ ■	F C	□ □ □ □ □ □ □ □ □ □ □ □ □ □ □	□ □	F	■	■ ■
F 9	Winnipeg 204-949-7280	Petro-Pass (Petro-Canada) Dawson Rd & Marion St	■ ■ ■	S ■	□ □ □ ■ □ □ □ ■ ■ ■	F C	□ □ □ □ □ □ □ □ □ □ □ □ □ □	□ □	B	■	■ ■
	SASKATCHEWAN										
F 7	Chaplin 306-395-2332	Silver Dollar Truck Stop TCH 1 & Hwy 19 N	■ ■ ■	M ■	■ ■ ■ □ ■ ■ ■	F C	□ ■ □ □ □ □ □		■ ■	■	■ ■ ■
F 7	Dafoe 306-554-2096	Junction Service (Race Track) Hwy 16 & Hwy 6	24 HRS ■ ■	M ■ ■	■ ■ ■ ■ ■	F			■ B	■	■ ■
F 7	Davidson 306-567-3213	Race Track Hwy 11 N	■ ■	M ■	■ □ ■ □ ■ □ □	F C	□ □ □ □ □ □ □ □		■ □ ■	■	■ ■ ■
F 7	Davidson 306-567-3222	Davidson Shell Hwy 11 S	■ ■	S	■ □ ■ □ ■ □ □ ■ ■ □ ■	F C	□ ■ □ □ □ □ □ □ □ □ □	□	■ □ ■ W	■	■ ■ ■
G 8	Estevan 306-634-3109	Husky House Hwy 39	■ ■ ■	M ■ ■	■ □ ■ □ ■ □ □ □ ■ □	F C	□ □ □ □ □ □ □ □ □ □	□ □	■ □ ■ B B	■	■ ■

THE TRUCKER'S FRIEND® - WESTERN CANADA

How to interpret the page

■ means available at truck stop □ means available nearby

in the overnight lot column:
S means room for 5 - 24 trucks
M means room for 25-74 trucks
L means room for 85-149 trucks
XL means room for 150+ trucks
$ means a parking fee may be charged

code at left-hand side of rows is the state map grid reference

a key to advertising logos is on page 25

Services may change without notice. When in doubt, call ahead.

Column headings — Driver Services: Motor Fuel (Truck Diesel, Self Service Diesel, Metered Propane, Gasoline); Parking (Overnight Lot ($), Paved Lot, Trailer Drop, Electric Plug-ins, Safe Haven/Hazmat); Food (Restaurant, Fast Food, Table Phones, Motel); Stores (Convenience, Trucker/Travel, Shopping Center, Walmart/Kmart, Grocery); Showers (Ladies', Men's); Communication (TV/Drivers Lounge, Laundry, Load Monitor, Internet Kiosk, Wi-Fi Hotspots, Document Scanning, UPS/FedEx/Trippak Box, Public Fax/Copier, Religious Services, State Lottery). Vehicle Services: Scales (Axle, Platform, Certified); Tires (Repairs, New Tire Sales); Repairs (Shop Open 24 Hrs, DOT Inspection, Major Repairs, Minor Repairs, Oil Change/Lube, Minor Welding, AC/Reefer, CB, Tire, Mechanical); Road Svcs (Towing); Wash (Truck (Exterior), Trailer Washout). RV Info (RVs Welcome, Dumping Station, Propane (Bottle)). Financial Services (ATM, Can Wire Money Out, Money Orders, Natso Check-Link, Western Union, Voyager, Wright Express, Comdata (Comchek), EFS, Fuel Man, Multi Service, TCH, T-Chek, Fleet One, Buy/Pay at Fuel Desk) — C=Checks, F=Fuel Cards, B=Both. Permit Svcs (All Prepaid Permit Svcs). Credit Cards (American Express, Visa/Mastercard, Discover).

Code	City / Phone	Truck Stop / Location	Motor Fuel	Parking	Parking	Food	Stores	Stores	Showers	Communication	Communication	Scales	Tires	Repairs	Repairs	Repairs	Repairs	Road Svcs	Wash	RV Info	Financial Services	Financial Services	Financial Services	Financial Services (C/F/B)	Financial Services (C/F/B)	Financial Services (C/F/B)	Permit Svcs	Credit Cards
	SASKATCHEWAN																											
F7	Moose Jaw 306-692-3644	Esso Bulk Agency 9th Ave NW & Fairford St W	■■ ■			□ □		□ □							□□	□	□□	□□	□□□	□□				F			■	■
F7	Moose Jaw 306-692-2121	Prairie Oasis Truck Stop (Tempo) TCH 1 & 9th Ave NE	■ ■■	M ■■		■□■■	■	□□□	■■	■	■	F C	□	□□□	□□		□□□	□	□□□	□□	■■■						■	■■
F6	Radisson 306-827-4414	Red Bull (Esso) TCH 16 & Hwy 340	■ ■■	M ■		■■■□	■	□	■	□		F C	□■		□□		□□		□□		■□■	■		B			■	■■
F7	Regina 306-789-3477	Husky Car/Truck Stop 1755 TCH 1 E	24 HRS ■■■	M ■■		24 HRS □■■	■■	□□□	■■	■■	DAT ■■	F C T	□■	CAT	□□	□	□□□	□□□	□□□		■■■	■		B B	B C	B B	■	■■
F7	Regina 306-721-6667	Petro-Canada Card Lock 529 1st Ave E	■■ ■	S ■		□□	■		■■	■■		F C		□□□	□□	□	□□□	□□	□□□	□		■		F			■	■■
F7	Regina 306-721-6340	Heartland Agro Services (Esso) 530 McDonald St (1 km S of Ring Rd)	24 HRS ■ ■	S ■■		□		□				F C		■■■	□□	□	□□□	□	□□□	□□							■	■
F7	Regina 306-721-0070	Nistor's Farm Service (Shell) Ring Rd N & Ross Ave	■■ ■	S ■■		□□ □	■	□ □	■■	■		F C			□□	□	□□□	□□□	□□□	□□	■						■	■■
F7	Saskatoon 306-664-3111	Mid-Saskatchewan Agro Services (Esso) 2920 Faithfull Ave	■■ ■			□□ □		□ □	■■	■		F		■■■	□□	□	□□□	□	□□□	□□						B	■	■
F7	Saskatoon 306-975-1221	Shell Select Truck Stop 3810 Thatcher Ave	■■ ■	S ■■		□	■		■■	■		F C	■							■■	■□	■					■	■■
F7	Saskatoon 306-934-6766	Petro-Pass 402 51st St E	■■ ■	S ■■		□■■□	■■	□ □	■■	■		F C	□	■	□□		□□□	□ □	□□□	■■	■□	■		F			■	■■
F7	Saskatoon 306-373-1888	Grasswood Park Esso Hwy 11 (3 km S of town)	24 HRS ■ ■	M ■		24 HRS ■□	■	□□□	■■	■■		F C	□■								□	■		F		F	■	■■
F7	Saskatoon 306-653-2744	Husky Travel Center TCH 16 WB & Marquis Dr E	24 HRS ■ ■	L ■■		24 HRS ■■□	■■		■■	■■	■■	F C	■	CAT	□□		□□	□	□□□	□□	■■■	■		B B	B C	B B	■	■■
G6	Swift Current 306-773-4411	Prime Pro (Esso) 1090 Cheadle St W	■■ ■			□ □		□□□		□		F C	□		□□		□□□	□□□	□□□	□□	□			F		F	■	■
G6	Swift Current 306-773-6335	Petro-Canada TCH 1 & Hwy 4	■■ ■			■□ □	■	□□□		□		F C	□■		□□							■					■	■■
G6	Swift Current 306-773-6444	Hwy Husky Car/Truck Stop TCH 1 (1510 S Service Rd W)	24 HRS ■■■	M ■■		24 HRS □■□	■■	□□□	■■	■		F C	□■		□□	□	□□□	□ □	□□□	□□	■■■	■		B B	C	B B	■	■■
G6	Swift Current 306-773-8890	B&A Petro (Petro Pass) TCH 1 (2004 S Service Rd W)	■■ ■	S ■		□□ □		□□□	■■	□		F C	□	□	□□	□	□□□	□□□	□□□	□□	■□						■	■■
G6	Swift Current 306-773-2063	Transport City Service (Esso) TCH 1 W (2615 N Service Rd W)	24 HRS ■■	L ■■		24 HRS ■□	■	□□□	■	■	■	F C	□		□□	□	□□□	□□□	□□□	□□	■□■	■		C	B	C	■	■■
F8	Yorkton 306-782-2745	Esso Bulk Agency Hwy 10 E (2 km E of Hwy 9)	■■ ■			□□ □		□□□		□		F	□		□□	□	□□□	□ □	□□□		□						■	■
F8	Yorkton 306-782-5662	Petro-Canada Truck Stop Hwy 9 & Hwy 16	24 HRS ■	M ■■		24 HRS □■□	■	□□□	■■			F C			□□						■	■					■	■■
	YUKON																											
B3	Contact Creek 867-536-2262	Contact Creek Lodge AK Hwy (MM 590)	■ ■■	S ■			■					F C					■		■		■ ■			B	B		■	■■■
A1	Dempster Center 867-993-6892	Klondike River Lodge (Fas Gas) Dempster Hwy (MM 0)	■ ■■	S ■	■	■ ■	■		■■	■		F C			■■				■ ■	■	■■■						■	■■
A1	Haines Junction 867-634-2268	Source Motor (Race Track) AK Hwy (MM 1017)	■ ■■			□□ □	■	□		□		F C	□		■■		■■	■	■■□		□■			C			■	■
A1	Kluane 867-841-4141	Kluane Wilderness Village (Race Track) AK Hwy (MM 1118)	24 HRS ■■	M ■	■	■ ■	■		■■	■■		F C			■■	□	□□	□	■■■		■■■						■	■■■
B2	Rancheria 867-851-6456	Rancheria Hotel-Motel AK Hwy (MM 710)	■ ■■	S ■		■ ■			■■	■■		F C									■■■			C	C		■	■
B2	Swift River 867-851-6451	Walker's Continental Divide (open May-Sept) AK Hwy (MM 721) (E of town)	■ ■	M ■	■	■■ ■	■		■■	■		F C									■			C	B	B	■	■
B2	Swift River 867-851-6401	Swift River Lodge (Petro-Canada) AK Hwy (MM 733)	24 HRS ■	S ■		■ ■	■					F C									■				C		■	■

THE TRUCKER'S FRIEND® - WESTERN CANADA

How to interpret the page

■ means available at truck stop □ means available nearby

in the overnight lot column:
- S means room for 5 - 24 trucks
- M means room for 25-74 trucks
- L means room for 85-149 trucks
- XL means room for 150+ trucks
- $ means a parking fee may be charged

code at left-hand side of rows is the state map grid reference

a key to advertising logos is on page 25

Services may change without notice. When in doubt, call ahead.

Financial Services: C=Checks, F=Fuel Cards, B=Both

YUKON

Driver Services — Motor Fuel, Parking, Food

Code	Location	Truck Stop	Truck Diesel	Self Service Diesel	Metered Propane	Gasoline	Overnight Lot ($)	Paved Lot	Trailer Drop	Electric Plug-ins	Safe Haven/Hazmat	Restaurant	Fast Food	Table Phones
B 2	Teslin 867-390-2575	Yukon Motel AK Hwy (MM 804)	■	■	■	■	M	■	■	■		■		
B 3	Upper Liard 867-536-2794	Junction 37 Services AK Hwy (MM 649) & Hwy 37	■	■	■	■	M		■	■		■		
B 3	Watson Lake 867-536-7422	TAGS (Tempo) AK Hwy (MM 635)	■	■		■							■	
B 3	Watson Lake 867-536-2515	Petro-Canada Truck Stop AK Hwy (MM 636)	■	■		■	S					□	□	
B 3	Watson Lake 867-536-2555	Jer Cal (Petro-Canada) AK Hwy MM 635	■	■	■	■						□	□	
B 2	Whitehorse 867-667-6211	Summit Fuels (Esso) 100 Platinum Rd	■	■		■						□	□	

Driver Services — Stores, Showers, Communications; Vehicle Services — Scales, Tires

Code	Location	Motel	Convenience	Trucker/Travel	Shopping Center	Walmart/Kmart	Grocery	Ladies'	Men's	TV/Drivers Lounge	Laundry	Load Monitor	Internet Kiosk	Wi-Fi Hotspots	Document Scanning	Public Fax/Copier	UPS/FedX/TripPak Box	Religious Services	State Lottery	Axle	Platform	Certified	Repairs	New Tire Sales
B 2	Teslin	■	■		□		□	■	■		■							□						
B 3	Upper Liard	■	■					■	■		■					F				□	□	□		
B 3	Watson Lake (TAGS)	□	■		□		□		■		■							□	■				□	□
B 3	Watson Lake (Petro-Canada)	□			□		□				□					F C		□					□	□
B 3	Watson Lake (Jer Cal)	□	■		□		□	■	■		□					F C		□	■	□	□	□	□	□
B 2	Whitehorse	□			□	□	□		■		□							□					□	□

Vehicle Services — Repairs, Road Svcs, Wash; RV Info

Code	Location	Shop Open 24 Hrs	DOT Inspection	Major Repairs	Minor Repairs	Oil Change/Lube	Minor Welding	AC/Reefer	CB	Tire	Mechanical	Towing	Truck (Exterior)	Trailer Washout	RVs Welcome	Dumping Station	Propane (Bottle)
B 2	Teslin														■	■	■
B 3	Upper Liard												■	■	■	■	■
B 3	Watson Lake (TAGS)		□	□	□	□	□			□	□	□				□	
B 3	Watson Lake (Petro-Canada)			□	□	□	□			□	□	□	□	□		□	
B 3	Watson Lake (Jer Cal)			□	□	□	□		□	□	□	□	■			□	■
B 2	Whitehorse		□	□	□	□	□			□	□	□	□			□	

Financial Services, Permit Svcs, Credit Cards

Code	Location	ATM	Can Wire Money Out	Money Orders	NATSO Check-Link	Western Union	Voyager/Wright Express	Comdata (Comchek)	EFS	Fuel Man	Multi Service	TCH	T-Chek	Fleet One	Buy/Pay at Fuel Desk	All Prepaid Permit Svcs	American Express	Visa/Mastercard	Discover
B 2	Teslin																■	■	
B 3	Upper Liard															■	■	■	
B 3	Watson Lake (TAGS)	■																	■
B 3	Watson Lake (Petro-Canada)															■	■	■	
B 3	Watson Lake (Jer Cal)		■	■		■										■	■	■	
B 2	Whitehorse																	■	

Sign up at www.truckstops.com for free email updates from *The Trucker's Friend.*®

CANADA - EAST

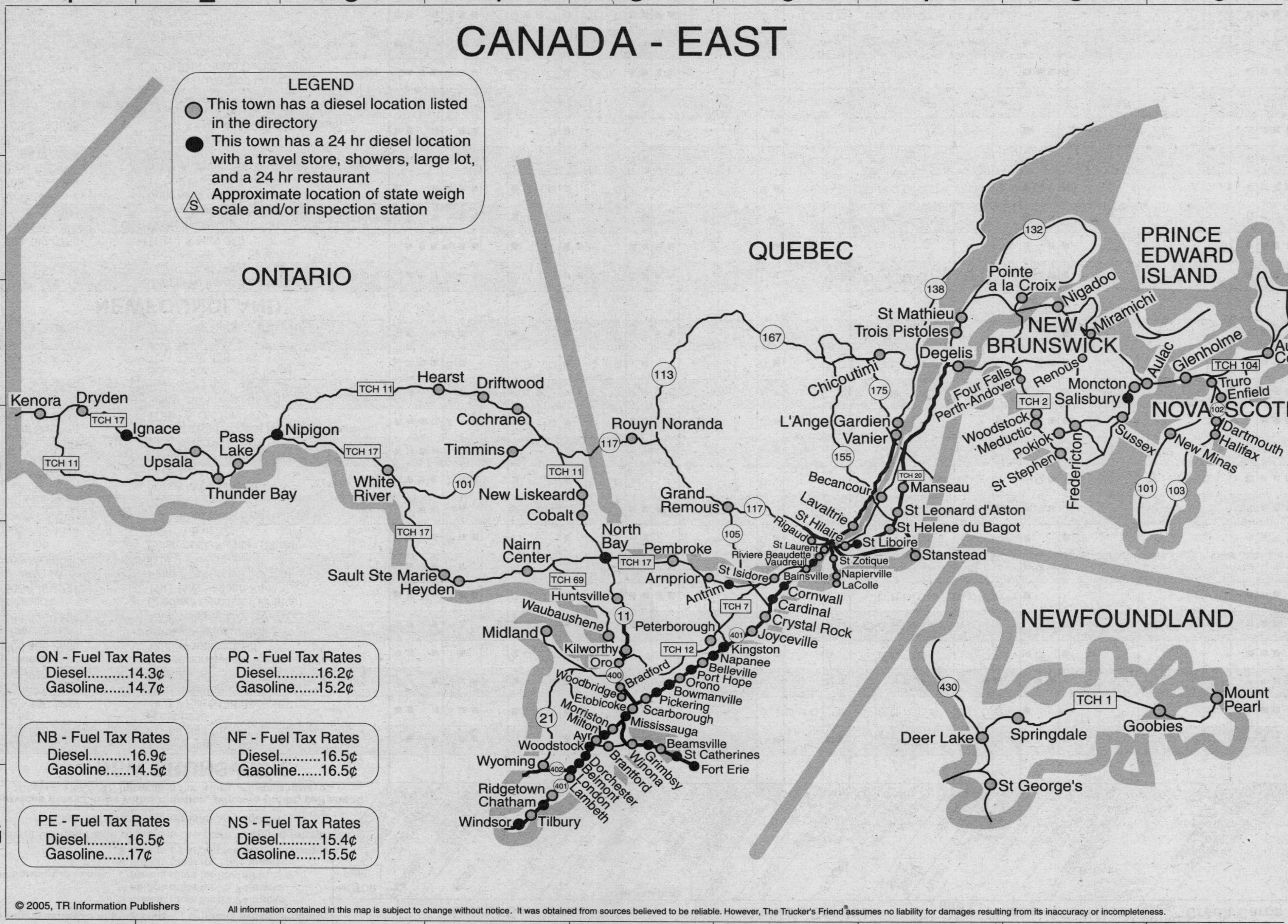

LEGEND

- This town has a diesel location listed in the directory
- This town has a 24 hr diesel location with a travel store, showers, large lot, and a 24 hr restaurant
- (S) Approximate location of state weigh scale and/or inspection station

ON - Fuel Tax Rates
Diesel..........14.3¢
Gasoline......14.7¢

PQ - Fuel Tax Rates
Diesel..........16.2¢
Gasoline......15.2¢

NB - Fuel Tax Rates
Diesel..........16.9¢
Gasoline......14.5¢

NF - Fuel Tax Rates
Diesel..........16.5¢
Gasoline......16.5¢

PE - Fuel Tax Rates
Diesel..........16.5¢
Gasoline......17¢

NS - Fuel Tax Rates
Diesel..........15.4¢
Gasoline......15.5¢

THE TRUCKER'S FRIEND® - EASTERN CANADA

How to interpret the page

■ means available at truck stop □ means available nearby

in the overnight lot column:
S means room for 5 - 24 trucks
M means room for 25-74 trucks
L means room for 85-149 trucks
XL means room for 150+ trucks
$ means a parking fee may be charged

code at left-hand side of rows is the state map grid reference
a key to advertising logos is on page 25

Services may change without notice. When in doubt, call ahead.

Column groups: Driver Services — Motor Fuel (Truck Diesel, Self Service Diesel, Metered Propane, Gasoline); Parking (Overnight Lot ($), Paved Lot, Trailer Drop, Electric Plug-ins, Safe Haven/Hazmat); Food (Restaurant, Fast Food, Table Phones); Stores (Motel, Convenience, Trucker/Travel, Shopping Center, Walmart/Kmart, Grocery); Showers (Ladies, Men's, TV/Drivers Lounge, Laundry); Communications (Load Monitor, Internet Kiosk, Wi-Fi Hotspots, Document Scanning, Public Fax/Copier, UPS/FedEx/Trippak Box, Religious Services, State Lottery). Vehicle Services — Scales (Axle, Platform, Certified); Tires (Repairs, New Tire Sales); Repairs (Shop Open 24 Hrs, DOT Inspection, Major Repairs, Minor Repairs, Oil Change/Lube, Minor Welding, AC/Reefer); Road Svcs (CB, Tire, Mechanical, Towing); Wash (Truck (Exterior), Trailer Washout). RV Info (RVs Welcome, Dumping Station, Propane (Bottle)). Financial Services (ATM, Can Wire Money Out, Money Orders, Natso Check-Link, Western Union, Voyager/Wright Express, Comdata (Comchek)) — C=Checks, F=Fuel Cards, B=Both. Permit Svcs (EFS, Fuel Man, Multi Service). Credit Cards (TCH, T-Chek, Fleet One, Buypay at Fuel Desk, All Prepaid Permit Svcs, American Express, Visa/Mastercard, Discover).

Grid	Location / Phone	Truck Stop / Address	Fuel & Parking	Food	Stores	Showers & Lounge	Communications	Scales	Tires	Repairs	Road Svcs / Wash	RV Info	Financial Services	Permit Svcs	Fleet Cards	Credit Cards
	NEW BRUNSWICK															
C 9	Aulac 506-536-1339	Aulac Irving Big Stop TCH 2 Exit 513 A (Hwy 16)	24HRS ■ ■ ■	M ■ ■	24HRS	■ ■	■ ■ ■ ■ ■	F C	□ ■	■ ■	□ □ □ □ □ □	□ □ ■ ■	■ ■ ■	B B	B	■ ■ ■
C 9	Aulac 506-536-1269	Aulac Esso TCH 2 Exit 513A (Hwy 16)	■ ■ ■	S ■ ■	□	■	■ ■ ■	F C	□	□ □ □ □ □	□ □ □ □ □	□ □ □ □	■	B	F	■ ■ ■
C 8	Four Falls 506-273-3682	Springwater Truck Stop TCH 2	■ ■	M ■ ■	■ □	□ ■	□ ■ ■ ■	F C	□	■ ■	■ ■ ■	■ ■ ■	■ ■	B		■ ■ ■ ■
D 8	Fredericton 506-458-8980	Fredericton Bypass Restaurant (Irving) 1735 Woodstock Rd	■ ■ ■	S ■	■ □ □	■ □ □ □	□	F C	□ ■	□	□ □ □		■ □ ■ ■			■ ■ ■
D 8	Meductic 506-328-2994	Murray's Esso Service 10781 Hwy 2 (E of Hwy 122)	24HRS ■ ■	M ■	■ ■ ■ □	■ ■ □ □	■ ■ ■ ■	F C	□ ■	□ □	□ □ □ □ □ □ □	□	□ ■	B B	B	■ ■ ■
C 8	Miramichi 506-778-2291	Chatham Cardlock (Ultramar) TCH 11 & Nappan Rd N	■ ■	S ■ ■	□ □ □	■ □ □ □	■ ■ ■ ■	F C	□	□ □ □ □	□ □ □ □ □ □	□ □ □ □ □	■			■ ■ ■
C 8	Moncton/Magnetic Hill 506-859-6000	Petro-Pass (Petro-Canada) TCH 2	24HRS ■ ■	M ■	□ ■ □	■ □ □	■ ■ ■ ■	F C	□ ■		□		■ □ ■ ■	C		■ ■ ■
C 8	Nigadoo 506-783-4314	Enterprise L Pelletier (Shell) TCH 11 Exit 321	24HRS ■ ■	M ■ ■		■	■ ■	F C	□ ■				■ ■			■ ■ ■
C 8	Perth-Andover 506-273-6329	Gaz-O-Bar Truck Stop (Ultramar) TCH 2	24HRS ■ ■	M ■	24HRS ■ □	□	■ ■ ■ ■	F C		□ □	□ □ □ □ □	□ □ □ ■	■ □ ■		B	■ ■ ■ ■
D 8	Pokiok 506-575-2411	Pokiok Irving Gas Bar 8522 TCH 2	24HRS ■ ■ ■	S ■ ■	■ □	■ □ □		F C	□	□ □		□	□ ■			■ ■ ■ ■
C 8	Renous 506-622-7561	Carter's Country Store (Petro Canada) 3300 Hwy 108	■ ■ ■ ■			■		F C	□ ■	□ □	□	□ □ □	■ ■			■ ■ ■
D 8	Saint Stephen 506-466-0018	Bartlett's Red Rooster Restaurant (Esso) TCH 1 & Old Bay Rd	■ ■ ■ ■ ■	S ■	■ ■ □	■ □ □	■ ■ ■	F C	□ ■				■ ■ ■		B	■ ■ ■
C 8	Salisbury 506-372-3333	Salisbury Big Stop (Irving) TCH 2 Exit 433 (Hwy 112)	24HRS ■ ■	XL ■ ■	24HRS ■ ■ □	■ ■ □	■ ■ ■ ■	F C	■ ■	□ □	□ □	□ □ □	■ □ ■	B B	B B B	■ ■ ■
D 8	Sussex 506-433-6322	Sussex Four Corners Irving TCH 2 Exit 416	24HRS ■ ■ ■	S ■	□ □ □	■ □ □	■ □	F C	□ ■	□ □	□ □ □ □	□ □ □ □	□ ■ ■			■ ■ ■
D 8	Woodstock 506-328-2994	Esso Truck Stop TCH 2 S & 198 Beardsley Rd	24HRS ■ ■	M ■	■	■ □ □	■ ■ ■ ■		■	□		□ □ □	□ ■	B B	B	■ ■ ■ ■
	NEWFOUNDLAND															
F 7	Deer Lake 709-635-2129	Deer Lake Irving Big Stop TCH 1 (W of Hwy 430)	24HRS ■ ■ ■	M ■ ■	24HRS □ □	■ ■ ■ □ □	■ ■ ■ ■	F C	□ ■	□ □	□ □ □ □	□ □ □	■ □ ■ ■	B	B	■ ■ ■ ■
F 9	Goobies 709-542-3750	Goobies Irving Big Stop TCH 1 & Hwy 210	24HRS ■ ■ ■	M ■ ■	■	■ ■	■ ■ ■ ■	F C	■ □ □ □				■ ■ ■	B	B B B	■ ■ ■ ■
F 9	Goobies 709-542-3163	Gateway Services (North Atlantic) TCH 1 (1 km SE of Hwy 210)	■ ■ ■	S ■ ■	■ □ □	■	■	F C	□ ■				■			■ ■ ■
F 9	Mount Pearl 709-745-3403	Donovan's Irving Restaurant TCH & Bruce St & Clyde	■ ■	M ■ ■	■ □ □	■ □ □	□	F C	□ ■	□ □	□ □ □ □ □ □ □	□ □ □ □	■ □ ■			■ ■ ■ ■
G 7	Saint George's 709-647-3926	Steel Mountain Service Center (Ultramar) TCH 1	■ ■ ■	S ■ ■	■	■	■ ■	F C					■			■ ■ ■
F 8	Springdale 709-673-3575	Beothuck Ultramar TCH 1 & Hwy 410 (20 mi W of town)	■ ■ ■	S ■ ■	□ □	■		F C	■				■			■ ■ ■ ■
	NOVA SCOTIA															
C 9	Aulds Cove 902-747-3264	Causeway Big Stop (Irving) TCH 104 (Canso Causeway)	24HRS ■ ■ ■	M ■ ■	24HRS □	■	■ ■ ■ ■	F C	■ □				■ ■ ■ ■	B B		■ ■ ■ ■
D 9	Dartmouth 902-468-5330	Ultramar Cardlock 31 Akerley Blvd	■ ■ ■	S ■	□ □ □	■ □ □	■ ■ ■ ■	F C		□ □	□ □ □ □ □ □	□ □	■			■ ■ ■
D 9	Dartmouth 902-468-3305	Dartmouth Petro-Pass 50 Isnor Dr	■ ■ ■	M ■ ■	□ ■ ■ □	■ □ □ □	■ ■ ■ ■	F C	□	□ □ □ □ □	□ □ □ □ □ □ □ □	□ □ □ □ □ □				■ ■ ■ ■
C 9	Enfield 902-883-2522	Irving Big Stop Hwy 102 Exit 7	24HRS ■ ■ ■	M ■ ■	24HRS □ □	■ ■ ■ □ □	■ ■ ■ ■	F C	□ ■	■ ■ ■ ■ ■	■ ■ ■ ■ R	■ ■ □ ■	■ ■ ■		B B	■ ■ ■ ■

How to interpret the page

■ means available at truck stop □ means available nearby

in the overnight lot column:
S means room for 5 - 24 trucks
M means room for 25-74 trucks
L means room for 85-149 trucks
XL means room for 150+ trucks
$ means a parking fee may be charged

code at left-hand side of rows is the state map grid reference

a key to advertising logos is on page 25

Services may change without notice. When in doubt, call ahead.

THE TRUCKER'S FRIEND® - EASTERN CANADA

Driver Services: MOTOR FUEL (Truck Diesel, Self Service Diesel, Metered Propane, Gasoline); PARKING (Overnight Lot ($), Paved Lot, Trailer Drop); FOOD (Safe Haven/Hazmat, Electric Plug-Ins, Restaurant, Fast Food, Table Phones); STORES (Motel, Convenience, Trucker/Travel, Shopping Center, Walmart/Kmart, Grocery); SHOWERS (Ladies', Men's, TV/Drivers Lounge, Laundry); COMMUNICATION (Load Monitor, Internet Kiosk, Wi-Fi Hotspots, Document Scanning, Public Fax/Copier, UPS/FedEx/Trippak Box, Religious Services, State Lottery)

Vehicle Services: SCALES (Axle, Platform, Certified); TIRES (New Tire Sales, Repairs); REPAIRS (Shop Open 24 Hrs, DOT Inspection, Major Repairs, Minor Repairs, Oil Change/Lube, Minor Welding, AC/Reefer); ROAD SVCS (CB, Tire, Mechanical, Towing); WASH (Truck (Exterior), Trailer Washout)

RV Info: RVs Welcome, Dumping Station, Propane (Bottle)

Financial Services: ATM, Can Wire Money Out, Money Orders, Natso Check-Link, Western Union, Wright Express, Voyager, Comdata (Comchek), EFS, Fuel Man, Multi Service, TCH, T-Chek, Fleet One, Buy/Pay at Fuel Desk (C=Checks, F=Fuel Cards, B=Both)

Permit Svcs: All Prepaid Permit Svcs

Credit Cards: American Express, Visa/Mastercard, Discover

Code	Location / Phone	Truck Stop / Address	Motor Fuel	Parking	Food	Stores	Showers	Communication	Scales	Tires	Repairs	Road Svcs	Wash	RV Info	Financial Services	Permit Svcs	Credit Cards
	NOVA SCOTIA																
C 9	Glenholme 902-662-2806	Glenholme Petro Can (Petro Pass) TCH 104 Exit 11	■ ■ ■	S ■ ■	■ □	■ □	■ ■ ■		F C	□ ■					□	C	■ ■ ■
D 9	Halifax/Beechville 902-876-7927	Beechville Irving 1097 Hwy 3	■ ■ ■ ■		□ □ □	■ □ □ □	□			□ ■	□ □ □ □	□	□ □ □	□	■ ■		■ ■ ■
D 9	New Minas 902-681-0224	Irving Big Stop Hwy 101 Exit 12	24 HRS ■ ■ ■	S ■	■ □ □	■ ■ □ □ □	■ ■ ■ ■		F C	□ ■					□ ■ ■		■ ■ ■ ■
C 9	Truro 902-897-0333	Truro Heights Irving Hwy 102 Exit 13	24 HRS ■	S ■	■ □ □	■ □ □ □	■ ■ □		F C	□ ■	□ □ □ □ □ □	□ □	□ □ □	□ □	■ □ ■	B B	B ■ ■ ■ ■
	ONTARIO																
E 6	Antrim 613-832-1472	Antrim Truck Centre Hwy 17 (20 mi W of Ottawa)	24 HRS ■	M ■ ■	24 HRS ■	■ ■	■ ■		F C	□	■ ■ ■ ■ ■ ■ ■	■ A R □	□ □ □		■ □ ■	B	B ■ ■ ■
E 5	Arnprior 613-623-7713	Steve's Gas & Grocery Hwy 17 & Hwy 508	■ ■			■			F C	□ ■					■		■ ■ ■
F 5	Ayr 519-622-4311	Esso Station Hwy 401 Exit 268 (Hwy 97)	■ ■ ■	M ■	24 HRS ■	■				□ □ □	□ □ □ □	□	□ □ □	■ ■	■ ■	B	F ■ ■ ■
E 6	Bainsville 613-347-2433	Royal Curry Hill Truck Stop (Esso) Hwy 401 Exit 825 (4th Line Rd)	■ ■ ■	XL ■ ■	■ □ ■ □	■	■ ■ ■ ■	DAT	F C	□ ■ □	□ □ □	□	□ □ □		■ □ ■		B ■ ■ ■ ■
E 6	Bainsville 613-347-7641	Real's Truck Stop (Shell) Hwy 401 Exit 825 (Old Hwy 2 S)	24 HRS ■ ■	XL ■ ■	■ ■ □ ■ ■	■ ■	■ ■ ■ ■	DAT	F C	□ ■ ■ ■ ■	■ ■ ■ ■ ■ ■ ■	■ R	■ ■ ■	□ □	■ ■ ■	B B B	B ■ ■ ■
F 5	Beamsville 905-563-8816	Beamsville Relay Station QEW Exit 64	■ ■ ■ ■	M$ ■ ■	■ □ ■	■ □	■ ■ ■ ■		F C	□ ■ ■ ■	■ ■ ■ ■ ■ ■ ■	■	■ ■ □	■ ■	■ ■ ■	B F F	B ■ ■ ■
F 5	Belleville 613-966-7017	Ten Acre Truck Stop (Esso) Hwy 401 Exit 538 (Wallbridge Rd)	24 HRS ■ ■	XL ■ ■	■ □ ■ □	■ ■ □ □ □	■ ■ ■ ■	DAT ■	F C	□ ■ CAT	■ ■ ■ ■ ■ ■ ■	□ □ ■	■ ■ □	■ ■	■ ■ ■ ■	B B B	B ■ ■ ■
F 5	Belmont 519-644-0899	London Husky Travel Center Hwy 401 Exit 195 (Hwy 74)	24 HRS ■ ■	L ■	24 HRS ■ ■ □	■ ■ □	■ ■ ■ ■	DAT	F C T	□ ■ ■ ■ ■	□ □ □	■	□ □ □		■ □ ■	B B B B	B B ■ ■ ■ ■
F 5	Bowmanville 905-623-3604	5th Wheel Truck Stop (Sunoco) Hwy 401 Exit 431 (Waverly Rd)	24 HRS ■ ■ ■	XL ■ ■	24 HRS ■ ■ ■	■ ■ □ □ □	■ ■ ■	DAT ■	F C F	■ ■ CAT	□ □ □ □ □ □	□	□ □ □		■ □ ■ ■	B B B	B B ■ ■ ■
F 5	Bowmanville 905-623-6422	Waverly Fuel Channels (Shell) Hwy 401 Exit 431 (Waverly Rd)	24 HRS ■ ■		□ □ □	■ □ □	□			□ ■ □ □ □	□ □ □		□ □ □		□ ■		■ ■ ■
F 5	Bradford 905-775-3831	Husky Car/Truck Stop Hwy 400 Exit 64 (Hwy 88)	24 HRS ■	M$ ■ ■	24 HRS □ ■ □	■ □ □	■ ■ □		F C F	□ ■ □	□ □ □ □		□ □ □ □	□	■ □ ■	B B	B B ■ ■ ■ ■
F 5	Brantford 519-752-1385	Manzo Fuels Hwy 2 & 53 E	■ ■ ■		□ □					□ □ □	□ □ □ □ □ □	□ □	□ □ □			B B	■ ■
E 6	Cardinal 613-657-3155	730 Truck Stop (Ultramar) Hwy 401 Exit 730 (Shanly Rd)	24 HRS ■ ■	XL ■ ■	24 HRS ■	■ ■	■ ■ ■ ■	DAT ■ ■	F C	□ ■ ■ ■ ■	■ ■ ■ ■ ■ ■ ■	■ A ■	■ ■ □	□ □	□ ■ ■	B B B	B B ■ ■ ■ ■ ■
G 4	Chatham 519-354-3902	Bloomfield Truck Stop Hwy 401 Exit 81 (Bloomfield Rd)	24 HRS ■ ■	L ■ ■	24 HRS □ ■ □	■ ■ □	■ ■ ■ ■	DAT	F C T	□ □ □ □	■ ■ ■ ■ ■ ■	■ A R ■	■ ■ □		■ ■	B B B	B B ■ ■ ■ ■
D 5	Cobalt 705-679-8185	Cobalt Truck Stop Hwy 11 N	24 HRS ■	M ■	■ 24 HRS ■	■ □	■ ■		F C		□ □ □ □ □	□	□ □ □		■ □	B B C	C ■ ■ ■
D 4	Cochrane 705-272-5111	Vachon's Husky Auto/Truck Stop Hwy 11 S	24 HRS ■	L ■ ■	24 HRS ■ □	■ □	■ ■ ■ ■		F C	□ ■ □ □ □	□ □ □ □ □ □	□	□ □ □		■ □ ■	B	B ■ ■ ■
E 6	Cornwall 613-933-2622	Irving 24 Mainway Center Hwy 401 Exit 789	24 HRS ■	M ■ ■	□ ■ ■ □	■ □ □	■ ■	DAT	F C	□ □ □ □	□ □ □ □	□	□ □ □	□	■ ■	B B B	B ■ ■ ■ ■
E 6	Cornwall 613-933-8363	5th Wheel Truck Stop Hwy 401 Exit 792 (McConnell Ave)	24 HRS ■ ■	XL ■ ■	■ 24 HRS □ ■ ■	■ ■ □ □ □	■ ■ ■ ■	DAT ■	F C F	■ ■ CAT	■ □ □ □ □ □	□ □	■ □ □	■ ■	■ ■ ■ ■	F F B F	F ■ ■ ■
E 6	Crystal Rock 613-925-5158	416 Esso Truck Stop - Angelo's Hwy 401 Exit 721 B (Hwy 16-416)	■ ■	XL ■ ■	■ ■ □ ■ □	■	■ ■		F C	□	□ □ □ □ □	□	□ □ □		■ ■	B B B	B ■ ■ ■ ■
F 5	Dorchester 519-268-7319	5th Wheel Truck Stop Hwy 401 Exit 199 (Dorchester Rd)	24 HRS ■	XL ■ ■	24 HRS □ ■ ■	■ ■ □ □ □	■ ■ ■ ■	DAT	F C	■ ■ CAT	□ □ □ □ □	□ □	□ □ □	■ ■	■ ■ ■	B B B	B B ■ ■
C 4	Driftwood 705-272-6161	Driftwood Truck Stop (Petro-Pass) Hwy 11 & Hwy 655	■ ■	M ■	■ ■				F C				□ □		■ ■		B ■ ■ ■
D 1	Dryden 807-223-2085	Husky Car/Truck Stop Hwy 17	24 HRS ■ ■ ■	M ■ ■	24 HRS □ ■ □	■ ■ □ □ □	■ ■ ■		F C	□ ■	□ □ □ □ □	□ □	□ □ □		■ □ ■ ■	B	B ■ ■ ■

THE TRUCKER'S FRIEND® - EASTERN CANADA

How to interpret the page

■ means available at truck stop □ means available nearby

in the overnight lot column:
- S means room for 5 - 24 trucks
- M means room for 25-74 trucks
- L means room for 85-149 trucks
- XL means room for 150+ trucks
- $ means a parking fee may be charged

code at left-hand side of rows is the state map grid reference
a key to advertising logos is on page 25

Services may change without notice. When in doubt, call ahead.

Column groups: Driver Services (Motor Fuel: Truck Diesel, Self Service Diesel, Metered Propane, Gasoline; Parking: Overnight Lot (S), Paved Lot, Trailer Drop, Electric Plug-Ins, Safe Haven/Hazmat; Food: Restaurant, Fast Food, Table Phones; Stores: Motel, Convenience, Trucker/Travel, Shopping Center; Showers: Walmart/Kmart, Grocery, Ladies, Men's; Communications: TV/Drivers Lounge, Laundry, Load Monitor, Internet Kiosk, Wi-Fi Hotspots, Document Scanning, Public Fax/Copier, UPS/FedEx/Trippak Box, Religious Services, State Lottery) – Vehicle Services (Scales: Axle, Platform, Certified; Tires: Repairs, New Tire Sales; Repairs: Shop Open 24 Hrs, DOT Inspection, Major Repairs, Minor Repairs, Oil Change/Lube, Minor Welding; Road Svcs: AC/Reefer, CB, Tire, Mechanical; Wash: Towing, Truck (Exterior), Trailer Washout) – RV Info (RVs Welcome, Dumping Station, Propane (Bottle)) – Financial Services (ATM, Can Wire Money Out, Money Orders, Natso Check-Link, Western Union, Voyager/Wright Express, Comdata (Comchek), EFS; C=Checks, F=Fuel Cards, B=Both) – Permit Svcs (Fuel Man, Multi Service) – Credit Cards (TCH, T-Chek, Fleet One, Buy/Pay at Fuel Desk, All Prepaid Permit Svcs, American Express, Visa/Mastercard, Discover)

ONTARIO

Grid	City / Phone	Truck Stop / Location	Driver Services	Vehicle Services	RV Info	Financial Services	Permit Svcs	Credit Cards
F 5	Etobicoke 416-239-1257	West End Truck Center (Esso) 39 Shorncliffe Rd (E off 427 on Hwy 5)	■ ■ ■ ■□■□ □□□ □	F C □ □□□□□ □□■ □□□	□□□	■■		B ■■■
F 5	Fort Erie 905-994-8293	Fort Erie Truck & Travel Plaza (Ultramar) QEW & Gilmore Rd	24 HRS ■■■ L■■■ 24 HRS □ □■■□□□■■■ ■■	F C U F □■ CAT ■■ ■■■	■■□	■■■■■	B	B B ■■■■
F 5	Grimsby 905-945-2449	5th Wheel Truck Stop QEW Exit 74 (Casablanca Blvd)	24 HRS ■ L■■ 24 HRS ■■■■□ □■■■■ DAT	F C F □■ CAT □□ □□□□.	□□□	■■□■■ ■	B B	B B B B ■■■
C 4	Hearst 705-362-4868	Husky Plus 1565 Hwy 11 W	24 HRS ■■ M■ 24 HRS □ □■□ □ ■ □	F C □■ □□□ □□□□□ □ □	■■■	■□■■	B	B ■■■
E 4	Heyden 705-777-2673	Bye Loe Service Station & Restaurant (Esso) 770 Hwy 17 N & Hwy 556 E	■ ■ S■■ ■ □ □	□		■ ■		■■
E 5	Huntsville 705-789-6477	Adrienne's Esso Hwy 11 S	■■ ■ ■□ □■ □□□	F C □ □□	□□□	■		■■■
D 1	Ignace 807-934-2781	Tower Hill Truck Stop (Temple) Hwy 17	24 HRS ■ M ■ 24 HRS □■□■■□ □■■ □ ■	F C U F □■ □□ □□□□□□	□□□	■□■■		B B ■ ■
E 6	Joyceville 613-542-3468	Kingston Husky Car/Truck Stop Hwy 401 Exit 632	24 HRS ■■■ L■■■ 24 HRS □□■ ■■ DAT	F C □■ ■■■■■■■R	■■□	■ ■ ■	B B	B B ■■■
D 1	Kenora 807-468-7740	Husky Travel Stop Hwy 17 W	24 HRS ■■ M■ ■□ □■ □□□ □	F C □■ □□ □□□□□□□	□□□□	□■■	B	B ■■■
F 5	Kilworthy 705-689-2977	Sunway Restaurant & Gas (Petro Gold) 1669 Hwy 11 S	■ ■ M■ ■ □■	F □□□□□□	□□	□	B	■ ■
F 6	Kingston 613-384-8888	Exit 611 Travel Plaza (Esso) Hwy 401 Exit 611 (to Hwy 38 S, 1st L)	24 HRS ■ ■ XL ■ 24 HRS □■□■■□□□■■■■ DAT	F C □ □□■■■■■■R	□□□□□	■□■	B	B B ■■■■
G 5	Lambeth 519-652-2728	Flying M Truck Stop Hwy 401 Exit 177 (1 mi S on Hwy 4)	■ ■ M■■ ■ □■ DAT	F C T ■ □□■■■■■A R	■■□	■ ■	B F	F F F ■■■
G 5	Lambeth 519-652-2027	Pipeline Express (Ultramar) Hwy 401 Exit 177 A (Hwy 4)	24 HRS ■ ■ M ■□ ■■ □□□ □	F C □ □□□□ □□□□□□□□	□□□	■	B B	B B ■■■
G 5	London 519-686-9154	Flying J Travel Plaza #15099 Hwy 401 Exit 189 (Highbury Ave) (Flying J)	24 HRS ■■■ XL■ 24 HRS ■■□■■□□□■■■ (Flying J) (Flying J)(Flying J)	F C U T (Flying J) □□ □□□□□■	□□□	■■■	B	B B B ■■■
E 4	Midland 705-526-9981	Esso Station Hwy 93 & 1250 Vinden St E	■ ■■ □□ □■ □□□ □	F C □■ □□ □□□□ □ □		□■		■■■
F 5	Milton 905-878-7200	Durante's Auto Service (Esso) Hwy 401 Exit 320 (1/4 mi N on Hwy 25)	■■■■ □□ □■ □	□■□ □□ □□□□□	□□□□□	□■■		■■
F 5	Milton 905-876-0251	5th Wheel Truck Stop Hwy 401 Exit 320 (Hwy 25)	24 HRS L■ 24 HRS ■■■■■□□□■■■■ DAT ■	F C F ■■ CAT □□ □□□■□□	□□□	■■ ■	B B	B B B B ■ ■
F 5	Milton 905-878-8155	Truck Town Terminal Hwy 401 Exit 324 (James Snow Pkwy)	24 HRS ■ XL$ ■■■ □□ □■ □ □■■■	F C □ ■ ■■ ■■■■■A R	■■□■	■	B	B B ■ ■
F 5	Milton 905-878-7626	Trafalgar Truck Stop (Petro) Hwy 401 Exit 328 (Trafalgar Rd S)	■ ■ M■ ■ ■□ ■■ □□□ ■■□■	F C □ □□□ □□□ □□□□□□	□□□□	□□■ ■	B B	B B ■ ■
F 5	Mississauga 905-564-6216	Shell Truck Stop 1400 Britannia Rd E (N of Hwy 401)	24 HRS M$■ □■■□■ □ □■■■ ■	F C ■■■■□□ □□□□□□□□□	□□□	■ ■		■■■
F 5	Mississauga 905-670-0775	Shawson Esso Gas Station 5979 Shawson & Brittania	24 HRS ■■ □ ■			■	B	B B ■■■
F 5	Mississauga 905-565-9090	Husky Car/Truck Stop Hwy 401 Exit 346 (Dixie Rd)	24 HRS ■ ■ 24 HRS □■□■■□ □■■ ■ DAT	F C T □■ CAT □□ □□□■□□■	□□□	■■ ■	B B	B ■■■
F 5	Mississauga 905-795-1020	401 Dixie Rd Esso Card Lock Hwy 401 Exit 346 (N to Shawson W)	24 HRS ■ S■ □■■□ ■■■■ DAT	F C ■■■□□ □□□□□□□□□	□□□□	■ ■	B B	B B ■■■
F 5	Mississauga 905-565-9548	Husky Truck Stop Hwy 410 & Courtney Park Dr	24 HRS ■ ■ L■ 24 HRS □■□■■ ■■ ■ DAT	F C T □■ CAT □□ ■■	□□□	■■■ ■	B B	B B ■■■■
F 5	Morriston 519-763-0555	Morriston Shell Hwy 401 & Hwy 6 N (Brock Rd)	24 HRS ■ ■ M ■ ■ ■	□ □□ □□□□		■ ■		■■
E 4	Nairn Centre 705-869-4100	Rainbow Truck Stop (Esso) 220 Hwy 17 W	24 HRS ■ ■ L■■ 24 HRS ■ ■ ■■	F C ■ ■ ■■■■■■A		■ ■	B	B ■■■
F 6	Napanee 613-354-7044	Flying J Travel Plaza Hwy 401 Exit 579 (CR 41) (Flying J)	24 HRS ■■■ XL■ 24 HRS ■■□■■□ □■■■■ (Flying J) ■ (Flying J)(Flying J)	U F C T □ (Flying J) □□ □□□□□	□□□□	■■■■	B	B B B ■■■

THE TRUCKER'S FRIEND® - EASTERN CANADA

How to interpret the page

■ means available at truck stop □ means available nearby

in the overnight lot column:
S means room for 5 - 24 trucks
M means room for 25-74 trucks
L means room for 85-149 trucks
XL means room for 150+ trucks
$ means a parking fee may be charged

code at left-hand side of rows is the state map grid reference

a key to advertising logos is on page 25

Services may change without notice. When in doubt, call ahead.

Column groups: **Driver Services** — MOTOR FUEL (Truck Diesel, Self Service Diesel, Metered Propane, Gasoline); PARKING (Overnight Lot ($), Paved Lot, Trailer Drop, Electric Plug-Ins, Safe Haven/Hazmat); FOOD (Restaurant, Fast Food, Table Phones); STORES (Motel, Convenience, Trucker/Travel, Shopping Center, Walmart/Kmart, Grocery); SHOWERS (Ladies, Men's, Laundry); COMMUNICATION (TV/Drivers Lounge, Load Monitor, Internet Kiosk, Wi-Fi Hotspots, Document Scanning, Public Fax/Copier, UPS/FedEx/Trippak Box, Religious Services, State Lottery). **Vehicle Services** — SCALES; TIRES (Axle, Platform, Certified, Repairs, New Tire Sales); REPAIRS (Shop Open 24 Hrs, DOT Inspection, Major Repairs, Minor Repairs, Oil Change/Lube, Minor Welding); ROAD SVCS (AC/Reefer, Tire, Mechanical, Towing); WASH (Truck (Exterior), Trailer Washout); **RV Info** (RVs Welcome, Dumping Station, Propane (Bottle)). **Financial Services** (ATM, Can Wire Money Out, Money Orders, Natso Check-Link, Western Union, Voyager/Wright Express, Comdata (Comchek), EFS, Fuel Man, Multi Service, TCH, T-Chek, Fleet One, Buypay at Fuel Desk, All Prepaid Permit Svcs) — C=Checks, F=Fuel Cards, B=Both. **Permit Svcs**. **Credit Cards** (American Express, Visa/Mastercard, Discover).

ONTARIO

Grid	City / Phone	Truck Stop / Address	Motor Fuel & Parking	Food	Stores	Showers	Communication	Scales	Tires	Repairs	Road Svcs	Wash	RV Info	Financial Services	Permit Svcs / Fleet Cards	Credit Cards
D 5	New Liskeard 705-647-6300	New Liskeard Truck Stop (Husky) 997491 Hwy 11 N	24 HRS ■ M	■ ■	24 HRS □ □	■	□ □ □ ■ ■ □	F C	□ ■ □ □ □	□ □	□ □	□	□ □ □ □ □	■ ■	B B B	■ ■ ■ ■
D 2	Nipigon 807-887-2825	Nipigon Husky Car Truckstop Hwy 11 & 17	24 HRS ■ ■ ■ L	■ ■	24 HRS ■ ■ □	■ ■	□ ■ ■ ■ ■	F C	□ ■	■ ■ ■ ■	■ ■ ■ ■	A R	■ ■ □	■ □ ■ ■	B B	■ ■ ■ ■
D 2	Nipigon 807-887-3646	Petro-Canada Hwy 17	24 HRS ■ ■ ■ M	■ ■	24 HRS □ ■ □	■	□ ■ ■ □	F C	□ □ □ □	□ □	□ □ □ □	□	□ □ □	■ □ ■ ■		■ ■ ■
E 5	North Bay 705-474-8410	Bay Truck Stop (Petro Canada) 3060 Hwy 11 N	24 HRS ■ ■ M	■ ■	24 HRS □ ■ □	■ ■	□ □ □ ■ ■ ■	F C	□ ■ ■	□ □	□ □ □ □ □	□	□ □ □ □	■ ■	B B B	■ ■ ■
E 5	North Bay 705-476-2372	5th Wheel Truck Stop (Sunoco) Hwy 11 B (1/2 mi W of Hwy 11 Bypass)	24 HRS ■ ■ S	■	□ □ □	■	□ □ □	F C	□ CAT	□ □	□ □ □ □	□	□ □ □	■ □ ■ ■	B B B B B	■ ■
F 5	Oro 705-487-2266	Northway Truck Stop (Petro Gold) 2493 Hwy 11 N	24 HRS ■ L	■ ■	24 HRS ■ ■ □		■ ■	F C	□	□ □	□ □ □	□	□ □ □	■ □ ■ ■	B	■ ■
F 5	Orono 905-983-9290	Noone's Travel Plaza (Petro-Canada) 8262 Hwy 115 & Hwy 35 S	24 HRS ■ ■ L	■	■	■	■ ■	F C	■	□ □	□ □ □	□	□ □ □	■ □ ■		■ ■ ■ ■
D 2	Pass Lake 807-977-2770	Esso Travel Plaza Hwy 11 & Hwy 17	24 HRS ■ ■ M	■ ■	24 HRS ■ ■ □	■ ■	■ ■ ■ ■	F C	■					■ □ ■	B B F B B B	■ ■ ■
D 2	Pass Lake 807-977-2775	Pass Lake Truck Stop (Esso) Hwy 11-17 & Hwy 587	24 HRS ■ ■ M	■ ■	24 HRS ■ ■ □	■ ■	■ ■ ■	F C	□ ■		□ □ □ □	□		■ □ ■	B B B B	■ ■ ■
E 5	Pembroke 613-735-1066	Irving Big Stop Hwy 17 & 41	24 HRS ■ M	■ ■	24 HRS ■ □	■	■ ■ ■	F C	□ ■	□ □	□ □	□	□ □ □ □ □	■ ■ ■	B B B B	■ ■ ■ ■
E 5	Peterborough 705-742-2416	A-1 Convenience Plus (Esso) Hwy 7 & Parkhill Rd	24 HRS ■ ■ M	■ ■	24 HRS □ ■	□			□ ■	□ □	□		□ □ □	■ ■ ■		■ ■ ■ ■
F 5	Pickering 905-428-9700	Pickering Truck Stop (Husky) Hwy 401 Exit 399 (Brock S to Clements E)	24 HRS ■ XL		24 HRS □ ■ □	■ ■	□ □ □ ■ ■ ■ ■ DAT	F C	□ ■ ■ ■	□ □	□ □ □ □	□	□ □ □ □ □	■ ■	B B B B	■ ■ ■ ■
F 5	Port Hope 905-885-7244	Easton's 28 Truck Stop (Ultramar) Hwy 401 Exit 464 (Hwy 28)	24 HRS ■ ■ XL	■ ■ ■	24 HRS ■ ■	■ ■	■ ■ ■ □ DAT	F C	□ ■	□ □	□ □ □ □		□ □ □	■ □ ■	B B B B	■ ■ ■
G 4	Ridgetown 519-674-5493	Daniels Service Center (Esso) Hwy 401 Exit 109 (1/4 mi S on Hwy 21)	■ ■ M	■	■ ■ □	■		F C	□ ■	■ ■	■ ■ ■ ■ ■	A	■ ■ ■	■ ■	B B B	■ ■ ■
F 5	Saint Catherines 905-684-9476	Skyway Truck Stop (Husky) QEW Exit 38 B (Hwy 405 - Glendale Ave)	24 HRS ■ ■ XL	■ ■ ■	24 HRS □ ■ □	■ ■	□ □ □ ■ ■ ■	F C	□ □ □ □	■ ■	■ ■ ■ ■ ■ ■	A R	■ ■ □ □ □	■ □ ■ ■	B B B B	■ ■ ■ ■
E 6	Saint Isidore 613-524-2250	Petro-Canada Hwy 417 Exit 51 (5716 Concession Rd 9))	24 HRS ■ M		24 HRS ■ ■ □	■	□ ■ ■	F	□ ■	□ □	□	□	□ □	□ ■		■ ■ ■
E 4	Sault Saint Marie 705-254-7528	Husky North 458 Hwy 17 (N of Hwy 550)	24 HRS ■ S	■ ■	24 HRS □ ■ □	■	□ □ □ □	F C	□ ■ □	□ □	□ □ □ □ □	□	□ □ □ □ □	■ □ ■	B B	■ ■ ■ ■
E 4	Sault Saint Marie 705-759-1220	Husky East Car/Truck Stop Hwy 17 (1275 Trunk Rd)	24 HRS ■ ■ ■ M	■ ■	24 HRS □ ■ □	■ ■	□ □ ■ □	F C	□ ■	□ □	■ ■ ■ ■	□ □ □	□ □ □	■ □ ■ ■	B B	■ ■ ■
F 5	Scarborough 416-299-3857	KMC Truck Scales (Ultramar) 2671 Markham Rd	■ ■ ■		□		□ □	F C	□ ■ ■ ■	■ □	■ ■ ■ ■	□	■ ■ ■ ■	■		■ ■ ■
D 2	Thunder Bay 807-475-7667	Pye Brothers Fuels (Esso) 645 Mountdale Ave (S of Hwy 11-17 Bus)	■ ■ ■		□ □ □		□ □ □		□	□ □	□ □ □ □ □		□ □			■
D 2	Thunder Bay 807-623-3236	Husky Bulk Sales Harbour Xpwy & Balmoral (R to Alloy)	24 HRS ■ ■ ■ S	■ ■	24 HRS □ ■ □	■	□ □ □ ■ ■ □	F C	□ ■	□ □	□ □ □ □ □	□	□ □ □ □	■	B B B	■ ■ ■ ■
G 4	Tilbury 519-682-3235	18 Wheeler Truck Stop 3613 Hwy 2 (betw exit 56 and 63 Hwy 401)	24 HRS ■ M	■ ■ ■	24 HRS ■ ■ □	■ ■	□ □ □ ■ ■ ■	F C T	□ ■ □ □ □	□ □	□ □ □ □ □		□ □ □ □ □	■ ■	B B B B	■ ■ ■ ■
G 4	Tilbury 519-682-0888	Truck Stop 56 (Esso) Hwy 401 Exit 56 (CR 42)	■ ■ ■ M	■	24 HRS □ ■ ■	■	□ □ ■ ■ □	F C	□	□ □	□ □ □ □		□ □ □	■ ■	B B B	■ ■ ■
D 4	Timmins 705-268-3400	Esso Truck Stop 2154 Hwy 101	24 HRS ■ ■ M	■	24 HRS □ ■	■	□ □ □ ■	F C	□	□ □		□	□ □ □ □	■ ■ ■	F	■ ■ ■
D 2	Upsala 807-986-2201	G&G Canop Service (Can-Op) Hwy 17 W	■ ■ ■ M	■ ■	■ □	■	□	F C	□ ■					■ ■ ■		■ ■ ■
E 5	Waubaushene 705-538-2900	Waubaushene Truck Stop (Sunoco) Hwy 400 Exit 149	24 HRS ■ ■ XL	■ ■	■ ■ ■ □	■	□ ■ ■ □	F C	□ ■ □ □	■ ■	■ ■ ■ ■ ■ ■	□	■ ■ ■ □	■ □ ■ ■	B B B B B B	■ ■ ■ ■
D 3	White River 807-822-2441	Alberts & Sons Service Center (Husky) 215 TCH 17	24 HRS ■ ■ M	■ ■	■ □ □	■	□ □ ■ ■	F C	□	■ ■	■ ■ ■		■ ■ ■	□ ■ ■	B B B	■ ■ ■

THE TRUCKER'S FRIEND® - EASTERN CANADA

How to interpret the page

■ means available at truck stop □ means available nearby

in the overnight lot column:
S means room for 5 - 24 trucks
M means room for 25-74 trucks
L means room for 85-149 trucks
XL means room for 150+ trucks
$ means a parking fee may be charged

code at left-hand side of rows is the state map grid reference

a key to advertising logos is on page 25

Services may change without notice. When in doubt, call ahead.

Column headings — Driver Services: MOTOR FUEL (Truck Diesel, Self Service Diesel, Metered Propane, Gasoline); PARKING (Overnight Lot, Paved Lot, Trailer Drop, Electric Plug-Ins, Safe Haven/Hazmat); FOOD (Restaurant, Fast Food, Table Phones); STORES (Motel, Convenience, Trucker/Travel, Shopping Center, Walmart/Kmart, Grocery); SHOWERS (Ladies, Men's); COMMUNICATIONS (TV/Drivers Lounge, Laundry, Load Monitor, Internet Kiosk, WiFi Hotspots, Document Scanning, Public Fax/Copier, UPS/FedEx/Tripak Box, Religious Services, State Lottery). Vehicle Services: SCALES; TIRES (Axle, Platform, Certified); REPAIRS (Repairs, New Tire Sales, Shop Open 24 Hrs, DOT Inspection, Major Repairs, Minor Repairs, Oil Change/Lube); ROAD SVCS (Minor Welding, AC/Reefer, CB, Tire, Mechanical); WASH (Towing, Truck (Exterior), Trailer Washout). RV Info (RVs Welcome, Dumping Station, Propane (Bottle)). Financial Services (ATM, Can Wire Money Out, Money Orders, Natso Check-Link, Western Union, Voyager, Wright Express, Comdata (Comchek); C=Checks, F=Fuel Cards, B=Both: EFS, Fuel Man, Multi Service). Permit Svcs (TCH, T-Chek, Fleet One). Credit Cards (Buy/Pay at Fuel Desk, All Prepaid Permit Svcs, American Express, Visa/Mastercard, Discover).

Grid	Location / Phone	Truck Stop / Address	Motor Fuel	Parking	Food / Stores	Showers	Communications	Scales	Tires	Repairs	Road Svcs	Wash / RV Info	Financial Services	Permit Svcs	Credit Cards
ONTARIO															
G 4	Windsor 519-737-6401	Husky Car/Truck Stop, Hwy 401 Exit 14 (CR 46)	24 HRS ■ ■	$ L ■ ■ ■	24 HRS □ ■ □	■ ■	□ □ □ ■ ■ ■ (DAT)	F C T	□	(CAT) □ □	□ □ □ □ □	□ □ □ ■ ■	■ ■ ■ B B B	B	■ ■ ■
F 5	Winona 905-643-1463	Stop 50 (Esso), QEW Exit 78 (Hwy 50)	24 HRS ■ ■	M ■ ■	24 HRS ■ ■	■	□ □ ■ ■ ■	F C	□ ■	□ □ □ □ □	□ □ □ □	□ □ □ □	■ □ ■ F	F	■ ■ ■
F 5	Woodbridge 905-893-2993	Orio's Gas & Oil Ltd, Hwy 27	■ ■	S ■ ■	■ □ □	■	□ □ □	F C	□ ■	□ □	□ □ □ □ □	□ □ □	■ ■		■ ■ ■
F 5	Woodstock 519-421-3144	Woodstock 230 TA #601 (Ultramar), Hwy 401 Exit 230 (TA)	24 HRS ■ ■	XL ■	24 HRS □ ■ □	■ ■	□ □ □ ■ ■ ■ ■ (DAT) ■	■ F C T	□	■ ■ ■ ■ ■	■ ■ ■ ■ ■ ■ A R	■ ■ □ ■ ■	■ B B F	B B	■ ■ ■ ■
F 5	Woodstock 519-467-5334	Oxford Truck Stop (Esso), Hwy 401 Exit 238 A (Hwy 2 E)	24 HRS ■ ■		■ □ □	■	□ □ □ ■	F C	□ ■	□ □		□ □ □	□ ■ ■ B B	B	■ ■ ■
F 4	Wyoming 519-845-3249	Sarnia Service Center (Shell), Hwy 402 Exit 25	24 HRS ■	L ■ ■ ■	24 HRS ■ □	■	□ □ ■ ■ ■ ■	F C T	□	■ ■ ■ □ □	□ □ □ □	□ □ □	■ □ ■ B B B	B B	■ ■ ■
QUEBEC															
D 7	Becancour 819-294-2585	Relais du Parc (Shell), 8460 Blvd Becancour	■ ■ ■		□	■		F C	□ ■		□ □				■ ■ ■
C 7	Chicoutimi 418-696-3544	Bruno Dion Gas Bar (Ultramar), 2445 Blvd Talbot	24 HRS ■ ■	M ■ ■	□ □ □	■	□ □ □ ■	F C	□	□ □ □	□ □ □ □ □ □ □	□ □ □ □ □	■ B	B	■ ■ ■ ■
C 7	Degelis 418-853-3957	Border Big Stop, 1468 TCH 185 S	24 HRS ■ ■	M ■ ■	■	■ ■	■ ■ ■ ■	F C	■	■ ■ ■ □ □	□ □ □ □ □	□ □ □	■ ■ C	C	■ ■ ■ ■
C 7	Degelis 418-853-2135	Gaz-O-Bar (Esso), 791 TCH 185	24 HRS ■	M ■ ■	□ □	■	■ ■ ■		□				■ ■		■ ■
D 6	Grand Remous 819-438-2974	Relais Grand Remous (Shell), 1159 TCH 117	■ ■	M ■ ■	■		□ ■	F C	□ ■	□ □ □ □ □		□ □ □	■ □ ■		■ ■ ■
D 7	L'Ange Gardien 450-293-6115	A&W Roy (Shell), Hwy 10 Exit 55	24 HRS ■ ■ ■	M ■	□ ■ □	■	□ ■ ■ ■ ■	F C	□ ■	□ □	□ □ □	□ □ □	■ □ ■ ■ F		■ ■ ■
E 6	LaColle 450-246-3443	Marcel's Truck Stop (Ultramar), Hwy 15 Exit 1	■ ■ ■	L ■ ■	■ ■ □		□ □ ■ ■ (DAT)	F C		□ □ □ □ □	□	□ □ □	■ □ B B	B	■ ■ ■
E 6	Lavaltrie 450-586-2411	Esso Servacar Centre, Hwy 40 Exit 118	24 HRS ■ ■		□ □	■		F C	■	□ □	□ □ □ □	□ □	F	F	■ ■ ■
D 7	Manseau 819-356-2524	Station Service Manseau (Esso), Hwy 20 Exit 243 (Hwy 218)	24 HRS ■	M ■	□ □ ■		□ ■ ■ ■ ■	F C		■ ■	□ ■ ■	■ ■ □	■ ■ B B		■ ■ ■
D 7	Manseau 819-356-2091	Station Service - Alain Houle (Shell), Hwy 20 Exit 243 (Hwy 218)	■ ■ ■		□ □	■			□		□ □ □		C		■ ■ ■
E 6	Napierville 450-245-0025	Petro-Pass (Petro-Canada), Hwy 15 Exit 21 (Hwy 221)	■ ■ ■	S ■	□ □	■	□ ■ ■ ■	F C	□ ■			□	■ □ ■ B		■ ■ ■
C 8	Pointe-a-la-Croix 418-788-5787	Gaz-O-Bar (Esso), Hwy 132	24 HRS ■	S ■	□ ■		■ ■	F C	□ ■		□		■ □		■ ■ ■
E 6	Rigaud 450-451-2245	Station Service (Shell), Hwy 40 Exit 12 (Chemin de la Mairie)	■ ■ ■		□ □ □	■	□	F C					■		■ ■ ■
E 6	Riviere Beaudette 450-269-2641	Billy Gaz Bar (Petro Canada), Hwy 20 Exit 2	24 HRS ■ ■	S ■	□ ■	■	□	F	□ ■	□ □		□	■ ■ ■		■ ■ ■
D 5	Rouyn-Noranda 819-764-3530	Shell O'30, Hwy 101 S (630 Blvd Rideau)	24 HRS ■ ■	M	24 HRS ■ □	■	□ □ □ ■ ■ ■	F C	□ ■	□ □	□ □ □ □ □	□ □ □	■ ■ ■ C	C	■ ■ ■
E 7	Saint Helene du Bagot 450-791-2771	Le Relais Routier 152 (Esso), Hwy 20 Exit 152	24 HRS ■	L	24 HRS ■ □		■ ■ ■ ■	F C	□			□	□		■
E 7	Saint Helene du Bagot 450-791-2388	Ultramar Pipeline, Hwy 20 Exit 152	24 HRS ■ ■	M ■	□ □ □		□ □		□	□ □	□ □ □		■ □ B	B	■ ■
E 6	Saint Hilaire 450-464-8516	Gaz-O-Bar (Esso), Hwy 20 Exit 115	24 HRS ■ ■	M ■ ■	24 HRS □ □ ■		■ ■ ■	F C		□ □	□ □ □ □ □ □	□ □ □	■ ■ B	B	■ ■ ■
E 6	Saint Laurent 514-336-5532	Pipeline Ultramar, Hwy 40 Exit 62	■ ■ ■		□ □ □	■	□ □ ■ ■	F C		□ □	□ □ □ □ □ □	□ □ □ □	B		■ ■ ■
D 7	Saint Leonard d'Aston 819-399-2943	Big Foot Truck Stop (Esso), Hwy 20 Exit 202	24 HRS ■	M ■ ■	24 HRS ■ ■	■	■ ■	F C	□ ■	□ □ □ □ □ □	□ □ □ □		■ ■		■ ■ ■

How to interpret the page

■ means available at truck stop □ means available nearby

in the overnight lot column:
- S means room for 5 - 24 trucks
- M means room for 25-74 trucks
- L means room for 85-149 trucks
- XL means room for 150+ trucks
- $ means a parking fee may be charged

code at left-hand side of rows is the state map grid reference

a key to advertising logos is on page 25

Services may change without notice. When in doubt, call ahead.

THE TRUCKER'S FRIEND® - EASTERN CANADA

Driver Services: MOTOR FUEL, PARKING, FOOD, STORES, SHOWERS, COMMUNICATION — Vehicle Services: SCALES, TIRES, REPAIRS, ROAD SVCS, WASH — RV Info — Financial Services (C=Checks, F=Fuel Cards, B=Both) — Permit Svcs — Credit Cards

QUEBEC

Grid	City / Phone	Truck Stop / Location	TRUCK DIESEL	SELF SERVICE DIESEL	METERED PROPANE	GASOLINE	OVERNIGHT LOT ($)	PAVED LOT	TRAILER DROP	ELECTRIC PLUG-INS	SAFE HAVEN/HAZMAT	RESTAURANT	FAST FOOD	TABLE PHONES	MOTEL	CONVENIENCE	TRUCKER/TRAVEL	SHOPPING CENTER	WALMART/KMART	GROCERY	LADIES'	MEN'S	TV/DRIVERS LOUNGE	LAUNDRY	LOAD MONITOR	INTERNET KIOSK	WI-FI HOTSPOTS	DOCUMENT SCANNING	PUBLIC FAX/COPIER	UPS/FEDX/TRIPPAK BOX	RELIGIOUS SERVICES	STATE LOTTERY	AXLE	PLATFORM	CERTIFIED	REPAIRS	NEW TIRE SALES	SHOP OPEN 24 HRS	DOT INSPECTION	MAJOR REPAIRS	MINOR REPAIRS	OIL CHANGE/LUBE	MINOR WELDING	AC/REEFER	CB	TIRE	MECHANICAL	TOWING	TRUCK (EXTERIOR)	TRAILER WASHOUT	RVs WELCOME	DUMPING STATION	PROPANE (BOTTLE)	ATM	CAN WIRE MONEY OUT	MONEY ORDERS	NATSO CHECK-LINK	WESTERN UNION	VOYAGER/WRIGHT EXPRESS	COMDATA (COMCHEK)	EFS	FUEL MAN	MULTI SERVICE	TCH	T-CHEK	FLEET ONE	BUY/PAY AT FUEL DESK	ALL PREPAID PERMIT SVCS	AMERICAN EXPRESS	VISA/MASTERCARD	DISCOVER
E6	Saint Liboire 450-793-4421	Irving Big Stop Hwy 20 Exit 145	24 HRS			■	L	■	■			24 HRS			□	■	■				■	■	■	■	DAT				F C			■				■	■	■	□	■	■	■	■	R		■	■	■		■	■	□		■						B	B			B	B			■	■	■	
C7	Saint Mathieu 450-659-6237	Les Petroles Auto Gas (Sonic) Hwy 15 S Exit 38 E	■	■	■	■	S	■				□				■				□											□					□	□			□	□		□			□	□				■	□	■	■						C								■	■	■	
E6	Saint Zotique 450-267-9109	Real's Petroleum (Shell) Hwy 20 Exit 9	24 HRS			■						□	■		□	■				□											□					□	□				□					□	□					□	■	■															■	■	
E7	Stanstead 819-876-7624	Depanneur le Routier (Petro T) Hwy 55 Exit 2 (Hwy 143)	24 HRS	■		■	S	■	■			□	■		□	■				□				□					F C		□	■																			■	□	■															■	■	■	
C7	Trois-Pistoles 418-851-1524	Gaz-O-Bar (Ultramar) 60 Hwy 132 W	24 HRS		■	■							■		□	■						■							F C				□			□	□				□											□	■													B			■	■	■	
D7	Vanier 418-687-2832	Pipeline Ultramar Hwy 40 Exit 312	24 HRS	■		■	S					■	■	■	□	■		□	□	□		■							F			■				□					□					□								■															■	■	■	
E6	Vaudreuil 450-424-1610	Flying J Travel Plaza #15077 Hwy 540 Exit 3	24 HRS	■	■	■	L	■	■			24 HRS	■	■	□	■	■	□		□	■	■	■	■		■			F C	F	□	■				□	□		□	□	□	□	□	□	□	□	□	□	□	□	■	■	■	■							B		B	B	B			■	■	■	

Sign up at www.truckstops.com for free email updates from *The Trucker's Friend.®*

2005

JANUARY

S	M	T	W	T	F	S
						1
2	3	4	5	6	7	8
9	10	11	12	13	14	15
16	17	18	19	20	21	22
23	24	25	26	27	28	29
30	31					

FEBRUARY

S	M	T	W	T	F	S
		1	2	3	4	5
6	7	8	9	10	11	12
13	14	15	16	17	18	19
20	21	22	23	24	25	26
27	28					

MARCH

S	M	T	W	T	F	S
		1	2	3	4	5
6	7	8	9	10	11	12
13	14	15	16	17	18	19
20	21	22	23	24	25	26
27	28	29	30	31		

APRIL

S	M	T	W	T	F	S
					1	2
3	4	5	6	7	8	9
10	11	12	13	14	15	16
17	18	19	20	21	22	23
24	25	26	27	28	29	30

MAY

S	M	T	W	T	F	S
1	2	3	4	5	6	7
8	9	10	11	12	13	14
15	16	17	18	19	20	21
22	23	24	25	26	27	28
29	30	31				

JUNE

S	M	T	W	T	F	S
			1	2	3	4
5	6	7	8	9	10	11
12	13	14	15	16	17	18
19	20	21	22	23	24	25
26	27	28	29	30		

JULY

S	M	T	W	T	F	S
					1	2
3	4	5	6	7	8	9
10	11	12	13	14	15	16
17	18	19	20	21	22	23
24	25	26	27	28	29	30
31						

AUGUST

S	M	T	W	T	F	S
	1	2	3	4	5	6
7	8	9	10	11	12	13
14	15	16	17	18	19	20
21	22	23	24	25	26	27
28	29	30	31			

SEPTEMBER

S	M	T	W	T	F	S
				1	2	3
4	5	6	7	8	9	10
11	12	13	14	15	16	17
18	19	20	21	22	23	24
25	26	27	28	29	30	

OCTOBER

S	M	T	W	T	F	S
						1
2	3	4	5	6	7	8
9	10	11	12	13	14	15
16	17	18	19	20	21	22
23	24	25	26	27	28	29
30	31					

NOVEMBER

S	M	T	W	T	F	S
		1	2	3	4	5
6	7	8	9	10	11	12
13	14	15	16	17	18	19
20	21	22	23	24	25	26
27	28	29	30			

DECEMBER

S	M	T	W	T	F	S
				1	2	3
4	5	6	7	8	9	10
11	12	13	14	15	16	17
18	19	20	21	22	23	24
25	26	27	28	29	30	31

FREE UPDATES

Subscribe at www.truckstops.com

Keep your truck stop information current.
Go to www.truckstops.com and subscribe to the free monthly newsletter.
Each month you'll receive an email with the latest additions, deletions, and corrections.

Find out what new truck stops have opened.

Find out which truck stops have closed.

Find out which truck stops are offering new services.

Subscribe at www.truckstops.com

FREE UPDATES